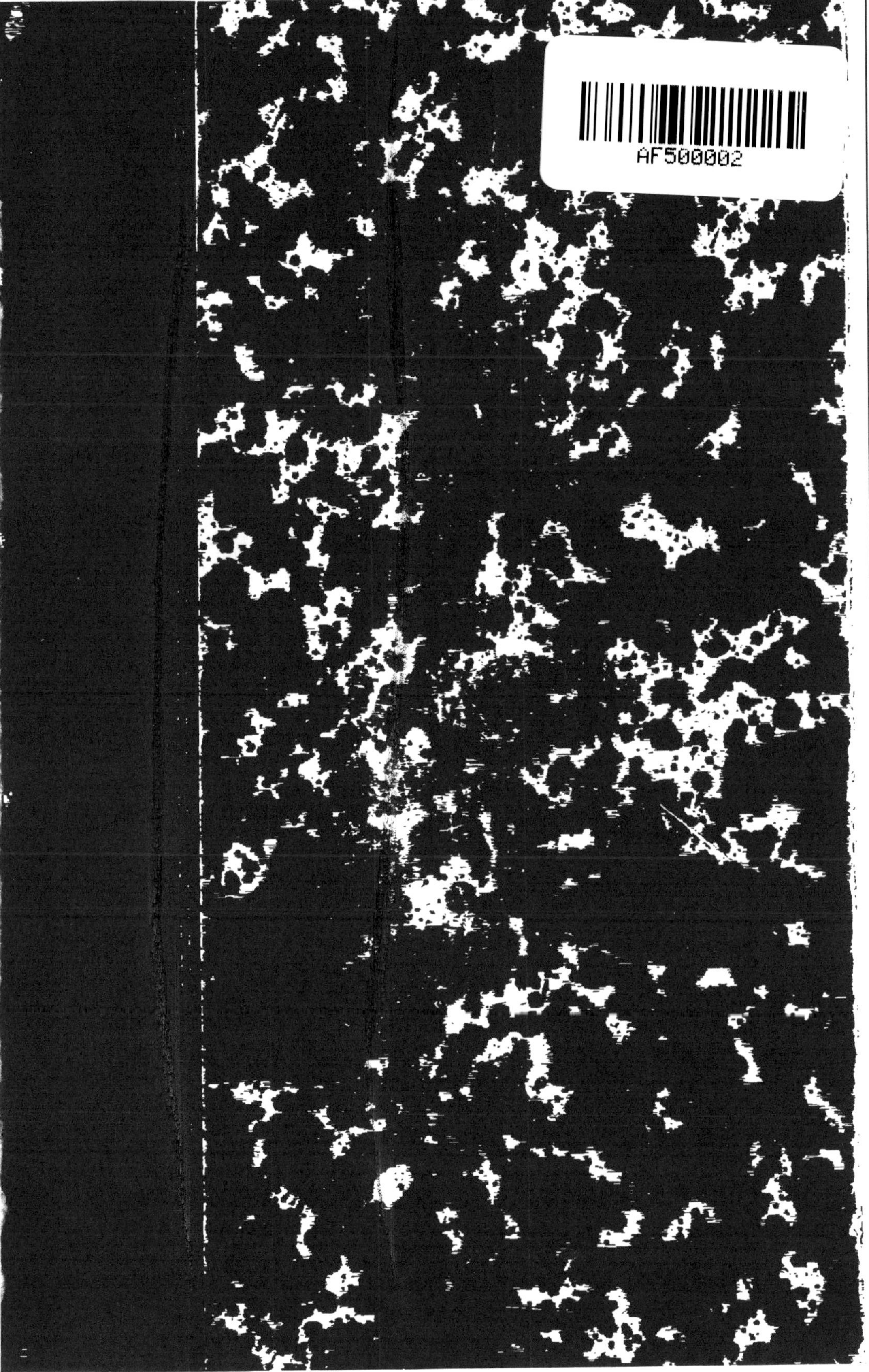

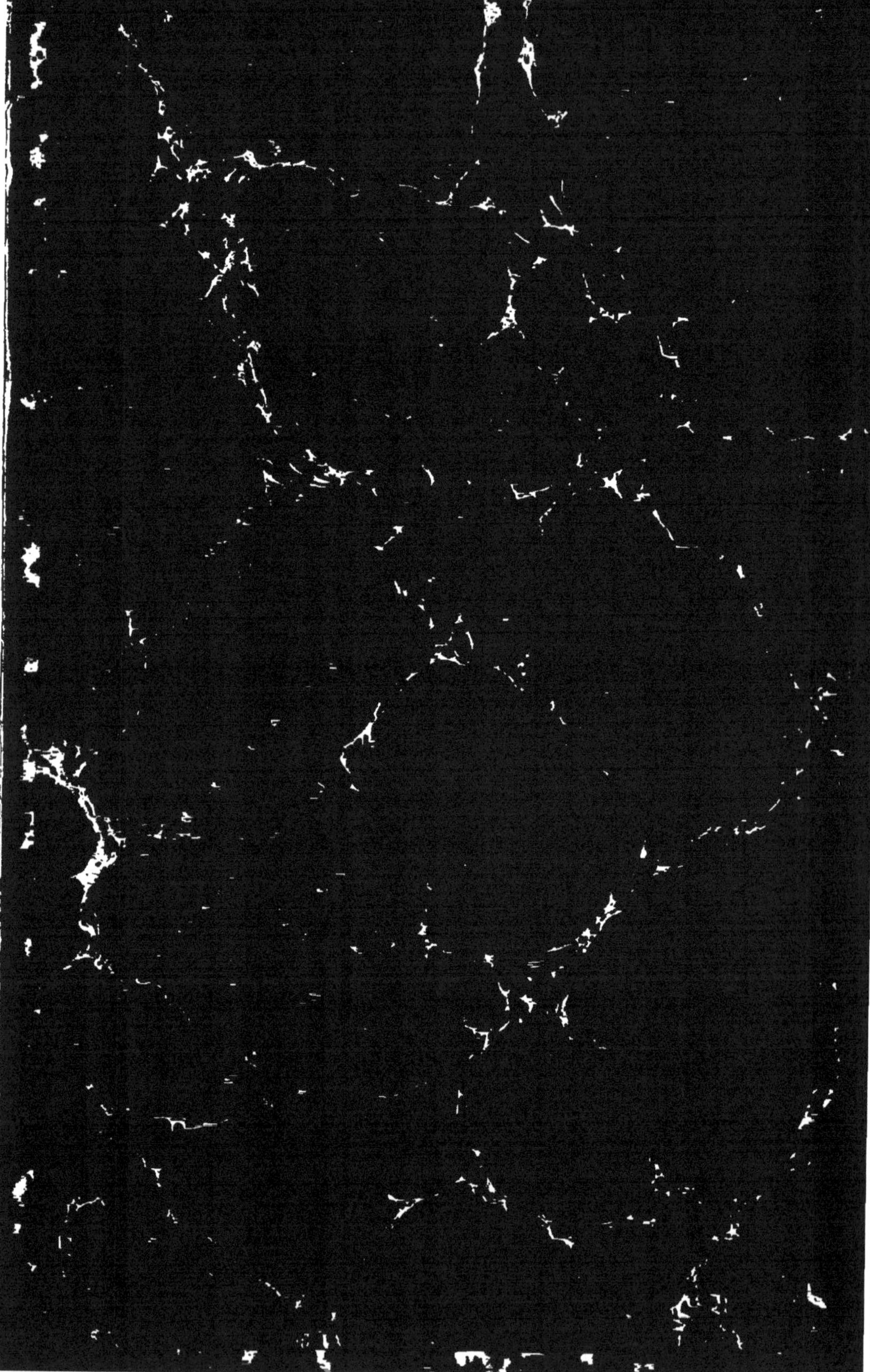

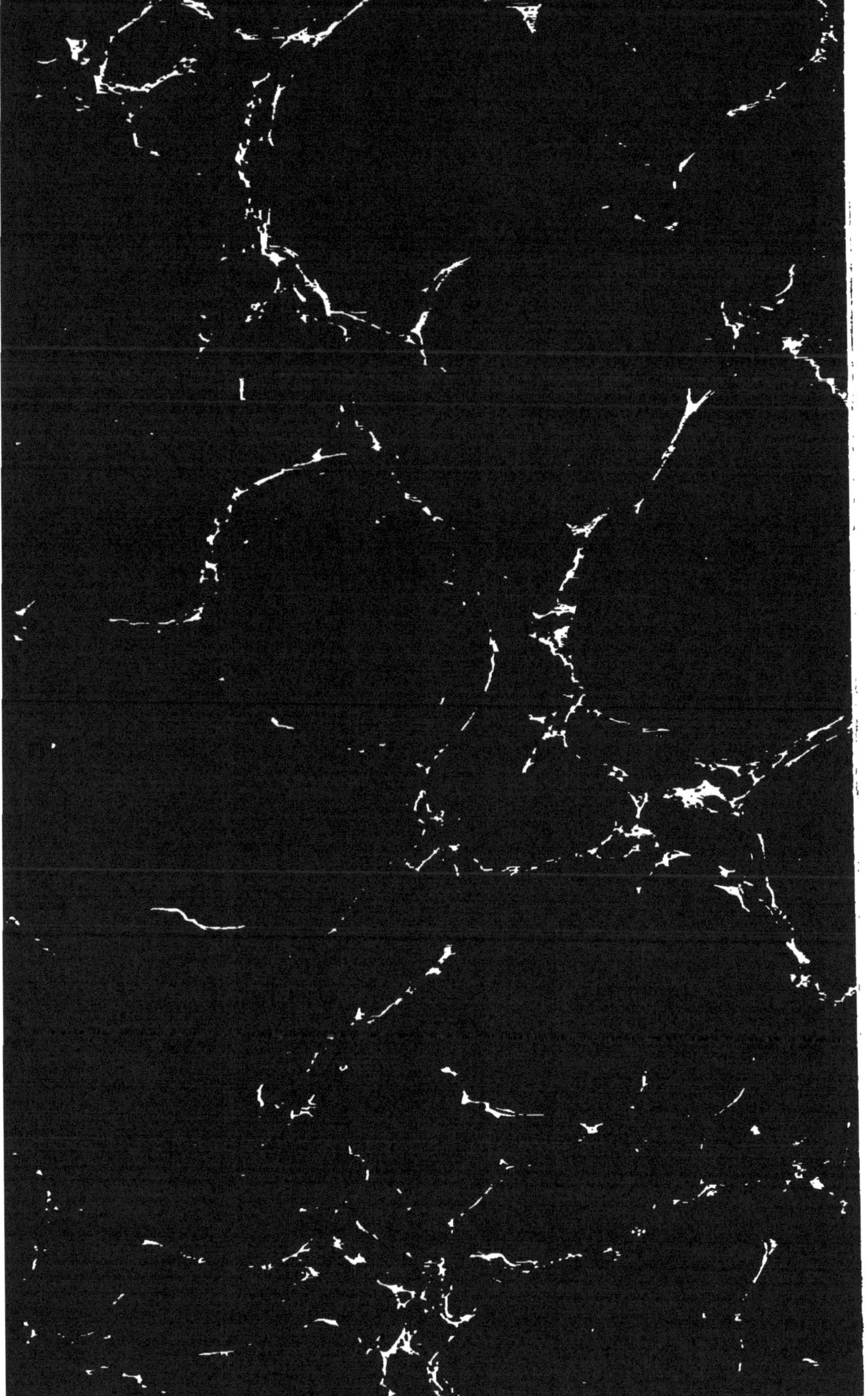

COURS ÉLÉMENTAIRE

D'HISTOIRE NATURELLE

Paris. — Imprimerie de E. MARTINET, rue Mignon, 2.

COURS ÉLÉMENTAIRE

D'HISTOIRE NATURELLE

PAR

MM. MILNE EDWARDS, A. DE JUSSIEU ET BEUDANT

ZOOLOGIE

PAR M. MILNE EDWARDS

Membre de l'Institut, Doyen de la Faculté des sciences de Paris
Professeur au Muséum d'histoire naturelle, etc.

DIXIÈME ÉDITION

AVEC 497 FIGURES

PARIS

VICTOR MASSON ET FILS | PLACE DE L'ÉCOLE-DE-MÉDECINE

GARNIER FRÈRES | RUE DES SAINTS-PÈRES, 6

MDCCCLXVII

COURS ÉLÉMENTAIRE

DE ZOOLOGIE

NOTIONS PRÉLIMINAIRES.

§ 1er. **But et utilité de l'Histoire naturelle.** — On désigne sous le nom d'HISTOIRE NATURELLE la science qui s'occupe de la structure des corps répandus à la surface du globe, ou réunis pour le constituer, des phénomènes dont ces corps sont le siége, des caractères propres à les faire distinguer entre eux, et du rôle qu'ils jouent dans l'ensemble de la Création. Son domaine, comme on le voit, est immense, et son importance ne le cède pas à son étendue. Quelques hommes, peu familiers avec les sciences, n'y aperçoivent qu'un recueil de faits anecdotiques plus propres à piquer la curiosité qu'à exercer l'intelligence, ou bien une étude aride de noms techniques et de classifications arbitraires; mais une pareille opinion ne peut avoir sa source que dans l'ignorance, et quiconque possède les premières notions de l'Histoire naturelle ne peut se refuser à en reconnaître l'immense utilité. Le spectacle si grand et si harmonieux de la nature, en faisant voir combien le beau réel de la Création est au-dessus du beau idéal des inventions humaines, élève l'âme et ramène sans cesse l'esprit à de hautes et salutaires pensées. La connaissance de nous-mêmes et des objets qui nous entourent n'est pas faite seulement pour satisfaire ce besoin de savoir qui se développe toujours à mesure que l'intelligence grandit : elle est une base nécessaire à bien d'autres études; elle est éminemment propre à donner au jugement cette rectitude sans laquelle les qualités les plus brillantes perdent leur valeur et, dans le cours de la vie, égarent plus souvent qu'elles ne conduisent à un but utile. L'importance pratique des sciences naturelles est trop évidente pour que nous ayons besoin de la démontrer. Pour s'en convaincre, il suffit de jeter les yeux autour de soi; de penser aux richesses enfouies dans le sein de la terre et aux services que la Géologie et la Minéralogie rendent chaque jour à notre industrie; de voir les plantes si variées et si belles qui fournissent à nos besoins avec une magnifique prodigalité, et de songer que c'est l'Histoire naturelle qui doit servir de guide à l'agriculture; d'énumérer ces animaux qui nous donnent la viande, la laine, la soie et le miel, qui nous prêtent la force dont nous manquons, ou qui, loin de nous être utiles comme les précédents, détruisent nos récoltes; de se rappeler enfin la longue série d'infirmités dont la machine humaine est parfois afflgée, et de se bien convaincre de cette vérité, que la médecine s'agite en aveugle toutes les fois qu'elle ne s'appuie pas sur l'étude scientifique de la nature de l'homme. L'importance pratique de ces études, nous le répétons, n'a pas besoin de preuves, et se fait sentir, quelle que soit la carrière que l'on poursuit; mais leur utilité ne se borne pas là, et l'influence qu'elles peuvent exercer sur nos facultés elles-mêmes mérite aussi la plus sérieuse attention. En effet, les sciences naturelles, à raison de la marche qui leur est propre, accoutument l'esprit à remonter des effets aux causes, et en même temps à soumettre sans cesse les résultats déduits des observations précédentes à l'épreuve des faits nouveaux; elles portent aux idées spéculatives les plus élevées, mais ne permettent jamais à l'imagination de s'égarer, car elles placent toujours l'épreuve matérielle à côté de l'hypothèse. Enfin, mieux que toute autre étude, celle de l'Histoire naturelle exerce l'intelligence à la *méthode*, partie de la logique sans laquelle toute investigation est laborieuse et toute exposition obscure.

L'Histoire naturelle doit donc constituer un des éléments de tout système libéral d'éducation; mais ce n'est pas à dire qu'il faille faire de tout jeune homme un naturaliste. Une science aussi vaste, pour être approfondie, nécessiterait un temps dont les autres études classiques ne permettent pas de disposer, et comprend une foule de détails utiles seulement aux personnes qui veulent s'en occuper d'une manière spéciale. Ce que tout homme éclairé doit savoir, ce n'est pas le caractère à l'aide duquel on peut distinguer tel genre de plantes ou d'animaux de tel autre genre voisin, ni le trajet exact de chaque artère ou de chaque nerf dans le corps de l'homme; en charger sa mémoire, ce serait l'assujettir à un travail qui ne laisserait de traces ni durables ni utiles: mais ce qu'il importe de lui donner, ce sont des notions justes sur les grandes questions dont les sciences naturelles cherchent la solution; sur la constitution du globe et les révolutions physiques qui se sont succédé à sa surface ; sur la nature des plantes et des animaux ; sur la manière dont s'exercent les fonctions de ces êtres, et sur les principales modifications qui se remarquent dans leur structure, suivant le genre de vie auquel ils sont destinés. Ce sont là des connaissances qui, une fois acquises, ne s'oublient guère, qui doivent servir de base aux études spéciales de quiconque veut devenir naturaliste, et qui suffisent aux hommes dont les occupations ne se lient pas d'une manière intime aux sciences d'observation. Ce sont, par conséquent, ces notions générales qu'on doit surtout chercher à graver dans l'esprit des élèves près d'achever le cours des études classiques. L'Université, dans son programme d'enseignement, a sanctionné cette marche, et, dans le livre que nous publions ici, nous nous proposons de l'adopter.

§ 2. **Division des corps naturels en trois règnes.** — L'Histoire naturelle, ainsi que nous l'avons déjà dit, s'occupe de tous les corps répandus à la surface du globe, ou rassemblés dans l'intérieur de la terre ; et ces corps, comme chacun le sait, sont de deux espèces : les *corps bruts* ou *minéraux*, et les *corps vivants* ou *organisés*. Ces derniers se divisent à leur tour en deux groupes que personne ne peut méconnaître : les *végétaux* et les *animaux*. Aussi, dans la science, comme dans le langage ordinaire, distingue-t-on dans la nature trois grandes divisions ou RÈGNES, désignés sous les noms de *Règne minéral*, de *Règne végétal* et de *Règne animal*.

En abordant l'étude de l'Histoire naturelle, on est donc nécessairement conduit à se demander en premier lieu sur quoi reposent ces divisions si évidentes, et à chercher quelles sont les différences fondamentales qui distinguent un corps brut d'un corps vivant, une plante d'un animal.

§ 3. **Différences entre les corps bruts et les êtres vivants.** — Ces différences sont nombreuses et ressortent, quel que soit le point de vue sous lequel on compare entre eux les corps minéraux et les êtres organisés ; l'origine, le genre d'existence, la durée, le mode de destruction, la forme générale, la structure intime, et jusqu'à la composition élémentaire, tout est dissemblable. Pour le démontrer, il nous suffira de quelques mots.

§ 4. Ainsi, le *mode d'origine* n'est pas le même, disons-nous, pour les corps bruts et pour les êtres vivants. Effectivement, lorsqu'un corps minéral se forme, il naît immédiatement de l'union de deux ou de plusieurs matières qui, par leur nature, diffèrent essentiellement de la sienne, et qui se combinent entre elles à raison des affinités chimiques dont elles sont douées. Un être vivant, au contraire, n'est jamais le produit de ces combinaisons spontanées de la matière; il ne peut se former que sous l'influence d'un corps vivant semblable à lui, et la force vitale essentielle à son existence se transmet par une succession non interrompue d'individus qui naissent les uns des autres, et qui se ressemblent entre eux. Le sel commun, par exemple, se formera toutes les fois que deux substances particulières qui ne ressemblent en rien à ce produit, le chlore et le sodium, viendront à s'unir; et ces substances, pour se combiner ainsi, n'auront nullement besoin de la présence d'un corps semblable à celui qu'elles vont former. Une plante ou un animal, au contraire, n'est jamais créé ainsi de toutes pièces, et pour se former doit nécessairement participer d'abord à la vie d'un *parent*, c'est-à-dire d'un corps vivant développé préalablement et dont il procède. Ces êtres, pour exister, semblent avoir besoin d'une impulsion étrangère ; et cette impulsion, ils ne peuvent la recevoir que d'un corps semblable à ce qu'ils seront eux-mêmes. Tous descendent de ceux que Dieu créa lorsqu'il peupla de plantes et d'animaux la surface du globe, et à cet égard les mêmes lois régissent tous les corps vivants, les plus simples comme les plus parfaits ; la monade qui n'est visible qu'au microscope aussi bien que le chêne, le cheval et l'homme (1).

§ 5. Le *mode d'existence* des êtres vivants, comparé à celui des êtres inorganiques, est également caractéristique. Les corps bruts, tels que les pierres et les minéraux, sont dans un état permanent de repos intérieur ; les molécules dont ils se composent ne se renouvellent pas : si leur volume augmente, c'est seulement parce que d'autres corps semblables à eux viennent se déposer à leur surface ; et s'ils perdent une partie de leur propre substance, c'est accidentellement, et par l'action de quelque force agissant au dehors d'eux, et complétement indépendante de la cause de leur existence. Tout corps vivant est au contraire le siége d'un mouvement intérieur et incessant de composition et de décomposition moléculaires, par suite duquel des changements s'opèrent dans sa substance et une partie de la matière dont il est formé se renouvelle insensiblement. Sans

(1) Jadis on croyait que beaucoup d'animaux inférieurs, tels que des reptiles et des insectes, pouvaient naître sans avoir de parents, en se constituant avec de la matière morte seulement, et ce mode d'origine, qu'on appelle la génération spontanée, est encore admis par quelques naturalistes pour expliquer la multiplication des infusoires (végétaux et animaux), qui, à raison de leur petitesse extrême, sont très-difficiles à bien étudier. Mais une pareille hypothèse est en désaccord avec tous les faits rigoureusement constatés et ne repose que sur des observations incomplètes ou erronées.

cesse il s'incorpore des molécules étrangères qu'il puise au dehors, et sans cesse aussi il détruit une portion de sa matière constitutive et en rend les éléments au monde extérieur. Ce mouvement moléculaire, cette espèce de tourbillon constitue le phénomène de la *nutrition*, et sa continuité est une condition de vie pour tout être organisé. C'est aussi de ce mouvement intérieur que dépendent les changements de volume que subissent les corps vivants ; quand leur masse diminue, c'est parce que la quantité des matières expulsées excède celle des molécules nouvelles qu'ils s'assimilent ; et quand ils s'accroissent, c'est par *intussusception*, et non par *juxtaposition*, comme chez les minéraux ; car les matériaux nouveaux ajoutés à leur masse ne se déposent pas sur leur surface extérieure, mais pénètrent dans la profondeur de leur substance pour s'unir aux molécules déjà existantes, ou remplacer celles que le travail nutritif rejette au dehors.

§ 6. Enfin, après avoir existé ainsi pendant un temps dont la limite extrême est déterminée pour chaque espèce, les corps vivants périssent infailliblement, tandis que les corps bruts, une fois formés, existent tant qu'une force étrangère ne vient pas les détruire ; leur durée n'a pas de limite nécessaire, et ils ne portent en eux aucun principe de destruction. Pour les êtres organisés, nous le répétons, la *mort* est partout une suite nécessaire de la vie ; et comme ces êtres ne peuvent naître spontanément, ils disparaîtraient bientôt de la surface de la terre, si, outre la faculté de se nourrir, ils n'avaient ainsi le pouvoir de se reproduire ; mais cette propriété est également accordée à tout corps vivant, et constitue aussi un des caractères qui distinguent essentiellement les êtres organisés des corps inorganiques.

§ 7. Les différences qui se remarquent entre les corps bruts et les corps vivants considérés sous le rapport de leur forme et de leur volume, méritent aussi d'être signalées. Tout corps vivant est, en quelque sorte, prédestiné à acquérir une forme générale déterminée, qu'il n'offre pas lorsqu'il commence à exister, mais qui se développe peu à peu ; et cette forme n'a rien de la simplicité géométrique que nous offrent les minéraux lorsque les molécules de ceux-ci se réunissent en cristaux. Chaque être vivant est assujetti aussi à des limites de volume qu'il ne peut franchir, et une force intérieure tend à déterminer son accroissement jusqu'à ce qu'il approche de ces limites, qui varient suivant les espèces. Pour les corps bruts, il en est tout autrement ; leur masse n'a pas de limites nécessaires. Du marbre, par exemple, pourra exister également bien sous la forme d'un fragment microscopique ou d'une montagne tout entière; une plante, un insecte, un oiseau, ne pourra vivre s'il n'atteint des dimensions déterminées, et il ne pourra jamais dépasser certaines limites que la nature a assignées à sa croissance. Un corps brut peut aussi être toujours divisé mécaniquement, sans que pour cela les portions ainsi séparées changent de nature et perdent leurs propriétés essentielles; les diverses parties d'une même masse ne sont pas liées entre elles d'une manière nécessaire, et c'est par la pensée seulement qu'on peut admettre l'existence d'un *individu* minéral insécable. Chez les plantes et les animaux, au contraire, diverses parties réunies par la nature constituent un ensemble nécessaire à l'existence de chacune d'elles, un seul tout, un *être individuel* distinct de ce qui l'environne et ne pouvant être mutilé au delà d'un certain degré, sans cesser d'exister.

§ 8. D'autres caractères propres aux corps vivants sont fournis par leur structure intime. Toujours ils sont constitués par la réunion des parties solides et des parties liquides; celles-ci sont répandues en proportions plus ou moins considérables dans tous les points de leur masse, et les parties solides, pour contenir ces liquides, affectent la forme de lames minces ou de filaments disposés de façon à circonscrire des interstices ou cavités plus ou moins rapprochées. Une disposition semblable se rencontre dans tout corps vivant, et l'on donne à cette structure générale le nom d'*organisation*; mais, dans le Règne minéral, on ne voit jamais une texture analogue. Ce mode de conformation est une condition d'existence pour tout être vivant; on en comprendra facilement la nécessité, si l'on réfléchit un instant à ce que nous avons dit du mouvement nutritif qui constitue le phénomène le plus constant et le plus caractéristique de la vie. En effet, pour assurer à ces corps une forme quelconque, il leur fallait évidemment des parties solides; et, pour faire pénétrer dans leur tissu intime les substances étrangères destinées à y être incorporées, et pour entraîner au dehors les particules qui devaient cesser d'y appartenir, il fallait aussi des fluides, car les fluides seuls offrent dans leurs molécules assez de mobilité pour se prêter à un pareil mouvement. Ces fluides devaient pouvoir pénétrer partout où il y avait vie à entretenir, dans l'épaisseur des solides comme à leur surface, et par conséquent ces parties solides devaient nécessairement avoir une texture spongieuse et aréolaire. Il est donc impossible de concevoir l'existence d'un mouvement semblable au travail nutritif, sans un mode de structure tel que celui dont nous venons de parler, et, comme nous l'avons déjà dit, l'observation apprend que cette organisation se retrouve dans tous les êtres vivants, dans les végétaux comme dans les animaux : aussi donne-t-on à ces êtres le nom général de *corps organisés*, par opposition aux minéraux, que l'on appelle *corps inorganiques*.

§ 9. Enfin il n'est pas jusqu'à le composition élémentaire ou chimique de la matière qui n'offre des différences importantes dans le Règne minéral comparé à la grande division des êtres vivants.

Un corps brut, tel qu'une pierre ou un minéral, peut être formé uniquement par des molécules d'une même substance, simple ou élémentaire, le fer ou le soufre, par exemple, ou bien résulter de l'union de deux ou de plusieurs des éléments chimiques, dont la liste s'élève maintenant à plus de soixante. La nature ne s'est imposé à cet égard aucune restriction, et d'ordinaire, dans un corps composé minéral, elle n'associe les éléments constituants que dans des proportions très-simples.

Pour les êtres vivants, il n'en est pas de même ; ils sont toujours d'une composition chimique très-complexe, et, afin de se bien rendre compte de la nature des matériaux constitutifs de leurs corps, il faut rapporter ces matières à trois classes. En effet, parmi ces substances, les unes se rencontrent aussi dans le règne minéral, et n'offrent, chez les animaux et les plantes, rien de particulier : l'eau et divers sels sont dans ce cas, et rentrent dans la classe des *corps inorganiques*. D'autres substances, que l'on peut appeler des *matières organiques*, le sucre et l'urée, par exemple, ressemblent beaucoup aux premières par leur mode de constitution, mais ne se forment dans la nature que sous l'influence de la vie. Enfin d'autres encore, telles que l'albumine, la fibrine et la cellulose, pour lesquelles il convient de réserver le nom de *matières organisées*, ou de *matières plastiques*, de *matières viables*, ressemblent aux dernières par leur origine, mais s'en éloignent, ainsi que des corps bruts, par des caractères chimiques d'une haute importance : elles résultent toujours de l'union de trois ou quatre éléments déterminés, savoir : le carbone, l'hydrogène et l'oxygène, soit seuls, soit combinés avec un quatrième principe, l'azote ; elles sont remarquables par leur peu de stabilité et par la manière dont elles se détruisent en se putréfiant lorsqu'elles sont exposées pendant un certain temps à l'influence de l'air chaud et humide ; enfin elles diffèrent des corps bruts par leur mode de constitution moléculaire : car, ainsi que la chimie nous l'apprend, tout atome d'une matière organisée résulte de l'union d'un très-grand nombre d'atomes de divers éléments rassemblés pour le former, tandis que, dans le Règle minéral, chaque atome d'un corps composé ne contient qu'un très-petit nombre d'atomes élémentaires (1).

Or, ce sont ces matières organisées qui forment la base essentielle de toutes les parties vivantes des animaux et des plantes, qui en constituent, en quelque sorte, la trame, et les matières organiques ou minérales ne remplissent dans l'économie de ces êtres que des rôles plus ou moins secondaires. Tout corps vivant est, par conséquent, caractérisé chimiquement par la présence de ces composés particuliers de carbone, d'hydrogène et d'oxygène, ou bien d'azote uni aux trois éléments que nous venons de nommer ; car, dans le Règne minéral, on ne connaît pas de composé semblable.

§ 10. Ainsi les corps vivants diffèrent des corps inorganiques par leur composition chimique, par leur structure intime, par leur conformation générale, par leur mode d'origine, par leur mode d'existence et par leur mode de destruction. Mais, pour les caractériser, il n'est pas nécessaire d'énumérer toutes ces différences, il suffit de dire que *ce sont des êtres qui se nourrissent et se reproduisent* ; car ce sont là les phénomènes les plus remarquables et les plus généraux par lesquels la vie se manifeste.

Ce qui caractérise essentiellement les animaux et les plantes considérés collectivement, c'est donc la *vie* dont ces êtres jouissent, et la vie elle-même, réduite à sa plus simple expression, c'est la faculté de se nourrir ; mais, comme nous le verrons bientôt, elle ne se manifeste que rarement avec cette simplicité, et elle est en général la cause d'une multitude d'autres phénomènes.

§ 11. La science ne possède aucune donnée sur le *principe de la vie* ; mais, de même qu'en physique on personnifie en quelque sorte la cause de la chaleur sous le nom de calorique, bien qu'on n'en connaisse pas la nature, de même aussi, en physiologie, pour faciliter l'expression des faits, on admet l'existence d'une force spéciale comme cause des phénomènes particuliers aux êtres vivants et inexplicables d'après les lois ordinaires de la chimie ou de la physique : cette force, on la désigne sous le nom de *force vitale*, mais on ignore les lois qui la régissent. On sait seulement qu'elle ne se développe que dans des corps organisés,

(1) Ainsi 1 atome d'acide carbonique est formé par 1 atome de carbone uni à 2 atomes d'oxygène, tandis que 1 atome de l'espèce de graisse connue sous le nom de *stéarine* paraît contenir 140 atomes de carbone, 134 atomes d'hydrogène et 5 atomes d'oxygène.

et que pour qu'elle s'y manifeste, ces corps doivent être placés dans certaines conditions d'existence déterminées. Ainsi une des circonstances indispensables à la manifestation des phénomènes vitaux est la présence d'une certaine quantité d'eau dans le corps des êtres organisés. Il est des animaux et des plantes chez lesquels la vie est complétement suspendue par l'effet de la dessiccation, et se montre de nouveau dès que l'on rend à l'être, en apparence mort, l'humidité qui lui est nécessaire (1); mais dans la plupart des cas cette privation d'eau entraîne immédiatement la mort. Une autre condition d'existence pour les êtres vivants est l'influence d'une certaine température. Enfin tous ont aussi besoin de l'influence de l'air.

§ 12. **Organes.**— Du reste, la force vitale ne se manifeste que par l'intermédiaire des *organes* ou instruments plus ou moins nombreux dont l'ensemble constitue le corps de l'être vivant. Chacun des phénomènes qui se développent chez un animal ou chez une plante est le résultat de l'action d'une partie déterminée de son corps, et il existe toujours un rapport nécessaire entre la conformation de cette partie et la nature des actes qu'elle est chargée d'exécuter. Ainsi l'homme ne peut exécuter des mouvements que par l'intermédiaire de certains *organes* ou instruments appelés muscles, et ne peut avoir la connaissance de ce qui l'entoure que par l'intermédiaire des *organes* des sens, et la conformation de chacun de ces organes varie suivant ses fonctions.

§ 13. **Rapports sous lesquels on étudie les êtres vivants.** — L'étude du mode de conformation des organes d'un animal ou d'une plante constitue la branche de l'Histoire naturelle connue sous le nom d'*Anatomie*. L'étude des *fonctions* de ces êtres porte le nom de *Physiologie*.

L'Anatomie est donc la *science qui traite de la structure des corps organisés*, et la Physiologie est la *science de la vie*. Mais ces deux sciences ont entre elles les liaisons les plus étroites, car la physiologie ne peut se passer de l'anatomie, et l'anatomie à son tour perdrait tout son intérêt, si l'on voulait la séparer de la physiologie. En effet, pour comprendre le mécanisme à l'aide duquel un phénomène vital se produit, il faut avant tout connaître la disposition matérielle des organes qui en sont les instruments, et, d'un autre côté, la connaissance de la structure de ces organes n'aurait que peu d'importance, si l'on cherchait en même temps à en découvrir les usages.

(1) Cette faculté remarquable a été constatée chez les animalcules microscopiques appelés anguillules du blé, rotifères et tardigrades, ainsi que dans les graines de beaucoup de plantes.

L'anatomie et la physiologie constituent la base de l'Histoire naturelle des êtres organisés; mais ces deux sciences ne suffisent pas à la connaissance des animaux et des plantes, il faut aussi les étudier sous d'autres rapports. Ainsi, pour pouvoir distinguer entre eux tous ces corps dont le nombre est immense, il faut avoir recours à l'observation des particularités qu'ils offrent, et dont on peut se servir comme de *caractères* pour reconnaître avec certitude chacun d'entre eux. Il faut aussi, pour soulager la mémoire, les *classer* de façon à faciliter ces distinctions, et les ranger de manière à rendre significative la place que chacun d'eux occupe dans cette distribution, c'est-à-dire les grouper d'après les divers degrés de similitude ou de dissemblance qui se remarquent dans leur nature intime; car, à l'aide de classifications pareilles, on résume en peu de mots tous les points les plus importants de l'histoire des êtres vivants. La considération du mode de répartition des animaux et des plantes à la surface du globe et des lois qui président à cette distribution offre également de l'intérêt. Il en est de même des usages auxquels nous employons ces corps si variés. Enfin l'Histoire naturelle ne s'occupe pas seulement des êtres qui, aujourd'hui, vivent autour de nous, elle cherche les traces de ceux que le temps a détruits, et, par l'examen des débris fossiles qu'ont laissés dans le sein de la terre ses antiques habitants, elle arrive à la connaissance de ce qui était vivant lorsque l'homme lui-même n'existait pas encore à la surface du globe.

Ces études variées se partagent naturellement en deux branches, suivant qu'elles ont pour objet les animaux ou les plantes. On donne le nom de *Zoologie* à l'histoire du Règne animal, et celui de *Botanique* à la science qui traite des végétaux. Dans ce livre nous n'aurons à nous occuper que des animaux.

Caracteres généraux des animaux.

§ 14. **Différences entre les animaux et les plantes.** — En comparant les êtres organisés aux corps bruts, nous avons fait connaître les caractères principaux qui distinguent le Règne animal du Règne minéral; mais ces caractères appartiennent aussi au Règne végétal, car ils sont inhérents à tout ce qui vit, et en abordant l'histoire des animaux, il nous faut aussi indiquer les différences qui les séparent des plantes.

La limite entre le Règne animal et le Règne végétal n'est pas toujours aussi facile à reconnaître qu'on le croirait au premier abord, car il existe des êtres d'une grande simplicité de structure qui semblent établir le passage entre ces deux groupes, et qui embarrassent quelquefois le naturaliste lorsqu'il cherche à les classer; mais, dans l'immense majorité des cas, rien n'est plus facile que de distinguer un animal d'une plante, et les incertitudes dont nous venons de parler tiennent peut-être à l'imperfection de nos connaissances plutôt qu'à la nature des choses; aussi ne convient-il pas de nous y arrêter ici, et pouvons-nous dire d'une manière générale que les animaux diffèrent des plantes par des caractères d'une haute importance, tirés en même temps de la nature des phénomènes par lesquels la vie se manifeste chez ces êtres, de leur mode de structure et de la composition chimique des principales matières constituantes de leur corps.

§ 15. Les actes que les végétaux exécutent ont uniquement pour objet la nutrition de l'individu ou la reproduction d'individus nouveaux. Chez les animaux, la vie se manifeste sous une forme plus compliquée : à la faculté de se nourrir et de se reproduire viennent s'ajouter le pouvoir d'exécuter, sous l'influence d'un moteur intérieur, des mouvements qui tendent à un but déterminé, et la faculté de sentir ou de recevoir des impressions du dehors et d'en avoir la conscience. De là est venu le nom d'*êtres animés*, que l'on donne aux animaux, par opposition aux végétaux que l'on appelle des *êtres inanimés*.

Ainsi les VÉGÉTAUX sont des *corps qui se nourrissent et qui peuvent se reproduire, mais qui ne sentent ni ne se meuvent volontairement. Les* ANIMAUX sont des *corps qui se nourrissent, se reproduisent, sentent et se meuvent volontairement.*

Il existe aussi des différences considérables entre la manière dont s'exercent les mêmes fonctions chez les animaux et chez les plantes : ainsi les actes à l'aide desquels s'effectue la nutrition ne sont pas tous les mêmes dans les deux grandes divisions des corps vivants; mais c'est seulement en étudiant ces fonctions que nous pourrons indiquer ces dissemblances, et nous y arrêter ici serait prématuré.

§ 16. Ces différences dans les fonctions en entraînent de non moins considérables dans la conformation des organes ou instruments dont l'ensemble constitue le corps d'un animal ou d'une plante. Les animaux, étant doués d'un plus grand nombre de facultés que les végétaux, doivent nécessairement avoir des organes plus variés, et offrir par conséquent dans leur organisation une complication plus grande. Mais ce n'est pas seulement sous ce rapport que les animaux et les végétaux diffèrent anatomiquement : la structure intime des tissus constitutifs de leurs organes n'est pas la même. Les parties qui forment ces tissus, et qui sont pour ainsi dire les matériaux organiques d'un végétal, affectent essentiellement la disposition de *cellules* ou utricules pourvues de parois propres et creuses à l'intérieur. Chez les animaux, il n'en est pas de même : les tissus sont pour la plupart composés de filaments ou de lamelles qui s'entre-croisent de façon à circonscrire imparfaitement des lacunes et à constituer des masses ou des membranes plus ou moins spongieuses, mais point divisées en une multitude d'utricules indépendantes les unes des autres, comme chez les végétaux. Souvent, il est vrai, les tissus animaux en voie de formation se montrent composés d'utricules; mais, en général, cette structure, qui est permanente chez les plantes, n'est que transitoire chez les animaux, et elle ne persiste que dans un petit nombre d'organes, dans les glandes et les membranes épidermiques, par exemple.

§ 17. Enfin, aux caractères tirés des fonctions et de la structure des animaux et des plantes, il faut ajouter encore ceux fournis par la nature chimique de ces êtres. En effet, les matières organisées qui forment la base des tissus vivants sont composées de carbone, d'hydrogène et d'oxygène seulement chez les plantes (1), tandis que chez les animaux ces substances résultent de l'union de l'azote avec les trois éléments dont il vient d'être question (2). Il existe bien chez les plantes des matières azotées (3), et chez les animaux on trouve aussi des composés qui ne renferment pas d'azote (4); mais les matières organisées essentielles à la constitution des parties vivantes offrent, dans les deux Règnes, la composition chimique que nous venons d'indiquer.

Des tissus organiques des animaux et de leurs organes.

§ 18. Nous avons déjà dit que diverses substances élémentaires, mais principalement l'azote, le carbone, l'hydrogène et l'oxygène, se combinent pour produire les matières dont se compose le corps des animaux; et nous avons vu aussi que, parmi les substances ainsi constituées, il en est quelques-unes, désignées sous le nom de matières organisées, qui forment la

(1) Par exemple, la cellulose $= C^{12}H^{10}O^{10}$.

(2) Par exemple, la fibrine et l'albumine $= C^{40}H^{31}Az^{5}O^{12}$ combiné avec un peu de soufre et de phosphore.

(3) Par exemple, le gluten qui se trouve dans la farine.

(4) Par exemple, les graisses.

base essentielle de toutes les parties solides animées par le mouvement vital. Ces matières plastiques sont moins variées qu'on ne pourrait le supposer; car chez tous les animaux, la trame de ces parties vivantes paraît être composée principalement d'une substance nommée *albumine*, ou de *fibrine*, qui n'est probablement que de l'albumine légèrement modifiée. Toutes les parties solides du corps animal se ressemblent aussi par la présence d'une proportion considérable d'eau qui est interposée entre leurs molécules, et qui contribue puissamment à leur donner la flexibilité, la mollesse et les autres propriétés physiques nécessaires pour qu'elles remplissent les fonctions auxquelles elles sont destinées dans l'économie. Mais le mode de texture des solides ainsi constitués varie beaucoup, et l'on donne le nom de *tissus organiques* à ces parties qui à leur tour se réunissent pour constituer les organes et qui en sont, pour ainsi dire, les matériaux.

§ 19. Les principaux tissus organiques des animaux sont au nombre de quatre, savoir : les tissus cellulaire, utriculaire, musculaire et nerveux.

Le *tissu utriculaire* est composé de cellules microscopiques, à parois propres, qui ressemblent à de petites vessies, et qui sont quelquefois libres, mais le plus ordinairement accolées entre elles, soit directement, soit par l'intermédiaire d'une substance amorphe. Tantôt ces vésicules sont arrondies ou allongées en forme de cylindre ou de cône et remplies de matières molles ou fluides de natures particulières, de graisse par exemple ; d'autres fois elles s'aplatissent et se dessèchent de façon à présenter l'apparence de petites lamelles. Les différentes surfaces libres de l'organisme, soit la surface extérieure du corps, soit la surface des cavités dont celui-ci est creusé, sont en général revêtues par une couche plus ou moins épaisse de ce tissu utriculaire, et souvent l'espèce de pellicule ainsi constituée est garnie d'une multitude de petits prolongements filiformes qui ressemblent aux poils d'une brosse, mais qui sont très-flexibles et qui exécutent des mouvements flabelliformes. On désigne ces appendices microscopiques sous le nom de *cils vibratiles*.

Fig. 1 (1).

D'autres fois la substance qui entoure les utricules dont

(1) Cellules libres ou faiblement agrégées et grossies 300 fois. — *a*, petites cellules contenant chacune un noyau ; — *b*, grandes cellules montrant dans leur intérieur une matière granuleuse aussi bien qu'un noyau ; — *c*, noyaux libres.

nous venons de parler se prolonge en forme de longs filaments

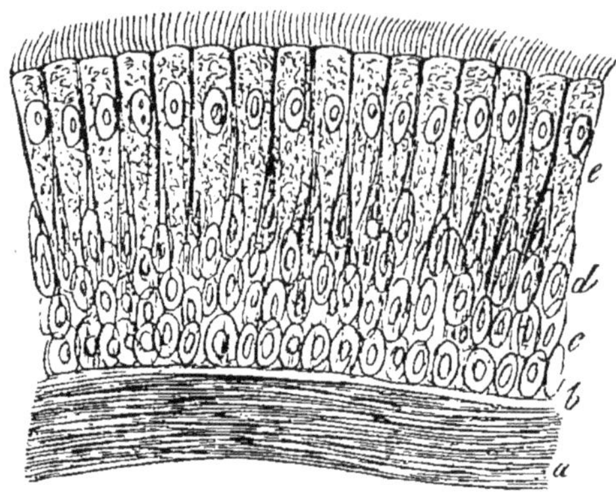

FIG 2. (1)

qui, se réunissant par leurs extrémités, constituent une sorte

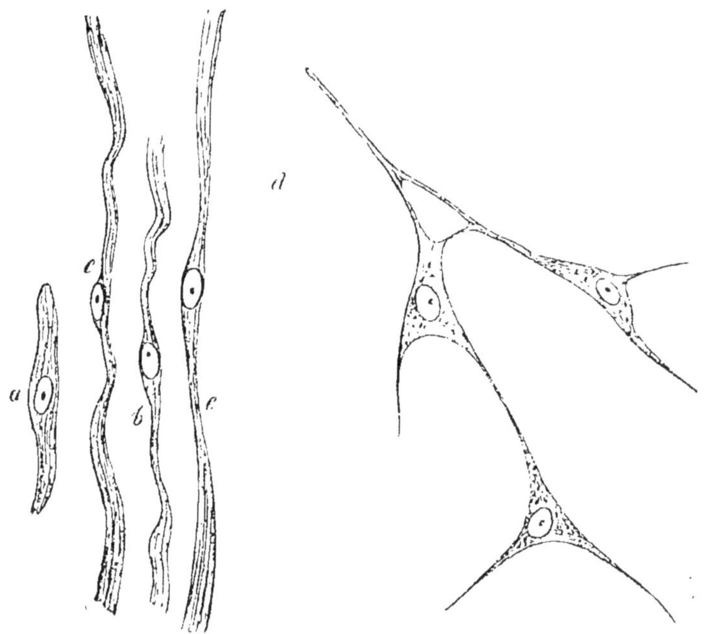

FIG. 3. (2)

de trame aréolaire et spongieuse appelée *tissu connectif* ou *tissu*

(1) Portion de l'épithélium ou revêtement cellulaire de la membrane qui tapisse la trachée de l'homme. — *a*, couche de fibres élastiques qui portent l'épithélium ; — *b*, couche de substance amorphe ; — *c*, cellules en voie de développement et encore arrondies ; — *d*, cellules allongées ; — *e*, cellules très-allongées et portant des cils vibratiles.

(2) Parties élémentaires du tissu connectif vues au microscope. — *a*, *b*, *c*, cellules

cellulaire. Ce tissu est une substance blanche, demi-transparente et très-élastique, qui se compose de filaments et de petites lamelles plus ou moins consistants et mêlés irrégulièrement de façon à laisser entre eux des lacunes ou espaces vides de forme et de grandeur variables. Ces cellules ou lacunes n'ont que des parois incomplètes et ne sont séparées entre elles que par une espèce de feutrage formé des brides dont il vient d'être question ; aussi communiquent-elles toutes entre elles et peuvent-elles livrer facilement passage aux fluides qui tendent à les traverser ; enfin, elles sont toujours imbibées d'un liquide aqueux chargé de particules albumineuses, qui a reçu le nom de *sérosité*.

Ce tissu connectif, appelé aussi *tissu conjonctif*, est de tous les matériaux constitutifs de nos organes le plus universellement répandu. Chez quelques animaux des plus simples, il paraît former la presque totalité du corps, et chez ceux qui ont, ainsi que l'homme, la structure la plus compliquée, ce même tissu existe en couches plus ou moins épaisses entre tous les organes ; il occupe les interstices que ceux-ci laissent entre eux, et il s'étend dans l'épaisseur de leur substance où il sert à réunir les diverses parties dont ils se composent, comme à leur surface il sert à lier entre eux les divers appareils de l'économie ; il est en quelque sorte la gangue de tous les organes, et en se modifiant de diverses manières il donne naissance à des membranes et à une foule d'autres tissus secondaires.

Le *tissu musculaire* constitue ce qu'on nomme vulgairement la *chair* des animaux : il est l'agent producteur de tous leurs mouvements, et consiste toujours en fibres susceptibles de se raccourcir. Quelquefois ces fibres sont, pour ainsi dire, disséminées dans la substance des organes ; d'autres fois elles sont rassemblées en masses, et forment des *muscles* ; mais, quelle que soit leur disposition, on les distingue toujours par leur faculté contractile, et dans le corps de l'homme, de même que chez la plupart des animaux, on les rencontre partout où il y a des mouvements à exécuter.

Le *tissu nerveux* est une matière molle et ordinairement blanchâtre, qui constitue le cerveau et les nerfs, et qui est le siége de la faculté de sentir ; en traitant des fonctions de relation, nous aurons l'occasion d'en étudier les propriétés et les usages.

Les autres tissus organiques qui concourent avec les précé-

dont la substance enveloppante s'allonge en filaments et se subdivise ensuite en fibrilles ; — *d*, trame aréolaire formée par la jonction de prolongements fibrillaires de cette espèce.

dents à former les diverses parties du corps des animaux sont les membranes désignées par les anatomistes sous les noms de *membranes séreuses* et *muqueuses*, les diverses variétés du *tissu fibreux*, les *aponévroses*, les *tendons*, les *cartilages*, le *tissu osseux*, etc.; mais, ces tissus ne sont que des modifications du tissu utriculaire ou du tissu connectif, qui tantôt, comme dans les membranes séreuses, s'étend en grandes lames minces et lisses, tantôt, comme dans les aponévroses, s'enrichit d'une multitude de fibrilles élastiques et, d'autres fois, comme dans les cartilages et dans le tissu osseux, se charge de produits organiques particuliers qui en remplissent les interstices, ou se solidifie par

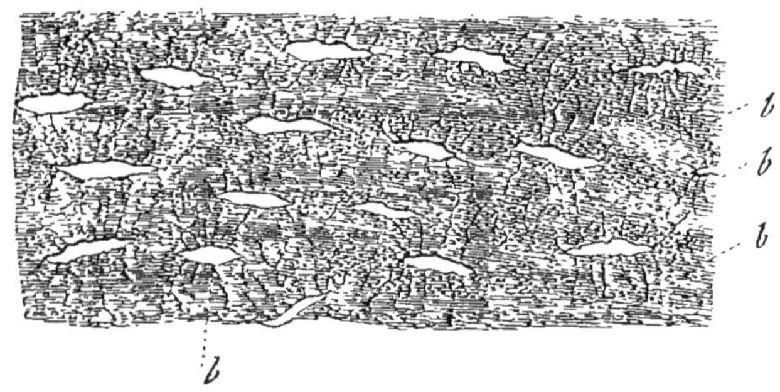

Fig. 4. (1)

le dépôt de matières minérales dans les mailles de sa substance. Quant à l'étude plus approfondie de ces tissus, elle trouvera sa place dans la suite de ce cours.

§ 20. Ces tissus, diversement combinés et affectant des formes particulières, constituent les différents *organes* ou instruments à l'aide desquels les facultés des animaux s'exercent.

Lorsque plusieurs organes concourent à produire un phénomène, on désigne cet assemblage d'instruments sous le nom d'*appareil*, et l'on appelle *fonction* l'action d'un de ces organes isolés ou de l'un de ces appareils. On dit, par exemple, *appareil de la locomotion*, pour désigner l'ensemble des *organes* qui servent à transporter l'animal d'une place à une autre, et *fonction de la locomotion*, pour désigner l'action de toutes ces parties.

Ainsi que nous l'avons déjà dit, la manière dont un organe ou un appareil fonctionne dépend de sa conformation, en sorte que

(1) Tissu osseux vu au microscope. — *b*, *b*, cellules donnant naissance à des prolongements rameux; — *a*, *a*, matière osseuse qui occupe les intervalles entre les cellules radiées, et qui est formée par du phosphate calcaire uni à une matière organique analogue à celle dont se composent les cartilages.

la structure des animaux varie autant que leurs facultés et leur genre de vie. Chez ceux dont les facultés sont les plus bornées, les organes dont l'ensemble constitue le corps présentent le moins de diversité ; tandis que chez ceux dont les fonctions sont plus variées et chez lesquels la vie est, pour ainsi dire, plus parfaite, les organes se multiplient aussi, et le corps offre une structure plus compliquée.

Classification des fonctions des animaux.

§ 21. Les fonctions des animaux se rapportent à deux objets, la conservation de l'individu et la conservation de sa race ; mais, parmi les premières, il est une distinction importante à établir : les unes servent à assurer l'entretien et l'accroissement du corps; les autres, à mettre l'animal en relation avec les êtres qui l'environnent.

Il en résulte que les fonctions ou actes de ces êtres peuvent se diviser en trois grandes classes, savoir : les *fonctions de nutrition*, les *fonctions de relation* et les *fonctions de reproduction*. Les fonctions de nutrition et de reproduction, ainsi que nous l'avons déjà vu, sont communes aux plantes et aux animaux ; aussi leur donne-t-on le nom collectif de *fonctions de la vie végétative*; mais les fonctions de relation n'existent que chez ces derniers et constituent ce que les physiologistes appellent la *vie animale*.

Chacune de ces grandes divisions physiologiques se subdivise à son tour en plusieurs séries de phénomènes qui tendent bien à un même but final, mais qui sont plus ou moins distinctes entre elles ; enfin, chacun de ces phénomènes est en général le résultat de l'action de plusieurs agents. Ainsi, la *nutrition* d'un animal, par exemple, ne s'effectue que par le concours de diverses fonctions, telles que la digestion, la circulation, la respiration, etc. Le travail digestif, à son tour, se compose d'un nombre plus ou moins considérable d'actes distincts, la mastication, la déglutition, la transformation des aliments en chyme, la production du chyle ou extraction des parties essentiellement nutritives contenues dans le chyme, l'absorption de ces matières et l'expulsion du résidu alimentaire désormais inutile dans l'économie. Enfin, cette mastication, cette déglutition, et tous ces actes que nous venons d'énumérer, sont eux-mêmes le résultat de divers phénomènes particuliers, tels que le mouvement musculaire, dont dépendent le rapprochement et l'écartement alternatif des mâchoires, et la production des sucs propres à modifier la constitution des aliments.

§ 22. Du reste, rien n'est plus varié que la manière dont les diverses fonctions des animaux s'exercent, et, comme la structure de leurs organes est toujours en harmonie parfaite avec les usages auxquels la nature les a destinés, il existe aussi une variété étonnante dans le mode d'organisation de ces êtres. Chez les uns, les facultés sont des plus bornées et la structure est des plus simples; chez d'autres, cette structure offre une complication extrême, et la vie se manifeste par les phénomènes les plus variés. A mesure que nous avancerons dans l'étude des fonctions des animaux, nous aurons à signaler cette diversité, et, si le temps nous le permettait, nous pourrions aussi, à chaque pas, donner de nouvelles preuves de l'accord admirable qui règne entre le mode d'organisation de chacun de ces êtres et son mode d'existence ; mais c'est après avoir passé en revue toutes les fonctions, que nous nous arrêterons sur ces considérations, car c'est alors seulement que nos lecteurs pourront en saisir toute la portée.

Nous allons donc aborder maintenant l'étude des principales fonctions des animaux, et nous nous occuperons d'abord de celles qui ont pour objet le maintien de la vie de l'individu, c'est-à-dire des fonctions de nutrition.

HISTOIRE

DES PRINCIPALES FONCTIONS DES ANIMAUX.

1° DES FONCTIONS DE NUTRITION.

§ 23. La nutrition des êtres vivants, ainsi que nous l'avons déjà dit, consiste principalement dans l'introduction de certaines matières étrangères jusque dans la profondeur des tissus dont l'ensemble constitue le corps, et l'emploi de ces matières, soit à la formation des tissus nouveaux, soit à l'entretien d'une sorte de combustion lente qui a lieu dans l'intérieur des animaux et détermine sans cesse la destruction d'une certaine quantité de matière organique, combustion dont les produits, devenus inutiles ou même nuisibles à l'économie, sont expulsés de l'organisme. Il est donc évident que la première condition nécessaire à la production de ces phénomènes intérieurs de composition et de décomposition moléculaires est la faculté d'*absorber* les matières étrangères, c'est-à-dire de s'en laisser pénétrer, de les attirer du dehors et de les admettre jusque dans la profondeur des organes. L'*absorption*, en effet, est une fonction commune à tous les êtres vivants.

§ 24. Chez les plantes, cette seule faculté suffit à l'introduction de toutes les matières nécessaires à la nutrition de ces êtres, et c'est directement qu'ils puisent autour d'eux tout ce qui doit pénétrer dans la substance de leurs organes ; mais, chez les animaux, il n'en est pas de même. Ceux-ci admettent bien de la sorte une partie des matériaux nouveaux qu'ils doivent employer à l'entretien de leur organisme ; mais ils ne trouvent pas autour d'eux la totalité de ces matériaux tout préparés, et ils ont besoin d'approprier à leur usage la plupart des matières nutritives avant que de les absorber. Ce travail préliminaire, cette préparation des substances alimentaires nécessaire à leur introduction dans l'économie animale par la voie de l'absorption, constitue le phénomène de la *digestion* et peut être signalé comme un des traits distinctifs des animaux comparés aux plantes.

§ 25. C'est donc par absorption que les matières puisées directement au dehors ou préparées par le travail digestif sont admises dans l'intérieur de l'économie animale, où elles se mêlent aux humeurs du corps. Ces liquides les répandent ensuite partout où elles doivent pénétrer : quelquefois ce transport ne se fait qu'avec lenteur et ne s'effectue que par imbibition, c'est-à-dire par l'effet d'un phénomène intérieur analogue à celui qui a déterminé leur introduction dans le corps, c'est-à-dire l'absorption ; mais, chez presque tous les animaux, la distribution rapide et régulière des matières nutritives dans toutes les parties de l'économie est assurée par l'existence de courants qui parcourent sans cesse tout le corps et qui servent en même temps à entraîner au loin les molécules éliminées de la substance des organes par le travail nutritif. Ce mouvement du fluide nourricier est déterminé par l'action d'un appareil plus ou moins compliqué et constitue une troisième grande fonction de nutrition, celle de la *circulation du sang*.

§ 26. Les substances nutritives qui pénètrent ainsi dans toutes les parties de l'économie animale ne suffiraient pas pour l'entretien de la vie. Ce sont bien des matières combustibles qui peuvent servir à former des tissus et à alimenter l'espèce de combustion lente dont l'organisme, avons-nous dit, est toujours le siége ; mais, pour que cette combustion elle-même puisse s'effectuer, il faut aussi de l'oxygène. Or, les animaux trouvent en abondance ce principe comburant dans l'atmosphère, et, à l'aide des rapports qui s'établissent entre l'air et leurs fluides nourriciers, ils en absorbent sans cesse. C'est par la même voie que les animaux se débarrassent d'une portion des matières ainsi brûlées dans l'organisme, et toute cette série de phénomènes constitue un travail physiologique particulier auquel on donne le nom de *respiration*.

§ 27. Les produits de la combustion respiratoire, de même que les matières éliminées des tissus par suite du renouvellement de molécules inhérent au mode d'accroissement des êtres vivants; ces matières, qui sont devenues en quelque sorte étrangères à l'économie, ne doivent pas y demeurer, et, pour que leur sortie soit possible, il est évident que les animaux, de même que les plantes, doivent être le siége d'un phénomène inverse de l'absorption. C'est effectivement ce qui a lieu. Mais la manière dont les *excrétions* s'effectuent n'est pas identique : tantôt c'est un simple passage, en quelque sorte mécanique, des matières les plus fluides des humeurs qui s'échappent au dehors ; d'autres fois c'est un travail chimique qui opère la séparation de liquides particuliers dont la nature diffère essentiellement de celle du fluide nourricier qui les fournit. On donne au premier de ces phénomènes le nom d'*exhalation*, et au second celui de *sécrétion* ; et c'est par ces deux voies que l'économie élabore les sucs particuliers nécessaires à l'exercice de diverses fonctions, en même temps qu'elle se débarrasse de tout ce qui lui est inutile.

§ 28. Enfin la création de la matière vivante destinée à augmenter la masse des tissus ou à remplacer les parties détruites est un travail que le physiologiste ne doit confondre avec aucun des phénomènes précédents : c'est l'acte par lequel l'organisme fixe dans son intérieur une matière étrangère, organise cette matière, et y développe des propriétés vitales : on le désigne sous le nom d'*assimilation*.

Ainsi les fonctions de nutrition consistent essentiellement dans l'absorption, la digestion, la circulation, la respiration, l'exhalation, les sécrétions et l'assimilation. Ce sont, par conséquent, ces grands actes de la vie végétative que nous devons maintenant étudier successivement.

DE L'ABSORPTION.

§ 29. L'absorption est l'acte par lequel les êtres vivants pompent, en quelque sorte, et font pénétrer dans la masse de leurs humeurs les substances qui les environnent, ou qui sont déposées dans l'intérieur de leur corps.

Pour constater l'existence de cette faculté absorbante, il suffit d'un petit nombre d'expériences. Si l'on plonge dans l'eau le corps d'une grenouille de façon que le liquide ne puisse s'introduire dans la bouche de l'animal, on trouve néanmoins qu'au bout d'un certain temps son poids augmente : or, cette augmentation, qui, dans des circonstances favorables, s'élève jusqu'au tiers du poids total de l'animal, ne peut évidemment dépendre que de l'*absorption* de l'eau par la surface extérieure du corps.

Si l'on introduit une quantité connue d'eau dans l'estomac d'un chien et qu'à l'aide de deux ligatures on ferme toutes les ouvertures qui font communiquer la cavité de cet organe avec d'autres parties, le liquide n'en disparaîtra pas moins au bout de peu de temps ; car il sera *absorbé* par les parois de l'estomac et se mêlera ainsi au sang.

Il n'existe cependant, à la surface de la peau ou de l'estomac, ni pores (1) ni ouvertures quelconques qui conduisent directement dans les vaisseaux sanguins, et qui servent au passage des liquides absorbés. Mais les tissus qui forment ces organes, de même que ceux de toutes les autres parties du corps, ont une structure plus ou moins spongieuse et sont tous plus ou moins *perméables* aux liquides.

En effet, dans le corps vivant comme sur le cadavre, ces tissus s'imbibent toujours des fluides qui les baignent et se laissent traverser par eux avec plus ou moins de facilité.

§ 30. **Mécanisme de l'absorption.** — La perméabilité des parties solides des corps organisés suffit pour nous faire comprendre comment l'absorption est possible. A l'aide de cette propriété des tissus vivants, les liquides peuvent avoir accès partout ; mais elle ne saurait les y appeler, et, pour qu'ils pénètrent dans l'intérieur des organes, il faut nécessairement qu'ils soient sollicités à le faire par une force quelconque.

L'attraction capillaire (2) contribue puissamment à produire

(1) Les pores que l'on aperçoit à la surface de la peau ne traversent pas cette membrane, et ne conduisent que dans de petites cavités logées dans son épaisseur et servant à sécréter diverses humeurs ou à former les poils ; en traitant du toucher, nous aurons l'occasion de revenir sur la structure de la peau.

(2) On donne, en physique, le nom d'*attraction capillaire* à l'attraction qui se manifeste entre les liquides et les parois d'un tube très-étroit ou la surface d'un corps quelconque qui s'y trouve plongé en partie, et qui détermine l'élévation de la portion du liquide ainsi influencé au-dessus de son niveau primitif ou bien son abaissement. Cette force devient surtout évidente dans l'intérieur de tubes de très-petite dimension, et détermine l'ascension du liquide toutes les fois que celui-ci peut mouiller les parois du tube, et présente, par conséquent, dans son intérieur, une surface concave. C'est par

cette imbibition ; mais elle n'est pas la seule force qui agisse dans ce sens, et, pour se former une idée exacte du mécanisme à l'aide duquel les liquides pénètrent dans la substance des tissus organiques, il est nécessaire de connaître un phénomène très-curieux, découvert par Dutrochet et désigné par ce naturaliste sous le nom d'*endosmose.*

Dutrochet a constaté que, si l'on renferme de l'eau gommée dans un petit sac membraneux surmonté d'un tube et baigné par de l'eau pure (fig. 5), ce dernier liquide pénètre dans l'intérieur de l'appareil et s'élève dans le tube à une hauteur considérable. Il y a donc ici une véritable absorption, et la force qui la détermine agit souvent avec assez d'énergie pour faire équilibre à une colonne d'eau de plusieurs centimètres. En plaçant, au contraire, de l'eau gommée ou sucrée au dehors du sac membraneux, et de l'eau pure dans son intérieur, le passage a lieu en sens inverse, et le sac, au lieu de se remplir, se vide.

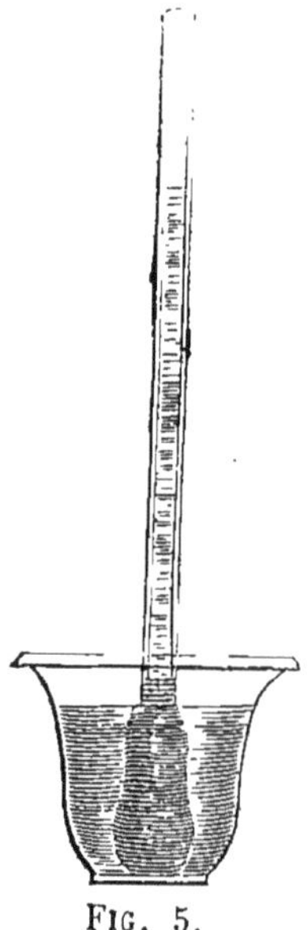

Fig. 5.

Ce phénomène a la plus grande analogie avec l'absorption qui s'opère chez les êtres vivants, et l'explication en est facile à trouver. Nous avons vu que les membranes organiques, de même que tous les corps spongieux ou poreux, se laissent traverser par les liquides; mais la facilité avec laquelle ce transport a lieu varie suivant que ces liquides sont plus ou moins fluides et mouillent plus ou moins facilement ces espèces de filtres. Si les deux liquides, placés l'un dans l'intérieur et l'autre à l'extérieur de la poche membraneuse, pouvait traverser avec la même rapidité les parois de cette cavité, ils se mêleraient également, et le même niveau s'établirait en dedans et au dehors de l'instrument. Mais si le liquide extérieur traverse plus facilement les parois du sac que le liquide intérieur et, en se mêlant à celui-ci, perd de sa fluidité, le courant de dehors en dedans sera plus rapide que le courant en sens contraire, et le liquide s'accumulera dans l'intérieur de l'appareil. Or, c'est ce qui a lieu quand il y a endosmose; l'eau qui baigne le sac renfermant l'eau gommée filtre facilement à travers les parois de cette cavité, et, lorsqu'elle

'effet de la capillarité que l'huile monte dans la mèche d'une lampe, et que l'eau se répand rapidement dans toutes les parties d'un morceau de sucre dont la partie inférieure seulement est plongée dans le liquide.

est arrivée dans son intérieur; elle s'unit à la gomme et forme ainsi un liquide nouveau, dont le passage à travers ces mêmes parois est d'autant plus difficile, que la quantité de gomme est plus considérable : elle doit donc s'y accumuler et s'élever dans le tube vertical qui communique avec le réservoir membraneux.

§ 31. Les corps organisés qui absorbent du dehors les liquides dont ils sont entourés sont placés dans les mêmes conditions que le sac membraneux dont nous venons de parler : il est donc à présumer que, dans tous les cas, les mêmes effets sont dus à des causes analogues, et que la force principale qui détermine le passage des substances absorbées à travers les membranes vivantes est la même que celle dont dépend le phénomène de l'endosmose.

§ 32. **Organes de l'absorption.** — Dans certains animaux des classes inférieures, ceux dont la structure est la moins compliquée et les facultés les plus bornées, l'absorption ne consiste que dans l'espèce d'imbibition dont nous venons de parler. C'est par le même mécanisme que les substances étrangères traversent l'épaisseur des parties solides avec lesquelles elles sont en contact pour aller se mêler aux liquides dont les aréoles de ces organes sont remplies, qu'elles se répandent ensuite dans le reste du corps et qu'elles pénètrent dans la profondeur de tous les tissus. Chez les animaux dans lesquels il se fait une circulation régulière, l'absorption proprement dite, ou le passage des substances étrangères du dehors dans l'intérieur de l'économie, s'effectue toujours de la même manière que chez les êtres moins parfaits; mais, du moment que ces substances, en traversant de la sorte les tissus, pénètrent dans les vaisseaux dont ceux-ci sont creusés, et qu'elles s'y mêlent aux sucs nourriciers du corps, les choses se passent tout autrement : car, au lieu de continuer à se répandre de proche en proche dans les diverses parties par l'effet de l'imbibition, elles sont entraînées par des courants plus ou moins rapides et distribuées immédiatement dans tous les points où le sang lui-même pénètre. On voit donc que l'absorption de ces matières et leur transport dans l'intérieur de l'économie ne sont plus un acte unique, mais se composent de deux séries de phénomènes parfaitement distincts : les uns, purement locaux, consistent dans l'imbibition des tissus et dans le mélange des matières absorbées avec les humeurs contenues dans les vaisseaux de ces parties; les autres, dépendants d'une circulation générale, consistent dans le transport de ces mêmes substances dans les parties éloignées de celles où elles avaient d'abord pénétré.

§ 33. Chez tous ces êtres, l'agent principal à l'aide duquel ce transport s'effectue est le sang, qui traverse les organes où l'absorption a lieu, et qui retourne par les veines vers le cœur, pour se porter ensuite de nouveau dans l'épaisseur des divers tissus. Il s'ensuit que, chez les animaux pourvus d'un système circulatoire, les veines jouent un rôle très-important dans l'absorption, et que, dans l'immense majorité des cas, c'est par leur intermédiaire que les liquides dont un point circonscrit du corps est imbibé se répandent dans toute l'économie.

§ 34. Chez un grand nombre d'animaux, c'est seulement par l'intermédiaire des vaisseaux sanguins que l'absorption s'effectue ; mais, chez l'homme et la plupart des autres animaux dont l'organisation est la plus compliquée, il existe un autre système de canaux qui servent au même usage, et qui paraissent être spécialement destinés à absorber certaines substances déterminées. C'est l'appareil des *vaisseaux lymphatiques*.

On donne ce nom à des canaux qui naissent par des radicules extrêmement déliées dans la profondeur des divers organes, et qui, après s'être réunis en troncs plus ou moins gros, vont enfin déboucher dans les veines. Leurs parois sont transparentes et d'une grande délicatesse ; ils communiquent fréquemment entre eux par des anastomoses (1), et se réunissent successivement de façon à constituer des branches plus grosses, lesquelles se joignent à leur tour pour former des troncs d'un diamètre de plus en plus considérable. Chez l'homme et les autres mammifères, on en trouve dans presque toutes les parties du corps, soit sous la peau, soit plus profondément, et la plupart de ces vaisseaux se terminent dans un gros tronc nommé *canal thoracique* (voyez fig. 6), qui remonte dans l'abdomen et le thorax, au devant de la colonne vertébrale, et va déboucher dans une grosse veine située près du cœur, à gauche de la base du cou, et appelée *veine sous-clavière gauche*. Mais d'autres s'ouvrent isolément dans la veine du côté opposé du cou, ou même quelquefois dans divers vaisseaux sanguins situés plus près de leur origine. Pendant leur trajet, on les voit passer à travers de petits organes irrégulièrement arrondis et situés aux aisselles, au pli de l'aine, au cou, dans la poitrine et dans l'abdomen. La structure et les usages de ces corps sont encore peu connus : on les appelle *ganglions lymphatiques*. Enfin, dans l'intérieur des vaisseaux lymphatiques, il existe un grand nombre de replis transversaux qui remplissent les fonctions de valvules, et qui s'opposent au reflux du liquide contenu dans leur cavité.

(1) On désigne sous le nom d'*anastomose*, l'*abouchement* ou communication directe de deux vaisseaux entre eux.

On a constaté l'existence des vaisseaux lymphatiques chez les oiseaux, les reptiles, les batraciens et les poissons, aussi bien que

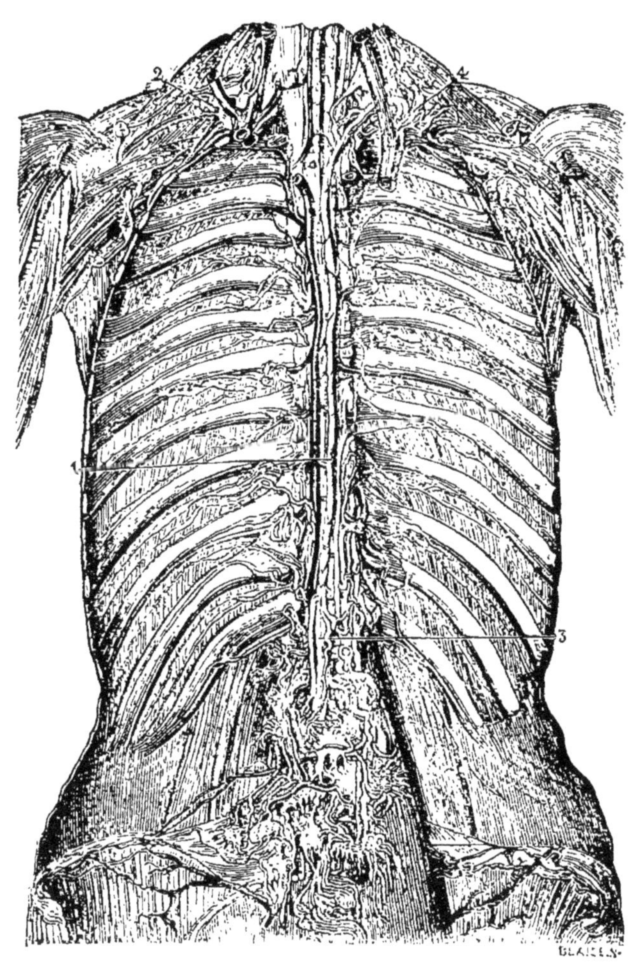

Fig. 6. — Canal thoracique (1).

chez l'homme et les autres mammifères. Chez divers reptiles et chez les batraciens, tels que la grenouille, cet appareil offre

(1) Cavité thoracique et partie supérieure de l'abdomen de l'homme ouvert pour en montrer la paroi postérieure. — 1. Le canal thoracique appliqué contre la colonne vertébrale et placé à côté de la veine azygos. — 3. Origine de ce canal qui naît des vaisseaux chylifères et des ganglions lymphatiques de l'abdomen. — 4. Terminaison du canal thoracique dans la veine sous-clavière gauche, près de la jonction de ce vaisseau avec la veine jugulaire à la base du cou. — 2. Grands vaisseaux lymphatiques venant du côté gauche de la tête et du bras du même côté, pour aller déboucher dans les veines jugulaire et sous-clavière gauches. (Figure tirée du *Traité d'anatomie humaine*, par M. Sappey.)

même une structure plus compliquée que chez les animaux supérieurs, car les vaisseaux lymphatiques sont en communication avec un certain nombre de réservoirs contractiles, qui battent d'une manière régulière, et qui peuvent être considérés comme des espèces de cœurs lymphatiques.

§ 35. Le liquide contenu dans le système des vaisseaux lymphatiques porte le nom de *lymphe*. Lorsqu'il n'est pas mêlé aux produits de la digestion, il est légèrement jaunâtre et transparent; examiné au microscope, on y découvre des globules incolores qui paraissent être sphériques et qui sont plus petits que les globules rouges dont nous aurons bientôt à signaler l'existence dans le sang; abandonné à lui-même, il se coagule à peu près comme ce dernier liquide, mais avec moins de force; enfin, soumis à l'analyse chimique, il se montre composé d'eau, d'albumine, de fibrine et de divers sels.

On ne sait que peu de chose sur les mouvements de la lymphe dans l'intérieur des vaisseaux lymphatiques : ainsi que nous le verrons en étudiant la digestion, ce liquide remonte quelquefois avec beaucoup de force dans le canal thoracique, et en dernier résultat il va toujours se mêler au sang dans les grosses veines situées près du cœur.

§ 36. Rien n'est plus facile que de démontrer l'absorption qui a lieu dans certains organes par l'intermédiaire des vaisseaux lymphatiques : pour le faire, il suffit d'ouvrir l'abdomen d'un animal dont la digestion est en pleine activité; car on trouve alors tous les vaisseaux lymphatiques des intestins gorgés d'un liquide blanc et opaque comme du lait, qui provient des matières alimentaires, tandis que chez un animal à jeun ils paraissent presque vides et incolores.

L'absorption qui a lieu directement par les veines est également prouvée par les expériences faites sur les animaux vivants, et l'on a même constaté de la sorte que c'est par l'intermédiaire de ces vaisseaux que la plupart des matières absorbées pénètrent dans l'économie; les vaisseaux lymphatiques servent principalement à l'introduction des produits nutritifs élaborés par la digestion, et probablement aussi à l'absorption du résidu fourni par le travail nutritif dans la profondeur de toutes les parties de l'économie.

§ 37. **Circonstances qui influent sur l'absorption.** — D'après ce que nous avons dit du mécanisme de l'absorption, on comprendra facilement quelles sont les principales circonstances qui doivent influer sur la marche de cette fonction.

Ainsi, la première condition de toute absorption étant la perméabilité des tissus interposés entre la substance qui doit être absorbée et les liquides qui serviront à en effectuer le transport, il est évident que, *toutes choses égales d'ailleurs, ce phénomène doit être d'autant plus rapide, que ce tissu lui-même offre une texture plus lâche et plus spongieuse.*

Un autre principe également facile à déduire des faits déjà exposés, c'est que, *toutes choses égales d'ailleurs, la rapidité de l'absorption doit être en raison du degré de vascularité du tissu qui en est le siége.*

En effet, la texture lâche et spongieuse des solides organiques est, de toutes les propriétés physiques, celle qui doit faciliter le plus l'imbibition, et les veines étant la route principale par laquelle les substances absorbées se répandent au loin dans l'économie, l'influence du nombre plus ou moins grand de ces vaisseaux et de leur grosseur est trop évidente pour nécessiter aucun commentaire.

Dans la plupart des cas, ces deux lois suffisent déjà pour nous fournir l'explication des différences énormes que l'on remarque dans la rapidité avec laquelle l'absorption s'effectue dans diverses parties du corps ; elles pourraient même nous faire prévoir ces différences d'après la seule considération de la disposition anatomique de nos organes.

Ainsi, les poumons, dont nous ferons connaître plus tard la structure et les fonctions, sont, de toutes les parties de l'économie, celle dont la structure est la plus spongieuse et dont le système vasculaire est le plus développé. Il s'ensuit que l'absorption doit être plus rapide dans ces organes que partout ailleurs ; et c'est effectivement le résultat auquel on est arrivé par l'expérience.

La substance molle et blanchâtre que l'on trouve entre tous les organes, et que l'on nomme le *tissu cellulaire* ou *conjonctif*, est aussi très-perméable aux liquides ; mais on y trouve bien moins de vaisseaux sanguins que dans le tissu du poumon : aussi l'absorption s'y fait-elle avec moins de vitesse que dans ces organes, sans laisser cependant que d'être encore très-rapide.

La peau présente, au contraire, une texture très-dense, et sa surface est recouverte d'une espèce de vernis peu perméable formé par l'épiderme ; en général, les vaisseaux sanguins y sont également petits et peu nombreux ; et, comme on pouvait s'y attendre d'après cette disposition anatomique, l'absorption ne s'y fait que très-difficilement. Le peu de perméabilité de l'épiderme nous explique aussi pourquoi on peut manier sans danger la plupart des poisons les plus violents, pourvu toutefois que la peau des mains soit intacte, car alors l'absorption est à peu près nulle; tandis que les accidents les plus graves peuvent être le résultat du contact de ces mêmes substances sur un point où la peau est entamée par une coupure ou seulement dépouillée de son épiderme.

Une autre circonstance qui exerce aussi une influence très-considérable sur la rapidité de l'absorption, c'est l'état de *pléthore* (1) plus ou moins grand de l'animal.

La quantité de liquide qui peut être contenue dans le corps d'un animal vivant a des limites, de même que le degré de dessiccation compatible avec la vie. Or, *plus le corps approche de son point de saturation, plus les liquides éprouvent de difficulté pour pénétrer dans son intérieur.*

Ainsi, que l'on administre à deux chiens des doses égales d'un poison dont les effets ne se manifestent qu'après son absorption, et que, préalablement à cette opération, on diminue la masse des humeurs, chez l'un de ces animaux, au moyen d'une saignée copieuse, tandis que, chez l'autre, on augmente le volume des liquides contenus dans le corps par l'injection d'une certaine quantité d'eau dans les veines : l'empoisonnement aura lieu, chez le premier, avec plus de rapidité que dans les cas ordinaires, et, chez le dernier, les symptômes qui dénotent l'absorption du poison ne se montreront qu'après un temps bien plus long.

Enfin, la nature des substances absorbées influe aussi sur la promptitude avec laquelle elles pénètrent dans l'épaisseur des tissus et sont portées dans le torrent de la circulation. En thèse générale, on peut dire que, toutes choses égales d'ailleurs, l'absorption est d'autant plus rapide, que les liquides sont moins denses et mouillent plus facilement les tissus : pour les solides, il faut tenir compte, en premier lieu, de leur degré de solubilité, et ensuite des propriétés physiques des dissolutions qu'ils forment.

DE LA DIGESTION.

§ 38. Une des principales voies par lesquelles s'effectue l'absorption des matières nécessaires à la nutrition des animaux est une cavité ouverte au dehors et servant en même temps à la préparation que diverses de ces matières doivent subir pour devenir

(1) Le mot *pléthore* (πληθώρα, πλήθω, je remplis) est employé pour indiquer l'état de plénitude du système vasculaire.

propres à être ainsi absorbées. Ce travail préalable constitue, comme nous l'avons déjà dit, le phénomène de la DIGESTION.

§ 39. **Aliments.** — On pourrait donner le nom d'*aliments* à toutes les substances qui, introduites dans le corps d'un être vivant, servent à son accroissement ou à la réparation des pertes qu'il éprouve continuellement par l'effet de la combustion respiratoire ou autrement; mais, en général, on restreint davantage le sens de ce mot, et on ne l'applique qu'aux matières qui ne sont absorbées et ne servent à la nutrition qu'après avoir été digérées. Pour plus de clarté, nous ne l'emploierons que dans cette dernière acception.

Les aliments ne sont pas moins nécessaires à l'entretien de la vie que l'air que nous respirons, ou que l'eau que notre corps absorbe continuellement, soit à l'état liquide et sous forme de boisson, soit à l'état de vapeur. Lorsque les animaux en sont privés, on voit leur corps diminuer de volume, leurs forces s'affaiblir, et la mort survenir toujours après des souffrances plus ou moins prolongées.

Le besoin d'aliments se fait d'abord connaître par une sensation particulière, qui a son siége dans l'estomac : la *faim*. Il est augmenté par l'exercice, par l'influence stimulante d'un froid modéré et par l'action que certaines substances amères, telles que le cachou, exercent sur l'estomac. Au contraire, tout ce qui tend à ralentir le mouvement vital, l'immobilité, le sommeil, etc., tend aussi à rendre ce besoin moins impérieux. Les animaux qui s'engourdissent pendant l'hiver ne prennent aucun aliment pendant tout le temps que dure leur léthargie; et les animaux à sang froid, tels que les poissons et les grenouilles, peuvent supporter une abstinence très-longue, lorsque l'exercice de leurs diverses fonctions est ralenti par l'influence d'une température très-basse. Mais les animaux dont le mouvement nutritif est très-rapide, tels que l'homme et la plupart des mammifères, périssent en général très-promptement par le défaut d'aliments, et les jeunes animaux dont la nutrition est bien plus active que celle des adultes (puisque le volume de leur corps augmente continuellement, au lieu de rester stationnaire), meurent aussi de faim plus tôt que ceux-ci. Ce que Dante a décrit avec des couleurs si vives, dans le célèbre épisode du comte Ugolin, est donc bien réellement ce qui arriverait, si un homme déjà parvenu au terme de sa croissance et des enfants en bas âge se trouvaient privés en même temps de toute espèce de nourriture.

Les aliments proprement dits sont tous fournis par le règne organique, et c'est toujours aux dépens de substances qui ont elles-mêmes fait partie d'un être vivant que la vie est entretenue chez l'homme et chez les autres animaux. Ces substances peuvent être fournies par le règne végétal aussi bien que par le règne animal; mais, quelle que soit leur origine, elles doivent renfermer tous les éléments chimiques qui entrent dans la composition de l'organisme.

Du reste, les aliments ne sont pas destinés à remplir tous le même rôle physiologique, et, à raison des différences qu'ils offrent à cet égard, on les divise en deux classes. Les uns sont aptes à servir comme matériaux constitutifs de l'organisme; ils servent à former les tissus dont les corps vivants se composent, et par conséquent ils peuvent devenir eux-mêmes des parties douées de vie, propriété qui leur a valu le nom d'*aliments plastiques*. Les autres ne jouissent pas de cette faculté et servent principalement à la manière de combustibles, pour entretenir l'espèce de combustion qui s'opère dans la profondeur de l'économie animale, et qui est une conséquence du phénomène de la respiration : aussi les appelle-t-on des *aliments respiratoires*.

Les aliments plastiques sont toujours des matières organisées neutres, qui sont composées essentiellement d'azote, de carbone, d'hydrogène et d'oxygène, et qui renferment souvent aussi de petites quantités de soufre ou de phosphore. Tels sont la fibrine, principe immédiat qui est très-abondant dans la viande; l'albumine, qui se trouve dans les œufs; la caséine, qui fait partie du lait; le gluten, qui se rencontre dans les céréales, etc.

Les aliments respiratoires sont des principes immédiats organiques qui ne contiennent pas d'azote, mais qui sont riches en carbone et en hydrogène : les sucres, les matières amylacées, telles que la fécule, et les corps gras, par exemple. Ils ne peuvent suffire à la nutrition de l'homme, ni d'aucun animal, et doivent être toujours associés à une certaine quantité d'aliments plastiques. Aussi a-t-on constaté qu'un chien meurt de faim quand il ne mange que du sucre, de la fécule ou de la graisse, et, bien que les aliments plastiques puissent être employés, dans l'organisme, à l'entretien de la combustion respiratoire aussi bien qu'à la reconstitution des tissus vivants, ils sont beaucoup moins propres au premier de ces deux usages que ne le sont les aliments dits respiratoires. Aussi tout bon régime se compose-t-il d'une certaine ration de principes immédiats appartenant à ces deux classes de substances, et il est à noter que les matières préparées par la nature pour servir essentiellement à la nutrition des animaux renferment toujours des mélanges de ce genre : le lait et les œufs, par exemple.

Des expériences très-curieuses ont fait voir aussi que, pour la plupart des animaux au moins, le concours d'un certain nombre d'aliments différents était indispensable pour subvenir aux besoins de la vie. Ainsi, des lapins nourris avec un seul aliment, tel que du froment, des choux, de l'avoine ou des carottes, meurent, dans l'espace d'environ quinze jours, avec toute l'apparence de l'inanition ; tandis que, nourris avec ces mêmes substances données concurremment ou successivement à de petits intervalles, ces animaux vivent et se portent bien.

La diversité et la multiplicité des aliments sont donc une règle importante d'hygiène ; et en cela les préceptes de la science sont parfaitement d'accord avec notre instinct et avec les variations que les saisons apportent dans les substances alimentaires qui nous sont offertes par la nature.

L'homme et les animaux ont besoin d'introduire aussi dans leur corps de l'eau et diverses substances minérales, telles que du chlorure de sodium ou sel commun et des sels à base de chaux, qui sont nécessaires à la constitution de certains tissus ou liquides de l'économie (du sang et des os, par exemple), et c'est aussi par les voies digestives que ces matières pénètrent dans l'organisme ; mais elles ne sont pas digérées avant que d'être absorbées : aussi les physiologistes ne les confondent pas avec les aliments proprement dits, et les distinguent sous le nom d'*aliments accessoires*.

§ 40. **Appareil digestif.** — La digestion a pour objet : 1° de transformer la partie nutritive de ces substances en un liquide propre à se mêler au sang pour nourrir le corps ; 2° de séparer la partie nutritive des aliments d'avec les parties qui ne possèdent pas cette qualité et qui doivent être rejetées sous la forme de *fèces*.

Cette élaboration des matières nutritives s'effectue principalement par l'action chimique de certaines humeurs sur les aliments, et elle a toujours lieu dans une cavité plus ou moins vaste qui renferme ces humeurs, et qui communique aussi au dehors, afin de recevoir dans son intérieur les substances destinées à être digérées, et de pouvoir rejeter ensuite les *fèces* ou résidus laissés par le travail digestif. Cette espèce de laboratoire physiologique est désigné sous le nom de *cavité digestive*, et se reconnaît facilement chez presque tous les animaux ; tandis que chez les plantes, qui n'ont jamais besoin de préparer les matières nutritives avant de les absorber, on ne voit rien de semblable.

§ 41. Chez quelques animaux, tels que les polypes (voyez

fig. 7), la cavité digestive n'est qu'une simple poche communiquant au dehors par une seule ouverture destinée en même temps à l'entrée des aliments et à l'expulsion des matières fécales (fig. 7, *a*). La plupart des animaux les plus inférieurs, par exemple les actinies ou anémones de mer, et les astéries ou étoiles de mer, offrent ce mode d'organisation. Mais, chez la plupart des autres animaux, cette cavité communique au dehors par deux orifices distincts dont les usages ne sont pas les mêmes : car l'une de ces ouvertures, nommée *bouche*, sert alors exclusivement à l'entrée des aliments, et l'autre, appelée *anus*, est spécialement destinée à livrer passage au résidu fécal.

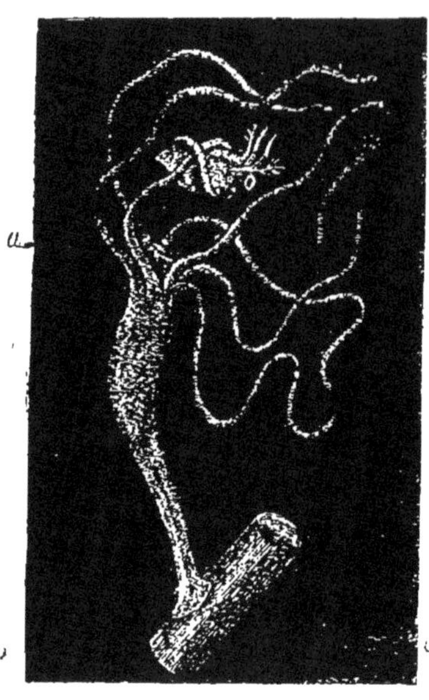

FIG. 7. — Hydre, ou Polype d'eau douce.

La cavité alimentaire affecte alors la forme d'un tube ouvert à ses deux bouts, et ordinairement élargi vers le milieu, afin que les matières nutritives puissent mieux s'y accumuler et y séjourner pendant le temps nécessaire à leur digestion (voy. fig. 8). L'espèce de chambre formée par l'élargissement du tube alimentaire, et destinée à être le siége des phénomènes les plus essentiels de la digestion, est nommée *estomac*. Tantôt il existe une seule de ces grandes cavités digestives, tantôt deux ou plusieurs, et cette dernière disposition se remarque surtout chez les animaux herbivores, tandis que chez les animaux destinés à vivre de chair, l'estomac est le plus ordinairement simple ; et la raison de cette différence est facile à comprendre ; car la viande, se digérant plus vite et plus facilement que l'herbe, n'a pas besoin de séjourner aussi longtemps dans les organes de la digestion.

§ 42. La cavité digestive tout entière est tapissée par une *membrane* dite *muqueuse*, qui, par sa structure, offre beaucoup d'analogie avec la peau dont elle est la continuation, mais qui en diffère par sa texture plus molle, par l'absence presque complète d'épiderme, à la place duquel on trouve d'ordinaire un tissu utriculaire mou et turgide, nommé *épithélium ;* enfin, par une plus grande abondance de petits vaisseaux sanguins et de pores sécréteurs. Autour de cette membrane muqueuse se trouve une tunique charnue formée par des *fibres musculaires* plus ou moins abondantes, et servant, par leurs contractions, soit à pousser les substances alimentaires de la bouche jusqu'à l'anus, soit à les arrêter dans leur marche et à les faire séjourner, pendant un certain temps, dans telle ou telle partie de l'appareil digestif. Enfin, dans une grande partie de son étendue, le tube alimentaire de la plupart des animaux est encore enveloppé d'une *membrane séreuse*, mince et transparente, appelée *péritoine*, qui sert en même temps à le fixer et à faciliter ses mouvements.

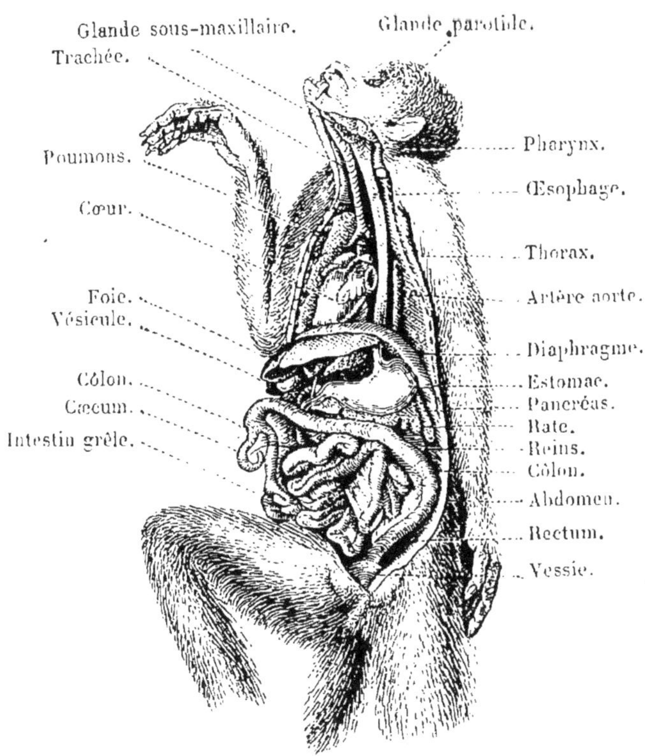

FIG. 8. — Appareil digestif d'un Singe.

§ 43. La digestion des aliments s'effectue principalement, avons-nous dit, par l'action de diverses humeurs dont ces substances s'imbibent pendant leur séjour dans la cavité alimentaire. La production de ces sucs digestifs est le résultat d'un travail de sécrétion ayant principalement son siége dans des organes particuliers, appelés d'une manière générale des *glandes* : aussi l'appareil de la digestion ne se compose-t-il pas seulement du tube alimentaire, mais aussi de divers organes glandulaires situés à l'entour et destinés à verser dans sa cavité des liquides particuliers. Le nombre de ces organes sécréteurs varie chez les différents animaux, mais en général ils sont assez nombreux. Les plus importants sont les glandes gastriques, le foie, le pancréas et les glandes salivaires (fig. 8, 31 et 32).

§ 44. Enfin, pour faciliter l'action des sucs digestifs sur les aliments, il est utile que ces matières soient divisées mécaniquement. Chez la plupart des animaux les plus inférieurs cette division ne s'opère que d'une manière très-imparfaite, par suite de la compression qu'exercent sur les matières en digestion les parois minces et faibles du tube alimentaire. Quelquefois l'estomac lui-même acquiert assez de force pour pouvoir broyer les corps introduits dans sa cavité : c'est ce qui se voit chez les crabes, les oiseaux granivores, etc. Mais, en général, la division mécanique des aliments est confiée par la nature à des instruments particuliers placés vers l'entrée du tube digestif et disposés de façon à pouvoir couper ou broyer ces matières : ces instruments sont les dents, et l'on donne le nom d'*organes masticateurs* à ces dents et aux parties qui servent à les mettre en mouvement.

§ 45. D'après ce que nous venons de dire, on peut voir que, si l'appareil digestif est d'une grande simplicité chez quelques animaux inférieurs, tels que les polypes, il offre au contraire, chez les animaux supérieurs, une complication extrême. Chez ces derniers, le tube alimentaire s'étend d'une extrémité du corps à l'autre ; mais la plus grande partie de l'appareil digestif est logée dans une vaste cavité qui occupe toute la portion postérieure ou inférieure du tronc, et qui est désignée sous le nom d'*abdomen* ou ventre (fig. 8). Chez l'homme et les autres mammifères, cette cavité est séparée du thorax (ou poitrine) par une cloison charnue formée par le *muscle diaphragme*, et elle est terminée inférieurement par le *bassin*, espèce de large ceinture osseuse dont le milieu est occupé par une sorte de plancher charnu. En arrière, elle est bornée par l'épine du dos, et en avant, comme sur les côtés, ses parois sont formées par de larges muscles qui s'étendent du thorax au bassin dont nous venons de parler. La surface interne de cette cavité est tapissée par le *péritoine*, et cette membrane forme en outre divers replis entre les feuillets desquels sont renfermés les principaux viscères. Ces replis, appelés *mésentères*, naissent tous de la partie postérieure de l'abdomen, et quelques-uns d'entre eux se prolongent beaucoup au delà de l'organe qu'ils doivent recouvrir, et forment ainsi des espèces de voiles ou de tabliers nommés *épiploons*.

Le tube alimentaire ainsi logé prend, dans ses diverses portions, des noms différents. Sa partie antérieure, élargie et remplissant les usages d'une sorte de vestibule, est appelée *bouche*. La cavité qui y fait suite se nomme *arrière-bouche* ou *pharynx* (fig. 33); la troisième partie du canal digestif constitue l'*œsophage*; la quatrième, l'*estomac*; la cinquième, l'*intestin grêle*, et la sixième, le *gros intestin*, qui se termine à l'*anus*.

§ 46. **Actes du travail digestif.** — Les phénomènes qui ont lieu dans ces diverses parties de l'appareil digestif constituent une série d'actes plus ou moins distincts, et doivent être classés dans l'ordre suivant : 1° la préhension des aliments ; 2° la mastication ; 3° l'insalivation ; 4° la déglutition ; 5° la chymification ou digestion stomacale ; 6° la chylification ou digestion intestinale ; 7° la défécation ; 8° l'absorption du chyle et des autres produits du travail digestif.

Nous allons maintenant étudier successivement ces divers actes du travail digestif, et les organes qui les produisent chez l'homme et les animaux les plus rapprochés de nous.

Préhension des aliments.

§ 47. L'introduction des aliments dans le canal digestif s'effectue de diverses manières, et le mécanisme en est varié suivant que ces substances sont solides ou liquides ; néanmoins, chez l'homme, elle se fait toujours, soit à l'aide des mouvements de la bouche, soit au moyen des membres supérieurs.

Pour les anatomistes, la *bouche* ne consiste pas seulement dans l'ouverture qui sépare les deux lèvres, mais dans la cavité ovalaire formée en haut par la mâchoire supérieure et le palais, en bas par la langue et la mâchoire inférieure, latéralement par les joues, en arrière par le voile du palais, et en avant par les lèvres. L'ouverture par laquelle elle communique au dehors peut à volonté s'élargir et se fermer, soit par le mouvement des lèvres, soit par l'écartement ou le rapprochement des mâchoires. Il est donc facile de comprendre comment elle peut servir à la préhension des aliments. Les lèvres et les mâchoires agissent comme le feraient des pinces et saisissent les corps qui doivent être introduits dans la bouche.

Chez la plupart des animaux, ce sont ces mêmes organes qui vont au-devant des aliments pour s'en saisir ; mais, chez l'homme, les singes (fig. 9) et quelques autres animaux, la division du travail est en général portée plus loin ; car ce sont les membres antérieurs qui remplissent ces fonctions. La main place les aliments dans la bouche, et les lèvres et les mâchoires ne se rapprochent que pour les y retenir.

Certains animaux, dont les mouvements sont lents ou dont

Fig. 9. — Ouistiti à pinceau, mammifère de l'ordre des Quadrumanes.

l'ouverture buccale est très-petite, s'emparent de leur proie à l'aide d'une langue très-longue et très-protractile. Enfin, chez d'autres, la préhension de ces matières est facilitée par l'action d'un prolongement du nez, tel que la trompe de l'éléphant (fig. 10), ou par les mouvements d'espèces de barbillons qui entourent la bouche et qui, chez les insectes, sont désignés sous le nom de *palpes* (fig. 11 et 12), tandis qu'on les appelle des *tentacules* chez les mollusques (fig. 13), les polypes (fig. 7), etc.

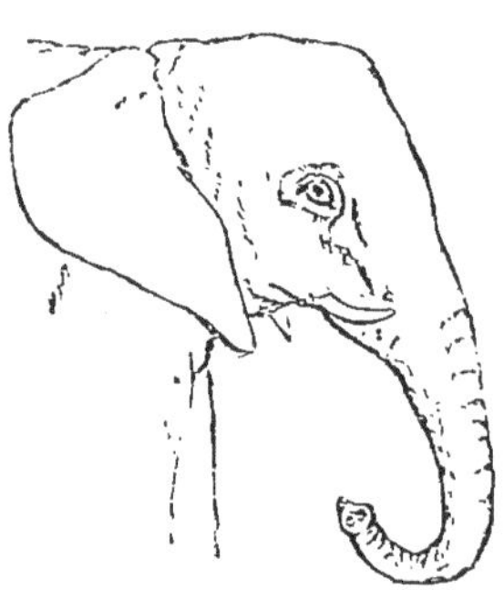

Fig. 10. — Tête d'Éléphant.

§ 48. La préhension des boissons se fait de deux manières : tantôt le liquide est versé dans la bouche et y tombe par l'effet de sa propre pesanteur; d'autres fois il est pompé par cette cavité, soit par la dilatation du thorax, qui l'aspire en même temps qu'il détermine l'entrée de l'air dans les poumons, soit par les mouvements de la langue, qui, en se retirant en arrière, agit à la manière d'un piston. Ce dernier phénomène constitue l'action de sucer ou de teter.

Quelques animaux inférieurs sont destinés à se nourrir uniquement de liquides qu'ils trouvent dans les plantes, ou qu'ils puisent dans le corps d'autres animaux, sur lesquels ils vivent en parasites. Beaucoup d'insectes sont dans ce cas, et l'on remarque que leur bouche, au lieu d'offrir la structure ordinaire,

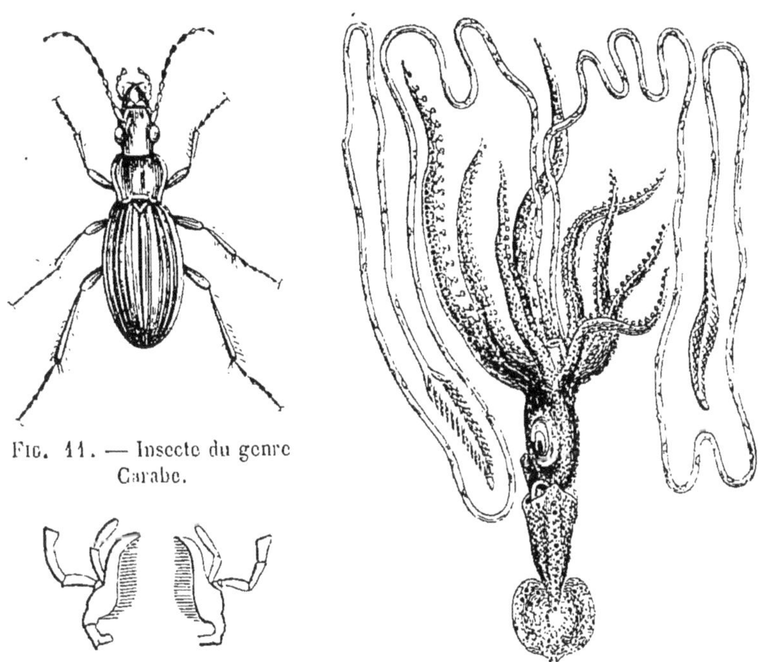

Fig. 11. — Insecte du genre Carabe.

Fig. 12. — Mâchoires du même insecte.

Fig. 13. — Mollusque du genre Calmaret.

constitue une espèce de tube ou de suçoir très-allongé, à l'aide duquel ils aspirent comme avec une pipette les sucs dont ils ont besoin, ainsi que cela se voit chez les mouches (voy. fig. 14). Lorsque nous traiterons de l'organisation des insectes suceurs, nous exposerons plus en détail ce mode de structure.

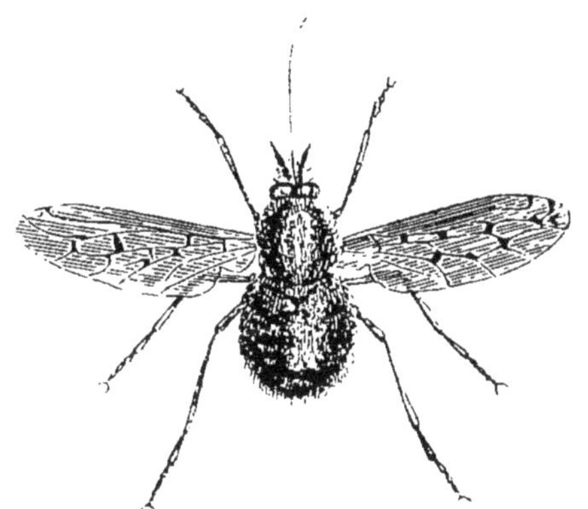

Fig. 14. — Bombyle peint.

Les boissons ne séjournent pas dans la bouche, et descendent tout de suite dans l'estomac ; mais les aliments solides y restent pendant un certain temps, et y sont soumis à la *mastication* et à l'*insalivation*.

Mastication.

§ 49. La *mastication*, ou la division mécanique des aliments, est opérée, comme nous l'avons déjà dit, par les *dents*.

Dents. — Ces organes sont des corps d'une dureté extrême, qui ressemblent beaucoup à des os, et qui sont fixés solidement au bord de chaque mâchoire, de façon à agir les uns contre les autres. La manière dont ils se forment mérite de fixer notre attention. Chez l'homme, que nous choisirons ici comme exemple, chaque dent se développe dans l'intérieur d'un petit sac membraneux logé dans l'épaisseur de l'os de la mâchoire (fig. 15, *d*). Ce sac, que l'on nomme la *capsule dentaire*, se compose de deux membranes vasculaires et renferme dans son intérieur un petit noyau pulpeux semblable à un bourgeon, dans lequel viennent se ramifier des filets nerveux et un grand nombre de vaisseaux (fig. 16). Ce noyau, appelé le *bulbe* ou *germe* de la dent, sert à former celle-ci, qui grandit peu à peu, et qui, en

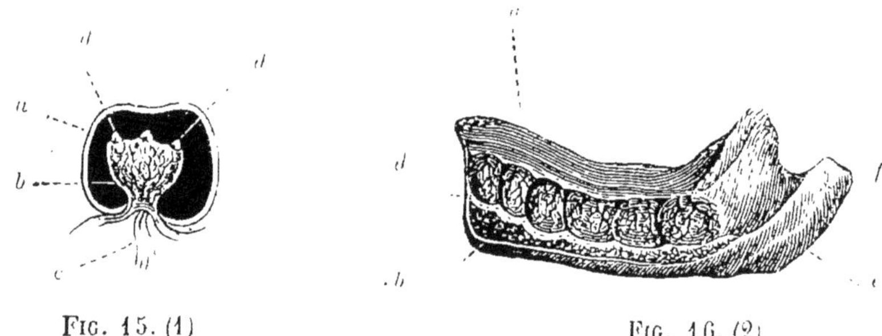

Fig. 15. (1) Fig. 16. (2)

s'allongeant, remonte vers le bord de la mâchoire, qu'elle perce bientôt pour se montrer au dehors : cette portion saillante et dénudée constitue ce que l'on nomme la *couronne* de la dent, et sa *racine*, ou portion basilaire, reste engagée dans la mâchoire, comme un clou qui serait enfoncé dans du bois. La cavité

(1) Coupe d'une capsule dentaire grossie pour montrer la disposition du germe et la manière dont la matière pierreuse se dépose à la surface : — *a*, capsule ; — *b*, bulbe ou germe ; — *c*, vaisseaux sanguins et nerfs qui pénètrent dans le bulbe ; — *d*, *d*, premiers rudiments de l'ivoire de la dent.

(2) Cette figure représente la mâchoire inférieure d'un très-jeune enfant ; la majeure partie de la surface extérieure de l'os a été enlevée pour mettre à nu les capsules de dents renfermées dans son intérieur : *a*, gencive ; — *b*, bord inférieur de la mâchoire ; — *c*, angle de la mâchoire ; — *d*, capsules dentaires ; — *e*, apophyse coronoïde ; — *f*, condyle de la mâchoire.

osseuse qui loge ainsi la dent est appelée *alvéole*, et l'on désigne sous le nom de *collet de la dent* le point de réunion de la couronne avec la racine. Lorsque le bulbe dentaire est fixé au fond de sa capsule par un ou plusieurs pédicules, il arrive un moment où la matière pierreuse qui se dépose à sa surface l'entoure de toutes parts et comprime ses vaisseaux nourriciers de façon à en déterminer l'oblitération : la dent cesse alors de croître, le bulbe se flétrit, et une cavité centrale indique seule la place de cet organe. Mais, lorsque le bulbe ne présente pas cette disposition, qu'il n'est pas pédonculé et que la dent ne se forme qu'à sa surface supérieure, ce bulbe ne cesse pas de fonctionner, la croissance de la dent ne s'arrête pas, et l'on ne trouve pas dans son intérieur de cavité centrale. Les grandes dents qui occupent le devant de la bouche des lapins (fig. 17) nous offrent un exemple de cette disposition, et si leur longueur n'augmente pas sans cesse, c'est parce qu'elles s'usent par leur extrémité libre à mesure qu'elles croissent par leur base.

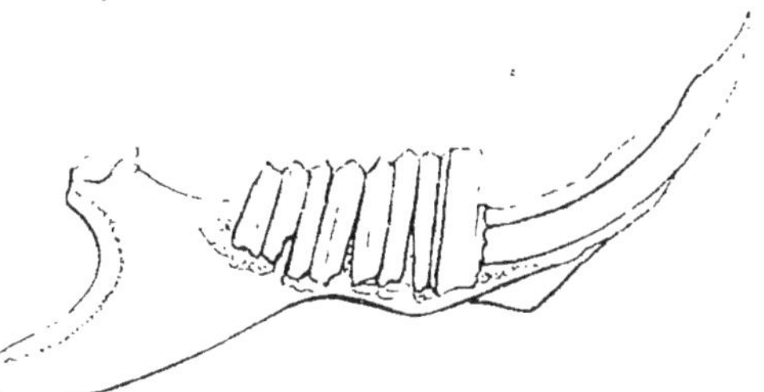
FIG. 17. — Mâchoire et dents d'un Lapin.

§ 50. On distingue aussi, dans chaque dent, des parties qui diffèrent entre elles par leur structure. La substance qui en forme presque toute la masse, et qui en occupe l'intérieur, se nomme *dentine* ou *ivoire* ; celle qui d'ordinaire en revêt l'extérieur, et qui constitue, à la surface de la couronne, une sorte de vernis ou de couverte pierreuse, se nomme *émail* ; enfin, vers l'extrémité de la racine de la plupart des dents, et quelquefois même autour de la couronne (chez les bœufs, par exemple), on rencontre une troisième substance qui recouvre l'émail, et qui, à raison de ses usages et de la place qu'elle occupe, a reçu les noms de *cément* ou de *substance corticale*.

La dentine, ou ivoire des dents, se compose d'une matière animale analogue à la gélatine, de phosphate de chaux (dans la proportion d'environ 64 pour 100 chez l'homme adulte), de carbonate de chaux (à peu près 5 pour 100), et d'une quantité très-petite de phosphate de magnésie. L'émail, dont la couleur est un peu différente de celle de la dentine, et dont la dureté est si grande, qu'il fait feu au briquet à la manière d'un caillou, offre à peine quelques traces de matières organisées, et le phosphate de chaux entre dans sa composition pour près des neuf dixièmes. Quant à la substance corticale, elle existe à peine chez l'homme; mais chez le bœuf, où elle est très-développée, elle a fourni par l'analyse chimique environ 42 pour 100 de matière organique, 50 pour 100 de phosphate de chaux et 4 pour 100 de carbonate de la même base.

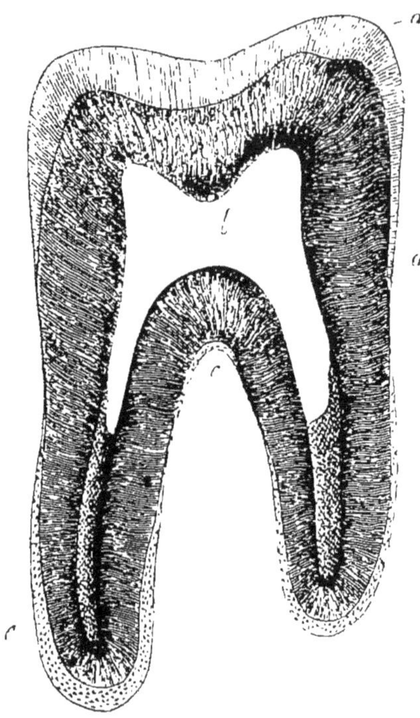

Fig. 18. (1)

Examiné au microscope, l'ivoire des dents de l'homme et de la plupart des autres mammifères laisse apercevoir dans sa substance une multitude de tubes flexueux et rameux d'une ténuité extrême (appelés *canaux Haversiens*), qui vont déboucher dans la cavité centrale (fig. 18), et qui renferment dans leur intérieur des matières granuleuses de nature calcaire; elles se dirigent vers la surface de la dent, et leurs divisions se terminent fréquemment par de petites cavités ou cellules renfermant aussi un dépôt calcaire et ayant beaucoup de ressemblance avec les cellules qu'on rencontre dans le tissu osseux. L'émail, soumis également à l'investigation microscopique, paraît formé d'une multitude de fibres ou plutôt de prismes hexagonaux, d'un aspect cristallin, serrés les uns contre les autres, et dirigés à peu près perpendiculairement à la surface de la dent. Enfin, la substance corticale

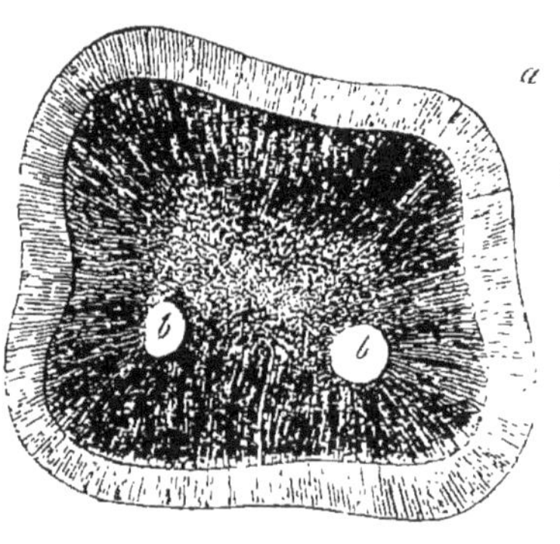

Fig. 19. (2)

(1) Section d'une dent molaire de l'homme, grossie : — *a*, émail; — *b*, cavité dentaire; — *c*, cément; — *d*, dentine ou ivoire, montrant les canalicules dentaires.

(2) Section transversale de la même dent.

est caractérisée par la présence d'un grand nombre de cellules osseuses et de tubes calcifères irréguliers. Il est aussi à noter que ces trois tissus ne se rencontrent pas dans les dents de tous les animaux; l'émail et la substance corticale manquent souvent chez les poissons, et parfois aussi la dent, au lieu de ne renfermer qu'une seule cavité médullaire, en contient plusieurs.

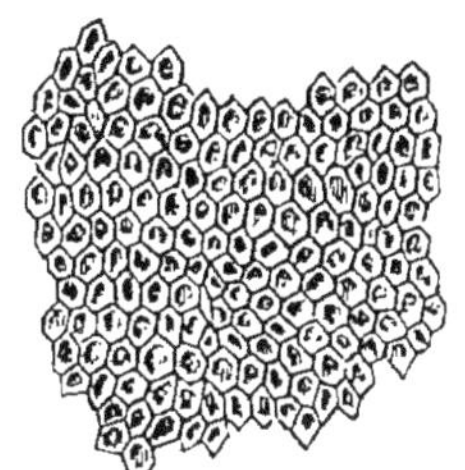

Fig. 20. (1)

§ 51. Quelquefois les dents, au lieu d'être logées dans des alvéoles, se soudent par leur base à la mâchoire qui les porte et font corps avec elle (c'est le cas chez plusieurs poissons); et d'autres fois ces organes, au lieu de ressembler à des os, n'offrent que la consistance de la corne. Enfin, chez la baleine (fig. 22), les dents paraissent être remplacées par les grandes lames flexibles connues sous le nom de *fanons* (fig. 21); et chez d'autres animaux, même dans la classe des mammifères, elles manquent complétement : chez le fourmilier, par exemple (fig. 30).

§ 52. Chez les animaux qui avalent leurs aliments sans les mâcher (les crocodiles et les autres reptiles, par exemple), les dents ne servent qu'à saisir ces matières, et alors tous ces organes sont à peu près semblables entre eux, et ont en général la forme de crochets ou de petits cônes: mais, chez les animaux qui mâchent leurs aliments, la bouche est armée de dents dont les formes varient et dont les usages diffèrent.

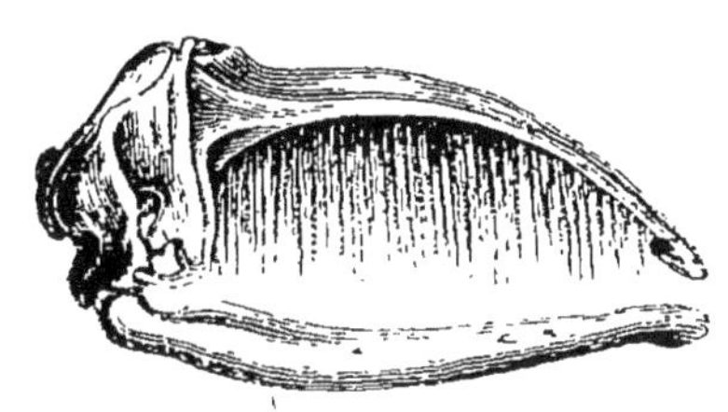

Fig. 22. — Tête osseuse de la Baleine garnie de ses fanons.

Fig. 21. Fanon.

Ainsi, chez l'homme et la plupart des autres mammifères, il existe trois espèces de dents (fig. 24). Les unes se terminent par un bord droit, mince et tranchant : aussi servent-elles à couper les substances introduites entre les mâchoires et ont-elles reçu le nom de *dents incisives*. D'autres sont coniques, et, chez beau-

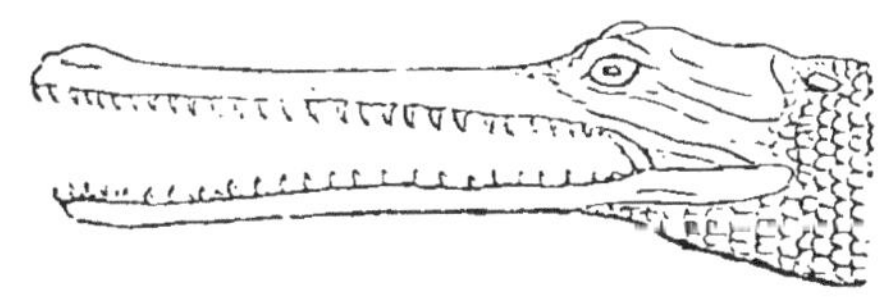

Fig. 23. — Tête d'un Crocodile gavial.

(1) Section transversale de l'émail, montrant l'extrémité des fibres qui constituent cette substance.

coup d'animaux, s'avancent bien au delà des dents voisines; elles ne peuvent pas servir à couper les aliments, comme les dents incisives, mais à s'y implanter et à les déchirer : on les appelle *dents canines*. Enfin, d'autres se terminent par une surface large et inégale, et présentent les conditions les plus favorables pour écraser et broyer les aliments : ce sont les *dents molaires* ou *mâchelières*.

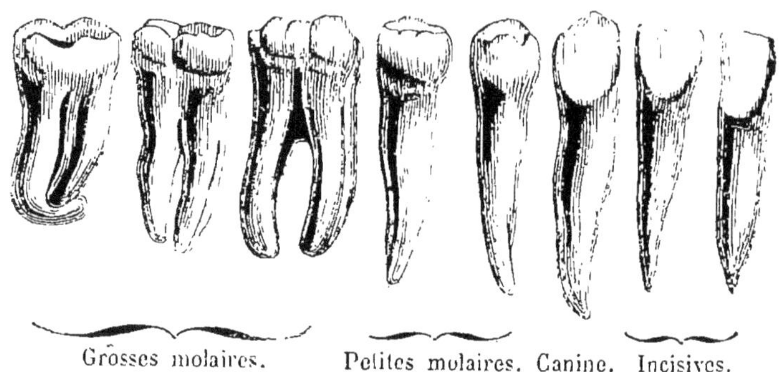

FIG. 24. — Dents de l'homme.

La manière dont ces différentes dents sont implantées dans les mâchoires varie aussi bien que la forme de leur couronne, et ici encore il est facile de s'apercevoir combien leur disposition est en accord avec leurs usages. Les dents incisives, dont le jeu doit tendre à les enfoncer dans leurs alvéoles plutôt qu'à les en arracher, n'ont qu'une seule racine assez courte. Les dents canines se prolongent dans l'intérieur des mâchoires bien plus profondément que les incisives, et les dents molaires, qui doivent supporter les plus grands efforts, présentent deux ou trois racines divergentes qui augmentent la solidité de leur insertion, et les empêchent de s'enfoncer trop loin dans leur alvéole lorsqu'elles viennent à être pressées de la sorte.

§ 53. La disposition de l'appareil dentaire varie chez les différents mammifères, suivant le genre d'aliments dont ceux-ci sont destinés à se nourrir; et cette harmonie de l'organisation est toujours si évidente, que, par la seule inspection de leur appareil masticateur, on peut arriver à connaître le régime, les mœurs et même la structure générale de la plupart de ces animaux. Effectivement, chez ceux qui se nourrissent de chair, les molaires (fig. 25) sont comprimées et tranchantes, de façon à agir les unes contre les autres, comme le font les lames d'une paire de ciseaux. Chez ceux qui vivent d'insectes, ces dents (fig. 26) sont hérissées de pointes coniques qui se correspondent de manière que les unes s'emboîtent dans les intervalles que les autres laissent entre elles. Lorsque la nourriture de ces animaux

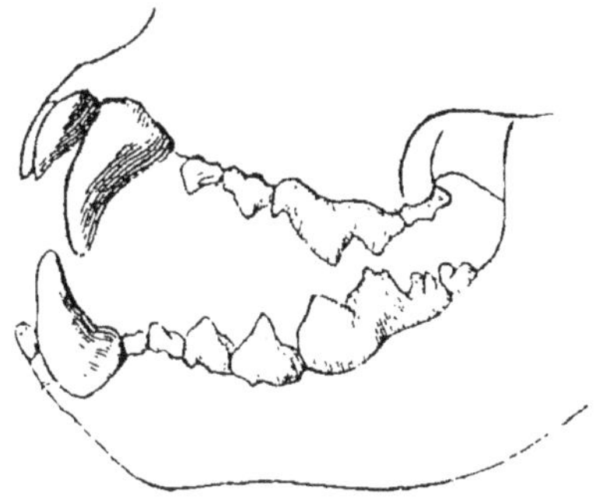

Fig. 25. — Dents d'un carnassier.

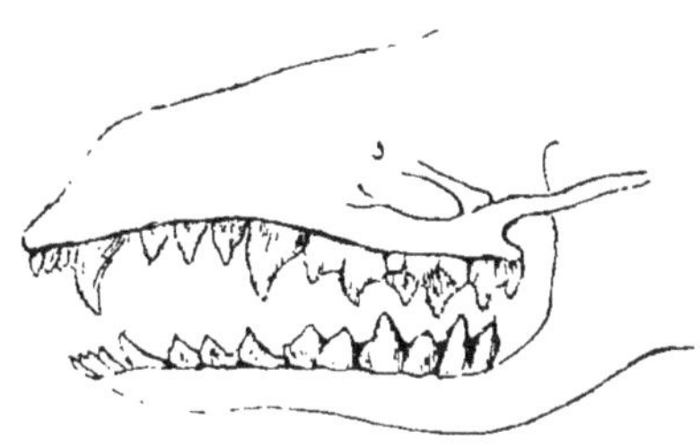

Fig. 26. — Dents d'un insectivore.

consiste principalement en fruits mous, ces dents (fig. 28) sont simplement garnies de tubercules arrondis ; et lorsqu'elles sont

Fig. 27. — Dents d'un herbivore.

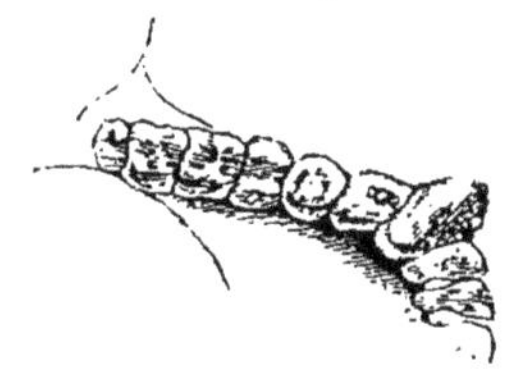

Fig. 28. — Dents d'un frugivore.

destinées à broyer des substances végétales plus ou moins dures, elles sont terminées par une large surface aplatie et rude comme celle d'une meule (fig. 27). De toutes les dents, les molaires sont généralement les plus utiles ; aussi leur existence est-elle plus constante que celle des incisives ou des canines.

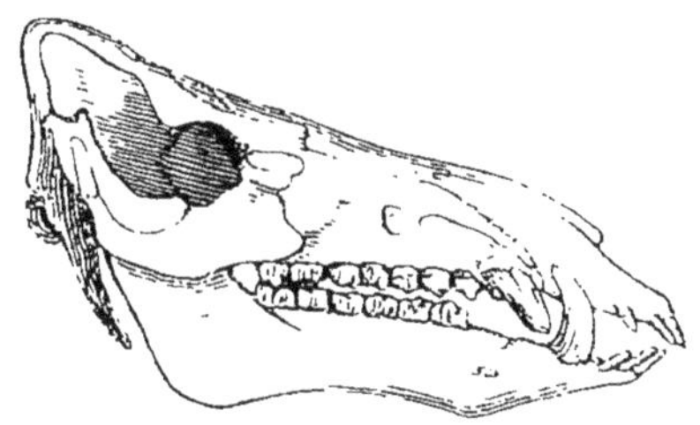

Fig. 29. — Tête de Sanglier.

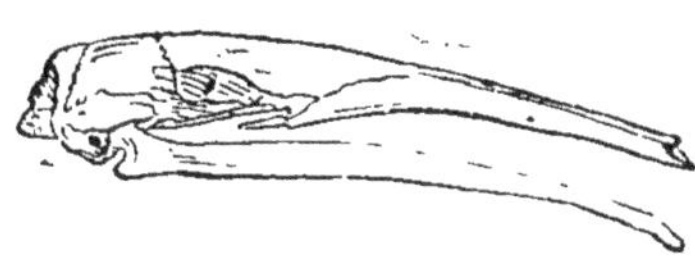

Fig. 30. — Tête de Fourmilier.

Celles-ci sont nécessaires pour saisir et dévorer une proie vivante, et ne manquent, par conséquent, chez aucun carnassier ; mais elles sont moins utiles aux herbivores, et les unes ou les autres manquent chez plusieurs des mammifères qui ont un régime végétal. Quelquefois aussi elles ne servent plus à la mastication, mais prennent un grand développement et constituent des défenses plus ou moins puissantes (fig. 29).

§ 54. A l'époque de la naissance, le développement des dents de l'homme est peu avancé; il est bien rare qu'aucun de ces corps ait encore percé la gencive, et ce n'est communément que de l'âge de six mois à un an que leur évolution commence. Les dents qui se forment alors sont destinées à tomber au bout d'un petit nombre d'années et à faire place à d'autres. On les appelle *dents de lait*, ou de la *première dentition*, et l'on en compte vingt, savoir : à chaque mâchoire, quatre incisives, qui occupent le devant de la bouche ; deux canines, situées une de chaque côté, immédiatement après les incisives ; et quatre molaires, placées plus en arrière, deux de chaque côté.

Vers l'âge de sept ans, ces dents commencent à tomber et à être remplacées par une autre série de dents, qui se sont formées dans les capsules situées plus profondément que celles d'où les premières sont sorties ; aussi leurs racines sont-elles bien plus longues, et leur insertion plus solide.

Les dents de la *seconde dentition* sont également plus nombreuses que celles de la première. La série complète se compose de trente-deux de ces corps, savoir : pour chaque mâchoire quatre incisives, deux canines et dix molaires, dont les deux premières de chaque côté n'ont que deux racines, et sont appelées *fausses molaires* ou *molaires de remplacement* ; tandis que les trois situées plus en arrière sont pourvues de trois racines, et appelées *grosses molaires* ou *vraies molaires* (fig. 24).

Dans la vieillesse extrême, ces dents tombent comme les dents de lait tombent dans l'enfance ; mais elles ne sont pas remplacées, et les alvéoles s'oblitèrent.

§ 55. **Mécanisme de la mastication.** — Les dents, dont nous venons d'étudier le développement et la structure, sont les instruments passifs de la mastication. Elles sont mises en mouvement par les mâchoires, dans lesquelles elles sont implantées. La mâchoire supérieure ne peut se mouvoir sur le reste de la tête ; mais l'inférieure, dont la forme ressemble un peu à celle d'un fer à cheval, ne s'articule avec le crâne que par l'extrémité de ses deux branches, et peut s'écarter ou se rapprocher de la mâchoire supérieure. Un grand nombre de muscles fixés à cette os par une de leurs extrémités, et aux parties voisines de la tête par leur extrémité opposée, déterminent ces mouvements en se contractant ; et les aliments, continuellement ramenés entre les dents par les mouvements de la langue ou des joues, et pressés ainsi entre deux surfaces dures, ne tardent pas à être divisés en portions plus ou moins petites, et comme broyés.

§ 56. L'importance de cette opération est très-grande ; car, plus la mastication est complète, plus la digestion est facile : ce qui, du reste, est bien aisé à comprendre, car cette division multiplie les surfaces par lesquelles les sucs de l'estomac peuvent attaquer les matières alimentaires. Nous avons déjà vu que, chez divers animaux destinés à se nourrir de substances dures, il n'existe cependant pas de dents ; mais alors la nature supplée souvent à ce défaut, en donnant à ces êtres d'autres instruments de trituration. C'est ainsi que chez les oiseaux granivores, par exemple, l'un des estomacs (le gésier) est doué d'une force musculaire suffisante pour écraser tous les aliments introduits dans sa cavité.

Insalivation.

§ 57. Pendant que les aliments subissent dans la bouche de l'homme et de la plupart des autres mammifères cette division mécanique, ils s'imbibent de salive, et quelquefois même se dissolvent dans ce liquide.

§ 58. La *salive* se forme en partie dans des follicules ou petites fossettes creusées dans l'épaisseur de la membrane muqueuse de la bouche, et en partie dans des glandes situées autour de cette cavité, et composées de petites granulations agglomérées entre elles. Chez l'homme, il en existe trois paires placées symétriquement de chaque côté de la tête, savoir : les *glandes parotides*, situées au devant de l'oreille et derrière la mâchoire inférieure ; les *glandes sous-maxillaires*, logées sous l'angle de la mâchoire (fig. 31), et les *glandes sublinguales*, placées au-dessous de la langue, dans l'espace que les deux côtés de la mâchoire

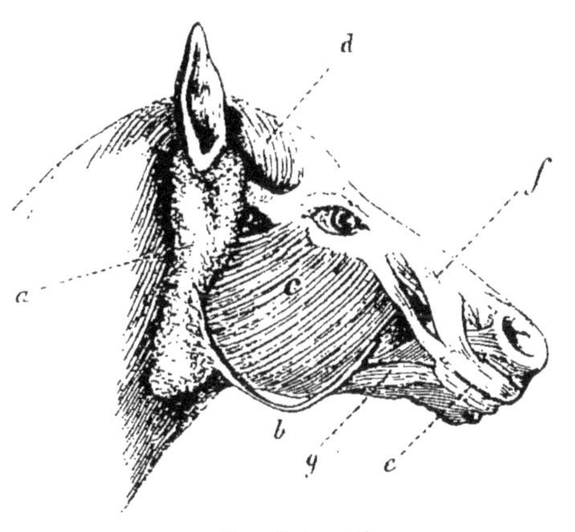

Fig. 31. (1)

(1) Tête de cheval montrant la glande parotide *a*, avec le canal de Sténon *b*, qui côtoie en dessous le muscle masséter *c*, pour aller s'ouvrir sur le côté de la bouche ; la glande sous-maxillaire, beaucoup plus petite, est cachée par la mâchoire. — *d*, muscle temporal ; — *e*, muscle orbiculaire des lèvres ; — *f*, muscles rétracteurs de la lèvre supérieure ; — *g*, muscle abaisseur et rétracteur de la lèvre inférieure.

inférieure laissent entre eux. Ces glandes communiquent chacune avec la bouche par des conduits excréteurs particuliers, et y versent la salive en quantités variables. Les follicules de la membrane muqueuse de la bouche sont en partie disséminés sur la langue et la surface interne des joues; en partie réunis en deux petites masses situées de chaque côté de l'isthme du gosier (ou entrée de l'arrière-bouche) et nommées *amygdales*.

La salive fournie par ces différentes glandes ne présente pas les mêmes caractères; celle des parotides est très-aqueuse, tandis que celle des glandes sous-maxillaires est gluante.

Il en résulte que l'importance relative de ces divers organes varie suivant le régime de l'animal. Ainsi ceux qui se nourrissent souvent de substances sèches et difficiles à avaler, telles que du foin, ont besoin de beaucoup de salive aqueuse pour humecter le bol alimentaire et le faire passer dans le gosier ; il leur faut donc des glandes parotides très-grosses, comme on en trouve chez le cheval. Chez les fourmiliers (fig. 32) et les tatous, qui vivent de petits insectes dont ils s'emparent en y appliquant la langue,

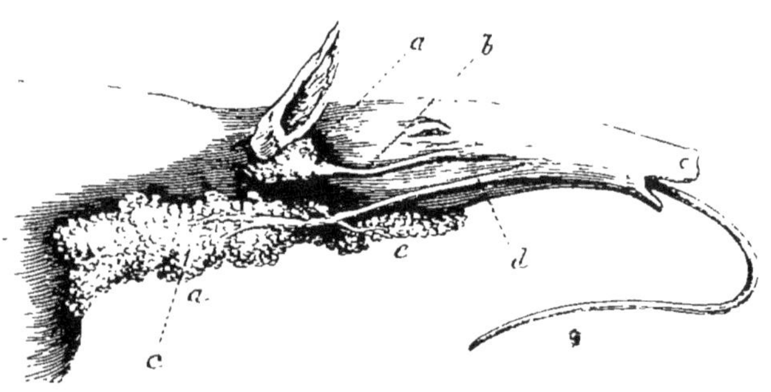

Fig. 32. (1)

cet organe doit être continuellement enduit d'une matière gluante ; la salive aqueuse fournie par les parotides serait donc nuisible si elle était abondante, mais il faut beaucoup de cette salive épaisse que sécrètent les glandes sous-maxillaires ; par conséquent, ces derniers organes acquièrent un très-grand développement, tandis que les glandes parotides sont très-petites.

La salive buccale, ou salive mixte, formée par le mélange de ces liquides avec ceux provenant de la membrane muqueuse de la bouche, est composée, en grande partie, d'eau (environ

(1) Tête du Fourmilier : *a*, glande parotide ; — *b*, canal de Sténon ; — *c*, glande sous-maxillaire ; — *d*, canal de Wharton ou canal excréteur de la glande sous-maxillaire ; — *e*, glandes sublinguales.

993 parties sur 1000), mais elle contient aussi un principe particulier très-remarquable, qui a été désigné sous les noms de *ptyaline* et de *diastase animale*, divers sels, tels que du sel marin (ou chlorure de sodium) et du tartrate de soude. On y trouve aussi une petite quantité de soude libre qui la rend alcaline.

Le mélange de la salive avec les aliments est une circonstance qui a plus d'importance qu'on ne le croirait au premier abord. Il facilite la mastication, il aide puissamment à la déglutition, et, comme nous le verrons par la suite, il paraît jouer aussi un

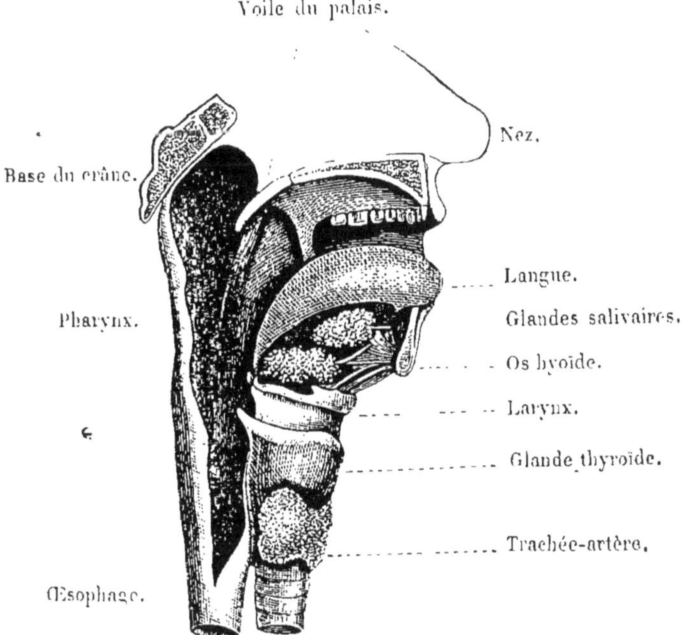

Fig. 33. — Coupe verticale de la bouche et du gosier.

grand rôle dans la digestion de quelques-unes de ces substances. Effectivement la ptyaline, de même que la diastase, jouit de la propriété de transformer les matières amylacées en dextrine et ensuite en une sorte de sucre nommée *glycose*, qui est soluble dans l'eau (1).

§ 59. Chez les mammifères, la cavité buccale est garnie en arrière d'une espèce de rideau mobile nommé *voile du palais* (fig. 33), qui demeure baissé pendant toute la durée de la mastication, afin d'empêcher les aliments de passer outre. Cette cloison mobile, qui n'existe pas chez les oiseaux et les autres ani

(1) La salive qui arrive des glandes parotides ou maxillaires, et qui n'a pas séjourn dans la bouche, ne possède pas cette propriété.

maux qui ne mâchent pas leurs aliments avant de les avaler, est suspendue transversalement au bord postérieur du palais, et peut s'appliquer contre la base de la langue, ou s'élever de façon à laisser un libre passage entre la bouche et le reste du tube digestif. Lorsque la mastication est terminée, et que les aliments, rassemblés sur le dos de la langue en une petite masse appelée *bol alimentaire*, viennent à presser contre cette cloison charnue, elle s'élève en effet, et la *déglutition* s'opère.

On donne ce nom au *passage des aliments de la bouche jusque dans l'estomac à travers le pharynx et l'œsophage.*

§ 60. Le *pharynx*, ou *arrière-bouche* (fig. 33), est une cavité qui fait suite à la bouche, et qui est placée à la partie supérieure du cou. Les arrière-narines en occupent le sommet, et en haut et en avant il n'est séparé de la bouche que par le voile du palais. En bas et en avant il communique avec le larynx et la trachée-artère, conduits par lesquels l'air se rend aux poumons; enfin, en bas et en arrière, il se continue avec l'*œsophage*, tube étroit qui descend le long du cou, traverse le thorax en passant entre les deux poumons derrière le cœur, et, au devant de la colonne vertébrale, traverse le muscle diaphragme, et se termine enfin à l'estomac (fig. 8 et 34).

§ 61. Le bol alimentaire, en traversant le pharynx, doit passer devant les arrière-narines et l'ouverture du larynx (nommée *glotte*), sans y pénétrer, et doit descendre directement dans l'œsophage. C'est principalement le voile du palais qui, en s'élevant de façon à devenir presque horizontal et à s'appliquer contre la paroi postérieure de l'arrière-bouche, empêche les aliments de remonter dans les fosses nasales et les dirige vers l'œsophage. Pour qu'ils ne pénètrent pas dans la glotte, cette ouverture se resserre au moment de la déglutition; en même temps le larynx tout entier s'élève sous la base de la langue comme sous un abri, et, en exécutant ce mouvement, fait abaisser une soupape nommée *épiglotte*, qui, ainsi que son nom l'indique, est située au-dessus de la glotte, et qui la recouvre alors comme le ferait un écran. Il ne reste donc de passage libre que celui conduisant vers l'estomac; et, pendant que ces mouvements ont lieu, le bol alimentaire se trouve poussé jusque dans l'œsophage par la contraction des muscles nombreux dont le pharynx est revêtu. Ces contractions, ainsi que les mouvements du larynx, s'effectuent indépendamment de la volonté et d'une manière très-rapide, en sorte que les aliments franchissent presque instantanément le passage, qui peut être comparé à un carrefour où la route digestive croise la voie par laquelle l'air nécessaire à la respiration arrive aux poumons. Quelquefois cependant la déglutition ne se fait pas convenablement, et l'on avale de travers, c'est-à-dire que les aliments, au lieu d'arriver à l'œsophage, pénètrent dans la glotte.

Enfin, le bol alimentaire, parvenu dans l'œsophage, excite la

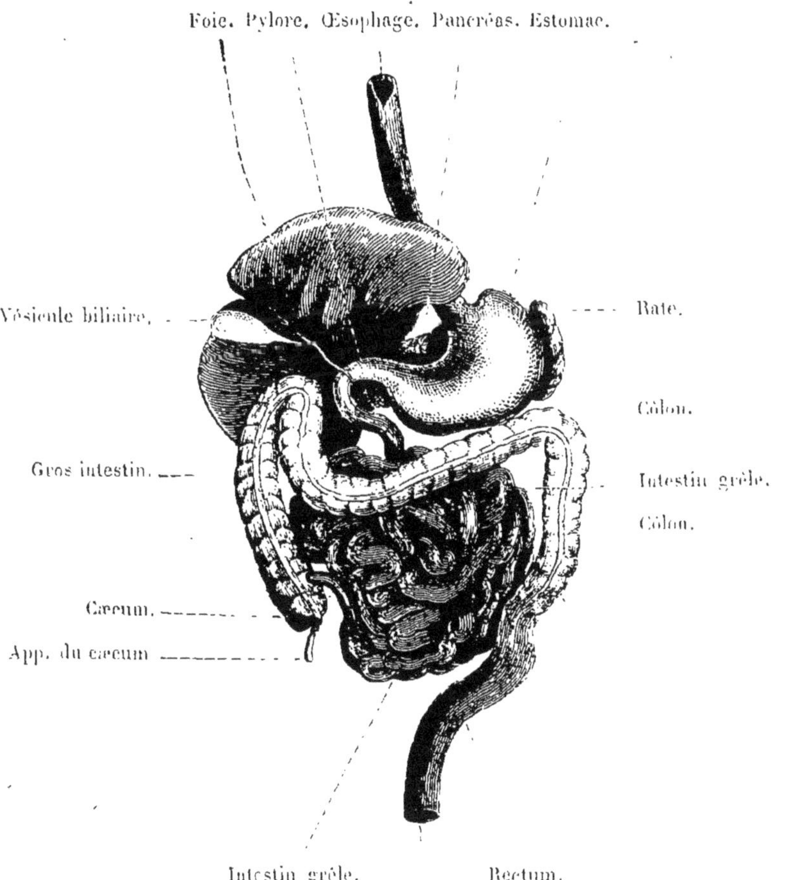

FIG. 34. — Appareil digestif de l'Homme.

contraction successive des fibres charnues qui entourent circulairement ce conduit et qui achèvent la déglutition.

Digestion stomacale, ou chymification.

§ 62. C'est à l'aide du mécanisme dont l'étude vient de nous occuper que les aliments arrivent dans l'estomac, où ils doivent être digérés et se changer en chyme.

L'*estomac* (fig. 34) est une poche membraneuse qui est placée en travers à la partie supérieure de l'abdomen, et qui, chez l'homme, a la forme d'une cornemuse (1). Il se rétrécit graduellement de gauche à droite et se recourbe sur lui-même, de façon que son bord supérieur est concave et très-court, tandis que son bord inférieur (appelé *grande courbure de l'estomac*) est convexe et très-long. L'ouverture par laquelle ce viscère communique avec l'œsophage est appelée *ouverture cardiaque*, parce qu'elle est située du côté du cœur ; et celle qui conduit de l'estomac dans les intestins se nomme *pylore* (2). Les parois de l'estomac sont très-extensibles : lorsque sa cavité n'est pas remplie d'aliments, elles se contractent, et l'on voit alors à leur face interne une multitude de plis dont le nombre diminue à mesure que l'organe est plus distendu. On remarque aussi à la surface de la membrane muqueuse qui tapisse l'estomac un nombre très-considérable de petites cavités sécrétoires appelées *Follicules gastriques*, qui versent sur les aliments le liquide qu'elles forment.

Ce liquide, que l'on nomme *suc gastrique*, est, comme nous le verrons bientôt, un des agents les plus importants de la digestion, car c'est son action sur les aliments qui en détermine la transformation en chyme. Lorsque l'estomac est vide, il ne se forme qu'en très-petite quantité ; mais lorsque les parois de cet organe sont excitées par le contact des aliments, et surtout d'aliments solides, le suc gastrique coule en abondance, et a toujours des propriétés acides très-marquées.

§ 63. Les substances alimentaires qui s'accumulent dans l'estomac y sont assez fortement pressées par l'action des parois musculaires de l'abdomen, et tendraient à remonter dans l'œsophage, si la portion de ce conduit voisine du cardia n'était pas fermée par la contraction de ses fibres musculaires. Quelquefois cette résistance est vaincue, et les aliments remontent jusque vers la bouche, ou même sont rejetés en dehors : phénomènes qui portent les noms de *régurgitation* et de *vomissement*.

D'un autre côté, les aliments ne peuvent traverser simplement l'estomac, et pénétrer tout de suite dans les intestins, car l'ou-

(1) C'est, en effet, avec l'estomac d'animaux où cet organe ressemble beaucoup à celui de l'homme, que l'on fait le réservoir à air des cornemuses.

(2) Le mot *pylore* est dérivé du grec πυλωρός, portier (πύλη, porte, et οὖρος, gardien), et a été donné à l'orifice intestinal de l'estomac, pour rappeler les fonctions qu'il remplit : tant que la digestion des aliments n'est pas assez avancée pour que ceux-ci puissent passer dans l'intestin, le pylore reste contracté et ne leur livre point passage ; mais lorsque les aliments sont transformés en chyme, cette ouverture se desserre et se laisse traverser.

verture du pylore est complétement fermée par la contraction énergique des fibres musculaires dont elle est entourée.

§ 64. Les aliments sont donc retenus dans l'estomac et s'y accumulent, principalement dans la partie cardiaque ou *grand cul-de-sac* de cet organe. Quelques-unes des substances ainsi ingérées sont alors simplement absorbées par les parois de l'estomac, et pénètrent dans le sang sans avoir subi d'altération préalable; l'eau, l'alcool faible et quelques autres liquides sont dans ce cas. D'autres substances pénètrent dans l'intestin, et sont même expulsées au dehors avec les excréments sans avoir été altérées ; mais, en général, les aliments y sont digérés, et transformés ainsi en une masse pulpeuse, semi-liquide, appelée *chyme*.

On remarque d'abord que les fragments placés vers la surface de la masse alimentaire, et près des parois de l'estomac, s'imbibent de suc gastrique, deviennent acides comme ce liquide, et se ramollissent peu à peu de la superficie vers le centre. Toute la masse des aliments finit par subir la même altération; et, par suite de ce ramollissement, ces substances se transforment en une matière molle, pultacée, en général grisâtre, et d'une odeur fade et particulière. Ce produit a reçu le nom de *chyme*.

§ 65. **Nature du travail digestif.** — On a fait un grand nombre d'expériences en vue de nous éclairer sur ce qui se passe pendant la digestion des aliments dans l'estomac. Les plus remarquables sont celles de Réaumur et de Spallanzani, physiologiste célèbre de Modène. A l'époque où Réaumur entreprit ses recherches, on croyait que ce phénomène n'était autre chose qu'une espèce de trituration, et que le chyme n'était que des aliments broyés de façon à les réduire en pulpe; mais ce naturaliste montra qu'il en était autrement. Il fit avaler à des oiseaux des aliments renfermés dans des tubes et dans des espèces de petites boîtes métalliques, dont les parois étaient criblées de trous, de façon à préserver ces substances de tout frottement, mais à ne point les soustraire à l'action des liquides contenus dans l'estomac, et il trouva que la digestion s'en faisait comme dans les circonstances ordinaires. Spallanzani répéta ces expériences, et il en conclut avec raison que le suc gastrique devait être la cause principale de la chymification des aliments. Enfin, pour le mieux démontrer, il eut encore recours à des expériences très-ingénieuses. Il fit avaler à des corbeaux et à d'autres oiseaux de petites éponges attachées à une ficelle, au moyen de laquelle il retira ces corps de l'estomac, après qu'ils y eurent séjourné quelques minutes et qu'ils s'y furent imbibés des liquides contenus dans cette cavité. Il se procura ainsi une quantité considérable de suc gastrique, qu'il plaça dans de petits vases, avec des aliments convenablement divisés ; il eut soin en même temps d'élever la température de façon à imiter, autant que possible, les circonstances dans lesquelles la chymification a lieu, et au bout de quelques heures il vit la masse alimentaire soumise à cette digestion artificielle se transformer en une matière pulpeuse semblable en tout point à celle qui se serait formée dans l'estomac par suite d'une digestion naturelle.

D'autres observations faites sur l'homme lui-même ont conduit à des résultats semblables. Celles que l'on doit à un médecin américain, le docteur Beaumont, offrent surtout un grand intérêt : elles ont été faites sur un jeune homme très-bien portant, mais donc l'estomac avait été ouvert par une blessure d'arme à feu, et dont la guérison était restée imparfaite, de façon que la plaie, quoique cicatrisée, laissait béant un orifice au moyen duquel il était facile de voir tout ce qui se passait dans l'intérieur de cet organe. Ce médecin s'est assuré, de la sorte, que les aliments, en arrivant dans l'estomac, excitent la sécrétion du suc gastrique, s'en imbibent, et sont ensuite digérés par la seule action de cet agent : car, lorsqu'il les retirait de l'estomac ainsi imbibés, il les voyait encore se transformer peu à peu en une masse chymeuse. A l'aide d'un tube, il lui était facile aussi de se procurer de ce suc gastrique, qu'il voyait suinter des parois de l'estomac ; et en employant ce liquide comme l'avait déjà fait Spallanzani pour des digestions artificielles, il a réussi à transformer des morceaux de bœuf en une substance demi-fluide, semblable au chyme que cette matière alimentaire aurait produit par la digestion naturelle.

Il est donc évident que *le suc gastrique est la cause principale des altérations que les aliments éprouvent pendant leur séjour dans l'estomac*, et la connaissance de ce fait doit nous conduire à chercher quel est le principe qui donne à ce liquide des propriétés si remarquables.

§ 66. Jusqu'en ces derniers temps, on attribuait le pouvoir dissolvant du suc gastrique à l'acide chlorhydrique (ou hydrochlorique) et à l'acide lactique, qui entrent toujours dans sa composition. Ces acides possèdent en effet la propriété d'attaquer plusieurs des substances qui servent le plus ordinairement à l'alimentation, mais leur action est trop faible pour expliquer les phénomènes de la chymification ; et d'après des expériences que l'on doit à MM. Eberle, Schwann et Müller, de Berlin, on voit que le suc gastrique renferme une matière particulière dont l'action sur la plupart des aliments est assez analogue à celle de la *diastase* sur l'amidon. Cette matière, encore imparfaitement connue, à laquelle on a donné le nom de *pepsine*, n'agit qu'autant qu'elle est combinée avec un acide, l'acide chlorhydrique ou l'acide lactique, par exemple, et possède alors la propriété de dissoudre la fibrine, l'albumine coagulée, et plusieurs autres substances alimentaires des plus solides; elle détermine aussi des changements importants dans la nature chimique de quelques-unes de ces matières, dans l'albumine, par exemple.

Certaines substances alimentaires, telles que la fécule et le gluten, ne sont pas dissoutes par la pepsine, et, pour être digérées dans l'estomac, elles doivent être préalablement soumises à d'autres agents. La salive est un de ces dissolvants; et chez

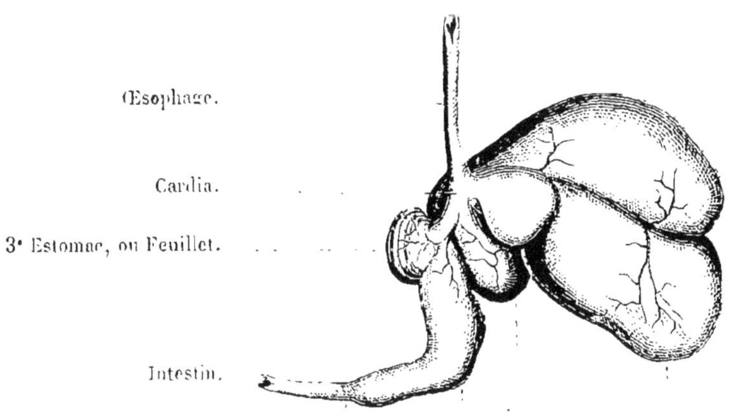

FIG. 35. — Estomacs du Mouton.

les animaux qui se nourrissent spécialement de substances végétales, il existe souvent, entre la bouche et l'estomac proprement dit, une première cavité destinée à loger les aliments pendant que ce liquide les imbibe : chez les mammifères de l'ordre des Ruminants, ce premier estomac porte le nom de *panse* (fig. 35); et, chez les oiseaux, on l'appelle *jabot*.

Ainsi, c'est par l'action de la salive, et surtout du suc gastrique, que les aliments sont transformés en chyme ; mais certaines substances, telles que les matières grasses, peuvent résister à ces liquides et traverser l'estomac sans avoir été dissoutes : pour la digestion de celles-là, l'influence d'un autre agent est nécessaire, et, comme nous le verrons bientôt, c'est en avançant plus loin dans le tube intestinal qu'elles le rencontrent.

Pendant que la chymification s'opère, les parois de l'estomac deviennent le siége de contractions circulaires qui se succèdent d'abord de droite à gauche ; mais, après un certain temps, ces mouvements vermiculaires, que l'on nomme *péristaltiques*, se font dans le sens opposé, et portent le chyme vers le pylore, puis jusque dans l'intestin grêle.

Digestion intestinale.

§ 67. **Intestins.** — La portion du canal alimentaire dans laquelle les aliments pénètrent après leur digestion dans l'estomac porte le nom d'*intestin* (fig. 34). C'est un tube membraneux et contourné sur lui-même, dont le diamètre est peu considérable, mais dont la longueur est très-grande, étant, chez l'homme, environ sept fois celle du corps. Chez les animaux qui se nourrissent exclusivement de chair, les intestins sont en général plus courts que chez l'homme et les autres animaux omnivores ; tandis que, chez les herbivores, leur longueur est beaucoup plus considérable. Ainsi, dans le lion, elle n'est que d'environ trois fois celle du corps, et dans le bélier, elle est souvent égale à vingt-huit fois cette longueur. La raison de ces différences est facile à saisir ; car il est évident que les substances herbacées, qui se digèrent très-lentement, et qui renferment une très-petite portion de matière réellement nutritive, doivent séjourner pendant plus longtemps dans le canal alimentaire que la chair musculaire, dont la digestion est très-prompte et dont presque toute la masse est composée de matières nutritives.

Les intestins, comme nous l'avons dit, sont logés dans l'abdomen, et renfermés dans les replis d'une membrane nommée *péritoine*, qui les fixent à la colonne vertébrale (fig. 8). Ils se composent de deux parties distinctes : l'*intestin grêle* et le *gros intestin*.

L'*intestin grêle* fait suite à l'estomac, et c'est dans son intérieur que la digestion s'achève. Il est très-étroit et forme environ les trois quarts de la longueur totale des intestins. Sa surface extérieure est lisse, les fibres musculaires qui l'entourent sont serrées les unes contre les autres, et la membrane muqueuse qui en tapisse l'intérieur présente à sa surface une foule de petites glandules tubuliformes, des *follicules* et de petits appendices saillants nommés *villosités* (fig. 36). On y remarque aussi un grand nombre de plis transversaux, nommés *valvules conniventes*. Les follicules sécrètent continuellement une humeur visqueuse, dont la quantité est très-considérable. Les villosités, comme nous le verrons bientôt, paraissent servir spécialement à l'absorption des produits de la digestion, et les valvules conniventes à retarder la marche du chyme.

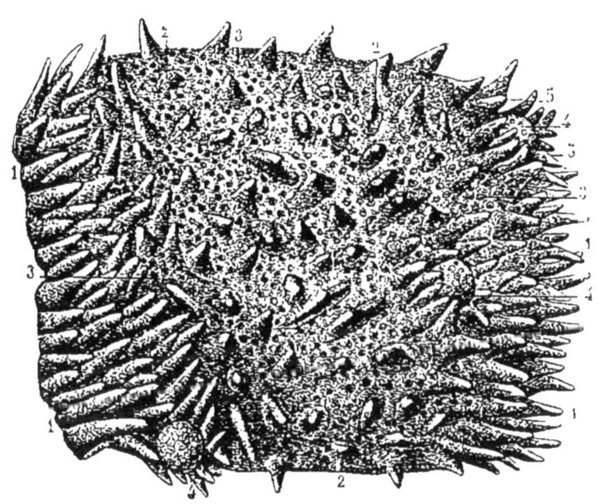

FIG. 36. (1)

Les anatomistes distinguent dans l'intestin grêle trois portions : le *duodénum*, le *jéjunum* et l'*iléon*; mais cette distinction est de peu d'importance en physiologie.

§ 68. **Foie et pancréas.** — Les matières alimentaires qui pénètrent dans cet intestin s'y mêlent avec les humeurs sécrétées par ses parois, et avec deux liquides particuliers, la *bile* et le *suc pancréatique*, qui sont formés chacun dans un organe glandulaire situé dans le voisinage de l'estomac.

Le *foie* (fig. 34), qui est l'organe producteur de la bile (2), est le viscère le plus volumineux du corps. Il est situé à la partie supérieure de l'abdomen de l'homme, principalement du côté droit, et descend jusqu'au niveau du bord inférieur des côtes. Sa face supérieure est convexe et sa face inférieure irrégulièrement concave. La couleur de cet organe est rouge brun ; sa substance est molle et compacte; et, lorsqu'on la déchire, elle paraît être formée par l'agglomération de petites granulations

(1) Portion de la membrane muqueuse de l'intestin grêle grossie, pour montrer les villosités (1, 1 et 2), les orifices des glandules tubuliformes et les follicules clos (4 et 5).

(2) Nous verrons plus loin que le foie a aussi d'autres usages, et fournit au sang des matières particulières, en même temps qu'il verse dans l'intestin le liquide dont il est ici question.

solides dans lesquelles aboutissent les vaisseaux sanguins, et desquelles naissent les conduits excréteurs destinés à porter la bile au dehors.

Ces canaux excréteurs se réunissent successivement entre eux pour former des rameaux, des branches, et enfin un tronc qui sort du foie par la face inférieure de cet organe pour se porter au duodénum, et qui communique aussi avec une poche membraneuse adhérente au foie, habituellement distendue par de la bile et nommée *vésicule du fiel*. La terminaison du canal se voit dans le duodénum, à peu de distance de l'estomac.

Chez les animaux inférieurs, le foie est souvent remplacé, soit par une agglomération de petits tubes terminés en cul-de-sac, et insérés sur les rameaux d'un canal excréteur (comme chez les crabes et les écrevisses) : soit par des vaisseaux simples, mais très-longs, comme chez les insectes. Enfin, chez les êtres d'une organisation plus simple, il manque tout à fait, ou n'est représenté que par un tissu glandulaire qui entoure une portion de l'intestin ; mais c'est un des organes sécréteurs dont l'existence est le plus constante dans le Règne animal.

§ 69. La *bile* est un liquide visqueux, filant, verdâtre et d'une saveur très-amère. Elle est toujours alcaline et a beaucoup d'analogie avec du savon. On y trouve dissous, dans de l'eau, un sel formé de soude unie à un acide gras de nature particulière, de la cholestérine, un principe colorant, un peu d'oléate ou de margarate de soude et du mucus.

§ 70. Le *suc pancréatique* a beaucoup d'analogie avec la salive, tant par ses propriétés physiques que par sa composition et ses propriétés chimiques ; mais il possède en outre la faculté d'émulsionner rapidement les graisses. La *glande pancréas* (1) qui le forme ressemble aussi aux glandes salivaires. C'est une masse granuleuse qui, chez l'homme, est divisée en un grand nombre de lobes et de lobules, de consistance assez ferme et de couleur blanc grisâtre tirant un peu sur le rouge, et qui est placée en travers entre l'estomac et la colonne vertébrale (fig. 34). Chacune des granulations qui la forment donne naissance à un petit conduit excréteur, et tous ces conduits se réunissent pour former un canal qui s'ouvre dans le duodénum, près de l'embouchure de celui venant du foie.

§ 71. **Digestion intestinale.** — Nous avons déjà vu comment les mouvements péristaltiques de l'estomac poussent le chyme

(1) Le mot *pancréas*, qui signifie tout charnu (de πᾶν, tout, et de κρέας, chair), a été donné à cette glande par les anciens ; mais la substance de cet organe est loin d'être réellement charnue.

dans le duodénum à travers le pylore. Cette ouverture est garnie d'une valvule en forme de bourrelet circulaire, qui s'oppose au retour de cette matière dans l'estomac ; et la présence du chyme dans l'intestin détermine, dans ce tube, des contractions qui sont analogues à celles de l'estomac, et qui ressemblent exactement aux mouvements d'un ver de terre qui rampe. A l'aide de ces mouvements vermiculaires, le chyme s'accumule dans l'intestin et avance de plus en plus dans l'intérieur de ce tube. Pendant ce trajet, il se mêle avec la bile et les autres humeurs qu'il rencontre, et change peu à peu de propriétés ; il devient jaunâtre, amer, de moins en moins acide, puis alcalin ; et certaines matières alimentaires qui ont résisté à l'action du suc gastrique se dissolvent à leur tour, soit dans le suc pancréatique, soit dans le fluide biliaire. C'est de la sorte que les substances amylacées et grasses sont en majeure partie digérées ; et pendant que ce travail s'achève, il se dégage de la masse alimentaire divers gaz qui distendent plus ou moins l'intestin et qui consistent principalement en acide carbonique et en hydrogène ; quelquefois il y a aussi production d'azote. Enfin, les parties les plus fluides de la masse chymeuse sont en même temps absorbées par les parois du tube digestif ; vers le tiers inférieur de l'intestin grêle il ne s'en trouve presque plus, et la pâte formée par le résidu du chyme, par la bile et les autres humeurs déjà mentionnées, acquiert, dans cette portion du tube alimentaire, plus de consistance, prend une couleur plus foncée, et passe dans le gros intestin.

Expulsion du résidu laissé par la digestion.

§ 72. Les matières alimentaires qui n'ont pu être transformées en chyle ou absorbées directement doivent être rejetées au dehors, et pour cela elles pénètrent dans le gros intestin, et s'y amassent.

Le *gros intestin* (fig. 34) fait suite à l'intestin grêle, et chez la plupart des mammifères se distingue facilement par les dilatations nombreuses que l'on remarque sur ses parois entre les divers faisceaux formés par ses fibres musculaires. On le divise en *cæcum*, en *côlon* et en *rectum*. Le cæcum (1), qui est situé près de l'os de la hanche du côté droit, se prolonge en cul-de-sac au delà du point d'insertion de l'intestin grêle, et présente à son

(1) Les anatomistes ont nommé *cæcum* la première portion du gros intestin, parce qu'elle se prolonge inférieurement sous la forme d'un cul-de-sac (de *cæcus*, aveugle).

extrémité un appendice vermiforme. Des replis, disposés en manière de valvules, garnissent l'ouverture de l'intestin grêle, et s'opposent à ce que les matières poussées dans le cæcum puissent rentrer dans l'iléon et retourner vers l'estomac.

Le côlon (1) fait suite au cæcum, remonte vers le foie, traverse l'abdomen immédiatement au-dessous de l'estomac, et redescend du côté gauche pour gagner le bassin, où il se continue avec le rectum (2), qui se termine à l'anus.

§ 73. Le résidu provenant de la digestion des aliments est poussé peu à peu depuis le cæcum jusqu'au rectum, où il s'accumule et séjourne pendant un temps plus ou moins long. En traversant ainsi le gros intestin, les matières fécales acquièrent de la consistance, changent de couleur et prennent une odeur particulière. Il se développe en même temps dans cet intestin une quantité plus ou moins considérable de gaz qui diffèrent essentiellement de ceux de l'intestin grêle par l'existence presque constante d'hydrogène carboné, et quelquefois aussi par la présence d'un peu d'hydrogène sulfuré.

Les fibres charnues qui entourent l'anus et qui forment le *muscle sphincter* de cette ouverture, sont continuellement contractées, et s'opposent par conséquent à la sortie des matières accumulées dans le gros intestin. En général, pour que l'expulsion de celles-ci ait lieu, il ne suffit même pas de la contraction des fibres musculaires qui entourent cet intestin, il faut aussi que le diaphragme et les autres muscles de l'abdomen concourent au même but, en comprimant la masse des viscères renfermés dans cette cavité.

§ 74. **Théorie de la digestion.** — En résumé, nous voyons donc que la digestion a essentiellement pour but de déterminer la dissolution des matières alimentaires, et que les agents chimiques à l'aide desquels cette dissolution s'opère varient suivant la nature des aliments eux-mêmes. Ainsi, une portion des substances dont les animaux se nourrissent étant solubles dans l'eau, sont dissoutes directement par la salive, le suc gastrique ou les boissons ingérées dans l'estomac, sans l'intervention d'aucun principe actif spécial ; la diastase animale contenue dans la salive possède la propriété de transformer l'amidon en glycose, et détermine ainsi la solubilité d'une portion des matières féculentes introduites dans l'estomac ; la pepsine que renferme le suc gastrique agit d'une manière analogue sur la

(1) On fait venir ce nom de κωλύω, j'arrête, parce que cet intestin retient longtemps les matières excrémentitielles dans ses replis.

(2) Cet intestin est ainsi nommé parce qu'il est à peu près droit.

brine, l'albumine, etc., et liquéfie ces matières dans la cavité e l'estomac ; la fécule qui a résisté à l'action de ces agents, et ui est arrivée intacte dans l'intestin, y rencontre le suc pancréatique, dont les propriétés sont analogues à celles de la salive t dont l'action détermine la dissolution des matières amylacées ; nfin, les matières grasses qui ont également échappé à l'acon dissolvante de la salive et des sucs gastriques sont émulonnées ou dissoutes par le suc pancréatique (quelquefois aussi ar l'alcali contenu dans la bile) ; et à mesure que ces diverses éactions s'effectuent, les matières dissoutes sont absorbées par es parois de la cavité stomacale ou de l'intestin. Quelques-unes es substances qui sont ainsi dissoutes dans les liquides de l'appareil digestif sont en même temps modifiées dans leur constiution chimique : ainsi le sucre de canne est transformé en lycose ; mais le phénomène le plus général et le plus important de la digestion consiste dans la liquéfaction des matières limentaires.

Absorption des produits de la digestion.

§ 75. Pour terminer l'étude de la digestion, il nous reste enore à examiner comment la matière nutritive, extraite des liments, passe de l'estomac et du canal intestinal dans la masse u sang, qu'elle est destinée à renouveler.

La plupart des liquides et des matières solubles introduits lans l'estomac sont absorbés directement par les veines qui erpentent dans les parois de cet organe et dans celles de l'inestin grêle ; mais d'autres, telles que les matières grasses qui onstituent le *chyle*, suivent une autre route, et pénètrent dans n système particulier de canaux destinés à en effectuer le ransport. Ces vaisseaux, appelés *chylifères* (ou *lactés*, à raison de 'apparence qu'ils offrent en général lorsqu'ils sont remplis de hyle), appartiennent, comme nous l'avons déjà dit, à l'appareil les vaisseaux lymphatiques (1). Ils prennent naissance à la surace des villosités de la membrane muqueuse intestinale, et se éunissent en branches plus ou moins grosses qui marchent entre les deux lames du mésentère. Pendant ce trajet, ces vaisseaux lymphatiques traversent les ganglions appelés *ganglions mésentériques* (fig. 37), et vont déboucher dans le canal thoracique, qui, à son tour, va se terminer dans la veine sous-clavière du côté gauche (fig. 6).

(1) Voyez page 24.

§ 76. Lorsqu'un animal est à jeun, ces vaisseaux sont à peu près vides; mais lorsque la digestion intestinale est en pleine activité, ils ne tardent pas à se gorger de chyle, dont la couleur est en général blanche, et l'aspect semblable à celui du lait.

Ce sont les villosités dont la surface de la membrane muqueuse de l'intestin est garnie qui paraissent être spécialement

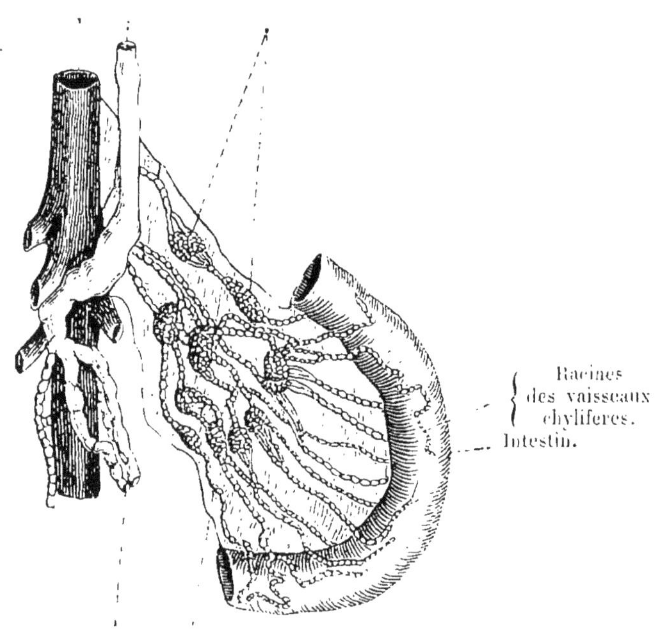

Fig. 37. — Vaisseaux chylifères.

chargées de l'absorption du chyle. Aussitôt que ce phénomène commence, on les trouve gonflées et imbibées de ce liquide comme des éponges qui seraient imbibées de lait. Le chyle passe ensuite dans les vaisseaux lymphatiques qui naissent de ces villosités, et coule, avec assez de vitesse, dans le canal thoracique; mais on ne connaît pas bien la cause de son mouvement ascensionnel.

§ 77. **Chyle.** — L'aspect de ce liquide varie suivant la nature des aliments dont il provient, et suivant les animaux où on l'observe. Dans l'homme et la plupart des mammifères, c'est en général un suc blanc, laiteux, d'une odeur particulière, et d'une saveur salée et alcaline. Examiné au microscope, il paraît composé d'un liquide séreux, tenant en suspension des gouttelettes graisseuses et des globules circulaires. Le chyle provenant d'aliments qui ne renferment pas de matières grasses n'est pas opaque comme celui fourni par des substances contenant de la graisse ou de l'huile ; et chez les oiseaux il est presque toujours transparent.

Lorsqu'on examine le chyle dans les vaisseaux lactés près de leur origine, on trouve que les matières organiques qu'il contient consistent principalement en albumine ; mais, quand on l'observe plus loin dans son trajet vers la veine sous-clavière, on voit que ses qualités ne restent plus les mêmes : à mesure qu'il avance dans l'intérieur des vaisseaux lymphatiques, il se charge d'une quantité de plus en plus considérable de fibrine ; principe qui lui donne la propriété de se coaguler spontanément à la manière du sang. En général, ce liquide prend en même temps une teinte rosée, et devient susceptible de rougir légèrement au contact de l'air. Sa nature, par conséquent, se rapproche de plus en plus de celle du sang, avec lequel il va s'unir dans la veine sous-clavière où débouche le canal thoracique.

C'est de la sorte que les matières nutritives élaborées par la digestion sont absorbées et mêlées au fluide nourricier. Pour continuer l'étude des phénomènes de la nutrition, nous devons, par conséquent, nous occuper maintenant de ce fluide et de la manière dont se fait la distribution des matières organiques qu'il charrie.

DU SANG.

§ 78. Dans les animaux dont la structure est la plus simple, tous les liquides de l'économie sont semblables entre eux ; ils ne paraissent être que de l'eau plus ou moins chargée de particules de matières organisées ; mais, dans les êtres qui occupent un rang plus élevé dans le Règne animal, les humeurs cessent d'être toutes de même nature, et il en est une qui est destinée d'une manière spéciale à subvenir aux besoins de la nutrition : ce *liquide nourricier* est le *sang*.

C'est ce liquide qui entretient la vie dans leurs organes et leur fournit les matériaux dont ils se composent.

C'est aussi le sang qui est la source de toutes les humeurs formées dans le corps : la salive, l'urine, la bile, les larmes, par exemple.

§ 79. Chez tous les animaux qui par leur structure se rapprochent le plus de l'homme, tels que les mammifères, les oiseaux, les reptiles et les poissons, et même chez la plupart des vers de la classe des annélides, le sang est d'une couleur rouge intense. Mais chez presque tous les animaux inférieurs, au lieu d'être rouge et épais, il ne consiste qu'en un liquide aqueux, tantôt complétement incolore, tantôt légèrement teinté en jaune, en vert, en rose ou en lilas : aussi est-il assez difficile à voir, et pendant longtemps a-t-on pensé que ces êtres en étaient complétement dépourvus, et les appelait-on des *animaux exsangues*.

Les ANIMAUX A SANG BLANC, ou ayant le sang à peine teinté, sont très-peu nombreux : tous les *insectes* rentrent dans cette catégorie, et c'est à tort que l'on regarde vulgairement les mouches comme ayant du sang rouge dans la tête : lorsqu'on écrase un de ces animaux, on voit s'épancher, il est vrai, un liquide rougeâtre, mais cette matière n'est pas du sang, et provient uniquement des yeux de ces petits êtres. Les araignées, les crabes, les écrevisses et tous les animaux qui se rapprochent de ces derniers, et qui sont désignés par les zoologistes sous le nom de *crustacés*, n'ont aussi que du sang presque incolore; enfin les limaçons, les moules, les huîtres et les autres animaux de l'embranchement des *mollusques* et de celui des *zoophytes*, ainsi que les vers intestinaux, sont dans le même cas.

§ 80. En examinant au microscope le sang d'un animal A SANG ROUGE, tel qu'un mammifère, un oiseau, un poisson, on voit qu'il est constamment formé de deux parties distinctes : d'un liquide jaunâtre et transparent, auquel on a donné le nom de *sérum*, et d'une foule de petits corpuscules, solides, réguliers et de couleur rouge, qui nagent dans le fluide dont nous venons de parler, et que l'on appelle les *globules du sang*.

§ 81. **Globules du sang.** — Chez les animaux de la même espèce, tous les globules du sang ont la même forme et à peu près la même grosseur (1); mais lorsqu'on les compare chez des animaux d'espèces différentes, on y remarque des différences importantes à signaler. En général, ces corpuscules se ressemblent beaucoup plus chez les divers animaux d'une même classe que chez des animaux appartenant à des classes différentes : chez les premiers leurs dimensions peuvent varier, mais ils affectent presque toujours la même forme; tandis que d'une classe à une autre les différences de volume deviennent souvent beaucoup plus considérables, et la forme elle-même peut changer.

(1) Avant la naissance, les globules ont quelquefois des dimensions ou même une forme différentes de celles qu'ils offrent pendant tout le reste de la vie. Ainsi le poulet dans l'œuf a d'abord des globules circulaires, et ce n'est qu'à une période plus avancée de l'incubation que les globules offrent tous une forme elliptique. Mais après la naissance les globules ne varient plus.

Ainsi, chez l'homme (fig. 38) et chez presque tous les autres animaux de la classe des mammifères (le chien, le cheval, le bœuf, par exemple), les globules du sang sont circulaires (1); tandis que, chez les oiseaux, les reptiles, les batraciens et les poissons, ils ont une forme elliptique (fig. 39).

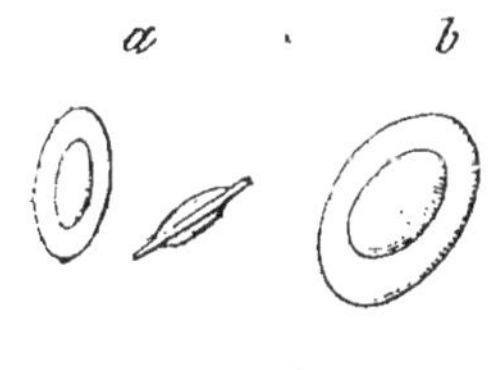

FIG. 38. (2)

Ces corpuscules sont toujours microscopiques ; mais c'est surtout chez les mammifères qu'ils sont d'une petitesse extrême. Dans l'homme, le chien, le lapin et quelques autres mammifères, leur diamètre est égal à environ la cent vingt-quatrième partie d'un millimètre, et chez la chèvre ils n'ont qu'un deux-cent-cinquantième de millimètre ; enfin, chez les chevrotains ils n'ont qu'environ $\frac{1}{450}$ de millimètre.

Dans les oiseaux, les globules du sang sont plus grands que chez les mammifères. Mais c'est dans la classe des reptiles et chez les batraciens qu'ils atteignent les dimensions les plus considérables : ainsi, dans le sang de la grenouille, ils ont environ un quarante-cinquième de millimètre en longueur sur un soixante-quinzième en largeur; et, dans le protée, qui est de tous les animaux connus celui chez lequel ils sont les plus grands, leur longueur est d'environ un dix-septième de millimètre.

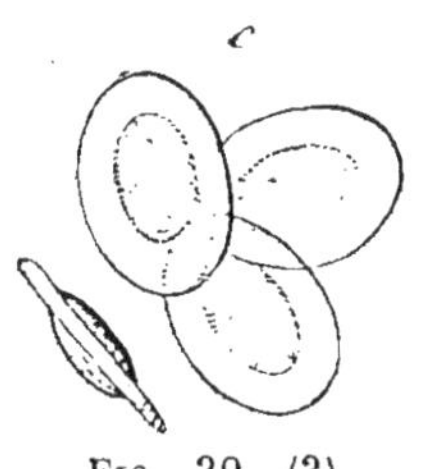

FIG. 39. (3)

Enfin, chez les poissons, ces corpuscules sont intermédiaires pour la grosseur entre les globules des oiseaux et ceux des batraciens.

Du reste, les globules du sang sont toujours aplatis, et présentent une tache centrale entourée d'une espèce de bordure de couleur plus foncée. Leur structure intérieure est quelquefois très-difficile à connaître ; mais lorsqu'on a soin de les prendre chez un animal où leur volume est le plus considérable, et que l'on examine à l'aide d'un microscope puissant, on voit qu'ils sont composés de deux parties distinctes, d'un noyau central et d'une enveloppe ayant l'apparence d'une petite vessie. En

(1) Les chameaux et les lamas font exception à cette règle, car chez ces mammifères les globules du sang sont elliptiques.

(2) Fig. 38. Globules du sang de l'homme grossis à peu près quatre cents fois (en diamètre).

(3) Fig. 39. Globules elliptiques du sang des oiseaux, des batraciens et des poissons. — *a*, globules du sang de la poule, vus de face et de profil ; — *b*, globules du sang de la grenouille ; — *c*, globules d'un poisson du genre squale (même grossissement).

général, cette enveloppe est déprimée, et forme autour du noyau un rebord plus ou moins mince, de façon que le tout offre l'aspect d'un petit disque renflé au milieu ; elle est de couleur rouge, et semble être formée d'une espèce de gelée facile à diviser, mais très-élastique. Le noyau central a la forme d'un sphéroïde et n'est pas coloré. Chez l'homme et les autres mammifères, la portion centrale des globules est au contraire moins saillante que le bord, et le noyau n'est pas distinct.

Ces globules rouges, qui donnent au sang sa couleur, ne sont pas les seuls qu'on y découvre à l'aide du microscope. Il existe aussi dans ce liquide, mais en beaucoup moindre quantité, d'autres corpuscules incolores et d'une forme sphérique, qui ressemblent beaucoup aux globules du chyle ; en général, ils sont difficiles à apercevoir à cause de leur mélange avec les globules rouges.

§ 82. Chez les animaux sans vertèbres dont le sang est blanc ou à peine coloré, on trouve aussi des globules, mais ces corpuscules diffèrent beaucoup de ceux des animaux vertébrés ; leur grosseur est très-variable chez le même individu ; leur surface offre un aspect framboisé ; on n'y distingue ni noyau central, ni enveloppe extérieure, et leur forme est en général sphérique.

§ 83. **Composition du sang.** — La chimie nous apprend que le sang se compose d'un grand nombre de substances différentes. Chez les animaux supérieurs, on y trouve : 1° de l'eau ; 2° des principes immédiats albuminoïdes, savoir : de la fibrine, de l'albumine, de l'hématosine (ou matière colorante rouge du sang), de la caséine, etc. ; 3° des matières grasses, telles que la cholestérine, la cérébrine, l'acide stéarique, l'acide oléique, etc. ; 4° des matières sucrées (glycose) ; 5° des matières minérales (du chlorure de sodium, du phosphate de soude, du carbonate de chaux, du fer uni à l'hématosine, etc.) ; enfin, on y reconnaît la présence d'une petite quantité d'acide carbonique libre, de gaz azote et de gaz oxygène. Mais cette complication, toute grande qu'elle peut nous paraître, est encore au-dessous de la réalité ; et si nos moyens d'analyse étaient plus parfaits, on découvrirait dans le sang d'autres substances encore, qui y existent bien certainement, mais ne s'y trouvent qu'en quantités trop petites pour que le chimiste puisse les saisir. Pour s'en convaincre, il suffit d'arrêter l'action de certains organes chargés de séparer du sang divers liquides particuliers, tels que l'urine ; car des matières qui étaient expulsées de l'économie par cette voie, et qui ne se montrent pas d'ordinaire dans le sang, s'y accumulent alors, et deviennent de la sorte faciles à reconnaître, ainsi que nous le verrons du reste plus en détail lorsque nous arriverons à l'étude des sécrétions (1).

Les substances que nous venons d'énumérer comme étant contenues dans le sang sont aussi celles qui entrent dans la composition de presque toutes les parties, soit solides, soit liquides, de l'économie ; l'albumine forme la base d'un grand nombre de tissus, la fibrine est le principe constituant des muscles, les sels contenus dans le sang se rencontrent aussi soit dans les os, soit dans les humeurs ; et, d'après l'ensemble des faits connus, on est en droit de penser que les matériaux destinés à devenir de la chair, de la bile, de l'urine, etc., existent déjà dans le fluide nourricier : les organes qui doivent se les approprier les puisent dans ce liquide, et ne les créent pas ; aussi n'est-ce pas sans raison que le sang a été appelé par quelques auteurs de la *chair coulante*.

§ 84. Les proportions dans lesquelles les diverses matières constituantes du sang s'y trouvent réunies varient beaucoup chez les différents animaux. Dans l'homme, on trouve ordinairement, sur 100 parties de sang, environ 79 parties d'eau, 19 centièmes d'albumine, 1 centième de sels, et quelques millièmes seulement de fibrine et de matière colorante. Dans le sang des oiseaux, la proportion d'eau est en général un peu moins forte ; mais, dans le sang des batraciens et des poissons, on en trouve davantage. Dans celui de la grenouille, par exemple, il existe plus de 88 centièmes d'eau.

Des différences analogues se remarquent, lorsque l'on compare les quantités relatives de sérum et de globules dans le sang de divers animaux ; et, comme nous le verrons par la suite, il existe un rapport remarquable entre la proportion de ces globules et la chaleur développée par ces êtres. Les oiseaux sont de tous les animaux ceux dont le sang est le plus riche en globules, et ceux aussi dont la température est la plus élevée. Le sang des mammifères en renferme un peu moins (7 à 12 centièmes) ; chez les reptiles et les poissons, que l'on appelle des animaux à sang froid, à cause du peu de chaleur qu'ils développent, la quantité relative des globules est beaucoup plus faible encore, et ne dépasse guère 5 ou 6 centièmes du poids total du sang.

Du reste, les proportions des éléments solides et liquides varient aussi chez les différents individus d'une même espèce, et

(1) Pour plus de détails sur l'histoire chimique et physiologique du sang, voyez mes *Leçons sur la physiologie et l'anatomie comparée de l'homme et des animaux*, t. I, p. 141 et suivantes.

diverses circonstances peuvent apporter des modifications dans le sang d'un même animal. Ainsi la quantité des globules est plus grande et celle de l'eau plus faible dans le sang de l'homme que dans celui de la femme, et dans le sang des individus d'un tempérament sanguin que dans ceux d'un tempérament lymphatique.

§ 85. **Coagulabilité du sang.** — Dans l'état ordinaire, le sang est toujours fluide et se compose, comme nous l'avons déjà dit, d'un liquide aqueux tenant en suspension des globules solides, mais il est des circonstances où ses propriétés physiques changent complétement. C'est ce qui a lieu, par exemple, toutes les fois qu'on extrait le sang des vaisseaux où il est contenu dans l'intérieur du corps d'un animal vivant; abandonné à lui-même, il se transforme alors, au bout de quelques instants, en une masse de consistance gélatineuse, qui se sépare peu à peu en deux parties: l'une liquide, jaunâtre et transparente, formée par le sérum ; l'autre plus ou moins solide, complétement opaque, et d'une couleur rouge, à laquelle on donne le nom de *caillot* ou de *cruor du sang*.

Ce phénomène est dû à la présence de la *fibrine* contenue dans le sang. Cette substance, qui est dissoute dans le sérum, a la propriété de se solidifier lorsqu'elle n'est plus soumise à l'influence de la vie ; et, en se solidifiant ainsi, elle entraîne avec elle les globules, et forme avec eux une masse gélatineuse, de la même manière que du blanc d'œuf, employé pour clarifier un liquide trouble, entraîne les corpuscules qui s'y trouvent mêlés, lorsque par l'effet de la chaleur il vient à se coaguler. Pour s'assurer que la coagulation du sang dépend de la fibrine, il suffit de battre ce liquide avec des verges aussitôt qu'il est tiré de la veine ; la fibrine, au moment de sa solidification, s'attachant alors aux baguettes, s'extrait facilement, et le sang perd la propriété de se coaguler. A l'aide d'une expérience très-simple, on peut également se convaincre que cette fibrine se trouve dans le sérum, et n'est pas contenue dans les globules, comme on le croyait jusque dans ces derniers temps. Effectivement, si l'on jette sur un filtre du sang dont les globules sont très-volumineux, du sang de grenouille, par exemple, il est possible de faire passer le sérum et de retenir tous les globules avant que la coagulation se soit effectuée ; et, dans ce cas, bien que les globules soient restés intacts sur le filtre, le sérum se prend en masse comme d'ordinaire : seulement le caillot, formé alors exclusivement de fibrine, est blanc au lieu d'être rouge, comme lorsque les globules s'y trouvent englobés.

§ 86. **Usages du sang.** — Le sang, avons-nous dit, est l'agent spécial de la nutrition. Mais il ne sert pas seulement à réparer les pertes que subissent les organes et à les nourrir, il est destiné aussi à produire dans ces parties une excitation sans laquelle la vie ne saurait s'y maintenir. L'expérience suivante peut, mieux que toute autre, donner une idée de l'importance du rôle que ce liquide joue dans l'économie.

§ 87. Lorsqu'on saigne abondamment un animal, on le voit s'affaiblir de plus en plus ; et, si l'hémorrhagie est très-abondante, il ne tarde pas à perdre connaissance ; sa respiration s'arrête, tout mouvement musculaire cesse, et la vie ne se manifeste plus par aucun signe extérieur ; enfin, si la perte du sang est poussée assez loin, et qu'on laisse l'animal dans cet état, la réalité succède bientôt à l'apparence et la mort ne tarde pas à arriver. Mais si, au lieu d'abandonner à son sort cette espèce de cadavre, on injecte dans ses veines du sang semblable à celui qu'il a perdu, on le voit avec étonnement revenir à la vie : à mesure qu'on introduit dans ses vaisseaux de nouvelles quantités de sang, l'animal se ranime de plus en plus ; bientôt il respire librement, se meut avec facilité, reprend ses allures habituelles, et il peut même se rétablir complétement.

Cette opération, que l'on désigne sous le nom de *transfusion*, est certes une des plus remarquables que l'on ait jamais faites, et elle prouve mieux que tout ce que l'on pourrait dire l'importance de l'action des globules du sang sur les organes vivants; car, si l'on emploie de la même manière du sérum privé de globules, on ne produit pas d'autre effet que si l'on se servait d'eau pure, et la mort n'en est pas moins une suite inévitable de l'hémorrhagie.

§ 88. L'influence du sang sur la nutrition est également facile à démontrer. Ainsi, lorsque, par des moyens mécaniques, on diminue d'une manière notable et permanente la quantité de ce liquide reçue par un organe, on voit celui-ci diminuer de grosseur, et souvent même se flétrir et se réduire presque à rien. D'un autre côté, on observe également que plus une partie quelconque du corps fonctionne, plus elle reçoit de sang, et plus aussi son volume s'accroît. En effet, chacun sait que l'exercice musculaire tend à développer davantage les parties qui en sont le siége ; que chez les danseurs, par exemple, les muscles des jambes, et surtout du mollet, acquièrent une grosseur remarquable, tandis que chez les boulangers, et les autres hommes qui exécutent avec leurs bras des travaux rudes, les muscles des membres supérieurs deviennent plus charnus que les autres parties. Or, les muscles reçoivent plus de sang lorsqu'ils se contractent que lorsqu'ils sont en repos, et par cet afflux de sang le travail nutritif dont ils sont le siége est activé et leur volume s'accroît.

§ 89. Le liquide nourricier, en agissant ainsi sur les organes avec lesquels il est en contact, en éprouve à son tour des modifications, et à raison de ce changement il perd bientôt ses qualités vivifiantes. Le sang qui arrive dans les diverses parties du corps est d'une couleur rouge vermeil; tandis qu'il présente, après les avoir traversées, une teinte sombre d'un rouge noirâtre; et dans cet état il ne possède plus la faculté d'entretenir la vie dans les organes auxquels il se rend. Mais du sang ainsi vicié, ou du moins en quelque sorte usé, reprend, par l'action de l'air, ses propriétés primitives, et redevient alors propre à exciter le mouvement vital.

La fonction à l'aide de laquelle ce changement important s'opère est celle de la *respiration*, dont nous aurons bientôt à nous occuper.

Le sang qui a subi l'action de l'air, et qui est propre à l'entretien de la vie, est appelé *sang artériel*; celui qui a déjà agi sur les organes, et qui ne peut continuer à y exciter le mouvement vital, se nomme *sang veineux*: il contient, en général, moins de globules que le sang artériel, et se coagule moins promptement, mais c'est par sa couleur noirâtre, par la quantité d'acide carbonique dont il est chargé et par son mode d'action sur les tissus vivants, qu'il s'en distingue le plus.

CIRCULATION DU SANG.

§ 90. D'après ce que nous venons de dire sur le rôle que les liquides nourriciers remplissent dans l'économie animale, et sur l'influence que la respiration exerce sur les propriétés physiologiques de ces liquides, il est évident qu'ils doivent être le siége d'un mouvement continuel.

En effet, puisque c'est le sang qui distribue à toutes les parties du corps les matériaux nécessaires à leur nutrition, et que ce liquide est aussi la voie par laquelle les particules éliminées de la substance des tissus sont entraînées au loin, il ne peut rester en repos, et il doit nécessairement traverser sans cesse tous les organes. Mais, chez la plupart des animaux, ces conditions d'existence ne sont pas les seules qui rendent le mouvement du sang indispensable pour l'entretien de la vie : lorsque l'air ne pénètre pas lui-même dans l'épaisseur de tous les tissus (comme cela a lieu chez les insectes), et n'agit que par l'intermédiaire d'un organe spécial de la respiration (tel que les poumons), il est également facile de voir que le sang qui a déjà traversé les tissus doit aussi se rendre dans l'appareil respiratoire pour y subir l'influence vivifiante de l'air avant que de retourner de nouveau vers ces mêmes tissus.

Or, c'est ce qui a réellement lieu ; et ce mouvement constitue ce que les physiologistes appellent la CIRCULATION DU SANG.

Ce phénomène était inconnu des anciens ; la découverte en est due à Harvey, médecin du roi d'Angleterre Charles Ier (en 1619).

§ 91. **Appareil de la circulation.** — Chez quelques animaux inférieurs le sang ne circule que dans les lacunes ou espaces qui existent entre les divers organes du corps ou entre les lamelles constituantes de ces organes. Mais chez tous les animaux supérieurs, et aussi chez plusieurs de ceux appartenant aux classes moins élevées dans les séries zoologiques, la circulation a lieu dans l'intérieur d'un appareil très-compliqué, composé : 1° d'un système de canaux ou de tubes membraneux servant à conduire le sang dans toutes les parties où il doit passer ; 2° d'un organe particulier destiné à mettre ce liquide en mouvement.

Ces tuyaux portent le nom de *vaisseaux sanguins*, et cet organe moteur est le *cœur*.

Le *cœur* est le centre de l'appareil de la circulation ; c'est une espèce de poche charnue en communication avec les vaisseaux sanguins, qui reçoit le sang dans son intérieur, et qui, en se resserrant de temps en temps, lance ce liquide dans ces canaux et y détermine ainsi un courant continuel.

Presque tous les animaux ont un cœur. Cet organe existe non-seulement chez les mammifères, les oiseaux, les reptiles et les poissons, mais aussi chez les colimaçons, les huîtres et les autres animaux de la division des mollusques, chez les crabes et les écrevisses ; chez les araignées, etc.

Les vaisseaux sanguins sont de deux ordres, savoir :

1° Les *artères*, qui servent à porter le sang du cœur dans toutes les parties du corps.

2° Les *veines*, qui rapportent ce liquide de toutes les parties du corps dans le cœur.

Les artères partent du cœur et se divisent en branches, en rameaux et en ramuscules de plus en plus nombreux et de plus en plus déliés à mesure qu'elles s'avancent et qu'elles se distribuent à des parties plus nombreuses et plus éloignées.

Les veines présentent une disposition semblable, mais qui est destinée à produire un résultat tout contraire, parce que le sang suit dans ces vaisseaux une marche inverse. Elles sont très-nombreuses loin du cœur, mais peu à peu elles se réunissent pour former des canaux plus gros, qui, à leur tour, se réunissent aussi de façon à se terminer au cœur par un ou deux troncs seulement.

Les dernières ramifications des artères dans la substance des organes se continuent avec les racines des veines, de manière à former une suite non interrompue de canaux étroits dans lesquels le sang coule pour traverser ces organes (fig. 40).

On donne le nom de *vaisseaux capillaires* à ces canaux déliés qui établissent ainsi la communication entre les extrémités des artères et des veines, et ce nom leur vient de leur finesse extrême, qui les a fait comparer à des cheveux.

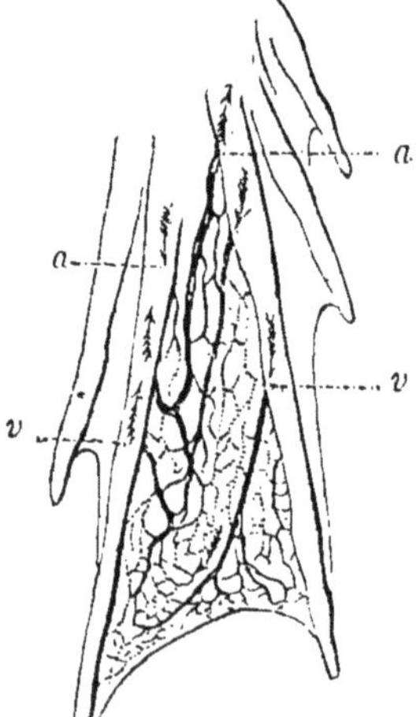

Fig. 40. — Vaisseaux capillaires de la patte d'une Grenouille (1).

Par l'extrémité opposée à celle où se trouvent les vaisseaux capillaires, les artères et les veines communiquent entre elles par l'intermédiaire des cavités du cœur. Il en résulte que chez l'homme et les autres animaux supérieurs, *l'appareil vasculaire forme un cercle complet dans lequel le sang se meut pour revenir sans cesse à son premier point de départ*; et c'est en raison de la nature de ce mouvement qu'on l'appelle *circulation*.

Le cercle circulatoire peut être comparé à un arbre dont le tronc serait replié sur lui-même, de manière à faire rencontrer les dernières ramifications des branches avec les dernières divisions des racines: la portion supérieure du tronc et ses branches représenteraient les artères, la portion inférieure du tronc et les racines représenteraient les veines, et c'est au point de réunion de ces deux portions du tronc que serait la place du cœur.

Dans tous les animaux où la respiration se fait dans un organe spécial, tel que le poumon, les vaisseaux sanguins se ramifient, non-seulement dans les tissus qu'ils doivent nourrir, mais aussi dans l'organe où le sang doit subir l'action de l'air, et ce liquide traverse, par conséquent, deux ordres de vaisseaux capillaires, servant, l'un à la nutrition, l'autre à la respiration. La circulation qui se fait dans l'appareil respiratoire est appelée la *petite circulation*; et celle qui se fait dans le reste du corps, la *grande circulation*.

(1) *a*, artères; — *v*, veines. — Les flèches indiquent la direction du courant circulatoire.

Du reste, la route suivie par le sang et la structure de l'appareil circulatoire varient beaucoup dans les différentes classes d'animaux. Nous indiquerons plus loin ces différences ; mais, avant que de nous en occuper, il convient d'étudier avec plus de détails la conformation et le mécanisme de cet appareil chez l'homme, qui pourra nous servir ensuite comme terme de comparaison.

Description de l'appareil de la circulation chez les animaux supérieurs.

§ 92. **Cœur.** — Chez l'homme, et chez les animaux qui, par leur structure, se rapprochent le plus de nous, le *cœur* est logé

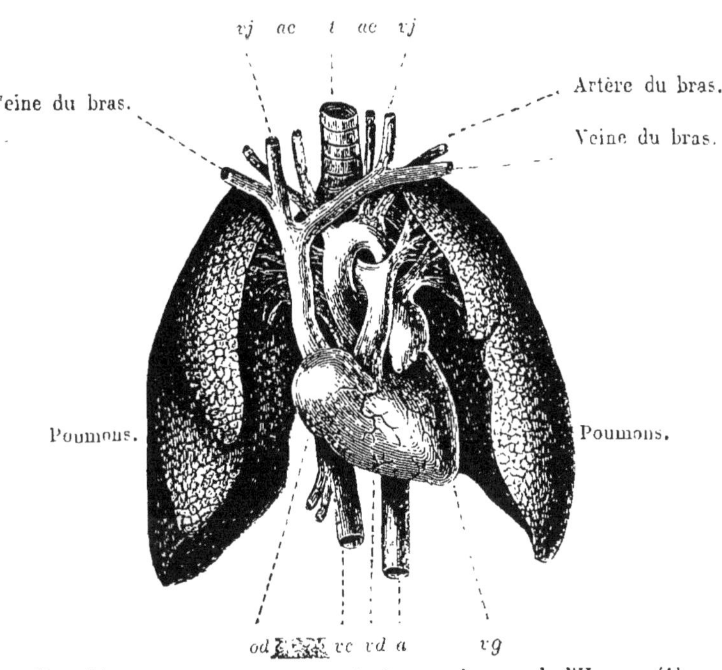

FIG. 41. — Poumons, cœur et principaux vaisseaux de l'Homme (1).

entre les poumons, dans la cavité de la poitrine que les anatomistes appellent le *thorax* (fig. 8 et 61) ; son extrémité inférieure est dirigée un peu obliquement à gauche et en avant, et son extrémité supérieure, qui donne naissance à tous les vaisseaux en communication avec son intérieur, est fixée aux parties voisines, à peu près sur la ligne médiane du corps. Dans le reste de son étendue, le cœur est complétement libre, et il est enve-

(1) *od*, *vd*, oreillette et ventricule droits ; — *vg*, ventricule gauche ; — *a*, artère aorte ; — *ac*, artères carotides ; — *vc*, veine cave inférieure ; — *vj*, veines jugulaires ou veines du cou ; — *t*, trachée.

loppé par une espèce de double sac membraneux, le *péricarde* dont la surface interne est partout en contact avec elle-même parfaitement lisse et continuellement humectée par un liquid aqueux ; disposition qui sert à rendre les mouvements de ce organe plus faciles (1).

La forme générale du cœur (fig. 41) est celle d'un cône o pyramide irrégulière et renversée ; son volume est à peu prè égal à celui d'un poing, et sa substance presque entièrement char

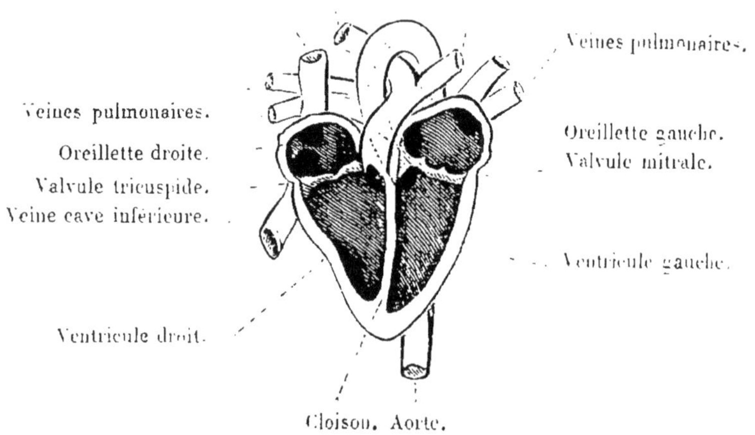

FIG. 42. — Coupe théorique du cœur de l'Homme.

nue : c'est un muscle creux, qui, chez les oiseaux aussi bien que chez tous les mammifères, renferme quatre cavités ou chambres distinctes. En effet, une grande cloison verticale (fig. 42) le divise intérieurement en deux moitiés, et chacune de ces moi-

(1) Cette tunique, ainsi que le péritoine, dont il a été déjà question, est une de celles que les anatomistes désignent sous le nom de *séreuses*, et la disposition de ces membranes mérite d'être remarquée : elles ont toujours la forme d'une espèce de sac dont la surface interne, extrêmement lisse et constamment enduite d'une couche de liquide, est partout en contact avec elle-même ; l'une des moitiés de ce sac adhère par sa surface externe aux parois de la cavité qui loge les viscères, et l'autre moitié entoure ces viscères eux-mêmes et y adhère par sa face externe. Pour me servir d'une comparaison triviale, mais qui peint parfaitement les choses, ces membranes ressemblent à un bonnet du coton qui entourerait les viscères comme ce bonnet enveloppe la tête, et dont la moitié extérieure serait fixée aux parois d'une cavité renfermant à la fois le bonnet et la tête. Ces membranes tendent à diminuer le frottement de ces parties entre elles, et, par conséquent, à faciliter leurs mouvements : aussi trouve-t-on des poches analogues partout où des organes frottent continuellement ou avec force les uns contre les autres, comme aux articulations des os des membres, autour des poumons, des intestins, etc.

tiés, à son tour, est subdivisée par une cloison transversale, de façon à former deux cavités superposées, un *ventricule* et une *oreillette* (fig. 41 et 42).

Les deux ventricules du cœur en occupent la partie inférieure et ne communiquent pas entre eux, mais s'ouvrent chacun dans l'oreillette située au-dessus, au moyen d'un grand orifice nommé *auriculo-ventriculaire*. Les cavités du côté gauche contiennent le sang artériel, celles du côté droit le sang veineux. On remarque que les parois des ventricules sont douées d'une force bien plus grande que celles des oreillettes, et l'utilité de cette disposition est évidente ; car les oreillettes ne doivent chasser le sang que dans les ventricules situés au-dessous, tandis que ces dernières cavités doivent l'envoyer à une distance bien plus considérable, soit aux poumons, soit aux autres parties du corps. Le ventricule gauche est aussi bien plus fort que le ventricule droit, et l'étendue du trajet que les contractions de ces cavités doivent faire parcourir au sang nous explique également bien la raison de cette différence ; car le ventricule droit n'envoie ce liquide que dans les poumons, situés à peu de distance du cœur, tandis que le ventricule gauche le pousse jusqu'aux parties les plus éloignées du corps.

§ 93. **Vaisseaux sanguins.** — Les vaisseaux dans lesquels le sang circule communiquent tous avec le cœur, par l'intermédiaire d'un petit nombre de gros troncs, et se distinguent, comme nous l'avons déjà dit, en artères et en veines, suivant qu'ils sont destinés à porter le sang du cœur vers une autre partie, ou bien qu'ils rapportent ce liquide de divers organes vers le cœur.

Les artères et les veines sont formées, intérieurement, par une membrane mince et lisse qui se continue avec celle qui tapisse les cavités du cœur, et qui a de l'analogie avec celles désignées par les anatomistes sous le nom de *séreuses*. Dans les artères, cette tunique *interne* est entourée d'une tunique *moyenne*, gaîne épaisse, jaunâtre et très-élastique, qui se compose de fibres d'une nature particulière disposées circulairement ; et le tout est renfermé dans une troisième tunique *externe* ou *celluleuse*, formée par du tissu cellulaire ou conjonctif, dense et serré. Dans les veines on ne trouve pas de tunique *moyenne* ou *élastique* bien développée, et la membrane interne n'est entourée que par une couche mince de fibres longitudinales, lâches et extensibles. Il en résulte une différence très-grande dans les propriétés physiques de ces deux ordres de vaisseaux. Les veines ont des parois minces et flasques qui s'affaissent, lorsqu'elles ne sont pas distendues par le sang, et qui se cicatrisent facilement lorsqu'elles ont été divisées. Les artères, au contraire, ont des parois beaucoup plus épaisses, et conservent leur calibre, lors même qu'elles sont vides, comme cela arrive toujours après la mort ; enfin, lorsque ces derniers vaisseaux sont ouverts, les bords de la plaie tendent à s'écarter, à raison de l'élasticité des fibres de leur tunique moyenne, et la cicatrisation ne s'effectue jamais d'une manière complète, à moins que l'on ne détermine l'oblitération de l'artère dans le point divisé : aussi, pour arrêter le sang qui s'échappe d'une veine, suffit-il de maintenir pendant quelque temps les bords de la plaie en contact, tandis que, lors de l'ouverture d'une artère, il faut lier le vaisseau ou l'oblitérer au moyen de la compression.

§ 94. **Système artériel.** — Les vaisseaux qui doivent transporter le sang artériel dans tous les organes naissent du ventricule gauche du cœur par un seul tronc appelé *artère aorte* (fig 43).

Cette grosse artère remonte d'abord vers la base du cou, puis se recourbe en bas, passe derrière le cœur, et descend verticalement au devant de la colonne vertébrale jusqu'à la partie inférieure du ventre. Pendant ce trajet, il se sépare de l'aorte un grand nombre de branches, dont les principales sont les deux *artères carotides*, qui remontent sur les côtés du cou et distribuent le sang à la tête ; les deux artères des membres supérieurs, qui prennent successivement les noms d'*artères sous-clavières*, *axillaires* et *brachiales*, suivant qu'elles passent sous la clavicule, qu'elles traversent le creux de l'aisselle, ou qu'elles descendent le long du bras ; l'*artère cœliaque*, qui se rend à l'estomac, au foie et à la rate ; les *artères mésentériques*, qui se ramifient dans les intestins ; les *artères rénales*, qui pénètrent dans les reins ; et les *artères iliaques*, qui terminent en quelque sorte l'aorte, et qui portent le sang aux membres inférieurs.

§ 95. **Système veineux.** — Les veines, qui communiquent avec les dernières ramifications des artères par l'intermédiaire des vaisseaux capillaires, et qui reçoivent le sang après qu'il a ainsi arrosé toutes les parties du corps, suivent à peu près le même trajet que les artères ; mais elles sont plus grosses, plus nombreuses, et en général situées plus superficiellement. Un grand nombre de ces vaisseaux marchent sous la peau, d'autres accompagnent les artères, et, en dernier résultat, tous se réunissent pour former deux gros troncs qui s'ouvrent dans l'oreillette droite du cœur, et qui ont reçu les noms de *veines caves supérieure* et *inférieure* (fig. 42).

Les veines des intestins présentent dans leur marche une particularité remarquable : le tronc commun formé par leur réunion pénètre dans la substance du foie et s'y ramifie, de façon que le sang de ces organes ne retourne au cœur qu'après avoir circulé

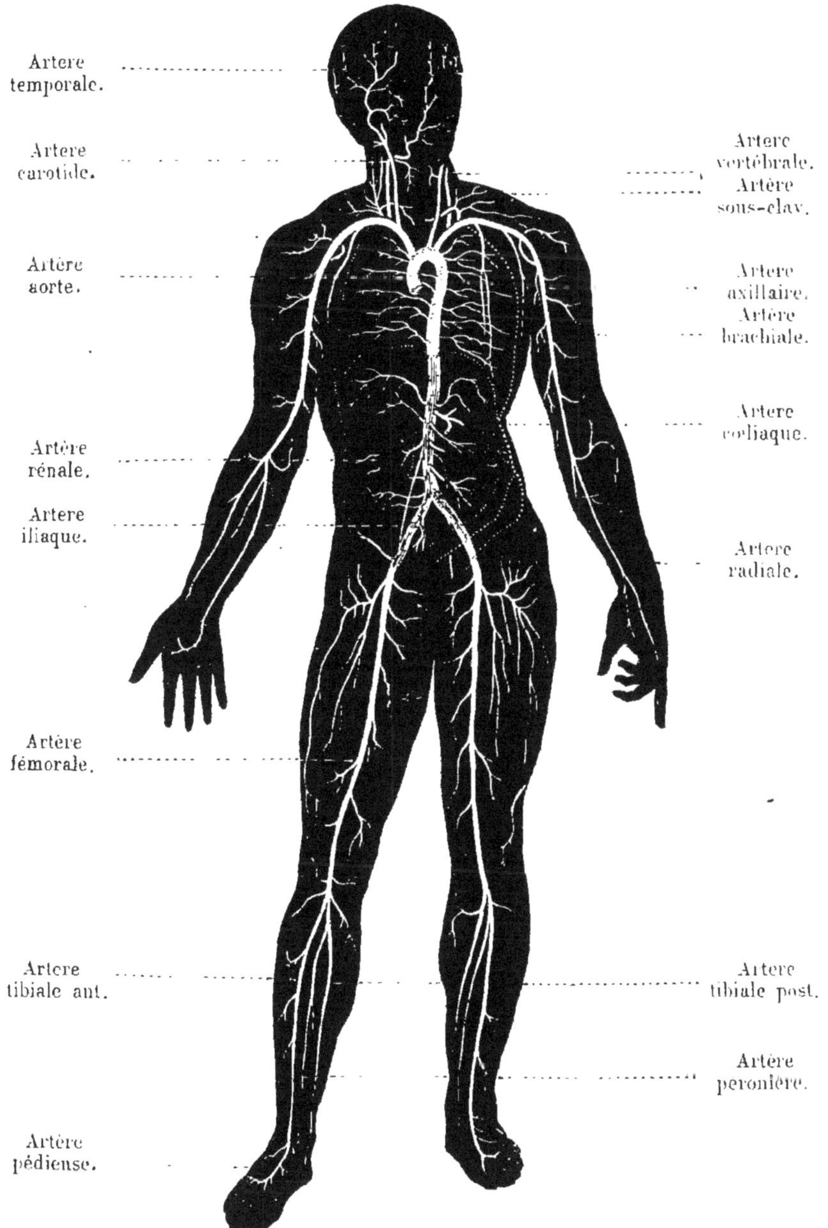

FIG. 43. — Système artériel de l'Homme.

dans un système particulier de canaux capillaires contenus dans le foie, et donnant naissance à des vaisseaux qui se réunissent entre eux pour aller s'ouvrir dans la veine cave inférieure. Cette portion de l'appareil veineux est appelée *système de la veine porte*.

§ 96. **Petite circulation.** — Le sang veineux, qui arrive de toutes les parties du corps, pénètre dans l'oreillette droite du cœur par les veines caves, et passe de cette cavité dans le ventricule situé au-dessous, pour se rendre ensuite aux poumons.

Le vaisseau destiné à conduire le sang veineux du cœur aux poumons est nommé *artère pulmonaire* (fig. 41 et 42); il naît de la partie supérieure et gauche du ventricule droit, remonte à côté de l'aorte, et se divise bientôt en deux branches qui s'écartent presque transversalement l'une de l'autre, et vont se ramifier dans les poumons: celle du côté droit passe derrière l'artère et la veine cave supérieure; celle du côté gauche passe au-devant et au-dessus de la crosse de l'aorte. La première se subdivise en trois branches avant que de pénétrer dans la substance des poumons, la deuxième en deux; l'une et l'autre vont se ramifier sur les parois des cellules pulmonaires.

§ 97. Les *veines pulmonaires* naissent, dans la substance des poumons, des dernières divisions capillaires des artères de même nom, et se rassemblent en rameaux et en branches qui suivent le même trajet que ces vaisseaux; elles forment enfin quatre troncs, qui abandonnent deux à deux chaque poumon, et se rendent dans l'oreillette gauche du cœur, où elles versent le sang devenu artériel par son contact avec l'air dans l'intérieur de l'organe respiratoire. Enfin cette oreillette communique avec le ventricule gauche, d'où naît, comme nous l'avons déjà vu, l'artère aorte.

Mécanisme de la circulation.

§ 98. **Mouvement du cœur.** — Le mécanisme à l'aide duquel le sang se meut dans tous les vaisseaux est facile à comprendre. Les cavités du cœur, comme nous l'avons déjà dit, se resserrent et s'agrandissent alternativement, et poussent ainsi le sang dans les canaux avec lesquels elles sont en communication.

Les deux ventricules se contractent en même temps; et pendant que leurs parois se relâchent ensuite, les oreillettes se contractent à leur tour. Ces mouvements de contraction portent le nom de *systole* (1), et l'on appelle *diastole* (2) le mouvement contraire. Ils se renouvellent très-fréquemment : chez l'homme adulte, on en compte ordinairement de soixante à soixante-quinze par minute; chez les vieillards, leur nombre paraît augmenter un peu; et dans les très-jeunes enfants, il s'élève, en général, à environ cent vingt. Du reste, une foule de circonstances influent sur la fréquence et la force des battements du cœur : ils sont accélérés par l'exercice, par les émotions de l'âme et par un grand nombre de maladies; dans la défaillance et la syncope, ils sont considérablement diminués ou même interrompus momentanément.

§ 99. **Passage du sang dans les cavités du cœur.** — L'oreillette gauche, qui reçoit le sang venant des poumons, communique, comme nous l'avons vu, avec les veines pulmonaires, d'une part, et avec le ventricule gauche, de l'autre; lorsqu'elle se contracte, elle expulse de sa cavité la majeure partie du sang qui s'y trouvait, et il est évident que ce liquide doit tendre à s'échapper par ces deux voies : c'est en effet ce qui a lieu. Mais, comme le ventricule se dilate en même temps, c'est dans son intérieur que la presque totalité du sang pénètre, et très-peu retourne dans les veines pulmonaires.

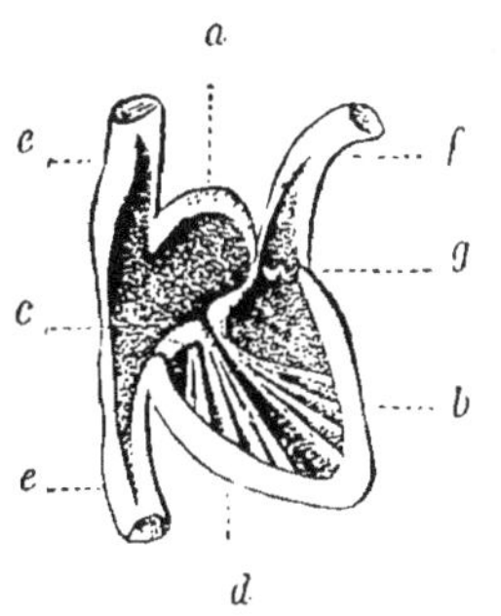

Fig. 44. — Section du cœur (3).

Bientôt après, le ventricule gauche se contracte à son tour, et chasse le sang qu'il vient de recevoir : or, il existe, autour des bords de l'ouverture qui fait communiquer le ventricule avec l'oreillette placée au-dessus, un grand repli membraneux (fig. 44, 45 et 46), disposé de manière à s'affaisser lorsqu'il est poussé de haut en bas, et à se relever et à fermer l'ouverture lorsqu'il est poussé en sens contraire (4) : il en résulte que pendant la con-

(1) Συστολή, de συστέλλω, je resserre.

(2) De διαστέλλω, je dilate.

(3) Figure théorique de l'intérieur du cœur pour montrer le mécanisme du jeu des valvules : — *a*, oreillette recevant les veines (*e*, *e*); — *b*, ventricule séparé de l'oreillette par les valvules (*c*); — *d*, freins charnus de ces valvules; — *f*, artère naissant du ventricule; — *g*, valvules situées à l'entrée de ce vaisseau.

(4) Cette espèce de soupape a reçu le nom de *valvule mitrale*, à cause de la division de son bord libre en deux languettes. Le mécanisme au moyen duquel elle ferme l'ouverture auriculo-ventriculaire est très-simple : de petites cordes tendineuses, qui naissent de colonnes charnues fixées inférieurement aux parois du ventricule, s'insèrent à son bord libre et l'empêchent de se renverser dans l'oreillette, tandis qu'elles n'opposent aucun obstacle à son affaissement. (Voyez les fig. 44 et 46).

traction du ventricule, le sang ne peut retourner dans l'oreillette, et qu'il est poussé dans l'artère aorte. Les contractions du

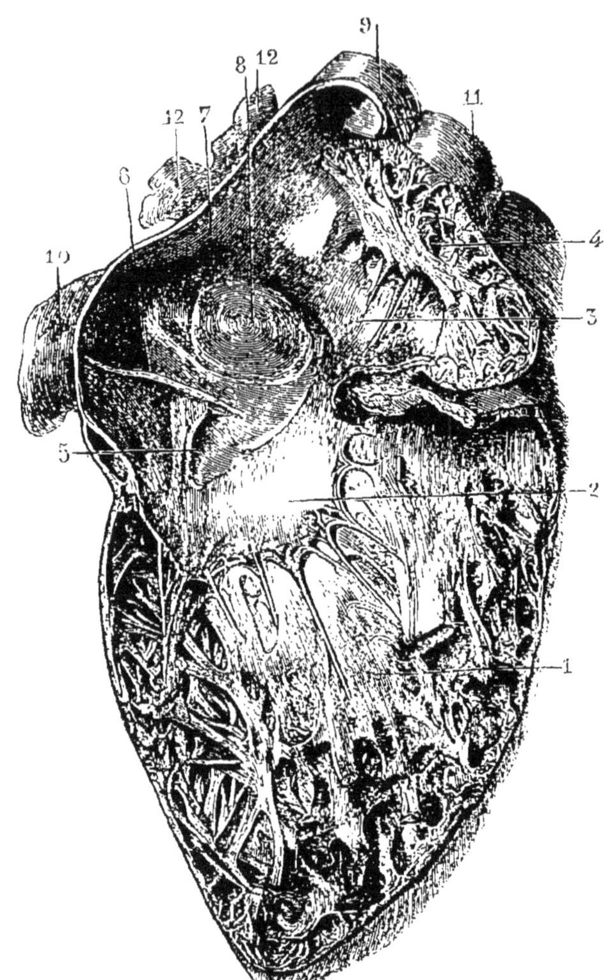

Fig. 45. — Section verticale du cœur (1).

(1) Cavités veineuses du cœur. — 1. Intérieur du ventricule droit montrant les colonnes charnues qui en garnissent les parois. — 2. Portion de la valvule tricuspide qui, en se relevant, bouche le passage entre le ventricule et l'oreillette, et qui ne peut pas se renverser dans cette dernière cavité à cause des tendons qui s'étendent de son bord libre aux parois du ventricule placé au-dessous. — 3. Cavité de l'oreillette droite. — 4. Colonnes charnues qui garnissent une portion des parois de cette cavité. — 5. Embouchure de la grande veine coronaire qui rapporte le sang veineux du tissu du cœur. — 6. Valvule d'Eustache située à l'embouchure de la veine cave inférieure. — 7 et 8. Fosse ovale au fond de laquelle se trouve l'ouverture qui chez le fœtus établit une communication directe entre les oreillettes. — 9. Embouchure de la veine cave supérieure. — 10. Tronc de la veine cave inférieure. — 11. Artère aorte. — 12, 12. Veines pulmonaires.

ventricule se succédant rapidement, de nouvelles ondées de sang pénètrent à chaque instant dans ce vaisseau ; le liquide contenu dans son intérieur doit par conséquent s'y mouvoir et couler du cœur vers l'extrémité capillaire du système artériel

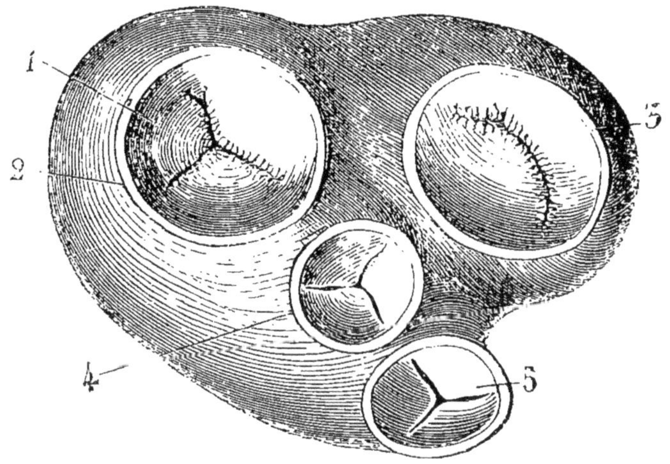

FIG. 46. — Valvules du cœur (1).

car il existe aussi, à l'entrée de l'artère aorte, des *valvules* (2) disposées de façon à s'opposer à son reflux dans le cœur.

§ 100. **Cours du sang dans les artères.** — D'après la nature des mouvements dont nous venons de parler, on pourrait croire que le sang ne chemine dans les artères que par saccades, chaque fois que le ventricule gauche se contracte, et que pendant la dilatation de cette cavité, il doit rester en repos. Il en est cependant tout autrement : si l'on ouvre un de ces vaisseaux sur un animal vivant, on voit le sang s'en échapper en formant

(1) Face supérieure du cœur dont on a enlevé les oreillettes pour montrer la disposition des valvules qui garnissent les orifices auriculo-ventriculaires et l'origine des artères. — 1. Orifice auriculo-ventriculaire droit oblitéré par la valvule tricuspide. — 2. Anneau fibreux circonscrivant cet orifice. — 3. Orifice auriculo-ventriculaire gauche entouré par un anneau fibreux et fermé par la valvule mitrale. — 4. Orifice conduisant du ventricule gauche dans l'artère aorte et bouché par ses trois valvules sigmoïdes. — 5. Orifice conduisant du ventricule droit dans l'artère pulmonaire et garni de ses valvules sigmoïdes.

(2) Ces valvules (voy. la fig. 44, *g*, et fig. 46, 5), au nombre de trois, sont formées par les replis de la membrane interne de l'artère, et sont nommées, à cause de leur forme, *valvules semi-lunaires ;* leur disposition est analogue à celle des valvules des veines dont il sera question plus loin. Lorsque le sang est poussé du cœur dans l'artère, elles se relèvent et s'appliquent contre les parois de celle-ci ; mais lorsque le sang tend à rentrer dans le ventricule au moment où celui-ci cesse de se contracter, le poids du liquide les distend et les abaisse : elles ressemblent alors assez bien aux petits paniers dans lesquels on fait couver les pigeons ; et comme elles se touchent par leur bord libre, elles ferment l'artère (voy. fig. 46).

un jet continu, et qui devient plus fort au moment de la contraction du cœur, mais qui n'est pas interrompu lors du mouvement contraire. Cela dépend de l'action des parois des artères sur le cours du sang. Ces parois sont très-élastiques; lorsqu'une ondée de sang est projetée dans l'aorte par la contraction du ventricule, elles cèdent à la pression ainsi exercée, comme le ferait un ressort, mais elles tendent ensuite à revenir sur elles-mêmes et à chasser le sang qui les distendait.

Pour démontrer l'influence des parois artérielles sur le cours du sang, il suffit de mettre à nu une grosse artère sur un animal vivant, et d'en intercepter une portion entre deux ligatures serrées avec force, puis de pratiquer une petite ouverture entre les deux points ainsi oblitérés. Le sang qui s'y trouve est complétement soustrait à l'influence des mouvements du cœur, et cependant il s'échappera encore de l'artère en formant un jet très-élevé, et le vaisseau ne tardera pas à se vider par le seul effet du resserrement de ses parois. La portion de l'artère située au delà des ligatures diminue aussi de calibre, et fait passer dans les veines la majeure partie du sang qui s'y trouvait.

C'est ainsi, *par l'élasticité des artères, que le mouvement intermittent imprimé au sang par les contractions du cœur se trouve transformé en un mouvement continu.* Dans les grosses artères, les saccades occasionnées par ces contractions se font encore sentir; mais dans les vaisseaux capillaires, et même dans les petites branches artérielles, on ne les aperçoit presque plus, et le sang n'y coule que par l'effet de la pression exercée par les parois élastiques des artères.

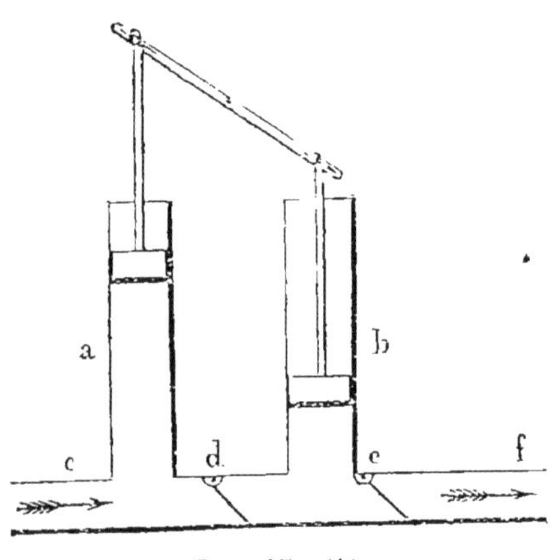

FIG. 47. (1)

§ 101. On voit donc que les contractions du cœur servent à remplir continuellement les grosses artères, et, pour ainsi dire, à tendre le ressort représenté par les parois de ces vaisseaux, et destiné à pousser d'une manière continue ce liquide jusque dans les veines.

Ainsi les cavités gauches du cœur remplissent les fonctions d'une double pompe foulante (fig. 47), qui serait disposée de

(1) *a*, corps de pompe représentant l'oreillette et recevant le liquide par le canal (*c*); — *b*, corps de pompe représentant le ventricule; — *d*, canal de communication repré-

façon que les deux pistons alternassent dans leurs mouvements, et que le liquide chassé du premier corps de pompe (*a*) s'introduisît dans le second (*b*) sans pouvoir revenir sur ses pas, et fût lancé par cette seconde pompe dans le conduit (*f*) représentant le système artériel.

§ 102. Le phénomène connu sous le nom de *pouls* n'est autre chose que le mouvement occasionné par les pressions du sang sur les parois des artères, chaque fois que le cœur se contracte.

D'après la fréquence et la force de ces mouvements, on peut juger de la manière dont cet organe bat, et en tirer des inductions utiles pour la médecine. Mais le pouls ne se fait pas sentir partout; pour le distinguer, il faut comprimer légèrement une artère d'un certain volume entre le doigt et un plan résistant, un os, par exemple, et choisir aussi un vaisseau situé près de la peau, comme l'artère radiale au poignet (fig. 43).

§ 103. Bien que ce soit le même agent moteur qui fasse couler le sang dans toutes les parties du système artériel, on observe cependant que ce liquide n'arrive pas à tous les organes avec la même vitesse. La distance qui les sépare du cœur est une des causes de ces différences, mais elle n'est pas la seule.

Tantôt ces vaisseaux marchent à peu près en ligne droite, tantôt ils forment des coudes plus ou moins nombreux; or, toutes les fois que la colonne de sang, mise en mouvement par la contraction du cœur, rencontre une de ces courbures, elle tend à redresser le vaisseau, et perd ainsi une partie de la force qui la faisait mouvoir, ce qui ralentit d'autant la rapidité de son cours.

On sait, d'après les lois de la physique, que, toutes choses égales d'ailleurs, la rapidité avec laquelle une quantité déterminée de liquide coule dans un système de canaux non capillaires diminue toujours lorsque la capacité de ces conduits devient plus considérable : c'est de la sorte qu'une rivière ralentit son courant quand son lit s'élargit. Or, l'observation nous apprend que la capacité totale des divers rameaux d'une branche artérielle ou des diverses branches d'un tronc est toujours supérieure à celle des vaisseaux desquels ils naissent. Il en résulte que plus une artère se subdivise avant que de pénétrer dans la substance d'un organe, plus le sang doit arriver avec lenteur dans cette partie; et, sous ce rapport, on observe dans

sentant l'orifice auriculo-ventriculaire et garni d'un clapet dont le jeu permet le passage du liquide de *a* en *b*, mais s'oppose à son retour; — *c*, clapet situé à l'orifice opposé de la pompe *b*, représentant les valvules sigmoïdes de l'artère aorte, et fonctionnant comme le précédent; — *f*, canal représentant l'aorte.

l'économie animale des différences très-grandes : tantôt ces vaisseaux ne se distribuent aux organes qu'après s'être subdivisés un grand nombre de fois, et tantôt, au contraire, c'est le tronc artériel lui-même qui s'enfonce dans l'épaisseur de la partie où il doit se ramifier.

Ces dispositions, à l'aide desquelles l'impétuosité du cours du sang est modérée dans certains points de l'appareil circulatoire, se remarquent principalement dans les artères chargées de porter ce liquide à des organes dont la structure est des plus délicates et les fonctions des plus importantes, au cerveau, par exemple.

Du reste, la nature, dans sa prévoyance éclairée, ne se borne pas à ces précautions pour assurer l'arrivée d'une quantité convenable de sang dans chacune des parties du corps. On conçoit facilement que, par la compression et par d'autres accidents, une artère peut se trouver oblitérée dans un point de sa longueur, et que, le sang ne pouvant alors arriver à l'organe où ce vaisseau se distribue, la mort de la partie en résulterait inévitablement; mais cela n'a pas lieu, car la plupart des artères ont entre elles des communications fréquentes, nommées *anastomoses*, au moyen desquelles ces vaisseaux peuvent recevoir du sang d'une artère voisine, lors même qu'ils ne communiquent plus directement avec le cœur.

§ 104. **Cours du sang veineux.** — Nous avons déjà vu que le sang passe des artères dans les veines en traversant les vaisseaux capillaires; l'impulsion qui détermine la progression de ce liquide dans les premiers de ces vaisseaux est encore la cause de son mouvement dans les veines : ainsi, dans tout le trajet de la grande circulation, ce sont les contractions du ventricule gauche du cœur et le resserrement des parois artérielles qui déterminent essentiellement le cours du sang.

En effet, si l'on interrompt le passage du sang dans une artère, et que l'on ouvre la veine correspondante, ce liquide continuera à s'écouler de ce dernier vaisseau tant que l'artère, en se resserrant, n'aura pas expulsé tout le sang qui la distendait; mais, aussitôt après, l'hémorrhagie cessera, bien que la veine soit encore remplie de sang, et la sortie du liquide recommencera dès que la circulation sera rétablie dans l'artère.

Mais il est aussi d'autres circonstances qui tendent à favoriser ce mouvement, et qui méritent d'être mentionnées. Ainsi, dans les veines des membres et de plusieurs autres parties du corps (fig. 48, *a*), la membrane qui tapisse ces vaisseaux forme un grand nombre de replis ou *valvules* (*b*) qui laissent le passage libre lorsque le sang les pousse des extrémités vers le cœur, et le ferment, au contraire, lorsque ce liquide tend à revenir du cœur vers les extrémités. Or, cette disposition empêche par conséquent le sang de refluer vers les capillaires, et contribue aussi d'une manière active à faciliter son passage vers le cœur; car, chaque fois que, par les mouvements des parties voisines, la veine se trouve comprimée, le sang est poussé en avant, et, lorsque la compression cesse, il ne peut plus retourner en arrière, mais est remplacé par une nouvelle quantité de liquide venant de la partie inférieure de la veine. *Toute compression intermittente de ces vaisseaux contribue donc au retour du sang vers le cœur.*

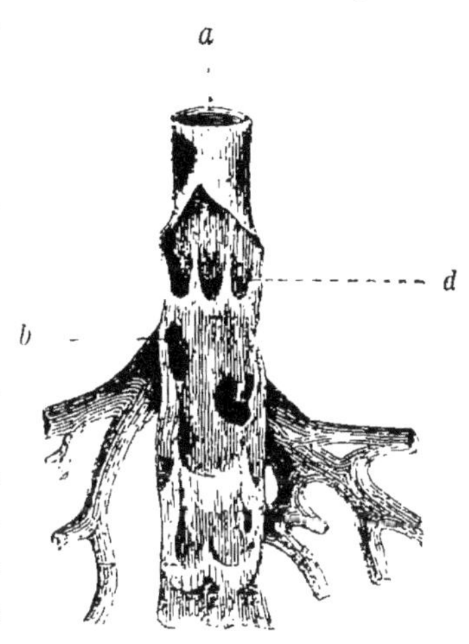

Fig. 48. — Veine ouverte.

§ 105. La dilatation de la poitrine produite par les mouvements respiratoires, en aspirant ce liquide à la manière d'une pompe, facilite aussi l'arrivée du sang veineux dans les cavités du cœur (1).

Néanmoins le sang coule beaucoup moins vite dans les veines que dans les artères, et la nature a multiplié les moyens propres à empêcher que l'obstruction d'un de ces vaisseaux n'arrêtât le retour de ce liquide vers le cœur. Effectivement, il existe en général plusieurs veines destinées à remplir les mêmes fonctions, et ces vaisseaux communiquent entre eux par des anastomoses nombreuses.

§ 106. Le passage du sang à travers les cavités du côté droit du cœur se fait de la même manière que de l'oreillette gauche dans le ventricule du même côté.

Lorsque l'oreillette droite se relâche, le sang y afflue des deux veines caves, et lorsque cette cavité se contracte ensuite, la majeure partie de ce liquide passe dans le ventricule, car il

(1) Les mouvements d'expiration suspendent au contraire, d'une manière momentanée, le cours du sang dans les grosses veines, et l'accélèrent dans les artères qui partent du cœur, et se trouvent alors comprimées.

C'est à ces deux phénomènes que l'on doit attribuer le gonflement des veines (surtout celles de la tête, au cou) qui a lieu pendant une forte expiration. Dans l'intérieur du crâne, ce gonflement est si marqué, qu'à chaque mouvement respiratoire, les vaisseaux situés sous la base du cerveau soulèvent ce viscère et y produisent une espèce de pulsation.

existe sur le bord de l'ouverture de ces vaisseaux une valvule destinée à s'opposer au reflux du sang dans la veine cave inférieure (fig. 44), et, par l'effet de la pesanteur, ce liquide doit nécessairement tendre à tomber dans la cavité ventriculaire plutôt que de remonter dans la veine cave supérieure.

L'ouverture par laquelle le ventricule droit communique avec l'oreillette (fig. 45) est garnie d'une soupape (1) comme celle du ventricule gauche, et, par ses contractions, cette cavité pousse le sang dans l'artère pulmonaire, en soulevant d'autres valvules qui entourent l'entrée de ce vaisseau (fig. 46, 5), et qui empêchent le liquide contenu dans son intérieur de rentrer dans le cœur.

Enfin le sang passe des artères pulmonaires dans les veines de même nom, en traversant les vaisseaux capillaires des poumons, et rentre dans l'oreillette gauche de la même manière qu'il se meut dans les canaux de la grande circulation.

Cours du sang chez les divers animaux.

§ 107. **Mammifères et oiseaux.** — La circulation du sang se fait de la même manière chez l'homme, chez tous les autres mammifères et chez les oiseaux. Dans tous ces animaux (fig. 49) le cœur se compose de deux moitiés parfaitement distinctes et divisées chacune en deux cavités : une oreillette et un ventricule. Le sang artériel remplit les cavités gauches du cœur et passe du ventricule dans l'aorte et ses dépendances ; ce système d'artères le conduit dans toutes les parties du corps, où il traverse les vaisseaux capillaires et se transforme en sang veineux. Les veines de la grande circulation reçoivent alors ce liquide et le conduisent dans l'oreillette droite du cœur. Cette cavité verse ensuite le sang dans le ventricule droit, et ce ventricule le pousse dans l'artère pulmonaire. Le sang veineux arrive de la sorte aux poumons, et, en traversant les vaisseaux capillaires par lesquels les artères pulmonaires se terminent, il subit le contact de l'air et redevient sang artériel. Enfin le sang ainsi vivifié passe dans les veines pulmonaires, qui le versent dans l'oreillette gauche du cœur, et cette oreillette le pousse ensuite dans le ventricule gauche, d'où il sort de nouveau pour recommencer le trajet que nous venons d'indiquer.

On voit donc que, chez les mammifères et les oiseaux, le sang,

(1) On la nomme *valvule tricuspide*, parce qu'elle est divisée en trois portions triangulaires ; sa disposition est analogue à celle de la valvule mitrale (voyez p. 79).

en parcourant le cercle circulatoire, passe deux fois dans le cœur et traverse deux systèmes de vaisseaux capillaires, servant, l'un à la nutrition du corps, l'autre à la respiration : c'est ce que l'on exprime, en disant que, chez ces animaux, *la circulation est double*. Il est aussi à remarquer que, dans ces deux classes d'animaux, *la circulation est complète*, c'est-à-dire que la totalité du sang veineux est conduite à l'appareil respiratoire et transformée en sang artériel, avant que de retourner aux organes qu'il est destiné à nourrir.

Avant la naissance, lorsque l'air ne distend pas encore les poumons, la circulation ne se fait pas de la même manière que pendant tout le reste de la vie. Il existe alors une ouverture qui fait communiquer l'oreillette droite avec l'oreillette gauche, et un ou plusieurs vaisseaux se rendent directement du ventricule droit à l'artère aorte, de façon que le sang venant des diverses parties du corps peut parvenir dans cette artère sans traverser le système pulmonaire. Mais, lorsque le jeune animal commence à respirer, ces communications entre les systèmes veineux et artériel ne tardent pas à s'oblitérer, et la circulation se fait de la manière indiquée ci-dessus.

§ 108. **Reptiles.** — Dans la classe des reptiles, la circulation n'est pas complète comme chez les mammifères et les oiseaux ; une portion plus ou moins considérable de sang veineux se mêle au sang artériel avant que de se rendre aux poumons, et par conséquent le liquide nourricier qui traverse les organes n'est qu'imparfaitement révivifié. En général, ce mélange s'effectue dans le cœur, cet organe n'étant pourvu que de trois cavités, savoir : deux oreillettes et un seul ventricule (fig. 50); le sang veineux venant des diverses parties du corps est versé par l'oreillette droite dans le ventricule unique, qui reçoit aussi le sang artériel venant des poumons et contenu dans l'oreillette gauche ; une portion de ce mélange de sang artériel et de sang veineux retourne ensuite aux poumons, et le reste se rend, par les artères, aux organes qu'il est destiné à nourrir. Cette conformation de l'appareil circulatoire rappelle un peu ce qui existe chez les mammifères et les oiseaux avant la naissance, lorsque les deux moitiés du cœur communiquent entre elles.

Quant au trajet des vaisseaux sanguins, il ne diffère aussi que peu de ce que nous avons vu chez les mammifères. Il est seulement à noter qu'il part du cœur deux aortes, qui, après avoir fourni chacune une crosse dirigée l'une à gauche, comme chez les mammifères, et l'autre à droite, se réunissent pour constituer un tronc unique (fig. 53).

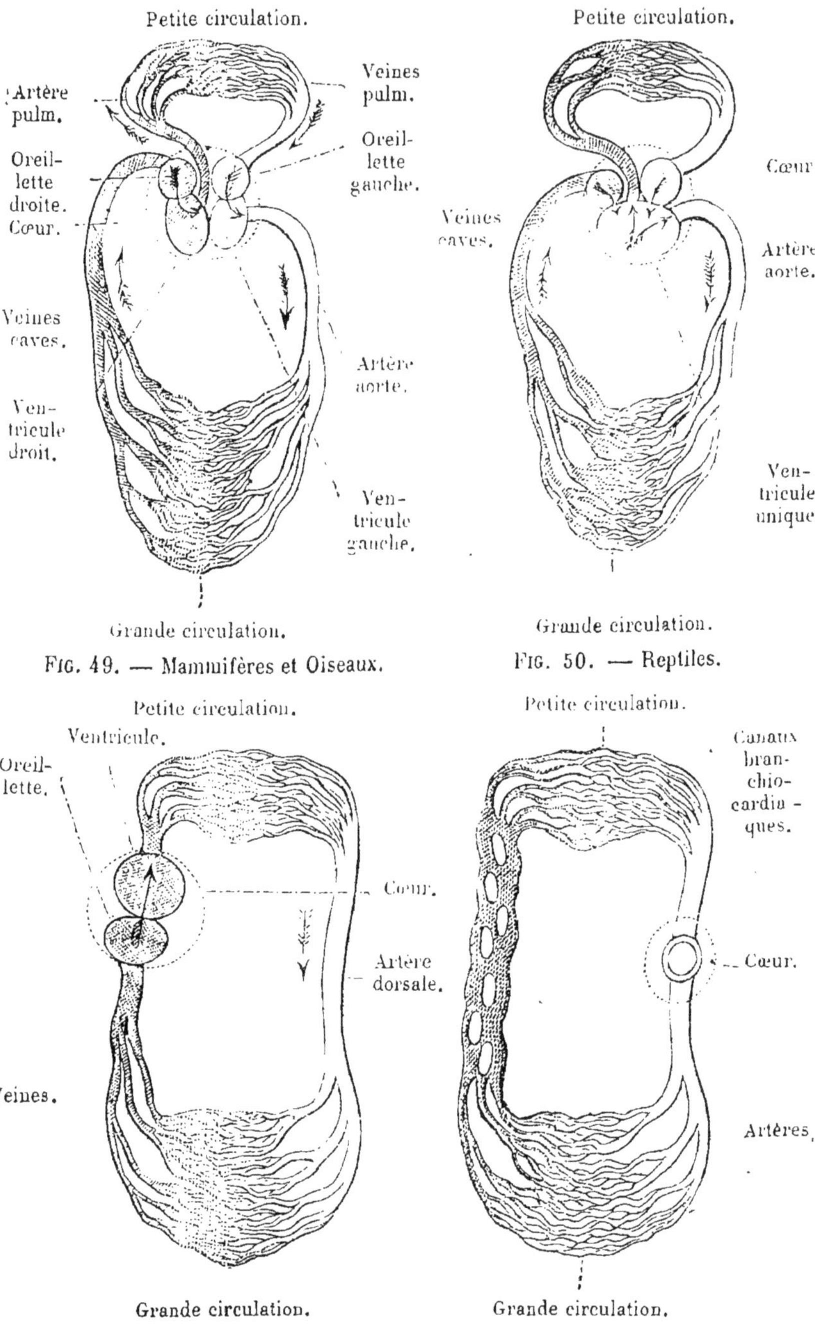

FIG. 49. — Mammifères et Oiseaux.

FIG. 50. — Reptiles.

FIG. 51. — Poissons.

FIG. 52. — Crustacés.

Figures théoriques de la circulation chez les différents animaux (1).

(1) Dans toutes ces figures, les parties ombrées indiquent les cavités où se trouve

Chez quelques reptiles, les crocodiles par exemple, la circula-

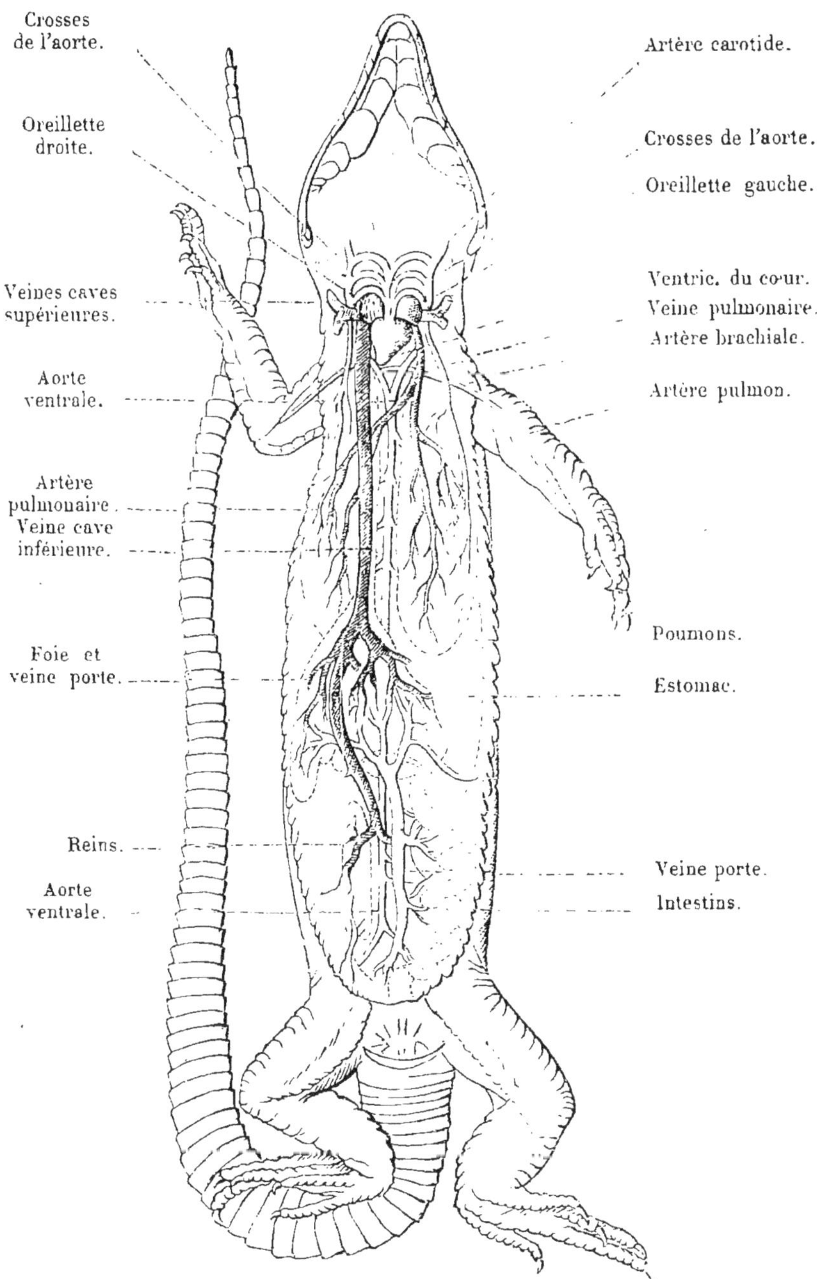

Fig. 53. — Appareil circulatoire d'un Lézard.

le sang veineux ; et les parties dessinées au trait, celles qui contiennent le sang artériel : le cœur est représenté par un cercle ponctué. Enfin, les flèches indiquent la direction du courant sanguin, qui est la même dans toutes ces figures.

tion se fait d'une manière un peu différente, comme nous le verrons en traitant spécialement de ces animaux.

§ 109. **Poissons.** — Chez les poissons, l'appareil circulatoire se simplifie davantage. Le cœur ne présente que deux des ca-

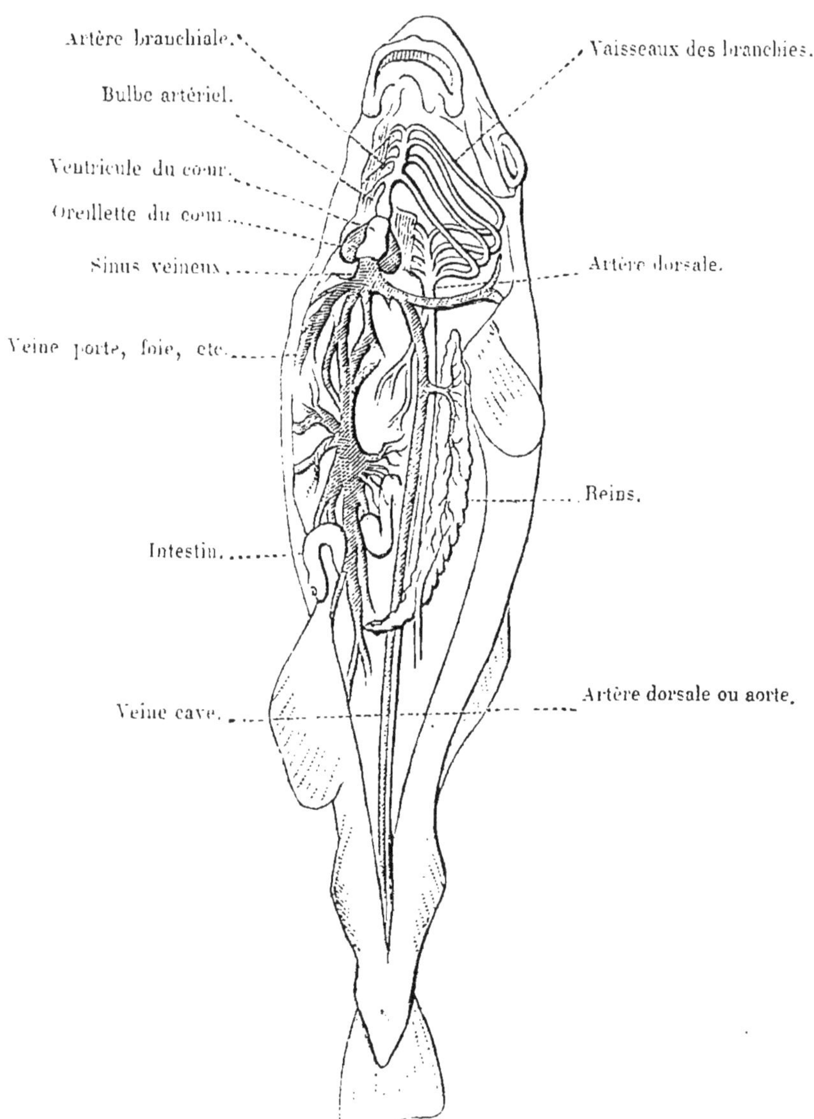

FIG. 54. — Appareil circulatoire d'un Poisson.

vités dont nous venons de parler (1), une oreillette et un ven-

(1) Chez ces animaux, de même que chez les batraciens, il existe en outre une petite cavité contractile nommée *bulbe*, à l'entrée du système artériel.

tricule, et ne reçoit que du sang veineux (fig. 51); par ses fonctions, il correspond par conséquent à la moitié droite du cœur des animaux supérieurs. Le sang qui en part se rend à l'appareil respiratoire, et, après avoir subi l'influence vivifiante de l'air, passe directement dans les vaisseaux artériels destinés à le transporter dans toutes les parties du corps; enfin ce liquide, après avoir servi à la nutrition des organes, revient par les veines dans l'oreillette du cœur, qui le verse dans le ventricule, d'où il sort pour retourner de nouveau à l'appareil respiratoire (fig. 54).

On voit donc que, chez les poissons, le sang, en parcourant le cercle circulatoire, ne traverse qu'une seule fois le cœur, et cela à l'état veineux. Mais la circulation est encore complète; car toute la masse du sang veineux passe dans l'appareil respiratoire, et se transforme en sang artériel avant de retourner aux organes (fig. 51, p. 86).

§ 110. **Mollusques.** — Chez la plupart des mollusques, la circulation se fait à peu près comme chez les poissons, avec

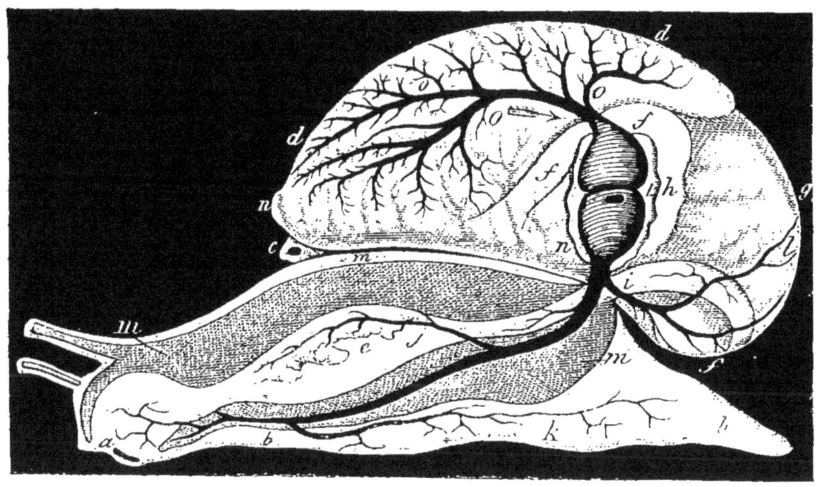

FIG. 55. — Appareil circulatoire d'un Mollusque (1).

cette différence cependant, que le cœur est *aortique* au lieu d'être *pulmonaire*, c'est-à-dire se trouve sur le trajet du sang qui

(1) Anatomie du colimaçon : — *a*, la bouche; — *bb*, le pied; — *c*, l'anus; — *dd*, poumon; — *e*, estomac, recouvert en dessus par les glandes salivaires; — *ff*, intestin; — *g*, foie; — *h*, cœur; — *i*, artère aorte; — *j*, artère gastrique; — *l*, artère hépatique; — *k*, artère du pied; — *mm*, cavité abdominale remplissant les fonctions d'un sinus veineux; — *nn*, canal irrégulier en communication avec la cavité abdominale et portant le sang au poumon; — *oo*, vaisseau qui porte le sang artériel du poumon au cœur.

se rend de l'appareil respiratoire aux diverses parties du corps, et que le système veineux est plus ou moins incomplet. Le cœur de ces animaux se compose ordinairement d'un ventricule (fig. 55, *k*), d'où naissent les artères (*i*), et d'une ou de deux oreillettes en communication avec les vaisseaux (*o*) qui y apportent le sang artériel de l'appareil respiratoire (*d*), auquel ce liquide arrive directement par des canaux veineux plus ou moins complets (*n*). C'est le cas pour les limaçons, les huîtres et tous les autres mollusques de la classe des gastéropodes et de la classe des acéphales : mais quelquefois il n'existe pas d'oreillettes, et l'on trouve des espèces de cœurs veineux tout à fait distincts du ventricule aortique et situés à la base des organes de la respiration : c'est le cas des poulpes, des seiches et des autres céphalopodes. Quoi qu'il en soit, chez tous ces animaux, le sang artériel traverse le cœur, puis se rend dans toutes les parties du corps, et se dirige ensuite vers l'appareil de la respiration. Mais, dans cette dernière partie de son trajet, le fluide nourricier n'est pas toujours renfermé dans des vaisseaux proprement dits. Quelquefois les veines manquent complétement, et ce sont les lacunes ou espaces compris entre les divers organes qui en tiennent lieu ; d'autres fois il existe des veines dans quelques parties du corps, tandis qu'ailleurs les canaux veineux sont dépourvus de parois propres, et ne consistent que dans les lacunes inter-organiques ou les grandes cavités du corps, la cavité abdominale par exemple (*m*, fig. 55). Enfin le sang, après avoir subi l'influence de l'air, retourne de nouveau au cœur pour recommencer le même trajet.

§ 111. **Crustacés.** — Dans les écrevisses, les crabes et les autres animaux de la classe des crustacés, le sang suit la même

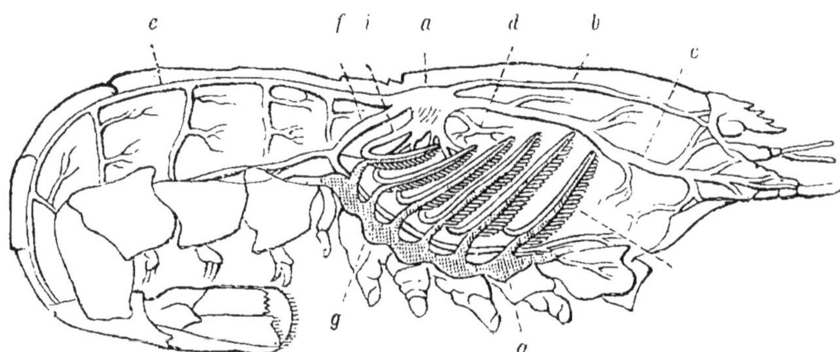

Fig. 56. — Appareil circulatoire du Homard (1).

(1) *a*, le cœur ; — *b*, l'artère ophthalmique ; — *c*, l'artère antennaire ; — *d*, l'artère hépatique ; — *e*, l'artère abdominale supérieure ; — *f*, l'artère sternale ; — *gg*, sinus

marche que chez les mollusques; seulement le cœur, destiné à le distribuer dans toutes les parties du corps, ne se compose que d'un ventricule (fig. 52), et les veines sont partout remplacées pas des cavités irrégulières qui n'affectent pas la forme des vaisseaux, et qui constituent, dans le voisinage des branchies, des espèces de réservoirs nommés *sinus veineux* (fig. 56). Le sang veineux baigne ainsi tous les organes; mais le fluide nourricier est de nouveau renfermé dans des tubes lorsqu'il se rend des branchies vers le cœur. La circulation est par conséquent semi-vasculaire et semi-lacuneuse.

§ 112. **Insectes.** — Dans les insectes, le sang n'est plus enfermé dans un système de vaisseaux particuliers; il n'existe ni artères ni veines, et le fluide nourricier est répandu dans les

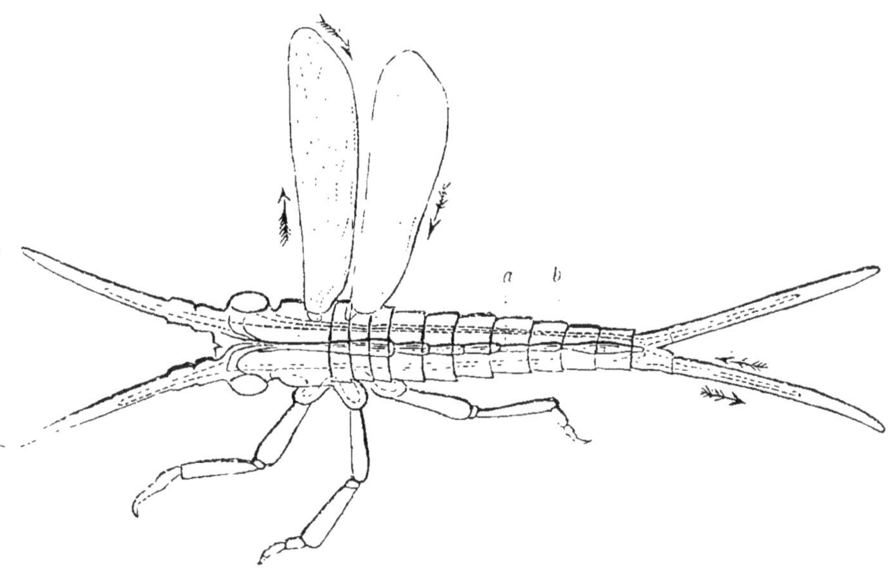

Fig. 57. — Circulation dans les Insectes (1).

interstices qui existent entre les divers organes; mais cependant il est encore animé d'un mouvement circulatoire, et l'agent principal de cette circulation vague et incomplète est un vaisseau dorsal situé sur la ligne médiane du corps, au-dessus du tube digestif (fig. 57). Nous verrons plus tard quelle est la route

veineux recevant le sang qui arrive des diverses parties du corps et l'envoyant à l'appareil respiratoire (les branchies, *h*), d'où il retourne au cœur par les vaisseaux branchio-cardiaques, *i*.

(1) Les flèches indiquent la direction des courants : — *a*, vaisseau dorsal dans lequel le sang se dirige d'arrière en avant ; — *b*, principaux courants latéraux.

suivie par le sang dans l'organisme de ces animaux à appareil circulatoire lacunaire.

§ 113. **Vers.** — Chez les vers de la classe des annélides (tels que la sangsue et le lombric terrestre), il existe au contraire un appareil vasculaire complet ; mais, en général, il n'y a pas de cœur proprement dit, et le liquide nourricier n'est mis en mouvement que par les contractions des principaux vaisseaux. Aussi le cours du sang est-il bien moins régulier que chez les divers animaux dont nous venons de parler, et souvent la direction du courant n'est pas constante.

§ 114. **Zoophytes.** — Enfin, il existe aussi une espèce de circulation encore plus imparfaite chez divers zoophytes, tels que certains polypes, où le liquide nourricier, répandu dans la grande cavité dont le corps de ces animaux est creusé, s'y meut avec assez de rapidité, sous l'influence de petits filaments appelés *cils vibratiles*, qui garnissent les parois de cette cavité, et qui frappent le liquide comme le feraient des rames ou palettes Cette cavité, qui remplit en même temps les fonctions d'un estomac, est quelquefois simple, mais d'autres fois elle se continue jusque dans les parties les plus éloignées du corps, sous la forme de canaux ramifiés.

§ 115. Telles sont les principales modifications que l'on remarque dans la manière dont s'effectue la circulation du fluide nourricier chez les divers animaux. Étudions maintenant les phénomènes qui s'accomplissent pendant qu'il parcourt ainsi le système vasculaire.

DE LA RESPIRATION.

§ 116. Nous avons vu que le sang artériel, par son action sur les tissus vivants, perd les qualités qui le rendaient propre à l'entretien de la vie, et qu'après avoir été modifié de la sorte, ce liquide reprend, au contact de l'air, ses propriétés premières : ce contact est donc nécessaire à l'existence des êtres vivants. Et en effet, si l'on place un animal sous la cloche d'une machine pneumatique dans laquelle on fait le vide, ou bien qu'on le prive d'air par tout autre moyen, il survient un trouble très-grand dans les diverses fonctions ; bientôt après, l'action de tous les organes s'interrompt, la vie cesse de se manifester, et l'animal tombe dans un état d'*asphyxie* ou de mort apparente ; enfin la vie s'éteint complétement et ne peut plus être rappelée.

Ce phénomène est l'un des plus généraux de la nature organique : l'influence de l'air est indispensable à tous les animaux, comme elle l'est à tous les végétaux; et, lorsqu'un être vivant en est privé pendant un certain temps, il meurt toujours. Partout où il y a vie, l'air paraît être nécessaire.

Au premier abord, on pourrait croire que les animaux qui vivent toujours au fond de l'eau, comme les poissons, sont soustraits à l'influence de l'air, et font, par conséquent, exception à la loi dont nous venons de parler; mais il n'en est pas ainsi, car le liquide dans lequel ils sont plongés absorbe et tient en dissolution une certaine quantité d'air qu'ils peuvent facilement séparer, et qui suffit pour l'entretien de leur vie; il leur est impossible d'exister dans de l'eau purgée d'air, et on les voit s'y asphyxier et y mourir, comme périraient des mammifères ou des oiseaux que l'on soustrairait à l'action de l'air atmosphérique sous sa forme ordinaire.

Les rapports de l'air avec les êtres organiques forment une des parties les plus importantes de leur histoire physiologique, et la série des phénomènes qui en résultent constitue l'acte de la RESPIRATION.

§ 117. L'air, disons-nous, est nécessaire à la vie de tous les animaux; mais ce fluide n'est pas un corps homogène; la chimie y a démontré l'existence de principes très-différents, et qui, par conséquent, peuvent ne pas jouer le même rôle dans le phénomène de la respiration. En effet, outre la vapeur d'eau dont l'atmosphère est toujours plus ou moins chargée, l'air fournit, par l'analyse, environ 21 centièmes d'*oxygène* et 79 centièmes d'*azote*, ainsi que des traces de *gaz acide carbonique*. La première question qui se présente à l'esprit, lorsqu'on aborde l'étude de la respiration, est donc de savoir si ces gaz différents agissent de la même manière sur les animaux, ou bien si c'est à l'un d'eux qu'appartient plus spécialement la propriété d'entretenir la vie.

Pour la résoudre, il suffit d'un petit nombre d'expériences. Si l'on place un animal vivant dans un vase rempli d'air, et que l'on intercepte toute communication de ce fluide avec l'atmosphère, on voit qu'au bout d'un temps plus ou moins long, cet animal s'y asphyxie et périt; l'air qui l'entoure a donc perdu la faculté d'entretenir la vie, et, si l'on en fait alors l'analyse chimique, on s'aperçoit qu'il a perdu en même temps la majeure partie de son oxygène. Si l'on place ensuite un autre animal dans un vase rempli de gaz azote, on le voit périr promptement; tandis que si l'on enferme un troisième animal dans de l'oxygène, il y respire avec plus d'activité que dans l'air, et ne présente aucun symptôme d'asphyxie.

Il est donc évident que *c'est à la présence de l'oxygène que l'air atmosphérique doit ses propriétés vivifiantes*.

La découverte de ce fait important ne date que de la fin du siècle dernier (1777), et elle est due à l'un des chimistes français les plus célèbres, Lavoisier, qui, malgré ses titres nombreux à la reconnaissance publique, périt sur l'échafaud, victime de la tourmente révolutionnaire.

§ 118. Par l'acte de la respiration, disons-nous, tous les animaux enlèvent à l'air qui les entoure une certaine quantité d'oxygène ; mais les changements qu'ils déterminent ainsi dans la composition de ce fluide ne se bornent pas là : l'oxygène qui disparaît est remplacé par un gaz nouveau, de l'acide carbonique, qui, loin d'être, comme le premier, propre à l'entretien de la vie, fait périr les animaux qui le respirent en quantité un peu considérable. La production de cette substance est un acte non moins général parmi les animaux que l'absorption de l'oxygène ; et c'est dans ces deux phénomènes que consiste essentiellement le travail *respiratoire*.

§ 119. Quant à l'azote de l'air respiré, son volume ne change que peu ; et l'usage principal de ce gaz paraît être d'affaiblir l'action de l'oxygène, qui, à l'état de pureté, excite trop fortement les animaux.

On a remarqué, cependant, que, dans quelques cas, une partie de l'azote de l'air disparaît pendant la respiration, et que d'autres fois son volume augmente. Il paraît même que les animaux en absorbent et en exhalent continuellement, comme ils exhalent et absorbent les liquides renfermés dans la cavité du péricarde, du péritoine, etc., et que les variations que nous venons de signaler dépendent de ce que ces deux fonctions opposées se font en général équilibre, de manière que leur résultat n'est pas apparent, mais que l'absorption de l'azote est quelquefois plus active que son exhalation, tandis que d'autres fois la quantité de ce gaz exhalée excède celle qui est absorbée : d'où résulte tantôt une diminution, tantôt une augmentation dans son volume, lorsqu'on le compare avant et après qu'il a servi à la respiration.

§ 120. Enfin, il s'échappe aussi du corps, avec les produits de la respiration, une quantité plus ou moins considérable de vapeur d'eau ; cette exhalation, qui a reçu le nom de *transpiration pulmonaire*, est même un des phénomènes les plus apparents de la respiration, lorsque, par l'action réfrigérante de l'air ambiant, ces vapeurs se condensent à la sortie du corps et forment un nuage plus ou moins épais.

§ 121. Pendant que l'air respiré éprouve les changements que nous venons d'indiquer, le sang qui parcourt les membranes en contact avec ce fluide éprouve également des modifications importantes; il redevient propre à entretenir la vie, et passe du rouge noirâtre à un rouge vif et éclatant. Pour bien observer ce fait, on n'a qu'à ouvrir une artère sur un animal vivant, et à comprimer en même temps son cou, de façon à empêcher l'air de pénétrer dans ses poumons; le sang qui s'écoulera de l'artère sera d'abord d'un rouge vif, mais ne tardera pas à prendre une couleur sombre et à devenir du sang veineux. Si alors on permet de nouveau l'accès de l'air dans les poumons, on voit ce liquide changer encore de couleur et reprendre la teinte propre au sang artériel.

§ 122. **Théorie de la respiration.** — Tels sont les principaux phénomènes de la respiration des animaux. Cherchons maintenant à nous en rendre compte, à en trouver l'explication.

Et d'abord que devient l'oxygène qui disparaît, et quelle est l'origine de l'acide carbonique produit pendant l'exercice de cette fonction?

Lorsqu'on fait brûler du charbon dans un vase rempli d'air, on voit que l'oxygène disparaît et est remplacé par un volume égal de gaz acide carbonique; il se fait en même temps un dégagement considérable de chaleur. Or, pendant la respiration, les mêmes phénomènes ont lieu, et l'on observe toujours un rapport remarquable entre la quantité d'oxygène employée par l'animal et celle de l'acide carbonique qu'il produit; dans les circonstances ordinaires, le volume de ce dernier n'est que de peu au-dessous de celui du premier, et les animaux, comme nous le verrons par la suite, dégagent tous plus ou moins de chaleur.

Il existe donc la plus grande analogie entre les principaux phénomènes de la respiration et ceux de la combustion du charbon, et cette parité dans les résultats a fait penser que la cause des uns et des autres devait être la même. On a donc supposé que l'oxygène de l'air inspiré se combinait dans l'intérieur de l'organe de la respiration avec du carbone provenant du sang, et que, de cette espèce de combustion, naissait l'acide carbonique dont l'expulsion est en quelque sorte le complément de l'acte respiratoire.

Mais cette théorie, proposée par le célèbre Lavoisier, et adoptée jusqu'en ces dernières années par la plupart des physiologistes, ne s'accorde pas complétement avec les résultats de l'expérience, et, par conséquent, doit être modifiée; car on sait aujourd'hui que la consommation de l'oxygène par la respiration n'est pas liée immédiatement à la production de l'acide carbonique ; ce dernier gaz existe tout formé dans le sang veineux, et vient simplement s'exhaler à la surface de l'organe respiratoire pendant que l'oxygène de l'air, absorbé par cette même surface, va se dissoudre dans le liquide nourricier et donne à celui-ci les qualités caractéristiques du sang artériel.

§ 123. Pour prouver que l'acide carbonique n'est pas le produit de la combinaison directe de l'oxygène inspiré avec le carbone du sang qui traverse l'organe respiratoire, il suffit d'une expérience très-simple, faite, il y a quelques années, par William Edwards. Placez dans un vase rempli d'azote, ou de quelque autre gaz qui ne contient pas d'oxygène, un animal susceptible de résister pendant assez longtemps à l'asphyxie, une grenouille par exemple ; puis faites l'analyse du gaz : vous trouverez que l'animal, ainsi privé d'oxygène, aura continué néanmoins à donner de l'acide carbonique comme s'il avait respiré dans l'air. Or, dans ce cas, il est impossible d'attribuer la formation de l'acide carbonique à une combustion directe qui aurait lieu dans le poumon, car cette combustion aurait nécessairement cessé aussitôt que l'air respiré ne contenait plus d'oxygène ; le dégagement de l'acide carbonique se continuant, il faut que ce gaz existe déjà tout formé dans le corps de l'animal et soit simplement exhalé par l'organe respiratoire.

§ 124. En effet, c'est le sang qui est la source de l'acide carbonique dégagé pendant l'acte de la respiration, et l'on a constaté récemment qu'il existe toujours, en dissolution dans le liquide nourricier, une certaine quantité de ce gaz, ainsi qu'un peu d'oxygène et d'azote. Les recherches d'un chimiste de Berlin, M. Magnus, ont fait voir aussi que le sang possède la propriété de dissoudre une certaine quantité de tous le gaz avec lesquels il se trouve en contact ; mais que toutes les fois que ce liquide, étant déjà chargé d'un gaz, vient à en absorber un autre, il ne le fait qu'en abandonnant une certaine quantité du premier, lequel semble céder la place au second. Ainsi, lorsqu'on agite du sang veineux avec de l'hydrogène, une portion de ce gaz est dissoute, et une certaine quantité de l'acide carbonique déjà existant dans le liquide est dégagée (1). Lorsque, au lieu de se servir d'hydrogène, comme dans l'expérience précédente, on emploie de l'oxygène, on obtient un résultat analogue : le sang veineux dissout une certaine quantité de ce gaz, abandonne une

(1) Ce dégagement est une conséquence de la diffusibilité des gaz. (Voyez mes *Leçons sur la physiologie et l'anatomie comparée de l'homme et des animaux*, t. I, p. 456 et suivantes.)

quantité à peu près équivalente de son acide carbonique, et, par l'effet de cette substitution, change de teinte, passe du rouge sombre au rouge vermeil, et devient semblable à du sang artériel.

§ 125. On voit que, dans cette expérience, tous les principaux phénomènes de la respiration se reproduisent indépendamment de l'influence de la vie et par le seul effet de la propriété que possède le sang de dissoudre alternativement les divers gaz avec lesquels il est en contact. Il est donc à présumer que les choses se passent de la même manière dans l'intérieur du corps des animaux vivants, et que la respiration ne consiste que dans l'absorption de l'oxygène et des autres matières que l'atmosphère peut nous fournir, absorption qui détermine à son tour le dégagement et l'exhalation de l'acide carbonique et des autres gaz dont le sang se trouve préalablement chargé.

Nous savons, d'ailleurs, que l'interposition d'une membrane analogue à celle qui forme les parois des vaisseaux respiratoires dans lesquels le sang circule n'est pas un obstacle au passage des gaz : si l'on place du sang veineux dans une vessie bien fermée, et qu'on expose celle-ci à l'action de l'oxygène, on observera les mêmes phénomènes que si l'on mettait ces deux fluides en contact immédiat : l'oxygène se dissoudra en partie dans le sang, et sera remplacé par l'acide carbonique qui se dégagera de ce liquide, dont la couleur passera en même temps du rouge brun au rouge vermeil. Nous avons déjà vu que les organes respiratoires sont conformés de la manière la plus favorable à l'absorption, et l'on sait par des expériences nombreuses que toutes les substances volatiles introduites dans le torrent de la circulation sont, de même que l'acide carbonique, expulsées peu à peu du corps par l'exhalation dont ces organes sont le siége.

§ 126. D'après cet ensemble de faits, on peut se former une idée nette de ce qui se passe dans l'acte de la respiration.

Le sang veineux qui arrive de toutes les parties du corps tient en dissolution de l'acide carbonique en quantité assez considérable, un peu d'azote et quelques traces d'oxygène. Mais il n'est pas saturé de ce dernier gaz, et en traversant l'appareil respiratoire, où il se trouve en contact presque direct avec l'air, il en rencontre des quantités considérables. Il en dissout donc, et en même temps une portion de l'acide carbonique dont il est chargé, obéissant à la loi de la diffusion des gaz, se dégage pour se répandre dans l'air (1). Si le sang ne tient en

(1) Il est essentiel de noter que la quantité d'acide carbonique contenue dans le sang veineux, quoique médiocre, suffit pour rendre compte de toute la quantité de

dissolution que très-peu d'azote, il peut en absorber aussi; mais, le plus ordinairement, il en abandonne un peu. Enfin, l'air inspiré n'étant pas saturé d'humidité, il y a aussi dégagement d'une certaine quantité de vapeur d'eau ; il s'effectue de la sorte des échanges entre le sang et l'air.

En résumé, *la respiration consiste donc essentiellement en un phénomène d'absorption et d'exhalation, par suite duquel le sang venant en contact avec l'air atmosphérique, se débarrasse de son acide carbonique et se charge d'oxygène.*

Or, le sang qui est très-chargé d'acide carbonique offre tous les caractères du sang veineux, et celui qui est chargé d'oxygène libre est vermeil et constitue le sang artériel.

Ainsi l'échange respiratoire a pour effet, d'une part la transformation du sang veineux en sang artériel, d'autre part l'altération de l'air qui se trouve appauvri en oxygène et chargé d'acide carbonique, modification qui le rend inapte à servir, comme auparavant, soit à la respiration des animaux, soit à l'entretien de la combustion ordinaire.

Quant à la source de l'acide carbonique contenu dans le sang et exhalé de la sorte par le travail respiratoire, il y a lieu de croire que ce gaz se forme à la fois dans toutes les parties du corps, et résulte de la combinaison de l'oxygène absorbé avec du carbone provenant des matières organiques contenues dans le fluide nourricier ou enlevées aux tissus vivants. *Le phénomène essentiel de la respiration n'est donc autre chose qu'une sorte de combustion s'opérant dans la profondeur de l'organisme*, et les échanges qui s'effectuent entre le sang et l'atmosphère par la surface respiratoire ne sont que les préliminaires et les conséquences de ce travail.

§ 127. **Activité de la respiration.** — Nous avons vu que la respiration est indispensable à l'entretien de la vie de tous les êtres animés, mais le degré d'activité de cette fonction varie beaucoup dans les différents animaux.

Les oiseaux sont, de tous ces êtres, ceux dont la respiration est la plus active : dans un temps donné, ils consomment plus d'air que tous les autres animaux, et ils succombent aussi à l'asphyxie avec plus de rapidité.

ce gaz dégagée pendant la respiration. Ainsi, chez l'homme, ce liquide contient au moins 1/5ᵉ de son volume ; et comme la quantité de sang qui traverse les poumons en une minute peut être évaluée à environ 5 litres, il doit y passer pendant ce même espace de temps environ 1 litre de gaz acide carbonique : or, la quantité de ce gaz dégagée par la respiration pendant ce même laps de temps ne dépasserait pas, même d'après l'évaluation la plus élevée, 535 centimètres cubes, ou un peu plus d'un demi-litre.

Les mammifères ont également une respiration très-active, et l'on a fait un grand nombre d'expériences pour apprécier la quantité d'oxygène que l'un d'eux, l'homme, emploie de la sorte dans un temps donné. Cette quantité varie suivant les individus, les âges et diverses autres circonstances ; mais, d'après les recherches les plus récentes, elle paraît être, terme moyen, d'environ 550 litres ou décimètres cubes par jour. Or, l'oxygène ne forme que les 21 centièmes (en volume) de l'air atmosphérique ; il s'ensuit donc que l'homme consomme, pendant cet espace de temps, au moins 2750 litres ou décimètres cubes de ce dernier fluide (1).

Les animaux des classes inférieures ont, en général, une respiration bien plus bornée, surtout ceux qui vivent dans l'eau.

Mais néanmoins, si l'on réfléchit à la consommation énorme d'oxygène que tous ces êtres doivent faire chaque jour, on voit que l'atmosphère en serait dépouillée à la longue, et que tous les animaux périraient asphyxiés, si la nature n'employait des moyens puissants pour renouveler sans cesse la quantité de ce gaz répandu autour de la surface du globe.

C'est en effet ce qui a lieu ; et une chose digne de remarque, c'est que ce moyen est précisément un phénomène de même ordre que celui dont il est destiné à contre-balancer les effets : c'est la *respiration des plantes*.

Les végétaux absorbent l'acide carbonique répandu dans l'atmosphère, et, sous l'influence de la lumière solaire, ils en extraient le carbone et mettent l'oxygène à nu. Ainsi c'est le règne végétal qui donne aux animaux l'oxygène qui leur est nécessaire, et c'est la respiration des animaux qui fournit sans cesse aux végétaux l'acide carbonique indispensable à leur accroissement.

On voit donc que c'est en grande partie du rapport qui existe entre les animaux et les végétaux que dépend la nature de l'atmosphère, et qu'à son tour c'est la composition de l'air qui doit régler en quelque sorte le nombre relatif de ces êtres (2).

(1) On se tromperait grossièrement si, d'après ces calculs, on supposait que la quantité d'air indiquée ci-dessus pourrait suffire à l'entretien de la respiration d'un homme pendant vingt-quatre heures ; car nous ne pouvons pas utiliser tout l'oxygène contenu dans l'air qui entre dans nos poumons, et dès que l'atmosphère qui nous entoure contient une certaine proportion d'acide carbonique, nous ne pouvons y vivre. Un homme fait passer dans ses poumons 7 à 8 mètres cubes d'air par jour, et, pour respirer à son aise dans un lieu renfermé, il a besoin d'une quantité beaucoup plus considérable. Ainsi, dans les salles de spectacle et dans les autres lieux où des hommes se trouvent réunis en grand nombre, il faut pour chacun d'eux jusqu'à 6 ou même 10 mètres cubes d'air par heure.

(2) D'après cela, on pourrait croire que dans les villes, où un grand nombre d'hommes vivent réunis et où il existe très-peu de plantes, l'atmosphère doit être moins riche en

§ 128. Il existe toujours un rapport remarquable entre la quantité d'air consommée par chaque animal dans un temps déterminé et la vivacité de ses mouvements. Les animaux dont les mouvements sont lents et rares ont, toutes choses égales d'ailleurs, une respiration bien moins étendue que ceux qui se meuvent avec rapidité et ne restent que peu de temps en repos. Les grenouilles ou les crapauds, par exemple, consomment moins d'air que certains papillons, bien que leur corps soit d'un volume bien plus considérable que celui de ces insectes; mais ces reptiles ne se meuvent que peu et lentement, tandis que les papillons exécutent sans cesse les mouvements les plus vifs.

§ 129. L'activité de la respiration varie aussi chez le même animal, suivant les circonstances où il est placé; et l'on peut établir, en thèse générale, que tout ce qui tend à diminuer l'énergie du mouvement vital détermine une diminution, soit dans l'absorption de l'oxygène, soit dans la proportion relative de l'acide carbonique exhalé, tandis que, d'un autre côté, tout ce qui augmente la force de l'animal produit un changement correspondant dans l'étendue de la respiration.

Ainsi, chez les jeunes animaux, ce travail est moins actif que chez ces mêmes êtres à l'âge adulte. Pendant le sommeil, l'étendue de la respiration est également diminuée. La fatigue, l'abstinence, l'abus des liqueurs spiritueuses, produisent le même effet. Un exercice modéré et l'alimentation activent au contraire cette fonction.

Jusqu'ici nous nous sommes occupé seulement des phénomènes de la respiration, considérés en eux-mêmes, et sans avoir égard aux organes qui en sont le siége. Voyons maintenant quels sont les instruments destinés à cette fonction importante, et voyons aussi comment ils sont modifiés dans les divers animaux.

Appareil de la respiration.

§ 130. Dans les animaux dont l'organisation est la plus simple, la respiration n'est l'apanage d'aucun appareil spécial, mais s'effectue dans toutes les parties qui sont en contact avec l'élément dans lequel ces êtres vivent et puisent l'oxygène nécessaire à leur existence.

L'enveloppe générale du corps, ou la peau, est aussi le siége d'une respiration plus ou moins lente chez la plupart des animaux

oxygène que dans les campagnes; mais ce serait une erreur. L'analyse chimique montre que l'air a partout la même composition, et cette uniformité doit être attribuée aux courants dont l'atmosphère est continuellement agitée.

des classes les plus élevés, et notamment chez l'homme ; mais, chez tous ces êtres, une partie déterminée de la membrane tégumentaire est plus spécialement destinée à agir sur l'air, et se modifie dans sa structure de manière à mieux remplir cette fonction.

La partie ainsi modifiée pour agir sur l'air présente une texture molle, spongieuse et fine ; elle reçoit une grande quantité de sang, et elle est toujours disposée de manière à offrir, sous un volume comparativement petit, une surface d'autant plus étendue, que la respiration doit être plus active. On peut établir aussi, en thèse générale, que cet organe sera un instrument d'autant plus puissant, que son organisation s'éloignera davantage de celle de l'enveloppe générale du corps, et que, toutes choses égales d'ailleurs, la respiration qui a eu lieu par la peau sera d'autant moins active, que celle dont ces organes spéciaux sont le siége sera au contraire plus étendue.

§ 131. Du reste, la structure des organes respiratoires varie suivant qu'ils sont destinés à être en contact avec l'air à l'état de gaz, ou à agir sur de l'eau tenant en dissolution une certaine quantité de ce fluide.

En effet, chez tous les animaux qui vivent plongés dans l'eau, et qui respirent par l'intermédiaire de ce liquide, les instruments spéciaux de la respiration sont saillants, et portent le nom de *branchies* ; tandis que, chez les animaux à respiration aérienne, il n'y a pas de branchies, mais bien des cavités intérieures qui servent aux mêmes usages, et que l'on appelle des *poumons* ou des *trachées*.

§ 132. **Organes de la respiration aquatique**. — Les BRANCHIES varient beaucoup dans leur forme : quelquefois elles ne consistent que dans des tubercules ou des prolongements foliacés, qui ont une texture un peu plus délicate que celle du reste de la peau, et qui reçoivent une quantité de sang plus considérable ; d'autres fois ces organes se composent d'une multitude de filaments rameux, et ressemblent à de petits arbuscules ou à des panaches vasculaires (fig. 58) ; enfin, d'autres fois encore ils sont

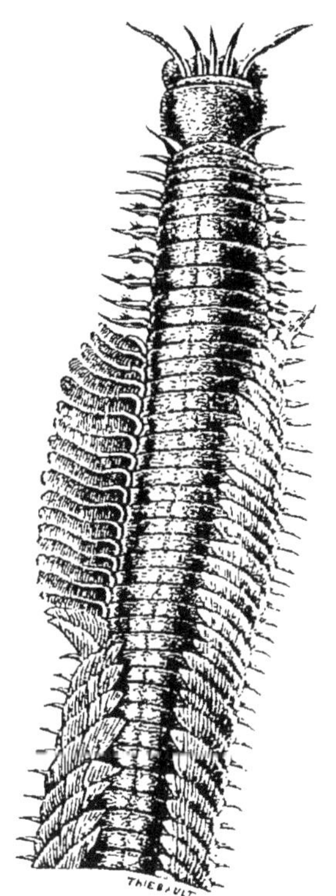

Fig. 58. — Eunice.

formés par un grand nombre de petites lamelles membraneuses disposées comme les feuillets d'un livre, ou comme les dents d'un peigne. Le premier de ces modes d'organisation se rencontre chez plusieurs vers marins, tels que l'arénicole, si commun sur nos côtes ; le second se voit aussi chez divers annélides, ainsi que chez plusieurs crustacés ; enfin, le dernier est propre à la plupart des mollusques et des poissons.

Il est aussi à noter que, chez les animaux inférieurs, les branchies sont en général situées à l'extérieur, de façon à flotter librement dans l'eau ambiante ; tandis que chez les animaux plus élevés dans la série zoologique, tels que la plupart des mollusques et tous les poissons, ces organes sont logés dans une cavité qui sert à les protéger, et qui est disposée de telle sorte, que l'eau peut facilement se renouveler dans son intérieur.

§ 133. **Organes de la respiration aérienne.** — Les cavités intérieures qui servent à la respiration aerienne affectent tantôt la forme de trachées, tantôt celle de poumons.

Les TRACHÉES (fig. 59, *g*) sont des vaisseaux qui communiquent avec l'extérieur par des ouvertures nommées *stigmates*, et se ramifient dans la profondeur des divers organes. Ils y portent ainsi l'air, et c'est, par conséquent, dans toutes les parties du corps que s'effectue la respiration. Ce mode de structure est particulier aux insectes, aux myriapodes et à quelques arachnides.

§ 134. Les POUMONS sont des poches plus ou moins subdivisées en cellules, qui reçoivent également l'air dans leur intérieur, et dont les parois sont traversées par les vaisseaux contenant le sang qui doit être soumis à l'influence vivifiante de l'oxygène.

Il existe des poumons (mais dans un état de simplicité extrême) chez la plupart des araignées, et chez quelques mollusques, tels que les limaces. Les reptiles, les oiseaux et les mammifères en sont également pourvus.

§ 135. Dans l'homme (de même que dans tous les autres mammifères), les poumons sont logés dans une cavité nommée *thorax*, qui occupe la partie supérieure du tronc (fig. 8, p. 33). Ces organes sont, pour ainsi dire, suspendus dans cette cavité, et sont enveloppés par une membrane mince et très-unie qui tapisse également les parois du thorax et qui est appelée *plèvre* (1). Ils sont au nombre de deux, placés de chaque côté du corps, et ils communiquent au dehors à l'aide d'un tube, la *trachée-artère* (*b*, fig. 60),

(1) La disposition de la *plèvre* est analogue à celle des autres membranes séreuses dont il a été question (page 72).

qui monte le long de la partie antérieure du cou et vient s'ouvrir dans l'arrière-bouche.

Ce conduit est formé par une série de petites bandes cartila-

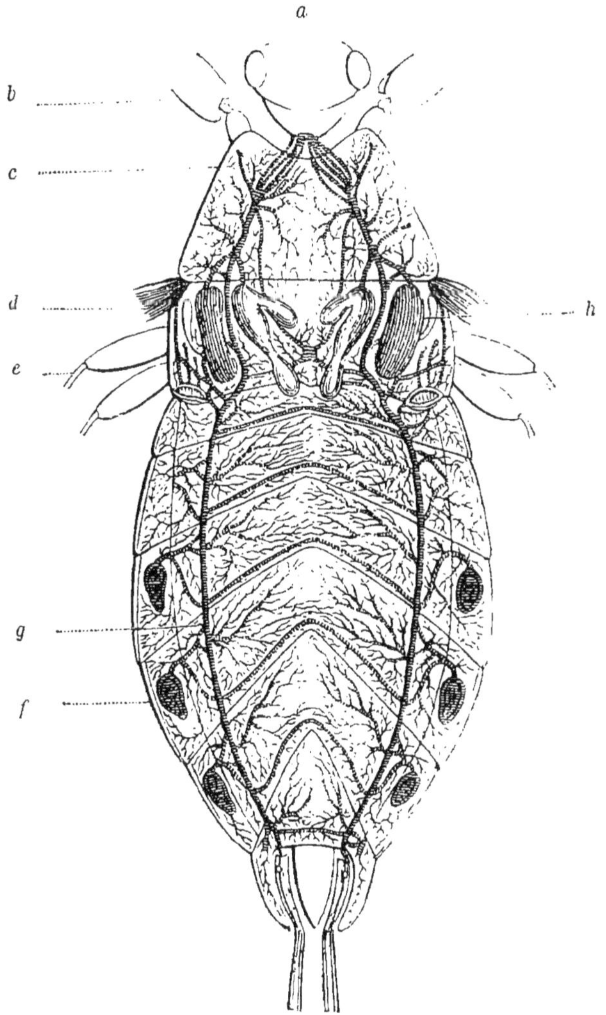

FIG. 59. — Appareil respiratoire d'un Insecte (la Nèpe) (1).

gineuses placées en travers et affectant la forme d'anneaux incomplets postérieurement ; il est tapissé par une membrane muqueuse qui est de la même nature que celle de la bouche, et

(1) *a*, tête ; — *b*, base des pattes de la première paire ; — *c*, premier anneau du thorax ; — *d*, base des ailes ; — *e*, base des pattes de la deuxième paire ; — *f*, stigmates ; — *g*, trachées ; — *h*, vésicules aériennes.

qui se continue avec elle (1). Enfin, à sa partie inférieure, la trachée-artère se divise en deux branches qui prennent le nom de *bronches*, et qui se ramifient dans l'intérieur de chaque poumon, comme les racines d'un arbre dans l'intérieur du sol (c, c, fig. 60).

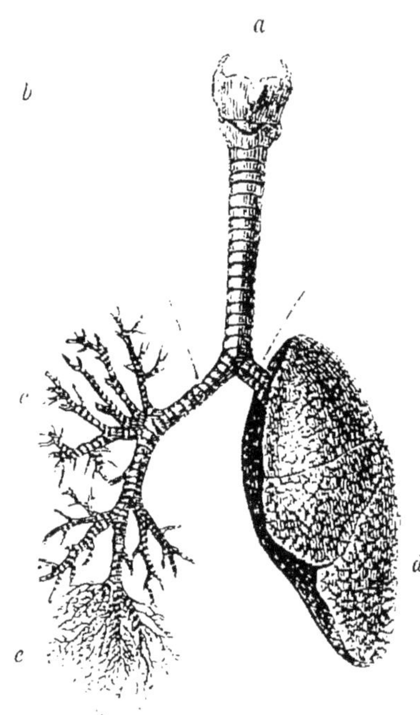

Fig. 60. — Poumons et trachée de l'Homme (2).

§ 136. Les poumons, comme nous l'avons déjà dit, présentent dans leur intérieur une foule de cellules, dans chacune desquelles s'ouvre un petit rameau de la bronche correspondante. Les parois de ces cavités sont formées par une membrane très-fine et très-molle et sont creusées d'une multitude de vaisseaux capillaires qui reçoivent le sang veineux de l'artère pulmonaire et l'exposent à l'action de l'air.

Sous un même volume, la surface par laquelle la respiration s'opère sera donc d'autant plus grande, et le sang recevra le contact de l'air par des points d'autant plus nombreux, que les poumons seront formés par des cellules plus petites. Il existe, par conséquent, un rapport direct entre l'activité de la respiration et la grandeur des cellules pulmonaires ; et en effet, chez les grenouilles par exemple, où cette fonction ne s'exerce que d'une

(1) Il est à noter que la membrane muqueuse dont la trachée et les bronches sont tapissées est garnie d'une sorte de duvet microscopique, et que chaque brin de ce duvet est animé d'un mouvement ondulatoire très-rapide ; ce mouvement *vibratile* détermine dans le liquide en contact avec cette surface des courants souvent très-rapides, et persiste pendant un certain temps après que la membrane qui en est le siége a été séparée du corps de l'animal : de sorte qu'à l'aide d'un microscope puissant on peut facilement l'étudier. La direction du courant ainsi produit paraît être de l'extérieur vers l'intérieur de l'appareil respiratoire, et un mouvement semblable s'observe à la surface de la membrane qui tapisse la première portion des voies aériennes, c'est-à-dire les fosses nasales ; mais, en général, on n'aperçoit rien d'analogue dans l'arrière-bouche.

(2) L'un des poumons est resté intact (*d*); mais, de l'autre côté, on en a détruit la substance pour mettre à nu les ramifications des bronches (*c*).

a, larynx et extrémité supérieure de la trachée-artère ; — *b*, trachée ; — *c*, division des bronches ; — *e*, ramuscules bronchiques ; — *d*, l'un des poumons.

manière faible et lente, les poumons ont la forme de sacs divisés seulement par quelques cloisons, tandis que, chez les mammifères et les oiseaux, où la respiration est la plus active, ces organes sont divisés en cellules si petites, qu'à l'œil nu il est difficile de les apercevoir.

§ 137. Dans l'homme et dans les autres mammifères, les bronches se terminent toutes dans les cellules pulmonaires, et celles-ci sont toujours terminées elles-mêmes en cul-de-sac ; il en résulte que l'air qui entre dans les poumons de ces animaux ne pénètre pas au delà. Mais chez les oiseaux, où la respiration est encore plus active, quelques-uns de ces canaux traversent les poumons de part en part, et vont s'ouvrir dans de grandes poches membraneuses qui s'avançent jusqu'à la base des membres, et conduisent l'air dans des cavités dont est creusée la substance de la plupart des os. Il en résulte que la respiration n'est pas limitée aux poumons, mais s'opère aussi au loin dans l'intérieur de l'économie.

§ 138. **Mécanisme de la respiration chez l'homme.** — D'après ce que nous avons dit des altérations que l'air subit par la respiration, il est évident que ce fluide doit être sans cesse renouvelé dans l'intérieur des poumons ; c'est ce qui a lieu à l'aide des mouvements d'inspiration et d'expiration que nous exécutons alternativement, et ces mouvements, à leur tour, dépendent du jeu des parois de la cavité thoracique où sont logés les poumons.

Le mécanisme par lequel l'air est appelé dans les poumons, ou en est expulsé, est très-simple, et ressemble en tous points au jeu d'un soufflet, si ce n'est que, dans les poumons, le fluide pénètre dans l'organe et s'en échappe par le même conduit. En effet, les parois du thorax sont mobiles, sa cavité peut alternativement s'agrandir et se resserrer, et les poumons en suivent tous les mouvements. Aussi, dans le premier cas, l'air, pressé par tout le poids de l'atmosphère, se précipite dans la poitrine à travers la bouche ou les fosses nasales et la trachée-artère, et vient remplir les cellules pulmonaires de la même manière que l'eau monte dans un corps de pompe dont on élève le piston. Dans le second cas, lors du mouvement d'expiration, l'air contenu dans les poumons est au contraire comprimé, et s'échappe au dehors par la voie qui a déjà servi à l'entrée de ce fluide.

Pour comprendre comment le thorax de l'homme se dilate et se resserre, il est indispensable d'en examiner la structure.

Cette cavité (fig. 61) a la forme d'un conoïde dont le sommet est en haut et la base en bas, et ses parois sont formées en majeure partie par une espèce de cage osseuse résultant de l'union des *côtes* (*c*) avec une portion de la *colonne vertébrale* (ou épine du dos) en arrière (a) et avec l'*os sternum* en avant (b). Les espaces que les côtes laissent entre elles sont remplis par des muscles qui s'étendent de l'un de ces os à l'autre (c); des muscles (i) se portent aussi de la première côte à la portion cervicale de la colonne vertébrale (a); enfin, la paroi inférieure de la poitrine est formée par le *muscle diaphragme* (g), espèce de cloison charnue qui s'attache au bord inférieur de la charpente osseuse dont nous venons de parler.

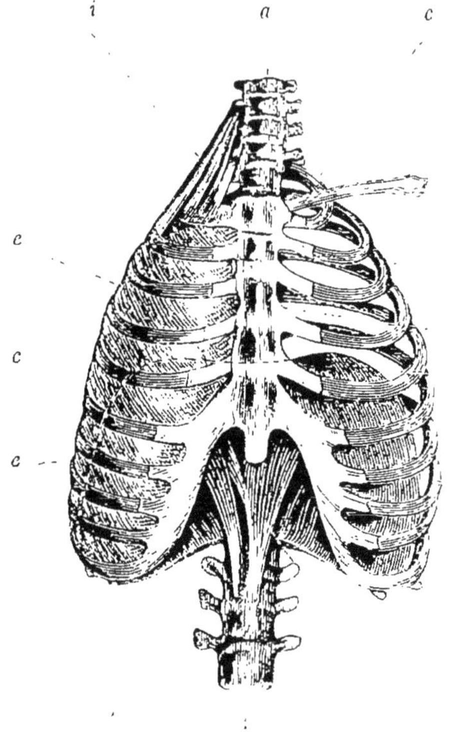

FIG. 61. — Thorax de l'Homme (1).

§ 139. La *dilatation du thorax* peut se faire de deux manières : par la contraction du diaphragme, ou par l'élévation des côtes.

En effet, le diaphragme, dans l'état de repos, forme une voûte élevée qui remonte dans l'intérieur de la poitrine (g), et il est facile de comprendre que la contraction de ce muscle doit diminuer la courbure de cette voûte, et en l'abaissant doit agrandir d'autant la cavité du thorax.

Le jeu des côtes est un peu plus compliqué. Ces os (c et c'), au nombre de douze de l'un et de l'autre côté, décrivent chacun une courbure dont la convexité est tournée en dehors et un peu en bas; leur extrémité antérieure, qui est unie au sternum (b) à l'aide de cartilages intermédiaires, est beaucoup moins élevée que leur extrémité postérieure, et l'articulation de celle-ci avec la colonne vertébrale leur permet de jouer comme sur une

(1) Du côté gauche les muscles ont été enlevés, tandis que du côté opposé ils sont en place. La voûte formée dans l'intérieur du thorax par le diaphragme (g) se voit à gauche, et du côté droit la continuation de cette voûte est indiquée par une ligne ponctuée : — h, piliers du diaphragme s'insérant aux vertèbres lombaires ; — i, muscles élévateurs des côtes ; — d, clavicule.

charnière. Leur élévation est déterminée par la contraction des muscles de la base du cou (*i*). Or, lorsque les côtes s'élèvent ainsi, elles tendent à se placer sur une ligne horizontale ; car, en même temps que leur extrémité antérieure remonte en entraînant avec elle le sternum, elles tournent un peu sur elles-mêmes, de façon que leur courbure ne se dirige plus en bas, mais en dehors ; il en résulte que les parois latérales et antérieure du thorax s'éloignent alors de la colonne vertébrale, et que la cavité de la poitrine s'agrandit.

§ 140. Dans le mouvement d'expiration, les poumons, à raison de l'élasticité de leur tissu, se resserrent, le diaphragme se relâche, et cette cloison musculaire remonte en forme de voûte. Lorsque les muscles qui ont produit l'élévation des côtes et du sternum cessent de se contracter, leur poids et la traction exercée par l'élasticité des poumons déterminent aussi l'abaissement de ces os ; mais il est également d'autres forces qui peuvent contribuer à déterminer le resserrement du thorax et l'expulsion de l'air hors du poumon : telle est la contraction des muscles qui forment les parois du ventre, et qui se fixent à la partie inférieure de la poitrine.

§ 141. On remarque plusieurs degrés dans l'étendue de ces mouvements, et dans la respiration ordinaire la quantité d'air aspirée par le thorax ou chassée des poumons n'excède guère la septième partie de celle que ces organes peuvent contenir. On évalue à environ 4580 centimètres cubes la quantité d'air contenue ordinairement dans les poumons, et à 555 centimètres cubes celle qui entre dans la poitrine ou en sort à chaque inspiration ou expiration ; mais, terme moyen, cette dernière quantité ne paraît guère dépasser un tiers de litre.

Le nombre de mouvements respiratoires varie suivant les individus et suivant les âges : dans l'enfance ils sont plus fréquents que chez l'homme adulte, et chez ce dernier on compte en général environ seize inspirations par minute.

On voit donc que, dans l'état ordinaire, il doit entrer dans les poumons d'un homme à peu près 5 litres et demi d'air par minute, ce qui fait, pour une heure, environ 330 litres, et par jour à peu près 7 à 8 mètres cubes de ce fluide.

§ 142. Le *soupir*, le *bâillement*, le *rire* et le *sanglot* ne sont que des modifications des mouvements ordinaires de la respiration. Le *soupir* est une large et profonde inspiration dans laquelle une grande quantité d'air entre peu à peu dans les poumons ; aussi ce phénomène ne dépend-il pas seulement des affections morales, qui en sont la cause la plus fréquente, et le besoin de soupirer se fait-il sentir toutes les fois que le travail respiratoire ne s'effectue pas avec assez de rapidité.

Le *bâillement* est une inspiration encore plus profonde, qui est accompagnée d'une contraction presque involontaire et spasmodique des muscles de la mâchoire et du voile du palais.

Le *rire* consiste en une suite de petits mouvements d'expiration saccadés et plus ou moins fréquents, qui dépendent en majeure partie de contractions presque convulsives du diaphragme. Enfin, le mécanisme du *sanglot* diffère peu de celui du rire, bien que ce phénomène exprime des affections de l'âme toutes différentes.

§ 143. **Mécanisme de la respiration chez les autres animaux.** — Le mécanisme de la respiration est essentiellement le même chez tous les mammifères, les oiseaux et la plupart des reptiles ; seulement, dans ces deux dernières classes, le muscle diaphragme manque plus ou moins complétement, et par conséquent c'est principalement par le jeu des côtes que l'air est appelé dans les poumons ; mais chez les tortues et les batraciens (c'est-à-dire les grenouilles, les salamandres, etc.), le thorax n'est pas conformé de manière à pouvoir se dilater activement et à agir comme une pompe aspirante : aussi, chez ces animaux, la respiration se fait d'une manière différente, et c'est par des mouvements de déglutition que l'air est poussé dans les poumons.

DE L'EXHALATION ET DES SÉCRÉTIONS.

§ 144. Nous venons de passer en revue les moyens par lesquels les matières étrangères nécessaires à l'entretien de la vie s'introduisent dans le corps des animaux et vont se mêler au sang, qui les distribue à toutes les parties de l'économie. Nous avons maintenant à nous occuper d'une série de phénomènes d'un ordre inverse, et à examiner comment les substances contenues dans la masse générale des humeurs, et renfermées avec elles dans les vaisseaux sanguins, peuvent en sortir, soit pour pénétrer dans des cavités intérieures du corps, soit pour s'échapper au dehors.

§ 145. Nous avons vu que l'introduction des matières étrangères nécessaires à la nutrition s'effectue de deux manières : tantôt par absorption simplement et sans que ces matières aient subi de modification préalable ; tantôt par l'effet du travail digestif, qui sépare ces matières des autres substances avec lesquelles elles se trouvent mêlées, les prépare en quelque sorte et leur donne la forme la plus convenable avant que de les faire pénétrer dans l'intérieur de l'économie. Le premier de ces actes, qui s'exerce par la surface pulmonaire, par la peau ou par toute autre voie, est un phénomène en quelque sorte mécanique; tandis que le second, bien plus compliqué, est le résultat d'un travail chimique.

Pour se débarrasser des matières inutiles contenues dans un corps vivant et pour les expulser au dehors, la nature emploie aussi deux procédés analogues, savoir : l'*exhalation* et la *sécrétion*. L'exhalation est une conséquence de la perméabilité des tissus, et peut s'effectuer dans tous les points; elle ne change pas la nature des fluides dont elle amène l'expulsion, et peut être considérée, ainsi que l'absorption, comme un phénomène presque entièrement physique. La sécrétion, au contraire, ne consiste pas seulement dans la sortie des liquides dont les tissus sont imbibés; elle choisit dans le sang certains principes de préférence à d'autres, les sépare, les modifie quelquefois dans leur nature intime, et donne ainsi naissance à des humeurs particulières; enfin, elle ne peut d'ordinaire s'effectuer que par l'intermédiaire de certains organes déterminés, et, sous tous ces rapports, elle est à la simple exhalation ce que la digestion est à l'absorption.

EXHALATION.

§ 146. Nous avons déjà vu que les parois des vaisseaux sanguins sont perméables aux liquides. Il en résulte que l'eau et les autres matières fluides contenues dans ces canaux peuvent ne pas y être emprisonnées d'une manière complète, et doivent pouvoir s'en échapper avec plus ou moins de facilité pour se répandre à l'entour; cette espèce de filtration de l'intérieur des vaisseaux sanguins vers le dehors a effectivement lieu, et c'est à ce phénomène qu'on donne le nom d'*exhalation*.

Dans quelques circonstances, une portion du sang lui-même s'échappe des vaisseaux avec toutes ses parties constituantes, et il peut arriver que cet *épanchement sanguin* s'effectue sans que les parois des vaisseaux offrent des ouvertures qui établissent une communication directe du dedans au dehors. Le sang suinte alors à travers le tissu dont ses parois sont composées; mais ce phénomène est rare, et, en général, les vaisseaux ne laissent point sortir de leur intérieur les globules solides que le sang charrie, tandis que les parois de ces canaux n'opposent qu'une barrière plus ou moins incomplète au passage des parties les plus fluides du liquide nourricier. L'eau, contenue en si grande abondance dans le sang, peut, de la sorte, se répandre au dehors, en n'entraînant avec elle qu'une petite quantité des sels et des autres matières solubles du sérum. Les gaz dissous dans le sang peuvent s'en dégager de la même manière, et cela, à raison seulement des propriétés physiques des parois vasculaires.

Pour rendre ce phénomène pour ainsi dire palpable, il suffit d'injecter dans les veines d'un animal vivant certaines substances qui ne se trouvent pas naturellement dans le sang, mais s'y dissolvent très-bien, et qui sont faciles à reconnaître ; au bout de quelque temps, on découvrira des traces de ces matières étrangères dans tous les liquides qui se trouvent répandus dans les différentes cavités du corps, et qui s'y sont produits par l'exhalation. Ainsi, lorsqu'on injecte du prussiate de potasse (ou cyanoferrure de potassium) dans les veines d'un chien, on ne tarde pas à retrouver ce sel dans le liquide aqueux qui s'accumule dans le thorax et dans l'abdomen, et chacun sait que, lorsque des matières odorantes, telles que des liqueurs spiritueuses, ont été absorbées et sont introduites de la sorte dans le torrent de la circulation, elles viennent s'exhaler des vaisseaux à la surface pulmonaire, et s'échappent au dehors avec l'air expiré.

§ 147. **Mécanisme de l'exhalation.** — L'exhalation, qui a lieu chez tous les êtres vivants, n'est pas, comme la plupart des autres fonctions physiologiques, un effet des forces vitales ; c'est un phénomène essentiellement physique, qui n'est pas dépendant de la vie, bien que sa marche puisse être modifiée par l'influence de ces forces. Effectivement, tout ce qui constitue une véritable exhalation s'observe sur le cadavre aussi bien que chez l'animal vivant ; et c'est même après la mort que quelques-uns de ces effets sont le plus faciles à constater, car alors rien ne vient en empêcher la manifestation.

Ainsi, lorsqu'on pousse dans l'appareil circulatoire d'un animal récemment mort une dissolution de gélatine colorée par du vermillon réduit en poudre très-fine, l'injection rouge pénètre dans les vaisseaux capillaires, et l'on voit alors une portion de l'eau, chargée de gélatine et dépouillée de matière colorante, suinter à travers les parois de ces canaux pour se répandre au dehors, tandis que le vermillon est retenu dans leur intérieur. Or, ce qui arrive ici pour l'injection a lieu aussi pour le sang, qui, pendant la vie, traverse sans cesse ces vaisseaux ; les globules et les parties les moins fluides du sang se trouvent arrêtés, comme le vermillon, par les parois de ces canaux, tandis qu'une portion de l'eau du sérum, tenant en dissolution les sels propres au sang et une petite quantité d'albumine, filtre à travers ces parois, comme a suinté la dissolution gélatineuse de l'injection, et se répand dans toutes les parties voisines, ou s'échappe au dehors.

§ 148. On voit donc que l'exhalation, de même que l'absorption, est un phénomène d'imbibition, et c'est à tort que beaucoup de physiologistes ont cru devoir en attribuer les effets à de prétendues bouches microscopiques, qui, d'après ces hypothèses, seraient spécialement destinées à livrer passage aux fluides exhalés, mais qui, dans la réalité, n'existent pas. Le mécanisme de l'exhalation est le même que celui de l'absorption, seulement le mouvement s'effectue en sens contraire ; toutes les parties qui sont le siége de l'une de ces fonctions peuvent être le siége de l'autre, et en général elles ont lieu simultanément dans les mêmes parties ; enfin tout ce qui tend à modifier la marche de l'une influe aussi sur l'autre.

Ainsi, la texture plus ou moins spongieuse d'un organe, et par conséquent plus ou moins favorable à l'imbibition, est une condition qui agit de la même manière sur la marche de l'absorption et de l'exhalation. L'une et l'autre de ces fonctions sont aussi, toutes choses égales d'ailleurs, d'autant plus actives, que la partie qui en est le siége est traversée par un plus grand nombre de vaisseaux sanguins.

Les variations dans la masse des liquides contenus dans le corps agissent, au contraire, d'une manière inverse sur ces deux fonctions. Plus la quantité de ces liquides est considérable, plus l'exhalation est abondante.

La pression que le sang supporte dans les vaisseaux influe aussi d'une manière puissante sur l'exhalation ; et lorsque la circulation dans les veines est entravée de façon à déterminer l'accumulation de ce liquide, la portion la plus fluide du sang s'exhale en abondance dans les parties voisines et en détermine le gonflement : c'est ce qui produit l'enflure des parties qui ont été fortement serrées par des ligatures.

§ 149. **Siége de l'exhalation.** — L'exhalation peut avoir lieu à la surface du corps en contact avec l'atmosphère, ou bien dans l'intérieur de cavités plus ou moins grandes, qui ne communiquent pas librement au dehors ; et de là une distinction importante à établir : celle des *exhalations externes* et des *exhalations internes*.

§ 150. L'*exhalation externe*, qu'il ne faut pas confondre avec la production de la sueur, et qui a lieu par la surface interne des poumons aussi bien que par la peau, donne lieu au phénomène désigné sous le nom de *transpiration insensible*, parce que l'eau qui s'échappe ainsi se dissipe par évaporation, et en général n'est pas aperçue par nos sens. Les pertes que l'homme et les autres animaux éprouvent par cette voie sont très-considérables. Dans l'état de santé, le poids du corps d'un homme adulte ne varie guère, et les pertes qu'il éprouve par les diverses excrétions contre-balancent le poids des aliments dont il fait chaque jour usage. Or, d'après les expériences de Sanctorius, il paraît que souvent la transpiration insensible entre pour les cinq huitièmes dans les pertes totales dont nous venons de parler.

Du reste, l'évaporation qui se fait à la surface du corps n'a pas lieu toujours avec la même intensité, et ici encore l'influence des agents physiques se fait sentir à peu près de la même manière sur l'animal vivant et sur le cadavre. Dans l'un comme dans l'autre, les pertes par évaporation sont augmentées par l'élévation de la température, par l'agitation de l'air, par sa sécheresse, par la diminution de la pression atmosphérique, etc.

C'est aussi au phénomène de l'exhalation qu'il faut rapporter le dégagement d'acide carbonique qui s'effectue, comme nous l'avons déjà vu, dans l'acte de la respiration (§ 123, etc.).

§ 151. Les *exhalations internes* ont lieu à la surface des parois des cavités plus ou moins vastes creusées dans l'intérieur du corps; elles consistent aussi en de l'eau mêlée à une petite quantité des matières animales et des sels contenus dans le sang d'où ces liquides s'échappent. Telle est la source des humeurs qui humectent continuellement les membranes séreuses dont les grands viscères de la tête, de la poitrine et de l'abdomen sont enveloppés, de la sérosité qui baigne les lamelles du tissu connectif si abondamment répandu dans toutes les parties du corps, et d'une partie des humeurs qui remplissent l'intérieur de l'œil.

Comme ces exhalations internes ont lieu à la surface de cavités qui n'ont pas d'issue au dehors, il est évident que la quantité des liquides contenus dans ces espèces de réservoirs irait toujours en augmentant, si les parties qui exhalent ainsi n'étaient pas en même temps le siége d'une absorption non moins rapide. Dans l'état de santé, ces deux fonctions s'exercent simultanément, et se contre-balancent de manière à maintenir toujours la même quantité de liquide dans l'intérieur de la cavité; mais il arrive quelquefois que cet équilibre est rompu, et que l'exhalation devient plus active que l'absorption. Des liquides s'accumulent alors dans ces parties, et il en résulte des maladies connues sous le nom d'*hydropisies* (1).

(1) Ces amas d'eau prennent diverses dénominations suivant les parties qui en sont le siége : on donne plus spécialement le nom d'*hydropisie* (ou *hydropisie ascite*)

SÉCRÉTION.

§ 152. Ainsi que nous l'avons déjà dit, on donne le nom de *sécrétion* à la formation des humeurs spéciales qui, dans l'économie animale, se produisent aux dépens du sang et diffèrent essentiellement de la partie séreuse de ce fluide.

§ 153. **Organes sécréteurs.** — Les sécrétions peuvent avoir pour siége la surface de certaines membranes, telles que le derme et les membranes muqueuses; mais les principaux instruments à l'aide desquels la nature opère ce travail de chimie vitale se composent de cavités, en général d'une petitesse extrême, qui ont la forme de poches, de bourses ou de canaux d'une grande ténuité, et qui reçoivent un nombre considérable de vaisseaux sanguins, ainsi que des nerfs. On désigne ordinairement ces organes sous le nom commun de GLANDES; mais ils présentent dans leur structure des différences considérables, et on les distingue en *glandes parfaites* ou *glandes proprement dites*, et en *glandes imparfaites* ou *ganglions vasculaires*, suivant qu'ils ont un orifice servant à verser au dehors le produit de leur sécrétion, ou bien qu'ils ont la forme de cavités sans ouverture, de l'intérieur desquelles les liquides sécrétés ne peuvent sortir que par voie d'absorption ou par rupture.

Du reste, quel que soit le mode de conformation des organes sécréteurs, ceux-ci sont composés essentiellement de *tissu utriculaire*, et c'est dans l'intérieur des petites cellules de ce tissu que le travail sécrétoire s'effectue.

§ 154. La disposition des GLANDES PROPREMENT DITES varie beaucoup; mais, lorsqu'on les étudie avec soin, on voit que ces organes peuvent tous se rapporter à deux types principaux, et qu'ils se composent toujours, soit de petits sacs à orifices plus ou moins rétrécis, soit de tubes d'une ténuité extrême, tapissés les uns et les autres par une couche de tissu utriculaire, et que les différences que l'on y rencontre dépendent du mode de groupement de ces parties en quelque sorte élémentaires.

§ 155. Les petits sacs sécréteurs dont nous venons de parler peuvent être désignés sous le nom commun de glandules ou de *follicules*. Dans leur état de plus grande simplicité, ces organes

aux accumulations d'eau dans la cavité de l'abdomen; et l'on appelle *hydropisie de poitrine*, celles qui se forment dans la plèvre, membrane qui enveloppe les poumons; *hydropisie du cœur*, celles qui ont lieu dans le péricarde, membrane qui entoure le cœur; *hydrocéphale*, celles qui se forment dans les membranes qui revêtent le cerveau, et *œdème*, celles qui se montrent dans le tissu cellulaire des diverses parties du corps.

ne consistent que dans de petites dépressions creusées à la surface de certaines membranes, et ressemblent à des fossettes plutôt qu'à des poches : on les nomme alors *cryptes*, et l'on en voit beaucoup à la surface des membranes muqueuses. Lorsque les cavités se creusent davantage, les bords de leur ouverture se resserrent en manière de goulot, et souvent leur fond se subdivise en un groupe de culs-de-sac ; mais en général les organes sécréteurs ont la forme de petits tubes ouverts à un bout et fermés à l'autre, de façon à ressembler à un doigt de gant. Tantôt les glandules sont disséminées à la surface des membranes, y débouchent chacune séparément par un orifice distinct, et sont désignées sous le nom de *glandules simples* : la membrane muqueuse du tube digestif nous en a déjà offert des exemples ; tantôt elles sont serrées les unes contre les autres, de façon à former une masse plus ou moins considérable, tout en conservant chacune son ouverture particulière, et se nomment alors *glandules agrégées* (telles sont les glandules de Meibomius qui bordent les paupières, les glandes gastriques de quelques mammifères, etc.) ; et d'autres fois encore elles se groupent de la même manière, mais se réunissent encore plus intimement, de façon que leurs orifices particuliers ne débouchent au dehors que par l'intermédiaire d'un petit nombre d'ouvertures, ou même d'une seule, disposition qui caractérise les organes appelés par les anatomistes des *glandules agglomérées*, et qui se rencontre dans les amygdales placées de chaque côté de l'isthme du gosier. Enfin, d'autres fois encore, ces sacs sécréteurs, au lieu de s'ouvrir presque immédiatement au dehors, ne communiquent avec l'extérieur que par un col très-allongé, de façon à ressembler à un tube terminé par une ampoule, et alors ils peuvent encore rester isolés ou bien s'agglomérer en grappes, à l'aide de canaux excréteurs communs qui, à leur tour, se réunissent successivement, de façon à se terminer par un seul conduit et à ressembler à des racines

Fig. 62. — Structure intime d'une glande composée (la parotide).

attachées à un seul tronc, et portent à l'extrémité de chacune de leurs dernières divisions chevelues un petit renflement vésiculaire (fig. 62). Ces organes sécréteurs, que l'on pourrait appeler des *glandules ampullaires*, se rencontrent à l'état de simplicité et d'isolement sous la peau de certains poissons, et constituent aussi sous cette forme les glandes sudorifères qui sont logées dans la peau de l'homme; enfin, groupés sur un canal sécréteur commun rameux (fig. 62), ils constituent la plupart des *glandes composées*, désignées par les anatomistes sous le nom de *glandes conglomérées*, telles que les glandes salivaires et le foie des mammifères.

§ 156. Les organes sécréteurs qui affectent la forme de tubes, présentent aussi dans leur disposition des différences analogues à celles dont il vient d'être question. Ces tubes, dont la longueur varie et dont l'une des extrémités est ordinairement fermée, tandis que l'autre reste béante et sert pour la sortie du liquide sécrété, sont tantôt simples et parfaitement isolés, chacun allant s'ouvrir directement au dehors, comme cela se voit dans les glandes chargées de lubrifier la peau de certains poissons et dans les vaisseaux biliaires des insectes; tantôt agglutinés entre eux de façon à former une masse, sans cesser néanmoins de rester complétement indépendants les uns des autres, disposition qui s'observe dans les appendices qui, chez divers poissons, paraissent remplacer le pancréas. D'autres fois ces tubes, également agrégés et simples, mais peu allongés et serrés parallèlement les uns à côté des autres, vont déboucher dans une cavité commune en forme de cellule ou de canal, comme cela se voit dans les glandes gastriques de plusieurs oiseaux. Enfin, d'autres fois encore, ces mêmes tubes (fig. 63) acquièrent une longueur extrême sans changer de calibre, se pelotonnent sur eux-mêmes, et vont se terminer par un conduit excréteur peu ou point ramifié à son origine, de façon à donner naissance à

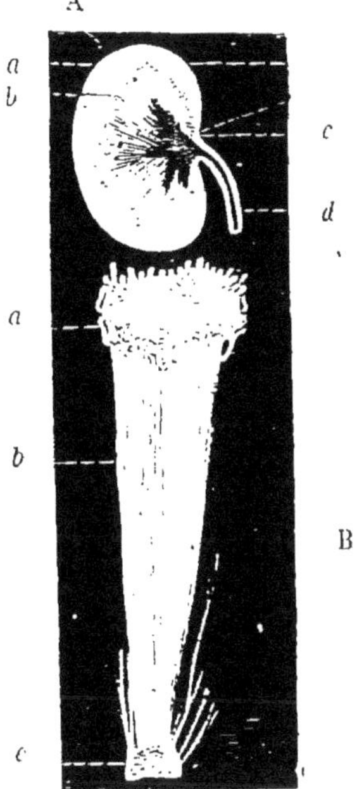

FIG. 63. — Structure des reins (1).

(1) A, coupe verticale d'un rein : — *a*, substance corticale ; — *b*, substance tubuleuse ; — *cc*, calice et bassinet ; — *d*, canal de l'urèthre.
B, structure intime de cette glande : — *a*, portion terminale des tubes urinaires ; — *b*, portion médullaire de ces tubes ; — *c*, leur terminaison dans le calice.

une glande conglomérée, telle que les reins et quelques autres organes dont l'importance est très-grande dans l'économie.

Il est aussi à noter que plusieurs glandes composées sont, en outre, pourvues d'une espèce de réservoir placé sur le trajet de leur conduit excréteur et destiné à permettre l'accumulation du liquide sécrété. La vésicule du fiel, que nous avons déjà eu l'occasion de mentionner (fig. 34), et la vessie urinaire (fig. 64), sont des poches de cette nature.

§ 157. Les *glandes imparfaites* varient encore davantage dans leur mode de conformation. Les unes consistent en de petites cellules fermées de toutes parts, et tantôt isolées, tantôt agglomérées en masse ; les autres, que l'on appelle quelquefois des *ganglions vasculaires*, sont composées essentiellement de vaisseaux sanguins ou lymphatiques, lesquels, après s'être divisés en ramuscules très-déliés, se réunissent de nouveau. Comme exemple des premières, nous citerons les vésicules ovariennes et les cellules adipeuses où se forme la graisse ; nous citerons, comme exemple des secondes, la glande thyroïde (1), le thymus (2), la rate (fig. 34), et les ganglions mésentériques (fig. 37), dont il a déjà été question en parlant de l'absorption du chyle (§ 75).

Les ganglions vasculaires paraissent être destinés à modifier les liquides qui circulent dans leur intérieur ; mais on ne sait presque rien de positif sur leur histoire, et par conséquent nous ne nous y arrêterons pas ici. Nous ne nous occuperons donc que des organes sécréteurs proprement dits (3).

§ 158. **Nature du travail sécréteur.** — Ces organes, dont nous venons d'indiquer les principales formes, sont toujours disposés de façon à constituer une lame membraneuse très-étendue,

(1) Le *corps thyroïde* est une masse ovoïde, molle, spongieuse et d'apparence glandulaire, qui se trouve à la partie antérieure et inférieure du cou, au devant de la trachée-artère (fig. 33, p. 47). Il est, en général, plus gros dans l'enfant que dans l'adulte, et il existe chez tous les mammifères, mais manque chez les oiseaux, la plupart des reptiles, les poissons et les autres animaux des classes inférieures. C'est un gonflement maladif de ce corps qui occasionne les tumeurs connues sous le nom de *goîtres*.

(2) Le *thymus* est une masse glandiforme renfermée dans la poitrine, entre les deux lames du médiastin antérieur (cloison qui est formée par l'adossement des plèvres, et qui loge le cœur). Il est extrêmement développé chez le fœtus ; mais, peu après la naissance, son volume diminue beaucoup, et chez l'adulte il est complétement atrophié.

(3) Nous ajouterons seulement que les expériences récentes de M. Cl. Bernard montrent que le foie joue un rôle de ce genre ; car il verse dans le sang une sorte de sucre appelé *glycose*, qui disparaît bientôt après, et qui paraît être brûlé dans le travail respiratoire.

dont la surface externe est baignée par le fluide nourricier (1), tandis que la surface opposée, revêtue d'une couche plus ou moins épaisse de cellules ou utricules, est libre, et circonscrit d'ordinaire une cavité ; le liquide sécrété suinte de cette dernière surface, et les matériaux dont cette humeur se compose sont puisés dans le sang. Aussi une glande peut-elle être comparée à une sorte de filtre qui, interposé entre le sang et une cavité, ne laisse passer dans celle-ci que certaines matières déterminées, et possède même quelquefois la propriété de modifier la nature chimique des substances qu'il sépare de la sorte (2).

§ 159. Les liquides qui résultent du travail sécrétoire dont les glandes sont le siége varient beaucoup entre eux, et diffèrent aussi beaucoup, soit du sang lui-même, soit du sérum qui serait dépouillé de fibrine et de globules sanguins. Ces humeurs contiennent ordinairement en assez grande abondance des matières qui n'existent qu'en proportions extrêmement faibles dans le liquide nourricier ; et quelquefois on y trouve des substances que la chimie n'est pas encore parvenue à découvrir dans le sang, ou qui ne s'y rencontrent qu'à l'état de combinaison avec des principes dont elles sont séparées lorsqu'elles passent dans la sécrétion. Tantôt ces liquides contiennent des acides libres, tandis que le sang dont ils parviennent est alcalin ; d'autres fois ils sont alcalins comme le sang, mais bien plus fortement ; et d'autres fois encore ils sont caractérisés surtout par la présence de certaines matières qu'on ne voit guère ailleurs, telles que l'urée, le caséum, le beurre, etc.

§ 160. Jadis on croyait que les glandes avaient le pouvoir de créer, aux dépens de l'albumine ou de quelque autre matière contenue dans le liquide nourricier, toutes les substances qui, telles que l'urée, se rencontrent en abondance dans certaines humeurs, et cependant ne se trouvent pas d'ordinaire dans le sang lui-même. Mais des expériences que nous avons déjà eu

(1) Les vaisseaux sanguins qui se distribuent dans une glande se ramifient autour des vésicules ou des tubes sécréteurs dont cet organe est composé, mais ne communiquent jamais directement avec la cavité creusée dans leur intérieur, et c'est à tort que plusieurs anatomistes ont cru que les racines des canaux excréteurs se continuaient sans interruption avec les dernières divisions des vaisseaux sanguins.

(2) D'après des observations récentes, il paraît probable que les instruments essentiels de la sécrétion sont les petites cellules ou utricules dont se compose la couche interne de la paroi des organes glandulaires ; ces cellules paraissent se renouveler rapidement, et renfermer dans leur intérieur les matières sécrétées qui sont évacuées dans la cavité glandulaire à mesure que ces cellules, devenues mûres, se détachent ou se vident par la rupture ou la destruction de leurs parois. Ce sont des utricules de ce genre qui constituent la couche appelée *épithélium*, dont les membranes muqueuses sont revêtues.

l'occasion de signaler montrent que, dans la plupart des cas (et probablement toujours), les matériaux constitutifs des liquides sécrétés existent dans le sang, seulement en quantités trop petites pour que leur présence soit décelée par les moyens d'analyse dont la chimie dispose.

Ainsi l'urine sécrétée par les reins contient, chez l'homme, le chien et la plupart des autres mammifères, une quantité considérable d'urée ; et cependant, dans les circonstances ordinaires, on ne découvre pas de traces de cette substance dans le sang. Si les reins, où l'urine se forme, étaient le siége de la production de cette urée, il est évident qu'après la destruction de ces organes, cette matière ne se montrerait plus dans l'économie ; mais il en est tout autrement : bientôt après cette opération, on en découvre dans le sang, et au bout de quelque temps elle s'y trouve en proportion assez forte. Il est donc évident que les reins ne produisaient pas cette urée, mais ne faisaient que la séparer du fluide nourricier au fur et à mesure qu'elle y apparaissait ; et que si l'on peut facilement en constater l'existence dans le sang après avoir interrompu la sécrétion rénale, c'est parce que, n'étant plus enlevée par les reins, elle s'accumule dans ce liquide.

Toutes les matières qui sont excrétées de l'économie animale se trouvent dans le sang et sont seulement séparées de ce liquide par le travail sécrétoire ; mais quelques glandes ont aussi la faculté de produire des matières nouvelles et de les verser dans le torrent du fluide nourricier qui les traverse. Le foie joue ainsi un rôle très-remarquable ; il donne naissance à une espèce de sucre appelé *glycose*, qui est sans cesse entraîné par le sang et qui est détruit par l'action de l'oxygène que la respiration introduit dans l'organisme. La découverte de cette fonction dite *glycogénique* du foie ne date que de peu d'années, et elle est due à M. Claude Bernard, professeur à la Faculté des sciences de Paris.

§ 161. **Nature des liquides sécrétés.** — Les humeurs produites par les divers appareils sécréteurs diffèrent beaucoup entre elles, mais on n'a pu découvrir aucun rapport entre ces différences et la structure des glandes qui les sécrètent. Il arrive même quelquefois que la nature d'une sécrétion change sans que l'on aperçoive aucune modification bien notable dans l'organe qui en est le siége. Enfin, il s'établit quelquefois, d'une manière anormale, de véritables sécrétions dans des parties qui d'ordinaire n'en présentent aucune trace ; la formation du pus qui accompagne si fréquemment les inflammations est un phénomène de ce genre.

Quant à la nature même du travail sécrétoire, on n'en sait rien de positif; seulement il paraîtrait que l'action du système nerveux a une grande influence sur ce phénomène. Ainsi, lorsque les nerfs qui se rendent à l'estomac sont coupés, la sécrétion du suc gastrique s'arrête, et M. Cl. Bernard a constaté qu'en excitant une certaine partie de la moelle allongée, on détermine dans le foie une production de matière sucrée beaucoup plus abondante que d'ordinaire : cette substance se retrouve alors dans les urines, circonstance qui est caractéristique d'une maladie connue sous le nom de *diabète sucré*.

Les liquides sécrétés dans le corps de l'homme et de la plupart des animaux sont extrêmement nombreux et très-variés : les uns sont destinés à y rester et à y remplir des usages plus ou moins importants : tels sont les humeurs de l'œil, le suc gastrique, la bile, etc. ; d'autres sont rejetés immédiatement au dehors, et, parmi ces derniers, il en est qui ne paraissent servir qu'à débarrasser l'économie des matières inutiles ou nuisibles ; on les désigne sous le nom d'*excrétions*, et la plus importante d'entre elles est la sécrétion urinaire, dont l'étude doit maintenant nous occuper.

Sécrétion urinaire.

§ 162. Cette fonction a son siége dans les *reins*, organes qui, chez les animaux de boucherie, sont connus sous le nom vulgaire de *rognons*. Ce sont deux glandes volumineuses, placées dans l'abdomen, de chaque côté de la colonne vertébrale, et entourées le plus ordinairement de beaucoup de graisse ; leur couleur est d'un rouge brun, et leur forme semblable à celle d'une graine de haricot (fig. 64).

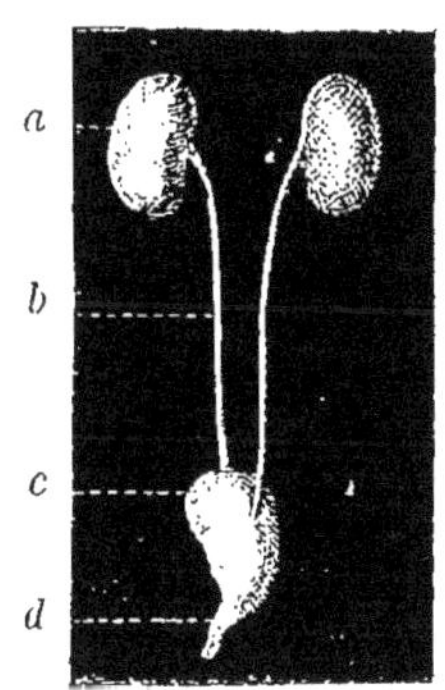

Fig. 64. — Appareil urinaire (1).

Leur substance (fig. 63) se compose essentiellement de tubes sécréteurs d'une ténuité très-grande et d'une longueur extrême, qui, chez les mammifères, sont contournés sur eux-mêmes dans tous les sens vers leur extrémité libre, où ils se renflent en forme d'ampoule (*a*, fig. 65), et qui ensuite se dirigent en ligne droite vers le milieu du bord interne de la glande, de façon à former un certain nombre de faisceaux pyramidaux dont le sommet s'engage dans une cavité membraneuse nommée *calice* (*c*),

(1) *a*, reins ; — *b*, uretère ; — *c*, vessie ; — *d*, canal de l'urèthre.

et dont la base, dirigée en dehors, est arrondie, et pour ainsi dire coiffée par la portion pelotonnée de ces canaux, portion qui constitue ce que les anatomistes appellent la *substance corticale* des reins, tandis qu'ils nomment *substance tubuleuse* ou *médullaire* celle formée par ces faisceaux eux-mêmes. Dans le jeune âge et même durant toute la vie chez quelques animaux, tels que l'ours et la loutre, ces pyramides restent distinctes, et chaque rein se compose alors de plusieurs lobes séparés ; mais, en général, ils se soudent bientôt d'une manière intime, et les calices, qui ne sont autre chose que des canaux excréteurs communs, se réunissent aussi de façon à former une petite poche membraneuse appelée *bassinet* (fig. 63, A). Une multitude de vaisseaux capillaires sanguins serpentent entre ces tubes sécréteurs, et constituent, dans la portion corticale de la glande, un lacis très-serré, au milieu duquel on remarque un grand nombre de petits corps sphériques formés aussi par des canaux sanguins pelotonnés sur eux-mêmes dans l'intérieur des ampoules dont il a été déjà question, et y constituent des corps appelés *glomérules de Malpighi* (fig. 65.)

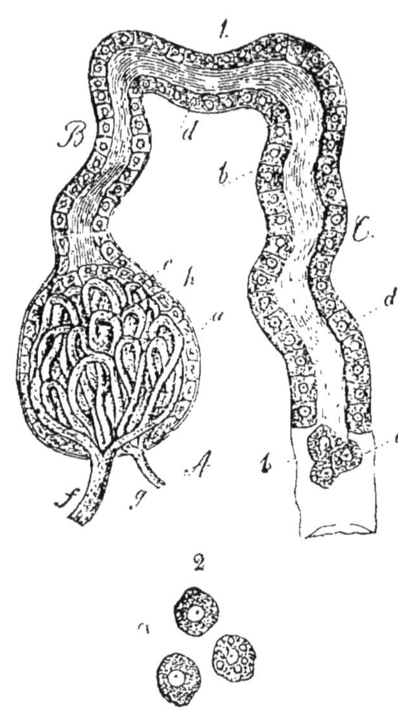

Fig. 65. (1)

C'est dans la portion corticale des reins que l'urine se forme. Ce liquide descend par les canaux dont se compose la substance médullaire, et par les calices, jusque dans le bassinet, et passe de là dans la vessie, en traversant un long tube membraneux de la grosseur d'une plume à écrire qui se porte obliquement du bassinet à la vessie, et se nomme *uretère* (fig. 64, *b*). La *vessie* est une poche conoïde qui remplit les fonctions de réservoir pour l'urine, et qui est située à la partie inférieure de l'abdomen,

(1) Portion d'un tube urinifère vu au microscope, et montrant l'ampoule terminale (*a*) qui loge un glomérule de vaisseaux sanguins appelé *corpuscule de Malpighi* (*h*), dont l'artère et la veine se voient en *f* et *g*. Le tube (*b*) est tapissé de tissu utriculaire (*d*) dont quelques cellules détachées ont été figurées sous le n° 2.

derrière la portion antérieure du bassin nommée arcade du pubis (fig. 8). Elle est formée par une membrane muqueuse entourée de fibres charnues, et se continue inférieurement avec un canal étroit qui débouche au dehors, et s'appelle *canal de l'urèthre.*

§ 163. *L'urine* est un liquide jaunâtre et acide qui, chez l'homme, se compose, dans l'état normal, d'environ 93 centièmes d'eau, de 3 centièmes d'une matière particulière nommée *urée*, d'un millième d'acide urique, d'une petite quantité de quelques autres matières organiques, et de divers sels, tels que du chlorure de sodium ou sel marin, des sulfates alcalins, du phosphate de chaux, etc.

Dans les mammifères carnivores, sa composition chimique est à peu près la même que chez l'homme, si ce n'est qu'on n'y rencontre pas d'acide urique ; mais dans les animaux herbivores, elle est alcaline, et l'on y trouve une substance particulière, l'acide hippurique, ainsi que beaucoup de carbonates terreux. Chez les oiseaux, ainsi que chez la plupart des reptiles (les lézards, les serpents, etc.), elle ne renferme guère que de l'acide urique ; enfin, chez les grenouilles et les tortues, on y trouve de l'urée et de l'albumine. Sa composition paraît être à peu près la même chez les poissons ; mais, chez les insectes, on y trouve de l'acide urique. Pendant certaines maladies, sa composition change chez l'homme.

§ 164. La rapidité avec laquelle les boissons introduites dans l'estomac passent dans la vessie, et sont expulsées au dehors par les voies urinaires, est extrême. Chacun a pu en faire la remarque, et les expériences sur les animaux vivants le prouvent également. Mais cependant il n'existe aucune communication directe entre ces deux organes, et les liquides ne peuvent parvenir de l'estomac à la vessie qu'après avoir été absorbés, mêlés à la masse du sang, portés ainsi dans la substance des reins, et séparés par le travail sécrétoire dont ces glandes sont le siége. Lorsqu'on introduit dans le torrent de la circulation (soit par injection, soit par absorption) certaines substances faciles à reconnaître (telles que de la rhubarbe, de l'indigo, de la garance, de la gomme-gutte ou du cyanure double de potassium et de fer), on ne tarde pas à les voir expulsées avec les urines ; et, comme nous l'avons déjà dit, c'est aussi dans le sang que les reins puisent les diverses parties constituantes de ce liquide.

§ 165. Du reste, diverses circonstances influent sur l'activité de cette fonction, et peuvent modifier, soit la masse des liquides expulsés par les voies urinaires, soit la quantité de matières solides séparées du sang par les reins, et tenues en dissolution dans la partie aqueuse de l'urine.

La quantité d'eau expulsée par la sécrétion urinaire dépend en grande partie de celle des boissons ingérées dans l'estomac.

L'eau introduite dans la masse du sang par suite de l'absorption s'en sépare plus ou moins rapidement, de façon qu'après un certain temps, l'équilibre se rétablit dans l'économie, quelle que soit la quantité de boissons ingérée dans l'estomac ; et c'est par deux voies distinctes que ce liquide s'échappe ainsi de notre corps, par l'exhalation soit pulmonaire, soit cutanée, et par la sécrétion urinaire. Or, ces deux fonctions se suppléent en quelque sorte, et, la masse des liquides en circulation restant la même, on observe que tout ce qui tend à diminuer l'une tend à augmenter l'autre.

Ainsi, l'action de la chaleur sur le corps tend à augmenter la transpiration, et diminue par conséquent la sécrétion urinaire : aussi cette dernière fonction est-elle plus active en hiver qu'en été : et lorsqu'on prend une quantité considérable de boisson, on peut presque à volonté en déterminer l'expulsion par l'une ou l'autre de ces voies, suivant qu'on se place dans les circonstances favorables, soit à la transpiration, soit à la sécrétion urinaire.

La quantité de substances solides expulsées par les reins et tenues en dissolution dans la partie aqueuse de l'urine dépend en grande partie de l'abondance et de la nature des aliments employés.

En effet, Chossat (de Genève) a constaté que, lorsqu'on se nourrit des mêmes aliments et qu'on en varie seulement la quantité, la sécrétion de l'urée et des divers principes, autres que l'eau, expulsés par les reins, varie dans la même proportion. Elle diminue à mesure que l'on s'assujettit à une abstinence plus rigoureuse, et elle augmente à mesure que l'on fait usage d'une quantité plus grande d'aliments, pourvu toutefois que cette quantité ne devienne pas trop considérable pour être digérée.

On a constaté aussi que la sécrétion de ces matières augmente à mesure que l'on se nourrit de substances plus animalisées, c'est-à-dire qui renferment une proportion plus considérable d'azote.

Du reste, l'état de l'économie animale exerce aussi beaucoup d'influence sur les résultats de la sécrétion urinaire ; tout ce qui tend à affaiblir le corps paraît tendre aussi à ralentir cette sécrétion, mais on a constaté qu'elle se continue sans interruption, lors même que l'animal est astreint pendant très-longtemps à une diète complète.

§ 166. L'urine laisse quelquefois déposer dans l'intérieur des voies urinaires diverses substances qui s'y trouvent en dissolution, et ces dépôts solides constituent ce qu'on nomme *graviers* et *calculs urinaires*.

Les *graviers* sont presque toujours formés par de l'acide urique, et dépendent de la sécrétion trop abondante de ce principe. En général, ce dépôt se forme dans les reins, et est entraîné au dehors par les urines. Les *calculs urinaires* sont des concrétions plus volumineuses qui se forment aussi quelquefois dans les reins, mais qui, en général, se développent dans la vessie, où elles séjournent et grossissent peu à peu par l'addition d'une nouvelle quantité de matière déposée par l'urine.

DE L'ASSIMILATION ET DE LA DÉCOMPOSITION NUTRITIVES.

§ 167. **Assimilation.** — En étudiant les diverses fonctions dont l'histoire vient de nous occuper, nous avons vu que les animaux ont besoin d'attirer continuellement dans leur intérieur des matières variées qu'ils puisent dans le monde extérieur.

Les substances ainsi introduites dans l'économie animale y sont employées de deux manières. Elles servent à la formation des diverses parties dont le corps vivant lui-même se compose, ou bien à l'entretien de la combustion respiratoire qui s'opère sans cesse dans l'intérieur de l'organisme de tout être animé.

Les animaux, de même que les plantes, ne peuvent créer aucun des corps simples dont leur substance se compose. Il faut donc que les matières étrangères ainsi introduites du dehors renferment tous ces éléments.

Nous avons constaté que les matériaux primaires de l'organisme sont formés essentiellement de carbone, d'azote, d'hydrogène et d'oxygène ; mais que souvent le soufre, le phosphore, le calcium et d'autres corps simples peuvent être nécessaires à la constitution de la substance des organes ou des humeurs de l'économie animale. Il s'ensuit donc que les matières étrangères introduites dans l'organisme doivent renfermer du carbone, de l'azote, de l'hydrogène, de l'oxygène, souvent aussi du soufre, du phosphore, etc.

Les animaux ne possèdent pas la faculté de déterminer la combinaison de ces divers éléments chimiques de façon à donner naissance aux principes composés dont l'organisme doit être formé : il en résulte qu'il ne suffit pas à ces êtres de recevoir du monde extérieur les éléments primaires nécessaires à leur constitution ; il faut encore que ces éléments soient déjà combinés entre eux de manière à pouvoir entrer comme parties constituantes dans l'économie. Ainsi ce n'est pas en introduisant du gaz azote, du gaz hydrogène, du carbone, etc., dans son corps, qu'un animal peut satisfaire aux besoins de sa nutrition; pour pouvoir utiliser ces matières, il faut qu'elles aient déjà formé entre elles certaines combinaisons.

L'azote et le carbone, essentiellement nécessaires à la constitution des parties vivantes de l'économie animale, doivent être combinés avec de l'hydrogène et de l'oxygène, de manière à former ces composés complexes et peu stables que nous avons désignés sous le nom d'aliments plastiques, de *principes organisables* ou de *matières viables*. Or, ces composés ne se produisent que sous l'influence de la vie, et les plantes possèdent seules le pouvoir de les créer de toutes pièces. Il en résulte donc que c'est le règne végétal qui, directement ou par l'intermédiaire du corps de quelque être animé, fournit toujours aux animaux le carbone et l'azote que ceux-ci doivent s'approprier, ainsi qu'une certaine quantité d'hydrogène et d'oxygène servant aux mêmes usages. L'hydrogène et l'oxygène qui concourent à la constitution de l'organisme s'y trouvent en majeure partie, sous la forme d'eau; enfin le calcium, le phosphore et les autres éléments accessoires de l'organisme y forment en général des composés salins, et ces composés, de même que l'eau dont il vient d'être question, peuvent être fournis directement par le règne minéral.

Quant aux matières étrangères dont l'introduction est nécessaire pour l'entretien des phénomènes de combustion respiratoire dont tous les êtres animés sont le siége, nous avons vu que ce sont d'une part de l'oxygène, et de l'autre part des matières carbonées et hydrogénées, qui, en se combinant avec l'élément comburant, donnent naissance à de l'acide carbonique et à de l'eau. Pour brûler de la sorte des matières combustibles, l'oxygène doit être libre, et c'est dans l'atmosphère que les animaux puisent directement ce principe indispensable à leur existence. Les matières carbonées et hydrogénées servant d'aliments à la combustion respiratoire sont des composés organiques non azotés, tels que les corps gras et le sucre, ou des matières viables de l'ordre de celles dont nous venons de parler comme étant nécessaires à la constitution des parties vivantes du corps des animaux.

En résumé, donc, pour satisfaire aux besoins du travail nutritif dont son économie est le siége, tout animal a besoin de porter dans la profondeur de son organisme de l'oxygène libre, des matières organisées riches en carbone, en hydrogène et en azote, de l'eau et divers sels.

L'introduction des matières étrangères s'effectue, avons-nous dit, par imbibition, et leur *absorption* ne peut avoir lieu qu'autant qu'elles sont dans un état de division extrême, sous la forme liquide ou gazeuse, par exemple. L'eau et les matières salines qui s'y dissolvent se trouvent par conséquent dans des conditions qui en rendent l'absorption facile et prompte ; mais les matières organisables sont en général solides, et, pour qu'elles puissent pénétrer dans la profondeur de l'organisme, il faut qu'elles soient rendues solubles et liquéfiées, ou, en d'autres mots, *digérées*.

Le passage des molécules du dehors en dedans, par absorption, peut avoir lieu dans tous les points de la surface du corps vivant ; et cette surface étant formée essentiellement par la peau, la membrane muqueuse qui tapisse la cavité digestive et la membrane muqueuse propre à l'appareil respiratoire, il en résulte que c'est par cette triple voie que les matières étrangères peuvent pénétrer dans l'économie. Mais chez l'homme et chez tous les animaux supérieurs, la peau, étant recouverte par une couche épidermique peu perméable, n'absorbe que lentement les fluides dont elle est baignée, tandis que l'absorption est au contraire des plus faciles par la surface muqueuse des cavités digestive et respiratoire. Aussi, chez ces animaux, la peau ne prend-elle qu'une part très-faible dans ce travail, et c'est presque exclusivement par ces dernières voies que s'effectue l'introduction des matériaux constitutifs de l'organisme.

L'introduction de l'oxygène libre a lieu par la surface respiratoire. Une partie de l'eau nécessaire à l'animal peut pénétrer dans l'économie par la même voie ; mais la plus grande portion de ce liquide est introduite dans la cavité digestive sous la forme de boisson et absorbée par les parois de l'estomac. Enfin, c'est aussi par la surface muqueuse de la cavité digestive que s'opère l'absorption des matières organiques dans lesquelles l'animal trouve le carbone et l'azote nécessaires à son existence, matières qui constituent les *aliments* proprement dits, et qui, pour être absorbées, doivent avoir subi une élaboration préalable désignée sous le nom de *digestion*.

§ 168. Ces éléments nutritifs se mêlent, comme nous l'avons déjà vu, avec le sang et en deviennent des parties constituantes. Ce liquide, élaboré par des procédés qui nous sont inconnus, devient riche de tous les principaux composés dont les tissus sont à leur tour formés, et, poussé dans les diverses parties du corps par l'effet du mouvement circulatoire dont il est animé, il distribue à chacune de ces parties les matières nécessaires à l'entretien de celle-ci et à son accroissement. Ces matériaux nouveaux, destinés à entrer dans la constitution des tissus vivants, existent tout formés dans le fluide nutritif qui les traverse, ou bien s'y produisent avec quelques-unes des substances contenues dans le sang ; enfin, par suite des altérations que ces parties elles-mêmes déterminent, le tissu vivant choisit, en quelque sorte, dans ce liquide les molécules qui sont semblables à celles dont il est déjà formé, les arrête au passage, se les approprie, et leur communique la force vitale dont il est lui-même doué.

*C'est ce dépôt de molécules nouvelles dans la profondeur de la substance des parties vivantes, leur arrangement en un tissu organisé, et leur admission au partage des propriétés vitales, qui constituent le phénomène de l'*ASSIMILATION.

Quant à la manière dont cette assimilation s'opère, on ne sait rien de positif, on ne sait même pas comment les matières nutritives s'échappent de l'intérieur des vaisseaux sanguins pour aller se fixer dans la substance des tissus voisins. Probablement c'est le sérum chargé de fibrine qui, seul, passe par imbibition des vaisseaux capillaires dans la profondeur des parties solides situées à l'entour ; et le liquide ainsi épanché, après avoir déposé une portion de ses éléments constituants, est repris par les vaisseaux lymphatiques, et porté par ces canaux, sous la forme de *lymphe*, jusque vers le centre de l'appareil circulatoire, où il est rendu au sang dont il provient.

Mais pourquoi tel tissu, formé essentiellement de fibrine, ne prend-il guère dans ce liquide nourricier que de la fibrine, tandis que tel autre tissu, composé principalement d'albumine, y puise surtout de l'albumine ; ou que tel autre encore, contenant comme partie constituante des sels calcaires, en extrait de nouvelles quantités de ces mêmes sels? Pourquoi les molécules ainsi décomposées sont-elles toujours arrangées de façon à constituer, dans chaque partie de l'économie, un tissu d'une texture déterminée, et à revêtir dans leur ensemble des formes constantes? Pourquoi, enfin, participent-ils à la vie dont les molécules auxquelles ils se réunissent sont déjà animées? Ce sont autant de questions auxquelles il est impossible de répondre, et dont la solution n'est guère à espérer; car tous ces phénomènes paraissent toucher de trop près à l'essence du principe vital, pour être accessibles à notre investigation. Il est seulement à noter que, chez les animaux pourvus d'un système nerveux bien développé, cet appareil paraît exercer une influence considérable sur tous les phénomènes de la nutrition.

§ 169. Quoi qu'il en soit, c'est dans les premiers temps de la vie que ce travail d'assimilation est le plus puissant; aussi est-ce dans cette période de l'existence surtout que le volume total du corps augmente rapidement. En effet, la *croissance* est un caractère commun à tous les êtres vivants; et toujours aussi, après avoir duré pendant un certain temps, ce mouvement se ralentit ou s'arrête. Il paraîtrait que cette période de croissance se prolonge beaucoup plus chez les animaux inférieurs que chez ceux qui sont plus élevés dans la série zoologique. Chez quelques-uns des premiers, le volume du corps augmente pendant toute la durée de la vie, tandis que les derniers prennent d'ordinaire tout leur développement avant que d'avoir atteint le tiers ou même le quart de leur carrière.

Les divers organes d'un même animal diffèrent aussi beaucoup entre eux sous le rapport de la durée de leur période de croissance; il est des parties qui cessent de grandir à l'époque de la naissance (le thymus, par exemple), d'autres qui arrivent au terme de leur développement à l'âge adulte, les os notamment; et d'autres encore qui continuent à croître jusque dans la vieillesse extrême, comme cela se voit pour les ongles, les poils et les tissus épithéliques en général.

§ 170. La force assimilatrice ne détermine pas seulement le dépôt de nouvelles molécules organisées au milieu de celles dont une partie vivante se compose déjà; elle peut même devenir plus active et amener la formation de parties nouvelles. En effet, la plupart des animaux possèdent la faculté de réparer, jusqu'à un certain point, les mutilations qu'ils éprouvent, et c'est par un travail analogue à celui de la nutrition ordinaire que ce résultat s'obtient. C'est de la sorte que, dans le corps de l'homme, une portion nouvelle de peau vient recouvrir une plaie qui se cicatrise, et qu'à la suite d'une fracture, un tissu osseux nouveau se développe pour remplir le vide laissé entre les fragments de l'os brisé et les réunir. Mais c'est chez les animaux inférieurs que cette faculté génératrice est portée à son plus haut degré : chacun sait que, lorsque la queue d'un lézard vient à être cassée, cet organe, d'une structure compliquée, ne tarde pas à repousser; et l'on a constaté que, chez les araignées et les crabes, une patte nouvelle se développe à l'extrémité du moignon laissé par une patte brisée. Des expériences faites sur les salamandres ou lézards d'eau ont conduit à des résultats plus surprenants encore, tels que la reproduction d'un œil tout entier, et d'une grande partie de la tête. Enfin, les vers de terre et beaucoup d'autres annélides peuvent reproduire de la sorte la plus grande partie de leur corps; et chez les hydres ou polypes d'eau douce (fig. 7), un fragment quelconque du corps peut se compléter et devenir à son tour un animal parfait dans son espèce.

§ 171. Du reste, diverses circonstances, que nous n'avons pas le loisir d'examiner ici, peuvent modifier la marche du travail d'assimilation, l'activer, la ralentir, ou en changer la direction. C'est de la sorte que, dans certaines maladies, on voit la nutrition s'arrêter presque entièrement, et que dans d'autres certains tissus changent de nature. Il est aussi à noter que ce travail ne se fait pas avec la même rapidité dans toutes les parties du corps ; pour s'en assurer, il suffit d'observer les changements de forme qu'amènent souvent les progrès de l'âge ; car ces changements dépendent principalement de ce que certaines parties croissent plus rapidement que d'autres. Ainsi, depuis le moment de la naissance jusqu'à l'âge adulte, les membres du corps de l'homme grandissent plus vite que le tronc, d'où il résulte qu'en général celui-ci est une portion d'autant moins considérable du tout, que la croissance s'est prolongée davantage.

§ 172. **Excrétion.** — *Pendant que les parties vivantes s'approprient de la sorte des molécules nouvelles et les incorporent à leur substance, il se fait aussi dans ces mêmes parties un mouvement de décomposition qui amène un résultat inverse, c'est-à-dire la séparation d'une portion des molécules constituantes des tissus organisés et leur expulsion au dehors.* Une foule d'expériences et d'observations démontrent l'existence de ce mouvement intérieur, qui lui-même échappe à nos sens.

Ainsi, pendant qu'un os grandit par la formation de parties nouvelles à sa surface extérieure, il se creuse à l'intérieur par la destruction et l'absorption du tissu dont il était primitivement composé, de sorte qu'au bout d'un certain temps, toute sa substance s'est renouvelée sans que sa forme ait changé notablement. Le tissu utriculaire qui revêt la surface libre de la peau, des membranes muqueuses et des cavités glandulaires, se renouvelle de la même manière ; des parties nouvelles se forment sans cesse dans la couche profonde de ces tuniques épithéliques et repoussent devant elles les utricules anciens, qui se détachent et tombent ou se détruisent peu à peu.

Dans quelques parties de l'économie animale ce renouvellement des matériaux constitutifs de l'organisme se continue d'une manière bien évidente pendant toute la durée de la vie, et beaucoup de physiologistes ont pensé qu'il en était de même partout, de façon que la substance du corps tout entier changerait sans cesse, et qu'au bout d'un certain temps il ne resterait aucun des matériaux dont il était d'abord composé ; on a été même jusqu'à prétendre que dans le corps humain ce renouvellement complet s'effectuait dans une période de sept ans. Mais rien ne vient à l'appui de cette opinion, et il est au contraire bien probable que la plupart des organes, lorsqu'ils cessent de croître, restent en général dans un état stationnaire, ne s'assimilent aucune partie nouvelle et ne perdent aucune des molécules dont ils sont formés. Cet état de repos n'est cependant pas constant ; car lorsque le sang qui circule dans tout le corps n'est pas suffisamment chargé de certains principes fournis par les aliments, ce liquide paraît dissoudre et enlever ces matières dans les organes qu'il traverse. Ainsi, des expériences curieuses de Chossat montrent que lorsque les oiseaux ne trouvent pas dans leurs aliments une proportion suffisante de matière calcaires, le phosphate de chaux qui entre dans la composition de leurs os est enlevé peu à peu.

Or, le sang, fournissant, comme nous l'avons vu, les matériaux des diverses humeurs que l'économie animale rejette continuellement au dehors par la voie des sécrétions, s'appauvrit sans cesse, et pourrait enlever aux organes les principes solubles que ceux-ci renferment, si l'introduction répétée de substances étrangères ne maintenait pas ce liquide toujours saturé de ces mêmes principes. Il en résulte que cette introduction des matières alimentaires dans l'organisme est nécessaire, non-seulement pour effectuer l'accroissement des parties vivantes, mais pour assurer la conservation des tissus déjà existants et pour empêcher la résorption de leurs matériaux constitutifs.

Enfin, la combustion respiratoire que nous avons vue s'opérer dans l'intérieur du corps est aussi une cause de destruction des matières organiques contenues dans l'économie animale. Ce phénomène, entretenu par l'oxygène absorbé dans l'acte de la respiration, a pour résultat la formation d'une certaine quantité d'acide carbonique, ainsi que d'un peu d'eau, et a son siége dans la profondeur de toutes les parties du corps où le sang circule. Le carbone et l'hydrogène sont enlevés aux matières organiques ou organisées qui se trouvent dans le liquide nourricier, ou qui sont en contact avec ce fluide dans les vaisseaux capillaires des tissus vivants, et qui jouent ici le rôle de combustibles ; ces matières complexes sont de la sorte détruites dans l'intérieur de l'organisme (1), et il paraîtrait, d'après les expériences de M. Du-

(1) Cette destruction des matières combustibles dans l'intérieur de l'organisme est quelquefois très-facile à constater : ainsi, lorsque du tartrate, du citrate ou du malate de potasse a été absorbé ou injecté dans les veines, on trouve dans l'urine du carbonate de potasse provenant de la combustion de l'acide végétal qui entrait dans leur composition.

mas et de quelques autres physiologistes, que lorsque le sang n'est pas assez riche en combustibles organiques, c'est aux dépens de la substance des tissus que cette espèce de feu vital est entretenu.

Ainsi les aliments doivent fournir sans cesse au sang les matières combustibles nécessaires à la transformation de l'oxygène absorbé par l'acte respiratoire en acide carbonique et en eau, en même temps que ces substances nutritives administrent à chaque organe les éléments nécessaires à son accroissement et satisfont aux besoins du travail sécrétoire.

Du reste, que les matières carbonées et hydrogénées qui sont brûlées dans l'intérieur de l'économie animale sous l'influence de l'oxygène inspiré proviennent directement des aliments, ou soient enlevées aux tissus dans lesquels les matériaux fournis par ces mêmes substances alimentaires ont été déjà fixés et organisés, il n'en est pas moins évident qu'en dernière analyse, c'est, médiatement ou immédiatement, à l'aide de ces matières étrangères ou alimentaires que la combustion respiratoire est entretenue, et que, par conséquent, le corps vivant, pour conserver sa masse, doit recevoir continuellement du dehors, sous la forme d'aliments, une somme de combustibles organiques équivalente à celle des substances ainsi détruites.

Les matières alimentaires qui ne renferment que du carbone, de l'hydrogène et de l'oxygène, telles que la fécule ou le sucre, peuvent être ainsi transformées en acide carbonique et en eau sans laisser de résidu; mais la combustion vitale des matières azotées donne naissance à d'autres produits, et ces composés, en perdant du carbone, deviennent plus riches en azote, et constituent des principes organiques particuliers, tels que l'urée et l'acide urique.

§ 173. D'après les expériences de MM. Dumas, Boussingault et Payen, il paraîtrait que la plupart des transformations chimiques opérées dans l'économie animale sont des conséquences de cette sorte de combustion portée plus ou moins loin; que c'est en oxydant davantage les matières organiques, ou en enlevant à ces composés par la combustion une certaine proportion de carbone ou d'hydrogène, que ces êtres forment les produits variés dont l'analyse chimique nous révèle l'existence, soit dans leurs tissus, soit dans leurs humeurs, et que les matières riches en carbone nécessaire à ces réactions doivent exister toutes formées dans les aliments dont les animaux se nourrissent. Les plantes seules jouissent de la propriété de fixer ainsi du carbone, sous la forme de composés organiques, et par conséquent, en dernière analyse, ce sont les végétaux qui fabriquent les combustibles destinés à être consumés dans l'économie animale.

L'acide carbonique, l'eau, l'urée et les autres produits résultant de la combustion vitale se mêlent au sang, et sont ensuite expulsés au dehors. Les substances diffusibles, c'est-à-dire le gaz acide carbonique et une certaine quantité de vapeur d'eau, s'échappent par la surface respiratoire, tandis que les matières non volatiles, telles que l'urée, dissoutes dans une quantité plus ou moins considérable d'eau, sont excrétées par les appareils glandulaires, et principalement par les organes urinaires (1).

Aussi, lorsque chez un animal dont la croissance est achevée, on tient compte du carbone, de l'hydrogène et de l'oxygène exhalés par la respiration, et de l'azote, du carbone, de l'hydrogène et de l'oxygène, ainsi que des matières minérales expulsées sous la forme d'urine, on retrouve la presque totalité des éléments introduits dans l'organisme par les aliments ou par l'absorption respiratoire : les déjections alvines se composent presque en entier du résidu des aliments laissé par la digestion, mêlé à quelques matières carbonées que sécrète l'appareil biliaire ou la membrane muqueuse intestinale ; mais la proportion des substances excrétées de l'organisme par le tube digestif est très-faible, comparativement à celle des produits du travail respiratoire et de la sécrétion urinaire.

Lorsque la croissance n'est pas encore achevée, toute la matière alimentaire n'est pas brûlée et dissipée de la sorte, une portion plus ou moins considérable est fixée dans l'économie et organisée, comme nous l'avons déjà vu, pour devenir partie constituante des corps vivants. Enfin, lorsque la quantité des matières organiques carbonées que l'animal absorbe dépasse de beaucoup celle qui peut être consumée par l'oxygène inspiré, il arrive d'ordinaire que l'excédant de combustible organique se dépose dans l'intérieur du corps, sous la forme de *graisse* (2), pour être ensuite

(1) Pour plus de détails à ce sujet, je renverrai au 7e volume de mes *Leçons sur la physiologie et l'anatomie comparée.*

(2) La *graisse* se dépose dans de petites vésicules membraneuses logées à leur tour dans le tissu connectif, et elle se compose essentiellement de deux matières particulières, l'*oléine* et la *stéarine*, dont l'une est liquide et l'autre solide à la température ordinaire. Les proportions relatives de ces deux substances varient beaucoup chez les différents animaux, et il en résulte des différences correspondantes dans la consistance de leur graisse. En général, les principaux usages de cette matière sont tout mécaniques, et elle sert, comme le ferait un coussin élastique, pour protéger les organes qu'elle entoure : c'est ce qui se voit dans l'orbite, où l'œil repose sur une couche épaisse de graisse, à la plante des pieds, où il s'en trouve aussi une quantité considérable, et dans d'autres parties du corps, exposées à une pression considérable ou à des frottements fréquents. La graisse peut également, à raison de la lenteur avec laquelle elle laisse passer le calorique, contribuer à conserver la chaleur qui se dégage dans

résorbé et brûlé au fur et à mesure des besoins de l'économie.

S'il est vrai que l'oxygène absorbé par la surface respiratoire est employé à brûler du carbone ou de l'hydrogène dans la profondeur de l'économie, il faut que cette combustion soit accompagnée de production de chaleur, de même que lorsque du charbon brûle dans un fourneau ou de l'hydrogène dans une lampe à gaz : or, c'est effectivement ce qui s'observe chez les animaux, et, pour compléter cette esquisse des phénomènes de la nutrition, il ne nous reste plus qu'à dire quelques mots de cette production de chaleur.

DE LA CHALEUR ANIMALE.

§ 174. La faculté de produire de la chaleur paraît être commune à tous les animaux; mais la plupart de ces êtres développent si peu de calorique, qu'il ne peut être apprécié par nos thermomètres ordinaires, tandis que chez d'autres la production de chaleur est si grande, qu'on n'a pas même besoin d'instruments de physique pour en constater l'existence. Pour mieux juger de cette différence, on n'a qu'à placer un lapin et un poisson, ayant à peu près le même volume, dans deux calorimètres, et à les y entourer de glace à la température de 0 degré, la quantité de ce corps fondue dans un temps donné sera proportionnelle à la quantité de chaleur développée par ces deux animaux. Or, dans l'instrument renfermant le poisson, la quantité de glace fondue dans l'espace de trois heures, par exemple, ne sera pas appréciable, tandis que, dans celui contenant le lapin, on trouvera, après le même laps de temps, plus d'une livre d'eau liquide; et pour fondre cette quantité de glace, il faut autant de chaleur que pour échauffer, depuis la température de la glace fondante jusqu'à l'ébullition, environ trois quarts de ce poids d'eau ; or, cette cha-

l'intérieur de notre corps. Enfin elle peut aussi être considérée comme une espèce de réserve de matières nutritives déposée dans certaines parties du corps, afin de servir au travail de la combustion respiratoire, lorsque l'animal ne pourra plus puiser au dehors les substances nécessaires à l'entretien de la vie. En effet, lorsque les personnes grasses restent longtemps sans manger, leur graisse est absorbée peu à peu ; on remarque aussi que les animaux hibernants, qui passent une grande partie de la saison froide sans prendre d'aliments et plongés dans un état de léthargie, sont surchargés de graisse lorsqu'ils s'engourdissent, et sont au contraire très-maigres lorsqu'ils se réveillent de ce sommeil de plusieurs mois.

La graisse ne se dépose pas avec la même facilité dans toutes les parties du corps ; elle abonde surtout entre les feuillets du mésentère (portion du péritoine qui enveloppe les intestins), autour des reins et sous la peau. Le repos exerce une grande influence sur son accumulation : les très-jeunes enfants sont ordinairement très-gras ; mais lorsqu'ils commencent à faire beaucoup d'exercice, leur graisse se dissipe peu à peu, et tant que l'accroissement du corps est rapide, il est rare qu'il s'en dépose des quantités considérables.

leur n'a pu être fournie que par l'animal soumis à l'expérience.

Cette différence énorme dans la faculté de produire de la chaleur occasionne des différences correspondantes dans la température des divers animaux. Un thermomètre placé dans le corps d'un chien ou d'un oiseau, par exemple, s'élèvera toujours à 36 ou 40 degrés (centigrades); tandis que, dans le corps d'une grenouille ou d'un poisson, il indiquera une température à peu près égale à celle de l'atmosphère au moment de l'expérience.

On donne le nom d'*animaux à sang froid* à ceux qui ne produisent pas assez de chaleur pour avoir une température propre et indépendante des variations atmosphériques; et l'on appelle *animaux à sang chaud*, ceux qui conservent une température à peu près constante au milieu des variations ordinaires de chaleur et de froid auxquelles ils sont exposés. Les oiseaux et les mammifères sont les seuls êtres qui appartiennent à cette dernière catégorie; tous les autres sont des animaux à sang froid.

§ 175. La température de l'homme et de la plupart des autres mammifères ne varie guère que de 36 à 40 degrés; celle des oiseaux s'élève à environ 42 degrés centigrades.

Du reste, la faculté de produire de la chaleur varie dans les divers animaux de ces deux classes, et varie aussi dans le même individu, suivant l'âge et les circonstances où il est placé. Ainsi la plupart des mammifères et des oiseaux produisent assez de chaleur pour conserver la même température en été et en hiver, et pour résister aux causes ordinaires de refroidissement, même à un froid très-vif. Mais il en est d'autres qui produisent seulement assez de chaleur pour élever leur température de 12 ou 15 degrés au-dessus de celle de l'atmosphère; il en résulte que, pendant l'été, leur température est à peu près la même que celle des autres animaux à sang chaud, mais que, pendant la saison froide, elle s'abaisse beaucoup : or, tous les fois que ce refroidissement atteint une certaine limite, le mouvement vital se ralentit, et l'animal qui l'éprouve tombe dans un état de torpeur ou de sommeil léthargique qui dure jusqu'à ce que la température se relève de nouveau. On appelle *animaux hibernants*, les êtres qui présentent ce singulier phénomène, et, sous ce rapport, ils sont en quelque sorte intermédiaires entre les animaux à sang chaud non hibernants et les animaux à sang froid. La marmotte (fig. 66) la chauve-souris, le hérisson, appartiennent à cette catégorie d'animaux.

§ 176. Dans les premiers temps de la vie, tous les animaux à sang chaud se rapprochent aussi plus ou moins des animaux à sang froid; de même que ces derniers, ils ne produisent, en général, pas assez de chaleur pour conserver leur température, lorsqu'ils sont exposés à des causes de refroidissement même très-légères. Mais l'abaissement de température, et qui est sans inconvénients pour les animaux à sang froid, agit sur ceux-ci d'une manière

Fig. 66. — La Marmotte.

bien différente ; car toutes les fois qu'il est porté au delà d'un certain degré, ou qu'il dure pendant un temps déterminé, la mort en est la suite. Sous le rapport de la faculté de produire de la chaleur, les jeunes animaux à sang chaud qui naissent les yeux ouverts, et qui, aussitôt après la naissance, peuvent courir et chercher leur nourriture, diffèrent bien moins des adultes que les mammifères qui naissent les yeux fermés, ou des oiseaux qui, au sortir de l'œuf, ne sont pas encore couverts de plumes. Si l'on tient des chats ou des chiens nouveau-nés, par exemple, éloignés pendant un certain temps de leur mère et exposés à l'air, même en été, ils se refroidissent au point d'en mourir.

Les enfants produisent aussi bien moins de chaleur dans les premiers jours qui suivent leur naissance qu'à une époque plus avancée de leur vie; leur température s'abaisse alors très-facilement, et l'influence du froid leur est très-nuisible ; aussi, pendant l'hiver, en meurt-il un bien plus grand nombre que pendant le reste de l'année.

§ 177. La production de chaleur dans le corps des animaux est évidemment liée à ce phénomène de combustion vitale que nous avons vu se manifester dans l'économie, et déterminer la formation de l'acide carbonique que tous ces êtres expulsent sans cesse de leur intérieur. En effet, la quantité de chaleur ainsi dégagée est toujours proportionnelle à la quantité d'oxygène introduite dans l'organisme par le travail respiratoire, et correspond à la production de chaleur qui devrait résulter, d'une part de la production de l'acide carbonique exhalé, et d'autre part de l'emploi de l'oxygène en excès, pour former de l'eau par sa combinaison avec de l'hydrogène. Aussi les animaux qui produisent le plus de chaleur sont aussi ceux qui consomment le plus d'oxygène, savoir : les oiseaux et les mammifères; et lorsque chez un animal à sang froid, une abeille, par exemple, la respiration devient très-active, la température du corps augmente, tandis que le corps se refroidit même chez les animaux à sang chaud, lorsque leur respiration se ralentit, comme cela a lieu pendant le sommeil léthargique des mammifères hibernants.

La production de l'acide carbonique a lieu dans les vaisseaux capillaires de tous les organes, puisque c'est dans ces vaisseaux que le sang rouge devient veineux, et que ce changement est dû à la présence de l'acide carbonique dans ce liquide. Il en résulte donc que la chaleur animale dégagée par cette combustion n'émane pas d'un foyer unique, tel que les poumons, mais de toutes les parties de l'économie.

C'est le sang artériel qui porte dans toutes les parties du corps l'oxygène absorbé par les organes respiratoires et destiné à entretenir la combustion organique ; cette combustion et le dégagement de chaleur qui en résulte dans une partie déterminée du corps devront donc être liés à l'abord du fluide nourricier dans cette partie ; et en effet, lorsque le sang artériel n'arrive plus en quantité ordinaire dans un membre, celui-ci se refroidit.

Il y a aussi un rapport remarquable entre la richesse du sang et la quantité de chaleur produite par les animaux. Les oiseaux, qui sont, de tous les animaux, ceux dont la température est la plus élevée, sont aussi ceux dont le sang est le plus chargé de particules solides (en général de 14 ou 15 parties sur 100). Les mammifères, dont la température est un peu moins élevée, ont aussi le sang plus aqueux; en général, le poids des globules et de la fibrine ne constitue que les 9 ou 12 centièmes du poids total de ce liquide. Enfin, chez les animaux à sang froid, tels que les grenouilles et les poissons, on ne trouve guère au delà de 6 centièmes de globules et de fibrine pour 94 parties de sérum.

Du reste, cette fonction importante ne s'exerce pas avec la même énergie dans toutes les parties du corps ; celles où le sang circule avec le plus d'abondance et de rapidité (et où, par conséquent, la vie est plus active) sont aussi celles où il se dégage le plus de chaleur : il en résulte que les organes les plus éloignés du cœur doivent être, toutes choses égales d'ailleurs, ceux qui produisent le moins de chaleur, et qui par conséquent se refroidissent le plus facilement. C'est ce qu'on observe en effet :

la température de nos membres est moins élevée que celle du tronc, et, lorsque nous sommes exposés à l'action d'un froid intense, ce sont ces parties qui se gèlent les premières.

Ainsi, en dernière analyse, c'est la respiration qui est la source de la chaleur animale, puisque c'est par l'absorption respiratoire que l'organisme reçoit l'élément comburant nécessaire à l'entretien de la combustion vitale dont dépend ce dégagement de calorique. Mais, chez les animaux supérieurs, cette combustion elle-même paraît s'effectuer sous l'influence d'un agent physiologique dont nous n'avons pas encore parlé : le système nerveux.

En effet, on a constaté par l'expérience, que tout ce qui tend à affaiblir considérablement l'action du système nerveux tend aussi à diminuer la production de la chaleur. Ainsi, lorsqu'on détruit le cerveau ou la moelle épinière d'un chien, et qu'en imitant, par des moyens artificiels, le mécanisme à l'aide duquel l'air se renouvelle dans ses poumons, on entretient la vie de l'animal ; la production de la chaleur cesse néanmoins, et le corps se refroidit aussi rapidement que le ferait un cadavre placé dans les mêmes circonstances. En paralysant l'action du cerveau au moyen de certains poisons énergiques, tels que l'opium, on produit encore le même effet ; et ces expériences, variées de diverses manières, ont mis hors de doute que l'une des conditions nécessaires au développement de la chaleur animale est l'influence que le système nerveux exerce sur le reste du corps (1).

§ 178. La faculté de produire de la chaleur nous explique pourquoi les animaux à sang chaud ont une température qui peut se soutenir au-dessus de celle de l'atmosphère dont ils sont environnés. Mais comment se fait-il que ces êtres puissent conserver encore la même température lorsqu'ils sont placés dans de l'air plus chaud que leur corps? Un homme, par exemple, peut rester pendant un certain temps dans une étuve sèche où l'air est échauffé même à un degré voisin de celui de l'eau bouillante, sans que la chaleur de son corps augmente notablement, et s'élève au delà de 2 ou 3 degrés.

La faculté de résister ainsi à la chaleur dépend de l'évaporation d'eau qui a lieu continuellement à la surface de la peau ou dans l'appareil de la respiration, et qui constitue la *transpiration*

(1) Des expériences récentes de M. Cl. Bernard paraissent au premier abord en opposition avec ces conclusions, car ce physiologiste a vu que la section des ganglions cervicaux est suivie d'une augmentation de la chaleur de la partie de la face à laquelle les nerfs de ceux-ci se distribuent. Mais cet effet paraît dépendre de ce que les artères de ces parties se dilatent à la suite de cette section des ganglions nerveux, et produisent ainsi un état inflammatoire local.

cutanée et *pulmonaire*; car l'eau, pour se transformer en vapeur, enlève du calorique à tout ce qui l'environne, et par conséquent refroidit le corps à mesure que la chaleur extérieure l'échauffe. C'est par la même cause que l'eau placée dans les vases poreux nommés *alcarazas* (1) se refroidit si promptement, même au milieu de l'été. Or, la quantité d'eau qui s'évapore ainsi augmente avec la température de l'air, et il en résulte une cause de refroidissement d'autant plus puissante, que la chaleur de l'atmosphère est elle-même plus grande.

2° DES FONCTIONS DE RELATION.

§ 179. En faisant l'énumération des diverses facultés dont les animaux sont doués, nous avons vu que les unes étaient exclusivement destinées à assurer l'existence de ces êtres, tandis que d'autres servaient à leur faire connaître ce qui les entoure. Les premières constituent les fonctions de nutrition, dont nous venons de faire l'étude; les secondes, les fonctions de relation, dont nous allons maintenant nous occuper.

§ 180. Lorsqu'on examine ce qui se passe chez un animal dont la structure est des plus simples, et dont les facultés sont des plus bornées, on remarque d'abord qu'il se meut, et que les mouvements qu'il exécute sont déterminés et dirigés par une cause intérieure. Parmi ces mouvements, il en est qui se répètent de la même manière, quelles que soient les circonstances où l'animal se trouve, et qui ne peuvent être modifiés par lui. Mais il en est aussi d'autres qui varient suivant les besoins de l'animal, et sont soumis à l'empire d'une puissance intérieure que l'on désigne sous le nom de *volonté*.

Ces deux ordres de phénomènes constituent deux des fonctions les plus importantes de la vie de relation, savoir : la *contractilité*, ou la faculté d'exécuter des mouvements spontanés, et la *volonté*, dont dépend la faculté d'exciter cette contractilité et d'en varier les effets, dans la vue d'arriver à un résultat prévu par l'animal. Il est une autre propriété inhérente à tous les êtres animés et qui est encore plus remarquable : c'est la *sensibilité*, ou la faculté de recevoir des impressions par l'influence des objets extérieurs, et d'en avoir la conscience.

Ces trois facultés paraissent être communes à tous les animaux,

(1) Ces vases laissent suinter l'eau qu'ils renferment, et ont ainsi une surface constamment humectée, où se fait une évaporation rapide qui refroidit le liquide contenu dans leur intérieur. C'est par la même cause que l'on éprouve une sensation de froid si vive lorsqu'on verse de l'éther sur la peau et que l'on souffle sur la partie mouillée.

mais ce ne sont pas les seules qu'on observe chez les êtres animés. On remarque qu'il existe chez tous une force intérieure qui les porte à faire certaines actions utiles à leur conservation, mais dont ils ne peuvent certainement pas prévoir le résultat, et dont la cause ne dépend d'aucun besoin apparent. Ainsi, une foule d'animaux construisent, avec l'art le plus admirable, des demeures destinées à loger leur progéniture, et calculées de manière à répondre à tous les besoins des jeunes, et ils le font toujours de la même manière et avec la même habileté, même lorsque, éloignés de leurs semblables depuis le moment de leur naissance, ils n'ont jamais vu exécuter des travaux analogues. D'autres, à une époque déterminée de l'année, émigrent vers des pays lointains dont le climat leur sera plus favorable, et s'y dirigent avec assurance, comme si le but de leur voyage était devant leurs yeux.

On donne le nom d'*instinct* à la cause qui porte ainsi les animaux à exécuter certains actes déterminés, qui ne sont pas l'effet de l'imitation, et qui ne sont pas le résultat du raisonnement. Ces espèces de penchants varient, pour ainsi dire, dans chaque animal, et les phénomènes qui en résultent sont tantôt d'une simplicité extrême, et tantôt d'une complication qui étonne.

D'autres êtres plus privilégiés jouissent encore de *facultés intellectuelles*, ou du pouvoir de rappeler à l'esprit les idées produites précédemment par les sensations, de les comparer, d'en tirer des idées générales, et d'en déduire des motifs de conduite.

Enfin, il est aussi quelques animaux qui jouissent de la faculté de communiquer à leurs semblables les idées qui les occupent, soit à l'aide de certains mouvements, soit en produisant des sons divers.

Les phénomènes variés à l'aide desquels les animaux se mettent en relation avec les objets qui les environnent peuvent, comme on le voit, se rapporter à six facultés principales : la *sensibilité*, la *contractilité*, la *volonté*, l'*instinct*, l'*intelligence*, l'*expression*. Les quatre premières existent chez tous les animaux, les deux dernières chez un petit nombre seulement, et la manière dont les unes et les autres s'exécutent varie presque à l'infini.

Chez quelques animaux d'une structure très-simple, les polypes, par exemple, les diverses facultés de la vie de relation ne sont l'apanage d'aucun organe particulier, toutes les parties peuvent sentir et se mouvoir sans le concours d'un autre organe : mais, chez l'homme et chez l'immense majorité des animaux, l'exercice de toutes ces fonctions est dépendant de l'action d'une partie déterminée du corps qui porte le nom de *système nerveux*.

DU SYSTÈME NERVEUX.

§ 181. Ce système est formé par une substance particulière molle et pulpeuse, qui est presque fluide dans les premiers temps de la vie, et qui acquiert plus de consistance à mesure que l'homme s'avance vers l'âge mûr. L'aspect de cette substance, que l'on nomme *tissu nerveux*, varie beaucoup : tantôt elle est blanche, d'autres fois grise ou cendrée; tantôt aussi elle forme des masses plus ou moins considérables, et d'autres fois elle constitue des cordons allongés et ramifiés. Ces derniers organes portent le nom de *nerfs*, et les premiers celui de *ganglions* ou de *centres nerveux*, car ils servent de point de réunion pour tous les filaments dont il vient d'être question (fig. 67 et 68).

Les nerfs sont formés par des faisceaux de petits cylindres d'une grande ténuité, qui sont appelés des *fibres nerveuses*, et qui sont constitués par un axe de substance molle entouré d'un liquide visqueux et d'une gaîne membraneuse très-délicate.

Dans les centres nerveux, ces fibres se trouvent mêlées à des *cellules nerveuses* ou utricules, qui sont arrondies, d'autres fois étoilées, et qui, pour la plupart, donnent naissance à une ou plusieurs des fibres dont il vient d'être question. On distingue dans leur intérieur un noyau vésiculaire et un amas de substance granuleuse qui est souvent mêlée de matière colorante jaune, grise ou rougeâtre.

§ 182. Dans l'homme et dans tous les animaux qui s'en rapprochent le plus, l'appareil nerveux se compose de deux parties appelées *système nerveux de la vie animale*, ou *cérébro-spinal*, et *système nerveux de la vie organique* ou *ganglionnaire*, et chacun de ces systèmes se compose, à son tour, de deux parties : l'une, centrale, formée de masses nerveuses plus ou moins considérables; l'autre périphérique, formée de nerfs qui se rendent, de ces centres, aux diverses parties du corps (fig. 68).

§ 183. **Système cérébro-spinal de l'homme.** — La portion centrale du système cérébro-spinal est souvent désignée sous le nom d'*axe cérébro-spinal* ou d'*encéphale*. Elle se compose essentiellement du cerveau, du cervelet et de la moelle épinière, et elle est logée dans une gaîne osseuse formée par le crâne et la colonne vertébrale, ou épine du dos.

§ 184. **Enveloppes de l'encéphale.** — Diverses membranes entourent aussi l'encéphale, et servent à fixer ou à protéger cet organe, dont la structure est très-délicate, et dont l'importance est extrême.

La première de ces tuniques porte le nom de *dure-mère* : c'est

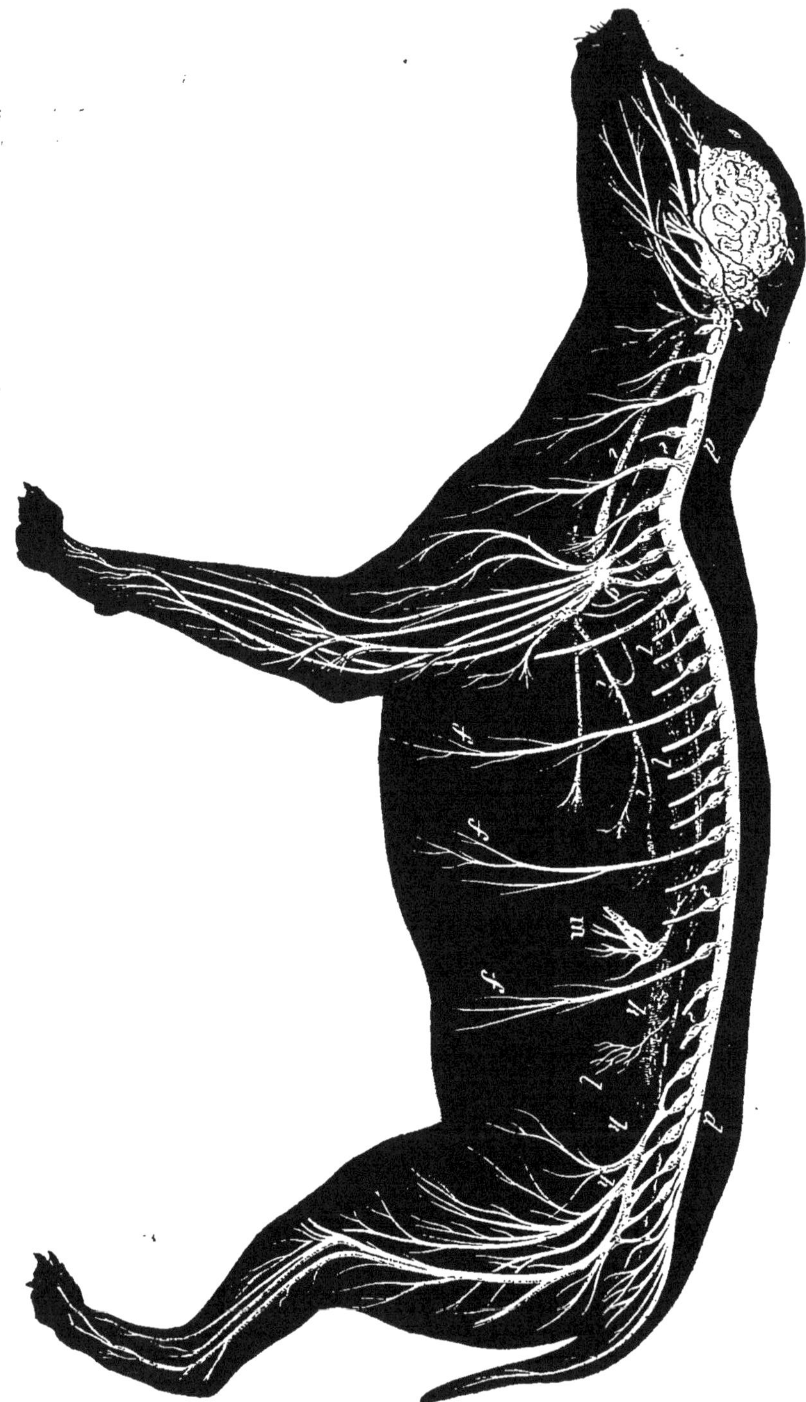

Fig. 67. — Système nerveux du Chien (1).

une membrane fibreuse, ferme, épaisse, blanchâtre, et comme moirée, qui adhère, par plusieurs points de sa surface extérieure, aux parois du crâne et au canal vertébral, et qui forme autour du système nerveux une gaîne très-résistante. A sa face intérieure, on remarque plusieurs replis qui s'enfoncent dans des sillons plus ou moins profonds de la masse nerveuse encéphalique, et forment des espèces de cloisons qui empêchent ces parties de se déplacer et les soutiennent de façon qu'elles ne pèsent point les unes sur les autres, quelle que soit la position du corps. Enfin il existe dans son épaisseur des canaux veineux très-vastes, qui portent le nom de *sinus de la dure-mère*, et qui servent de réservoir pour le sang provenant des diverses parties de l'encéphale.

En dedans de la dure-mère se trouve une seconde tunique, nommée *arachnoïde*, à cause de sa ténuité et de sa transparence qui l'ont fait comparer à une toile d'araignée. Elle appartient à la classe des membranes séreuses, et représente une sorte de sac sans ouverture, replié sur lui-même, qui enveloppe l'encéphale et tapisse les parois de la cavité de la dure-mère, de la même manière que la plèvre enveloppe les poumons, et le péritoine des intestins. Son principal usage est de fournir un liquide qui baigne cet organe et en facilite les mouvements.

Enfin, on trouve encore au-dessous de l'arachnoïde une troisième tunique cellulaire, qui manque dans certaines parties et qui est appelée la *pie-mère*. Ce n'est pas une membrane proprement dite, mais une trame cellulaire et à peine consistante, dans laquelle se ramifient et s'entrelacent, dans mille directions différentes, une multitude de vaisseaux sanguins plus ou moins fins et tortueux qui proviennent de l'encéphale, ou qui vont se répandre dans sa substance. En effet, la circulation du sang dans l'encéphale se fait d'une manière toute particulière. Les artères, avant que de pénétrer dans cet organe, dont la texture est extrêmement délicate, se réduisent en vaisseaux capillaires, et cette division a pour but de modérer la force avec laquelle le sang y arrive.

§ 185. **Encéphale.** — L'axe cérébro-spinal, qui est protégé par ces diverses enveloppes, se compose, comme nous l'avons

(1) *a*, cerveau ; — *b*, cervelet ; — *c*, moelle allongée ; — *d*, *d*, moelle épinière ; — *e*, *e*, ganglions spinaux situés sur les racines postérieures des nerfs rachidiens ; — *f*, *f*, *f*, nerfs intercostaux ; les autres ont été coupés près de leur sortie de la colonne vertébrale ; — *g*, plexus formé par les nerfs des membres antérieurs ; — *h*, plexus formé par les nerfs des membres postérieurs ; — *i*, *i*, *i*, nerfs pneumogastriques, se rendant au cœur, aux poumons, à l'estomac, etc. ; — *k*, *k*, *k*, système nerveux ganglionnaire ou grand sympathique ; — *l*, plexus des nerfs des intestins ; — *m*, ganglion semi-lunaire et plexus solaire, dont partent plusieurs des branches du système ganglionnaire qui se rendent à l'estomac, au foie, etc.

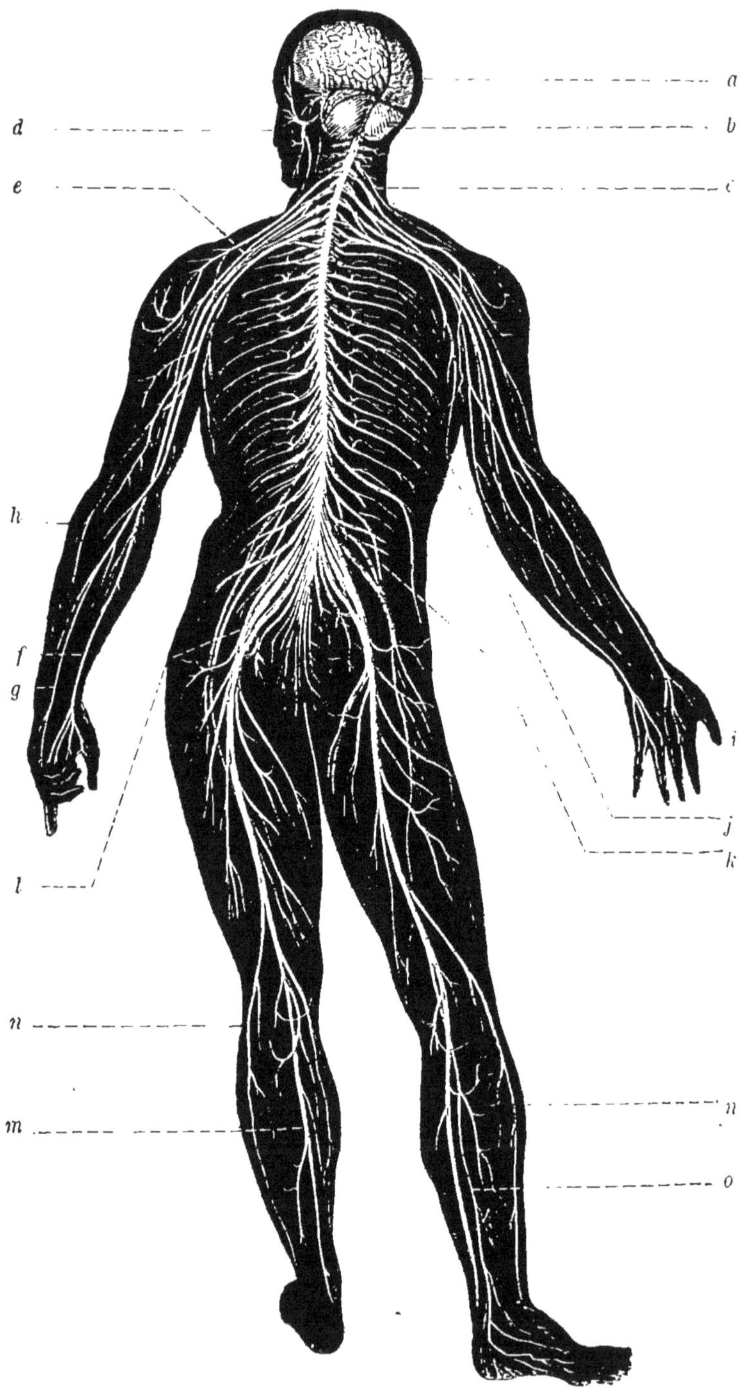

FIG. 68. — Système nerveux de l'Homme (1).

déjà dit, de plusieurs organes distincts; mais toutes ces parties sont intimement unies entre elles, et peuvent être considérées comme une continuation les unes des autres. Sa portion antérieure ou supérieure est très-volumineuse et occupe l'intérieur du crâne : c'est à elle surtout que convient le nom d'*encéphale*. On y distingue deux parties principales, le *cerveau* et le *cervelet*; l'un et l'autre se continuent inférieurement avec un gros cordon nerveux, logé dans la colonne épinière et appelé la *moelle épinière*.

§ 186. **Cerveau.** — Le *cerveau* (fig. 68, *a*, fig. 69, *a*, *b*, *c*) est la portion la plus volumineuse de l'encéphale de l'homme : il occupe toute la partie supérieure du crâne depuis le front jusqu'à l'occiput. Sa forme est celle d'un ovoïde, dont la grosse extrémité est tournée en arrière ; sa face supérieure est assez régulièrement bombée ; sur les côtés il est un peu comprimé, et en dessous il est aplati. On y distingue d'abord deux moitiés latérales, nommées *hémisphères du cerveau*, et séparées par une scissure profonde dans laquelle s'enfonce une cloison verticale formée par un repli de la dure-mère, et appelée, à cause de sa forme, la *faux cérébrale*. En avant et en arrière, cette scissure divise le cerveau dans toute sa hauteur ; mais, au milieu, elle n'en occupe que la partie supérieure, et est bornée inférieurement par une lame médullaire qui s'étend d'un hémisphère à l'autre, et qui se nomme *corps calleux*, ou *mésolobe* (fig. 69, *f*). La surface de ces hémisphères est creusée par un grand nombre de sillons tortueux et irréguliers et plus ou moins profonds, qui séparent des éminences arrondies sur les bords, contournées sur elles-mêmes, et ayant quelque ressemblance avec les replis de l'intestin grêle dans l'abdomen. Ces éminences portent le nom de *circonvolutions du cerveau*, et les sillons qui les séparent, et qui logent des replis de la lame intérieure de l'arachnoïde, sont appelés *anfractuosités*. Ils sont plus ou moins profonds, et il est à remarquer que, dans l'enfant naissant et dans la plupart des animaux, même les plus voisins de l'homme, les circonvolutions sont peu prononcées. A la face inférieure du cerveau, on distingue encore dans chaque hémisphère trois *lobes* séparés entre eux par des sillons transversaux, et désignés sous le nom de *lobes anté-*

(1) *a*, cerveau ; — *b*, cervelet ; — *c*, moelle épinière ; — *d*, nerf facial ; — *e*, plexus brachial formé par la réunion de plusieurs nerfs qui proviennent de la moelle épinière ; — *f*, nerf médian du bras ; — *g*, nerf cubital ; — *h*, nerf cutané interne du bras ; — *i*, nerf radial et nerf musculo-cutané du bras ; — *j*, nerfs intercostaux ; — *k*, plexus fémoral formé par plusieurs nerfs lombaires et donnant naissance au nerf crural ; — *l*, plexus sciatique donnant naissance au nerf principal des membres inférieurs, lequel se divise ensuite pour former le nerf tibial (*m*), le nerf péronier externe (*n*), le nerf saphène externe (*o*), etc.

rieur, *moyen* et *postérieur* (*b*, *c*, *d*, fig. 69). On remarque aussi dans cette partie du cerveau deux éminences arrondies, placées près

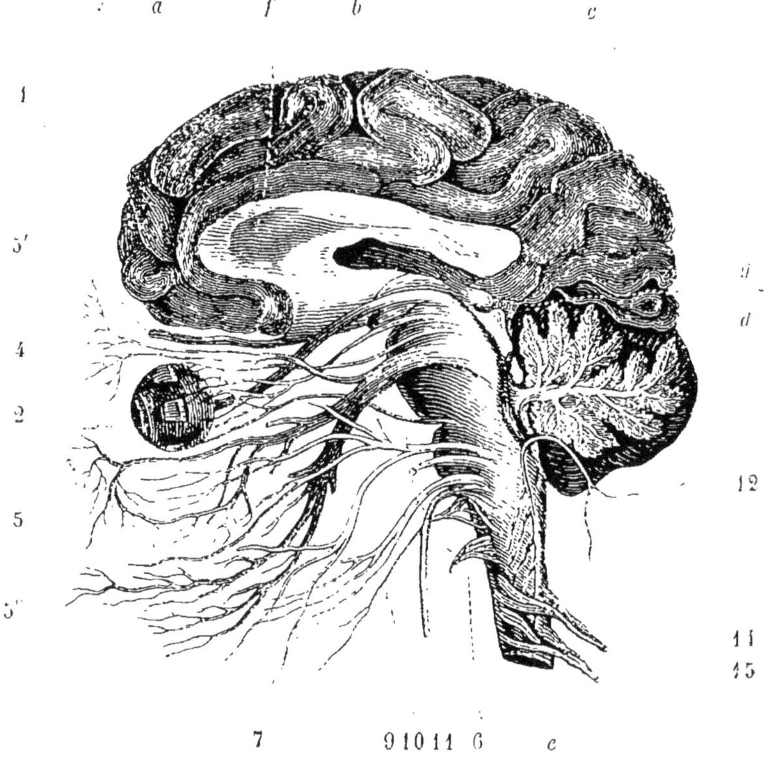

Fig. 69. — Coupe du cerveau, etc. (1).

de la ligne médiane (*éminences mamillaires*), et deux pédoncules très-gros, qui semblent sortir de la substance de cet organe,

(1) Coupe verticale du cerveau, du cervelet et de la moelle allongée : — *a*, lobe antérieur du cerveau ; — *b*, lobe moyen ; — *c*, lobe postérieur du cerveau ; — *d*, cervelet ; — *e*, moelle épinière ; — *f*, coupe du corps calleux situé au fond de la scissure qui sépare les deux hémisphères du cerveau ; au-dessus de cette bande transversale de matière blanche se trouvent les ventricules latéraux du cerveau ; — *g*, lobes optiques cachés sous la face inférieure du cerveau ; — 1, nerfs olfactifs ; — 2, œil dans lequel vient se terminer le nerf optique, dont on peut suivre la racine sur les côtés de la protubérance annulaire jusqu'aux lobes optiques : derrière l'œil on voit le nerf de la troisième paire ; — 4, nerf de la quatrième paire, qui se distribue, comme le précédent, aux muscles de l'œil ; — 5, branche maxillaire supérieure du nerf de la cinquième paire ; — 5', branche ophthalmique du même nerf ; — 5'', branche maxillaire inférieure du même nerf ; — 6, nerf de la sixième paire se rendant aux muscles de l'œil ; — 7, nerf facial : au-dessous de l'origine de ce nerf on voit un tronçon du nerf acoustique ; — 9, nerf de la neuvième paire, ou nerf glosso-pharyngien ; — 10, nerf pneumogastrique ; — 11, nerf de la onzième paire, ou nerf hypoglosse ; — 12, nerf de la douzième paire, ou nerf spinal ; — 14 et 15, nerfs cervicaux.

pour se continuer avec la moelle épinière (*cuisses du cerveau* ou *pédoncules cérébraux*). C'est également de cette partie du cerveau que sortent les nerfs auxquels ce viscère donne naissance.

La surface du cerveau est presque entièrement formée de substance nerveuse grise ; mais dans son intérieur on ne trouve guère que de la substance blanche. Lorsqu'on incise cet organe, on voit aussi qu'il existe dans son intérieur diverses cavités qui communiquent toutes au dehors, et qui sont appelées les *ventricules du cerveau* (fig. 69, *f*).

§ 187. **Cervelet.** — Le *cervelet* est placé au-dessous de la partie postérieure du cerveau (fig. 68, *b* ; fig. 69, *d*, et fig. 70, *e*), et n'a pas le tiers du volume de cet organe, même chez l'homme adulte, où il est proportionnellement plus gros que chez l'enfant. On y distingue, comme au cerveau, deux hémisphères ou lobes latéraux séparés par une rainure, et un lobe moyen situé en arrière et en bas, dans l'enfoncement dont nous venons de parler. La surface des hémisphères et du lobe moyen est formée par la matière grise, et ne présente point de circonvolutions, mais un grand nombre de sillons à peu près droits et placés parallèlement les uns à côté des autres, de façon à diviser cet organe en une multitude de lames disposées comme les feuillets d'un livre. Inférieurement, le cervelet se continue avec la moelle épinière au moyen de deux pédoncules courts et gros, et dans le même point il entoure ce dernier organe par une bande de substance blanche qui se porte transversalement d'un hémisphère à l'autre, en passant au devant de la moelle épinière avec laquelle elle est intimement unie, et qui porte le nom de *protubérance annulaire* ou de *pont de Varole* (1).

§ 188. **Lobes optiques.** — Lorsqu'on soulève les lobes postérieurs du cerveau, on voit, entre cet organe et le cervelet, quatre petites éminences arrondies, placées par paires de chaque côté de la ligne médiane (fig. 69, *g*). Elles s'élèvent sur la face postérieure des prolongements médullaires, qui se portent du cerveau à la moelle épinière, et elles constituent ce que les anatomistes appellent les *lobes optiques* ou *tubercules quadrijumeaux*, dont nous aurons souvent à parler dans la suite de ces leçons.

§ 189. **Moelle épinière.** — La *moelle épinière* (fig. 68, *c* ; fig. 70, *f*) est en quelque sorte un prolongement du cerveau et du cervelet. Elle a la forme d'une grosse corde et présente, en avant comme en arrière, un sillon médian et longitudinal, qui la divise en deux moitiés latérales et symétriques. A son extré-

(1) Ainsi nommé en l'honneur d'un anatomiste célèbre du XVIe siècle, Varoli.

mité supérieure (à laquelle les anatomistes donnent le nom de *moelle allongée*), on remarque divers renflements, appelés *corps olivaires, pyramidaux* et *restiformes*, et de chaque côté on en voit sortir successivement un grand nombre de nerfs dont les premiers se dirigent directement en dehors, mais dont les derniers descendent de plus en plus obliquement, de façon que la moelle épinière paraît se terminer en se divisant en un grand nombre de filaments longitudinaux, disposés à peu près comme les crins d'une queue de cheval (fig. 70, *j*), ressemblance grossière qui a valu à cette partie le nom de l'objet auquel on l'a comparée. Au niveau de l'origine des nerfs qui se distribuent aux membres thoraciques, la moelle épinière présente un renflement bien sensible; elle se rétrécit ensuite, et son volume augmente de nouveau vers la partie d'où naissent les nerfs des membres abdominaux ; enfin, son extrémité inférieure est très-grêle et se trouve vers la partie supérieure de la région lombaire de la colonne vertébrale.

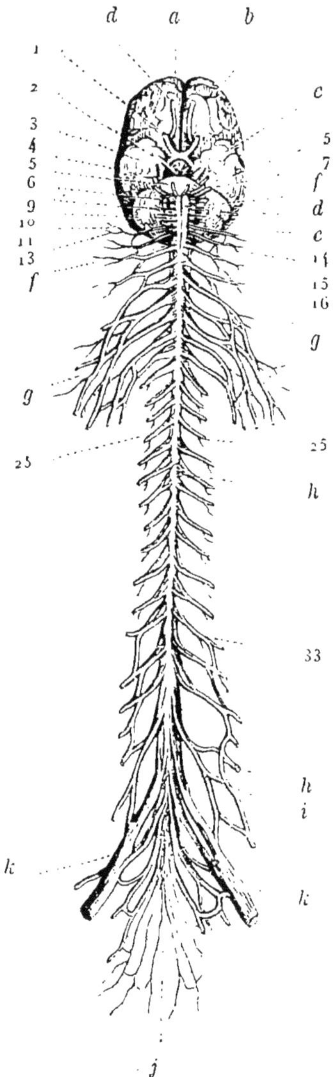

FIG. 70. — Axe cérébro-spinal (1).

La moelle épinière se compose, comme le cerveau et le cervelet, de deux substances médullaires de couleurs différentes; mais ici la matière grise, au lieu d'être située à la surface de l'organe, en occupe la profondeur, et c'est la matière blanche qui la recouvre. La gaîne formée par la dure-mère n'est pas occupée en entier par la moelle épinière,

(1) Système nerveux cérébro-spinal vu par sa face antérieure (les nerfs étant coupés à peu de distance de leur origine) : — *a*, cerveau ; — *b*, lobe antérieur de l'hémisphère gauche du cerveau ; — *c*, lobe moyen ; — *d*, lobe postérieur, presque entièrement caché par le cervelet ; — *e*, cervelet ; — *f′*, — moelle allongée ; — *f*, moelle épinière ; — 1, nerfs de la première paire, ou nerfs olfactifs ; — 2, nerfs optiques, ou nerfs de la seconde paire ; — 3, nerfs de la troisième paire qui naissent derrière l'entrecroisement des nerfs optiques, au devant du pont de Varole et au-dessus des pédoncules du cerveau ; — 4, nerfs de la quatrième paire ; — 5, nerfs trifaciaux ou

mais est distendue par une quantité considérable de liquide au milieu duquel celle-ci est suspendue, disposition admirablement bien calculée pour la préserver des pressions ou des commotions qui pourraient résulter des mouvements trop violents de la colonne vertébrale ou de toute autre cause, et qui produiraient sur cette partie du système nerveux des accidents encore plus graves que sur le cerveau.

§ 190. **Structure de l'encéphale.** — Nous avons dit que la substance qui forme l'axe cérébro-spinal était molle et pulpeuse; dans la matière blanche on peut cependant distinguer des fibres, et l'étude de la marche qu'elles suivent conduit à l'explication de certains phénomènes des plus remarquables.

La moelle épinière présente, comme nous l'avons déjà dit, deux moitiés qui sont unies entre elles par des bandelettes formées principalement de fibres médullaires transversales ; de chaque côté on trouve aussi, dans la substance blanche de cet organe, un grand nombre de fibres longitudinales qui, à la partie supérieure, se réunissent en six faisceaux principaux. Quatre de ces faisceaux occupent la face antérieure de la moelle allongée, où ils constituent les renflements désignés sous le nom de pyramides antérieures et corps olivaires, et ils pénètrent ensuite dans le cerveau. Une partie des fibres des pyramides présentent une particularité très-remarquable : celles du côté droit se portent à gauche, et celles du côté gauche à droite. Ce n'est qu'après cet entrecroisement qu'elles s'enfoncent dans la protubérance annulaire, et, en continuant leur marche en avant, constituent les pédoncules du cerveau. Ces fibres divergent ensuite et se répandent dans les circonvolutions inférieures, antérieures et supérieures des lobes antérieurs et moyens du cerveau. Les fibres longitudinales qui sortent des éminences olivaires montent, comme celles des pyramides, à travers la protubérance annulaire, et vont former la partie postérieure et interne des pédoncules cérébraux ; elles traversent, comme celles des pyramides, diverses masses de sub-

de la cinquième paire ; — 6, nerfs de la sixième paire couchés sur le pont de Varole ; — 7, nerfs de la septième paire, ou nerfs faciaux, et nerfs de la huitième paire, ou nerfs acoustiques ; — 9, nerfs de la neuvième paire, ou glosso-pharyngiens ; — 10, nerfs de la dixième paire, ou pneumogastriques ; — 11, nerfs des onzième et douzième paires ; — 13, nerfs de la treizième paire, ou nerfs sous-occipitaux ; — 14, 15, 16, trois premières paires de nerfs cervicaux ; — *g*, nerfs cervicaux formant le plexus brachial ; — 25, l'une des paires de nerfs de la partie dorsale de la moelle épinière ; — 33, l'une des paires de nerfs lombaires ; — *h*, nerfs lombaires et sacrés, formant les plexus d'où naissent les nerfs des membres inférieurs ; — *i* et *j*, terminaison de la moelle épinière appelée *queue-de-cheval* ; — *k*, nerf sciatique se rendant aux membres inférieurs.

stance grise, augmentent de volume et de nombre, et, en suivant des directions différentes, forment diverses parties du cerveau, telles que les couches des nerfs optiques et les corps striés ; enfin elles s'épanouissent dans les circonvolutions dont la masse entière constitue les hémisphères cérébraux ; par l'intermédiaire d'autres fibres transversales, les deux moitiés du cerveau communiquent entre elles, et ces fibres forment le corps calleux dont nous avons déjà parlé, ainsi que plusieurs autres bandes transversales désignées par les anatomistes sous le nom général de *commissures*.

Les fibres longitudinales des pyramides postérieures de la moelle épinière se réunissent à quelques fibres venant des parties voisines de la moelle allongée, et constituent ainsi les pédoncules du cervelet, qui plongent jusqu'au centre de l'hémisphère correspondant de cet organe, et envoient vers sa circonférence une multitude de feuillets qui se subdivisent et forment, par leur assemblage, des espèces de rameaux enveloppés de matière grise et appelés par quelques anatomistes *l'arbre de vie* (fig. 69, *d*). On distingue aussi, dans le cervelet, des fibres transversales qui font communiquer entre eux les deux hémisphères. Une partie de celles-ci entourent la moelle allongée en avant, et forment la *protubérance annulaire*, dont il a déjà été question.

§ 191. **Nerfs.** — Les *nerfs*, qui naissent de l'encéphale et qui établissent la communication entre ce système et les diverses parties du corps, sont au nombre de quarante-trois paires (voy. fig. 68, page 141, et fig. 69, page 144). Ils proviennent tous de la moelle épinière ou de la base du cerveau, et on les distingue, d'après leur position, par des numéros d'ordre, en procédant d'avant en arrière. Les douze premières paires naissent de l'encéphale (fig. 69), et sortent de la boîte osseuse du crâne par les divers trous situés à sa base. Les trente et une paires suivantes proviennent de la portion de la moelle épinière qui est renfermée dans le canal vertébral, et sortent de cette gaîne osseuse par des trous situés de chaque côté entre les vertèbres.

Chacun de ces nerfs se compose d'un grand nombre de faisceaux formés par des fibres médullaires et entourés d'une membrane nommée *névrilème*. Ces fibres élémentaires sont en général d'une ténuité extrême, et se portent parallèlement entre elles d'une extrémité du cordon nerveux à l'autre, sans jamais se réunir et se diviser; par leur extrémité supérieure, elles se continuent aussi sans interruption avec les fibres de la moelle épinière ou de la base du cerveau, et, par leur extrémité opposée, elles vont se terminer dans les organes auxquels elles sont destinées. En général, les différents faisceaux de fibres médullaires appartenant au même nerf ne sont pas tous réunis au moment où ils quittent l'encéphale, et il en résulte que le nerf présente à son origine plusieurs *racines*. A mesure qu'ils s'éloignent de ce point, ces faisceaux se séparent pour se rendre à des parties différentes, de façon que le nerf lui-même semble se diviser successivement en branches, en rameaux et en ramuscules. Quelquefois aussi certains de ces faisceaux ou de leurs fibres constitutives, après s'être séparés de la sorte, vont s'accoler à quelques nerfs voisins pour en suivre le trajet, et il en résulte ce que les anatomistes appellent des *anastomoses* (1) ou des *plexus* (2). Enfin, lorsqu'une branche nerveuse est parvenue dans l'organe où elle doit se rendre, ses fibres primitives s'y répandent et s'y terminent presque toujours en formant des anses.

Les nerfs qui sortent de la moelle épinière en naissent par deux racines composées chacune de plusieurs faisceaux (fig. 71) : l'une de ces racines provient de la partie antérieure de cet organe, l'autre de sa partie postérieure ; et cette dernière racine, avant que de se réunir à la première, présente un renflement ou *ganglion*, composé en partie de substance médullaire grise. Quelques-uns des nerfs cérébraux présentent une disposition semblable ; mais il en est d'autres qui n'en offrent aucune trace ; et, comme nous le verrons bientôt, cette différence est indicative d'autres particularités dans les propriétés physiologiques de ces cordons médullaires.

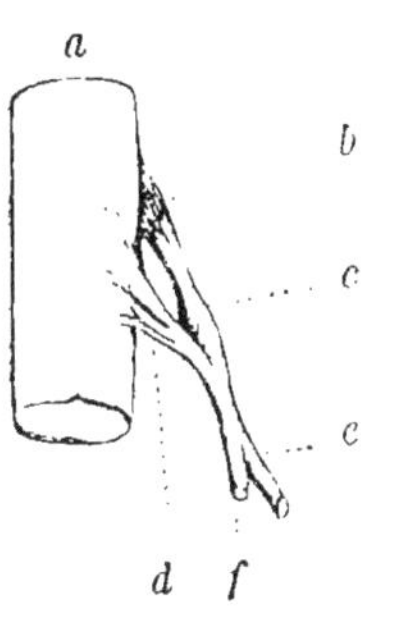

FIG. 71. (3)

§ 192. **Système ganglionnaire.** — Le *système nerveux gan-*

(1) Les nerfs ayant été regardés par quelques anatomistes comme des canaux destinés à conduire le fluide nerveux, on a donné le nom d'*anastomoses* à la réunion de leurs branches ou de leurs rameaux ; mais ce mot, comme nous l'avons déjà dit, signifie réellement un abouchement ou une communication entre deux vaisseaux, et, par conséquent, ne devait pas être employé ici : car, lorsqu'une fibre nerveuse se sépare d'un nerf pour s'accoler à un autre, elle ne se confond avec aucune des fibres de celui-ci, et continue son trajet sans interruption jusque dans la partie à laquelle elle est destinée.

(2) *Plexus* (de *plecto*, j'entremêle) est le nom que l'on donne à une espèce de lacis formé par la réunion de plusieurs nerfs ou vaisseaux. Les principaux plexus nerveux sont ceux formés par les nerfs des membres, peu après leur sortie de la colonne vertébrale (voy. fig. 67, *g*, *h* ; fig. 68, *e*, *l*, et fig. 70, *g*, *h*).

(3) Tronçon de la moelle épinière, montrant la disposition des nerfs qui en naissent : — *a*, moelle épinière ; — *b*, racine postérieure de l'un des nerfs spinaux ; — *c*, ganglion situé sur le trajet de cette racine ; — *d*, racine antérieure du même nerf, allant se réunir à la racine postérieure, au delà du ganglion ; — *e*, tronc commun formé par la réunion de ces deux racines ; — *f*, petite branche qui va s'anastomoser avec le nerf grand sympathique.

glionnaire, appelé aussi *nerf grand sympathique*, ou *système ner-*

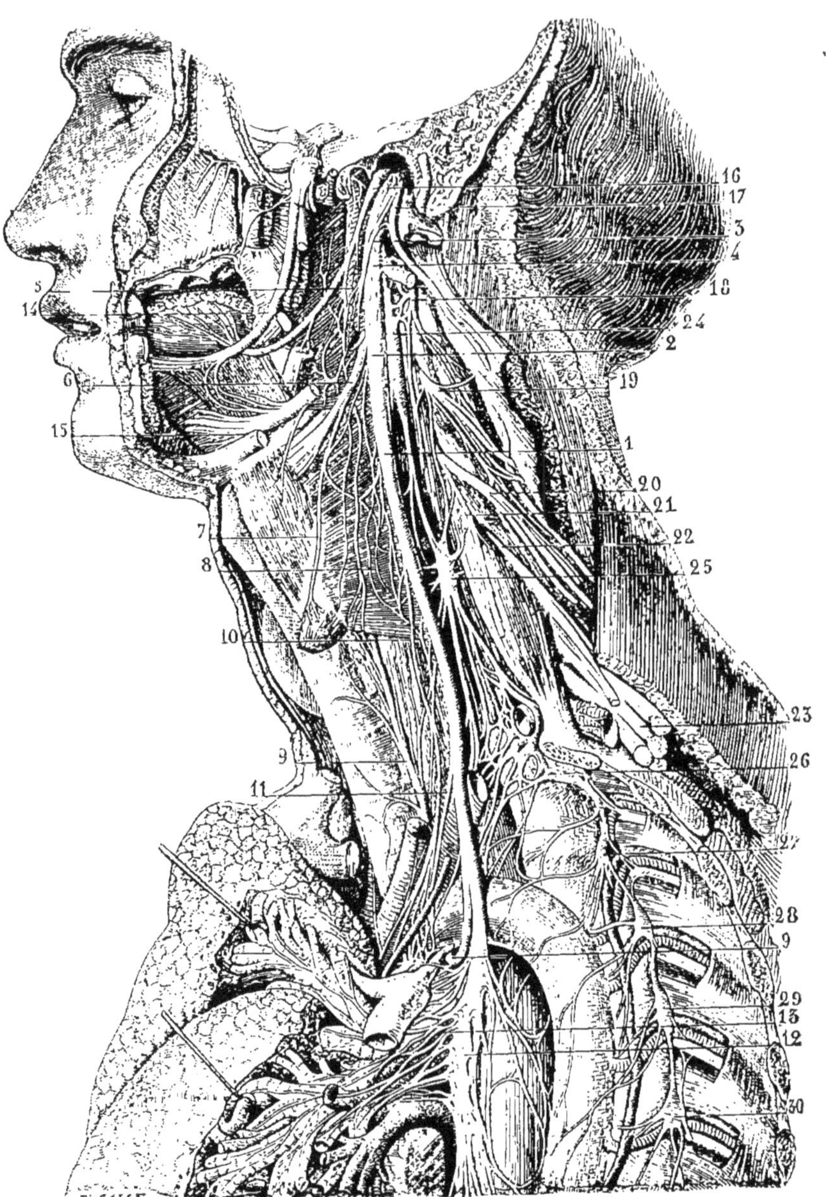

FIG. 72. — Portion supérieure du système ganglionnaire, etc. (1).

(1) Cette figure, tirée du *Traité d'anatomie humaine* de M. Sappey, représente les principaux nerfs du cou, ainsi que les ganglions du grand sympathique qui se trouvent dans le thorax et au cou.

1, nerf pneumogastrique, ou nerf cérébral de la dixième paire, dont les principales

veux de la vie organique, se compose d'un certain nombre de petites masses nerveuses bien distinctes, mais liées entre elles par des cordons médullaires, et de divers nerfs qui vont s'anastomoser avec ceux du système cérébro-spinal, ou se distribuer dans les organes voisins. Ces centres nerveux portent le nom de *ganglions:* on en trouve à la tête, au cou (fig. 72, n°s 24, 25 et 26), dans le thorax (n°s 27 à 30), et dans l'abdomen. La plupart d'entre eux sont placés symétriquement de chaque côté de la ligne médiane au devant de la colonne vertébrale, et forment ainsi une double chaîne depuis la tête jusqu'au bassin ; mais on en trouve aussi dans d'autres parties : près du cœur, et dans le voisinage de l'estomac, par exemple.

Les nerfs du système cérébro-spinal se rendent aux organes des sens, à la peau, aux muscles, etc. ; ceux qui font partie du système ganglionnaire se distribuent aux poumons, au cœur, à l'estomac, aux intestins, aux parois des vaisseaux sanguins. En un mot, les premiers appartiennent principalement aux organes de relation, les derniers aux organes de nutrition.

§ 193. **Système nerveux des autres animaux.** — Le système nerveux de tous les mammifères, des oiseaux, des reptiles et des poissons, est conformé d'après le même plan général que celui de l'homme. Chez tous ces animaux, il existe un cerveau, un cervelet et une moelle épinière ; des nerfs naissent de cet axe cérébro-spinal et se distribuent aux divers organes de la vie de relation ; enfin, il existe aussi un système ganglionnaire pourvu également de nerfs et destiné aux principaux organes de la vie de nutrition.

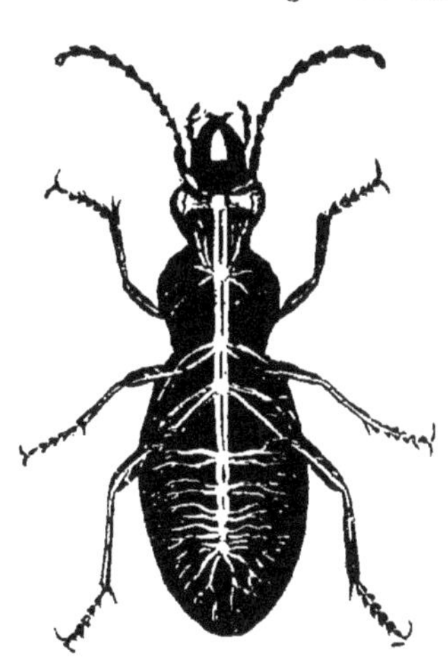

Fig. 73. — Système nerveux d'un insecte (Carabe des jardins).

branches s'anastomosent avec des filets du grand sympathique et se distribuent aux poumons, à l'estomac, etc. — 6, 7, branches du pneumogastrique se rendant au larynx. — 9, 9, nerf récurrent, branche du pneumogastrique qui remonte de la base du cou jusqu'au larynx. — 10, 11, rameaux cardiaques, se rendant au cœur. — 13, plexus pulmonaire. — 14, nerf lingual. — 15, partie terminale du nerf grand hypoglosse. — 16, nerf glosso-pharyngien. — 17, nerf spinal. — 18, nerf cervical de la deuxième paire. — 19, troisième nerf cervical. — 23, sixième, septième et huitième nerfs cervicaux s'anastomosant avec le premier nerf dorsal pour former le plexus brachial. — 24, ganglion cervical supérieur du grand sympathique. — 25, ganglion cervical moyen. — 26, ganglion cervical inférieur. — 27 à 30, ganglions dorsaux.

Mais, chez les mollusques, les insectes, les crustacés et les autres animaux sans vertèbres, il n'en est pas de même ; chez ceux-ci, l'axe cérébro-spinal paraît manquer, et tous les nerfs du corps vont se réunir dans un certain nombre de ganglions plus ou moins éloignés entre eux (fig. 73). Enfin, dans la grande division des zoophytes, on ne trouve tout au plus que des vestiges d'un système nerveux rudimentaire, et souvent cet appareil paraît manquer complétement. En faisant l'histoire de ces divers groupes d'animaux, nous aurons occasion d'indiquer les particularités qu'ils présentent à cet égard.

Telles sont les diverses parties dont se compose l'appareil nerveux de l'homme et des autres animaux supérieurs ; voyons maintenant quels en sont les usages, et occupons-nous en premier lieu de l'étude de la sensibilité.

DE LA SENSIBILITÉ.

§ 194. La sensibilité, avons-nous dit, est la faculté de recevoir des impressions et d'en avoir la conscience. Elle appartient à tous les animaux ; mais le degré auquel elle se développe varie pour presque chacun d'entre eux. A mesure que l'on s'élève dans la série zoologique et que l'on se rapproche de l'homme, on voit les sensations devenir de plus en plus variées ; l'animal acquiert le pouvoir de prendre connaissance d'un plus grand nombre des propriétés que possèdent les objets dont il est environné et d'en mieux apprécier les nuances différentes ; les impressions produites deviennent plus vives, et, à mesure que la faculté de sentir se perfectionne ainsi, on voit la structure des organes de la vie de relation se compliquer de plus en plus ; car ici, de même que pour toutes les autres fonctions, c'est par a division du travail que la nature arrive à des résultats de plus en plus parfaits.

§ 195. *Partout où les sensations produites par les objets extérieurs sont un peu variées, il existe un* SYSTÈME NERVEUX *distinct, et c'est de son action que dépend la faculté de sentir*. La structure en est d'abord très-simple, et alors toutes les parties qui le composent paraissent remplir à peu près les mêmes fonctions. Dans le ver de terre, par exemple, c'est un cordon noueux étendu dans toute la longueur du corps, et dont toutes les parties possèdent les mêmes propriétés ; car, si l'on coupe l'animal, transversalement, en plusieurs tronçons, on voit chacun des fragments continuer à sentir et à se mouvoir comme auparavant ; mais, dans les êtres dont l'organisation est plus compliquée et dont les facultés sont plus parfaites, cet appareil se compose, comme nous l'avons déjà vu, de plusieurs parties dissemblables, et alors chacune de celles-ci agit aussi d'une manière différente des autres, et remplit des fonctions spéciales. Ce sera donc chez l'homme et chez les autres animaux supérieurs que l'étude de ces fonctions nous offrira le plus d'intérêt.

§ 196. **Fonctions des nerfs.** — Toutes les parties de notre corps ne sont pas également douées de sensibilité ; quelques organes possèdent cette propriété à un haut degré, tandis que d'autres peuvent être excités de toutes les manières, froissés par des corps étrangers, coupés et même déchirés, sans que l'animal en éprouve la moindre sensation. Or, les parties les plus sensibles sont toujours celles qui reçoivent le plus grand nombre de nerfs; et là où il n'y a point de nerfs, il n'y a pas de sensibilité. Si l'on fait une incision à la patte d'un animal vivant, et que l'on mette à découvert le nerf qui se rend à cette partie, on remarque aussi que ce cordon est doué d'une sensibilité extrême ; pour peu qu'on le pince ou qu'on le pique, l'animal montre tous les signes d'une douleur des plus vives, et les muscles auxquels le nerf ainsi blessé se distribue sont agités par des contractions convulsives.

D'après cela, on pourrait déjà deviner que c'est aux nerfs que nos organes doivent leur sensibilité, et pour mettre ce fait hors de doute, il suffit de détruire l'un de ces cordons; car si l'on pratique l'expérience sur un des membres d'un animal vivant, toutes les parties auxquelles le nerf se rendait sont aussitôt frappées de paralysie, c'est-à-dire privées de la faculté de sentir et de se mouvoir.

Mais ce nerf, dont l'action est indispensable à l'exercice de ces fonctions, est-il en relation directe avec l'âme, et est-il chargé de déterminer les mouvements et de percevoir les sensations? ou bien remplit-il seulement le rôle d'un conducteur, et est-il destiné uniquement à transmettre aux muscles l'excitation développée dans un autre organe par l'influence de la volonté, et à porter à cette partie, qui serait en même temps le siége de la perception des sensations, les impressions résultant du contact d'un objet extérieur avec la surface du corps ou de l'action de tout autre stimulant?

Pour résoudre cette question, les physiologistes ont eu encore recours à des expériences sur les animaux vivants.

Si l'on coupe, dans un point quelconque de sa longueur, le nerf qui se rend à la patte postérieure d'une grenouille, par exemple, et que l'on pique ou que l'on pince l'extrémité ainsi séparée du reste du système nerveux, on voit qu'elle est complétement insensible, tandis que la partie située au-dessus de la section conserve toute sa sensibilité ; les parties du membre qui reçoivent des branches nerveuses du fragment inférieur du nerf sont également paralysées.

Un nerf séparé du système dont il faisait partie cesse donc de remplir ses fonctions; il ne peut, par conséquent, être le siége de la perception des sensations, et l'on doit nécessairement conclure qu'il sert à transmettre à l'organe où s'exerce cette fonction les impressions reçues par les parties douées de sensibilité. C'est, en effet, ce qui est démontré clairement par toutes les recherches faites à ce sujet sur les animaux; et en observant les phénomènes déterminés par certaines opérations chirurgicales, il a été facile de s'assurer qu'il en est de même chez l'homme. L'impression produite par le contact d'un corps avec le nerf lui-même, ou avec la partie dans laquelle ce nerf se ramifie, ne peut être perçue, et ne peut, par conséquent, produire une sensation, si elle n'est transmise par le nerf à d'autres organes.

§ 197. Ce fait une fois bien établi, on est naturellement conduit à se demander où les sensations doivent arriver pour que l'animal en ait la conscience; quel est l'organe chargé de les percevoir; ou, en d'autres termes, quel est le siége du *moi*, quelle est la partie matérielle de l'économie qui est unie directement au *principe vital* des animaux privés de raison ou à l'*âme* de l'homme.

§ 198. **Influence de l'encéphale.** — Les nerfs dont nous venons d'étudier les fonctions aboutissent tous au cerveau ou à la moelle épinière, qui elle-même se termine dans le cerveau ; il est donc évident que c'est dans une partie quelconque de l'encéphale que doit résider cette faculté de perception. Cherchons par l'expérience si c'est dans la moelle épinière, dans le cervelet ou dans le cerveau.

Lorsqu'on pratique sur la moelle épinière les mêmes expériences que celles déjà faites sur les nerfs qui en partent, on remarque d'abord que cet organe est extrêmement sensible : la moindre piqûre produit une douleur vive et des mouvements convulsifs; et si on le coupe en travers, on voit aussitôt une paralysie complète de toutes les parties dont les nerfs naissent au-dessous de la section, tandis que celles dont les nerfs proviennent de la portion de la moelle épinière encore en communication avec le cerveau continuent à jouir de la faculté de sentir et de se mouvoir.

En ayant soin d'entretenir artificiellement la respiration de manière à empêcher l'animal ainsi expérimenté de périr asphyxié à la suite de la paralysie des muscles inspirateurs, on peut constater que toutes les parties de la moelle épinière perdent la faculté de déterminer des mouvements volontaires et celle de donner naissance à des sensations aussitôt qu'elles sont séparées du cerveau, et l'on en doit conclure que ce n'est pas dans ce cordon rachidien que réside la faculté de percevoir les sensations ou de déterminer les mouvements volontaires.

Mais il en est tout autrement pour le cerveau. Si l'on met à nu les deux hémisphères de cet organe chez un animal vivant (chez un pigeon, par exemple), et qu'on irrite leur surface avec la pointe d'un instrument tranchant, on est d'abord frappé de leur insensibilité : on peut couper et déchirer la substance du cerveau sans que l'animal donne le moindre signe de douleur et sans qu'il paraisse s'apercevoir de la mutilation qu'on lui fait subir ; mais si, comme l'a fait M. Flourens, on enlève cet organe, l'animal tombe dans un état de stupeur dont rien ne peut le faire sortir. Tout son corps devient insensible, ses sens n'agissent plus ; et s'il se remue, ce n'est que poussé par quelque cause étrangère et sans que la volonté paraisse entrer pour rien dans la détermination de ses mouvements.

On voit par cette expérience que l'action du cerveau est indispensable à la perception des sensations et à la manifestation de la volonté, et que c'est à cet organe que les impressions reçues par les nerfs doivent arriver pour que l'animal en ait la conscience.

§ 199. Dans la fonction de la sensibilité, il y a donc une division du travail bien remarquable : les parties qui, par leur contact avec les corps étrangers, sont susceptibles de donner naissance à des sensations, ne peuvent pas percevoir elles-mêmes ces impressions, et, d'un autre côté, l'organe qui est le siége exclusif de la perception de ces impressions ne peut lui-même en recevoir directement ; il est insensible et ne peut être excité que par les impressions qui lui sont transmises par l'intermédiaire des nerfs.

Ainsi, on peut distinguer dans l'appareil de la sensibilité trois propriétés, savoir : 1° la faculté de recevoir, au contact d'un corps étranger ou de quelque autre agent, une impression de nature à donner naissance à une sensation ; 2° la faculté de transmettre ces impressions, du point où elles ont été produites, à l'organe chargé de les percevoir ; 3° celle de donner à l'animal la conscience de leur existence, ou de les percevoir.

Il résulte des expériences de M. Flourens et de quelques autres physiologistes, que, chez les animaux qui avoisinent l'homme, tels que les mammifères et les oiseaux, cette dernière faculté réside principalement dans les hémisphères du cerveau ; et, comme nous l'avons vu il y a un instant, la faculté de recevoir des impressions et de les conduire au cerveau, où elles doivent être perçues, est l'apanage des nerfs.

§ 200. Il est aussi à noter que, dans la transmission des impressions vers le cerveau, chacune des fibres élémentaires d'un nerf agit d'une manière complétement indépendante des fibres voisines ; et comme ces fibres, seulement accolées en faisceaux, ne se réunissent jamais entre elles, mais continuent chacune leur trajet jusque dans l'encéphale, il en résulte que les sensations venant des différents points du corps arrivent chacune par une route particulière et ne se confondent pas entre elles. Nous jugeons du siége de la sensation par la voie à l'aide de laquelle elle parvient à notre cerveau, et c'est toujours à la partie du corps où se termine la fibre nerveuse élémentaire ainsi mise en action que nous rapportons la sensation produite (1).

§ 201. **Nerfs de la sensibilité.** — Du reste, tous les nerfs du corps ne possèdent pas la propriété de transmettre les sensations; il en est qui sont consacrés exclusivement aux mouvements, et parmi les nerfs de la sensibilité, tous ne jouissent pas de la faculté de conduire au cerveau les mêmes impressions. La sensibilité de certains nerfs ne peut pas toujours être mise en jeu par des agents qui sont susceptibles d'exciter des sensations dans d'autres nerfs : ainsi la lumière, par exemple, produit une sensation vive lorsqu'elle frappe sur la partie terminale des nerfs optiques, mais n'est susceptible d'émouvoir aucun des autres nerfs de l'économie ; et ces nerfs optiques, si sensibles à l'influence de cet agent subtil, peuvent être comprimés, piqués ou déchirés, sans qu'il en résulte aucune sensation de douleur ; tandis que les nerfs spinaux, qui restent indifférents à l'action de la lumière, conduisent avec la plus grande perfection les sensa-

(1) La sensation dépendante de l'excitation d'un nerf est encore rapportée par l'intelligence à l'organe où ce nerf se distribue, lors même que cette excitation a son siége plus près du cerveau, sur un point quelconque du trajet de ce nerf. Ainsi, lorsque l'on comprime le nerf radial au coude, c'est dans la main que la douleur semble exister, parce que c'est dans cette dernière partie que le nerf en question va se terminer. C'est égalerent pour cette raison qu'après la section d'un nerf, on éprouve souvent de la douleur dans la partie où ce nerf se distribuait, et où la sensibilité est cependant complétement détruite. Enfin, la connaissance de ce fait nous explique aussi comment, après l'amputation d'un membre, le malade peut éprouver des sensations dont le siége semble être dans la partie qu'il a perdue : c'est qu'il rapporte instinctivement aux organes où allaient se terminer les diverses branches du nerf coupé l'excitation dont le tronçon de ce nerf est maintenant le siége.

tions produites par le contact matériel d'un corps étranger, et ne peuvent être excités de la sorte un peu fortement sans qu'il en résulte une douleur plus ou moins intense.

§ 202. **Modifications de la sensibilité.** — Il existe donc différentes espèces de sensibilité aptes à être mises en jeu par des excitants différents : c'est de la sorte que nous pouvons apprécier les diverses propriétés physiques des objets dont nous sommes entourés ; et ce sont ces modifications de la sensibilité qui constituent les *cinq sens* dont l'homme et la plupart des animaux sont doués.

La sensibilité tactile ou le toucher, la sensibilité gustative ou le goût, la sensibilité olfactive ou l'odorat, la sensibilité auditive ou l'ouïe, et la sensibilité optique ou la vue, sont par conséquent autant de facultés distinctes, ayant chacune leurs instruments particuliers, dont l'action est excitée par des causes distinctes et dont le jeu nous procure des connaissances différentes. Le contact d'un corps qui résiste à la pression, ou qui est notablement plus chaud ou plus froid que nos organes, détermine, dans les parties qui jouissent de la sensibilité tactile, des sensations particulières, d'après lesquelles nous jugeons de la consistance, du poli, de la température, et, jusqu'à un certain point, du volume et de la forme de cet objet. Le contact de ce même corps sur une autre partie dont les nerfs sont doués de la sensibilité gustative peut nous donner la sensation des saveurs; et lorsque, après avoir été réduit en particules extrêmement ténues, il vient à toucher les parties douées de la sensibilité olfactive, il peut encore donner naissance à une sensation d'un autre ordre, celle des odeurs. Le mouvement vibratoire dont ce corps peut être animé échappera inaperçu aux organes du goût et de l'odorat, mais produira la sensation du son lorsqu'il parviendra aux parties douées de la sensibilité auditive. Enfin la lumière que ce corps nous envoie n'excitera aucun des sens dont il vient d'être question, mais déterminera sur les parties douées de la sensibilité optique des sensations différentes de toutes celles que nous venons d'énumérer, et propres à nous faire connaître la forme, la couleur et la position des objets dont nous sommes environnés.

La sensibilité olfactive est l'apanage des nerfs cérébraux de la première paire ; la sensibilité optique appartient aux nerfs cérébraux de la seconde paire, appelés pour cette raison nerfs optiques ; la sensibilité gustative est propre à certaines fibres des nerfs cérébraux de la cinquième paire ; la sensibilité acoustique réside dans les nerfs auditifs ou nerfs cérébraux de la huitième paire; enfin la sensibilité tactile est exercée presque exclusivement par les nerfs rachidiens et les nerfs cérébraux des cinquième, neuvième, dixième et douzième paires.

§ 203. **Fonctions différentes des deux racines des nerfs rachidiens, etc.** — Les nerfs qui sont doués de la sensibilité tactile servent aussi aux mouvements ; mais il est bien évident que la faculté d'exciter les contractions musculaires et celle de conduire les sensations ne résident pas dans les mêmes fibres élémentaires, et si ces nerfs possèdent en même temps ces deux facultés, cela dépend seulement de ce qu'ils sont formés par la réunion de fibres sensibles et de fibres motrices. Dans le trajet du nerf il n'est pas possible de distinguer ces deux ordres de fibres, mais à son origine cette distinction est facile, car la nature les a séparées. En effet, tous ces nerfs naissent, soit de la moelle épinière, soit de la base du cerveau, par deux racines ; et, d'après les observations intéressantes de Charles Bell et de Magendie, on sait aujourd'hui, à ne pas en douter, que les fibres dont se compose l'une de ces racines servent à la transmission des sensations, tandis que celles qui constituent l'autre racine conduisent aux muscles l'influence dont dépendent les mouvements volontaires.

En effet, si l'on coupe les racines postérieures de l'un des nerfs rachidiens, on prive aussitôt ce cordon de la faculté de transmettre les impressions : la partie du corps à laquelle il se rend devient insensible, mais les mouvements restent soumis à l'influence de la volonté ; tandis que la section des racines antérieures, les racines postérieures restant intactes, détermine la paralysie des mouvements sans détruire la sensibilité.

En coupant les racines postérieures de tous les nerfs rachidiens, on n'empêche pas l'animal d'exécuter des mouvements volontaires, mais on rend tout son corps (à l'exception de la tête, dont les nerfs naissent dans l'intérieur du crâne) complétement insensible. Les racines postérieures sont donc des nerfs de la sensibilité, et les racines antérieures des nerfs du mouvement, et c'est par leur réunion que les nerfs résultant de leur jonction jouissent en même temps de ces deux facultés.

Les différentes parties de la moelle épinière ne possèdent pas toutes, au même degré, la faculté de transmettre les sensations ou d'exciter les mouvements ; la sensibilité est exquise à la face postérieure de cet organe, et beaucoup plus faible à sa partie antérieure.

§ 204. **Système ganglionnaire.** — Quant au système nerveux ganglionnaire, il n'est que peu ou point sensible : on peut pincer ou couper les ganglions, ainsi que les nerfs qui en partent, sans produire de douleur et sans occasionner de contractions musculaires. Il est à remarquer aussi que, dans l'état de santé, les organes intérieurs qui reçoivent ces nerfs ne nous transmettent que des sensations faibles et très-confuses, et c'est seulement dans certains états maladifs que leur sensibilité se développe. Dans ce cas, il est à présumer que les sensations arrivent au cerveau par l'intermédiaire des branches qui unissent les nerfs du système ganglionnaire à chacun des nerfs rachidiens. Mais ce point de physiologie réclame de nouvelles investigations.

§ 205. **Organes spéciaux des sens.** — L'appareil de la sensibilité ne se compose pas seulement des diverses parties du système nerveux dont nous venons d'indiquer les usages; les nerfs doués de la faculté de transmettre au cerveau les sensations qui nous viennent du dehors ne se terminent pas librement à l'extérieur, de façon à recevoir directement le contact des agents qui déterminent ces sensations, mais vont aboutir dans des instruments particuliers destinés à recueillir, pour ainsi dire, l'excitation et à la préparer de façon à assurer son action. Ces instruments sont les organes des sens, et c'est essentiellement par leur intermédiaire que les sensations nous arrivent ; mais ils ne sont pas indispensables pour l'exercice de toutes ces facultés : la sensibilité tactile peut être mise en jeu partout où il existe des nerfs propres à conduire les sensations ordinaires ; et c'est seulement pour les sens spéciaux, c'est-à-dire pour le goût, l'odorat, l'ouïe et la vue, que cette espèce d'intermédiaire entre le nerf et le monde extérieur est une condition nécessaire.

Ayant étudié d'une manière générale le phénomène de la sensibilité, ainsi que les organes qui en sont le siége, nous devons maintenant examiner plus en détail chacune des formes sous lesquelles cette propriété se manifeste, ou, en d'autres mots, nous occuper de l'histoire particulière de chacun des sens dont la nature a doué les animaux.

DU SENS DU TOUCHER.

§ 206. Tous les animaux jouissent d'une sensibilité tactile plus ou moins délicate, et c'est surtout par l'intermédiaire de la membrane dont la surface de leur corps est recouverte que cette faculté s'exerce. Pour l'étudier, il faut donc avant tout examiner quelle est la structure de la peau.

Dans l'homme, la surface extérieure du corps et celle des cavités creusées dans son intérieur, mais communiquant avec le dehors, telles que le canal digestif, etc., sont revêtues d'une membrane tégumentaire plus ou moins épaisse et bien distincte des parties qu'elle recouvre. Cette membrane est partout en continuité avec elle-même, et ne forme réellement qu'un seul tout; mais ses propriétés ne sont point partout les mêmes, et on la désigne par des noms différents, lorsqu'elle se reploie en dedans pour tapisser des cavités intérieures, ou lorsqu'elle s'étend sur la surface extérieure du corps. La portion intérieure de la membrane tégumentaire générale est appelée *membrane muqueuse*, et la portion externe *peau*.

§ 207. **Structure de la peau.** — La peau se compose de deux couches principales : le *derme* ou *chorion*, et l'*épiderme*.

Le *derme* forme la couche la plus profonde et la plus épaisse de la peau. C'est une membrane blanchâtre, souple, mais assez élastique et très-résistante. On y distingue un grand nombre de fibres et de lamelles entrecroisées d'une manière très-serrée. Sa face interne est unie aux parties voisines par une couche plus ou moins épaisse de tissu connectif, et donne, dans quelques points, attache à des fibres musculaires servant à la mouvoir. Enfin, sa surface est hérissée d'un grand nombre de petites saillies rougeâtres qui sont très-sensibles, et qui, disposées par paires, forment, dans certaines parties du corps, telles que la paume des mains et l'extrémité des doigts, des séries régulières. Ce sont ces élévations que l'on désigne sous le nom de *papilles de la peau*, et c'est le derme de la peau de certains animaux qui, préparé par le tannage, constitue le cuir.

L'*épiderme* est une espèce de vernis semi-transparent qui recouvre le derme et se moule sur sa surface; ce n'est pas une partie sensible, mais un tissu composé d'utricules plus ou moins aplatis, qui naissent sur le derme et qui ne se durcissent que par le desséchement : aussi, dans les parties du corps qui sont soustraites à l'action de l'air, l'épiderme est-il toujours mou et peu distinct. Il se compose d'un nombre plus ou moins considérable de couches superposées, et sa couche la plus interne, qui conserve de la mollesse et qui renferme la matière pigmentaire à laquelle la peau doit sa couleur, a été considérée par beaucoup d'anatomistes comme constituant une membrane particulière, et a été désignée sous le nom de *réseau muqueux de la peau*. Chez l'homme et les autres mammifères, les couches les plus superficielles de l'épiderme se séparent peu à peu de la peau, et tombent sous la forme d'une poussière blanchâtre composée de petites écailles; quelquefois aussi il se détache dans toute son épaisseur et laisse le chorion à nu : c'est ce qui arrive lorsqu'à la suite d'une brûlure, par exemple, il se forme une cloche sur la peau ; mais il se reproduit avec beaucoup de rapidité. Enfin, il est des animaux qui, à des époques déterminées, se revêtent d'un épiderme nouveau, et se dépouillent de l'ancien comme

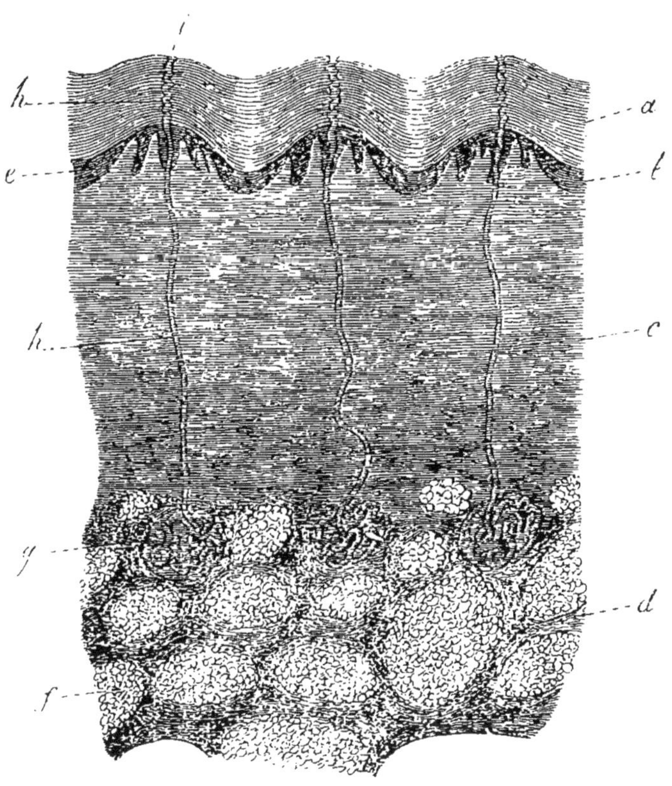

Fig. 74. — Coupe verticale de la peau de l'Homme (1).

d'une gaîne, sans le rompre ni le déformer : les serpents nous offrent un exemple remarquable de ce phénomène.

On observe à la surface de l'épiderme une multitude de petites ouvertures appelées *pores de la peau*. Elles correspondent au sommet des papilles dont nous avons déjà parlé, et livrent passage à la *sueur*, liquide acide qui est formé par voie de sécrétion, et qu'il ne faut pas confondre avec l'eau qui s'exhale continuellement par la surface de la peau, et qui constitue la transpiration insensible. Ces pores, d'une petitesse extrême, ne traversent pas

(1) Section de la peau de la pulpe du pouce à travers trois crêtes papillaires, vue au microscope : — *a*, couche cornée de l'épiderme ; — *b*, couche muqueuse ; — *c*, derme ; — *d*, tissu cellulaire sous-cutané renfermant des vésicules graisseuses (*f*); — *e*, papilles du derme ; — *g*, glandes sudorifères ; — *h*, canal excréteur de l'une de ces glandes ; — *i*, embouchure de ce canal, ou pore de la sueur.

le derme, et ne sont autre chose que les orifices des conduits excréteurs d'autant de petites glandes qui sont logées dans la substance de la peau et qui sécrètent la sueur (fig. 74).

On trouve aussi à la surface de cette membrane d'autres ouvertures plus grandes, dont les unes livrent passage à des poils (fig. 75), sur le mode de formation desquels nous reviendrons par la suite, et dont les autres laissent suinter une matière grasse sécrétée par des follicules logés dans l'épaisseur du derme ; enfin, dans quelques points de la surface du corps, on voit sortir de la substance de la peau des lames cornées appelées ongles, dont la nature est semblable à celle des poils.

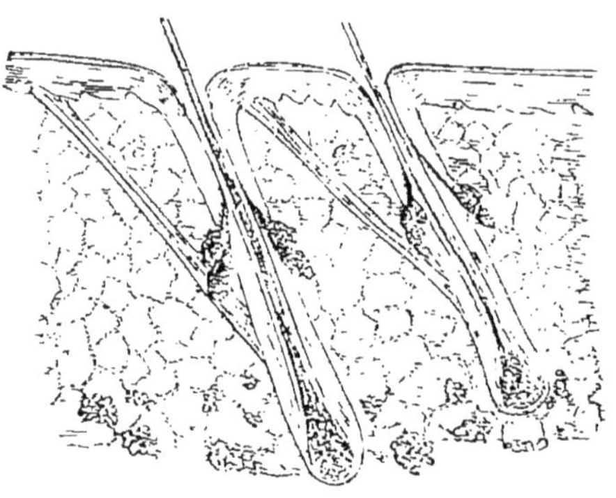

Fig. 75. (1)

§ 208. Le principal usage de l'épiderme est d'opposer des obstacles à l'évaporation des liquides contenus dans l'économie, et de protéger la peau proprement dite du contact immédiat des corps étrangers, de façon à modérer les impressions produites par ce contact. Nous avons déjà vu que cet enduit solide est par lui-même insensible; et comme il s'interpose toujours entre le derme et les objets extérieurs dont le contact sur cette membrane détermine les sensations, il est facile de comprendre que plus la couche épidermique est épaisse, plus aussi le derme doit être soustrait à l'action des corps étrangers, et plus les impressions qu'il éprouve doivent être obtuses. Or, dans quelques parties du corps, au talon, par exemple, l'épiderme présente une épaisseur considérable, tandis que dans d'autres, à l'extrémité des doigts, sur les lèvres, etc., il est extrêmement mince. On remarque aussi que partout où la peau est exposée à des frottements, son épiderme s'épaissit. Chacun sait combien la couche qui se forme dans la main des forgerons et autres ouvriers employés à des travaux rudes devient épaisse, dure et rugueuse. Enfin, chez quelques animaux, tels que les crabes et les homards, l'épiderme s'encroûte de matières calcaires et devient tout à fait inflexible; dans ce cas, il rend la surface du corps complétement insensible.

(1) Coupe du cuir chevelu de l'homme montrant deux follicules pileux vus au microscope : — *a*, épiderme ; — *b*, derme ; — *c*, muscles des follicules pileux.

§ 209. La sensibilité dont la peau est douée réside dans le derme, et dépend des nerfs qui se distribuent dans sa substance et qui appartiennent à la classe des nerfs du tact, lesquels naissent, comme nous l'avons déjà vu, de la moelle épinière ou de la base du cerveau par deux racines, et doivent aux fibres dont se compose leur racine postérieure la propriété de transmettre les sensations. Ces nerfs vont presque tous se terminer, sous la forme de houppes, dans les papilles du derme, et ce sont ces papilles qui possèdent, par conséquent, au plus haut degré la sensibilité tactile : aussi là où elles sont le plus nombreuses, cette sensibilité est-elle le plus exquise.

§ 210. **Organes spéciaux du toucher.** — La sensibilité tactile, telle qu'elle existe dans toutes les parties de la surface de notre corps, suffit pour nous faire juger de la consistance, de la température et de quelques autres propriétés des corps qui arrivent en contact avec cette surface. Ce sens ne s'exerce alors que d'une manière en quelque sorte passive, qui peut être désignée sous le nom de *tact ;* mais d'autres fois la partie douée de cette sensibilité joue un rôle actif; des contractions musculaires dirigées par la volonté multiplient et varient les points de contact avec l'objet extérieur, et l'on donne alors à ce sens le nom de *toucher*.

Le toucher n'est donc que le tact perfectionné et devenu actif ; mais il ne peut être exercé par toutes les parties qui sont douées de la sensibilité tactile, et il ne peut appartenir qu'à des organes disposés de manière à leur permettre de se mouler en quelque sorte sur les objets soumis à leur examen.

Dans l'homme, la main est l'organe spécial du toucher, et sa structure est très-favorable à l'exercice de ce sens : l'épiderme y est mince, poli et très-souple ; le chorion y est abondamment pourvu de papilles et de nerfs, et repose sur une couche épaisse de tissu cellulaire graisseux très-élastique ; enfin, la mobilité et la flexibilité des doigts sont extrêmes, et la longueur de ces organes est considérable. Or, ces circonstances sont des plus avantageuses, car elles tendent à augmenter la sensibilité de cette partie, et lui permettent de s'appliquer sur les objets, quelle que soit l'irrégularité de leur figure. Mais une autre disposition organique qui contribue non moins à la perfection de notre toucher, est la faculté qu'a l'homme d'opposer le pouce aux autres doigts, de manière à pouvoir serrer les petits objets entre les parties de la main qui sont précisément celles dont la sensibilité est le plus exquise.

Chez la plupart des animaux, les organes du toucher sont disposés d'une manière beaucoup moins favorable. Chez les mammifères, par exemple, on voit ce sens devenir de plus en plus obtus, à mesure que les doigts deviennent moins flexibles et s'enveloppent davantage dans les ongles dont ils sont armés ; quelquefois cependant les mains sont remplacées par d'autres organes d'une structure presque aussi parfaite, tels que la trompe de l'éléphant (fig. 10). Enfin, il est des animaux qui emploient principalement leur langue comme instrument du toucher, et d'autres sont pourvus d'appendices particuliers, qui servent aux mêmes usages, et qui sont appelés *palpes*, *tentacules*, etc. (fig. 12, 13).

§ 211. Le toucher nous fait apprécier plus ou moins exactement la plupart des propriétés physiques des corps sur lesquels il s'exerce : leurs dimensions, leur forme, leur température, leur consistance, le degré de poli de leur surface, leur poids, leurs mouvements, etc. Ce sens est tellement parfait, que plusieurs philosophes de l'antiquité et des temps modernes l'ont regardé comme nous étant plus utile que la vue ou l'ouïe, et comme étant même la source de notre intelligence ; mais ces opinions sont évidemment exagérées, car le toucher n'a réellement aucune prérogative sur les autres sens, et chez quelques singes, dont l'intelligence est incomparablement moins développée que celle de l'homme, les organes du toucher sont presque aussi parfaits que dans le corps humain.

DU SENS DU GOÛT.

§ 212. Le sens du goût, comme celui du toucher, est mis en jeu par le contact des objets extérieurs sur certaines surfaces de notre corps ; mais il nous fait connaître des propriétés qui échappent au toucher, les saveurs des corps.

§ 213. **Saveur.** — Toutes les substances n'agissent pas sur l'organe du goût. Les unes sont très-sapides, d'autres ne le sont que peu, et il en est un grand nombre qui sont complétement insipides. On ignore la cause de ces différences, mais on remarque qu'en général les corps qui ne peuvent pas se dissoudre dans l'eau n'ont pas de saveur, tandis que la plupart de ceux qui sont solubles sont plus ou moins sapides. Leur dissolution paraît même être une des conditions nécessaires pour qu'ils agissent sur l'organe du goût ; car, lorsque cet organe est complétement sec, il ne nous donne plus la sensation des saveurs, et l'on connaît des substances qui, étant insolubles dans l'eau, sont insipides dans leur état ordinaire, mais qui acquièrent une saveur forte, si l'on parvient à les dissoudre dans quelque autre liquide, dans l'esprit-de-vin, par exemple.

§ 214. **Organes du goût.** — La connaissance de la saveur des corps sert principalement à diriger les animaux dans le choix de leur nourriture : aussi l'organe du goût est-il toujours placé à l'entrée du tube digestif. C'est la *langue* qui en est le siége principal, mais les autres parties de la bouche peuvent aussi éprouver la sensation de certaines saveurs.

Fig. 76. — Coupe longitudinale de la langue de l'Homme (1).

La membrane muqueuse qui recouvre la langue de l'homme est abondamment fournie de vaisseaux sanguins, et présente sur le dos de cet organe un grand nombre d'éminences de formes variées qui rendent sa surface rugueuse. Ces éminences, nommées *papilles*, sont de diverses natures : les unes, lenticulaires et en petit nombre, consistent en autant d'amas de follicules muqueux; d'autres, fongiformes ou coniques et très-nombreuses, sont vasculaires ou nerveuses : ces dernières recouvrent les filets

(1) *l*, lèvre inférieure ; — *i*, glandes labiales ; — *lm*, muscle élévateur du menton ; — *d*, dent incisive ; — *m*, os de la mâchoire ; — *h*, os hyoïde ; — *gh*, muscle génio-hyoïdien ; — *e*, l'épiglotte ; — *g*, muscle génio-glosse ; — *tr*, muscle transverse de la langue ; — *ls*, muscle longitudinal supérieur de la langue ; — *gl*, glandes linguales ; — *f*, follicules de la membrane muqueuse de la langue.

terminaux du nerf lingual et paraissent servir principalement au sens du goût.

La langue, dont la masse est formée par un grand nombre de muscles entrecroisés, reçoit les branches de plusieurs nerfs : les uns servent à y exciter les mouvements ; les autres, à conduire au cerveau les impressions des saveurs. Un rameau du nerf trifacial, ou nerf de la cinquième paire, est celui qui remplit ces dernières fonctions. Il naît de l'extrémité supérieure de la moelle épinière (fig. 68), et, après sa sortie du crâne, se divise en trois branches principales, savoir : le nerf ophthalmique, qui se rend à l'appareil de la vue, etc. ; le nerf maxillaire supérieur, qui se distribue à la mâchoire supérieure et à la joue, et le nerf maxillaire inférieur, dont l'un des principaux rameaux porte le nom de *nerf lingual* et se termine dans la membrane muqueuse de la langue (fig. 72, n° 14).

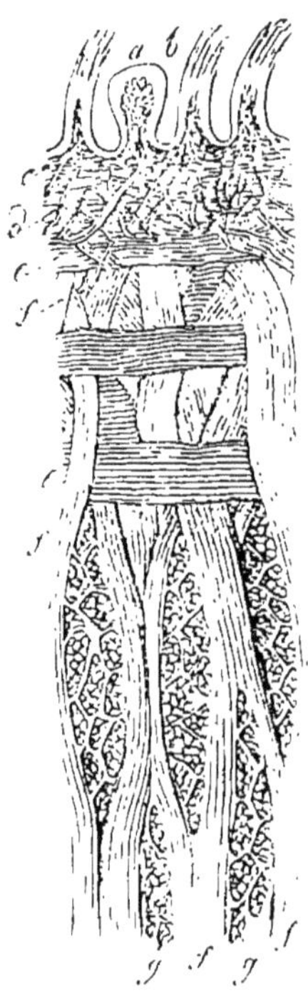

Fig. 77. (2)

§ 215. Si l'on coupe ce nerf lingual sur un animal vivant, on ne paralyse pas les mouvements de la langue, mais on rend cet organe insensible aux saveurs : et si l'on coupe le tronc du nerf trifacial dans l'intérieur du crâne, on détruit le sens du goût non-seulement dans la langue, mais aussi dans toutes les autres parties de la bouche.

La section des nerfs hypoglosses, ou nerfs de la onzième paire, qui se rendent également à la langue (fig. 72, n° 15), ne prive pas l'animal de la faculté de sentir les saveurs, mais entraîne la perte du mouvement dans la langue et les autres parties auxquelles ces nerfs se distribuent.

Il s'ensuit donc que la branche linguale du nerf de la cinquième paire est le nerf spécial du sens du goût. Mais les nerfs de la neuvième paire, ou glosso-pharyngiens, qui se distribuent principalement autour de l'arrière-bouche (fig. 72, n° 16), et qui président à la sensibilité tactile de cette partie, paraissent être doués aussi d'une certaine sensibilité gustative.

§ 216. La langue présente à peu près la même structure chez

(1) Section d'une portion de la langue de l'homme, vue au microscope : — *a*, une des papilles fongiformes ; — *b*, papilles filiformes ; — *c*, membrane muqueuse qui porte ces papilles ; — *d*, couche fibreuse sous-jacente ; — *e*, *f*, *g*, faisceaux musculaires de la substance charnue de la langue.

les autres mammifères; mais, chez les oiseaux, elle est en général cartilagineuse et dépourvue de papilles nerveuses : aussi le goût est-il plus ou moins obtus chez ces animaux. Chez les poissons, ce sens est aussi presque nul, et chez les animaux inférieurs il ne paraît pas avoir son siége dans un organe particulier, mais s'exercer par toutes les parties de l'ouverture buccale.

DU SENS DE L'ODORAT.

§ 217. Certains corps possèdent la propriété d'exciter en nous des sensations d'une nature particulière, qui ne peuvent être perçues à l'aide des sens du toucher et du goût, et qui dépendent de l'odeur qu'ils exhalent.

Les *odeurs* sont produites par des particules d'une ténuité extrême, qui s'échappent des corps odorants, et qui se répandent dans l'atmosphère comme des vapeurs. Tous les corps volatils ou gazeux ne sont pas odorants; mais, en général, ceux qui ne peuvent se transformer facilement en vapeurs ne répandent que peu ou point d'odeur; et, dans la plupart des cas, on voit les substances odorantes le devenir d'autant plus que les circonstances où elles sont placées sont plus favorables à leur volatilisation. Du reste, la quantité de matière qui se répand ainsi dans l'air, pour produire les odeurs même les plus fortes, est extrêmement petite. Un morceau de musc, par exemple, peut parfumer l'air de tout un appartement pendant un temps considérable, sans changer notablement de poids. Une foule de corps, tels que l'eau, les vêtements, etc., peuvent s'imbiber de ces vapeurs, et devenir odorants à leur tour; mais d'autres substances, telles que le verre, s'opposent complétement à leur passage. Nous pouvons sentir l'odeur de corps placés à une très-grande distance de nous; mais, pour que notre sensibilité olfactive soit réveillée, il faut toujours que les particules odorantes émanées de ces corps arrivent en contact avec l'organe destiné à les recevoir. Et, en cela, le mécanisme de l'odorat est analogue à celui du goût et du toucher, tandis que, pour la vue et l'ouïe, comme nous le verrons bientôt, il en est tout autrement.

§ 218. L'air, disons-nous, est le véhicule ordinaire des odeurs; c'est ce fluide qui les transporte au loin, et qui les fait arriver jusqu'à nous. Il est donc évident que l'organe destiné à les sentir doit être placé de manière à en recevoir le contact; et, en effet, c'est à l'entrée des voies respiratoires qu'il est placé, non-seulement chez l'homme, mais aussi chez tous les autres mammifères, chez les oiseaux et chez les reptiles.

Chez tous ces êtres, le sens de l'odorat a son siége dans les *fosses nasales*, et ces cavités sont naturellement traversées par l'air qui se rend aux poumons pour subvenir aux besoins de la respiration.

§ 219. Les fosses nasales, comme nous l'avons déjà dit, communiquent au dehors par les narines (*b*) et s'ouvrent postérieurement dans l'arrière-bouche (*c*) : elles sont séparées entre elles par une cloison verticale qui est dirigée d'avant en arrière, et qui occupe la ligne médiane de la tête ; leurs parois sont formées par divers os de la face et par les cartilages du nez, et leur étendue est très-considérable. Sur la paroi externe de chacune d'elles, on remarque chez l'homme trois lames saillantes, qui sont recourbées sur elles-mêmes, et qui sont appelées les *cornets* du nez (*g*, *i*, *k*). Ces cornets augmentent la surface de cette paroi, et sont séparés entre eux par des gouttières longitudinales nommées *méats* (*f*, *h*). Enfin ces fosses communiquent avec des cavités ou *sinus* plus ou moins vastes, qui sont creusés dans l'épaisseur de l'os du front (2), des os de la mâchoire supérieure, etc. La membrane muqueuse qui tapisse les fosses nasales s'appelle *membrane pituitaire* ; elle est épaisse et se prolonge au delà des bords des cornets, de façon que l'air ne peut traverser les cavités olfactives que par des routes étroites et assez longues, et que le moindre gonflement de cette membrane rend le passage de ce fluide difficile ou même impossible. La surface de la membrane pituitaire présente une foule de petites saillies qui lui donnent un aspect velouté ; on y remarque aussi un mouvement vibratile produit par des cils microscopiques, et analogue à celui dont nous avons déjà signalé l'existence dans d'autres parties du corps (3) ; enfin, elle est continuellement lubrifiée par un liquide plus ou moins visqueux,

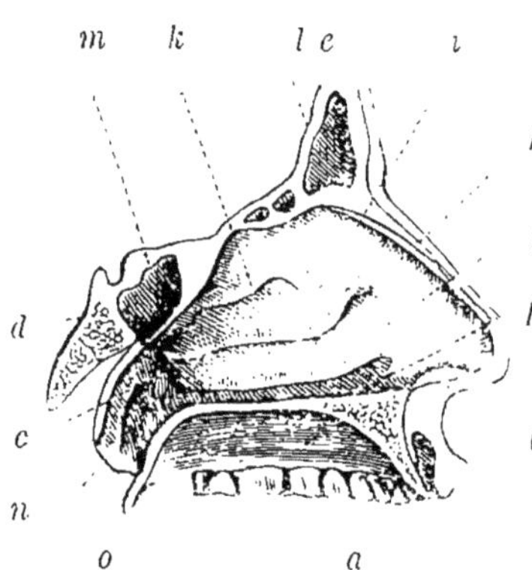

Fig. 78. — Fosses nasales (1).

(1) Cette coupe verticale des fosses nasales représente la paroi externe de l'une de ces cavités : — *a*, bouche ; — *d*, portion de la base du crâne ; — *e*, front ; — *m*, sinus sphénoïdal ; — *n*, ouverture de la trompe d'Eustache ; — *o*, voile du palais.

(2) Les *sinus frontaux* (*l*, fig. 78) n'existent pas dans l'enfance, mais se développent avec l'âge et acquièrent des dimensions très-considérables : ce sont ces cavités qui contribuent le plus à faire avancer la partie inférieure du front au-dessus de la racine du nez.

(3) Voyez pages 13 et 104.

appelé *mucus nasal*, qui paraît se former en partie dans les sinus déjà mentionnés, et elle reçoit un assez grand nombre de filets nerveux, dont les uns viennent des nerfs de la cinquième paire, et les autres du nerf olfactif ou de la première paire.

§ 220. Le mécanisme de l'odorat est très-simple; il faut seulement que le mucus nasal s'imbibe des particules odorantes répandues dans l'air qui traverse les fosses nasales, et que ces particules soient ainsi arrêtées sur la partie de la membrane pituitaire qui reçoit les filets du nerf olfactif.

D'après cela, on conçoit facilement quelle est l'importance du mucus nasal pour l'exercice de l'odorat, et l'on comprend comment les changements dans la nature de ce liquide qui surviennent pendant le coryza, ou rhume de cerveau, peuvent faire perdre momentanément ce sens.

Le nerf olfactif est l'instrument destiné à porter au cerveau les impressions produites par les odeurs, et c'est à la partie supérieure des fosses nasales que les branches de ce nerf sont le plus nombreuses, que le mucus nasal est le plus abondant, et que les routes suivies par l'air sont le plus étroites; aussi est-ce dans cette partie que les odeurs sont le plus aisément et le plus vivement senties. Il paraîtrait même que le principal usage du nez est de diriger vers la voûte des fosses nasales l'air inspiré.

L'étendue de la membrane pituitaire est une des circonstances qui paraissent influer le plus sur l'activité de ce sens; à cet égard, l'homme est loin d'être le plus favorisé, et c'est chez les mammifères carnivores, les ruminants et quelques pachydermes, que l'appareil olfactif atteint son plus haut degré de développement: chez ces derniers animaux les cornets du nez deviennent d'une complication extrême, et présentent, comme nous le verrons par la suite, une disposition très-remarquable. Chez les reptiles, au contraire, cet appareil est d'une grande simplicité.

§ 221. Chez les animaux qui vivent dans l'eau, l'odorat s'exerce par l'intermédiaire de ce liquide, et l'organe qui est le siége de ce sens n'offre pas la même structure que chez les animaux qui respirent dans l'air. Ainsi, chez les poissons, les fosses nasales ne communiquent pas avec l'arrière-bouche, mais sont des cavités terminées en cul-de-sac, et la membrane pituitaire dont elles sont tapissées présente une multitude de plis disposés comme des rayons autour d'un point central, ou rangés parallèlement comme des dents de peigne de chaque côté d'une bande médiane.

Enfin, il existe aussi beaucoup d'animaux qui possèdent un odorat même très-fin, et chez lesquels on n'a encore découvert aucun organe spécialement affecté à cet usage : les insectes, les crustacés, les mollusques, etc., sont de ce nombre.

DU SENS DE L'OUÏE, OU DE L'AUDITION.

§ 222. **Structure de l'appareil auditif.** — L'audition est une fonction destinée à nous faire connaître les sons produits par les corps vibrants.

L'appareil de l'ouïe est très-compliqué ; les diverses parties dont il se compose sont, pour la plupart, d'une petitesse extrême : aussi n'occupe-t-il que peu d'espace et est-il renfermé presque en entier dans l'épaisseur d'une saillie osseuse qui, de chaque côté de la tête, avance dans l'intérieur du crâne, et constitue la

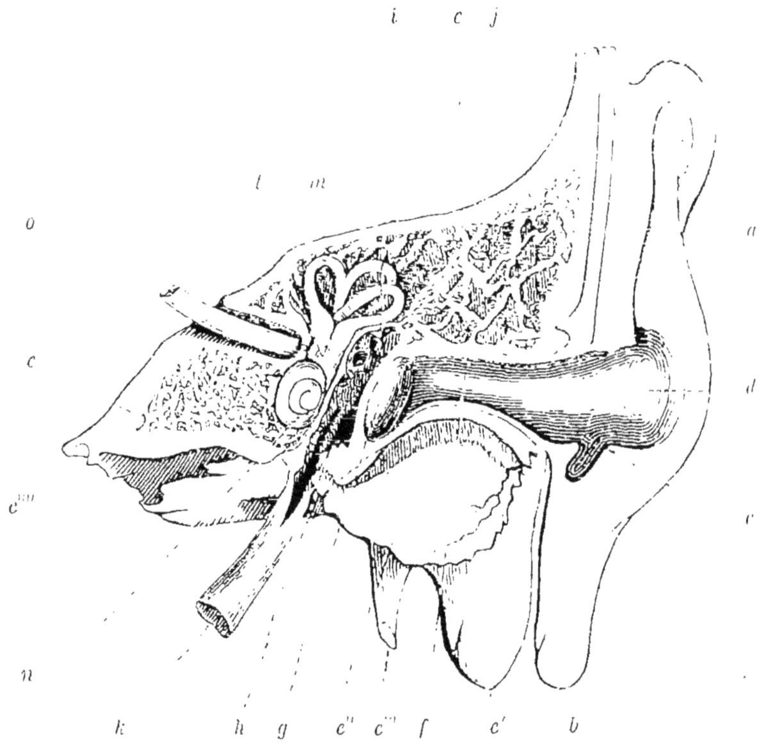

Fig. 79. — Appareil auditif (1).

partie de l'os temporal appelée, à cause de sa grande dureté, le *rocher* (fig. 79, *e*).

(1) Cette figure représente une coupe verticale de l'appareil auditif, dont les parties intérieures sont un peu grossies pour les faire mieux distinguer : — *a*, pavillon de l'oreille ; — *b*, lobule du pavillon ; — *c*, petite éminence appelée *antitragus* ; — *d*, conque dont le fond se continue avec le conduit auriculaire (*f*) ; — *cc*, portion

On y distingue, chez l'homme, trois portions, savoir : l'oreille *externe*, l'oreille *moyenne*, et l'oreille *interne*.

L'*oreille externe* se compose du pavillon de l'oreille et du conduit auriculaire.

Le *pavillon de l'oreille* (*a*) est une lame fibro-cartilagineuse, souple et élastique, qui est parfaitement libre dans la plus grande partie de son étendue et qui adhère au bord du conduit auriculaire. La peau qui le couvre est mince, sèche et bien tendue ; sa surface se contourne de plusieurs manières, et présente diverses éminences et enfoncements, dont le plus considérable est appelé *conque auditive* (*d*). Elle constitue une espèce d'entonnoir très-évasé, et se continue avec le *conduit auriculaire* (*f*), qui s'enfonce dans l'os temporal et se recourbe en haut et en avant. La peau qui tapisse ce conduit se termine en cul-de-sac à son extrémité interne, et au-dessous d'elle on trouve un grand nombre de petits follicules sébacés qui fournissent la matière jaune et amère connue sous le nom de *cérumen*.

L'*oreille moyenne* se compose du tympan, de la caisse et des parties qui en dépendent.

La *caisse* (fig. 79, *h*) est une cavité de forme irrégulière, qui est creusée dans la substance du rocher, et qui fait suite au conduit auriculaire dont elle est séparée par une cloison membraneuse, bien tendue et très-élastique, nommée *tympan* (*g*). Vis-à-vis de l'ouverture dans laquelle le tympan est comme enchâssé (c'est-à-dire à la partie interne de la caisse), se trouvent deux autres trous qui sont bouchés de la même manière par une membrane tendue : on les appelle, à raison de leur forme, *fenêtres ovale* et *ronde*. A la paroi postérieure de la caisse, on voit une ouverture qui conduit dans des cellules creusées dans la portion mastoïdienne de l'os temporal ; et à sa paroi inférieure on remarque l'embouchure de la *trompe d'Eustache* (fig. 79, *k*), conduit long et étroit qui vient aboutir à la partie postérieure des fosses nasales, et qui établit ainsi une communication

de l'os temporal, appelée *rocher*, dans laquelle est logé l'appareil auditif ; — *c'*, apophyse mastoïde de l'os temporal ; — *c"*, portion de la fosse glénoïdale de l'os temporal, dans laquelle s'articule la mâchoire inférieure ; — *c'''*, apophyse styloïde du temporal, servant à l'insertion des muscles et des ligaments de l'os hyoïde ; — *e''''*, extrémité du canal que traverse l'artère carotide interne pour pénétrer dans la cavité du crâne ; — *f*, conduit auriculaire ; — *g*, tympan ; — *h*, caisse dont on a retiré la chaîne des osselets ; — *i*, ouverture conduisant de la cavité de la caisse dans les cellules (*j*) dont le rocher est creusé : sur la paroi interne de la caisse, on aperçoit les deux ouvertures appelées *fenêtres ovale* et *ronde* ; — *k*, trompe d'Eustache, conduisant de la caisse dans le haut du pharynx ; — *l*, vestibule ; — *m*, canaux semi-circulaires ; — *n*, limaçon ; — *o*, nerf acoustique.

entre l'intérieur de la caisse et l'air extérieur. Enfin, cette cavité est traversée par une chaîne de petits osselets (fig. 80), qui s'étend depuis le tympan jusqu'à la membrane de la fenêtre ovale située (g) sur la paroi opposée de la caisse.

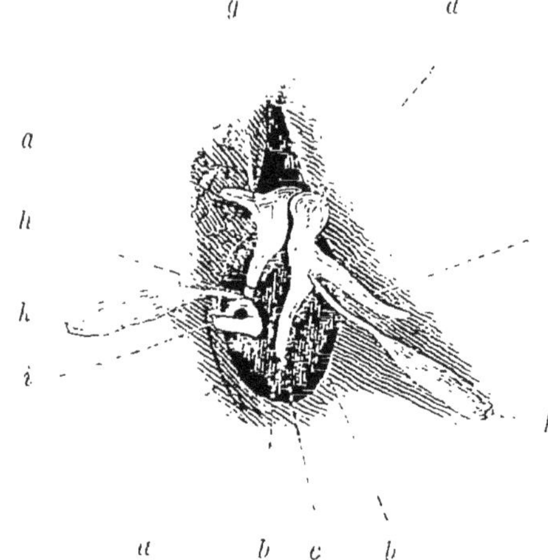

Fig. 80. — Tympan et osselets (1).

Ces os sont au nombre de quatre, et portent les noms de *marteau* (fig. 81, *a*), d'*enclume* (*b*), d'*os lenticulaire* (*c*) et d'*étrier* (*d*). Une petite tige, qui peut être comparée à un manche, et qui appartient au marteau, appuie sur le tympan (fig. 80, *c*), et la base de l'étrier repose aussi sur la membrane de la fenêtre ovale. Enfin, de petits muscles (*f*, *k*) fixés à ces osselets leur impriment des mouvements par suite desquels ils pressent plus ou moins fortement sur ces membranes, et augmentent ou diminuent, par conséquent, le degré de tension de chacune d'elles.

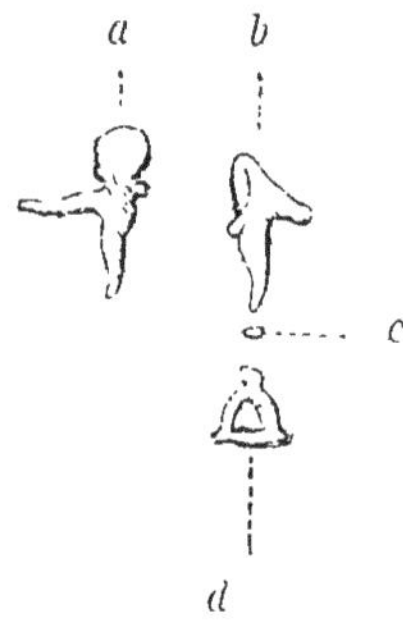

Fig. 81. — Osselets de l'oreille.

L'oreille interne, de même que l'oreille moyenne, est renfermée tout entière dans le rocher. Elle se compose de plusieurs cavités qui communiquent toutes entre elles, et que l'on nomme le *vestibule*, les *canaux semi-circulaires* et le *limaçon*. Le *vestibule* (fig. 79, *l*) en occupe la partie moyenne, et communique avec la caisse par la fenêtre ovale. Les *canaux semi-circulaires* (*m*) s'élèvent de la face supérieure et postérieure du vestibule : ils sont au nombre de trois, et ont la forme de tubes arrondis et renflés en forme d'ampoule à l'une de leurs extrémités. Enfin, le *limaçon* (*n*) est un organe

(1) Cette figure représente la paroi externe de la caisse, le tympan, les osselets de l'ouïe et leurs muscles, le tout grossi : — *aa*, cadre du tympan ; — *b*, tympan ; — *c*, manche du marteau, dont l'extrémité s'appuie sur le milieu du tympan ; — *d*, tête du marteau s'articulant avec l'enclume ; — *e*, apophyse qui naît au-dessus du col du marteau et s'enfonce dans la scissure glénoïdale de l'os temporal ; son extrémité donne attache au muscle antérieur du marteau ; — *f*, muscle interne du marteau ; — *g*, enclume, dont la branche horizontale s'appuie sur les parois de la caisse, et dont la branche verticale s'articule avec l'os lenticulaire (*h*); — *i*, étrier, dont le sommet s'articule avec l'os lenticulaire, et dont la base s'appuie sur la membrane de la fenêtre ovale; — *k*, muscle de l'étrier.

très-singulier, qui est contourné en spirale, comme la coquille de l'animal dont il porte le nom ; sa cavité est divisée en deux parties par une cloison longitudinale moitié osseuse, moitié membraneuse, communique avec l'intérieur du vestibule, et n'est séparée de la caisse que par la membrane de la fenêtre ronde. Cette dernière cavité est remplie d'air ; l'oreille interne, au contraire, est remplie d'un liquide aqueux, et la membrane qui tapisse le vestibule, ainsi que les canaux semi-circulaires, n'est pas appliquée contre les parois osseuses de ces cavités, mais comme suspendue dans leur intérieur.

Le nerf de la huitième paire, qui naît de la moelle allongée, près d'une éminence appelée *corps restiforme*, et qui se sépare de l'encéphale entre le pédoncule du cervelet et la protubérance annulaire, pénètre dans le rocher par un canal osseux nommé *conduit auditif interne*, et vient se terminer dans l'intérieur des poches membraneuses du vestibule et des canaux semi-circulaires, ainsi que dans le limaçon. C'est de lui que dépend la sensibilité de l'organe auditif, et on le nomme, pour cette raison, *nerf acoustique*.

§ 223. **Mécanisme de l'audition.** — Telles sont les parties principales de l'appareil auditif de l'homme et des animaux qui se rapprochent le plus de nous. Voyons maintenant quel est le rôle que chacune d'elles remplit dans l'exercice du sens de l'ouïe.

L'audition, avons-nous dit, est destinée à nous faire sentir les sons

Le *son* résulte d'un mouvement vibratoire très-rapide qu'éprouvent les particules des corps sonores. Pour s'assurer de l'existence de ce mouvement, il suffit de répandre, sur une lame de verre ou sur la table d'un violon, du sable fin, et de faire produire à cette lame ou à cet instrument un son quelconque : on verra aussitôt les grains de sable s'agiter et être lancés en l'air avec d'autant plus de force, que le son sera plus intense. Les ondulations qu'éprouve le corps sonore se communiquent à l'air qui est en contact avec sa surface, comme elles se sont communiquées au sable dans l'expérience précédente ; et c'est ainsi, de proche en proche, que les sons se propagent au loin. Or, pour que nous puissions les entendre, il faut que les mouvements vibratoires dont nous venons de parler arrivent jusqu'à l'oreille interne, et que, sous leur influence, le liquide qui baigne immédiatement le nerf acoustique entre lui-même en vibration. Pour se rendre raison du mécanisme de l'audition, il faut donc suivre la marche de ces mouvements ondulatoires à travers les diverses parties de l'appareil auditif qui se trouvent interposées entre l'air extérieur et le nerf acoustique.

§ 224. C'est d'abord sur le pavillon de l'oreille que viennent frapper les vibrations sonores de l'air. Dans les animaux où cette partie a la forme d'un cornet, elle sert à réfléchir les vibrations et à augmenter l'intensité du son qui arrive à son extrémité rétrécie, comme cela est facile à constater par l'expérience. Chacun sait que les personnes un peu sourdes entendent avec plus de facilité lorsqu'elles appliquent à leur oreille un cornet analogue; et si l'on étend sur le sommet ouvert d'un cône de carton une membrane mince, recouverte de sable fin, on verra que les mouvements de cette poussière seront bien plus intenses lorsque le son arrivera à la membrane par le côté évasé de l'entonnoir que lorsqu'il viendra du côté opposé.

Chez l'homme, la conque de l'oreille et le conduit auriculaire remplissent les mêmes fonctions; mais les autres parties du pavillon ne sont pas disposées de manière à pouvoir réfléchir ainsi les sons vers le tympan, et elles ne sont pas d'une très-grande utilité : aussi la perte du pavillon tout entier n'affaiblit l'ouïe que très-peu.

Les vibrations, excitées dans le pavillon de l'oreille ou dans les parties voisines de la tête par les ondes sonores qui les frappent, se communiquent aux parois du conduit auriculaire, et de là aux parties plus profondes de l'appareil de l'ouïe; mais ces mouvements ne peuvent être que très-faibles, et c'est principalement par l'intermédiaire de l'air contenu dans ce conduit que les sons pénètrent dans l'intérieur de l'oreille : aussi, en bouchant ce tube avec du coton ou tout autre corps mou qui s'oppose à leur passage, on en rend la perception très-difficile.

§ 225. Le tympan sert principalement à faciliter la transmission des vibrations sonores de l'air extérieur vers le nerf acoustique. En effet, les expériences d'un de nos physiciens les plus habiles, Savart, prouvent que les sons, en venant frapper sur une membrane mince et médiocrement tendue, y excitent très-aisément des vibrations. Si l'on tend sur un cadre une feuille de papier, et que l'on en saupoudre la surface avec du sable, on voit celui-ci s'agiter et se rassembler de manière à former des lignes variées, aussitôt que l'on en rapproche un corps sonore en vibration. Si l'on fait la même expérience avec une planchette de bois ou une feuille de carton, on ne verra pas de mouvement semblable, à moins d'employer un son extrêmement intense; mais si l'on adapte à ces derniers corps un disque membraneux semblable au tympan, on les verra vibrer facilement sous l'influence d'un son qui, auparavant, n'aurait produit sur eux aucun effet appréciable.

Il est donc évident que le tympan doit entrer aisément en vibration, lorsque les sons viennent le frapper, et que sa présence doit augmenter la facilité avec laquelle les autres parties de l'appareil auditif éprouvent des mouvements semblables.

§ 226. Les vibrations se transmettent de la membrane du tympan aux osselets de l'oreille, aux parois de la caisse, et surtout à l'air dont cette cavité est remplie : elles parviennent ainsi à la paroi postérieure de la caisse, et là il existe, comme nous l'avons vu, des membranes tendues sur des ouvertures conduisant dans l'oreille interne, à peu près comme le tympan est tendu entre le conduit auriculaire et la caisse. Or, ces membranes doivent agir de la même manière que celle-ci, c'est-à-dire entrer facilement en vibration et transmettre ces mouvements aux parties voisines.

La face postérieure de ces cloisons membraneuses est en contact avec le liquide aqueux qui remplit l'oreille interne, et dans ce liquide sont suspendues les poches membraneuses (1), qui, à leur tour, sont distendues par un autre liquide, dans lequel plongent les filets terminaux du nerf acoustique. Les vibrations que ces membranes exécutent doivent donc se transmettre à ce liquide, se communiquer ensuite au sac membraneux du vestibule, et arriver enfin au nerf sur lequel leur action produit l'impression dont résultera la sensation du son.

§ 227. On voit, par ce qui précède, que l'air contenu dans la caisse joue un rôle très-important dans le mécanisme de l'audition; or, si cette cavité ne communiquait pas avec l'extérieur, cet air ne tarderait pas à être absorbé et à disparaître, et les vibrations du tympan ne se transmettraient plus à l'oreille interne que par les parois osseuses de la caisse, et n'y arriveraient que très-difficilement. Cela nous rend compte des usages de la trompe d'Eustache, et nous explique comment l'obstruction de ce conduit peut devenir une cause de surdité.

Le tympan est très-utile pour la transmission des sons, mais il n'est pas indispensable à l'audition ; car lorsque cette membrane est déchirée, les vibrations de l'air contenu dans le conduit auditif se communiquent sans interruption à l'air de la caisse, et arrivent ainsi aux membranes des fenêtres ovale et ronde.

§ 228. Nous avons vu que la chaîne d'osselets qui traverse la caisse, et s'appuie sur le tympan et sur la membrane de la fenêtre

(1) On les appelle le *vestibule membraneux* ou les *tubes semi-circulaires*, suivant qu'elles occupent le vestibule ou les canaux semi-circulaires ; dans le limaçon, il n'y a rien de semblable, et le liquide dont celui-ci est rempli est le même qui baigne le vestibule membraneux.

ovale, pouvait exécuter certains mouvements au moyen desquels la pression qu'elle exerce sur ces membranes augmente ou diminue. L'utilité de cette disposition est facile à comprendre. Si l'on saupoudre de sable une membrane tendue sur un cadre, et qu'on en approche un corps sonore en vibration, on verra que, sans rien changer à l'intensité du son, on peut augmenter ou diminuer à volonté la force avec laquelle le sable est lancé en l'air, suivant qu'on diminue ou qu'on augmente la tension de la membrane. Dans le premier cas, celle-ci exécutera, sous l'influence d'un son de même intensité, des mouvements vibratoires bien plus étendus que lorsqu'on viendra à la tendre davantage. On peut en conclure que la pression plus ou moins forte exercée par le marteau sur le tympan, et par l'étrier sur la membrane de la fenêtre ovale, a pour usage d'empêcher ces membranes de vibrer trop fortement sous l'influence de sons très-intenses, sans les priver pour cela de la faculté de vibrer lorsqu'un son faible vient les frapper. La pression exercée sur la membrane de la fenêtre ovale se communique aussi à la membrane de la fenêtre ronde, par l'intermédiaire du liquide dont l'oreille interne est remplie; et il en résulte que, dans les circonstances ordinaires, les osselets de l'ouïe, en appuyant sur les deux membranes auxquelles ils sont fixés, empêchent les vibrations sonores qui arrivent au nerf acoustique d'être assez intenses pour endommager cet organe délicat.

La perte du marteau, de l'enclume et de l'os lenticulaire affaiblit l'ouïe, mais ne la détruit pas : celle de l'étrier est au contraire suivie de la surdité, car, cet os adhérant à la membrane de la fenêtre ovale, sa chute détermine la déchirure de cette cloison, et alors le liquide contenu dans le vestibule se perd, et le nerf acoustique ne peut plus remplir ses fonctions.

§ 229. Nous voyons donc que toutes les parties qui composent l'oreille externe et l'oreille moyenne servent à perfectionner l'audition, sans cependant être absolument nécessaires à l'exercice de ce sens; aussi disparaissent-elles peu à peu à mesure que l'on s'éloigne de l'homme et que l'on étudie la structure de l'oreille chez les animaux de moins en moins élevés dans la série des êtres. Chez les oiseaux, il n'y a plus de pavillon de l'oreille. Chez les reptiles, le conduit auditif externe manque aussi; le tympan devient externe, et la structure de la caisse se simplifie. Enfin, chez la plupart des poissons, il n'y a plus de vestige, ni d'oreille externe, ni d'oreille moyenne, et l'appareil de l'ouïe ne se compose que d'un vestibule membraneux surmonté de trois canaux semi-circulaires, garni en dessous d'un petit sac qui paraît représenter le limaçon, et suspendu dans la partie latérale de la grande cavité crânienne.

Chez les animaux placés encore plus bas dans la série des êtres, il en est de même pour le limaçon et les canaux semi-circulaires, parties dont nous ne connaissons pas bien les usages (1); mais le vestibule membraneux est un organe qui ne manque jamais dans l'oreille : partout où existe un appareil auditif, on y trouve un petit sac membraneux rempli de liquide, dans lequel vient se terminer le nerf acoustique, et ce vestibule est un instrument indispensable pour l'exercice du sens de l'ouïe. Chez les mollusques, l'oreille est aussi réduite à une petite vésicule placée de chaque côté du cerveau, et renfermant un liquide au milieu duquel se trouvent suspendus des corpuscules solides qui oscillent sans cesse, et qui sont comparables aux concrétions pierreuses ou *otolithes* de l'oreille interne des poissons. Chez la plupart des insectes, on ne trouve plus aucun vestige d'un instrument spécial pour l'ouïe, bien que ces animaux ne paraissent pas être insensibles aux sons. Enfin, chez les zoophytes et plusieurs autres animaux les plus inférieurs, ce sens lui-même paraît manquer complétement.

DU SENS DE LA VUE.

§ 230. La vue est une faculté qui nous rend sensibles à l'action de la lumière, et qui nous fait connaître, par l'intermédiaire de cet agent, la forme des corps, leur couleur, leur grandeur et leur position.

L'appareil chargé de cette fonction se compose, chez l'homme et les animaux les plus voisins de nous, du nerf de la deuxième paire, de l'œil et de diverses parties destinées à protéger cet organe ou à le mouvoir.

§ 231. **Structure de l'œil.** — Le *globe de l'œil*, dont nous nous occuperons d'abord, est une sphère creuse, un peu renflée en avant et remplie d'humeurs plus ou moins fluides. Son enveloppe extérieure se compose de deux parties bien distinctes : l'une blanche, opaque et fibreuse, nommée *sclérotique* (fig. 82, *s*); l'autre transparente et semblable à une lame de corne, qu'on appelle pour cette raison la *cornée* (*c*). Celle-ci occupe le devant de l'œil, et se trouve comme enchâssée dans une ouverture circulaire de la sclérotique. Sa surface externe est plus bombée que

(1) D'après les expériences de M. Flourens, il paraîtrait que la destruction des canaux semi-circulaires ne détruit pas l'ouïe, mais la rend confuse et douloureuse.

celle de cette dernière membrane, et elle ressemble à un verre de montre qui serait appliqué sur une sphère creuse, et qui ferait saillie à sa surface.

A une petite distance derrière la cornée, on trouve, dans l'intérieur de l'œil, une cloison membraneuse (*i*) qui est tendue transversalement et fixée au bord antérieur de la sclérotique, tout autour de la cornée. Cette espèce de diaphragme, qui est coloré diversement suivant les individus, est appelé *iris*, et présente dans son milieu une ouverture circulaire nommée *pupille* (*p*). On distingue dans le tissu de cet organe des fibres musculaires qui se dirigent en rayonnant du bord de la pupille vers la sclérotique, et d'autres fibres de même nature qui sont circulaires et qui entourent cette ouverture comme un anneau. Lorsque les premières se contractent, la pupille se dilate, et lorsque les dernières viennent à agir, elle se resserre.

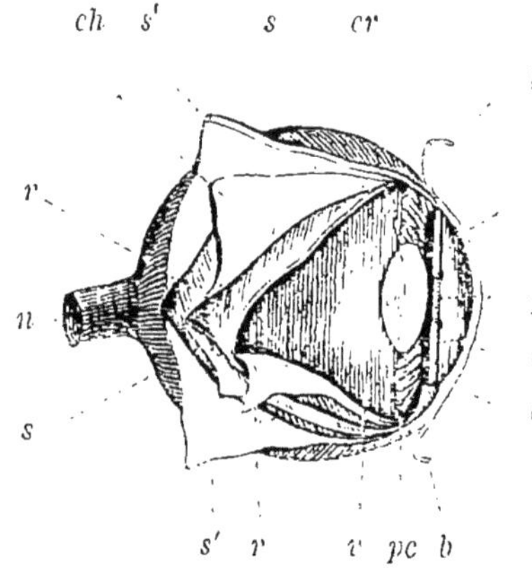

Fig. 82.— Globe de l'œil (1).

L'espace compris entre la cornée et l'iris constitue la chambre antérieure de l'œil (*ca*) : elle communique par l'ouverture de la pupille avec la chambre postérieure, cavité située derrière l'iris, et elle est remplie, de même que cette dernière chambre, par l'*humeur aqueuse*, liquide parfaitement transparent et composé d'eau tenant en dissolution un peu d'albumine et une petite quantité des sels qu'on rencontre dans toutes les sécrétions de l'économie animale. On croit cette humeur formée par une membrane qui se trouve derrière l'iris, et qui présente un grand nombre de plis rayonnants, nommés *procès ciliaires* (*pc*).

Presque immédiatement derrière la pupille, se trouve une lentille transparente nommée *cristallin* (*cr*) : elle est logée dans une poche membraneuse et diaphane (la *capsule du cristallin*), et paraît être le produit d'une sécrétion opérée par elle ; car lorsqu'on la retire de l'œil d'un animal vivant sans détruire sa cap-

(1) Intérieur de l'œil : — *c*, cornée transparente ; — *s*, sclérotique ; — *s'*, portion de la sclérotique renversée en dehors pour montrer les membranes situées au-dessous ; — *ch*, choroïde ; — *r*, rétine ; — *n*, nerf optique ; — *ca*, chambre antérieure de l'œil, placée entre la cornée et l'iris, et remplie par l'humeur aqueuse, — *i*, iris ; — *p*, pupille ; — *cr*, cristallin, placé derrière la pupille ; — *pc*, procès ciliaires ; *v*, humeur vitrée ; — *bb*, portion de la conjonctive qui, après avoir recouvert la partie antérieure de l'œil, s'en détache pour tapisser les paupières.

sule, on voit bientôt un nouveau cristallin remplacer l'ancien. On remarque aussi que ce corps se compose d'un grand nombre de couches concentriques, dont la dureté va en croissant depuis la circonférence jusqu'au centre, ce qui s'accorde très-bien avec ce que nous venons de dire sur son mode de formation. Enfin, chacune de ces couches se compose à son tour de fibres dont les bords paraissent s'engrener entre eux, et dont la disposition est très-remarquable.

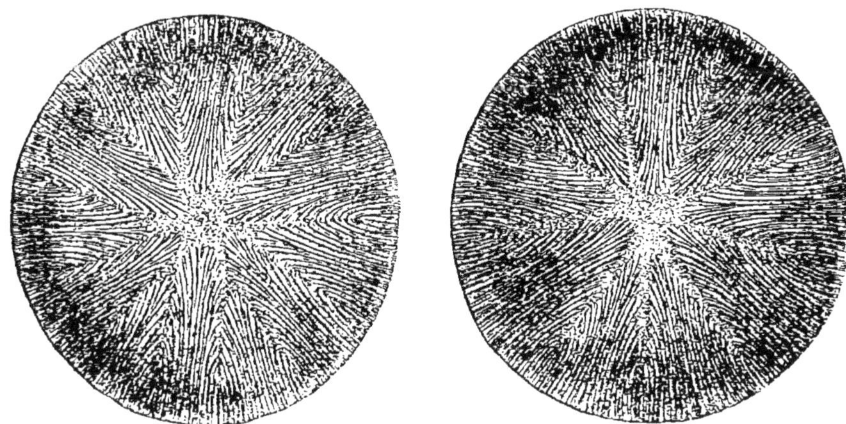

Fig. 83. — Cristallin de l'Homme (1).

Il est également essentiel de noter que la face postérieure du cristallin est beaucoup plus convexe que l'antérieure.

Derrière le cristallin, on trouve une masse gélatineuse et diaphane très-volumineuse, qui ressemble à du blanc d'œuf, et qui est enveloppée par une membrane d'une ténuité extrême, dont un grand nombre de lamelles se portent en dedans, de façon à former des cloisons ou des cellules. Cette membrane est nommée *hyaloïde*, et l'humeur qui s'y trouve *humeur vitrée.*

Partout, excepté en avant, où se trouvent le cristallin et l'iris, l'humeur vitrée est entourée par une membrane molle et blanchâtre nommée *rétine* (*r*), qui n'est séparée de la sclérotique que par une autre membrane, également mince, qu'on appelle *choroïde* (*ch*). Cette dernière est formée principalement par un lacis de vaisseaux sanguins, et est imprégnée d'une matière noire qui donne au fond de l'œil la couleur foncée qu'on voit à travers la pupille, et qui manque chez les personnes et chez les animaux appelés *albinos*.

(1) Cristallin de l'homme, grossi pour montrer la disposition des fibres rayonnantes dont cette lentille se compose.

Le globe de l'œil reçoit plusieurs nerfs : le plus remarquable par sa grosseur et par ses fonctions est le *nerf optique* (*n*), qui traverse la partie postérieure de la sclérotique et se continue avec la rétine. Cette membrane paraît même n'être qu'un épanouissement du nerf optique, dont les fibres élémentaires vont former à sa surface postérieure une multitude de papilles cylindriques serrées les unes contre les autres, et offrant, sous le microscope, l'aspect d'une mosaïque. Les autres nerfs du globe de l'œil sont excessivement grêles : on les nomme *nerfs ciliaires*; ils naissent d'un petit ganglion formé par la réunion de quelques branches des nerfs des troisième et cinquième paires, et vont se distribuer à l'iris et aux parties voisines de l'intérieur du globe de l'œil (fig. 69).

§ 232. **Mécanisme de la vision.** — C'est par l'intermédiaire de la lumière, avons-nous dit, que les corps placés à l'entour de nous agissent sur notre vue. Ceux qui émettent de la lumière, le soleil et les corps en ignition, par exemple, sont visibles par eux-mêmes ; mais les autres ne le deviennent que lorsque la lumière qui les frappe est réfléchie par eux de façon à arriver jusqu'à nous.

Cet agent se meut avec une vitesse extrême : il ne peut agir sur nos sens qu'autant qu'il vient frapper sur la rétine, située au fond de notre œil ; les corps opaques le réfléchissent ou l'absorbent ; mais les corps transparents, tels que l'air atmosphérique et l'eau, lui livrent un passage facile (1).

On voit donc que la première condition pour l'exercice de la vision est l'absence de tout corps opaque entre les objets extérieurs et le fond de notre œil : aussi la cornée, qui recouvre la partie antérieure de cet organe comme un verre de montre, est-elle complétement transparente, et la lumière qui la traverse, et qui passe par l'ouverture de la pupille, arrive-t-elle facilement sur la rétine ; car elle ne rencontre sur la route que le cristallin, qui est diaphane, et des humeurs qui le sont également.

Mais, dans quelques maladies, il en est autrement, et cette perte de transparence entraîne toujours la cécité : dans l'affection connue sous le nom de *cataracte*, par exemple, le cristallin devient opaque, et s'oppose ainsi au passage de la lumière ; et lorsque des taches blanches ou *taies* se forment sur la cornée, cette membrane devient une espèce d'écran qui empêche les

(1) La lumière qui frappe un corps transparent ne le frappe pas en entier ; une portion plus ou moins considérable en est réfléchie, et c'est à raison de cette propriété que ces corps remplissent plus ou moins bien l'office de miroirs.

rayons lumineux de pénétrer dans l'œil et qui rend la vision impossible.

Les parties diaphanes du globe de l'œil ne servent pas seulement à livrer passage à la lumière. Leur principal usage est de changer la direction des rayons qui pénètrent dans cet organe, de façon à les rassembler sur un point quelconque de la rétine : en effet, l'intérieur de l'œil ressemble assez exactement à l'instrument d'optique connu sous le nom de *chambre noire*, et l'image des objets que nous voyons se peint sur la rétine comme sur l'écran placé derrière cet instrument (1).

§ 233. Lorsqu'un faisceau de rayons lumineux tombe sur la cornée, une partie de ceux-ci est réfléchie par elle, tandis que le reste la traverse ; c'est la lumière ainsi réfléchie par la cornée qui donne aux yeux leur brillant et qui fait qu'on peut s'y mirer.

(1) Pour faire comprendre cette partie de l'étude de la vision, il est indispensable de rappeler quelques principes de physique.

La lumière marche ordinairement en suivant une ligne droite, et les différents rayons qui partent d'un point quelconque s'écartent entre eux de plus en plus, à mesure qu'ils avancent dans l'espace. Lorsque ces rayons tombent perpendiculairement sur la surface d'un corps transparent, ils traversent celui-ci sans changer de direction ; mais lorsqu'ils viennent le frapper obliquement, ils sont toujours plus ou moins déviés de leur direction primitive. Si le corps dans lequel ils pénètrent est plus dense que celui d'où ils sortent, s'ils passent de l'air dans de l'eau ou dans du verre, par exemple, ils forment alors un coude et se rapprochent de la perpendiculaire au point d'immersion ; si, au contraire, ils passent d'un milieu plus dense dans un milieu plus rare, ils s'écartent de cette perpendiculaire, et ces déviations sont d'autant plus grandes, que le rayon frappe la surface du corps transparent plus obliquement.

Ce phénomène, qui est connu sous le nom de *réfraction de la lumière*, est facile à constater. C'est à cause de ce changement dans la direction des rayons lumineux, lors de leur passage de l'eau dans l'air, qu'un bâton droit, plongé à moitié dans ce liquide, paraît toujours comme s'il était coudé au point d'immersion. Et si l'on place une pièce de monnaie (fig. 84, *a*) au fond d'un vase vide, de façon que le bord de celui-ci s'élève juste assez haut pour empêcher l'œil de l'observateur d'apercevoir cet objet, il suffira, pour le rendre visible, de remplir le vase avec de l'eau (*c*), car alors les rayons de lumière qui partent de la pièce, au lieu de marcher toujours en ligne droite, seront réfractés lors de leur passage de l'eau dans l'air, et s'éloigneront de la perpendiculaire : or, en changeant ainsi de direction, les rayons (*d* ou *b*), qui auparavant passaient au-dessus de l'œil de l'observateur, viennent le frapper.

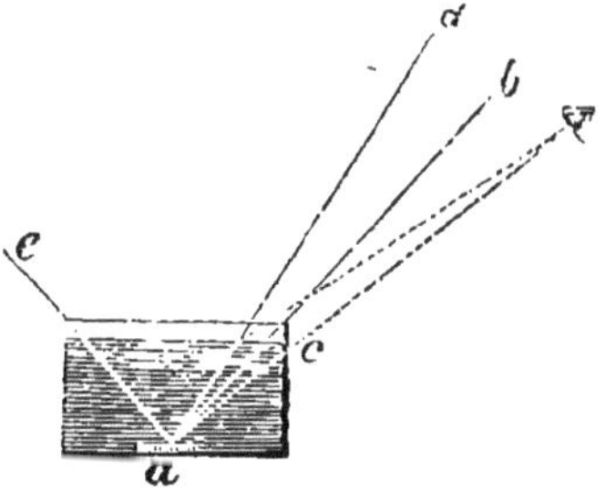

FIG. 84.

Les rayons lumineux, avons-nous dit, se rapprochent de la perpendiculaire au point de contact, toutes les fois qu'ils pénètrent obliquement dans un corps plus dense que celui d'où ils sortent. Il en résulte que la forme de ces corps influe beaucoup sur la marche de la lumière qui les traverse : suivant que la surface est convexe ou concave, les rayons seront rapprochés ou écartés entre eux.

Les rayons qui pénètrent dans cette lame transparente passent dans un corps beaucoup plus dense que l'air : ils sont, par conséquent, réfractés et rapprochés de la perpendiculaire ou de l'axe du faisceau avec d'autant plus de force, que la surface de la cornée sera plus convexe ; car plus cette membrane sera bombée, plus les rayons divergents qui viennent la frapper formeront avec sa surface un angle aigu.

Si, après avoir traversé la cornée, les rayons lumineux rencontraient de l'air, ils se réfracteraient avec autant de force que lors de leur entrée dans cette membrane, mais en sens contraire ; ils reprendraient, par conséquent, leur direction primitive. Mais l'humeur aqueuse qui remplit la chambre antérieure de l'œil a un pouvoir réfringent beaucoup plus considérable que l'air, de façon qu'en y entrant, les rayons s'écartent moins entre eux qu'ils

Quelques exemples rendront cette proposition facile à comprendre. Supposons que trois rayons divergents, partis du point *a*, traversent l'air et viennent tomber sur une lentille dont la surface est convexe, comme la ligne *bb* (fig. 85). Le rayon *ac* frappera perpendiculairement cette surface, et par conséquent traversera la lentille sans éprouver de déviation ; mais le rayon *ad*, tombant obliquement sur cette surface, sera réfracté et rapproché de la perpendiculaire tirée au point d'immersion ; or, cette perpendiculaire aura la direction de la ligne ponctuée *e*, et, en s'en rapprochant, le rayon lumineux, au lieu de poursuivre sa route vers le point *d*, suivra la ligne *f*. Il en sera de même pour le rayon *ag*, qui, en continuant sa marche, se rapprochera de la

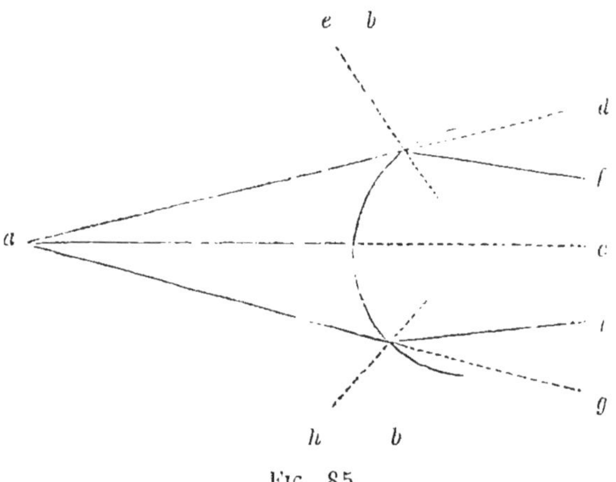

Fig. 85.

perpendiculaire *h*, et se dirigera vers le point *i*, au lieu de continuer à se porter en ligne droite vers le point *g*. Les autres rayons qui viendraient frapper la lentille seraient réfractés d'une manière analogue ; et, par conséquent, au lieu de continuer à s'écarter entre eux, ils se rapprocheront et pourront même se réunir tous dans un même point, que l'on appelle le *foyer* de la lentille.

Si la surface du cristal, au lieu d'être convexe, est concave, les rayons lumineux ne se rapprocheront pas de l'axe du faisceau, comme dans le cas précédent, mais au contraire divergeront davantage. Le rayon *ad* (fig. 86), par exemple, devra se rappro-

ne s'étaient rapprochés lors de leur passage de l'air dans la cornée; l'action de ces parties rend, par conséquent, ces rayons moins divergents qu'avant leur entrée dans l'œil, et fait qu'une quantité plus considérable de lumière arrive dans l'ouverture de la pupille.

Une grande partie de la lumière qui parvient au fond de la chambre antérieure de l'œil rencontre l'iris et est absorbée ou réfléchie au dehors par ce corps; celle qui tombe sur la pupille pénètre seule vers le fond de l'œil, et la quantité en est d'autant plus considérable, que cette ouverture est plus large. Aussi lorsque la lumière qui arrive à l'œil est très-faible, la pupille se dilate-t-elle, tandis qu'elle se resserre sous l'influence d'une lumière vive; l'iris, comme on le voit, est le régulateur de la quantité de lumière qui doit parvenir jusqu'à la rétine, et il est à noter que c'est chez les animaux destinés à poursuivre leur proie après le coucher du soleil que la pupille est le plus dilatable.

Les rayons de lumière qui ont traversé la pupille tombent sur le cristallin, espèce de lentille diaphane qui change de nouveau

cher de la perpendiculaire au point de contact, laquelle aura la direction de la ligne ponctuée *e*, et, en déviant ainsi, ce rayon prendra la direction de la ligne *f*. Le rayon *ag* sera également rapproché de la perpendiculaire *h*, de façon à prendre la direction de la ligne *i*.

La déviation que les rayons lumineux éprouvent en traversant de la sorte des lentilles ou convexes ou concaves est d'autant plus forte, que la courbure de la surface de ces corps est plus grande, et la simple inspection des figures dont nous venons de nous servir suffira pour faire comprendre qu'il doit en être ainsi; car plus la courbure

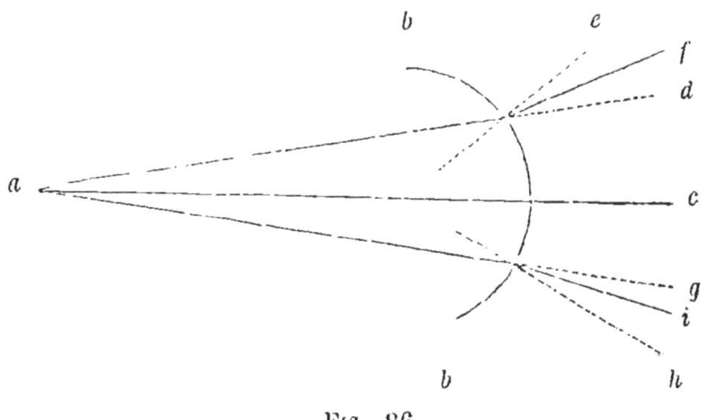

Fig. 86.

de la surface sur laquelle les rayons divergents viennent frapper sera grande, plus les perpendiculaires au point d'immersion s'éloigneront de la direction de ces mêmes rayons.

La physique nous apprend aussi que les corps transparents réfractent la lumière avec d'autant plus de force, qu'ils sont plus denses (c'est-à-dire que, sous un même volume, ils ont un poids plus considérable) et qu'ils sont formés de matières plus combustibles.

leur direction, et qui les fait tous converger vers un point nommé foyer, où ils se réunissent. Or, ce foyer se trouve précisément sur la surface de la rétine, et c'est ainsi que les rayons lumineux envoyés à l'œil de divers points d'un corps placé à distance sont rassemblés sur cette membrane nerveuse, de façon à y peindre en petit l'image de l'objet d'où ils proviennent.

§ 234. Il est aisé de s'assurer par l'expérience que les images se forment ainsi au fond de l'œil : il suffit de prendre un œil de lapin ou de pigeon, dont la sclérotique est à peu près transparente, ou, mieux encore, des yeux d'animaux albinos, et de placer devant la cornée un objet fortement éclairé, une bougie allumée, par exemple, pour voir distinctement l'image de celui-ci se peindre sur la rétine.

Les images qui se forment de la sorte sont toujours renversées, et la cause de ce phénomène est facile à trouver. En effet, si l'on observe la marche que les rayons lumineux partant des deux extrémités d'un objet (fig. 87, *a*, *c*) doivent suivre pour parvenir à la

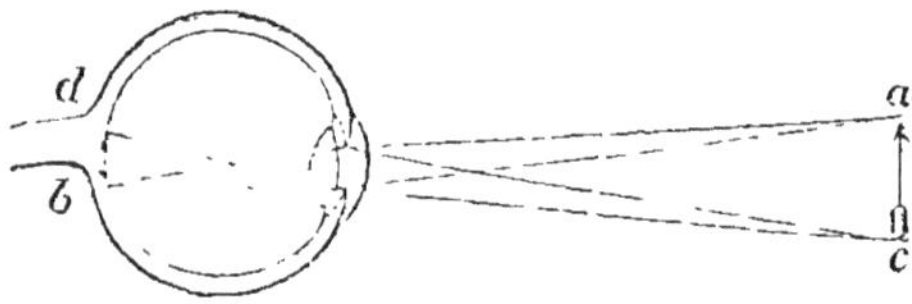

FIG. 87.

rétine, on voit qu'ils doivent toujours se croiser avant que d'y arriver; et que, par conséquent, celui qui viendra de l'extrémité supérieure de l'objet (*a*) se trouvera à la partie inférieure de l'espace occupé sur la rétine par le faisceau entier de rayons formant l'image (*b*), tandis que celui venant de l'extrémité inférieure de l'objet (*c*) occupera le haut du même espace (*d*) : il en sera de même pour tous les autres rayons, et il en résultera qu'au fond de l'œil l'objet paraîtra renversé.

§ 235. La matière noire qui est située derrière la rétine, et qui tapisse tout le fond de l'œil ainsi que la face postérieure de l'iris, sert à absorber la lumière immédiatement après qu'elle a traversé la rétine ; si cette lumière était réfléchie vers d'autres points de cette membrane, elle troublerait considérablement la vue et empêcherait la formation d'images bien nettes au fond de l'œil. Aussi, chez les hommes et les animaux albinos, où ce pigment manque, la vision est-elle extrêmement imparfaite. Pendant le jour, ils voient à peine de manière à pouvoir se conduire, et c'est pendant le crépuscule, ou même pendant la nuit, que leur vue devient distincte.

§ 236. Le globe de l'œil sert, comme on le voit, à conduire la lumière et à la concentrer sur la rétine ; il remplit l'office d'une espèce de lunette. Mais c'est un instrument d'optique plus parfait qu'aucun de ceux que les physiciens sont encore parvenus à construire ; car, en même temps qu'il est en général achromatique et qu'il ne présente point d'aberration de sphéricité (1), sa portée peut varier considérablement.

En effet, l'homme peut, en général, voir d'une manière tout aussi nette des objets placés à quelques pouces de l'œil ou à une distance même très-considérable de cet organe. Dans nos instruments d'optique, au contraire, l'image qui se forme au foyer d'une lentille avance ou recule, suivant la distance à laquelle se trouve l'objet ; on a donc supposé que pour donner à notre vue des portées si différentes, le cristallin devait se rapprocher ou s'éloigner de la rétine, suivant les besoins, et effectivement cela paraît avoir lieu.

Mais l'œil ne possède pas toujours au même degré cette faculté précieuse : quelquefois on ne peut voir distinctement qu'à la dis-

(1) La lumière blanche est formée par la réunion de plusieurs rayons élémentaires diversement colorés, qui, étant séparés, donnent naissance au spectre solaire, et ces rayons ne sont pas également réfrangibles. Il en résulte que, lorsqu'on fait passer la lumière blanche à travers un corps qui la réfracte, elle est plus ou moins complétement décomposée, et les objets qui la projettent paraissent avoir les couleurs du spectre solaire ; mais si le corps qui réfracte la lumière se compose de plusieurs couches douées de forces réfringentes différentes, il est possible que les rayons élémentaires, qui ont été trop fortement écartés de leur route par l'une de ces couches, ne le soient pas assez par une autre, et que, ces différences se compensant, il n'y ait, en dernier résultat, aucune décomposition semblable dans la lumière réfractée, et, par conséquent, aucune production de couleurs.

On appelle *achromatisme* cette propriété de dévier la lumière de sa marche sans y développer les couleurs, et par conséquent les lentilles achromatiques sont celles qui forment dans leurs foyers des images incolores ou n'ayant que les couleurs de l'objet représenté. On obtient des lunettes achromatiques en combinant différents verres, dont les uns corrigent la dispersion de la lumière produite par les autres, de façon à réunir tous les rayons en un même foyer. Il est probable que l'achromatisme de l'œil dépend de quelque disposition analogue ; mais les physiciens ne sont pas d'accord sur l'explication de ce phénomène : les uns pensent qu'il dépend de la diversité des humeurs de cet organe ; d'autres l'attribuent aux différences de densité qui existent dans différentes couches du cristallin.

L'*aberration de sphéricité* consiste dans la réunion des rayons qui tombent sur différentes parties d'une lentille à des foyers sensiblement différents, d'où il résulte un défaut de netteté dans les images. Lorsque les lentilles sont très-convexes, les rayons qui passent près des bords ne se réunissent pas au même foyer que ceux qui traversent la partie centrale de l'instrument ; et, pour obtenir des images nettes, on est obligé d'intercepter le passage des premiers en plaçant au devant de la lentille un diaphragme percé d'un trou. Or, les images qui se forment derrière le cristallin de l'œil ne sont jamais diffuses, et l'on attribue cette absence d'aberration de sphéricité à l'iris, qui remplit la fonction des diaphragmes placés dans l'intérieur des lunettes.

tance de plusieurs pieds; plus près toutes les images sont confuses, et d'autres fois, au contraire, la vue ne devient nette que lorsque les objets sont approchés de l'œil à une distance de quelques pouces, et tout ce qui se trouve au delà paraît comme enveloppé d'un nuage.

La première de ces infirmités, connue sous le nom de *presbytisme*, dépend d'un défaut de convergence dans les faisceaux lumineux qui traversent les humeurs de l'œil. Les rayons qui arrivent à cet organe, d'un objet très-éloigné, divergent très-peu, et peuvent être rassemblés au point où se trouve la rétine, bien que la force réfringente de l'œil ne soit pas considérable; mais ceux qui viennent d'un objet très-rapproché divergent beaucoup, et la force réfringente de l'œil se trouve trop faible pour les rapprocher de façon à les réunir sur un point déterminé de la rétine. Aussi les presbytes ont-ils ordinairement la pupille contractée comme s'ils faisaient un effort continuel pour ne laisser entrer dans leur œil que les rayons qui tombent sur le centre du cristallin, et qui n'ont pas besoin d'être beaucoup déviés de leur route pour se rassembler derrière le cristallin au point occupé par la rétine.

Ce défaut de pouvoir réfringent dans l'œil paraît tenir, en général, à un aplatissement de la cornée ou du cristallin, circonstances qui effectivement doivent tendre à produire le presbytisme, et qui se montrent presque toujours chez les vieillards.

La *myopie* résulte d'un effet contraire : les rayons qui traversent l'œil sont alors déviés de leur route avec tant de force, qu'à moins d'être très-divergents, ils se croisent avant que d'arriver sur la rétine. Cette imperfection de l'organe visuel dépend, en général, d'une trop grande convexité de la cornée ou même du cristallin; mais elle peut être une suite de l'habitude que l'œil prend de s'adapter à la vision à courte distance, et c'est de la sorte que, par l'usage de verres grossissants, il est possible de se rendre myope à volonté, stratagème auquel on a vu de jeunes conscrits avoir recours pour se faire exempter du service militaire.

On remarque que les personnes qui ont la vue trop courte deviennent moins myopes par les progrès de l'âge. Et cela se comprend facilement, parce que la sécrétion des humeurs de l'œil devient toujours moins abondante pendant la vieillesse : or, cette diminution, qui tend à rendre la cornée moins convexe, rend la vue plus longue; dans la plupart des cas elle détermine le presbytisme, mais ici elle ne fait d'abord que corriger les défauts de l'œil et donner à la vue sa portée ordinaire. Il en résulte qu'en général la vue des myopes s'améliore à l'âge où celle de la plupart des personnes s'affaiblit; mais, comme cette diminution dans l'abondance des humeurs de l'œil continue toujours, il arrive un moment où l'œil du myope devient aussi trop peu réfringent, et sa vue, par conséquent, trop longue.

Pour corriger ces défauts naturels de l'œil, on a recours à des moyens dont l'efficacité vient confirmer l'explication que nous venons de donner de la cause, soit de la myopie, soit du presbytisme. On place devant les yeux des verres dont les surfaces sont disposées de façon à augmenter ou à diminuer la divergence des rayons qui les traversent. Les myopes se servent de verres concaves qui tendent à disperser la lumière, et les presbytes emploient des verres convexes qui tendent au contraire à rapprocher les rayons divergents de l'axe du faisceau.

§ 237. C'est le contact de la lumière sur la rétine, avons-nous dit, qui détermine la vision ; et effectivement, lorsque cette membrane est frappée de paralysie (état qui constitue la maladie connue sous le nom de *goutte sereine*), ce sens est complétement détruit. Mais la sensibilité de la rétine est tout à fait spéciale : cette membrane nerveuse ne jouit que peu ou point de la sensibilité tactile, et l'on peut la toucher ou même la pincer et la déchirer sur un animal vivant, sans que celui-ci manifeste aucun signe de douleur.

Tous les points de la rétine sont aptes à recevoir l'impression de la lumière ; mais la partie centrale de cette membrane jouit d'une sensibilité bien plus exquise que tout le reste, et c'est seulement lorsque les images des corps extérieurs se forment dans cette partie, que nous les voyons bien distinctement : aussi, lorsque nous regardons un objet quelconque, avons-nous le soin de diriger sur lui l'axe de nos yeux.

Du reste, cette sensibilité particulière de la rétine a des bornes : une lumière trop faible est sans action sur cette membrane, et une lumière trop forte la blesse et la met hors d'état d'agir. Mais, à cet égard, l'influence de l'habitude est extrême : lorsqu'on est resté longtemps dans l'obscurité, une lumière même très-faible éblouit les yeux, et rend pendant quelques instants la rétine incapable de remplir ses fonctions, tandis que les personnes accoutumées à la lumière du jour n'éprouvent ces mêmes effets qu'en regardant les objets les plus éclatants, en cherchant, par exemple, à regarder fixement le soleil.

Lorsqu'on regarde pendant longtemps le même objet, sans changer de position, le point de la rétine qui en reçoit l'image ne tarde pas à se fatiguer ; et cette fatigue, portée au delà d'une certaine limite, prive pendant quelque temps la partie qui l'éprouve de sa sensibilité ordinaire. Ainsi, lorsque nous regardons pendant quelque temps une tache blanche située sur un fond noir, et qu'ensuite nous transportons notre vue sur un fond blanc, nous croyons y voir une tache noire, parce que le point de la rétine précédemment fatigué par la lumière blanche y est devenu insensible.

La fatigue qu'éprouve la rétine par l'exercice de ses fonctions dépend aussi en partie des efforts que l'on fait pour regarder les objets placés sous les yeux. Si l'on cherche à voir avec attention des corps très-faiblement éclairés, on éprouve bientôt un sentiment douloureux dans l'orbite et même dans la tête.

Il est aussi à noter que l'impression produite sur la rétine par le contact de la lumière dure pendant un certain temps après que ce contact a cessé: aussi, lorsque des images différentes viennent se peindre successivement sur le même point de cette membrane, avec assez de rapidité pour que l'impression de l'une ne soit pas encore éteinte avant que celle de l'autre commence, ces images se confondent, et la sensation qui en résulte ne diffère pas de celle qui dépendrait d'une seule et même image. C'est pour cette raison que, lorsqu'un corps décrit un cercle avec beaucoup de rapidité, on croit voir un anneau, et qu'une roue qui tourne avec vitesse ne paraît plus avoir de rayons séparés par des intervalles vides, mais ressemble à un disque.

§ 238. Le nerf optique, qui, en s'épanouissant au fond de l'œil, forme la rétine, transmet au cerveau les impressions produites sur cette membrane par le contact de la lumière : aussi sa section produit-elle immédiatement une cécité complète.

Ce sont les hémisphères du cerveau qui paraissent être le siége de la perception de ces sensations, comme de toutes les autres; car, lorsqu'on les détruit, l'animal devient aussitôt aveugle. Mais il est d'autres parties de l'encéphale qui exercent aussi la plus grande influence sur ce sens : ce sont les lobes optiques ou tubercules quadrijumeaux (p. 144, fig. 69, *g*). Si on les détruit sur un oiseau (où ces parties sont très-développées), on détermine également la cécité, et il est à noter que les animaux qui ont la rétine la plus développée et les nerfs optiques les plus gros, sont aussi ceux où ces lobes acquièrent le plus de volume et ont la structure la plus compliquée ; on peut même considérer ces organes comme une dépendance des nerfs optiques et comme étant les liens qui les unissent aux hémisphères cérébraux.

Mais ce qui frappe le plus dans ces expériences sur l'encéphale, c'est de voir que la destruction de l'hémisphère cérébral ou du lobe optique d'un côté n'entraîne pas la perte de la vue du même côté : c'est l'œil du côté opposé qui devient aveugle. Et l'anatomie nous donne, jusqu'à un certain point, l'explication de ce fait ; car les nerfs optiques, peu après leur séparation du cerveau, se réunissent et s'entrecroisent, de façon que celui qui vient du lobe droit envoie une grande partie de ses fibres, ou même la totalité, à l'œil gauche, et *vice versâ* (fig. 70).

§ 239. **Organes moteurs de l'œil.** — En abordant l'étude de la vision, nous avons dit que l'appareil chargé de l'exercice de ce sens se composait d'une partie essentielle, qui est le globe de l'œil et le nerf optique, et de diverses parties accessoires destinées à mouvoir ou à protéger la première.

§ 240. Les organes moteurs destinés à faire varier la direction des yeux sont des muscles qui, au nombre de six, entourent le globe de l'œil et qui s'insèrent à la sclérotique par leur extrémité antérieure, tandis que par leur extrémité postérieure ils se fixent aux os situés derrière cet organe (fig. 88). Le globe de l'œil lui-même repose sur du tissu cellulaire graisseux sans y adhérer fortement, et il en résulte que chacun de ces muscles, en se contractant, le tire de son côté, de façon à le faire rouler sur lui-même et à changer la direction de son axe.

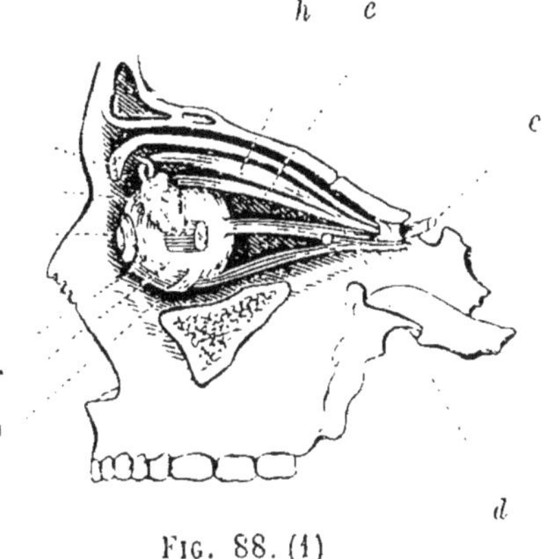

Fig. 88. (1)

Les nerfs qui donnent le mouvement à ces muscles appartiennent exclusivement à l'appareil de la vision : ce sont ceux de la troisième, de la quatrième et de la sixième paire (fig. 70). Les uns sont entièrement soumis à la volonté ; les autres agissent souvent indépendamment d'elle, et c'est de la contraction de ces derniers que dépend le renversement des yeux pendant la syncope.

§ 241. **Parties protectrices de l'œil.** — Les parties protec-

(1) Coupe verticale de l'orbite pour montrer la position de l'œil et de ses muscles : — *a*, cornée ; — *b*, sclérotique ; — *c*, nerf optique, dont l'extrémité opposée pénètre dans le globe de l'œil ; — *d*, muscle droit inférieur de l'œil ; — *e*, muscle droit supérieur de l'œil ; — *f*, portion du muscle droit externe de l'œil : au fond de l'orbite on voit l'autre extrémité de ce muscle, dont toute la partie moyenne a été enlevée pour montrer le nerf optique situé derrière elle ; — *g*, extrémité du muscle petit oblique ; — *h*, muscle grand oblique, dont le tendon passe dans une petite poulie avant de se fixer à la sclérotique ; — *i*, muscle élévateur de la paupière supérieure ; — *k*, glande lacrymale.

trices de l'appareil de la vision méritent aussi de fixer notre attention. Celles que nous devons signaler d'abord sont les cavités osseuses qui logent les yeux, et qui sont appelées *orbites*. Ce sont des fosses profondes creusées dans la face, cloisonnées par divers os de la tête, et renfermant beaucoup de graisse qui constitue une sorte de coussin élastique autour de l'œil.

§ 242. En avant, cet organe est protégé par les sourcils, par les paupières et par un liquide particulier, les larmes, dont sa surface est toujours baignée.

Les *sourcils* sont des saillies transversales formées par la peau, qui, dans ce point, est garnie de poils et pourvue d'un muscle spécial destiné à la mouvoir. Ils servent à protéger l'œil contre les violences extérieures, à empêcher que la sueur qui coule du front n'aille irriter la surface de cet organe ; enfin, à le garantir de l'impression d'une lumière trop vive, surtout lorsque celle-ci vient d'un lieu élevé.

§ 243. Les *paupières*, chez l'homme et tous les autres animaux mammifères, sont au nombre de deux, situées l'une au-dessus de l'autre, et distinguées, par cette raison, en supérieure et en inférieure. Ce sont des espèces de voiles mobiles placés au devant de l'orbite, et dont la forme s'accommode à celle du globe de l'œil, de façon qu'étant rapprochés, elles couvrent complétement la face antérieure de cet organe. Extérieurement, elles sont formées par la peau, qui dans ce point est très-fine, demi-transparente et soutenue par une lame fibro-cartilagineuse (*cartilage tarse*). Leur face interne est tapissée par une membrane muqueuse nommée *conjonctive*, qui se réfléchit sur le globe de l'œil, recouvre toute la partie antérieure de la sclérotique et se confond avec la cornée transparente. Le bord libre des paupières est garni d'une rangée de *cils*, et présente derrière ces poils une série de petits trous en communication avec les *glandes de Meibomius*, follicules logés dans l'épaisseur des cartilages tarses et servant à sécréter une humeur particulière, qui, lorsqu'elle est épaissie et desséchée, comme cela arrive souvent après le sommeil, est connue sous le nom de *chassie*. Enfin, on trouve encore, dans l'épaisseur des paupières, des muscles destinés à les mouvoir : l'un de ceux-ci entoure leur ouverture comme un anneau, et les resserre avec plus ou moins de force (fig. 100, *o*); l'autre s'étend de la paupière supérieure jusqu'au fond de l'orbite, et sert à relever ce voile (fig. 88, *i*).

Les paupières empêchent l'accès de la lumière à l'œil pendant le sommeil. Pendant la veille, elles se rapprochent ou s'écartent de façon à ne laisser passer que la quantité de lumière nécessaire à la vision, mais insuffisante pour blesser la rétine: elles garantissent aussi l'œil du contact des corps étrangers qui voltigent dans l'air, le préservent des chocs par leur occlusion presque instantanée, et s'opposent aux effets du contact prolongé de l'air par des mouvements continuels, qui reviennent à des intervalles à peu près égaux.

L'un des usages de la conjonctive est de faciliter ce mouvement nommé *clignement*. Cette membrane, dont la sensibilité est exquise, sécrète une humeur qui augmente le poli de sa surface, et qui adoucit le frottement continuel de la portion palpébrale de la conjonctive sur la portion oculaire; mais ce liquide ne suffit pas à cet effet, et pour que la conjonctive remplisse convenablement ses fonctions, il faut que sa surface soit continuellement lubrifiée par les *larmes*.

§ 244. Cette humeur, qui se compose d'eau tenant en dissolution quelques millièmes de matière animale, et des sels qu'on retrouve dans tous les liquides de l'économie animale, se forme dans une glande assez volumineuse située sous la voûte de l'orbite, derrière la partie externe du bord de cette cavité et au-dessus du globe de l'œil (fig. 88, *k*).

Cette *glande lacrymale* verse des larmes à la surface de la conjonctive par six ou sept petits canaux qui viennent s'ouvrir sur cette membrane, vers la partie supérieure et externe de la paupière supérieure. Les larmes se répandent ensuite sur toute la surface de la conjonctive, en empêchent la dessiccation, et forment une couche uniforme, qui donne à l'œil son poli et son brillant. Elles doivent aussi servir à empêcher l'évaporation des humeurs du globe de l'œil et celle des liquides dont la cornée est imbibée : et, en effet, lorsque après la mort les larmes cessent de se répandre ainsi sur la surface de l'œil, celui-ci ne tarde pas à devenir flasque, et la cornée perd sa transparence.

Les larmes qui ne s'évaporent point, ou qui ne sont point absorbées par la conjonctive, vont se rendre dans les fosses nasales, en traversant des canaux dont les ouvertures se voient au bord libre de chaque paupière près de l'angle interne de l'œil, au point où ces organes quittent le globe de l'œil pour se porter sur la *caroncule lacrymale*, corps saillant et de couleur rosée qui est formé principalement d'un amas de petits follicules. Ces deux ouvertures, nommées *points lacrymaux*, sont extrêmement étroites et communiquent avec des canaux très-fins, qui sont logés dans l'épaisseur des paupières, et se dirigent directement en dedans pour déboucher dans le *canal nasal*. Ce dernier conduit s'étend depuis l'angle interne de l'œil jusqu'au méat inférieur des fosses nasales, et traverse, pour s'y rendre, un canal osseux pratiqué entre l'orbite et le nez.

Dans l'état ordinaire, l'absorption des larmes par les points lacrymaux ne se fait que d'une manière fort lente ; mais lorsque celles-ci deviennent très-abondantes et qu'elles roulent dans les yeux, leur passage dans les fosses nasales devient si rapide, qu'on éprouve à chaque instant le besoin de se moucher. Quelquefois, dans certaines émotions vives de l'âme, par exemple, la sécrétion des larmes devient même si abondante, que ce liquide déborde les paupières et tombe sur les joues.

§ 245. La structure de l'appareil de la vision et le mécanisme de la vue sont, à peu de chose près, les mêmes chez l'homme et chez tous les mammifères, ainsi que chez les oiseaux, les reptiles, les batraciens et les poissons. L'œil de quelques mollusques, tels que les poulpes, ressemble également beaucoup au nôtre ; mais, chez la plupart des animaux de cette classe, sa structure est très-différente, et chez les arachnides, les crustacés et les insectes, ces organes ont à peine quelques points de ressemblance avec les yeux des animaux supérieurs. Dans la suite de ces leçons, nous ferons connaître ces particularités.

DES MOUVEMENTS.

Contraction musculaire.

§ 246. Les diverses modifications de la faculté de sentir que nous avons étudiées dans les précédentes leçons rendent l'homme et les animaux aptes à connaître ce qui les entoure ; mais leurs rapports avec le monde extérieur ne consistent pas seulement dans ces phénomènes en quelque sorte passifs. Ces êtres peuvent aussi agir sur les corps étrangers, leur imprimer des changements matériels, se mouvoir, et souvent même exprimer d'une manière plus ou moins précise leurs sentiments ou leurs idées.

Cette nouvelle série de fonctions, dont nous allons maintenant nous occuper, dépend essentiellement d'une propriété qui n'est pas moins générale parmi les animaux que la sensibilité, savoir, la *contractilité*.

On donne ce nom à la faculté qu'ont certaines parties de l'économie animale de se raccourcir tout à coup et de s'étendre alternativement.

Dans quelques animaux d'une structure extrêmement simple, tels que les hydres (fig. 7), toutes les parties du corps paraissent susceptibles de se contracter ainsi ; mais, pour peu que l'on s'élève dans la série des êtres, on voit cette faculté devenir l'apanage d'organes particuliers, que l'on nomme *muscles*. Ces muscles, qui sont les instruments actifs de tous nos mouvements, forment la majeure partie de la masse du corps, et constituent ce que l'on nomme vulgairement la viande ou la chair des animaux. Leur couleur est en général blanchâtre; chez quelques animaux, ils sont au contraire d'un rouge plus ou moins intense; mais cette couleur ne leur appartient pas en propre, et dépend seulement du sang qu'ils contiennent.

§ 247. **Structure des muscles.** — Chaque muscle est formé par la réunion d'un certain nombre de faisceaux musculaires, qui sont unis par du tissu cellulaire et sont composés de faisceaux plus petits; ceux-ci, à leur tour, sont formés de faisceaux d'un moindre volume, et, de division en division, on arrive ainsi à des fibres d'une ténuité extrême, qui sont droites, rangées parallèlement entre elles, et qui, vues avec un microscope puissant, paraissent en général être formées chacune par une série de petits disques. Après la mort, le tissu musculaire est mou et facile à déchirer; mais pendant la vie il est très-élastique et très-résistant. Enfin il se compose essentiellement d'une matière que nous avons déjà rencontrée dans le sang, et que les chimistes appellent *fibrine*. On y trouve aussi de l'albumine, de l'osmazôme et quelques sels.

§ 248. Sous l'influence de certaines causes excitantes, les fibres musculaires se raccourcissent brusquement, et l'on voit en même temps les faisceaux qu'elles forment devenir plus gros et plus durs que dans l'état de relâchement. Chacun peut observer sur soi-même ce phénomène : il suffit pour cela d'exécuter un mouvement quelconque et d'observer les changements qui surviennent dans les muscles mis en action pour le produire. Que l'on ploie avec force l'avant-bras sur le bras, par exemple, et l'on verra aussitôt les muscles de la partie antérieure du bras se gonfler et se durcir.

Le mécanisme par lequel s'effectue la contraction musculaire n'est pas encore bien connu. A l'aide du microscope, on est parvenu à reconnaître qu'au moment où ce phénomène se manifeste, les stries transversales, faciles à observer sur la plupart des fibres charnues, se rapprochent (1) : or, ce rapprochement détermine

(1) Lors de la publication de la première édition de cet ouvrage, les physiologistes pensaient que la contraction musculaire dépendait d'un plissement en zigzag qui s'observe souvent dans les fibres d'un muscle en action, mais de nouvelles recherches ont appris que ce plissement est un accident, et non pas la cause du phénomène : car on s'est assuré qu'il se manifeste dans les fibres qui ne se contractent pas en même temps que leurs voisines, et qui, se trouvant alors plus longues que celles auxquelles elles adhèrent, sont obligées de se froncer.

nécessairement un raccourcissement correspondant dans la longueur totale des muscles. Les deux extrémités de ceux-ci se rapprochent donc ; et comme elles sont fixées aux parties destinées à être mises en mouvement, par leur action elles doivent nécessairement les entraîner avec elles ; et, en effet, c'est de la sorte qu'elles en opèrent le déplacement.

§ 249. Cette insertion des muscles sur les parties mobiles ne se fait pas directement, mais a lieu par le moyen d'une substance intermédiaire, d'une texture fibreuse, qui pénètre dans la substance de ces organes, de façon à envoyer un prolongement à chacune des fibres dont ils se composent. Tantôt ce tissu fibreux, qui est blanc et nacré, prend la forme d'une membrane, et on l'appelle alors *aponévrose* ; d'autres fois il ressemble à une corde plus ou moins longue, et constitue alors ce que les anatomistes nomment des *tendons* (1).

§ 250. **Influence du système nerveux sur la contraction musculaire.** — Nous avons dit plus haut que la contractilité appartenait spécialement aux fibres musculaires. *Les muscles sont, en effet, les seules parties de l'économie qui, chez les animaux supérieurs, possèdent la faculté de se contracter ; mais cette propriété n'est mise en jeu que par l'influence du système nerveux.*

§ 251. **Influence des nerfs.** — Chaque faisceau musculaire reçoit un ou plusieurs nerfs. Ces nerfs, qui sont entourés par une espèce de gaîne nommée *névrilème*, se composent, comme nous l'avons déjà dit, d'un grand nombre de filaments longitudinaux, et ces filaments se répandent dans tout le muscle, en marchant à peu près parallèlement entre eux et en passant transversalement sur les fibres musculaires. Après avoir continué ainsi leur trajet pendant quelque temps, on voit ces fibres nerveuses se recourber, former des anses et retourner vers le cerveau, de façon qu'elles paraissent former avec cet organe un cercle continu (fig. 89).

Or, lorsqu'on coupe le nerf qui se distribue ainsi à un muscle, et qu'on sépare de la sorte celui-ci de la masse centrale du système nerveux, on empêche ses fibres de se contracter ; on les *paralyse*. Il suffit même de comprimer le cerveau d'un animal vivant pour lui faire perdre aussitôt la faculté d'exécuter des mouvements.

§ 252. On a fait beaucoup de recherches pour découvrir la nature de l'influence que le système nerveux exerce ainsi sur les muscles lorsqu'il détermine leur contraction. Les plus célèbres sont celles d'un physicien de Bologne, Galvani ; car, en même

(1) Ce sont les tendons et les ligaments que l'on appelle vulgairement les nerfs, bien qu'ils n'aient rien de commun avec les nerfs proprement dits.

temps qu'elles ont jeté de nouvelles lumières sur cette question délicate, elles ont conduit à l'une des plus grandes découvertes du siècle dernier, celle de l'électricité voltaïque.

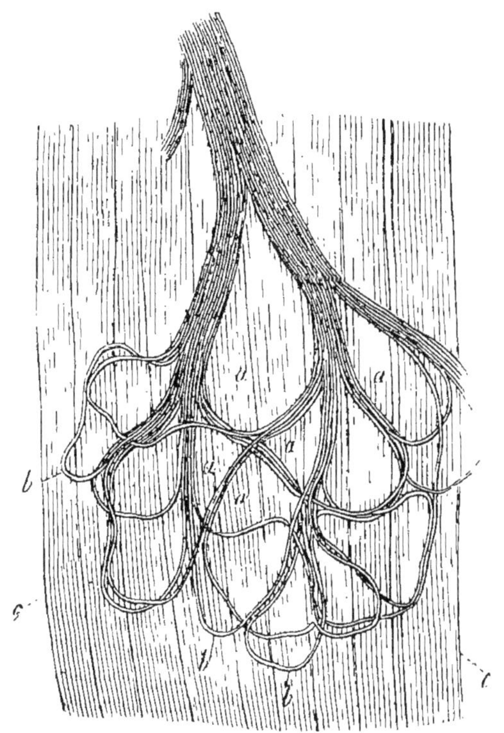

Fig. 89. (1)

Les travaux de Galvani, de Volta et de quelques autres savants ont montré que toutes les fois que certains corps de nature différente, du cuivre et du fer, par exemple, se touchent, ils développent de l'*électricité*, et que cette électricité passe avec une grande vitesse à travers certains corps, tels que les nerfs et les métaux, que l'on nomme, pour cette raison, des corps bons conducteurs de l'électricité, tandis qu'elle est arrêtée par d'autres, tels que le verre et la résine.

Or, lorsqu'on a paralysé un muscle par la section du nerf qui s'y rend, on peut, pendant quelque temps, suppléer au défaut de l'action nerveuse par de l'électricité, et déterminer, à l'aide de cet agent, des contractions semblables à celles qui, dans les

(1) Portion d'un muscle vue au microscope et montrant les branches terminales d'un nerf (*a*) qui forment des anses (*b*) au milieu des faisceaux constitués par les fibres musculaires (*c*).

circonstances ordinaires, ont lieu sous l'influence de la volonté.

La manière la plus commode de faire ces expériences est de dépouiller une grenouille de sa peau et de la couper en travers au niveau des reins, puis de saisir les nerfs lombaires et de les envelopper dans une petite feuille d'étain repliée; on pose ensuite les membres abdominaux sur une plaque de cuivre, et chaque fois que l'étain touche à ce dernier métal, on voit les muscles se contracter; les jambes se replient et s'agitent, et cette moitié de grenouille semble reprendre vie pour sauter. Ces effets singuliers peuvent se produire encore assez longtemps après la mort de l'animal, et s'observent aussi chez l'homme; car, en faisant passer un courant électrique à travers le corps de quelques suppliciés, on a vu ces cadavres agités de convulsions.

Un phénomène analogue a lieu lorsque, après avoir coupé un nerf sur un animal vivant, on pince ou l'on brûle la portion restée adhérente aux muscles : ceux-ci se contractent aussitôt; mais, du reste, cet effet paraît dépendre de la même cause que les convulsions produites dans les expériences précédentes, car on a constaté que, dans tous ces cas, il y a production d'électricité.

On voit, par ce qui précède, que les courants électriques agissent sur les muscles de la même manière que l'influence nerveuse, et la connaissance de ce fait a conduit plusieurs physiologistes à penser que cette influence nerveuse elle-même n'était autre chose que le passage de quelque fluide subtil, analogue à l'électricité, qui s'échapperait de l'encéphale pour se répandre dans les muscles, et qui y serait conduit par les nerfs. Pendant quelque temps, on a cru même pouvoir expliquer tous les phénomènes de la contraction musculaire d'après les propriétés connues des courants électriques; mais cette théorie, toute plausible qu'elle paraissait, ne s'accorde pas avec divers faits constatés récemment, et par conséquent il nous semble inutile de nous y arrêter ici.

Quoi qu'il en soit, nous voyons que la contraction ne peut avoir lieu que dans le tissu musculaire, et que l'action du système nerveux en est la cause déterminante. Cherchons maintenant quels sont les rôles que les diverses parties de ce système jouent dans la production de ce phénomène important.

§ 253. Les muscles présentent entre eux des différences très-grandes : les uns ne se contractent que sous l'influence de la volonté; d'autres sont également soumis à l'empire de cette force, mais leur contraction a lieu aussi indépendamment d'elle; enfin, il en est d'autres encore sur les mouvements desquels la volonté n'a aucune influence. Les muscles des membres, etc., appartiennent à la première de ces trois classes; ceux de l'appareil respiratoire, à la seconde; et le cœur, l'estomac, etc., à la troisième (1).

§ 254. *Les muscles dont les mouvements peuvent être déterminés par la volonté reçoivent tous des nerfs du système cérébro-spinal.* Mais tous les nerfs de ce système ne remplissent pas ces fonctions : quelques-uns, comme nous l'avons déjà vu, appartiennent exclusivement à la sensibilité. Les nerfs cérébraux des troisième, quatrième, sixième, septième, neuvième et onzième paires (fig. 70) paraissent, au contraire, être exclusivement affectés aux mouvements. Enfin, les nerfs cérébraux de la cinquième et de la dixième paire, et tous les nerfs qui naissent de la moelle épinière, remplissent ces fonctions en même temps qu'ils servent à la sensibilité : leur racine postérieure, comme nous l'avons déjà vu, leur donne la faculté de transporter les impressions au cerveau (§ 203) ; et c'est par leur racine antérieure que l'influence nerveuse nécessaire pour déterminer les mouvements volontaires se propage du cerveau aux muscles.

En effet, lorsqu'on coupe, sur un animal vivant, les racines antérieures des nerfs spinaux, on prive les parties auxquelles ces nerfs se distribuent de la faculté de se contracter, tout comme si l'on coupait leurs deux racines.

§ 255. **Influence de l'encéphale.** — Lorsqu'on divise la moelle épinière, on détruit également les mouvements de toutes les parties dont les nerfs naissent au-dessous de la section, tandis que celles dont les nerfs sont encore en communication avec le cerveau continuent à se mouvoir. Mais si, au lieu d'expérimenter ainsi sur la moelle épinière, on agit sur le cerveau, qu'on l'enlève ou qu'on le comprime de manière à l'empêcher de remplir ses fonctions, on paralyse en même temps tous les muscles des mouvements volontaires.

Il paraîtrait aussi que certaines parties du système nerveux exercent sur les mouvements une influence d'une autre nature. Ainsi, Magendie a constaté que, lorsqu'on coupe la portion du cerveau désignée par les anatomistes sous le nom de *corps striés*, l'animal ainsi mutilé ne reste plus maître de ses mouve-

(1) Il est à noter que les muscles soumis à l'influence de la volonté diffèrent de la plupart des muscles indépendants de la volonté, par leur structure aussi bien que par leurs fonctions : chez les animaux supérieurs, les faisceaux de fibres dont les premiers sont composés offrent toujours des stries transversales, tandis que la plupart des derniers n'en présentent pas; mais cette différence n'est pas constante, car les fibres du cœur ressemblent, sous ce rapport, à celles des muscles dont les mouvements dépendent de la volonté.

ments, mais semble poussé en avant par une puissance intérieure à laquelle il ne peut résister : il s'élance en avant, court avec rapidité, et s'arrête enfin, mais ne paraît pas pouvoir reculer. Si, au contraire, on blesse les deux côtés du cervelet chez un mammifère ou un oiseau (1), on le voit aussitôt marcher, nager, ou même voler en arrière, sans jamais pouvoir se porter en avant.

Lorsqu'on ne pratique ces lésions que d'un seul côté, on observe d'autres phénomènes qui, au premier abord, paraissent être des plus singuliers, mais qui sont des conséquences des effets dont nous venons de parler. Ainsi, lorsqu'on coupe verticalement l'un des côtés du cervelet, ou de la protubérance annulaire, l'animal se met aussitôt à rouler latéralement sur lui-même, en tournant du côté blessé, et quelquefois avec une telle rapidité, qu'il fait plus de soixante révolutions par minute.

D'après ces expériences curieuses, et d'après les recherches sur le même sujet, faites par M. Flourens et par quelques autres physiologistes, on voit que *le cervelet et les parties voisines de l'encéphale ont, entre autres usages, celui de régler les mouvements de la locomotion.*

Les mouvements qui, tout en étant soumis à l'empire de la volonté, se font aussi indépendamment de son influence, paraissent dépendre alors de l'action de la moelle allongée. En effet, lorsque le cerveau ne remplit plus ses fonctions, et que, par conséquent, il n'y a plus de volonté, les muscles de l'appareil respiratoire continuent à agir comme lorsque leurs mouvements pouvaient être réglés par cette force ; mais lorsqu'on détruit cette portion de la moelle, tout en laissant le cerveau intact, on les arrête aussitôt (2).

§ 256. **Influence du système ganglionnaire.** — *Quant aux muscles dont les contractions sont entièrement indépendantes de la volonté, ils reçoivent leurs nerfs du système ganglionnaire,* et c'est dans ce système que réside leur principe d'action ; car, si l'on maintient la respiration par des moyens artificiels, on peut détruire tout l'encéphale, ainsi que la moelle épinière, sans arrêter les battements du cœur ou les contractions péristaltiques des intestins.

(1) D'après les expériences de Magendie, il paraîtrait que les mêmes effets ne s'observent pas chez les reptiles, les batraciens et les poissons.

(2) M. Flourens a constaté que la faculté d'exciter ainsi les mouvements respiratoires a son siége dans la portion de la moelle allongée qui est située immédiatement au-dessous de l'origine des nerfs pneumogastriques, et qui a été appelée par ce physiologiste le point vital.

§ 257. Ainsi, en résumant les faits précédents, on voit que, dans la production d'un mouvement, de même que dans le phénomène de la sensibilité, il existe une division de travail très-remarquable. Lorsque c'est la volonté qui détermine un mouvement, l'impulsion part du cerveau ; les nerfs la conduisent aux muscles, et ceux-ci, en se contractant, exécutent, pour ainsi dire, les ordres ainsi transmis ; mais, pour coordonner leur action, ces ordres ont besoin d'être, pour ainsi dire, régularisés, et c'est le cervelet ou les parties voisines de l'encéphale qui sont préposés à cet effet. Enfin, pour les mouvements dont l'animal ne doit pas être le maître d'interrompre le cours, la cause déterminante ne dépend pas de l'action du cerveau, instrument spécial de la volonté, mais réside dans d'autres organes, tels que la moelle allongée, et probablement aussi les centres nerveux du système ganglionnaire.

§ 258. **Durée et force des contractions musculaires.** — La contraction de la fibre musculaire est un phénomène essentiellement intermittent. Les muscles ne peuvent rester dans un état de contraction permanente, et, au bout d'un temps plus ou moins long, ils se relâchent nécessairement. Ainsi, le cœur, dont l'action ne s'arrête qu'avec la vie, se contracte et se repose alternativement ; mais, pour les muscles soumis à l'empire de la volonté, ces mêmes contractions, interrompues par des repos plus ou moins rapprochés, ne peuvent être continuées au delà d'un certain temps, car elles produisent un sentiment de lassitude qui augmente jusqu'à ce qu'enfin ces mouvements deviennent impossibles, et cette sensation ne se dissipe que par l'inaction.

La promptitude avec laquelle la fatigue musculaire se manifeste varie beaucoup, suivant les individus ; mais, toutes choses égales d'ailleurs, elle est en raison de l'intensité des contractions, de la durée de chacune d'elles, et de la rapidité avec laquelle elles se succèdent.

La force déployée par la contraction d'un muscle dépend de la texture de cet organe et de l'énergie nerveuse de l'individu. Les muscles les plus gros, les plus fermes et les plus rouges sont susceptibles de se contracter avec plus de force que les muscles grêles, flasques et pâles ; mais c'est seulement lorsque ces conditions sont réunies à une puissance nerveuse très-forte que ces organes peuvent produire les plus grands effets, et presque toujours elles sont en sens inverse. Par la seule influence de l'action du cerveau, l'énergie des contractions musculaires peut être portée à un degré extraordinaire : on connaît la force d'un homme en colère et celle des maniaques ; et lorsque, dans l'état ordinaire de l'économie, une énergie nerveuse analogue se réunit à un grand développement matériel du système musculaire, il en résulte des effets étonnants, dont les anciens nous ont transmis des récits en parlant de leurs athlètes, et dont les bateleurs de nos jours nous rendent aussi quelquefois témoins.

De l'appareil du mouvement en général.

§ 259. La contraction musculaire a joué un grand rôle dans plusieurs fonctions dont nous avons déjà fait l'histoire ; mais le sujet dont nous allons maintenant nous occuper s'y rattache d'une manière encore plus directe : car nous allons aborder l'étude des mouvements généraux et partiels de notre corps, mouvements dont dépendent les attitudes, la locomotion et une foule d'autres phénomènes entièrement mécaniques.

Chez les animaux les plus inférieurs, les muscles s'insèrent tous à la membrane tégumentaire, qui est molle et flexible ; et c'est en agissant sur elle qu'ils modifient la forme du corps, de façon à le faire mouvoir en totalité ou en partie. Mais chez les animaux d'une structure plus parfaite, l'appareil moteur se complique davantage, et se compose non-seulement de muscles, mais aussi d'un système de pièces solides servant à augmenter la précision, la force et l'étendue des mouvements, en même temps qu'il détermine la forme générale du corps, et protége les viscères contre les violences extérieures.

§ 260. Cette espèce de charpente solide à laquelle les muscles s'attachent, porte le nom de *squelette*. Dans certains animaux, tels que les insectes et les écrevisses, elle est située à l'extérieur, et ne consiste que dans une modification de la peau ; mais chez l'homme et tous les animaux qui s'en rapprochent (savoir, les autres mammifères, les oiseaux, les reptiles, les batraciens et les poissons), le squelette est situé à l'intérieur du corps, et se compose de parties qui lui appartiennent d'une manière spéciale.

Chez quelques poissons (tels que les raies), le squelette est formé d'une substance blanche, opaline, compacte, en apparence homogène, très-résistante et très-élastique, que l'on nomme *cartilage*. Il en est de même pour le squelette de l'homme et des autres animaux vertébrés dans les premiers temps de la vie ; mais cet état, qui est permanent chez les poissons dont nous venons de parler, n'est ici que transitoire, et les cartilages du squelette ne tardent pas à se charger de matières pierreuses de nature calcaire qui les rendent roides, cassants et très-durs, et qui les font passer à l'état d'*os*.

§ 261. **Des os.** — Pour s'assurer que les os ne sont que des cartilages durcis par le dépôt de sels calcaires dans leur épaisseur, il suffit de les faire macérer pendant quelque temps dans un liquide particulier appelé acide muriatique ou chlorhydrique; ce liquide a la faculté de dissoudre les matières pierreuses contenues dans les os, mais n'attaque pas le cartilage, de façon qu'on sépare ainsi ce dernier des sels qui en masquaient les propriétés (1).

L'ossification du squelette commence par une multitude de points qui s'étendent de plus en plus: il en résulte que le nombre des pièces osseuses est d'abord très-considérable; mais, par les progrès de l'ossification, plusieurs d'entre elles se réunissent, de sorte que, chez l'animal adulte, on trouve beaucoup moins d'os distincts que chez le jeune, et que, dans la vieillesse extrême, on voit souvent plusieurs de ceux-ci se souder entre eux, et des parties qui jusqu'alors étaient restées cartilagineuses se charger de matières calcaires. L'utilité de ce mode de développement est facile à comprendre : pour que la charpente solide du corps ne s'oppose pas à ses mouvements, il faut toujours qu'elle se compose d'un grand nombre de pièces mobiles; mais c'est surtout lorsque toutes ses parties doivent se prêter à l'accroissement des organes situés dans son intérieur, que cette division est le plus nécessaire.

La surface des os est toujours recouverte d'une couche membraneuse à laquelle on donne le nom de *périoste*, et leur substance se compose de fibres ou de lamelles faciles à distinguer. Lorsque ces organes doivent occuper peu de volume et présenter beaucoup de solidité, comme cela a lieu pour les os plats qui recouvrent la plupart des viscères les plus importants et les plus délicats, le tissu osseux est extrêmement compacte; mais lorsque les os doivent occuper un long espace, et qu'ils nuiraient aux mouvements si leur poids était considérable, leur tissu n'est dense et serré que vers la surface, et dans leur intérieur il existe de grandes cellules ou même des canaux appelés médullaires,

(1) D'après l'analyse faite par Berzelius, les os du squelette humain, parfaitement dépouillés de graisse, sont composés pour 100 : de cartilage, 32,17 ; vaisseaux, 1,13; phosphate basique de chaux, avec un peu de fluorure de calcium, 53,04 ; carbonate de chaux, 11,30 ; phosphate de magnésie, 1,16 ; et soude, avec un peu de chlorure de sodium, 1,20. La partie cartilagineuse des os est composée d'osséine, qui, par l'ébullition dans l'eau, se transforme en gélatine; aussi les emploie-t-on dans les arts pour la fabrication de la colle forte, et dans l'économie domestique pour la préparation de bouillons économiques.

parce qu'ils sont remplis de *moelle*. Enfin ce tissu lui-même, examiné au microscope, paraît formé principalement par des tubes très-déliés, ou par des cellules entourées de lamelles concentriques, entre lesquelles on distingue des corpuscules ovales et ovoïdes (fig. 90).

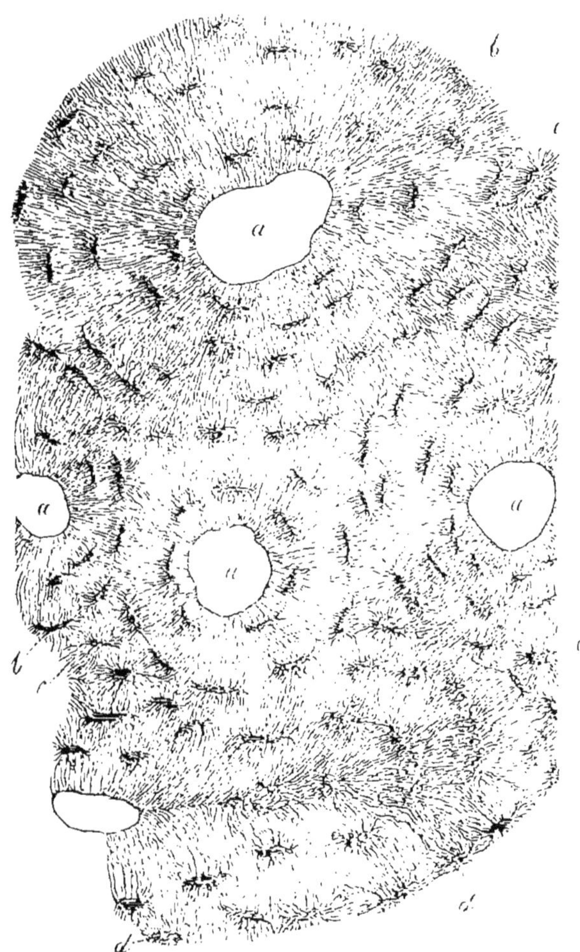

FIG. 90. (1)

§ 262. La forme des os varie beaucoup : on les distingue en os longs, os courts et os plats. Les premiers seulement présentent une cavité médullaire : ils sont toujours à peu près cylindriques,

(1) Portion d'une tranche mince de tissu osseux vue au microscope : — *a*, *canalicules vasculaires* (ou canaux de Havers), qui, par leur réunion, forment un réseau à larges mailles, et sont entourés par des lamelles (*c*) dans l'épaisseur desquelles on voit une multitude de *cellules osseuses* (*b*) d'où partent des prolongements capillaires appelés *canalicules osseux*.

et les tubes dont leur tissu est composé sont disposés longitudinalement. Dans les os plats ces tubes sont parallèles à la surface de l'os, et dans les os courts ils sont remplacés par des cellules. On remarque souvent aux uns et aux autres des éminences qui donnent attache aux muscles ou à d'autres parties, et qui, toutes les fois qu'elles font une saillie considérable, sont désignées par les anatomistes sous le nom d'*apophyses*. Les os présentent aussi à leur surface des dépressions plus ou moins profondes, qui servent à loger des parties molles, ou à recevoir d'autres os qui doivent se mouvoir dans ces cavités, et dans beaucoup d'endroits on leur voit des trous destinés à livrer passage à des vaisseaux sanguins ou à des nerfs.

§ 263. **Articulation des os.** — On donne le nom d'*articulation* à l'union des divers os entre eux. Les moyens de jonction que la nature a employés à cet usage varient beaucoup, suivant que les os doivent conserver toujours entre eux les mêmes rapports, et rester fixes, ou bien exécuter des mouvements plus ou moins étendus.

Lorsque l'articulation des os n'est pas destinée à permettre des mouvements, elle peut avoir lieu de trois manières : par *juxtaposition*, par *engrenage* ou par *implantation*. Les articulations par simple juxtaposition des surfaces articulaires ne se voient que dans certaines parties du squelette, où la situation des os est telle, qu'ils ne peuvent se déplacer. Dans les articulations par engrenage (ou par *suture*), les surfaces articulaires offrent une série d'aspérités et d'enfoncements anguleux qui se reçoivent réciproquement : aussi ces articulations peuvent-elles avoir beaucoup de solidité, sans que leurs surfaces soient très-étendues. Enfin les articulations par implantation, ou *gomphoses*, sont celles où un os est enchâssé dans une cavité creusée dans la substance de l'os qui lui sert de base : ce sont les articulations les plus solides, mais elles sont rares (1).

§ 264. Dans les *articulations mobiles*, les os ne sont pas unis directement entre eux, mais sont maintenus en contact par des liens qui s'étendent de l'un des os à l'autre.

Tantôt ces surfaces articulaires sont unies par une substance cartilagineuse ou fibro-cartilagineuse intermédiaire, qui adhère fortement à l'une et à l'autre, et ne leur permet de se mouvoir qu'à raison de son élasticité (c'est ce qu'on nomme *articulation par continuité*); d'autres fois les surfaces articulaires glissent l'une sur l'autre, et ne sont maintenues en rapport que par des

(1) Les dents sont les seules parties qui s'articulent ainsi.

ligaments (1), qui les entourent et qui sont disposés de manière à poser des bornes à leurs mouvements. Ce mode de jonction constitue ce que les anatomistes appellent *articulation par contiguïté* (fig. 91), et se voit toujours là où les mouvements doivent être très-étendus. Les surfaces qui s'articulent ainsi sont toujours extrêmement lisses et encroûtées d'une lame cartilagineuse qui en augmente encore le poli. Mais ce ne sont point là les seuls moyens employés par la nature pour diminuer le frottement dans ces jointures ; car elle y a placé une espèce de poche membraneuse, appelée *bourse synoviale*, qui a de l'analogie avec les membranes séreuses, et qui est remplie d'un liquide visqueux, lequel permet à ces surfaces de glisser facilement l'une sur l'autre. Cette poche, qui entoure l'articulation de toutes parts, contribue aussi d'une manière efficace à maintenir les os en contact, car elle exclut les fluides ambiants de la cavité que ces corps laissent entre eux, et par conséquent ceux-ci ne peuvent s'écarter sans y déterminer un vide. Il en résulte que tout le poids de l'atmosphère tend à maintenir ces surfaces articulaires dans leurs rapports naturels : et pour se convaincre de l'influence de cette circonstance, il suffit de s'assurer de la difficulté que l'on éprouve pour déboîter sur le cadavre un os dont l'articulation est intacte, et de voir combien cette opération devient facile, au contraire, dès qu'une ouverture faite à la membrane synoviale permet l'entrée de l'air dans la cavité articulaire.

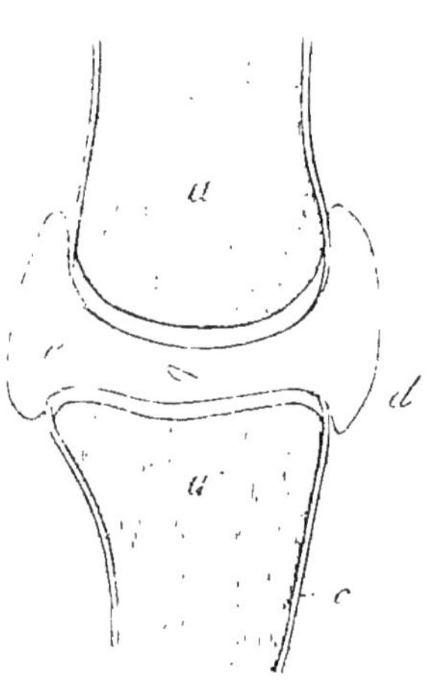

Fig. 91 (1).

§ 265. **Action des muscles sur les os.** — Tous les muscles destinés à produire les grands mouvements du corps sont fixés au squelette par leurs deux extrémités. Il en résulte que lors de leur contraction, ils doivent déplacer l'os qui leur présente le moins de résistance, et l'entraîner vers celui qui reste immobile et qui leur sert de point d'appui, pour mouvoir le premier.

(1) On donne le nom de *ligaments* à des faisceaux de fibres analogues à ceux des tendons, très-résistants, arrondis ou aplatis, et d'un blanc nacré, qui lient entre eux les os.

(1) Figure théorique d'une articulation par contiguïté : — *a*, *a*, les deux os ; — *b*, lames cartilagineuses qui revêtent leur surface articulaire ; — *c*, périoste ; — *d*, membrane synoviale ; — *e*, couche épithélique tapissant la capsule formée par cette membrane.

Or, dans la plupart des cas, les os sont d'autant plus mobiles, qu'ils sont placés plus loin de la partie centrale du corps : aussi les muscles qui se fixent à deux d'entre eux agissent-ils, en général, sur celui qui est le plus éloigné, et voit-on toujours les muscles destinés à mouvoir un os s'étendre de cet organe vers le tronc. Ainsi, les muscles qui servent à remuer les doigts occupent la paume de la main et l'avant-bras ; ceux qui fléchissent l'avant-bras sur le bras occupent le bras, et ceux qui meuvent le bras sur l'épaule sont placés dans l'épaule ou sur la poitrine.

Dans certaines circonstances, cependant, ces muscles déplacent les os qui, dans les cas ordinaires, leur servent de point d'appui. Ainsi, lorsque le corps est suspendu par les mains et que l'on cherche à s'élever, les muscles fléchisseurs de l'avant-bras, ne pouvant déplacer celui-ci, en rapprochent le bras et entraînent tout le corps.

En général, le genre de mouvement déterminé par la contraction d'un muscle dépend, d'une part, de la nature de l'articulation de l'os qu'il déplace, et de l'autre, de sa position par rapport à cet os ; il l'entraîne toujours de son côté et le rapproche du point auquel son extrémité opposée se trouve fixée. Ainsi, les muscles qui font fléchir les doigts occupent la face palmaire de la main et de l'avant-bras, tandis que ceux destinés à les étendre sont situés du côté opposé du membre.

Souvent plusieurs muscles sont disposés de façon à pouvoir concourir à la production d'un même mouvement : on les appelle alors *congénères*, et l'on appelle *antagoniste* d'un muscle celui qui détermine un mouvement contraire.

On désigne aussi les muscles, d'après leurs usages, sous les noms de *fléchissseurs* et d'*extenseurs*, d'*adducteurs* et d'*abducteurs*, de *rotateurs*, etc.

§ 266. La force avec laquelle un muscle se contracte dépend de son volume, de la puissance de la volonté et de quelques autres circonstances dont il a déjà été fait mention ; mais l'effet produit par cette contraction dépend aussi en grande partie de la manière dont il se fixe à l'os qu'il doit mouvoir.

Ainsi, toutes choses égales d'ailleurs, *le mouvement déterminé par la contraction d'un muscle sera d'autant plus grand, que ce muscle s'insérera moins obliquement sur l'os mobile.* Lorsqu'il s'y insère à angle droit, toute sa force est employée à déplacer celui-ci ; mais, dans le cas contraire, une partie plus ou moins considérable de cette force est perdue.

En effet, si le muscle *m* (fig. 92), dont nous supposons la force égale à 10, est fixée perpendiculairement à l'os *l*, dont l'extrémité *a* est mobile sur le point d'appui *r*, il n'aura à vaincre que le poids de cet os, et le portera de la position *ab* dans la direction de la ligne *ac*, en faisant parcourir au point auquel il s'insère un espace que nous représentons encore par 10. Mais, si ce muscle agit obliquement sur l'os, dans la direction de la ligne *nb*, par exemple, il en sera tout autrement, car alors il tendra à le porter dans la direction *bn*, et par conséquent à le rapprocher de la surface articulaire *r*, sur laquelle l'extrémité de l'os repose. Mais celui-ci étant une tige inflexible, ce déplacement ne peut avoir lieu ; l'os ne peut que tourner sur le point *r*, comme sur un pivot, et la contraction du muscle *n*, sans rien perdre de l'énergie que nous lui avons supposée, ne pourra porter cet os que dans la direction *ad* ; les trois quarts de la force qu'il a déployée seront perdus, et il ne produira, par conséquent, qu'un déplacement pour lequel le quart de sa force suffirait, s'il était appliqué, comme le muscle *m*, perpendiculairement à l'os.

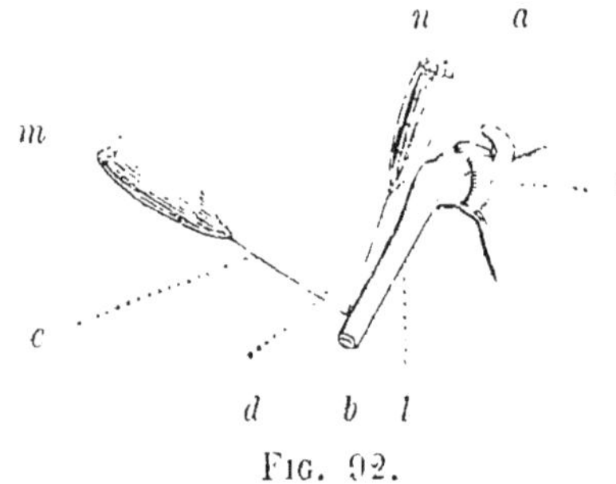

Fig. 92.

Or, dans l'économie animale, les muscles ne s'insèrent, pour la plupart, que très-obliquement et, par conséquent d'une manière très-peu favorable à l'intensité du résultat de leur contraction. Souvent il existe cependant une disposition qui tend à diminuer l'obliquité de leur insertion : c'est le renflement qui se trouve à l'extrémité de la plupart des os longs, et qui sert principalement à donner à leurs articulations plus de solidité. Les tendons (*i*) des muscles (*m*) situés au-dessus de l'articulation s'insèrent, en général, immédiatement au-dessous de ce renflement, et arrivent ainsi sur l'os mobile (*o*), en suivant une direction qui se rapproche davantage de la perpendiculaire, comme on peut s'en convaincre en comparant la disposition du muscle *m* dans la figure 94, où ces renflements existent, et dans la figure 93, où l'on a représenté les extrémités articulaires sans renflement semblable.

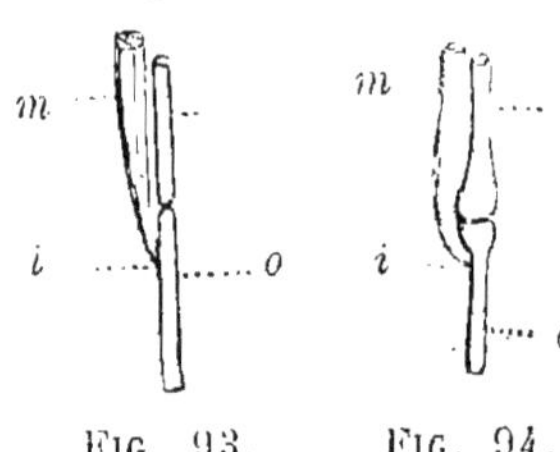

Fig. 93. Fig. 94.

§ 267. *La distance qui sépare le point d'attache du muscle du point d'appui sur lequel l'os se meut, et de l'extrémité opposée du levier que cet organe représente, influe aussi de la manière la plus puissante sur les effets produits par sa contraction.* Pour expliquer ce fait, il est nécessaire d'avoir recours à la mécanique.

Les os, disons-nous, représentent des *leviers*, nom que l'on donne en physique à toute verge inflexible qui se meut sur un point fixe que l'on appelle *point d'appui*. La force qui met le levier en mouvement se nomme la *puissance*, et celle qui s'oppose à son déplacement se nomme la *résistance*. Enfin, on appelle *bras de levier de la puissance*, et *bras de levier de la résistance*, la distance qui sépare le point d'appui de celui où sont appliquées l'une ou l'autre de ces forces.

Or, la longueur de ces bras de levier influe extrêmement sur la force nécessaire pour faire équilibre à une résistance donnée. Pour s'en convaincre, il suffit d'observer le mécanisme de la balance connue sous le nom de *romaine* (fig. 95). Le fléau est partagé en deux parties de longueur inégale par le point d'appui *a*. A l'extrémité de l'une des branches *r*, qui est très-courte, se trouve la résistance (ou l'objet que l'on veut peser) ; et sur l'autre *p* glisse un poids quelconque, qui fait équilibre à une résistance d'autant plus considérable, qu'on l'éloigne davantage du point d'appui, et qu'on allonge par conséquent le bras de levier de la puissance, celui de la résistance restant toujours le même.

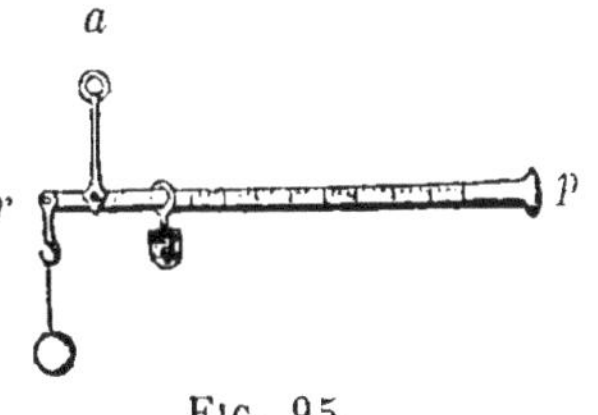

Fig. 95.

Chacun sait aussi combien est grande la différence dans la force qu'un homme doit déployer, lorsqu'il cherche à soulever un fardeau avec le bras fléchi ou tendu. Or, dans ces mouvements, ce sont les mêmes muscles qui agissent, et le bras de levier de la puissance reste le même ; c'est seulement le bras de levier de la résistance, représenté par la distance qui sépare l'épaule de la main, qui s'allonge.

La mécanique nous apprend aussi que, pour qu'il y ait équilibre dans un levier quelconque, il faut que la résistance et la puissance soient réciproquement proportionnelles aux longueurs de leurs bras de levier, c'est-à-dire que, multipliées par leurs bras de levier respectifs, elles donnent toutes deux le même produit.

Ainsi, pour faire équilibre à une résistance *r* égale à 10, qui serait appliquée à l'extrémité d'un levier *ab* d'une longueur de 20, il faudrait que la puissance *p*, si elle était appliquée au même point *b*, et par conséquent également éloignée du point d'appui *a*, fût aussi égale à 10 ; mais si elle était appliquée au point *c*, elle devrait être, pour produire le même effet, égale à 20 : car la résistance, que nous avons supposée égale à 10, étant multipliée par la longueur de son bras de levier 20, donnera pour produit 200 ; et d'un autre côté, le bras de levier de la puissance *ca* n'étant égal qu'à 10, celui-ci devra être multiplié par une force égale à 20, pour donner ce même produit de 200. Enfin, en plaçant la puissance encore plus près du point d'appui, au point *d*, il faudra lui donner une force égale à 100, car son bras de levier ne sera plus que de 2, et $2 \times 100 = 200$.

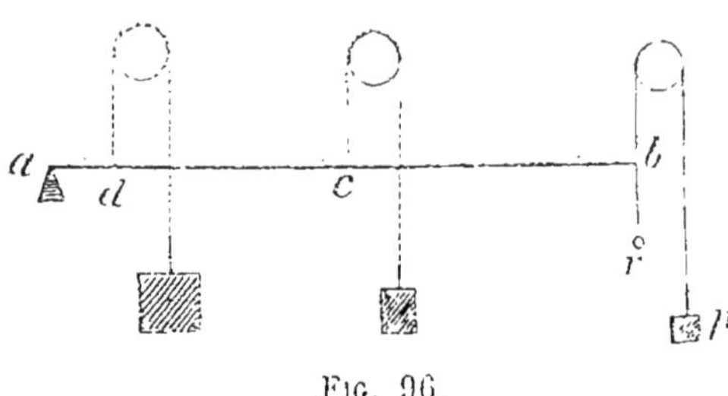

Fig. 96.

La disposition des leviers influe autant sur la rapidité des mouvements produits que sur leur force, et si, en employant une puissance comparativement faible, on peut vaincre ainsi une résistance beaucoup plus forte, on peut aussi, en employant une force motrice d'une vitesse quelconque, obtenir, à l'aide de ces instruments, un mouvement plus lent ou plus rapide.

Ainsi, supposons que la puissance *p* agisse sur le levier *ar* de façon à faire parcourir au point d'insertion *c* un espace de 5 dans une seconde, il déplacera en même temps l'extrémité *r* du levier, et la fera arriver en *b* avec une vitesse qui sera égale à 25, car la distance parcourue dans des temps égaux par ce point sera cinq fois plus considérable que celle parcourue par le point *d*. Avec une force dont la vitesse n'est que de 5, on produit donc, en l'appliquant au point *c*, le même résultat que si l'on appliquait directement au point *r* une force dont la vitesse serait égale à 25.

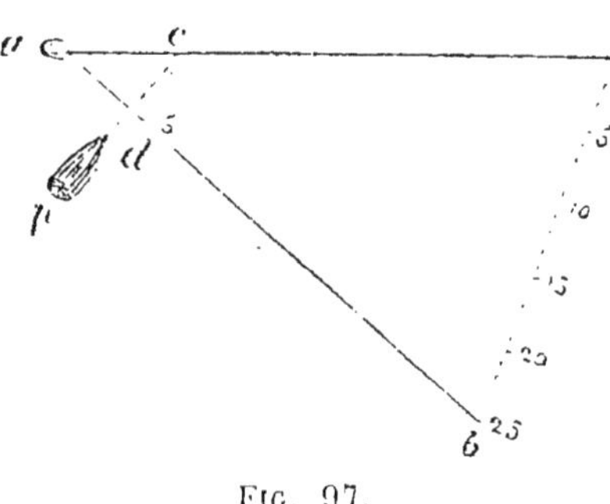

Fig. 97.

Mais, d'après ce que nous avons dit plus haut, on voit que tout ce que l'on gagne ainsi en vitesse se perd en force ; car c'est surtout en rendant le bras de levier de la résistance plus long proportionnellement à celui de la puissance, qu'on arrive à ce résultat.

Or, dans l'économie animale, presque tous les leviers représentés par les os sont disposés de façon à favoriser de la sorte la rapidité des mouvements aux dépens de la force nécessaire pour les produire. Ainsi, lorsqu'on abaisse le bras tendu, si la vitesse avec laquelle ses muscles se contractent est telle que leur point d'insertion soit déplacé d'un décimètre dans une seconde, l'extrémité du membre s'éloignera de sa position primitive avec une vitesse de plus d'un mètre par seconde.

Ces notions préliminaires sur la mécanique animale étant acquises, nous pouvons maintenant nous livrer à l'étude des diverses parties de l'appareil du mouvement, que nous examinerons de préférence chez l'homme.

Description de l'appareil moteur de l'homme.

§ 268. L'appareil moteur de l'homme et des autres animaux supérieurs se compose, ainsi que nous l'avons déjà dit, du squelette et des muscles.

Le squelette, formé par la réunion d'un grand nombre d'os, se divise, comme le corps, en trois parties : la *tête*, le *tronc* et les *membres*.

§ 269. **Tête.** — La TÊTE se compose de deux portions principales, le *crâne* et la *face*.

Le *crâne* est une espèce de boîte osseuse de forme ovalaire, qui occupe toute la partie postérieure et supérieure de la tête, et qui loge, comme nous l'avons déjà vu (§ 184), le cerveau et le cervelet. Huit os se réunissent pour en former les parois, savoir : le frontal ou coronal (fig. 98, *f*) en avant, les deux pariétaux (*p*) en haut, les deux temporaux (*t*) sur les côtés, l'occipital (*o*) en arrière, et le sphénoïde (*s*) et l'ethmoïde en bas. Tous ces os, à l'exception du dernier, ont la forme de grandes lames minces, d'une texture très-compacte ; et tous s'articulent entre eux de manière à être complétement immobiles, et à donner au crâne une grande solidité. Ces articulations sont même très-remarquables, en ce qu'elles varient de forme dans

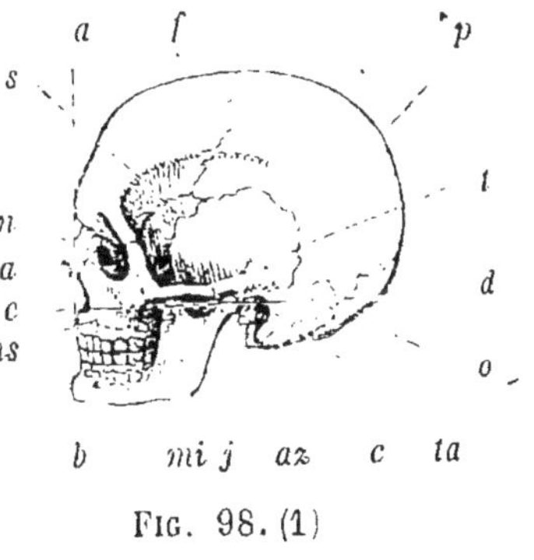

Fig. 98. (1)

(1) *f*, os frontal ou coronal ; — *p*, pariétal ; — *t*, temporal ; — *o*, occipital ; — *s*, sphénoïde ; — *n*, os nasal ; — *ms*, maxillaire supérieur ; — *j*, os jugal ou os de la pommette ; — *mi*, maxillaire inférieur ; — *na*, ouverture antérieure des fosses nasales ; — *ta*, trou auditif ; — *az*, arcade zygomatique formée par une portion des os temporal et jugal ; — *ab*, *cd*, lignes indiquant l'angle facial, dont il sera question plus loin.

les différentes parties du crâne, afin de mieux résister aux violences extérieures qui pourraient tendre à désunir ces os, et qui doivent produire des effets différents, suivant le point sur lequel elles agissent. Ainsi, lorsqu'un corps porte sur le sommet de la tête, le mouvement se propage dans tous les sens et tend à écarter les pariétaux et à chasser en avant ou en arrière les os frontal ou occipital : aussi, tous ces os sont-ils unis entre eux par des sutures engrenées des plus solides. Mais, quand le crâne reçoit un choc sur le côté, l'effort, agissant sur le temporal, tend à enfoncer cet os, et, pour empêcher cet accident, la nature a uni le temporal aux os voisins, non pas à l'aide d'engrenures propres seulement à empêcher leur disjonction, mais à l'aide d'un bord articulaire taillé très-obliquement, de façon à rendre cet os extérieurement beaucoup plus grand que l'espace dans lequel il se trouve comme enchâssé.

La voûte du crâne ne présente d'ailleurs rien de remarquable ; mais, à sa base, on voit une multitude de trous qui servent au passage des vaisseaux sanguins du cerveau et des nerfs qui naissent de l'encéphale : l'un de ces trous, creusé dans l'os occipital et beaucoup plus grand que tous les autres, est traversé par la moelle épinière, et il existe près de son bord et de chaque côté une apophyse large et convexe appelée *condyle*, qui sert à l'articulation de la tête sur la colonne vertébrale. La tête est presque en équilibre sur cette espèce de pivot ; mais, cependant, la portion située au devant de l'articulation est plus volumineuse que celle qui est située en arrière, et qui tend à faire contre-poids à la première : aussi les muscles qui se portent de la colonne vertébrale à la partie postérieure de la tête, et qui servent à redresser celle-ci, sont-ils bien plus nombreux et bien plus puissants que les muscles fléchisseurs placés de la même manière au devant de la colonne : et, lorsque les premiers se relâchent, comme cela arrive dans le sommeil, la tête tend ordinairement à retomber en avant et à s'appuyer sur la poitrine.

Sur les côtés de la base du crâne, on remarque encore deux apophyses très-grosses, appelées *mastoïdes* (fig. 100, *a*), auxquelles s'insèrent des muscles qui descendent obliquement vers la poitrine, à la partie antérieure du cou, et qui servent à faire tourner la tête sur la colonne vertébrale. Enfin, immédiatement en avant de ces apophyses, se trouve l'ouverture du conduit auditif externe, qui, de même que les diverses parties de l'oreille moyenne et de l'oreille interne, est creusée dans une portion de l'os temporal appelée *rocher*, à cause de sa grande dureté (§ 222, fig. 79, *c*).

§ 270. La *face* est formée par la réunion de quatorze os de formes très-diverses, et présente cinq grandes cavités destinées à loger les organes de la vue, de l'odorat et du goût. Tous ces os, excepté celui de la mâchoire inférieure, sont complétement immobiles et s'articulent entre eux ou avec les os du crâne. Les deux principaux sont les *os maxillaires supérieurs* (*ms*, fig. 98), qui constituent la presque totalité de la mâchoire supérieure, et qui s'articulent avec le frontal, de façon à concourir aussi à la formation des orbites et des fosses nasales; en dehors, ils s'articulent avec les *os jugaux* ou *os des pommettes* (*j*), et en arrière avec les *os palatins*, qui, à leur tour, se joignent au sphénoïde.

Les *orbites*, comme nous l'avons déjà vu ailleurs (§ 241), sont deux fosses coniques dont la base est dirigée en avant; la voûte de ces cavités est formée par une portion de l'os frontal, et leur plancher par les maxillaires supérieurs; en dedans, c'est l'ethmoïde et un petit os appelé *lacrymal* qui complètent leurs parois; et, en dehors, elles sont formées par l'os jugal et le sphénoïde, qui en occupe aussi le fond, où se trouvent les ouvertures servant au passage du nerf optique et des autres branches nerveuses appartenant à l'appareil de la vision. A la voûte de l'orbite, on remarque une dépression qui loge la glande lacrymale, et à sa paroi externe se trouve un canal qui descend verticalement dans les fosses nasales, et livre passage aux larmes.

Le nez est formé en majeure partie de cartilages; aussi, dans le squelette, l'ouverture antérieure des fosses nasales (*na*, fig. 98) est-elle grande, et la portion osseuse du nez, formée par les deux petits os appelés *nasaux* (*n*), est-elle peu saillante. Les *fosses nasales* sont très-étendues : supérieurement, elles sont creusées dans l'os ethmoïde, dont tout l'intérieur est rempli de cellules; inférieurement, elles sont séparées de la bouche par la voûte du palais, qui est formée par les os maxillaires supérieurs et par les deux *os palatins*; enfin, elles sont séparées entre elles sur la ligne médiane par une cloison verticale, formée supérieurement par une lame de l'ethmoïde, et inférieurement par un os particulier, nommé *vomer*. On trouve encore dans l'intérieur de ces fosses deux os distincts, qui forment les *cornets inférieurs*, et l'on y remarque l'ouverture des sinus frontaux, sphénoïdaux et maxillaires, cavités plus ou moins vastes creusées dans l'épaisseur des os dont elles portent les noms (fig. 78, p. 168).

C'est dans l'os maxillaire supérieur que sont implantées toutes les dents de la mâchoire supérieure : dans le jeune âge, il est formé de plusieurs pièces ; et chez la plupart des animaux on en distingue toujours une portion antérieure, qu'on appelle l'*os intermaxillaire* (*im*, fig. 99).

La mâchoire inférieure de l'homme ne se compose que d'un

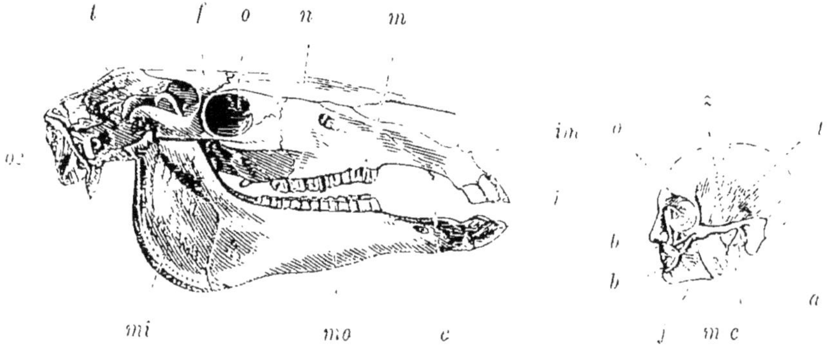

Fig. 99. — Tête de cheval (1). Fig. 100. (2)

seul os, car les deux moitiés dont elle est formée chez un grand nombre d'animaux se soudent entre elles de très-bonne heure et se confondent complétement. Cet os, appelé *maxillaire inférieur*, a une ressemblance grossière avec un fer à cheval dont les extrémités coudées s'élèveraient beaucoup. Il s'articule avec les os temporaux par un condyle saillant situé à chacune de ses extrémités, et reçu dans une cavité nommée *glénoïdale* ; enfin, au dedans de ces condyles, s'élève de chaque côté une apophyse appelée *coronoïde*, qui sert à l'insertion de l'un des muscles releveurs de la mâchoire (le muscle temporal). Ces muscles (fig. 100 et fig. 31, *d*, *c*) se fixent tous vers l'angle de la mâchoire et à peu de distance du point d'appui sur lequel ce levier se meut. Dans la plupart des cas, c'est au contraire vers la partie antérieure des mâchoires qu'est appliquée la résistance que ce même levier doit vaincre pendant la mastication : aussi ces muscles, quoique très-puissants, ne peuvent-ils alors produire que des effets très-faibles ; et pour écraser entre les dents les corps les plus durs,

(1) *oc*, *t*, *f*, os occipital, temporaux et frontal ; — *n*, os nasal ; — *m*, maxillaire supérieur ; — *im*, intermaxillaire ; — *mi*, maxillaire inférieur ; — *o*, orbite ; — *i*, dents incisives ; — *c*, canines ; — *mo*, molaires.

(2) Principaux muscles de la tête : — *o*, muscle orbiculaire des paupières, servant à fermer les yeux ; — *bb*, muscle orbiculaire des lèvres, servant à rapprocher ces organes ; — *j*, muscles des joues ; — *m*, muscle masséter, servant à élever la mâchoire inférieure ; — *t*, muscle temporal, servant au même usage ; — *z*, arcade zygomatique ; — *c*, articulation de la mâchoire inférieure ; — *a*, trou auditif et apophyse mastoïde.

est-on obligé de porter ceux-ci aussi loin que possible vers le fond de la bouche, de manière à raccourcir le bras de levier de la résistance et à le rendre égal ou même plus court que celui de la puissance. Ces muscles se fixent à la face interne aussi bien qu'à la face externe de la mâchoire, et vont prendre leur point d'appui sur les côtés de la tête jusqu'au haut des tempes, en passant entre les parois latérales du crâne et une arcade osseuse, nommée *zygomatique* (z), qui s'étend de la pommette jusqu'à l'oreille, et qui sert aussi à l'insertion de ces organes.

La tête, comme on a pu le voir, se compose essentiellement de vingt-deux os, mais leur nombre est réellement plus considérable; car, dans l'intérieur de chaque os temporal, il existe, ainsi que nous l'avons dit ailleurs (p. 172), quatre osselets appartenant à l'appareil de l'ouïe ; et l'on peut aussi considérer comme une dépendance de la tête l'*os hyoïde* (fig. 33), qui est suspendu aux os temporaux par des ligaments, et qui est placé en travers de la partie supérieure du cou, où il sert à porter la langue et à soutenir le larynx.

§ 271. **Tronc.** — La partie la plus importante du tronc et même de tout le squelette, celle qui sert de soutien à toutes les autres et qui varie le moins chez les divers animaux, est la COLONNE VERTÉBRALE ou *colonne épinière*.

On donne ce nom à une espèce de tige osseuse qui règne dans toute la longueur du corps, et qui se compose d'un grand nombre de petits os appelés *vertèbres*, placés bout à bout et solidement unis entre eux.

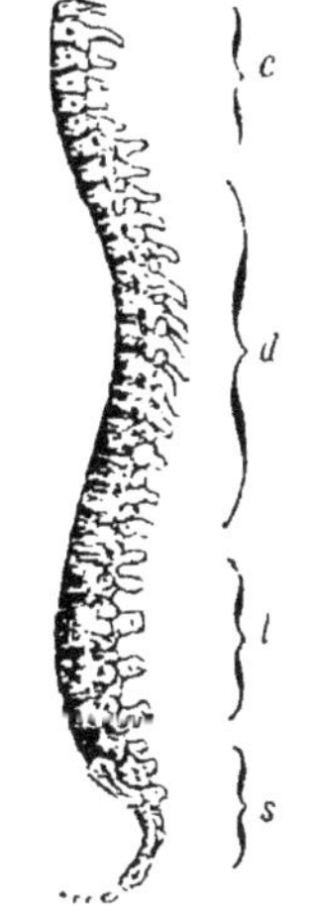

FIG. 101.

Cette colonne (fig. 101), qu'on appelle aussi l'*épine du dos*, occupe la ligne médiane et postérieure du corps, et supporte à son extrémité supérieure la tête, qu'on peut considérer comme en étant la continuation. Dans l'homme, on y compte trente-trois vertèbres, et l'on y distingue cinq portions, savoir : une portion cervicale, composée de sept vertèbres (*c*); une portion dorsale, composée de douze de ces os (*d*) ; une portion lombaire, formée de cinq vertèbres (*l*) ; une portion sacrée, qui en offre cinq (*s*); et une portion coccygienne, où l'on en voit quatre (*cx*). Elle présente plusieurs courbures et augmente de grosseur depuis son extrémité antérieure ou supérieure jusqu'au commencement de la portion sacrée. Vers le moment de la naissance, toutes les vertèbres sont parfaitement distinctes et sont simplement articulées entre elles ; mais, bientôt après, les cinq vertèbres sacrées se soudent entre elles et ne forment plus qu'un seul os, nommé *sacrum* (*s*).

Le caractère principal des vertèbres est d'être traversées par un trou (fig. 102) qui, en se réunissant à ceux des autres vertèbres, forme un canal s'étendant depuis le crâne jusque vers l'extrémité du corps, et logeant, comme nous l'avons déjà dit, la moelle épinière. Dans l'homme, les vertèbres coccygiennes ne présentent cependant point de canal semblable, car elles sont réduites à un état rudimentaire, et ne consistent qu'en autant de petits noyaux solides. Sur les côtés, ce canal vertébral communique au dehors par une série d'ouvertures appelées *trous de conjugaison*, parce qu'elles résultent de la réunion de deux échancrures pratiquées sur les bords supérieur et inférieur de chaque vertèbre, de façon à se correspondre lorsque ces os sont unis entre eux. Ces trous, comme nous l'avons déjà vu, livrent passage aux divers nerfs qui naissent de la moelle épinière et qui vont se distribuer aux différentes parties du corps.

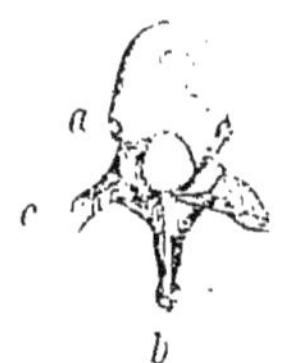

Fig. 102.

On distingue dans chaque vertèbre un corps et diverses apophyses. Le *corps de la vertèbre* (*a*) est un disque épais situé au devant du canal vertébral (ou au-dessous, si la colonne est dans une position horizontale, comme chez la plupart des animaux), et servant à donner de la solidité à l'articulation de ces os entre eux. Les deux faces de ce disque sont à peu près parallèles, et chacune d'elles est unie à la surface correspondante de la vertèbre voisine par une couche épaisse de fibro-cartilage qui adhère à l'une et à l'autre dans toute l'étendue de ces surfaces articulaires, et ne leur permet de s'éloigner entre elles qu'à raison de l'élasticité dont son tissu est doué. L'articulation des vertèbres est encore fortifiée par l'existence de quatre petites apophyses qui sont situées sur les côtés du canal vertébral et qui s'engrènent avec celles des vertèbres voisines. Enfin, en arrière de ce canal, il existe une apophyse appelée *épineuse* (*b*), qui concourt au même but, en limitant la flexion de la colonne en arrière, et des faisceaux de fibres ligamenteuses s'étendant encore d'un os à l'autre, de façon à les lier entre eux.

L'articulation des vertèbres entre elles est, comme on le voit, extrêmement solide : aussi les mouvements que chacun de ces os peut exécuter sont-ils en général très-bornés ; mais ces petits mouvements, s'ajoutant les uns aux autres, donnent à l'ensemble de la colonne assez de flexibilité sans nuire à sa force. Du reste, cette mobilité varie beaucoup dans les différentes parties du tronc : au dos, elle est presque nulle ; aux lombes, elle est

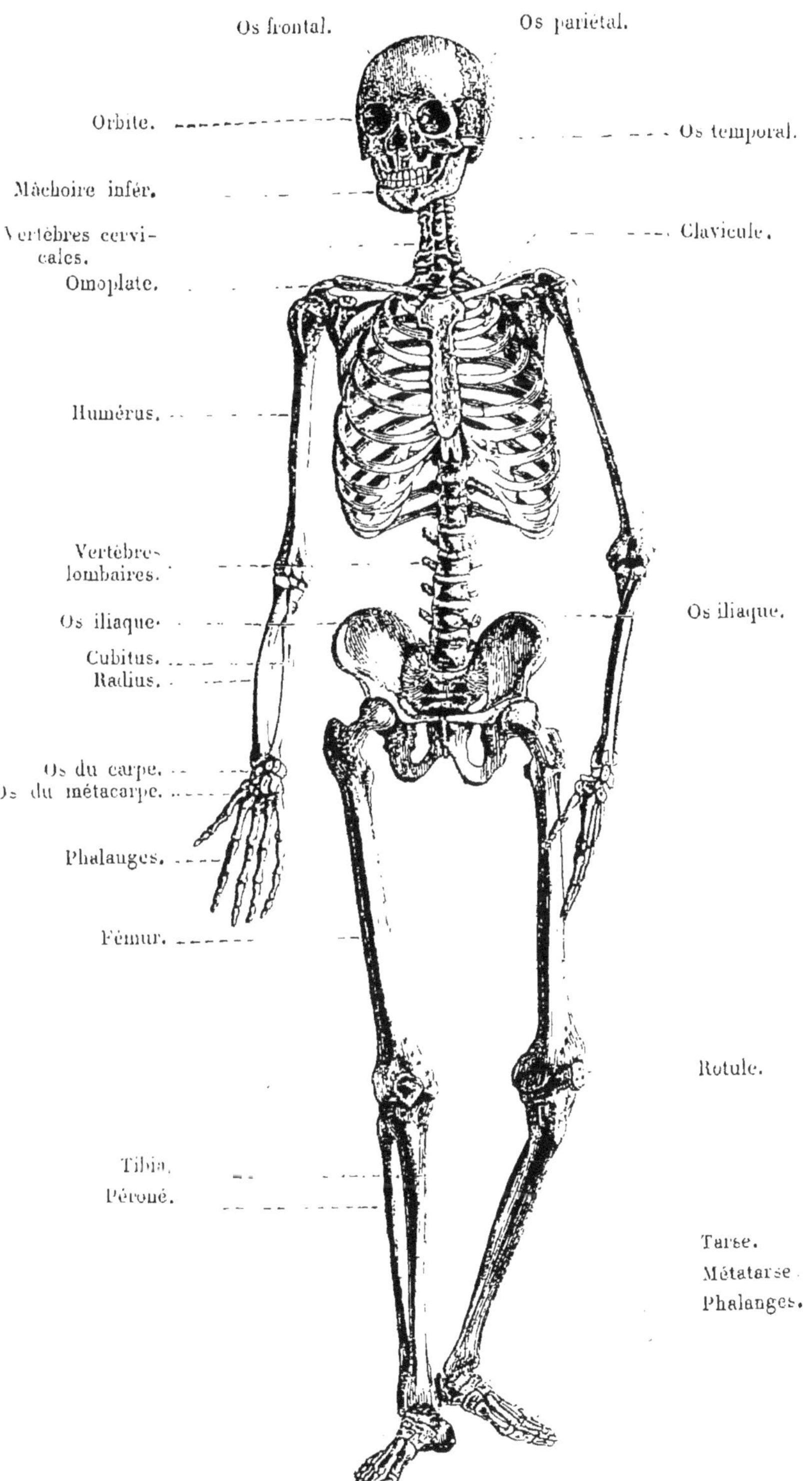

Fig. 103. — Squelette de l'Homme.

au contraire assez marquée ; mais c'est dans la portion cervicale de la colonne qu'elle est le plus prononcée : aussi, dans ces parties, la couche fibro-cartilagineuse, qui doit se prêter à ces déplacements, est-elle plus épaisse qu'au dos, et les apophyses épineuses sont-elles plus écartées l'une de l'autre, de façon à permettre une courbure plus considérable de la colonne avant qu'elles viennent à se rencontrer.

Le poids du corps tend continuellement à courber la colonne vertébrale en avant ; aussi y a-t-il, pour résister à cette flexion et pour redresser l'épine dorsale, des muscles puissants qui s'insèrent le long de sa face postérieure ; et, afin de rendre leur action plus puissante, la nature a disposé leur point d'attache de façon à les faire tirer perpendiculairement sur un bras de levier assez long. En effet, la plupart d'entre eux se fixent à l'extrémité des apophyses dites épineuses, qui forment une crête saillante dans toute la longueur du dos ; et d'autres prennent leur point d'attache sur deux autres apophyses (*c*, fig. 102), qui sont également très-saillantes, et que l'on nomme, à cause de leur direction, *apophyses transverses*.

Il est à remarquer aussi que, dans les portions de la colonne où ces muscles doivent déployer le plus de force, comme aux lombes, ces apophyses sont bien plus longues, et par conséquent forment un levier bien plus puissant que dans les parties où toute cette force n'est pas nécessaire : au cou, par exemple. Par la suite, nous aurons aussi l'occasion de voir que, chez les animaux dont la tête est pesante et se trouve à l'extrémité d'un cou long et horizontal, ces apophyses prennent un accroissement extrême au dos, où elles servent à l'attache des ligaments et des muscles destinés à soutenir ces parties et à relever le cou (fig. 104).

Les mouvements de flexion de la colonne en avant ne nécessitent presque aucun déploiement de force, et les muscles employés à les produire, et situés au devant du corps des vertèbres, sont par conséquent grêles et en petit nombre.

La première vertèbre du cou, nommée *atlas*, est beaucoup plus mobile que toutes les autres : elle a la forme d'un simple anneau, et tourne autour d'une espèce de pivot formé par une apophyse qui s'élève du corps de la vertèbre suivante (ou *axis*). C'est même dans cette articulation que s'effectuent presque entièrement les mouvements de rotation exécutés par la tête. Les liens qui unissent ces deux vertèbres sont incomparablement moins forts que ceux des autres vertèbres ; et, en effet, dans la position ordinaire du corps, le poids de la tête, pressant sur l'atlas, tend plutôt à les maintenir en contact qu'à les séparer. Mais lorsque c'est la tête qui supporte tout le poids du corps, comme cela a lieu chez les personnes pendues, il en est tout autrement : ces deux vertèbres se séparent alors facilement, et leur luxation produit une mort presque instantanée par suite de la compression de la moelle

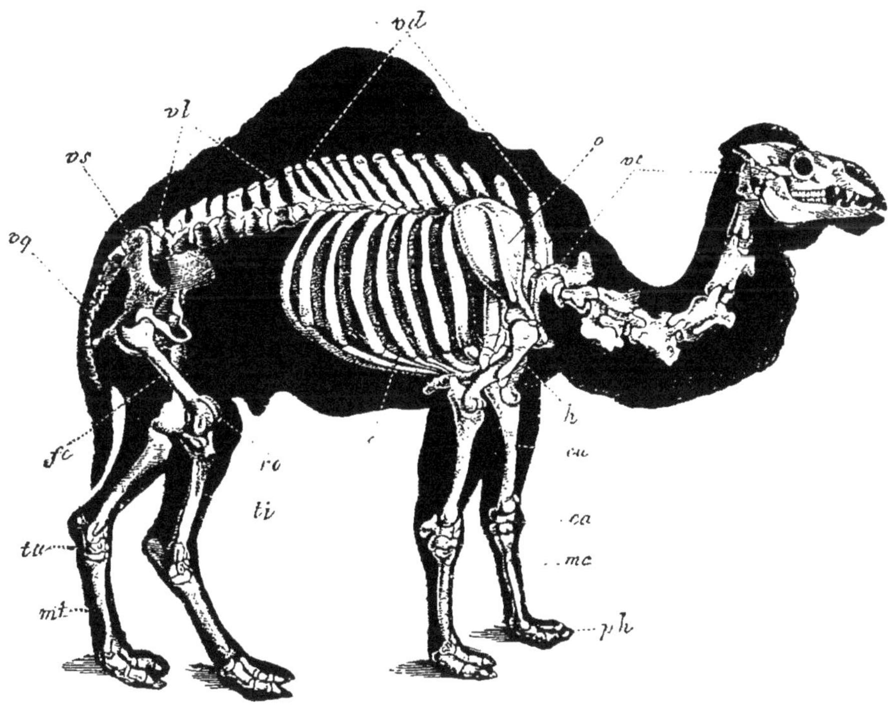

Fig. 104. — Squelette du Chameau (1).

épinière, précisément dans le point où naissent les principaux nerfs de l'appareil respiratoire. C'était dans la vue de déterminer cette dislocation du cou, et, par conséquent, d'abréger les souffrances des criminels condamnés à périr sur la potence, que les bourreaux avaient autrefois l'habitude d'appuyer avec les pieds sur l'épaule des suppliciés, au moment où ils les lançaient de leur échelle la corde au cou; et c'est par la même cause qu'on a vu quelquefois une mort subite arriver au milieu des jeux imprudents dans lesquels on soulève les enfants en les tenant entre les deux mains, suspendus par la tête.

(1) Le squelette du chameau sur un fond noir représentant la silhouette de l'animal : — *vc*, vertèbres cervicales ; — *vd*, vertèbres dorsales ; — *vl*, vertèbres lombaires ; — *vs*, sacrum ; — *vq*, vertèbres de la queue ; — *c*, côtes ; — *o*, omoplate ; — *h*, humérus ; — *cu*, cubitus ; — *ca*, carpe ; — *mc*, métacarpe ; — *ph*, phalanges ; — *fe*, fémur ; — *ro*, rotule ; — *ti*, tibia ; — *ta*, tarse ; — *mt*, métatarse.

§ 272. Les vertèbres cervicales ne s'articulent qu'entre elles ou avec la tête et la première vertèbre du dos; mais chacune des douze vertèbres dorsales porte une paire d'arceaux très-longs et aplatis, qui se recourbent autour du tronc, de façon à former une sorte de cage osseuse destinée à loger le cœur et les poumons. Ces arceaux sont les *côtes* (fig. 103 et 105), dont le nombre est, par

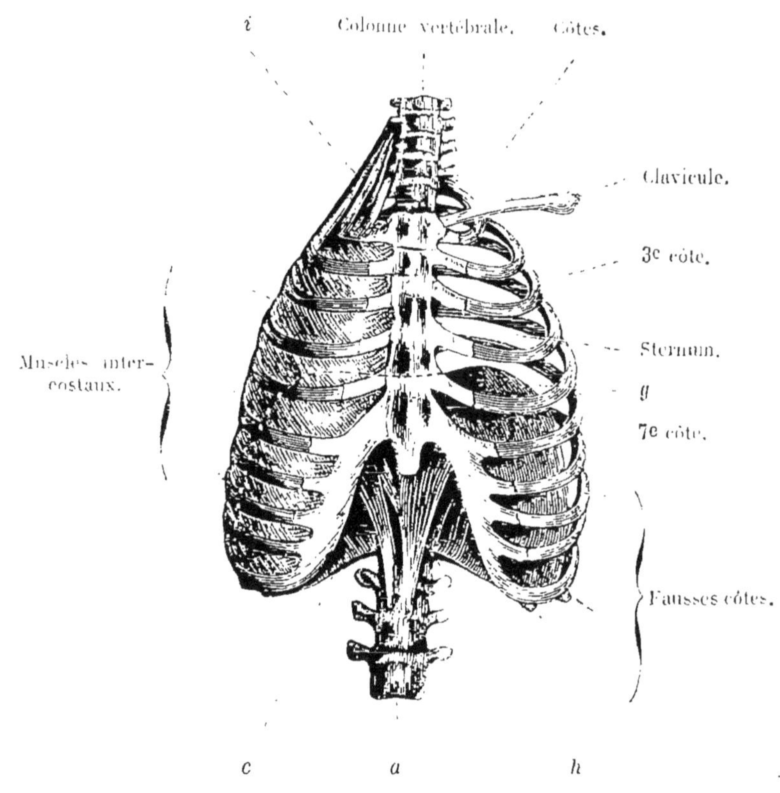

Fig. 105. — Thorax de l'Homme (1).

conséquent, de douze de chaque côté du corps: leur extrémité postérieure est articulée avec le corps de la vertèbre correspondante et avec l'une des apophyses transverses; l'autre extrémité se continue avec une tige cartilagineuse, qui, chez certains animaux (les oiseaux, par exemple), est toujours ossifiée, et porte alors le nom de *côte sternale*. Les cartilages des sept premières paires de côtes, que l'on appelle les *vraies côtes*, viennent se joindre au *sternum* (fig. 105), os impair qui occupe en avant la ligne médiane du corps, et sert à compléter les parois de la cavité

(1) Voyez l'explication de cette figure, page 106.

thoracique; les cinq dernières paires de côtes n'arrivent pas au sternum, mais se joignent aux cartilages des côtes précédentes : on les distingue sous le nom de *fausses côtes*.

§ 273. **Membres.** — C'est sur la cage osseuse dont nous venons de parler que se fixent les MEMBRES SUPÉRIEURS. On distingue, dans chacun de ces appendices, une *portion basilaire*, qui peut être comparée à un socle sur lequel s'insère la portion essentiellement mobile du membre, celle qui représente un levier auquel la première sert de point d'appui.

Cette portion basilaire se compose de deux os, l'*omoplate* et la *clavicule*.

L'*omoplate* est un grand os plat, qui occupe la partie supérieure et externe du dos : sa forme est à peu près triangulaire, et il présente en haut et en dehors une cavité articulaire assez large, mais peu profonde, destinée à recevoir l'extrémité de l'os du bras (*fosse glénoïdale de l'omoplate*). A son bord supérieur, on remarque une apophyse saillante appelée *coracoïde*; et sur sa face externe se trouve une crête horizontale très-saillante, qui vient se terminer au-dessus de l'articulation de l'épaule, en formant une apophyse nommée *acromion*, à l'extrémité de laquelle s'articule la *clavicule* (fig. 103 et 105). Ce dernier os est grêle et cylindrique; il est placé en travers à la partie supérieure de la poitrine, et s'étend, comme un arc-boutant, du sternum à l'omoplate. Son principal usage est de maintenir les épaules écartées : aussi se brise-t-il très-souvent, lorsque, dans les chutes sur le côté, cette partie est poussée avec violence vers le sternum; et chez les animaux qui doivent porter avec force le bras vers la poitrine (comme les oiseaux le font pendant le vol), cet os est très-développé, tandis qu'il manque complétement chez ceux qui n'exécutent jamais de mouvements semblables, et qui ne meuvent leurs membres que longitudinalement, comme les chevaux, etc.

Des muscles nombreux fixent l'omoplate contre les côtes. L'un des principaux d'entre eux est le *grand dentelé*, qui se porte de la partie antérieure du thorax au bord postérieur de cet os, en passant entre lui et les côtes. Chez l'homme, il est peu développé; mais, chez les animaux qui marchent à quatre pattes, il est extrêmement fort, et constitue avec celui du côté opposé une espèce de sangle qui supporte tout le poids du tronc, et qui empêche les omoplates de remonter vers la colonne vertébrale. Dans l'homme, le *muscle trapèze*, qui s'étend de la partie cervicale de la colonne vertébrale à l'omoplate, a également des fonctions très-importantes; car il sert à relever l'épaule et à soutenir le poids de tout le membre thoracique : aussi est-il très-développé.

§ 274. La portion du membre thoracique qui constitue le levier auquel l'omoplate sert de point d'appui se compose du *bras*, de l'*avant-bras* et de la *main*.

Le *bras* est formé par un seul os, long et cylindrique, nommé *humérus* (fig. 103). Son extrémité supérieure (ou *tête*) est grosse, arrondie et articulée avec la cavité glénoïde de l'omoplate, dans laquelle elle peut rouler dans tous les sens. Les muscles destinés à mouvoir l'humérus s'insèrent au tiers supérieur de cet os, et s'attachent, par leur extrémité opposée, à l'omoplate ou au thorax. Les trois principaux sont le *grand pectoral*, qui porte le bras en dedans, en même temps qu'il l'abaisse ; le *grand dorsal*, qui le porte en arrière et en bas, et le *deltoïde*, qui le relève.

L'extrémité inférieure de l'humérus est élargie, et a la forme d'une poulie, sur laquelle l'avant-bras se meut comme sur une charnière.

§ 275. Deux os longs, placés parallèlement, forment cette portion du membre thoracique : c'est le *cubitus* en dedans, et le *radius* en dehors. Ils sont unis entre eux par des ligaments et par une cloison aponévrotique qui s'étend de l'un à l'autre dans toute leur longueur ; cependant ils sont mobiles, et le radius, qui porte à son extrémité la main, peut tourner sur le cubitus, qui lui sert de soutien. D'après les usages différents de ces deux os, on peut prévoir quelles doivent être les principales différences de leur forme générale. Le *cubitus*, pour s'articuler d'une manière solide avec l'humérus, doit présenter à son extrémité supérieure une certaine grosseur et une surface articulaire étendue, tandis qu'à son extrémité inférieure, où il doit servir de pivot au radius, il doit être grêle et arrondi. Le *radius*, au contraire, doit être, pour la même raison, grêle à son extrémité supérieure et très-large à son extrémité inférieure, à laquelle est suspendue la main : c'est effectivement ce qui a lieu, et l'on remarque aussi que ces deux os ne se touchent que par leurs deux extrémités, ce qui rend plus faciles les mouvements de rotation du radius sur le cubitus.

Le cubitus, qui entraîne avec lui le radius, ne peut se mouvoir sur l'humérus que dans un sens : il n'exécute que des mouvements de flexion et d'extension, et, dans ces derniers, il ne peut former avec l'humérus qu'une ligne droite ; car il présente au delà de sa surface articulaire une apophyse nommée *olécrâne*, qui s'appuie alors sur l'humérus, et oppose ainsi un obstacle invincible à toute extension ultérieure. Les muscles extenseurs et fléchisseurs de l'avant-bras s'étendent de l'épaule ou de la partie supérieure de l'humérus à la partie supérieure du cubitus : il en résulte qu'ils sont disposés d'une manière favorable à la rapidité des mouvements de l'avant-bras, mais très-défavorable au déploiement d'une grande force ; car le bras de levier de la puissance, représenté par l'espace compris entre l'articulation du coude et leur insertion, est très-court, tandis que le bras de levier de la résistance, qui est égal à toute la longueur du membre à partir de la même articulation, est au contraire très-considérable.

Les mouvements de rotation du radius et de la main sur le cubitus sont effectués par des muscles qui sont situés à l'avant-bras, et qui se portent obliquement de l'extrémité de l'humérus ou du cubitus à l'une et à l'autre de ces parties.

§ 276. La *main* se divise en trois portions : le *carpe*, le *métacarpe* et les *doigts*.

Le *carpe*, ou poignet, est formé par deux rangées de petits os courts, unis très-intimement entre eux, de façon que l'ensemble de cette partie jouit de quelque mobilité, quoique chacun des os dont elle se compose ne se déplace qu'à peine, disposition qui est de nature à donner à leurs articulations une solidité très-grande. On en compte huit. Quatre de ces os, savoir, le *scaphoïde*, le *semi-lunaire*, le *pyramidal* et le *pisiforme*, composent la première rangée ; les quatre autres, que l'on nomme *trapèze*, *trapézoïde*, *grand os* et *os crochu*, en forment la seconde. Il est à remarquer que ces divers os sont disposés de façon à protéger les vaisseaux et les nerfs qui se rendent de l'avant-bras à la main : ils forment à cet effet avec des ligaments un canal qui est traversé par ces organes, et qui peut supporter, sans s'aplatir, la pression la plus forte.

Le *métacarpe* se compose d'une rangée de petits os longs, placés parallèlement entre eux et en nombre égal à celui des doigts, avec lesquels ils s'articulent par leur extrémité. Quatre de ces os sont aussi unis entre eux par leurs deux bouts, et sont à peine mobiles; mais le cinquième, qui porte le pouce, est détaché du reste du métacarpe à son extrémité antérieure et se meut librement sur le carpe.

Enfin, les *doigts* sont formés chacun par une série de petits os longs, joints bout à bout, et appelés *phalanges*. Le pouce n'en présente que deux ; mais tous les autres doigts en ont trois. La dernière phalange, que l'on appelle aussi *phalangette*, porte l'ongle. Les doigts sont tous très-mobiles et peuvent se mouvoir indépendamment les uns des autres. Leurs muscles fléchisseurs et extenseurs forment la majeure partie de la masse charnue de l'avant-bras, et se terminent par des tendons extrêmement longs et grêles, dont les uns se fixent aux premières phalanges, les autres aux phalangettes.

§ 277. Lorsque l'on considère l'ensemble des membres thoraciques, on remarque que les divers leviers joints bout à bout pour les former, diminuent progressivement de longueur. Ainsi le bras est plus long que l'avant-bras, celui-ci est plus long que le poignet, et chacune des phalanges est plus courte que celle qui la précède. Or, l'utilité de cette disposition est facile à comprendre. Les articulations nombreuses et rapprochées que l'on voit vers l'extrémité du membre permettent à celui-ci de varier sa forme de mille manières et de l'accommoder à celle du corps qu'il doit saisir; tandis que les leviers allongés, formés par bras et l'avant-bras, nous permettent de porter rapidement la main à d'assez grandes distances. Ce sont principalement les mouvements de l'humérus sur l'omoplate qui déterminent la direction générale du membre, et l'articulation du coude a surtout pour usage de permettre à ce levier de s'allonger ou de se raccourcir.

§ 278. La structure des MEMBRES INFÉRIEURS a la plus grande analogie avec celle des membres thoraciques, et les principales différences qu'on y remarque sont celles nécessaires pour leur donner plus de solidité aux dépens de leur mobilité, et pour en faire, au lieu d'organes de préhension, des organes de locomotion. On y distingue aussi une portion basilaire, qui est le représentant de l'épaule, et qu'on nomme *hanche*, et un levier articulé formé de trois parties principales, la *cuisse*, la *jambe* et le *pied*, lesquelles répondent au bras, à l'avant-bras et à la main.

§ 279. La *hanche*, ou portion basilaire du membre abdominal, est formée par un grand os plat, nommé *os iliaque* (du mot latin *ilia*, flancs), ou *os coxal* (du mot *coxa*, qui en grec signifie *hanche*). Cet os résulte de la soudure de trois pièces principales, toujours distinctes dans le jeune âge et que l'on peut comparer au corps de l'omoplate, à l'apophyse coracoïde de cet os et à la clavicule. Les os iliaques ne trouvent point, comme les os de l'épaule, des côtes et un sternum pour s'y appuyer; étant destinés à soutenir tout le poids du corps, ils doivent cependant être fixés de la manière la plus solide au tronc : aussi les voit-on s'articuler en arrière avec la portion de la colonne vertébrale appelée *sacrum*, et en avant se réunir entre eux, en formant une arcade nommée *pubis*. Ils sont complétement immobiles, et il résulte de l'union de ces deux os entre eux et avec le sacrum une large ceinture osseuse, qui termine inférieurement l'abdomen, et qui, à cause de sa forme évasée, est appelée *bassin* (fig. 103, p. 215). Cette espèce d'anneau est bouché inférieurement par des muscles. Sur le côté et en dehors, on remarque sur chaque os iliaque une cavité articulaire, à peu près hémisphérique, qui sert à loger la tête de l'os de la cuisse. Enfin, la plupart des muscles destinés à mouvoir la cuisse et la jambe prennent insertion sur le bassin, et les muscles qui cloisonnent, comme nous l'avons vu ailleurs, la cavité abdominale, s'y fixent pour s'étendre de là au thorax.

§ 280. La *cuisse*, comme le bras, ne se compose que d'un seul os, que l'on nomme *fémur* (fig. 103). Son extrémité supérieure est coudée en dedans, et sa tête, qui est arrondie, est séparée du corps de l'os par un rétrécissement appelé *col du fémur*. Au bas de ce col et dans le point où il se joint au corps de l'os, en formant un angle ouvert, on remarque plusieurs grosses tubérosités, qui peuvent être senties à travers la peau, et qui servent à l'insertion des principaux muscles moteurs de la cuisse; enfin, son extrémité inférieure est renflée et présente deux condyles comprimés latéralement et arrondis d'avant en arrière, qui glissent sur la surface articulaire du principal os de la jambe, et ne permettent à celui-ci que de se ployer en arrière ou de s'étendre, tandis que le fémur lui-même peut se mouvoir sur le bassin dans tous les sens.

§ 281. La *jambe* diffère davantage de l'avant-bras. Outre le *péroné* et le *tibia*, qui sont les deux os principaux dont cette partie du membre inférieur se compose, comme l'avant-bras se compose du cubitus et du radius, on trouve au devant du genou un troisième os appelé *rotule*, qui peut être considéré comme l'analogue de l'apophyse olécrâne du cubitus, et qui sert principalement à éloigner du genou le tendon des muscles extenseurs de la jambe et à rendre son insertion au tibia plus oblique, disposition qui, ainsi que nous l'avons déjà vu (§ 266), doit tendre à augmenter la puissance de son action. Le pied ne devant pas exécuter des mouvements de rotation comme la main, et devant, pour soutenir tout le poids du corps, présenter dans son articulation beaucoup de solidité, les deux os de la jambe ne sont pas mobiles l'un sur l'autre, et celui d'entre eux qui s'articule avec le fémur (le tibia) est aussi celui qui porte le pied à son extrémité opposée. Le péroné, qui est grêle et situé du côté externe du tibia, ne sert, pour ainsi dire, qu'à maintenir le pied dans sa position naturelle et à l'empêcher de tourner en dedans. Son extrémité supérieure est appliquée contre la tête du tibia, et son extrémité inférieure constitue la *cheville* ou *malléole externe*.

§ 282. Le *pied* se compose, ainsi que la main, de trois parties principales, savoir : le *tarse*, le *métatarse* et les *doigts*.

Il y a sept os au *tarse*, et son articulation avec la jambe ne se fait que par l'un d'entre eux, l'*astragale*, qui s'élève au-dessus des autres, et présente une tête en forme de poulie, destinée à s'emboîter dans la cavité constituée par la surface articulaire du tibia et les deux malléoles (1). L'astragale repose sur le *calcanéum*, qui se prolonge beaucoup plus loin en arrière, et forme le talon. Enfin, un troisième os, appelé *scaphoïde*, termine la première rangée des os du tarse ; et la seconde rangée se compose, comme à la main, de quatre petits os, dont trois ont reçu le nom d'*os cunéiformes*, et le quatrième, placé en dedans, est appelé *os cuboïde*.

Les os du *métatarse*, au nombre de cinq, ressemblent exactement à ceux du métacarpe : seulement ils sont plus forts et moins mobiles, surtout l'interne, qui est disposé comme les autres. Il en est de même pour les orteils ; on y compte le même nombre de phalanges qu'aux doigts de la main, mais ces os sont plus courts et beaucoup moins mobiles. Le gros orteil n'est pas détaché des autres, et ne peut leur être opposé, comme le pouce s'oppose aux autres doigts.

Du côté interne du pied, les os du tarse et du métatarse forment une espèce de voûte, destinée à loger et à protéger les nerfs et les vaisseaux qui descendent de la jambe vers les orteils. Lorsque cette disposition n'existe pas, et que la plante du pied est plate, comme cela arrive quelquefois, ces nerfs sont comprimés par le poids du corps, et la marche ne peut être continuée longtemps sans douleur. Du reste, le pied pose sur le sol dans toute son étendue, et forme une base de sustentation large et solide ; il ne peut se mouvoir sur la jambe que dans le sens de sa longueur, et les muscles servant à cet usage entourent le tibia et le péroné. Les extenseurs du pied, qui forment la saillie du mollet, et se fixent au calcanéum par un gros tendon, appelé *tendon d'Achille*, sont disposés d'une manière favorable à leur action ; car leur insertion a lieu presque à angle droit, et se trouve plus éloignée du point d'appui que ne l'est la résistance qu'ils doivent vaincre lorsque le poids du corps, pressant sur l'astragale, est soulevé par le pied.

(1) La *malléole interne* est une apophyse du tibia ; l'externe, comme nous l'avons déjà dit, est formée par le péroné.

Des attitudes de la locomotion.

§ 283. Tous les mammifères, les oiseaux, les reptiles, les batraciens et les poissons ont un squelette intérieur plus ou moins semblable à celui de l'homme, composé à peu près des mêmes os (fig. 104), et mû également par des muscles placés entre cette charpente solide et l'enveloppe tégumentaire. C'est ce squelette qui donne à leur corps sa forme générale, et c'est de sa disposition et de l'action des muscles fixés à ses diverses parties que dépendent les attitudes aussi bien que les mouvements de ces animaux.

§ 284. **Station.** — Un petit nombre de ces êtres (les serpents, par exemple) posent habituellement sur le sol par toute la longueur de leur corps, et ne se déplacent que par les ondulations de leur tronc; mais les autres sont ordinairement soutenus sur leurs membres, et l'on donne le nom de *station* à cet état dans lequel un animal se tient de la sorte sur le sol, dressé sur ses jambes.

Pour que les membres puissent rester fermes et soutenir ainsi le corps, il faut que leurs muscles extenseurs se maintiennent contractés; car, sans cela, ces organes fléchiraient sous le poids qu'ils supportent et en détermineraient la chute. Nous avons déjà vu que les muscles se fatiguent d'autant plus vite, que chacune de leurs contractions dure plus longtemps; aussi, chez la plupart des animaux, la station est-elle à la longue plus fatigante que la marche, car pendant celle-ci les muscles extenseurs et fléchisseurs se relayent mutuellement.

§ 285. Cette condition n'est pas la seule qui soit indispensable à la station; pour que le corps reste debout sur ses membres ainsi roidis, il faut qu'il soit en équilibre.

L'équilibre s'établit non-seulement lorsqu'un corps pesant appuie sur un objet résistant par toute l'étendue de sa surface la plus large, mais aussi lorsqu'il est placé de telle façon que, si une partie de sa masse s'abaissait vers la terre, une partie opposée, également pesante, s'élèverait d'autant: le poids d'une partie sert alors à contre-balancer celui de l'autre, et l'on appelle *centre de gravité* le point autour duquel toutes ces parties se font réciproquement équilibre, et qu'il suffit de soutenir pour maintenir en place la masse entière. Or, pour soutenir le centre de gravité, il suffit que la *base de sustentation* (c'est-à-dire l'espace occupé par les points par lesquels la masse s'appuie sur un objet résistant, ou celui compris entre ces points) soit située verticalement au-dessous de ce centre.

Pour que le corps d'un animal reste en équilibre sur ses pattes, il faut par conséquent que la verticale passant par son centre de gravité tombe dans les limites de l'espace que les pieds laissent entre eux ou recouvrent eux-mêmes; et plus cette base de sustentation sera large par rapport à la hauteur à laquelle se trouve le centre de gravité, plus son équilibre sera stable; car plus aussi il pourra être déplacé sans que la ligne de gravité dont nous venons de parler cesse de tomber dans les limites de cette base. Il en est de même pour tout corps pesant. Ainsi la table *a* représentée dans la figure 106 devra tomber, parce que la verticale *e*, abaissée de son centre de gravité *c*, dépassera les limites de sa base de sustentation *d*, c'est-à-dire l'espace occupé par son pied ; tandis que la table *b*, étant également inclinée, ne sera pas renversée, parce que sa base de sustentation est assez large pour que la ligne de gravité n'en dépasse pas les limites. Il est aussi à noter que plus l'équilibre sera difficile à conserver, plus la contraction musculaire nécessaire pour le maintenir devra être intense, et plus la position de l'animal sera fatigante.

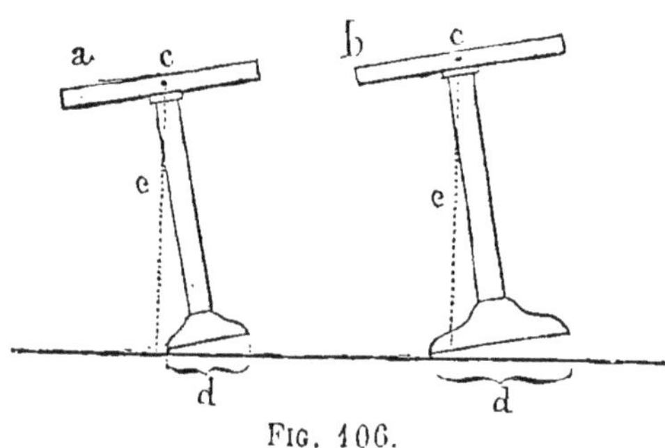

FIG. 106.

D'après cela, on peut voir que, lorsqu'un animal pose à la fois sur ses quatre membres, la station devra être en général plus ferme, plus solide et moins fatigante que lorsqu'il ne pose que sur deux, et que, dans ce dernier cas, il sera encore dans un état d'équilibre plus stable que lorsqu'il ne pose que sur une seule jambe; car l'étendue de la base de sustentation deviendra ainsi de plus en plus étroite. Quand un animal se tient sur ses quatre pieds, l'espace compris entre eux est très-considérable et ne peut être que peu modifié par l'étendue plus ou moins grande de la surface de ces organes. Les rendre très-larges aurait donc augmenté leur poids, sans ajouter notablement à la solidité de la base de sustentation : aussi, chez la plupart des quadrupèdes, les membres ne touchent-ils le sol que par une extrémité à peine dilatée, et voit-on le nombre des doigts diminuer de plus en plus, sans que cela nuise à ces organes comme instruments de locomotion. Le pied du cerf et celui du cheval nous en offrent la preuve (fig. 107 et 108). Mais lorsque l'animal ne pose que sur deux de ses pieds, quel que soit leur écartement, la base de sustentation ne peut avoir de solidité d'avant en arrière qu'autant que ces organes touchent le sol dans une étendue considérable, comme cela a lieu pour le pied de l'homme (fig. 103); et lorsqu'un animal se tient facilement sur une seule patte, ainsi que le font les oiseaux, il faut que la nature ait donné à ces pieds encore plus de largeur aussi bien que de longueur (fig. 114).

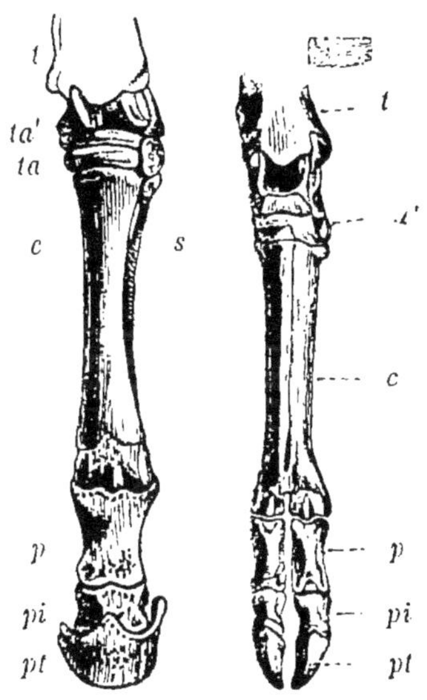

Fig. 107. (1) Fig. 108.

Pour qu'un animal puisse se mettre en équilibre sur une seule de ses jambes, il faut aussi que le pied sur lequel il pose se place verticalement au-dessous du centre de gravité de son corps, et que ses muscles soient disposés de façon à lui permettre de maintenir alors ce membre inflexible et immobile. L'homme y parvient, car le centre de gravité de son corps se trouve vers le milieu de son bassin, et, en se plaçant dans la position verticale, il lui suffit de se courber un peu du côté qui ne pose pas, pour que la ligne de gravité tombe sur la plante du pied du côté opposé ; mais pour la plupart des quadrupèdes, la chose est impraticable.

La plupart de ces derniers animaux ne peuvent même se tenir dressés sur leurs pattes postérieures, à cause de la direction de ces membres, relativement au tronc ; et s'ils y parviennent pour un instant, il leur est impossible de maintenir l'équilibre, parce que leur base de sustentation est très-étroite, le centre de gravité de leur corps est placé très-haut (vers la poitrine), et les muscles qui servent à leur faire prendre cette attitude sont obligés de se contracter avec une violence qui nécessite un prompt repos. Pour l'homme et un petit nombre d'autres mammifères, la station verticale sur les deux membres abdominaux est au contraire plus ou moins facile ; car ces membres peuvent aisément se placer dans la direction de l'axe du corps, le centre de gravité

(1) Fig. 107. Jambe postérieure du cheval. — Fig. 108. Jambe du cerf : — *t*, tibia ; — *ta*, première rangée des os du tarse ; — *ta'*, deuxième rangée de ces os ; — *c*, métatarse ou *canon* ; — *s*, stylet formé par un rudiment de doigt latéral ; — *p*, phalange ; — *pi*, phalangine ; — *pt*, phalangette enveloppée par le sabot.

est situé très-bas, et la base de sustentation, formée par les pieds, est assez large. Chez l'homme surtout, cette attitude est rendue solide par la largeur du bassin, la forme des pieds et quelques autres particularités d'organisation.

§ 286. Dans la station verticale, les muscles de la partie postérieure du cou se contractent pour maintenir la tête en équilibre sur la colonne vertébrale, et les muscles extenseurs de cette colonne entrent aussi en action pour l'empêcher de céder sous le poids des membres thoraciques et des viscères du tronc, qui tendent à les recourber en avant. Tout le poids de notre corps se transmet ainsi par la colonne vertébrale au bassin et du bassin au fémur. Abandonnés à eux-mêmes, ces derniers os se ploieraient sur le bassin, et le tronc tomberait en avant ; mais la contraction de leurs muscles extenseurs les maintient tendus. Les muscles extenseurs de la jambe empêchent en même temps les genoux de fléchir, et les muscles extenseurs du pied maintiennent la jambe dans la position verticale, de façon que le poids du corps se transmet de la cuisse à la jambe, de la jambe au pied, et du pied au sol.

§ 287. La position assise est moins fatigante que la station, parce que le poids du corps se transmettant alors directement du bassin à la base de sustentation, il n'est pas nécessaire que les muscles extenseurs des membres abdominaux se contractent pour maintenir l'équilibre. Enfin, lorsque l'homme est couché sur le dos ou le ventre, le poids de chaque portion mobile de son corps se transmet directement au sol, et par conséquent, pour se maintenir de la sorte, il n'a besoin de contracter aucun de ses muscles.

§ 288. **Marche.** — Les mouvements progressifs par lesquels l'homme et les animaux se transportent d'un lieu à un autre exigent qu'une vitesse déterminée soit imprimée, dans une certaine direction, au centre de gravité de leur corps. Cette impulsion lui est donnée par le déploiement d'un certain nombre d'articulations plus ou moins fléchies, et dont la position est telle, que, du côté du centre de gravité, leur déploiement est libre ; tandis que, du côté opposé, il est gêné ou même impossible, de façon que la totalité ou la plus grande partie du mouvement produit a lieu dans la première de ces directions. Il se passe alors la même chose que dans un ressort à deux branches, dont l'une des extrémités est appuyée contre un obstacle résistant, et dont les deux branches, après avoir été rapprochées par une force extérieure, sont rendues à leur liberté primitive : à raison de leur élasticité, elles tendront à s'écarter également jusqu'à ce qu'elles soient revenues dans la position qu'elles avaient avant que d'être comprimées; mais celle appuyée contre l'obstacle ne pouvant le forcer, le mouvement se fera en entier dans le sens opposé, et le centre de gravité du ressort s'écartera de cet obstacle avec une vitesse plus ou moins grande. Dans le corps des animaux, les muscles fléchisseurs de la partie employée dans ces sortes de mouvements représentent la force qui comprime le ressort, les muscles extenseurs représentent l'élasticité qui tend à le redresser, et la résistance du sol ou celle du fluide dans lequel ces êtres se meuvent représentent l'obstacle qui s'oppose au déplacement de l'une de ses extrémités.

Ainsi, lorsque nous marchons, l'un de nos pieds est porté en avant, tandis que l'autre s'étend sur la jambe; et comme ce dernier membre appuie sur un sol résistant, son allongement déplace le bassin et projette en avant tout le corps; le bassin tourne en même temps un peu sur le fémur du côté opposé à celui sur lequel il appuie; et la jambe, qui était d'abord restée en arrière, se fléchit, se porte en avant de l'autre, puis se redresse et sert à son tour à soutenir le corps, pendant que l'autre membre, en s'étendant, donne une nouvelle impulsion au centre de gravité. A l'aide de ces mouvements alternatifs d'extension et de flexion, chaque jambe porte à son tour le poids du corps, comme elle le ferait dans la station sur un seul pied, et à chaque pas le centre de gravité est poussé en avant. Mais on voit qu'il doit se porter en même temps alternativement un peu à droite et à gauche pour se trouver directement au-dessus de chacune de ses bases de sustentation; et ce déplacement devient d'autant plus considérable, que le bassin est plus large, car les membres destinés à soutenir alternativement le tronc sont alors plus écartés entre eux.

§ 289. Chez tous les animaux supérieurs, de même que chez l'homme, ce sont les membres qui servent à la locomotion; mais la nature de ces mouvements varie beaucoup chez ces êtres, et par conséquent la conformation de ces instruments doit présenter des différences correspondantes, car, ainsi que nous l'avons déjà dit, les fonctions d'un appareil sont toujours en rapport avec sa structure.

La manière dont la nature approprie les mêmes organes à des usages différents en rapport avec les mœurs des animaux est un sujet intéressant d'étude; car on la voit arriver ainsi aux résultats les plus variés, sans se départir un seul instant du plan général qu'elle a adopté pour la conformation de toutes les espèces d'une même famille, et par le seul fait de changements légers dans la forme ou dans les proportions de quelques-uns des instruments dont l'ensemble constitue le corps de ces êtres. Les organes de la locomotion des mammifères nous en fournissent des exemples. Effectivement, dans cette classe, il existe des êtres destinés à se mouvoir dans l'eau seulement, ou bien à nager et à marcher tour à tour; d'autres qui sont organisés pour la course; d'autres qui possèdent des ailes pour voltiger dans l'air à la manière des oiseaux, et d'autres encore qui n'emploient leurs membres antérieurs que pour saisir ou palper les objets; et cependant chez tous ces animaux les organes sont composés de la même manière. Dans les nageoires d'un phoque (fig. 110), l'aile d'une chauve-souris (fig. 113) et la patte d'un écureuil ou d'une taupe, on trouve les mêmes os que dans le bras de l'homme (fig. 103).

§ 290. Lorsque les membres d'un quadrupède servent à la locomotion seulement, ces organes représentent des espèces de colonnes dont l'extrémité n'est que peu élargie. En effet, l'existence de doigts longs et flexibles nuirait à leur solidité, ajouterait à leur poids et ne serait d'aucune utilité à l'animal : aussi, chez les mammifères les mieux organisés pour la course, tels que le cheval, le cerf ou le chameau (fig. 104), les membres sont-ils grêles et peu ou point fendus à leur extrémité; le nombre des doigts est réduit au minimum; quelquefois il n'y en a qu'un seul (fig. 107); d'autres fois on en distingue deux (fig. 108), soit seuls, soit unis aux vestiges d'un troisième ou même d'un quatrième appendice rudimentaire, et toujours les divisions terminales sont très-courtes et peu mobiles.

D'après ce que nous avons dit plus haut relativement à l'influence des leviers sur la vitesse des mouvements (§ 267), on peut prévoir aussi que, chez les animaux les plus rapides à la course, les membres doivent nécessairement être très-longs; car la vitesse avec laquelle les muscles extenseurs des pattes se contractent restant la même, le déplacement de l'extrémité libre de ces organes acquerra d'autant plus de vitesse, que cette extrémité sera plus éloignée du point d'insertion de ces muscles moteurs et du point d'articulation du levier avec le corps. Ainsi, pour donner à un animal des habitudes lentes ou une grande agilité, il suffit à la nature de le pourvoir de membres très-courts ou de pattes très-longues, et de donner à ses muscles une puissance correspondante à l'effort qu'ils doivent exercer.

§ 291. **Saut.** — Dans la *marche*, le poids du corps est soutenu par une portion de l'appareil locomoteur pendant que son centre de gravité est poussé en avant par l'autre partie de cet appareil, de façon que l'animal ne cesse jamais de toucher au sol. Dans le *saut*, il n'en est pas de même : le corps quitte alors momentanément le sol et s'élance dans l'air pour retomber à une distance plus ou moins considérable. Ce mouvement résulte du déploiement subit des diverses articulations des membres, qui auparavant avaient été fortement fléchis ; et, pour que le corps puisse être ainsi lancé avec force, il faut que l'espèce de ressort représenté par les membres ait une longueur considérable, afin que venant à se détendre, il imprime plus facilement une grande vitesse au corps qu'il est chargé de lancer comme un projectile. Or, chez les quadrupèdes, ce sont principalement les pattes de derrière qui servent à pousser le corps en avant, tandis que les pattes de devant en soutiennent le poids et en assurent la stabilité. Il s'ensuit que dans le saut, ce sont les membres postérieurs qui agissent principalement, et, chez les animaux les mieux conformés pour bondir avec agilité, ce sont ces membres qui

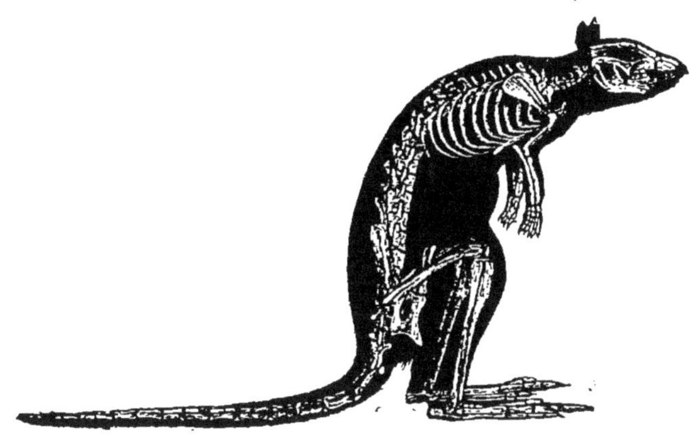

Fig. 109. — Squelette du Kanguroo.

doivent être en même temps fort longs et flexibles ; les membres antérieurs n'ont pas besoin d'offrir un développement pareil, et, s'ils acquéraient une longueur égale à celle du train de derrière, ils embarrasseraient l'animal et ajouteraient inutilement à son poids. Aussi chez les animaux doués de la faculté de franchir par le saut des espaces considérables, existe-t-il toujours une grande inégalité entre les membres : ceux de devant sont petits et légers, tandis que ceux du train de derrière offrent une longueur considérable, et sont disposés de façon à pouvoir se fléchir beaucoup et se redresser avec force. Ce mode d'organisation se remarque déjà chez les chats et les lapins, mais est porté bien plus loin chez les gerboises et les kanguroos (fig. 109).

§ 292. **Natation et vol.** — La *natation* et le *vol* sont des mouvements analogues à ceux du saut, mais qui ont lieu dans des fluides dont la résistance remplace, jusqu'à un certain point, celle du sol dans les phénomènes dont nous venons d'exposer le mécanisme.

Les membres qui, en s'étendant et en se reployant en arrière, doivent pousser le corps en avant, s'appuient dans ce cas sur le fluide ambiant, et tendent à le refouler avec une vitesse plus ou moins grande ; mais, si la résistance que l'air ou que l'eau présente dans ce sens est supérieure à celle qui s'oppose au mouvement de l'animal lui-même en sens contraire, ces fluides fourniront au membre un point d'appui, et le mouvement produit sera le même que si ce ressort touchait, par son extrémité postérieure, un obstacle invincible, mais ne se débandait qu'avec une force égale à la différence existant entre la vitesse qu'il déploie et celle qu'il imprime au fluide ambiant en le refoulant en arrière. Or, moins le fluide dans lequel l'animal se meut est dense, moins le point d'appui qu'il lui fournira ainsi sera résistant, et plus la force nécessaire pour dépasser de vitesse le déplacement de ce point d'appui et pour pousser le corps en avant sera considérable; aussi le vol nécessite-t-il une puissance motrice bien plus grande que la natation, et l'un et l'autre de ces mouvements ne pourraient être effectués avec la force qui, toutes choses égales d'ailleurs, suffit pour déterminer le saut sur une surface solide. Mais ce grand déploiement de force motrice n'est pas la seule condition nécessaire à la locomotion aérienne ou aquatique ; comme l'animal qui est plongé dans un fluide trouve de toutes parts une résistance égale, la vitesse qu'il aurait acquise en frappant en arrière ce fluide serait bientôt détruite par la résistance du fluide qu'il serait obligé de déplacer en avant, s'il ne pouvait diminuer considérablement la surface des organes locomoteurs, immédiatement après s'en être servi pour donner le coup. C'est effectivement ce qui a lieu, et l'un des caractères de tout organe de vol ou même de natation, est de pouvoir changer de forme, et de présenter dans la direction opposée à celle du mouvement qu'il produit une surface alternativement très-large et fort étroite.

§ 293. Lorsque les pattes d'un quadrupède doivent servir en même temps à la marche et à la nage, la nature les approprie à ce dernier usage en disposant les doigts de façon à pouvoir s'écarter entre eux et en les réunissant à l'aide d'un repli de la peau qui se tend par l'écartement de ces appendices, et présente alors une large surface propre à agir sur l'eau, comme le ferait une rame. C'est également par l'existence d'une *palmure* semblable que les pattes des oiseaux aquatiques diffèrent de celles des oiseaux ordinaires; mais lorsque les membres ne doivent plus servir à la marche et sont destinés exclusivement à la natation, les modifications que l'on remarque dans la structure sont plus considérables. Les parties correspondantes au bras et à l'avant-bras restent très-courtes, ce qui permet aux muscles du membre de les mouvoir avec plus de force; celle qui représente la main acquiert en même temps une grande largeur, et les doigts, solidement unis sous une peau commune, constituent une sorte de palette. Quelquefois le nombre et la structure des os qui entrent dans la composition de cette rame sont les mêmes que dans la main de l'homme, bien que la forme extérieure de l'organe soit très-différente : le phoque nous en offre un exemple (fig. 110). Quel-

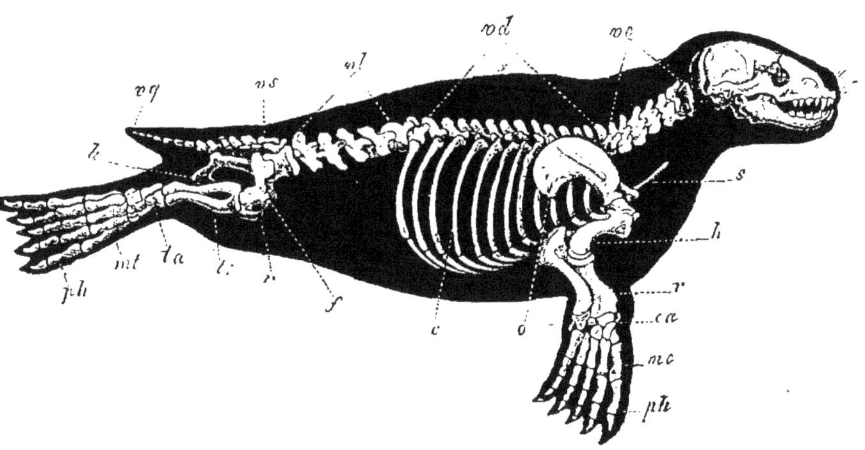

FIG. 110. — Squelette du Phoque (1).

quefois cependant les doigts de ces nageurs diffèrent des autres par l'existence d'un nombre plus considérable de phalanges, comme cela se voit chez la baleine; et d'autres fois les doigts eux-mêmes semblent être remplacés par une multitude de petites baguettes osseuses réunies sous une peau commune, mode d'organisation qui se rencontre dans les nageoires des poissons.

§ 294. La structure des organes de locomotion aérienne offre beaucoup d'analogie avec celle des nageoires; aussi est-il des poissons qui se servent tour à tour des mêmes membres pour nager et pour voler, et la seule particularité qui se remarque chez ces animaux consiste dans un développement très-considérable des nageoires pectorales (fig. 111).

(1) Les os sont indiqués par les mêmes lettres que dans la figure 104, p. 217 : — *s*, sternum; — *b*, bassin.

Quelques animaux peuvent aussi se soutenir dans l'air pendant un certain temps, à l'aide d'espèces de voiles formées par un repli de la peau étendu de chaque côté du corps et soutenu

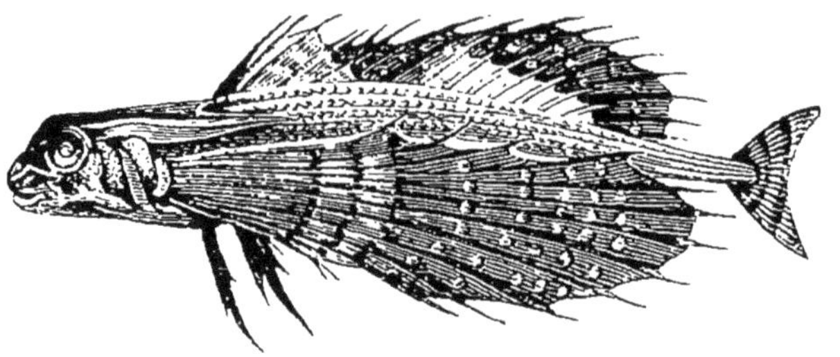

FIG. 111. — Un poisson volant (le Dactyloptère).

par les pattes, sans que celles-ci cessent pour cela d'être spécialement destinées à la marche; mais cet appareil de vol dont quelques écureuils et les galéopithèques (fig. 112) nous offrent des exemples, est toujours très-imparfait, et chez les animaux destinés essentiellement à la locomotion aérienne, il existe toujours des ailes.

FIG. 112. — Galéopithèque.

Chez les animaux vertébrés, c'est-à-dire chez tous ceux qui ont un squelette intérieur, les ailes sont formées par les membres thoraciques dont la disposition est telle, qu'ils représentent une sorte de nageoire légère et très-étendue. Ces conditions peuvent être remplies sans que la structure de l'organe s'éloigne beaucoup de celle de la patte d'un animal marcheur. C'est ainsi que, chez les chauves-souris (fig. 113), pour constituer des organes de vol assez puissants, la nature s'est bornée à envelopper les membres thoraciques tout entiers dans un vaste repli de la peau, et à donner aux doigts une extrême longueur, de façon qu'en s'écartant, ils puissent tendre cette espèce de voile mobile, comme les baleines d'un parapluie en tendant le taffetas.

Au premier abord, les ailes des oiseaux semblent différer beaucoup de celles des chauves-souris ou des bras de l'homme, et, en effet, ce qui en constitue presque toute la surface, ce sont les plumes roides dont elles sont garnies ; mais la charpente solide de ces organes est au fond à peu près la même que celle de la

FIG. 113. — Squelette d'une Chauve-Souris (1).

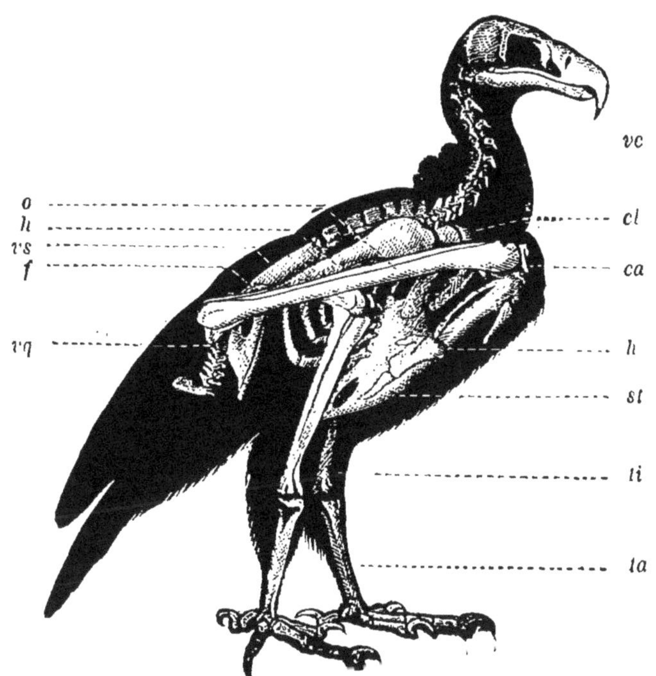

FIG. 114. — Squelette du Vautour (2).

(1) Les divers os sont indiqués par les mêmes lettres que dans la figure 104, p. 217 — *cl*, clavicule ; — *po*, pouce.

(2) Les divers os sont indiqués par les mêmes lettres que dans les figures précédentes.

patte d'un quadrupède : de même que chez ceux-ci, le membre est soutenu sur une portion basilaire analogue à l'épaule, et se compose d'un humérus, d'un cubitus, d'un radius et d'une main (fig. 114). Cette dernière partie, destinée seulement à fournir des points d'attache aux plumes, est peu développée et ne présente des vestiges que d'un petit nombre de doigts.

Les ailes des insectes sont, en général, construites à peu près sur le même plan, si ce n'est que le repli cutané qui les constitue est soutenu par des nervures cornées, au lieu de renfermer des parties analogues aux os des membres.

§ 295. **Organes de préhension.** — Enfin, c'est aussi par de légères modifications dans la forme des os et dans la disposition de leurs articulations que les membres, au lieu d'être propres à la locomotion seulement, deviennent des instruments plus ou

Fig. 115. — Sajou à gorge blanche.

moins parfaits de préhension ; pour s'en convaincre, il suffit de comparer entre eux les membres thoraciques et abdominaux de l'homme (fig. 103). En effet, notre main, si admirablement organisée pour saisir et palper les objets, ne diffère guère de notre pied que par les mouvements de rotation qu'elle peut exécuter, et qui dépendent du mode d'articulation des os de l'avant-bras, par la longueur des doigts, par leur plus grande flexibilité et par la disposition du pouce, qui peut se renverser sous les autres doigts, de façon à représenter avec eux une sorte de pince.

Chez les mammifères qui vivent de fruits et qui sont les mieux organisés pour grimper sur les arbres, les quatre membres sont terminés de la sorte par des mains, et souvent la nature pourvoit encore ces animaux d'un cinquième instrument de préhension, en rendant leur queue assez longue et assez flexible pour s'enrouler autour des branches auxquelles ils s'accrochent (fig. 115). Un grand nombre de singes du nouveau continent, parmi les mammifères, et les caméléons parmi les reptiles, nous offrent des exemples de cette queue préhensile.

DE LA VOIX.

§ 296. Les rapports qui doivent exister entre un animal et ceux dont il est environné ne s'établissent pas seulement à l'aide des sens et des mouvements que nous venons d'étudier. Plusieurs de ces êtres sont doués de la faculté de produire des sons, et peuvent même s'en servir comme moyen d'expression et de communication.

Chez les animaux les plus inférieurs il n'existe aucune trace de cette faculté ; et chez les insectes le bruit monotone que l'on nomme le chant de ces petits êtres ne résulte, en général, que du frottement de leurs ailes ou de quelques autres parties de leur enveloppe tégumentaire les unes contre les autres, de sorte que le son produit est une conséquence nécessaire de certains mouvements, de ceux du vol, par exemple, et ne peuvent guère être considérés comme un phénomène d'expression : suivant toute probabilité, il ne sert qu'à révéler la présence de celui qui le produit à ses semblables ou à d'autres animaux destinés par la nature à en faire la chasse. Chez les animaux supérieurs, au contraire, la voix acquiert plus d'importance : elle est complétement sous la direction de la volonté, elle offre plus de variété, et elle dépend d'une cause différente ; car chez tous ces êtres la production des sons s'effectue par le passage de l'air dans une partie déterminée du conduit respiratoire, disposée de façon à faire vibrer ce fluide.

§ 297. Chez l'homme et les autres mammifères, la voix se forme dans la portion du conduit aérifère qui est appelée *larynx*, et qui est située au haut du cou, entre l'arrière-bouche et la trachée (fig. 33, p. 47). En effet, une ouverture faite à la trachée au-dessous de cet organe, en permettant à l'air expiré de s'échapper au dehors sans le traverser, empêche complétement la production des sons; tandis qu'une blessure semblable, mais située au-dessus du larynx, ne détruit pas la voix : on s'en est assuré par des expériences sur les animaux vivants, et des cas pathologiques observés chez l'homme lui-même ont confirmé cette vérité. Ainsi, on connaît des exemples de personnes qui, à la suite d'une blessure ou d'une maladie, portaient au devant du cou une ouverture donnant dans la trachée et livrant passage à l'air chassé des poumons par les mouvements d'expiration : or, ces malades étaient tous privés de la voix ; mais il a été souvent facile de leur rendre la faculté de produire des sons en appliquant autour de leur cou une espèce de cravate, de façon à boucher la plaie et à forcer l'air expiré à suivre sa route ordinaire, c'est-à-dire à traverser le larynx.

§ 298. **Larynx.** — Le larynx est un tube large et court qui est suspendu à l'os hyoïde (*h*, fig. 116), et qui se continue inférieurement avec la trachée (*tr*). Ses parois sont formées par diverses

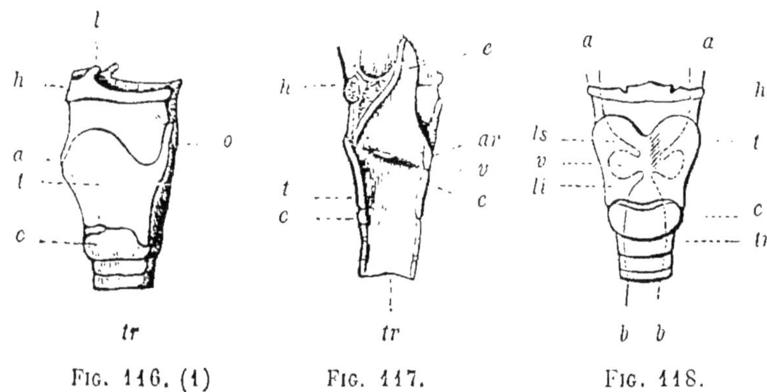

FIG. 116. (1) FIG. 117. FIG. 118.

lames cartilagineuses désignées par les anatomistes sous les noms de *cartilage thyroïde* (*t*), de *cartilage cricoïde* (*c*), et de *cartilages aryténoïdes* (*ar*, fig. 117). En avant, on y remarque la saillie con-

(1) FIG. 116. Larynx de l'homme vu de profil : — *h*, os hyoïde ; — *l*, corps de l'os hyoïde qui donne attache à la base de la langue ; — *t*, cartilage thyroïde ; — *a*, saillie formée en avant par le cartilage thyroïde, et connue sous le nom vulgaire de *pomme d'Adam* : le cartilage thyroïde est uni à l'os hyoïde par une membrane ; — *c*, cartilage cricoïde ; — *tr*, trachée-artère.

FIG. 117. Coupe verticale du larynx : — *h*, os hyoïde : — *t*, cartilage thyroïde ; — *c*, cartilage cricoïde ; — *ar*, cartilage aryténoïde ; — *o*, ventricule de la glotte, formé par l'espace que laissent entre eux les cordes vocales et les ligaments supérieurs de la glotte ; — *e*, épiglotte ; — *tr*, trachée ; — *v*, paroi postérieure du larynx en rapport avec l'œsophage.

FIG. 118. Larynx vu de face : le contour de la paroi intérieure est indiqué par les lignes *ab*, *ab* ; — *li*, ligaments inférieurs de la glotte ou cordes vocales ; — *ls*, ligaments supérieurs. Les autres parties sont indiquées par les mêmes lettres que dans les figures précédentes.

nue sous le nom vulgaire de *pomme d'Adam* (*a*), et à l'intérieur, la membrane muqueuse qui le tapisse forme vers son milieu deux grands replis latéraux dirigés d'avant en arrière, et disposés à peu près comme les lèvres d'une boutonnière. Ces replis (fig. 117 et 118) sont appelés les *cordes vocales*, ou *ligaments inférieurs de la glotte:* ils sont assez épais ; leur longueur est d'autant plus considérable, que la partie antérieure du cartilage thyroïde (ou pomme d'Adam), contre laquelle ils se fixent, est plus saillante, et, à l'aide des contractions d'un petit muscle logé dans leur épaisseur et des mouvements des cartilages aryténoïdes auxquels ils sont fixés en arrière (*ar*, fig. 117), ils peuvent se tendre plus ou moins, et se rapprocher ou s'écarter de façon à agrandir ou à diminuer l'espèce de fente qui les sépare. Un peu au-dessus des cordes vocales se trouvent deux autres replis analogues de la membrane muqueuse du larynx ; on les nomme *ligaments supérieurs de la glotte*, et l'on appelle *ventricule du larynx* les deux enfoncements latéraux qui les séparent des ligaments inférieurs (*v*, fig. 117 et 118). L'espace compris entre ces quatre replis constitue ce que l'on nomme la *glotte*. Enfin, on remarque encore au-dessus de l'ouverture supérieure du larynx une espèce de languette fibro-cartilagineuse, nommée *épiglotte* (*e*, fig. 117), qui est fixée par sa base au-dessous de la racine de la langue, et qui s'élève obliquement dans l'arrière-bouche, mais qui peut cependant s'abaisser et couvrir la glotte, comme nous l'avons déjà dit en parlant de la déglutition (§ 61).

§ 299. **Mécanisme de la voix.** — Dans l'état ordinaire, l'air, expulsé des poumons, traverse librement le larynx et n'y produit aucun son ; mais, lorsque les muscles de cet organe se contractent et que le passage de l'air dans son intérieur devient plus rapide, la voix se fait entendre. Une expérience faite par un médecin célèbre de l'antiquité, Galien, montre la nécessité de ces contractions pour la formation des sons. Il coupa, sur des animaux vivants, les nerfs qui se rendent aux muscles du larynx, et cette opération, qui détermina la paralysie de ces organes, entraîna en même temps la perte de la voix. Enfin, d'autres expériences prouvent que c'est spécialement de l'action des ligaments de la glotte que dépend la production des sons ; car, lorsqu'on coupe les ligaments supérieurs, on affaiblit considérablement la voix, et lorsqu'on coupe les replis inférieurs ou cordes vocales, on la détruit.

§ 300. La plupart des physiologistes pensent que, dans la formation de la voix, le larynx agit de la même manière que le ferait un instrument à anche ordinaire, un hautbois, par exemple ; c'est-à-dire que le courant d'air venant des poumons écarte les cordes vocales jusqu'à ce que ces lèvres élastiques, revenant sur elles-mêmes, interrompent momentanément le passage du fluide, qui bientôt les écarte de nouveau, et produit ainsi des mouvements de va-et-vient (ou vibrations) assez rapides pour donner naissance à des sons.

On peut aussi, d'après la théorie physique des instruments de musique ordinaires, s'expliquer les principales différences que nous offre la voix humaine considérée chez des individus différents, ou chez le même individu lorsqu'il en varie les intonations.

Ainsi la physique nous apprend que toutes les fois qu'une corde élastique sera tendue avec plus de force, elle exécutera des vibrations plus rapides que lorsqu'elle était plus lâche, et qu'elle produira, par conséquent, un son plus aigu, car l'acuité et la gravité des sons dépendent du nombre plus ou moins considérable d'oscillations qui se succèdent dans un temps donné. Or, les ligaments inférieurs de la glotte, comme nous l'avons déjà dit, sont conformés de manière à pouvoir se tendre ou se relâcher à des degrés variés, et l'on a constaté, par l'observation, que ces parties se tendent toujours avec d'autant plus de force, qu'on cherche à rendre la voix plus aiguë. La longueur d'une corde ou d'une lame élastique telle que celles dont on se sert pour la construction d'une anche, influe également sur l'élévation de son produit par sa vibration, et l'on sait, par exemple, qu'en raccourcissant de moitié la corde d'un violon, on obtient un son d'une octave plus haut que celui rendu par la même corde lorsqu'elle avait toute sa longueur. Si la voix se forme d'après des lois analogues, il faudra donc qu'il existe un rapport entre la longueur des cordes vocales et la gravité des sons produits; et, en effet, nous avons déjà vu que, par les contractions des divers muscles du larynx, ces replis, au lieu de rester libres dans toute leur longueur, peuvent être rapprochés au point de se toucher dans une étendue plus ou moins considérable ; et lorsqu'ils se rencontrent ainsi, la portion de leur bord susceptible de vibrer à la manière d'une anche doit nécessairement éprouver un raccourcissement correspondant, et doit donner un son plus aigu. Enfin, la longueur de ces cordes vocales est beaucoup plus considérable dans le larynx de l'homme que dans celui des femmes ou des enfants, et il existe, comme chacun le sait, une différence considérable dans le diapason de leurs voix.

§ 301. L'intensité ou le volume de la voix dépend en partie de la force avec laquelle l'air est expulsé des poumons, en partie de la facilité avec laquelle les différentes parties du larynx entrent en vibration, et de l'étendue des cavités de cet organe. Chez quelques mammifères remarquables par leurs cris assourdissants, il existe de grandes cellules en communication avec la glotte, et c'est à la résonnance de l'air contenu dans ces cavités que l'on attribue la force de leur voix : cette conformation se rencontre chez l'âne, par exemple, et est portée encore plus haut chez certains singes d'Amérique, connus sous le nom de Hurleurs.

§ 302. Le timbre de la voix paraît tenir en partie aux propriétés physiques des ligaments de la glotte et des parois du larynx, et en partie à celles de la portion suivante du tuyau vocal. On sait que le timbre des instruments de musique varie beaucoup, suivant qu'ils sont construits en bois, en métal ou en toute autre substance, et l'on a remarqué une coïncidence entre certaines modifications de la voix humaine et l'endurcissement plus ou moins grand des cartilages du larynx. Chez les femmes et les enfants, dont la voix a un timbre particulier, ces cartilages sont flexibles et n'ont que peu de dureté ; tandis que chez les hommes et chez quelques femmes dont la voix est masculine, le cartilage thyroïde est très-fort et quelquefois même plus ou moins complétement ossifié.

La forme de l'ouverture extérieure de l'appareil vocal influe également sur le timbre des sons produits. Lorsque ceux-ci traversent les fosses nasales seulement, ils deviennent désagréables et nasillards; quand la bouche est largement ouverte, la voix acquiert au contraire de la force et de l'éclat, et le degré de tension du voile du palais et des autres parties de l'arrière-bouche modifie aussi les qualités du son.

§ 303. Chez les oiseaux, la voix se forme principalement dans un organe particulier qui ressemble un peu au larynx ordinaire, mais qui est placé au bas de la trachée-artère, là où ce canal se divise pour constituer les bronches ; ce second larynx, ou *larynx inférieur*, offre une structure très-compliquée chez les oiseaux chanteurs, et nous aurons l'occasion d'en faire connaître la conformation dans la suite de ce cours.

§ 304. **Modifications de la voix.** — Les sons produits par l'appareil vocal ne sont pas toujours de même nature, et se distinguent en cri, chant et voix ordinaire ou voix acquise.

Le *cri* est un son généralement aigu et désagréable, qui n'est que peu ou point modulé, et qui diffère principalement des autres sons vocaux par son timbre; c'est le seul que puissent former la plupart des animaux, et, sous ce rapport, l'homme ne se distingue de ces derniers que par l'effet de l'éducation. L'enfant qui vient de naître ne sait pousser que des cris, et, quand il est privé du sens de l'ouïe, sa voix ne change pas ; mais, lorsqu'il entend ce qui se passe autour de lui, il apprend de ses semblables et s'accoutume par sa propre expérience à la moduler et à produire des sons d'une nature particulière. Cette *voix acquise* diffère du cri par son intensité et par son timbre, mais elle n'est formée de même que par des sons dont l'oreille ne distingue pas nettement les intervalles et les rapports harmoniques. Le *chant*, au contraire, se compose de sons appréciables ou musicaux dont les oscillations sont régulières, et peuvent être en quelque sorte comptées par l'oreille.

§ 305. L'homme possède aussi la faculté de modifier d'une manière particulière les divers sons de sa voix. Il peut articuler ces sons, et l'on donne à cet acte le nom de *prononciation*.

Les organes de la prononciation sont le pharynx, les fosses nasales et les différentes parties de la bouche ; suivant qu'ils agissent de telle ou telle manière, le son produit par le larynx prend tel ou tel caractère, et constitue un son articulé particulier.

L'homme n'est pas le seul être ayant la faculté d'articuler les sons et de prononcer ainsi des mots, mais il est le seul qui sache attacher un sens aux mots qu'il prononce et à l'arrangement qu'il leur donne ; lui seul est doué de la *parole*.

DE L'INTELLIGENCE ET DE L'INSTINCT.

§ 306. Ayant étudié les organes à l'aide desquels l'homme et les autres animaux acquièrent la connaissance des objets extérieurs et réagissent sur ce qui les entoure, il ne nous reste plus, pour achever l'histoire des fonctions de relation, qu'à nous occuper du pouvoir qui détermine leurs actions et des phénomènes de l'entendement. Cette branche de la physiologie a été plus cultivée par les philosophes que par les naturalistes, et nous ne pourrions nous y arrêter longtemps sans sortir du cadre tracé par l'Université pour l'enseignement de la Zoologie, mais il nous paraît indispensable d'en dire ici quelques mots.

C'est chez l'homme que tous les phénomènes de l'entendement offrent le plus de perfection, et c'est seulement en étudiant ce qui se passe en nous-mêmes que nous pouvons nous former quelque notion de la plupart des opérations de l'esprit. C'est également chez l'homme que les facultés intellectuelles ont été le plus observées et qu'on les a analysées avec le plus de soin ; aussi est-ce l'homme qu'il nous faudra prendre comme premier exemple dans l'investigation du sujet qui nous occupe ici, et est-ce à nous-mêmes qu'il nous faudra ensuite comparer les animaux, si nous voulons juger des facultés dont la nature les a doués et chercher les causes de leurs actions.

§ 307. **Facultés de l'entendement humain.** — Nous avons vu que le contact immédiat des objets extérieurs, ou l'influence d'agents intermédiaires entre ces objets et nos organes, produit dans les parties sensibles de l'économie un certain changement d'état ou *impression* dont la nature nous est inconnue, et dont l'effet est une excitation qui, transmise par les nerfs jusqu'au cerveau, y est perçue par notre esprit, et donne ainsi naissance à une *sensation*. La sensation est donc une chose distincte de l'impression et de l'excitation dont elle résulte, et consiste réellement dans la *conscience* que nous avons de cette impression. C'est un phénomène qui n'est pas toujours la suite nécessaire de ces excitations, et, dans bien des cas, nous ne *sentons* pas les impressions reçues par les parties sensibles de notre corps, quoique l'excitation ainsi produite ait été portée par les nerfs jusqu'à l'encéphale de la manière ordinaire, car l'effet de cette excitation sur le cerveau peut passer inaperçu par la puissance intérieure que les philosophes appellent souvent le *moi*, et que l'on désigne plus fréquemment, dans le langage ordinaire, sous le nom d'*esprit* ou d'*âme*. La faculté d'éprouver des sensations est par conséquent une propriété de l'esprit ou de quelque agent analogue, et elle constitue, pour ainsi dire, la base de tout travail intellectuel.

§ 308. Pendant le sommeil, rien n'est changé dans l'état de la plupart des organes des sens, et par conséquent ceux-ci doivent, comme durant la veille, recevoir des impressions sous l'influence des objets extérieurs ; mais ces impressions ne donnent ordinairement lieu à aucune sensation, soit parce que le cerveau cesse momentanément d'être apte à transmettre à l'esprit des excitations ainsi reçues, soit parce que l'esprit lui-même perd alors de son activité. L'influence de l'âme sur les sensations est également évidente pendant la veille ; car, par l'effet de la volonté, on peut concentrer en quelque sorte l'esprit sur telle ou telle excitation, de façon à en recevoir des sensations bien plus intenses et bien plus distinctes qu'on ne le ferait dans les circonstances ordinaires. Ainsi chacun sait qu'au milieu de plusieurs conversations qui se croisent avec une égale force, on peut souvent suivre le discours de la personne dont les paroles vous intéressent, et laisser passer inaperçues toutes les impressions produites sur notre oreille par les autres voix ; et, lorsque l'esprit est fortement préoccupé, il arrive souvent que l'on ne voit pas ce que l'on a devant les yeux, et que l'on ne sent pas la douleur que devrait produire une blessure ou une maladie.

La faculté de diriger ainsi volontairement notre esprit vers les excitations reçues du dehors, ou vers les opérations de l'entendement lui-même, constitue ce que l'on nomme l'*attention*.

§ 309. Les sensations qui nous arrivent du dehors, ou qui résultent d'un état quelconque de nos organes eux-mêmes, varient dans leurs qualités; elles sont tantôt agréables, tantôt plus ou moins douloureuses, et varient entre elles suivant qu'elles nous sont données par l'un ou par l'autre de nos sens, ou qu'elles sont déterminées par des causes différentes. Lorsque l'enfant commence à en éprouver, il ne sait encore à quoi les attribuer; mais il existe dans notre esprit une tendance à l'*induction* par suite de laquelle nous sommes naturellement portés à rattacher tout effet à une cause, et à chercher cette cause dans les circonstances dont le phénomène est accompagné ou précédé. Nous sommes conduits de la sorte à rapporter ce que nous éprouvons aux objets dont nous sommes entourés, et l'expérience ne tarde pas à confirmer ce *jugement*, car la diversité de nos sens et les manières différentes dont chacun d'eux peut être affecté nous permettent de reconnaître une coïncidence constante entre certaines sensations et la présence de certains objets. Nous acquérons ainsi la conscience de l'existence des corps extérieurs; nous y distinguons des qualités ou manières d'agir diverses, et nous nous formons une notion ou idée des objets, ou, en d'autres mots, nous les *percevons*.

Ainsi, quand un enfant sent l'odeur d'une fleur, il cherche naturellement la cause de cette sensation, et si, en même temps, il voit près de lui cette fleur ou s'il peut la saisir avec la main, il est porté à la considérer comme la cause de l'impression qu'il a reçue. Si ensuite son odorat cesse d'être ainsi excité quand il s'éloigne de cette même fleur, et si la même sensation revient dès qu'il touche ou qu'il voit de nouveau un objet ayant la propriété d'agir sur le sens de la vue ou sur le sens du toucher de la même manière que la fleur dont il vient d'être question, il ne tardera pas à se confirmer dans ce jugement et à associer dans son esprit les sensations venues par les sens de l'odorat, de la vue et du toucher, comme étant dues à autant de qualités d'un même corps. Puis il lui suffira de reconnaître une de ces qualités ou caractères pour en inférer l'existence des autres, jusqu'à ce qu'il rencontre des objets où elles ne se trouvent pas toutes réunies; et alors, s'il a quelque intérêt à le faire, il cherchera d'autres différences propres à lui faire distinguer ces corps qu'il était, au premier abord, porté à confondre. Les sensations qui nous arrivent par les autres sens déterminent dans notre esprit un travail analogue, et c'est surtout par le concours des manières différentes de sentir que l'homme acquiert des idées sur l'existence de ce qui l'environne. Le sens qui, pour nous aider à acquérir des perceptions de cette nature, pourrait le mieux se passer de tout secours étranger, est celui du toucher, parce qu'il peut s'exercer simultanément par des parties différentes de notre corps, et qu'il suffit à lui seul pour nous donner ainsi en même temps deux ou plusieurs sensations, de la comparaison desquelles ressort un jugement, soit sur l'existence du corps étranger qui les détermine, soit sur la qualité de ce corps.

Lorsque l'expérience nous a appris la signification des sensations que nous éprouvons, notre esprit ne s'arrête plus entre ses sensations et les conclusions qui en découlent; il juge sans retard, sans effort, et même sans le savoir, ce qu'il avait d'abord besoin de peser et de considérer longuement; ses jugements sur la cause des sensations deviennent en même temps plus sûrs, et nous apprenons réellement à nous servir des sens dont la nature nous a pourvus. Mais c'est à tort que, pour exprimer ce fait, les physiologistes disent souvent que nos sens se perfectionnent par l'exercice, et ont besoin d'une sorte d'éducation: ce n'est pas la faculté de recevoir des impressions qui se modifie ainsi, mais la faculté d'apprécier les sensations, de les comparer, de les distinguer, en un mot, de les juger. C'est en effet le *jugement* qui nous rend aptes à profiter de nos sensations et à nous former des notions des objets qui les déterminent. Mais ce travail de l'entendement ne suffirait pas pour amener ce résultat, s'il ne s'exerçait que sur les sensations du moment, et si celles-ci ne pouvaient être comparées aux sensations reçues antérieurement et aux idées qu'elles ont déjà fait naître.

§ 310. Il existe effectivement une autre faculté de l'esprit qui joue un grand rôle dans tous les phénomènes intellectuels et qui nous est indispensable pour acquérir la connaissance des objets dont nous sommes environnés : c'est la *mémoire* ou la faculté d'avoir de nouveau la conscience d'une sensation déjà passée, ou d'une idée déduite précédemment de nos impressions. Comme chacun le sait, les sensations que nous recevons et les idées que nous acquérons passent plus ou moins rapidement, et semblent se présenter seulement à notre conscience pour s'évanouir aussitôt; mais, dans la réalité, elles ne s'effacent pas complétement, et peuvent fréquemment, sous l'influence de la volonté ou par toute autre cause, se reproduire à notre esprit, sans cependant revêtir jamais le caractère d'une sensation actuelle. Ce pouvoir conservateur, si précieux pour l'intelligence, s'exerce en général d'autant plus facilement, que la sensation ou l'idée s'est présentée d'abord avec plus de force, ou s'est répétée plus fréquemment : c'est comme si chaque acte de l'entendement était accompagné d'un certain changement permanent dans un point déterminé du cerveau, que ce changement fût d'autant plus marqué qu'il résulterait d'une action plus forte ou d'une somme plus considérable d'actions faibles, et que la trace ainsi produite fût appréciable à l'esprit, du moment qu'elle offrirait un certain degré d'intensité. D'autres circonstances influent également sur ce phénomène intellectuel, l'âge, par exemple. Ainsi, dans les premiers temps de la vie, la mémoire est très-développée ; chez les vieillards, elle est rarement assez forte pour retenir les idées produites par les sensations émoussées que l'homme éprouve dans cette période avancée de son existence, et elle ne conserve guère que ce qui s'y était gravé pendant la jeunesse ; quelquefois même elle se perd complétement par les progrès de l'âge, et même, chez l'adulte, elle est déjà plus faible que chez l'adolescent et l'enfant : aussi est-ce pendant la jeunesse que l'on acquiert le plus facilement toutes les connaissances qui ne demandent pas une réflexion très-grande, telles que les langues, l'histoire, les sciences descriptives, etc. Il est également à noter que l'exercice tend à rendre la mémoire plus forte, et que, dans certaines maladies mentales, elle peut se perdre presque complétement, sans que le malade cesse de posséder la faculté de recevoir des sensations du dehors et d'en déduire des notions sur les objets qui l'environnent.

L'intelligence humaine n'est que rarement susceptible d'être également impressionnée par des sensations de nature diverse, et les différents hommes sont frappés d'une manière très-inégale par les idées de même ordre. Or, les sensations les plus vives sont toujours, comme nous venons de le dire, celles que la mémoire conserve le mieux, et par conséquent il est aisé de prévoir que la faculté de garder ainsi dans l'esprit les idées de divers ordres doit varier d'une manière analogue. Effectivement, chez le même homme, il y a pour ainsi dire autant de mémoires distinctes qu'il y a d'ordre de sensations différentes : il y a la mémoire des mots, la mémoire des formes, celle des lieux, celle de la musique, etc., et il est bien rare qu'un même homme les possède toutes au même degré ; en général, l'une de ces qualités prédomine, et, dans certaines maladies mentales, on a vu une espèce de mémoire se perdre complétement sans que les autres aient été notablement affectées. Mais il ne faudrait pas conclure de ces faits que ce soient réellement autant de facultés distinctes ; les inégalités qui se remarquent dans la mémoire, suivant qu'elle se dirige sur tel ou tel sujet, dépendent, suivant toute apparence, d'une inégalité dans la disposition de l'esprit à recevoir divers genres d'idées, et correspondent avec une aptitude plus prononcée pour tel ou tel genre de travail intellectuel.

§ 311. La faculté du *jugement*, dont il a été déjà question, ne s'exerce pas seulement de la manière simple dont nous l'avons vue intervenir dans la perception ou la formation de nos idées relatives à l'existence ou à l'absence des qualités des objets, considérées comme causes de nos sensations. Les notions ainsi acquises ne restent pas isolées dans notre esprit; nous possédons encore le pouvoir de les comparer, de saisir les rapports qu'elles ont entre elles, d'en tirer des conclusions; en un mot, de porter des jugements sur les idées aussi bien que sur les choses; nous pouvons même lier entre eux ces jugements pour en déduire de nouvelles conclusions et former ainsi un *raisonnement*. Ces opérations de l'esprit, lorsqu'elles sont portées à un haut degré de perfection, nécessitent la *réflexion* ou la considération de ce qui se passe dans notre intelligence elle-même, et cette faculté est si développée en nous, qu'elle nous donne jusqu'à la conscience de nos propres facultés, et nous permet d'observer les phénomènes de notre entendement aussi bien que ceux du monde extérieur.

§ 312. L'*imagination*, ou le pouvoir de faire surgir dans notre esprit des idées qui ne naissent pas directement des sensations actuelles ou des notions déjà existantes dans notre mémoire, est aussi une faculté qui joue un grand rôle dans les phénomènes de l'intelligence humaine; mais ce qui contribue surtout à donner à celle-ci son immense développement, c'est la tendance que nous avons à créer des signes pour représenter nos idées, à penser au moyen de ces signes, et à généraliser nos pensées.

§ 313. Enfin la *volonté*, qui nous donne le pouvoir de concentrer en quelque sorte notre conscience sur certaines sensations actuelles, sur les traces laissées dans notre mémoire par des sensations passées ou même sur les opérations de notre esprit, c'est-à-dire de faire acte d'attention ou de réflexion, nous permet aussi d'imprimer à nos pensées une direction déterminée, d'en interrompre le cours et d'en choisir jusqu'à un certain point l'objet. Mais il existe aussi en nous des tendances naturelles qui, indépendamment de notre volonté, nous portent à exécuter certaines opérations de l'esprit avec plus de facilité que d'autres, et qui nous font préférer les idées d'un certain ordre. La tendance à l'induction, dont nous avons déjà eu occasion de parler, est une de ces dispositions innées de l'intelligence humaine; le sentiment de la justice, du beau, de la pitié ; en un mot, toutes les *qualités morales* qui se montrent déjà avec plus ou moins de force dans la première enfance, et qui se retrouvent chez tous les hommes, indépendamment des effets de l'éducation, sont aussi de ce nombre, et l'on peut ranger encore dans la même classe la disposition que nous avons à rechercher les causes des phénomènes dont nous sommes témoins, ou à nous occuper de calculs, de musique, etc., tendances qui, de même que les premières, varient d'intensité suivant les individus, et donnent aux hommes, à raison même de cette inégalité, des aptitudes très-différentes pour les travaux divers de l'intelligence.

§ 314. Ces attributs de l'esprit humain ont une grande analogie avec une autre classe de facultés que l'on peut appeler *affectives*, telles que la disposition naturelle que nous avons à aimer et à protéger nos enfants, à rechercher la société de nos semblables, etc. Enfin, ces dernières facultés ont à leur tour une analogie non moins grande avec les *instincts* dont la nature nous a doués. On donne ce nom à une tendance ou impulsion qui nous porte à exécuter certains actes dont ni la volonté ni l'intelligence ne déterminent les combinaisons, et dont l'esprit ne prévoit pas le résultat. Chez l'homme, ces facultés instinctives ne sont que peu développées et ne sont que rarement la cause déterminante de ses actions ; mais, chez les animaux, nous les verrons jouer un grand rôle et tenir lieu d'intelligence ; c'est même chez ces êtres seulement que nous pouvons nous en former une idée bien nette.

§ 315. **Principes d'action.** — Les diverses facultés de l'esprit que nous venons d'énumérer sont la cause déterminante de la plupart de nos actions.

Nous avons déjà vu que, dans l'économie animale, certaines actions ont lieu sans le concours de la volonté et d'une manière tout *automatique* : tels sont les mouvements du cœur et les contractions péristaltiques des intestins.

D'autres mouvements peuvent également se produire indépendamment de la volonté, mais ne sont pas complétement soustraits à l'influence de cette force : ils continuent lorsque l'animal a perdu connaissance : mais dans l'état normal, celui-ci peut à volonté les accélérer, les ralentir ou les interrompre. Les mouvements respiratoires nous offrent un exemple de ces actes, que l'on pourrait appeler *semi-automatiques*, et nous avons vu que chez les animaux supérieurs la force qui les détermine paraît résider dans la moelle allongée ou portion supérieure de la moelle épinière (§ 225).

Enfin, nous avons vu aussi qu'une troisième classe de mouvements est complétement dépendante de la volonté, et cesse entièrement dès que les fonctions cérébrales sont interrompues. Ces actes, que les physiologistes désignent sous le nom de *mouvements volontaires*, sont les seuls dont nous ayons à nous occuper ici, car ce sont les seuls qui interviennent directement dans les fonctions de relation; et, si nous analysons les motifs qui nous portent à les exécuter, nous verrons que ces causes ou *principes d'action* sont de deux ordres : les uns sont *rationnels*, les autres *instinctifs*.

Effectivement, c'est quelquefois par suite d'un jugement et dans la prévision d'un résultat déterminé que notre volonté d'agir se prononce; mais d'autres fois ce qui nous porte à agir n'est pas une opération de l'intelligence, c'est une impulsion non calculée et en quelque sorte aveugle, que l'on peut appeler instinctive (en donnant toutefois à ce mot son acception la plus large) : par exemple, le désir de satisfaire à un besoin physique, comme la faim, ou d'obéir à quelque affection naturelle ou à quelque instinct proprement dit, tels que la tendresse maternelle et l'instinct qui, sans le secours de l'expérience ou de l'éducation, apprend à l'enfant nouveau-né à teter la mamelle de sa mère.

§ 316. Enfin, il est aussi à noter que, par la répétition fréquente d'actions rationnelles, nous acquérons la faculté de les exécuter sans que la volonté intervienne pour les déterminer ou pour les régler, et quelquefois même sans que nous ayons aucune conscience de ce que nous faisons : c'est là un effet bien connu de l'*habitude*, et les mouvements produits de la sorte offrent une grande ressemblance avec ceux qui dépendent de l'instinct proprement dit; seulement, pour ces derniers, la nature nous donne d'avance tout ce qui est nécessaire pour les faire naître, tandis que, pour les premiers, la disposition particulière dont le phénomène dépend ne s'acquiert que par l'exercice et l'éducation.

L'étude de l'influence que la répétition d'un acte quelconque exerce sur la disposition à agir, et des rapports qui peuvent s'établir entre certaines pensées et certaines opérations de l'intelligence ou déterminations de la volonté, c'est-à-dire des effets de l'habitude et des associations d'idées, constitue une des branches les plus curieuses de la psychologie ; mais l'espace nous manque pour nous y arrêter ici, et, pour l'objet que nous avons en vue, il nous suffit d'avoir signalé l'analogie qui existe entre les résultats de l'habitude et les impulsions de l'instinct.

§ 317. **Facultés des animaux.** — Ayant passé rapidement en revue les principales facultés de l'homme, nous pouvons, à l'aide des connaissances ainsi acquises, chercher à nous former quelques notions relatives à la nature de l'intelligence des animaux et aux causes de leurs actions. Mais cette étude offre encore plus de difficultés que celle de l'entendement humain; car nous ne pouvons pas, comme chez nous-mêmes, observer directement les opérations de l'esprit, et c'est seulement en analysant les actions de ces êtres que nous pouvons juger de ce qui se passe en eux.

§ 318. Nous avons déjà dit que tous les animaux montrent des signes de sensibilité; mais chez ceux dont la structure est la plus simple, les sensations ne paraissent donner lieu à aucun travail de l'entendement, analogue à celui qui se passe dans notre esprit lorsque nous acquérons la perception de la cause de nos impressions et que nous nous formons des idées relatives à ce qui nous entoure. Nous n'apercevons chez ces êtres aucun indice d'intelligence, et la volonté ne se manifeste chez eux que par des actes d'une simplicité extrême, tels qu'un changement de direction dans leurs mouvements lorsqu'un obstacle se trouve accidentellement sur leur passage. C'est en effet à des phénomènes de cet ordre que paraissent être bornées les facultés de relation chez les animalcules infusoires et chez quelques autres zoophytes. Mais, lorsqu'on s'élève davantage dans les séries zoologiques, on voit les actes se compliquer et se diversifier de plus en plus, et souvent on ne peut se les expliquer qu'en admettant, chez les êtres qui les exécutent, l'existence d'instincts d'une admirable perfection, ou même de facultés analogues à celles qui, chez l'homme, sont nécessaires à la production d'actions semblables, la mémoire et le jugement, par exemple, et même le raisonnement. Lorsqu'on observe d'une manière superficielle les mœurs de certains animaux, tels que le castor, l'abeille et la fourmi, on est même tenté de leur attribuer une intelligence des plus développées; mais c'est seulement chez ceux dont l'organisation se rapproche le plus de celle de l'homme, les singes et le chien par exemple, qu'il existe réellement quelque chose de semblable aux facultés que nous venons de mentionner, et chez les êtres moins élevés c'est de l'instinct que dépendent presque toutes les actions, même celles qui semblent demander le plus de calculs et de prévisions.

§ 319. **Instincts des animaux.** — Le caractère qui distingue surtout les actions instinctives de celles que l'on peut appeler intelligentes ou rationnelles, c'est de n'être pas le résultat de l'imitation ou de l'expérience, d'être exécutées toujours de la même manière, et, suivant toute probabilité aussi, sans être précédées de la prévision ni de leur résultat ni de leur utilité. La raison suppose un jugement et un choix; l'instinct, au contraire, est une impulsion aveugle qui porte naturellement l'animal à agir d'une manière déterminée ; ses effets peuvent quelquefois être modifiés par l'expérience et le raisonnement, mais n'en dépendent jamais, et ces dernières facultés influent toujours d'autant moins sur les actions d'un animal, que ses instincts sont plus parfaits : chez l'homme, l'intelligence remplace presque entièrement l'instinct, et chez les animaux, c'est l'instinct qui supplée plus ou moins complétement au manque d'intelligence.

Comme exemple d'une action très-simple, mais cependant très-remarquable, et qui est évidemment dépendante de l'instinct donné aux animaux pour les guider dans le cours de la vie, nous citerons un fait observé bien des fois chez de jeunes canards qui, couvés par une poule et élevés par elle, n'avaient jamais vu d'animaux de leur espèce, et qui cependant, à la première occasion, malgré les efforts de leur mère d'adoption et l'exemple des poussins dont ils étaient entourés, se sont jetés à l'eau pour y nager et y vivre à la manière des autres animaux de leur race. Comme exemple des actes d'une complication extrême qui, à défaut de l'instinct dont ils dépendent, ne pourraient s'exécuter que sous l'influence d'une intelligence des plus prévoyantes, et nécessiteraient de savants calculs, nous citerons aussi des faits faciles à constater par tout observateur : les travaux des abeilles, dont les constructions offrent une si grande régularité et une si admirable perfection, et sont si bien appropriées aux usages auxquels elles doivent servir. Or, ces ouvrières habiles n'ont besoin ni de modèle ni de guide ; dès leur début dans la carrière architecturale, elles exécutent sans tâtonnements ni méprises une multitude d'opérations délicates dont l'utilité n'est pas immédiate ; elles ne profitent jamais de l'expérience pour perfectionner leurs procédés, et de génération en génération elles travaillent de la même manière, sans que les jeunes individus aient besoin des leçons de celles déjà exercées à bâtir ; enfin, on les voit continuer leurs travaux lorsque les circonstances dans lesquelles elles sont placées les rendent inutiles. On ne peut donc attribuer ces actes à l'influence de facultés analogues à celles de notre intelligence, car celles-ci ne suffiraient pas pour déterminer de semblables résultats, et l'on ne peut les expliquer qu'en leur assignant pour cause une impulsion naturelle semblable à celle qui porte l'enfant nouveau-né à teter sans qu'il ait appris à le faire.

Les instincts des animaux varient suivant les espèces, et offrent un sujet d'étude plein d'intérêt pour le philosophe aussi bien que pour le naturaliste. C'est seulement en traçant l'histoire particulière de chaque animal qu'on peut espérer de les faire bien connaître tous, et l'espace nous manquerait ici pour en traiter de la sorte; mais, afin de fixer les idées de nos lecteurs sur la nature des phénomènes qui résultent de ce genre d'impulsion innée, nous croyons devoir en décrire ici quelques-uns des plus remarquables.

§ 320. On peut ranger les principales actions instinctives en trois classes, suivant qu'elles se rapportent à la conservation de l'espèce, à la conservation de l'individu, ou bien aux relations de celui-ci avec les autres animaux.

§ 321. Parmi les instincts donnés aux animaux pour assurer leur bien-être et pour les préserver des causes innombrables de destruction dont ils sont environnés, on peut citer en première ligne la disposition à se nourrir exclusivement de certaines substances déterminées. Quelques animaux des plus simples n'en sont pas pourvus, et avalent indistinctement tout ce qu'ils rencontrent : divers zoophytes sont dans ce cas ; mais la plupart des animaux en donnent des signes plus ou moins évidents, et quelquefois même cet instinct est si puissant, qu'on voit ces êtres refuser toute espèce de nourriture, à l'exception d'une seule à l'usage de laquelle ils sont en quelque sorte prédestinés. En effet, non-seulement certaines espèces ne mangent que des matières animales, et d'autres uniquement des substances végétales, mais parmi ces dernières on en connait un grand nombre qui ne s'attaquent qu'aux feuilles ou bien aux fruits d'une seule plante, et restent indifférentes à tout autre aliment : l'odorat et le goût sont des instruments qui les dirigent dans leur choix, mais on ne peut attribuer qu'à un instinct particulier la cause qui les détermine à ne manger que des substances qui agissent sur leurs sens de telle ou telle manière. Et, chose remarquable, il arrive quelquefois que cet instinct change tout à coup de direction, lorsque l'animal atteint une certaine période de son développement, et se détermine à abandonner son régime primitif pour rechercher exclusivement des substances dont il ne faisait auparavant aucun usage. C'est ainsi que certains insectes, qui sont carnassiers à l'état de larves, deviennent phytivores à l'état parfait, et que les grenouilles, qui se nourrissent de matières végétales lorsqu'elles sont à l'état de têtard, deviennent au contraire carnassières lorsqu'elles ont achevé leurs métamorphoses.

§ 322. Cette faculté instinctive ne détermine que des actes d'une grande simplicité; mais il n'en est pas de même de celle que la nature a donnée à divers animaux carnassiers pour les diriger dans les moyens qu'ils emploient pour capturer leur proie.

Ainsi la larve du Fourmi-lion (fig. 120), petit insecte assez semblable aux éphémères, est destinée à se nourrir de fourmis

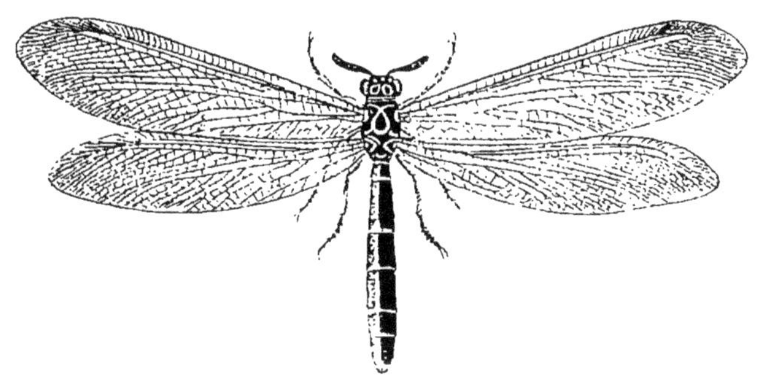

FIG. 119. — Fourmi-lion.

et d'autres insectes dont elle suce les humeurs ; mais elle ne se meut que lentement et avec peine; de sorte qu'elle ne pourvoirait que difficilement à ses besoins, si la nature ne lui avait appris à tendre des piéges pour s'emparer de la proie qu'elle ne peut pas poursuivre. Mais son instinct la porte à creuser dans du sable fin une petite fosse en forme d'entonnoir (fig. 121), puis à se

FIG. 120. — Larve.

FIG. 121. — Piége du Fourmi-lion.

cacher au fond de ce piége et à attendre patiemment qu'un insecte tombe dans le petit précipice qu'elle a ainsi formé ; et si sa victime cherche à s'échapper, ou si elle s'arrête dans sa chute, elle l'étourdit, et la fait rouler jusqu'au fond du trou, en lui jetant, à l'aide de sa tête et de ses mandibules, une multitude de grains de sable. La manière dont le fourmi-lion creuse sa fosse est également curieuse. Après avoir examiné le sol où il va s'établir, il commence par tracer un cercle qui doit correspondre à l'embouchure de son entonnoir; puis, se plaçant en dedans de cette ligne et se servant d'une de ses pattes comme d'une bêche, il se met à creuser, entasse ainsi une certaine quantité de sable sur sa tête, et, à l'aide d'une secousse, rejette sa charge à quelques centimètres en dehors de son cercle. Il continue de la sorte en tournant tout autour de son trou projeté, en marchant à reculons et en se servant de la même patte pour remuer le sable; mais, lorsqu'il est revenu à son point de départ, il change de côté, et ainsi de suite, jusqu'à ce que son travail soit achevé. Si dans le cours de son opération il rencontre quelque pierre dont la présence nuirait à la perfection de son piége, il la néglige d'abord, mais il y revient après avoir achevé son excavation, et fait tous ses efforts pour la charger sur son dos et la rejeter au dehors. S'il y parvient, il la pousse encore assez loin, comme pour l'empêcher de retomber, et, s'il ne peut s'en débarrasser, il abandonne son œuvre, et recommence ailleurs sur nouveaux frais. Lorsque la fosse est achevée, elle a ordinairement environ 8 centimètres de diamètre sur 5 de profondeur; et, lorsque la pente de ses parois a été altérée par quelque éboulement, comme cela arrive presque toujours lorsqu'un insecte s'y laisse choir, le fourmi-lion se hâte de réparer les dégâts.

Certaines araignées dressent des piéges encore plus singuliers, car les toiles que ces animaux tendent de diverses manières sont surtout destinées à arrêter les mouches et les autres insectes dont ils doivent faire leur proie. La disposition des fils varie suivant les espèces, et n'offre quelquefois aucune régularité; mais d'autres fois elle est d'une élégance extrême, et l'on s'étonne en voyant des animaux si petits construire avec tant de perfection une trame aussi étendue que l'est, par exemple, la toile de l'Épeire diadème qui habite dans nos jardins. Il est même des araignées qui ne se bornent pas à dresser de pareils piéges, mais qui se servent également de leurs fils pour emmaillotter leur victime et l'empêcher ainsi de se défendre, jusqu'à ce qu'elles l'aient percée avec leurs crochets venimeux.

On peut citer même des poissons qui, pour s'emparer de leur proie, exercent une industrie instinctive non moins remarquable: tel est l'Archer, qui habite le Gange, et qui, destiné à se nourrir d'insectes, mais ne pouvant les poursuivre, a l'art de lancer des gouttes d'eau sur ceux qu'il voit sur les herbes aquatiques, afin de les faire tomber et de s'en repaître; il paraît qu'il est même assez habile dans ce genre de chasse pour manquer rarement son but à une distance de plusieurs pieds.

Enfin, les espèces de ruses employées par beaucoup de quadrupèdes dans leurs chasses doivent être aussi rapportées à l'instinct, car elles se reproduisent de la même manière chez tous les individus de l'espèce, et souvent se montrent lorsque ceux-ci n'ont encore eu l'occasion de s'instruire ni par l'imitation ni par l'expérience.

§ 323. C'est encore dans cette classe d'instincts qu'il faut ranger la disposition innée qui détermine beaucoup d'animaux à amasser des provisions pour leur usage futur et à les enfouir dans des caches. En général, cet instinct n'est développé que dans des espèces plus ou moins sédentaires qui, pendant une partie de l'année, ne trouvent pas dans le pays qu'elles habitent les substances dont elles se nourrissent. Cette apparente prévision les empêche de souffrir du défaut d'aliments lorsque le sol ne leur en fournit plus, mais ne peut dépendre d'aucun calcul de l'intelligence ; car elle se montre avant que l'expérience ait pu apprendre à l'animal l'utilité de semblables magasins, et on la retrouve encore chez des individus vivant, ainsi que leurs parents, dans des climats où une saison de disette n'est plus à craindre.

Les Écureuils de nos bois (fig. 122) nous donnent un exemple

Fig. 122. — Écureuil commun.

de cette disposition innée à pourvoir aux besoins de l'avenir. Pendant l'été, ces petits animaux à allures si vives et si gracieuses amassent des provisions de noisettes, de glands, d'amandes, etc., et se servent ordinairement d'un arbre creux pour y établir leur magasin ; ils ont l'habitude de faire ainsi plusieurs dépôts dans des cachettes différentes, et en hiver, quand la disette se fait sentir, ils savent très-bien les retrouver, même lorsque la neige les recouvre. Mais cette impulsion, qui doit leur être si utile quand le froid vient interrompre leurs récoltes journalières, les porte à cacher les aliments qui leur restent, lors même qu'ils n'ont jamais connu un temps de disette et qu'ils n'en auront pas à redouter. Un autre mammifère rongeur, qui ressemble beaucoup à nos lapins et qui habite la Sibérie, le *Lagomys pica*, est doué d'un instinct encore plus remarquable ; car non-seulement il cueille en automne l'herbe dont il aura besoin pour se nourrir durant le long hiver de ce pays inhospitalier, mais il fait du foin, exactement comme le font nos fermiers. Ayant coupé les herbes les plus vigoureuses et les plus succulentes de la prairie, il les étale pour les faire sécher au soleil, et, cette opération terminée, il les rassemble en meules et a le soin de placer celles-ci à l'abri de la pluie et de la neige ; puis il creuse au-dessous de chacun de ses magasins une galerie souterraine aboutissant à sa demeure et disposée de façon à lui permettre de visiter en tout temps son dépôt de provisions. L'abeille, sur l'histoire de laquelle nous aurons bientôt l'occasion de nous arrêter, est également poussée par sa nature à se préparer ainsi des ressources pour l'avenir, et exécute, à cet effet, des travaux encore plus compliqués.

§ 324. Un autre genre d'instinct qui se rapporte, comme les précédents, à la conservation de l'individu, est celui qui détermine certains animaux à se construire une demeure, leur enseigne toutes les opérations compliquées nécessaires à ce but, et leur fait suivre invariablement dans leurs travaux la même routine, quoique, en général, l'ouvrier n'ait jamais vu faire rien de semblable et n'ait pas de modèle.

C'est ainsi que le Ver à soie se construit, avec les fils qu'il sécrète, un cocon dans lequel il se renferme pour subir en sûreté ses métamorphoses et devenir papillon ; que le Lapin se creuse un terrier, et que le Castor construit les huttes qui l'ont rendu célèbre. Nous aurons l'occasion de revenir sur cet instinct architectural, lorsque nous parlerons des travaux communs exécutés par des troupes d'animaux vivants en société, et que nous nous occuperons des soins qu'un grand nombre de ces êtres donnent à leur progéniture ; mais nous ne pouvons quitter ici ce sujet curieux sans donner quelques exemples à l'appui de ce qui vient d'être dit.

Le Hamster (fig. 123), petit rongeur assez voisin du rat, qui se rencontre dans les champs depuis l'Alsace jusqu'en Sibérie, et qui nuit beaucoup à l'agriculture, se construit une demeure souterraine offrant toujours deux issues : l'une, oblique, sert à

Fig. 123. — Hamster.

l'animal pour rejeter au dehors les déblais de la terre ; l'autre, perpendiculaire, est la voie par laquelle il entre et sort lui-même. Ces galeries conduisent à un certain nombre d'excavations circulaires, qui communiquent entre elles par des conduits horizontaux : l'une de ces cellules, garnie d'un lit d'herbes sèches, est la demeure du hamster ; les autres sont destinées à lui servir de magasins pour les provisions qu'il amasse en quantités très-considérables.

Quelques araignées, connues des zoologistes sous le nom de Mygales, exécutent des travaux analogues à ceux du hamster, mais plus compliqués ; car non-seulement elles se construisent une habitation vaste et commode, mais elles savent en fermer l'ouverture à l'aide d'une véritable porte garnie de sa charnière (fig. 124). A cet effet, la Mygale creuse, dans une terre argileuse une sorte de puits cylindrique d'environ 8 à 10 centimètres de long, et en tapisse les parois avec une espèce de mortier très-consistant, puis fabrique, avec des couches alternatives de terre gâchée et de fils réunis en tissu, un couvercle qui s'adapte exactement sur l'orifice de son trou et qui ne peut s'ouvrir qu'en dehors. La charnière qui retient cette espèce de porte est formée par une continuation des couches filamenteuses qui se portent d'un point de son contour sur

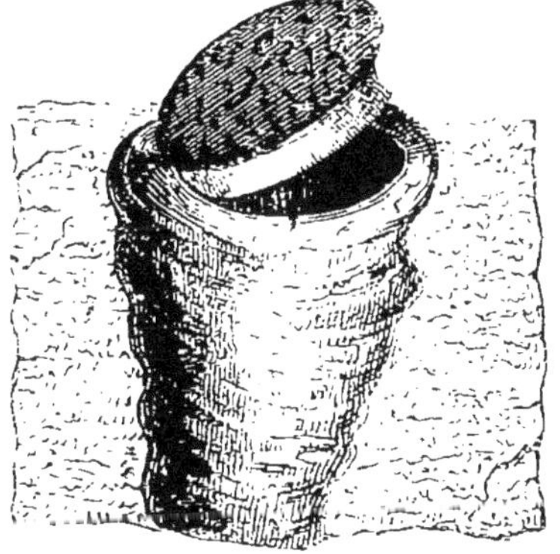

Fig. 124.— Nid de la Mygale.

les parois du tube situé au-dessous, et y constituent un bourrelet remplissant les fonctions de chambranle ; la surface externe de ce couvercle est rugueuse, et, par son aspect, diffère à peine de la terre environnante, mais sa surface interne est lisse ; et dans la demeure d'une de ces *araignées maçonnes*, on aperçoit, du côté opposé à la charnière, une rangée de petits trous dans lesquels l'animal introduit ses griffes pour tenir cette trappe baissée lorsque quelque ennemi cherche à l'ouvrir de force.

Chez les insectes, on voit aussi un grand nombre de procédés curieux employés instinctivement pour la construction d'une habitation. Beaucoup de chenilles savent se former un abri en roulant des feuilles et en les attachant à l'aide de fils. Dans nos jardins, nous rencontrons à chaque instant, sur les lilas, les groseilliers, etc., des nids de cette espèce ; et c'est aussi de la sorte qu'est formé celui qui se forme sur le chêne (fig. 125), et qui appartient à la chenille d'un petit papillon nocturne, le *Tortrix viridissima*. D'autres insectes se construisent des fourreaux avec des fragments de feuilles, des brins d'étoffe, ou quelque autre substance qu'ils savent ajuster artistement : telle est la Teigne des draps, petit papillon gris argenté, qui, à l'état de chenille, se creuse des galeries dans l'épaisseur des étoffes de laine en les rongeant rapidement. Avec les brins ainsi détachés, la chenille se construit un tuyau qu'elle allonge continuellement par sa base ; et, chose singulière, lorsqu'elle devient trop grosse pour être à l'aise dans sa demeure, elle fend cette espèce de gaîne et l'élargit en y mettant une pièce.

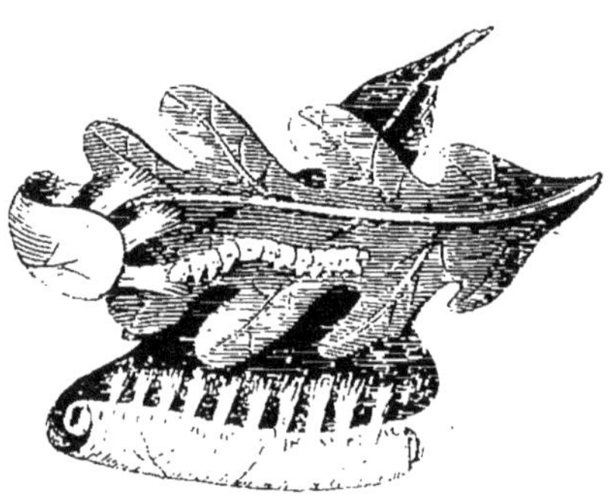

Fig. 125. — Nid du Tortrix.

Enfin, il est aussi à noter que certains animaux destinés à passer toute la saison froide dans un état de léthargie ont non-seulement l'instinct de se préparer une retraite et un lit moelleux, mais bouchent l'entrée de leur demeure lorsque l'époque de leur sommeil hibernal approche, comme s'ils pouvaient prévoir que de longtemps ils n'auront besoin de sortir, et que leur porte restant ouverte livrerait accès au froid et à des ennemis dangereux. Telles sont les Marmottes que l'on trouve dans les Alpes et que les petits Savoyards promènent dans nos rues.

§ 325. Un troisième genre de facultés instinctives qui parfois ont pour objet, comme les précédentes, la conservation de l'individu, mais qui, d'autres fois, sont destinées à assurer aux jeunes des conditions favorables à leur existence, et qui, dans l'un et l'autre cas, se lient presque toujours d'une manière étroite à l'instinct de la sociabilité, déterminent certains animaux à entreprendre de longs voyages, et souvent même à changer périodiquement de climat. Quelquefois les animaux voyageurs ne quittent un canton que lorsqu'ils en ont épuisé toutes les ressources, et ils vont alors chercher à se nourrir dans un canton voisin. Quelquefois aussi c'est le froid des hivers qui les chasse vers le Midi, ou la chaleur trop forte de l'été qui les pousse peu à peu vers le Nord; mais, dans bien des cas, leurs émigrations précèdent tout changement atmosphérique propre à nous en donner l'explication; et leur instinct les porte, non pas à céder pas à pas le terrain qu'ils abandonnent, mais à se diriger tout de suite et sans hésitation vers la région où ils doivent se rendre. Presque toujours aussi, au moment d'entreprendre ces voyages, on voit un grand nombre d'individus se réunir en troupe pour marcher de concert.

Les Singes, qui vivent en si grand nombre dans les forêts du nouveau monde, nous offrent un exemple de cette disposition à changer de quartier d'une manière irrégulière. Lorsqu'ils ont dévasté un canton, on les rencontre par bandes nombreuses, s'élançant de branche en branche, et allant à la recherche de quelque autre localité abondante en fruits; puis, lorsque la disette les a suivis dans leur nouvel établissement, ils vont chercher fortune ailleurs, les mères portant leurs petits sur leur dos ou dans leurs bras, et la troupe entière paraissant se livrer à une joie bruyante.

Des voyages encore plus remarquables, et qui n'offrent également rien de périodique, sont entrepris par les Lemmings, sans que l'on ait encore découvert les causes de leurs émigrations. Ces animaux, qui ont beaucoup d'analogie avec les rats, habitent les bords de la mer Glaciale, et descendent quelquefois des montagnes par troupes innombrables. Ils s'avancent alors en colonnes serrées, et suivent toujours une ligne droite, sans se laisser détourner par les obstacles les plus grands, traversant à la nage les rivières qu'ils rencontrent, et tournant les habitations ou les rochers sur lesquels ils ne peuvent grimper. C'est surtout la nuit qu'ils voyagent de la sorte, et beaucoup périssent en route; mais leur nombre est si considérable, qu'ils n'en causent pas moins des dégâts immenses partout où ils se montrent, car ils détruisent toute végétation sur leur passage, et ne se bornent pas à dévorer l'herbe jusqu'à sa racine, mais creusent aussi la terre pour en retirer les grains qui s'y trouvent. Ces émigrations de lemmings sont un fléau pour la Norvége et la Laponie : mais heureusement elles ont rarement lieu dans la même contrée plus d'une fois en dix ans.

En général, les voyages des animaux se font périodiquement et correspondent aux changements des saisons. Ainsi, chaque printemps, des légions d'un petit rongeur très-voisin du lemming, le Campagnol des prés, qu'on appelle aussi quelquefois le Rat économe, quittent le Kamtchatka, et se dirigent vers le couchant. Ces animaux marchent de la même manière que les précédents, parcourent des centaines de lieues, et sont si nombreux, que, vers le milieu de juillet, lorsqu'ils arrivent sur les bords de l'Okhotsk et du Joudema, après avoir fait une route de plus de 25 degrés de longitude, une seule colonne met souvent plus de deux heures à défiler. Au mois d'octobre, ils reviennent au Kamtchatka ; et leur retour est une fête pour le pays, car l'escorte de carnassiers qui les suit fournit aux chasseurs de ces contrées arides des fourrures en abondance. Dans le voisinage du cap de Bonne-Espérance, et dans les parties septentrionales de l'Amérique, on rencontre aussi, au printemps et en automne, des troupeaux innombrables d'antilopes et de cerfs qui émigrent à de grandes distances. Mais c'est surtout dans la classe des oiseaux que les exemples de cet instinct des voyages sont fréquents et remarquables. Un grand nombre de ces animaux passent périodiquement d'Europe en Afrique, et viennent ensuite d'Afrique en Europe, et cela avec une régularité si grande, que c'est pour ainsi dire à jour nommé qu'ils arrivent et qu'ils partent. Ainsi, les Hirondelles, qui se montrent chez nous vers le commencement d'avril, nous quittent en automne. On voit alors ces oiseaux se réunir en troupes nombreuses et se diriger vers le midi. Parvenus sur les bords de la Méditerranée, ils se rassemblent sur quelque point élevé ; et, après avoir attendu quelque temps un moment favorable, partent de concert et traversent la mer par bandes innombrables. On les rencontre quelquefois loin de terre, et, lorsque les vents contraires s'opposent à leur voyage, on les voit s'abattre sur les cordages des navires ; il paraîtrait même qu'ils vont jusqu'au Sénégal pour y passer l'hiver. Les Cailles sont également renommées pour leur instinct voyageur, et vont aussi en Afrique et en Asie Mineure pour éviter les hivers rigoureux de nos climats, comme divers oiseaux du Nord descendent sur nos rivages quand le froid les chasse des régions polaires, où ils retournent au printemps suivant.

Enfin, l'instinct des migrations se retrouve encore parmi les poissons et les insectes : le Hareng, le Thon, le Saumon, etc., nous en offrent des exemples frappants parmi les premiers, et les Locustes parmi les seconds.

§ 326. Les instincts que la nature a donnés aux animaux pour les mettre en état d'assurer la conservation de leur progéniture ne sont ni moins variés ni moins curieux que ceux à l'aide desquels ces êtres pourvoient à leurs propres besoins. L'impulsion intérieure qui détermine les oiseaux à se tenir pendant des semaines presque immobiles sur leurs œufs, qui leur fait construire d'avance et avec tant d'art une demeure pour y abriter leurs petits, et qui les pousse à veiller au bien-être de leur jeune famille; celle qui apprend aux insectes à choisir la place où ils doivent déposer leurs œufs, afin que les larves qui en naissent puissent trouver à leur portée les aliments dont elles ont besoin, ou qui détermine quelques-uns de ces animaux à prodiguer leurs soins à des jeunes provenant d'une mère étrangère ; l'instinct qui guide quelques oiseaux et certains quadrupèdes dans l'espèce d'éducation qu'ils donnent à leurs petits; ces facultés et les phénomènes qui en résultent exciteront toujours dans notre esprit autant d'étonnement que d'admiration, et nous enseignent, plus éloquemment que des paroles ne sauraient le faire, combien la Puissance créatrice de tant de merveilles doit être au-dessus de tout ce que l'homme peut imaginer ou concevoir. Mais l'admiration que produisent en nous les forces inconnues qui déterminent chez les animaux tant d'actions surprenantes est peut-être dépassée encore par celle que nous inspire cette affection également innée qui, dans l'espèce humaine, porte une mère à se dévouer tout entière au bien-être de ses enfants, et qui se retrouve, quoique à un moindre degré, chez un assez grand nombre d'animaux.

§ 327. Un des phénomènes les plus propres à donner une idée nette de ce que l'on doit entendre par instinct est celui qui nou est offert par divers insectes lorsqu'ils déposent leurs œufs. Ces animaux ne verront jamais leur progéniture et ne peuvent avoir aucune notion acquise de ce que deviendront leurs œufs, et cependant ils ont souvent la singulière habitude de placer, à côté de chacun de ces corps, un dépôt de matières alimentaires propres à la nourriture de la larve qui en naîtra, et cela lors même que le régime de celle-ci diffère totalement du leur, et que les aliments qu'ils déposent ainsi ne leur seraient bons à rien pour eux-mêmes. Aucune espèce de raisonnement ne peut les guider dans cette action; car, s'ils avaient la faculté de raisonner, les faits leur manqueraient pour arriver à de pareille conclusions, et c'est en aveugles qu'ils doivent nécessairement agir; mais leur instinct supplée au défaut d'expérience et de raison, et leur apprend à faire précisément ce qui convient pour atteindre le but qu'ils devraient se proposer.

Les Nécrophores (fig. 126), qu'on rencontre assez souvent dans nos campagnes nous offrent un exemple de ce genre d'instinct. Lorsque la femelle va pondre, elle a toujours soin d'enterrer le cadavre d'une taupe ou de quelque autre petit quadrupède, et d'y déposer ses œufs, de sorte que les jeunes se trouvent, dès leur naissance, au milieu des matières les plus propres à leur servir de nourriture; car, de même que leur mère, ils vivent de charogne. Mais ce qui est plus remarquable encore, c'est de voir un insecte, dont le régime est exclusivement végétal, préparer ainsi une nourriture animale pour sa progéniture, lorsque durant l'état de larve ses jeunes seront carnassiers. Les Pompiles, insectes voisins des guêpes, sont doués de cet instinct singulier. A l'âge adulte, ils vivent sur les fleurs;

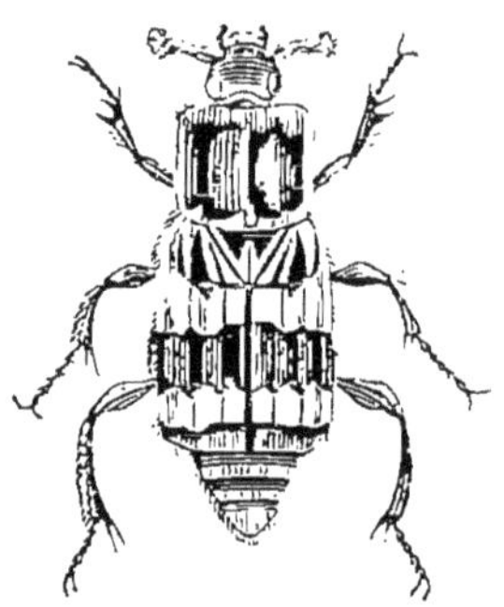

Fig. 126. — Nécrophore.

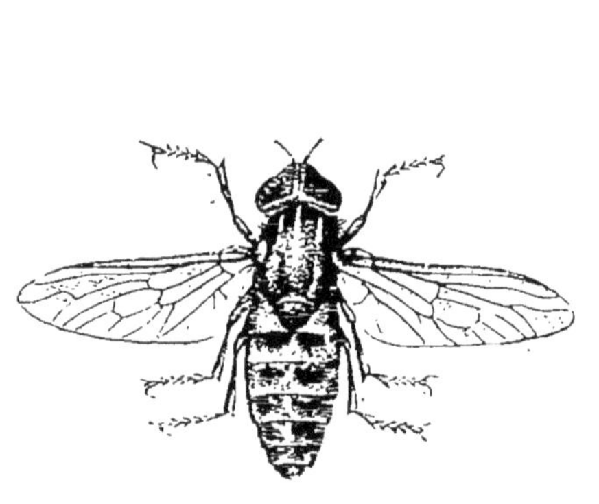

Fig. 127. — Xylocope.

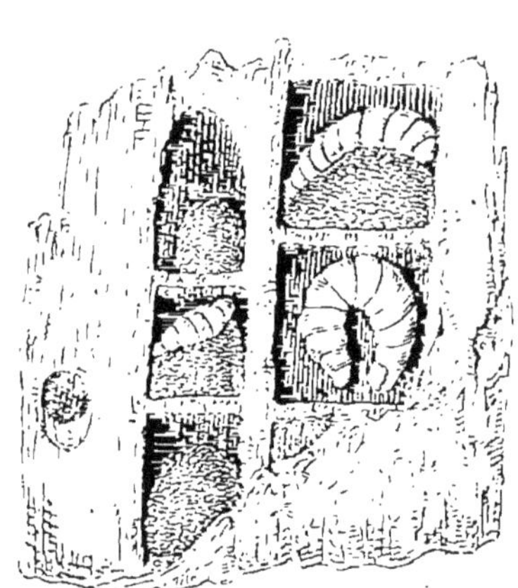

Fig. 128. — Nid de Xylocope.

mais leurs larves sont carnassières, et la mère pourvoit toujours à la nourriture de celles-ci en plaçant à côté de ses œufs, dans un nid préparé à cet usage, le corps de quelque araignée ou de quelque chenille qu'elle a préalablement percée de son aiguillon. Les Xylocopes (fig. 127) ont des mœurs analogues, et creusent dans le bois une série de loges servant en même temps comme nids et comme magasins (fig. 128).

§ 328. C'est surtout dans les premiers temps de la vie que les animaux sont faibles et ont besoin d'un abri contre les intempéries de l'air et les attaques de leurs ennemis ; aussi est-ce surtout dans le but de leur en procurer que la nature a donné à leurs parents l'instinct de la construction ; et le nombre des espèces qui, à l'âge adulte, se bâtissent une demeure pour leur propre usage, est très-faible en comparaison de celui des animaux qui façonnent pour leurs petits un berceau moelleux et sûr. Parmi les oiseaux rien n'est plus commun ; on ne peut voir sans intérêt la persévérance avec laquelle ces animaux apportent brin à brin les matériaux destinés à la confection de leur nid, et l'art avec lequel ils les arrangent. La forme, la structure de ces habitations sont toujours les mêmes pour les oiseaux d'une même espèce, mais varient beaucoup d'une espèce à une autre, et sont toujours parfaitement bien appropriées aux circonstances dans lesquelles la jeune famille est destinée à vivre.

FIG. 129. — Nid de Chardonneret.

Tantôt ces berceaux sont construits à terre et d'une manière grossière, et tantôt ils sont accolés contre le flanc d'un rocher ou d'un mur, mais, en général, ils sont placés entre les branches des arbres. La plupart ont une forme hémisphérique, et ressemblent à un petit panier arrondi et évasé, dont les parois seraient formées de brins d'herbe ou de tigelles flexibles, et l'intérieur garni de mousse ou de duvet (fig. 129); quelquefois cependant leur disposition est plus compliquée. Un des nids les plus remarquables est celui du Baya, petit oiseau de l'Inde assez voisin de nos bouvreuils; sa forme est à peu près celle d'une bouteille (fig. 130), et il est suspendu à quelque branche tellement flexible, que les singes, les serpents et même les écureuils ne peuvent y parvenir; mais, pour le rendre encore plus inaccessible à ses nombreux ennemis, l'oiseau en place l'entrée en dessous, de façon qu'il ne peut y pénétrer lui-même qu'en volant. C'est avec de longues herbes que cette habitation est construite, et l'on y trouve intérieurement plusieurs chambres, dont l'une sert à la femelle pour y couver ses œufs, et une autre est occupée par le mâle, qui, pendant que sa compagne remplit ses devoirs maternels, l'égaye par ses chants. Un autre nid également singulier

FIG. 130. — Nid du Baya. FIG. 131. — Nid du Sylvia sutoria.

est celui d'un petit oiseau de l'Orient, voisin de nos fauvettes, l'Orthotome couturière, ou *Sylvia sutoria*, qui, à l'aide du coton qu'il cueille sur le cotonnier et qu'il file avec son bec et ses pattes, coud ensemble les feuilles dont sa demeure est entourée, et la cache ainsi à la vue de ses ennemis (fig. 131).

On connaît même des poissons qui construisent un nid grossier pour y déposer leurs œufs; mais, de tous les animaux inférieurs, ce sont les insectes qui montrent le plus d'industrie et d'instinct dans la fabrication d'un logement pour leur progéniture. En parlant des travaux que quelques-uns de ces animaux exécutent en commun, nous aurons l'occasion de décrire les nids des abeilles et des guêpes; aussi nous bornerons-nous à mentionner ici un seul exemple de bâtisse que certains insectes solitaires élèvent pour y loger leurs œufs..

Parmi ces derniers, un des plus remarquables est le Xylocope violacé ou Abeille perce-bois, gros insecte à corps noir et à ailes violacées, qui appartient à la même famille que les abeilles proprement dites, et qui n'est pas rare en France. Cet animal (fig. 127) creuse, dans le bois des espaliers et des échalas, des trous ovalaires qui s'avancent d'abord obliquement, puis se recourbent en bas, et descendent verticalement dans une longueur de 30 à 40 centimètres; en taraudant ainsi le bois, le xylocope a la précaution de rassembler en un tas les râpures qu'il en détache, et, lorsque sa galerie est creusée, il se sert de cette matière pour y construire des cloisons transversales, et pour diviser le tout en un certain nombre de cellules closes (fig. 128). Ces cellules sont semblables entre elles, et, avant que de les fermer, l'insecte dépose dans chacune d'elles un de ses œufs, ainsi qu'un petit tas de pollen recueilli sur les fleurs du voisinage, et destiné à la nourriture de la larve qui naîtra bientôt.

§ 329. Les relations qui doivent exister entre les animaux d'une même espèce ou entre ceux d'espèces différentes sont réglées par des instincts naturels, tout aussi bien que les actions qui se rapportent à la conservation des individus ou à la conservation de leur race. Tantôt ces êtres vivent solitaires, et quelquefois même ne souffrent dans leur voisinage aucun animal de leur espèce; d'autres fois, au contraire, on les voit se réunir en troupes nombreuses, et former même des sociétés dans lesquelles tous les membres concourent à la défense générale et mettent en commun le fruit de leur travail. Or, ces différences ne sont pas accidentelles : tous les individus d'une même espèce ont des mœurs semblables, et c'est évidemment un instinct qui les pousse, les uns à se fuir mutuellement, et les autres à vivre en société.

Les associations formées par les animaux sont, les unes temporaires, les autres permanentes, et varient encore dans leur caractère.

Celles qui indiquent moins que les autres un véritable instinct de sociabilité, sont ces réunions, en quelque sorte accidentelles, que certains animaux chasseurs, tels que les loups et les hyènes, forment pour accomplir quelque acte de rapine ou de vengeance. Ces animaux, qui restent solitaires tant que leurs forces individuelles leur permettent de pourvoir à leur subsistance, se réunissent par bandes, et chassent de concert lorsque la disette se fait sentir ou que quelque troupeau nombreux se montre dans le voisinage ; mais, dès qu'ils ont atteint le but qu'ils se proposaient, ils se dispersent ou se querellent entre eux.

Beaucoup d'animaux voyageurs se réunissent aussi de la sorte pour faire route ensemble, et se dispersent quand ils sont arrivés à leur destination ; mais ces réunions se font d'une manière plus constante et plus régulière que celles dont il vient d'être question. En parlant des hirondelles, nous en avons déjà vu des exemples : mais, sous ce rapport, les pigeons de passage qui habitent l'Amérique septentrionale sont encore plus remarquables. Ces oiseaux parcourent d'une manière irrégulière ce vaste continent, et se montrent quelquefois en troupes si immenses, que leur nombre dépasse tout ce que l'on pourrait imaginer : on les voit parfois volant en une colonne serrée, dont la largeur est de plus d'un kilomètre, et dont la longueur dépasse 10 ou 12 kilomètres ; et un naturaliste célèbre des États-Unis, Wilson, évalue à plus de deux millions le nombre d'individus dont se composait une bande qu'il a vue passer dans le voisinage d'Indiana. Un autre auteur, digne de toute notre confiance, Audubon, nous apprend qu'un jour d'automne il quitta sa maison à Henderson, sur les bords de l'Ohio, et qu'en traversant les terrains incultes près de Hardensburgh, il vit de ces pigeons en nombre plus considérable que d'ordinaire, se dirigeant du nord-ouest au sud-est ; à mesure qu'il continua sa route vers Louisville, la bande voyageuse qui passait au-dessus de sa tête devint de plus en plus nombreuse. « L'air, dit-il, était tellement rempli de ces oiseaux, que la lumière du soleil de midi en était obscurcie comme par une éclipse, et que la fiente tombait drue comme des flocons de neige ; avant le coucher du soleil, j'arrivai à Louisville, située à une distance de 55 milles, et les pigeons passaient toujours en rangs aussi serrés : le défilé de cette immense colonne dura trois jours encore, et pendant ce temps, toute la population du pays était en armes, occupée à en faire la chasse. » C'est dans les bois que ces oiseaux établissent leur demeure ; une seule troupe occupe alors toute une forêt, et lorsqu'ils y sont restés pendant quelque temps, leur fiente y forme sur le sol une couche de plusieurs centimètres d'épaisseur; dans l'étendue de plusieurs milliers d'hectares, les arbres sont dépouillés et quelquefois même complétement tués, et les traces de leur séjour ne s'effacent qu'après plusieurs années.

Les poissons et les insectes nous offrent des exemples non moins remarquables de ces immenses agrégations d'individus. Les Locustes, insectes voisins des sauterelles, sont depuis longtemps célèbres par les ravages qu'elles occasionnent lorsque, réunies en légions innombrables, elles traversent certaines contrées de l'Afrique ou de l'Asie, dévorant tout sur leur passage. Et les Harengs se montrent dans les mers du Nord en troupes si nombreuses, qu'ils deviennent l'objet d'une pêche des plus importantes; on les y rencontre serrés les uns contre les autres, et formant ainsi des bancs qui ont souvent plusieurs centaines de pieds d'épaisseur et qui couvrent la surface de la mer dans une étendue de plusieurs lieues.

§ 330. Dans d'autres rassemblements temporaires formés par les animaux, le lien qui unit les membres de ces sortes de sociétés paraît être seulement le plaisir qu'ils trouvent à prendre en commun leurs ébats joyeux. Ainsi, dans le voisinage du cap de Bonne-Espérance, le voyageur Levaillant a vu chaque soir, à la même heure, des nuées d'une espèce particulière de perroquets (le *Psittacus infuscatus*) se réunir avec grand bruit, et se diriger ensuite vers quelque source d'eau bien limpide pour s'y baigner. Là ces singuliers animaux folâtraient entre eux, se poussant dans l'eau et se roulant sur le rivage; puis retournaient sur les arbres où ils s'étaient d'abord donné rendez-vous, y rajustaient leurs plumes, et, leur toilette étant achevée, se dispersaient pour gagner leurs retraites respectives et y passer la nuit.

Le besoin de la société de leurs semblables paraît déterminer aussi la formation de ces colonies permanentes que nous offrent nos lapins de garenne, dont les terriers communiquent entre eux; l'Arctomys ou Chien des prairies de l'Amérique septentrionale (1), dont les habitations réunies par groupes sont connues des chasseurs sous le nom de villages et occupent quelquefois une étendue de plusieurs kilomètres; les Éphémères et beaucoup d'autres insectes.

Mais c'est dans les associations ayant pour objet l'exécution de travaux communs que l'instinct de la sociabilité se montre dans

(1) L'animal désigné ainsi par les Américains n'est pas un véritable chien, mais une espèce de Rongeur voisin de la marmotte.

tout son développement : dans les colonies de castors, de guêpes, d'abeilles et de fourmis, par exemple.

§ 331. Le Castor du Canada (fig. 132) est, de tous les mammifères, le plus remarquable par sa sociabilité et son industrie instinctive. Pendant l'été, il vit solitaire dans des terriers qu'il se creuse sur le bord des lacs et des fleuves ; mais, lorsque la saison des neiges approche, il quitte cette retraite et se réunit à ses semblables pour construire en commun avec eux sa demeure d'hiver. C'est dans les lieux les plus solitaires de l'Amérique septentrionale que les castors, souvent au nombre de deux ou trois cents par troupe, déploient tout leur instinct architectural. Pour construire

Fig. 132. — Castor.

leurs nouvelles demeures, ils choisissent un lac ou une rivière assez profonde pour ne jamais geler jusqu'au fond, et ils préfèrent en général des eaux courantes, afin de s'en servir pour le transport des matériaux nécessaires à leurs constructions. Pour soutenir l'eau à une égale hauteur, ils commencent alors par former une digue en talus : ils lui donnent toujours une forme courbe, en dirigent la convexité contre le courant, la construisent de branches entrelacées les unes dans les autres, dont les intervalles sont remplis de pierres et de limon, et la crépissent extérieurement d'un enduit épais et solide. Cette digue, qui a pour l'ordinaire environ 4 mètres de large à sa base, et qui est renforcée tous les ans par de nouveaux travaux, se couvre souvent d'une végétation vigoureuse, et finit par se transformer en une sorte de haie. Lorsque la digue est achevée, ou lorsque l'eau étant stagnante, cette barrière n'est pas nécessaire, les castors se séparent en un certain nombre de familles, et s'occupent à construire les huttes qu'ils doivent habiter, ou à réparer celles qui leur ont déjà servi l'année précédente. Ces cabanes sont élevées contre la digue ou sur le bord de l'eau, et sont de forme à peu près ovalaire; leur diamètre intérieur est d'environ 2 mètres, et leurs parois, construites comme la digue avec des branches d'arbres, sont recouvertes des deux côtés d'un enduit limoneux. On y trouve deux étages : le supérieur, à sec, est destiné à l'habitation des castors; l'inférieur, sous l'eau, sert de magasins pour les provisions d'écorce; enfin, elles ne communiquent au dehors que par une ouverture placée sous l'eau. On a pensé que la queue ovalaire des castors leur servait comme une truelle pour bâtir ces demeures; mais il paraît qu'ils n'emploient à cet usage que leurs dents et leurs pattes de devant. Avec leurs fortes incisives ils coupent les branches et même les troncs d'arbres dont ils ont besoin, et c'est avec leur bouche ou avec leurs pattes antérieures qu'ils traînent ces matériaux. Lorsqu'ils s'établissent sur les bords d'une eau courante, ils coupent le bois au-dessus du point où ils veulent construire leur demeure, le mettent à flot, et, profitant du courant, le dirigent là où il faut qu'il aborde : c'est également avec leurs pattes qu'ils creusent sur le rivage ou au fond de l'eau la terre qu'ils emploient. Du reste, ces travaux, qui s'exécutent avec une extrême rapidité, ne se font que pendant la nuit. Lorsque le voisinage de l'homme empêche les castors de se multiplier assez pour former de semblables associations, et d'avoir la tranquillité dont ils auraient besoin pour exécuter les travaux dont nous venons de parler, ils ne bâtissent plus de huttes; mais l'instinct de la construction ne s'en conserve pas moins, et l'on a vu un de ces animaux, qui était élevé en captivité dans la ménagerie du Jardin des plantes, s'emparer de tous les morceaux de bois qu'il trouvait, pour les planter en terre et commencer des bâtisses, quoique les circonstances dans lesquelles il se trouvait lui rendissent inutiles de semblables travaux.

Les sociétés parfaites sont plus rares parmi les oiseaux que parmi les mammifères; on connaît cependant une espèce de moineau, le Républicain (*Loxia socia*), qui vit en troupes nombreuses aux environs du cap de Bonne-Espérance, et construit son nid sous une sorte de toiture commune à toute la colonie (fig. 133). Mais c'est dans la classe des insectes qu'on voit les exemples les plus remarquables de ce genre d'instinct, et que les constructions communes qui en résultent offrent le plus d'intérêt. Les nids de Guêpes sont construits de la sorte, et nous surprennent par leur régularité et leur perfection. Pour les bâtir, ces insectes détachent avec leurs mandibules des parcelles de vieux bois qu'ils convertissent en une espèce de pâte semblable à du carton, puis ils se servent de cette matière pour former des rangées de cellules hexagonales ; ces gâteaux ou *rayons* sont placés parallèlement entre eux à une distance déterminée, et sont

Fig. 133. — Nid du Républicain.

réunis, d'espace en espace, par de petites colonnes qui servent aussi à les suspendre ; enfin, le tout est placé tantôt en l'air, tantôt dans le creux d'un arbre, ou même en terre, et se trouve, suivant les espèces, à nu ou renfermé dans une enveloppe commune (fig. 134).

§ 332. La communauté dans les travaux est un des traits les plus remarquables dans les mœurs des abeilles ; mais ces insectes nous offrent aussi l'exemple d'un autre genre d'instinct qui détermine des actions non moins curieuses à observer, et qui appartient aussi à la classe des phénomènes dont nous nous occupons en ce moment : savoir, l'instinct qui règle les relations entre les ouvrières et leur reine.

Nos Abeilles domestiques, ou Mouches à miel, qui paraissent être originaires de la Grèce, et qui ont été transportées par l'homme dans toute l'Europe, ainsi que dans le nord de l'Afrique et dans l'Amérique septentrionale, vivent en colonies composées chacune de dix à trente mille *ouvrières* ou *mulets*, de six à huit

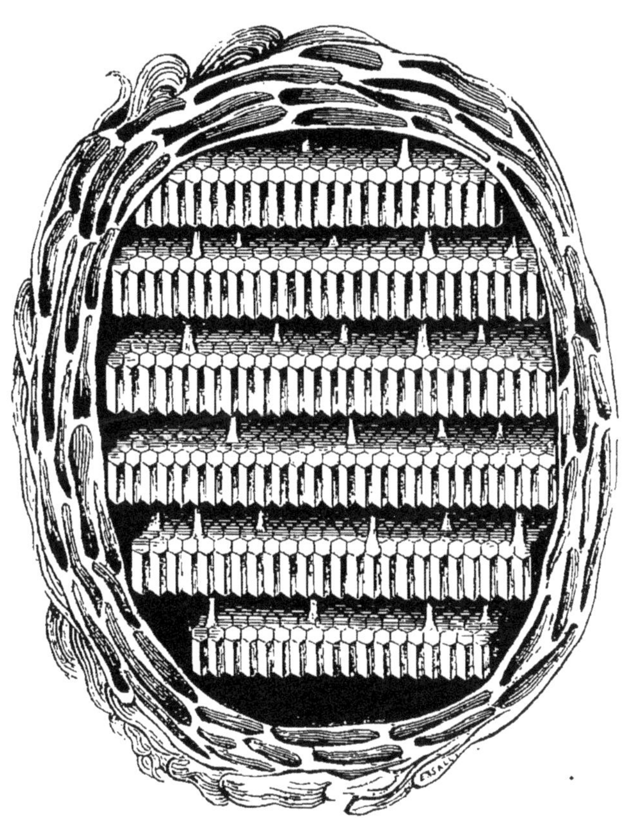

FIG. 134. — Coupe verticale d'un nid de Guêpes.

cents mâles ou *faux bourdons* (appelés à tort *bourdons* par les cultivateurs), et communément d'une seule femelle qui semble y régner en souveraine, et qui a reçu le nom de *reine*. Elles établissent leur demeure dans quelque cavité, telle que le trou d'un vieil arbre ou l'espèce de hutte que les agriculteurs leur préparent et que l'on nomme ruche, et ce sont les abeilles ouvrières qui exécutent tous les travaux nécessaires à l'existence et à la prospérité de la société. Les unes, nommées *cirières*, sont chargées de la récolte des vivres et des matériaux de construction, ainsi que des bâtisses à élever; les autres, appelées, à raison de leurs fonctions, les *nourrices*, s'occupent presque exclusivement des soins intérieurs du ménage et de l'éducation des petits.

Pour faire sa récolte, l'abeille cirière entre dans une fleur bien épanouie, dont les étamines sont chargées de la poussière appelée *pollen* par les botanistes. Cette poussière s'attache aux poils branchus dont son corps est couvert, et, en se frottant avec les brosses qui garnissent ses tarses (fig. 135), l'insecte la rassemble en pelotes, qu'il empile dans les corbeilles ou palettes creusées à la face interne de ses jambes postérieures (fig. 136). A l'aide de leurs mandibules, les ouvrières détachent aussi de la surface des plantes une matière résineuse, appelée *propolis*, et en remplissent

FIG. 135. — Abeille ouvrière.

FIG. 136. — Patte postérieure d'Abeille.

leurs corbeilles. Ainsi chargées, ces abeilles retournent à leur demeure commune, et, aussitôt arrivées, se débarrassent de leur fardeau, pour retourner à la recherche de nouvelles provisions ou pour employer celles déjà recueillies. Les travaux de l'intérieur sont plus compliqués. Les abeilles commencent par boucher avec de la propolis toutes les fentes de leur habitation, et n'y laissent qu'une seule ouverture, dont les dimensions sont peu considérables; elles s'occupent ensuite de la construction des *rayons* ou *gâteaux*, destinés à servir de nids pour les petits et de magasins pour les provisions de la communauté. Ces gâteaux sont faits avec de la *cire*, matière qui se trouve sur diverses plantes, et qui est sécrétée aussi par les abeilles dans des organes particuliers, situés sous les anneaux de leur abdomen. Ils sont composés de deux couches de cellules (ou *alvéoles*) hexagones, à base pyramidale, adossées l'une à l'autre, et ils sont suspendus perpendiculairement par une de leurs tranches. En général, c'est à la voûte de la ruche qu'ils sont fixés, et ils sont toujours rangés parallèlement, de manière à laisser entre eux des espaces vides dans lesquels les abeilles peuvent circuler. Les cellules, comme on le voit, sont par conséquent disposées horizontalement et ouvertes par un de leurs bouts. C'est avec leurs mandibules que les ouvrières les façonnent; elles en taillent les pans pièce à pièce, et elles portent dans leur construction une précision étonnante. La plupart de ces loges ont exactement les mêmes dimensions et servent à loger les larves ordinaires, ou deviennent des magasins; mais quelques-unes, destinées à contenir des larves femelles, et appelées pour cette raison des *cellules royales*, sont beaucoup plus grandes et de forme presque cylindrique. Quand les abeilles ont fait une récolte abondante de pollen ou de miel, elles déposent le superflu dans quelques-unes des cellules ordinaires, pour subvenir soit à leur consommation journalière, soit à leurs besoins futurs. Elles ont aussi la précaution de boucher avec un couvercle de cire les cellules contenant leur réserve de miel; et, si quelque accident vient menacer de miner leurs constructions, elles savent aussi élever des colonnes et des arcs-boutants, pour empêcher la chute de leurs gâteaux. Les mâles, comme nous l'avons déjà dit, ne participent pas à ces travaux; et, lorsqu'ils ne sont plus d'aucune utilité à la communauté, les ouvrières les mettent à mort, en les perçant de leurs aiguillons. C'est du mois de juin à celui d'août que ce carnage a lieu, et il s'étend même sur les larves et les nymphes de faux bourdons.

La femelle reste également étrangère à la vie active menée par les ouvrières; mais comme c'est de sa fécondité que dépend la prospérité de l'essaim, elle est toujours choyée par celles-ci. Dès qu'elle commence à pondre des œufs, elle devient pour toute la colonie un objet de respect, et elle ne souffre dans sa demeure aucune rivale ; si elle en rencontre, un combat à mort s'engage aussitôt, et une seule reine se voit toujours dans chaque essaim, quelle que soit la multitude d'individus dont celui-ci se compose. Tant qu'elle est restée renfermée dans l'intérieur de son habitation, la jeune reine ne pond pas d'œufs; mais si le temps est beau, elle en sort peu de jours après sa naissance, et s'élève avec les faux bourdons à perte de vue dans l'air : cependant elle ne tarde pas à rentrer, et quarante-six heures après, elle commence à pondre des œufs, qu'elle dépose un à un dans les cellules préparées pour cet usage. Pendant le premier été, cette ponte n'est pas très-nombreuse et ne se compose que des œufs d'ouvrières; pendant l'hiver, elle s'arrête. Mais, dès que le retour du printemps se fait sentir, la fécondité de la mère abeille devient extrême : dans l'espace d'environ trois semaines elle pond en général plus de douze mille œufs. C'est seulement vers le onzième mois de son existence qu'elle commence à donner des œufs de mâles en même temps que des œufs d'ouvrières, et ceux d'où naîtront des femelles ne viennent qu'un peu plus tard. Trois ou quatre jours après la ponte, les œufs éclosent, et il en sort une petite larve de couleur blanchâtre, qui, étant privée de pattes, ne peut sortir de son nid et chercher sa nourriture : mais les ouvrières pourvoient abondamment à ses besoins, en lui présentant une sorte de bouillie, dont les qualités varient suivant l'âge et le sexe de l'individu à qui elle est destinée ; et, lorsque le moment de sa transformation en nymphe approche, elles la renferment dans sa loge en adaptant à celle-ci un couvercle de cire. Cinq jours après la naissance d'une larve d'ouvrière, ses nourrices ferment ainsi sa cellule. Elle file alors autour de son corps une coque de soie, et, au bout de trois jours, se change en nymphe : enfin, après être restée sous cette forme pendant sept jours et demi, elle subit sa dernière métamorphose. Les mâles n'arrivent à l'état parfait que le vingt et unième jour de la naissance de leur larve, tandis que les femelles subissent leur dernière transformation le treizième jour. L'influence qu'exerce sur le développement des abeilles la qualité des aliments dont les ouvrières nourrissent les larves est des plus remarquables ; car, en variant la bouillie qu'elles donnent à leurs élèves, ces singulières nourrices produisent à volonté des ouvrières ou des reines. Cela se voit d'une manière évidente lorsqu'un essaim a perdu sa reine, et qu'il n'existe pas, dans les rayons de la ruche, de cellule royale contenant une larve de femelle : alors les abeilles se hâtent de démolir plusieurs cellules d'ouvrières, pour leur donner la forme d'une cellule royale, et fournissent en abondance à la larve qu'elles y laissent la pâture dont elles alimentent les femelles. Or, par ce seul fait, la larve, au lieu de devenir une abeille ouvrière, comme cela serait arrivé si elle avait continué à être élevée de la manière ordinaire, devient une abeille reine. Quand une jeune reine a achevé ses métamorphoses et rongé les bords du couvercle de sa cellule, pour sortir de son nid, on voit se manifester dans toute la colonie une grande agitation. D'un côté, les ouvrières bouchent avec de nouvelles quantités de cire les ouvertures qu'elle pratique, et la retiennent prisonnière dans sa loge ; d'un autre côté, la vieille reine cherche à s'en approcher, pour la percer de son aiguillon, et se défaire ainsi d'une rivale dangereuse ; mais des phalanges d'ouvrières s'interposent pour l'en empêcher. Au milieu du tumulte qui résulte de tout ce manége, la vieille reine sort de la ruche avec toute l'apparence de la colère, et suivie d'une grande partie de la société d'ouvrières et de mâles dont elle était le chef unique. Les jeunes abeilles trop faibles pour émigrer de la sorte restent dans la ruche, et bientôt leur nombre augmente par l'apparition de celles qui étaient encore à l'état de larves ou de nymphes; les jeunes reines se dégagent aussi de leurs cellules pendant ce tumulte. S'il y en a plusieurs, elles se battent entre elles; et celle qui, après le combat, se trouve seule, devient la souveraine de la nouvelle société. L'essaim qui a abandonné de la sorte sa demeure avec la vieille reine ne se disperse pas, mais va à quelque distance se suspendre en grappe, et fonder une nouvelle colonie qui recommence tous les travaux dont nous venons de parler, et qui, à son tour, fournit au bout d'un certain temps un second essaim, dont la sortie est déterminée par les mêmes causes que nous avons vues occasionner l'émigration du premier. Une ruche donne quelquefois trois ou quatre essaims par saison; mais les derniers sont toujours faibles. La mort de l'abeille reine, la faiblesse d'une colonie et les attaques de ses ennemis déterminent quelquefois les abeilles à se disperser : les fugitives vont alors chercher asile dans une ruche plus fortunée; mais elles en sont impitoyablement repoussées à coups d'aiguillon par les propriétaires de la demeure qu'elles voudraient partager; car aucune abeille étrangère, même isolée, n'est reçue dans une ruche où elle n'est pas née. Quelquefois aussi toute une colonie en attaque une autre pour piller ses magasins; et si les agresseurs ont le dessus, ils détruisent complétement la population vaincue, et enlèvent tout le miel de leurs victimes, pour le déposer dans leur ruche.

§ 333. L'instinct qui pousse les abeilles à piller ainsi leurs voisines offre quelque ressemblance avec celui qui porte d'autres insectes à des actions plus singulières encore, telles que la capture d'animaux d'espèce différente dont ils font des esclaves; habitude dont l'histoire des Fourmis va nous fournir un exemple.

Ces petits insectes vivent, comme les abeilles, en sociétés nombreuses composées de mâles, de femelles, et surtout d'individus imparfaits et stériles, que l'on désigne sous le nom d'ouvrières ou de neutres, et que l'on reconnaît à l'absence de leurs ailes, à la grosseur de leur tête et à la force de leurs mandibules. Ce sont aussi les ouvrières qui sont chargées de tous les travaux nécessaires à la prospérité générale, et elles y procèdent de manières différentes, suivant les espèces. Les unes bâtissent leur demeure commune en terre, les autres en bois. Les premières creusent dans le sol une infinité de galeries et de chambres disposées par étages; et, rejetant les déblais au dehors, élèvent souvent au-dessus de leur nid un monticule, dans l'intérieur duquel ces travailleuses infatigables creusent de nouveaux étages semblables à l'étage situé au-dessous; quelquefois on les voit aussi construire avec cette terre des galeries qui montent le long des tiges des arbustes où ces insectes vont chercher leur nourriture, et qui les abritent dans leurs courses journalières. Les fourmis qui construisent leurs fourmilières en bois s'établissent dans des arbres déjà attaqués par les larves d'autres insectes et ramollis par la pourriture. Avec leurs mandibules elles détachent des particules de bois, et creusent dans l'intérieur de l'arbre plusieurs étages séparés par des planchers et soutenus par des piliers formés de bois non rongé ou de sciure détachée des parties voisines et pétrie avec de la salive. Si quelque accident vient détruire une partie de leur édifice, on voit aussitôt toutes les ouvrières qui ont échappé à ce désastre déployer une activité extrême, retirer des décombres celles qui y ont été ensevelies, transporter en lieu de sûreté leurs compagnes blessées, et ajouter de nouvelles bâtisses à celles encore debout. Les mâles et les femelles ne participent pas à ces travaux. Les premiers ne restent dans la fourmilière que fort peu de temps, et périssent presque aussitôt qu'ils en sont sortis. Les femelles quittent aussi la demeure commune avec les mâles; mais, après s'être séparées de ceux-ci et s'être dépouillées de leurs ailes, elles sont ramenées dans la fourmilière par les ouvrières et placées dans les chambres les plus retirées, où elles restent prisonnières, et sont nourries par leurs gardiennes. Dès qu'elles pondent un œuf, une fourmi ouvrière s'en empare et le transporte avec soin dans une chambre particulière. Les œufs destinés à produire des femelles ne sont pas logés dans les mêmes cellules que ceux d'où naîtront les ouvrières. Les larves reçoivent aussi de la part des ouvrières des soins assidus; chacune d'elles est appâtée par celle-ci avec des sucs qui lui conviennent; et lorsque le temps est beau, on voit ces nourrices actives transporter leurs élèves hors de la fourmilière pour les exposer aux rayons du soleil, les défendre contre leurs ennemis, les rapporter dans leur nid à l'approche du soir, et les entretenir dans un état de propreté extrême. Les fourmis ne font de provisions ni pour elles-mêmes ni pour leurs nourrissons, mais vont chaque jour chercher les aliments dont elles ont besoin. Pendant que certaines ouvrières s'occupent de l'entretien des bâtisses et des nouvelles constructions nécessaires à leurs colonies croissantes, d'autres vont chercher sur les fleurs des liquides sucrés, et surtout y récolter un suc particulier qui suinte du corps des pucerons et de quelques autres petits insectes hémiptères. Certaines fourmis ne se contentent pas de prendre la gouttelette sucrée que le puceron leur abandonne lorsqu'il se sent caressé par les antennes; souvent elles portent ces insectes dans leurs demeures, et les y élèvent comme des fermiers le font pour leurs vaches laitières. On a vu les habitants de deux fourmilières voisines se disputer leurs pucerons, et les vainqueurs emporter leurs prisonniers avec le même soin qu'elles le font pour leurs larves. Mais ce singulier instinct de prévoyance n'est pas encore le trait le plus extraordinaire de leurs mœurs. Il est des fourmis qui, après avoir vaqué pendant une partie de leur vie à leurs travaux ordinaires, semblent comprendre les plaisirs de l'oisiveté, et vont faire la guerre à des espèces plus faibles, pour en enlever les larves et les nymphes, transporter celles-ci dans leur propre demeure, et charger les esclaves qu'elles se sont ainsi procurés de tous les travaux de la communauté.

§ 334. Enfin, il est aussi des animaux chez lesquels l'instinct de la société se trouve réuni à une autre tendance naturelle qui, au premier abord, semble moins remarquable que les précédentes, mais qui a pour nous une importance bien plus grande; car c'est probablement à elle que nous devons en majeure partie la possibilité de réduire quelques-uns de ces êtres à l'état de domesticité : nous voulons parler de la disposition à l'obéissance qui place tout un troupeau sous la direction d'un chef, et qui a des liaisons intimes avec l'*instinct de l'imitation*. Lorsqu'on étudie l'histoire du cheval, on voit un exemple frappant de l'influence qu'exerce sur tous les individus de la bande l'exemple de ceux qui sont les plus vaillants et les plus forts; et, lorsqu'on observe les mœurs des singes, on voit aussi combien l'instinct de l'imitation est développé chez ces animaux.

§ 335. **Facultés de l'entendement chez les animaux.** — Les instincts, dont l'étude vient de nous occuper si longuement, sont les principales causes déterminantes des actions des animaux, et chez la plupart de ces êtres on ne voit, comme nous l'avons déjà dit, aucun indice de l'existence des facultés d'un ordre plus élevé; mais, lorsqu'on observe ce qui se passe chez certains animaux, il devient impossible de refuser à ceux-ci la possession d'une espèce d'intelligence, et de ne pas reconnaître qu'ils peuvent être doués, comme l'homme lui-même, de la mémoire, du jugement, et même de la faculté d'établir quelques raisonnements peu compliqués.

Ainsi, il est évident que beaucoup d'animaux ne sont pas privés de *mémoire*, et que, chez plusieurs d'entre eux, cette faculté est même très-développée. Le cheval, par exemple, reconnaît souvent un chemin qu'il n'avait parcouru qu'une fois et qu'il n'a pas vu depuis des années. La mémoire n'est pas moins fidèle chez le chien, l'éléphant et plusieurs autres mammifères ; car on voit fréquemment ces animaux reconnaître, après une longue absence, les personnes qui avaient pris soin d'eux ou qui les avaient maltraités. Les poissons mêmes ne paraissent pas en être complétement dépourvus, car on a pu apprendre à des anguilles à accourir à la voix de leur gardien.

§ 336. Parmi les actions des animaux, il en est aussi que nous ne pouvons nous expliquer qu'en les supposant le résultat d'un *raisonnement*. Ainsi le loup, qui s'agite et qui déchire les barreaux de sa cage s'ils sont de bois, et qui se résigne à sa captivité si ces barreaux sont de fer, doit agir de la sorte, parce que, dans le premier cas, il voit que par ses morsures il entame le bois, et qu'il croit, par conséquent, pouvoir briser ainsi l'obstacle qui s'oppose à sa fuite, tandis que, dans le second cas, trouvant le fer trop dur pour ses dents, il juge bientôt que ses efforts seront inutiles, et alors il les discontinue. Lorsque le chien, voyant son maître prendre son chapeau, juge qu'il va sortir et l'accable de caresses pour se faire emmener à la promenade, il agit ainsi par suite d'un raisonnement ; et cette opération de l'intelligence est encore plus évidente dans une multitude de stratagèmes que l'on cite comme ayant été employés par le même animal pour atteindre l'objet de ses désirs : par exemple, dans la conduite d'un chien de garde qui chaque nuit parvenait à dégager son cou du collier qui le tenait à l'attache, et courait alors égorger des moutons dans la campagne voisine, puis allait à la rivière laver sa gueule ensanglantée, et revenait avant le jour au logis remettre son cou dans le collier qu'il avait quitté furtivement, et se coucher sur sa litière de façon à ne donner aucun éveil sur ses méfaits.

Les observations recueillies, il y a quelques années, sur un jeune Chimpanzé (fig. 137) et un Orang-outan vivant dans la ménagerie du Jardin des plantes, à Paris, montrent que ces singes sont doués d'une intelligence encore plus développée. L'orang-outan s'attachait aux personnes qui le soignaient ; boudait lorsqu'on ne lui cédait pas, et, de même que les enfants, exprimait sa colère en criant et en se frappant la tête contre terre, comme si n'osant s'en prendre aux personnes qui lui résistaient, il s'en prenait à lui-même afin d'émouvoir ceux qui l'entouraient. Lorsqu'il était enfermé seul dans la chambre où on le tenait, il cherchait toujours à sortir, et, pour atteindre à la serrure et ouvrir la porte, il montait sur une chaise placée auprès. Afin d'empêcher cette manœuvre, son gardien emporta un jour cette chaise ; mais l'orang en alla chercher une autre qu'il mit à la place de la première, et sur laquelle il monta de même pour ouvrir sa porte. Or, comment ne pas reconnaître dans cette action, non-seulement la faculté de profiter des leçons de l'expérience, mais aussi celle de généraliser? Jamais on n'avait enseigné à cet animal à s'aider d'une chaise pour ouvrir les portes, et il n'avait même vu faire cela à personne; ce devait être par sa propre expérience qu'il avait appris qu'en grimpant ainsi, il s'élevait au niveau de la clef qu'il voulait tourner, et ce ne pouvait être qu'en observant les actions de ses gardiens qu'il s'était aperçu que les chaises étaient transportables d'un lieu à un autre; enfin, ce ne pouvait être qu'en généralisant les notions ainsi obtenues et en combinant les jugements auxquels ces idées avaient donné lieu, qu'il a été conduit à agir d'une manière si bien calculée; car dans les circonstances anormales où il se trouvait, ses instincts naturels ne pouvaient suffire pour le guider.

Fig. 137. — Chimpanzé.

§ 337. Ce n'est guère que chez les mammifères les plus voisins de l'homme que l'on trouve des indices d'une intelligence un peu développée, et à mesure que l'on descend dans la série des êtres, on voit les actions électives devenir de plus en plus rares et l'instinct remplacer l'intelligence. Les singes et les carnassiers se placent en première ligne sous le rapport de l'intelligence; les pachydermes, tels que l'éléphant et le cheval, viennent ensuite; puis les ruminants; et, de tous les mammifères, les rongeurs, c'est-à-dire l'écureuil, la marmotte, le castor, le lièvre, etc., sont à cet égard les plus imparfaits. Ainsi, le rongeur ne parvient pas à distinguer individuellement de tout autre homme l'homme qui le soigne. Le ruminant distingue son maître, mais ses facultés sont si bornées, qu'un simple changement d'habit suffit quelquefois pour qu'il le méconnaisse (1). Le cheval et l'éléphant

(1) Un bison du Jardin des plantes avait pour son gardien la soumission la plus

non-seulement gardent le souvenir des personnes, mais apprennent facilement à obéir à des signes déterminés. Le chien est reconnaissant des bienfaits qu'on lui confère, comprend la tristesse de son maître aussi bien que sa colère, et lui porte secours au besoin. Enfin, le singe agit avec encore plus de discernement et de calcul; mais c'est dans la jeunesse seulement qu'il est si heureusement doué, et ses facultés, au lieu de se perfectionner avec le progrès de l'âge, comme celles de l'homme, se détériorent promptement.

Chez la plupart des animaux inférieurs, on n'aperçoit rien qui ressemble à de la raison, et c'est l'instinct qui paraît diriger toutes leurs actions : quelques insectes seulement semblent, dans certains cas, se déterminer par des jugements plutôt que par un instinct proprement dit, mais ces cas sont rares et même incertains.

§ 338. Enfin, nous devons ajouter encore que certains animaux paraissent avoir, comme l'homme, quoique d'une manière bien moins parfaite, des moyens de communication à l'aide desquels ils expriment ce qu'ils sentent et en informent leurs semblables.

C'est ainsi que chez les mammifères et les oiseaux vivant en troupes on voit souvent des individus placés en sentinelle, qui, par des cris particuliers, avertissent leurs compagnons de l'approche du danger : les marmottes et les flamants nous en offrent des exemples. On s'est également assuré de l'existence d'une faculté analogue chez les hirondelles, car on a vu bien des fois que le cri de détresse poussé par ces oiseaux, lorsque leurs petits sont menacés par quelque ennemi, attire aussitôt toutes les hirondelles du voisinage, qui volent au secours des parents effrayés et harcèlent de concert l'animal dont ceux-ci redoutent l'attaque. Enfin, les insectes aussi paraissent quelquefois se communiquer des nouvelles : les observations faites sur les fourmis par Huber, par Latreille et par plusieurs autres naturalistes, ne peuvent laisser à cet égard que peu d'incertitude. Ainsi, lorsque la surface d'une fourmilière vient à être dégradée, toute la colonie est informée du désastre avec une rapidité étonnante : aucun son appréciable à nos oreilles n'est produit, mais on voit les insectes qui étaient témoins du dégât courir çà et là, se rapprocher de leurs compagnons, les frapper avec la tête et rapprocher leurs

complète : ce gardien vint à changer d'habit, et le bison, ne le reconnaissant plus, se jeta sur lui ; le gardien reprit son habit ordinaire, et le bison le reconnut. Deux béliers accoutumés à vivre ensemble sont-ils tondus, on les voit aussitôt se précipiter l'un sur l'autre avec fureur, comme s'ils étaient étrangers entre eux.

antennes des leurs; les individus qui ont été avertis de la sorte changent la direction de leur course pour se conduire comme les premiers, et au bout de quelques instants on voit ces petits animaux accourir par milliers sur le point où leur demeure menace ruine. Dans les guerres acharnées que se font souvent les habitants de deux fourmilières voisines, on a vu aussi des éclaireurs donner au gros de l'armée des informations qui l'ont fait changer de route ; et des observateurs dignes de foi assurent même que, dans des circonstances critiques, des fourmis quittent quelquefois le champ de bataille pour retourner à la fourmilière, et que leur arrivée est suivie presque aussitôt du départ de renforts nombreux.

§ 339. La plupart des actions des animaux s'expliquent facilement par l'existence des facultés que nous venons d'étudier, et que nous avons trouvées plus ou moins analogues à celles que nous possédons nous-mêmes. Mais il est d'autres phénomènes dont nous ne pouvons en aucune façon nous rendre compte, et qui nous portent à soupçonner que plusieurs de ces êtres pourraient bien être doués de quelque sens que nous n'avons pas, et sur la nature duquel il nous est, par conséquent, impossible de nous former une idée. Effectivement, ni l'instinct ni l'intelligence ne paraissent devoir suffire pour guider certains oiseaux, tels que les pigeons et les hirondelles, qui, mis en liberté après avoir été transportés dans des paniers bien fermés à des centaines de lieues de leur nid, prennent leur vol sans hésitation, et se dirigent en ligne droite vers le lieu où est restée leur jeune famille, comme si celle-ci était sous leurs yeux. Lorsque le Chien et les autres mammifères retrouvent leur chemin à de grandes distances ou suivent de loin la trace de quelque autre animal, ils se dirigent ordinairement en prenant pour guide les sensations reçues par le sens de l'odorat, dont la délicatesse est extrême chez ces animaux; mais pour les pigeons messagers qu'on voit voler d'un trait de Bordeaux à Bruxelles, par exemple, on ne peut supposer rien de semblable, et l'on ne peut même faire de conjectures sur la nature de la faculté qui les guide.

§ 340. **Rapports entre l'intelligence et le cerveau.** — Nous ne savons également rien sur la cause de l'existence ou de l'absence de telle ou telle faculté intellectuelle ou instinctive chez un animal quelconque, ni sur le mécanisme à l'aide duquel ces qualités s'exercent ; nous savons seulement que c'est par l'intermédiaire du système nerveux que se manifestent tous les phénomènes dépendants de leurs facultés. La science est dans une ignorance complète relativement à la nature des rapports qui existent entre l'action de notre cerveau et la production de nos pensées ou la perception de nos sensations; mais il est facile de s'assurer que cet organe est l'instrument spécial à l'aide duquel les opérations de l'esprit se manifestent. De même que le cerveau ne peut recevoir des impressions du dehors que par l'intermédiaire des sens, de même les sensations ne peuvent parvenir à l'esprit que par l'intermédiaire de notre cerveau, et de même aussi notre volonté et toutes nos autres facultés intellectuelles ne peuvent se manifester qu'à l'aide de cet agent; et toutes les fois que, par une circonstance quelconque, ses fonctions sont interrompues, nous perdons aussitôt l'entendement, la volonté, la sensibilité, même la conscience de notre être, et nous sommes réduits à une condition analogue à celle d'un végétal, car alors nous ne vivons plus que de la vie organique. En effet, pour s'en convaincre, il suffit d'observer ce qui a lieu lorsque, par suite d'une blessure ou d'une apoplexie, le cerveau cesse de remplir ses fonctions : l'homme est plongé alors dans un état qui ressemble au sommeil le plus profond, et dans les expériences physiologiques on produit à volonté cet état chez les animaux supérieurs, car chez eux aussi le cerveau est l'instrument nécessaire à toute opération de l'entendement, et sa destruction entraîne la perte de l'intelligence et de l'instinct.

Mais de ce que le concours du cerveau est indispensable à l'exercice des facultés intellectuelles, on ne peut pas en conclure que c'est cet organe lui-même qui sent, qui juge et qui veut; il nous est même impossible de concevoir comment un organe matériel pourrait engendrer la pensée, et toutes les hypothèses des matérialistes ne nous éclairent en rien sur la nature intime de ce travail. Pour s'en rendre compte, on est forcé de remonter plus haut et de l'attribuer à un principe immatériel qui, chez l'homme, est désigné tantôt sous le nom de principe vital, tantôt sous celui d'âme. On est porté à supposer que cette force est aussi la cause première de tous les phénomènes essentiellement vitaux de notre existence, phénomènes dont la nature ne varierait que parce que les organes ou instruments par l'intermédiaire desquels cette puissance unique se manifeste sont eux-mêmes différents dans les diverses parties de notre économie. Du reste, les faits nous manquent pour la discussion d'une pareille question, et les physiologistes ignorent également quel est le degré d'analogie qui existe entre l'âme de l'homme et le principe vital qui, dans chaque animal, paraît en tenir lieu, et s'y montre avec des attributs variables suivant les espèces.

§ 341. Quoi qu'il en soit, le cerveau, comme nous l'avons déjà dit, est l'instrument à l'aide duquel la puissance intellectuelle s'exerce, et la structure de tout organe ou instrument physiologique est toujours en harmonie avec ses usages. Il s'ensuit donc qu'on pourrait conclure à priori que la conformation du cerveau doit varier suivant qu'il est destiné à servir d'intermédiaire pour la manifestation de tel ou tel genre de faculté, et qu'il doit présenter chez les divers animaux des différences de structure correspondant aux différences qui s'observent dans leur intelligence. Or, l'anatomie nous apprend que, dans bien des cas, de semblables coïncidences sont faciles à constater.

§ 342. Ainsi, on remarque qu'ordinairement un organe agit avec d'autant plus de puissance, qu'il est plus volumineux ; et lorsque l'on compare le développement de l'intelligence avec le développement matériel de l'encéphale, on peut saisir également quelques rapports analogues. L'homme, qui, par ses facultés intellectuelles, est si supérieur à tous les animaux, a aussi un cerveau plus développé ; chez les singes et même chez les carnassiers, cet organe est moins grand, mais offre encore une perfection considérable ; il est plus petit et plus simple chez les rongeurs, et il se trouve réduit à son minimum chez les poissons, qui de tous les animaux vertébrés sont les plus stupides.

Ces faits ont conduit à penser qu'on pouvait juger du degré d'intelligence des animaux et même des hommes entre eux par le développement plus ou moins considérable de leur cerveau, et, pour apprécier ces différences, on a recours à différentes méthodes, dont la plus célèbre est celle de la mesure de l'*angle facial*, proposée par Camper, habile naturaliste hollandais.

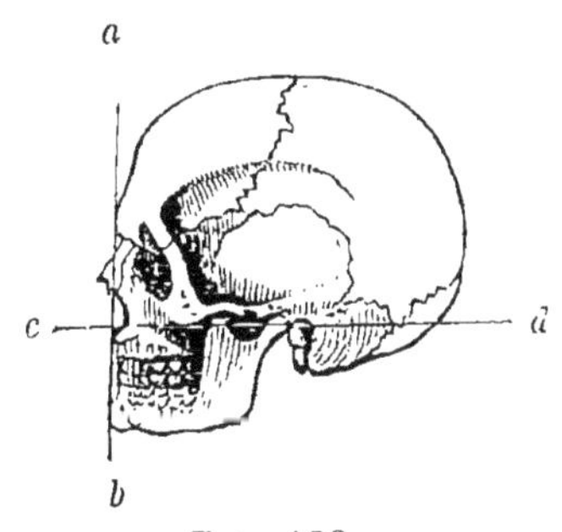

FIG. 138.

Ces mesures sont destinées à faire connaître le rapport qui existe entre le volume du crâne (qui est rempli par le cerveau et le cervelet) et celui de la face : elles se prennent de la manière suivante. On tire une ligne horizontale (*cd*, fig. 138 et 139), que l'on fait passer par le trou auditif et par le plancher des fosses nasales, de façon à suivre à peu près la direction de la base du crâne; puis on abaisse sur cette ligne une seconde ligne (*ba*), que l'on fait passer sur le point le plus saillant du front et sur l'extrémité de la mâchoire supérieure. Or, il est évident que cette dernière sera d'autant plus inclinée sur la première et formera avec elle un angle d'autant plus aigu, que la face sera plus développée et le front plus reculé, et que, par conséquent, la mesure de l'*angle facial* (car c'est ainsi qu'on nomme l'angle dont nous venons de parler) pourra indiquer avec assez d'exactitude le rapport cherché.

L'homme est de tous les animaux celui dont l'angle facial est le plus ouvert, et à cet égard il existe parmi les diverses races humaines de grandes différences : les têtes européennes l'ont ordinairement de 80 degrés (fig. 138), et les nègres d'environ 70 degrés (fig. 139). Dans les différentes espèces de singes, elle varie de 65 à 30 degrés (fig. 140); et, à mesure qu'on s'éloigne davantage de l'homme et que l'on descend dans la série des mammifères, il devient encore plus aigu. Dans le cheval et le sanglier, par exemple, le front est si fuyant, qu'il devient impossible de mener une ligne droite de l'extrémité de la mâchoire supérieure au crâne, à cause de la saillie du nez, comme on peut s'en convaincre en jetant les yeux sur la figure ci-jointe (fig. 141). Enfin, chez les oiseaux, les reptiles et les poissons, l'angle facial, lorsqu'il peut être mesuré, devient encore plus aigu que chez la plupart des mammifères.

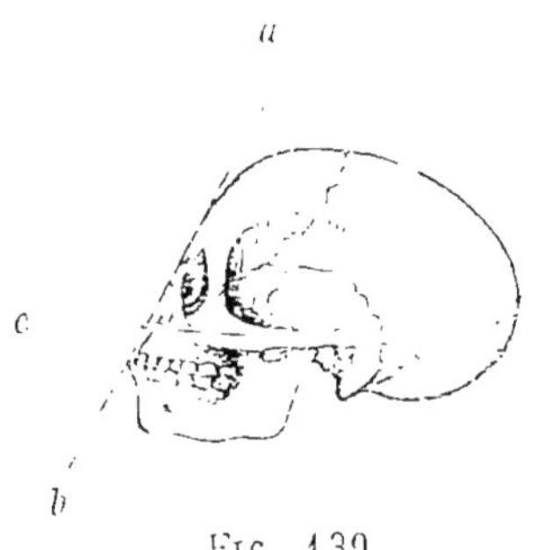

FIG. 139.

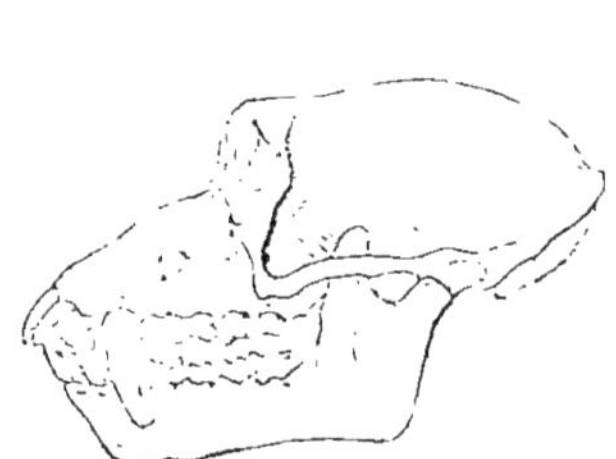
FIG. 140. — Tête de Macaque.

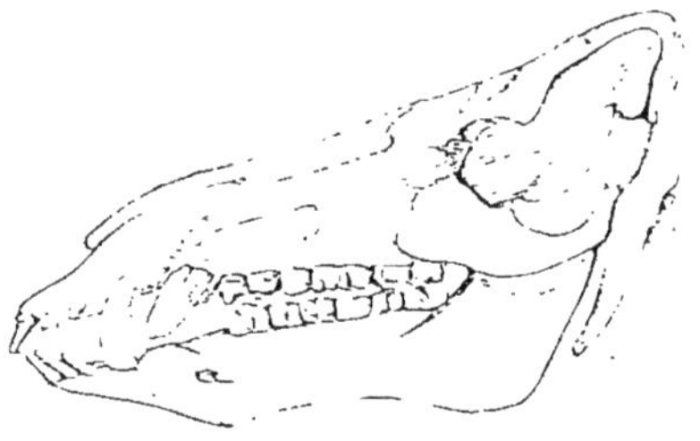
FIG. 141. — Tête de Sanglier.

La coïncidence plus ou moins grande qui existe en général entre l'inclinaison de la ligne faciale et l'étendue des facultés intellectuelles ne paraît pas avoir échappé aux anciens ; non-seulement ils ont très-bien remarqué que la ligne faciale relevée était un signe d'une nature plus généreuse et un des caractères de la beauté, mais, dans les figures de leurs héros et de leurs dieux, ils l'ont avancée plus qu'elle ne l'est chez aucun homme, et dans quelques statues (telles que le Jupiter Olympien) ils l'ont fait incliner un peu en avant.

Le vulgaire même est habitué à attribuer de la stupidité aux hommes et aux animaux dont le front est très-fuyant et le museau très-allongé ; et, lorsque quelque circonstance vient à relever la ligne faciale, même sans augmenter la capacité du crâne, nous trouvons aux animaux qui présentent cette disposition un air particulier d'intelligence, et nous sommes portés à leur attribuer des qualités qu'ils n'ont réellement pas. L'éléphant et la chouette sont dans ce cas. La grande étendue des sinus frontaux donne à leur front une saillie considérable. Or, la chouette, comme chacun le sait, était chez les anciens l'emblème de la sagesse ; l'éléphant porte aux Indes un nom qui indique qu'il a la raison en partage : et cependant ni l'un ni l'autre de ces animaux ne sont réellement remarquables par le développement de leurs facultés intellectuelles.

Quoi qu'il en soit, il faut bien se garder d'attacher à ces mesures une grande importance ; elles ne peuvent donner tout au plus qu'une idée approximative du développement du cerveau, et jusqu'ici rien ne prouve que l'étendue des facultés intellectuelles soit proportionnelle à ce développement matériel de l'encéphale.

§ 343. Nous venons de voir que le cerveau est le siége de plusieurs fonctions bien distinctes, et lorsqu'on examine la manière dont les facultés intellectuelles et affectives s'exercent chez les différents hommes, on ne tarde pas à observer que le plus ou moins grand développement de l'une d'elles n'est pas toujours accompagné d'un développement égal dans toutes les autres. Tel homme qui sera remarquable par l'amour instinctif qu'il portera à sa progéniture, pourra n'avoir que des facultés intellectuelles très-faibles, et tel autre doué des dispositions les plus heureuses pour les sciences du calcul, pourra manquer complétement d'imagination ou de talent d'observation.

Ces considérations et une foule de faits analogues ont porté quelques philosophes à penser que le cerveau n'était pas un organe unique dont toutes les parties concourent de la même manière à la manifestation des phénomènes de l'instinct et de l'intelligence, mais que la nature avait établi dans les fonctions de l'encéphale la même division de travail qu'on remarque dans les autres appareils de l'économie animale, toutes les fois que les facultés de ceux-ci se perfectionnent : ils ont pensé que les facultés affectives avaient leur siége dans une partie déterminée du cerveau, les facultés intellectuelles dans d'autres, et, en un mot, que chaque genre de travail exécuté par le cerveau était lié à l'action d'un instrument ou organe particulier, et que ces organes spéciaux étaient des portions différentes de la masse nerveuse de l'encéphale.

C'est sur cette hypothèse de la localisation des diverses fonctions de l'encéphale que repose le système *phrénologique* du docteur Gall.

Ce physiologiste pensait que chacune de ces fonctions est l'apanage d'une partie déterminée du cerveau ou du cervelet, et que l'activité plus ou moins grande de chacune d'elles dépend, en majeure partie, du développement plus ou moins considérable de la partie qui en est le siége. Or, chez l'homme et la plupart des animaux supérieurs, l'encéphale remplit toute la cavité du crâne, et les parois de cette boîte osseuse se moulent en quelque sorte sur cette masse nerveuse, de façon qu'on peut juger de la grosseur proportionnelle des différentes parties du cerveau par la saillie plus ou moins grande des parties correspondantes de la tête. Et en admettant que les suppositions énoncées plus haut soient exactes, on pourrait par conséquent, d'après l'inspection du crâne, juger des penchants et des facultés de chaque individu.

Ce qui vient le plus à l'appui de ces hypothèses, ce sont les particularités qu'on a cru observer dans la configuration de la tête des hommes les plus remarquables par certaines qualités de l'esprit ou par la force de quelques penchants, et les différences qu'on rencontre dans la forme du crâne des animaux dont les penchants sont les plus opposés. Ce que nous avons déjà dit de la ligne faciale s'applique surtout au développement plus ou moins considérable de la partie antérieure du cerveau, et l'existence d'un front déprimé et fuyant suffit pour donner à toute tête l'aspect de la stupidité. On remarque aussi que chez les animaux carnassiers qui vivent de chasses et qui montrent le plus de courage et de férocité, la largeur du crâne vers les oreilles est beaucoup plus considérable que chez les herbivores, dont les mœurs sont douces et timides. Il est aussi vrai de dire que, chez presque tous les animaux, la partie postérieure de la tête, où les phrénologistes placent l'amour de la progéniture, paraît être plus développée chez les femelles que chez les mâles, et chacun sait qu'en effet la tendresse d'une mère pour ses petits est une passion bien plus forte que celle du père.

Mais si quelques-unes des suppositions dont l'ensemble forme la base de la phrénologie paraissent réellement assez plausibles, d'autres ne sont étayées sur rien de convaincant, et doivent même paraître absurdes pour toutes les personnes habituées à analyser les phénomènes de l'intelligence. Ainsi, il est des phrénologistes qui admettent une faculté particulière destinée à nous faire apprécier la pesanteur des corps, une autre qui rendrait apte à juger de l'étendue des objets, et ainsi de suite.

Du reste, nous le répétons, on ne connaît encore aucun fait propre à prouver que cette division du travail existe réellement dans le cerveau, et quelques expériences de M. Flourens tendraient même à faire penser qu'il en est tout autrement.

Quant aux facultés instinctives, qui sont si remarquables chez certains animaux, les rongeurs, les oiseaux et les insectes surtout, on ne saurait indiquer, dans l'état actuel de la science, aucune relation entre leur existence et un mode de conformation quelconque du système nerveux; et il est impossible d'admettre que chez les animaux vertébrés, tels que le castor ou l'hirondelle, elles dépendent de la conformation particulière du cerveau, puisque chez l'abeille et la fourmi, où elles ne sont pas moins développées, le système nerveux diffère totalement de celui des animaux supérieurs, et ne consiste plus qu'en une chaîne de ganglions (fig. 73, p. 151).

FIN DE LA PREMIÈRE PARTIE.

NOTIONS

SUR LA CONFORMATION, LA CLASSIFICATION ET LA DISTRIBUTION GÉOGRAPHIQUE DES ANIMAUX

CONSIDÉRATIONS SUR LE PLAN GÉNÉRAL SUIVI PAR LA NATURE DANS L'ORGANISATION DES ANIMAUX.

§ 344. Dans la première partie de ce cours, nous avons étudié un à un les divers phénomènes qui nous sont offerts par un animal vivant, et nous nous sommes appliqué à connaître les organes destinés à les produire ; nous avons analysé en quelque sorte la *vie* considérée dans ses manifestations, ainsi que dans ses instruments, et nous sommes arrivés de la sorte à la connaissance des facultés variées dont les êtres animés sont doués par la nature. Mais nous n'aurions que des notions bien incomplètes sur le règne animal, si nous bornions là nos études et si nous ne cherchions à savoir comment ces instruments physiologiques, si variés, sont groupés pour constituer chacun de ces corps. Nous devons donc nous occuper maintenant de l'ensemble de l'organisation, examiner le plan d'après lequel chaque animal est formé, et voir comment la vie se modifie dans ces divers êtres.

§ 345. Rien n'est plus varié que la conformation des animaux innombrables qui peuplent la surface de la terre, et il existe une diversité non moins grande dans les actes par lesquels la vie se manifeste dans ces machines animées. Chez les uns, les fonctions sont peu nombreuses, et la sphère dans laquelle s'exerce leur activité physiologique est fort restreinte ; chez d'autres, au contraire, les facultés sont extrêmement variées, et les actions se multiplient au plus haut degré : et, pour exprimer cette différence dans la nature des animaux, on dit souvent que, parmi ces êtres, les uns sont plus *élevés*, plus *parfaits* que les autres. Un poisson, par exemple, est un animal plus parfait, plus élevé qu'une huître, car il possède un plus grand nombre des attributs de l'animalité et ses actions sont moins uniformes; mais il est lui-même moins parfait que le chien, puisque, chez celui-ci, la vie se manifeste par des phénomènes plus compliqués ; et le chien, à son tour, est un être moins parfait que l'homme, car l'homme possède des facultés qui manquent à ce quadrupède, et exerce des actes plus variés.

§ 346. **Tendance à la localisation des fonctions et à la division du travail physiologique.** — Le principe qui semble avoir été adopté par la nature dans le perfectionnement des animaux est aussi un de ceux qui ont exercé l'influence la plus heureuse sur les progrès de l'industrie humaine : *la division du travail.*

En effet, lorsque l'on compare entre eux des animaux qui diffèrent par le nombre et l'étendue de leurs facultés, on voit toujours que le perfectionnement de ces êtres coïncide avec une localisation plus considérable dans leurs fonctions ; quand le même instrument sert à la production de plusieurs phénomènes, le résultat physiologique est, pour ainsi dire, grossier et imparfait ; et un organe remplit toujours d'autant mieux son rôle, que ce rôle est plus spécial. Or le mode d'action d'un organe ou instrument dépend toujours de sa nature intime, de sa structure et de ses autres qualités, et, par conséquent, plus il y aura d'organes doués de genres d'activité différents, plus aussi il y aura dans l'économie de parties dissemblables, et la complication plus ou moins grande dans les actes et dans les facultés des animaux devra marcher de pair avec la complication naturelle de leur organisation.

Pour démontrer cette tendance de la nature à diviser le travail physiologique, afin d'en perfectionner les résultats, il nous suffira d'un petit nombre d'exemples.

§ 347. Ainsi, dans les animaux dont les facultés sont les plus bornées et dont la vie est la plus simple, le corps présente partout la même structure. Les parties qui le composent sont toutes semblables entre elles, et l'identité d'organisation entraînant un mode d'action analogue, l'intérieur de ces êtres peut se comparer à un atelier où tous les ouvriers seraient employés à l'exécution de travaux semblables, et où, par conséquent, leur nombre influerait sur la quantité, mais non sur la nature des produits. Chacune des parties du corps remplit les mêmes fonctions que les parties voisines, et la vie générale de l'individu ne se compose que des phénomènes qui caractérisent la vie de l'une ou de l'autre de ces parties. Cela est si vrai, qu'il existe de ces animaux dont on peut diviser le corps en une multitude de morceaux sans y arrêter le mouvement vital ; au contraire, chaque fragment continue à vivre, et souvent même prend par cette excitation un développement insolite, de façon à constituer bientôt un nouvel animal semblable par sa forme à celui dont il faisait partie, tout aussi complet dans son espèce, exerçant les mêmes fonctions et vivant de la même manière.

Les êtres singuliers que les naturalistes désignent sous les noms de *Polypes d'eau douce* ou *Hydres*, et que l'on trouve souvent sous les lentilles d'eau, offrent ce phénomène bizarre ; en les mutilant de la sorte, loin de les tuer, on les multiplie. Trembley, naturaliste génevois du siècle dernier, à qui l'on doit la connaissance de ces faits curieux, a ouvert un de ces petits animaux, puis il l'a étendu et coupé en tous sens ; il l'a, pour ainsi dire, haché, et, malgré cet état de division extrême, chacun des fragments, loin de mourir, est devenu bientôt un animal complet.

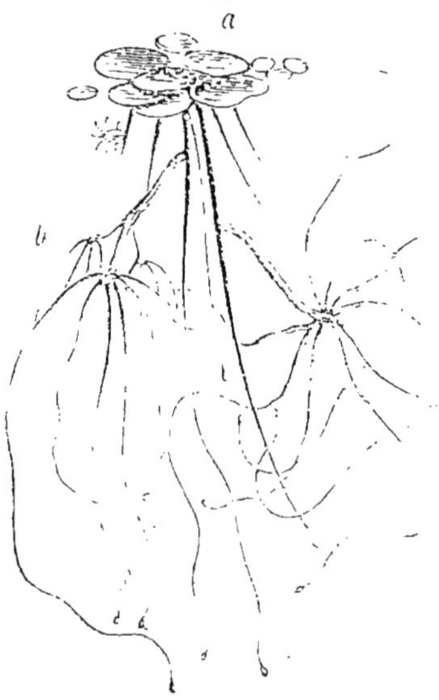

Fig. 142. — Hydres (1).

Pour comprendre ce phénomène, en apparence si contradictoire à tout ce que nous montrent les animaux supérieurs, il faut, avant tout, examiner le mode d'organisation des polypes dont nous venons de parler. Ces animaux sont trop petits pour être bien étudiés à l'œil nu ; mais, lorsqu'on les observe au microscope, on voit que la substance de leur corps est partout identique : c'est une masse gélatineuse renfermant des fibrilles et des globules d'une petitesse extrême, et dans laquelle on n'aperçoit aucun organe distinct. Or, comme nous l'avons déjà fait remarquer, l'identité dans l'organisation suppose nécessairement l'identité dans le mode d'action, dans les facultés. Il s'ensuit que toutes les parties du corps de ces polypes, ayant la même structure, doivent remplir les mêmes fonctions ; chacune

(1) Dans la figure 142 on a représenté plusieurs *hydres* fixées à des lentilles d'eau *a*. Ces animaux, comme nous le verrons par la suite, ne consistent qu'en un petit tube gélatineux ouvert par l'une de ses extrémités et garni d'un cercle de filaments appelés *tentacules*, à l'aide desquels ils introduisent les aliments dans leur cavité digestive. L'un de ces polypes *b* porte, sur les côtés de son corps, deux petits qui en naissent et qui ne tarderont pas à s'en détacher. — Dans la figure 7, page 32, on voit un de ces animaux grossi davantage pour montrer sa conformation intérieure.

d'elles doit concourir de la même manière que toutes les autres à la production des phénomènes dont l'ensemble constitue la vie, et la perte de l'une ou de plusieurs de ces parties ne doit entraîner la cessation d'aucun de ces actes. Mais si cela est vrai, si chaque portion du corps de ces animaux peut sentir, se mouvoir, se nourrir et reproduire un nouvel être, on ne voit pas de raison pour que chacune d'elles, après avoir été séparée du reste, ne puisse, si elle est placée dans des circonstances favorables, continuer d'agir comme auparavant, et pour que chacun de ces fragments de l'animal ne puisse, non-seulement continuer à remplir les fonctions nécessaires à l'entretien de sa vie, mais aussi reproduire un nouvel individu et perpétuer sa race, phénomène dont l'expérience de Trembley nous rend témoins.

§ 348. Cette uniformité de structure ne se rencontre que chez un petit nombre d'animaux, et, à mesure que l'on s'élève dans la série des êtres, que l'on s'approche de l'homme, on voit l'organisation se compliquer davantage : chaque fonction, puis chaque acte dont cette fonction se compose, deviennent l'apanage d'un instrument particulier, et le corps de l'animal offre des parties de plus en plus dissemblables entre elles. C'est d'abord le même instrument qui sent, qui se meut, qui absorbe du dehors les matières nutritives, qui respire et qui assure la conservation de l'espèce ; mais, à mesure que la machine animale se perfectionne, la division du travail physiologique fait des progrès, et la vie de l'individu résulte du concours d'un nombre de plus en plus considérable d'organes variés fonctionnant chacun d'une manière spéciale.

Un premier degré dans cette localisation des phénomènes physiologiques nous est offert par divers animaux dont l'organisation est déjà assez compliquée, mais dont le corps offre dans toute sa longueur une structure analogue, et se compose ainsi de plusieurs séries de parties identiques. Le *Lombric terrestre* ou *Ver de terre* nous en offre un exemple.

Chez cet animal cylindrique et effilé, la nutrition se compose d'une série d'actes exécutés par des instruments différents ; la digestion s'effectue dans une cavité dont les parois ont des propriétés particulières ; il existe aussi un système de canaux servant à conduire les matières nutritives dans toutes les parties du corps, et un appareil qui est devenu le siége principal de la faculté de percevoir les impressions et de déterminer les mouvements ; enfin on trouve des instruments destinés uniquement à la locomotion. Aussi ne peut-on concevoir la possibilité de diviser en tous sens le corps de ces vers comme on l'a fait pour les polypes, sans que la mort s'ensuive. Mais, lorsqu'on examine la disposition de ces divers appareils qui concourent chacun d'une manière différente à l'entretien de la vie, on voit qu'ils s'étendent tous uniformément d'une extrémité du corps à l'autre, et que chaque segment transversal de l'animal ne diffère que peu ou point de tous les autres ; il en est la répétition et représente, jusqu'à un certain point, l'animal entier, car il renferme tous les organes dont le jeu est nécessaire au mouvement vital. On comprend donc sans peine la possibilité de détacher un certain nombre de ces segments du reste du corps, sans faire perdre ainsi à l'un ou à l'autre tronçon aucune des propriétés vitales dont jouissait l'individu entier, et c'est effectivement ce qui a lieu. Si l'on coupe transversalement un ver de terre en deux, trois, dix, vingt morceaux, chacun des fragments peut continuer de vivre à la manière du tout, et constituer un nouvel individu.

Mais lorsqu'on examine des êtres dont la vie est moins simple, on ne trouve même plus cette uniformité dans la distribution des principaux organes, et il devient impossible de mutiler fortement le corps sans détruire quelque partie devenue le siége spécial de certains phénomènes, et, par conséquent, sans priver en même temps l'animal d'une ou de plusieurs de ses facultés. Jamais on ne peut le diviser de façon à conserver dans chaque fragment tous les instruments nécessaires à l'entretien de la vie : l'une ou l'autre portion meurt toujours, et souvent ces mutilations amènent nécessairement la destruction complète de l'individu. Toutes choses égales d'ailleurs, elles seront graves en raison de la localisation plus ou moins complète des fonctions, et auront des suites d'autant plus fâcheuses, que les parties non détruites seront moins aptes à agir comme le faisaient les parties enlevées.

§ 349. Ce que nous venons de dire touchant la localisation des grandes fonctions se remarque également pour les divers actes qui concourent à la production de chacun de ces phénomènes. Ainsi, chez les polypes dont il a été question ci-dessus, il ne paraît exister aucun organe particulier pour produire les mouvements, ni aucun instrument spécial pour l'exercice de la sensibilité ; mais, chez tous les animaux plus élevés, le mouvement est développé exclusivement par le système musculaire, et la sensibilité est l'apanage du système nerveux. Chez la plupart des vers, le jeu des muscles est uniforme dans toutes les parties du corps, et le système nerveux se compose d'une série de ganglions qui jouissent des mêmes facultés et possèdent tous le pouvoir de sentir et d'exciter des mouvements volontaires. Mais, chez la plupart des insectes, on distingue déjà une division de travail plus considérable dans les fonctions de cet appareil, et la faculté de déterminer les mouvements volontaires et de recevoir des sensations se concentre dans certains ganglions logés dans la tête ; les modes de sensibilité se multiplient aussi, et des organes spéciaux se montrent, façonnés de manière à accomplir les actes divers dont dépendent la vue, l'ouïe, etc. Enfin, chez les animaux qui se rapprochent encore plus de l'homme, nous avons vu le système nerveux se compliquer bien davantage, et chacune de ses parties constituantes avoir des usages particuliers (§§ 198-204 et § 256). Si l'espace ne nous manquait, nous pourrions montrer aussi une pareille coïncidence entre la division du travail physiologique et la perfection des fonctions, dans tous les autres appareils de l'économie : dans les organes du mouvement, dans ceux de la digestion et dans l'appareil de la circulation, par exemple ; mais les détails que nous venons de présenter nous semblent devoir suffire pour montrer la généralité de cette tendance de la nature.

§ 350. **Transformation organique et tendance à l'uniformité de composition**. — Nous venons de voir qu'il existe des différences très-grandes entre les animaux sous le rapport de la simplicité ou de la complication de leur structure : les uns possèdent une foule d'instruments que les autres n'ont pas, et l'ensemble de l'organisation est, toutes choses égales d'ailleurs, d'autant plus parfait, qu'il offre plus de variétés dans ses parties constituantes. Tantôt cette complication de structure est déterminée par la création d'organes complétement nouveaux qui viennent en quelque sorte se surajouter aux parties déjà existantes chez les animaux moins favorisés par la nature ; mais d'autres fois ce résultat est amené par des moyens plus simples et, s'il était permis de s'exprimer ainsi, plus économiques. Ainsi, dans un grand nombre de cas, la localisation des fonctions est déterminée par une simple modification dans la disposition des parties déjà existantes chez d'autres animaux moins parfaits, modification qui rend ces instruments essentiellement propres à tel ou tel travail particulier, tandis que chez les premiers ils étaient conformés de manière à pouvoir servir en même temps à d'autres usages. Nous citerons comme exemple de ce mode de spécialisation des organes, les différences que la nature a introduites dans la conformation des membres chez divers animaux voisins des écrevisses et appartenant, comme celles-ci, à la classe des Crustacés. Chez les *Limules* ou *Crabes des Moluques* (fig. 143), les membres de la portion céphalique et thoracique du corps entourent immédiatement la bouche, et sont conformés de façon à constituer tous des pattes pour la locomotion, et à servir en même temps comme instruments de préhension par leur extrémité libre et de mâchoires par leur base ; mais, comme on le pense bien, ils ne peuvent cumuler ces fonctions sans être nécessairement moins propres à l'un ou à l'autre de ces usages, qu'ils ne le seraient si, dans leur structure, tout était calculé en vue d'un résultat unique : ce sont des pattes médiocres et des mâchoires peu commodes. Mais, chez les animaux de la même classe dont les facultés sont plus parfaites, ces différentes fonctions ne sont plus exécutées par un seul instrument ; elles sont chacune l'apanage d'un organe particulier, et ces organes ne sont cependant que ces mêmes membres dont les uns sont destinés exclusivement à la mastication, d'autres à la préhension et d'autres encore à la locomotion. Dans l'Écrevisse, par exemple (fig. 144), les membres qui entourent immédiatement la bouche sont distraits de tout autre service pour devenir des organes spéciaux de mastication ; une autre paire de membres n'est apte ni à opérer la division des aliments, ni à la locomotion, et n'agit que dans l'acte de la préhension ; une troisième série de membres est affectée exclusivement à la locomotion, et, parmi ceux-ci, les uns ne sont propres qu'à la marche, tandis que d'autres constituent des rames natatoires inutiles à l'animal quand il se meut sur le sol.

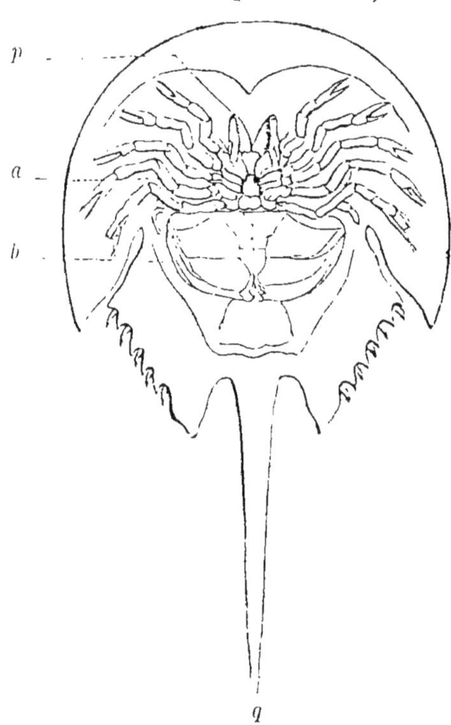

Fig. 143. — Limule (1).

Cette tendance de la nature à approprier une même partie de l'économie à des usages différents, suivant les besoins de l'animal, plutôt que de créer pour chaque espèce des parties entièrement nouvelles, se décèle aussi lorsque l'on compare entre elles

(1) L'animal est vu en dessous : — *b*, bouche ; — *p*, pattes dont la base fait office de mâchoires ; — *a*, appendices abdominaux portant les branchies ; — *q*, style caudal.

des espèces destinées à vivre différemment. Nous en avons déjà rencontré des exemples remarquables dans la conformation des membres chez divers animaux vertébrés ; car nous avons vu que, chez ces êtres, ce sont les mêmes parties qui, modifiées plus ou

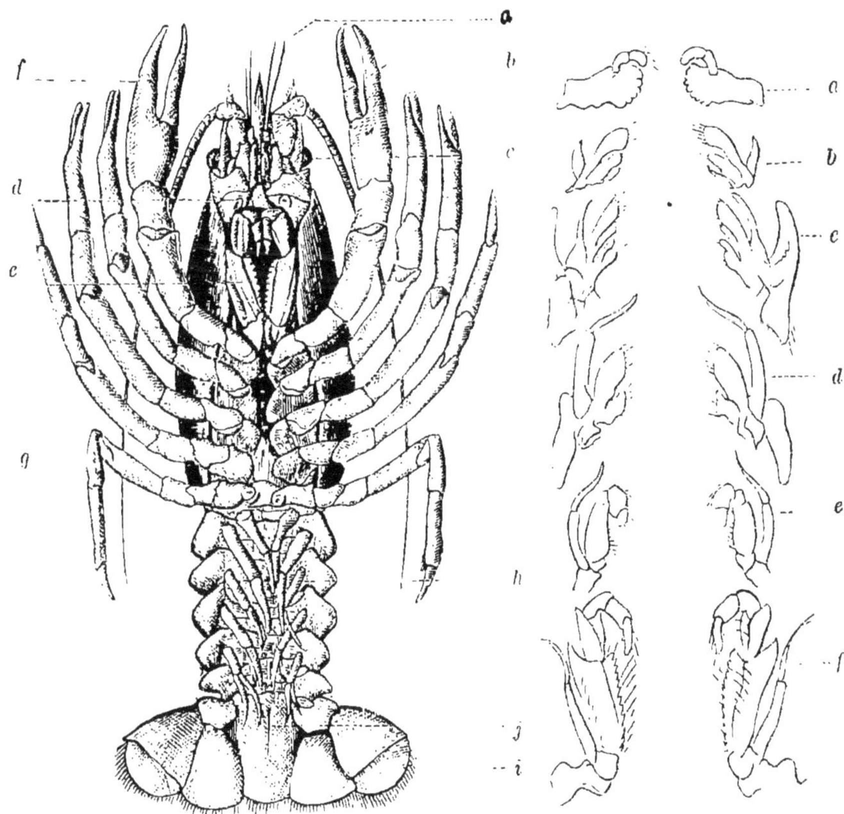

Fig. 144. — Écrevisse (1). Fig. 145. — Appareil masticateur.

moins profondément dans leur structure, constituent tantôt une patte ambulatoire, tantôt une main, et sont transformées ailleurs en une nageoire ou aile (§ 290, etc.). Dans la suite de ces leçons, lorsque nous étudierons les insectes, nous aurons à signaler d'autres faits de ce genre non moins curieux ; mais le temps

(1) Fig. 144. L'Écrevisse vue en dessous : — *a*, antennes de la première paire ; — *b*, antennes de la deuxième paire ; — *c*, yeux ; — *d*, tubercule auditif ; — *e*, pattes-mâchoires externes ; — *f*, pattes thoraciques de la première paire ; — *g*, pattes thoraciques de la cinquième paire ; — *h*, fausses pattes abdominales ; — *i*, nageoire caudale ; — *j*, anus.

Fig. 145. Les six paires de membranes qui composent l'appareil masticateur de l'Écrevisse isolées : — *a*, mandibules ; — *b*, *c*, première et deuxième paires de mâchoires ; — *d*, *e*, *f*, les trois paires de mâchoires auxiliaires ou pattes-mâchoires.

nous manque pour nous y arrêter ici, et nous nous bornerons à ajouter que les anatomistes désignent sous le nom de parties *analogues* les organes qui, tout en offrant des formes et des usages différents, paraissent être de simples transformations de ce que l'on pourrait appeler un seul et même élément anatomique.

§ 351. C'est en général à l'aide de ces transformations que la nature varie le plus la structure des animaux. Elle semble avoir voulu obtenir la plus grande variété possible dans ses productions, tout en y employant le moins de matériaux essentiellement différents, et n'avoir eu recours à la création de parties entièrement nouvelles qu'après avoir épuisé les combinaisons auxquelles pouvaient se prêter les parties déjà existantes dans d'autres organismes. Cette disposition se lie intimement à une autre tendance qui se décèle à nous lorsque nous étudions comparativement la structure des divers animaux, savoir, la *tendance à l'uniformité de composition organique*. Il serait absurde de prétendre que tous les êtres sont formés sur un même plan et construits avec les mêmes matériaux; mais, lorsque, dans chacune des grandes divisions du règne animal, on prend comme point de comparaison les animaux les plus compliqués, on voit que les autres en reproduisent ordinairement les principaux traits, seulement ceux-ci semblent être plus ou moins simplifiés et diversifiés par l'effet des transformations des parties analogues, aussi bien que par le manque d'un certain nombre de ces parties ou par l'existence d'organes dont les premiers sont à leur tour privés. Une grenouille, par exemple, diffère considérablement de l'homme, et cependant on peut reconnaître, dans la disposition générale de son organisation, les indices du plan d'après lequel le corps humain est construit. Lorsque l'on considère l'ensemble du règne animal, il est impossible de reconnaître partout cette analogie de plan général; mais lorsqu'on circonscrit davantage le champ des observations, on voit clairement que, malgré leur nombre immense et leur diversité étonnante, les animaux sont tous conformés d'après un petit nombre de principaux *types*. C'est ce que nous montrerons bientôt lorsque nous aurons à traiter des classifications zoologiques, car c'est d'après la considération de ces types généraux que l'on établit les premières divisions du règne animal.

§ 352. Si l'on poursuit l'examen comparatif des différences qui séparent entre eux les animaux, on voit aussi que les grandes modifications introduites par la nature dans le mode de conformation de ces êtres semblent avoir été préparées peu à peu. Le passage d'un plan d'organisation à un autre ne se fait pas brusquement, mais s'opère à l'aide de nombreuses nuances intermédiaires qui lient entre eux les types distincts, et c'est pour indiquer cette tendance que l'on dit souvent : *Natura non facit saltum.*

Rien ne serait plus facile que de citer une foule d'exemples de cette loi de la création zoologique, mais il nous suffira d'un seul pour fixer les idées de nos jeunes lecteurs sur les espèces de liaisons naturelles qui s'établissent de la sorte entre les êtres. Deux plans d'organisation bien distincts nous sont offerts par le lézard et la carpe : la conformation générale du corps, le genre de vie, le mode de respiration, la structure et l'appareil circulatoire diffèrent considérablement dans ces deux espèces ; mais les Salamandres, les Axolotls (fig. 146), les Lepidosiren (fig. 147) et quelques autres animaux nous offrent des modes d'organisation intermédiaires à ces deux types, et établissent des transitions si graduelles de l'un à l'autre, qu'il est quelquefois difficile de décider si tel animal doit être considéré comme un batracien ou comme un poisson. Ces passages d'une forme à une autre ne se rencontrent pas seulement lorsque l'on compare entre eux des animaux différents ; ils s'observent souvent aussi chez le même animal aux divers degrés de son développement : les Grenouilles, par exemple, offrent en naissant presque tous les caractères essentiels des poissons, et n'acquièrent que peu à peu le mode de conformation propre aux reptiles (fig. 148-152). Or, ces états transitoires du même individu présentent souvent une grande ressemblance avec l'état qui est permanent pour d'autres espèces, et il en résulte que l'étude de ces transitions zoologiques ne conduit pas seulement à la connaissance d'une sorte de parenté entre des

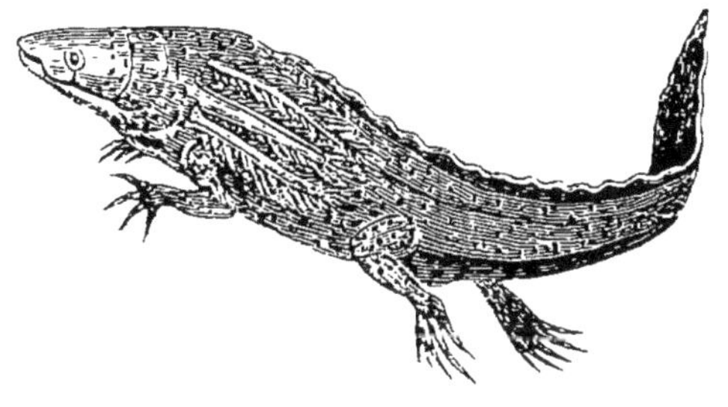

Fig. 146. — Axolotl.

Fig. 147. — Lepidosiren.

animaux de formes souvent très-dissemblables, mais offre un intérêt philosophique d'un ordre plus élevé, car elle semble pouvoir nous donner quelques indices de la marche suivie par

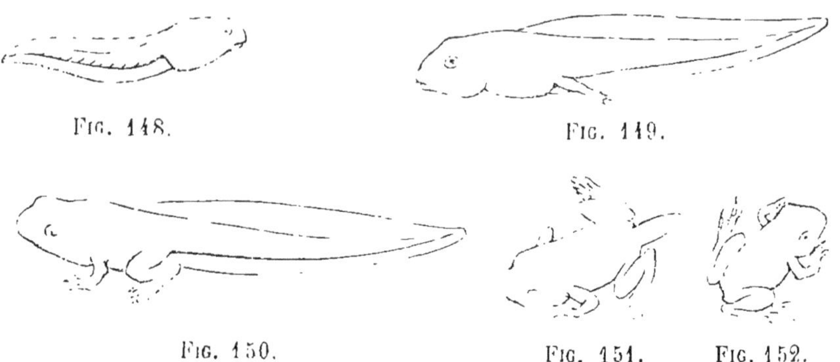
Fig. 148. Fig. 149.
Fig. 150. Fig. 151. Fig. 152.

Fig. 148-152. — Métamorphoses de la Grenouille.

l'auteur de toutes choses dans la création des produits si variés du règne animal.

§ 353. Cette tendance de la nature à ne changer que graduellement le plan des êtres qu'elle forme se montre quelquefois d'une manière si évidente chez les animaux, qu'on n'a pu la méconnaître; souvent, en effet, un grand nombre de ceux-ci constituent une sorte de série ou de chaîne non interrompue dans laquelle le mode de structure des diverses espèces se simplifie ou se complique et se modifie de diverses manières pour s'approprier à des besoins particuliers, mais dans laquelle des liens de ressemblance semblent unir chacune de ces espèces aux espèces voisines. Quelquefois, cependant, on rencontre une sorte de lacune dans cette série, et les connexions entre deux types sont interrompues. Cela se remarque, par exemple, lorsque l'on compare les oiseaux aux autres vertébrés, c'est-à-dire aux mammifères, aux reptiles, aux batraciens et aux poissons: ils se trouvent en quelque sorte isolés, et ne tiennent par des passages graduels à aucune autre classe du règne animal; mais, dans tous les cas, on retrouve quelques traces de formes intermédiaires; et souvent, si l'*hiatus* est considérable, cela tient à la destruction de quelques-uns des chaînons intermédiaires plutôt qu'à leur absence dans le plan général de la création. Pour s'en convaincre, il suffit de jeter les yeux sur plusieurs des fossiles qui proviennent d'animaux dont la race a depuis longtemps disparu de la surface du globe, mais qui demeurent comme pour servir de témoins de la constance des lois zoologiques.

Quelques naturalistes ont pensé que ces modifications graduelles de l'organisation s'étaient toujours opérées dans une même ligne, et que, par conséquent, le règne animal tout entier ne formait qu'une seule série depuis la monade la plus simple jusqu'à l'homme. Ils ont même cherché à construire une sorte de chaîne ou d'*échelle zoologique* dans laquelle chaque être serait placé à raison de ses affinités organiques et du degré de perfection apporté dans sa structure; mais cette tentative a été vaine, car la série des animaux n'est pas unique: ces êtres semblent constituer un grand nombre de séries qui tantôt marchent parallèlement, tantôt divergent et s'élèvent à des hauteurs différentes. Il est même impossible de les ranger sur une seule ligne d'après les degrés relatifs de complication et de perfection introduits par la nature dans leur structure, car ces perfectionnements portent tantôt sur un organe, tantôt sur un autre, et telle espèce qui serait au-dessus de telle autre sous le rapport des fonctions de nutrition, par exemple, pourrait lui être très-inférieure par ses instruments de locomotion. Lorsqu'on s'élève dans le règne animal, depuis l'éponge ou la monade jusqu'à l'homme, on remarque, il est vrai, une complication progressive, et il est facile de s'apercevoir que les mollusques sont supérieurs aux zoophytes dont il vient d'être question, que les poissons sont à leur tour plus élevés en organisation que les mollusques, que les reptiles l'emportent sur les poissons, les oiseaux sur les reptiles, et que tous ces êtres sont moins richement dotés que les mammifères. Cependant cette gradation n'existe réellement qu'entre les animaux que l'on peut considérer comme étant les types de chacun de ces groupes, et il arrive souvent que certaines espèces d'un groupe inférieur possèdent une structure et des facultés plus parfaites que les espèces les plus dégradées d'un groupe dont les principaux représentants possèdent une organisation bien plus riche que celle de tous les premiers. Ainsi, il est des poissons, certaines lamproies, par exemple, qui sont, à bien des égards, inférieurs à des mollusques tels que les poulpes; mais ce sont en quelque sorte des exceptions; et lorsqu'on trace à grands traits l'esquisse du vaste tableau de la nature, il est permis de les négliger, de même qu'on néglige les petites inégalités du sol lorsqu'on cherche à apercevoir d'un seul coup d'œil la configuration générale d'une chaîne de montagnes. Des obstacles plus sérieux qui s'opposent à ce rangement linéaire des animaux naissent de la diversité des routes suivies par la nature dans sa marche ascendante, et de sa tendance à perfectionner graduellement chacun des types qu'elle a produits.

Ainsi, les insectes ne peuvent être placés ni avant ni après les mollusques sans violer quelques-unes des affinités zoologiques les plus évidentes ; et si l'on voulait représenter par une figure l'enchaînement naturel des animaux et les divers degrés de perfection que l'on aperçoit dans leur structure, ce n'est pas à une échelle qu'il faudrait comparer le règne animal, mais plutôt à un fleuve qui, faible à sa source, grossirait peu à peu en s'avançant vers la mer, mais ne roulerait pas toutes ses eaux dans un même lit, se diviserait souvent en branches plus ou moins nombreuses qui tantôt se réuniraient après un trajet plus ou moins long, tantôt resteraient désormais séparées, et qui, d'autres fois, se perdraient même dans les sables et disparaîtraient pour toujours, ou surgiraient de nouveau à quelque distance pour continuer leur route vers le but commun.

§ 354. **Affinités naturelles et analogies de structure.** — C'est aussi par suite de la tendance de la nature à la conservation d'un même plan général au milieu de modifications nombreuses introduites dans la structure des animaux, que s'établit l'espèce de parenté qui rapproche souvent plusieurs de ces êtres, et qui constitue ce que les zoologistes désignent sous le nom d'*affinités naturelles*. Ces affinités seront d'autant plus intimes, que les particularités de structure propres à chaque animal portent sur des organes d'une moindre importance physiologique, et entraînent moins de changements dans le plan général de l'organisation. Le lion, le tigre et le chat, par exemple, sont des animaux ayant entre eux la plus grande affinité, parce que, sauf quelques détails secondaires, ils sont conformés de la même manière. Les affinités qui existent entre le lion et le chien sont encore assez grandes, parce que, de l'un à l'autre, le plan général de l'économie n'a subi que des changements légers; mais les affinités naturelles qui existent entre le lion et le requin sont extrêmement faibles, la structure de ces deux animaux étant différente dans tous les points, excepté dans la disposition générale des parties qui caractérise le type des vertébrés. Enfin, l'affinité est, pour ainsi dire, nulle entre un poisson et une huître, parce que ces deux êtres sont conformés d'après des plans essentiellement distincts.

§ 355. Mais ces ressemblances fondamentales plus ou moins intimes ne sont pas les seules qui se remarquent parmi les animaux, et il arrive souvent de rencontrer, chez des êtres appartenant à des types distincts, des modifications de même ordre. Ce genre de ressemblance, qui ne porte pas sur le fond des choses, mais qui tient seulement à la manière dont certains organes sont appropriés aux besoins de l'animal, est ordinairement désigné sous le nom d'*analogie*, et ne doit pas être confondu avec l'affinité naturelle : les affinités tiennent à l'identité plus ou moins complète du type, les analogies à la ressemblance dans les détails. Ainsi, la chauve-souris (fig. 113), le ptérodactyle et le dactyloptère (fig. 111) sont des animaux qui n'ont presque aucune affinité zoologique, puisque le premier appartient au type des mammifères, le second au type des reptiles et le troisième à celui des poissons; mais ils ont entre eux des analogies remarquables, car ils ont tous été conformés pour le vol et pourvus, à cet effet, d'ailes membraneuses soutenues par des espèces de doigts. Des analogies frappantes peuvent même se rencontrer chez des animaux appartenant à des types tout à fait dissemblables, et, en comparant entre eux les divers groupes zoologiques, on croit souvent apercevoir une tendance de la nature à faire passer chaque type par une série de modifications analogues. C'est ainsi que, parmi les insectes, les arachnides et les crustacés, on voit le plan général d'organisation propre à chacune de ces classes se modifier de la même manière, suivant que l'animal doit se nourrir d'aliments solides, ou vivre parasite en suçant les humeurs d'un autre être.

§ 356. **Harmonies organiques.** — Au milieu des variations sans nombre de forme et de structure que nous offrent les animaux, on découvre donc une certaine harmonie générale qui semble régir toutes les parties de cette vaste création; si l'on restreint davantage le champ de l'observation pour s'occuper, non de l'ensemble du règne animal, mais de l'ensemble des parties dont chaque être est à son tour composé, on aperçoit d'une manière encore plus évidente les indices d'un principe de coordination. En effet, le corps d'un animal n'est jamais un assemblage d'organes disparates réunis comme au hasard; toutes ses parties sont dans une dépendance mutuelle plus ou moins intime, et il règne un accord constant entre la conformation particulière de chacun de ces instruments et l'ensemble de l'organisation. Ces harmonies de structure sont quelquefois si faciles à découvrir, que les zoologistes peuvent, dans certains cas, par la connaissance d'un seul organe, deviner la structure du reste du corps, et déduire comme une conséquence nécessaire de telle ou telle particularité de structure, l'histoire presque entière de l'animal. Ainsi, par la seule inspection de la dent représentée dans la figure ci-après, nous pouvons dire que l'animal à qui elle a appartenu devait avoir une charpente osseuse destinée à porter cet organe et à soutenir aussi toutes les parties du corps; il avait donc un squelette : or, cette charpente interne n'existe jamais sans qu'elle ait à protéger un axe cérébro-spinal. L'animal, par cela seul qu'il avait cette dent, avait donc nécessairement un cerveau, un cervelet, une moelle épinière et des nerfs nombreux ; et ce cerveau et ces nerfs supposent à leur tour l'existence d'organes du sens servant à établir des rapports entre l'animal et le monde extérieur. Par le mode de structure de cette dent, on peut affirmer qu'elle appartenait à un animal pourvu d'un appareil circulatoire très-complet et dont les os se développent de façon à constituer autour des germes dentaires une loge profonde, caractère qui ne se voit que chez certains quadrupèdes ; on peut même affirmer que ce quadrupède était un mammifère. Par la forme de cette même dent, on voit encore qu'elle est destinée à couper de la chair ; elle appartenait donc à un quadrupède carnassier. Mais, pour digérer la chair dont il se nourrissait, ce carnassier devait avoir un estomac et des intestins conformés d'une certaine manière, et, pour s'emparer de sa proie, il lui fallait des organes de locomotion et de préhension. En poursuivant ce raisonnement, on arrive, de déduction en déduction, à déterminer tous les caractères les plus saillants de l'animal ; et les relations qui existent entre les diverses parties de l'économie animale sont si fixes, que, même dans les cas où la raison de ces rapports est inconnue, on peut souvent être certain qu'ils ne manqueront jamais, et s'en servir d'une manière en quelque sorte empirique pour compléter l'histoire de l'être qu'on étudie. C'est de la sorte que l'on voit souvent se traduire, pour ainsi dire, au moyen de signes externes, le mode de structure des organes les plus cachés, et c'est de la sorte aussi que, par l'étude de débris d'ossements enfouis dans les diverses couches du globe, on est arrivé à connaître le mode de conformation d'une foule d'animaux dont la destruction complète a précédé de longtemps l'existence de l'homme sur la terre. Cuvier est le premier qui soit parvenu ainsi à reconstituer les animaux perdus, et c'est là un des plus beaux titres de gloire de ce naturaliste éminent.

FIG. 153. — Dent carnassière du Lion.

§ 357. Lorsqu'on étudie cette harmonie organique qui règne dans la structure de chaque animal, on ne tarde pas à se convaincre de l'existence d'une autre loi non moins importante à connaître : celle de la *subordination des caractères*. En effet, on voit que l'importance des diverses parties de l'économie n'est pas la même ; que certains organes peuvent présenter des différences nombreuses, sans que ces modifications soient accompagnées d'aucun changement dans le reste du corps, tandis qu'il est au contraire quelques organes dont les modifications sont toujours suivies de changements correspondants dans le plan général de l'animal et semblent entraîner ou commander ces changements. Ces *organes dominateurs* sont toujours ceux dont le rôle physiologique est le plus important, et plus leur influence est considérable sur l'ensemble de l'organisation, plus aussi ils offrent de constance dans leur structure ; l'anatomiste peut donc mesurer en quelque sorte l'importance d'un organe dans telle ou telle classe d'animaux, par la fixité ou la mobilité de ses caractères, et c'est souvent aussi par le degré d'importance physiologique des organes que le zoologiste, à son tour, devra être guidé dans le choix des parties dont les variations pourront l'éclairer sur les modifications apportées par la nature dans le plan général des êtres.

§ 358. Si les limites étroites de cet ouvrage ne nous imposaient l'obligation d'être bref, nous aurions aimé à entrer dans plus de détails sur la nature des différences et des ressemblances que les animaux ont entre eux, car nous aurions eu à signaler encore d'autres principes qui semblent concourir à régler cette portion du grand œuvre de la création. Nous aurions pu montrer, par exemple, comme la *tendance à la répétition* influe sur la constitution des animaux, et amène la formation d'un nombre plus ou moins considérable de parties similaires ou *homologues* dans le corps de chacun de ces êtres ; comment le *principe des connexions* règle d'ordinaire la place occupée par chaque organe dans l'ensemble de la machine animale, et permet souvent de prévoir de quelle manière celle-ci pourra se simplifier ou s'accroître ; comment la *tendance au balancement organique* paraît entraîner d'ordinaire un état d'imperfection plus ou moins grande dans certaines parties de l'économie, lorsque d'autres parties acquièrent un grand développement, comme si la force vitale de l'animal ne pouvait suffire à un travail extraordinaire dans un point de l'organisation, sans se retirer en quelque sorte des autres parties du corps, afin de concentrer ses efforts sur un seul objet. Ces considérations ne seraient dépourvues ni d'utilité ni d'intérêt, mais l'espace nous manque pour nous en occuper ici, et ce que nous avons déjà dit à ce sujet nous paraît devoir suffire pour montrer que la nature procède toujours dans ses créations avec *règle* et *mesure* ; que le règne animal, loin d'être un assemblage confus d'êtres disparates, comme on pourrait le croire au premier abord, se déroule aux yeux de l'observateur attentif comme un vaste tableau où tout s'enchaîne et s'harmonise; enfin, que les lois zoologiques dont il nous a été donné d'entrevoir l'existence sont aussi simples que générales (1).

CLASSIFICATIONS ZOOLOGIQUES.

§ 359. **Objet et nature des classifications zoologiques.** — Toutes les fois que l'homme fixe son attention sur des objets variés, il est naturellement porté à les grouper dans son esprit et à représenter les divers groupes ainsi formés par un nom ou un signe particulier. Cette tendance à la *classification* est une des qualités les plus remarquables de notre intelligence et concourt puissamment à en faciliter les opérations ; elle nous permet de nous élever de l'observation de cas particuliers aux considérations générales, de saisir avec promptitude le rapport des choses entre elles et de nous en former des idées abstraites. Aussi se révèle-t-elle dès que nos facultés commencent à s'exercer, et son influence se fait sentir dans tous les travaux de notre esprit. L'enfant qui apprend à la fois à penser et à parler, obéit à cette tendance, en quelque sorte instinctive, lorsqu'il bégaye le même nom pour désigner son père et tous les autres hommes qu'il aperçoit et qu'il ne confond cependant pas avec le premier. Le langage le plus vulgaire consacre la moitié de ses expressions pour représenter des groupes d'idées ou de choses résultant de leur classification dans notre esprit ; et cette disposition à *classer* est non moins évidente dans les opérations les plus élevées de notre intelligence, car c'est sur le classement des faits aussi bien que sur leur observation que reposent les sciences morales et physiques.

Ce besoin de réunir dans notre esprit les choses semblables à certains égards, et de donner à chacun des groupes ainsi formés un représentant idéal, est en quelque sorte l'origine de toute espèce de classification et se manifeste dans toutes nos études, mais n'est jamais plus impérieux que lorsqu'on cherche à connaître le monde matériel dont l'homme lui-même fait partie. Effectivement, la nécessité de ces rapprochements et de ces abstractions est d'autant plus grande, que les objets à considérer sont plus multipliés ; et le nombre des corps dont nous sommes

(1) Voyez, à ce sujet, l'ouvrage que j'ai publié sous le titre d'*Introduction à la zoologie générale*, ou Considérations sur les tendances de la nature dans la constitution du règne animal.

environnés est si considérable, que l'imagination même s'en effraye, et qu'il faudrait des siècles d'efforts à celui qui voudrait en acquérir la connaissance individuelle. Pour se former une idée de ces corps, le naturaliste est donc obligé de les grouper et de se représenter chacun de ces groupes par un type abstrait. C'est, du reste, ce que nous faisons tous lorsque nous parlons de l'homme en général, du cheval ou du chêne ; nous réunissons par la pensée un nombre immense d'êtres qui ne sont pas identiques, mais qui se ressemblent plus ou moins, et faisant abstraction des différences individuelles, nous donnons à chacun de ces groupes un représentant, et à ce représentant, un nom particulier, tel que le mot *chêne* ou le mot *cheval*. Mais ce premier pas vers la classification des êtres ne suffit pas même aux esprits les plus vulgaires ; et, dès que l'homme observe ce qui l'entoure, il rassemble aussi sous un même type des êtres qui diffèrent davantage entre eux, mais qui offrent en commun des caractères dont il est frappé : ainsi, chez tous les peuples, on se représente par le mot *oiseau*, ou par un terme équivalent, une classe nombreuse d'êtres divers, et l'on désigne par un nom particulier, tel que les mots *animal* ou *plante*, des assemblages encore plus nombreux et plus hétérogènes.

Ainsi, à raison de la tendance de notre esprit à généraliser nos idées, nous avons été conduits à établir, parmi les corps naturels, des groupes plus ou moins vastes, et à désigner chacun de ces groupes par un nom spécial. C'est de la sorte que, dès la plus haute antiquité, on a divisé ces corps en trois règnes, sous les noms de *minéraux*, de *végétaux* et d'*animaux* ; qu'on a parlé d'une manière générale de poissons, de reptiles, etc., et qu'on a désigné chaque espèce connue par un nom propre.

§ 360. Pendant longtemps les naturalistes ne poussèrent pas plus loin l'art des classifications ; mais, lorsque le domaine des sciences s'est étendu, on a senti la nécessité de donner à chacun des noms employés de la sorte une définition précise. En effet, pouvoir distinguer les objets que l'on étudie, et pouvoir les faire reconnaître avec certitude aux autres, est une condition sans laquelle les connaissances acquises ne sauraient se transmettre, et sans laquelle il n'y aurait point de science. Or, pour y arriver, il ne suffit pas de donner à chaque objet que l'on considère un nom particulier, il faut aussi donner à chacun de ces noms une définition telle qu'on puisse toujours en connaître la valeur et en faire la juste application. Aussi, pour écrire l'histoire des animaux, il est nécessaire, non-seulement d'en dresser un grand catalogue dans lequel tous ces êtres portent des noms convenus, mais aussi d'indiquer, pour chacun d'eux, les caractères propres à les faire reconnaître.

Ces caractères doivent être choisis de façon à être toujours applicables : il faut donc que les animaux les portent avec eux. Des propriétés ou des habitudes dont l'exercice ne serait que momentané ne sauraient remplir cette condition, et il est évident que c'est dans la conformation même de ces êtres qu'il faut chercher les traits les plus propres à les faire reconnaître partout où on les rencontre.

Mais il n'est aucun animal qui puisse être reconnu par un seul des traits de sa conformation ; les caractères qui le distinguent des uns lui sont communs avec d'autres, et c'est seulement par la réunion de plusieurs de ces caractères, dont l'ensemble n'existe pas de même ailleurs, qu'il diffère de tous les autres animaux. Plus les objets qu'il importe de reconnaître sont nombreux, plus il faut accumuler de caractères ; et, comme le nombre des animaux est immense, il en résulte que, pour distinguer un de ces êtres pris isolément, il faut presque se rappeler sa description complète.

Or, il n'est point de mémoire assez forte pour suffire à de pareils efforts ; et, si l'on ne possédait pas les moyens d'arriver au même but par une route plus facile, l'étude de l'histoire naturelle resterait éternellement dans l'enfance. Mais en établissant parmi les animaux des divisions et des subdivisions successives, qui elles-mêmes sont *nommées* et *caractérisées*, une grande partie de ces difficultés disparaissent ; car, à l'aide d'un petit nombre de traits et de noms, on arrive à circonscrire à un tel degré le champ de la comparaison, que, pour reconnaître l'objet dont on s'occupe, on n'a enfin qu'à le distinguer de ceux dont il diffère à peine.

Telle est effectivement la marche adoptée par les naturalistes. On divise d'abord le règne animal en un certain nombre de groupes du premier degré, caractérisés chacun par certaines particularités de structure ; puis on subdivise chacun de ces groupes, et l'on caractérise de la même manière les groupes secondaires ainsi formés ; ces derniers sont à leur tour divisés de nouveau, et l'on multiplie ces sections successivement suivant les besoins, jusqu'à ce qu'on arrive enfin à ne laisser dans le même groupe que les divers individus d'une même espèce.

C'est cet échafaudage de divisions, dont les supérieures contiennent les inférieures, qui constitue ce que les naturalistes appellent une *classification*. C'est une espèce de catalogue raisonné, dans lequel tous ces êtres sont rangés d'après un certain ordre, et réunis en groupes reconnaissables à des caractères déterminés, qui sont rassemblés à leur tour en d'autres groupes d'un rang plus élevé.

§ 361. L'utilité pratique de ces classifications est facile à saisir. Si le porteur d'une lettre n'avait, pour se diriger dans la recherche de la personne à qui elle est destinée, que le signalement de celle-ci, sa tâche serait probablement presque interminable ; mais, si l'adresse de cette lettre lui indique d'abord le pays, puis successivement la province, la ville, le quartier, la rue, la maison, et enfin l'étage que cette personne habite, il saura facilement s'acquitter de sa mission. Or, il en est de même pour le naturaliste. S'il voulait reconnaître un animal en lui comparant successivement la description de tous les animaux déjà connus, il aurait à exécuter un travail long et pénible, tandis qu'en s'aidant des classifications zoologiques, il arrivera promptement au but ; car il suffit de déterminer d'abord à quelle grande division du règne animal appartient l'espèce dont il veut déterminer le nom, puis à quel groupe secondaire, à quelle subdivision de ce groupe, et ainsi de suite, en restreignant de plus en plus à chaque épreuve le champ de la comparaison. Si, par exemple, il voulait, sans se servir de moyens semblables, définir le mot *lièvre*, il lui faudrait faire une longue énumération de caractères, et, pour appliquer cette définition, il aurait à comparer la description ainsi tracée à celle de plus de cent mille animaux différents. Mais, si l'on dit que le *lièvre* est un animal *vertébré*, de la classe des *mammifères*, de l'ordre des *rongeurs*, du genre *lepus*, on saura, par le premier de ces mots, dont la définition est connue, que ce ne peut être ni un insecte, ni un mollusque, ni aucun autre animal sans squelette intérieur; par le second, on exclura de la comparaison tous les poissons, tous les reptiles et tous les oiseaux; par le troisième, on distinguera tout de suite le lièvre des neuf dixièmes des mammifères ; et, lorsqu'on aura déterminé de la même manière le genre auquel il appartient, on n'aura plus qu'à le comparer à un très-petit nombre d'animaux dont il ne diffère que par quelques traits plus ou moins saillants : pour le faire distinguer avec certitude, il suffira donc de quelques lignes. Il existe ici la même différence que celle qu'il y aurait à chercher tel ou tel soldat dans une armée dont tous les rangs seraient mêlés, ou dans une armée bien ordonnée dont chaque division, chaque brigade, chaque régiment, chaque bataillon et chaque compagnie aurait une place déterminée et porterait des signes distinctifs.

§ 362. **Classifications artificielles et naturelles.** — Les classifications zoologiques (et nous pourrions même dire les classifications en général) sont de deux espèces : les unes arbitraires, les autres fondées sur la nature des objets classés et les degrés de ressemblance que ceux-ci offrent entre eux. Les premières sont nommées *classifications artificielles* ; les secondes, *classifications naturelles*.

Pour donner une idée nette de ces deux genres de classifications, il nous suffira d'un exemple familier à tous nos lecteurs. Les mots d'une langue sont classés artificiellement lorsque, dans un dictionnaire, on les range alphabétiquement, d'après les premières lettres dont chacun d'eux se compose ; ces mêmes mots sont au contraire distribués d'après une méthode naturelle, lorsque dans une grammaire on les divise en substantifs, verbes, adjectifs, etc.

Dans les *classifications artificielles* des animaux, on fonde les divisions sur les modifications que présentent certaines parties du corps choisies arbitrairement ; dans les *classifications naturelles*, au contraire, on prend en considération l'ensemble de l'organisation de chacun de ces êtres, et on les rapproche ou on les éloigne suivant les degrés de ressemblance qu'ils ont entre eux.

§ 363. Les premières de ces classifications, que l'on nomme aussi des *systèmes artificiels*, sont en général, dans la pratique, d'une application facile ; mais souvent elles ne font rien connaître d'important, si ce n'est le nom des objets. Supposons, par exemple, que l'on prenne pour base de la classification des animaux le nombre des membres dont leur corps est pourvu, on placera dans la division des quadrupèdes les bœufs, les grenouilles, les lézards, etc., tandis qu'on séparera ces derniers des serpents et de quelques autres reptiles ayant avec eux la plus grande analogie, mais auxquels l'une des paires de membres manque : certes, on parviendra ainsi à distinguer ces animaux, mais les différents pas que l'on aura faits successivement pour y parvenir n'auront presque rien appris sur leur nature ; jusqu'au dernier moment on aura à comparer les choses les plus disparates, et l'on ne pourra s'élever à des considérations générales dignes de quelque intérêt.

§ 364. Les secondes de ces classifications, ou les *méthodes naturelles*, sont destinées à être en quelque sorte le tableau synoptique de toutes les modifications que la nature a introduites dans l'organisation des animaux. Dans ces méthodes, les diverses divisions et subdivisions sont fondées sur l'ensemble des caractères fournis par chaque animal, rangés d'après leur degré d'importance respective; et les êtres dont un groupe se compose se ressemblent par des points d'autant plus importants et plus multipliés, que ce groupe lui-même est d'un rang moins élevé dans la hiérarchie des classifications : aussi, en connaissant la place qu'un animal quelconque y occupe, connaît-on les traits les plus remarquables de son organisation et la manière dont ses principales fonctions s'exécutent.

§ 365. Les règles à suivre pour arriver à une classification naturelle du règne animal sont d'une simplicité très-grande, mais présentent souvent dans l'application des difficultés extrêmes.

En effet, ces règles peuvent se réduire à deux; car le but que le zoologiste se propose en établissant une pareille classification est :

1° De ranger les animaux en séries naturelles d'après le degré de leurs *affinités respectives*, c'est-à-dire de les distribuer de telle sorte que les espèces les plus semblables entre elles occupent les places les plus voisines, et que leur éloignement soit en quelque sorte la mesure de leurs dissemblances.

2° De diviser et de subdiviser cette série d'après le *principe de la subordination des caractères*, c'est-à-dire en raison de l'importance des différences que les animaux offrent entre eux.

§ 366. Pour reconnaître les *affinités naturelles* ou l'espèce de parenté qui existe entre des animaux différents, il suffit quelquefois d'observer les formes extérieures de ces êtres, car ces formes sont souvent une sorte de traduction du mode d'organisation intérieure : ainsi, pour se convaincre de l'affinité qui existe entre le chat et le tigre, il n'est pas nécessaire d'étudier l'anatomie de ces animaux. Mais dans un grand nombre de cas, on ne peut se prononcer sur des questions pareilles qu'après avoir constaté directement les caractères de la structure intérieure, et quelquefois même on serait exposé à méconnaître les liens de cette espèce de parenté, si l'on se contentait de l'examen des animaux arrivés au terme de leur croissance; car, dans certains cas, les ressemblances s'effacent par les progrès de l'âge. Ainsi, pendant longtemps, on avait ignoré les rapports qui existent entre les Lernées, animaux parasites, à formes bizarres (fig. 154), qui vivent sur les poissons, et les petits crustacés d'eau douce connus des zoologistes sous le nom de *Cyclopes* (fig. 156), parce qu'à l'état adulte ces deux animaux ne se ressemblent pas. Mais, depuis qu'on a étudié leur développement, on s'est assuré de leur parenté, car dans le jeune âge ils diffèrent si peu entre eux, qu'il serait souvent difficile de les distinguer (fig. 155 et 157). Enfin, pour remplir la première des deux conditions signalées plus haut, il faut vaincre encore d'autres difficultés dépendant de la multiplicité des rapports de chaque animal avec les animaux qui l'environnent, et de la diversité des transitions par lesquelles la nature passe d'un type à un autre : à raison de ces circonstances,

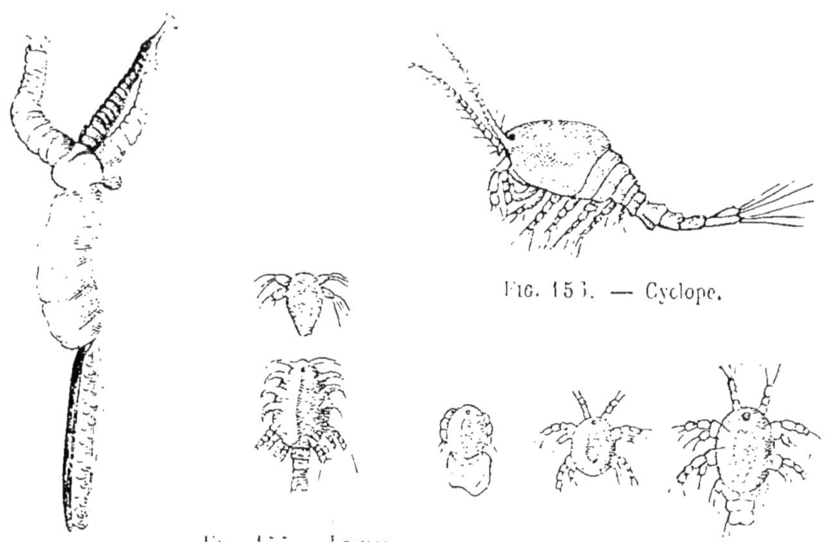

Fig. 154. — Lernée. Fig. 155. — Larves de Lernée. Fig. 156. — Cyclope. Fig. 157. — Larves de Cyclope.

il est même impossible de ranger les animaux en une seule série linéaire sans violer à chaque instant leurs affinités respectives, et l'on est obligé de les disposer sur plusieurs lignes marchant parallèlement ou s'embranchant les unes sur les autres.

§ 367. La seconde condition dans l'établissement d'une classification naturelle est un rapport exact entre les divisions successives du règne animal et l'importance des modifications de structure qui servent de base à ces coupes.

Les caractères qui distinguent les animaux entre eux sont loin d'avoir tous la même valeur : les uns, comme nous l'avons déjà dit (§ 357), ne semblent avoir que peu ou point d'importance physiologique, car on les voit varier sans que ces variations paraissent entraîner des différences dans le reste de l'économie; d'autres, au contraire, ne varient jamais sans que ces changements coïncident avec des modifications profondes dans l'ensemble de l'organisation ; elles paraissent en quelque sorte commander ces modifications, et en général il est aisé de s'expliquer ce genre d'influence en considérant la fonction des organes dont ces caractères, dits *dominateurs*, sont tirés. Il en résulte que les divisions d'un rang très-inférieur dans le système des classifications pourront seules être établies sur des caractères subordonnés, et que les coupes supérieures devront être fondées sur la considération de caractères qui mériteront d'autant mieux le titre de *caractères dominateurs*, qu'ils servent de base à des groupes d'un rang plus élevé.

Pour arriver à une classification naturelle des animaux, il faut donc avant tout connaître la structure, les fonctions et le mode de développement de ces êtres ; mais il faut aussi chercher à reconnaître les caractères dominateurs dans l'organisation de chacun d'eux et en apprécier la valeur relative. On y parvient quelquefois assez facilement, soit par des considérations physiologiques, soit par le secours de l'anatomie seulement. Ainsi, on a remarqué que les parties les moins sujettes à varier dans les divers animaux sont presque toujours celles qui ont le plus d'importance, et qui, en se modifiant, entraînent le plus de changements dans le reste de l'organisation ; tandis que les parties dont la structure est le plus variable ne remplissent que des rôles secondaires dans l'économie et n'influent que peu sur la conformation générale de l'être. Il en résulte que la fixité est un indice de domination organique, et que les caractères propres à faire distinguer entre eux les groupes très-nombreux sont en général aussi des traits d'une haute importance pour l'histoire des animaux, tandis que ceux qui varient d'un petit groupe à un autre sont ordinairement d'un médiocre intérêt. Dans la plupart des cas, on peut aussi juger jusqu'à un certain point de la valeur zoologique d'une modification de structure, par la nature et le degré de développement des facultés dont l'organe ainsi modifié est l'instrument.

Mais, dans d'autres cas, la détermination des caractères dominateurs offre des difficultés considérables, et l'analogie n'est pas toujours un guide sûr pour nous y faire arriver ; car l'importance d'un organe peut varier considérablement d'un animal à un autre, et telle partie qui maîtrise, en quelque sorte, toute l'économie chez certaines espèces, se trouve ailleurs déchue de son rang et réduite à un rôle secondaire.

§ 368. Les zoologistes sont loin de connaître l'anatomie et la physiologie de tous les animaux ; ils sont loin aussi d'être fixés sur l'importance relative d'un grand nombre de modifications de structure offertes par ces êtres. Il est donc évident que, dans l'état actuel de la science, ils ne peuvent posséder une classification parfaitement naturelle, et il ne faut pas s'étonner de voir les auteurs différer entre eux dans le choix des méthodes proposées pour la distribution de certaines parties du règne animal, ni de voir ces méthodes subir chaque jour des modifications. A mesure que nous arrivons à mieux connaître les objets que nous cherchons à classer d'après leur nature intime, nous arrivons aussi à mieux saisir leurs rapports mutuels et à mieux apprécier les coupes qu'il convient d'établir pour représenter dans nos classifications les différences et les ressemblances que les animaux offrent entre eux. Cette classification devra nécessairement se perfectionner en même temps que nos connaissances sur l'organisation se compléteront, et son instabilité, loin d'être un défaut, est une conséquence nécessaire de sa perfectibilité.

§ 369. L'introduction des méthodes naturelles pour la classification des êtres vivants est un des services les plus grands que l'on ait rendus à l'histoire naturelle; elle a changé la face de cette science, et a donné un puissant intérêt à la partie de la botanique et de la zoologie qui jusqu'alors avait été la plus aride : aussi ne pouvons-nous omettre de citer les savants à qui l'on doit cette innovation heureuse.

Ce furent les plantes que l'on rangea d'abord en familles naturelles. Jusque-là on ne les classait que d'après le nombre de leurs étamines et de leurs pistils, ou d'après tout autre caractère choisi arbitrairement, et sans avoir égard à leurs analogies. Mais, vers le milieu du siècle dernier, un botaniste français, Bernard de Jussieu, eut l'heureuse idée de les distribuer en groupes d'après l'ensemble de leur organisation ; et son neveu, Antoine-Laurent de Jussieu, appliquant cette idée à l'ensemble du règne végétal, et prenant pour base de sa classification la considération des caractères dominateurs (§ 357), créa la méthode naturelle, qui aujourd'hui est adoptée par tous les naturalistes.

C'est à une époque encore plus récente que les principes des méthodes naturelles ont été pris pour base de la classification des animaux, et c'est en majeure partie à Cuvier qu'appartient la gloire de cette application.

§ 370. **Mode de division du règne animal.** — Le règne animal ne se compose que d'*individus*; mais parmi ces individus il en est un certain nombre qui ont entre eux une ressemblance extrême, et qui se reproduisent avec les mêmes caractères essentiels: ces réunions d'individus conformés d'après le même type constituent ce que les naturalistes appellent des *espèces*. Ainsi les hommes, les chiens, les chevaux, forment, pour le zoologiste, autant d'*espèces* distinctes.

Quelquefois une espèce diffère considérablement de toutes les autres; mais en général il en existe un nombre plus ou moins considérable qui se ressemblent beaucoup et qui ne se distinguent que par des différences peu importantes : le cheval et l'âne, le chien et le loup, sont dans ce cas. Dans les classifications naturelles, on réunit ces espèces voisines dans des groupes appelés *genres*, et l'on joint à leur nom spécifique un nom générique qui leur est commun. Ainsi on dit LÉZARD *gris*, LÉZARD *piqueté*, LÉZARD *ocellé*, etc., pour désigner les différentes espèces du genre LÉZARD ; et OURS *brun*, OURS *jongleur*, OURS *blanc*, pour les divers animaux du genre OURS.

En général, on remarque aussi que plusieurs genres ne diffèrent entre eux que par des caractères d'une médiocre valeur, et offrent en commun des particularités de structure d'une importance plus grande, propres à les distinguer des genres voisins. Dans les classifications naturelles on réunit alors ces genres semblables en un même groupe, que l'on appelle une *tribu* ou une *famille naturelle*.

Si l'on envisage ensuite la structure de ces êtres d'une manière plus générale, on ne tarde pas à remarquer dans plusieurs familles les mêmes caractères dominateurs qui, malgré les différences plus ou moins considérables que ces groupes offrent entre eux, leur impriment un cachet commun. On arrive ainsi à former des divisions d'un rang plus élevé, que l'on appelle des *ordres*, et à réunir à leur tour les ordres en groupes plus nombreux encore, nommés *classes*.

Enfin, les classes elles-mêmes se laissent répartir d'après les mêmes principes, et constituent ainsi les *embranchements* ou divisions primaires du règne animal.

§ 371. Ainsi le règne animal se divise en embranchements, les embranchements en classes, les classes en ordres, les ordres en familles, les familles en genres et les genres en espèces. Quelquefois même on est obligé de multiplier encore davantage ces coupes ; mais les principes sont toujours les mêmes, et toujours les divers membres d'un groupe quelconque, soit d'un genre ou d'une famille, soit d'un ordre ou d'une classe, se ressemblent plus entre eux qu'ils ne ressemblent aux espèces d'un autre groupe du même rang ; et les différences qui existent entre deux classes doivent être plus importantes que celles qui existent entre deux familles, comme les caractères des familles doivent être d'une valeur plus grande que les caractères des divers genres dont ces familles se composent. Ainsi ce sont les différences les plus grandes qui servent à l'établissement des embranchements, celles d'une importance un peu moins considérable qui constituent la base de la division de ces embranchements en classes, et ainsi de suite, les différences allant toujours en s'amoindrissant à mesure qu'on descend dans cet échafaudage de divisions et de subdivisions pour arriver à l'*espèce*, groupe formé, comme nous l'avons déjà dit, par l'assemblage de tous les individus conformés de la même manière et pouvant se mêler pour perpétuer leur race.

On voit donc que pour classer un animal, il faut déterminer successivement l'embranchement, la classe, l'ordre, la famille, le genre et l'espèce auxquels il appartient, et que, par cette seule détermination, on obtiendra en même temps des notions précises sur tout ce que son organisation offre de plus important, puisque ce sont précisément ces particularités qui servent à caractériser les divisions successives. Or, nous le répétons, les fonctions et les mœurs d'un animal sont toujours dépendantes du mode de conformation de ses organes, ou, du moins, en harmonie avec cette structure, et, par conséquent, on peut déduire aussi de cette connaissance celle de tous les points les plus importants de l'histoire de l'espèce soumise à nos investigations.

Telles sont les bases sur lesquelles reposent les classifications zoologiques dites naturelles. Voyons maintenant quels ont été les résultats de l'application de ces principes à la distribution méthodique des animaux, et étudions les principaux groupes formés par ces êtres.

BASES DE LA DIVISION DU RÈGNE ANIMAL EN EMBRANCHEMENTS ET EN CLASSES.

§ 372. **Embranchements.** — Lorsqu'on examine l'ensemble du règne animal, on ne tarde pas à reconnaître quatre plans généraux de structure qui, modifiés de mille et mille manières, semblent avoir servi de guide pour la création des êtres animés. Ces quatre formes principales, qui dominent en quelque sorte les variations sans nombre introduites dans l'organisation des animaux, sont faciles à distinguer ; et, pour fixer les idées à cet égard, nous indiquerons, comme pouvant les représenter, quatre animaux bien connus du vulgaire : le Chien, l'Écrevisse, le Colimaçon et l'Astérie ou Étoile de mer (fig. 158).

Pour que la classification zoologique soit une représentation fidèle des modifications plus ou moins importantes introduites dans la structure des animaux, il faut donc distribuer ces êtres en quatre groupes principaux ou embranchements, et c'est effectivement ce qui a été fait par Cuvier.

Le règne animal se divise ainsi en *Animaux vertébrés*, en *Animaux annelés* ou *articulés*, en *Mollusques* et en *Zoophytes*.

§ 373. Les différences fondamentales qui distinguent entre eux ces quatre embranchements dépendent principalement du mode d'arrangement des diverses parties constituantes des corps et de la conformation du système nerveux. Ce sont là les deux carac-

FIG. 158. — Astérie ou Étoile de mer.

tères dominateurs de toute l'organisation des animaux, et leur importance est facile à comprendre.

En effet, ce qui caractérise essentiellement l'animalité, c'est la faculté de sentir et la faculté de se mouvoir spontanément, et, comme nous l'avons déjà vu, c'est le système nerveux qui préside à ces fonctions. Nous avons vu aussi que les fonctions d'un organe sont toujours en relation avec sa structure ; il est, par conséquent, évident que toute grande modification dans l'état du système nerveux doit nécessairement entraîner des différences correspondantes dans les facultés qui remplissent le premier rôle dans l'organisme des êtres animés. On pourrait donc prévoir que le mode de conformation de ce système influerait de la manière la plus puissante sur la nature de ces êtres, et fournirait des caractères de la première importance pour la division du règne animal en groupes naturels; or, la justesse de ce raisonnement est confirmée par l'observation des faits.

La disposition générale ou le mode de réunion des diverses parties constituantes du corps se lie à des circonstances également importantes; car elle exerce une influence extrême sur la manière dont peuvent s'effectuer la localisation des fonctions et la division du travail physiologique, et nous avons déjà vu combien la perfection de l'organisation est subordonnée à ces deux causes modificatrices (§ 346, etc.).

Les quatre types principaux que nous venons de signaler sont tellement distincts, qu'aucun zoologiste ne peut les méconnaître, et il est en général facile de rapporter à l'un ou à l'autre d'entre eux les animaux que l'on examine; mais chez quelques-uns des êtres ce cachet est moins apparent, et chez d'autres l'organisation paraît en même temps tenir, à certains égards, de deux types différents. Il en résulte que les limites extrêmes des embranchements sont quelquefois assez difficiles à préciser, et que, dans certains points de contact, ces groupes se lient entre eux comme des États voisins entre lesquels se trouvent quelques parcelles de terrain dont le droit de propriété est incertain et la possession disputée.

Il en résulte aussi qu'il est quelquefois également difficile de définir d'une manière rigoureuse ces groupes primaires; mais

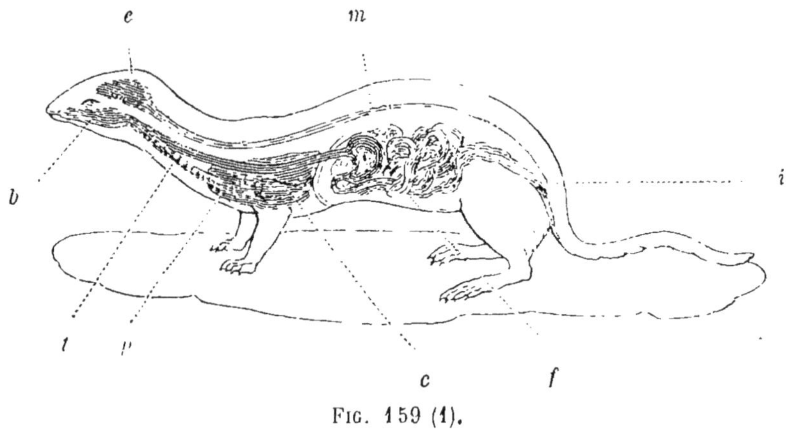

Fig. 159 (1).

pour en donner une notion exacte, il suffira d'indiquer les carac-

(1) Cette figure théorique est destinée à indiquer la position relative des grands appareils organiques dans l'embranchement des animaux vertébrés, et plus particulièrement dans la classe des mammifères : — *b*, cavité buccale formant l'entrée du tube alimentaire, dont l'ouverture opposée se trouve à l'extrémité postérieure du corps; — *i*, intestin ; — *f*, foie ; — *t*, trachée-artère ; — *p*, poumon ; — *c*, cœur ; — *e*, encéphale (cerveau, etc.); — *m*, moelle épinière.

tères les plus saillants propres au type de chacun d'eux, et de noter que la réunion de ces caractères ne se rencontre pas toujours, que tantôt l'un, tantôt l'autre s'efface à mesure que l'on descend vers les limites de ces divisions.

En procédant de la sorte, il nous suffira de quelques mots pour exposer les particularités d'organisation qui distinguent entre eux les animaux vertébrés, les animaux annelés, les mollusques et les zoophytes.

§ 374. Les Animaux vertébrés ressemblent à l'homme par les points les plus importants de leur structure : presque toutes les parties de leur corps sont paires et disposées symétriquement de

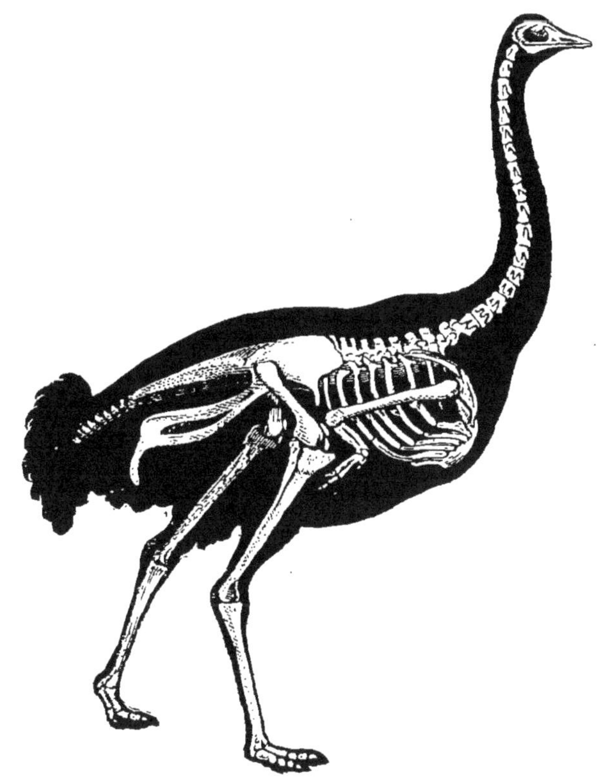

Fig. 160. — Squelette de l'Autruche.

deux côtés d'un plan médian longitudinal ; leur système nerveux est très-développé, et se compose, outre les nerfs et les ganglions, d'un axe central occupant le côté dorsal du corps (fig. 159), et formé essentiellement d'un cerveau, d'un cervelet, d'un cordon rachidien ou moelle épinière (fig. 67). A ces caractères on peut

18.

ajouter que les muscles principaux ont leurs points d'attache sur une charpente solide ou squelette intérieur (fig. 160), composé de pièces attachées entre elles, et disposé de façon à protéger les organes essentiels, en même temps qu'il fournit des bases et des leviers pour l'appareil de la locomotion; que la partie la plus importante de ce squelette constitue une gaîne pour l'axe cérébro-spinal, et résulte de la réunion des pièces annulaires appelées vertèbres; que l'appareil de la circulation est très-complet, et que le cœur offre au moins deux réservoirs distincts; que le sang est rouge; que les membres sont presque toujours au nombre de quatre, et que jamais il n'y en a davantage; enfin, qu'il existe pour la vue, l'ouïe, l'odorat et le goût, des organes distincts logés dans la tête. Nous avons déjà cité comme exemples de ce type organique l'Homme et le Chien; nous aurions pu également bien choisir un Oiseau (fig. 160), un Lézard ou un Poisson.

§ 375. **Animaux annelés, ou Entomozoaires.**— Dans le second embranchement du règne animal, on trouve un mode général de conformation tout autre. Le corps est encore symétrique et binaire comme chez les animaux vertébrés, mais il se compose d'une série de parties qui se répètent, de façon qu'on peut le diviser en un nombre considérable de tronçons homologues et plus ou moins semblables entre eux (fig. 163). Le système nerveux est médiocrement développé, et se compose d'une double série de petits centres médullaires, nommés ganglions, et réunis en chaîne longitudinale de façon à occuper la majeure partie de la longueur du corps (fig. 161). La petite masse formée par les ganglions de cette espèce de chapelet est logée dans la tête, et a été, pour cette raison, comparée au cerveau des vertébrés, mais on ne trouve rien qui ressemble à une moelle épinière, car le reste de la chaîne ganglionnaire est situé à la face ventrale du corps, au-dessous du tube digestif (fig. 162), et les cordons nerveux qui l'unissent aux ganglions céphaliques embrassent l'œsophage à la manière d'un collier. Il est aussi à noter qu'ici le corps n'est plus soutenu par un squelette intérieur, et que les muscles s'attachent tous aux téguments extérieurs; mais ces téguments sont eux-mêmes modifiés de façon à tenir lieu d'une charpente intérieure, car ils acquièrent une dureté souvent très-considérable, et constituent une sorte d'étui ou de squelette extérieur, formé essentiellement d'anneaux placés en file, et plus ou moins mobiles les uns sur les autres. Il en résulte que, même extérieurement, ces animaux paraissent divisés en tronçons ou anneaux articulés à la suite les uns des autres, et c'est pour rappeler cette disposition qu'on donne à ces êtres le nom l'ANIMAUX ANNELÉS ou d'ANIMAUX ARTICULÉS. Il est aussi à noter que dans cet embranchement, les membres sont en général très-nombreux ; les organes des sens sont moins nombreux et moins perfectionnés que chez les animaux vertébrés ; le sang est presque toujours blanc, et l'appareil de la circulation est très-incomplet; enfin, il existe dans la structure de ces animaux une foule d'autres particularités dont

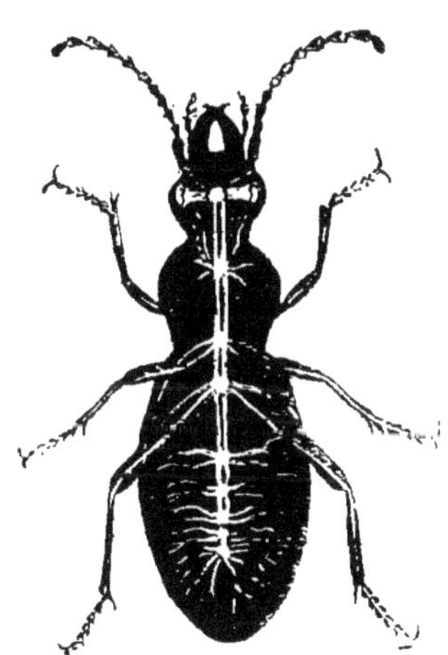

FIG. 161. — Système nerveux d'un insecte (Carabe des jardins).

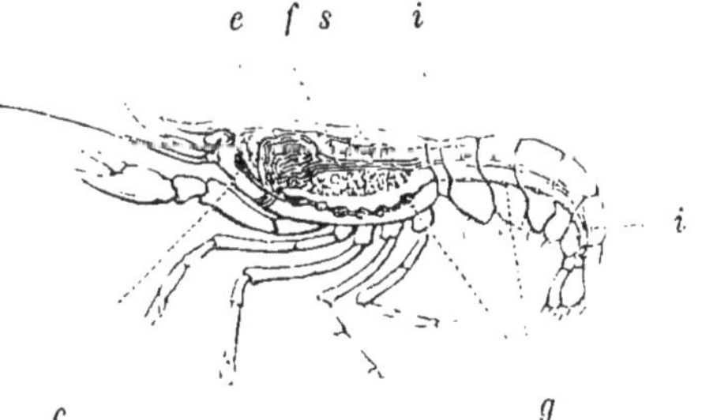

FIG. 162. (1)

nous aurons à nous occuper par la suite, et nous ajouterons seulement ici que ce mode de conformation nous est offert par les Solopendres (fig. 163), les Écrevisses, les Crabes, les Insectes, etc.

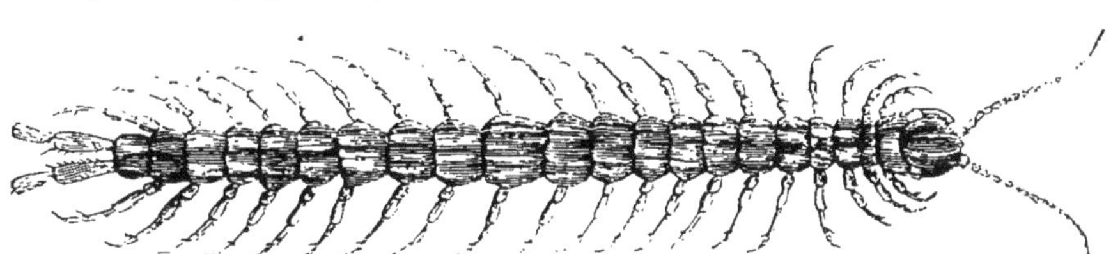

FIG. 163. — Scolopendre.

§ 376. **Animaux mollusques.** — Les MOLLUSQUES ont, comme les précédents, les principaux organes pairs et symétriques; mais le corps, au lieu de se développer en longueur suivant une ligne droite, tend à affecter une position courbe ou spirale, de façon que la bouche et l'anus, par exemple, au lieu d'en occuper les deux extrémités, sont plus ou moins rapprochés. Le système nerveux se compose essentiellement de ganglions comme chez les animaux annelés, et ici encore une portion de ce sys-

(1) Coupe idéale du corps d'une Écrevisse : — *e*, estomac, au-dessous duquel se voient l'œsophage et la bouche ; — *i*, intestin ; — *f*, foie ; — *s*, cœur ; — *c*, ganglions nerveux céphaliques situés au-devant et au-dessous de l'œsophage ; — *g*, ganglions thoraciques et abdominaux situés au-dessous du canal alimentaire.

tème occupe le côté dorsal, et l'autre portion est située sur le côté ventral du tube digestif; mais celle-ci ne constitue pas une longue chaîne médiane comme dans l'embranchement précédent.

Les mollusques diffèrent aussi des animaux vertébrés et annelés par l'absence de toute espèce de squelette articulé, soit intérieur, soit extérieur. Leur corps est mou et leur peau constitue une enveloppe flexible et contractile ; elle se recouvre souvent de plaques cornées ou calcaires nommées *coquilles* (fig. 165), et en développe quelquefois dans son épaisseur ; mais elle ne constitue jamais une suite d'anneaux mobiles analogues à ceux des animaux annelés. Ajoutons que dans cet embranchement les organes des sens sont presque toujours très-incomplets; il n'existe jamais d'organe spécial pour l'odorat ; et dans un grand nombre de ces animaux il n'y a point d'yeux ; il n'y a presque jamais de membres pour la locomotion ; enfin, le sang est blanc comme chez la plupart des annelés, mais l'appareil de la circulation est souvent beaucoup plus complet.

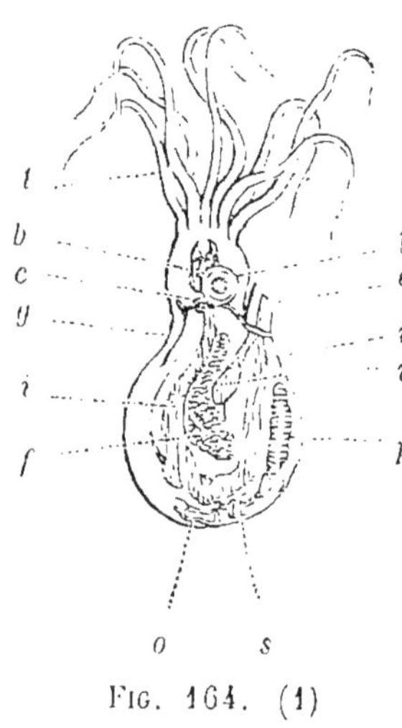

FIG. 164. (1)

FIG. 165. — Limnée des étangs.

§ 377. **Zoophytes.** — Enfin, dans le quatrième et dernier em-

(1) Coupe idéale du corps d'un Mollusque céphalopode : — *t*, bras ou tentacules qui entourent la tête ; — *b*, bouche ; — *i*, canal alimentaire ; — *a*, anus ; — *f*, foie ; — *c* et *g*, ganglions nerveux ; — *p*, branchies ; — *s*, cœur ; — *o*, appareil reproducteur ; — *v*, vésicule de l'encre ; — *y*, yeux.

branchement, celui des ZOOPHYTES, les diverses parties du corps, au lieu de se grouper symétriquement par rapport à un plan mé-

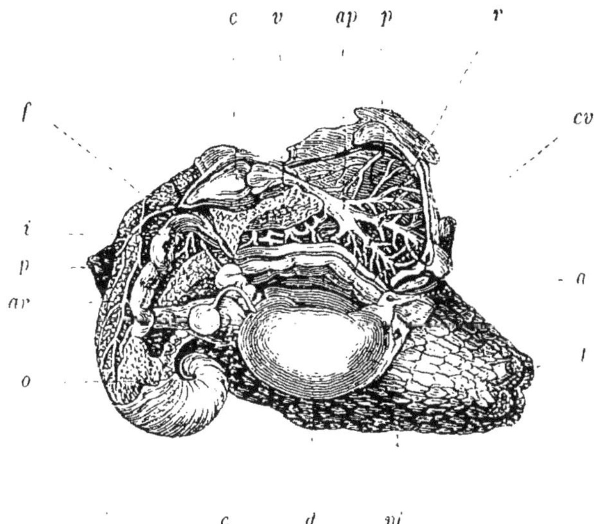

FIG. 166. — Anatomie du Colimaçon (1).

dian, tendent à se ranger autour d'un point central ou d'une ligne verticale, de façon à affecter une disposition radiaire plus ou moins complète. Quant au système nerveux, on n'en aperçoit le plus souvent aucune trace; et lorsqu'il existe, il est réduit à un état rudimentaire; les organes des sens manquent aussi presque complétement; enfin, toutes les parties de l'économie deviennent d'une simplicité extrême. Par leurs formes aussi bien que par leur manière de vivre, la plupart de ces animaux, offrent au premier abord une ressemblance si grande avec les plantes, que pendant longtemps on a méconnu leur véritable nature, et on les a considérés comme appartenant au règne végétal. C'est à

FIG. 167. — Actinie.

(1) *pi*, pied ; — *t*, tentacules à moitié contractés ; — *d*, espèce de diaphragme qui sépare la cavité respiratoire des autres viscères ; — *c*, portion de l'estomac ; — *f*, foie ; — *o*, ovaire ; — *i*, intestins ; — *r*, rectum ; — *a*, anus ; — *c*, cœur (le péricarde étant ouvert) ; — *ap*, artère pulmonaire se ramifiant sur la paroi de la cavité pulmonaire *p* ; — *ar*, aorte ; — *v*, glande sécrétoire de la viscosité ; — *cv*, son canal excréteur allant s'ouvrir près de l'anus.

raison de cette ressemblance qu'on les appelle des *Zoophytes* ou *Animaux-plantes*; et c'est à cause de la disposition radiaire souvent si manifeste dans leurs organes qu'on les désigne aussi quelquefois sous le nom d'*Animaux rayonnés*.

Les Polypes, dont nous avons déjà eu l'occasion de parler (§ 347), les Actinies ou Anémones de mer (fig. 167), et les Astéries ou Étoiles de mer (fig. 158), peuvent donner une idée de l'ensemble de cette division (1).

§ 378. **Division des embranchements en classes.** — Les divers animaux réunis dans chacun des embranchements ou groupes primaires dont nous venons de parler se ressemblent donc entre eux par le plan général de leur organisation, et offrent en commun un grand nombre de caractères saillants; mais ils sont loin d'être semblables sous une multitude d'autres rapports, et ils diffèrent souvent les uns des autres par la manière dont s'exécutent plusieurs des fonctions les plus importantes de l'organisme. Il faut, par conséquent, les diviser de nouveau en groupes secondaires, et établir ces subdivisions d'après les grandes modifications qui s'observent dans leur structure.

§ 379. Ainsi, parmi les ANIMAUX VERTÉBRÉS, les uns naissent vivants et sont pourvus de mamelles pour allaiter leurs petits; les autres sortent d'un œuf où ils trouvaient les matières nutritives nécessaires à leur constitution, et sont privés d'organes de lactation. Les uns respirent dans l'air, les autres dans l'eau. Les uns ont une circulation complète; les autres n'envoient dans l'appareil respiratoire qu'une portion du sang rendu impropre à l'entretien de la vie par son action sur les tissus, et mêlent le reste de ce liquide au sang artériel destiné à nourrir leurs organes. Les uns ont le sang chaud, les autres produisent à peine de la chaleur. Enfin, les uns sont conformés pour s'élever dans l'air, d'autres pour vivre sur la terre, et d'autres encore pour nager au sein des eaux. Ces différences sont d'une haute importance physiologique, et coïncident entre elles de façon à caractériser dans cet embranchement cinq types secondaires. Il en résulte que, pour classer les animaux vertébrés suivant les principes des méthodes naturelles, il faut les diviser en cinq classes, savoir :

(1) Quelques zoologistes ont cru devoir admettre une cinquième division primaire du règne animal, comprenant les Éponges, et caractérisée par l'absence de toute forme régulière. Mais cette classification ne nous paraît pas devoir être adoptée, car les êtres bizarres rangés dans cet embranchement des *Amorphozoaires* offrent dans le jeune âge les mêmes caractères que la plupart des polypes; seulement leur développement organique s'arrête à un degré qui n'est que transitoire pour ces zoophytes, et ils se déforment en grandissant. En tenant compte de leur mode de développement, on peut donc les rapporter au type des zoophytes.

es *Mammifères*, les *Oiseaux*, les *Reptiles*, les *Batraciens* ou *Amphibies* et les *Poissons* (1).

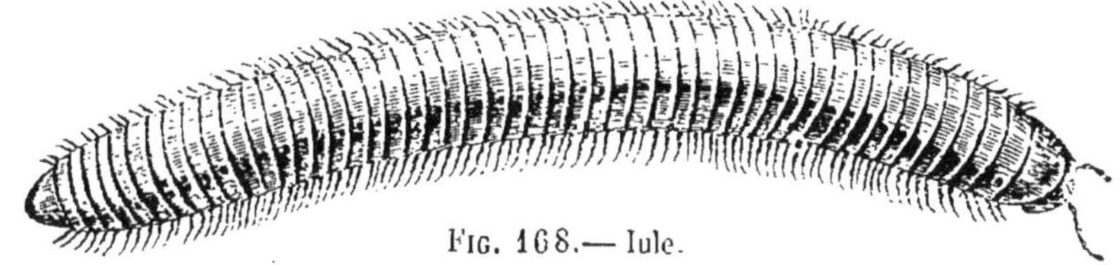

Fig. 168. — Iule.

§ 380. Dans l'embranchement des Entomozoaires, ou animaux annelés, on observe des modifications de structure non moins remarquables. Tantôt, comme dans le talitre (fig. 169), il existe

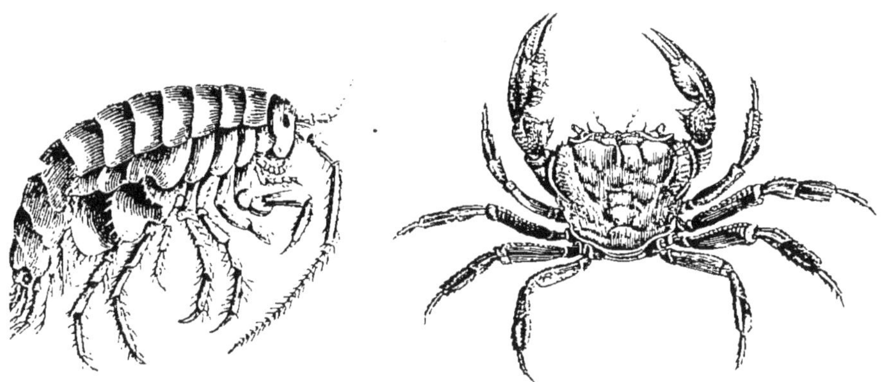

Fig. 169. — Talitre.

Fig. 170. — Telphuse.

des membres articulés servant comme leviers dans l'appareil de la locomotion, et la portion céphalique du système ganglionnaire acquiert une importance considérable; tantôt, au contraire, dans la sangsue, par exemple, il n'y a point de membres articulés, les ganglions nerveux sont peu développés, et il existe entre tous ces petits centres médullaires une uniformité très-grande de structure et de fonctions. On peut donc subdiviser cet embranchement en deux groupes secondaires, formés, l'un par les *Animaux articulés proprement dits*, l'autre par les *Vers*: mais cette classification ne suffit pas pour représenter toutes les grandes différences faciles à constater dans la nature de ces êtres.

En effet, parmi les Animaux articulés proprement dits, se trou-

(1) Dans les premières éditions de cet ouvrage, les Vertébrés n'étaient divisés qu'en quatre classes, comme dans la classification de Cuvier, et les Batraciens étaient confondus avec les Reptiles; mais aujourd'hui que les caractères de ces animaux sont mieux connus, il devient nécessaire de les séparer.

vent : les *Insectes* (fig. 171 et 172), qui reçoivent l'air dans toutes les parties de l'économie au moyen de trachées; qui ont le corps

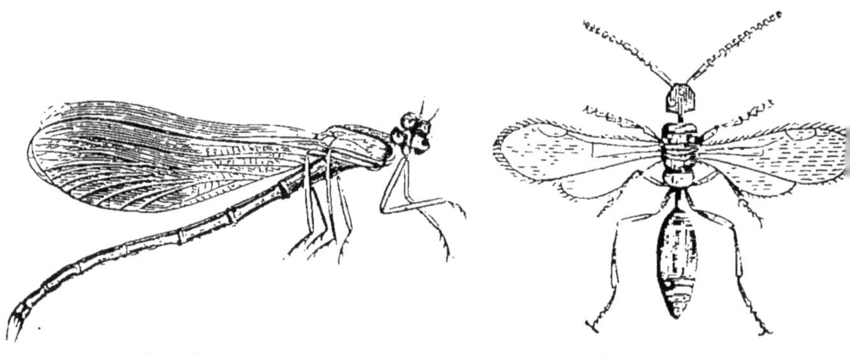

Fig. 171. — Agrion. Fig. 172. — Bétyle.

divisé en trois parties dissemblables, la tête, le thorax et l'abdomen; qui ont toujours trois paires de pattes, et qui sont pres-

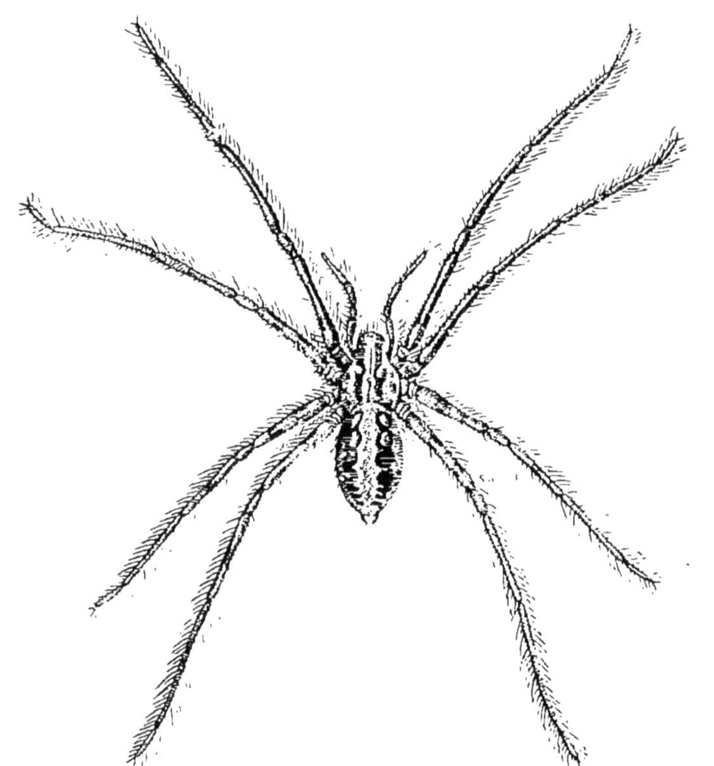

Fig. 173. — Araignée domestique.

que toujours pourvus d'ailes. Les *Myriapodes* (fig. 168), qui ressemblent aux insectes par leur mode de respiration, et qui ont aussi une tête distincte, mais qui n'ont pas le tronc divisé en thorax et abdomen ; qui ont de vingt-quatre à soixante paires de pattes, ou même davantage, et qui ne portent jamais d'ailes. Les *Arachnides* (fig. 173), qui n'ont plus de tête distincte du thorax, qui ont toujours quatre paires de pattes seulement, et qui respirent l'air comme tous les précédents, mais qui ne possèdent pas toujours des trachées et reçoivent alors ce fluide dans des poches pulmonaires. Les *Crustacés* (fig. 170), qui ont au contraire la respiration aquatique et branchiale, et qui ont presque toujours de cinq à sept paires de pattes propres à la locomotion (1).

La division des VERS doit comprendre aussi plusieurs types bien distincts. On y remarque d'abord les *Annélides* (fig. 174), dont le système ganglionnaire est bien visible dans toute la

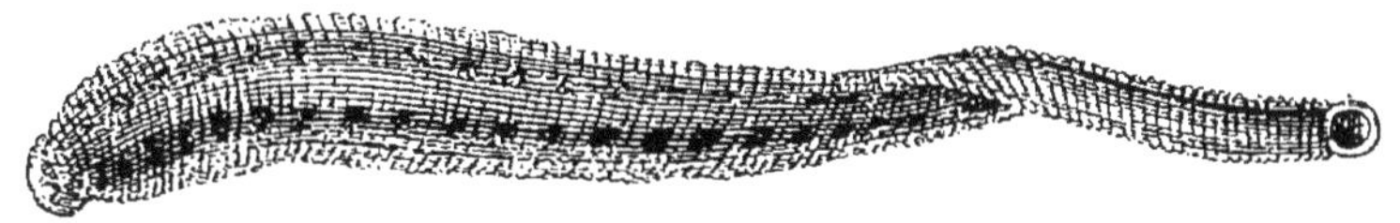

FIG. 174. — Sangsue.

longueur du corps; dont le sang, ordinairement rouge, circule dans un système vasculaire très-complexe ; dont la respiration a presque toujours lieu dans un appareil branchial bien développé, et dont les mouvements s'exécutent en général à l'aide de soies mobiles (fig. 175). Nous y rangeons aussi les *Rotateurs*, animaux

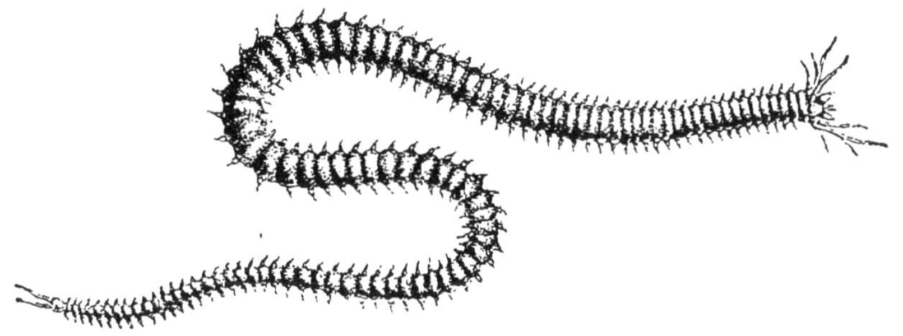

FIG. 175. — Néréide.

microscopiques, qui paraissent être dépourvus d'organes spéciaux pour la circulation, et qui n'ont pas de branchies, mais qui possèdent en général des organes vibratiles dont la disposition est très-singulière (fig. 176). Enfin, c'est encore à ce sous-embranchement que doivent être rapportés les *Turbellariés*, dont le

(1) On a reconnu depuis quelques années que les Cirripèdes, dont on formait une classe particulière, doivent rentrer dans la classe des Crustacés.

corps est dépourvu de membres, et dont le système nerveux se compose essentiellement de deux cordons latéraux naissant de deux ganglions céphaliques; ainsi que les *Vers intestinaux*,

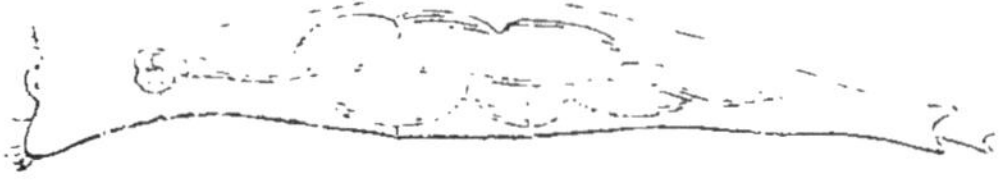

FIG. 176. — Rotifères.

qui n'offrent que des vestiges d'un système nerveux, et qui sont en général d'une simplicité de structure très-grande, mais qui se lient aux annélides d'une manière intime, et qui souvent semblent être en quelque sorte des représentants dégradés du même type zoologique (1).

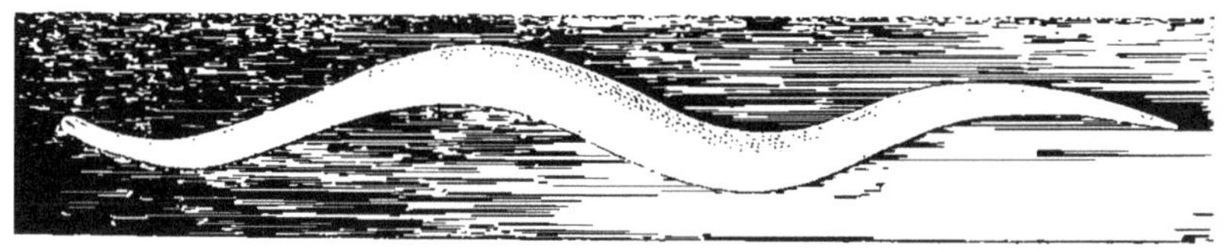

FIG. 177. — Ascaride.

Enfin ces parasites sont de trois sortes, et diffèrent entre eux pour leur forme générale aussi bien que pour leur organisation interne. Les uns ont le cou cylindrique, et sont connus sous les noms de *Vers nématoïdes* ou *Helminthes* proprement dits ; les autres ont le corps plat, et parmi ceux-ci il faut distinguer les *Trématodes*, chez lesquels on n'aperçoit pas de divisions transversales, et les *Cestoïdes* ou *Vers rubanés*, qui se composent d'une longue série d'articles ou tronçons placés bout à bout.

Pour mettre la classification des animaux annelés en harmonie avec les différences que nous avons à signaler dans la nature de ces êtres, il faut donc les diviser en huit classes distinctes, savoir : la classe des *Insectes*, la classe des *Myriapodes*, la classe des *Arachnides*, la classe des *Crustacés*, la classe des *Rotateurs*, la classe des *Annélides*, la classe des *Turbellariés*, la classe des

(1) Nous devons dire cependant que tous les naturalistes ne s'accordent pas à classer de la sorte les Helminthes, et que Cuvier les range parmi les animaux rayonnés ou Zoophytes ; mais ils n'ont rien de radiaire dans leur organisation, et offrent ordinairement, par la conformation générale de leur corps, une grande analogie avec les animaux annelés, et notamment avec les Annélides : il nous semble, par conséquent, plus naturel de les rapporter à ce dernier type primaire.

Helminthes ou *Nématoïdes*, la classe des *Trématodes* et la classe des *Cestoïdes*.

§ 381. L'embranchement des Animaux mollusques nous offre également des modifications organiques de nature à nécessiter une division analogue. Chez les uns, que l'on peut appeler les

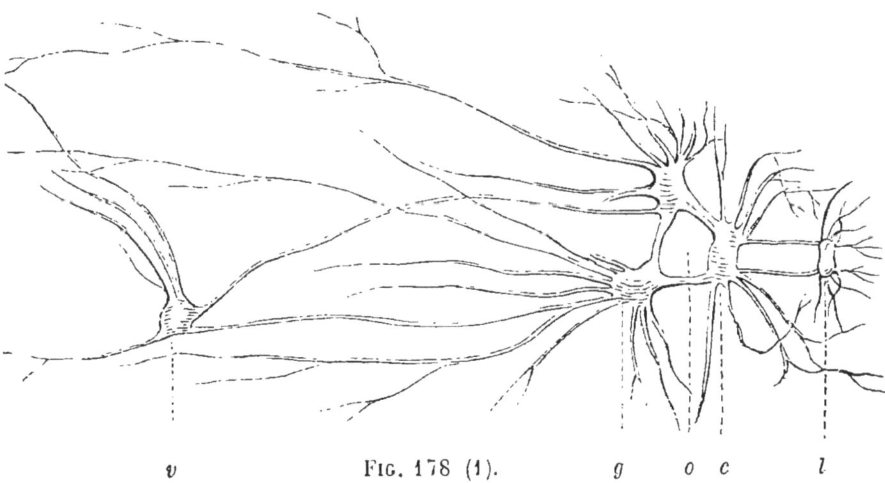

Fig. 178 (1).

Mollusques proprement dits, il existe un système nerveux composé de deux ou plusieurs paires de ganglions réunis par des cordons médullaires (fig. 178), et la reproduction ne s'effectue qu'au moyen d'œufs. Chez les autres, que j'ai désignés sous le nom de *Molluscoïdes*, le système nerveux, réduit à un état rudimentaire, ne paraît consister qu'en un ganglion unique, et dans la plupart des cas la multiplication des individus s'opère par le développement de bourgeons aussi bien que par une génération ovipare; et il

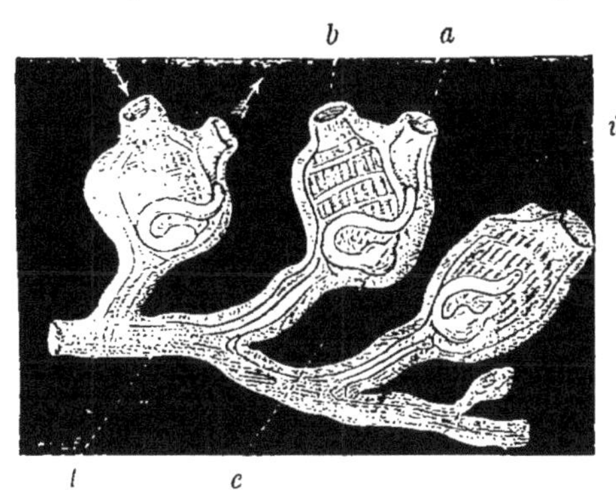

Fig. 179. Ascidies sociales (2).

en résulte que souvent les individus naissant les uns des autres

(1) Système nerveux de l'Aplysie, mollusque de la classe des Gastéropodes : — *c*, ganglions cérébroïdes ; — *g*, ganglions thoraciques ou sous-œsophagiens ; — *o*, collier nerveux qui entoure l'œsophage ; — *l*, ganglions labiaux ; — *v*, ganglion viscéral.

(2) Ascidies du genre *Porophora* : — *b*, bouche ; — *c*, estomac ; — *i*, intestins ; — *a*, anus ; — *t*, tige commune. Les flèches indiquent la direction du courant d'eau servant à la respiration.

demeurent unis entre eux, et constituent des masses animées d'un aspect phytoïde (fig. 179).

Les MOLLUSCOÏDES se subdivisent en deux classes, suivant qu'ils ont l'appareil respiratoire renfermé dans la cavité buccale, ou constitué par une couronne de longs tentacules labiaux. Les premiers sont désignés sous le nom de *Tuniciers* (fig. 179); les seconds forment la classe des *Bryozoaires*.

Les mollusques proprement dits diffèrent entre eux par des caractères dont l'importance est encore très-considérable. Ainsi, chez les uns les ganglions céphaliques sont très-éloignés des ganglions abdominaux : il n'existe point de tête distincte, on n'aperçoit aucune trace d'organes spéciaux pour les sens; les organes

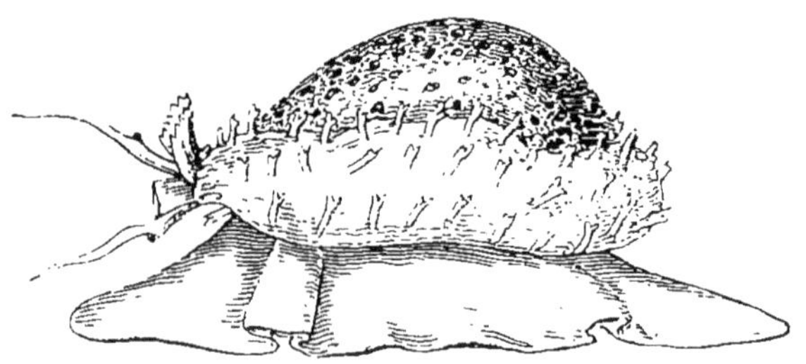

FIG. 180. — Porcelaine.

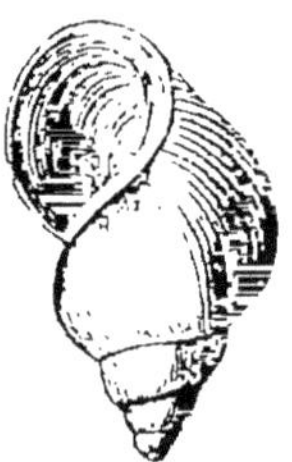

FIG. 181. — Coquille de Paludine.

du mouvement sont des plus imparfaits, et le corps est enveloppé par des replis cutanés semblables à des voiles, et protégé extérieurement par une coquille bivalve (fig. 182). Les Moules, les Mactres, les Tridacnes ou Bénitiers, etc., nous offrent ce mode d'organisation.

D'autres mollusques, tels que les Limaçons, les Limnées (fig. 165) et les Porcelaines (fig. 180), ont une tête distincte; leurs ganglions nerveux sont en général fort rapprochés entre eux et groupés autour de l'œsophage; il existe des yeux; la face inférieure du corps est occupée par un organe charnu servant à la locomotion; enfin, le dos est ordinairement protégé par une coquille, et celle-ci n'est jamais bivalve, mais représente presque toujours un cône plus ou moins contourné en spirale (fig. 181).

D'autres encore, pourvus d'une tête distincte comme les précédents, portent de chaque côté du cou des espèces d'ailes membraneuses servant de rames pour la natation (fig. 183).

Enfin, il en est aussi qui ont la tête garnie de longs appendices contractiles et préhensiles, remplissant à la fois les fonctions de pieds et de bras (fig. 184) qui ont le système nerveux plus développé que les autres animaux du même embranchement, et qui ont d'ordinaire le corps soutenu par une sorte de coquille intérieure.

Ce sont ces divers modes de conformation qui servent de base

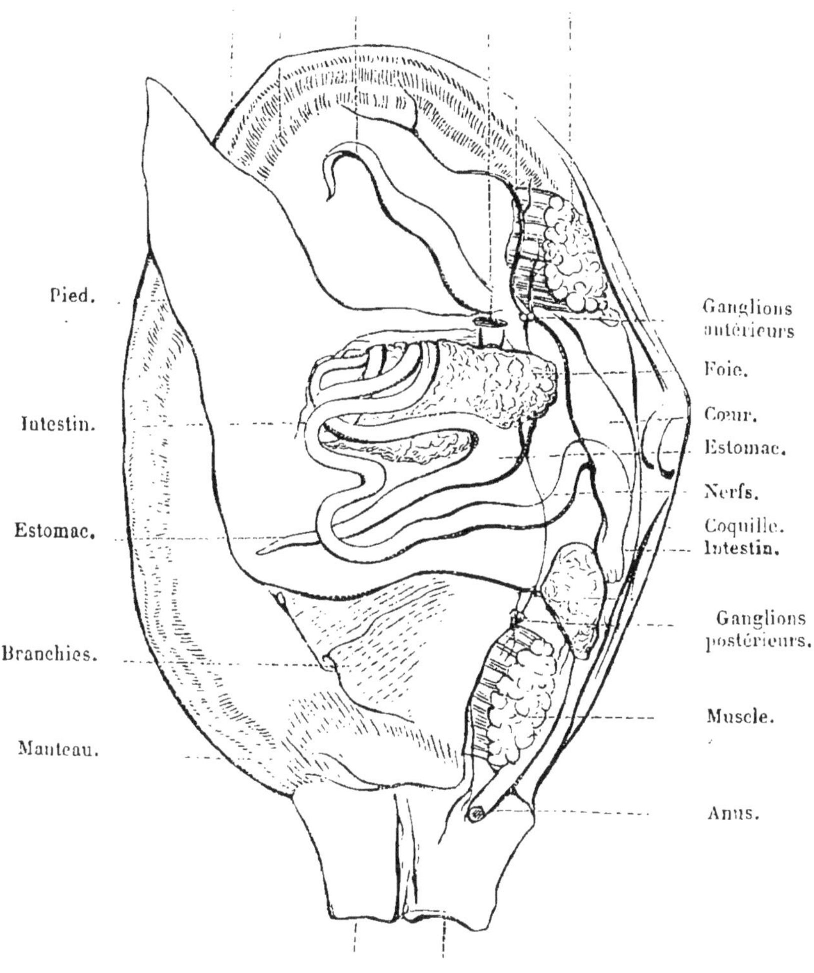

Fig. 182. — Anatomie d'un Mollusque acéphale (la Mactre).

à la division des mollusques proprement dits en quatre classes, désignées sous les noms d'*Acéphales*, de *Gastéropodes*, de *Ptéropodes* et de *Céphalopodes*. L'Huître peut nous servir d'exemple du premier de ces types, c'est-à-dire de la classe des acéphales; le Colimaçon appartient à la classe des gastéropodes; l'Hyale (fig. 183), à celle des ptéropodes, et le Poulpe (fig. 184) au groupe des céphalopodes.

§ 382. Enfin, le quatrième et dernier embranchement du règne animal, celui des Zoophytes, comprend aussi des êtres très-variés et se divise d'une manière correspondante en plusieurs classes.

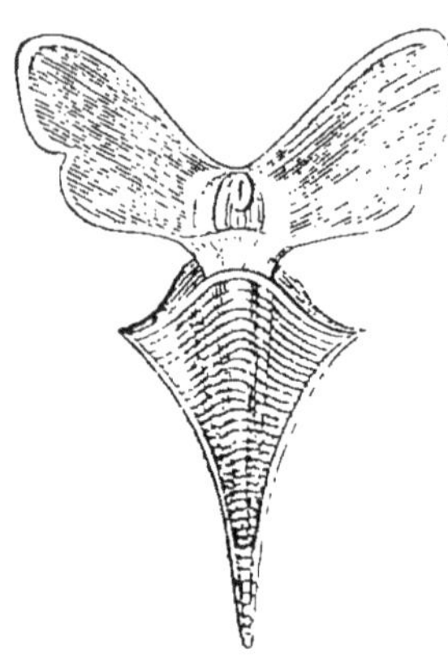

Fig. 183. — Hyale.

Dans l'un de ces groupes, appelé la classe des *Echinodermes*, le corps est conformé pour ramper sur le sable ou sur les rochers du fond de la mer, et, à cet effet, sa surface est garnie d'une multitude de petits appendices préhensiles; l'enveloppe tégumentaire offre aussi une consistance considérable et devient souvent d'une dureté pierreuse. Les Étoiles de mer, dont il a déjà été question, et les Holothuries (fig. 185) nous offrent ce mode de conformation, qui se retrouve aussi chez les Oursins, etc.

Dans un second groupe, formé par les *Acalèphes*, le corps est au contraire entièrement gélatineux et conformé pour la nage seulement. Les Méduses (fig. 187), qui

Fig. 184. — Le Poulpe commun.

flottent dans la mer, et qui sont fréquemment jetées par la vague sur les plages sablonneuses de notre littoral, nous serviront d'exemple pour cette classe de zoophytes.

Dans une troisième classe, celle des *Coralliaires* ou *Polypes* proprement dits (fig. 189), il n'existe plus aucun organe de locomotion ; l'animal est destiné à vivre fixé au sol, et sa bouche

Fig. 185. — Holothurie.

est entourée de tentacules mobiles (fig. 186) à l'aide desquels il puise dans l'eau ambiante les corpuscules nécessaires à sa nutrition. En général, une portion de ses téguments s'ossifie en

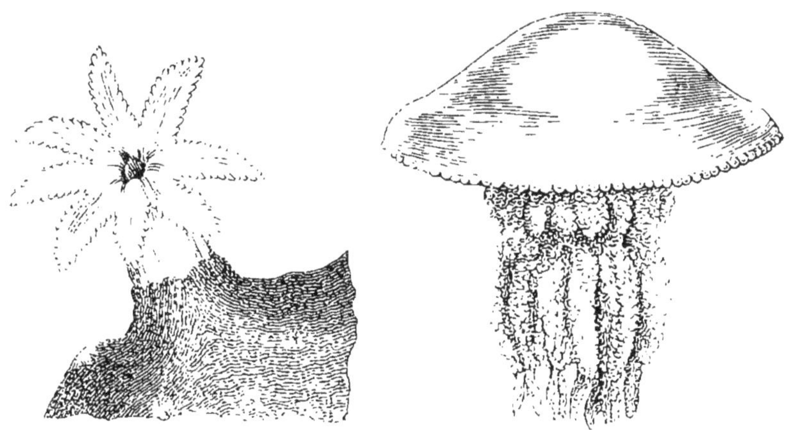

Fig. 186. — Polype du Corail.

Fig. 187. — Rhizostome.

quelque sorte de façon à lui constituer une espèce de loge calcaire ou cornée (fig. 189), et, dans la plupart des cas aussi, les individus naissent par bourgeons sur la surface du corps de leurs parents, et, ne s'en détachant pas, constituent entre eux des masses animées et de formes variées, dont l'apparence est le plus ordinairement celle d'une plante rameuse chargée de fleurs.

Les Actinies, ou Anémones de mer (fig. 167), appartiennent à cette classe; il en est de même des animaux du Corail (fig. 186 et 188), des Caryophyllies (fig. 189), etc.

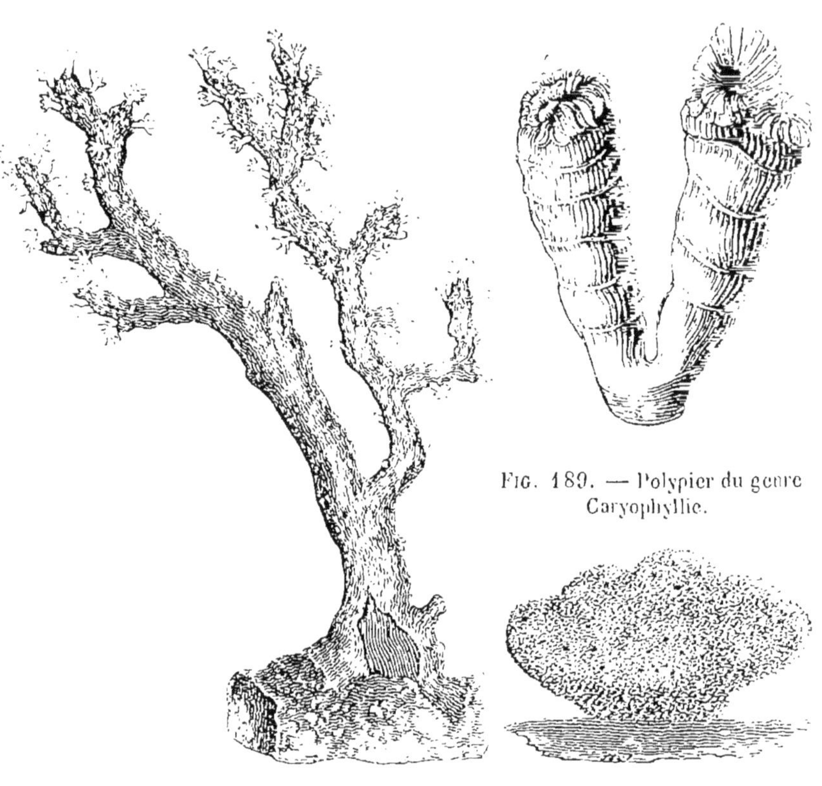

FIG. 188. — Tige de Corail.

FIG. 189. — Polypier du genre Caryophyllie.

FIG. 190. — Éponge.

Un quatrième type nous est offert par les *Spongiaires*, animaux singuliers qui, dans leur jeune âge, ont une forme ovoïde, nagent librement à l'aide de cils vibratiles dont la surface de leur corps est garnie, et ressemblent aux larves des acalèphes et des polypes; mais qui ne tardent pas à se fixer (fig. 190), et qui non-seulement perdent alors la sensibilité et le mouvement, mais se déforment au point de ne ressembler à rien de ce qui existe dans le reste du règne animal.

Enfin, la plupart des naturalistes rangent aussi dans l'embranchement des zoophytes un cinquième groupe composé d'une multitude d'êtres d'une petitesse extrême qui se montrent dans les eaux croupissantes, et qui ont reçu le nom d'*Animalcules in-*

fusoires (fig. 191). Ils se meuvent à l'aide de cils vibratiles, et ressemblent, en général, beaucoup aux larves des spongiaires, des polypes et des acalèphes, mais ils ne changent pas de forme en grandissant, et ils se font remarquer par leur reproduction

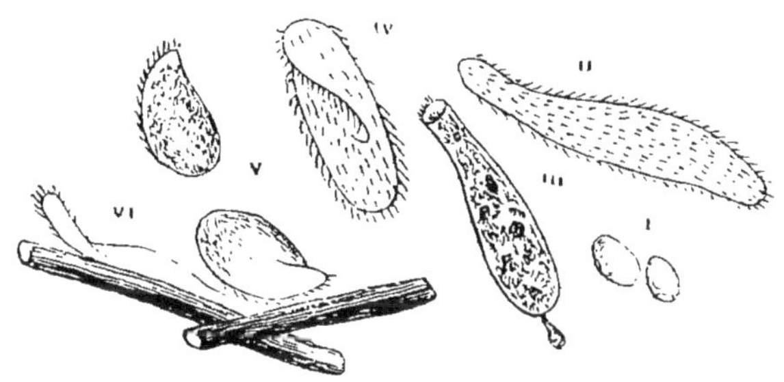

FIG. 191. — Infusoires (1).

scissipare et par le nombre considérable d'estomacs creusés dans l'intérieur de leur corps pour la réception des matières nutritives. Jusqu'en ces dernières années on confondait ces petits êtres avec les systolides, sous le nom commun d'*animalcules microscopiques* ou d'*Infusoires*; et, pour les distinguer, on les appelle souvent des *Infusoires polygastriques*. Du reste, la place qu'ils doivent occuper dans nos classifications zoologiques n'est pas encore bien déterminée.

Tels sont les caractères les plus saillants des principaux types organiques que nous offre le règne animal; l'esquisse que nous venons d'en présenter suffit pour donner une idée générale des modifications introduites par la nature dans la structure des êtres animés : mais, si nous en bornions là l'étude, nous n'en aurions que des notions très-incomplètes, et il nous faut maintenant examiner avec plus d'attention chacune des grandes divisions correspondant à ces différences fondamentales. Avant que de passer à ces considérations, nous croyons cependant devoir nous arrêter encore quelques instants sur la distinction des embranchements et des classes, afin de résumer, sous la forme d'un tableau synoptique, les bases de la classification zoologique telles que nous venons de les exposer. (Voyez le *Tableau* ci-joint.)

(1) Divers infusoires polygastriques vus au microscope : — I, Monades; — II, Trachélie anas. — III, Enchélyde représenté dans le moment où il rejette des matières fécales. — IV, Paramécie. — V, Kolpode. — VI, Trachélie fasciolaire marchant sur des végétaux microscopiques.

NOTIONS

SUR L'ORGANISATION DES ANIMAUX APPARTENANT AUX DIVERSES CLASSES DU RÈGNE ANIMAL

PREMIER EMBRANCHEMENT

ANIMAUX VERTÉBRÉS.

§ 383. Les ANIMAUX VERTÉBRÉS (1), ainsi nommés à cause de leur squelette intérieur, dont les *vertèbres* forment la partie la plus essentielle, sont de tous les êtres animés ceux dont les facultés sont les plus variées et les plus parfaites ; et, comme on pouvait le prévoir, d'après le principe que nous avons déjà établi relativement à la division du travail dans l'économie animale (§ 346), ce sont aussi ceux dont les organes sont les plus nombreux et les plus compliqués.

L'existence d'une charpente solide dans l'intérieur du corps leur permet d'atteindre à une taille que les animaux articulés, les mollusques et les zoophytes n'ont jamais ; et la nature de ce squelette, dont toutes les pièces sont liées les unes aux autres, donne à leurs mouvements une précision et une vigueur qu'on ne voit que rarement chez les autres animaux.

Ce squelette intérieur, dont l'analogue ne se retrouve dans aucun autre embranchement du règne animal, est en général composé d'*os* et disposé à peu près de la même manière que chez l'homme ; quelquefois cependant, chez les raies, par exemple, il n'est formé que par des cartilages, et l'on connaît même des poissons chez lesquels il se trouve réduit à un état presque membraneux. L'étude que nous en avons déjà faite (§§ 259 à 282) nous dispense d'en traiter plus longuement ici ; et nous ajouterons

(1) Dans cette esquisse du type général de l'animal vertébré, nous n'avons pas eu égard à l'*Amphioxus*, dont l'organisation est très-dégradée : car, chez cet être bizarre, qui se rapproche des poissons, la plupart des caractères propres à l'embranchement viennent à manquer.

RÈGNE ANIMAL.

CLASSES : — EXEMPLES

- **1er EMBRANCHEMENT — OSTÉOZOAIRES ou A. VERTÉBRÉS.** Un squelette intérieur. Un système nerveux cérébro-spinal. Los organes de la vie de relation symétriques par rapport à un plan médian droit.
  - **Vertébrés allantoïdiens.** Respiration pulmonaire dès la naissance ; jamais de branchies.
    - Des organes de lactation. Sang chaud. Circulation complète et cœur à quatre cavités. Respiration pulmonaire simple. Lobes du cervelet réunis par une protubérance annulaire. Mâchoire inférieure articulée directement avec le crâne. Corps ordinairement garni de poils. Vivipares. — **MAMMIFÈRES.** — Homme. Singe. Chien. Cheval. Baleine.
    - Point d'organes de lactation. Encéphale dépourvu de protubérance annulaire. Mâchoire inférieure réunie au crâne par un ou deux os intermédiaires. Ovipares.
      - Circulation complète et cœur à quatre cavités. Respiration double. Sang chaud. Corps garni de plumes. — **OISEAUX.** — Aigle. Moineau. Coq. Autruche. Canard.
      - Circulation incomplète ; cœur divisé ordinairement en trois cavités. Sang froid. Corps garni d'écailles. — **REPTILES.** — Tortue. Lézard. Couleuvre.
  - **Vertébrés anallantoïdiens.** Respiration branchiale dans le jeune âge, ou même pendant toute la vie.
    - Des poumons chez l'adulte. Corps nu. Des métamorphoses dans le jeune âge. Cœur à trois loges. — **BATRACIENS.** — Grenouille. Salamandre. Protée.
    - Point de poumons, ni de métamorphoses. Cœur à deux loges. Corps en général garni d'écailles. — **POISSONS.** — Perche. Carpe. Anguille. Raie. Requin.
- **2e EMBRANCHEMENT — ENTOMOZOAIRES ou A. ANNELÉS.** Point de squelette intérieur ; mais en général un squelette tégumentaire composé d'anneaux mobiles. Point d'axe cérébro-spinal. Système nerveux central composé en général d'une série de ganglions, réunis par paires sur la ligne médiane du corps, de façon à embrasser l'œsophage et à constituer une longue chaîne droite. Les divers organes symétriques par rapport à un plan médian droit.
  - **Arthrodiaires ou A. articulés.** Corps pourvu d'organes de locomotion articulés. Système ganglionnaire très-développé.
    - Respiration aérienne s'effectuant par des trachées ou des poches pulmonaires.
      - Corps composé d'une tête, d'un thorax et d'un abdomen distincts, et garni de trois paires de pattes. Des trachées. Système vasculaire presque nul. — **INSECTES.** — Hanneton. Sauterelle. Abeille. Papillon. Mouche.
      - Corps composé d'une tête et d'une série d'anneaux thoraco-abdominaux. Pattes au nombre de vingt-quatre paires ou davantage. Des trachées. Système vasculaire peu développé. — **MYRIAPODES.** — Scolopend[re]. Iule.
      - Tête confondue avec le thorax. Quatre paires de pattes. Tantôt des trachées, tantôt des sacs pulmonaires. Système vasculaire en général assez développé. — **ARACHNIDES.** — Araignée. Scorpion. Faucheur. Mite.
    - Respiration aquatique s'effectuant par des branchies ou par la peau. Un appareil vasculaire très-développé. En général, cinq ou sept paires de pattes. — **CRUSTACÉS.** — Crabe. Écrevisse. Squille. Crevette. Cirripèdes.
  - **Vers.** Corps dépourvu d'organes de locomotion articulés. Système ganglionnaire peu développé ou rudimentaire.
    - Respiration presque toujours branchiale. Sang presque toujours coloré. Système nerveux bien distinct et formant une chaîne ganglionnaire médiane. En général, des tubercules sétifères servant de pattes. — **ANNÉLIDES.** — Néréide. Serpule. Lombric terrestre. Sangsue.
    - Respiration cutanée et vague. Sang presque toujours incolore. Système nerveux plus ou moins rudimentaire et latéral ; jamais de chaîne ganglionnaire médiane.
      - Point de ventouses.
        - Pas de cils vibratiles extérieurs ; Corps cylindrique dépourvu d'organes locomoteurs et de divisions annulaires distincte. Tube digestif simple et ouvert à ses deux extrémités. (Parasites). — **HELMINTHES ou NÉMATOÏDES.** — Ascarides. Strongles.
        - Des cils vibratiles garnissant deux lobes situés sur les côtés de la tête. Corps annelé. Tube digestif tubulaire et ouvert à ses deux extrémités. — **ROTATEURS.** — Rotifères. Brachions.
        - Des cils vibratiles disséminés sur toute la surface du corps et tenant lieu d'organes locomoteurs ; Tube digestif, souvent rameux et dépourvu d'anus. — **TURBELLARIÉS.** — Némertes. Planaires.
      - Pourvus d'une ou plusieurs ventouses qui constituent des organes de fixation. Corps aplati. Appareil digestif en général rameux et dépourvu d'ouverture anale. (Parasites.)
        - Corps inarticulé et court, en général discoïde. — **TRÉMATODES.** — Douve.
        - Corps multiarticulé et allongé en forme de ruban. En général, des crochets autour de l'extrémité antérieure. — **CESTOÏDES.** — Ténia.
- **3e EMBRANCHEMENT — MALACOZOAIRES ou MOLLUSQUES.** Point de squelette articulé intérieur, ni de squelette extérieur annulaire. Corps tantôt nu, tantôt revêtu d'une coquille. Point d'axe cérébro-spinal. Système nerveux composé de ganglions dont la réunion forme un collier œsophagien, mais ne constitue jamais une longue chaîne médiane droite. Les principaux organes symétriques par rapport à un plan médian ordinairement courbe.
  - **Mollusques proprement dits.** Système nerveux composé de plusieurs ganglions réunis par des cordons médullaires. Génération ovipare seulement.
    - Une tête distincte, garnie de divers appendices et portant en général des yeux. En général, une coquille univalve (jamais bivalve).
      - Des organes de locomotion placés autour de la bouche et ayant la forme de tentacules ou de bras. — **CÉPHALOPODES.** — Poulpe. Sèche.
      - Des organes de locomotion placés de chaque côté du cou, et ayant la forme de rames natatoires. — **PTÉROPODES.** — Hyale. Clio.
      - Un organe de locomotion occupant la face inférieure du corps et ayant la forme d'un pied ou disque charnu. — **GASTÉROPODES.** — Colimaçon. Buccin. Porcelaine.
    - Point de tête distincte. Une coquille bivalve. — **ACÉPHALES.** — Huître. Moule. Solen.
  - **Molluscoïdes.** Système nerveux rudimentaire ou nul. La reproduction s'effectuant en général par des bourgeons aussi bien que par des œufs.
    - Respiration s'opérant à l'aide de branchies intérieures. Point de tentacules protractiles autour de la bouche. Un système vasculaire et un cœur. — **TUNICIERS.** — Ascidies. Biphores.
    - Respiration s'opérant à l'aide de branchies extérieures qui constituent autour de la bouche une couronne de tentacules ciliés et protractiles. Point de système vasculaire ni de cœur. — **BRYOZOAIRES.** — Plumatelle. Flustres.
- **4e EMBRANCHEMENT — ZOOPHYTES.** En général, point de squelette articulé, ni intérieur ni extérieur. Système nerveux rudimentaire ou nul. Les divers organes disposés d'une manière plus ou moins radiaire par rapport à un axe ou un point central, soit à l'état adulte, ou bien dans le jeune âge seulement.
  - **Radiaires ou A. rayonnés.** Corps offrant une disposition radiaire bien prononcée, soit dans son ensemble, soit dans ses principales parties. Presque toujours des appendices préhensiles tels que des tentacules disposés en couronne autour de la bouche.
    - Animaux conformés pour la reptation. La surface du corps garnie ordinairement de petits tentacules terminés par des ventouses. En général, un anus opposé à la bouche. Téguments en général très-durs et souvent armés d'épines. — **ÉCHINODERMES.** — Holothurie. Astéries. Oursins.
    - Animaux conformés pour la nage. Le corps en général élargi en forme de disque ou de sac contractile. Tissus très-mous et d'apparence gélatineuse. Anus remplacé par des pores ou par la bouche elle-même. — **ACALÈPHES.** — Méduses. Béroés.
    - Animaux sédentaires, vivant presque toujours fixés au sol, et n'ayant point d'organes spéciaux pour la locomotion. Cavité digestive offrant un seul orifice. Individus en général agrégés et revêtus d'une coque cornée ou calcaire. — **POLYPES ou CORALLIAIRES.** — Actinie. Corail. Hydre.
  - **Sarcodaires.** Corps offrant une disposition sphérique plutôt que rayonnée et se déformant souvent par les progrès de l'âge. Presque jamais d'appendices préhensiles.
    - Forme générale s'approchant de celle d'un sphéroïde, à l'état adulte aussi bien que dans le jeune âge. Ordinairement des cils vibratiles ou des appendices flabelliformes servant à la natation. Corps creusé de plusieurs cavités intérieures qui font les fonctions d'estomacs. — **INFUSOIRES proprement dits.** — Volvoces. Enchélys. Monades.
    - Forme générale sphéroïdale dans le jeune âge seulement, et devenant irrégulière et indéterminable par la suite. Peu ou point d'indices de sensibilité ni de mouvements de locomotion à l'état adulte. Le corps creusé de canaux et soutenu par des spicules de nature cornée, calcaire ou siliceuse. — **SPONGIAIRES.** — Éponge. Spongilles.

eulement que la portion de cette charpente qui ne manque presque jamais, et qui varie le moins d'un animal à un autre, est l'espèce de tige osseuse renfermant l'axe cérébro-spinal, et formée par la *colonne vertébrale* et le *crâne* : les côtes manquent chez la grenouille ; le sternum, chez les serpents. Mais c'est surtout dans les membres que le squelette présente des modifications nombreuses. Tantôt tous les os, qui d'ordinaire entrent dans la composition de ces organes, manquent complétement (comme cela se voit chez la couleuvre, etc.); tantôt leur nombre seulement est diminué : et, à cet égard, il est à noter que chez les animaux aquatiques les membres thoraciques offrent un développement plus considérable et existent d'une manière plus générale que les membres abdominaux ; tandis que chez les animaux destinés à vivre sur la terre, les membres postérieurs perdent moins souvent de leur importance, et ce sont les membres thoraciques qui offrent le plus d'exemples d'un développement incomplet. Quant aux modifications que ces organes subissent pour devenir aptes à remplir les diverses fonctions que la nature leur répartit, nous en avons déjà parlé (§§ 289 à 295); et il est par conséquent inutile d'y revenir ici. Il est encore à noter que la portion caudale du corps, étant surtout utile dans la natation, est plus développée chez les poissons que dans les autres classes de vertébrés ; elle remplit aussi des fonctions importantes dans le vol, et, par conséquent, présente chez les oiseaux une structure assez constante ; tandis que chez les animaux essentiellement terrestres, de la classe des mammifères ou de celle des reptiles, elle perd en général toute son utilité et manque souvent presque complétement. Enfin, il est à remarquer aussi que chez les animaux les moins élevés dans la série des vertébrés, le squelette est ordinairement formé d'un nombre de pièces beaucoup plus considérable que chez les mammifères et les oiseaux; ce qui paraît dépendre en majeure partie d'une espèce d'*arrêt de développement* par suite duquel les pièces élémentaires de cette charpente ne se soudent pas ensemble pour constituer des os plus considérables, ainsi que cela a lieu par le progrès de l'âge chez les vertébrés à sang chaud. Cette multiplicité de pièces osseuses distinctes se fait surtout remarquer dans la tête ; elle est déjà très-visible chez les reptiles ; mais c'est chez les poissons qu'elle est portée au plus haut degré, et c'est là une des circonstances qui contribuent quelquefois à rendre très-obscures les analogies de composition, d'ordinaire si manifestes dans le squelette des divers animaux vertébrés comparé à celui de l'homme.

§ 384. Le système nerveux est bien plus développé chez les

animaux vertébrés que dans les autres divisions du règne animal, et c'est sa partie centrale qui est surtout remarquable par son volume. La sensibilité de ces animaux est en rapport avec ce mode d'organisation, et leur intelligence dépasse celle de tous les autres.

L'axe cérébro-spinal offre chez tous ces animaux les mêmes rapports de position et la même composition fondamentale que chez l'homme; il est situé en entier du côté dorsal du corps, au-dessus du tube digestif (fig. 159), et l'on y distingue toujours un *cerveau*, composé de deux hémisphères; des lobes optiques, un cervelet et une moelle épinière: seulement l'encéphale devient de plus en plus petit et d'une structure de plus en plus simple, à mesure que l'on descend de l'homme vers les poissons. Les nerfs de tous les animaux vertébrés ressemblent aussi plus ou moins exactement à ceux de l'homme ; ceux qui appartiennent aux fonctions de relation proviennent tous de l'axe cérébro-spinal, et pour la plupart en naissent constamment par deux racines dont l'une porte un ganglion près de sa base. Les nerfs des viscères appartiennent pour la plupart au système ganglionnaire, et ce système se lie toujours au système cérébro-spinal par une multitude de petites branches qui s'anastomosent avec les nerfs rachidiens. Enfin, les sens extérieurs sont toujours au nombre de cinq, et les organes qui en sont le siége offrent, à peu de chose près, la même disposition que chez l'homme.

§ 385. L'appareil de la digestion ne présente aussi dans cette grande division du règne animal que des différences assez légères : les deux orifices du canal alimentaire sont toujours très-éloignés l'un de l'autre ; les mâchoires s'écartent en suivant la direction de la ligne médiane du corps, et ne se dirigent jamais latéralement comme chez les animaux annelés ; l'intestin est fixé dans l'abdomen par un mésentère (§ 45), et le chyle est toujours transporté de l'intestin dans les veines par des canaux particuliers appartenant au système des vaisseaux lymphatiques.

§ 386. Le sang, qui est toujours rouge, et qui est bien plus riche en globules que dans les animaux inférieurs, arrive au cœur par les veines ; il pénètre d'abord dans une oreillette, et passe ensuite dans un ventricule, d'où il se rend en totalité ou en partie à l'appareil de la respiration : en général, ce liquide nourricier revient ensuite au cœur avant que de se rendre aux diverses parties du corps; mais quelquefois il se porte directement à celles-ci, et son mouvement circulatoire est déterminé tantôt par une oreillette et un ventricule seulement, tantôt par deux oreillettes réunies à un seul ventricule, et d'autres fois par un cœur omposé de deux ventricules et de deux oreillettes (§§ 107, 108, 09). La respiration a toujours lieu dans un appareil particulier, tué dans une cavité intérieure du corps; mais elle n'est pas oujours aérienne comme chez l'homme, et a son siége tantôt ans des poumons, tantôt dans des branchies.

Parmi les organes sécréteurs dont nous avons signalé l'exisence chez l'homme, il en est deux qui ne manquent jamais : ce ont le foie et les reins. Le pancréas existe également chez la lupart des animaux vertébrés, et on leur trouve aussi une rate lus ou moins développée.

§ 387. La nature semble donc avoir suivi le même plan général ans la création de tous ces êtres : cependant ils diffèrent tous ntre eux, et quelques-unes des différences qu'ils offrent sont nême d'une grande importance dans l'économie ; aussi conduient-elles, comme nous l'avons déjà vu, à la division de cet emranchement du règne animal en cinq classes : les *Mammifères*, es *Oiseaux*, les *Reptiles*, les *Batraciens*, et les *Poissons*.

CLASSE DES MAMMIFÈRES.

§ 388. La classe des MAMMIFÈRES se compose de l'homme et de tous les animaux qui lui ressemblent par les points les plus importants de leur organisation. Elle se place naturellement en tête du règne animal, comme renfermant les êtres dont les mouvements sont les plus variés, les sensations les plus délicates, les facultés les plus multipliées et l'intelligence la plus développée ; et elle nous intéresse aussi plus que toute autre, car elle nous fournit les animaux les plus utiles, soit pour notre nourriture, soit pour nos travaux et pour les besoins de notre industrie.

Il est en général facile de distinguer, au premier coup d'œil, un mammifère d'un oiseau, d'un reptile, d'un poisson, ou de tout autre animal, par la seule considération de sa forme extérieure et de la nature de ses téguments; car les mammifères sont les seuls animaux vertébrés dont le corps est couvert de *poils*, et ordinairement leur forme générale ne s'éloigne que peu de celle des espèces que nous avons continuellement sous les yeux, et que nous prenons naturellement comme type de ce groupe. Mais quelquefois ils ne se reconnaissent pas à un examen aussi superficiel, car il en est dont la peau est complétement nue et dont le corps, au lieu de ressembler à celui du chien, du cheval ou d'un autre mammifère ordinaire, présente les formes propres aux poissons: le marsouin (fig. 192) et la baleine, par exemple, sont dans ce cas ; aussi le vulgaire les prend-il pour des poissons, dont ils diffèrent cependant par leurs mamelles,

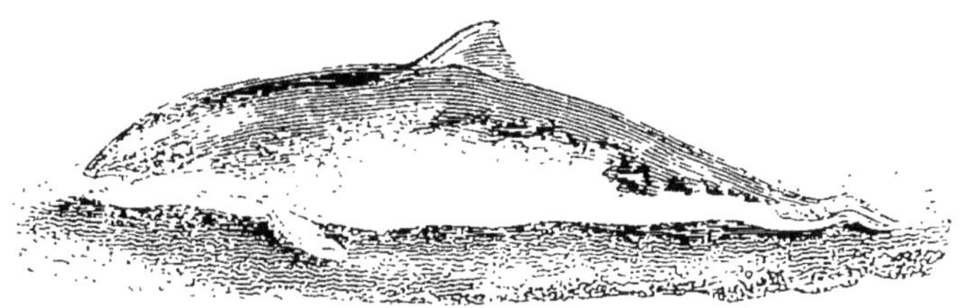

FIG. 192. — Marsouin commun.

par leur mode de respiration, et par une foule d'autres traits des plus remarquables.

§ 389. **Développement et lactation.** — Ce que les mammifères offrent de plus remarquable, c'est leur mode de développement et d'alimentation pendant les premiers temps de la vie. Ces animaux sont vivipares, et pendant la période embryonnaire de leur existence ne portent pas avec eux un amas de matières nutritives, comme cela se voit chez les animaux ovipares : ils puisent ces matières directement dans le sang de leur mère ; et, après la naissance, le jeune vit encore aux dépens de celle-ci, qui l'allaite pendant un temps plus ou moins long.

Le lait destiné à cet usage est un liquide blanc et opaque, formé par de l'eau tenant en dissolution du sucre de lait, du caséum, quelques sels et un peu d'acide lactique libre, et tenant en suspension des globules de beurre. Ses qualités varient un peu chez les différents animaux et peuvent être modifiées par les aliments dont ceux-ci font usage ; en général, il laisse par l'évaporation 10 à 12 pour 100 de parties solides, mais sa richesse peut varier beaucoup suivant les circonstances.

Ce liquide alimentaire est sécrété par des glandes particulières nommées *mamelles*, qui existent dans les deux sexes, mais qui ne servent à l'allaitement du jeune que chez la femelle. Des organes analogues ne se rencontrent dans aucune autre classe du règne animal ; et c'est à raison de leur existence chez tous les animaux du groupe dont nous faisons ici l'histoire, que les zoologistes ont donné à ces êtres le nom de *mammifères*.

Le nombre des mamelles est en général à peu près en rapport avec celui des petits dont se compose chaque portée : souvent on n'en compte que deux (chez les singes, l'éléphant, la chèvre et le cheval, par exemple) ; mais quelquefois aussi leur nombre est beaucoup plus considérable : ainsi la vache, le cerf, le lion, en ont quatre ; le chat, huit ; le cochon et le lapin, dix ; le rat, dix ou douze, et l'agouti, douze à quatorze. La position de ces glandes varie aussi : chez les singes et les chauves-souris, elles sont placées sous la poitrine, comme chez l'homme ; chez la plupart des carnassiers, elles sont situées à l'abdomen aussi bien qu'au thorax ; et chez le cheval, le bœuf, le mouton, etc., elles sont placées encore plus en arrière, près de l'articulation des membres postérieurs.

Souvent les petits naissent les yeux ouverts, et peuvent tout de suite courir et chercher eux-mêmes leur nourriture ; mais un grand nombre d'autres mammifères viennent au monde les yeux fermés, et dans un état de faiblesse tel, qu'ils peuvent à peine se mouvoir ; il en est même qui naissent pour ainsi dire avant

FIG. 193. — Sarigue.

terme, car leur corps est à peine ébauché, et ils ne pourraient vivre s'ils ne s'attachaient à la tetine de leur mère, où ils restent suspendus pendant un temps considérable. Il est aussi à noter que chez la plupart des animaux qui naissent dans cet état d'imperfection extrême, la peau du ventre forme, au devant des mamelles, une poche servant à loger et à protéger les petits.

Cette particularité de structure caractérise les sarigues (fig. 193), les kanguroos et les autres mammifères de l'ordre des marsupiaux, animaux qui, pour la plupart, habitent la Nouvelle-Hollande. Les jeunes achèvent leur développement dans l'intérieur de cette poche, suspendus chacun à une tetine, qui pénètre fort avant dans leur bouche, et qui verse dans leur gosier le lait dont l'expulsion est déterminée par la contraction des muscles entre lesquels se trouvent les glandes mammaires. Arrivés à un certain âge, ils se détachent, mais ils continuent encore à teter ; et même lorsqu'ils sont sortis de la poche qui jusqu'alors leur avait servi de demeure, ils y cherchent encore pendant longtemps un refuge contre le froid ou les dangers dont ils sont menacés.

§ 390. **Téguments.** — La *peau*, ainsi que nous l'avons déjà dit, présente, dans la classe des mammifères, des particularités remarquables. Chez un petit nombre de ces animaux elle est nue, mais chez la plupart elle est garnie de *poils* servant à la protéger et à conserver la chaleur développée dans l'intérieur du corps. L'existence de ces appendices tégumentaires est même tellement caractéristique de cette classe, qu'un des zoologistes les plus habiles de l'époque, D. de Blainville, a proposé de remplacer le nom de mammifères par celui de *pilifères*, lequel contrasterait avec les mots *pennifères* et *squamifères*, qu'il voulait faire adopter pour désigner les oiseaux et les poissons.

Les poils sont produits par de petits organes sécréteurs logés dans l'épaisseur du derme ou immédiatement au-dessous de lui. Chaque poil se forme dans une petite poche ovoïde, à parois blanches et résistantes, qui communique au dehors par une ouverture étroite, et qui est appelée *capsule*. L'intérieur de cette cavité est revêtu d'une membrane tantôt rougeâtre, tantôt diversement colorée, qui paraît être une continuation du réseau muqueux de la peau, et à sa partie inférieure se trouve une papille conique ou *bourgeon*, qui reçoit un nerf et des vaisseaux sanguins et qui produit le poil. La substance dont ces appendices tégumentaires sont en majeure partie composés offre la plus grande analogie avec du mucus desséché. En les examinant au microscope, on voit quelquefois très-distinctement qu'ils sont formés d'une foule de petits cônes ou cornets emboîtés les uns dans les autres ; mais, en général, ils ont l'apparence d'un simple tube corné, dont l'intérieur paraît être rempli d'une matière pulpeuse. Chez la plupart des animaux, ils sont cylindriques et plus gros à leur base qu'à leur sommet ; souvent ils sont plus ou moins aplatis ; on en connaît qui sont tout à fait lamelleux et semblables à des brins d'herbe; tantôt leur surface paraît être parfaitement lisse, et d'autres fois elle est cannelée ou garnie de petites aspérités, ou bien présente un aspect moniliforme ; enfin, leur grosseur, leur forme

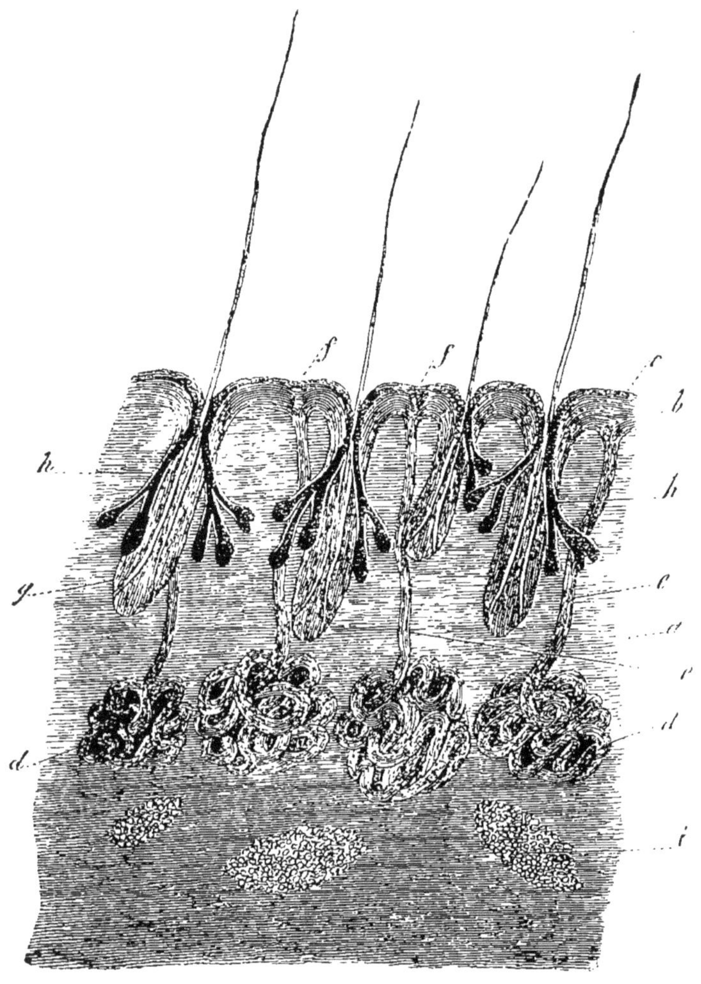

Fig. 194. (1)

et leur élasticité varient aussi beaucoup d'un animal à un autre, ainsi que dans les différentes parties du corps d'un même individu.

Les noms par lesquels on désigne les diverses variétés de poils

(1) Section d'une portion de peau portant des poils et renfermant des glandes sébacées (*h*) et des glandes cérumineuses (*d*) très-développées. Ces dernières ressemblent aux glandes sudorifères dont il a été question ci-dessus (page 162) : — *a*, couche cornée de l'épiderme ; — *b*, couche muqueuse ; *c*, chorion ou derme ; — *g*, capsules pilifères ; *f*, orifices des conduits excréteurs des glandes qui sécrètent la matière grasse appelée cérumen.

diffèrent, suivant les propriétés de ces filaments cornés et suivant les parties où ils croissent. Ainsi on les appelle *piquants* lorqu'ils sont très-gros, pointus, très-roides et qu'ils ressemblent à des épines (exemples : le porc-épic (fig. 196) et le hérisson); et *soies*, lorsqu'ils sont moins gros et beaucoup moins résistants, mais encore très-roides, excepté vers leur extrémité (exemple : sanglier). Les *crins* ne diffèrent guère des soies que par un peu plus de souplesse et moins de grosseur : en général, ils sont droits comme elles ; mais ils sont quelquefois ondulés, surtout lorsqu'ils sont très-longs. La *laine* est une espèce de poil long, très-fin et contourné en tous sens. Enfin le *duvet*, ou la *bourre*, se compose de poils d'une finesse ou d'une mollesse extrêmes, qui, en général, se trouvent cachés au-dessous d'une couche plus ou moins épaisse de poils ordinaires, que l'on désigne souvent sous le nom de *jarre*.

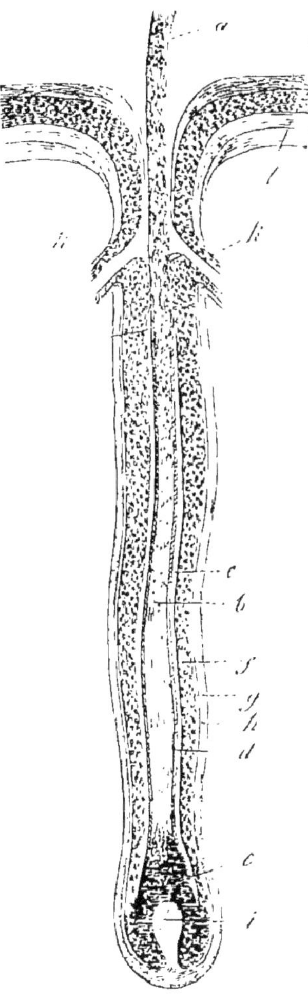

Fig. 195. (1)

La couleur des poils varie beaucoup, mais peut presque toujours se rapporter à des modifications du blanc, du noir, du brun roux ou du jaunâtre ; elle paraît dépendre de l'existence d'une graisse colorée qui est soluble dans l'esprit-de-vin bouillant : lorsqu'on extrait cette huile par l'action du liquide dont nous venons de parler, les poils prennent tous une teinte gris jaunâtre. Dans les cheveux blancs on a trouvé aussi une huile blanche qui, dans les cheveux roux, est remplacée par une huile rougeâtre, et dans les cheveux noirs on a constaté l'existence d'une huile teinte en

(1) Section verticale d'un follicule pileux : — *a*, tige du poil sortant de sa capsule ; — *b*, racine du poil ; *c*, bulbe pileux ; — *d*, couche épidermique du poil ; — *e*, *f*, *g*, les différentes tuniques constitutives de la gaîne de la racine du poil ; — *i*, papille du poil ; — *k*, conduits excréteurs des glandes sébacées dépendantes du follicule pileux ; — *l*, portion adjacente du derme ; — *m*, couche muqueuse de la peau ; *n*, épiderme.

noir bleuâtre par du sulfure de fer (1). Tantôt les poils ont, dans toute leur longueur, la même couleur ; tantôt ils sont plus foncés à leur extrémité qu'à leur base, et quelquefois aussi ils

FIG. 196. — Porc-épic.

présentent une série d'anneaux blancs et colorés. Du reste, leur couleur varie presque toujours dans les différentes parties du corps, et la disposition générale de ces teintes constitue ce que l'on nomme le *pelage* des animaux. En général, les couleurs sont beaucoup plus foncées à la face supérieure qu'à la face inférieure du corps, et lorsqu'elles forment des taches, celles-ci sont presque toujours disposées symétriquement de chaque côté ; à moins toutefois que les animaux ne soient réduits à l'état de domesticité, car alors leur pelage présente souvent la plus grande irrégularité.

Le pelage est ordinairement le même dans les deux sexes, et en général ne varie que peu aux différents âges. Dans quelques espèces, cependant, les jeunes ont des taches et des nuances

(1) Il existe aussi, dans les différentes espèces de cheveux, du soufre, qui peut facilement se combiner avec le plomb et quelques autres métaux pour former des sulfures colorés ; c'est de la sorte qu'on parvient à les teindre en noir par l'application de sels de plomb, de mercure, etc., le sulfure qui se forme alors dans la substance du poil étant de cette couleur.

variées, qui disparaissent chez l'adulte, et souvent il arrive que la couleur des mammifères change avec les saisons.

En général, les poils tombent à une époque déterminée de l'année, et sont remplacés par d'autres; cette *mue* a lieu le plus souvent au printemps ou en automne. Tantôt elle s'opère sans que la couleur du pelage soit modifiée; d'autres fois elle entraîne des changements très-considérables, soit dans la couleur, soit dans l'abondance et la nature des poils. Ainsi, notre écureuil commun (fig. 122), dont le pelage est d'un roux foncé en été, devient d'un beau gris bleuâtre en hiver. Dans cette dernière saison la fourrure des mammifères est ordinairement beaucoup plus épaisse qu'en été, et l'on y trouve, sous les crins ou poils plus ou moins soyeux qui la composent en partie, une quantité plus ou moins considérable de duvet. L'influence de la température se fait sentir de la même manière sur les animaux qui habitent des climats différents : ceux des pays froids ont une fourrure épaisse et abondamment fournie de duvet, tandis que ceux des pays chauds n'ont guère que des poils courts, secs, roides et peu nombreux.

Ce que l'on recherche le plus dans les fourrures, c'est la finesse, l'abondance, le moelleux et le brillant du poil; or, d'après ce que nous venons de dire relativement à l'influence des saisons et du climat sur l'enveloppe tégumentaire des mammifères, on peut prévoir que ce doit être dans les pays les plus glacés, dans les montagnes, et surtout pendant l'hiver, que se trouvent les plus belles pelleteries; et, en effet, c'est du Nord que nous les tirons presque toutes. La France et les pays voisins fournissent bien quelques fourrures, connues sous le nom de *sauvagines*, mais c'est principalement dans la Sibérie et la partie la plus septentrionale de l'Amérique, que le commerce des pelleteries devient réellement important.

Lorsque les bulbes des poils sont extrêmement rapprochés, les filaments cornés qu'ils produisent se soudent en quelque sorte entre eux et forment des lames solides : c'est de la sorte que paraissent naître les espèces d'écailles qui recouvrent tout le corps de certains mammifères très-singuliers, connus sous le nom de *Pangolins* (fig. 197), et la cuirasse des tatous. Les anatomistes s'accordent aussi à regarder les ongles et la corne comme ayant la même origine.

§ 391. **Squelette.** — La forme générale du corps est déterminée principalement par le squelette; quelquefois cependant elle présente des particularités qui ne sont pas en rapport avec la disposition de cette charpente intérieure : ainsi les bosses qui surmontent le dos des chameaux (fig. 198) ne sont pas soutenues par des os, et ne consistent que dans des amas de tissu graisseux.

Fig. 197. — Pangolin.

Le squelette offre toujours dans sa conformation la plus grande analogie avec celui de l'homme, que nous avons déjà étudié

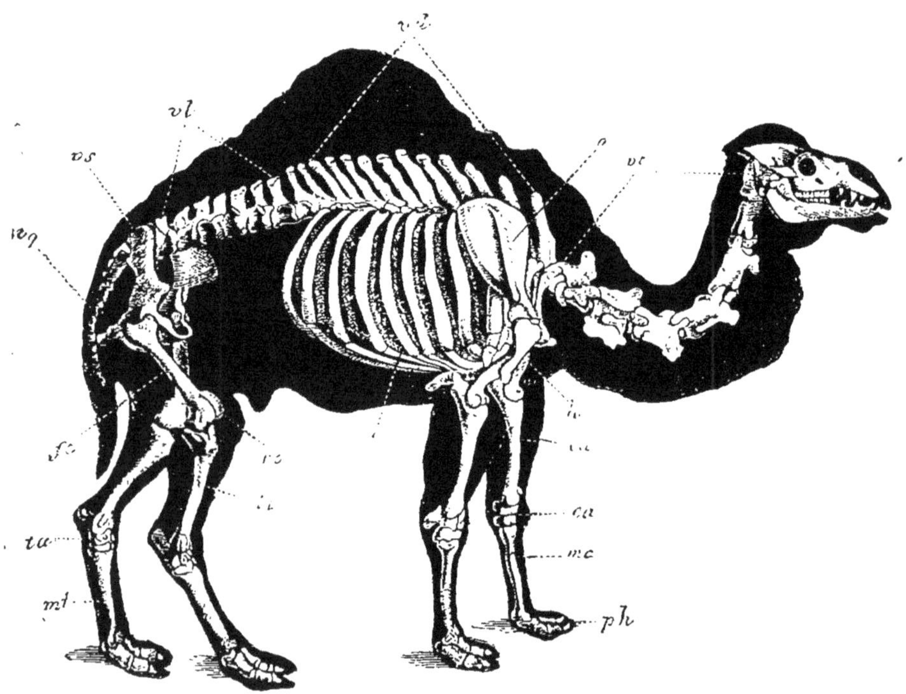

Fig. 198. — Squelette du Chameau (voyez page 217).

(§ 269, etc.). Les différences que l'on y remarque chez les divers animaux de cette classe dépendent essentiellement : 1° de l'absence des membres abdominaux dans les mammifères pisciformes, tels que le marsouin (fig. 192) et la baleine, que les zoologistes ont compris dans l'ordre des cétacés; 2° de la diminution du nombre des doigts et de l'absence de la clavicule chez la plupart des espèces dont les membres ne servent qu'à la marche; 3° de quelques variations dans le nombre des vertèbres, surtout dans les régions dorsale et caudale; 4° d'inégalités dans leur volume relatif offertes par les mêmes os.

§ 392. **Conformation de la tête.** — La forme de la tête osseuse varie beaucoup, suivant que la face prend plus ou moins d'extension, ou bien que le crâne se développe davantage, et l'étude de ces différences de proportions n'est pas sans intérêt; car, ainsi que nous l'avons déjà vu, il existe, en général, un rapport assez direct entre le degré d'intelligence dont un animal est doué et les dimensions relatives de la portion crânienne de sa tête (§ 342). A mesure que l'on s'éloigne de l'homme, on voit le crâne diminuer, les mâchoires et les fosses nasales prendre plus d'extension, les orbites se diriger de plus en plus en dehors, et devenir de moins en moins distinctes des fosses temporales; enfin le trou occipital, qui livre passage à la moelle épinière, et les deux condyles par lesquels la tête s'articule avec la colonne vertébrale, au lieu d'être placés vers le milieu de la face inférieure du crâne, se portent de plus en plus en arrière et finissent par en occuper la face postérieure, de façon que les mâchoires, au lieu de former un angle droit avec la colonne vertébrale, deviennent parallèles à l'axe du corps. Du reste, on trouve partout à peu près les mêmes os; et le mode d'articulation de la mâchoire inférieure est caractéristique de la classe des mammifères : cet os se fixe immédiatement au crâne par deux condyles saillants, et la portion du temporal qui le reçoit est confondue avec le rocher et entre dans la composition des parois du crâne; tandis que, chez les oiseaux, les reptiles, les batraciens et les poissons, cette mâchoire est suspendue à un os intermédiaire entre lui et le rocher.

§ 393. Divers mammifères offrent dans la conformation de la tête une particularité remarquable, consistant dans l'existence de *cornes* plus ou moins longues. Quelquefois ces prolongements ne sont que des dépendances de la peau, et paraissent être formés de poils soudés ensemble : c'est le cas des cornes dont le nez du rhinocéros est armé; mais en général il en est autrement, et c'est un prolongement de l'os du front qui constitue l'axe de ces appendices. Les mammifères pourvus de cornes à cheville osseuse appartiennent tous à l'ordre des ruminants, et offrent dans la structure de ces parties des différences assez considérables. Tantôt la protubérance osseuse est recouverte par la peau du front, qui, dans ce point, ne diffère pas de celle du reste de la tête, et qui ne se détruit pas : c'est le cas de la girafe (fig. 241). Tantôt la portion osseuse des cornes, d'abord revêtue d'une peau velue, s'en

FIG. 199. — Rhinocéros.

dépouille, et, après être restée à nu pendant un certain temps, tombe elle-même pour faire place à une nouvelle corne destinée à éprouver à son tour les mêmes changements : ces cornes caduques se nomment *bois*, et ne se rencontrent que chez les animaux du genre cerf (fig. 201). Enfin, d'autres fois l'axe osseux croît

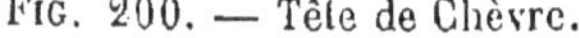

FIG. 200. — Tête de Chèvre.

FIG. 201. — Tête d'Élan.

pendant toute la vie, ne tombe jamais, et est revêtu d'une espèce de gaîne composée d'une substance élastique appelée *corne*, qui est analogue à celle des ongles, et qui croît par couches. On donne le nom de *cornes creuses* à ces cornes revêtues ainsi d'un étui qui semble formé de poils agglutinés, et on les trouve chez les diverses espèces des genres bœuf, mouton, chèvre (fig. 200) et antilope. Il est encore à noter que dans tous ces animaux, à l'exception des antilopes, la cheville osseuse de ces cornes est creusée de grandes cellules qui communiquent avec les sinus frontaux du nez, et reçoivent ainsi de l'air dans leur intérieur.

Le mode de formation et de renouvellement des espèces de cornes connues sous le nom de *bois* est très-simple et mérite d'être signalé. A un certain âge, il se développe de chaque côté de l'os frontal un prolongement dont la formation peut être comparée à celle des tubercules connus en médecine sous le nom d'*exostoses*, ou à celle du *cal* osseux qui se dépose autour des extrémités des os ordinaires dans les cas de fracture, et en détermine la consolidation. Ces protubérances dont le tissu est très compacte, croissent rapidement et soulèvent la peau qui les couvre. Celle-ci, dans un état voisin de celui de l'inflammation, reçoit une grande quantité de sang à l'aide de vaisseaux nombreux qui sillonnent la surface du bois; mais bientôt il se forme à la base du prolongement osseux un cercle de tubercules qui, en grossissant, compriment ces vaisseaux nourriciers et les oblitèrent. Or, l'enveloppe cutanée de la corne, ne recevant plus de sang, meurt, puis se dessèche et tombe. Le bois est alors à nu et ne tarde pas à éprouver le sort de tout os qui est dépouillé des parties molles environnantes et reste exposé à l'air. Ce qui a lieu dans bien des cas de blessure chez l'homme, a lieu ici par suite des phénomènes que nous venons de décrire : l'os est frappé de *nécrose*, meurt, et finit par se détacher du crâne et par tomber. L'animal reste alors sans armes, mais, peu de temps après (ordinairement vingt-quatre heures), une pellicule mince recouvre la plaie formée par la chute du bois, et bientôt un nouveau prolongement osseux s'élève à la place de l'ancien. En général, le nouveau bois acquiert des dimensions plus considérables que celui auquel il succède. Ordinairement le nombre des branches est aussi plus considérable : mais sa durée n'est pas plus longue, et il passe par les mêmes phases que le premier.

C'est en général au printemps que ce phénomène curieux a lieu, et presque toujours le renouvellement du bois se fait régulièrement chaque année. Du reste, il semble exister un rapport évident entre l'époque à laquelle il s'effectue et l'activité périodique des fonctions de reproduction ; car chez les cerfs, où le rut n'est pas un état de crise violent et limité, les cornes persistent plus d'une année. Enfin, c'est en général le mâle seulement qui a la tête ornée de la sorte ; une espèce remarquable, le renne, fait cependant exception à cette règle, la femelle ayant des cornes aussi bien que le mâle.

§ 394. Une autre anomalie curieuse qui se rencontre dans la conformation de la tête chez quelques mammifères dépend d'un développement excessif du nez, qui se prolonge de façon à con-

FIG. 202. — Éléphant de l'Inde.

stituer une *trompe* mobile et préhensile. Telle est, en effet, la nature de l'organe qui donne à l'éléphant un aspect si particulier et une si grande adresse. La trompe de cet animal est un double tuyau qui se continue supérieurement avec les fosses nasales, et qui est revêtu intérieurement d'une membrane fibro-tendineuse autour de laquelle se fixent des milliers de petits muscles diversement entrelacés, et disposés de façon à l'allonger, à la raccourcir et à la courber dans tous les sens : à son extrémité supérieure, il existe une valvule cartilagineuse et élastique, qui, à moins d'être relevée par la contraction volontaire de ses muscles, intercepte la communication entre les fosses nasales et le dehors; enfin, à son extrémité libre, se trouve un appendice en forme de doigt, également mobile. Cette longue trompe sert à l'animal pour saisir tout ce qu'il veut porter à sa bouche, pour cueillir l'herbe et les feuilles dont il se nourrit, et pour pomper la boisson qu'il lance ensuite dans son gosier : sans elle, la conformation générale de son corps rendrait son existence presque impossible. En effet, pour qu'un animal puisse chercher commodément à terre sa nourriture, il faut, lorsqu'il n'a pas d'organes spéciaux de préhension, que la longueur de son cou soit proportionnée à celle de ses jambes, de telle sorte qu'en abaissant la tête, il puisse, sans les fléchir, toucher le sol avec ses lèvres. S'il est haut sur pattes, il lui faut donc un long cou; et cette disposition est à son tour incompatible avec une tête très-grosse et très-lourde, dont le poids devient d'autant plus difficile à soutenir qu'elle est placée à l'extrémité d'un cou plus long : aussi observe-t-on que chez tous les animaux dont les pattes sont allongées et dont la bouche sert à la préhension des aliments (la girafe, par exemple, fig. 241), le cou est long et la tête petite; tandis que chez ceux dont la tête est forte et lourde, ou destinée à exécuter des mouvements très-énergiques, le cou est plus ou moins court. Or, les éléphants sont de très-grands animaux, dont la tête est fort éloignée du sol et d'un volume en rapport avec les énormes défenses dont la mâchoire supérieure est armée; son poids est par conséquent très-considérable, et le cou qui la supporte très-court : s'ils étaient dépourvus d'une trompe, il aurait donc fallu donner au reste de leur organisation un tout autre plan.

Les éléphants sont les seuls mammifères qui soient pourvus d'un semblable organe de préhension; mais il existe quelque chose d'analogue chez certains animaux de la même classe, qui sont destinés à fouir la terre pour y chercher leur nourriture : ainsi les tapirs, animaux assez voisins des cochons, ont le nez prolongé bien au devant de la bouche, et il constitue une petite trompe susceptible de s'allonger et de se raccourcir (fig. 203). Les desmans (fig. 204), petits insectivores voisins des musaraignes, mais conformés pour nager avec facilité et pour vivre au fond de terriers creusés dans les berges, offrent aussi une conformation analogue.

§ 395. **Tronc.** — La colonne vertébrale ne présente, dans la classe des vertébrés, que des modifications légères, et offre partout les mêmes caractères que chez l'homme (§ 271); nous re-

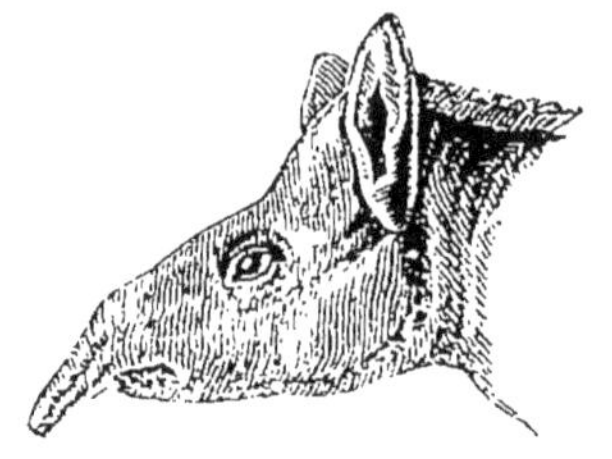

FIG. 203. — Tête de Tapir.

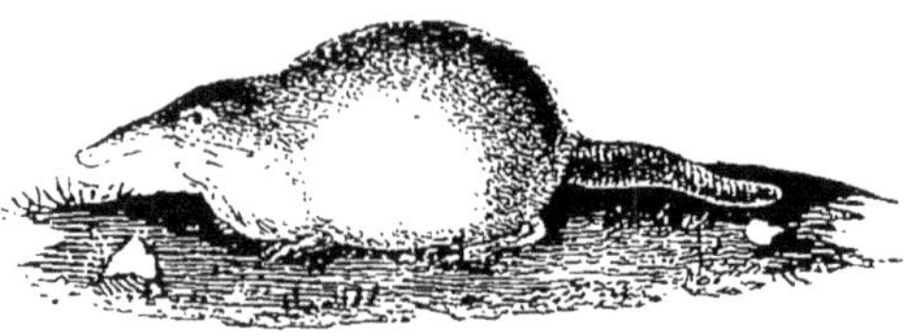

FIG. 204. — Desman.

marquerons seulement que sa longueur varie beaucoup, et que le nombre des vertèbres dont elle se compose est loin d'être constant. Ces différences numériques dépendent surtout de l'inégal développement de la portion caudale de la colonne : ainsi tantôt il n'existe point de vertèbres coccygiennes (chez les chauves-souris du genre roussette, par exemple), tandis que d'autres fois on en compte 40, 50 et même plus de 60. Il est aussi à noter que ces vertèbres coccygiennes sont de deux sortes : les unes conservent un canal pour le passage de la moelle épinière, les autres n'en ont plus ; enfin leurs apophyses sont d'autant plus saillantes, que la queue est plus forte et plus mobile. Chez la plupart des mammifères, cet organe ne sert que peu aux mouvements ; mais chez d'autres il devient un instrument puissant de locomotion. Ainsi, dans les kanguroos, les gerboises, etc., la queue forme, avec les pieds de derrière, une espèce de trépied sur lequel l'animal se pose et s'élance (fig. 109) ; chez un grand nombre de singes de l'Amérique, elle est préhensile et sert à ces animaux comme une cinquième main pour se suspendre aux branches (fig. 115) ; enfin, chez les cétacés, elle prend un accroissement énorme et devient l'agent principal de la natation. Chez ces derniers animaux on remarque aussi au-dessus des premières vertèbres caudales des os en forme de V, qui semblent représenter en quelque sorte les côtes, et qui servent à augmenter la force des muscles fléchisseurs de cette partie du corps (fig. 205). La longueur du cou varie aussi beaucoup : chez les girafes, par exemple, elle est très-considérable, tandis que chez la baleine elle est presque nulle, et cependant le nombre des vertèbres y est presque toujours de sept comme chez l'homme. On ne connaît que deux exceptions à cette règle, savoir : l'aye, qui en a 9, et le lamentin seulement 6.

§ 396. La conformation du thorax varie peu ; le nombre des

côtes est en rapport avec celui des vertèbres dorsales, et est en général de 12 à 14 paires : quelquefois cependant il s'élève davantage. Ainsi, chez le cheval on en compte 18 paires, et chez l'éléphant des Indes 20 paires. Le sternum est en général étroit et aplati ; mais chez les chauves-souris, où les muscles abaisseurs de l'aile doivent avoir une grande puissance et trouver sur cet os une large surface pour leur insertion, il présente souvent, sur la ligne médiane, une crête élevée qui ressemble un peu au brechet des oiseaux. Enfin, chez tous les animaux de cette classe, la cavité thoracique est séparée de l'abdomen par une cloison complète formée par le muscle diaphragme.

§ 397. **Membres.** — Les membres sont au nombre de quatre chez tous les mammifères ordinaires ; mais chez les baleines et autres mammifères pisciformes (fig. 192), désignés sous le nom commun de *Cétacés*, il n'y en a que deux, car les abdominaux

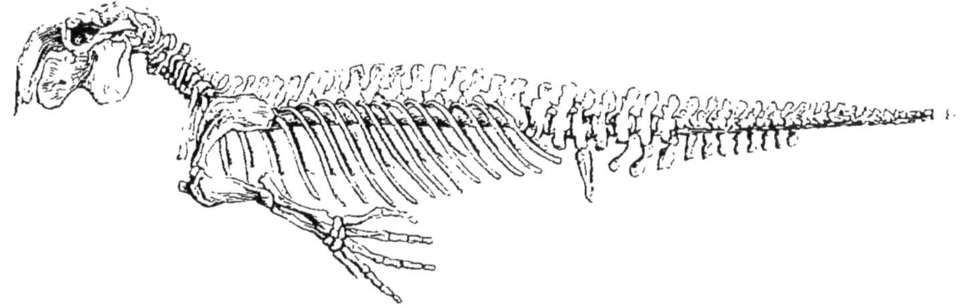

Fig. 205. — Squelette de Cétacé (le Dugong).

n'existent pas (fig. 205). De même que chez l'homme, ces organes se composent toujours d'une portion basilaire et d'un levier articulé, qui se divise en trois parties principales, savoir : le bras ou la cuisse, l'avant-bras ou la jambe, et la main ou le pied ; mais, ainsi que nous l'avons déjà vu (§ 294, etc.), le mode de conformation de ces diverses parties varie un peu, suivant les usages auxquels ils sont destinés.

La portion basilaire du membre thoracique, ou l'épaule, se compose essentiellement, avons-nous dit, d'un grand os plat qui est appliqué sur les côtes, qui donne attache au bras, et qui se nomme l'*omoplate* ou *scapulum*. Cet os est d'autant plus étendu dans le sens parallèle à la colonne, que l'animal fait avec ses bras des efforts plus violents : et, en effet, cette conformation fournit aux muscles destinés à porter le membre contre le tronc des points d'insertion plus étendus. Chez les mammifères qui se servent de leurs membres thoraciques comme d'organes de préhension ou de vol, et qui les portent avec force en dedans vers la poitrine, l'omoplate est maintenue dans sa position normale à l'aide de la clavicule, qui, par l'une de ses extrémités, s'articule avec elle, et par l'autre s'appuie sur le sternum en manière d'arc-boutant (fig. 103); mais chez les quadrupèdes qui n'exécutent que peu ou point de mouvements analogues, et qui ne font guère usage de ces membres que pour la marche ou la nage, la clavicule manque complétement ou n'existe qu'à l'état de vestige ; tous les quadrupèdes à sabot et plusieurs autres sont dans le même cas. Chez quelques mammifères très singuliers de la Nouvelle-Hollande, tels que les ornithorhynques, les os de l'épaule prennent au contraire un très-grand développement, et leur disposition ressemble beaucoup plus à ce qui existe chez les lézards et les oiseaux qu'à ce que l'on voit chez les mammifères ordinaires : un os en forme d'Y (*d*, fig. 206) s'appuie sur l'extré-

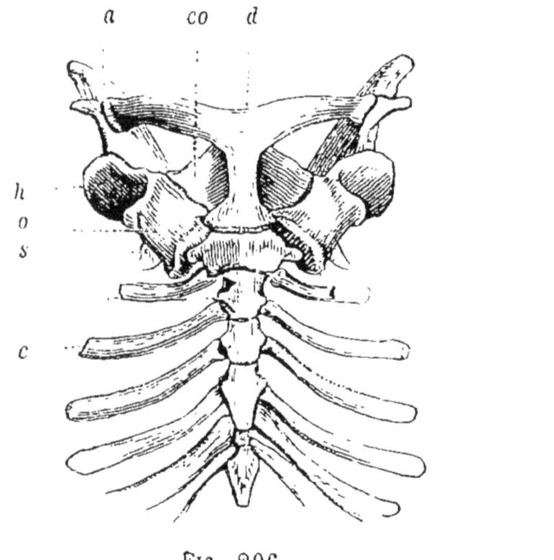

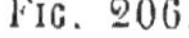
Fig. 206.

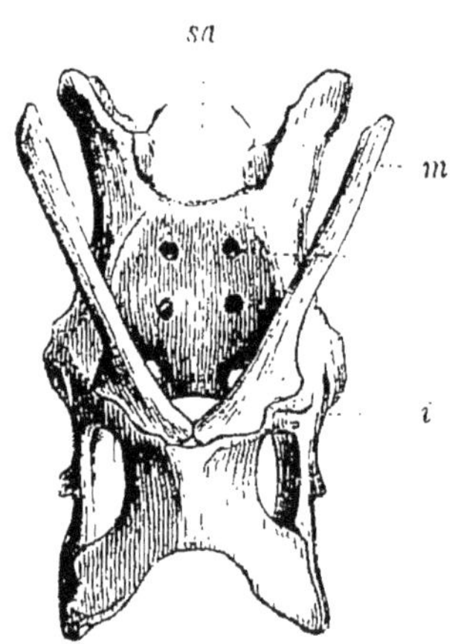

Fig. 207.

mité antérieure du sternum (*s*), et envoie ses deux branches aux deux omoplates, de la même manière que la fourchette des oiseaux ; deux pièces situées au-dessous de cette clavicule furculaire représentent l'os coracoïdien des oiseaux et des lézards (*co*); enfin l'omoplate elle-même (*o*), au lieu de se terminer par la fossette destinée à loger la tête de l'humérus, se prolonge au delà et vient s'unir directement au sternum (*s*).

Les fonctions de la portion basilaire des membres abdominaux varient moins que celles de l'épaule : aussi le mode de conformation de cette partie est-il plus constant. Excepté chez les cétacés, où le bassin n'existe qu'à l'état de vestige, les os des hanches (*i*) s'articulent toujours d'une manière immobile au sacrum (*s*), et se réunissent entre eux par leurs extrémités inférieures, de façon à constituer un anneau complet et plus ou moins évasé, nommé *bassin*. La forme et les dimensions de cette ceinture osseuse varient beaucoup ; et l'on remarque que, toutes choses égales d'ailleurs, la position verticale sur les membres abdominaux est d'autant plus facile, que le bassin est plus large. Il est encore à

FIG. 208. — Chevreuil.

noter que chez les sarigues et les autres marsupiaux, les muscles de l'abdomen formant la poche de ces animaux sont soutenus par deux os particuliers qui naissent de la partie antérieure du bassin, et qui sont désignés par les anatomistes sous le nom d'*os marsupiaux* (fig. 207, *m*).

Le bras et la cuisse ne présentent, chez tous les mammifères, qu'un seul os, l'humérus ou le fémur. Les os de l'avant-bras et de la jambe sont généralement les mêmes que chez l'homme ; mais, chez les chauves-souris, il existe aux membres antérieurs, aussi bien qu'aux membres postérieurs, une rotule distincte. En général, tous ces os sont d'autant plus courts et plus larges, que l'animal a besoin de mouvoir les membres avec plus de force, et au contraire deviennent longs et grêles lorsque la rapidité est le caractère essentiel du mouvement que celui-ci aura à exécuter. La taupe (fig. 209), qui se sert de ses membres antérieurs pour fouir la terre, et le chamois ou le chevreuil (fig. 208), qui éton-

Fig. 209. — Taupe.

nent par la légèreté et l'étendue de leurs bonds, peuvent servir d'exemples de ces deux genres de modifications.

Lorsque la main devient un organe de locomotion et non de

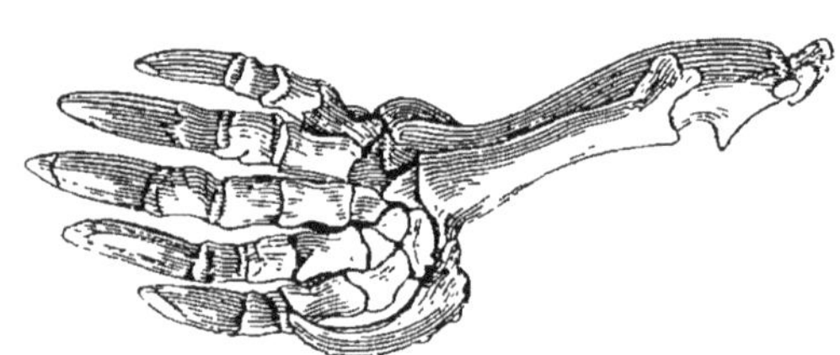

Humérus de Taupe. Fig. 210. Patte antérieure.

préhension, le radius ne peut plus tourner sur le cubitus, et finit par s'y souder si intimement qu'on ne peut plus l'en distinguer : il en est de même pour le péroné, qui se confond avec le tibia chez les quadrupèdes à sabots.

La conformation de la main et du pied varie beaucoup dans cette classe d'animaux, suivant que les membres doivent servir à la marche, à la préhension, à la natation et au vol. Nous avons déjà fait connaître ces modifications curieuses, et, par conséquent, il n'est pas nécessaire de nous y arrêter ici ; nous ajouterons seulement que le nombre des doigts ne dépasse jamais cinq, et diminue d'autant plus, que les quatre membres sont consacrés d'une manière plus exclusive à la marche.

§ 398. **Organes des sens.** — Le degré de flexibilité des doigts et la nature de leurs mouvements influent sur leurs usages, non-seulement comme organes de locomotion et de préhension, mais aussi comme instrument du sens du toucher. Lorsqu'ils ne peuvent embrasser les objets pour les palper, et que la main ne peut se mouler en quelque sorte sur leur forme, le tact doit être nécessairement très-imparfait ; et ce qui tend à l'émousser encore davantage, c'est lorsque l'ongle, au lieu de laisser à découvert la plus grande portion de l'extrémité du doigt, l'enveloppe en entier et prend la forme d'un sabot (fig. 107). Or, la perfection plus ou moins grande de ce sens influe à son tour sur le développement de l'intelligence, et l'on peut dire avec vérité que, dans l'immense majorité des cas, sinon toujours, les facultés des mammifères sont d'autant plus élevées que leurs membres sont mieux conformés pour saisir et pour palper.

§ 399. Les organes des autres sens offrent, dans tous les animaux de cette classe, à peu près le même mode d'organisation que chez l'homme. Dans ceux qui sont remarquables par la finesse de leur odorat (et ce sont les carnassiers plus que tous les autres, le chien, par exemple), les fosses nasales et les sinus frontaux prennent un accroissement très-considérable, et les cornets qui font saillie dans l'intérieur de la cavité olfactive se développent beaucoup ; dispositions dont l'utilité est facile à comprendre, car elles tendent toutes à donner à la membrane pituitaire, siége de ce sens, une surface plus étendue.

§ 400. Les yeux sont, en général, plus gros proportionnellement chez les mammifères nocturnes que chez ceux qui cherchent leur nourriture en plein jour ; et chez les premiers la pupille, en se rétrécissant sous l'influence de la lumière, au lieu de conserver sa forme circulaire, prend ordinairement l'apparence d'une fente. Chez ceux qui sont condamnés par leur vie souterraine à une obscurité complète (les taupes, par exemple), les yeux deviennent extrêmement petits, et n'existent quelquefois qu'à l'état de vestiges ; enfin, chez les mammifères qui vivent dans l'eau, le cristallin est plus sphérique que chez ceux qui vivent dans l'air ; et cette disposition était nécessaire pour augmenter le pouvoir réfringent de l'œil, qui, toutes choses égales d'ailleurs, a besoin de pouvoir rassembler les rayons de lumière avec d'autant plus de force, qu'il est placé dans un milieu plus dense. On remarque aussi que, chez beaucoup de ces animaux, il existe au fond de l'œil, sur la choroïde, une tache colorée d'une manière très-vive, que l'on nomme *tapis*, mais dont on ignore les usages. Plusieurs ont aussi une troisième paupière très-développée et placée verticalement à l'angle interne des deux autres. Enfin, la direction des yeux varie beaucoup : chez l'homme, ils sont dirigés presque directement en avant; mais à mesure que l'on descend, dans la série des mammifères, vers ceux dont les facultés sont moins développées, on voit ces organes devenir de plus en plus latéraux, au point que, chez plusieurs, la sphère de la vision est complétement différente pour chaque œil, et que l'animal ne peut voir directement devant lui.

§ 401. L'appareil auditif présente aussi chez les mammifères quelques modifications qui paraissent être en rapport avec les mœurs de ces animaux. Chez ceux qui vivent dans l'eau ou sous terre, la conque auditive est, en général, très-petite ou même tout à fait rudimentaire; et, à mesure que l'on descend depuis l'homme jusqu'aux herbivores, on voit cette partie de l'oreille prendre de plus en plus la forme d'un cornet acoustique, se détacher de plus en plus de la tête, et devenir de plus en plus mobile. On remarque aussi que, dans les quadrupèdes nocturnes, la membrane du tympan occupe en général plus d'espace et se trouve plus à fleur de tête que chez les diurnes.

§ 402. **Système nerveux.** — Quant au système nerveux, il ne diffère chez les mammifères ordinaires que par le développement plus ou moins considérable de certaines de ses parties. Chez tous ces animaux, la masse nerveuse encéphalique est très-considérable, soit proportionnellement au volume du corps, soit relativement à la grosseur des nerfs ; mais tous les organes qui la composent ne concourent pas également à ce développement: ainsi les hémisphères cérébraux sont très-volumineux, tandis que les tubercules optiques sont fort petits ou même presque rudimentaires ; et par la suite nous verrons que, chez les oiseaux, les reptiles et les poissons, il en est tout autrement. Le cervelet est de même assez volumineux chez la plupart des mammifères; il se compose toujours d'un lobe médian (*processus vermiculaire supérieur*), de deux hémisphères qui ont la forme de feuillets séparés par des sillons transversaux, et d'une commissure qui entoure la moelle épinière en dessous et qu'on nomme la *protubérance annulaire*. Du reste, le développement de ces parties varie beaucoup chez les mammifères, non-seulement sous le rapport de leur volume, mais encore sous celui des sillons et des circonvolutions de leur surface. A mesure que l'on passe de l'homme aux singes, de ceux-ci aux carnassiers, et des carnassiers aux rongeurs, on voit en général le cerveau devenir de plus en plus petit et de plus en plus lisse. En général, la face se développe en sens contraire de l'encéphale et du crâne ; de façon qu'on peut, jusqu'à un certain point, juger de la conformation de l'une par celle de l'autre, et apprécier d'une manière approximative, par la comparaison de ces deux parties de la tête, l'étendue des facultés intellectuelles et morales (§ 342).

Il est aussi à noter que, chez les mammifères de l'ordre des marsupiaux et chez les monotrèmes, le cerveau présente un autre genre d'imperfection résultant de l'absence ou de l'état rudimentaire du *mésolobe* ou *corps calleux*, qui, chez tous les autres animaux de la même classe, unit entre eux les deux hémisphères cérébraux.

§ 403. **Fonctions de nutrition.** — Les fonctions de nutrition s'exécutent chez tous les mammifères à peu près comme chez l'homme ; aussi la structure des organes qui sont destinés à leur exercice ne varie-t-elle que fort peu dans cette grande classe d'animaux. C'est l'appareil digestif qui présente les différences les plus importantes.

Presque tous les mammifères sont pourvus de dents destinées à diviser leurs aliments ; mais comme nous l'avons déjà vu (§ 53), le nombre et la forme de ces organes varient suivant le régime de l'animal. Quelquefois ces organes sont remplacés par des lames cornées, qui, chez les baleines, constituent les fanons (fig. 21 et 22); et d'autres fois encore le museau se prolonge en une espèce de bec corné très-large, aplati et garni latéralement de lamelles transversales qui offrent la plus grande ressemblance avec le bec d'un canard, et qui a valu aux animaux chez lesquels il existe le nom d'*ornithorhynques*.

§ 404. La conformation de l'estomac varie beaucoup dans la classe des mammifères, et il résulte quelquefois de ces différences des particularités physiologiques d'une grande importance. En général, cet organe est simple comme chez l'homme (fig. 34) et le singe (fig. 8); mais quelquefois il se compose d'une série nombreuse de poches distinctes, et dans ce cas il arrive ordinairement que les aliments, après avoir séjourné un certain temps dans une première cavité stomacale, remontent dans la bouche pour y subir une mastication plus complète avant que de passer dans les portions suivantes du tube digestif : phénomène que l'on désigne sous le nom de *rumination*.

Les estomacs des animaux qui ruminent (le mouton et le bœuf, par exemple) sont au nombre de quatre. Le premier, qui est le plus vaste de tous, se nomme *panse*, ou herbier (fig. 211). Sa surface interne est garnie de papilles et revêtue d'une couche épidermique (fig. 212); il occupe une grande partie de l'abdomen, particulièrement du côté gauche. Le deuxième estomac, appelé le *bonnet*, est petit, et se trouve à droite de l'œsophage et en avant de la panse, dont il ne semble, au premier coup d'œil, être qu'un appendice. A l'intérieur, la membrane muqueuse qui le tapisse forme une multitude de replis disposés de façon à constituer des mailles ou cellules polygonales, semblables à des rayons d'abeilles (fig. 212). Le troisième estomac, qui est moins petit que le bonnet, est placé à droite de la panse et a reçu le nom de *feuillet*, à cause des larges replis longitudinaux qui en garnissent l'intérieur, et qui ressemblent aux feuillets d'un livre. Enfin, le quatrième estomac, qui est intermédiaire, pour le volume, entre la panse et le feuillet, se trouve à droite de cette dernière poche. Sa surface interne, irrégulièrement plissée, est continuellement humectée par un liquide acide, qui est le suc gastrique ; et c'est à cause de la propriété que pos-

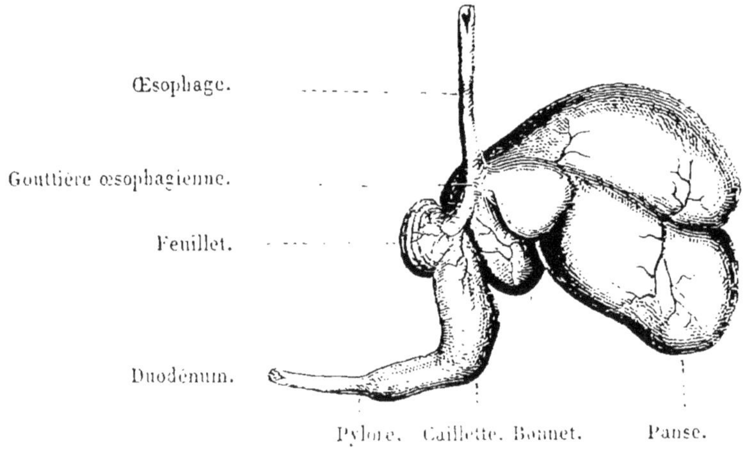

Fig. 211. — Estomacs du Mouton.

sède cette humeur de faire cailler le lait, qu'on donne à l'organe qui la renferme le nom de *caillette*. Les trois premiers estomacs communiquent directement avec l'œsophage. Ce conduit s'ouvre d'abord presque également dans la panse et le bonnet, et se continue ensuite sous la forme d'une gouttière ou demi-canal (fig. 212) qui longe la partie supérieure du bonnet, et aboutit au feuillet, lequel, à son tour, communique avec la caillette.

C'est dans la panse que les aliments, grossièrement divisés par une première mastication, s'accumulent, et ce n'est qu'après avoir été reportés dans la bouche et mâchés une seconde fois, ou, en d'autres mots, *ruminés*, qu'ils pénètrent dans le feuillet, et de là dans le quatrième estomac, siége de la véritable digestion.

Au premier abord, on s'étonne de voir les aliments pénétrer tantôt dans la panse, tantôt dans le feuillet, suivant que la déglutition se fait pour la première fois, ou que ces substances ont été déjà ruminées, et l'on est tenté d'attribuer ce phénomène à une espèce de tact presque intelligent dont les ouvertures de ces diverses poches seraient douées; mais les expériences de M. Flourens montrent que ce phénomène curieux est une conséquence nécessaire de la disposition anatomique des parties, et en donnent une explication aussi simple que satisfaisante.

Lorsque l'animal avale des aliments grossiers et d'un certain volume, comme ceux dont il se nourrit habituellement, ces substances, arrivées au point où l'œsophage se continue sous la forme d'une gouttière (fig. 212), écartent mécaniquement les

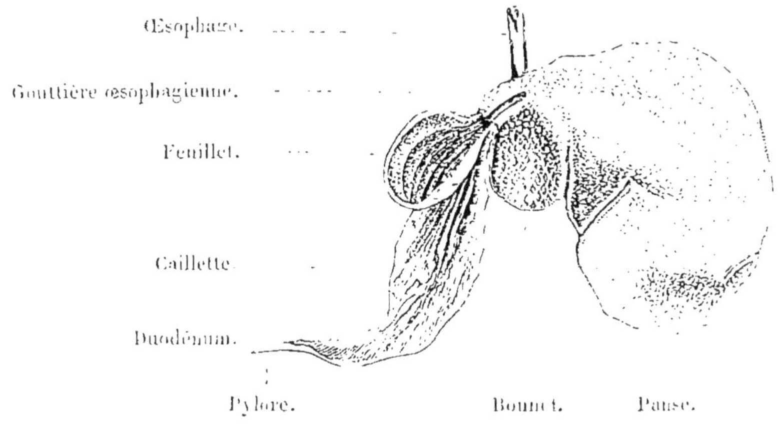

Fig. 212. — Intérieur des estomacs du Mouton.

bords de ce demi-canal, transformé ordinairement en un tube par la contraction de ses parois, et tombent dans les deux premiers estomacs placés au-dessous; mais lorsque l'animal avale des boissons ou des aliments atténués ou demi-fluides, leur présence dans ce demi-canal ne détermine pas l'écartement de ses bords. Cette portion terminale de l'œsophage conserve par conséquent la forme d'un tube, et conduit les aliments en totalité ou en majeure partie dans le feuillet, où elle se termine. C'est par conséquent l'état d'ouverture ou d'occlusion de cette portion de l'œsophage qui détermine l'entrée des aliments dans les deux premiers estomacs ou leur passage dans la troisième cavité digestive; et c'est l'aliment lui-même qui décide de cet état, selon qu'il est assez volumineux ou non pour dilater l'œsophage, naturellement affaissé, ou pour couler dans la rigole toujours ouverte par laquelle ce conduit mène vers le feuillet. Or, les aliments, lors de leur première déglutition, ne sont qu'imparfaitement divisés, et consistent en fragments grossiers et assez volumineux ; tandis qu'après avoir été ruminés, ils sont transformés en une pâte molle et demi-fluide : cette circonstance suffit par conséquent pour déterminer leur chute dans la panse ou leur passage dans le feuillet. Quant à l'espèce de régurgitation régulière par laquelle les aliments contenus dans la panse et le bonnet remontent dans la bouche pour être ruminés, elle est généralement attribuée à l'action du bonnet lui-même, qui, dit-on, saisit une portion de la masse alimentaire, la comprime de manière à en former une sorte de pelote arrondie, et la pousse dans l'œsophage, dont les contractions vermiculaires de bas en haut achèvent le phénomène. Mais, d'après les nouvelles expériences du physiologiste que nous venons de citer, il paraîtrait que la panse et le bonnet, en se contractant, poussent la masse alimentaire qu'ils contiennent entre les bords du demi-canal œsophagien, lequel, en se contractant à son tour, en saisit une portion, la détache et en fait une pelote destinée à remonter le long de l'œsophage.

La panse, avons-nous dit, est extrêmement grande ; mais elle ne présente pas toujours les mêmes dimensions, et les changements qu'on y observe montrent combien les organes des animaux peuvent être modifiés par les circonstances où ils sont placés. En effet, pendant que les ruminants tettent et ne vivent que de lait, la panse est moins grande que la caillette, et elle ne prend son énorme volume qu'à mesure qu'elle reçoit dans son intérieur de l'herbe, substance peu nourrissante, et dont l'animal est par conséquent obligé de manger des masses considérables.

§ 405. L'intestin, comme nous l'avons déjà dit, présente des différences très-grandes dans sa longueur et dans son ampleur, suivant que les aliments qui doivent y pénétrer sont fournis par le règne animal ou par le règne végétal : ainsi, dans beaucoup de carnassiers, sa longueur n'est que d'environ trois ou quatre fois celle du corps, tandis que, chez les herbivores, elle est ordinairement de dix à douze fois et quelquefois de près de vingt-huit fois cette longueur (dans le mouton, par exemple). En général, il se termine directement au dehors; quelquefois cependant il se rend dans une cavité nommée *cloaque*, où débouchent aussi les canaux urinaires : cette disposition se rencontre chez les ornithorhynques, par exemple, et se retrouve encore dans la classe des oiseaux. Enfin, les glandes salivaires, le foie, le pancréas, le péritoine et les autres annexes du tube digestif ressemblent presque toujours à ce que nous avons vu chez l'homme.

§ 406. Il en est de même de l'appareil de la circulation et de celui de la respiration. Le cœur présente partout quatre cavités bien distinctes, savoir : deux oreillettes et deux ventricules (§ 92, fig. 41, 42) ; toujours les poumons renferment aussi un nombre immense de très-petites cellules, et ne laissent point passer l'air de leur intérieur dans les différentes parties du corps, ainsi que cela se voit chez les oiseaux.

Il est aussi à noter que, dans cette classe d'animaux, le sang est toujours très-riche en matières organisées, et que ses globules sont presque toujours de forme circulaire (§ 81, fig. 38).

§ 407. Les mammifères sont de tous les animaux ceux qui se rapprochent le plus de l'homme sous le rapport intellectuel. Mais, à cet égard, ils présentent entre eux des différences très-grandes; nous avons déjà eu occasion de le montrer (§ 337), et, si l'espace ne nous manquait ici, il nous serait facile de multiplier la preuve de cette inégalité. L'étude des mœurs des mammifères nous fournirait aussi des exemples curieux des divers genres d'instincts donnés à ces êtres par la nature pour suppléer au défaut de facultés plus élevées; mais l'étude de ces instincts nous a déjà occupés, et par conséquent nous pouvons nous dispenser d'y revenir en ce moment.

La classe des mammifères est aussi, de toutes les divisions du règne animal, celle qui nous intéresse le plus par les services qu'elle rend à l'homme lui-même. En effet, c'est à elle qu'appartiennent presque tous nos animaux domestiques : le chien, le cheval, le mouton et le bœuf, par exemple, et chacun sait combien leur conquête nous a été utile. Notre domination sur ces êtres est devenue si complète, que l'espèce primitive, vivant à l'état sauvage, a presque toujours disparu de la surface du globe, et, par la domesticité, nous sommes parvenus à exercer une influence considérable jusque sur les formes physiques et sur les qualités morales des individus qui naissent des races ainsi subjuguées. Les différences qui caractérisent les diverses variétés de nos chiens domestiques, par exemple, sont immenses, et cependant on admet généralement que c'est notre influence qui les a déterminées, et que ces variétés proviennent d'une souche commune, qui ne serait ni le loup ni le chacal, mais un chien peu différent de notre chien-loup ou de notre chien de berger.

Mais par quelle puissance pouvons-nous subjuguer ainsi des

animaux, et comment, par la domesticité, pouvons-nous en modifier les formes et les qualités?

L'instinct de ces êtres les porte à fuir tout ce qui leur inspire de la défiance : ce n'est donc point par la violence que nous pourrions disposer un animal sauvage à l'obéissance. Il ne serait pas naturellement porté à se rapprocher de nous, qui ne sommes pas de son espèce, et, au premier sentiment de crainte que nous lui ferions éprouver, il nous fuirait s'il était libre, ou nous prendrait en aversion s'il était captif. Ce n'est qu'en lui inspirant de la confiance que nous pouvons l'attirer et le rendre familier, et ce n'est que par les bienfaits que nous pouvons faire naître cette confiance.

Satisfaire les besoins naturels des animaux est l'un des premiers moyens à employer pour amener leur soumission. L'habitude de recevoir leur nourriture de notre main, en les familiarisant avec nous, nous les attache; et, comme l'étendue d'un bienfait est toujours en proportion du besoin qu'on en éprouve, leur reconnaissance est d'autant plus vive et plus profonde, que la nourriture que nous leur donnons est devenue plus nécessaire : aussi la faim est-elle entre nos mains un levier puissant pour plier à la captivité tous les animaux, car, en même temps qu'elle fait naître des sentiments affectueux, elle produit un affaiblissement physique qui, en réagissant sur la volonté, l'affaiblit à son tour. Si l'on ajoute à l'influence de la faim celle d'une nourriture choisie, et surtout si, par des aliments que la nature ne leur fournissait pas, on parvient à flatter beaucoup le goût des animaux, on excite en eux une reconnaissance bien plus grande encore, et l'on développe d'une manière artificielle des besoins nouveaux que l'homme seul peut satisfaire (1); enfin, à ces moyens de captation, on peut joindre aussi les caresses, dont l'influence sur certains animaux est extrême.

Une fois que, par l'habitude et les bons traitements, la familiarité est établie et la confiance obtenue, l'homme peut faire sentir son autorité, et appliquer des châtiments, afin de transformer les sentiments dont il veut réprimer la manifestation en celui de la crainte. Par l'association d'idées qui résulte de cette pratique, le premier de ces sentiments s'affaiblit peu à peu, et quelquefois même finit par se détruire jusque dans son germe; mais l'emploi de la force ne doit jamais être sans limites, car les châtiments excessifs révoltent souvent, et d'autres fois la crainte, portée très-loin, trouble toutes les facultés. La veille forcée est

(1) C'est principalement au moyen du sucre et d'autres friandises que l'on parvient à dresser les chevaux, les cerfs, etc., aux exercices extraordinaires dont nos cirques nous rendent quelquefois témoins.

aussi un puissant moyen d'affaiblir la volonté d'un animal et de le disposer à l'obéissance ; car il ne sait pas rapporter la fatigue et le malaise qu'il en éprouve à celui qui en est réellement la cause, et, dans cet état, les sentiments affectueux occasionnés par les bienfaits éprouvent moins de résistance et s'enracinent plus profondément, tandis que, d'un autre côté, la crainte agit avec plus de promptitude et de force.

C'est, comme on le voit, par les besoins sur lesquels nous pouvons exercer quelque influence, en réprimant la manifestation de certains sentiments par le développement de quelques autres, que nous parvenons à apprivoiser les animaux. Mais tous les mammifères ne sont pas également sensibles aux bienfaits, et par conséquent ne se laissent subjuguer ni avec la même facilité, ni d'une manière aussi complète : souvent leurs passions sont trop violentes pour que l'animal parvienne jamais à les maîtriser et à devenir docile pour son maître ; souvent aussi leur défiance naturelle est si grande et la mobilité de leurs idées si excessive, qu'on ne saurait leur imposer aucune règle de conduite, et d'autres fois encore l'intelligence de ces êtres paraît trop bornée pour que le souvenir du bien-être persiste après que sa cause a cessé et pour qu'ils associent dans leur mémoire le bienfait et le bienfaiteur.

Par ces moyens, on parvient à dompter plus ou moins complétement un assez grand nombre d'animaux ; mais de cet état d'asservissement individuel à la docilité complète et héréditaire que la domesticité demande, il y a encore une grande distance. Pour obtenir ce résultat, il faut que les animaux soient en quelque sorte prédisposés à la domesticité par l'instinct de la sociabilité.

En effet, le sentiment qui les porte à vivre en troupe et même à se laisser guider par un chef, le plus fort et le plus expérimenté de la troupe, exerce l'influence la plus grande sur leur aptitude à la domesticité.

Aucun mammifère solitaire, quelque facile qu'il soit à apprivoiser, n'est devenu complétement domestique (1) ; tandis que presque tous les animaux dont la race est soumise à l'empire de l'homme vivent naturellement en troupes plus ou moins nombreuses. La sociabilité est une condition de la domesticité complète, et c'est en développant à notre profit, en dirigeant vers nous par nos bienfaits le penchant qui portait ces animaux à se réunir entre eux, que l'homme est parvenu à lier leur existence

(1) Au premier abord, le chat paraît faire exception à cette règle ; mais le chat n'est pas, dans la réalité, un animal soumis à l'empire de l'homme : il vit dans nos habitations parce qu'il y trouve mieux qu'ailleurs à satisfaire ses besoins ; mais il ne nous obéit pas et n'est guère susceptible d'éducation.

à la sienne, et à prendre sur eux l'autorité qu'aurait eue le chef de la troupe dont ils auraient fait partie, s'ils avaient vécu dans l'état de nature.

Comme l'a très-bien démontré un habile zoologiste, Frédéric Cuvier, la disposition à la domesticité peut être considérée comme le développement extrême de l'instinct de la sociabilité, et la domesticité elle-même comme un état dans lequel les animaux sociables reconnaissent l'homme comme membre et comme chef de leur troupe.

§ 408. Nous comprenons maintenant comment l'homme peut soumettre à son empire des races entières d'animaux. Voyons comment il peut ensuite influer sur les formes et les qualités qu'ils apportent avec eux en naissant, et créer, pour ainsi dire, à son gré, des variétés nouvelles.

Une loi physiologique généralement reconnue est cette tendance qu'ont les animaux à ressembler à leurs parents non-seulement d'une manière générale, mais aussi par les particularités qui peuvent distinguer ces derniers. Dans l'espèce humaine, par exemple, les influences héréditaires se manifestent dans une foule de circonstances : conformation, facultés, caractère, infirmités même, se lèguent de génération en génération ; et pour les animaux, chez lesquels moins de circonstances étrangères viennent agir sur les individus et occasionner des perturbations dans cette répétition des mêmes formes et des mêmes qualités, la tendance des petits à ressembler aux auteurs de leurs jours est encore plus évidente. Or, tous les individus d'une même espèce ne possèdent pas au même degré les qualités physiques, morales et intellectuelles dont chacun d'eux est doué, et, par l'exercice ou par l'influence des conditions physiques, nous pouvons, en l'exerçant, développer telle ou telle faculté, et augmenter par conséquent ces différences. Il s'ensuit que l'homme peut, dans certaines limites, modifier à volonté les races ; car il est maître de choisir ou même de produire des différences individuelles transmissibles par hérédité, et de régler la succession des générations, de façon à en écarter tout ce qui tendrait à éloigner la race du type qu'il veut produire ; et il peut aussi agir sur les qualités héréditaires des petits comme il l'a fait sur celles de leurs parents. Il en résulte qu'à chaque génération nouvelle, il fait un pas de plus vers le but qu'il s'était proposé ; car il agit sur des individus déjà modifiés par suite de modifications imprimées à leurs parents (1).

(1) Les limiers qui ont été transportés en Amérique par les Espagnols, et qui n'é-

En s'attachant à développer, de génération en génération, telle qualité ou telle particularité physique, nous pouvons donc la porter bien plus loin qu'il ne nous aurait été possible de le faire dans le principe, et nous pouvons créer des races artificielles, dont les caractères ne s'effaceront que lorsque des circonstances opposées à celles qui ont déterminé ces particularités viendront en détruire l'effet.

C'est aussi ce que nous faisons lorsqu'un intérêt puissant donne de la persévérance à nos efforts, et c'est de la sorte que de nos jours on a produit des races de moutons, de bœufs et de chevaux caractérisées par des particularités les plus remarquables. Ainsi, on avait remarqué que les moutons qui présentent certaines particularités de conformation s'engraissent beaucoup plus facilement que d'autres, et un des hommes qui ont rendu le plus de services à l'agriculture anglaise, Bakewell, en ayant soin de choisir des moutons chez lesquels ces caractères extérieurs se voyaient à un haut degré, est parvenu à créer une race des plus précieuses sous ce rapport. Le poids des quatre quartiers de la carcasse des grands moutons de la race wurtembergeoise, que l'on élève dans quelques-unes de nos provinces comme étant particulièrement propres à fournir de la viande de boucherie, est de 52 à 55 pour 100 du poids total de l'animal ; tandis que, dans les moutons anglais de la race de *Dishley* ou de *New-Leicester*, cette proportion s'élève à 70 ou même à 75. Nos agriculteurs savent aussi combien la finesse des laines s'accroît par des soins analogues, et combien, sous ce rapport, nos troupeaux de moutons indigènes ont été améliorés par leur mélange avec les mérinos de l'Espagne (1).

Enfin, les diverses races de chevaux, qui nous intéressent également à un si haut degré, sont aussi une preuve de l'influence

taient employés autrefois qu'à chasser le cerf ou l'homme, fournissent une preuve bien remarquable de l'influence de l'éducation individuelle sur les qualités héréditaires. Dans diverses parties de l'Amérique, sur le plateau de Santa-Fé, par exemple, ces chiens ont conservé les habitudes et les dispositions instinctives qui les rendaient jadis si célèbres ; mais chez les pauvres habitants des bords de la Madeleine, ils se sont abâtardis, en partie par le mélange, en partie par le défaut de nourriture suffisante, et chez cette race dégénérée un nouvel instinct semble devenir héréditaire. La chasse à laquelle on emploie depuis longtemps presque exclusivement ces animaux est celle du pécari à mâchoire blanche. L'adresse du chien consiste à modérer son ardeur, à ne s'attacher à aucun animal en particulier, mais à tenir toute la troupe en échec ; or, parmi ces chiens, on en voit maintenant qui, la première fois qu'on les mène au bois, savent déjà comment attaquer, tandis qu'un chien d'une autre espèce se lance tout d'abord, est environné, et, quelle que soit sa force, est dévoré en un instant.

(1) Ce fut en 1776 que l'intendant des finances Daniel Trudaine tenta l'introduction des mérinos en France, et c'est à Daubenton, le collaborateur de Buffon, que l'on doit principalement le succès de cette tentative.

de l'homme sur les animaux vivant sous son empire. Les chevaux que l'on élève dans nos établissements agricoles doivent en partie leur taille, leurs formes et leurs qualités à la race dont ils descendent; mais les circonstances où ils sont placés pendant le jeune âge exercent sur eux, à la longue, une influence non moins grande. On remarque qu'en général le poulain tient de sa mère plus que de son père pour la taille et le volume; tandis que, pour la forme de la tête, les pieds, le courage, la légèreté, etc., il ressemble davantage au dernier. Du reste, les défauts, comme les qualités, se transmettent de génération en génération; et, pour maintenir une race dans sa pureté ou pour l'améliorer, il faut avoir soin d'en écarter tous les individus qui ne possèdent pas les qualités que l'on désire obtenir. Pour faire disparaître un défaut, on croise pendant plusieurs générations des individus de cette race défectueuse avec d'autres ayant une disposition opposée; et en appareillant avec persévérance les chevaux qui possèdent telle ou telle perfection, on crée une race où elle devient héréditaire et générale. C'est en grande partie à des soins de cette nature que les chevaux arabes doivent leur célébrité si bien méritée. Les Arabes attachent une telle importance à la pureté de la race de leurs chevaux nobles, appelés *kochlani*, que la filiation est toujours constatée par des actes authentiques: ils font remonter à près de deux mille ans la généalogie connue de plusieurs de ces beaux animaux, et il en est dont la lignée peut être démontrée par des preuves écrites pendant une série de quatre siècles. D'un autre côté, l'influence des croisements de races est également bien démontrée par des chevaux de course anglais; car c'est au mélange des juments indigènes avec des étalons apportés de l'Orient qu'on doit la création de cette race si remarquable par la finesse de ses formes et son étonnante rapidité. L'abondance plus ou moins grande et la qualité de la nourriture, la sécheresse ou l'humidité du pays, les soins journaliers et même une foule de circonstances, en apparence peu importantes, exercent aussi une influence puissante sur la taille, les formes et les qualités des chevaux. Pour en donner la preuve, nous pourrions montrer avec quelle rapidité dégénèrent les plus beaux chevaux anglais dans certaines localités, telles que les haras de Kopschan, sur les bords de la Morave; mais sans aller si loin, nous trouverons des exemples encore plus frappants de la puissance modificatrice des circonstances extérieures. Si de deux poulains nés de la même race, en Lorraine, par exemple, l'un est transporté dans la Flandre et l'autre dans les herbages de la Normandie, au lieu de conserver les mêmes caractères, ils seront, à l'âge de cinq ans, presque aussi différents entre eux que s'ils provenaient de deux races distinctes : l'un deviendra un cheval de carrosse léger et élégant ; l'autre, un animal énorme, presque incapable d'aller au trot, mais constitué pour traîner lentement les plus lourdes charges. Là où la nourriture est abondante et où, par la prévoyance de l'homme, elle ne manque en aucune saison, les chevaux sont ordinairement grands et étoffés; tandis que dans les contrées où elle est peu abondante, même pendant une partie de l'année seulement, ces animaux n'acquièrent qu'une taille petite ou médiocre. Les physiologistes ont constaté quelque chose de semblable en étudiant les lois de la croissance de l'homme ; et, pour nous convaincre de la vérité de cette observation relativement aux chevaux, il suffit de comparer ceux qui, dans un même pays, appartiennent à de pauvres cultivateurs ou à de riches propriétaires. Le pâturage dans les prairies grasses et humides, celles qui conviennent le mieux pour l'engrais des bestiaux, tend à donner aux chevaux des formes lourdes et empâtées, à rendre leur peau épaisse et leur poil grossier, et à diminuer la vivacité de leur caractère. La nourriture fournie par les prairies sèches n'occasionne rien de semblable ; et, lorsqu'on la rend encore plus substantielle par l'addition d'une proportion considérable de graines céréales, elle devient éminemment propre à conserver et même à produire l'élégance des formes et l'énergie musculaire caractéristique d'une race noble. Lorsqu'une température un peu basse vient ajouter son influence à celle de l'humidité et d'une nourriture abondante et aqueuse, les chevaux acquièrent la taille la plus forte, mais deviennent en même temps le moins énergiques et le plus lymphatiques. Dans les pays très-chauds ou très-froids, au contraire, la croissance s'arrête plus tôt, et les grandes races ne tardent pas à perdre leur haute stature. Enfin, les soins journaliers que l'on prodigue à certains chevaux, et qui manquent complétement à d'autres, ont aussi de l'influence sur la beauté de ces animaux : ainsi, le bouchonnement fréquent, l'usage des couvertures, la précaution de nettoyer et de sécher les extrémités, et même de les entourer de bandes de flanelle, sont des circonstances qui ne laissent pas que de contribuer puissamment à donner aux chevaux anglais la netteté que l'on remarque dans la partie inférieure de leurs jambes, et à rendre leur peau et leur poil d'une si grande finesse.

Ainsi, en modifiant les circonstances dans lesquelles un animal est placé, on imprime à son organisation certaines modifications; et en n'employant à la propagation de la race que des individus ainsi modifiés, l'homme parvient à donner à toute cette race un caractère particulier et des qualités qu'elle n'avait pas dans le principe. C'est peut-être de la sorte qu'il a obtenu plusieurs des races variées de chiens dont les formes sont si multiples, qu'au premier abord on a peine à croire qu'ils appartiennent à une seule et même espèce. Mais, du reste, cette puissance modificatrice a toujours des limites assez étroites, et elle n'efface jamais le cachet distinctif de l'espèce zoologique.

§ 409. **Classification des mammifères.** — Il existe, comme nous avons vu, des différences considérables parmi les mammifères, et ces modifications de structure servent de bases pour la division de cette classe en groupes d'un rang inférieur nommés *ordres*. La plupart de ces groupes sont si nettement séparés de tout ce qui les entoure, qu'on ne peut avoir de doutes sur leurs limites, et que tous les zoologistes s'accordent à les admettre comme formant autant de divisions naturelles ; mais, dans d'autres, le type principal se modifie tellement, qu'il se fait un passage presque insensible des uns aux autres, et que la ligne de démarcation devient très-difficile à établir. Tel mammifère, par exemple, a tout autant d'analogie avec le type qui représente l'ordre des quadrumanes qu'avec celui des édentés, et l'on peut avec presque autant de raison le placer dans l'une ou dans l'autre de ces divisions. Les différences qu'on rencontre aussi dans ces séries d'animaux plus ou moins dissemblables ont paru à quelques naturalistes plus importantes qu'à d'autres, et les ont portés à répartir ces êtres dans un nombre d'ordres plus considérable : aussi les auteurs n'adoptent-ils pas tous les mêmes bases pour la classification des mammifères, et ne sont-ils pas d'accord sur le mode le plus naturel de les distribuer.

La méthode que nous suivons ici est, à peu de chose près, celle de Cuvier. Elle repose principalement sur la différence que les mammifères présentent dans leur mode de développement et dans la conformation de leurs membres et de leur appareil de manducation, parties dont les modifications entraînent toujours avec elles une foule d'autres différences dans la structure de diverses parties du corps, dans les mœurs, et même dans l'intelligence.

§ 410. En ayant égard à l'ensemble de ces caractères, on est conduit à diviser d'abord la classe des mammifères en deux groupes désignés sous les noms de *Monodelphiens* et de *Didelphiens*.

Les Mammifères monodelphiens sont les plus nombreux, et se distinguent principalement par leur mode de développement :

ils ne viennent au monde que lorsqu'ils sont déjà pourvus de tous leurs organes, et, avant la naissance, ils tirent leur nourriture d'un lacis de vaisseaux sanguins nommé *placenta*. Il est aussi à noter que leur cerveau est plus parfait que chez les didelphiens, ses deux hémisphères étant liés entre eux par une large commissure nommée *mésolobe* ou *corps calleux* (§ 186). Enfin, les parois de l'abdomen ne sont jamais soutenues par des branches osseuses fixées sur le bord du bassin, comme nous le verrons dans la seconde grande division de cette classe. Les mammifères organisés de la sorte diffèrent beaucoup par la conformation générale de leur corps, et se divisent pour cette raison en deux groupes secondaires : les *Mammifères ordinaires* et les *Mammifères pisciformes*.

§ 411. Les Mammifères ordinaires sont conformés pour vivre plus ou moins complétement à terre, et sont pourvus de quatre membres; leur peau est garnie de poils, et leur corps ne se termine jamais par une nageoire semblable à celle des poissons. Ces animaux se divisent à leur tour en dix ordres : les *Bimanes*, les *Quadrumanes*, les *Carnassiers*, les *Amphibies*, les *Chéiroptères*, les *Insectivores*, les *Rongeurs*, les *Édentés*, les *Pachydermes* et les *Ruminants*. Les huit premiers de ce groupe sont pourvus de doigts flexibles dont l'extrémité n'est garnie d'une lame cornée que du côté dorsal, et conserve en dessous la mollesse et la sensibilité nécessaire à l'exercice du toucher : on les désigne pour cette raison sous le nom de *Mammifères onguiculés* ou à petits ongles; tandis que les pachydermes et les ruminants, dont l'extrémité du doigt est entourée par un sabot, sont appelés des *Mammifères ongulés*.

§ 412. L'ordre des Bimanes est principalement caractérisé par l'appropriation des membres antérieurs et postérieurs à des usages essentiellement distincts. Les membres postérieurs sont destinés, comme d'ordinaire, à soutenir et à mouvoir le corps ; tandis que les membres antérieurs ne servent plus à la locomotion et agissent comme instruments de préhension et de toucher: aussi, non-seulement les doigts qui les terminent sont longs, flexibles et soutenus à l'extrémité par un ongle aplati, mais encore l'un de ces appendices, le pouce, est disposé de façon à pouvoir s'opposer aux autres et à constituer avec eux une sorte de pince sensible, disposition qui n'existe pas aux membres postérieurs. L'existence de mains aux membres antérieurs seulement suffirait pour distinguer les bimanes de tous les autres mammifères ordinaires ; mais ce caractère coïncide avec plusieurs autres particularités de structure dont l'importance physiologique est également très-grande. Ainsi le corps est organisé pour se mouvoir dans une position verticale; l'appareil masticateur est composé de trois sortes de dents (§ 52, fig. 24), et indique par sa conformation que ces êtres sont des frugivores; enfin le cerveau est plus développé et plus parfait que chez aucun autre animal.

Ce mode d'organisation ne se rencontre que chez un seul mammifère, l'HOMME. L'ordre des bimanes ne se compose, par conséquent, que d'une seule espèce, qui, du reste se distingue des autres animaux par ses facultés intellectuelles encore plus que par les caractères anatomiques dont il vient d'être question.

Les hommes, tout en se ressemblant entre eux par les caractères essentiels de leur organisation, présentent des variations assez grandes dans la couleur de leur peau, dans les traits de leur visage et dans les proportions des diverses parties de leur corps ; et c'est pour exprimer ces différences que les naturalistes divisent l'espèce humaine en plusieurs *variétés*, dont les plus remarquables sont la *variété Caucasique* ou *blanche*, la *variété Mongolique* ou *jaune*, et la *variété Éthiopique* ou *nègre*.

FIG. 213. — Race Caucasique.

LA VARIÉTÉ CAUCASIQUE se distingue par la beauté de l'ovale que forme sa tête, par le développement de son front, la position horizontale de ses yeux, le peu de saillie de ses pommettes et de ses mâchoires, ses cheveux lisses et la couleur blanche ou du moins blanchâtre de sa peau. Elle est remarquable aussi par sa perfectibilité, car c'est elle qui a donné naissance à tous les peuples les plus civilisés de la terre. Elle occupe toute l'Europe, l'Asie occidentale jusqu'au Gange et la partie la plus septentrionale de l'Afrique; mais on la croit descendue primitivement des montagnes du Caucase, situées entre la mer Caspienne et la mer Noire, et c'est en raison de cela qu'on l'appelle *caucasique.*

La VARIÉTÉ MONGOLIQUE diffère à plusieurs égards de la variété caucasique : ici la face est aplatie; le front, bas, oblique et carré; les pommettes saillantes; les yeux étroits et obliques; le menton légèrement saillant; la barbe grêle, les cheveux droits et noirs, et la peau olivâtre. Les langues propres aux races mongoliques ont aussi des caractères qui leur sont communs et les séparent nettement de celles appartenant aux peuples caucasiques : les mots qui les forment sont tous monosyllabiques.

FIG. 214. — Race Mongolique.

Cette variété de l'espèce humaine est répandue à l'orient des régions occupées par les races caucasiques : on la rencontre d'abord dans le grand désert de l'Asie centrale, où se trouvent les Kalmouks et d'autres tribus mongoliques encore nomades; presque toutes les peuplades de la partie orientale de la Sibérie lui appartiennent; mais la nation la plus remarquable formée par les hommes de cette race est celle des Chinois, dont le vaste empire a été, de toutes les parties du monde, le plus anciennement civilisé. La Corée, le Japon, les îles Philippines, les îles Mariannes, les îles Carolines, et toutes les autres terres qui s'étendent au nord de l'équateur, depuis le premier de ces archipels jusqu'au 172e degré de longitude orientale, sont aussi peuplés par les races mongoliques. Enfin, les habitants des îles Aléoutiennes et de la partie voisine de la côte occidentale de l'Amérique se rapportent aussi à cette grande division de l'espèce humaine.

Les Malais, qui occupent l'Inde au delà du Gange et une grande partie de l'archipel asiatique, constituent, suivant quelques naturalistes, une variété distincte de la mongolique et de la caucasique ; mais la plupart des auteurs les regardent comme provenant d'un mélange de ces deux races.

Enfin, les races mongoliques paraissent s'être étendues dans les régions hyperboréennes des deux hémisphères, car c'est avec elles qu'ont le plus d'analogie toutes les peuplades abâtardies que l'on rencontre depuis le cap Nord, en Europe, jusqu'au Groenland, et que l'on connaît sous le nom de Lapons, de Samoïèdes, d'Esquimaux, etc.

Une troisième branche bien distincte de l'espèce humaine est la VARIÉTÉ ÉTHIOPIQUE OU NÈGRE, caractérisée par son crâne comprimé, son nez écrasé, ses mâchoires saillantes, ses grosses lèvres, ses cheveux crépus et sa peau plus ou moins noire. Elle est confinée en Afrique, au midi de l'Atlas, et paraît se composer de plusieurs races bien distinctes, telles que la mozambique, la boschimane et la hottentote.

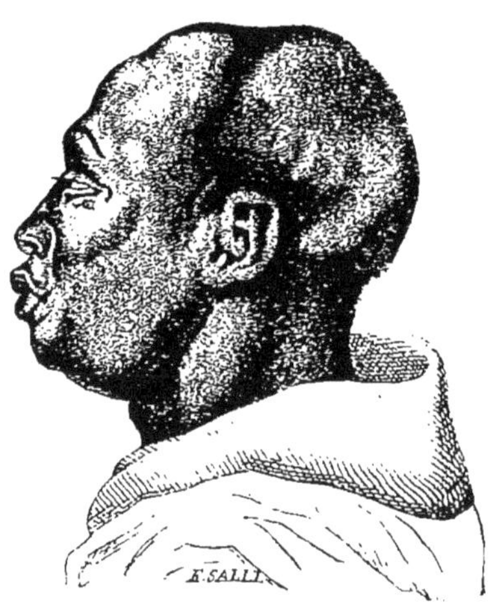

Fig. 215.— Race Éthiopique.

La population primitive de l'Australie et des archipels nombreux de l'Océanie est aussi une race noire, qui a beaucoup d'analogie avec celle des nègres mozambiques, mais dont les cheveux, quoique rudes, sont lisses ; du reste, ces peuplades barbares et misérables, auxquelles on a donné le nom d'Alfourous, ne sont encore que peu connues.

Enfin, les indigènes de l'Amérique sont regardés par la plupart des naturalistes comme ne pouvant être rapportés à aucune des trois variétés de l'espèce humaine dont l'ancien monde est peuplé. Ils sont en général remarquables par leur teint rouge de cuivre, leur barbe rare et leurs cheveux longs et noirs ; mais ils diffèrent beaucoup entre eux. Les uns ont la plus grande analogie avec les races mongoliques de l'Asie ; d'autres, au contraire, se rapprochent un peu des formes européennes. Leur nez est aussi saillant que le nôtre, et leurs yeux sont grands et ouverts.

§ 413. L'ORDRE DES QUADRUMANES se compose des mammifères ordinaires qui ont le pouce opposable aux membres abdominaux aussi bien qu'aux membres thoraciques, et qui emploient tous ces organes aux doubles fonctions de la locomotion et du toucher. De même que les bimanes, ces animaux sont frugivores, et leur appareil dentaire se compose d'incisives, de canines et de molaires. On range dans ce groupe les Singes (fig. 115 et 137), les Ouistitis (fig. 9) et les Makis (fig. 216).

FIG. 216. — Maki à front blanc avec son petit.

Les SINGES sont des animaux de moyenne ou de petite taille, dont le crâne est presque toujours arrondi, le museau médiocrement prolongé, le cou court, le corps svelte, et les membres grêles et longs. Ils sont couverts d'un poil assez serré, long et soyeux : néanmoins leur ressemblance avec l'homme est quelquefois extrême, et il en est qui, dans le jeune âge, n'ont pas la ligne faciale notablement plus oblique que beaucoup de nègres ; par les progrès de l'âge, leur museau devient toujours beaucoup plus saillant, et chez quelques singes cette partie de la face se développe au point de ressembler à celle d'un chien (fig. 217). Les gestes et les allures de ces animaux ont souvent beaucoup d'analogie avec les nôtres. Plusieurs se tiennent facilement dans une position presque verticale, surtout lorsqu'ils peuvent s'aider d'un bâton comme nous nous servons d'une canne, et l'on en voit qui marchent de la sorte, mais ce n'est jamais d'une manière aussi sûre que l'homme ; ils sont au contraire admirablement bien organisés pour grimper de branche en branche. La longueur et la flexibilité de leurs membres, l'existence d'une main à l'extrémité de tous ces organes, la grande énergie de leur système musculaire, leur permettent de déployer alors une agilité étonnante, et la nature a en outre pourvu plusieurs de ces animaux d'une longue queue préhensile, qui leur sert comme une cinquième main, pour se suspendre aux branches, se balancer dans les airs et prendre leur élan lorsqu'ils veulent sauter d'un arbre à un autre.

Fig. 217.

Les singes sont propres aux pays chauds; une seule espèce vit sauvage en Europe, sur les rochers de Gibraltar, et, chose très-remarquable, ceux du nouveau monde ont tous des caractères qui les distinguent de ceux de l'ancien continent.

§ 414. L'ordre des Carnassiers se compose également de mammifères ordinaires onguiculés, qui sont pourvus d'un appareil dentaire complet; mais, chez ces animaux, le pouce n'est pas opposable aux autres doigts, et par conséquent il n'y a pas de main.

D'après le genre de vie de ces animaux, on peut prévoir que leur canal intestinal doit être moins volumineux et moins long que chez les mammifères qui se nourrissent de substances végétales. Les carnassiers, pour saisir et dévorer une proie, qui souvent se débat contre eux, ont besoin d'une force considérable dans les mâchoires : aussi les muscles servant à rapprocher ces organes sont-ils très-volumineux, ce qui donne à la tête de ces animaux beaucoup de largeur. En général, leurs mâchoires sont très-courtes, et le mode d'articulation de cet os avec le crâne indique aussi que les dents sont destinées à couper de la chair, mais non pas à broyer de l'herbe ou des racines; l'articulation est dirigée en travers et serrée comme un gond, de façon à s'opposer à tout mouvement latéral, et à ne permettre à la bouche que de s'ouvrir et de se fermer comme le feraient des branches de ciseaux. Les dents canines sont grosses, longues et écartées entre elles; les incisives, au nombre de six à chaque mâchoire, sont petites; enfin, les molaires sont tantôt entièrement tranchantes, tantôt garnies en parties de tubercules mousses, et ne présentent jamais de pointes coniques disposées comme chez les insectivores. L'une des dents grosses molaires est ordinairement beaucoup plus grande et plus tranchante que les autres, et porte le nom de *dent carnassière*; derrière elle se trouvent une ou deux dents presque plates, que l'on appelle *tuberculeuses* et entre elle et les canines, un nombre variable de fausses molaires. La forme et la disposition de ces diverses dents sont en rapport avec les habitudes plus ou moins carnassières de ces animaux. Ceux qui vivent le plus exclusivement de proie ont les dents les plus tranchantes et les mâchoires les plus courtes (ce qui en augmente la force), tandis que ceux qui se nourrissent de substances végétales aussi bien que de chair, ont les dents, en majeure partie, tuberculeuses : aussi peut-on juger du régime plus ou moins carnivore de l'animal par la proportion de ces parties tranchantes et tuberculeuses.

Les animaux de cet ordre ont, en général, les pattes armées d'ongles crochus et propres à retenir ou même à déchirer leur proie; il est aussi à noter qu'ils manquent presque complétement de clavicules. Ce mode d'organisation se rencontre dans le genre Chat, les Hyènes, les Putois, les Martres, les Loutres, les Chiens, les Blaireaux, les Ours, etc.

Le genre Chat (fig. 218), que l'on peut considérer comme le type des carnassiers, comprend non-seulement les Chats ordinaires, mais aussi le Tigre, le Lion, la Panthère, le Lynx, etc. Ce sont de tous les carnivores les plus puissamment armés : leurs mâchoires courtes sont mues par des muscles prodigieusement forts; leurs ongles rétractiles, qui se cachent entre les doigts dans l'état de repos par l'effet de ligaments élastiques, ne perdent jamais leur pointe ni leur tranchant. Leurs doigts sont au nombre de cinq aux pieds de devant et de quatre à ceux de derrière. Ils ont l'ouïe excessivement fine, et c'est le plus développé de leurs sens. Leur vue ne paraît pas avoir une portée très-longue, mais ils voient bien le jour et la nuit; leur prunelle se dilate et se resserre suivant la quantité de lumière : chez les uns elle est allongée verticalement, chez les autres elle est ronde. Ils font grand usage de leur odorat ; ils le consultent avant de manger, et même toutes les fois qu'une cause quelconque vient leur donner de l'inquiétude. Leur langue est revêtue de pointes cornées très-rudes. Leur pelage est en général doux et fin, et toute la surface du corps très-sensible au toucher ; leurs moustaches surtout paraissent être le siége d'impressions très-délicates. Doués d'une vigueur prodigieuse, ils n'attaquent cependant pas les autres animaux à

FIG. 218. — Panthère.

force ouverte ; la ruse et l'astuce dirigent tous leurs mouvements. Ils ne forcent jamais leur proie à la course, mais, cachés le plus souvent dans un repaire touffu, près des sources d'eau vive, ils y attendent l'animal qui vient se désaltérer, et fondent d'un seul bond sur leur victime.

A la tête de ce genre se place le *Lion*, long de près de deux mètres de l'extrémité du museau à l'origine de la queue, haut d'environ un mètre, et caractérisé par sa tête carrée, le flocon de poils qui termine sa longue queue, la crinière qui revêt la tête, le cou et les épaules chez le mâle. C'est le plus puissant des animaux carnassiers. Sa force est telle, que d'un seul coup de patte il brise parfois les reins d'un cheval, et que d'un coup de queue il terrasse l'homme le plus robuste. Autrefois répandu dans les trois parties de l'ancien monde, il paraît aujourd'hui presque confiné dans l'Afrique et quelques parties voisines de l'Asie.

L'animal que quelques auteurs appellent le *Lion d'Amérique* est une autre espèce du genre chat, nommée *Couguar*, qui est propre au nouveau monde.

Le *Tigre royal*, ou *Tigre d'Orient*, est un animal plus redoutable encore que le lion, car il l'égale en taille et en force, et le surpasse en férocité. Son poil est ras et jaune en dessus, avec des raies transversales noires. Il habite les Indes et y occasionne les plus grands ravages.

Le *Jaguar*, qui est presque aussi grand que le tigre royal et presque aussi dangereux, habite les grandes forêts d'Amérique. Son pelage est jaune en dessus avec quatre rangées de taches noires en forme d'œil le long des flancs, et blanc rayé de noir en dessous. On le distingue quelquefois sous le nom de *Tigre d'Amérique*, et les fourreurs l'appellent la *grande Panthère.*

La *Panthère* (fig. 218), si remarquable par la beauté de son pelage fauve, à taches noires en forme de roses, est répandue dans toute l'Afrique et dans les parties chaudes de l'Asie ; elle ressemble beaucoup au *Léopard*, qui habite les mêmes régions.

On donne le nom de *Lynx* à une autre espèce de chat, remarquable par le pinceau de poils qui surmonte ses oreilles. Son pelage est roux tacheté de roux brun. Il est indigène de l'Europe tempérée, mais il a presque entièrement disparu des contrées peuplées ; on le trouve encore dans les Pyrénées, les montagnes du royaume de Naples et en Afrique. Il grimpe sur les arbres les plus élevés des forêts, et s'y tient caché entre les branches pour épier sa proie. Il commet des dégâts considérables parmi les troupeaux, et détruit un grand nombre de lièvres et de bêtes fauves. Sa vue est tellement perçante, que les anciens lui attribuaient la faculté de voir à travers les pierres des murs : cela est évidemment faux, mais il paraît qu'il distingue sa proie à une distance beaucoup plus grande que la plupart des carnivores.

Le *Chat commun* est originaire de nos forêts d'Europe. Dans son état sauvage, il est gris brun avec des ondes transverses plus foncées, le dessous pâle, le dedans des cuisses et des quatre pattes jaunâtre, la queue annelée de noir. En domesticité, il varie, comme chacun le sait, en couleur, finesse et longueur de poils.

Les HYÈNES (fig. 219) se distinguent des animaux du genre chat par le nombre de leurs doigts, qui est de quatre partout ; par leurs ongles, qui sont propres à fouir et qui ne se relèvent pas pendant la marche, et par la disposition de leurs dents, dont la force est si grande, qu'elle leur permet de briser les os des plus fortes proies. Leur queue est courte et pendante, et au-dessous de l'anus est une poche profonde, dans laquelle un appareil glanduleux sécrète une matière visqueuse qui répand une odeur très-désagréable. Le pelage est rude, peu fourni, composé de poils longs, qui forment une crinière sur le dos. Leur allure est des plus bizarres : elles tiennent leur train de derrière toujours beaucoup plus bas que celui de devant. Ce sont des animaux nocturnes qui habitent les cavernes, et qui sont d'une voracité extrême ; ils vivent de cadavres et cherchent jusque dans les tombeaux : ils ont une réputation de férocité qu'ils ne méritent pas. L'*Hyène commune* est originaire de la Turquie asiatique, de la Syrie et de quelques contrées de l'Afrique.

Fig. 219. — Hyène.

Les putois, les martres, les loutres et quelques autres carnassiers se font remarquer par leur corps allongé, grêle et bas sur pattes. On les désigne quelquefois sous le nom commun de *carnassiers vermiformes*, et ils sont caractérisés par l'existence d'une seule dent tuberculeuse à chaque mâchoire ; tandis que chez les chats et les hyènes il n'y a pas de dent semblable à la mâchoire inférieure, et que chez les chiens et les civettes on en compte deux. Ils sont tous de petite taille ; mais ce sont des animaux très-sanguinaires.

Le genre Putois comprend le Putois commun, le Furet, la Belette, l'Hermine et plusieurs autres espèces, qui ont toutes la tête arrondie, le pelage brillant et doux, la queue longue et des glandes anales qui sécrètent une matière fétide.

Fig. 220. — Belette.

Les Martres ne diffèrent que peu des putois, et sont également recherchées pour leur fourrure. La *Fouine*, qui ravage souvent nos basses-cours, appartient à ce genre.

Les Loutres ont la tête déprimée et les doigts palmés. Ce sont

Fig. 221. — Loutre commune.

des animaux nageurs et nocturnes qui habitent les bords des eaux et vivent principalement de poissons.

Le genre Chien comprend le Chien proprement dit, les Loups et les Renards. Tous ces animaux sont caractérisés par des particularités du système dentaire ; leurs pieds de devant ont cinq doigts, et ceux de derrière quatre ; leurs ongles sont propres à fouir ; leur vue est excellente, leur ouïe fine, leur odorat d'une subtilité très-grande ; ils mêlent des végétaux à leur nourriture animale, et ils aiment la chair corrompue. Ce sont, en général, des animaux de taille moyenne, dont les proportions annoncent la force et l'agilité.

Le *Chien domestique* se distingue des autres espèces de ce genre par sa queue recourbée, et varie d'ailleurs à l'infini par la taille, la forme, la couleur et la qualité du poil. Cet animal naît les yeux fermés, et ne les ouvre que le dixième ou douzième jour. Les femelles font six ou sept petits, et quelquefois douze. La vie du chien est communément bornée à quatorze ou quinze ans. On en a vu cependant qui ont vécu jusqu'à vingt ans : on reconnaît son âge par les dents, qui sont, dans la jeunesse, blanches, tranchantes et pointues, et qui deviennent mousses, inégales et de couleur noire à mesure qu'il vieillit.

Le chien est la conquête la plus complète que l'homme ait faite sur la nature ; toute l'espèce est devenue notre propriété, et l'on a même perdu la trace de son état primitif. Les chiens sauvages, que l'on trouve dans plusieurs contrées, sont des races domestiques qui ont recouvré leur indépendance depuis un certain nombre de générations, et repris par là quelques traits de l'espèce primitive. Des influences aussi puissantes que celles qui résultent de la diversité des climats, de la nourriture, etc., suffisent à peine pour expliquer les nombreuses modifications que le chien domestique a éprouvées, et qui forment ses différentes races : aussi quelques naturalistes pensent-ils que nos chiens n'avaient pas pour souche une seule espèce, mais qu'ils venaient d'espèces différentes qu'on ne peut plus reconnaître aujourd'hui à cause du mélange de leurs races. D'autres pensent que le chien est un loup ou un chacal apprivoisé ; les chiens redevenus sauvages, dans des îles désertes, ne ressemblent cependant ni à l'un ni à l'autre. Ces chiens sauvages et ceux des peuples peu civilisés, tels que les habitants de la Nouvelle-Hollande, ont les oreilles droites, ce qui a fait croire que les races européennes les plus voisines du premier type sont notre *Chien de berger*, ou notre *Chien-loup*.

FIG. 222. — Renard.

Le *Loup commun* se distingue facilement des chiens domestiques par sa queue, qui est droite au lieu d'être relevée comme chez ces derniers. Ses oreilles sont également droites, et son pelage est fauve. Cet animal a la taille de nos plus grands chiens, et la physionomie du mâtin ; mais, loin d'être comme eux un animal éminemment sociable, il vit presque toujours solitaire dans les grandes forêts, et ne se réunit en troupe avec ses semblables que lorsque la faim le presse. Il est très-fort, agile, adroit, et pourvu de tout ce qui lui est nécessaire pour la poursuite, l'attaque et la conquête de sa proie ; cependant il est naturellement lent et lâche, et ce n'est que lorsqu'il est poussé par la faim qu'il brave le danger et ose venir attaquer les animaux qui sont sous la protection de l'homme, comme les brebis, les moutons et même les chiens. Tourmenté par une faim excessive, il exerce de grands ravages : il attaque les femmes et les enfants; quelquefois même il ose se jeter sur l'homme. Il habite toute l'Europe.

Le *Chacal*, ou *Loup doré,* qui se trouve dans les parties chaudes de l'Asie et de l'Afrique, ressemble, par ses mœurs et par sa conformation, au chien domestique bien plus que notre loup commun. Il se laisse apprivoiser.

Les Renards (fig. 222) diffèrent du chien domestique et du loup par leur tête plus large, leur museau plus pointu, leur queue plus longue et plus touffue, et par la forme des prunelles, qui, pendant le jour, ressemblent à une fente verticale. Ils sont nocturnes, se creusent des terriers, répandent une odeur fétide et n'attaquent que des animaux faibles. On en trouve des espèces dans toutes les parties du monde. Ceux des pays froids donnent une fourrure très-recherchée.

Tous les carnassiers dont nous venons de parler, ainsi que plusieurs autres, la genette et la civette, par exemple, ne marchent que sur l'extrémité des doigts, en soulevant le tarse, disposition qui leur a valu le nom de *digitigrades*, et qui leur donne une démarche légère et beaucoup de rapidité à la course. Les ours et les blaireaux sont au contraire *plantigrades*, c'est-à-dire qu'ils appuient la plante entière du pied sur le sol ; leurs mouvements sont lents, et ils mènent une vie nocturne.

Les Ours sont de grands animaux à corps trapu, à membres épais et à queue extrêmement courte ; leurs allures sont lourdes, mais ils ont une force très-grande et beaucoup d'intelligence. La conformation de leurs membres, peu favorable à la course, leur permet de se tenir facilement redressés sur leurs pattes de derrière et de grimper avec agilité aux arbres, qu'ils embrassent entre leurs pattes. Quelques-uns sont aussi très-bons nageurs, et ils doivent en partie cette faculté à la quantité de graisse dont leur corps est chargé. Ils sont, de tous les carnivores, ceux qui, par leur organisation, sont les moins astreints, au régime carnassier : en effet, la structure de leurs dents, presque entièrement tuberculeuses, est plus favorable pour broyer les fruits et les racines que pour déchirer et couper la chair : aussi sont-ils omnivores. Ils se nourrissent également de substances animales et végétales, mais ces dernières sont leur nourriture habituelle. Ils aiment les racines et les fruits, et ils ont une préférence très-prononcée pour le miel, qu'ils vont chercher au milieu d'une ruche, sans craindre beaucoup la piqûre des abeilles, dont ils sont préservés par leur peau dure et les poils épais qui la couvrent. La plupart des ours vivent dans les grandes forêts ; mais il en est une espèce qui habite les côtes et les glaces des mers polaires. Les premiers établissent d'ordinaire leurs demeures dans des cavernes ou dans des antres qu'ils se creusent avec leurs ongles forts et crochus ; en hiver, ils s'endorment dans leurs retraites, et, lorsque le froid est rigoureux, ils passent toute cette saison dans une léthargie profonde.

§ 415. L'ORDRE DES AMPHIBIES est formé par des mammifères dont l'organisation est très-analogue à celle des carnassiers, mais dont les membres ne sont pas propres à la marche et con-

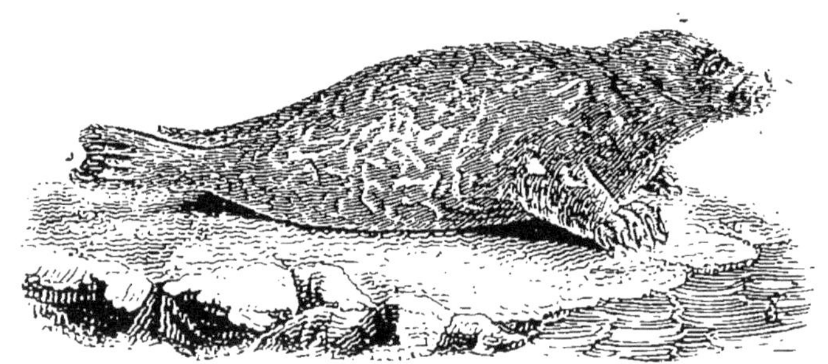

FIG. 223. — Phoque.

stituent des rames pour la natation ; aussi ces animaux passent-ils la plus grande partie de leur vie dans l'eau. Les Phoques (fig. 223) et les Morses appartiennent à cette division.

§ 416. L'ORDRE DES CHÉIROPTÈRES se lie d'une manière étroite à celui des quadrumanes, mais il est caractérisé par une modification singulière des membres antérieurs, ces organes étant

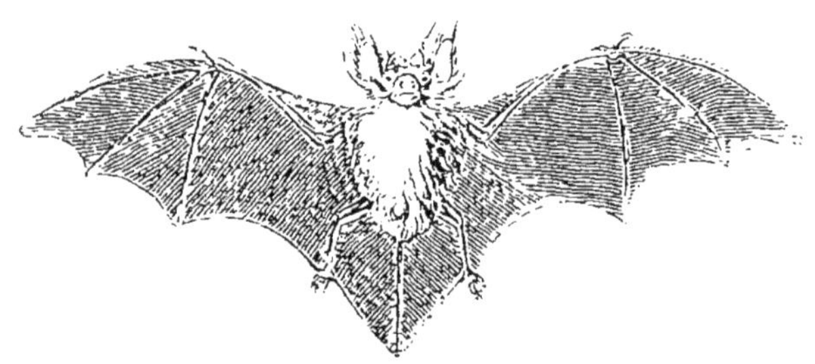

FIG. 224. — Chauve-souris oreillard.

transformés en ailes à l'aide d'un grand repli de la peau des flancs qui s'étend jusqu'aux doigts (fig. 224, 225) ; il est aussi à noter que, chez ces animaux, le cerveau est bien moins développé que dans les groupes précédents, et que le système dentaire se compose encore de canines et d'incisives aussi bien que de molaires. Les uns sont frugivores, les autres sont insectivores, et, dans le premier cas, leurs molaires sont semblables à celles des quadrumanes; tandis que, dans ceux qui vivent d'insectes, ces organes sont conformés de la même manière que dans l'ordre suivant. Les Chauves-souris sont les représentants principaux de ce groupe.

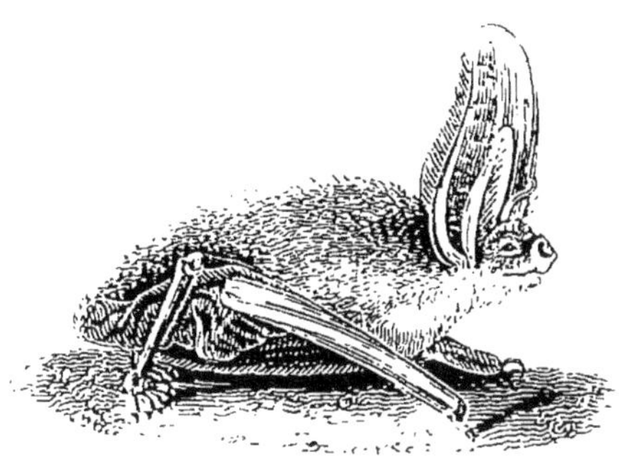

Fig. 225. — Oreillard marchant à terre.

§ 417. L'ordre des Insectivores se compose encore de mammifères ordinaires de la division des onguiculés, dont les quatre membres, conformés pour la marche, ne se terminent point par une main, et dont la bouche est armée de trois sortes de dents; mais ici les molaires, au lieu d'être tranchantes, comme chez les carnassiers, sont hérissées de pointes coniques (fig. 26), ce qui les rend propres à saisir et à écraser les insectes destinés à servir d'aliments à ces animaux. Leur cerveau ressemble beaucoup à celui des chéiroptères, et n'offre pas de circonvolutions comme chez les bimanes, les quadrumanes, les carnassiers, les amphibies. La plupart des insectivores vivent plus ou moins complétement sous terre, et s'engourdissent en hiver. Nous citerons comme exemples de ce groupe : la Taupe (fig. 209), le Hérisson (fig. 227), le Desman (fig. 204) et la Musaraigne (fig. 226).

Fig. 226. — Musaraigne.

Les Hérissons (fig. 227) ont le corps couvert de piquants au lieu de poils, et la peau de leur dos est garnie en dessous de muscles tels, que l'animal, en fléchissant la tête et les pattes vers le ventre, peut s'y renfermer comme dans une bourse, et présenter de toutes parts ses piquants à l'ennemi. Ils vivent dans les bois, et se tiennent cachés pendant le jour entre les racines des vieux arbres. On en trouve assez communément en France.

Les Musaraignes (fig. 226) sont de très-petits animaux dont l'aspect rappelle en général celui d'une souris; leur corps est couvert de poils, et sur chaque flanc on leur trouve une petite bande de soies roides entre lesquelles suinte une humeur odorante. Elles se tiennent dans des trous qu'elles se creusent en terre, et se nourrissent de vers et d'insectes. La *Musette* est une espèce de musaraigne assez répandue dans nos campagnes, où

FIG. 227. — Hérisson.

on l'accuse, mais à tort, de causer par sa morsure une maladie aux chevaux et aux mulets.

Les TAUPES sont des animaux essentiellement souterrains et fouisseurs ; leur corps est trapu, leur museau allongé et terminé par un boutoir mobile servant à creuser la terre, et leurs membres antérieurs, très-courts, mais extrêmement forts et très-larges, sont dirigés en dehors et terminés par d'énormes ongles propres à fouir (fig. 210). A l'aide de ces organes, les taupes creusent dans le sol, avec une rapidité extrême et un instinct admirable, de longues galeries au milieu desquelles elles établissent leur demeure. Les petites élévations qu'on voit souvent sur le sol, et qu'on appelle des *taupinières*, sont formées par les déblais que ces animaux rejettent au dehors lorsqu'ils exécutent ces travaux souterrains. Ils ne sortent presque jamais de leurs labyrinthes, et se nourrissent des vers et des larves d'insectes qu'ils y trouvent. Ils sont destinés, comme on le voit, à vivre dans une obscurité profonde : aussi leurs yeux sont-ils à peine perceptibles, et il existe une espèce de taupe qui est complétement aveugle. On leur compte vingt-deux dents à chaque mâchoire. La *Taupe commune* de nos campagnes, qui est d'un beau noir, est répandue dans toutes les contrées fertiles de l'Europe.

§ 418. L'ORDRE DES RONGEURS comprend les mammifères ordinaires onguiculés dont la bouche est armée de fortes incisives et de molaires, mais manque de canines. Cette disposition des dents (fig. 17 et 229) les rend propres à ronger des substances végétales très-dures, telles que des écorces et des racines, et le régime de

22

ces animaux se compose principalement de ces matières. Le cerveau des rongeurs ressemble beaucoup à celui des insectivores, et leur intelligence est très-bornée ; mais plusieurs sont doués de facultés instinctives très-remarquables. Les Écureuils (fig. 122), les Marmottes (fig. 66), les Rats, les Hamsters (fig. 123), les Cam-

FIG. 228. — Campagnol ordinaire.

pagnols (fig. 228), les Lièvres, les Castors (fig. 132), les Porcs-épics (fig. 196), et plusieurs autres animaux conformés d'après le même plan général, prennent place dans cette division.

Les rongeurs du genre RAT sont caractérisés par quelques particularités dans la disposition de leurs dents, et par leur queue longue et écailleuse. Ce sont des animaux de petite taille, qui se nourrissent principalement de substances végétales (telles que des graines et des racines); mais ils mangent aussi des matières animales, et, lorsque la disette les pousse, ils se livrent des combats acharnés et se dévorent entre eux. Il y en a trois espèces qui sont devenues communes dans nos maisons, savoir : le Rat domestique, le Surmulot et la Souris.

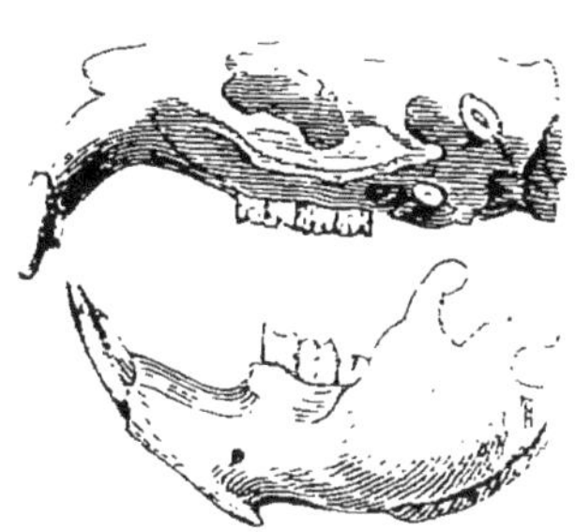

FIG. 229. — Tête d'un Rongeur.

Le *Rat domestique* n'était pas connu des anciens, et paraît être originaire de l'Amérique. On ignore l'époque de son introduction en Europe, mais on sait que jadis il existait en grand nombre dans les lieux que le surmulot occupe maintenant, après y avoir presque entièrement détruit cette espèce. Le rat domestique est même devenu un animal assez rare à Paris, et on ne le trouve guère que dans les granges, où il fait sa nourriture du grain, de la farine, du fruit et des légumes de toute espèce qui s'y trouvent. Son goût pour les matières animales est très-prononcé, et il fait la chasse aux jeunes animaux. Dans les maisons rurales où il se propage, il devient un véritable fléau par les dommages qu'il cause en rongeant le linge, les harnais de cuir, le lard, en un mot tout ce qui lui tombe sous la dent.

Le *Surmulot* est le plus grand de nos rats ; il a environ deux décimètres de long (la queue non comprise), et son pelage est brun roussâtre. Il est aujourd'hui très-multiplié en Europe, mais cependant il n'y a été introduit que dans le dix-huitième siècle. Les vaisseaux faisant le commerce avec l'Inde l'ont transporté en Angleterre, d'où il s'est répandu en France, dans toutes les autres parties de l'Europe, en Amérique, et enfin partout où les Européens ont fondé des colonies. Aux environs de Paris, les surmulots sont très-abondants dans les voiries. Ils se creusent des terriers à peine assez profonds pour contenir leur corps.

La *Souris* est la plus petite des espèces de rats qui vivent dans nos habitations, et elle est la seule qui fut connue des anciens. Ce petit animal creuse dans les planchers de nos maisons, et dans les vieilles murailles dont le plâtre se détache facilement, des galeries plus ou moins longues, où il fait sa résidence habituelle ; il se nourrit de toutes les substances animales ou végétales qu'il peut atteindre, et a surtout du goût pour le suif, le lard et les autres corps gras. Quelquefois on en rencontre, à l'état sauvage, dans les bois, où ils se nourrissent principalement de glands et de faînes.

Les Loirs sont de jolis petits animaux à poil doux, à queue velue et même touffue, au regard vif, qui ont beaucoup d'analogie avec les rats, se tiennent sur les arbres, et se nourrissent de fruits. De même que les marmottes, ils passent la saison froide roulés en boule et dans un sommeil léthargique très-profond. On peut les reconnaître au nombre de leurs dents molaires, qui est de quatre à chaque mâchoire et de chaque côté.

Fig. 230. — Lérot.

Les GERBOISES (fig. 231) sont de petits rongeurs qui sont remarquables par le grand développement de leurs pattes posté-

FIG. 231. — Gerboise.

rieures, ce qui leur donne la faculté de sauter avec beaucoup d'agilité.

Les ÉCUREUILS (fig. 122) appartiennent aussi à l'ordre des rongeurs, et se font reconnaître par leur longue queue garnie de poils comme une large plume. Ce sont des animaux remarquables par leur agilité, qui vivent sur les arbres et se nourrissent de fruits. Il y en a beaucoup d'espèces dans les deux continents. En France, on rencontre en grand nombre l'*Écureuil commun*, qui, dans nos climats, conserve toujours les couleurs que chacun lui connaît (le dos d'un roux vif et le ventre blanc), mais, dans le Nord, devient, pendant l'hiver, d'un beau cendré bleuâtre, et porte alors le nom de *petit-gris* : dans cet état sa fourrure est très-recherchée.

Les CASTORS se distinguent de tous les autres rongeurs par leur grande queue aplatie horizontalement, de forme presque ovalaire et couverte d'écailles (fig. 132). Ce sont d'assez grands animaux, dont la vie est tout aquatique ; leurs pieds et leur queue les aident également bien à nager. Ils vivent principalement d'écorces et d'autres matières dures, et ils se servent de leurs fortes dents incisives pour couper toutes sortes d'arbres.

Le *Castor du Canada* est, de tous les quadrupèdes, celui qui met le plus d'industrie à la fabrication de sa demeure, à laquelle il travaille en société, dans les lieux les plus solitaires du nord de l'Amérique (§ 331, p. 268).

Le voisinage de l'homme empêche les castors de se réunir ainsi et de bâtir ; les castors solitaires qu'on trouve dans les terriers le long du Rhône, du Danube ou de quelques autres fleuves d'Europe, ne se construisent jamais de huttes, mais paraissent cependant être de la même espèce que le castor du Canada.

§ 419. L'ordre des Édentés semble établir le passage entre les mammifères onguiculés et les ongulés, car leurs ongles prennent un grand développement et enveloppent en grande partie l'extrémité des doigts ; mais ce qui les caractérise surtout, est l'absence de dents sur le devant de la bouche (fig. 232). L'appareil masticateur ne se compose que des molaires et des canines, et quelquefois même manque complétement (fig. 30) ; aussi les édentés se nourrissent-ils principalement d'insectes mous ou de feuilles faciles à arracher. Nous citerons comme exemples de ce groupe les Tatous (fig. 233), les Pangolins (fig. 197) et les Fourmiliers.

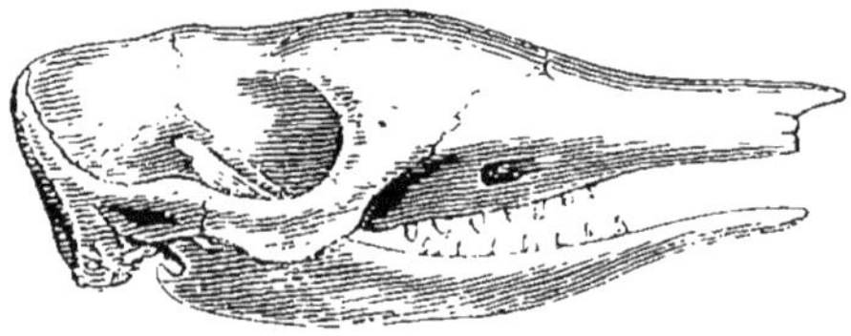

Fig. 232. — Tête de Tatou.

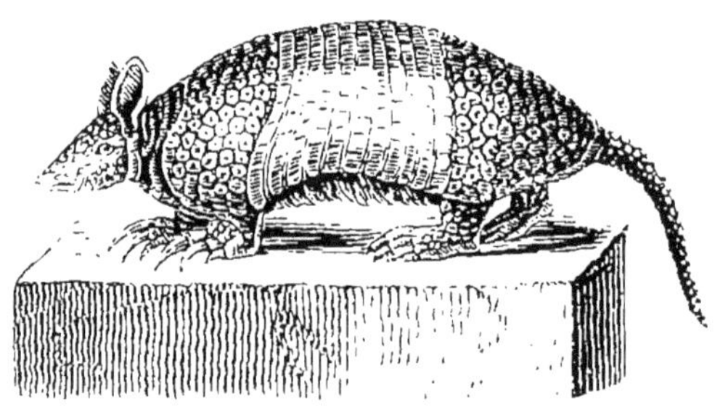

Fig. 233. — Tatou cabassou.

§ 420. L'ordre des Pachydermes appartient à la division des mammifères à sabots, et se compose de tous les ongulés dont l'appareil digestif est conformé de la manière ordinaire et n'est pas disposé pour la rumination. Ces animaux sont remarquables par l'épaisseur de leur peau ; leur cerveau présente des circonvolutions nombreuses, à peu près comme chez les carnassiers, et ils sont tous plus ou moins complétement herbivores. Les uns ont le nez prolongé en une longue trompe préhensile, et sont nommés pour cette raison les *Proboscidiens* : les Éléphants (fig. 202) sont dans ce cas. D'autres pachydermes se distinguent par la conformation de leurs pieds, qui ne sont pas divisés au bout et se terminent par un doigt unique garni d'un seul sabot : ce sont les diverses espèces du genre cheval, telles que le Cheval proprement dit, l'Ane et le Zèbre (fig. 234), qui offrent ce caractère, et il leur a valu le nom commun de *Solipèdes*. Enfin, les *Pachydermes ordinaires* ont les pieds terminés par des doigts dont le nombre varie de deux à quatre : le Sanglier, le Tapir (fig. 203), le Rhinocéros (fig. 199), l'Hippopotame (fig. 235), appartiennent à ce groupe.

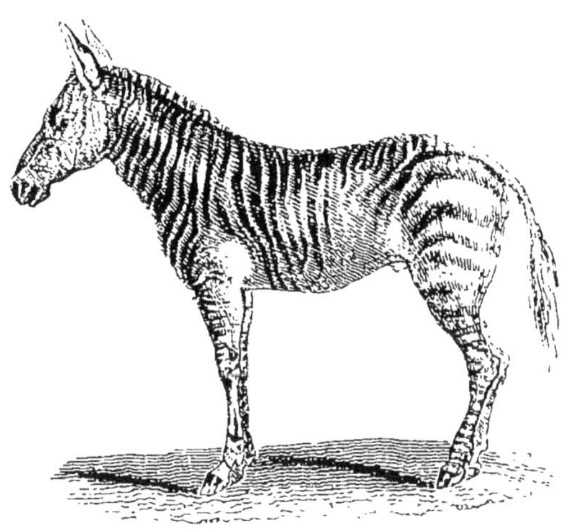

Fig. 234. — Zèbre.

Le genre Éléphant (fig. 202) comprend des animaux d'une taille gigantesque, d'un naturel doux et docile qui leur rend très-faciles les habitudes de la domesticité. L'amplitude que doivent avoir les alvéoles de la mâchoire supérieure pour contenir les deux défenses la rend si haute, et raccourcit tellement les os du nez, que les narines se trouvent dans le squelette vers le haut de la face ; mais elles se prolongent, dans l'animal vivant, en une trompe cylindrique dont nous avons déjà fait connaître la structure (page 349). Au moyen de ce bizarre instrument, l'éléphant déracine un arbre, défait les nœuds d'une corde, et parvient à ouvrir une serrure et à écrire même avec une plume. Ces animaux ont la vue assez bonne ; leur ouïe est fine, leur odorat délicat ; ils possèdent de l'intelligence et leur prudence est extrême ; ils gardent le souvenir des bienfaits comme des injures. Leur allure est pesante, mais l'étendue de leur pas donne de la rapidité à leur course. Quoique l'éléphant soit le plus puissant des quadrupèdes, il n'est dans l'état de nature ni cruel ni redoutable. Non moins pacifique que brave, il n'abuse jamais de son pouvoir et n'use de ses forces que pour sa propre défense. Dans les déserts, on le voit rarement seul. Les troupeaux sont ordinairement de quarante à cent individus. Le plus ancien marche à la tête de la bande, le second d'âge veille à l'arrière-garde.

On dompte les éléphants lorsqu'on les saisit jeunes ; ils peuvent alors être employés aux transports. On les charge d'un poids de 1000 kilogrammes (ou environ deux mille livres), et on leur fait parcourir, sans trop les fatiguer, un trajet de 60 à 80 kilomètres (quinze à vingt lieues). Ces animaux nagent très-bien; ils vivent à peu près deux cents ans.

On connaît deux espèces d'éléphants : 1° L'*Éléphant des Indes*, qui a la tête oblongue, le front concave, les oreilles d'une médiocre grandeur et quatre ongles aux pieds de derrière. On le rencontre dans toutes les parties chaudes de l'Inde, où les habitants le chassent, le prennent, le domptent, et l'emploient comme bête de trait et de somme. Ses défenses restent souvent très-courtes. 2° L'*Éléphant d'Afrique*, qui a la tête ronde, le front convexe; ses oreilles sont grandes, et il n'a que trois ongles aux pieds de derrière. Il habite l'Afrique, depuis le Sénégal jusqu'au Cap. Il est plus farouche que celui des Indes, et ses défenses sont beaucoup plus longues; la femelle les a aussi longues que le mâle.

Ce sont les défenses d'éléphant qui fournissent le véritable *ivoire;* on reconnaît cette substance aux lignes courbes losangiques que présente la tranche lorsqu'elle est polie.

Les Hippopotames ont le corps énorme, les jambes très-courtes, quatre doigts égaux à chaque pied (tandis que l'éléphant en a cinq), la queue médiocre, le museau renflé et la peau presque dénuée de poils. Ces animaux vivent dans les rivières du centre et du midi de l'Afrique, où ils se nourrissent de substances végétales. Ils sont d'un brun noir, et atteignent jusqu'à 3 mètres et demi de long sur 1m,30 ou 1m,60 de haut. On en voit quelquefois trois ou quatre au milieu des rivières ou près de quelque cataracte, formant une espèce de ligne et s'élançant sur les poissons que la rapidité du courant leur amène. Ils nagent avec une grande vigueur, et demeurent longtemps sous l'eau sans avoir besoin de respirer l'air. Pendant la nuit, ils quittent les rivières pour se jeter sur les plantations de cannes à sucre, de millet, de

Fig. 235. — Hippopotame.

riz, qu'ils dévorent avec avidité. Ils marchent avec une telle impétuosité, qu'ils écrasent tout ce qui se trouve sur leur passage. Leur caractère féroce les a rendus très-redoutables.

Les Cochons ont aussi quatre doigts à tous les pieds ; mais deux sont très-grands, dirigés en avant, et deux très-petits, extérieurs, ne touchent presque pas la terre. Leurs incisives sont en nombre variable, et les canines sortent de la bouche et se recourbent toutes vers le haut, comme de véritables défenses ; leur museau est terminé par un boutoir tronqué, propre à fouiller la terre. Ils vivent en troupe dans les forêts, où ils se nourrissent de racines et de fruits, quoiqu'ils n'éprouvent pas de répugnance pour la nourriture animale.

Les Rhinocéros (fig. 199) sont de grands animaux trapus et lourds, qui sont remarquables par l'épaisseur extrême de leur peau et par la corne solide qu'ils portent sur le nez, dont les os sont très-épais et réunis en une sorte de voûte pour la soutenir. Cette corne, comme nous l'avons déjà dit, adhère à la peau et semble être composée de poils agglutinés ; dans son intérieur il n'y a pas d'axe osseux comme dans les cornes des ruminants. Ces animaux habitent les parties les plus chaudes de l'ancien continent, et se trouvent généralement dans les lieux où vivent aussi les éléphants. Ils recherchent les endroits humides et ombragés, et se vautrent à la manière des hippopotames et des cochons, pour assouplir leur cuir. Leur intelligence paraît fort bornée, et leur naturel est farouche et indomptable.

Le genre Cheval, comprenant le Cheval proprement dit, l'Ane, le Zèbre (fig. 234), et plusieurs autres espèces, se distingue de tous les autres mammifères par la conformation du pied, qui se termine par un seul doigt apparent garni d'un seul sabot. Ces animaux, que l'on désigne aussi sous le nom commun de *solipèdes*, ont à chaque mâchoire six incisives tranchantes qui, dans la jeunesse de l'animal, ont leur couronne creusée d'une fossette, et de chaque côté six molaires. Les mâles ont de plus à la mâchoire supérieure, et quelquefois à toutes les deux, deux petites canines qui manquent presque toujours aux femelles. Entre ces canines et la première molaire est l'espace vide nommé *barre*, où l'on place le mors, au moyen duquel l'homme dompte et dirige ces animaux. Ils ont l'œil saillant, la prunelle en forme de carré long, l'oreille longue et mobile, les narines sans mufle, la langue très-douce, l'ouïe très-fine ; leur lèvre supérieure, fort mobile, est pour eux un instrument de préhension. Tout leur corps est couvert d'un poil bien fourni, avec une crinière sur le cou. Aux jambes de devant, et quelquefois à celles de derrière, on trouve souvent une partie nue, cornée, qu'on appelle *châtaigne* ou noix. Leur queue est médiocre, mais souvent garnie de longs crins. Les chevaux sont essentiellement herbivores; leur estomac cependant est simple et médiocre. Le cheval se contente des herbes les plus communes lorsqu'il y est habitué de bonne heure. Il aime les pâturages secs; on le nourrit à l'écurie avec du foin, de la luzerne, du trèfle, de la vesce, de l'avoine; la paille de froment, d'orge et d'avoine lui convient aussi, lorsqu'il reçoit en même temps une portion de bon foin et de grains.

Le *Cheval proprement dit* se distingue des autres espèces de ce genre par la couleur uniforme de sa robe et par sa queue garnie de poils dès sa base. Il les dépasse aussi par sa taille et par la beauté de ses formes. Il est originaire des grandes plaines du centre de l'Asie; mais, aujourd'hui, il est répandu en nombre immense dans presque toutes les parties du monde, et il n'existe plus à l'état sauvage que dans les lieux où des chevaux domestiques ont recouvré la liberté, comme en Tartarie et en Amérique. L'importation de ces animaux dans le nouveau monde ne date que d'environ trois siècles, et cependant les chevaux sauvages y sont en nombre immense. On assure les y avoir rencontrés par troupes de plus de dix mille individus.

Le cheval peut vivre environ trente ans; mais, dans sa vieillesse, il perd presque toutes ses qualités précieuses. Avant l'âge de quatre ou cinq ans il ne peut être monté ni employé au trait; on voit donc qu'il importe beaucoup de pouvoir distinguer avec certitude l'âge de ces animaux. Jusqu'à l'âge d'environ huit ans, on y parvient avec certitude à l'aide des changements successifs qui s'opèrent dans leur système dentaire; mais passé cette époque, on n'a aucun signe bien positif de leur âge, et l'on dit qu'ils ne *marquent* plus, parce qu'alors les fossettes dont leurs incisives étaient creusées sont effacées.

L'*Ane* se reconnaît par sa taille, en général plus petite que celle du cheval, par ses longues oreilles, par la croix noire qu'il a sur les épaules, par la touffe de poils qui termine sa queue. Quoique moins fort que le cheval, il n'est pas moins précieux que lui pour les habitants de la campagne, parce qu'il est plus patient et plus sobre. Il est comparativement plus fort et plus hardi que son heureux rival. Sujet à beaucoup moins d'infirmités, il soutient sa vie à très-peu de frais. Il n'est difficile que pour sa boisson : il lui faut une eau claire et limpide. Il est trois ou quatre ans avant de prendre toute sa croissance, et pousse sa carrière jusqu'à vingt ou vingt-cinq ans; il dort moins que le cheval. Dans ses premières années, il est vif, animé; mais les mauvais traitements lui font bientôt perdre sa vivacité; il devient lent, stupide et têtu.

§ 421. L'ORDRE DES RUMINANTS se distingue non-seulement des autres mammifères ongulés, ou pachydermes, mais encore de tous les groupes précédents, par l'existence de quatre estomacs disposés pour la rumination (§ 404). Ces animaux sont essentiellement herbivores, et manquent de dents sur le devant de la mâchoire supérieure; enfin, ils ont tous le pied fourchu, et c'est seulement parmi eux qu'on rencontre des espèces dont le front est armé de cornes soutenues par un axe osseux. Les principaux représentants de cette division sont les Bœufs, les Moutons (fig. 238), les Chèvres (fig. 200) et les Cerfs (fig. 239); mais on y range aussi les Antilopes, la Girafe (fig. 241), les Chameaux, les Lamas, etc.

Le genre BŒUF diffère des autres ruminants par la forme du corps et par la disposition des cornes, lesquelles, revêtues d'une gaîne cornée, et formées intérieurement par un prolongement de l'os du front, sont dirigées de côté, puis recourbées en haut et en avant en forme de croissant.

Les espèces principales sont : le Bœuf ordinaire, l'Aurochs, originaires l'un et l'autre de l'Europe; le Buffle, l'Yak, qui sont

FIG. 236. — Bison.

propres à l'Asie; le Bison et le Bœuf musqué, qui appartiennent à l'Amérique septentrionale.

Le *Bœuf ordinaire*, qui dans sa jeunesse est appelé *veau*, et dont le mâle porte le nom de *taureau*, et la femelle celui de *vache*, a pour caractère particulier un front plat, plus long que large, des cornes rondes, placées aux deux extrémités de la ligne saillante qui sépare le front de l'occiput, et les quatre mamelles placées par paires. Aussi vigoureux que docile, le bœuf est d'une grande utilité pour l'économie domestique et pour l'agriculture, soit comme bête de trait, soit à raison des produits qu'il nous fournit. Sa chair, qui est très-succulente, constitue un de nos aliments les plus sains et les plus nourrissants. Sa peau, bouillie, donne de la colle forte ; tannée, elle se change en *cuir;* les poils entrent dans la composition de certains mortiers, et servent de bourre ; les cornes sont employées par les tabletiers pour faire des peignes, des écritoires et autres ustensiles. On brûle sa graisse ; on fait d'excellent engrais avec son sang, dont on se sert aussi pour fabriquer une couleur bleue très-utile, connue sous le nom de *bleu de Prusse ;* ce sang est employé encore dans plusieurs arts chimiques, entre autres dans les raffineries de sucre et d'huile de poisson. La membrane qui couvre les intestins, lorsqu'elle est séchée, forme ce qu'on nomme la *baudruche*, et est employée pour recouvrir les aérostats et battre l'or en feuilles très-minces. Enfin le lait de la vache donne la crème, le fromage et le beurre. Il y a des bœufs dans toutes les parties du monde ; mais ces animaux sont originaires de l'Europe et de l'Asie.

L'*Aurochs* est le plus grand des quadrupèdes de l'Europe. Il se distingue de notre bœuf domestique par son front bombé, plus large que haut ; par l'attache de ses cornes au-dessous de la crête occipitale ; par une sorte de laine crépue qui couvre la tête et le cou du mâle, et qui forme une barbe courte sous la gorge ; enfin, par une paire de côtes de plus. On voit donc que c'est à tort qu'on a représenté l'aurochs comme étant la souche de nos bêtes à cornes. Il habitait autrefois toute l'Europe tempérée ; mais aujourd'hui sa race est presque détruite, et l'on n'en trouve plus que quelques individus réfugiés dans les grandes forêts marécageuses de la Lithuanie, des Krapaks et du Caucase.

Le *Buffle*, originaire de l'Inde, mais naturalisé en Italie et en Grèce, a les cornes marquées en avant par une arête longitudinale. Il a moins de docilité que le bœuf, mais il est plus robuste et plus facile à nourrir. Il aime à se vautrer dans la fange, et il est excellent nageur ; il plonge parfois jusqu'à dix ou douze pieds de profondeur pour arracher avec ses cornes des plantes aquatiques qu'il mange en nageant.

L'*Yak*, aussi nommé *Buffle à queue de cheval* et *Vache grognante de la Tartarie*, est une espèce de petite taille, originaire du Thibet. Il porte sur le dos une longue crinière, et sa queue est garnie de poils longs comme ceux du cheval. C'est avec cette queue qu'on fait les étendards qui servent parmi les Turcs à distinguer les officiers supérieurs.

Le *Bœuf musqué* habite les parties les plus septentrionales de l'Amérique, et grimpe sur les rochers presque aussi bien que les chèvres; il est remarquable par ses cornes presque réunies à leur base au devant du front, et par l'odeur forte de musc qu'il répand.

Fig. 237. — Bœuf musqué.

Le *Bison* d'Amérique ressemble beaucoup à l'aurochs, quoiqu'il ait les jambes et la queue plus courtes, le poil plus long, et quelques autres différences plus légères.

Le genre Mouton se compose de ruminants dont les cornes, organisées de la même manière que celles des bœufs, sont d'abord dirigées en arrière et reviennent ensuite plus ou moins en avant, en spirale; ils manquent de barbe, et ont le chanfrein convexe; du reste, ils diffèrent à peine des chèvres.

Une espèce de ce genre, l'*Argali*, dont le mâle a de très-grosses cornes, triangulaires à leur base, arrondies aux angles, aplaties en avant et striées en travers, semble devoir être considérée comme la souche de toutes les variétés de nos moutons domestiques. Cet animal se trouve en grand nombre dans le Kamtchatka, dans toutes les régions montagneuses de l'Asie centrale, et sur les plus hautes montagnes de la Barbarie, de la Corse et de la Grèce. Il devient grand comme un daim, et il est très-agile.

Le *Mouflon* (fig. 238), que l'on trouve en Europe et en Afrique, diffère de l'argali en ce que sa taille ne devient jamais aussi grande : sa femelle n'a que rarement des cornes, et lorsqu'elles existent, elles sont très-petites. Il y a dans les mouflons des variétés qui sont noires en tout ou en partie, et d'autres plus ou moins blanches. Ces animaux vivent en troupe.

Le *Mouton domestique*, qui, dans sa jeunesse, porte le nom d'*agneau*, et dont la femelle est appelée *brebis*, est un animal trop connu pour qu'il soit nécessaire d'entrer dans de longs détails sur ses mœurs et sur ses caractères zoologiques. On l'élève en troupeaux nombreux, pour obtenir la toison, qu'on tond tous les ans, et dont les poils frisés se nomment *laine*. La graisse de ces animaux, blanche et cassante, sert à faire la chandelle; c'est avec leurs intestins roulés et desséchés que sont fabriquées les cordes à boyau; enfin, leurs excréments, qui donnent un engrais très-chaud, contribuent puissamment à augmenter la fertilité des terres. Les brebis *mérinos* qui se trouvent en Espagne sont remarquables par la finesse de leur laine. Autrefois leur exportation de ce pays était défendue ; mais aujourd'hui on en élève en France et dans presque toutes les parties de l'Europe. Les premiers mérinos furent importés en 1776, d'après les ordres de Trudaine, intendant des finances ; aujourd'hui nous en possédons environ 500 000, sans compter les métis.

Fig. 238. — Mouflon.

La tonte des moutons se fait tous les ans vers le mois de mai, lorsqu'en écartant les mèches de la laine, on aperçoit la pointe d'une laine nouvelle. Quelquefois on lave la laine sur le dos de l'animal, avant de la couper; plus souvent on la coupe telle qu'elle est, imprégnée d'une sueur grasse, nommée *suint*, qui la préserve des teignes et autres insectes.

Les Chèvres (fig. 200) ont les cornes semblables à celles des moutons, mais dirigées en haut et en arrière, le menton ordinairement garni d'une longue barbe, et le chanfrein de leur face concave. Toutes les espèces de ce genre sont d'Europe ou d'Asie, et vivent par petites familles, sur les montagnes escarpées, où elles déploient une agilité étonnante.

L'*Ægagre*, ou *Chèvre sauvage*, qui paraît être la souche de toutes les variétés de nos chèvres domestiques, habite en troupes sur les montagnes de la Perse, et peut-être même dans les Alpes.

Le *Bouquetin* est une espèce de chèvre sauvage qui habite le sommet des hautes montagnes de l'ancien monde.

La *Chèvre domestique* est très-répandue dans toute l'Europe, car c'est un animal qui donne de grands profits, et n'est que d'un entretien peu coûteux. Il semble cependant se plaire mieux dans les montagnes et sur les rochers escarpés que dans les champs cultivés. Sa nourriture favorite consiste en bourgeons de jeunes arbres. Il est capable de supporter les plus fortes chaleurs; l'orage ne l'effraye nullement, et les pluies ne l'incommodent point. Le lait de chèvre est gras et nourrissant; il se coagule moins sur l'estomac que celui de la vache, et par conséquent est d'une plus facile digestion.

Les ruminants du genre CERF se distinguent des autres mammifères par la nature de leurs cornes, qui sont osseuses, sujettes à des changements périodiques, et portent le nom de *bois*.

FIG. 239. — Cerf.

On connait un grand nombre d'espèces du genre cerf : le Cerf commun, le Daim, le Chevreuil et le Renne (fig. 240), par exemple. Tous ces animaux habitent les forêts et sont légers à la course; leurs jambes sont longues et fines, leur corps svelte et arrondi, et leur pelage propre et luisant. En général, ils sont remarquables par leur beauté et l'élégance de leurs formes. C'est ordinairement au printemps qu'ils changent de cornes, et les femelles en manquent presque toujours.

Les ANTILOPES sont des ruminants qui ressemblent beaucoup à des cerfs, mais qui, à la place de bois, ont des cornes persistantes et revêtues d'un étui corné comme celles des bœufs. Le *Chamois* appartient à ce genre.

La GIRAFE (fig. 241) se distingue de tous les autres ruminants par la forme de son corps et par la structure de ses cornes, qui sont coniques et recouvertes par la peau. Elle a environ 6 mètres de haut, et se nourrit principalement de feuilles. La seule espèce connue habite l'Afrique.

Fig. 240. — Renne.

Les Chameaux n'ont pas, comme les ruminants ordinaires, la tête armée de cornes, et leur pied n'est pas fourchu comme chez les précédents. Ils sont remarquables par les masses énormes de graisse qu'ils ont sur le dos, et qui les font paraître bossus, et par la structure de leurs pieds, qui sont admirablement bien conformés pour marcher sur le sable, si commun dans les régions habitées par ces animaux : en effet, leurs doigts sont réunis en dessous, juste près de la pointe, par une semelle épaisse et flexible.

Ces animaux sont propres aux parties chaudes de l'ancien continent ; ils sont célèbres par leur docilité, par la faculté de soutenir de longues routes, quoique pesamment chargés, et surtout par leur extrême sobriété. Les chameaux, sans lesquels peut-être les hommes n'eussent jamais pu traverser les vastes solitudes de sable que l'on rencontre en Asie et en Afrique, ont la faculté de passer plusieurs jours sans boire, ce qui tient probablement à de grands amas de cellules qui garnissent les côtés de leur panse, et dans lesquelles il s'accumule ou se produit continuellement de l'eau. Dans l'Arabie et dans d'autres contrées où l'on fait servir le chameau à différents usages, il est regardé comme le plus précieux des animaux. Son lait forme une partie considérable de la nourriture de ses maîtres ; ceux-ci s'habillent de son poil, qui tombe régulièrement tous les ans, et à l'approche de l'ennemi, ils peuvent, en montant sur son dos, fuir rapidement à de grandes distances.

Fig. 241. — Girafe.

Les deux espèces principales du genre chameau sont : le *Chameau de la Bactriane*, ou à deux bosses, et le *Chameau d'Arabie*, ou à une bosse, que l'on nomme *Dromadaire*.

Enfin, les Lamas sont des ruminants propres à l'Amérique méridionale, qui ont beaucoup d'analogie avec les chameaux, mais qui n'ont pas de bosse.

§ 422. La division des MAMMIFÈRES PISCIFORMES ne comprend qu'un seul ordre, celui des CÉTACÉS, dont la conformation est adaptée à une vie tout aquatique, et dont la forme extérieure est celle d'un poisson plutôt que d'un mammifère ordinaire. Ici les membres postérieurs manquent, et les membres thoraciques sont transformés en nageoires; enfin la queue se termine aussi par une large nageoire horizontale. Les Marsouins (fig. 192), les Dauphins, les Cachalots et les Baleines (fig. 242) appartiennent à cet ordre.

Les BALEINES sont d'énormes cétacés dont la tête forme environ le tiers de la longueur totale, et dont la bouche, dépourvue de dents, est garnie des deux côtés de la mâchoire supérieure par

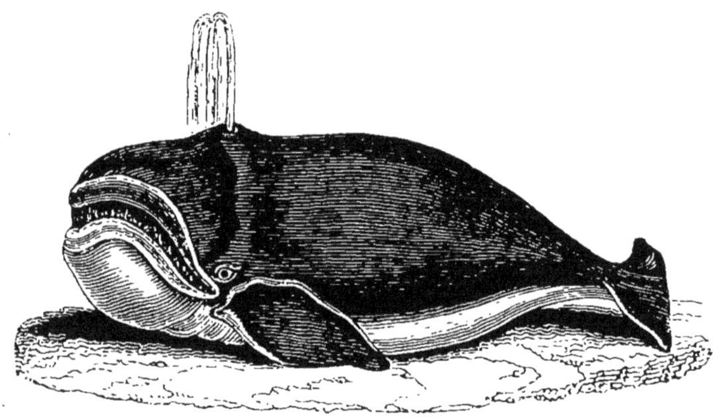

FIG. 242. — Baleine.

une série de grandes lames transversales serrées les unes contre les autres comme les dents de peigne, et connues sous le nom de *fanons*. Ces organes, formés par une espèce de corne fibreuse et très-élastique, sont effilés à leurs bords, et constituent une sorte de crible propre à retenir les petits animaux dont les baleines se nourrissent. Les fosses nasales offrent aussi chez ces animaux une disposition particulière, qui du reste se rencontre chez la plupart des cétacés, et qui permet à ces animaux de produire au-dessus de leur tête des jets d'eau qui les font remarquer de loin par les navigateurs, et qui leur ont valu le nom de *souffleurs*. Ils engloutissent dans leur vaste gueule, avec leur proie, de grands volumes d'eau ; et pour s'en débarrasser, sans laisser échapper en même temps leurs aliments, ils la font passer dans les fosses nasales ; l'eau s'y amasse dans un sac particulier, et les muscles qui entourent cette espèce de réservoir, en se contractant, la chassent avec violence par les narines, qui sont percées au-dessus de la tête.

D'après la taille gigantesque des baleines, on serait tenté de croire que ces animaux doivent dévorer les poissons les plus gros; mais il en est tout autrement : l'absence de dents, la structure de leurs fanons, et la faiblesse des muscles de leur mâchoire, ne leur permettent de s'emparer que des plus petits animaux marins : leurs aliments ordinaires consistent en petits mollusques, en crustacés longs de quelques millimètres, et en zoophytes dont le corps est mou comme de la gelée ; mais le nombre de ces êtres étant immense, elles n'ont pour ainsi dire qu'à ouvrir leur gueule pour les engloutir par milliers. Du reste, elles sont très-voraces et mangent presque continuellement. La vapeur d'eau qui s'échappe de leurs poumons est rejetée au dehors par les narines, et, en se condensant, forme au-dessus de leur tête un jet élevé qui retombe en une espèce de pluie fine. Les baleines nagent avec une très-grande vitesse ; n'ayant aucune arme pour se défendre et étant le plus souvent embarrassées de la masse énorme de leur corps, elles ne sont point capables d'éviter les attaques d'ennemis robustes et agiles, et la conscience de leur faiblesse les rend en général fort craintives; quelquefois, cependant, elles deviennent furieuses, et déploient toute leur force pour se défendre ou pour échapper à leurs persécuteurs. On assure que, lorsqu'elles frappent la surface de l'eau avec la queue, elles produisent un fracas pareil à celui d'un coup de canon.

On connaît plusieurs espèces de baleines. Celle qui est la plus recherchée des pêcheurs est appelée *Baleine franche*, et se distingue en ce qu'elle n'a point de nageoire sur le dos ; sa taille n'excède guère 25 mètres. Jadis elle était assez commune dans nos mers ; mais poursuivie sans cesse par nos pêcheurs, elle s'est retirée peu à peu vers le nord, et ne se rencontre plus aujourd'hui que dans les mers glacées qui avoisinent le pôle.

Les Cachalots sont des cétacés très-voisins des baleines, mais qui manquent de fanons, et qui ont la mâchoire inférieure armée de dents. La partie supérieure de l'énorme tête de ces animaux ne consiste presque qu'en grandes cavités recouvertes et séparées par des cartilages, et remplies d'une huile qui se fige par le refroidissement, et qui est connue sous le nom de *blanc de baleine* ou de *spermaceti*.

La pêche de la baleine et du cachalot est une branche importante de commerce maritime : elle occupe chaque année des flottes entières, et c'est sans contredit l'école où se forment les marins les plus hardis et les plus expérimentés. Jadis elle était tout entière entre les mains des Basques; mais depuis longtemps nos pêcheurs ne s'en occupent que peu, et aujourd'hui elle est faite presque exclusivement par les Anglais et les Américains. Les navires qu'on y emploie sont dirigés, les uns vers le nord, les autres vers le sud.

La pêche du nord a pour objet la baleine franche, dont on retire une quantité considérable d'huile et de fanons : elle se fait dans le détroit de Davis et les mers du Groenland, au milieu des énormes glaçons qui s'élèvent quelquefois au-dessus de la surface de l'eau comme des montagnes flottantes, et brisent par leur choc les vaisseaux les plus forts. Lorsque les pêcheurs aperçoivent une baleine, ils mettent aussitôt leurs chaloupes à la mer, et s'avancent en silence vers elle. Un d'eux, plus robuste et plus adroit que les autres, se tient debout, armé d'un harpon, sorte de lance attachée à une corde, et aussitôt qu'il est à portée de la baleine, il le lui lance. Le harpon s'enfonce dans le corps de l'animal, qui, se sentant blessé, plonge aussitôt avec la rapidité d'un trait, et entraîne avec lui la corde attachée à cet instrument; mais bientôt le besoin de respirer le force à remonter à la surface, et alors on le harponne de nouveau. Tourmentée par la douleur, la baleine fait des efforts incroyables pour se débarrasser des harpons qui la déchirent; mais enfin, épuisée par la fatigue et la perte de son sang, elle ne peut plus ni fuir ni se défendre : alors les pêcheurs la tirent à eux à l'aide des cordes attachées aux harpons, et l'achèvent à coups de lance; mais jusqu'à ce qu'elle soit morte, ils évitent avec soin sa terrible queue, dont un coup ferait voler leur chaloupe en éclats. Lorsqu'on s'est assuré que la baleine est morte, on l'attache aux flancs du navire, et des hommes habillés de vêtements de cuir, et pourvus de bottes garnies de crampons, descendent sur le corps de l'animal et enlèvent par tranches le lard dont toute sa surface est recouverte. Ce lard est ensuite fondu pour en extraire l'huile, dont on retire quelquefois 120 tonneaux d'une seule baleine.

La pêche dite du sud se fait principalement dans l'océan Pacifique, et est dirigée spécialement contre les cachalots, qui fournissent bien moins d'huile que les baleines et n'ont pas de fanons, mais donnent des quantités considérables de blanc de baleine que l'on emploie, comme la cire, pour la fabrication des bougies.

Les Dauphins et les Marsouins ont la tête beaucoup moins grande proportionnellement que les baleines, et ils ont les deux mâchoires garnies de dents pointues; ils sont très-carnassiers. Enfin, il est aussi des cétacés qui sont herbivores : tels sont les *Lamentins* et les *Dugongs*.

§ 423. La division des MAMMIFÈRES DIDELPHIENS se distingue par plusieurs caractères d'une grande importance physiologique. En général, les petits naissent dans un état d'imperfection extrême, et il paraît que, durant leur vie embryonnaire, ils ne tirent pas leur nourriture d'un placenta, comme cela a lieu chez les mammifères ordinaires. Le cerveau est moins parfait que dans la division précédente et manque de mésolobe ou corps calleux. Enfin, il existe toujours chez ces animaux deux tiges osseuses (appelées *os marsupiaux*) qui, fixées par leur extrémité postérieure au devant du bassin, s'avancent entre les muscles du bas-ventre et servent à soutenir les parois de cette cavité viscérale (fig. 207).

Ce groupe se compose de deux ordres : les *Marsupiaux* et les *Monotrèmes*.

§ 424. L'ORDRE DES MARSUPIAUX est principalement caractérisé par l'existence d'une sorte de poche destinée à contenir les petits

FIG. 243. — Kanguroo.

pendant les premiers temps qui suivent leur naissance. Cette poche est formée par deux plis de la peau du ventre, et renferme les mamelles, auxquelles les jeunes se fixent ; ceux-ci y arrivent dans un état d'imperfection extrême et y achèvent leur développement (fig. 193). Le régime des marsupiaux varie beaucoup : les uns sont carnassiers, d'autres sont insectivores, d'autres encore sont herbivores, et il en est dont la structure rappelle exactement celle des rongeurs parmi les mammifères ordinaires. Il est aussi à noter que presque tous ces animaux appartiennent à la Nouvelle-Hollande. Les Sarigues (fig. 193), les Phalangers et les Kanguroos (fig. 243) sont les principaux représentants de ce groupe singulier.

§ 425. Enfin, l'ORDRE DES MONOTRÈMES semble établir le passage entre les mammifères et les vertébrés ovipares. L'intestin, au lieu de s'ouvrir directement au dehors, comme chez les mammifères ordinaires, débouche dans un cloaque commun, de la même manière que chez les oiseaux; l'appareil de la reproduction présente aussi des anomalies très-grandes, et le système dentaire est rudimentaire; quelquefois les mâchoires sont garnies de lames cornées qui ressemblent beaucoup à un bec de

FIG. 244. — Ornithorhynque.

canard. On ne connaît que deux genres ayant ce mode d'organisation, les Ornithorhynques (fig. 244) et les Échidnés.

CLASSE DES OISEAUX.

§ 426. La classe des OISEAUX, qui comprend tous les animaux à squelette intérieur les mieux organisés pour le vol, est une des subdivisions du règne animal les plus distinctes et les plus nettement caractérisées, soit que l'on considère seulement la configuration extérieure de ces êtres, soit que l'on s'attache exclusivement aux particularités de leur structure intérieure ou à la manière dont leurs fonctions s'exécutent. Pour définir ce groupe, il suffirait de dire que les oiseaux sont des *animaux vertébrés ovipares, dont la circulation est double et complète.* Mais, pour donner une idée exacte de ses principaux caractères, il faut ajouter que *la respiration des oiseaux est aérienne et double*, c'est-à-dire qu'au lieu de s'effectuer dans les poumons seulement, comme celle des mammifères et des reptiles, elle s'opère en même temps dans ces organes et dans la profondeur de diverses parties du corps ; que *leur sang est chaud* comme celui des mammifères ; enfin, que *leurs membres antérieurs ont la forme d'ailes* et que *leur peau est garnie de plumes.*

La conformation de ces animaux ne varie que peu, et est en rapport avec le mode de locomotion auquel ils sont essentiellement destinés. Ils n'atteignent presque jamais une grande taille, et la présence d'une quantité considérable d'air dans l'intérieur de leur corps les rend très-légers.

§ 427. Les plumes qui couvrent tout le corps des oiseaux sont des productions très-analogues aux poils des mammifères, mais d'une structure plus compliquée. On peut, en général, y distinguer un tube corné qui en occupe la partie inférieure et qui est percé à son extrémité ; une tige qui surmonte ce tube ; enfin des barbes qui naissent de chaque côté de la tige, et sont elles-mêmes garnies de barbules, lesquelles paraissent quelquefois, à leur tour, frangées sur le bord.

L'organe sécréteur destiné à former la plume, se nomme *capsule*, et acquiert souvent une longueur considérable. D'après des observations de Frédéric Cuvier, il paraîtrait que la capsule croît pendant toute la durée du développement de la plume, et qu'à mesure que sa base s'allonge, son extrémité meurt, et se dessèche dès qu'elle a formé la portion correspondante de cet appendice. Chacun de ces petits appareils se compose d'une gaine cylindrique, revêtue à l'intérieur de deux tuniques unies par des cloisons obliques, et d'un bulbe central. La substance de la plume se développe à la surface du bulbe, et, pour former les barbes, se moule en quelque sorte dans les espaces que les petites cloisons dont nous venons de parler laissent entre elles. Dans la portion correspondante à la tige, le bulbe est en rapport avec la surface inférieure de celle-ci, et meurt : mais, là où le tronc de la plume est tubulaire, la lame de matière cornée que cet organe sécréteur produit se contourne autour de lui et l'enveloppe complétement. Cependant le bulbe, lorsqu'il a rempli ses fonctions, ne s'en dessèche pas moins, et il forme, en se flétrissant, une série de cônes membraneux emboîtés les uns dans les autres, qui remplissent l'intérieur du tube, et sont appelés l'*âme de la plume*.

La plume nouvelle est d'abord renfermée dans la gaîne de sa capsule, qui est souvent saillante de plusieurs pouces hors de la peau, et se détruit peu à peu. La plume se montre alors à nu, et ses barbes, roulées dans le principe, s'étalent latéralement; l'extrémité de son tuyau reste implantée dans le derme, mais en général s'en détache facilement, et, à une certaine époque, tombe pour faire place à une plume nouvelle. Ce renouvellement des plumes, qui est appelé *mue*, s'effectue en général chaque année après la saison de la ponte, et a quelquefois lieu deux fois dans la même année, en automne et au printemps ; il arrive plus tôt pour les vieux individus que pour les jeunes, et c'est pour l'oiseau une époque de malaise pendant laquelle il perd la voix.

La forme de ces appendices tégumentaires varie beaucoup. On en connaît qui manquent de barbes, et qui ressemblent à des piquants de porc-épic : l'aile du casoar (fig. 245) en offre quatre ou cinq ; d'autres dont les barbes sont roides et garnies de barbules qui s'accrochent entre elles, de façon à former une grande lame que l'air ne traverse pas (celles qui garnissent les ailes de l'aigle et du corbeau, par exemple) ; d'autres encore dont les barbes et les barbules sont longues, flexibles, et ne s'accrochent pas, ce qui leur donne une légèreté et une mollesse extrêmes (comme celles de la queue et des ailes de l'autruche) ; enfin, il en est qui ressemblent à un simple duvet (celles appartenant à certaines cigognes, et connues sous le nom de *mara-*

FIG. 245. — Casoar à casque.

bouts, sont dans ce cas). Leurs couleurs sont variées à l'infini, et souvent surpassent en beauté et en éclat celles des plus belles fleurs ou des pierres les plus brillantes. En général, les femelles ont un plumage moins riche que celui des mâles, et il est rare que le jeune oiseau présente les couleurs qu'il conservera toute sa vie : souvent elles changent deux ou trois ans de suite, et quelquefois l'adulte a un plumage d'été tout à fait différent de celui de l'hiver. Enfin, il est aussi à noter que, chez les oiseaux aquatiques, ces appendices tégumentaires sont enduits d'une matière grasse qui les rend imperméables à l'eau, circonstance qui lui permet de préserver la peau de l'animal du contact du liquide dans lequel il est en partie plongé.

§ 428. Le squelette qui détermine la forme générale des oi-

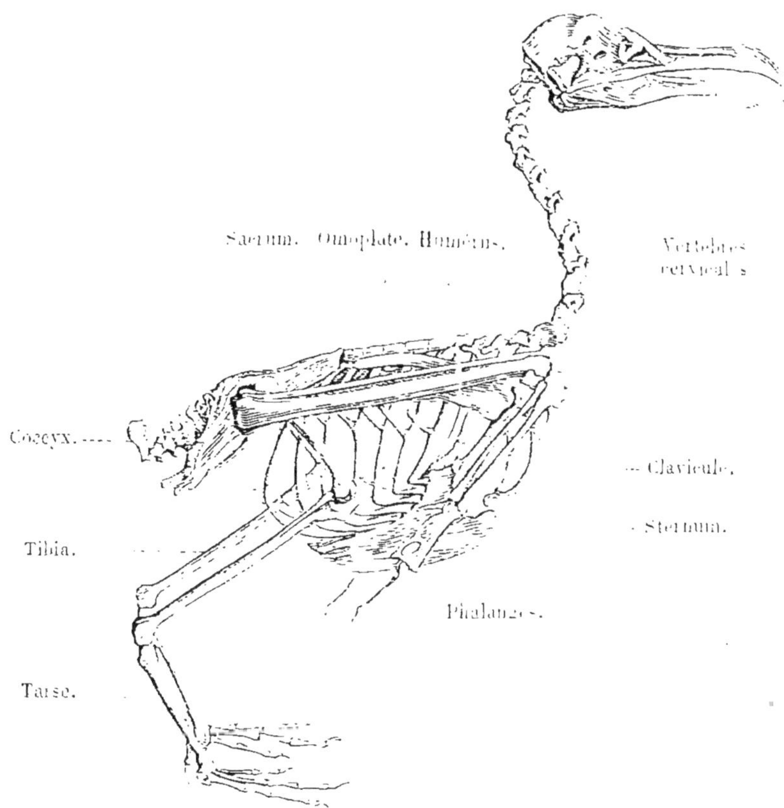

Fig. 246. — Squelette du Goëland.

seaux, et qui est en même temps une des parties les plus importantes de l'appareil du mouvement, se compose à peu près des mêmes parties que chez les mammifères ; mais la forme et la disposition de plusieurs de ses os sont différentes, et, à volume égal, ils sont aussi plus légers, car la plupart d'entre eux sont creusés de nombreuses cellules remplies d'air.

La tête de ces animaux (fig. 247) est, en général, petite. Dans le très-jeune âge, le crâne se compose des mêmes os que chez

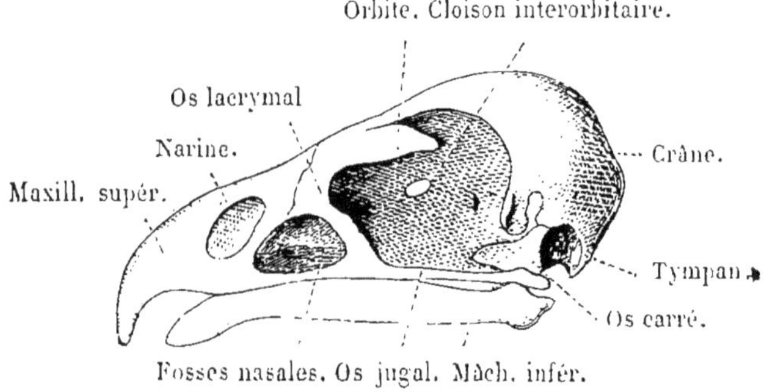

FIG. 247. — Tête d'Aigle.

les mammifères (savoir, deux os frontaux, deux pariétaux, un occipital, deux temporaux, un sphénoïde et un ethmoïde) ; mais toutes ces parties se soudent de fort bonne heure, et cessent alors d'être reconnaissables. La face est formée, en majeure partie, par les mâchoires, qui sont très-allongées, et qui, étant destinées à constituer le principal organe de préhension, varient beaucoup sous le rapport de leur grandeur et de leur forme, suivant la nature des objets dont l'oiseau lui-même aura besoin de s'emparer. La mandibule supérieure est unie au front de façon à conserver quelque mobilité ; et l'inférieure, au lieu de s'articuler directement au crâne par un condyle saillant, comme chez les mammifères, est suspendue à un os mobile, nommé *os tympanique* ou *os carré*, qui est l'analogue d'une portion du temporal détachée en quelque sorte du rocher, auquel elle est soudée dans la classe précédente. Il est aussi à noter que chacune des branches de cette mâchoire est composée de deux pièces, au lieu d'être formée d'un seul os, et que c'est par une fossette qu'elle s'articule avec l'os tympanique.

L'articulation de la tête avec la colonne vertébrale permet des mouvements plus étendus que chez les mammifères, car elle se fait par un seul condyle, espèce de pivot demi-sphérique, situé sur la ligne médiane du corps, au bas du grand trou occipital, et reçu dans une fossette correspondante de l'atlas.

§ 429. Le cou des oiseaux est en général beaucoup plus long et plus mobile que celui de la plupart des mammifères. Comme le bec est presque toujours l'unique organe de préhension à l'aide duquel ils ramassent à terre leurs aliments, la portion cervicale de la colonne vertébrale (fig. 246) devient d'autant plus longue, que ces animaux sont plus élevés sur leurs pattes; et, lorsqu'ils sont essentiellement nageurs (comme le cygne) et doivent plonger la tête dans l'eau pour s'emparer de leur proie, dans bien des cas la longueur de leur cou dépasse notablement la hauteur de leur tronc. Le nombre des vertèbres qu'on y compte varie beaucoup, suivant les espèces : ordinairement il y en a de douze à quinze ; mais quelquefois on n'en trouve pas autant, et d'autres fois il en existe plus de vingt (chez le cygne, par exemple). Elles sont très-mobiles les unes sur les autres, et, par la nature de leurs facettes articulaires (1), le cou se ploie en S, de façon à se raccourcir ou s'allonger, suivant que ses courbures augmentent ou s'effacent. Cette disposition est surtout remarquable chez les oiseaux de rivage, tels que les cigognes, qui, pour saisir leur proie, ont besoin de darder leur bec avec une grande rapidité à une distance considérable. L'action des muscles destinés à mouvoir cette partie est aussi facilitée par l'existence d'apophyses nombreuses servant à leur insertion.

Chez presque tous les oiseaux, les vertèbres du dos sont au contraire tout à fait immobiles : et l'on comprend facilement la nécessité de cette disposition chez les animaux conformés pour le vol ; car cette portion de la colonne épinière, servant à soutenir les côtes, et fournissant par conséquent un point d'appui aux ailes, doit avoir une grande solidité. En général, ces vertèbres sont même soudées entre elles ; mais, chez les oiseaux qui ne volent pas, comme le casoar et l'autruche (fig. 160), elles conservent de la mobilité. Les vertèbres lombaires et sacrées se réunissent toutes en un seul os, ayant les mêmes usages que le sacrum de l'homme. Enfin, les vertèbres coccygiennes sont petites et mobiles ; la dernière, qui supporte les longues plumes de la queue, est ordinairement plus grande que les autres et relevée d'une crête saillante (fig. 246).

§ 430. Les *côtes* des oiseaux présentent aussi quelques particularités de structure qui tendent encore à donner de la solidité au thorax. Le cartilage qui, chez les mammifères, les fixe au ster-

(1) Ces surfaces articulaires sont concaves dans un sens et convexes dans l'autre, de façon à s'emboîter mutuellement. A la partie supérieure du cou, elles permettent librement la flexion en avant, tandis qu'à la partie moyenne, elles sont au contraire disposées de façon à ne permettre que le renversement en arrière ; enfin, à la base du cou, elles changent encore de structure, et redeviennent propres aux mouvements de flexion en avant.

num est remplacé ici par un os ; et chacune d'elles porte à sa partie moyenne une apophyse aplatie qui se dirige obliquement en arrière au-dessus de la côte suivante, de façon que tous ces os prennent des points d'appui les uns sur les autres.

Mais la partie la plus remarquable de la charpente osseuse du thorax est le sternum (fig. 248), qui, servant à donner insertion aux muscles du vol, prend chez les oiseaux un développement extrême et constitue un grand bouclier convexe, et ordinairement carré, qui recouvre le thorax et une grande partie de l'abdomen. Chez le casoar et l'autruche (fig. 160), qui ne peuvent pas s'élever dans les airs, et qui n'ont que des ailes rudimentaires, le sternum ne présente point de crête à sa face externe ; mais chez les autres oiseaux on y remarque une espèce de carène saillante et longitudinale, nommée le *brechet* (*b*, fig. 248), qui sert à donner plus de force aux muscles abaisseurs de l'aile.

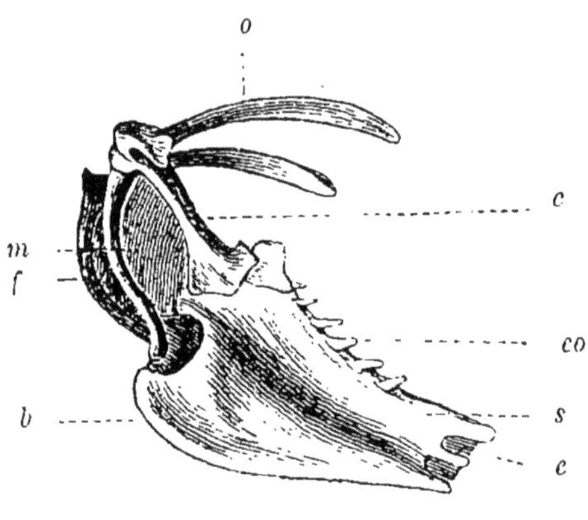

Fig. 248. — Os de l'épaule et sternum (1).

§ 431. Les os de l'épaule sont également disposés de la manière la plus favorable à la puissance des ailes. L'omoplate (*o*) est étroite, mais très-allongée dans le sens qui est parallèle à l'épine, et s'appuie sur le sternum non-seulement par l'intermédiaire de la clavicule ou fourchette (*f*), mais aussi à l'aide d'un autre os qui remplit les fonctions d'une seconde clavicule, et qui est appelé *os coracoïdien* (*c*), parce qu'il paraît être l'analogue de l'apophyse coracoïde de l'omoplate humaine. Les clavicules des deux côtés se soudent presque toujours par leur extrémité antérieure en forme de V dont la pointe est dirigée en bas et attachée au brechet, et les os coracoïdiens constituent des arcs-boutants qui, avec la fourchette, maintiennent les épaules écartées et offrent à l'humérus un point d'appui d'autant plus solide, que l'animal est meilleur voilier. Chez les oiseaux qui ne volent que peu ou point, les clavicules n'offrent au contraire qu'un faible développement. Ainsi, dans certains perroquets terrestres de l'Australie, ces os sont réduits à un état tout à fait rudimentaire ;

(1) *s*, sternum ; — *c*, échancrure du sternum ; — *co*, origine des côtes sternales ; — *b*, brechet ; — *f*, fourchette ou clavicules furculaires ; — *c*, os coracoïdien ; — *o*, omoplate ; — *m*, membrane fibreuse qui s'étend de la fourchette au sternum.

chez les casoars et l'autruche d'Amérique, ils ne sont représentés que par de petits stylets; chez l'autruche d'Afrique et les toucans, ils atteignent presque le sternum, mais ne se réunissent pas entre eux inférieurement; enfin, chez quelques hiboux, ils sont unis par un cartilage, tandis que chez les oiseaux ordinaires leur soudure est complète, et que souvent même ils vont s'appuyer directement sur le sternum, au moyen d'un prolongement médian qui naît de cette soudure.

Les membres antérieurs des oiseaux ne servent jamais ni à la marche, ni à la préhension, ni au toucher, mais forment des espèces de rames très-étendues, nommées *ailes*. En parlant des chauves-souris, nous avons déjà vu un exemple de la transformation des membres thoraciques en un organe de locomotion aérienne : chez ces animaux, c'est un repli de la peau qui sert à frapper l'air, et pour la soutenir les doigts prennent une longueur extrême. Mais, chez les oiseaux, ces larges rames sont d'une autre nature : elles sont formées de plumes roides qui n'ont besoin d'être fixées que par leur base, et la main, par conséquent, ne présente plus les divisions digitales, qui nuiraient à sa solidité et ne seraient d'aucune utilité ; elle a la forme d'une espèce de moignon aplati et presque immobile (fig. 246). La conformation des bras et de l'avant-bras ne diffère que peu de celle des mêmes parties chez l'homme : l'humérus ne présente rien de particulier; le radius et le cubitus ne peuvent tourner l'un sur l'autre, et sont en général d'autant plus longs, que le vol est plus puissant. Le carpe se compose de deux petits os placés sur le même rang et suivis du métacarpe, qui présente deux branches soudées par leurs extrémités; au côté radial de la base de cette dernière partie de la main, s'insère un pouce rudimentaire; enfin, à son extrémité se trouvent un doigt médian composé de deux phalanges et un petit stylet représentant un doigt externe.

§ 432. Les pennes ou grandes plumes des ailes sont appelées *rémiges*, et c'est de leur longueur plus encore que de celle des os du bras, de l'avant-bras ou de la main, que dépendent l'étendue des ailes et la puissance du vol. Chaque fois que l'oiseau veut frapper l'air, il élève l'humérus, et avec lui l'aile encore ployée; puis il la déploie en étendant l'avant-bras, ainsi que la main, et l'abaisse subitement; l'air qui résiste à ce mouvement lui fournit alors un point d'appui, sur lequel il se soulève : il se lance ainsi comme un projectile, et une fois l'impulsion donnée à son corps, il incline ou reploie l'aile pour diminuer autant que possible la résistance nouvelle que le fluide ambiant oppose à sa course. Cette résistance et la gravitation, qui tend à faire tomber tous les corps vers le centre de la terre, diminuent graduellement la vitesse que l'oiseau a acquise par cette percussion de l'air, et s'il ne fait pas de nouveaux mouvements, il ne tardera pas à descendre ; mais si, avant que la vitesse acquise par le premier coup d'aile soit anéantie, il en donne un second, il ajoutera une vitesse nouvelle à celle qu'il avait encore, et se déplacera par un mouvement accéléré. Tel est, en effet, le mécanisme du vol.

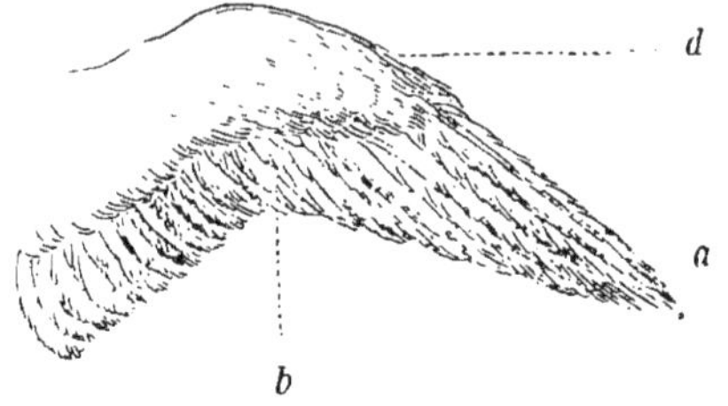

FIG. 249. — Aile du Faucon (1).

Pendant que l'oiseau est ainsi suspendu dans l'air, ce sont ses ailes qui supportent tout le poids de son corps ; et pour qu'il puisse conserver son équilibre dans cette position, il faut que son centre de gravité (§ 285) soit placé à peu près sous les épaules et aussi bas que possible : c'est pour cela que, pendant le vol, il porte en général sa tête en avant en tendant le cou, et que son tronc, au lieu d'être allongé comme celui des mammifères, est toujours ramassé et ovalaire.

Il est évident que la résistance de l'air est d'autant plus grande que la masse de ce fluide frappée à la fois par les ailes est plus considérable, et par conséquent que, plus les ailes seront étendues, plus aussi, toutes choses égales d'ailleurs, la vitesse acquise par l'abaissement de ces rames sera grande ; il en résulte que non-seulement les oiseaux à longues ailes pourront voler plus vite que ceux à ailes courtes, mais aussi pourront se soutenir plus longtemps dans l'air, car ils ne seront pas obligés de répéter aussi souvent les mouvements de ces organes, et par conséquent aussi se fatigueront moins vite. Et en effet, tous les oiseaux remarquables par leur vol rapide et soutenu ont de grandes ailes, tandis que ceux dont les ailes sont courtes ou médiocres, comparativement au volume du corps, volent avec bien moins de vitesse et sont condamnés à des repos plus fréquents.

Parmi les oiseaux remarquables par la puissance de leur vol, nous citerons le condor et les frégates (fig. 250). Le condor, ou grand vautour des Andes, a plus de 4 mètres d'envergure, et s'élève plus haut qu'aucun oiseau : on le voit tantôt au bord de la mer, tantôt planant au-dessus du Chimborazo, c'est-à-dire à

(1) *a*, rémiges primaires, ou pennes de la main ; — *b*, rémiges secondaires, ou pennes de l'avant-bras ; — *d*, pennes bâtardes, ou pennes du pouce.

un niveau de près de 7000 mètres au-dessus du premier point. Sa demeure habituelle est sur la crête des rochers de la cordillère des Andes, immédiatement au-dessous de la limite des neiges perpétuelles, à un niveau de 3300 à 4800 mètres au-dessus du niveau de la mer. C'est de ces pitons escarpés qu'il descend dans les vallons et dans la plaine pour chercher sa nourriture, qui consiste principalement en cadavres de grands mammifères; on prétend même que, réunis plusieurs ensemble, ces vautours peuvent tuer facilement des bœufs, et qu'ils sont assez puissants pour enlever dans leurs serres des moutons et des lamas, et les transporter ainsi jusqu'à la cime du Chimborazo et des autres montagnes les plus élevées de la chaîne des Andes. Les frégates, qui ont les ailes encore plus longues proportionnel-

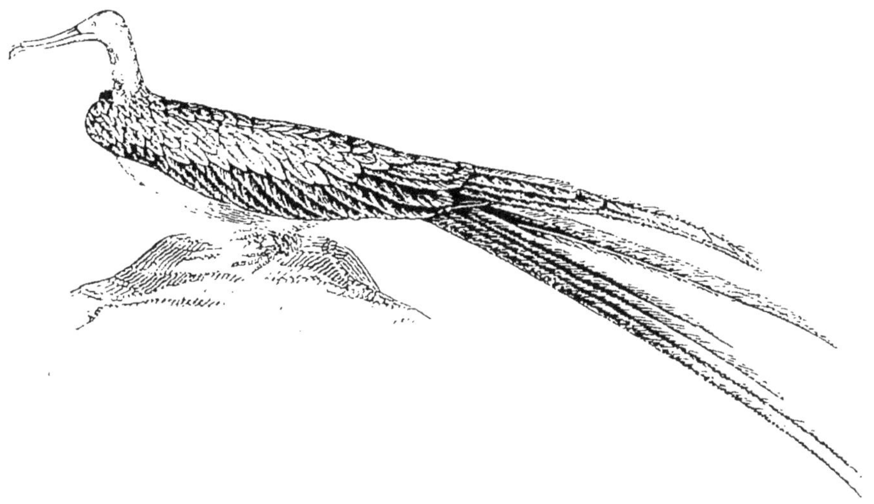

FIG. 250. — Frégate.

lement à leur taille, et qui habitent les mers tropicales, ont le vol si puissant, qu'elles peuvent s'éloigner de terre à des distances de plus de quatre cents lieues.

Pour s'élever verticalement, il faut que les ailes de l'oiseau soient entièrement horizontales; mais ce n'est pas ordinairement le cas : en général, elles sont inclinées d'avant en arrière de façon à imprimer à l'animal un mouvement ascensionnel oblique; quelquefois même cette inclinaison est telle, que, pour monter à peu près verticalement dans l'atmosphère, l'oiseau est obligé de voler contre le vent. La longueur relative des rémiges influe sur la facilité avec laquelle il peut s'élever dans un air calme : les oiseaux dont les rémiges antérieures sont les plus longues et les plus résistances à leur extrémité, ont le vol plus oblique que ceux dont l'aile est tronquée au bout.

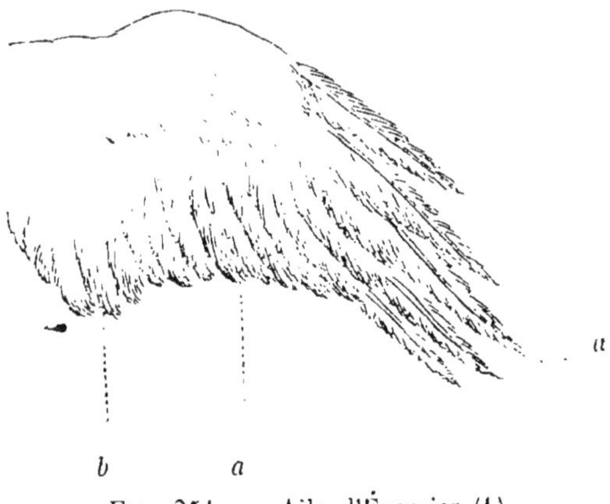

Fig. 251. — Aile d'Épervier (1).

Ainsi, les faucons, qui ont les ailes pointues (fig. 249), ne peuvent s'élever qu'en zigzag, comme un vaisseau qui court des bordées, ou bien en volant contre le vent; tandis que les éperviers, les aigles, les autres oiseaux de proie dits ignobles, dont les ailes sont tronquées au bout (fig. 251), peuvent s'élever verticalement.

Lorsque l'oiseau veut s'élever de terre, il prend son premier élan en sautant sur ses pieds et en étendant ses ailes de façon à pouvoir frapper l'air avant de retomber sur le sol : ceux qui ont les ailes très-longues ont besoin de plus d'espace pour les abaisser ; et il en résulte que, si leurs pieds sont en même temps trop courts pour leur permettre de sauter très-haut, ils ne peuvent que difficilement prendre leur essor. Les martinets sont dans ce cas.

Les pennes de la queue servent aussi aux oiseaux pour se diriger dans leur vol : ils les étalent et les élèvent ou les abaissent comme un gouvernail, pour augmenter ou diminuer l'obliquité de leur course, et, en les inclinant, s'en aident aussi lorsqu'ils veulent changer leur direction.

§ 433. Lorsque l'oiseau pose, ce sont ses membres postérieurs qui seuls lui servent de soutien ; c'est donc un animal réellement bipède, et, comme tel, il doit avoir le bassin large et fixé solidement à la colonne vertébrale. Les os des hanches, en effet, sont extrêmement développés chez les oiseaux, et ils ne forment avec les vertèbres sacrées et lombaires qu'une seule pièce (fig. 246). En général, cette ceinture osseuse est incomplète en avant ; les pubis ne se réunissent pas entre eux, et la portion ischiatique, au lieu d'être séparée du sacrum par une large échancrure, se soude à cet os par sa partie postérieure, et transforme l'échancrure en un trou. L'os de la cuisse est court et droit, et la jambe se com-

(1) *a*, *a*, rémiges primaires ; — *b*, rémiges secondaires.

pose, comme chez la plupart des mammifères, d'un tibia, d'un péroné et d'une rotule; seulement le péroné se soude au premier avant d'arriver à sa partie inférieure. Un seul os, qui fait suite à la jambe, représente le tarse et le métatarse, et porte à son extrémité inférieure les doigts, qui sont ordinairement au nombre de quatre; mais quelquefois le doigt externe, ou l'interne que l'on désigne sous le nom de pouce, ou même tous les deux, disparaissent, de manière qu'il n'en existe plus que trois, ou seulement deux (fig. 246). Le nombre des phalanges va presque toujours en augmentant régulièrement depuis deux jusqu'à cinq, du pouce au doigt externe, qui en a toujours le plus. Enfin, de ces quatre doigts, trois seulement sont ordinairement dirigés en avant, tandis que le pouce est dirigé en arrière; quelquefois le doigt externe se porte aussi en arrière, et cette disposition est surtout remarquable chez les oiseaux grimpeurs, tels que les perroquets, les toucans et les pics (fig. 252).

Fig. 252. — Pic (moyen Épeiche).

Nous avons dit, il y a un instant, que, pendant le vol, le centre de gravité du corps de l'oiseau doit se trouver sous les épaules; pour qu'il reste en équilibre sur ses pattes, qui sont situées à l'arrière du tronc, il faut que ces organes puissent se ployer assez en avant, et que les doigts soient assez longs pour avancer au delà du point où tomberait une ligne verticale passant par le centre de gravité; ou bien que le centre lui-même se porte en arrière, de façon à se trouver au-dessus de la base de sustentation. Cela explique l'utilité de la grande flexion de la cuisse et de l'obliquité du tarse sur la jambe : lorsque le pied est grand et que le cou peut se reployer de façon à porter la tête en arrière, l'équilibre s'établit ainsi, sans que le corps s'éloigne beaucoup de la position horizontale (fig. 250); mais lorsque le cou est court, la tête grosse et les doigts de longueur médiocre, l'animal est obligé de prendre, pendant la station ou la marche, une position presque verticale (fig. 254). C'est pour conserver plus facilement l'équilibre que les oiseaux placent en général leur tête sous leurs ailes, pendant qu'ils dorment perchés sur une seule patte (fig. 264). Chez plusieurs de ces animaux, cette position est rendue singulièrement commode par une particularité dans la structure de l'articulation du genou,

Chez l'homme et la plupart des animaux, les membres fléchissent sous le poids du corps dès que leurs muscles extenseurs cessent

Fig. 253. — Ibis.

Fig. 254. — Manchot.

de se contracter; et c'est la nécessité de la contraction perma-

Fig. 255. — Aigle royal.

nente de ces organes qui rend la station si fatigante; mais chez la cigogne et les autres oiseaux à longues pattes, il en est tout autrement : l'extrémité inférieure du fémur présente un creux où s'emboîte, pendant l'extension du membre, une saillie du tibia, laquelle ne peut en sortir que par un effort musculaire ; la patte, une fois redressée, reste par conséquent étendue, sans que l'animal ait besoin de contracter les muscles et sans qu'il en résulte aucune fatigue.

Il est toujours plus difficile à un oiseau de prendre son vol lorsqu'il est à terre que lorsqu'il peut s'élancer d'un point élevé : nous en avons déjà vu la raison, et chacun sait que la plupart de ces animaux perchent bien plus souvent qu'ils ne se posent à terre. Pour se maintenir en équilibre sur une branche, il faut qu'ils l'embrassent avec leurs doigts et la serrent étroitement ; s'il leur avait fallu déployer pour cela une force musculaire considérable, une telle position aurait été promptement fatigante. Mais ici encore un mécanisme très-simple rend tout effort presque inutile, et permet aux oiseaux de serrer la branche qui les soutient, même quand ils dorment : les muscles fléchisseurs des doigts passent sur les articulations du genou et du talon, de façon que lorsque celles-ci se fléchissent, elles tirent nécessairement sur les tendons de ces muscles et font fléchir les doigts ; le poids du corps, en affaissant les cuisses et les jambes, détermine donc ce mouvement, et il en résulte que l'animal serre, sans exercer aucun effort, la branche sur laquelle il est perché, et s'y maintient fixé.

Il existe des différences assez grandes dans la conformation des pattes, suivant le genre de vie auquel les oiseaux sont destinés. Ainsi, chez les oiseaux doués de la faculté de marcher avec une grande vitesse, les pattes sont non-seulement robustes, mais très-longues, et le pied comparativement petit. Chez le casoar (fig. 245) et l'autruche (256), dont la course est aussi rapide que celle du cheval, cette disposition est très-remarquable ; et elle s'observe aussi chez le messager, qui marche à grands pas en poursuivant les serpents dont il fait sa principale nourriture. Chez l'aigle (fig. 255), le faucon, le vautour, etc., ces organes sont également robustes, mais courts, et les doigts sont armés de grands ongles crochus et aigus, à l'aide desquels ces oiseaux saisissent leur proie, soit pour la déchirer sur place, soit pour l'emporter avec eux. Chez les oiseaux conformés pour vivre sur le bord des eaux et y chercher à gué les vers et les poissons dont ils font leur pâture, les pattes sont grêles, d'une longueur extrême, et nues jusqu'au-dessus du genou (fig. 257), disposition qui est très-favorable à ce genre d'existence, et qui a valu aux oiseaux de rivage le nom d'*échassiers*. Enfin, chez les espèces destinées à vivre sur une eau plus profonde, les pattes sont *palmées*, c'est-à-dire transformées en nageoires par l'addition d'une membrane qui s'étend entre les doigts sans les empêcher de s'écarter, caractère qui se voit

Fig. 256. — Autruche d'Afrique. Fig. 257. — Échasse d'Europe.

chez les canards (fig. 258), les cygnes et un grand nombre d'oiseaux aquatiques.

§ 434. La sensibilité tactile est peu développée chez les oiseaux; les plumes qui revêtent toute la surface de leur corps opposent de grands obstacles à l'exercice de cette faculté, et le mode de conformation des organes de préhension y est également défavorable. Le goût est plus ou moins obtus chez ces animaux; leur langue (fig. 271) est, en général, cartilagineuse et dépourvue de papilles nerveuses, et ils paraissent presque toujours avaler leurs aliments sans les déguster. L'appareil de l'odorat est plus parfait, sans offrir cependant tout le développement qu'on y trouve dans la classe des mammifères. Les fosses nasales sont creusées à la base de la mandibule supérieure (fig. 247), et ne communiquent pas avec des sinus; leur surface est tapissée par une membrane pituitaire très-vasculaire, et est augmentée par trois lames cartilagineuses (ou *cornets*) contournées sur elles-mêmes et appliquées contre leur paroi. Enfin, les arrière-narines se réunissent vers le milieu de la voûte palatine, de manière à y former une fente longitudinale. Les oiseaux carnassiers, surtout ceux qui vivent de charognes, ont l'appareil de l'odorat plus développé que les oiseaux granivores ou insec-

FIG. 258. — Canard macreuse.

tivores; et la plupart des auteurs assurent que, chez les premiers, la finesse de ce sens est telle, qu'elle leur fait découvrir leur proie, lors même qu'ils en sont à des distances très-considérables; mais les expériences de quelques savants tendent à prouver que, chez ces animaux, l'odorat est presque nul, et que c'est la vue qui les guide presque uniquement.

L'appareil de l'ouïe est moins compliqué que chez les mammifères; le pavillon de l'oreille manque chez les oiseaux, et le conduit auriculaire ne consiste guère qu'en un tube membraneux placé entre l'os carré et une partie saillante de l'occipital.

L'appareil de la vue paraît être au contraire plus parfait que dans la classe précédente : les yeux des oiseaux sont plus grands comparativement au volume de la tête, et l'on y trouve des parties nouvelles. La rétine est très-épaisse, et il en part une membrane noire plissée en éventail ou à la manière d'une bourse, qui s'avance vers le cristallin. Les physiologistes ne sont pas d'accord sur la nature de cet appendice nommé *peigne* : suivant les uns, ce serait une dépendance de la choroïde, et suivant d'autres, un prolongement nerveux destiné à augmenter l'étendue de la surface visuelle. La pupille est toujours ronde, l'iris très-contractile, la cornée transparente, grande et convexe, et la sclérotique fortifiée en avant par un cercle de plaques osseuses logées dans son épaisseur. L'appareil palpébral se compose de deux paupières horizontales, dont l'inférieure est la plus grande et la plus mobile, et d'une troisième paupière verticale et semi-transparente, qui occupe l'angle interne de l'œil, et peut recouvrir toute la surface de cet organe. Enfin, il existe toujours des glandes lacrymales.

Chez quelques oiseaux, la portée de la vue est extrêmement longue : on en voit qui, élevés dans l'air à des hauteurs telles que, malgré leur volume, nous ne les apercevons qu'à peine, distinguent nettem ent les petits animaux dont ils se nourrissent, et fondent sur cette proie éloignée sans la moindre indécision. Chez eux, le cristallin est beaucoup moins bombé et moins dense que chez les oiseaux qui ne s'éloignent que peu de la surface de la terre, et il paraîtrait que l'œil peut s'adapter à ces grandes différences de portée dans la vision à l'aide de contractions de ces muscles moteurs qui, en agissant sur le cercle osseux de la sclérotique, compriment les humeurs dont l'organe est rempli, déterminent ainsi la distension de la cornée, et en augmentent par conséquent la courbure lorsque l'animal a besoin de devenir momentanément presque myope pour distinguer nettement les objets très-rapprochés.

Le système nerveux qui préside aux fonctions dont nous venons de passer en revue les organes présente aussi dans sa structure des particularités remarquables. L'encéphale est moins développé que chez les mammifères : les hémisphères cérébraux (fig. 259, *c*) en sont encore les parties les plus volumineuses ; mais ils n'offrent pas de circonvolutions, et ils ne sont pas réunis d'une manière aussi complète, car la grande commissure, dont nous avons parlé précédemment sous le nom de *corps calleux*, manque dans cette classe. Les *lobes optiques* (*o*), qui chez les mammifères sont petits et restent cachés entre le cerveau et le cervelet, prennent au contraire ici un grand développement, et se montrent toujours à découvert en arrière et en dehors des lobes cérébraux ; enfin, au lieu d'être solides, ils sont creux, comme les lobes cérébraux. Le *cervelet* (*v*) est sillonné transversalement par des

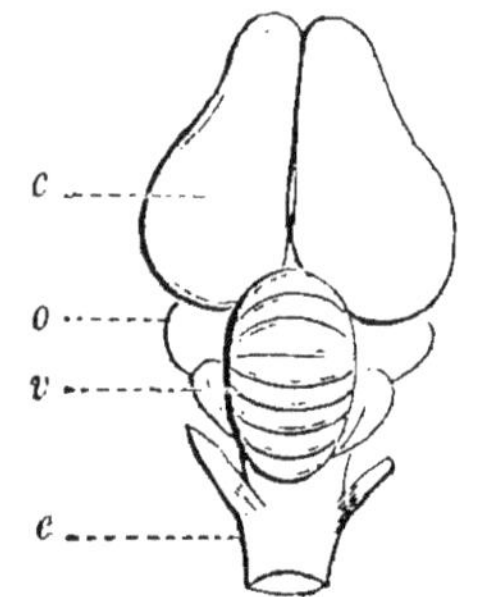

Fig. 259. — Cerveau d'Autruche.

rainures parallèles et convergentes ; il est formé presque en entier par le lobe médian, qui chez les mammifères est petit comparativement aux lobes latéraux (ou hémisphères du cervelet), et ceux-ci restent dans un état plus ou moins rudimentaire, surtout chez les oiseaux mauvais voiliers ; quant à la protubérance annulaire, qui dans la classe précédente réunit entre eux les hémisphères du cervelet, en passant autour de la moelle allongée, elle manque ici, de même que chez les reptiles et les poissons. Enfin, la moelle épinière des oiseaux (*e*) est en général très-longue, et présente deux renflements correspondant à l'origine des nerfs des ailes et des pattes : chez ceux qui volent le mieux, le renflement supérieur est plus développé que l'inférieur, et ceux qui se servent de leurs pattes plus que de leurs ailes présentent une disposition inverse.

§ 435. Le régime des oiseaux est très-varié : les uns se nourrissent exclusivement de graines, d'autres d'insectes, d'autres de poissons, d'autres encore de la chair des mammifères ou des oiseaux encore vivants ; enfin, il en est qui ne se repaissent que de charognes corrompues. Leurs pattes servent quelquefois à la préhension des aliments, mais le bec est toujours le principal organe employé à cet usage : sa forme varie suivant la nature des aliments et suivant le caractère plus ou moins carnassier de ces animaux ; aussi fournit-il au zoologiste d'excellents caractères pour la classification. Une corne solide et plus ou moins dure le revêt extérieurement et rend ses bords tranchants, mais il n'est jamais armé de véritables dents ; aussi la mastication est-elle très-incomplète et en général entièrement nulle. Chez les oiseaux qui vivent de chair et qui ont besoin de déchirer leur

FIG. 260. — Milan.

FIG. 261. — Tête de Faucon.

proie, les faucons (fig. 261), les aigles (fig. 255), les vautours (fig. 263), par exemple, la mandibule supérieure est très-courte, très-forte, crochue vers le bout et terminée par une pointe aiguë ; quelquefois même ses bords sont plus ou moins dentelés, ce qui en fait une arme plus puissante, et l'on peut juger des habitudes plus ou moins sanguinaires de ces animaux par le degré auquel leur bec offre ces divers caractères. Ainsi, le faucon (fig. 261)est de tous les oiseaux de proie celui dont le bec est le plus courbé, le plus court, le mieux dentelé et le plus robuste proportionnellement à sa taille : aussi est-il le chasseur le plus intrépide ; tandis que le milan (fig. 260), qui ne diffère guère du faucon que par son bec plus faible, moins crochu et non dentelé sur les bords, ainsi que par ses serres moins robustes, est d'un naturel lâche ; et le vautour (fig. 263), dont le bec est encore plus allongé, et par conséquent moins fort, ne s'attaque même pas aux animaux vivants et se repaît de cadavres. Les oiseaux de mer, qui se nourrissent de la chair de poissons trop

Fig. 262.

Fig. 263. — Vautour fauve.

Fig. 264. — Cigogne à sac.

volumineux pour être avalés d'une bouchée, se font également remarquer par leur bec gros et crochu au bout (fig. 262) ;

mais cet organe est beaucoup plus allongé que chez les oiseaux de proie, et par conséquent moins puissant. Lorsque les oiseaux piscivores ne recherchent que des poissons ou des reptiles assez petits pour être saisis et avalés avec facilité, le bec devient droit, s'allonge encore davantage, et ressemble à une pince à longues branches : les martins-pêcheurs (fig. 268), les cigognes (fig. 264) nous en offrent des exemples. Les oiseaux qui vivent d'insectes, de vers, de graines ou de fruits, ne présentent rien de semblable. Les premiers ont en général le bec : très-grêle, très-allongé, et droit, ou faiblement arqué (fig. 265

Fig. 265. — Guêpier.

Fig. 266. — Engoulevent.

à moins toutefois que ce ne soit au vol qu'ils prennent les petits insectes dont ils se nourrissent, car alors le bec est court, très-élargi et profondément fendu : disposition qui se voit chez les hirondelles, les engoulevents (fig. 266), etc., et qui leur permet d'engloutir facilement leur proie dans leur large gueule. Les granivores, au contraire, ont le bec court, épais, bombé en dessus ou conique, et en général droit (fig. 267).

Fig. 267. — Moineau.

Fig. 268. — Martin-pêcheur.

Une modification de cet organe plus remarquable encore nous est offerte par les pélicans (fig. 269), oiseaux aquatiques qui portent entre les deux branches de la mâchoire inférieure une grande poche cutanée très-extensible, dans laquelle ils accumulent le produit de leur pêche pour le dégorger ensuite et s'en repaître à loisir.

Enfin il est aussi à noter que le bec des oiseaux offre quelquefois des bizarreries de forme dont l'utilité ne nous est pas con-

FIG. 269. — Pélican.

nue : telle est, par exemple, l'espèce de casque qui surmonte cet organe chez les calaos (fig. 270), et qui acquiert des dimensions monstrueuses.

§ 436. La langue sert quelquefois à la préhension des aliments aussi bien qu'à la déglutition, et présente des particularités de structure remarquables. L'os hyoïde (*h*, fig. 271), sur lequel elle est portée, se prolonge en arrière sous la forme de deux longues cornes qui remontent derrière la tête, et qui donnent attache par leurs extrémités à des muscles (*m*) fixés antérieurement à la mâchoire inférieure ; lorsque ces muscles se contractent, ils ramènent en bas et en avant ces cornes, et poussent par conséquent la langue hors de la bouche. Ce mécanisme est surtout curieux chez les pics (fig. 272), et chez quelques autres oiseaux qui dardent leur langue avec une vitesse extrême et à des distances considérables sur les insectes dont ils se nourrissent. Cet organe présente aussi dans sa forme des différences importantes à noter. Chez les perroquets, qui mâchent jusqu'à un certain point leur nourriture, la langue est épaisse et charnue ; chez les oiseaux de proie, elle est encore large et assez molle ; chez la plupart des granivores (fig. 271), elle est sèche, triangulaire et hérissée, vers la base, de petites pointes cartilagineuses; enfin, chez certains insectivores, son extrémité est armée de crochets ou de dentelures.

Les glandes salivaires sont placées sous la langue et consistent en des amas de petits follicules arrondis. La salive est ordinairement épaisse, quelquefois elle est tout à fait gluante.

Fig. 270. — Calao à casque en croissant.

§ 437. L'arrière-bouche, ou pharynx, n'est pas séparée de la bouche par un voile mobile, comme chez les mammifères, et ne présente rien de remarquable. L'œsophage (fig. 273), parvenu vers la partie inférieure du cou, communique avec une première poche digestive, nommée *jabot*, dont les parois sont membraneuses. Les aliments séjournent pendant un certain temps dans ce premier estomac, dont la forme et la grandeur varient. C'est chez les granivores que le jabot est le plus développé : on le trouve aussi chez les oiseaux de proie diurnes, mais il manque chez les hiboux, chez l'autruche et chez la plupart des piscivores. Au-dessous de cette partie, l'œsophage se resserre de nouveau, et présente à quelque distance une seconde dilatation appelée *ventricule succenturié*, dont la surface interne est criblée par un nombre considérable de petits pores communiquant avec des follicules destinés à sécréter le suc gastrique : en général, le volume de ce second estomac est peu considérable : mais, chez les oiseaux qui manquent de jabot, il est beaucoup plus grand que de

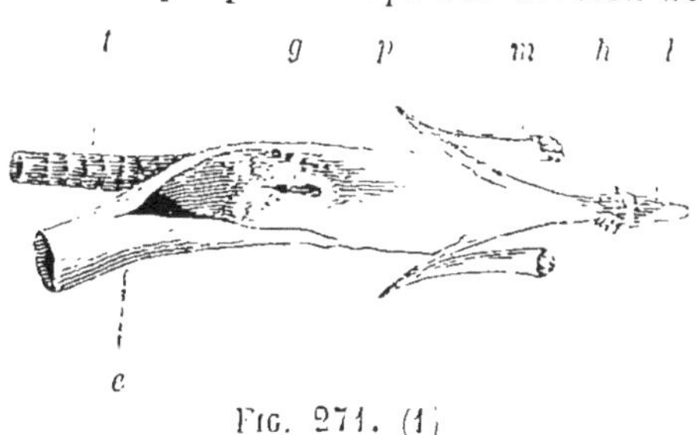

Fig. 271. (1)

(1) Langue, glotte, etc. : — *l*, langue ; — *h*, hyoïde ; — *m*, muscles de l'hyoïde ; — *p*, pharynx ; — *g*, glotte ; — *t*, trachée ; *c*, œsophage.

coutume, et paraît en tenir lieu. Enfin, le ventricule succenturié s'ouvre inférieurement dans un troisième estomac nommé *gésier*, où la chymification s'achève; sa capacité varie beaucoup, mais c'est surtout dans sa structure qu'il présente des différences impor-

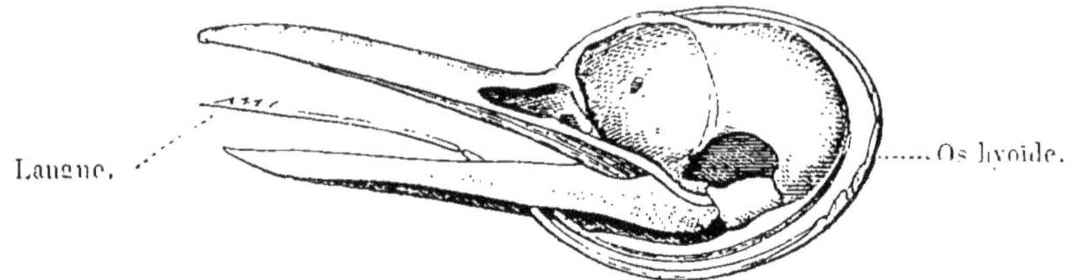

Fig. 272. — Tête de Pic.

tantes. Chez les oiseaux qui se nourrissent uniquement de chair, les parois du gésier sont minces et membraneuses; mais, chez ceux qui avalent des aliments plus durs et plus difficiles à digérer, il est garni de muscles puissants, destinés à comprimer ces matières et à les broyer. C'est chez les granivores que cet organe est le plus musculaire; l'épaisseur de ses parois charnues est très-considérable, et sa surface interne est revêtue d'une espèce d'épiderme presque cartilagineux; sa force est immense. Chez l'autruche, par exemple, on a vu les corps les plus durs être broyés par ses contractions, et il tient évidemment lieu d'un appareil masticateur.

L'intestin, qui fait suite à cette série d'estomacs, est beaucoup moins long que chez la plupart des mammifères, mais se compose aussi de deux portions : l'intestin grêle et le gros intestin. Le premier, après avoir formé une première anse, se contourne diversement; le second n'en diffère que peu et n'est pas boursouflé, mais en général s'en distingue facilement par l'existence, dans son point de jonction avec le premier, de deux appendices tubiformes et terminés en cul-de-sac, que l'on appelle des *cæcums*. Ces appendices manquent, ou du moins sont très-petits, chez la plupart des oiseaux de proie, mais sont généralement longs et assez gros chez les oiseaux granivores et omnivores.

Le foie est très-volumineux et remplit une grande partie du thorax, aussi bien que de la portion supérieure de l'abdomen; car ces deux cavités ne sont pas séparées, le muscle diaphragme étant réduit à l'état rudimentaire. Cette glande est divisée en deux lobes à peu près égaux, et donne en général naissance à deux canaux hépatiques qui, après s'être réunis, débouchent dans l'intestin. Enfin, il existe presque toujours une vésicule du fiel, qui ne reçoit qu'une portion de la bile et la verse dans l'intestin par un canal particulier. Le pancréas est logé dans la première anse de l'intestin grêle : il est généralement long, étroit, et plus ou moins divisé.

La rate, organe dont les usages ne sont pas bien connus, est

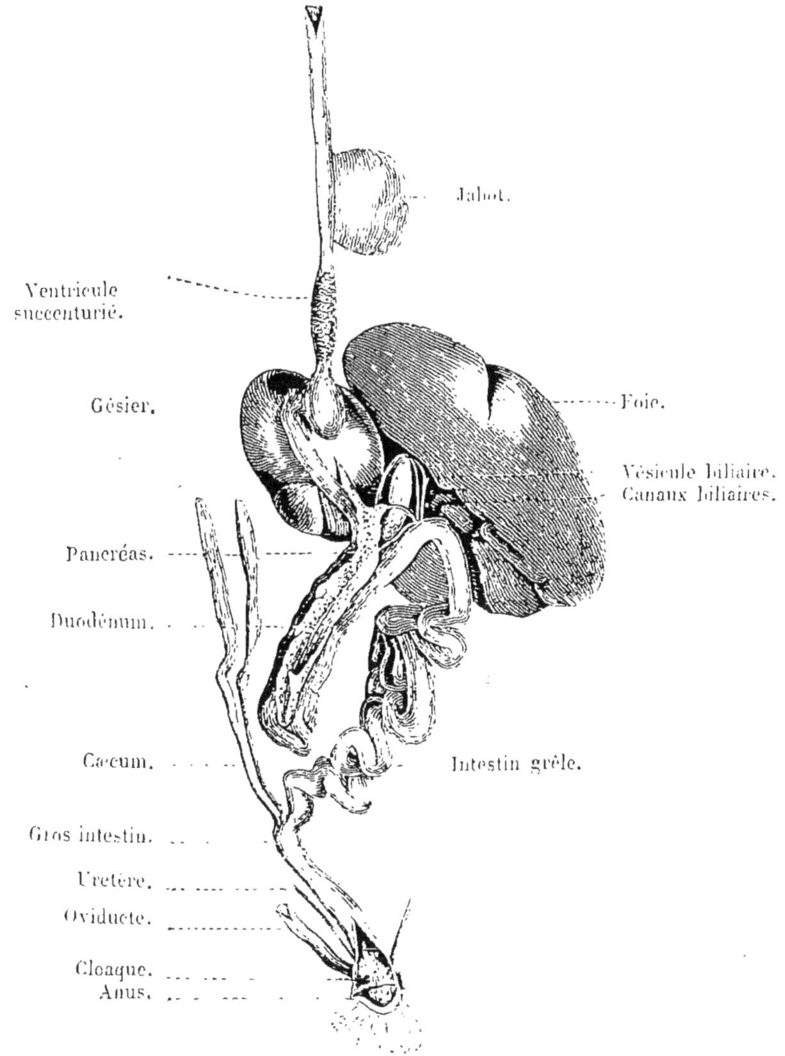

FIG. 273. — Appareil digestif de la Poule.

petite. Les reins, qui sécrètent l'urine, sont au contraire très-volumineux et de forme irrégulière ; ils sont logés derrière le péritoine, dans plusieurs fossettes creusées le long de la partie supérieure du bassin, et ne présentent pas, comme chez les mammifères, une substance corticale distincte. Les uretères aboutissent, de même que les oviductes, près de l'anus, dans une

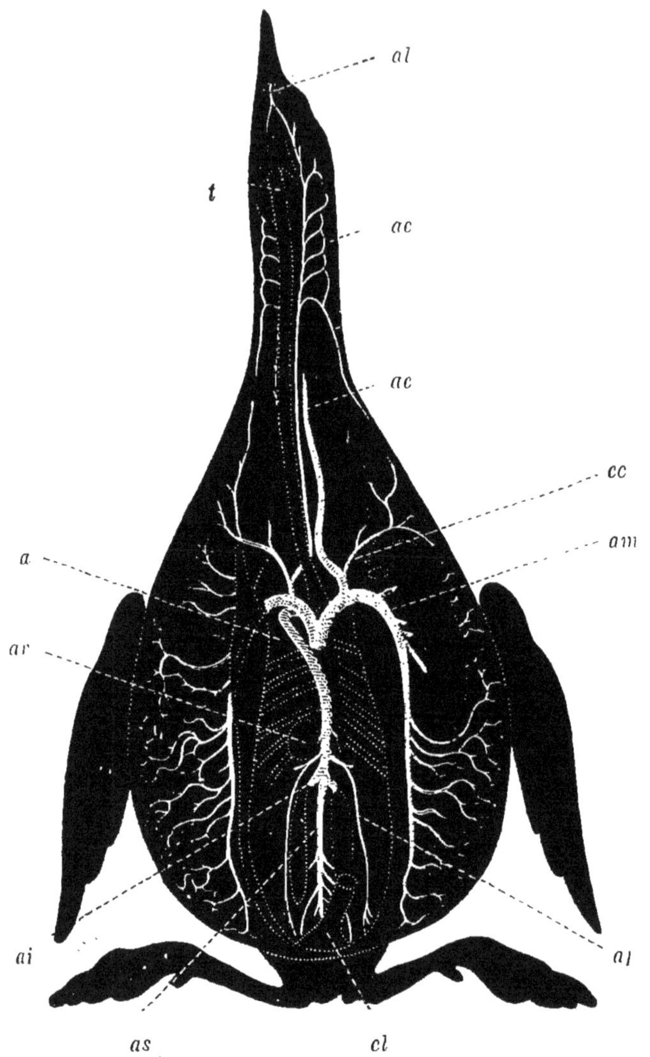

Fig. 274. — Système artériel d'un Oiseau (1).

(1) Artères du Grèbe : — *a*, artère aorte ; — *am*, l'une des grosses artères qui naissent de la crosse de l'aorte, laquelle, après avoir fourni l'artère carotide (*ac*) et l'artère sous-clavière, va se distribuer aux muscles de la poitrine et correspond à l'artère mammaire des animaux mammifères ; — *av*, l'une des branches de l'artère vertébrale se rendant aux muscles de l'épaule ; — *cc*, anses artérielles formées par des branches de la carotide externe ; — *al*, artère linguale ; — *t*, la trachée-artère ; — *ar*, artères rénales ; — *af*, artères fémorales ; — *ai*, artère ischiatique allant aux membres inférieurs ; — *as*, artère sacrée faisant suite à l'aorte et donnant naissance à l'artère mésentérique inférieure, etc. ; — *cl*, le cloaque.

partie dilatée de l'intestin rectum nommée *cloaque* (fig. 273); il n'existe point de vessie, et l'urine est évacuée avec les excréments. Ainsi que nous l'avons déjà dit, elle se compose presque entièrement d'acide urique, qui est très-peu soluble, et qui, en se desséchant, forme une masse blanchâtre.

§ 438. Les produits nutritifs de la digestion passent de l'intestin dans le torrent de la circulation par des vaisseaux lymphatiques qui, en se réunissant, forment deux canaux thoraciques; ces conduits s'ouvrent dans les veines jugulaires de chaque côté de la base du cou.

§ 439. Le sang des oiseaux est plus riche en globules que celui des mammifères, et ces corpuscules, au lieu d'être circulaires, sont elliptiques (fig. 39). La manière dont ce liquide circule ne présente rien de particulier, et la route qu'il suit est la même que chez les mammifères. En effet, le sang se rend du ventricule gauche du cœur aux artères, qui sont chargées de le distribuer à tous les organes; revient dans l'oreillette droite du cœur, descend ensuite dans le ventricule droit, qui l'envoie aux poumons par l'intermédiaire des artères pulmonaires; revient de nouveau au cœur par les veines pulmonaires, pénètre dans l'oreillette gauche, et achève enfin le cercle circulatoire en entrant dans le ventricule gauche, d'où nous l'avons vu partir (fig. 49). Le cœur a la même forme, la même structure, la même position et les mêmes enveloppes que chez les mammifères; mais les parois du ventricule gauche sont extrêmement épaisses, et le ventricule droit enveloppe le premier à droite et en dessous sans se prolonger jusqu'à la pointe de cet organe; les oreillettes n'ont pas d'appendice bien distinct à l'extérieur; enfin, l'aorte, dès sa naissance, se divise en trois grosses branches (fig. 274), dont les deux premières portent le sang à la tête, aux ailes et aux muscles de la poitrine; et la troisième se recourbe en bas autour de la bronche droite, et constitue l'aorte descendante. Il existe aussi quelques particularités dans le mode de distribution des artères, mais elles sont peu importantes, et il est seulement à noter que, dans divers points du corps, ces vaisseaux constituent des plexus remarquables en s'anastomosant fréquemment entre eux. Le système veineux se termine par trois gros troncs, dont l'un est l'analogue de la veine cave inférieure des mammifères, et les deux autres correspondent à peu près aux deux veines sous-clavières, qui ne se réunissent pas pour constituer un canal commun (ou veine cave supérieure) comme chez ces derniers animaux.

§ 440. L'appareil de la respiration offre des particularités plus importantes que celui de la circulation. Les poumons, comme nous l'avons déjà dit, communiquent avec de grandes cellules membraneuses, et transmettent ainsi l'air dans diverses parties du corps, de façon que la respiration est en quelque sorte double,

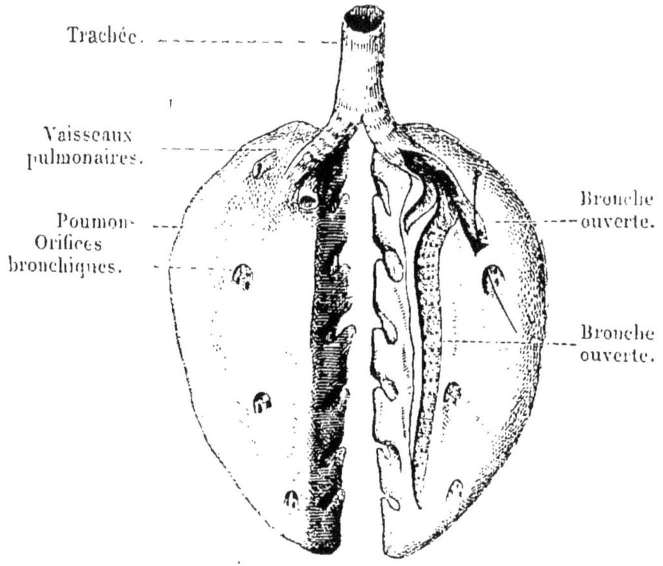

Fig. 275. — Poumons d'un Oiseau.

le sang veineux se trouvant en contact avec l'oxygène, lors de son passage à travers les vaisseaux capillaires de plusieurs organes, aussi bien que lorsqu'il traverse les capillaires pulmonaires.

Les poumons ne sont pas divisés en lobes comme ceux des mammifères, et sont loin de remplir le thorax ; ils sont accolés aux côtes, et présentent à leur surface inférieure plusieurs ouvertures (fig. 275) appartenant à des bronches qui les traversent de part en part et servent à porter l'air dans les cellules pneumatiques placées entre les divers organes de l'animal. Ces cavités sont formées par des cloisons membraneuses, et communiquent les unes avec les autres ; on en voit dans le tronc qui présentent des dimensions très-considérables, et d'autres qui se prolongent vers la tête et entre les muscles des membres : l'air se répand ainsi jusque dans la substance des os.

L'examen des cellules aériennes, chez différents oiseaux, montre que la quantité d'air distribué ainsi aux diverses parties du corps est, toutes choses égales d'ailleurs, en rapport avec l'énergie et la continuité des mouvements de l'animal : ainsi, chez les aigles, les éperviers et d'autres oiseaux grands voiliers, ce fluide pénètre dans tous les os ; tandis que, chez ceux qui n'ont pas la faculté de voler et qui ne marchent que lentement, comme les pingouins, etc., il est exclu de la plus grande partie ou même de la totalité du squelette. En général, l'air se trouve en plus grande abondance dans les os des membres les plus employés dans la locomotion : chez l'autruche, par exemple, les cellules aériennes présentent dans le fémur un développement remarquable.

Les oiseaux sont de tous les animaux ceux dont la respiration est la plus active ; ils consomment proportionnellement plus d'oxygène que les mammifères, et ils résistent moins longtemps à l'asphyxie. Ce sont aussi les animaux qui produisent le plus de chaleur : la température de leur corps s'élève à 41, 42, 43 et même 45 degrés centigrades, et les plumes dont ils sont recouverts leur sont très-utiles pour empêcher leur refroidissement lorsqu'ils s'élèvent dans l'atmosphère à des hauteurs considérables.

§ 441. De même que chez les mammifères, l'organe de la voix est une dépendance de l'appareil de la respiration. Le larynx supérieur est d'une structure très-simple et ne sert que peu ou point à la production des sons. Son ouverture a la forme d'une fente (*g*, fig. 271) dont les bords ne peuvent ni s'étendre ni se relâcher ; et il ne s'y trouve ni ventricules, ni cordes vocales, ni épiglotte. Mais, à l'extrémité inférieure de la trachée, il existe un second larynx dont le jeu est très-remarquable, et dont la structure est d'autant plus compliquée, que l'oiseau module mieux son chant. Chez les oiseaux chanteurs, ce petit appareil se compose d'une espèce de tambour osseux (*l*, fig. 276), dont l'intérieur est divisé inférieurement par une traverse de même nature, que surmonte une membrane mince de forme semi-lunaire (*c*, fig. 277). Ce tambour communique inférieurement avec deux glottes formées par la terminaison des bronches et pourvues chacune de deux lèvres ou cordes vocales ; enfin des muscles, dont le nombre varie suivant les espèces, s'étendent entre les divers anneaux dont se composent ces parties, et les meuvent de manière à tendre plus ou moins fortement les membranes qu'elles soutiennent. Chez les oiseaux qui sont privés de la faculté de moduler les sons d'une manière compliquée, la cloison membraneuse dont nous avons parlé ci-dessus manque ; et chez ceux qui ne chantent pas, il n'existe pas de muscles propres au larynx inférieur, et l'état de la glotte ne peut être modifié que par ceux qui élèvent ou abaissent la trachée.

§ 442. Les oiseaux sont ovipares, et n'ont pas, comme les animaux de la classe précédente, des mamelles pour allaiter leurs petits. La durée de l'incubation (ou du temps que le jeune oiseau met à se développer dans l'intérieur de l'œuf) varie dans les différentes espèces, mais elle est à peu près constante pour

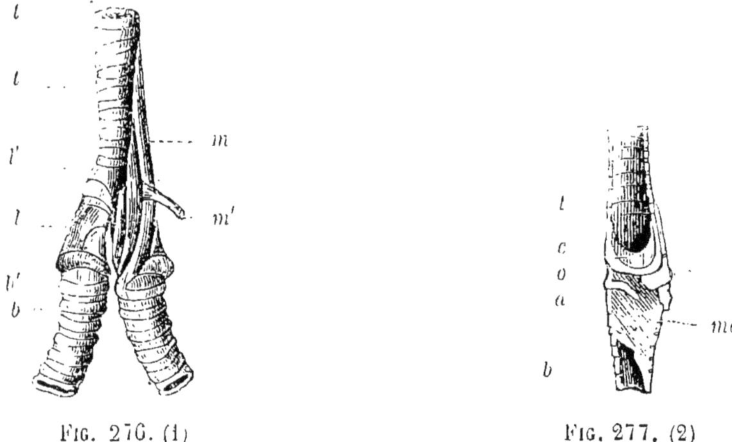

Fig. 276. (1) Fig. 277. (2)

chacune de celles-ci : pour l'oiseau-mouche, le plus petit des animaux de cette classe, elle est de douze jours seulement; pour les serins que nous élevons en domesticité, elle est de quinze à dix-huit jours, et de vingt et un jours pour les poules, de vingt-cinq jours pour les canards, de quarante à quarante-cinq jours pour les cygnes. Un certain degré de chaleur est nécessaire à ce phénomène ; celle du soleil suffit pour faire éclore les œufs de quelques oiseaux des régions intertropicales ; mais, en général, il en est tout autrement, et, pour maintenir les œufs à la température convenable, la mère les recouvre de son corps et les dépose dans un lit propre à les abriter.

Quelques oiseaux se contentent, pour cela, de creuser dans la terre ou dans le sable une cavité arrondie ; mais la plupart déploient, dans la construction de cette espèce de berceau, une adresse et un art remarquables ; et une chose non moins surprenante, c'est la régularité avec laquelle toutes les générations

(1) Larynx inférieur de la Corneille : — *t*, trachée-artère; — *t'*, tambour formé par l'extrémité inférieure de la trachée ; — *l*, osselet moyen de la trachée ; — *b'*, premier arceau des bronches, séparé du troisième osselet du larynx par un espace membraneux ; — *b*, bronches ; — *m*, muscles propres du larynx : ces muscles ont été enlevés du côté opposé ; — *m'*, muscle abaisseur de la trachée.

(2) Coupe verticale du larynx : — *t*, portion inférieure de la trachée fendue par la moitié ; — *c*, membrane semi-lunaire située au-dessus du point de réunion des deux glottes et fixée à une traverse osseuse (*o*); — *a*, bourrelet que forme la lèvre interne de la glotte droite ; — *me*, face interne de la bronche droite formée par une membrane tympaniforme ; — *b*, portion de la cavité de la bronche droite mise à nu par la section d'une partie de cette membrane.

successives exécutent les mêmes travaux et bâtissent des nids exactement semblables, lors même que les circonstances où ces animaux ont été placés ne leur ont jamais permis d'en voir et de prendre des leçons de leurs parents : un instinct admirable les guide et les porte à prendre une foule de précautions dont ils ne connaissent pas d'avance toute l'utilité. Les parois du nid sont ordinairement bâties avec de petites tiges flexibles et quelquefois mastiquées avec de la terre délayée dans la salive gluante de l'animal ; mais leur forme et leur disposition varient beaucoup, comme nous avons déjà eu occasion de le voir (§ 328). Presque tous en garnissent l'intérieur avec des substances molles qu'ils ramassent avec soin, ou même avec un duvet moelleux qu'ils arrachent de leur poitrine. La substance chaude et légère, employée dans l'économie domestique sous le nom d'*édredon*, n'a pas d'autre origine; elle provient d'une espèce de canard appelé *eider* (fig. 278), qui habite les îles des mers arctiques, et qui a l'habitude de se dépouiller de la sorte pour garnir son nid avec le duvet arraché à sa poitrine et à son ventre.

Fig. 278. — Eider.

La ponte a lieu, en général, une fois par an, quelquefois deux, et, dans l'état de domesticité, la fécondité devient encore plus grande. Le nombre des œufs est en général plus considérable chez les petites espèces que chez les grandes : les aigles n'en pondent qu'un ou deux ; la mésange et le roitelet, quinze à vingt.

La constance avec laquelle ces oiseaux couvent leurs œufs est admirable : quelquefois les deux parents se partagent ce soin ; d'autres fois le mâle se borne à veiller aux besoins de la femelle pendant que celle-ci reste accroupie sur ses œufs ; et dans d'autres espèces, c'est la mère qui s'occupe seule de l'incubation. En général, ce n'est qu'à regret et poussée par la faim qu'elle quitte pour quelques instants sa progéniture ; et lorsque ses petits sont éclos, son instinct maternel la porte à leur prodiguer les soins les plus tendres : elle les recouvre de ses ailes pour les préserver du froid, et leur apporte une nourriture choisie, que souvent elle dégorge dans leur gosier après l'avoir à moitié digérée pour la rendre plus appropriée à leur estomac délicat. On la voit aussi guider leurs premiers pas, leur apprendre à se servir de leurs ailes, et, lorsqu'un danger les menace, déployer pour les sauver autant de courage que de dévouement, et l'on pourrait presque dire d'intelligence. Il est cependant quelques oiseaux qui déposent leurs œufs dans les nids qui ne leur appartiennent pas, afin de les faire couver par des nourrices étrangères : tel est le coucou, qui pond ses œufs un à un dans des nids de fauvettes, de bruants, de merles ou de quelque autre oiseau insectivore ayant l'habitude de nourrir ses petits avec des aliments convenables aussi aux jeunes coucous ; et, chose remarquable, la couveuse qui s'y trouve devient pour ces intrus une mère tendre et infatigable, quoiqu'ils la privent de sa propre progéniture. Suivant quelques naturalistes, les vieux coucous ont le soin de détruire les œufs qu'ils trouvent dans le nid auquel ils confient le leur ; mais d'autres observateurs assurent que c'est le jeune coucou lui-même qui se charge de les rejeter de sa demeure ou d'en expulser, aussitôt après leur naissance, les petits dont il usurpe la place. L'illustre Jenner, médecin anglais, à qui on doit la découverte de la vaccine, nous dit avoir vu bien des fois le manége au moyen duquel ce petit intrus se débarrasse de ses faibles compagnons : le jeune coucou se glisse sous l'un des petits oiseaux dont il partage le berceau, et parvient bientôt à le placer sur son dos où il le retient à l'aide de ses ailes ; ensuite, se traînant à reculons jusqu'au bord du nid, il le jette pardessus; puis il recommence les mêmes mouvements pour un second, et ainsi de suite jusqu'à ce qu'il reste maître de sa demeure. On ne connaît pas bien la cause qui détermine les coucous à abandonner ainsi à d'autres oiseaux le soin de l'incubation. Ils restent souvent par paires dans le voisinage de l'endroit où les œufs ont été déposés ; et leurs petits, quand ils sont assez forts pour voler, quittent leurs premiers pourvoyeurs, et rejoignent leurs parents naturels, qui se chargent de compléter leur éducation.

L'instinct qui porte l'oiseau à couver ses œufs est en général des plus puissants ; et cependant cette impulsion, en quelque sorte aveugle, est susceptible d'être, jusqu'à un certain point, modifiée par les circonstances extérieures. Ainsi, les autruches couvent leurs œufs lorsqu'elles habitent les climats tempérés, mais en abandonnent l'incubation à la chaleur des rayons solaires lorsqu'elles vivent sous la zone torride. Il paraîtrait aussi que souvent plusieurs de ces grands oiseaux réunissent leurs œufs dans un même trou, et se relayent à tour de rôle pour les couver.

§ 443. Les soins que les oiseaux donnent à leur progéniture sont un sujet d'observation plein d'intérêt : mais un instinct plus singulier, et par conséquent plus remarquable encore, est celui qui porte certaines espèces à changer de climat suivant les saisons, et à faire, à des époques déterminées de l'année, des voyages plus ou moins longs (§ 325). Quelques espèces émigrent ainsi pour fuir le froid ou pour chercher une température moins élevée, et vont dans le Midi ou dans le Nord pour pondre ou pour y passer le temps de la mue ; d'autres changent de pays pour se procurer plus facilement des moyens de subsistance : la plupart des insectivores sont dans ce cas ; mais il est des oiseaux qui exécutent des voyages réguliers sans y être sollicités par aucune cause appréciable et sans que leur déplacement paraisse apporter aucun changement bien notable dans les conditions où ils se trouvent. Du reste, quelle que soit la circonstance qui rende la migration périodique des oiseaux utile à eux-mêmes ou à leur progéniture, il est bien évident que ce n'est pas elle qui en est ordinairement la cause déterminante ; les oiseaux voyageurs éprouvent, à certaines époques de l'année, le besoin de changer de place, comme ils éprouvent dans d'autres moments le désir de construire leur nid, sans y être portés par un calcul intellectuel ou par la prévision des avantages qu'ils en recueilleront. C'est un instinct aveugle qui, en général, les pousse, et qui se développe quelquefois indépendamment de tout ce qui peut influer dans le moment sur le bien-être de l'animal. Ainsi, dans des expériences faites sur quelques oiseaux voyageurs de nos pays, on a vu ce besoin se manifester avec force à l'époque ordinaire, bien qu'on eût le soin de maintenir autour de ces animaux une température constante, de leur donner une nourriture convenable, et qu'on eût la précaution de choisir de jeunes individus qui n avaient pas encore pu contracter l'habitude des migrations. Lorsqu'ils changent de climat, ils n'attendent pas pour partir que le froid leur soit devenu insupportable, et ils ne sont pas repoussés peu à peu vers le Midi par les empiétements de l'hiver ; mais ils les précèdent et se transportent tout de suite et presque tout d'un trait dans les régions tropicales. Souvent on les voit revenir au printemps, lorsque la température en est encore au-dessous de ce qu'elle était au moment de leur départ ; et, pour certaines espèces, nous le répétons, les migrations ne coïncident avec aucune circonstance extérieure. Ce phénomène est par conséquent inexplicable ; mais en cela il ne diffère pas de tous ceux que détermine l'instinct, et à mesure que nous avancerons dans l'étude des animaux, nous aurons l'occasion de voir un grand nombre de faits analogues qui ne sont ni moins intéressants ni moins incompréhensibles.

Mais de ce que les migrations dépendent d'une impulsion instinctive et aveugle, il ne faut pas conclure que les circonstances extérieures soient sans influence sur le développement du besoin que les oiseaux voyageurs éprouvent de changer d'habitation ; on remarque au contraire que ce phénomène coïncide en général avec des variations atmosphériques, et que le moment de l'arrivée et du départ est souvent avancé ou retardé, suivant que la saison froide se prolonge plus ou moins.

L'époque à laquelle les oiseaux voyageurs arrivent dans nos pays ou les quittent, varie suivant les espèces. Ceux qui sont originaires des régions les plus septentrionales de l'Europe nous viennent à la fin de l'automne ou au commencement de l'hiver, et, dès les premiers beaux jours, fuyant la chaleur comme ils avaient fui l'excès du froid, ils retournent vers le Nord pour y faire leur ponte. D'autres oiseaux qui naissent toujours dans nos contrées, et qui doivent par conséquent être considérés comme étant essentiellement indigènes, nous quittent en automne, et, après avoir passé l'hiver dans ces climats chauds, reparaissent parmi nous au printemps, ou bien, évitant au contraire la chaleur modérée de notre été, émigrent alors vers les régions arctiques. Il en est d'autres encore qui, natifs des pays méridionaux, s'élèvent vers le Nord pour échapper à l'ardeur du soleil d'été, et nous arrivent au milieu de la belle saison. Enfin, on en voit aussi qui ne séjournent jamais dans nos contrées, et qui, dans leurs migrations annuelles, ne font qu'y passer. L'époque de l'arrivée et du départ de ces voyageurs est en général déterminée d'une manière très-précise pour chaque espèce, et l'expérience a appris que dans certaines localités les chasseurs pouvaient compter sur l'arrivée de tels ou tels oiseaux, comme sur une rente dont les termes écherraient à jour fixe. L'âge y apporte cependant quelque différence : on voit ordinairement les jeunes ne se mettre en route que quelque temps après les adultes ; et cela paraît dépendre de ce que, la mue ayant lieu plus tard chez eux que chez ces derniers, ils ne sont pas encore rétablis de l'espèce de maladie qui accompagne ce phénomène, au moment où ceux-ci sont déjà en état de supporter les fatigues du voyage.

§ 444. Un autre fait non moins curieux dans l'histoire des oiseaux est la faculté à l'aide de laquelle ces animaux s'orientent dans un pays inconnu, et savent reconnaître à des distances immenses la route à suivre pour regagner leur nid. Les pigeons voyageurs nous ont déjà offert un exemple remarquable de cet instinct ou sens incompréhensible pour l'homme (§ 325) ; les hirondelles nous en fourniront également. Ces petits oiseaux font, comme nous l'avons déjà dit (§ 325), des voyages bien longs ; et cependant, par un instinct singulier, ils savent au printemps suivant retrouver les lieux où ils ont déjà niché, et ils y reviennent toujours. On s'est assuré de ce fait en attachant à la patte de plusieurs hirondelles de petits cordons de soie pour constater leur identité. Elles construisent leur premier nid dans le voisinage de celui où elles sont nées : l'hirondelle de cheminée bâtit chaque année le sien au-dessus de celui de l'année précédente, et l'hirondelle de fenêtre s'établit dans celui qu'elle avait quitté à l'automne. Un célèbre physiologiste italien du siècle dernier, Spallanzani, a vu, pendant dix-huit années consécutives, les mêmes couples revenir à leurs anciens nids sans presque s'occuper de les réparer. Les hirondelles montrent aussi, dans d'autres occasions, la singulière faculté de se diriger vers un lieu déterminé dont elles sont éloignées d'une distance considérable : si l'on transporte au loin une couveuse renfermée dans une cage et qu'on lui donne sa liberté, elle s'élève d'abord très-haut comme pour examiner le pays, puis se dirige en ligne droite vers l'endroit où elle a laissé sa couvée. Spallanzani a répété avec succès cette expérience à diverses reprises, et a vu un couple d'hirondelles de rivière, qu'il avait transporté à Milan, se rendre en treize minutes auprès de ses petits laissés à Pavie.

§ 445. L'instinct de la sociabilité est aussi très-développé chez certains oiseaux ; nous avons déjà eu l'occasion de parler de la manière dont plusieurs de ces animaux se réunissent par légions innombrables pour voyager de concert, et des secours mutuels qu'ils se prêtent quelquefois (§§ 329, 330, 339) ; mais il est à noter que cet instinct ne se développe guère que chez les espèces destinées à se nourrir d'insectes et de substances végétales, et que les oiseaux de proie vivent presque toujours solitaires ou réunis seulement par paires.

§ 446. Les oiseaux, de même que les mammifères, varient aussi entre eux par la manière dont ils se procurent leur nourriture : la plupart ne la cherchent que de jour, mais on en connaît aussi qui sont nocturnes ou qui ne prennent le vol que pendant le crépuscule ; et il est digne de remarque que ces derniers ont en général des couleurs sombres et le plumage moelleux, de façon que leurs ailes frappent l'air sans bruit, comme si le Créateur, dans sa prévoyance infinie, avait voulu favoriser ainsi la chasse à laquelle ces animaux se livrent au milieu de l'obscurité. Les diverses espèces de la famille des hiboux, les engoulevents, etc., nous offrent des exemples de cette coïncidence entre les mœurs de l'oiseau et la nature de son plumage.

§ 447. Le nombre des espèces d'oiseaux connues des naturalistes est d'environ sept mille ; et, comme l'organisation de ces oiseaux présente une grande uniformité, leur classification offre des difficultés considérables. Les caractères dont on se sert pour les diviser en ordres, en familles et en genres sont fournis principalement par la conformation du bec et des pattes, organes dont la structure est en rapport avec le régime de ces animaux Cuvier, dont nous suivons ici la méthode, les partage ainsi en six ordres ; savoir, les *Rapaces*, les *Passereaux*, les *Grimpeurs*, les *Gallinacés*, les *Échassiers*, et les *Palmipèdes*.

§ 448. Les Rapaces, ou Oiseaux de proie, se reconnaissent à la puissance de leurs serres et de leur bec ; la mandibule supérieure est robuste, recourbée vers le bout et terminée en une

Fig. 279. — Gypaète, ou Vautour des agneaux.

pointe aiguë propre à déchirer la chair des animaux dont ils se nourrissent ; et les doigts, également vigoureux, sont garnis d'ongles crochus et puissants, à l'aide desquels ils saisissent leur proie. En général, toutes les parties de leur corps indiquent une force considérable, et leur aspect dénote leur caractère farouche. Les uns sont *diurnes*, et se reconnaissent à leur plumage serré et à leurs yeux dirigés latéralement : ce sont les Vautours (fig. 263), les Gypaètes (fig. 279), les Faucons, les Aigles (fig. 255), les Éperviers, les Milans (fig. 260), les Buses, etc. Les autres sont *nocturnes*, et constituent la famille des Hiboux (fig. 280), caractérisée par un plumage lâche et par la direction antérieure des yeux.

§ 449. Les PASSEREAUX ont les pattes grêles, faibles et conformées de la manière ordinaire, c'est-à-dire ni palmées, ni armées d'ongles crochus et puissants, ni allongées en forme d'échasses.

FIG. 280. — Hibou (Scops vulgaire). FIG. 281. — Oiseau de paradis.

et ayant un seul doigt dirigé en arrière. Leur bec est faible (fig. 282), droit et peu ou point crochu (fig. 283, 284); leurs ailes

FIG. 282. — Sittelle. FIG. 283. — Alouette. FIG. 284. — Roitelet

assez grandes. Enfin, ils sont tous de petite ou de moyenne taille, et ils ont en général des formes sveltes et légères. Les uns sont insectivores, d'autres sont granivores, et d'autres encore sont omnivores, et c'est dans cet ordre que se rangent tous les oiseaux chanteurs et la plupart des oiseaux de passage. Le nombre des passereaux est immense, et nous nous bornerons à citer comme exemples les Pies-grièches, les Merles, les Fauvettes, les Hirondelles, les Engoulevents (fig. 266), les Alouettes (fig. 283), les Moineaux, les Corbeaux, les Oiseaux de paradis (fig. 281), les Colibris ou Oiseaux-mouches (fig. 285), les Roitelets (fig. 284), les Martins-pêcheurs (fig. 268), et les Calaos (fig. 270).

FIG. 285. — Colibri.

§ 450. Les GRIMPEURS sont des oiseaux qui, avec le régime et l'organisation ordinaires des passereaux, ont les doigts dirigés deux en avant et deux en arrière, disposition qui leur permet de se mieux cramponner au tronc et aux branches des arbres sur lesquels ils grimpent dans toutes les directions, quelquefois même en se servant de leur bec pour faciliter leurs mouvements. On range dans cette division les Toucans, remarquables par leur énorme bec, les Perroquets (fig. 286), les Coucous, les Pics (fig. 252), etc.

FIG. 286. — Perroquet (Ara).

§ 451. Les GALLINACÉS ont le bec médiocre, renflé en dessus et propre seulement à un régime granivore; les ailes courtes, le corps lourd, les pattes médiocres, et les doigts faibles, mais réunis ordinairement à leur base par un petit repli cutané. La plupart de ces oiseaux volent mal, ne nichent pas sur les arbres, et cherchent leur nourriture à terre. Cet ordre se compose de deux familles bien distinctes, celle des *Pigeons* et celle des *Galinacés* proprement dits, comprenant le Coq, les Faisans, les Paons, les Dindons, les Pintades, les Hoccos (fig. 288), les Perdrix, les Cailles, les Lagopèdes ou Perdrix de neige (fig. 287), les Coqs de bruyère, etc.

FIG. 287. — Lagopède ordinaire.

§ 452. Les ÉCHASSIERS se reconnaissent à leurs tarses très-élevés et à leurs jambes dénuées de plumes vers le bas, disposition qui les fait paraître comme montés sur des échasses, et qui est très-favorable, soit à la rapidité de la course, soit au passage à gué dans des eaux peu profondes. Leur taille est en général élancée, et la longueur de leur cou est telle que, si haut montés qu'ils soient sur leurs pattes, ils peuvent, sans se baisser, ramasser à terre leurs aliments Les uns se nourrissent d'herbes, les autres de reptiles aquatiques, de mollusques, de petits poissons, etc.

FIG. 288. — Hocco commun.

On range dans cette division les *Oiseaux de rivage*, tels que les Hérons, les Grues (fig. 289), les Cigognes (fig. 264), les Butors (fig. 290), les Bécasses, les Ibis (253), les Échasses (fig. 257), les Poules d'eau, les Flamants (fig. 291), etc., et quelques autres

FIG. 289. — Grue.

FIG. 290. — Butor d'Europe.

genres qui n'habitent pas dans le voisinage des eaux, mais qui ressemblent aux précédents par leur conformation : les Autruches (fig. 256), les Casoars (fig. 245), et les Outardes, par exemple.

§ 453. Enfin, les PALMIPÈDES, ou OISEAUX NAGEURS, sont caractérisés par leurs pattes, de longueur médiocre, terminées par une large nageoire. Ces rames sont formées par les doigts réunis à l'aide d'un repli de la peau, et sont en général placées très-

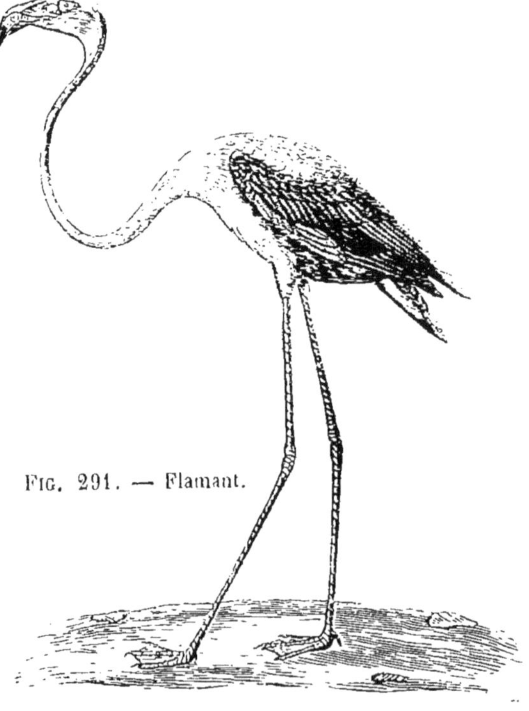

FIG. 291. — Flamant.

loin en arrière, ce qui est favorable à la nage, mais rend la marche difficile. Nous citerons comme exemples de ce groupe les Manchots (fig. 254) et les Pingouins, qui ont les ailes si courtes, qu'elles ne peuvent servir au vol ; les Pétrels, les Albatros, les Mouettes et les Sternes ou Hirondelles de mer (fig. 292), qui ont au contraire les ailes longues et le vol puissant ; les Pélicans (fig. 269) ; les Frégates (fig. 250) et les Fous, qui sont non moins bien organisés

FIG. 292. — Hirondelle de mer.

pour le vol que les précédents, et se font remarquer par une palmure encore plus complète des pattes : enfin les Cygnes, les Oies et les Canards (fig. 258), dont le bec est revêtu d'une peau molle, au lieu d'être garni de corne.

CLASSE DES REPTILES.

§ 454. La classe des REPTILES comprend *tous les animaux vertébrés à sang froid, dont la respiration est dès la naissance aérienne et incomplète.* Ils ont des poumons comme les mammifères et les oiseaux ; mais leur appareil circulatoire est toujours disposé de manière qu'une partie du sang veineux se mêle au sang artériel sans avoir traversé l'organe respiratoire, et en général ce mélange s'opère dans le cœur, qui ne présente qu'un seul ventricule dans lequel s'ouvrent les deux oreillettes (§ 108). Enfin, la peau de ces animaux est presque toujours couverte d'écailles.

Par leur forme générale, les reptiles se rapprochent des mammifères plus que des oiseaux ; mais, du reste, ils offrent à cet égard beaucoup de variations, comme on peut le voir en comparant entre eux une tortue (fig. 294), un lézard (fig. 293), et un serpent (fig. 295). Leur tête est presque toujours petite, et leur corps très-allongé. Quelques-uns, tels que les serpents, manquent complétement de membres ou n'en ont que des vestiges (fig. 296); mais la plupart de ces animaux, le lézard, par exemple, ont

Fig. 293. — Lézard vert piqueté.

quatre pattes conformées pour servir à la marche ou à la nage. Du reste, ces membres sont d'ordinaire trop courts pour empê-

Fig. 294. — Tortue grecque.

Fig. 295. — Naja aspic.

cher le tronc de traîner à terre, et, au lieu d'être dirigés parallèlement à l'axe du corps et de se mouvoir dans ce sens, ils se portent en général de côté, et se meuvent de dehors en dedans perpendiculairement à cet axe, disposition qui est très-défavorable la locomotion : aussi la plupart des reptiles ont-ils l'air de ramper sur le sol plutôt que de marcher, et c'est de là que leur vient leur nom.

FIG. 296. — Chalcide.

§ 455. Leur squelette présente dans sa structure des variations bien plus grandes que celui des animaux vertébrés à sang chaud : presque toutes les parties dont il se compose peuvent tour à tour manquer, si ce n'est la tête et la colonne vertébrale ; mais les os qui s'y trouvent conservent toujours une grande ressemblance avec ceux des mammifères et des oiseaux, et se reconnaissent facilement pour en être les analogues.

§ 456. Le crâne est toujours petit et la face allongée ; la mâchoire inférieure est composée de plusieurs pièces comme chez les oiseaux, et s'articule aussi à un os distinct du temporal (l'os carré ou tympanique : quelquefois même cet os est à son tour suspendu à un levier mobile (fig. 308), disposition qui augmente beaucoup la dilatabilité de la bouche, comme nous le verrons bientôt en parlant de la déglutition chez les serpents. La mâchoire supérieure est en général immobile, mais chez les serpents elle est articulée de façon à exécuter quelques mouvements ; chez plusieurs reptiles, les lézards et les tortues, par exemple, les os du crâne se prolongent latéralement au-dessus des tempes, en manière de bouclier, et donnent ainsi à la tête une largeur considérable. Enfin, la tête est en général peu mobile, et s'articule sur la colonne vertébrale au moyen d'un seul condyle à plusieurs facettes.

§ 457. Les os du tronc offrent, dans leur disposition et leur nombre, des variations plus considérables. Chez les lézards, les crocodiles et les autres reptiles conformés à peu près de la même manière, on n'y remarque en général que peu d'anomalies ; et il est seulement à noter que les côtes sont plus nombreuses que chez les mammifères ou les oiseaux, et garnissent l'abdomen aussi bien que la portion thoracique du corps. Chez les serpents, le sternum manque ainsi que les os des membres ; et les côtes, dont le nombre est très-considérable, sont libres par leur extrémité inférieure : on en compte quelquefois plus de trois cents paires, chez la couleuvre, par exemple, et elles sont assez mobiles pour que l'animal puisse s'en servir comme d'arcs-boutants dans ses mouvements de reptation. Les vertèbres jouissent aussi d'une grande mobilité, et s'articulent entre elles au moyen d'une tubérosité reçue dans une cavité correspondante et maintenue à l'aide de ligaments. Mais c'est chez les tortues que la disposition de ces os est le plus remarquable, car ils constituent deux grands boucliers entre lesquels l'animal peut, en général, se retirer tout entier. L'un de ces boucliers occupe le dos, et se nomme *carapace* (fig. 294) ; l'autre, situé sous le ventre (fig. 297), se nomme *plastron*, et de chaque côté ils sont unis entre eux de façon à laisser en avant et en arrière une ouverture servant au passage de la tête, des pattes et de la queue. Cette espèce de cuirasse n'est recouverte que par la peau, qui, à son tour, est en général garnie de larges plaques écailleuses ; et tous les muscles et autres parties molles sont renfermés dans la grande cavité ainsi formée.

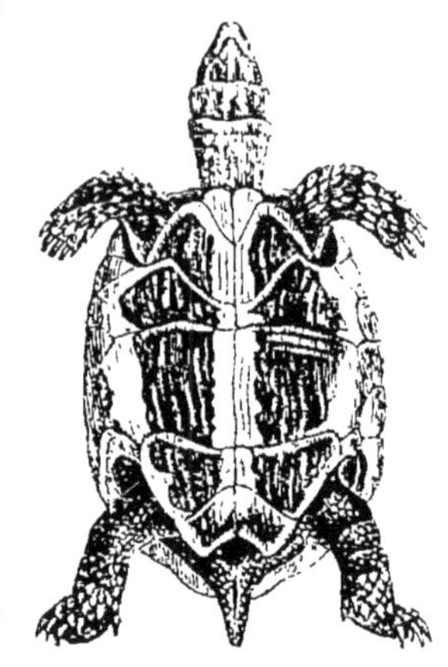

Fig. 297.— Tortue grecque (vue en dessous).

§ 458. La charpente osseuse des tortues, pour présenter cette disposition insolite, a dû être, comme on le pense bien, profondément modifiée : on y retrouve cependant les mêmes pièces constituantes que chez les animaux vertébrés normaux ; seulement, plusieurs de ces pièces ont changé de forme et de volume.

Lorsqu'on examine la carapace par sa face supérieure, on voit qu'elle est formée par un assez grand nombre de plaques osseuses unies entre elles par des sutures, et dont huit occupent la ligne médiane ; seize constituent de chaque côté de celles-ci une rangée longitudinale, et vingt-cinq ou vingt-six entourent le tout comme un cadre ovalaire. Il est alors difficile de reconnaître la nature de ces os ; mais si l'on examine la carapace par sa face inférieure (fig. 298), on voit aussitôt que les pièces médianes dont nous venons de parler ne sont autre chose que des dépendances des vertèbres dorsales (*vd*). En dessous se trouve effectivement le corps de chacun de ces os avec sa forme ordinaire, ainsi que le canal vertébral servant à loger la moelle épinière ; mais la portion supérieure des parois de l'anneau qui constitue ce canal, au lieu d'avoir, comme de coutume, la forme d'une bande osseuse transversale séparée de ses congénères par un espace vide, et d'être surmontée d'une apophyse épineuse, est ici élargie en manière de disque, et se continue sans interruption avec les plaques analogues appartenant à la vertèbre qui précède et à celle qui suit. Ces vertèbres dorsales, devenues ainsi immobiles, portent chacune une paire de côtes comme chez l'homme et la plupart des autres animaux vertébrés : mais ces côtes (*c*) s'élargissent au point de se toucher dans toute ou presque toute leur longueur, et de s'articuler entre elles par des sutures ; enfin, les pièces marginales (*cs*) qui s'articulent avec l'extrémité des côtes, et qui bordent en quelque sorte la carapace, représentent évidemment la portion sternale de ces os, qui, chez les mammifères, restent à l'état cartilagineux, mais qui, chez les oiseaux, sont complétement ossifiés. Dans quelques tortues, elles restent même cartilagineuses, et, chez presque tous ces animaux, plusieurs d'entre elles s'appuient latéralement sur les bords du plastron.

Le plastron est formé par le sternum, qui présente un développement extraordinaire, et s'étend depuis la base du cou jusqu'à l'origine de la queue (fig. 297). Les pièces qui entrent dans sa composition sont au nombre de neuf, et au lieu d'être placées toutes à la file les unes des autres, comme chez les mammifères, elles sont, à l'exception d'une seule, rangées par paires, et soudées ou articulées entre elles, de façon à former une grande plaque ovalaire. Tantôt ce bouclier est entier et solide dans toute son étendue ; tantôt il est divisé en trois portions, dont l'antérieure et la postérieure sont un peu mobiles, et d'autres fois encore il est évidé au centre en manière de cadre ; enfin, de chaque côté, il est fixé à la carapace, soit par un large prolongement osseux, soit par des cartilages, et, en avant comme en arrière, il en reste écarté pour laisser passer la tête, les membres et la queue.

La carapace et le plastron, ainsi que nous l'avons déjà dit, ne sont recouverts que par la peau ; aucun muscle ne s'insère à leur surface extérieure, et c'est par conséquent dans l'intérieur du tronc que vont se fixer ceux du cou et des membres. L'épaule, au lieu de s'appuyer sur la face externe des parois du thorax, se loge également dans l'intérieur de cette cavité, et le bassin est, pour ainsi dire, rentré dans l'intérieur de l'abdomen.

Les os de l'épaule (*o*, *cl*, *co*) s'articulent avec la colonne vertébrale, d'une part, et avec le sternum, de l'autre, de façon à former une sorte d'anneau entre la carapace et le plastron. On y distingue trois branches qui souvent se soudent ensemble de bonne heure, et qui convergent vers la cavité articulaire de l'humérus, qu'elles forment en se réunissant. L'un de ces os (*o*), suspendu à la colonne vertébrale, est évidemment l'omoplate ; le second, qui se dirige en arrière (*co*), est l'analogue de l'os cora-

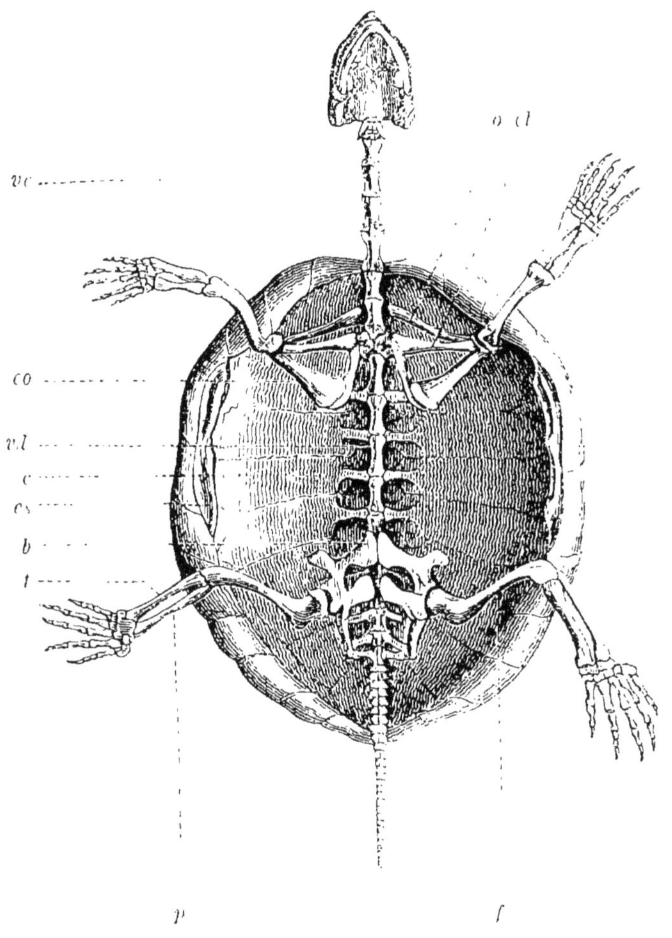

Fig. 298. — Squelette de Tortue (1).

coïdien des oiseaux ; et le troisième (*cl*), qui descend se joindre au plastron, est le représentant de la clavicule, ou du moins de l'apophyse acromion de l'omoplate, avec laquelle cet os s'articule d'ordinaire.

Le bassin (*b*) ressemble beaucoup à la ceinture formée par les os de l'épaule. Il se compose de trois paires de pièces distinctes :

(1) Squelette d'une Tortue de terre dont on a enlevé le plastron : — *vc*, vertèbres cervicales ; — *vd*, vertèbres dorsales ; — *c*, côtes ; — *cs*, côtes sternales ou pièces marginales de la carapace ; — *o*, omoplate ; — *cl*, clavicule ; — *co*, os coracoïdien ; — *b*, bassin ; — *f*, fémur ; — *t*, tibia, — *p*, péroné.

un os iliaque, qui s'attache aux apophyses transverses des vertèbres postérieures de la carapace; un pubis et un ischion, qui l'un et l'autre se dirigent vers le plastron et se réunissent à leurs congénères.

§ 459. Chez d'autres reptiles, les os de l'épaule ressemblent davantage à ce que nous avons déjà vu chez les oiseaux. Les membres ne présentent en général rien de bien remarquable. Tantôt ils sont comme tronqués au bout, et ne peuvent servir qu'à pousser l'animal en avant : chez les tortues de terre, par exemple. Tantôt ils sont terminés par des doigts déliés et garnis d'ongles, qui permettent à l'animal de s'accrocher aux inégalités du sol et de grimper avec facilité : les pattes du lézard sont conformées de la sorte. D'autres fois il existe à l'extrémité des doigts une disposition particulière qui est singulièrement favorable à ce genre de mouvement : ainsi, chez les geckos, dont une espèce habite le midi de la France et y est connue sous le nom vulgaire de *Tarente* (fig. 299), les doigts sont très-élargis vers le bout, et

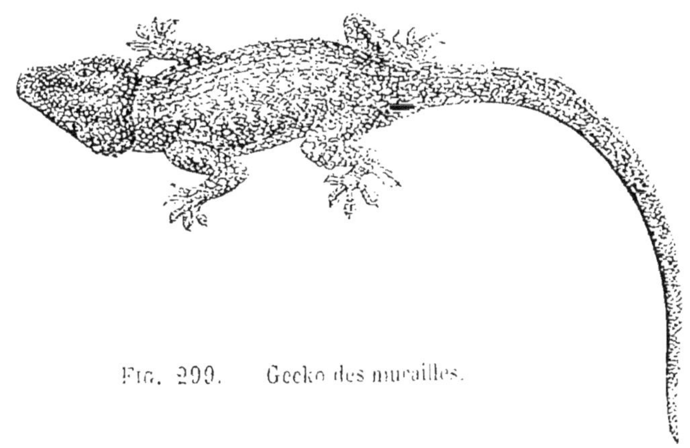

Fig. 299. Gecko des murailles.

garnis en dessous de petits replis cutanés qui paraissent faire fonction de ventouses, et qui permettent à ces reptiles hideux de monter le long des murs les plus unis et même de marcher suspendus aux plafonds.

Il est aussi des reptiles dont les doigts sont opposables à peu près comme à la main de l'homme. Enfin, chez les caméléons (fig. 300), ils sont réunis en deux paquets qui s'écartent et se rapprochent comme les branches d'une pince, et qui servent à ces animaux pour saisir les branches sur lesquelles ils se tiennent; les caméléons ont aussi la queue préhensile, ce qui en fait des animaux essentiellement grimpeurs.

Enfin, chez d'autres reptiles conformés pour une vie plus ou moins aquatique, les doigts sont quelquefois transformés en une

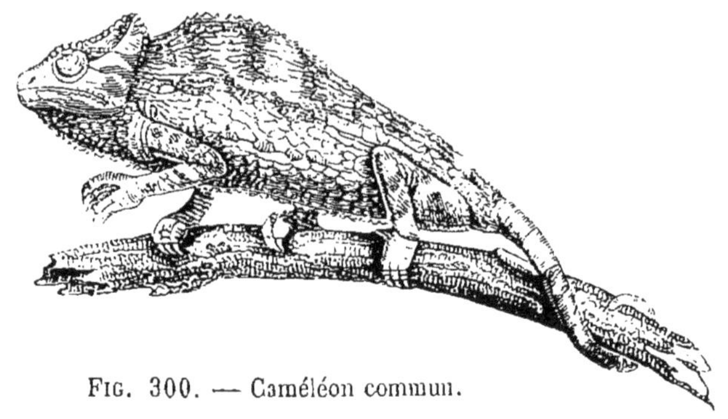

Fig. 300. — Caméléon commun.

sorte de rame aplatie, impropre à la marche, mais très-favorable à la natation. Les tortues de mer (fig. 301) sont les seuls reptiles qui nous offrent aujourd'hui ce dernier mode de structure ; mais à des époques plus reculées de l'histoire géologique du globe, nos mers étaient peuplées de grands animaux pourvus de rames semblables, et offrant du reste beaucoup de ressemblance avec les lézards et les serpents : on a découvert des squelettes de ces reptiles à l'état fossile, et on les a désignés sous les noms d'Ichthyosaures (fig. 302) et de Plésiosaures (fig. 303).

Fig. 301. — Tortue caret.

On connaît aussi des reptiles ailés. Les dragons (fig. 304), animaux assez voisins des lézards, sont dans ce cas. Ils se distinguent de tous les autres animaux de la même classe par l'existence d'espèces de voiles formées par un grand repli de la peau situé le long des flancs, et assez semblables aux ailes des chauves-souris, mais qui, au lieu d'être soutenues et mises en mouvement par les membres, en sont tout à fait indépendantes, et sont soutenues par les six premières fausses côtes étendues horizontalement en ligne droite. L'animal s'en sert comme d'un parachute pour se soutenir en l'air, lorsqu'il saute de branche en branche; mais il ne peut les mouvoir avec assez de force pour voler comme une chauve-souris ou un oiseau. Ces singuliers

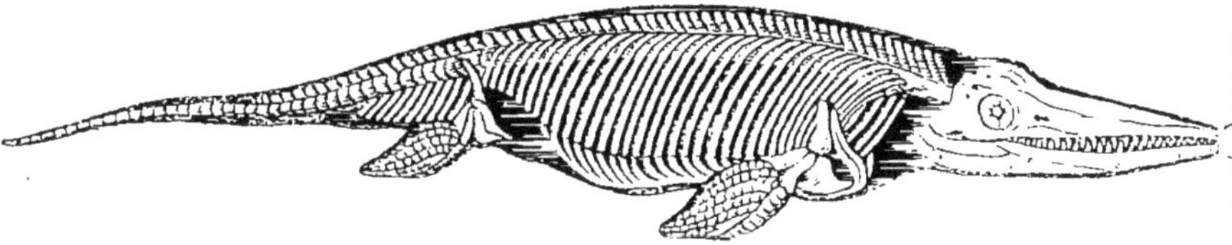

Fig. 302. — Ichthyosaure.

reptiles, qui habitent l'Inde, réalisent donc, jusqu'à un certain point, la fable des lézards ou serpents volants, dont quelques écrivains de l'antiquité ont parlé; mais les dragons des zoologistes, au lieu d'être des animaux redoutables, comme ceux des poëtes, sont de très-petite taille, et n'attaquent que les insectes

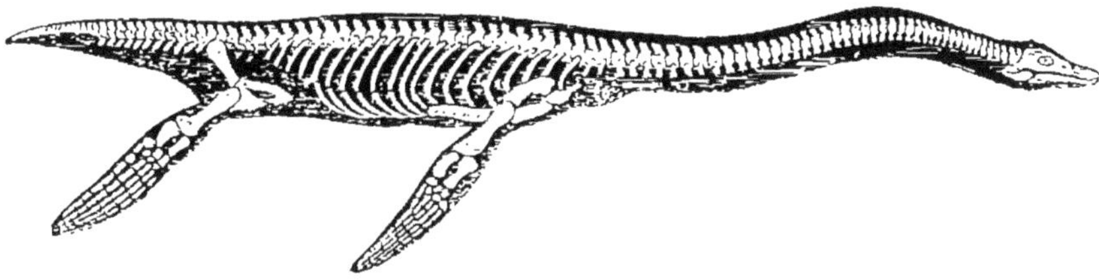

Fig. 303. — Plésiosaure.

A l'époque où vivaient les ichthyosaures et les plésiosaures dont nous avons parlé il y a quelques instants, il existait aussi un rep-

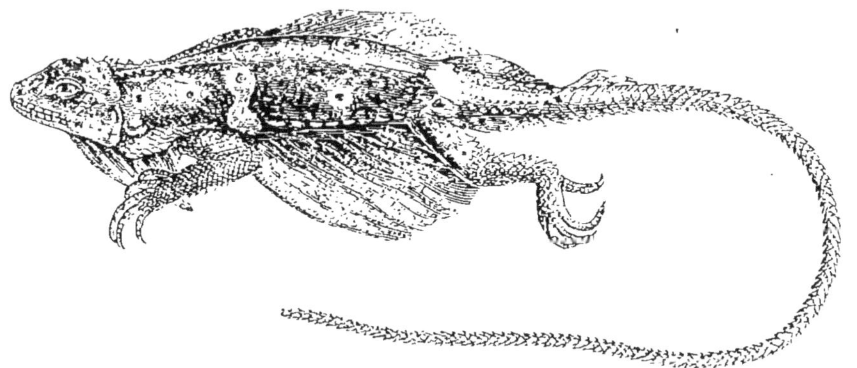

Fig. 304. — Dragon.

tile volant encore plus singulier que le dragon. D'après la structure de sa charpente osseuse, on voit que, de même que nos chauves-souris, il devait pouvoir marcher sur la terre et voler; car ses pattes postérieures et tous les doigts de ses pattes de devant, un seul excepté, sont conformés de la manière ordinaire : mais le second doigt des membres antérieurs est plus de deux fois aussi long que le tronc, et servait probablement à soutenir un repli de la peau propre à remplir les fonctions d'aile. Pour rappeler cette conformation singulière, on a donné à ces sauriens fossiles le nom générique de PTÉRODACTYLES (fig. 305).

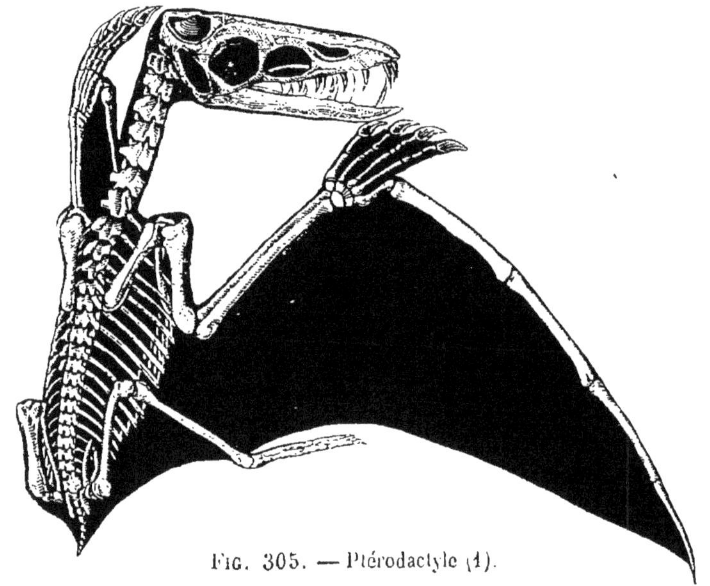

FIG. 305. — Ptérodactyle (1).

§ 460. Les mouvements des reptiles sont en général moins vifs et moins soutenus que ceux des mammifères et des oiseaux, comme du reste on pouvait le prévoir d'après l'étendue plus bornée de leur respiration ; car il existe toujours, ainsi que nous l'avons déjà vu, un rapport intime entre l'énergie de ces deux fonctions. Les muscles reçoivent moins de sang et présentent une teinte blanchâtre ; enfin, il est également à remarquer que ces organes conservent plus longtemps leur irritabilité après qu'on les a soustraits à l'influence du système nerveux. Chez les animaux à sang chaud, la destruction du cerveau et de la moelle épinière, ou la section d'un nerf détermine immédiatement une paralysie complète, soit générale, soit locale ; et peu de temps après que ce phénomène s'est déclaré, il devient impossible d'exciter des contractions musculaires en piquant ou en stimulant autrement les parties

(1) Le fond noir indique le contour présumé de la peau.

affectées. Chez les reptiles, au contraire, la faculté d'exécuter les mouvements sous l'influence de ces stimulants se conserve dans des circonstances analogues pendant fort longtemps : ainsi la queue d'un lézard, détachée du corps, continue à se mouvoir pendant plusieurs heures, et il arrive souvent de voir une tortue, morte en apparence depuis plusieurs jours, agiter ses membres lorsqu'on en stimule les muscles par des piqûres. On peut en conclure que, chez ces animaux, la division du travail physiologique et la localisation des diverses fonctions du système nerveux sont portées moins loin que chez les mammifères et les oiseaux, d'où résulte une dépendance mutuelle moins intime entre les différentes parties de l'économie.

§ 461. L'encéphale des reptiles est peu développé : la surface du cerveau est lisse et sans circonvolutions (fig. 306). Les deux hémisphères sont ovalaires, plus ou moins allongés et creusés intérieurement d'un ventricule ; de même que chez les oiseaux, il n'y a point de corps strié ; enfin, à leur partie antérieure, on remarque souvent des lobules olfactifs assez gros, situés à l'origine des nerfs de la première paire. Les lobes optiques sont en général assez grands et placés en arrière des hémisphères, sur le même niveau. Le cervelet est au contraire très-petit, et, de même que chez les autres animaux vertébrés ovipares, il n'envoie pas sous la moelle allongée un prolongement transversal, de manière à y former une sorte d'anneau, comme chez les mammifères. La moelle épinière, comparée au cerveau, est très-développée, et l'on remarque aussi que les nerfs sont plus gros, proportionnellement au volume des parties centrales du système nerveux, que chez les animaux supérieurs.

Fig. 306.

§ 462. La plupart des reptiles n'ont pas d'organe spécial pour le toucher, et en général la sensibilité tactile en peut être très-développée à raison de la nature de leurs téguments. La peau est d'ordinaire recouverte par une couche épidermique épaisse et formée par des lames plus ou moins dures de matière cornée ou même osseuse. La substance connue sous le nom d'*écaille*, et employée à des usages si variés en tabletterie, n'est autre chose que les plaques cornées qui garnissent la carapace d'une espèce particulière de tortue marine appelée le *caret* (fig. 301). L'épiderme se renouvelle souvent, et quelquefois cette espèce de mue est partielle, ou du moins l'épiderme ne tombe que par lambeaux ; mais d'autres fois il se détache en entier, et conserve la forme de l'animal dont il provient. Les serpents se dépouillent ainsi plusieurs fois par an.

Les yeux des reptiles ne présentent rien de bien remarquable. Leur disposition est en général à peu près la même que chez les oiseaux ; mais on n'y trouve que rarement un prolongement ayant de l'analogie avec le peigne. Les paupières sont ordinairement au nombre de trois, mais quelquefois elles manquent complétement. Chez les serpents, par exemple, la peau se continue sans interruption au devant des yeux, et présente seulement dans ce point assez de transparence pour ne pas opposer d'obstacle au passage de la lumière, disposition qui donne à ces animaux une fixité remarquable dans le regard.

L'appareil auditif est bien moins complet que chez les mammifères ou même les oiseaux. L'oreille externe manque presque toujours complétement ; il n'y a jamais de conque auditive, et le tympan est à fleur de tête et à nu, ou caché sous la peau, quelquefois même il n'en existe aucune trace ; la caisse n'est d'ordinaire que très-imparfaitement cloisonnée par les os du crâne, et communique par une large fente avec l'arrière-bouche, dont elle semble quelquefois n'être qu'une dépendance ; les osselets de l'ouïe manquent pour la plupart ; enfin le limaçon est souvent rudimentaire.

Les fosses nasales sont peu développées, et le sens du goût paraît être obtus chez tous ces animaux. La langue est quelquefois épaisse et charnue, mais en général elle est mince, sèche, très-protractile et bifide vers le bout : les serpents (fig. 307) et les lézards nous en offrent des exemples. Chez le caméléon, cet organe devient un instrument de préhension très-remarquable, car l'animal peut darder sa langue à une distance qui dépasse la longueur de son corps, et elle se termine par une espèce de pelote visqueuse à laquelle s'attachent facilement les mouches et autres insectes dont se repaît ce reptile à mouvements lents et gauches.

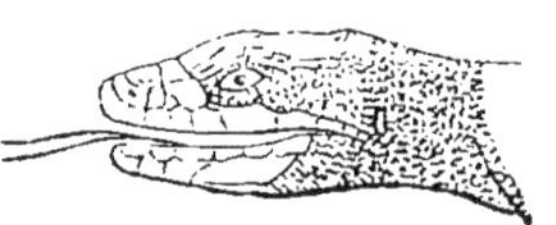

Fig. 307.

§ 463. Il est peu de reptiles qui vivent uniquement de matières végétales. Presque tous sont carnivores, et, à quelques exceptions près, ne recherchent qu'une proie vivante, qu'ils avalent, en général, sans la diviser : aussi le choix des animaux dont ils se nourrissent est-il, pour ainsi dire, réglé par le calibre de leur bouche. Celle-ci est toujours largement fendue ; mais c'est chez les serpents qu'elle est susceptible de se dilater de la manière la plus remarquable : aussi ces reptiles peuvent-ils avaler des animaux plus gros qu'eux. Les deux branches de la mâchoire inférieure (*mi*, fig. 308) ne sont pas unies, et l'espèce de pédoncule (*t*) qui les soutient (l'os tympanique) est non-seulement mobile lui-même, mais comme suspendu à une autre portion du temporal, appelée *os mastoïdien* (*ma*), qui est également séparée du crâne (*c*) et attachée à cette boîte osseuse par des ligaments et des muscles seulement. Les branches de la mâchoire supérieure (*m*) ne sont fixées à l'os intermaxillaire que par des ligaments qui leur permettent de s'écarter plus ou moins ; et les arcades palatines (*p*) participent aussi à cette mobilité. Ce mode de structure est en rapport avec les mœurs de ces reptiles essentiellement carnassiers. En effet, ils peuvent supporter pendant longtemps l'abstinence ; mais, en général, lorsque l'occasion se présente, ils engloutissent dans leur estomac une si grande masse d'aliments, que, pendant leur digestion, ils restent dans un état d'engourdissement plus ou moins profond ; ils ne mâchent pas leurs aliments, mais leur gueule est armée de dents crochues propres à y retenir la proie.

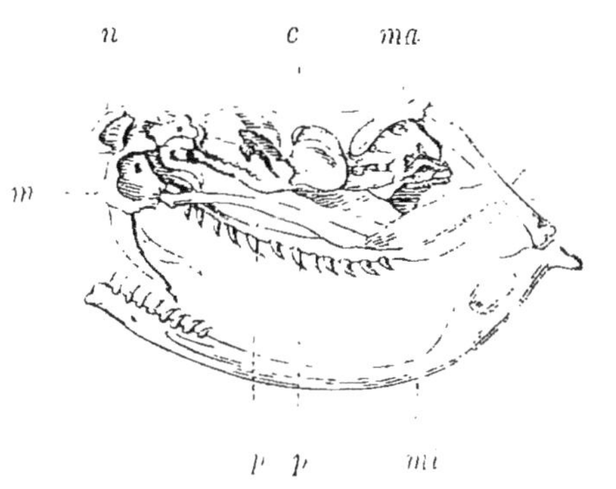

Fig. 308. — Tête de Crotale.

§ 464. Plusieurs serpents, tels que la vipère, l'aspic (fig. 295), le crotale ou serpent à sonnettes (fig. 314), et le trigonocéphale, présentent des particularités de structure encore plus remarquables ; car la nature les a pourvus d'un appareil venimeux à l'aide duquel ils frappent d'une mort subite, dès qu'ils les mordent, les animaux dont ils veulent se repaître. Leur venin est sécrété par des glandes qui ressemblent beaucoup aux glandes salivaires, et qui versent ce liquide au dehors par un conduit excréteur aboutissant à l'une des dents maxillaires de la mâchoire supérieure, dont la conformation est modifiée pour être en rapport avec les usages auxquels elle est destinée. Ces glandes (fig. 309, *v*) sont placées sous les muscles temporaux de manière à être comprimées par leur contraction ; et cette dent, plus grande que les autres, est tantôt percée d'un canal, et tantôt creusée d'un sillon seulement ; mais, dans l'un et l'autre cas, le conduit qu'elle présente est en communication avec le canal excréteur de la glande venimeuse, et sert à verser le venin au fond de la plaie faite par la dent elle-même. Ce venin est un poison des plus violents. Il n'est ni âcre ni brûlant ; il ne produit sur la langue qu'une sensation analogue à celle occasionnée par une matière grasse, et il peut être avalé impunément ; mais, introduit en quantité suffisante dans une plaie, il donne la mort avec une rapidité effrayante. Son énergie varie suivant les espèces et suivant les circonstances dans lesquelles le serpent se trouve. La même espèce paraît être plus dangereuse dans les pays chauds que dans les pays froids ou tempérés, et les accidents déterminés par sa morsure sont d'autant plus graves, que le poison coule plus abondamment dans la plaie : aussi ces animaux sont-ils bien plus redoutables lorsqu'ils ont jeûné quelque temps, et que leur venin est amassé en quantité considérable dans les glandes où il est sécrété, que lorsqu'ils viennent de mordre à plusieurs reprises, et qu'il ne leur reste plus qu'une petite quantité de ce liquide. On a remarqué aussi que leur morsure n'agit pas de la même manière sur tous les animaux. Il paraîtrait que, pour les sangsues, les limaces, l'aspic, la couleuvre et l'orvet, le venin de la vipère, par exemple, n'est pas un poison, tandis qu'il peut tuer avec une grande rapidité tous les animaux à sang chaud, les lézards et la vipère elle-même. En général, la quantité de venin nécessaire pour donner la mort est, toutes choses égales d'ailleurs, d'autant plus considérable, que l'animal blessé est plus grand : ainsi, lorsqu'un centième de grain de venin de la vipère suffit pour tuer un moineau, il en faudra six fois davantage pour tuer un pigeon.

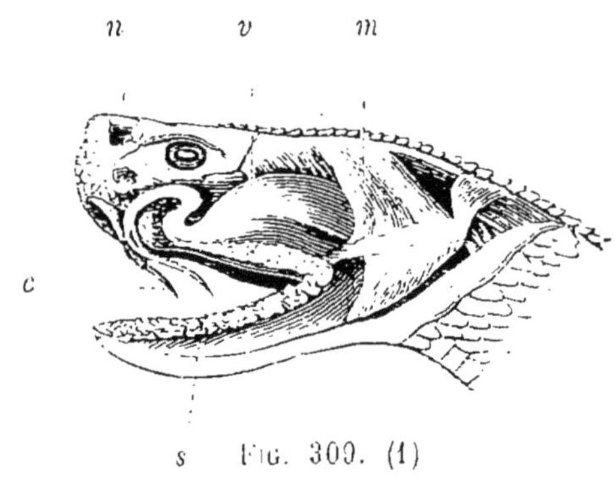

FIG. 300. (1)

Ce poison, pour agir sur l'économie animale, doit être absorbé et porté dans le torrent de la circulation ; aussi, dans les cas de morsure de serpents venimeux, faut-il se hâter d'employer les moyens les plus propres à ralentir cette absorption, afin d'avoir le temps de faire sortir ou de détruire le venin déposé au fond de la piqûre. La compression exercée sur les veines au-dessus du point piqué, et l'application d'une ventouse sur la plaie elle-même, sont les moyens les plus propres à ralentir l'absorption

(1) Appareil venimeux d'un Crotale, ou Serpent à sonnettes : — *v*, glande venimeuse, dont le conduit excréteur aboutit à la grosse dent mobile (*c*) ; — *m*, muscles élévateurs de la mâchoire, qui recouvrent en partie la glande et peuvent la comprimer ; — *s*, glandes salivaires qui garnissent le bord des mâchoires ; — *n*, narine au-dessous de laquelle se voit la fossette qui distingue ces serpents et les trigonocéphales des vipères.

du poison ; mais, pour délivrer complétement le malade du danger qui le menace, il faut en général élargir la plaie et en cautériser le fond, soit avec le fer rouge, soit avec des caustiques énergiques. On a vanté aussi plusieurs remèdes internes, tels que l'ammoniaque, l'arsenic, etc.; mais ces moyens, s'ils sont quelquefois utiles, ne peuvent inspirer une grande confiance. Les Indiens de l'Amérique du Sud attribuent des vertus encore plus grandes à une plante de ce pays, connue sous le nom de *guaco* ou de *Micania guaco* : ils assurent que non-seulement l'application des feuilles de guaco sur la morsure des serpents les plus dangereux prévient tout effet délétère, mais que l'inoculation du suc de cette plante empêche ces animaux de mordre la personne ainsi préparée. On cite à l'appui de cette opinion les observations d'un auteur espagnol, nommé Vargas, et celles de Mutis ; enfin, le célèbre et savant voyageur M. de Humboldt pense, d'après quelques expériences, que le guaco peut donner à la peau une odeur qui répugne au serpent et l'empêche de mordre.

Quant aux symptômes qui accompagnent l'action du venin, ils diffèrent suivant les espèces et suivant les circonstances. En général, la circulation s'affaiblit extrêmement, le sang perd la faculté de se coaguler, et la gangrène envahit la partie blessée.

La disposition de l'appareil venimeux varie chez ces reptiles. Tantôt la dent qui termine le canal excréteur du venin est un crochet mobile, tantôt une dent immobile simplement sillonnée.

Les *serpents à crochets venimeux mobiles* sont les plus redoutables. Ces crochets (*c*, fig. 309), situés sur le devant de la bouche, sont isolés, très-aigus et percés d'un petit canal qui aboutit près de leur extrémité ; ils sont fixés sur des os maxillaires très-petits (fig. 308), et ces os, portés sur un long pédicule, sont très-mobiles, de sorte que, lorsque l'animal ne veut pas se servir de ses crochets, il les relève en arrière et les cache dans un repli de sa gencive, tandis que, dans le cas contraire, il les redresse. On voit une de ces longues dents de chaque côté, et il y a derrière chacune d'elles plusieurs germes destinés à la remplacer si elle se casse dans une plaie ; mais les os maxillaires ne portent pas d'autres dents, et l'on ne voit dans le haut de la bouche que deux rangées de dents palatines, au lieu de quatre rangées, comme chez les couleuvres. Ces derniers animaux, de même que plusieurs autres reptiles, ont le palais garni de dents, aussi bien que les mâchoires. D'autres reptiles sont au contraire complétement dépourvus de dents, les tortues, par exemple, chez lesquelles les mâchoires sont recouvertes d'une lame cornée à bords tranchants comme le bec des oiseaux ; mais il n'y a jamais de lèvres charnues et mobiles, comme chez les mammifères.

§ 465. Les aliments ne devant pas séjourner dans la bouche pour y être broyés, le voile du palais aurait été en général inutile, et en effet il n'existe presque jamais. Chez la plupart de ces animaux, le pharynx n'est pas distinct de la bouche, et souvent il n'y a même aucune ligne de démarcation bien tranchée entre l'œsophage et l'estomac, qui est simple et de forme variée. Les intestins sont courts et dépourvus d'appendice cæcal; le gros intestin diffère peu de l'intestin grêle, et se termine dans un cloaque où viennent aboutir aussi les canaux urinaires et les organes de la reproduction.

Les reptiles ont, de même que les animaux supérieurs, des vaisseaux lymphatiques destinés à pomper les produits de la digestion et à les verser dans le torrent de la circulation.

§ 466. Leur sang est peu riche en matières solides, et les globules elliptiques qui y nagent sont d'un volume considérable. La disposition de l'appareil circulatoire varie ; mais, ainsi que nous l'avons déjà dit (§ 108), il y a toujours une communication directe entre le système vasculaire à sang rouge et le système vasculaire à sang noir, de sorte que ces deux liquides se mêlent, et que les organes ne reçoivent qu'un sang imparfaitement artérialisé par le travail de la respiration. Presque toujours le cœur se compose de deux oreillettes (fig. 310) s'ouvrant dans un seul ventricule.

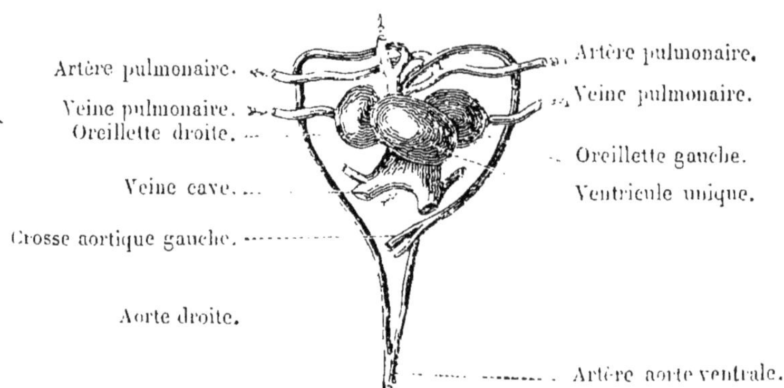

Fig. 310. — Cœur d'une Tortue.

Il en résulte que le sang artériel venant des poumons, reçu dans l'oreillette gauche, et le sang veineux arrivant de diverses parties du corps dans l'oreillette opposée, se mêlent dans ce ventricule commun. Une portion de ce mélange retourne par l'artère aorte dans les divers organes qu'il est destiné à nourrir, tandis qu'une autre se rend aux poumons par des vaisseaux qui naissent immédiatement du ventricule commun, ou même de l'artère aorte.

Dans les crocodiles, le cœur (fig. 311) est conformé à peu près de la même manière que chez les oiseaux et les mammifères, et présente une cloison qui sépare le ventricule droit du ventricule gauche : il en résulte que cet organe offre deux ventricules distincts et deux oreillettes, et que le sang artériel ne s'y mêle pas au sang veineux ; mais une disposition particulière des artères opère ce mélange à quelque distance du cœur, et les vaisseaux de toute la moitié postérieure du corps ne reçoivent que du sang imparfaitement artérialisé. En effet, le sang veineux reçu dans le ventricule droit ne va pas en entier aux poumons, comme chez les vertébrés à sang chaud ; car, à côté de l'ouverture des artères pulmonaires (*ap*), se trouve un autre vaisseau (*a*), qui naît également du ventricule droit, et qui, après s'être recourbé derrière le cœur, va aboutir dans l'aorte ascendante (*ao*). Un orifice pratiqué dans les parois de ces vaisseaux les fait communiquer aussi entre eux tout près de leur origine. Il résulte de cette disposition que, à chaque contraction du cœur, une portion du sang veineux est envoyée aux poumons et une autre portion va se mêler au sang artériel; mais ce mélange ne se fait dans l'intérieur de l'artère aorte et n'a lieu principalement qu'au-dessous de l'origine des branches (*c*, *c*) que ce vaisseau envoie à la tête et à la partie antérieure du tronc, de manière que ces parties reçoivent du sang artériel presque pur, tandis que toutes celles dont les artères naissent en arrière du point de jonction de l'aorte avec le vaisseau venant du ventricule droit ne reçoivent qu'un mélange de sang rouge et de sang noir.

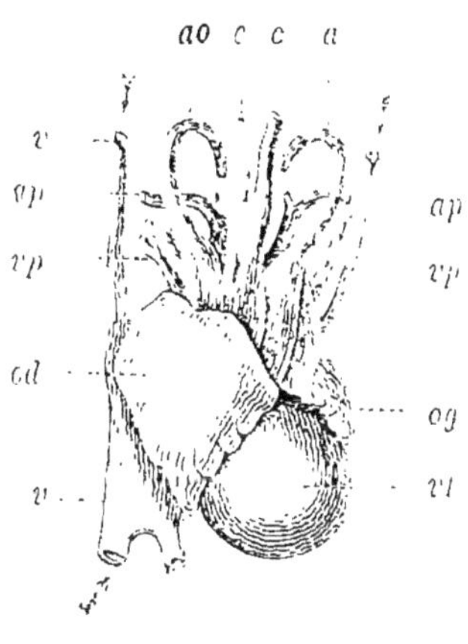

Fig. 311. (1)

Quant au mode de distribution des artères chez les reptiles, nous nous bornerons à ajouter qu'il existe deux ou plusieurs crosses aortiques se recourbant à droite et à gauche, et se réunissant bientôt pour constituer un tronc unique (fig. 53, p. 87).

(1) Cœur et gros vaisseaux du Crocodile : — *v*, *v*, veines qui rapportent le sang des diverses parties du corps à l'oreillette droite du cœur (*od*) ; — *vt*, les deux ventricules, qui intérieurement sont séparés par une cloison ; — *ap*, les deux artères pulmonaires qui se rendent du ventricule droit aux poumons ; — *a*, vaisseau qui part du même ventricule et se réunit à l'artère aorte descendante ; — *vp*, veines pulmonaires qui portent le sang artériel des poumons à l'oreillette gauche (*og*), d'où il descend dans le ventricule gauche et pénètre ensuite dans l'artère aorte (*ao*) et dans les deux artères (*c*, *c*) qui se distribuent à la tête, etc.

§ 467. La respiration est peu active chez les reptiles; la plupart de ces animaux ne consomment que peu d'oxygène, et peu-

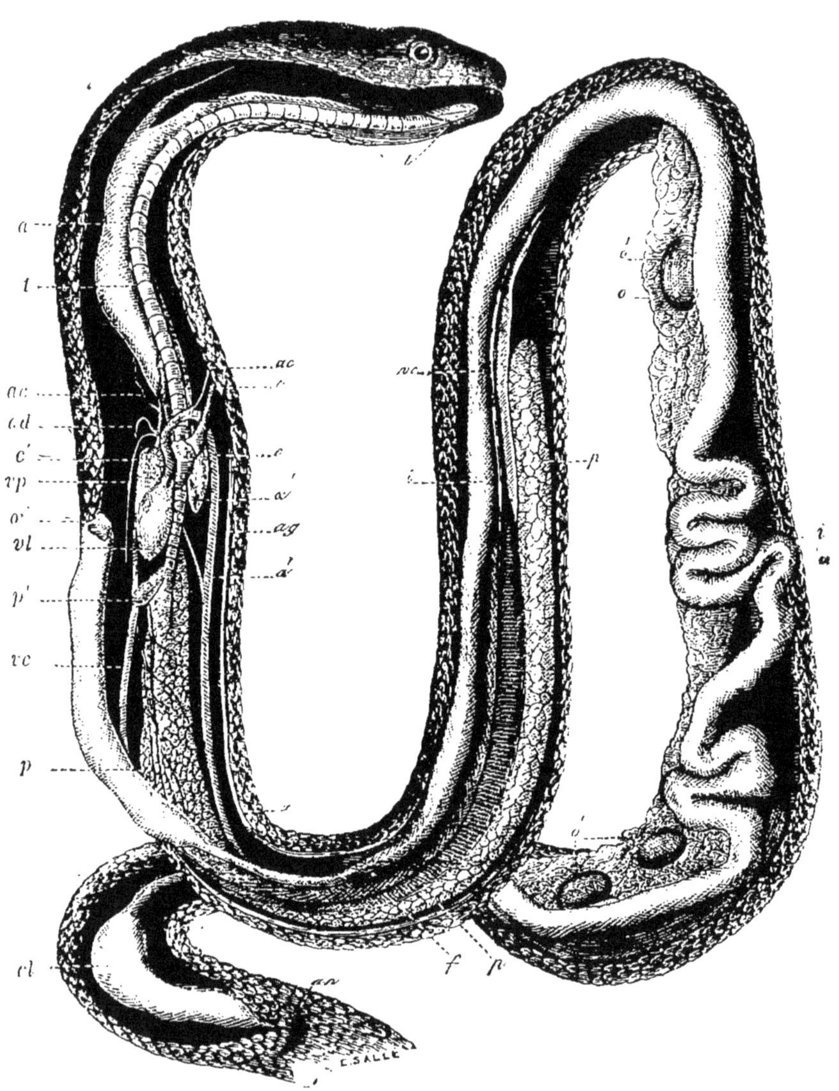

Fig. 312. — Anatomie de la Couleuvre (1).

(1) *l*, langue et glotte; — *œ*, œsophage, coupé en *œ'* pour mettre à découvert le cœur, etc.; — *i*, estomac; — *i'*, intestin; — *cl*, cloaque; — *an*, anus; — *f*, foie; — *o*, ovaire; — *o'* œufs; — *t*, trachée; — *p*, poumon principal; — *p'*, le petit poumon; — *vt*, ventricule du cœur; — *c*, oreillette gauche du cœur; — *c'*, oreillette droite; — *a*, aorte gauche; — *ad*, aorte droite; — *a'*, aorte ventrale; — *ac*, artères carotides; — *v*, veine cave supérieure; — *vc*, veine cave inférieure; — *vp*, veine pulmonaire.

vent en être longtemps privés sans tomber en asphyxie. Du reste, la température a la plus grande influence sur ce phénomène, et, dans la saison chaude, le besoin de respirer se fait sentir plus vivement qu'en hiver.

Les poumons sont organisés d'une manière peu favorable à une grande activité de la fonction dont ils sont le siége; car leurs cellules sont très-grandes, et par conséquent la surface vasculaire destinée à recevoir le contact de l'air est peu étendue. Ils ne sont pas logés dans une cavité particulière, le thorax n'étant pas séparé de l'abdomen par un muscle diaphragme, et l'air se renouvelle dans leur intérieur avec moins de facilité et de régularité que chez les animaux supérieurs. Quelquefois même, chez les tortues, par exemple, l'immobilité des côtes rend impossibles les mouvements inspirateurs ordinaires, et alors c'est par une sorte de déglutition que l'air est poussé dans les poumons. Il est aussi à noter que les serpents offrent, dans la disposition de l'appareil respiratoire, une anomalie remarquable, l'un de leurs poumons étant tellement rudimentaire, que souvent on l'aperçoit avec peine, tandis que l'autre acquiert des dimensions très-considérables (fig. 312).

§ 468. Les reptiles sont tous des animaux à sang froid, c'est-à-dire qui ne produisent pas assez de chaleur pour avoir une température sensiblement au-dessus de celle de l'atmosphère. Tout leur corps s'échauffe ou se refroidit en même temps que le milieu ambiant, et les changements de température qu'ils éprouvent ainsi influent puissamment sur toutes leurs fonctions. Une chaleur d'environ 40 à 50 degrés est promptement funeste à la plupart de ces animaux, et le froid tend à ralentir chez eux tous les phénomènes vitaux. En hiver, la plupart des reptiles ne peuvent plus digérer les matières ingérées dans leur estomac et ne prennent pas d'aliments. Leur respiration se ralentit aussi de la manière la plus remarquable, et l'abaissement de la température détermine souvent, chez ces animaux, un engourdissement léthargique analogue à celui des animaux hibernants.

§ 469. De même que les oiseaux, les reptiles n'ont pas de mamelles pour allaiter leurs petits, et se reproduisent par des œufs, seulement ceux-ci éclosent quelquefois avant la ponte (chez la vipère, par exemple), et l'on donne le nom d'*ovovivipares* aux animaux chez lesquels ce phénomène s'observe.

Le mode de développement de la plupart des reptiles ne présente rien d'anormal, et, en sortant de l'œuf, ils ressemblent à leurs parents, tant par leur mode de respiration que par la structure générale de leur corps et de leur forme extérieure.

§ 470. En général, les reptiles abandonnent leurs œufs aussitôt après la ponte, et l'incubation s'en fait à l'aide de la chaleur atmosphérique seulement; mais il est à cet égard une exception remarquable : un grand serpent de l'Inde, voisin des boas et des couleuvres, connu sous le nom de *python*, couve ses œufs, et pendant qu'il reste enroulé autour de sa progéniture, il développe une quantité de chaleur si considérable, que la température de son corps s'élève quelquefois à plus de 40 degrés.

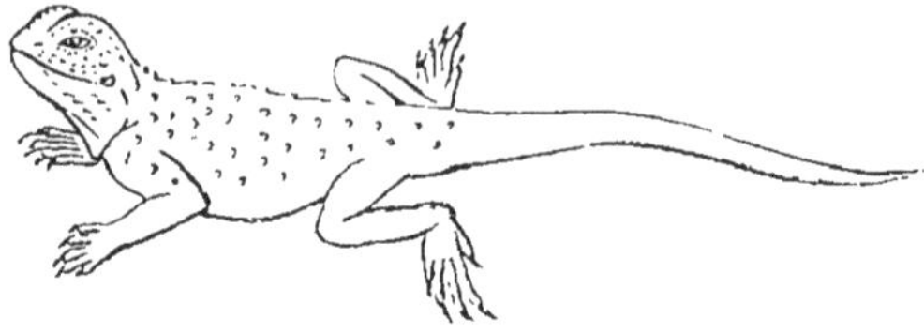

FIG. 313. — Agame.

Les reptiles se subdivisent en trois ordres : les *Chéloniens*, les *Sauriens* et les *Ophidiens*.

Les CHÉLONIENS, ou TORTUES, ont les côtes immobiles et réunies aux vertèbres dorsales pour constituer une *carapace* (fig. 294); leur corps est également cuirassé en dessous par un *plastron* (fig. 297); leur bouche est dépourvue de dents et garnie d'un bec corné; enfin leur peau est presque toujours recouverte de grandes

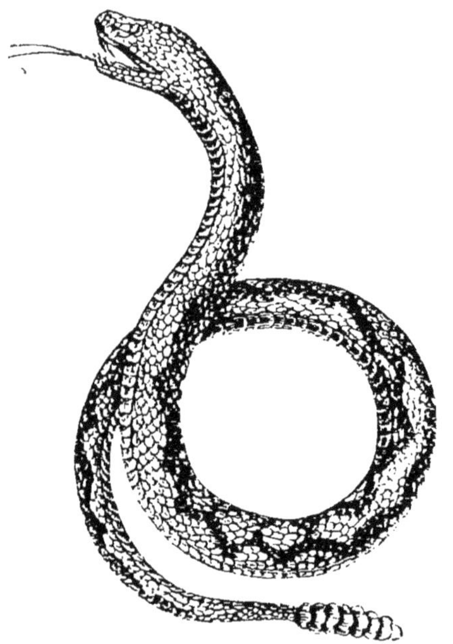

FIG. 314. — Crotale ou Serpent à sonnettes.

plaques écailleuses, et leurs membres sont au nombre de deux paires assez semblables entre elles.

Les Sauriens, ou Reptiles lacertiformes, et les Ophidiens, ou Serpents, ont au contraire les côtes et les vertèbres dorsales mobiles ; et ils ne présentent jamais ni carapace ni plastron ; ils

Fig. 315. — Crocodile.

n'ont pas de bec corné ; leur bouche est fortement dentée et leur peau est écailleuse. Ils diffèrent donc considérablement des tortues ; mais ils se ressemblent beaucoup entre eux, car on les distingue surtout par l'absence ou la présence des pattes, et ces organes disparaissent graduellement, de façon qu'on en trouve des vestiges même chez certains reptiles qui ne peuvent plus s'en servir pour la locomotion. Quoi qu'il en soit, on donne généralement le nom d'*Ophidiens* à ceux qui n'ont pas de membres, et l'on réserve le nom de *Sauriens* pour ceux qui en possèdent (fig. 313) et qui ressemblent ainsi à nos lézards. Comme exemples d'ophidiens, nous citerons les Vipères, les Crotales (fig. 314), les Najas (fig. 295), parmi les serpents venimeux : et les Couleuvres, les Boas et les Pythons parmi les serpents non venimeux. L'ordre des sauriens comprend les Crocodiles (fig. 315), les Lézards, les Caméléons (fig. 300), les Geckos (fig. 299), les Agames (fig. 313), les Iguanes, etc.

CLASSE DES BATRACIENS.

§ 471. Les Batraciens ou Amphibiens, que l'on a longtemps confondus avec les reptiles, sont des animaux qui, dans le jeune âge, respirent par des branchies et ressemblent aux poissons par la conformation générale de leur corps, mais qui subissent des métamorphoses et acquièrent des poumons avant d'arriver à l'état adulte.

De même que les poissons et les reptiles, les batraciens sont des animaux à sang froid. Leur circulation est incomplète et leur respiration peu active. Leur cœur ne se compose que d'un ventricule commun et de deux oreillettes peu distinctes entre elles. Enfin, leur squelette est très-incomplet et leur peau est nue.

La forme générale du corps varie : quelques batraciens, les salamandres, par exemple, ressemblent extérieurement à des lézards qui n'auraient pas d'écailles, et les cécilies sont apodes et cylindriques comme les ophidiens ; mais la plupart de ces animaux ont le corps trapu et dépourvu de queue, et les membres très-développés, ainsi que cela se voit chez la grenouille et le crapaud (fig. 316).

Fig. 316. — Crapaud.

§ 472. Le mode de développement des batraciens diffère considérablement de celui qui est commun aux reptiles et aux oiseaux, et ressemble à ce qui a lieu chez les poissons. L'embryon, étant encore dans l'œuf, ne se trouve pas enveloppé dans la membrane que les anatomistes désignent sous le nom d'amnios et que l'on trouve toujours chez les animaux des trois classes précédentes ; il est également dépourvu du sac à parois vasculaires appelé *allantoïde*, qui joue un grand rôle dans la respiration des reptiles et des oiseaux pendant l'incubation, et qui manque aussi chez les poissons. Enfin, lorsqu'ils naissent, aucun caractère important ne les distingue de ces derniers animaux.

Fig. 317. — Têtard de la Grenouille.

Les jeunes batraciens sont connus sous le nom de *Têtards*, et sont conformés pour la vie aquatique. En naissant, ils n'ont pas encore de pattes, et leur corps se continue en arrière en une longue queue aplatie qui leur sert de nageoire ; enfin ils portent de chaque côté du cou de grandes branchies en forme de panaches (*b*, *b*, fig. 317), et leur squelette est cartilagineux.

Quelquefois les branchies extérieures persistent pendant toute la vie, et fonctionnent, chez l'animal adulte, de concert avec les poumons dont celui-ci est toujours pourvu : c'est le cas pour les protées, les axolotls (fig. 318) et les sirènes. Mais chez la plupart des batraciens ces panaches vasculaires ne tardent pas à se flétrir et à disparaître (fig. 319), sans que la respiration cesse d'être aquatique; car les têtards possèdent, en outre, des branchies intérieures, comme les poissons. Ces derniers organes sont fixés sous le cou, le long de quatre arcs cartilagineux appartenant à l'hyoïde, et sont recouverts par la peau; l'eau y arrive par la cavité de la bouche, et s'échappe ensuite au dehors par un ou deux orifices situés sous le cou. Bientôt les pattes commencent à se montrer. Chez les têtards de grenouilles, ce sont les pattes postérieures qui se forment d'abord, et elles acquièrent une longueur assez considérable avant que les pattes antérieures soient

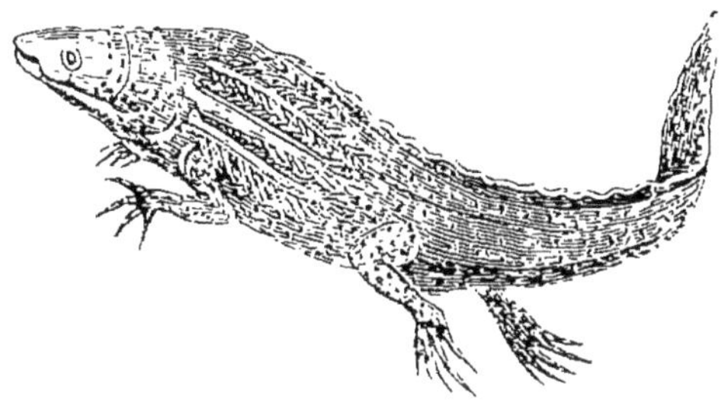

Fig. 318. — Axolotl.

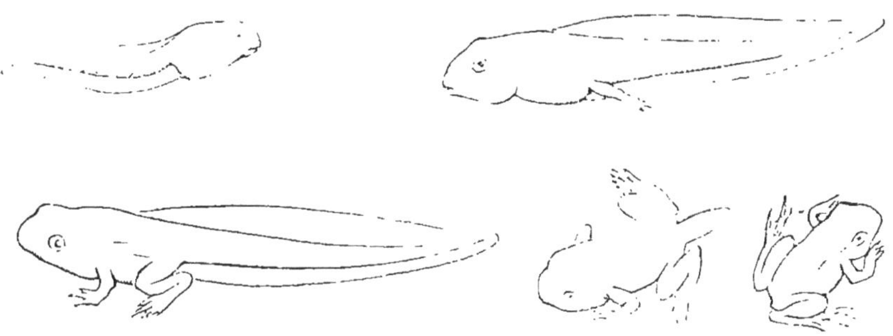

Fig. 319. — Métamorphoses de la Grenouille.

devenues visibles; celles-ci se développent sous la peau, qu'elles percent plus tard (fig. 319). Chez les salamandres, c'est l'inverse qui s'observe : les pattes postérieures manquent encore lorsque celles de la première paire sont déjà assez développées. Enfin, chez les sirènes, ces dernières ne se forment jamais; et pendant toute sa vie, l'animal demeure pourvu de deux pattes antérieures seulement. La queue du têtard continue à grandir en même temps que le reste du corps chez les salamandres, les protées, etc. Mais chez les grenouilles et beaucoup d'autres batraciens, cet appendice commence à se flétrir lorsque les pattes se sont développées, et s'atrophie peu à peu, de façon à disparaître complètement chez l'animal parfait (fig. 319). Vers la même époque, les poumons se développent et commencent à fonctionner, de sorte qu'à cette période de leur existence, les batraciens méritent à tous égards le nom d'amphibiens. Quelquefois, ainsi que nous l'avons déjà dit, ils conservent les branchies pendant toute la vie, et restent par conséquent toujours de véritables amphibies; mais en général ces organes de respiration aquatique s'atrophient à mesure que les poumons se développent, et chez l'adulte il n'en reste plus de traces.

L'appareil de la circulation subit des changements correspondants à ceux qu'éprouvent les organes de la respiration. Le cœur des batraciens adultes se compose, comme celui de la plupart des reptiles, de deux oreillettes et d'un seul ventricule, d'où naît une grosse artère qui, à sa base, est renflée en bulbe contractile,

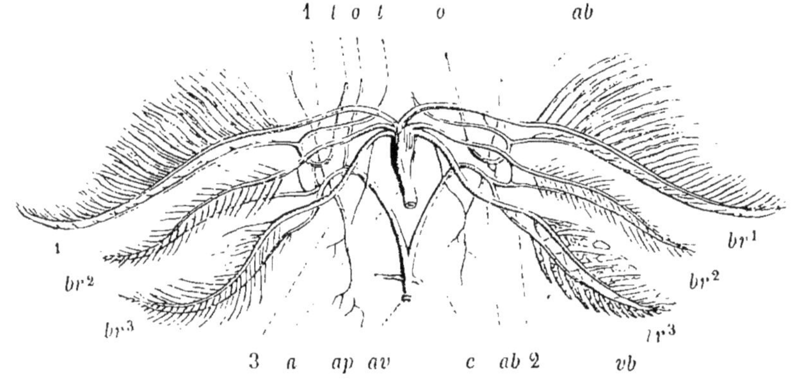

FIG. 320. — Vaisseaux sanguins du Têtard de la Grenouille (1).

et qui bientôt se bifurque pour former les deux crosses de l'aorte. Mais, lorsque le jeune animal respire par les branchies seule-

(1) *a*, artère qui part du ventricule unique du cœur et se divise en six branches (*ab*) qui se rendent aux trois paires de branchies et s'y ramifient (on les appelle *artères branchiales*); — *br*, les branchies, dans lesquelles on voit se distribuer les artères branchiales et naître les veines branchiales (*vb*) qui reçoivent le sang après son passage à travers les lamelles des branchies; celles des deux dernières paires de branchies se réunissent pour fournir de chaque côté un vaisseau (*c*) qui, en s'anastomosant à son tour avec celui du côté opposé, forme l'artère aorte ventrale ou artère dorsale (*av*), laquelle se dirige en arrière et distribue le sang à la plus grande partie du corps; la veine branchiale de la première paire de branchies se recourbe en avant et porte le sang vers la tête (*t*, *t*); — 1, petite branche anastomotique extrêmement fine qui unit l'artère et la veine branchiales entre elles à la base de la première branchie, et qui, en s'élargissant plus tard, permettra au sang de passer du premier de ces vaisseaux dans le second, sans traverser la branchie; — 2, petite branche anastomotique qui établit le passage de la même manière entre l'artère et la veine des branchies de la seconde paire; — 3, vaisseau qui, en se réunissant avec un filet situé plus en dedans, joint également l'artère et la veine des branchies postérieures; — *o*, artère orbitaire; — *ap*, artères pulmonaires rudimentaires.

ment, le sang, chassé du ventricule, se distribue à ces organes, et de là se rend en majeure partie dans une artère dorsale dont

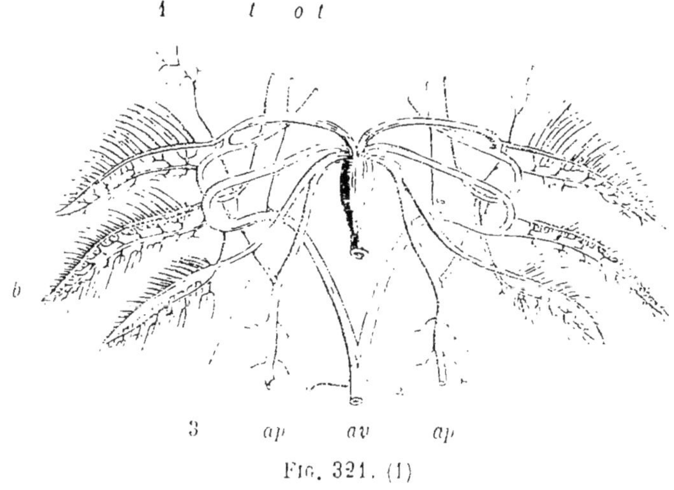

FIG. 321. (1)

les branches se ramifient dans les divers organes (fig. 320). Nous

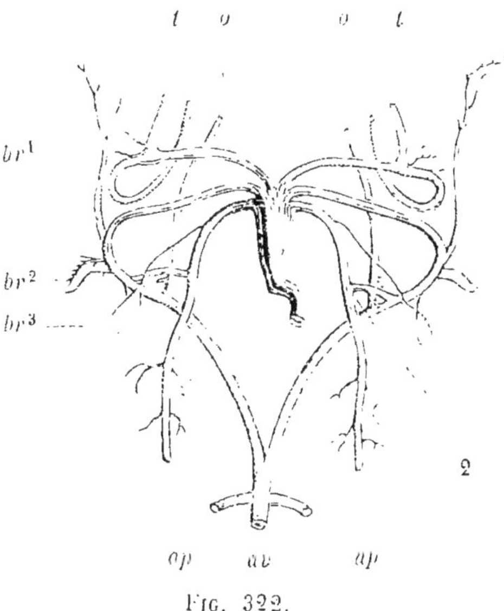

FIG. 322.

(1) FIG. 321. Les mêmes parties que dans la figure 320 chez un têtard dont les branchies commencent à perdre de leur importance dans la respiration, et dont une partie du sang va du cœur aux diverses parties du corps sans traverser ces organes. Les mêmes lettres indiquent les mêmes vaisseaux que dans la figure précédente, et l'on remarquera que les branches anastomotiques (1, 2, 3), lesquelles, dans le têtard précédent, étaient capillaires et ne pouvaient pas laisser passer une quantité notable de sang, sont ici assez grosses, et que c'est avec elles, plutôt qu'avec les vaisseaux

avons déjà vu que, chez les poissons, le sang suit le même trajet (§ 109); mais lorsque les poumons se développent, la disposition de l'appareil vasculaire change : il s'établit une communication directe entre les artères qui portent le sang aux branchies et celles qui le reçoivent de cet organe; de sorte que le liquide nourricier n'est pas obligé de traverser cet appareil de respiration aquatique pour arriver dans l'artère dorsale, et de là dans les diverses parties du corps. L'artère (*a*) qui naît du ventricule, et que l'on pourrait comparer d'abord à une artère branchiale, devient alors l'origine du vaisseau dorsal, et constitue avec lui une véritable artère aorte, dont certaines branches, qui se rendent aux poumons, se développent en même temps et établissent la circulation pulmonaire. Enfin, les vaisseaux branchiaux s'oblitèrent, et alors la circulation se fait à peu près de même que chez les reptiles. Le sang veineux, revenant de toutes les parties du corps, est versé dans le ventricule par l'une des oreillettes, et s'y mêle avec le sang artériel venant des poumons et poussé dans le même ventricule par l'autre oreillette. Ce mélange pénètre dans l'aorte, et se rend en petite partie aux poumons et en majeure partie aux divers organes de l'animal.

Les poumons des batraciens adultes n'offrent qu'un petit nombre de cellules incomplètes, et ne reçoivent le sang qui doit y subir l'action de l'air que par l'intermédiaire de deux petites branches de l'artère aorte, lesquelles remplissent les fonctions d'artères pulmonaires. Aussi la respiration pulmonaire est-elle faible chez ces animaux ; mais la respiration cutanée supplée en partie à cette inactivité des poumons, et lorsque la température est basse, elle peut même suffire à l'entretien de la vie.

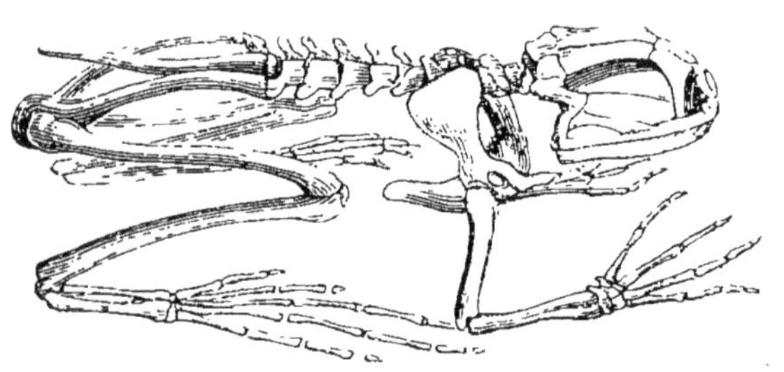

Fig. 323. — Squelette de Grenouille.

L'état incomplet du squelette (fig. 323) chez les batraciens adultes nécessite, chez ces animaux, un mode d'inspiration ana-

branchiaux, que les artères venant du cœur semblent se continuer. Les artères pulmonaires se sont aussi beaucoup développées. — Fig. 322. Les mêmes parties chez l'animal parfait, indiquées par les mêmes lettres; les vaisseaux qui, dans le têtard, se rendaient aux deux branchies de la seconde paire, se continuent maintenant avec l'aorte par l'intermédiaire des branches anastomotiques n° 2, et constituent ainsi les deux crosses aortiques.

logue à ce que nous avons déjà vu chez les tortues. Ici les côtes manquent plus ou moins complétement, et le thorax, dépourvu d'une charpente solide, ne peut pas se dilater comme chez les mammifères, les oiseaux et les reptiles. C'est donc par des mouvements de déglutition que l'animal pousse l'air dans ses poumons; aussi, pour empêcher une grenouille de respirer, suffit-il de lui tenir la bouche grande ouverte.

Enfin le système nerveux de ces animaux est peu développé: l'encéphale est très-petit et le cervelet surtout est à peine visible.

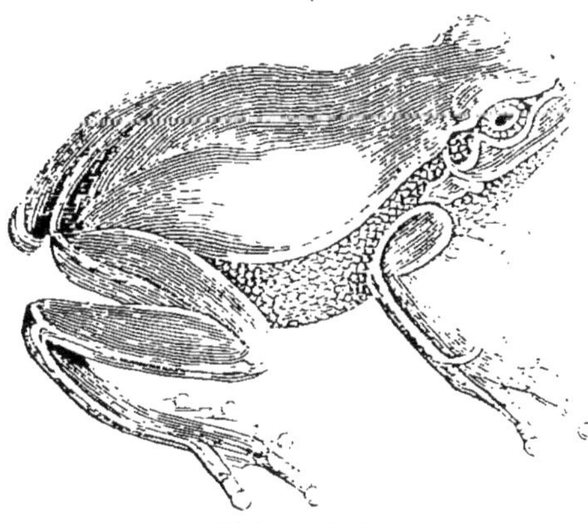

Fig. 324. — Rainette.

§ 473. La classe des Batraciens est peu nombreuse, mais elle présente des modifications de structure si considérables, qu'il faut la diviser en quatre ordres, savoir :

Les Anoures, qui subissent des métamorphoses complètes, et qui, à l'état adulte, sont toujours, ainsi que l'indique leur nom, dépourvus de queue. Ce sont les Grenouilles, les Crapauds, les Rainettes (fig. 324), les Pipas, etc.

Les Urodèles, qui conservent leur queue, mais qui, à l'état adulte, ont quatre membres et point de branchies : les Salamandres aquatiques ou Tritons, par exemple (fig. 325).

Fig. 325. — Salamandre aquatique.

Les Pérennibranches, qui conservent leurs branchies pendant toute la vie, et qui, à l'âge adulte, ont aussi des poumons, savoir : les Protées, les Axolotls (fig. 146), les Ménobranches et les Sirènes.

Enfin les Cécilies, qui manquent complétement de membres et ressemblent aux serpents par la forme générale de leur corps.

On a découvert dernièrement des animaux très-curieux, qui possèdent des branchies et des poumons comme les batraciens pérennibranches, mais qui n'ont que des nageoires cylindriques à la place des pattes, et qui ressemblent tellement aux poissons par l'ensemble de leur organisation, que la plupart des zoologistes les rangent dans la classe suivante. Ces ont les Lepidosiren (fig. 147).

CLASSE DES POISSONS.

§ 474. La cinquième et dernière classe de l'embranchement des animaux vertébrés comprend les Poissons.

Ces animaux, ainsi que chacun le sait, sont destinés à vivre sous l'eau, et cette circonstance a imprimé à toute leur organisation un cachet particulier; mais les différences les plus importantes qu'ils présentent, lorsqu'on les compare aux autres vertébrés, consistent dans la conformation des appareils de la respiration et de la circulation. Ils n'ont de poumons à aucune époque de la vie, et ils respirent par des branchies seulement. Leur cœur ne renferme que deux cavités et ne reçoit que du sang veineux; ce liquide, après avoir subi le contact de l'oxygène, passe dans un vaisseau dorsal, où aucune nouvelle force motrice n'accélère sa course vers les diverses parties du corps (§ 109). Leur circulation ne peut donc être aussi active que chez les animaux supérieurs, et leur sang est froid comme celui des reptiles. La peau est nue et couverte d'écailles seulement; ils n'ont pas de mamelles comme les mammifères, et ils se reproduisent au moyen d'œufs; enfin leurs membres ont la forme de nageoires.

§ 475. La forme extérieure des poissons varie; mais leur corps est en général tout d'une venue. Leur tête, aussi grosse que le tronc, n'en est pas séparée par un rétrécissement semblable au cou des vertébrés supérieurs; et leur queue, par sa grosseur vers sa base, ne se distingue pas du reste du corps. Quelques-uns de ces animaux manquent tout à fait de nageoires; mais, chez presque tous, on voit un nombre considérable de ces organes placés, les uns sur la ligne médiane du dos et du ventre, et par conséquent impairs, les autres sur le côté et disposés par paires (fig. 326). Ces derniers représentent les quatre membres des animaux vertébrés. Les membres antérieurs, qui correspondent au bras de l'homme et à l'aile de l'oiseau, sont fixés, de chaque côté du tronc, immédiatement derrière la tête, et sont appelés *nageoires pectorales*. Les membres abdominaux (*v*), moins éloignés les uns des autres, occupent en général la face inférieure du corps, et peuvent être placés plus ou moins en avant ou en arrière, depuis le dessous de la gorge jusqu'à l'origine de la queue : on les nomme *nageoires ventrales*. Les nageoires impaires occupent, comme nous l'avons déjà dit, la ligne médiane du corps, et se distinguent en *nageoires dorsales* (*d*), *nageoire anale* (*a*) et *nageoire caudale* (*c*), suivant qu'elles sont placées sur le dos, sous la queue ou à son extrémité. Du reste, les uns et les autres ont à

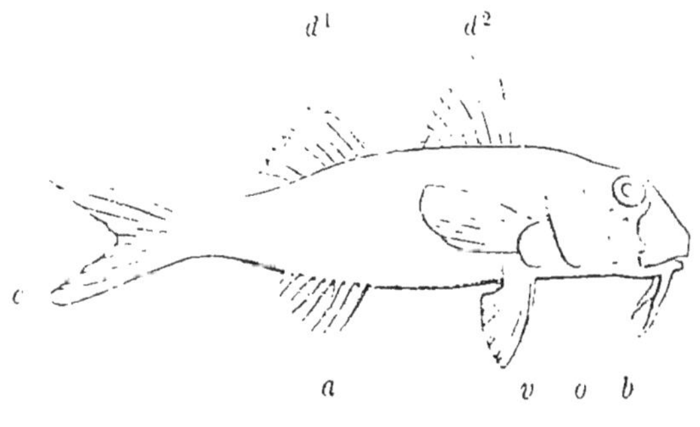

FIG. 326. (1)

peu près la même structure, et consistent presque toujours en un repli de la peau soutenu par des rayons osseux ou cartilagineux, à peu près de la même manière que les ailes des chauves-souris et des dragons sont soutenues par les doigts ou par les côtes de ces animaux.

On remarque aussi, à la surface extérieure du corps, de grandes fentes placées de chaque côté, immédiatement derrière la tête, et servant à la sortie de l'eau qui a baigné les branchies (*o*) : ce sont les ouvertures des ouïes. En général, il ne s'en trouve qu'une de chaque côté, et leur bord antérieur est mobile et ressemble à un battant de volet. Enfin, il règne dans toute la longueur du corps, de chaque côté, une série de pores qui forment ce que les ichthyologistes nomment la *ligne latérale*.

La peau est quelquefois à peu près nue, mais presque toujours elle est couverte d'écailles. Quelquefois ces écailles ont la forme de grains rudes; d'autres fois ce sont des tubercules très-gros ou des plaques d'une épaisseur considérable ; mais, en général, elles présentent l'aspect de lamelles fort minces, se recouvrant comme des tuiles et enchâssées dans des replis du derme. On peut les comparer à nos ongles ; mais elles renferment beaucoup plus de sels calcaires. Quant aux couleurs dont ces animaux sont

(1) Le Rouget (*Mullus barbatus*), pour montrer les diverses nageoires, etc. : — *p*, nageoire pectorale ; — *v*, nageoire ventrale ; — d^1, première dorsale ; — d^2, deuxième dorsale ; — *c*, caudale ; — *a*, anale ; — *o*, ouverture des ouïes ; — *b*, barbillons de la mâchoire inférieure.

ornés, elles étonnent par leur variété et par leur éclat. Tantôt elles ne peuvent être comparées qu'à de l'or ou de l'argent le plus brillant; tantôt ce sont les teintes les plus riches du vert, du bleu, du rouge ou du noir. La matière argentée, qui leur donne souvent un éclat métallique si beau, est sécrétée par le derme, et se compose d'une multitude de petites lames polies.

§ 476. Le squelette des poissons est ordinairement osseux; mais, chez plusieurs de ces animaux, tels que la raie et le requin, il reste constamment à l'état fibro-cartilagineux ou cartilagineux; et il en est même où cette charpente offre encore moins de solidité et demeure presque membraneuse : certaines lamproies sont dans ce cas, et, sous ce rapport, elles établissent le passage entre les vertébrés et les invertébrés.

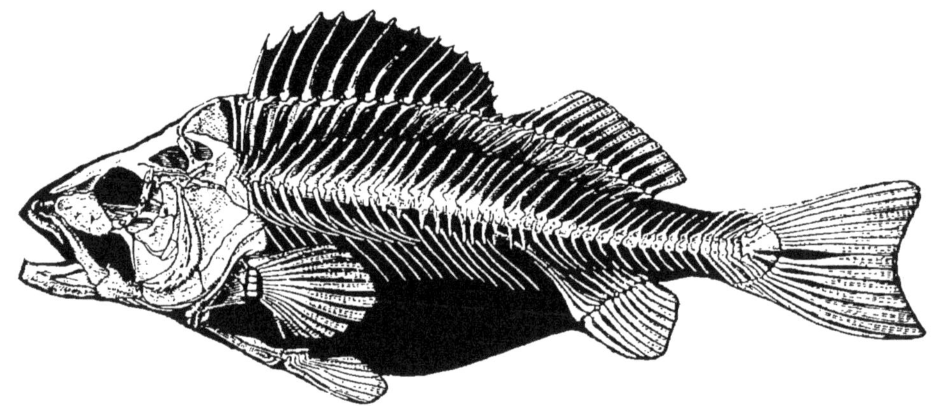

FIG. 327. — Squelette de Perche.

§ 477. Les os ne présentent jamais de canal médullaire, et le cartilage qui en fait la base n'est pas semblable à celui des mammifères et des oiseaux; car, lorsqu'on le fait bouillir dans l'eau, il ne donne pas de gélatine.

Le squelette se compose de la tête, à laquelle est joint un appareil hyoïdien très-développé et servant à la respiration; du tronc, et des membres.

§ 478. La structure de la tête est très-compliquée. On y remarque d'abord une portion médiane, composée d'un grand nombre d'os articulés entre eux par des sutures et formant une espèce de carène immobile, à laquelle sont suspendus les os de la mâchoire, des joues, etc. Cette portion médiane, dont la forme ordinaire est à peu près celle d'une pyramide à trois faces ayant son sommet dirigé en avant (fig. 328), présente en arrière la boîte crânienne (*c*), où se loge l'appareil de l'ouïe, aussi bien que l'encéphale. Sa partie moyenne est évidée pour former les cavités orbitaires (*or*), et en avant on y remarque des fossettes appartenant à l'appareil olfactif (*n*), et une espèce de gros bouton formé par l'os vomer et servant à porter la mâchoire supérieure (fig. 329, *v*). On y distingue les analogues de l'os occipital, des temporaux,

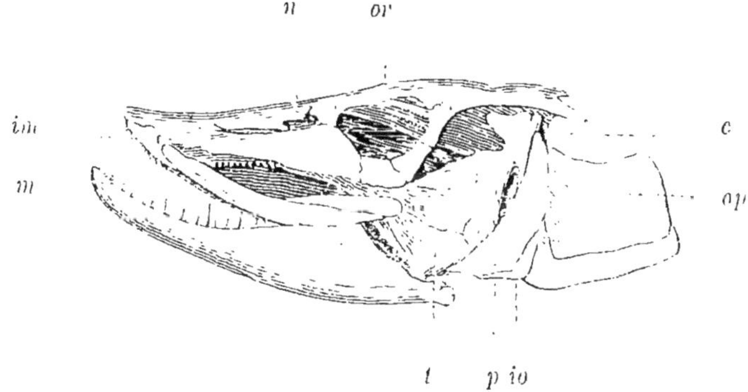

Fig. 328. — Os de la tête du Brochet (1).

des sphénoïdes, des pariétaux, du frontal, d'un ethmoïde et d'un vomer; mais la plupart de ces parties sont composées de plusieurs pièces qui ne se soudent jamais entre elles, comme cela arrive de bonne heure pour les mammifères et les oiseaux.

A l'extrémité antérieure de cette portion crânienne de la tête se trouve la mâchoire supérieure, qui y est quelquefois fixée d'une manière immobile, mais qui, en général, conserve une grande mobilité : on y distingue, de chaque côté, un os intermaxillaire (*im*), placé près de la ligne médiane, et un os maxillaire (*m*), qui s'étend latéralement et qui est mobile sur le premier.

Une chaîne de petites pièces osseuses s'étend de chaque côté de l'angle antérieur de la fosse orbitaire, à son angle postérieur, et complète ainsi le cercle orbitaire. Plus en dedans, on voit aussi de chaque côté une sorte de cloison verticale qui est suspendue au crâne et qui sépare les orbites et les joues de la bouche. Elle est formée par les analogues des os palatins, ptérygoïdien, tympanique, etc., et s'articule avec le crâne par deux points (sur le vomer et sur les tempes). A sa partie inférieure, elle donne

(1) *c*, crâne ; — *or*, orbite ; *n*, fosses nasales ; — *im*, os intermaxillaire ; — *m*, os maxillaire supérieur ; — *t*, espèce de cloison latérale qui sépare la joue de la bouche, et qui s'articule en avant au vomer par l'intermédiaire des arcades palatines, dont on aperçoit une portion au-dessus de l'os maxillaire, en haut avec le crâne (*c*), en bas avec la mâchoire inférieure, et en arrière avec le préopercule (*p*), qui, à son tour, porte l'opercule (*op*) ; — *io*, l'os préoperculaire suivi d'un sous-operculaire.

attache à la mâchoire inférieure, et en arrière elle se prolonge de manière à constituer une sorte de couvercle mobile qui protége l'appareil respiratoire et qui est appelé *opercule*. Trois pièces de chaque côté forment la mâchoire inférieure, qui s'articule par une surface concave avec l'appareil jugal dont nous venons de parler. Enfin, en dedans de ces cloisons latérales et au fond de la bouche, se trouve une charpente très-compliquée dans sa structure, qui sert à l'insertion des branchies ou à protéger ces organes, et qui paraît formée par l'analogue de l'hyoïde parvenu

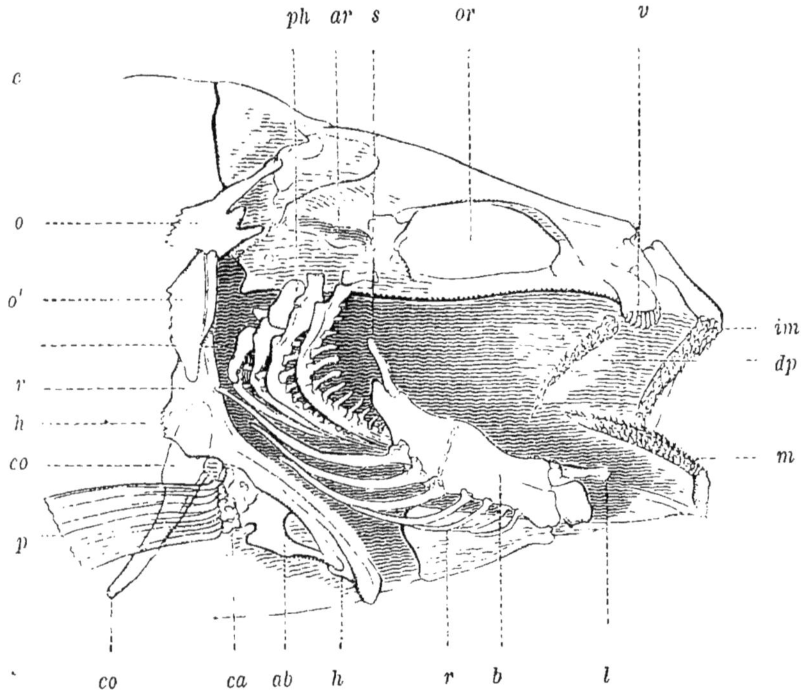

Fig. 329. — Tête et appareil respiratoire d'un Poisson (1).

à un développement extrême (fig. 329). L'os de la langue (*l*) se continue en arrière avec une série de pièces médianes, et s'arti-

(1) Fig. 329. Tête osseuse de la Perche, dont on a enlevé, d'un côté, les mâchoires, la cloison jugale et l'opercule, pour montrer l'intérieur de la bouche et l'appareil hyoïdien : — *c*, crâne; — *or*, orbite; — *v*, vomer (armé de dents); — *im*, mâchoire supérieure; — *dp*, dents implantées sur l'arcade palatine; — *m*, mâchoire inférieure, — *l*, os lingual; — *b*, branches latérales de l'appareil hyoïdien; — *s*, stylet servant à suspendre ces branches à la face interne des cloisons jugales; — *r*, rayons branchiostéges; — *a*, arceaux branchiaux; — *ph*, os pharyngiens supérieurs; — *ar*, surface articulaire de la cloison déjà mentionnée; — *o* à *h*, ceinture osseuse supportant la nageoire pectorale (*p*); — *o* et *o'*, omoplate divisée en deux pièces; — *h*, humérus; — *ab*, os de l'avant-bras; — *ca*, os du carpe; — *co*, os coracoïdien.

cule de chaque côté avec une branche latérale très-longue et très-grosse (*b*), qui, par son extrémité opposée, est comme suspendue à la face interne de la cloison latérale de la tête dont il a été déjà question. Ces branches latérales, formées de plusieurs os, portent à leur bord inférieur une série de rayons aplatis et recourbés (*r*), qui concourent avec les opercules à compléter les parois des cavités branchiales, et sont connus sous le nom de *rayons branchiostéges*. En arrière de ces branches, il part de la portion médiane de l'appareil hyoïdien quatre paires d'arcs osseux (*a*), qui se dirigent en dehors, puis se recourbent en haut et en dedans, et vont se fixer à la base du crâne par l'intermédiaire de quelques petits os nommés *pharyngiens supérieurs* (*ph*). Ces arceaux portent les branchies et sont appelés pour cette raison *arcs branchiaux*. Enfin, en arrière de ceux de la dernière paire, à l'entrée de l'œsophage, se voient deux os pharyngiens inférieurs, disposés ordinairement de manière à pouvoir s'appliquer contre les os pharyngiens supérieurs dont il vient d'être question.

Telle est en général la structure compliquée de la tête osseuse des poissons. Quelquefois on y remarque des anomalies : ainsi, chez les espadons et quelques autres espèces voisines des thons, la mâchoire supérieure se prolonge de façon à constituer une espèce de bec semblable à une broche ou à une lame d'épée, dont ces poissons se servent comme d'une arme puissante pour attaquer les plus grands animaux marins. Quant à la comparaison des diverses pièces dont elle se compose avec les os de la tête des mammifères, nous ne nous y arrêterons pas, car il règne encore à cet égard beaucoup d'incertitude.

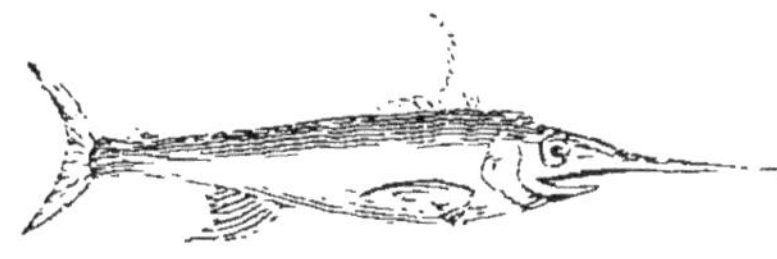

Fig. 330. — Espadon.

§ 479. La colonne vertébrale, qui fait suite à la tête, ne présente que deux portions distinctes, l'une dorsale, l'autre caudale (fig. 327), car il n'y a ni cou ni sacrum. Le corps des vertèbres a une forme particulière : il est creusé en avant et en arrière d'une cavité conique ; ces deux espaces vides se joignent quelquefois de manière à les transformer en un trou, et la double cavité conique résultant de la juxtaposition des deux vertèbres voisines est remplie par une substance molle. L'anneau destiné au passage de la moelle épinière est surmonté d'une apophyse épineuse, et de chaque côté on voit en général une apophyse transverse plus ou moins distincte, qui, au-dessus de la cavité abdominale, se porte en dehors et s'articule d'ordinaire avec la côte correspondante, mais qui, dans la portion caudale de la colonne, se dirige en bas, et forme souvent, avec celle du côté opposé, un anneau, de la partie inférieure duquel naît une longue apophyse épineuse, semblable à celle qui est située à la face dorsale de la vertèbre.

Les côtes manquent quelquefois ; d'autres fois elles enceignent tout l'abdomen, et, chez un petit nombre de poissons, elles viennent se fixer à une série d'os impairs que l'on doit considérer comme un sternum. Souvent elles portent un ou deux stylets, qui se dirigent en dehors et pénètrent dans les chairs. Il y a quelquefois aussi des stylets semblables qui partent du corps des vertèbres : et c'est ainsi que dans quelques genres, tels que celui des harengs, les arêtes des poissons deviennent très-nombreuses.

Enfin, on trouve encore, sur la ligne médiane du corps, un certain nombre d'os, appelés *interépineux* (fig. 331, *i*), qui, en général, s'appuient contre le bout des apophyses épineuses des vertèbres, et qui s'articulent par leur extrémité opposée avec les rayons des nageoires médianes (*r*). Ces rayons sont tantôt des os pointus nommés *aiguillons* ou *épines* ; tantôt des tiges ossifiées à leur base seulement, formées ensuite d'une multitude de petites articulations et souvent ramifiées vers le bout. Ces derniers appendices sont appelés *rayons mous* ou *articulés* : ils forment toujours la nageoire caudale (fig. 327), et quelquefois il n'en existe pas d'autres.

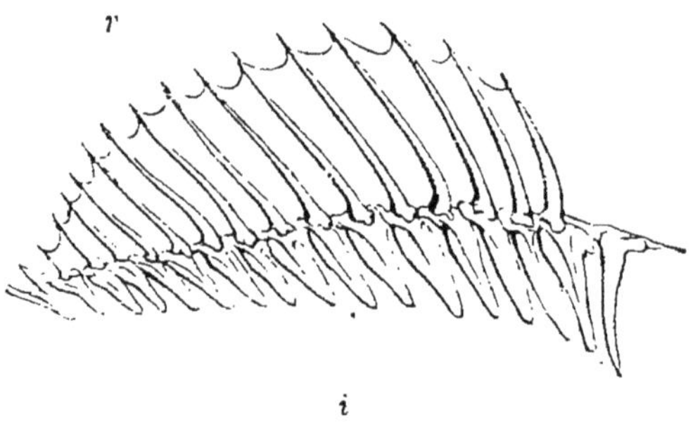

Fig. 331. — Nageoire dorsale.

§ 480. Les nageoires latérales, qui représentent les membres, sont terminées par des rayons semblables à ceux des nageoires verticales et analogues aux doigts. A la nageoire pectorale, on trouve, à la base de ses appendices, une série transversale de quatre ou cinq petits os plats (fig. 329, *ca*), comparables aux os du carpe, qui, à leur tour, sont fixés à deux os plats (*ab*), qui semblent être le radius et le cubitus élargis. Cet appareil est porté sur une espèce de ceinture osseuse, située immédiatement derrière les ouïes, et sur laquelle l'opercule vient s'appliquer comme sur un chambranle : il se compose d'une série de trois os, s'étendant depuis le crâne jusqu'à l'appareil hyoïdien, et porte en arrière un long stylet. La pièce principale qui entre dans sa composition est celle qui porte l'avant-bras et qu'on peut par conséquent comparer à l'humérus (*h*) : elle se réunit inférieurement avec celle du côté opposé et avec un prolongement médian de l'appareil hyoïdien, et tient au crâne par l'intermédiaire de deux os que Cuvier considère comme les analogues de l'omoplate (*o'*) ; enfin, le stylet qui en part, et se prolonge en arrière sur les côtés du corps, est d'ordinaire formé de deux pièces, et peut être comparé à un os coracoïdien (*co*).

Le membre postérieur (fig. 327) est moins compliqué ; les rayons de la nageoire ventrale ne sont portés que par un seul os, en général triangulaire, qui souvent vient s'attacher en avant à la symphyse médiane de la ceinture osseuse du membre pectoral, et qui d'autres fois reste suspendu dans les chairs.

§ 481. Dans les poissons cartilagineux, tels que les raies et les squales, appelés vulgairement chiens de mer, la disposition du squelette diffère de ce que nous venons de décrire, et offre une ressemblance très-grande avec le squelette encore cartilagineux des têtards. Le crâne n'est pas divisé par des sutures, et ne se compose que d'une seule pièce, modelée d'ailleurs et percée à peu près comme le crâne d'un poisson ordinaire. La mâchoire supérieure est formée par des pièces analogues aux os palatins ou au vomer ; les maxillaires et les intermaxillaires n'existent pas ou ne se trouvent qu'à l'état de vestiges, cachés sous la peau. La mâchoire inférieure n'a également qu'une pièce de chaque côté, et l'appareil operculaire manque en général complétement. La colonne vertébrale est quelquefois formée en grande partie d'un seul tube, percé de chaque côté pour le passage des nerfs, mais divisé en vertèbres distinctes ; souvent aussi le corps des vertèbres est percé de part en part, de façon que la substance gélatineuse qui remplit les intervalles de ces os forme un cordon continu. Quant à la disposition des os de l'épaule, du bassin et des nageoires, elle varie. Enfin, l'appareil hyoïdien, qui supporte les branchies, est en général conformé à peu près de même que chez les poissons ordinaires ; mais, dans les derniers degrés de cette série (chez les lamproies, par exemple), les arcs branchiaux manquent.

§ 482. La plupart des poissons nagent avec une grande agilité : on assure que le saumon, par exemple, avance quelquefois avec une vitesse de 8 mètres par seconde, et parcourt en une heure l'espace de 3 ou 4 myriamètres. En général, c'est en frappant latéralement l'eau par des flexions alternatives de la queue et du tronc qu'ils se meuvent de la sorte : aussi les muscles destinés à courber latéralement la colonne vertébrale sont-ils si développés, qu'ils constituent ordinairement à eux seuls la majeure partie de la masse du corps. Les nageoires médianes, c'est-à-dire la caudale, la dorsale et l'anale, servent à augmenter l'étendue de cette espèce de rame ; mais les nageoires latérales, c'est-à-dire les pectorales et les ventrales, ne concourent que peu à la progression, et ont en général pour usage principal d'influer sur la direction de la course, et surtout de maintenir l'animal en équilibre.

§ 483. Une particularité de l'organisation des poissons, qui leur est d'un grand secours dans la natation, c'est l'existence d'une espèce de poche remplie d'air et disposée de manière à pouvoir être comprimée à volonté. Cette *vessie natatoire*, placée dans l'abdomen, sous l'épine dorsale, communique souvent avec l'œsophage ou avec l'estomac par un canal à travers lequel l'air contenu dans son intérieur peut s'échapper ; mais en général ce fluide ne paraît pas y pénétrer par cette voie : il est le produit d'une sécrétion ayant son siége dans une portion glandulaire des parois du réservoir lui-même, et quelquefois celui-ci est complétement fermé. Par les mouvements des côtes, cette vessie élastique est plus ou moins comprimée ; et, suivant le volume qu'elle occupe, elle donne au corps du poisson une pesanteur spécifique égale, supérieure ou inférieure à celle de l'eau, et le fait ainsi rester en équilibre, descendre ou monter dans ce liquide. On a remarqué qu'elle manque souvent, et que généralement elle est très-petite dans les espèces destinées à nager au fond des eaux, ou même à s'enfouir dans la vase, telles que les raies, les soles, les turbots et les anguilles ; quelquefois cette vessie natatoire est membraneuse et reçoit beaucoup de vaisseaux sanguins, de façon à ressembler à un poumon.

Chez un petit nombre de poissons, les nageoires pectorales prennent un développement extrême, et permettent à l'animal de se soutenir pendant quelques instants dans l'air, lorsqu'il s'élance hors de l'eau. Le dactyloptère (fig. 111) nous en a déjà offert un exemple. Il en est aussi quelques-uns qui, en rampant ou par des sauts répétés, parviennent à avancer sur la terre. On en cite même qui grimpent sur les arbres ; mais ces exemples sont bien rares.

En traitant des organes du mouvement chez les poissons, nous ne pouvons omettre de signaler un appareil très-singulier qui se voit chez quelques-uns de ces animaux, et qui leur permet d'adhérer avec une grande force aux corps étrangers : c'est un disque aplati qui recouvre le dessous de la tête, et qui se compose d'un certain nombre de lames cartilagineuses dirigées obliquement en arrière et mobiles (fig. 332). Les poissons du genre *Echeneis* sont les seuls qui offrent ce mode d'organisation; et l'un d'eux, qui vit dans la Méditerranée et dans l'Océan, est depuis longtemps célèbre sous le nom de *Rémora* (fig. 333). Du reste, son histoire a été chargée de fables. On a prétendu que ce petit poisson se nourrissait par l'espèce de succion qu'il exerce avec

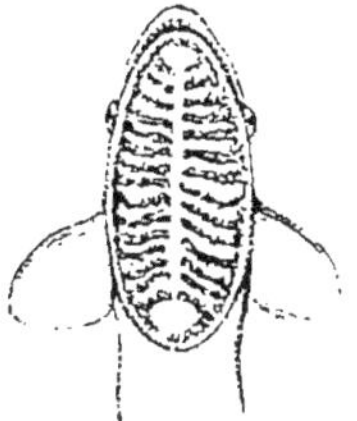

Fig. 332.

Fig. 333. — Rémora.

le disque dont nous venons de parler, et on lui a attribué le pouvoir d'arrêter subitement la course du vaisseau le plus rapide; mais ce sont là des fables dont nous ne devons pas tenir compte. Une espèce voisine de la précédente est très-commune dans les eaux de l'île de France, et il paraît que, sur les côtes de la Cafrerie, on l'emploie à la pêche, en le lâchant à la poursuite des poissons et en le ramenant, à l'aide d'une ligne attachée à sa queue, aussitôt qu'il s'est fixé sur sa proie.

§ 484. La vie d'un poisson se passe presque entièrement à pourvoir à sa subsistance et à fuir ses ennemis; ses sens extérieurs ne paraissent lui donner que des impressions obtuses, et ses facultés sont des plus bornées; on ne lui connaît aucune industrie, aucun instinct remarquable : aussi son cerveau est-il peu développé, et ses organes des sens bien imparfaits.

La cavité du crâne est petite relativement à la masse du corps, et l'encéphale ne la remplit pas à beaucoup près. Entre ses parois et le cerveau, on trouve une masse spongieuse et grasse, d'un volume considérable, surtout chez les individus adultes. Les lobes qui composent l'encéphale sont placés à la file les uns des autres et représentent souvent une espèce de double chapelet. On y distingue un cervelet, des lobes optiques, des hémisphères cérébraux, des lobes olfactifs, et, en arrière de toutes ces parties, des lobes appartenant à la moelle allongée.

La nature des téguments des poissons doit leur rendre le tact très-obus; et, dénués comme ils le sont de membres prolongés, et surtout de doigts flexibles et propres à envelopper les objets, ce n'est qu'au moyen de leurs lèvres que ces animaux peuvent exercer le sens du toucher. Les barbillons qu'on leur voit autour de la bouche (fig. 326, *b*) paraissent servir à les avertir du contact des corps. Le goût est aussi à peu près nul; car leur langue, à peine mobile, n'est pas charnue, et ne reçoit que peu de nerfs, et les aliments ne séjournent jamais dans la bouche. L'appareil de l'odorat est d'une structure plus compliquée, mais il n'est pas disposé de façon à être traversé par l'air ou par l'eau servant à la respiration. Les fosses nasales ne consistent qu'en deux cavités terminées en cul-de-sac, s'ouvrant en général au dehors chacune par deux narines, et tapissées par une membrane pituitaire plissée d'une manière très-remarquable. L'oreille est presque toujours logée tout entière dans la cavité du crâne, sur les côtés du cerveau, et ne consiste guère qu'en un vestibule surmonté de trois canaux semi-circulaires, auxquels les ondes sonores n'arrivent qu'après avoir mis en vibration les téguments communs et les os du crâne. En général, on ne voit rien qui puisse être comparé à l'oreille externe, au tympan ou à la caisse. Enfin, les yeux sont très-grands et peu mobiles : ils n'ont pas de véritables paupières ni d'appareil lacrymal. La peau passe au devant de l'œil et se laisse traverser par la lumière. La cornée est presque plane, la pupille très-large et peu ou point contractile : enfin, le cristallin est sphérique. En général, ces organes n'offrent rien de particulier quant à leur position; mais chez quelques poissons ils présentent, à cet égard, une anomalie remarquable : en effet, chez les soles, les plies, les turbots et les autres poissons plats (fig. 334), ils ne sont pas logés, comme d'ordinaire, des deux côtés de la tête, mais sont dirigés l'un et l'autre du même côté, et cette espèce de monstruosité coïncide avec un défaut de symétrie dans d'autres parties du corps.

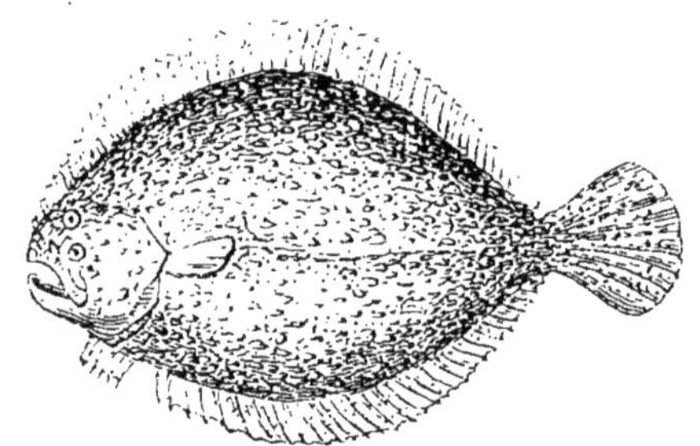

FIG. 334. — Turbot.

§ 485. Les poissons sont très-voraces : il n'en est qu'un très-petit nombre qui vivent principalement de matières végétales, et en général ils avalent sans choix tous les petits animaux qui sont à leur portée. Quelques espèces sont dépourvues de dents; mais chez la plupart il en existe même plusieurs rangées, comme dans la gueule du requin, par exemple (fig. 335); et le plus ordinairement on en trouve non-seulement aux deux mâchoires, mais au palais, implantées sur le vomer ou sur les os palatins (fig. 329), à la langue, sur le bord intérieur des arcs branchiaux, et enfin jusque dans l'arrière-bouche, sur les os pharyngiens qui entourent l'entrée de l'œsophage. Elles n'ont jamais de racines, mais se soudent en général avec l'os qui les porte : elles tombent néanmoins, probablement par un mécanisme analogue à celui de la chute du bois des cerfs, et sont remplacées par de nouvelles dents qui naissent tantôt sous les anciennes, tantôt à

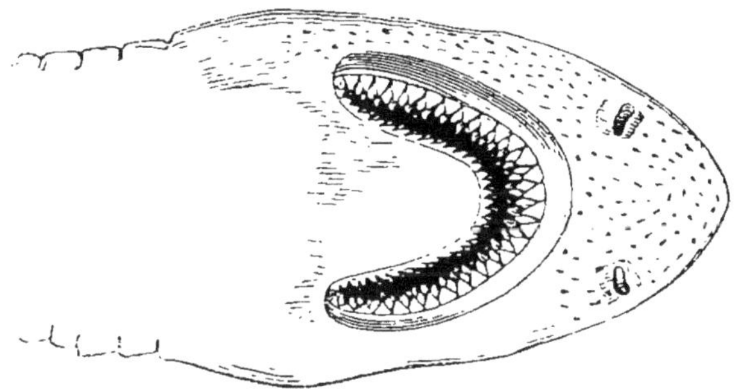

FIG. 335. — Tête de Requin.

côté d'elles. Les dents dont les mâchoires sont armées ne servent d'ordinaire qu'à retenir ou à briser la proie; celles situées au fond de la bouche sont rarement disposées de manière à broyer. Du reste, leur forme varie beaucoup : tantôt elles sont si fines et si serrées, qu'elles offrent l'aspect du velours; et d'autres fois elles constituent des crochets robustes, des lames à bords tranchants, ou des tubercules arrondis.

§ 486. Quelques poissons ne se nourrissent pas de matières solides et vivent en suçant seulement les liquides qu'ils puisent dans le corps d'autres animaux : les lamproies sont dans ce cas, et leur bouche, au lieu d'avoir la disposition ordinaire, offre une structure très-singulière, mais bien en rapport avec ses fonctions. En effet, les cartilages qui, chez les raies, etc., forment les mâchoires, sont ici soudés en anneau, et soutiennent un disque charnu dont la surface est garnie de dents et dont le milieu est occupé par la bouche; enfin, la langue, également armée de dents, se meut en avant et en arrière en manière de piston, et permet à l'animal de se servir de cet appareil comme d'une ventouse, soit pour se fixer aux corps étrangers, soit pour pomper les matières dont il se nourrit.

La bouche n'est entourée d'aucune glande salivaire. L'œsophage est court; l'estomac et les intestins varient pour la forme et les dimensions. Le foie est généralement grand et d'un tissu mou; presque toujours le pancréas manque ou est remplacé par des cæcums d'un tissu particulier, placés autour du pylore. Enfin, la position de l'anus varie beaucoup : quelquefois il se trouve sous la gorge ; d'autres fois à la base de la queue. Les reins sont extrêmement volumineux et s'étendent des deux côtés de la colonne vertébrale dans toute la longueur de l'abdomen. Leurs conduits excréteurs aboutissent à une espèce de vessie, dont l'ouverture externe est placée immédiatement derrière l'anus et l'orifice des organes reproducteurs.

La digestion paraît se faire très-rapidement, et le chyle est absorbé par de nombreux vaisseaux lymphatiques, qui aboutissent par plusieurs troncs dans le système veineux, près du cœur.

§ 487. Le sang des poissons, comme nous l'avons déjà dit, est rouge, et les globules ont une forme elliptique et des dimensions considérables (§ 81, fig. 39, *c*).

Le cœur (fig. 54) est placé sous la gorge, dans une cavité séparée de l'abdomen par une espèce de diaphragme, et protégée par les os pharyngiens en dessus, les arcs branchiaux sur les côtés, et en général par la ceinture humérale en arrière. Il se compose, comme nous l'avons déjà vu, (§ 109), d'une oreillette, qui reçoit le sang veineux rassemblé dans le vaste sinus situé auprès, et d'un ventricule placé en dessous et donnant naissance, par son extrémité antérieure, à une artère pulmonaire, dont la base est renflée et constitue une bulbe contractile. Ce vaisseau se divise bientôt en branches latérales, qui se distribuent aux branchies ; et le sang, après avoir traversé ces organes, remonte vers la tête par un autre vaisseau qui longe également le bord des arcs branchiaux. Là ces canaux envoient quelques branches aux parties voisines, et se réunissent pour former une grande artère dorsale, laquelle se dirige en arrière au-dessous de la colonne vertébrale, et donne des rameaux à toutes les autres parties du corps (fig. 54). Enfin, tout le sang veineux ne se rend pas directement dans le sinus que nous avons déjà mentionné ; celui des intestins et de quelques autres parties, avant que de retourner au cœur, se répand par la veine porte dans le foie.

On voit donc que le sang, en parcourant le cercle circulatoire, traverse en entier l'appareil de la respiration, comme chez les mammifères et les oiseaux, mais ne passe qu'une seule fois dans le cœur, ce qui doit rendre sa marche plus lente. Enfin, le cœur lui-même correspond par ses fonctions à la moitié droite du même organe chez les vertébrés supérieurs (fig. 51).

§ 488. La respiration se fait au moyen de l'air dissous dans l'eau et a lieu à la surface d'une multitude de lamelles saillantes et très-vasculaires, fixées au bord externe des arcs branchiaux, dont nous avons déjà indiqué la position. En général, on compte de chaque côté quatre branchies, composées chacune de deux rangées de lamelles allongées. Dans la plupart des poissons cartilagineux il y en a cinq (fig. 337), et dans la lamproie on en trouve sept. Chez presque tous les poissons osseux, ces lamelles sont simples et fixées par la base seulement; chez un petit nombre, tels que les hippocampes, appelés vulgairement *chevaux marins* (fig. 336), elles sont au contraire ramifiées et en forme de panaches. Enfin, chez la plupart des poissons cartilagineux, tels que les raies et les requins, elles sont fixées à la peau par leur bord externe, aussi bien qu'aux arcs branchiaux par leur bord interne.

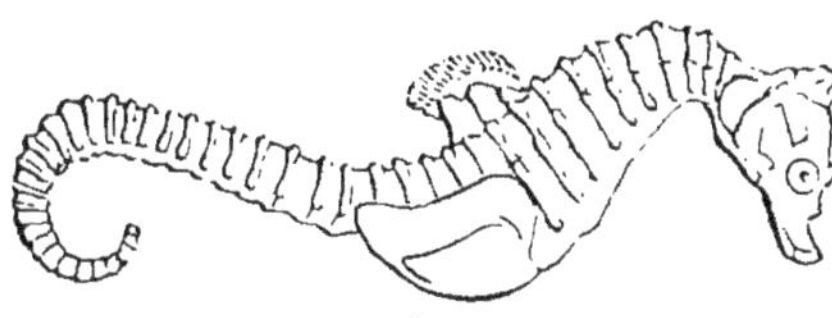

Fig. 336. — Hippocampe.

L'eau nécessaire à la respiration entre dans la bouche, et, par un mouvement de déglutition, passe par les fentes que les arcs branchiaux laissent entre eux, et arrive de la sorte aux branchies, dont elle baigne la surface, puis elle s'échappe au dehors par les ouvertures des ouïes. On voit, en effet, l'animal ouvrir la bouche et soulever son opercule alternativement. Chez les poissons dont les branchies sont libres à leur bord extérieur, il suffit d'une seule de ces ouvertures de chaque côté ; mais lorsque les branchies sont fixes, il faut, pour la sortie de l'eau, autant d'ouvertures qu'il y a d'espaces interbranchiaux. Aussi, chez le requin (fig. 337), on en compte cinq paires, et chez la lamproie (fig. 354) sept paires. On peut par conséquent connaître la disposition de l'appareil respiratoire par la seule inspection de ses ouvertures extérieures. Il est aussi à noter que chez quelques poissons, l'eau ne passe pas directement de la bouche dans la cavité respiratoire par les fentes situées entre les arcs branchiaux, mais y arrive par un canal placé au-dessous de l'œsophage, à peu près comme la trachée des animaux supérieurs : les lamproies offrent ce mode de structure.

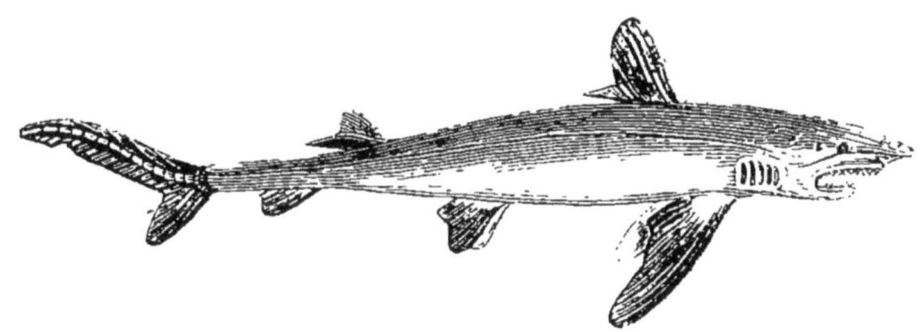

Fig. 337. — Requin.

Les poissons ne consomment qu'une quantité assez faible d'oxygène ; quelques-uns cependant ne se contentent pas de celle qui est dissoute dans l'eau, et viennent de temps en temps à la surface respirer l'air. Il en est même qui en avalent et qui convertissent l'oxygène en acide carbonique, en le faisant passer au travers de leur intestin : la loche des étangs nous offre, en effet, un exemple de ce singulier phénomène. Lorsque les poissons demeurent hors de l'eau, ils périssent en général promptement par asphyxie ; non pas que l'oxygène leur manque, mais parce que les lamelles branchiales, n'étant plus soutenues par l'eau, s'affaissent et ne se laissent pas traverser aussi facilement par le sang, et parce que ces organes, en se desséchant, deviennent impropres à remplir leurs fonctions : aussi les poissons qui périssent le plus promptement par l'exposition à l'air ont-ils des ouïes très-fendues, ce qui facilite l'évaporation à la surface des branchies ; tandis que ceux qui résistent le mieux ont ces ouvertures très-étroites, ou possèdent même quelque réceptacle où ils peuvent conserver de l'eau pour humecter ces organes. Les divers poissons qui composent la famille des Pharyngiens labyrinthiformes sont très-remarquables sous ce rapport, et doivent leur nom aux cellules aquifères placées au-dessus de leurs branchies.

Ces cellules (fig. 338), renfermées sous l'opercule et formées par des lamelles des os pharyngiens, servent effectivement à retenir une certaine quantité d'eau, laquelle maintient les branchies humides lorsque l'animal est à l'air, et lui permet d'y vivre assez longtemps : aussi ces poissons ont-ils l'habitude de sortir des rivières et des étangs qui sont leur séjour ordinaire, et de se porter à d'assez grandes distances, en rampant dans l'herbe ou sur la terre. Ceux qui présentent cet appareil labyrinthiforme porté au plus haut degré de complication, et qui ont reçu le nom d'*Anabas*, non-seulement restent très-longtemps hors de l'eau, mais encore, à ce que l'on assure, grimpent sur les arbres. La plupart des poissons de cette famille habitent les Indes, la Chine et les

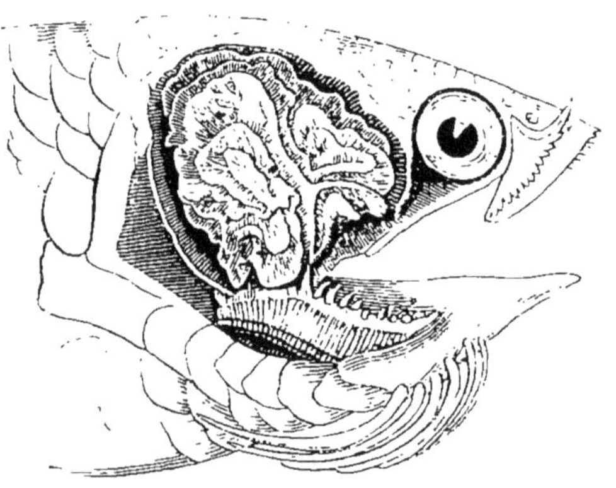

Fig. 338. — Appareil respiratoire de l'Anabas.

Moluques. Une espèce, le *Gourami*, qui est originaire de la Chine et qui est très-estimé pour sa chair savoureuse, a été acclimatée dans les étangs de l'île de France et de Cayenne.

§ 489. Ainsi que nous l'avons déjà dit, les poissons ne produisent presque pas de chaleur; mais quelques-uns d'entre eux ont la singulière faculté de développer de l'électricité et de donner ainsi des commotions très-fortes aux animaux qui les touchent. La torpille, le silure ou malaptérure, et une espèce de gymnote, sont dans ce cas, et, chose remarquable, l'organe électrique présente une conformation toute différente chez chacun d'eux.

C'est le gymnote, ou *anguille électrique* (fig. 339), qui possède au plus haut degré cette faculté curieuse. Ce poisson habite l'Amérique méridionale, et ressemble beaucoup aux anguilles ordinaires, si ce n'est qu'il manque de nageoires au bout de la queue, et que sa peau est sans écailles bien visibles. Il atteint 2 mètres de long; son corps est allongé et tout d'une venue, et sa peau est enduite d'une matière gluante : il est très-commun dans les petits ruisseaux et les mares que l'on rencontre çà et là dans les plaines immenses situées entre la Cordillère, l'Orénoque et la Bande, etc. Les commotions électriques qu'il donne à volonté et dans la direction qu'il choisit suffisent pour abattre les hommes et les chevaux. Le gymnote a recours à ce moyen pour se défendre contre ses ennemis, et pour tuer de loin les poissons dont il veut se repaître; car l'eau, ainsi que les métaux, transmet le choc engourdissant de ce singulier animal de la même manière que les paratonnerres conduisent, de l'atmosphère dans la terre, l'électricité des nuages. Ses premières décharges sont en général très-faibles ; mais quand il est irrité et agité, elles deviennent de plus en plus vives, et sont alors terribles. Lorsqu'il a frappé ainsi à coups redoublés, il s'épuise et a besoin d'un repos plus ou moins prolongé avant que de pouvoir donner de nouveaux chocs. On dirait qu'il emploie le temps à charger ses organes électriques, et les Américains profitent de cette circonstance pour le prendre sans danger. Pour faire la pêche des gymnotes, ils font entrer de force, dans les étangs

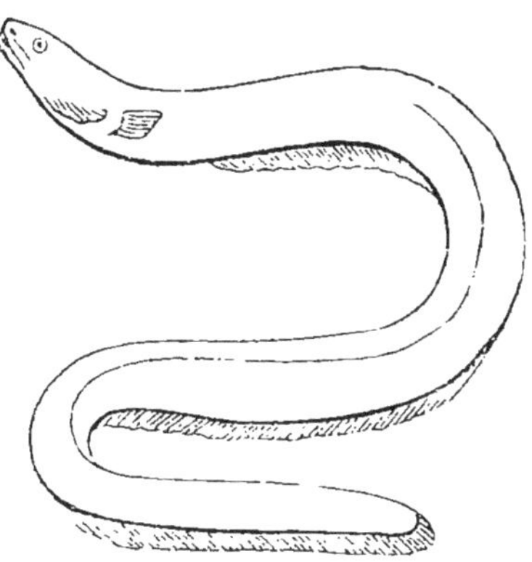

Fig. 339. — Gymnote.

habités par ces poissons, des chevaux sauvages, qui, recevant les premiers chocs, sont bientôt étourdis et abattus ou même tués ; ensuite on s'empare des gymnotes épuisés avec des filets ou avec le harpon.

L'appareil à l'aide duquel le gymnote produit ces commotions électriques règne tout le long du dos et de la queue, et consiste en quatre faisceaux longitudinaux, composés d'un grand nombre de lames membraneuses parallèles et très-rapprochées entre elles, qui sont à peu près horizontales et unies par une infinité d'autres lamelles plus petites, placées verticalement en travers ; les petites cellules prismatiques et transversales formées par la réunion de ces lames sont remplies d'une matière gélatineuse ; enfin tout l'appareil reçoit des nerfs très-gros.

La torpille (fig. 340) est un poisson cartilagineux et aplati qui ressemble beaucoup aux raies ordinaires. Son corps est lisse, et représente un disque à peu près circulaire, dont le bord antérieur est formé par deux prolongements du museau qui, de chaque côté, vont rejoindre les nageoires pectorales, et laissent entre ces organes, la tête et les branchies, un espace ovalaire servant à loger l'appareil électrique de ces poissons. Cet appareil (fig. 341) se compose d'une multitude de tubes membraneux verticaux, serrés les uns contre les autres, comme des rayons d'abeilles, subdivisés par des cloisons horizontales en petites cellules remplies de mucosités et animées par plusieurs branches très-grosses des nerfs pneumogastriques. C'est dans ces singuliers organes que se produit l'électricité à l'aide de laquelle les torpilles peuvent donner, à ceux qui les touchent, des commotions violentes, et produire tous les phénomènes qui, dans les expériences de physique, résultent d'un courant électrique ordinaire, tels que des étincelles, des décompositions chimiques, etc. Ces poissons sont moins puissants que les gymnotes, mais peuvent néanmoins frapper d'engourdissement le bras de celui qui les touche, et ils se servent probablement de ce moyen pour s'emparer de leur proie. On a constaté dernièrement que cette propriété est sous la dépendance du lobe postérieur de l'encéphale, et qu'en détruisant ce lobe ou en coupant les nerfs qui en partent, on anéantit la faculté de produire des commotions. Nous avons dans nos mers plusieurs espèces de torpilles qui fréquentent les côtes de la Vendée et de la Provence.

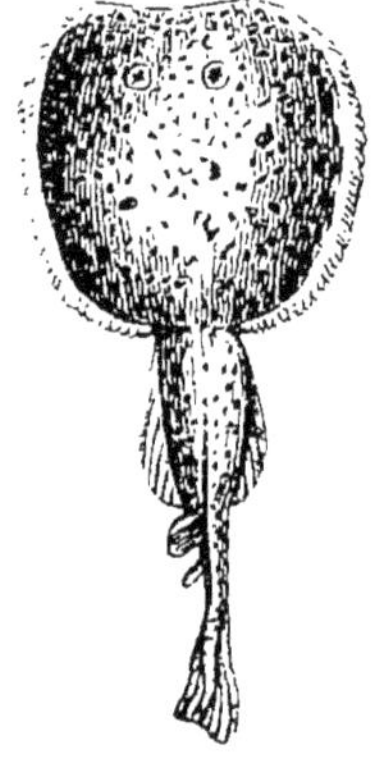

FIG. 340. — Torpille commune.

Enfin le silure électrique, ou malaptérure (fig. 342), habite le Nil et le Sénégal ; sa longueur est d'environ 3 à 4 décimètres, et il paraît devoir la faculté de donner des commotions électriques

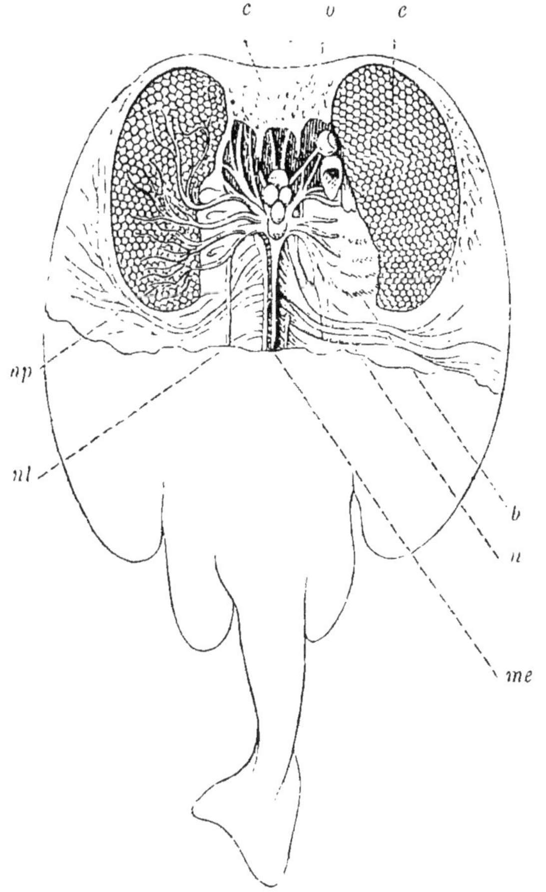

FIG. 341. — Appareil électrique de la Torpille (1).

à un tissu particulier situé entre la peau des flancs et les muscles, et ayant l'apparence d'un tissu cellulaire feuilleté. Les Arabes donnent à ce poisson le nom de *Raasch*, qui signifie *tonnerre*.

§ 490. Les poissons se multiplient au moyen d'œufs, et le nombre de ceux-ci est quelquefois immense : il peut s'élever, pour une seule ponte, à des centaines de mille. En général, ils n'ont qu'une enveloppe mucilagineuse et sont fécondés après la ponte.

(1) *c*, cerveau ; — *me*, moelle épinière ; — *o*, œil et nerf optique ; — *e*, organes électriques ; — *np*, nerfs pneumogastriques se rendant à l'organe électrique ; — *nl*, branche du précédent constituant le nerf latéral ; — *n*, nerfs spinaux.

Quelques-uns de ces animaux sont au contraire ovovivipares; mais, quelle que soit la manière dont les jeunes poissons sont amenés à la vie, ils sont, du moment de leur naissance, aban-

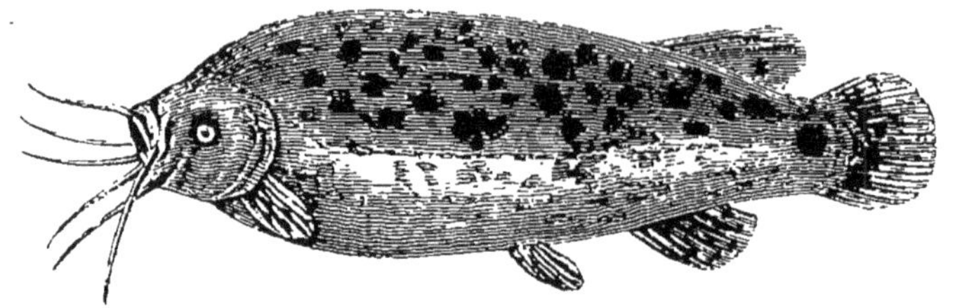

Fig. 342. — Malaptérure électrique.

donnés complétement à eux-mêmes, et dans le premier âge il en périt beaucoup.

C'est au développement simultané d'un nombre incalculable d'œufs déposés dans un même lieu, et à l'instinct qui pousse divers poissons à se suivre entre eux, que l'on doit attribuer la réunion de certaines espèces en légions immenses et serrées, appelées par les pêcheurs des *bancs de poissons*. En effet, on ne peut guère appeler ces réunions des sociétés : les individus dont elles se composent ne s'aident pas entre eux ; les mêmes besoins à satisfaire les retiennent dans la même localité, ou les en éloignent; et si on les voit quelquefois suivre l'un d'entre eux comme un guide, c'est probablement par suite d'une tendance à l'imitation qui accompagne toujours les premières lueurs de l'intelligence.

§ 491. Quoi qu'il en soit, ces animaux ainsi réunis en troupes font souvent de longs voyages, tantôt pour gagner la mer, tantôt pour remonter les rivières ou pour changer de parages. Certains poissons mènent une vie presque sédentaire, et restent toujours dans la localité qui les a vus naître; d'autres sont toujours errants, et un grand nombre de ces animaux font périodiquement des voyages plus ou moins longs. A l'époque du frai, ils se rapprochent ordinairement des côtes ou entrent dans les rivières, et font quelquefois de la sorte un trajet extrêmement long. Chaque année, vers la même époque, des bandes de poissons voyageurs arrivent dans les mêmes parages, et l'on croit généralement que plusieurs de ces espèces émigrent régulièrement du nord vers le sud et du sud vers le nord, en suivant une route déterminée; mais peut-être serait-il plus exact de croire que lorsqu'ils disparaissent du littoral, ils se retirent seulement dans les grandes profondeurs de la mer. Le hareng est un des poissons les plus remarquables sous ce rapport, et le plus célèbre par l'importance des pêches dont il est l'objet. Il habite les mers du Nord et arrive chaque année en légions innombrables sur diverses parties des côtes de l'Europe, de l'Asie et de l'Amérique, mais ne descend guère au-dessous du 45e degré de latitude nord. Quelques naturalistes pensent que tous ces bancs de harengs se retirent périodiquement sous les glaces des mers polaires, et partent de cette retraite commune en une immense colonne, qui, en se subdivisant, se répandrait sur presque toutes les côtes situées au-dessus du parallèle que nous venons d'indiquer. On a été même jusqu'à tracer sur la carte l'itinéraire de ces poissons ; mais cette longue émigration et ce rendez-vous commun dans les régions arctiques sont loin d'être démontrés, et il y a lieu de croire que les choses ne se passent pas de la sorte. C'est près de nos côtes que les harengs déposent leurs œufs, et il est probable que les jeunes se retirent bientôt dans les grandes profondeurs de la mer, et s'y dirigent vers le nord, où ils doivent rencontrer en plus grande abondance les petits crustacés et les animalcules propres à leur servir d'aliments. Au printemps, d'autres besoins les rapprochent du rivage et leur font rechercher des eaux moins profondes et plus chaudes : ils se montrent alors en légions innombrables et descendent vers le sud ; mais, après être arrivés dans la Baltique, sur les côtes de la Hollande et jusque dans la Manche, on ne les voit pas reprendre la route du nord pour passer l'hiver sous les glaces du pôle, et recommencer au printemps suivant leur prétendu voyage périodique.

Quoi qu'il en soit, aux mois d'avril et de mai, les harengs commencent à se montrer dans les eaux des îles Shetland, et, vers la fin de juin ou en juillet, ils y arrivent en nombre incalculable et en formant de vastes bancs serrés, qui couvrent quelquefois la surface de la mer dans une étendue de plusieurs lieues et ont plusieurs centaines de pieds d'épaisseur. Peu après, ces poissons se répandent sur les côtes de l'Écosse et de l'Angletere. Pendant les mois de septembre et d'octobre, ils y donnent lieu à de grandes pêches ; et, depuis la mi-octobre jusque vers la fin de l'année, ils abondent dans la Manche, principalement dans le détroit de Calais jusqu'à l'embouchure de la Seine. En juillet et août, ils restent d'ordinaire en pleine mer ; mais ensuite ils entrent dans les eaux peu profondes, et cherchent un endroit convenable pour y déposer leurs œufs et y séjourner jusque vers le mois de février. Les harengs les plus vieux frayent les premiers, et les jeunes plus tard ; mais la température et d'autres circonstances paraissent influer aussi sur ce phénomène : dans certaines localités on en trouve d'œuvés pendant presque toute l'année. Après la ponte, ils sont maigres et peu estimés; les pêcheurs les appellent alors des *harengs guais*. Leur multiplication est prodigieuse : on a trouvé plus de 60 000 œufs dans le ventre d'une seule femelle de moyenne grandeur. On assure que leur frai recouvre quelquefois la surface de la mer dans une grande étendue, et ressemble de loin à de la sciure de bois qui y serait répandue. Du reste, on ne sait que fort peu de chose sur le jeune âge de ces poissons (1).

§ 492. Les sardines, les maquereaux, les thons et les anchois sont aussi des poissons de passage, qui visitent périodiquement nos côtes et y donnent lieu à des pêches importantes. Le saumon est également remarquable par ses voyages; il habite toutes les mers arctiques, et chaque printemps il entre en grandes troupes dans les rivières pour les remonter jusque près de leurs sources. Dans ces émigrations, les saumons suivent un ordre régulier, en formant deux longues files réunies en avant et conduites par la plus grosse femelle, qui ouvre la marche, tandis que les plus petits mâles sont à l'arrière-garde. Ces troupes nagent en général avec grand bruit, au milieu des fleuves et près de la surface de l'eau si la température est douce, plus près du fond si la chaleur est forte. D'ordinaire les saumons avancent lentement et en se jouant; mais, si quelque danger paraît les menacer, la rapidité de leur natation devient telle, que l'œil peut à peine les suivre. Si une digue ou une cascade s'oppose à leur

(1) La pêche du hareng est une des plus importantes : elle occupe chaque année des flottes entières, et jadis elle était poursuivie avec plus d'activité encore. Vers le milieu du XVIIe siècle, les Hollandais n'y employaient pas moins de deux mille bâtiments, et l'on a évalué à 800 000 le nombre des personnes que cette branche d'industrie faisait vivre dans les deux provinces de la Hollande et de la Frise occidentale. Les Norvégiens, les Américains, les Écossais, les Anglais, et même nos pêcheurs, s'y adonnent aussi en grand nombre; et aujourd'hui encore, bien que son importance soit moindre, elle est néanmoins une grande source de richesses pour tout le littoral des mers du Nord. Dans nos divers ports situés entre Dunkerque et l'embouchure de la Seine, on compte chaque année trois à quatre cents bâtiments montés par environ 5000 marins qui s'occupent de la pêche du hareng, et l'on a évalué à près de 4 millions les produits qu'ils en obtiennent.

Cette pêche se fait d'ordinaire avec des filets de 500 à 600 toises de long, dont le bord inférieur est alourdi par des pierres, tandis que le bord supérieur est maintenu à flot au moyen de barils vides, et dont les mailles sont juste assez grandes pour permettre au hareng d'y enfoncer la tête jusqu'au delà des ouïes, mais ne laissent pas passer les nageoires pectorales. Le poisson, en cherchant à vaincre l'obstacle que cette grande cloison verticale oppose à son passage, s'emmaille ainsi; et ne pouvant plus, à cause de ses nageoires et de ses ouïes, ni avancer, ni reculer, il reste prisonnier jusqu'à ce que les pêcheurs retirent leur filet à bord. Le nombre des harengs qui se prennent de la sorte est quelquefois si considérable, qu'en peu d'instants tout le filet s'en trouve garni et rompt sous leur poids. En général, cette pêche se fait loin du port, et, pour conserver le poisson, on le sale à bord.

marche, ils font les plus grands efforts pour la franchir. En s'appuyant sur quelque rocher et en redressant tout à coup avec violence leur corps recourbé en arc, ils s'élancent hors de l'eau, et sautent quelquefois de la sorte à une hauteur de 4 à 5 mètres dans l'atmosphère, pour aller tomber au delà de l'obstacle qui les arrêtait. Les saumons remontent ainsi les fleuves jusque vers leur source, et vont chercher dans les petits ruisseaux et les endroits tranquilles un fond de sable et de gravier propre à y déposer leurs œufs ; puis, maigres et affaiblis par tant de fatigues, ils redescendent en automne vers l'embouchure des fleuves, et vont passer l'hiver dans la mer. Les œufs sont déposés dans un enfoncement que la femelle creuse dans le sable ; le mâle vient ensuite les féconder. Les jeunes saumons grandissent très-promptement ; et, lorsqu'ils ont atteint la longueur d'environ un pied, ils abandonnent le haut des rivières pour gagner la mer, qu'ils quittent, à leur tour, pour rentrer dans les fleuves lorsqu'ils sont longs de 4 à 5 décimètres, c'est-à-dire vers le milieu de l'été qui a suivi leur naissance. Nous avons déjà vu que les hirondelles, qui, à l'approche de la saison froide, émigrent vers le sud, reviennent chaque année dans les mêmes lieux. Il paraît que les saumons ont le même instinct. Pour s'en assurer, un naturaliste, nommé Deslandes, mit un anneau de cuivre à la queue de douze de ces poissons, et leur rendit la liberté dans la rivière d'Auzou, en Bretagne. Bientôt après ils disparurent tous ; mais l'année suivante on reprit dans le même lieu cinq de ces saumons, la seconde année trois, et l'année d'après trois encore.

§ 493. Les mœurs des poissons n'offrent que peu de particularités curieuses ; mais l'histoire de ces animaux doit néanmoins

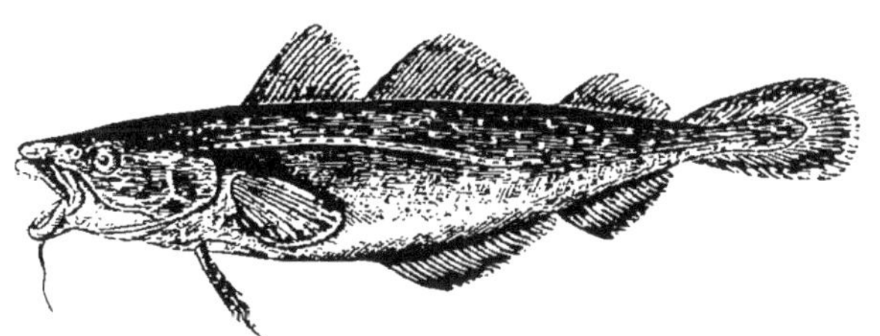

Fig. 343. — Morue commune.

nous intéresser, ne fût-ce qu'à raison de l'importance des pêches dont ils sont l'objet. A une époque qui n'est pas bien éloignée de la nôtre, cette branche d'industrie occupait un cinquième de la population totale de la Hollande, et pour la pêche du hareng seulement ce pays couvrait de ses bâtiments les mers du Nord. En

Angleterre, elle fait subsister aussi un nombre considérable de bons et hardis matelots ; et même en France, où elle a moins d'importance, on compte de trente à quarante mille pêcheurs, dont près du tiers s'aventurent chaque année jusque sur les côtes de l'Islande et de Terre-Neuve à la recherche de la morue (fig. 343), grand et excellent poisson qui abonde dans ces parages et qui se montre aussi, mais en petit nombre, dans nos mers.

§ 494. **Classification.** — Les poissons constituent une des classes les plus nombreuses du règne animal, et se divisent naturellement en deux séries, d'après la nature de leur squelette.

Le groupe ou sous-classe des POISSONS OSSEUX est de beaucoup le plus nombreux en genres et en espèces. Il se compose de tous les poissons ordinaires, et se subdivise, d'après des caractères en général peu importants, en six ordres, désignés sous les noms d'*Acanthoptérygiens*, de *Malacoptérygiens abdominaux*, de *Malacoptérygiens subbrachiens*, de *Malacoptérygiens apodes*, de *Lophobranches* et de *Plectognathes*.

§ 495. Les PLECTOGNATHES se distinguent de tous les autres poissons à squelette osseux par la conformation de la bouche ; car leur mâchoire supérieure, au lieu d'être mobile comme d'ordinaire, est soudée ou engrenée au crâne. On range dans ce petit groupe les Coffres (fig. 344), qui sont remarquables par l'espèce de cuirasse à compartiments osseux dont ils sont revêtus. Les Diodons et les Tétrodons, qui ont la faculté de se gonfler comme des ballons en avalant de l'air et en distendant ainsi un peu leur estomac, appartiennent aussi à cette division.

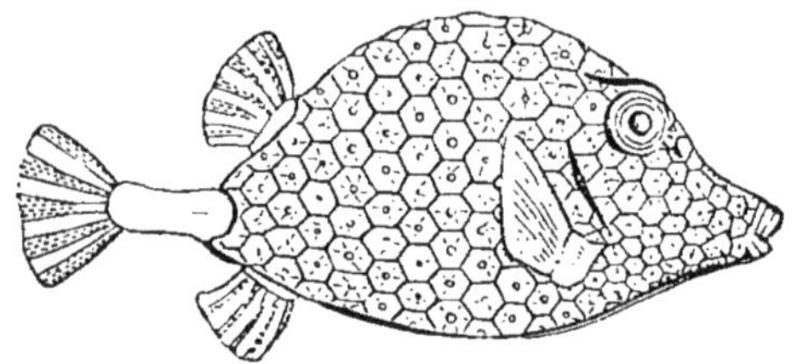

FIG. 344. — Coffre.

§ 496. L'ordre des LOPHOBRANCHES ne présente rien de particulier dans la disposition des mâchoires, mais est caractérisé par la structure des branchies. En effet, ces organes, au lieu d'avoir la forme de dents de peigne, se divisent en petites houppes rondes, par paires fixées le long des arcs branchiaux. On y range les Syngnathes, les Hippocampes (fig. 336), etc.

§ 497. L'ordre des ACANTHOPTÉRYGIENS comprend tous les poissons osseux à mâchoire supérieure mobile et à branchies pectinées, dont la première nageoire est soutenue par des rayons osseux et spiniformes (fig. 331). Cette division renferme les trois quarts des poissons connus, et se subdivise en un grand nombre de familles. On y range : les Perches, les Maquereaux, les Thons (fig. 345), les Espadons (fig. 330), etc.

§ 498. L'ordre des MALACOPTÉRYGIENS ABDOMINAUX se distingue du précédent par la nature des rayons qui constituent la première nageoire dorsale, et qui, au lieu d'être épineux, sont cartilagineux, articulés vers le bout, et en général divisés en plusieurs branches (fig. 346). Ce caractère lui est commun avec les deux groupes de poissons osseux dont il nous reste à parler; et, pour l'en distinguer, il faut ajouter que les nageoires ventrales sont situées sous l'abdomen, en arrière des pectorales et non attachées aux os de l'épaule. Nous citerons comme exemples de cet ordre : les Carpes, les Brochets (fig. 347), les Silures (fig. 342), les Saumons, les Harengs, les Sardines et les Anchois (fig. 448).

FIG. 345. — Thon.

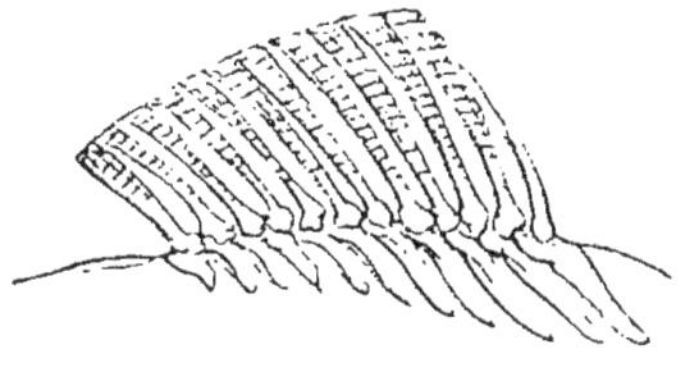
FIG. 346.

FIG. 347. — Brochet.

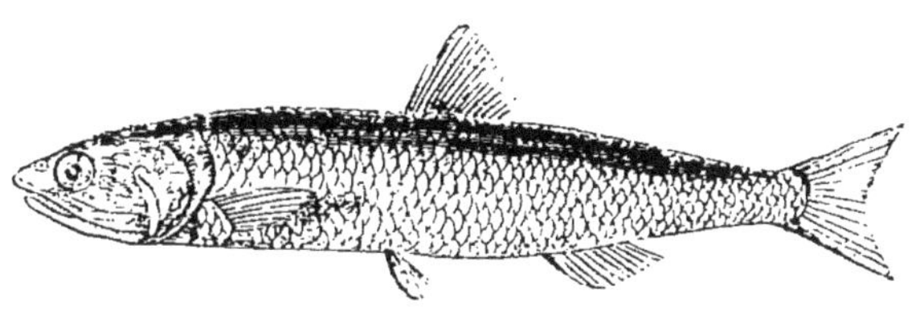
FIG. 348. — Anchois.

§ 499. Les MALACOPTÉRYGIENS SUBBRACHIENS ont les nageoires conformées de la même manière que dans l'ordre précédent ; mais leurs nageoires sont placées sous les pectorales et suspendues aux os de l'épaule. Cette division comprend : la Morue (fig. 343), le Merlan, le Rémora (fig. 333), et la famille des *Pleuronectes* ou poissons plats, composée des Plies (fig. 349), des Turbots (fig. 334), des Soles, etc.

§ 500. Enfin, l'ordre des MALACOPTÉRYGIENS APODES est surtout caractérisé par le défaut de rayons épineux à la nageoire dorsale et le manque absolu de nageoires ventrales. Les poissons qui offrent ce mode de structure ont tous une forme allongée et une peau épaisse, molle et peu écailleuse : ce sont les Anguilles, les Gymnotes (fig. 339), etc.

§ 501. Les Poissons cartilagineux, ou Chondroptérygiens, ont le squelette ordinairement cartilagineux; quelquefois cette charpente intérieure est même presque membraneuse, mais jamais elle n'est osseuse, la matière calcaire qui en durcit la surface ne s'y déposant que par petits grains. On y remarque aussi une ressemblance très-grande avec le squelette encore cartilagineux des têtards. Il est seulement à noter que les pièces qui représentent les os maxillaires supérieurs et intermaxillaires sont rudimentaires, et que la mâchoire supérieure est formée essentiellement par les analogues des os palatins. Tantôt les branchies sont libres à leur bord externe, comme chez les poissons osseux ; tantôt, au contraire, elles sont attachées par ce bord aussi bien que par leur bord interne, et cette différence sert de base à la division des poissons cartilagineux en deux groupes, savoir : les *Chondroptérygiens à branchies libres*, qui constituent un seul ordre, et les *Chondroptérygiens à branchies fixes*, qui en forment deux, les *Sélaciens* et les *Cyclostomes*.

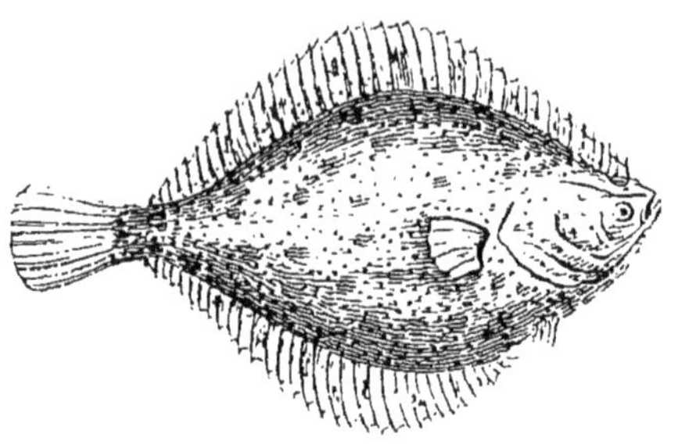

Fig. 349. — Plie.

§ 502. L'ordre des Chondroptérygiens a branchies libres est désigné aussi sous le nom de *Sturioniens*, parce qu'il a pour type l'Esturgeon (*Sturio*). Il se compose de poissons dont la forme ne présente rien d'anormal (fig. 350), et qui ont pour la plupart la

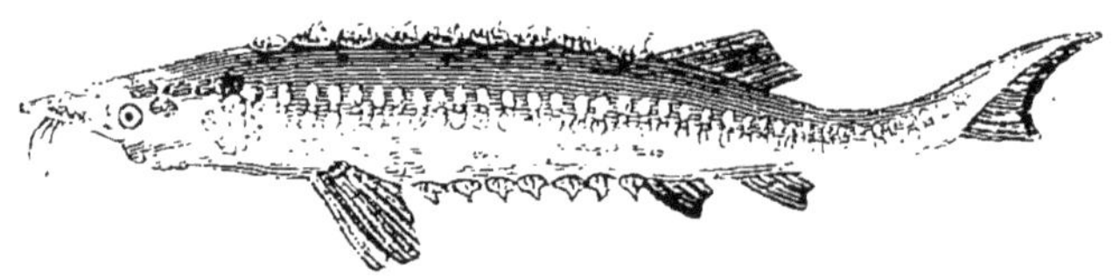

Fig. 350. — Esturgeon.

peau garnie de grandes plaques osseuses disposées par rangées, et la bouche dépourvue de dents.

§ 503. Les Chondroptérygiens a branchies fixes présentent un caractère commun très-remarquable dans la disposition de l'appareil respiratoire. Les branchies, au lieu d'être libres par leur bord externe et suspendues dans une cavité commune, d'où l'eau s'échappe au dehors par une seule ouverture, sont au contraire adhérentes aux téguments ; de sorte que, pour la sortie de l'eau qui les a baignées, il faut autant d'ouvertures qu'il y a d'intervalles entre elles. Ces ouvertures sont presque toujours extérieures ; quelquefois cependant elles débouchent dans un canal commun, servant à transmettre l'eau au dehors ; enfin des arcs cartilagineux, souvent suspendus dans les chairs, sont placés vis-à-vis des bords extérieurs des branchies. Du reste, ces poissons diffèrent beaucoup entre eux, et constituent, ainsi que nous l'avons déjà dit, deux ordres, les *Sélaciens* et les *Cyclostomes*.

§ 504. L'ordre des Sélaciens comprend tous les poissons cartilagineux à branchies fixes, dont les mâchoires sont mobiles et disposées pour la mastication. On y range la famille des *Squales*, composée des Requins (fig. 337), des Squales proprement dits, des Marteaux (fig. 356), des Scies, etc. ; et la famille des *Raies*, dans laquelle les Torpilles (fig. 340) prennent place, aussi bien que les Raies proprement dites (fig. 351). Tous ces poissons ont, de chaque

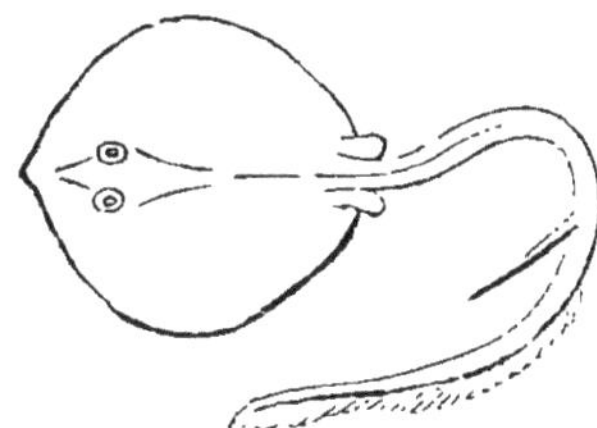
Fig. 351. — Raie.

Fig. 352. — Marteau.

côté du cou ou à sa face intérieure, cinq ouvertures branchiales en forme de fentes, et plusieurs portent à la partie supérieure de la tête deux ouvertures, appelées *évents*, qui conduisent aux branchies, et qui servent à y porter l'eau nécessaire à la respiration, lorsque la gueule de l'animal est remplie par une proie trop volumineuse. Ces animaux sont très-voraces et souvent remarquables par la force et la multiplicité de leurs dents : le requin, par exemple (fig. 337). Les uns sont ovovivipares, les autres font des œufs revêtus d'une coque dure et cornée.

§ 505. L'ordre des Cyclostomes est caractérisé par la conformation singulière de la bouche, qui n'est propre qu'à la succion, et qui se compose d'une sorte de ventouse formée par les mâchoires soudées en anneau (fig. 353). Ces poissons sont les plus imparfaits de tous les vertébrés ordinaires. Leur squelette est quelquefois membraneux (chez les ammocètes ou lamprillons) et offre toujours bien moins de complications que chez les autres poissons ; le système nerveux est très-peu développé, et les branchies ont la forme de petites bourses. Les Lamproies (fig. 354) constituent le type principal de ce groupe.

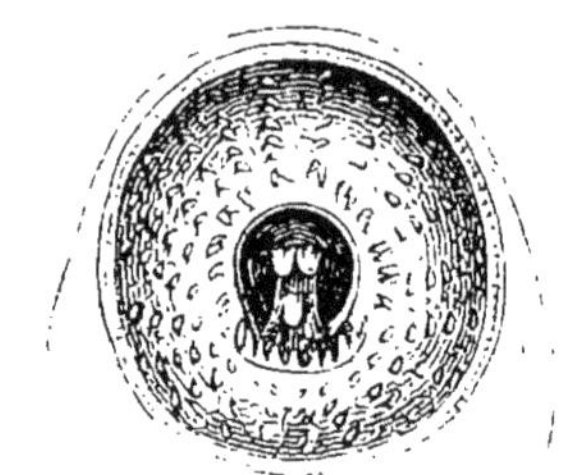

Fig. 353. — Bouche de la Lamproie.

§ 506. On a fait connaître récemment l'organisation d'un animal fort singulier qui appartient bien évidemment à l'embranchement des vertébrés, mais qui manque de tous les caractères les plus remarquables de ce groupe. C'est l'*Amphioxus*, petit animal marin qui, par sa forme générale, ressemble assez à un poisson, mais qui ne possède ni vertèbres proprement dites, ni cœur, ni sang rouge, ni cerveau distincts. Son squelette n'est représenté que par une tige cartilagineuse analogue à la corde dorsale qui se montre chez l'em-

Fig. 354. — Lamproie.

byron des vertébrés ordinaires et qui y précède l'existence de vertèbres ; l'axe cérébro-spinal occupe sa place ordinaire, mais ne présente en avant aucun renflement qui puisse être comparé à l'encéphale; la circulation s'effectue à l'aide de vaisseaux dont les parois sont contractiles, et ce sont les parois de la cavité pharyngienne qui remplissent le rôle d'un appareil branchial. La plupart des zoologistes rangent ce vertébré dégradé dans la classe des poissons ; mais il nous semble évident que, dans une classification naturelle, l'*Amphyoxus* doit occuper une division particulière.

DEUXIÈME EMBRANCHEMENT.

ANIMAUX ANNELÉS, OU ENTOMOZOAIRES.

§ 507. Les animaux qui composent cette grande division présentent, non-seulement une structure extérieure essentiellement différente de celle qui est propre aux trois autres embranchements du règne animal, mais aussi des caractères extérieurs en général si tranchés et si évidents, qu'il est presque toujours facile de les reconnaître au premier coup d'œil. Tout leur corps, en effet, est divisé en tronçons, et semble composé d'une suite d'anneaux placés à la file les uns des autres. Chez les uns, cette disposition annulaire résulte seulement de l'existence d'un certain nombre de plis transversaux qui sillonnent la peau et ceignent le corps ; mais, chez la plupart, l'animal est renfermé dans une sorte d'armure solide composée d'une série d'anneaux soudés entre eux ou réunis de manière à permettre des mouvements. Cette armure a des usages analogues à ceux de la charpente intérieure des animaux vertébrés : car elle détermine la forme générale du corps, elle protége les parties molles, elle donne des points d'attache aux muscles, et elle fournit à ces organes des leviers propres à assurer la précision et la rapidité des mouvements ; aussi l'appelle-t-on souvent un *squelette extérieur*. Mais ce serait à tort que l'on voudrait y voir le représentant ou l'analogue du squelette des vertébrés; car, dans la réalité, elle n'est autre chose que la peau devenue dure et rigide, ou même encroûtée par une sorte d'épiderme calcaire de consistance pierreuse. Pour donner une idée vraie de ses usages aussi bien que de sa nature, il serait par conséquent préférable de la nommer *squelette tégumentaire*.

§ 508. Les divers anneaux ou tronçons du corps d'un animal articulé ont toujours beaucoup de ressemblance entre eux ; quelquefois, chez la scolopendre, par exemple (fig. 163), ils sont presque tous la répétition exacte les uns des autres, et toujours ils montrent une tendance remarquable vers cette uniformité de structure. Chaque anneau peut porter deux paires d'appendices ou de membres, l'une appartenant à son arceau dorsal ou portion supérieure (fig. 355), l'autre à son arceau ventral ; et lorsque ces appendices sont peu développés, et que la division du travail physiologique est peu avancée, tous les anneaux en sont effectivement pourvus : aussi le nombre de ces organes est-il quelquefois extrêmement considérable. Mais, en général, les appendices de certains anneaux acquièrent un grand développement, et, par une sorte de compensation ou de balancement organique, les autres restent rudimentaires ou ne se montrent même pas. Presque toujours les appendices de l'arceau inférieur sont les seuls qui se développent, et ils prennent des formes d'autant plus variées, que l'animal est plus élevé dans la série des êtres. Ce sont eux qui, diversement modifiés, constituent les filaments semblables à des cornes qui ornent la tête des insectes et des crustacés, et qu'on nomme antennes, les divers organes de mastication, les pattes, les nageoires, etc. (fig. 161, 162). Quelquefois les appendices de l'arceau supérieur existent partout, et remplissent, comme ceux de l'arceau inférieur, les fonctions de pattes : diverses annélides nous en offrent des exemples; mais d'ordinaire ils n'existent tout au plus que sur deux anneaux situés

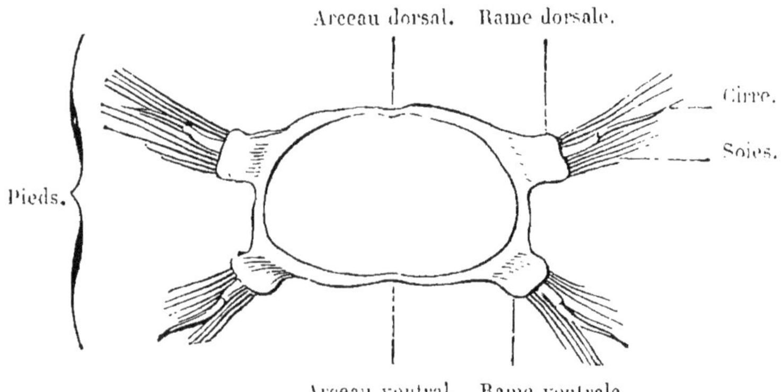

Fig. 355. — Coupe verticale d'un anneau du corps d'une Annélide du genre Amphinome.

vers la partie moyenne du corps, et ils constituent alors des ailes ou des organes analogues, comme nous le verrons bientôt, en parlant des insectes. Les pattes sont, en général, au nombre de trois, quatre, cinq ou sept paires ; quelquefois on en compte plusieurs centaines, et d'autres fois elles manquent complétement; mais alors elles sont souvent représentées, pour ainsi dire, par des faisceaux de soies roides, comme dans le ver de terre, par exemple.

§ 509. La tendance que montrent les anneaux du corps à se répéter les uns les autres est remarquable dans la disposition des muscles et même du système nerveux, aussi bien que dans la conformation du squelette tégumentaire. En général, dans cet embranchement, chaque anneau, dans son état complet, possède une paire de ganglions nerveux ; tous ces ganglions, réunis entre eux par des cordons de communication ou connectifs, constituent une double chaîne qui occupe la ligne médiane du corps près de sa face ventrale (fig. 161). Chez la plupart des animaux articulés inférieurs, comme chez ceux plus élevés dans la série, mais dont le développement n'est pas terminé, ces ganglions sont tous à peu près égaux, et forment, avec leurs connectifs, deux chaînes semblables à des cordons garnis de nœuds étendus d'un bout du corps à l'autre (fig. 356); mais à mesure que l'on s'élève à des êtres plus parfaits, on voit ces mêmes ganglions se rapprocher entre eux, soit latéralement, de manière à se confondre sur la ligne médiane en une seule série, soit dans le sens

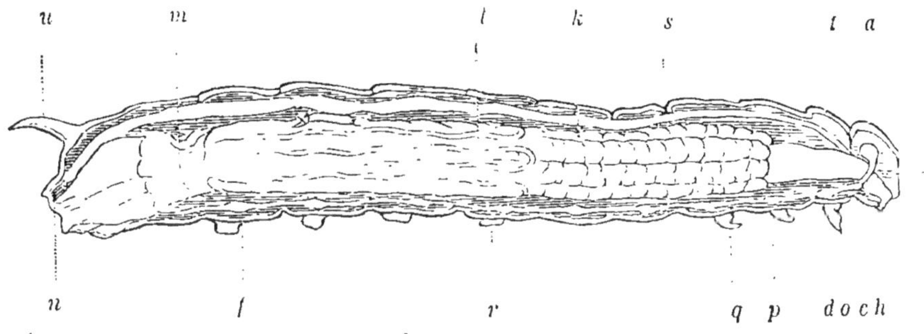

Fig. 356. — Anatomie de la chenille du Sphinx (1).

longitudinal, de façon à déterminer la réunion de plusieurs paires en une seule masse (fig. 357). Cette centralisation est quelquefois portée si loin (dans certains crabes, par exemple), qu'il n'existe pour tous les anneaux du corps que deux masses nerveuses, l'une située dans la tête, l'autre dans le thorax; mais il est impossible qu'elle aille au delà, car les cordons qui réunissent entre eux ces deux centres nerveux passent de chaque côté de l'œsophage, et les ganglions céphaliques sont placés au devant ou au-dessus de ce tube; tandis que les ganglions du reste du corps sont situés en arrière de l'œsophage, au-dessous du canal digestif. Cette portion du système nerveux forme, en effet, une espèce de collier autour de l'œsophage, disposition que nous retrouverons chez les mollusques. Mais la portion postœsophagienne ou ventrale du système ganglionnaire ne se compose chez ceux-ci que d'une ou deux paires de ganglions situés sur la ligne médiane du corps; tandis que, chez les animaux

(1) Fig. 356 et 357. Sphinx du troëne : — *a*, ganglions céphaliques, ou cerveau situés au devant de l'œsophage et donnant naissance aux nerfs des yeux, etc.; — *b*, cordons qui unissent ces ganglions à ceux de la seconde paire, en passant de chaque côté de l'œsophage, et formant ainsi un collier autour de ce canal; — *c*, première paire de ganglions postœsophagiens situés derrière la bouche ; — *d*, ganglions du premier anneau du thorax ; — *e* (fig. 357), masse nerveuse formée par les ganglions des deuxième et troisième anneaux thoraciques; — *f*, sixième paire de ganglions abdominaux ; — *h*, la bouche; — *i*, (fig. 357), la trompe; — *j*, œsophage ; — *k*, estomac ; — *l*, intestin et vaisseaux biliaires ; — *m*, gros intestin ; — *n*, anus ; — *o*, pattes de la première paire ; — *p*, pattes de la seconde paire ; — *q*, pattes de la troisième paire ; — *r*, première paire de pattes membraneuses de la chenille ; — *s*, vaisseau dorsal ; — *t*, premier anneau du thorax ; — *u*, corne qui surmonte l'extrémité de l'abdomen de la chenille.

annelés, on trouve d'ordinaire une longue suite de ganglions ventraux; et, lorsqu'il n'existe dans cette partie du corps qu'une seule masse nerveuse, on reconnaît facilement qu'elle résulte du rapprochement de plusieurs paires de ganglions.

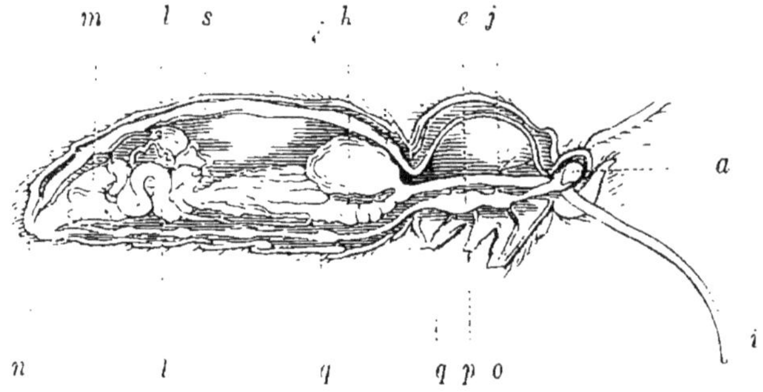

Fig. 357. — Anatomie du papillon Sphinx (1).

Les anatomistes désignent en général les ganglions céphaliques de tous ces animaux sous le nom de *cerveau*, et quelques-uns veulent voir dans la chaîne ventrale le représentant de la moelle épinière; mais ces rapprochements ne paraissent pas fondés, et s'il fallait chercher les analogues de ces divers centres médullaires chez les animaux vertébrés, ce serait plutôt aux petits ganglions situés sur le trajet des racines postérieures des nerfs spinaux qu'on pourrait les comparer.

§ 510. Les animaux annelés, ayant en général un système nerveux plus développé que les mollusques, des membres pour la locomotion, et une espèce de squelette tégumentaire, doivent nécessairement leur être supérieurs dans tout ce qui caractérise essentiellement l'animalité, c'est-à-dire dans les fonctions de relation; mais, sous le rapport des fonctions de la vie végétative ils sont moins bien partagés, car leur appareil circulatoire est moins complet et manque quelquefois presque entièrement. En général, ils ont le sang blanc; mais tous ne sont pas dans ce cas, et du reste cette différence ne paraît pas avoir chez eux une grande importance. Leur mode de respiration varie; leur tube digestif s'étend d'un bout du corps à l'autre; la bouche est placée à la tête, et l'anus à l'extrémité opposée. Enfin, il existe presque toujours des mâchoires, ou du moins des instruments particuliers pour la préhension des aliments, et ces organes sont toujours disposés latéralement par paires, au lieu d'être placés l'un au-devant de l'autre, comme chez les animaux vertébrés.

(1) Les diverses parties sont indiquées par les mêmes lettres que dans la figure précédente.

Cet embranchement se divise, comme nous l'avons déjà dit, en deux groupes principaux formés, l'un par les *Animaux articulés proprement dits*, qui se reconnaissent à leurs membres articulés; l'autre par les *Vers*, chez lesquels les membres n'existent plus ou ne sont représentés que par des tubercules garnis de soies, et chez lesquels presque toutes les parties de l'organisation se dégradent en quelque sorte, de façon à ne s'offrir souvent que dans un état d'imperfection fort grande.

SOUS-EMBRANCHEMENT

DES ARTHROPODAIRES, OU ANIMAUX ARTICULÉS PROPREMENT DITS

§ 511. Les animaux articulés proprement dits ne doivent pas leur supériorité à leurs organes de locomotion seulement, ils ont aussi le système nerveux bien plus développé que les vers, et la localisation des fonctions est portée beaucoup plus loin dans leur organisation que chez ces derniers. Nous avons déjà signalé quelques-unes des différences qui distinguent entre eux ces êtres, et qui servent de base à leur division en classes (§ 380) ; il est par conséquent inutile d'y revenir en ce moment, et il suffit de reproduire sous la forme d'un tableau synoptique quelques caractères propres à ces divers groupes.

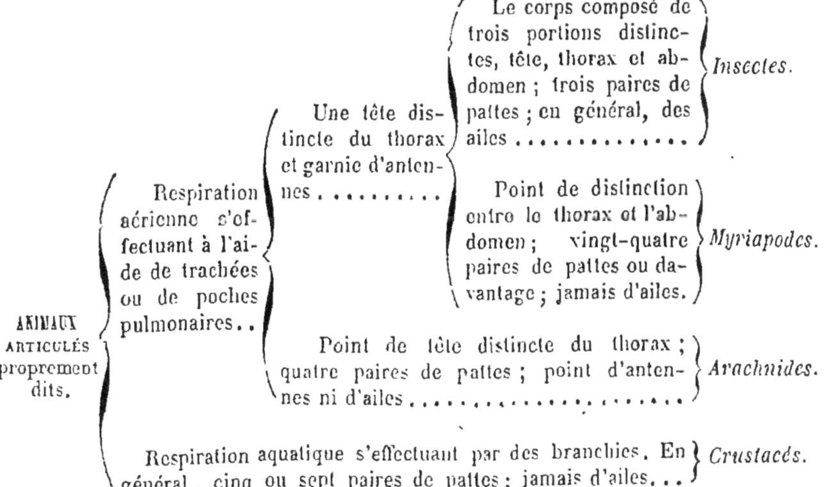

ANIMAUX ARTICULÉS proprement dits.	Respiration aérienne s'effectuant à l'aide de trachées ou de poches pulmonaires..	Une tête distincte du thorax et garnie d'antennes	Le corps composé de trois portions distinctes, tête, thorax et abdomen ; trois paires de pattes ; en général, des ailes	*Insectes.*
			Point de distinction entre le thorax et l'abdomen ; vingt-quatre paires de pattes ou davantage ; jamais d'ailes.	*Myriapodes.*
		Point de tête distincte du thorax ; quatre paires de pattes ; point d'antennes ni d'ailes		*Arachnides.*
	Respiration aquatique s'effectuant par des branchies. En général, cinq ou sept paires de pattes ; jamais d'ailes. . .			*Crustacés.*

CLASSE DES INSECTES.

§ 512. La classe des INSECTES se compose de tous les animaux articulés ayant le corps composé d'une tête, d'un thorax et d'un abdomen distincts, et les pattes au nombre de trois paires ; à ces caractères extérieurs on peut ajouter que leur respiration se fait à l'aide de trachées aérifères, qu'ils sont dépourvus d'un système vasculaire proprement dit, et que presque toujours ils subissent des métamorphoses dans le jeune âge. Enfin, il est encore à noter que presque tous sont pourvus d'ailes, et que ce sont les seuls animaux invertébrés qui soient conformés pour le vol.

§ 513. Le squelette tégumentaire des insectes, c'est-à-dire la

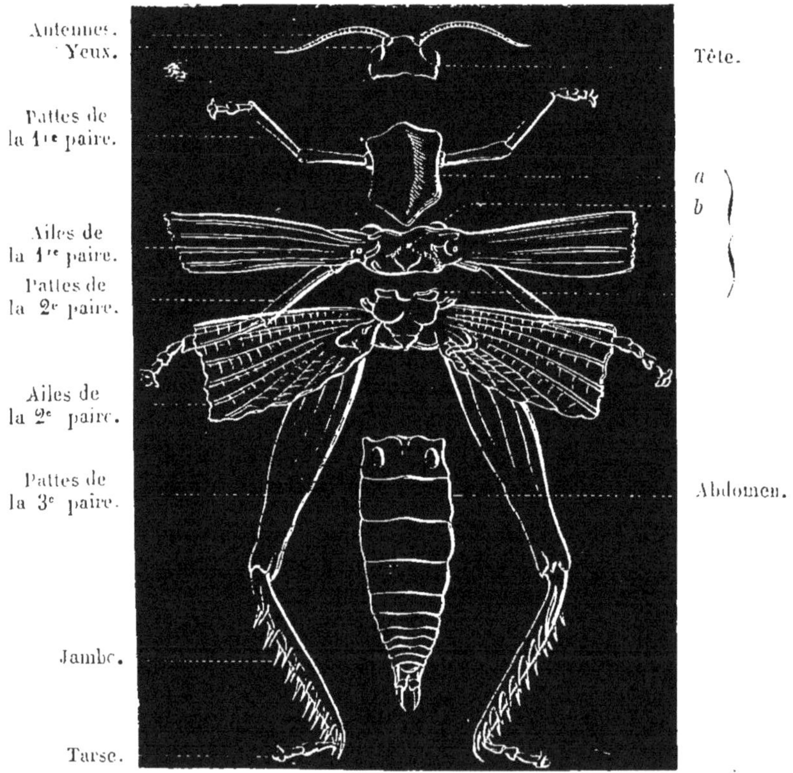

FIG. 358. — Anatomie du squelette d'une Sauterelle.

peau endurcie de ces animaux, conserve quelquefois une certaine flexibilité, mais présente en général une consistance analogue à celle de la corne. Il ne faut pas croire cependant que son tissu soit réellement de nature cornée. La chimie nous apprend qu'il est composé de matières très-différentes, et qu'une substance particulière, nommée *chitine*, en forme la base. On y voit un grand nombre de pièces, qui sont tantôt soudées entre elles, d'autres fois réunies par des portions molles de la peau, et jouissent ainsi d'une mobilité plus ou moins grande.

Le corps de l'insecte, comme nous l'avons déjà vu, se divise en un certain nombre d'anneaux placés bout à bout; et, dans cette série de segments, on distingue, avons-nous dit, trois portions, auxquelles on a donné le nom de *tête*, de *thorax* et d'*abdomen*.

Les membres ou appendices qui naissent de ces divers anneaux ont une structure analogue à celle du tronc de l'animal : ils se composent, en effet, de tubes solides ou de lames creuses placés bout à bout, et renfermant dans leur intérieur les muscles et les nerfs destinés à les faire mouvoir.

La tête n'est formée que d'un seul tronçon, et porte les yeux, les antennes et les appendices de la bouche. Les antennes constituent la première paire de membres ou appendices des insectes, et se composent d'un nombre considérable de petits articles placés bout à bout. Elles naissent de la partie antérieure ou supérieure de la tête, et affectent en général la forme de cornes grêles et flexibles (*a*, fig. 359); mais leur conformation varie beaucoup,

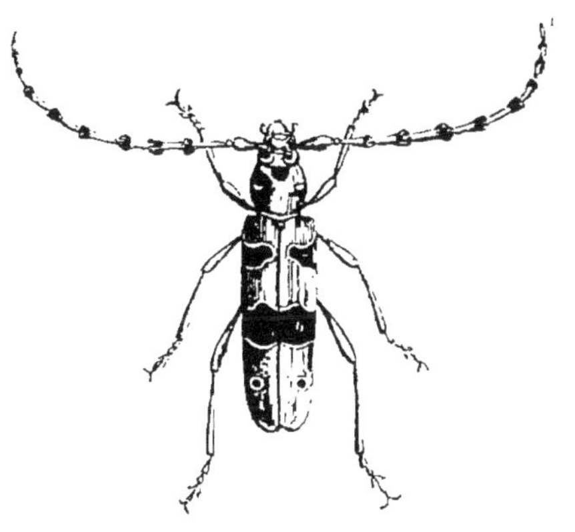

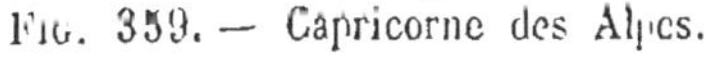

Fig. 359. — Capricorne des Alpes.

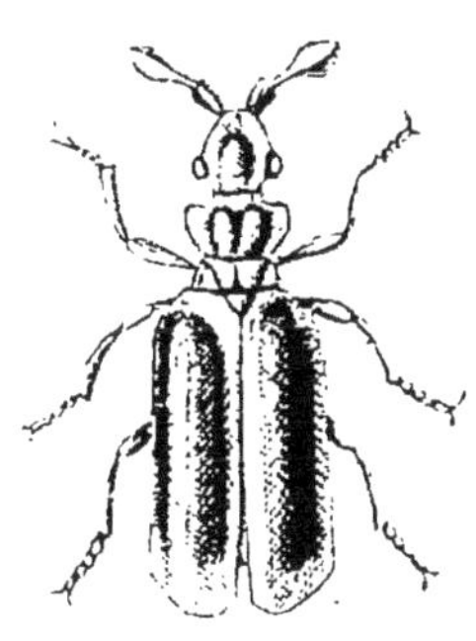

Fig. 360. — Paussus cornu.

chez les mâles surtout. Ainsi, tantôt elles ressemblent à des plumes (fig. 361), tantôt à des scies, d'autres fois à de petites massues (fig. 360), et d'autres fois encore elles se terminent par une partie élargie, composée de lamelles superposées comme les feuillets d'un livre (fig. 399) : leur longueur est quelquefois très-considérable. Quant à leur usage, on ne sait rien de positif;

mais il est à présumer que ce sont des organes de tact, et peut-être aussi d'audition.

D'autres appendices, au nombre de trois paires, naissent de la partie inférieure de la tête et constituent les organes de mastica-

FIG. 361. — Bombyx petit paon de nuit.

tion ou de succion ; nous y reviendrons en parlant de la digestion (§§ 521 et 522).

§ 514. Le *thorax* des insectes occupe la partie moyenne de leur corps et porte les pattes et les ailes. Il se compose toujours de trois anneaux nommés *prothorax*, *mésothorax* et *métathorax* (*a*, *b*, *c*, fig. 358), et c'est à l'arceau ventral de chacun de ces segments que se fixe l'une des paires de pattes. Les ailes naissent, au contraire, de l'arceau dorsal des anneaux thoraciques, mais le prothorax (*a*) n'en porte jamais, et jamais non plus il n'existe plus d'une paire de ces appendices sur chacun des deux anneaux suivants, de sorte que leur nombre ne peut dépasser deux paires.

§ 515. On distingue dans les pattes des insectes une hanche composée de deux articles, une cuisse, une jambe et une espèce

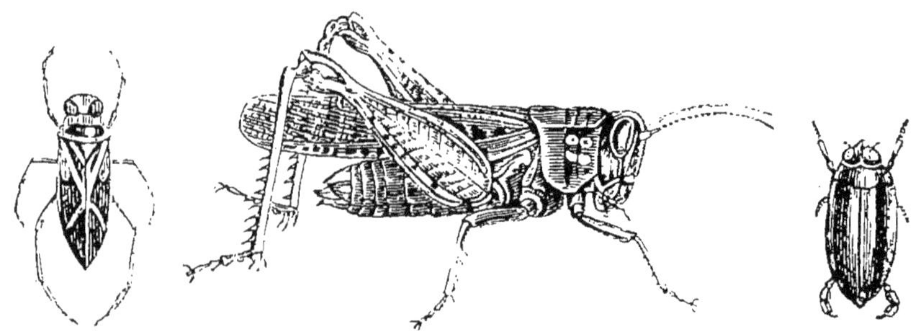

FIG. 362.— Notonecte. FIG. 363. — Criquet. FIG. 364.— Gyrin.

de pied, nommé tarse, qui est divisé en plusieurs articles, dont le nombre varie de deux à cinq, et est terminé par des ongles. Leur conformation varie, et, comme on le pense bien, elle est toujours en rapport avec les mœurs de ces animaux. Ainsi les insectes dont les pattes postérieures présentent une grande longueur (fig. 363) sautent, en général, plutôt qu'ils ne marchent ; chez les insectes nageurs, tels que les Dytiques, les Notonectes (fig. 362) et les Gyrins, appelés vulgairement *tourniquets* (fig. 364), les tarses sont ordinairement aplatis, ciliés et disposés comme des rames ; et chez ceux qui peuvent marcher suspendus à des surfaces lisses, on trouve, sous le dernier article de ces organes, une espèce de pelote ou de ventouse propre à les faire adhérer aux corps qu'ils touchent. Quelquefois aussi les pattes antérieures sont élargies, comme celles des taupes, afin de servir à creuser la terre : la courtilière (fig. 365), qui occasionne souvent dans nos campagnes

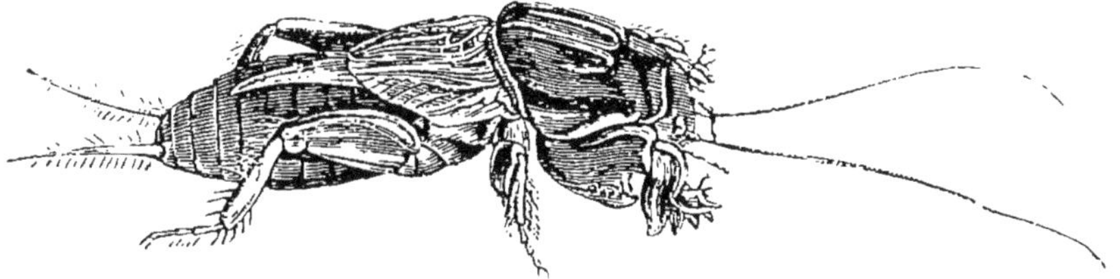

Fig. 365. — Courtilière.

des dégâts considérables en coupant les racines qui se trouvent sur son passage, nous offre un exemple remarquable de ce mode de structure. Il existe aussi des espèces chez lesquelles ces mêmes pattes constituent des organes de préhension, la jambe étant disposée en manière de griffe et pouvant se reployer contre l'article précédent, dont le bord est armé d'épines : un grand insecte du midi de la France, la mante religieuse (fig. 366), est con-

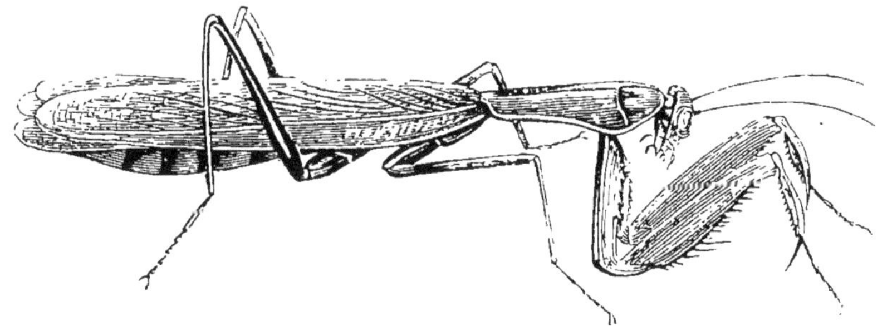

Fig. 366. — Mante religieuse.

formé de la sorte. Enfin, on connaît aussi des insectes chez lesquels les pattes antérieures, réduites à un état rudimentaire et reployées contre la poitrine, ne servent plus aux mouvements et échappent facilement à la vue, de façon qu'au premier abord on croirait ces animaux pourvus de quatre pattes seulement : plusieurs papillons diurnes sont dans ce cas (fig. 367).

§ 516. Les ailes des insectes sont des appendices lamelleux, composés d'une double membrane, soutenus à l'intérieur par des

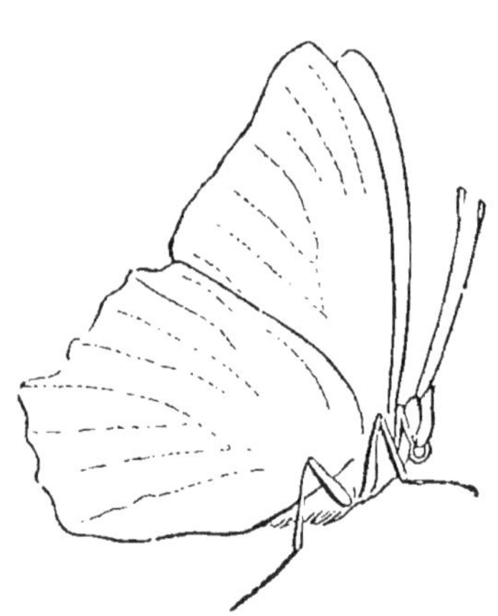

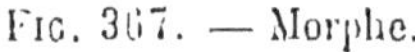

Fig. 367. — Morphe.

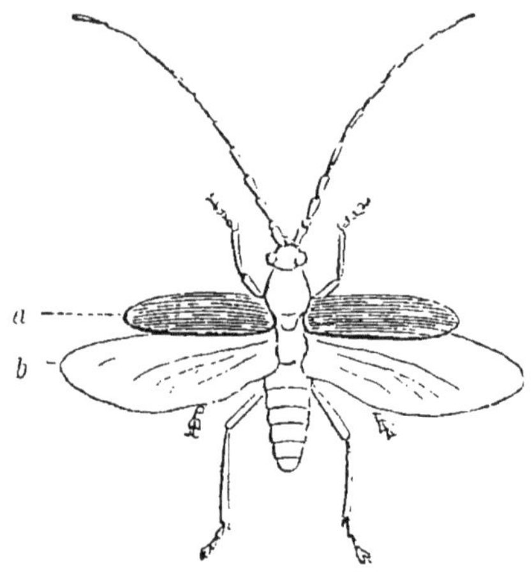

Fig. 368. — Capricorne charpentier.

nervures plus solides. Lorsqu'elles sont encore à peine développées, elles sont molles et flexibles; mais bientôt elles se dessèchent et demeurent roides et élastiques. En général, il en existe deux paires; on n'en voit jamais un plus grand nombre, mais quelquefois l'une ou l'autre de ces paires manque, et c'est toujours sur les deux derniers anneaux du thorax qu'elles naissent. Leur forme varie. Lorsqu'elles servent réellement au vol, elles sont minces et transparentes ou recouvertes par une sorte de poussière colorée formée par des écailles d'une petitesse microscopique, comme cela se voit chez les papillons; mais souvent celles de la première paire deviennent épaisses, dures et opaques, et constituent des espèces de boucliers ou d'étuis, nommés *élytres* (*a*, fig. 368), qui, dans le repos, recouvrent les ailes membraneuses (*b*) et servent à les protéger. D'autres fois ces mêmes ailes, encore mem-

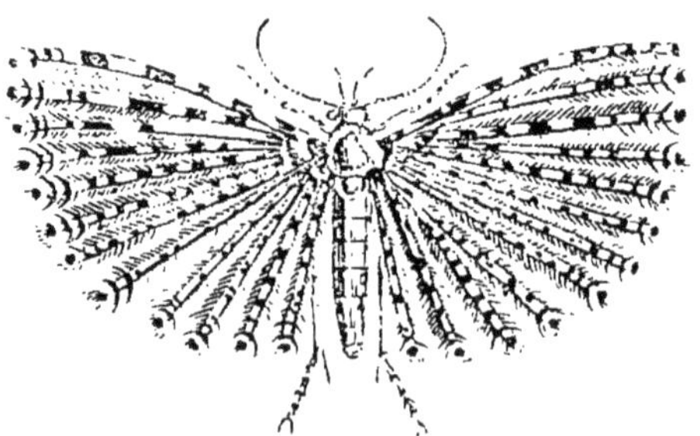

Fig. 369. — Ornéode.

braneuses vers leur extrémité, deviennent dures et opaques vers leur base, et sont alors désignées sous le nom de demi-étuis ou hémélytres. On connaît aussi des insectes chez lesquels les ailes, au lieu d'avoir une structure lamelleuse, sont fendues en une multitude de membranes barbues sur les bords, semblables à des plumes disposées en éventail : cela se voit dans un genre voisin des papillons, et désigné sous les noms de Ptérophore et d'Ornéode (fig. 369). Enfin, lorsque les ailes postérieures manquent, elles sont d'ordinaire remplacées par deux petits filets mobiles terminés en massue, que l'on nomme *balanciers* (fig. 370).

FIG. 370. — Conops.

§ 517. L'abdomen des insectes est composé d'un nombre considérable d'anneaux mobiles les uns sur les autres : souvent on en compte jusqu'à neuf; mais d'autres fois on n'en distingue pas autant, ce qui paraît dépendre en général de la soudure de deux ou plusieurs de ces segments entre eux. Chez l'insecte parfait, ces anneaux ne portent jamais ni pattes ni ailes; mais ceux qui occupent l'extrémité postérieure du corps donnent souvent naissance à des appendices dont les formes et les usages varient beaucoup. Tantôt ce sont de simples soies ou des stylets dont les fonctions ne sont pas bien connues : chez les éphémères, par exemple (fig. 396). Tantôt ces organes affectent la forme de crochets, et constituent une pince plus ou moins puissante, comme chez les forficules ou perce-oreilles (fig. 371). D'autres fois ils sont disposés de façon à agir comme un ressort et à servir à l'animal pour se lancer en avant : les podurelles (fig. 372), petits insectes qui, dans nos climats, se cachent sous les pierres ou se tiennent à la surface des eaux dormantes, et qui habitent quelquefois aussi dans la neige des régions les plus froides du globe, offrent ce mode d'organisation. Enfin, d'autres fois encore ces appendices abdominaux ont une structure plus compliquée, et constituent une arme offensive, ou un appareil destiné à effectuer le dépôt des œufs pondus par l'animal dans un lieu propre au développement de ses jeunes : comme exemple de ces organes, nous pouvons citer l'aiguillon rétractile des guêpes et des abeilles, et la tarière des tenthrèdes. Le premier se compose d'un *dard* formé de deux stylets aigus logés dans une tige cornée ou étui, et présentant chacun en dedans un sillon par lequel s'écoule le venin sécrété dans une petite glande située tout auprès : dans l'état de repos, toutes ces pièces sont retirées dans l'intérieur du corps de l'animal ; mais

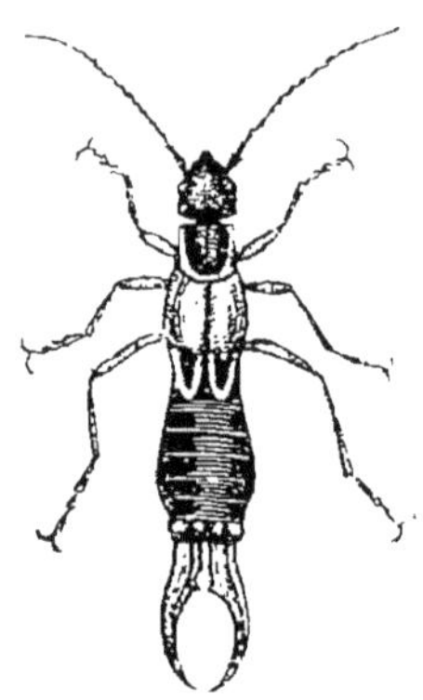

Fig. 371. — Forficule.

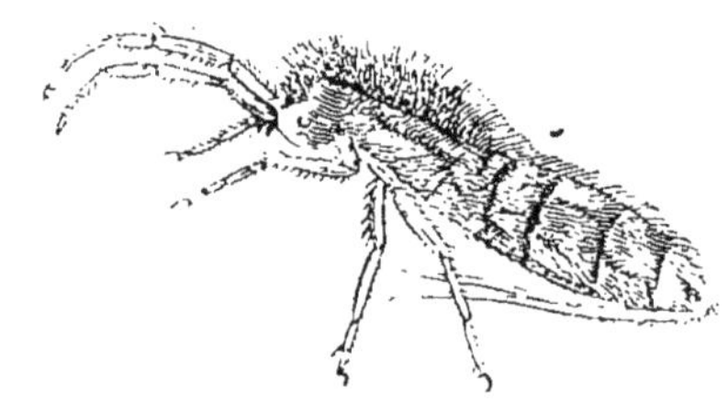

Fig. 372. — Podurelle.

quand l'insecte veut s'en servir, il fait sortir l'étui, et l'enfonce, ainsi que son dard, dans la peau de son ennemi. Quelquefois il lui est même impossible de le retirer : l'aiguillon tout entier se sépare alors de son corps, et reste implanté dans la plaie. La déchirure qui en résulte détermine promptement la mort de l'insecte. Le mâle est toujours privé de cette arme : aussi peut-on le saisir sans danger ; mais les femelles et souvent les individus stériles, appelés *ouvrières*, en sont pourvus, et sa piqûre détermine une inflammation très-douloureuse.

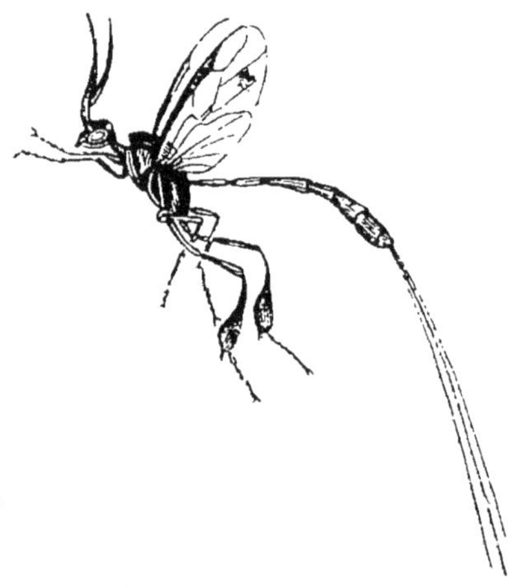

Fig. 373. — Fœne lancier.

La tarière des cigales, des fœnes (fig. 373), des ichneumons et de beaucoup d'autres insectes offre une disposition assez analogue, et l'on y remarque, en général, une espèce de petite scie à l'aide de laquelle l'insecte entaille les tissus végétaux ou animaux dans lesquels il doit déposer ses œufs. C'est en piquant de la sorte une espèce de chêne du Levant que le petit insecte connu sous le nom de *cynips* détermine la formation des noix de galle, dont on fait un si grand usage pour la fabrication de l'encre et la préparation des teintures noires : la petite entaille pratiquée par la tarière détermine un épanchement des sucs du végétal, il en résulte bientôt une excroissance au centre de laquelle se trouvent les œufs des cynips.

§ 518. Les insectes sont pourvus de sens très-développés; ils jouissent évidemment de l'ouïe et de l'odorat, aussi bien que du tact, du goût et de la vue ; mais jusqu'ici on n'y a pas découvert le siége de l'olfaction, et chez la plupart de ces animaux, on n'aperçoit aucun organe spécial d'audition. Les antennes et les appendices de la bouche semblent être les principaux instruments du toucher, et les premiers servent peut-être aussi à la perception des sons. Nous ne savons aussi que peu de chose sur l'appareil du goût ; mais les organes de la vue ont été mieux étudiés.

La structure des yeux est très-différente de ce que nous avons vu chez les animaux supérieurs. En général, l'organe, qui, au premier abord, paraît être un œil unique, est, dans la réalité, formé par l'agglomération d'une multitude de petits yeux, ayant chacun une cornée, un corps vitré de forme conique, un enduit de matière colorante et un filament nerveux particulier. Chez le hanneton, par exemple, on en compte près de neuf mille, et l'on connaît des insectes qui en ont plus de vingt-cinq mille. Toutes ces petites cornées sont hexagonales, et sont soudées entre elles de façon à constituer une espèce de cornée commune, dont la surface présente une multitude de divisions semblables aux mailles d'un filet, visibles seulement à l'aide d'une loupe ; et c'est à raison de cette disposition que l'on donne souvent à ces *yeux composés* le nom d'*yeux à réseau* ou d'*yeux à facettes*. Du reste, chacun des petits appareils constituants de ces organes multiples est parfaitement distinct de ceux qui l'entourent, et forme avec eux un faisceau de tubes terminés chacun par un filet nerveux provenant du renflement terminal d'un même nerf optique. Presque tous les insectes sont pourvus d'une paire de ces yeux composés, situés d'ordinaire sur les côtés de la tête ; mais quelquefois ils sont remplacés par des *yeux simples*, et d'autres fois ces deux sortes d'organes existent en même temps. Quant à la structure des yeux simples, que l'on désigne aussi sous les noms de *stemmates* ou d'*ocelles*, elle a la plus grande analogie avec celle de chacun des éléments des yeux composés. En général, les yeux simples sont réunis en groupe, au nombre de trois, vers le sommet de la tête. On ne sait rien de précis sur la manière dont ces appareils agissent sur la lumière qui les frappe, ni sur le mécanisme de la vision chez les insectes.

§ 519. Plusieurs insectes possèdent, de même que les animaux supérieurs, la faculté de produire des sons ; mais, en général, leur *chant* ne se lie pas aux mouvements de l'air dans l'appareil respiratoire, comme chez les premiers, et dépend du frottement de certaines parties du corps les unes sur les autres, ou des mouvements imprimés à ces instruments spéciaux par la contraction des muscles. Ainsi le bruit monotone et assourdissant de la cigale résulte de la tension et du relâchement alternatifs d'une membrane élastique disposée comme la peau d'un tambour de basque sur la base de l'abdomen ; chez les criquets, ce sont certaines parties des ailes qui, en frottant l'une contre l'autre, vibrent avec intensité et qui offrent à cet effet une structure très-curieuse ; mais le bourdonnement des mouches paraît dépendre de la sortie rapide de l'air par les stigmates thoraciques pendant les mouvements violents du vol. Enfin, il est d'autres insectes encore qui produisent une espèce de cri dont le mode de production n'est pas encore bien connu : tel est celui du papillon de nuit connu sous le nom de *Sphinx tête de mort*.

§ 520. Le système nerveux des insectes présente la disposition générale et la plupart des modifications que nous avons déjà signalées en traitant de l'embranchement auquel ces animaux appartiennent (§ 509). Il se compose principalement d'une double série de ganglions qui sont réunis entre eux par des cordons longitudinaux (fig. 374) : le nombre de ces ganglions correspond à celui des anneaux ; et tantôt ils sont à peu près également espacés et s'étendent d'un bout du corps à l'autre, tandis que d'autres fois plusieurs d'entre eux sont rapprochés de manière à constituer une masse unique. Les ganglions céphaliques présentent un développement assez grand et donnent naissance aux nerfs des antennes, des yeux, etc. La première paire de ganglions postœsophagiens fournit les nerfs de la bouche ; les cordons qui unissent ces noyaux médullaires aux ganglions céphaliques embrassent l'œsophage ; enfin, le cerveau donne de chaque côté un nerf qui remonte sur l'estomac, et qui, en s'unissant avec celui du côté opposé, constitue un nerf médian situé au-dessus du canal digestif et présentant sur son trajet divers ganglions. Les trois paires de ganglions situées à la suite de ceux placés immédiatement derrière l'œsophage appartiennent aux trois anneaux du thorax, et sont le point de départ des nerfs des pattes et des ailes ; en général elles sont très-rapprochées entre elles et beaucoup plus

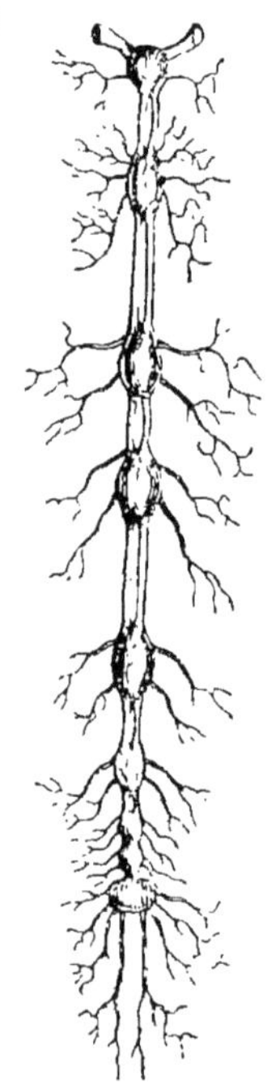
FIG. 374.

grosses que les paires suivantes qui appartiennent à l'abdomen.

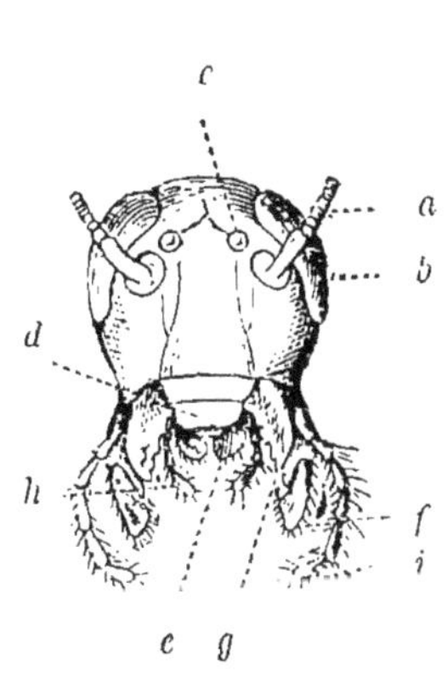

FIG. 375. — Tête de Blatte vue devant (1).

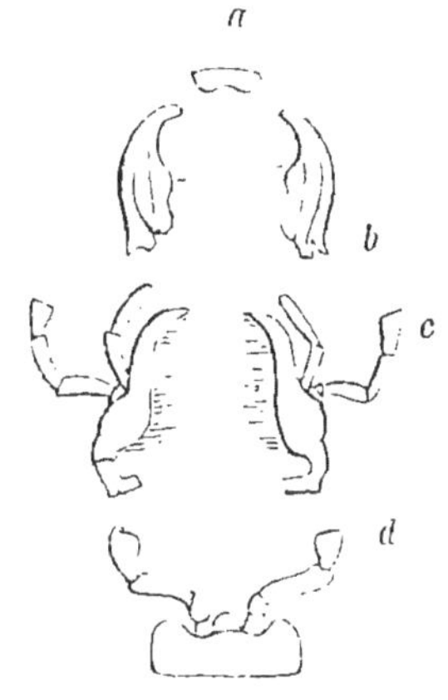

FIG. 376. — Appendices buccaux d'un Carabe.

§ 521. La manière dont les insectes se nourrissent varie beaucoup : les uns ne vivent que du suc des plantes ou des animaux, les autres se repaissent d'aliments solides et sont ou carnivores ou phytophages, et à ces différences correspondent des modifications remarquables dans la conformation de la bouche.

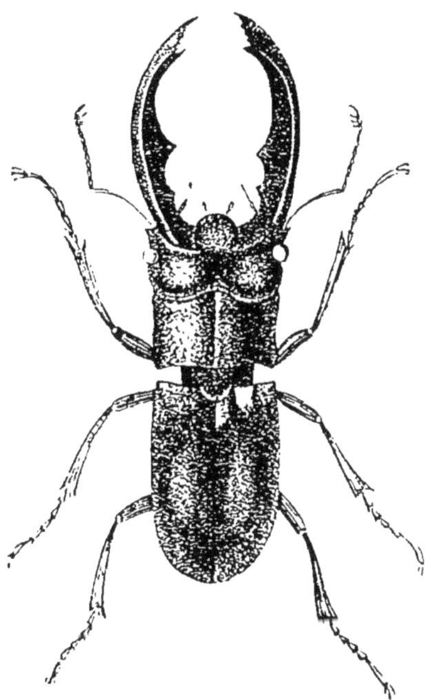

FIG. 377. — Lucane métallique.

Chez les insectes broyeurs, tels que les scarabées, les hannetons, les blattes (fig. 375) ou les sauterelles, cette ouverture est garnie en avant d'une pièce médiane, nommée *lèvre supérieure* ou *labre* (*a*, fig. 376), et présente de chaque côté une espèce de grosse dent mobile et très-dure appelée *mandibule* (*b*, fig. 376), qui sert à diviser les aliments. Immédiatement en arrière des mandibules se trouve une seconde paire d'appendices, dont la structure est plus com-

(1) *a*, antennes ; — *b*, yeux composés ; — *c*, ocelles ; — *d*, labre ; — *e* mandibules ; — *f*, mâchoires ; — *g*, languette ; — *h*, palpes labiaux.

pliquée : ce sont les *mâchoires* (*c*, fig. 376). Chacun de ces derniers organes offre au dedans une lame ou cylindre plus ou moins dur et ordinairement armé de dentelures ou de poils, et porte, du côté externe, une ou deux petites tiges composées de plusieurs articles et appelées *palpes maxillaires*. Enfin, derrière les mâchoires se trouve une seconde paire d'appendices, dont la base est supportée par une pièce cornée médiane, nommée *menton* (*d*). Ces appendices constituent la *languette*. Ils sont appliqués contre les mâchoires, comme ces organes sont eux-mêmes appliqués contre les mandibules ; et on leur voit aussi une paire de filaments articulés et mobiles, appelés *palpes labiaux*, parce qu'on donne ordinairement le nom de *lèvre inférieure* au menton réuni à la languette. Quant à la forme de ces diverses parties, elle varie suivant la nature et la consistance des aliments. Les palpes servent principalement à saisir les aliments et à les maintenir entre les mandibules pendant que celles-ci les divisent.

Quelquefois les mâchoires prennent un développement énorme, et constituent au devant de la tête une sorte de pince ; disposition qui est très-remarquable chez les cerfs-volants (fig. 377) et les autres espèces du genre lucane, par exemple.

§ 522. Chez les insectes suceurs, les mâchoires ou le labre s'al-

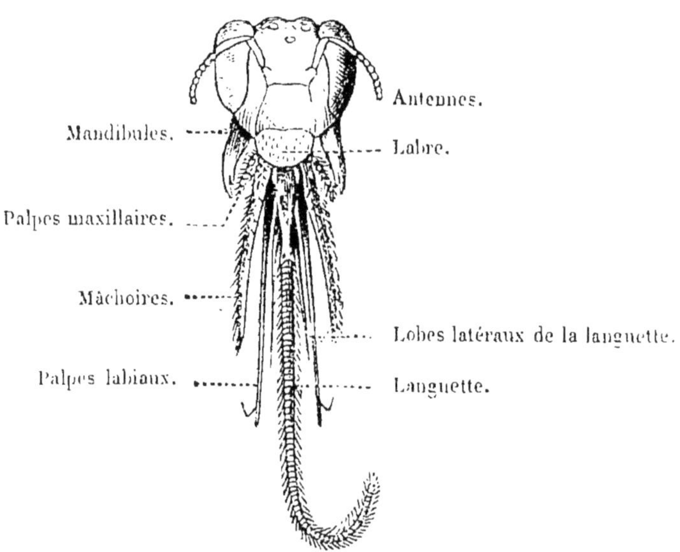

FIG. 378. — Tête d'un Anthophore.

longent de manière à constituer une espèce de trompe tubulaire, dans l'intérieur de laquelle on trouve souvent des filaments déliés, remplissant les fonctions de petites lancettes, et formés par les mandibules et les mâchoires modifiées au point d'être souvent à peine reconnaissables.

Chez les abeilles, les anthophores (fig. 378), les bourdons et les autres insectes désignés par les zoologistes sous le nom commun d'hyménoptères, l'appareil buccal offre une disposition qui est en quelque sorte intermédiaire à ces deux états extrêmes. La lèvre supérieure (*a*, fig. 379) et les mandibules (*b*) ressemblent beaucoup à celles des insectes broyeurs ; mais les mâchoires (*c*) et la languette (*d*) se sont excessivement allongées, et les premières prennent une forme tubulaire et engaînent longitudinalement les côtés de la languette : de façon que ces organes, réunis en faisceaux, constituent une trompe, qui sert de conduit aux aliments, toujours mous ou liquides, dont ces insectes se nourrissent. Cette trompe est mobile à sa base et flexible dans le reste de son étendue, mais ne s'enroule jamais comme nous le verrons chez les papillons. Quant aux mandibules, elles servent

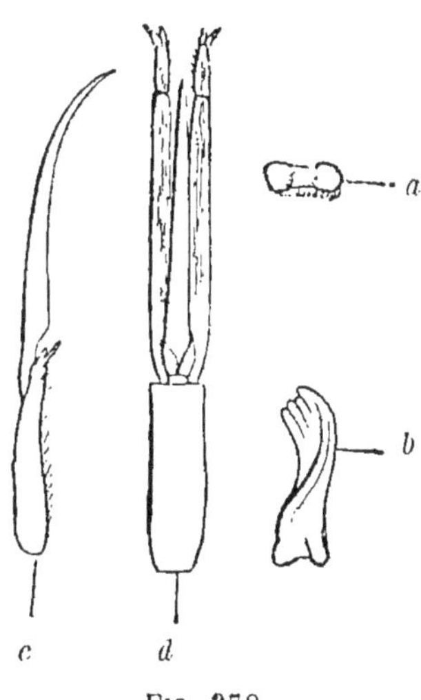

FIG. 379.

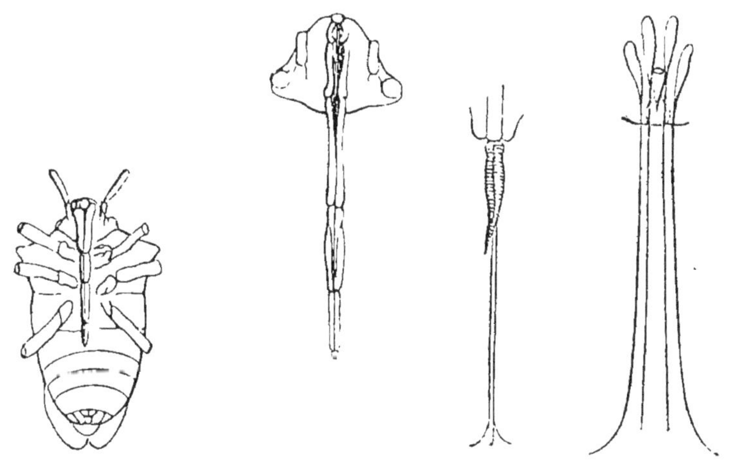

FIG. 380. — Punaise des bois. FIG. 381. — Appareil buccal d'un Hémiptère.

principalement à découper les matières dont les hyménoptères font leur nid, ou bien à saisir et à mettre à mort la proie dont ces insectes sucent les humeurs. On remarque aussi qu'il existe, dans l'intérieur de la cavité buccale, d'autres pièces solides qui manquent chez les insectes broyeurs, et qui constituent des valvules destinées à fermer le pharynx toutes les fois que le mouvement de la déglutition ne s'effectue pas.

§ 523. Chez les punaises des bois, les cigales, les pucerons et les autres insectes de l'ordre des hémiptères, l'appareil de succion se compose des mêmes éléments ; mais ceux-ci affectent une disposition un peu différente. La bouche est armée d'un bec tubulaire et cylindrique, dirigé en bas et en arrière (fig. 380), et composé d'une gaîne renfermant quatre stylets ; la gaîne (*a*, fig. 381) est à son tour formée de quatre articles placés bout à bout, et représente la lèvre inférieure ; à sa base on aperçoit une pièce conique et allongée qui est l'analogue du labre ; enfin, les stylets (*b*, *c*), qui ont la forme de filets grêles, roides et dentelés à leur sommet, pour pouvoir percer la peau des animaux ou les tissus des plantes, sont les représentants des mandibules et des mâchoires excessivement allongées. Dans les hémiptères qui vivent aux dépens des animaux, le bec est en général très-robuste et replié en demi-cercle sous la tête. Chez ceux qui se nourrissent du suc des végétaux, il est au contraire presque toujours grêle et appliqué, dans le repos, contre la face inférieure du thorax, entre les pattes. Sa longueur est quelquefois si considérable, qu'il dépasse en arrière l'extrémité postérieure de l'abdomen.

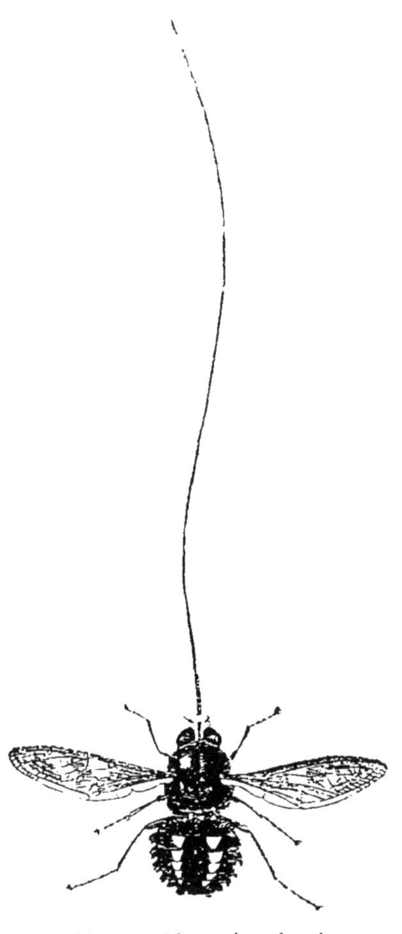

Fig. 382. — Némestrine longirostre.

Chez les mouches, la trompe, tantôt molle et rétractile, tantôt cornée et allongée, représente aussi la lèvre inférieure, et porte souvent des palpes à sa base ; un sillon longitudinal en occupe la face supérieure et loge des stylets dont le nombre varie de deux à six, et dont les analogues, chez les insectes broyeurs, sont les mandibules, les mâchoires et la languette. Quelquefois cette trompe acquiert une longueur énorme (fig. 382), quelquefois au contraire elle est à peine visible.

§ 524. Enfin, chez les papillons (fig. 384), qui se nourrissent aussi de substances liquides, mais qui les trouvent au fond des fleurs et n'ont pas besoin d'instruments vulnérants pour se les procurer, il n'existe plus de stylets faisant fonction de lancettes,

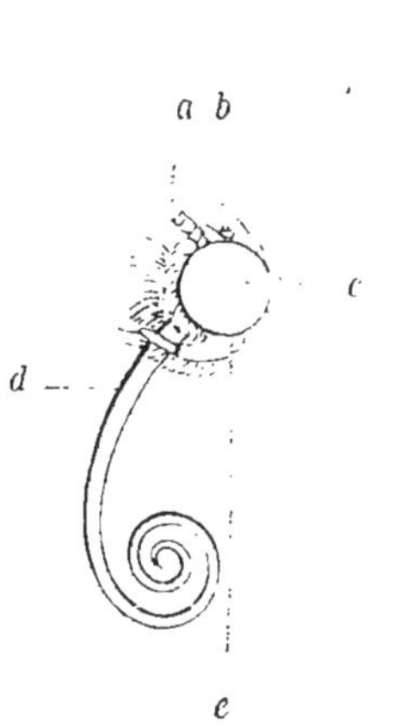

FIG. 383. — Trompe d'un Papillon (1).

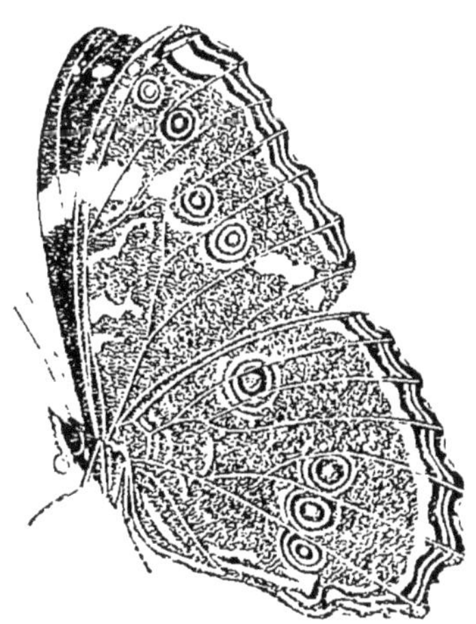

FIG. 384. — Morphe Hélénor.

comme chez les précédents, et la bouche est garnie d'une longue trompe (*d*, fig. 383) roulée en spirale et composée de deux filets creusés en gouttière à leur partie interne, qui ne sont autre chose que les mâchoires excessivement allongées et modifiées dans leur forme. A la base de cette trompe, on distingue en avant une petite pièce membraneuse, qui est le représentant du labre, et, de chaque côté, un petit tubercule, dernier vestige des mandibules. On y aperçoit aussi des rudiments de palpes maxillaires, et en arrière se trouve une petite lèvre triangulaire portant deux palpes labiaux très-grands, composés de trois articles et presque toujours velus et garnis d'écailles (*e*).

§ 525. Le canal alimentaire présente en général une structure assez compliquée. Quelquefois il est droit, et présente à peu près le même diamètre dans toute sa longueur ; mais d'ordinaire il est plus ou moins flexueux, et offre plusieurs renflements et rétrécissements successifs. On y distingue alors (fig. 385) un pha-

(1) *a*, tête ; — *b*, base des antennes ; — *c*, œil ; — *d*, trompe ; — *e*, palpe.

rynx, un œsophage, un premier estomac ou jabot, un second estomac ou gésier, dont les parois sont musculaires et souvent armées de pièces cornées propres à triturer les aliments ; un troisième estomac, nommé *ventricule chylifique*, dont la texture est molle et délicate ; un intestin grêle, un cæcum et un rectum. De même que chez les animaux supérieurs, on remarque un rapport entre la nature des aliments et le développement qu'acquiert ce canal : chez les insectes carnassiers, il est en général très-court, tandis que chez les insectes qui se nourrissent de substances végétales, il est ordinairement fort long. Les aliments qui y arrivent sont d'abord imbibés de salive ; l'appareil qui sécrète ce liquide consiste en un certain nombre de tubes flottants, terminés quelquefois par des espèces d'ampoules, et communiquant avec le pharynx par des canaux excréteurs. Une multitude de villosités dont le ventricule chylifique est ordinairement garni paraissent servir à la sécrétion d'un suc gastrique, et c'est également dans cette cavité qu'est versée la bile. Il n'existe pas de foie proprement dit chez les insectes ; mais cet organe est remplacé par des tubes longs et déliés, qui flottent dans l'intérieur de l'abdomen et débouchent supérieurement dans le ventricule chylifique. Ces vaisseaux biliaires (*c*, fig. 385) tiennent aussi lieu de

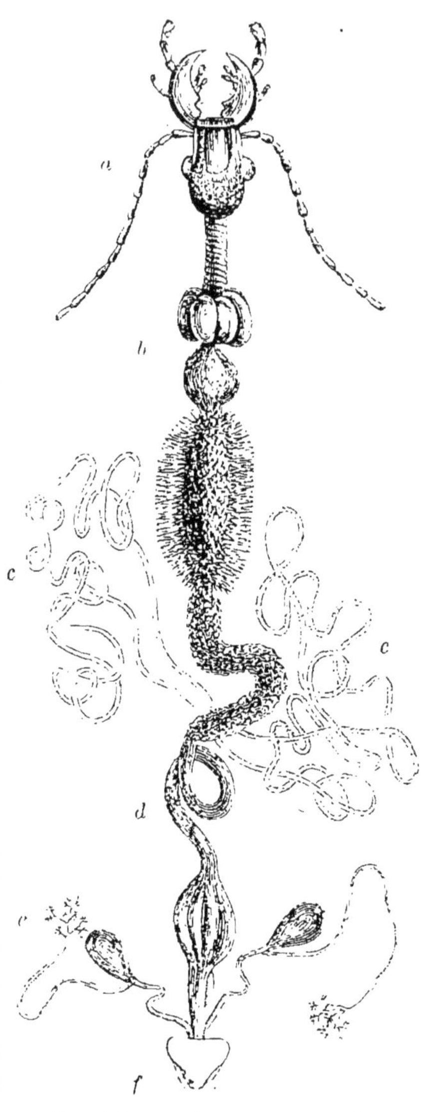

Fig. 385. — Appareil digestif (1).

(1) *a*, tête portant les antennes, les mandibules, etc. ; — *b*, jabot et gésier, suivis du ventricule chylifique ; — *c*, vaisseaux biliaires ; — *d*, intestin ; — *e*, organes sécréteurs ; — *f*, anus.

glandes urinaires ; car il s'y excrète de l'acide urique. Par un de leurs bouts ils débouchent toujours dans le ventricule chylifique, et l'autre extrémité est tantôt libre, tantôt fixée à l'intestin, soit près de la première ouverture, soit dans le voisinage du rectum.

Enfin, on trouve encore, vers l'extrémité postérieure du canal intestinal, d'autres organes sécréteurs (*e*) qui servent à élaborer les liquides particuliers (tels que le venin de l'abeille) que plusieurs insectes font sortir de l'extrémité de leur abdomen lorsqu'on les inquiète.

§ 526. Il paraîtrait que c'est par une simple imbibition que le chyle traverse les parois du tube digestif et se mêle au sang. Ce dernier liquide est aqueux et incolore ; il n'est pas renfermé dans des vaisseaux, et se trouve répandu dans les interstices que les organes laissent entre eux ou présentent dans la substance de leur tissu. Les insectes manquent aussi d'une circulation régulière. On distingue bien, dans certaines parties du corps, des courants même assez rapides ; mais le liquide nourricier ne parcourt pas un cercle de manière à revenir constamment vers son point de départ. Il n'existe effectivement chez ces animaux que des vestiges d'un appareil circulatoire (§ 112). On voit près de la surface dorsale du corps un tube longitudinal (fig. 356 et 357) qui exécute des mouvements alternatifs de contraction et de dilatation analogues à ceux du cœur chez les animaux supérieurs ; mais ce vaisseau dorsal ne paraît fournir aucune branche. Le liquide nourricier y pénètre par des ouvertures latérales garnies de valvules pour empêcher le reflux, et s'en échappe par son extrémité céphalique. Du reste, le mouvement du sang ne dépend pas uniquement de cet organe ; car on a découvert dans plusieurs insectes des valvules mobiles dont les battements déterminent dans ce liquide des courants rapides, et, chose singulière, c'est dans les pattes que cet appareil est logé.

§ 527. Le sang, devenu veineux par son action sur les divers tissus de l'économie, ne peut donc venir, dans un point déterminé du corps, se mettre en contact avec l'oxygène et reprendre ainsi ses qualités vivifiantes. Si la respiration s'était faite de la manière ordinaire à l'aide de poumons ou de la surface extérieure du corps, elle aurait été par conséquent extrêmement incomplète ; mais le désavantage qui paraîtrait devoir résulter de cette grande imperfection dans la fonction si importante de la circulation n'existe réellement pas. La nature a suppléé au transport rapide et régulier du sang en conduisant l'air lui-même dans toutes les parties du corps, à l'aide d'une multitude de canaux qui communiquent avec l'extérieur et se ramifient à l'infini dans la substance de ces organes (fig. 59). Ces tubes aérifères, désignés, comme nous l'avons déjà dit (§ 135), sous le nom de *trachées*, présentent une structure compliquée. On y distingue d'ordinaire trois tuniques, dont la moyenne est composée d'un filament cartilagineux, enroulé en spirale comme un élastique de bretelle. Tantôt ils sont simples ; mais d'autres fois ils présentent un certain nombre de grands renflements en forme de vésicules molles, qui remplissent les fonctions de réservoir à air (fig. 59). Les ouvertures par lesquelles l'air pénètre dans les trachées sont nommées *stigmates*; elles ressemblent en général à une petite boutonnière, mais présentent quelquefois des valves qui s'ouvrent et se ferment comme le battant d'une porte. On en voit d'ordinaire une paire sur les parties latérales et supérieures de chaque anneau ; mais elles manquent souvent aux deux derniers segments du thorax.

Quant au mécanisme par lequel l'air se renouvelle dans l'intérieur de cet appareil respiratoire, il ne consiste en général que dans les mouvements de contraction et de dilatation de l'abdomen. Ainsi que nous l'avons déjà dit ailleurs, la respiration est très-active chez ces animaux. Ils consomment une quantité considérable d'air comparativement à leur volume, et s'asphyxient promptement lorsqu'on les prive d'oxygène ; mais quand ils sont dans cet état de mort apparente, ils peuvent y rester très-longtemps sans perdre la faculté de revenir à la vie.

§ 528. La plûpart des insectes ne produisent que très-peu de chaleur ; mais quelques-uns de ces animaux en dégagent dans certaines circonstances une quantité assez considérable pour élever notablement leur température. Les abeilles sont dans ce cas, surtout lorsqu'elles s'agitent beaucoup dans leur ruche, et il est à noter que la respiration devient alors très-active.

§ 529. Un autre phénomène plus remarquable, et dont on ne connaît pas encore la cause, est la production de lumière qui s'observe chez quelques insectes. Le lampyre, ou *ver luisant*, nous en offre un exemple bien connu de toutes les personnes qui fréquentent nos campagnes : le mâle (fig. 386) est ailé et n'est que peu lumineux ; mais la femelle (fig. 387), qui est privée d'ailes, et qui se trouve très-souvent sur les buissons pendant les nuits chaudes de l'été, répand une lueur phosphorescente très-vive. Chez une autre espèce de lampyre qui habite l'Italie, les individus des deux sexes sont en même temps ailés et lumineux. Mais cette propriété singulière est surtout remarquable chez certains taupins qui habitent les régions chaudes de l'Amérique, et qui produisent, en voltigeant dans l'obscurité, une illumination naturelle du plus bel effet : les femmes les placent souvent dans leurs cheveux comme ornement, et l'on assure que les Indiens s'en servent pour s'éclairer quand ils voyagent de nuit.

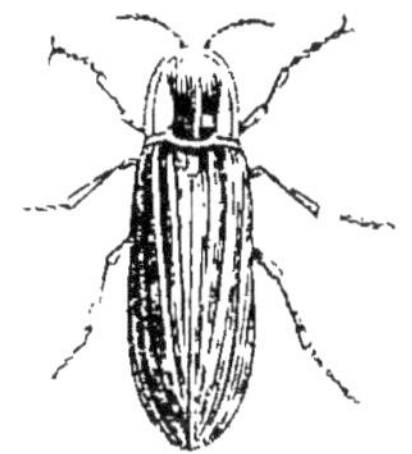

Fig. 386. — Lampyre mâle.

Fig. 387. —Lampyre femelle.

Chez nos lampyres, la lumière provient de quelques taches situées sur le dessus des deux ou trois derniers anneaux de l'abdomen ; tandis que, chez les taupins, elle part de taches analogues placées sur le prothorax ou corselet. Il paraît que l'insecte peut à volonté faire varier l'intensité de cette lueur phosphorique, et qu'elle est liée à l'action de l'oxygène sur une matière grasse que sécrètent les organes phosphorescents.

§ 530. Les sexes sont distincts chez ces animaux, et souvent il existe des différences très-grandes entre le mâle et la femelle : le lampyre commun nous en a déjà offert un exemple (fig. 386, 387). Presque tous les insectes pondent des œufs ; quelques-uns cependant sont vivipares. Souvent il existe à l'extrémité de l'abdomen de la femelle un dard, une tarière ou quelque autre organe destiné à pratiquer des trous propres à recevoir les œufs, et, par un instinct admirable, la mère dépose toujours ceux-ci dans un endroit où les jeunes trouveront à proximité les aliments dont ils auront besoin, bien que, dans la plupart des cas, ces aliments ne soient pas de la nature de ceux qu'elle recherche elle-même.

Dans le jeune âge, les insectes changent plusieurs fois de peau, et présentent presque toujours un phénomène des plus singuliers, dont, au reste, nous avons déjà vu un exemple chez les batraciens. La plupart d'entre eux, en sortant de l'œuf, ne ressemblent ni à leurs parents, ni à ce qu'ils deviendront plus tard, et subissent, avant que d'arriver à l'état parfait, des changements si considérables, qu'ils constituent une véritable *métamorphose*.

En général, les insectes passent par trois états bien distincts, qu'on désigne sous les noms d'*état de larve* (fig. 388), d'*état de nymphe* (fig. 389) et d'*état parfait* (fig. 390). Mais les changements qu'ils subissent ne sont pas toujours également grands : tantôt ces changements rendent l'animal tout à fait méconnaissable, d'autres fois ils ne consistent guère que dans le développement des ailes, et l'on désigne ces degrés divers de transformation sous les noms de *métamorphoses complètes* et de *demi-métamorphoses*.

§ 531. Les insectes à métamorphoses complètes sont toujours plus ou moins vermiformes lorsqu'ils sortent de l'œuf et qu'ils sont à l'état de *larve* (fig. 388) ; leur corps est allongé, presque

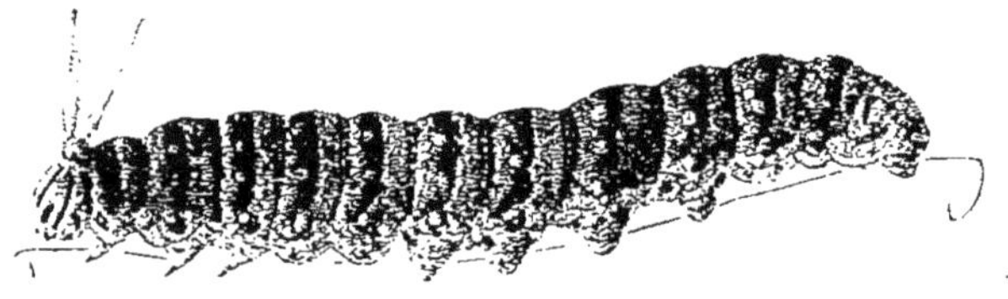

FIG. 388. — Chenille du papillon Machaon.

entièrement mou, et divisé en anneaux mobiles dont le nombre normal est de treize ; tantôt ils sont complétement privés de pattes ; d'autres fois ils sont pourvus d'un nombre variable de ces organes, mais dont la conformation ne rappelle en rien celle des mêmes parties chez l'animal adulte. En général, ils n'ont que des yeux simples, et en sont quelquefois complétement privés. Enfin leur bouche est presque toujours armée de mandibules et de mâchoires, quelle que soit la conformation qu'elle doit prendre par la suite, et l'on voit souvent les premiers de ces organes servir à la locomotion aussi bien qu'à la préhension des aliments. Ces larves varient du reste dans leur forme, et sont connues tantôt sous le nom de *chenilles*, tantôt (mais à tort) sous celui de *vers*.

Après être restés dans cet état pendant un temps plus ou moins long et avoir éprouvé plusieurs *mues*, leurs ailes se forment sous la peau, et ils se changent en *nymphes*. Pendant toute la durée de cette seconde période de leur existence, ces singuliers animaux cessent de prendre de la nourriture et restent immobiles. Tantôt la peau dont ils viennent de se dépouiller se dessèche et constitue une espèce de coque oviforme dans l'intérieur de laquelle ils demeurent renfermés ; tantôt ils ne sont recouverts que par une pellicule mince, qui, appliquée sur les organes extérieurs, en suit tous les contours et ressemble à des langes dans lesquels l'insecte serait emmaillotté. Cette dernière disposition, qui se voit chez les nymphes des papillons ou *chrysalides* (fig. 389), leur a fait donner aussi les noms de *pupe* et de *maillot*.

Avant d'éprouver cette métamorphose, la larve se prépare souvent un abri, et se renferme dans une coque qu'elle fabrique avec de la soie sécrétée par des glandes analogues aux glandes salivaires et préparée à l'aide de filières creusées dans les lèvres. D'autres fois elle se suspend au moyen de filaments (fig. 389), ou se cache dans quelque trou. C'est pendant que l'insecte est dans cet état de repos apparent qu'il se fait dans l'intérieur de son corps un travail actif, dont le résultat est le développement complet de toute son organisation. Ses parties intérieures se ramollissent et prennent peu à peu la forme qu'elles doivent conserver; les divers organes dont l'animal adulte doit être pourvu se développent sous les téguments qui les cachent, et, quand cette évolution

FIG. 389. — Chrysalide de Machaon.

FIG. 390. — Papillon Machaon.

est achevée, il se débarrasse de cette espèce de masque, déploie ses ailes, qui ne tardent pas à acquérir de la consistance, et devient un *insecte parfait.*

§ 532. Comme exemple de ces métamorphoses complètes, nous ne pouvons mieux choisir qu'en prenant le *bombyx du mûrier*; car cet insecte à l'état de larve est pour nous d'un immense intérêt : c'est le *ver à soie*, dont l'éducation contribue si puissamment à la prospérité agricole de nos provinces méridionales et dont les produits alimentent tant de riches industries.

Cet insecte est originaire des provinces septentrionales de la Chine, et ne fut introduit en Europe que dans le VIe siècle. Des missionnaires grecs en apportèrent des œufs à Constantinople sous le règne de Justinien, et, à l'époque des premières croisades, sa culture se répandit en Sicile et en Italie; mais ce ne fut guère que du temps de Henri IV que cette branche d'industrie agricole acquit quelque importance dans nos provinces méridionales, dont elle forme aujourd'hui une des principales richesses.

Les œufs du bombyx du mûrier sont désignés par les agriculteurs sous le nom de *graine de ver à soie*. Quand ils ont été exposés à l'air, ils ont une teinte gris cendré ; et, avec quelques soins, on peut les conserver ainsi pendant assez longtemps sans les détériorer. Pour que le travail de l'incubation commence et que les larves éclosent, il faut que les œufs soient pendant quelque temps sous l'influence d'une température d'au moins 15 à 16 degrés centigrades. Après avoir éprouvé huit ou dix jours de chaleur croissante, ils deviennent blanchâtres, et bientôt après les larves commencent à en sortir. Ces petits animaux, au moment de la naissance, n'ont qu'environ une ligne et un quart de long. Leur corps (fig. 391) est allongé, cylindrique, annelé, ras, et ordinairement de couleur grisâtre. A son extrémité antérieure, on distingue une tête formée par deux espèces de calottes dures et écailleuses, sur lesquelles on remarque des points noirs, qui sont des yeux ; la bouche occupe la partie antérieure de cette tête, et est armée de fortes mâchoires. Les trois anneaux suivants portent chacun une paire de petites pattes écailleuses, et représentent le thorax. Enfin, l'abdomen est très-développé et ne porte pas de membres sur les deux premiers segments, mais est garni postérieurement de cinq paires de tubercules charnus qui ressemblent à des moignons, et qui constituent autant de pattes.

Dans le midi de la France, on appelle les vers à soie des *magnans*, et de là le nom de *magnanerie* qu'on donne aux établissements dans lesquels on les élève. Le premier soin qu'ils réclament après leur naissance est de les séparer de leurs coques, et de les placer sur des claies où ils trouvent une nourriture appropriée à leurs besoins. Pour cela, on a l'habitude de recouvrir les œufs d'une feuille de papier criblée de trous, à travers lesquels les vers montent pour arriver jusqu'aux feuilles de mûrier placées au-dessus ; et c'est lorsqu'ils sont sur les rameaux garnis de ces feuilles qu'on les transporte sur les claies préparées pour leur servir de demeure. La nourriture du ver à soie consiste en feuilles de mûrier (fig. 391), et c'est par conséquent de la culture de cette plante que dépend la possibilité d'élever ces insectes. Le mûrier blanc est l'espèce le plus généralement employée à cet usage : c'est un arbre qui s'élève à douze ou quinze mètres, et qui donne quatre ou cinq quintaux de feuilles, quelquefois même dix ou douze. Il s'accommode assez bien de tous les terrains, et on le cultive avec succès jusque dans le nord de l'Europe ; mais il n'y croît nulle part sauvage. En effet, ce mûrier est originaire de la Chine. Deux moines grecs l'introduisirent en

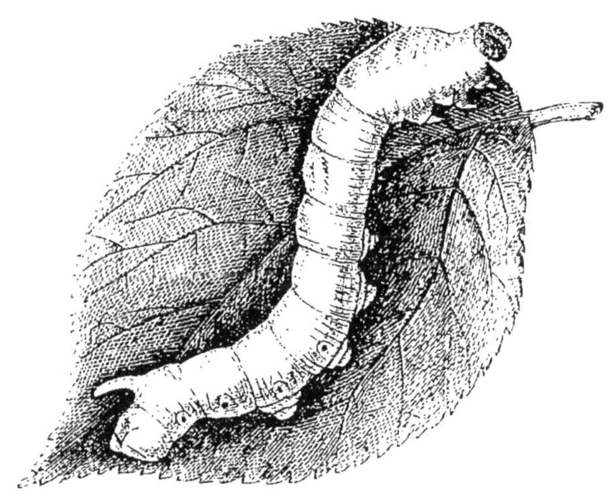

FIG. 391. — Ver à soie.

Europe vers le milieu du VIe siècle, en même temps que les vers à soie. Sa culture se répandit bientôt dans le Péloponèse, et fit donner à cette partie de la Grèce son nom moderne de *Morée*. De là les mûriers et les vers à soie passèrent en Sicile par les soins du roi Roger, et prirent dans la Calabre une extension rapide. Quelques gentilshommes qui avaient accompagné Charles VIII en Italie pendant la guerre de 1494, ayant connu tous les avantages que ce pays retirait de cette branche d'agriculture, voulurent en doter leur patrie, et firent apporter de Naples des mûriers, qu'on planta dans la Provence et dans le Dauphiné. Il y a une trentaine d'années, on voyait encore à Allan, près de Montélimart, le premier de ces arbres planté en France : il y fut apporté par Gui Pope de Saint-Auban, seigneur d'Allan. Aujourd'hui, les mûriers couvrent une grande partie du midi de la France et se cultivent même dans le nord.

Les vers à soie vivent à l'état de larve environ trente-quatre jours, et, pendant ce temps, changent quatre fois de peau ; le temps compris entre ces mues successives constitue ce que les agriculteurs appellent les divers *âges* de ces petits animaux. A l'approche de chaque mue, ils s'engourdissent et cessent de manger ; mais, après avoir changé de peau, leur faim redouble. On appelle *petite frèze* le moment de grand appétit qui précède chacune des quatre première mues, et *grande frèze* celui qui se remarque durant le cinquième âge du ver. La quantité de nourriture qu'ils consomment augmente rapidement. On compte que, pour les larves provenant d'une once de graine, il faut ordinairement environ sept livres de feuilles pendant le premier âge, dont la durée est de cinq jours ; vingt et une livres pendant le second âge, qui dure seulement quatre jours ; soixante et dix livres dans le troisième âge, qui dure sept jours ; deux cent dix livres pendant le quatrième âge, dont la durée est égale à celle du troisième âge, et douze à treize cents livres pendant le cinquième âge. C'est le sixième jour du dernier âge qu'a lieu la grande frèze. Les vers dévorent alors deux ou trois cents livres de feuilles, et font, en mangeant, un bruit qui ressemble à celui d'une forte averse. Le deuxième jour, ils cessent de manger et s'apprêtent à subir leur première métamorphose. On les voit alors chercher à grimper sur les branches des petits fagots qu'on a soin de placer au-dessus des claies où jusqu'alors ils sont restés. Leur corps devient mou, et il sort de leur bouche un fil de soie qu'ils traînent après eux. Bientôt ils se fixent, jettent autour d'eux une multitude de fils d'une finesse extrême qu'on appelle *banc* ou *banne*, et, suspendus au milieu de ce lacis, ils filent leur cocon, qu'ils construisent en tournant continuellement sur eux-mêmes en divers sens et en enroulant ainsi autour de leur corps le fil qu'ils font sortir de la filière dont leur lèvre est percée. La soie ainsi formée se produit dans des glandes qui ont beaucoup d'analogie avec les glandes salivaires des autres animaux, et la matière dont elle est composée est molle et gluante au moment de sa sortie, mais ne tarde pas à se durcir à l'air. Il en résulte que les divers tours de ce fil unique s'agglutinent entre eux, et constituent une enveloppe dont le tissu est ferme et dont la forme est ovoïde. La couleur de cette soie varie : tantôt elle est jaune, tantôt d'un blanc éclatant, suivant la variété du ver qui l'a produite, et la longueur de chaque fil dépasse souvent 600 mètres, mais varie beaucoup, ainsi que le poids des cocons. Les vers nés d'une once de graine peuvent en donner jusqu'à cent trente livres ; mais une telle récolte est rare, et souvent on n'en retire que soixante et dix à quatre-vingts livres de cocons.

En général, trois jours et demi à quatre jours suffisent aux larves pour achever leur cocon, et si l'on ouvre ensuite cette espèce de cellule, on voit que l'animal (fig. 393) n'offre plus le même aspect qu'avant sa reclusion. Il a pris une couleur brune, sa peau ressemble à de vieux cuir, et sa forme est ovoïde, un peu pointue à son extrémité postérieure. On n'y distingue plus ni tête ni mâchoires; mais sa portion postérieure est occupée par des anneaux mobiles, tandis qu'en avant on remarque une bande oblique, disposée en écharpe et représentant les ailes futures de l'animal parfait. Le temps pendant lequel les bombyces restent ainsi renfermés à l'état de chrysalide varie suivant la température. Si la chaleur est de 15 à 18 degrés, ils en sortent à l'état parfait du dix-huitième au vingtième jour. Pour percer leur cocon, ils en humectent une extrémité avec une liqueur particulière qu'ils dégorgent, et ensuite ils heurtent avec violence leur tête contre le point ainsi ramolli. Lorsque le bombyx a de la sorte achevé ses métamorphoses, il se présente sous la forme d'un papillon à ailes blanchâtres (fig. 392); sa bouche n'est plus

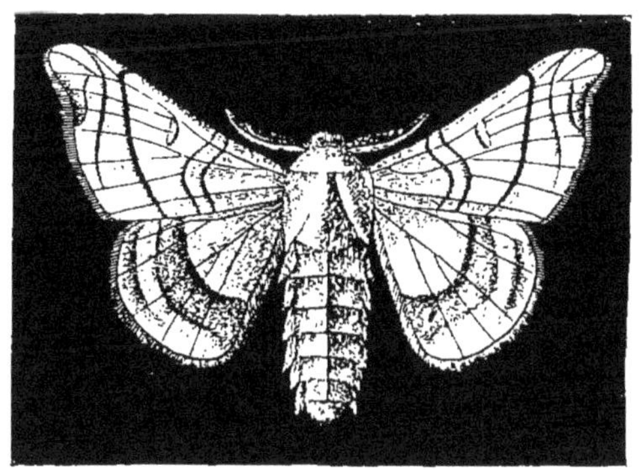

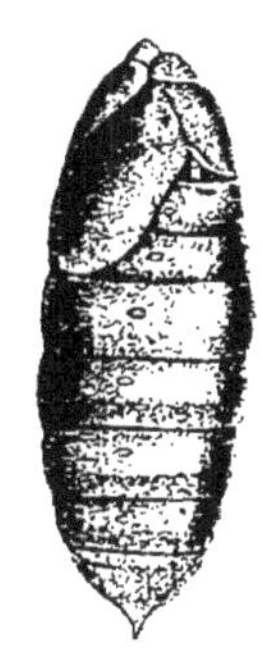

Fig. 392. — Bombyx du mûrier.

Fig. 393. — Chrysalide.

armée de mâchoires comme dans le jeune âge, mais se prolonge en une trompe roulée en spirale; ses pattes sont grêles et allongées, et sa conformation intérieure diffère autant de celle de la larve que sa forme extérieure. Presque aussitôt après leur naissance, les papillons se recherchent entre eux, ensuite les femelles pondent leurs œufs, dont le nombre s'élève à plus de cinq cents pour chacun de ces insectes; enfin, après avoir vécu à l'état parfait pendant dix à vingt jours, ils meurent.

§ 533. Les abeilles, dont nous avons déjà eu occasion de parler (§ 332), éprouvent des changements plus grands encore, puisqu'à l'état de larve, elles manquent complétement de pattes et ressemblent à de petits vers. Il en est de même des mouches, des cousins et d'un grand nombre d'autres insectes : ainsi les animaux vermiformes qui fourmillent dans les charognes en putréfaction, et qui sont connus sous le nom vulgaire d'*asticots*, ne sont autre chose que les larves de la mouche dorée. Les cousins ou moustiques qui, le soir, voltigent en troupes nombreuses, et qui se rendent si incommodes à l'homme par leurs piqûres envenimées, vivent dans l'eau lorsqu'ils sont à l'état de larve. Ils sont alors vermiformes, privés de pattes, et ont l'abdomen terminé par des soies, et des appendices disposés en rayon (fig. 394); enfin leur avant-dernier anneau donne naissance à un tube assez long (*t*), à l'aide duquel l'animal puise dans l'atmosphère l'air dont il a besoin. Pour respirer ainsi, il se pend en quelque sorte

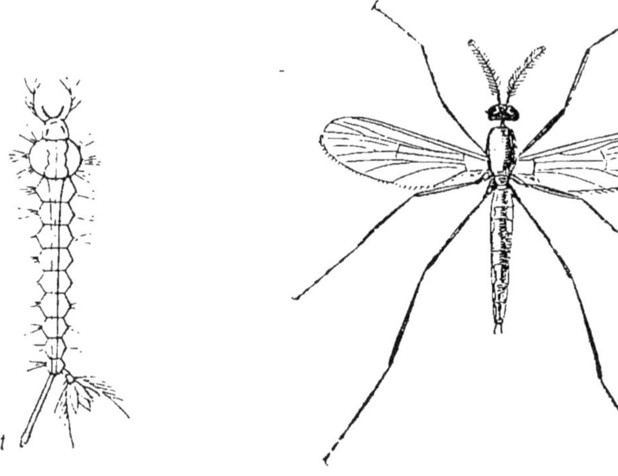

FIG. 394. — Larve de Cousin. FIG. 395. — Cousin.

à la surface de l'eau, la tête en bas, et on le voit à de courts intervalles renouveler ce manége. La nymphe continue à vivre dans l'eau et à s'y mouvoir ; mais, au lieu de respirer comme la larve, elle puise l'air dont elle a besoin au moyen de deux tuyaux placés sur le thorax. Elle flotte à la surface du liquide, et, après avoir achevé sa métamorphose, l'insecte parfait (fig. 395) se sert de sa dépouille de nymphe comme d'un bateau jusqu'à ce que ses longues jambes et ses ailes aient acquis assez de solidité pour lui permettre de marcher sur la surface de l'eau ou de s'envoler; car si son corps venait à être submergé, comme cela arrive souvent, quand le vent renverse ces frêles embarcations, il se noierait infailliblement.

§ 534. Les *insectes à demi-métamorphoses* passent aussi par l'état de larve et de nymphe avant que d'arriver à l'état parfait; mais ici la larve ne diffère guère de l'insecte parfait que par l'absence d'ailes, et l'état de nymphe n'est caractérisé que par la croissance de ces organes, qui, d'abord reployés et cachés sous la peau, sont alors libres, mais n'acquièrent tout leur développement qu'à l'époque de la dernière mue.

Nous citerons, comme exemples d'insectes offrant ce genre de métamorphoses, les sauterelles et les éphémères (fig. 396). Ces derniers présentent même une particularité remarquable ; car

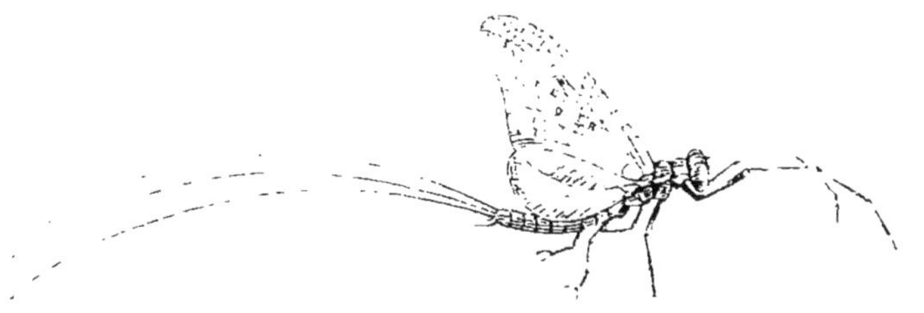

Fig. 396. — Éphémère.

d'ordinaire les insectes changent de peau pour la dernière fois lorsqu'ils passent de l'état de nymphe à l'état parfait, tandis que l'éphémère éprouve encore une mue avant que d'être complétement adulte, bien qu'il ne vive ainsi que l'espace de quelques heures. La larve de ces éphémères vit dans l'eau et ne diffère que peu de l'adulte, si ce n'est par la brièveté de ses pattes, par l'absence d'ailes et par la rangée de lames ou de feuillets qu'elle porte de chaque côté de son abdomen, et qu'elle emploie comme organes de respiration et de natation. La nymphe (fig. 397) ne diffère de la larve que par la présence des fourreaux renfermant les ailes. Au moment où ces organes doivent se développer, l'insecte sort de l'eau, et, après avoir voltigé pendant quelques minutes, va se poser sur un objet élevé, et s'y livre bientôt à des mouvements violents au moyen desquels il se dépouille de sa membrane tégumentaire ; c'est alors seulement que ses pattes acquièrent toute leur longueur, et son corps les couleurs qu'il doit conserver.

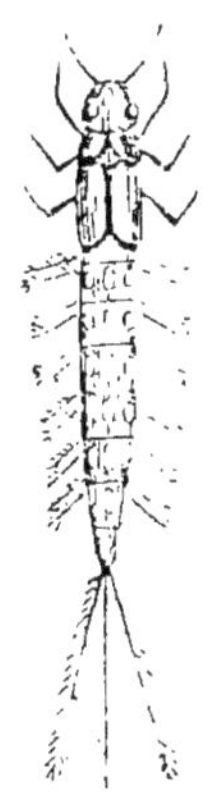

Fig. 397.

§ 535. Quelques insectes, tout en subissant des changements considérables dans le jeune âge, ne passent point par la série complète de transformations dont nous venons de parler ; ils semblent, pour ainsi dire, s'arrêter en route, et n'arrivent jamais à posséder des ailes. Les puces sont dans ce cas. En sortant de l'œuf, elles sont privées de pieds et ont la forme de petits vers de couleur blanchâtre. Ces larves sont très-vives et se roulent en cercle ou en spirale. Bientôt elles deviennent rougeâtres, et, après avoir vécu dans cet état pendant une douzaine de jours, elles se renferment dans une petite coque soyeuse, d'une finesse extrême, pour s'y transformer en nymphes ; puis au bout de douze jours environ de réclusion, si le temps est chaud, elles sortent de leur enveloppe à l'état parfait.

§ 536. Enfin, il est aussi des insectes qui ne subissent pas de métamorphose, et qui naissent avec tous les organes dont ils doivent être pourvus; mais ce sont toujours des insectes aptères qui nous offrent ce mode de développement. La podurelle (fig. 372), dont il a déjà été question, et les poux (fig. 425), sont dans ce cas.

§ 537. Les insectes, si remarquables par leur organisation, le sont encore davantage par leurs mœurs et par l'instinct admirable dont la nature a doué un grand nombre d'entre eux. Les ruses qu'ils emploient pour se procurer leur nourriture ou pour se soustraire à leurs ennemis, et l'industrie qu'ils déploient dans leurs travaux, étonnent tous ceux qui en sont témoins; et lorsqu'on les voit se réunir en sociétés nombreuses pour suppléer à leur faiblesse individuelle, s'aider entre eux, se partager les travaux nécessaires à la prospérité de la communauté, pourvoir à leurs besoins futurs, et souvent même régler leurs actions d'après les circonstances accidentelles où ils se trouvent, on reste confondu de trouver chez des êtres si petits, et en apparence si imparfaits, des instincts si variés et si puissants, et des combinaisons intellectuelles qui ressemblent tant à du raisonnement. Le sujet ne tarirait pas, si nous voulions rapporter ici des exemples de ces phénomènes curieux ; mais les limites étroites de ces leçons ne nous permettent pas d'y consacrer en ce moment plus de temps, et nous ne pouvons que renvoyer nos lecteurs à ce que nous en avons déjà dit en traitant d'une manière générale des actions des animaux (§ 317-339).

§ 538. **Classification des insectes.** — Si nous cherchions maintenant à résumer en peu de mots les différences les plus importantes que les insectes offrent entre eux, nous verrions que ces différences dépendent surtout de la structure de l'appareil buccal, qui règle le régime de ces animaux ; de la disposition des organes servant à la locomotion aérienne, fonction qui donne à la classe tout entière un de ses traits les plus saillants; enfin, du genre de métamorphoses que ces êtres subissent dans le jeune âge. Or, d'après ce que nous avons dit ailleurs sur l'essence des classifications naturelles, il est évident que ce doit être par conséquent dans les modifications de l'appareil buccal, des ailes et du mode de développement, que le zoologiste cherchera les bases de la distribution méthodique de ces animaux. En effet, c'est de la sorte qu'on est parvenu à les diviser en un certain nombre d'ordres, auxquels on a donné les noms de *Coléoptères*, *Orthoptères*,

Névroptères, *Hyménoptères*, *Lépidoptères*, *Hémiptères*, *Diptères*, *Rhipiptères*, *Suceurs*, *Anoploures* et *Thysanoures*.

§ 539. Les Coléoptères, de même que les orthoptères et les névroptères, sont conformés pour se nourrir de substances solides, soit animales, soit végétales, et sont pourvus à cet effet de mandibules et de mâchoires propres à opérer la division de ces aliments (fig. 376). Ils sont pourvus de deux paires d'ailes; mais celles de la première paire ne sont pas propres au vol, et constituent des espèces de boucliers durs et cornés que l'on nomme *élytres* (*a*, fig. 368). Les ailes de la seconde paire sont au contraire membraneuses, transparentes, et trop longues pour se cacher sous les élytres sans se reployer en travers; quelquefois elles manquent, et alors l'insecte est dans l'impossibilité de voler: c'est le cas du charançon, qui ravage nos greniers à blé, et se fait remarquer par sa tête prolongée en façon de bec.

Fig. 398. Vrillette.

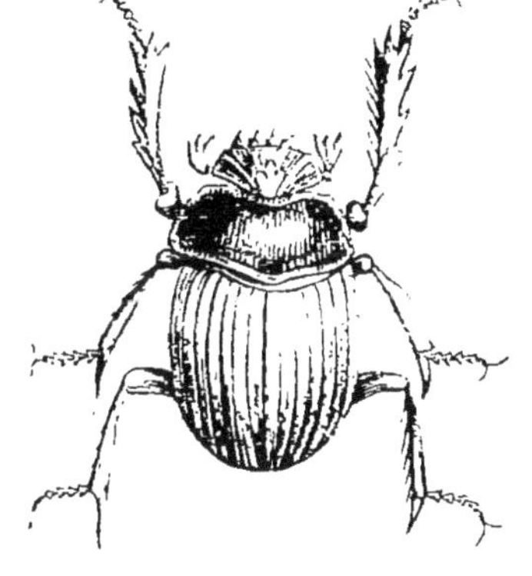

Fig. 399. — Scarabée (ou Ateucus) des Égyptiens.

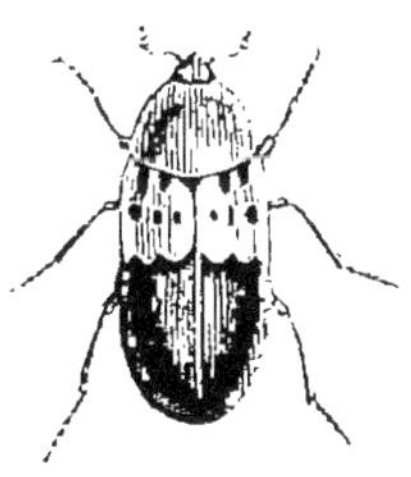

Fig. 400. Dermeste du lard.

Les coléoptères subissent des métamorphoses complètes. La larve ressemble à un ver dont la tête est cornée, tandis que le reste du corps est presque toujours mou (fig. 401); sa bouche est conformée de même que celle de l'insecte parfait; les trois anneaux qui suivent la tête sont presque toujours pourvus chacun d'une paire de pattes, ordinairement très-courtes; enfin, il existe chez un grand nombre de ces animaux une paire de fausses pattes attachée au dernier segment de l'abdomen. La nymphe est inactive et ne prend pas de nourriture; elle est recouverte d'une peau membraneuse qui s'applique

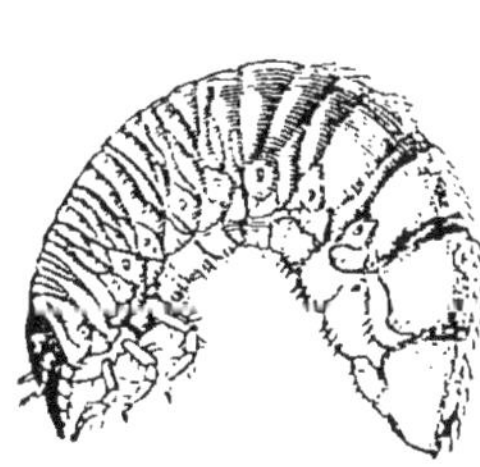

Fig. 401. — Larve de Hanneton.

exactement aux parties situées au-dessous et les laisse apercevoir.

La plupart de ces insectes se font remarquer par la dureté de leurs téguments et le brillant de leurs couleurs. Les uns sont carnassiers : par exemple, le Carabe doré ou jardinier (fig. 11), si commun dans les allées sablées; d'autres, tels que le Hanneton, se nourrissent de matières végétales. Leur nombre est immense, on en connaît plus de trente mille espèces; mais nous nous bornerons à citer ici les Scarabées, dont une espèce (fig. 399) est célèbre à cause du respect dont elle était l'objet chez les anciens Égyptiens; les Cantharides ou *Mouches d'Espagne* (fig. 402), qui, dans le midi de la France et en Espagne, vivent sur le frêne et le lilas, et fournissent à la médecine une substance vésicante très-énergique ; les Calandres ou Charançons, qui vivent dans le blé ; les Vrillettes (fig. 398), et les Lime-bois, qui, à l'état de larve, perforent les bois des vieux meubles et les charpentes; les Dermestes (fig. 400), dont les larves se nourrissent des dépouilles d'autres animaux et souvent détruisent de la sorte les fourrures et les collections zoologiques ; enfin les Coccinelles ou *bêtes à bon Dieu*, les Cicindèles, les Carabes, etc.

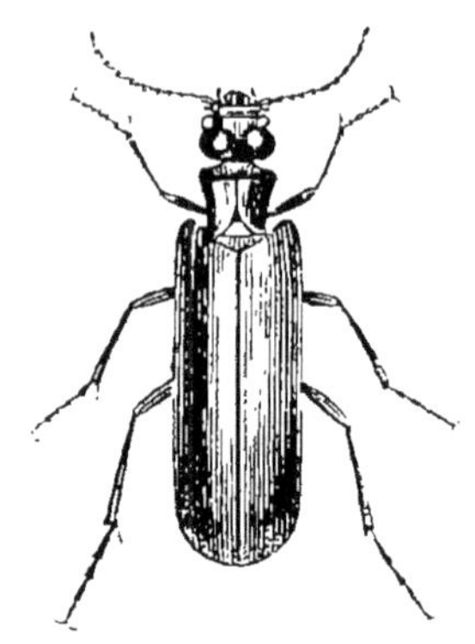

Fig. 402. — Cantharide vésicante (grossie).

§ 540. Les Orthoptères ressemblent aux précédents par la disposition générale des organes de la mastication, ainsi que par le nombre et la consistance de leurs ailes, mais s'en distinguent par le mode de plissement des ailes postérieures et par la nature de leurs métamorphoses. Les élytres sont moins durs que chez les coléoptères, et les ailes membraneuses (fig. 403), lorsqu'elles sont dans le repos, ne se reploient pas transversalement, mais se plissent seulement dans le sens longitudinal, à la manière d'un éventail. Ils ne subissent que des demi-métamorphoses, et la larve, ainsi que la nymphe, ressemble à l'insecte parfait, si ce n'est quant aux ailes. Enfin, tous sont terrestres, et la plupart sont remarquables par l'allongement de leur corps et le développement extrême des pattes postérieures, ce qui en fait des animaux sauteurs.

Les Sauterelles et les Criquets (fig. 363) sont les représentants principaux de ce groupe ; mais on y range aussi les Mantes (fig. 366), les Phyllies (fig. 406), les Grillons (fig. 405), les Courtilières (fig. 365), les Blattes (fig. 404), et les Forficules (fig. 371).

§ 541. Les NÉVROPTÈRES se distinguent des autres insectes masticateurs par la contexture de leurs ailes, qui, au nombre de quatre, sont toutes membraneuses, transparentes, d'une délicatesse extrême et également utiles pour le vol. Le corps de ces

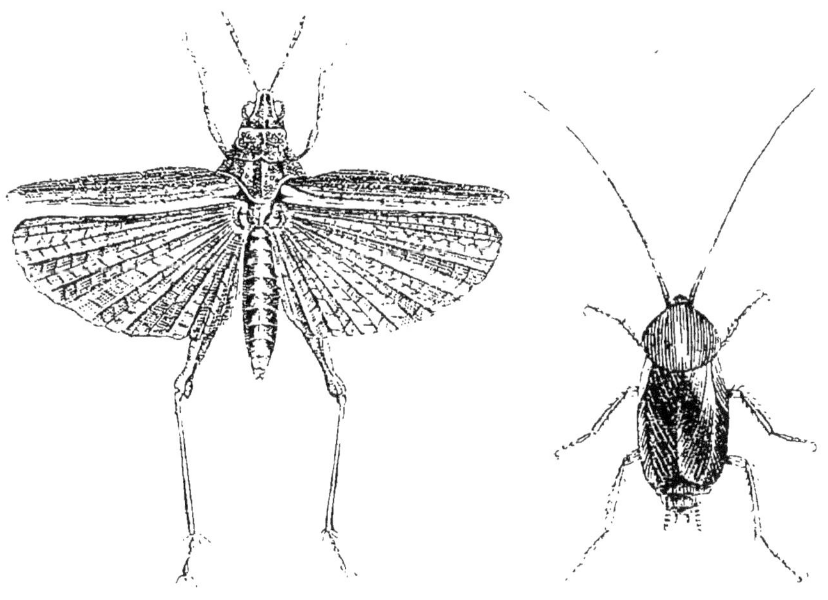

FIG. 403. — Sauterelle. FIG. 404. — Blatte.

insectes est en général mou et très-allongé. Enfin, les uns subissent des métamorphoses complètes, les autres des demi-métamorphoses seulement.

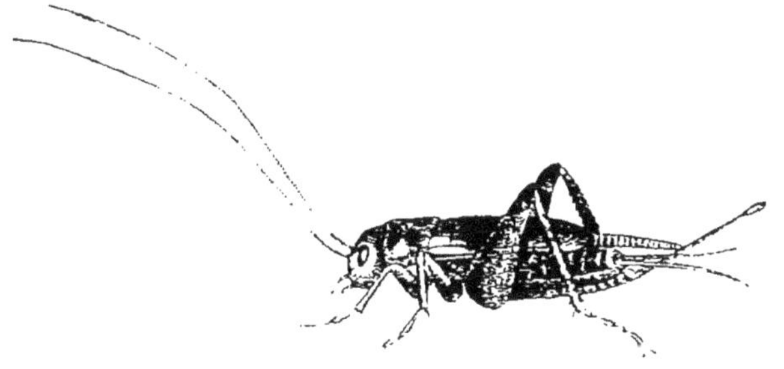

FIG. 405. — Grillon domestique.

Cet ordre comprend les Libellules (fig. 407), les Agrions (fig. 171), les Éphémères (fig. 396), les Fourmis-lions (fig. 149), les Frigaues, les Termites (fig. 408), etc.

Ces derniers insectes, que l'on connaît aussi sous le nom vulgaire de *Fourmis blanches*, sont des animaux très-destructeurs. On les rencontre principalement dans les pays chauds, mais ils font également des dégâts considérables dans quelques parties de la France : à la Rochelle et à Rochefort, par exemple. Ils rongent les bois de charpente, et vivent en sociétés nombreuses,

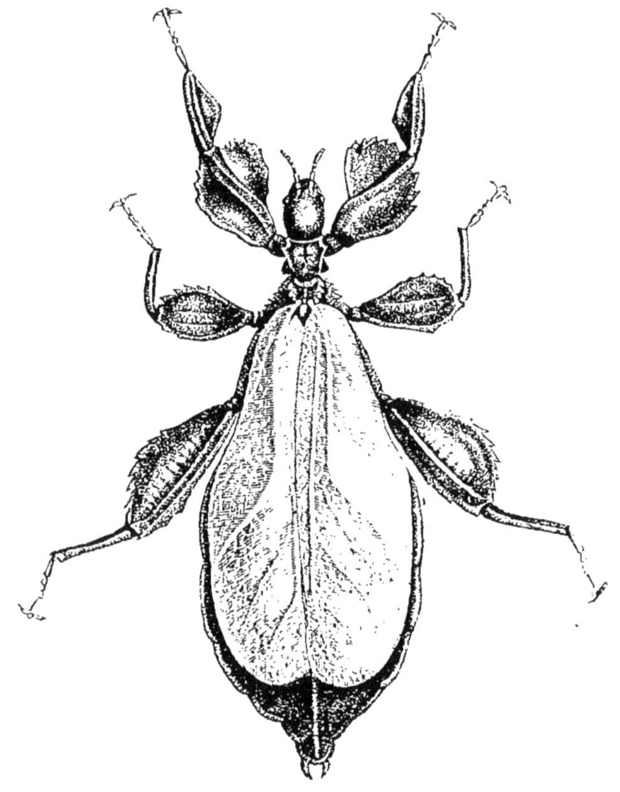

FIG. 406. — Phyllie feuille sèche.

composées de mâles, de femelles ailées, d'individus neutres aptères et de jeunes.

§ 542. Les HYMÉNOPTÈRES établissent en quelque sorte le passage entre les insectes masticateurs et les suceurs. Ils sont, en effet, pourvus de mandibules conformées à peu près de même que chez les premiers, mais ne s'en servent pas pour la mastication, et se nourrissent de matières molles ou liquides qu'ils pompent à l'aide d'une trompe mobile et flexible, composée des mâchoires et de la languette, excessivement allongée (fig. 378). Ils ont, comme les névroptères, quatre ailes membraneuses et transparentes ; mais ces ailes, au lieu d'être réticulées comme une dentelle, sont divisées en un certain nombre de cellules assez grandes par des nervures cornées, et elles se croisent horizontalement sur le corps pendant le repos. Leurs téguments n'offrent que peu de dureté, et l'abdomen des femelles est terminé par une tarière ou par un aiguillon.

Ces insectes subissent une métamorphose complète. La larve,

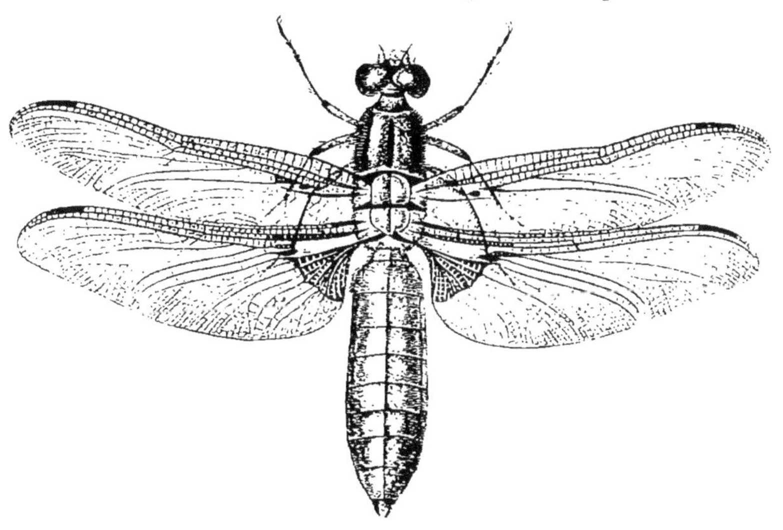

Fig. 407. — Libellule déprimée.

tantôt privée de pattes, ressemble à un ver; d'autres fois, pourvue de six pieds à crochets et souvent aussi de douze à seize pieds membraneux, elle ressemble davantage à des chenilles : dans l'un et l'autre cas, elle a une tête écailleuse avec des mandibules, des mâchoires, et une lèvre à l'extrémité de laquelle est une filière pour le passage de la matière soyeuse dont sa coque doit être construite. Le régime de ces larves varie beaucoup. Plusieurs ne peuvent se passer de secours étrangers, et sont élevées en commun par des individus stériles, réunis en société, ainsi que nous l'avons déjà vu en parlant des abeilles (§ 332). La nymphe reste sans nourriture et dans un repos complet. Enfin, dans leur état parfait, les hyménoptères vivent presque tous sur les fleurs et meurent au bout de la première année de leur existence.

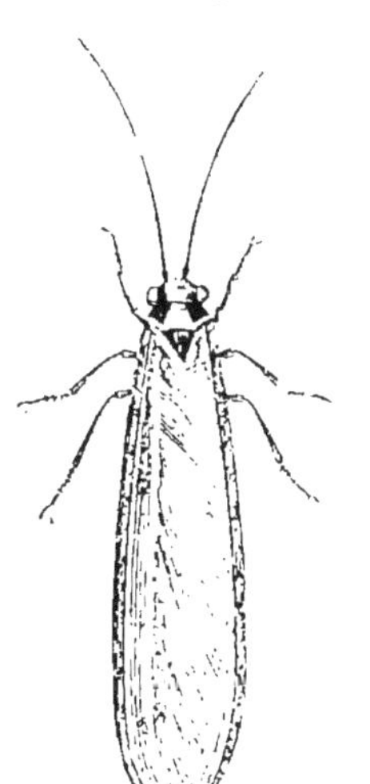

Fig. 408. — Termites.

Cet ordre comprend la plupart des insectes les plus remarquables par leurs instincts, tels que les Fourmis, les Abeilles (fig. 135) et les Guêpes. On y range aussi les Bourdons (fig. 409), les Xylocopes (fig. 127), les Tenthrèdes, les Sirex (fig. 410), les Ichneumons, les Cynips, etc.

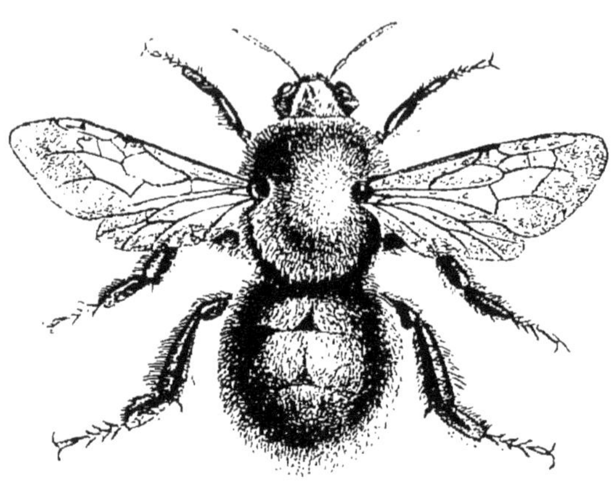

Fig. 409. — Bourdon.

§ 543. L'ordre des Lépidoptères se compose d'insectes dont la bouche (fig. 383) est conformée de manière à n'être propre qu'à l'aspiration des sucs déposés sur la surface des plantes, et dont les ailes, au nombre de quatre, et membraneuses comme dans les deux groupes précédents, sont opaques et diversement colorées par la présence d'une sorte de poussière

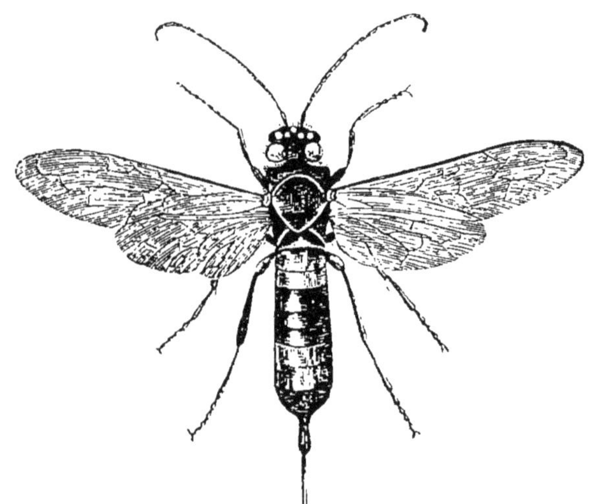

Fig. 410. — Sirex géant.

écailleuse fixée à leur surface. La bouche, comme nous l'avons déjà dit, a la forme d'une trompe roulée en spirale. Enfin, ces insectes subissent des métamorphoses complètes, et leurs larves (fig. 388, 389 et 415, 4 *b*), connues sous le nom de *chenilles*, sont pourvues de pattes vers les deux extrémités de leur corps, et vivent en général de feuilles : les unes s'enveloppent d'un cocon soyeux pour y achever leur transformation; d'autres se roulent dans des feuilles, ou se suspendent à quelque corps étranger au moyen d'un fil de soie (fig. 389).

Parmi les lépidoptères, les uns volent de jour, les autres ne

Fig. 411. — Vanesse paon de jour.

se montrent qu'à la brune, et d'autres encore restent comme engourdis durant le jour et ne sortent que la nuit. Les *Diurnes* se reconnaissent à leurs ailes élevées verticalement pendant le repos (fig. 412), et sont remarquables par la variété et la vivacité de leurs couleurs. On les désigne généralement sous le nom de *papillons ;* mais les zoologistes les distinguent en Vanesses (fig. 411), Papillons proprement dits (fig. 390), Danaïdes (fig. 412), etc. Les *Crépusculaires* et les *Nocturnes* ont les ailes horizontales pendant le repos, et ont en général des couleurs plus ternes que les précédents. Ce sont les Sphinx (fig. 413), les Bombyces (fig. 392, 414), les Phalènes, les Teignes, etc. La Pyrale (fig. 415), qui occasionne souvent de grands dégâts dans les vignobles, appartient aussi à ce groupe.

Fig. 412. — Danaïde Plexippe.

§ 544. Les Hémiptères ont aussi la bouche disposée pour la succion, mais elle ne consiste pas en une simple trompe et a la forme d'un bec, dans l'intérieur duquel se trouvent des stylets

FIG. 413. — Sphinx de la vigne.

aigus propres à perforer les tissus animaux ou végétaux dans

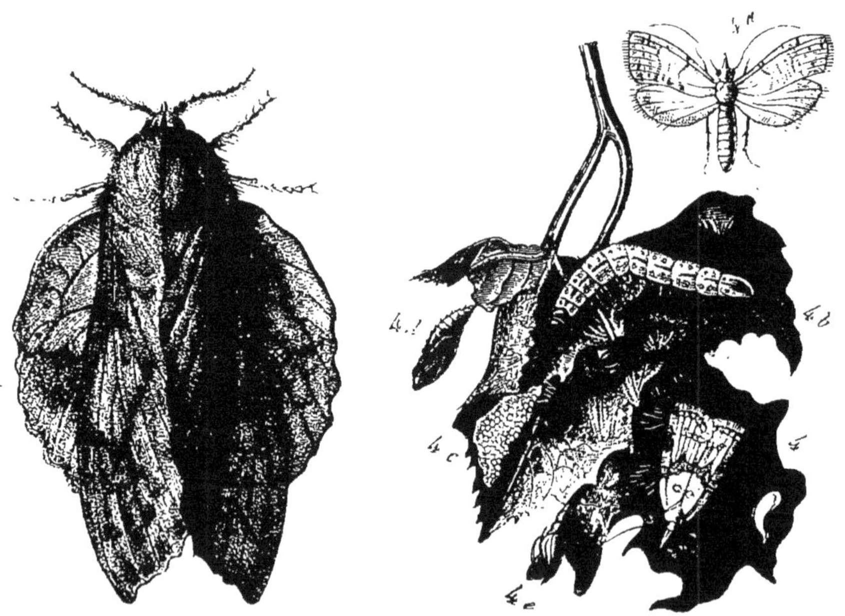

FIG. 414. — Bombyx feuille de chêne.

FIG. 415. — Pyrale de la vigne (1).

lesquels l'animal doit puiser les liquides dont il se nourrit (§ 523)

(1) Feuille de vigne attaquée par la Pyrale : — 4, le mâle ; — 4 *a*, la femelle ; — 4 *b*, la chenille ; — 4 *c*, les œufs ; — 4 *d*, 4 *e*, les chrysalides.

Ces insectes ont ordinairement quatre ailes comme tous les précédents; mais, en général, celles de la première paire ne sont membraneuses que vers le bout, et constituent des demi-élytres. Enfin les métamorphoses sont incomplètes, et l'insecte, en grandissant, ne change ni de forme ni d'habitudes; seulement il acquiert, en général, des ailes dont il était d'abord privé; quelquefois cependant il demeure toujours privé de ces organes : c'est le cas de la Punaise des lits, par exemple. On range dans cet ordre les Pentatomes, les Halys ou *Punaises des bois* (fig. 416, 417), etc.,

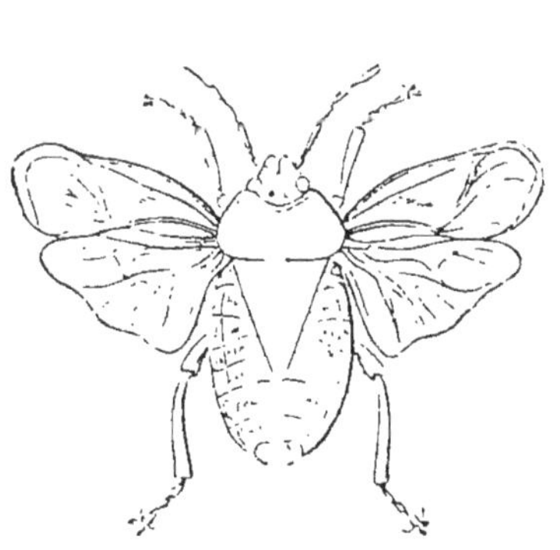

Fig. 416. — Pentatome.

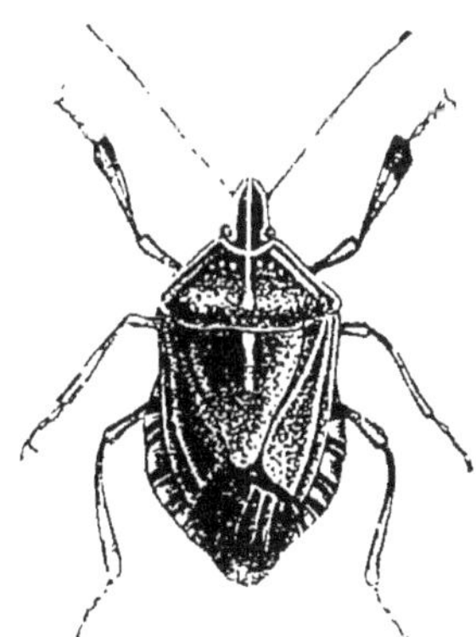

Fig. 417. — Halys.

les Nèpes ou *Punaises d'eau* (fig. 420), les Cigales (fig. 418), les Pucerons, la Cochenille, etc. On peut aussi rapprocher de ce groupe

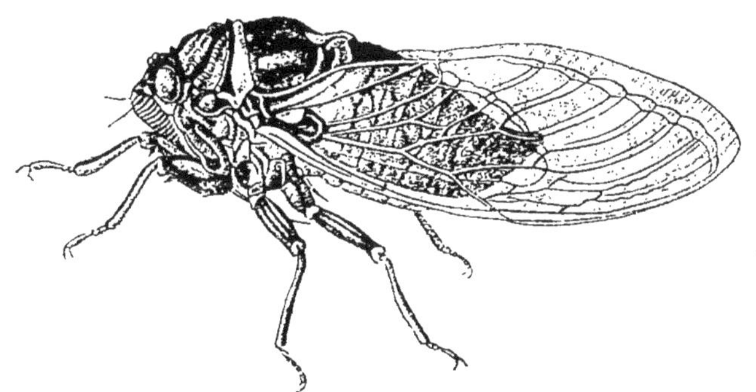

Fig. 418. — Cigale commune.

la Puce (fig. 419), qui est toujours aptère comme la punaise, et qui a été considérée par la plupart des naturalistes comme devant constituer un ordre particulier, celui des *Suceurs*.

§ 545. L'ordre des Diptères est caractérisé par l'existence d'une seule paire d'ailes membraneuses, assez semblables à celles des hyménoptères, et par la structure de la bouche organisée pour la succion seulement ; on y distingue, en général, une trompe tan-

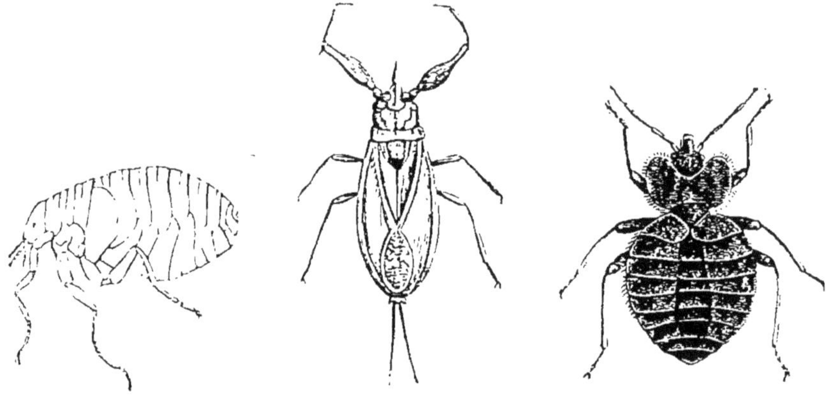

FIG. 419. — Puce. FIG. 420. — Nèpe. FIG. 421. — Punaise.

tôt cornée et allongée, tantôt molle et rétractile, et renfermant des soies rigides et aiguës.

On peut se former une idée assez exacte de la forme générale des diptères par celle de l'un de ces insectes connu de tout le monde, la Mouche commune ; et nous ajouterons seulement que tous subissent des métamorphoses complètes. Les larves (fig. 422, *a*) sont dépourvues de pattes ; leur tête est molle, et leur bouche est ordinairement munie de deux crochets. Tantôt elles changent plusieurs fois de peau et se filent une coque pour

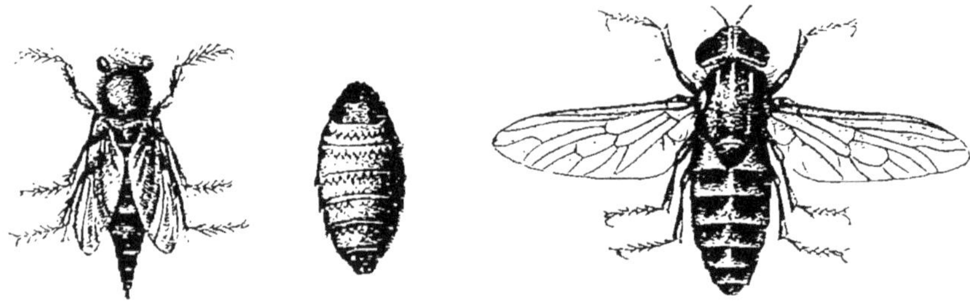

FIG. 422. — Œstre. FIG. 423. — Taon.

s'y transformer en nymphe ; mais d'autres fois elles ne muent pas, et leur peau, durcie et racornie, devient pour la nymphe une coque solide, ayant l'apparence d'une graine (fig. 422, *a*).

On range dans cette division, outre les Mouches proprement dites, les Cousins, les Taons (fig. 423), les Œstres (fig. 422), etc.

§ 546. Les RHIPIPTÈRES sont des insectes n'ayant aussi que deux ailes, mais chez lesquels ces organes sont plissés longitudinalement en manière d'éventail. On n'en connaît que deux genres, les Stylops (fig. 424) et les Xénos, qui, à l'état de larve, vivent en parasites sur l'abdomen des guêpes et autres hyménoptères.

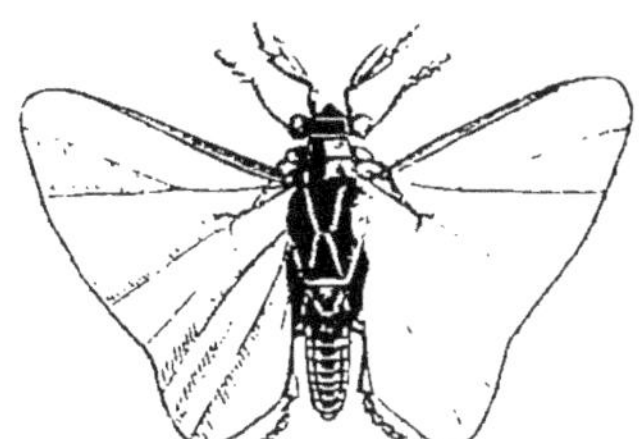

Fig. 424. — Stylops.

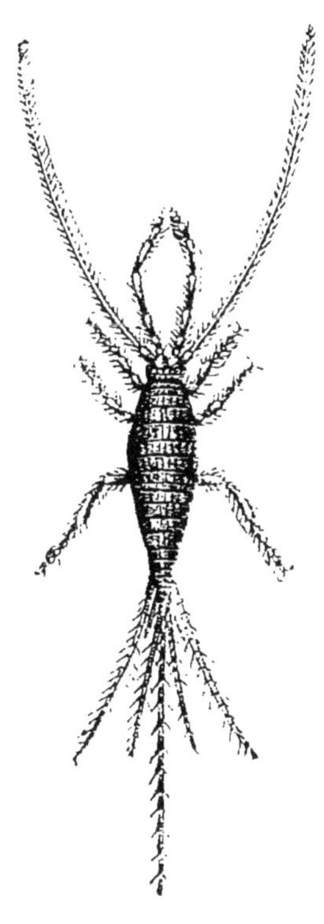

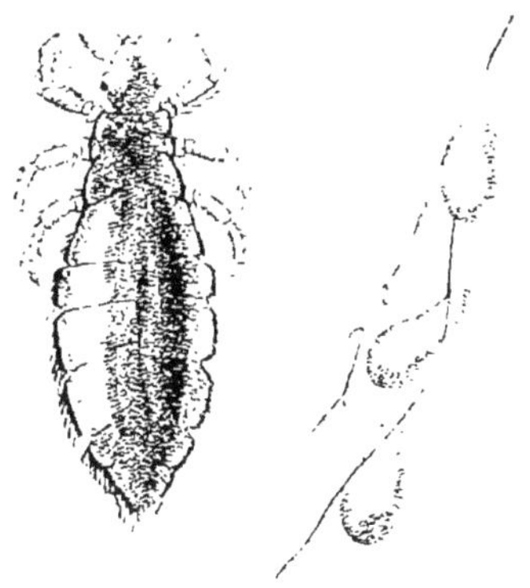

Fig. 425. — Pou.

Fig. 426. — Machile.

§ 547. L'ordre des Anoploures ou Parasites est également très-peu nombreux, et se compose d'insectes qui sont toujours privés d'ailes, qui ont la bouche disposée pour la succion, et qui ne subissent point de métamorphoses. Comme leur nom l'indique, ils vivent sur le corps d'autres animaux, dont ils sucent les humeurs. Ils forment deux genres, les Poux (fig. 425) et les Ricins. Ces derniers se fixent sur le chien et sur divers oiseaux.

§ 548. Enfin, les insectes de l'ordre des Thysanoures naissent également avec la forme qu'ils doivent conserver, et sont toujours privés d'ailes; mais ils se distinguent des précédents par leur appareil masticateur et par les appendices dont leur abdomen est garni. Ce sont les Podurelles (fig. 372), les Lépismes, les Machiles (fig. 426), etc.

CLASSE DES MYRIAPODES.

§ 549. Les Myriapodes respirent l'air au moyen de trachées, comme les insectes, mais ils diffèrent considérablement de ces animaux, ainsi que des arachnides, par leur conformation générale. Non-seulement ils n'ont jamais d'ailes, mais leur corps, très-allongé et divisé en un grand nombre d'anneaux, porte sur chacun de ses segments au moins une paire de pattes; mais le nombre de ces organes s'élève toujours à vingt-quatre ou davantage, et il n'existe aucune ligne de démarcation entre le thorax et l'abdomen. Ils ressemblent un peu à des serpents ou à des vers qui seraient munis de pieds; mais leur organisation intérieure les rapproche des insectes ordinaires, si ce n'est que leur système circulatoire est beaucoup moins incomplet.

La tête des myriapodes est garnie de deux petites antennes et de deux yeux formés ordinairement d'une réunion d'ocelles. Leur bouche est conformée pour la mastication, et présente une paire de mandibules biarticulées suivie d'une espèce de lèvre à quatre divisions, et de deux paires d'appendices semblables à de petits pieds. Le nombre des anneaux de leur corps varie, et quelquefois ces segments paraissent réunis deux à deux, de telle sorte que chaque tronçon mobile porte deux paires de pattes (fig. 427).

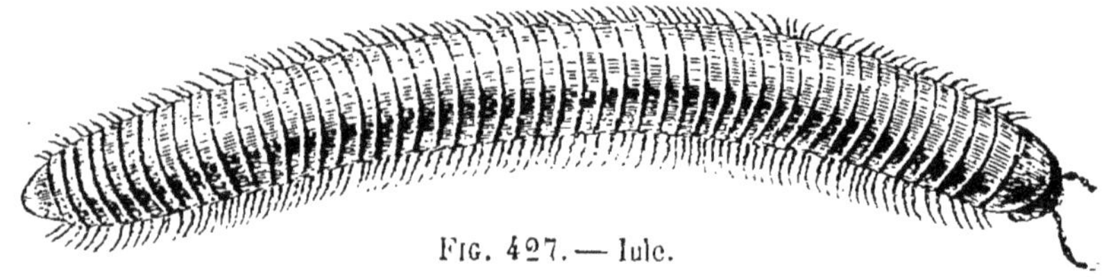

Fig. 427. — Iule.

Ces derniers organes ne se terminent que par un seul crochet. Enfin il existe de chaque côté du corps une série de stigmates en communication avec des trachées conformées de la même manière que chez les insectes ordinaires. Les myriapodes éprouvent dans le jeune âge des métamorphoses, mais ces changements ne sont pas analogues à ceux que nous avons vus chez les insectes proprement dits, et consistent seulement dans la formation de nouveaux anneaux et dans une augmentation correspondante du nombre des pattes.

§ 550. Deux groupes naturels, faciles à distinguer par la forme des antennes, composent cette petite classe, savoir : les *Chilognathes* ou *Iules*, et les *Chilopodes* ou *Scolopendres*.

Les Chilognathes ont le corps cylindrique, et se nourrissent de matières organiques plus ou moins décomposées ; leur marche est lente, et ils se roulent souvent en spirale ou en boule. On les

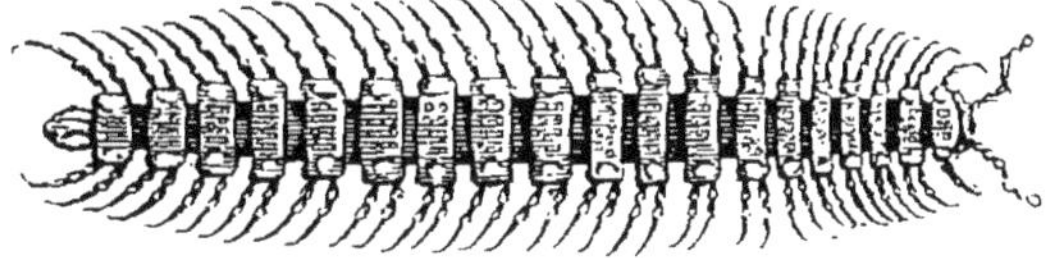

FIG. 428. — Polydesme.

distingue sous les noms d'Iules (fig. 427), de Polydesmes (fig. 428) et de Gloméris.

Les CHILOPODES ont le corps déprimé et plus membraneux que les précédents ; ils sont carnassiers et courent très-vite. Trois genres principaux constituent ce groupe : les Scolopendres (fig. 163), les Lithobies et les Scutigères.

CLASSE DES ARACHNIDES.

§ 551. La classe des ARACHNIDES se compose d'animaux articulés qui ont beaucoup d'analogie avec les insectes, et qui sont également organisés pour vivre dans l'air, mais qui s'en distinguent, au premier coup d'œil, par la forme générale du corps et par le nombre des pattes, et qui diffèrent aussi de ces animaux par plusieurs particularités importantes de leur structure intérieure. En effet, les arachnides ont tous la tête confondue avec le thorax et dépourvue d'antennes proprement dites ; ils ont quatre paires de pattes et jamais d'ailes ; enfin, ils respirent en général à l'aide de cavités pulmonaires, et ont presque tous un appareil circulatoire assez complet.

§ 552. Le squelette tégumentaire de ces animaux est en général moins solide que celui des insectes, et leur corps se compose de deux parties principales, presque toujours distinctes : l'une appelée *céphalothorax*, parce qu'elle est formée par la tête et le thorax confondus en un seul tronçon ; l'autre nommée *abdomen*, et composée tantôt d'une suite d'anneaux distincts (comme cela se voit chez les scorpions, fig. 433), tantôt d'une masse molle, globuleuse et sans divisions (chez les araignées, par exemple, fig. 429).

Les organes de la locomotion sont tous fixés au céphalothorax, et consistent en huit pattes très-semblables à celles des insectes presque toujours terminées par deux crochets. En général, leur longueur est considérable, et elles se cassent facilement ; mais, de même que chez les crustacés, le moignon, après s'être cicatrisé, reproduit une nouvelle patte qui croît peu à peu, et finit par être semblable à celle dont l'animal avait été privé. Jamais les arachnides ne présentent de vestiges d'ailes, et leur abdomen est toujours complétement dépourvu d'appendices locomoteurs.

§ 553. C'est sur la partie antérieure du céphalothorax que se trouvent la bouche et les yeux. Ces derniers organes sont toujours simples et en nombre assez considérable : on en compte ordinairement huit (fig. 430), et l'on distingue dans chacun d'eux une cornée transparente, derrière laquelle se trouvent un cristallin et une humeur vitrée, puis une rétine formée par la terminaison d'un nerf optique et une enveloppe de matière colorante. On ne sait rien relativement aux instruments à l'aide desquels s'exerce l'audition chez les arachnides ; mais on a des preuves multipliées de l'existence de ce sens chez ces animaux, et il paraîtrait même que certains d'entre eux sont sensibles au charme de la musique. Le toucher s'exerce principalement par l'extrémité des pattes et par les appendices dont la bouche est garnie.

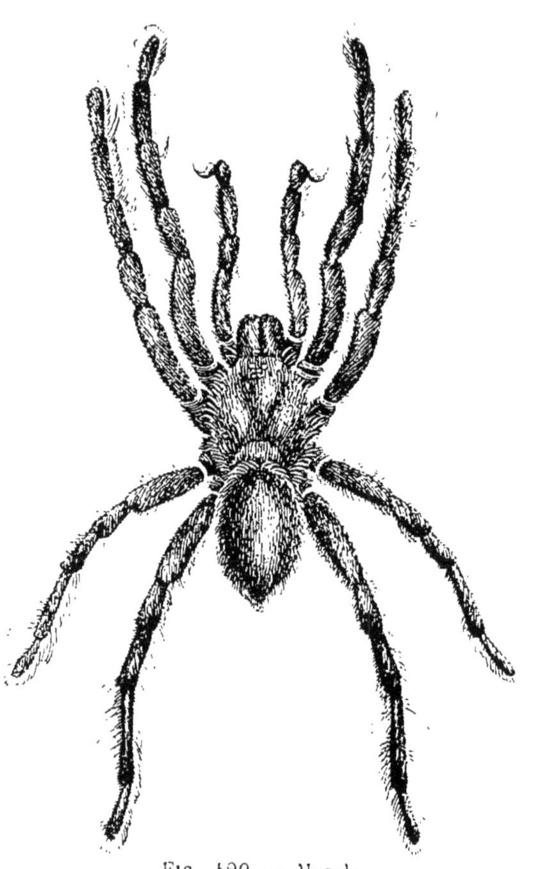

Fig. 429. — Mygale.

Fig. — 430.

§ 554. Le système nerveux des arachnides présente des différences assez grandes. Tantôt (chez les scorpions, par exemple) il se compose d'une série de neuf masses ganglionnaires réunies entre elles par de doubles cordons de communication et formant une chaîne étendue d'un bout du corps à l'autre, d'une manière presque uniforme. D'autres fois (chez les araignées, etc.), on trouve tous les ganglions du thorax réunis en une seule masse (*t*, fig. 431 et 434), d'où partent en arrière deux cordons (*c*) qui vont aboutir à un ganglion abdominal unique (*a*, fig. 434). Du reste, la disposition générale de ces parties est toujours la même :

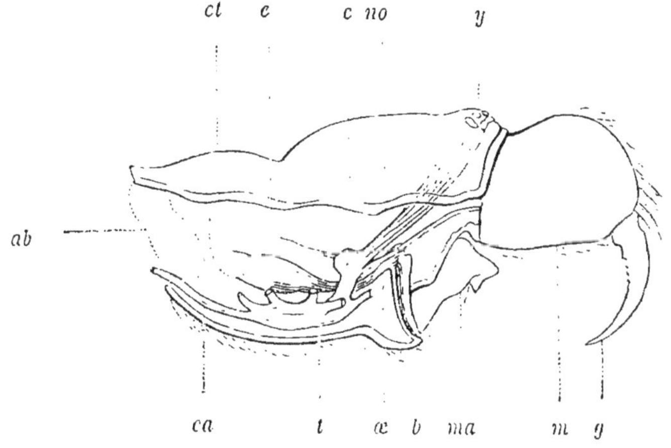

Fig. 431. — Système nerveux, etc. (1)

les ganglions antérieurs (*c*), situés au devant ou au-dessus de l'œsophage, et considérés le plus ordinairement comme représentant le cerveau de ces animaux, donnent naissance aux nerfs optiques en avant, et se continuent en arrière avec le collier œsophagien ; les autres ganglions sont situés au-dessous du tube alimentaire, et envoient des nerfs aux pattes, à l'abdomen, etc.

§ 555. Les arachnides sont carnassiers, mais se bornent en général à sucer les humeurs contenues dans le cadavre de leur victime, et, afin de leur rendre plus facile la capture d'animaux dont ils pourraient redouter la force, la nature a pourvu un grand nombre d'entre eux d'un appareil venimeux. La plupart se nourrissent d'insectes qu'ils saisissent vivants ; quelques-uns cependant sont parasites. Chez les premiers, la bouche (fig. 432) est garnie d'une paire de mandibules armées de crochets mobiles, ou conformées en manière de pinces, d'une paire de mâchoires lamelleuses portant chacune un grand palpe plus ou moins pédiforme, et d'une lèvre inférieure ; chez les arachnides parasites,

(1) Section du céphalothorax d'une Mygale, montrant la disposition du système nerveux : — *ct*, céphalothorax ; — *m*, mandibule ; — *g*, griffe ou crochet mobile qui la termine ; — *ma*, mâchoires ; — *b*, bouche ; — *œ*, œsophage ; — *c*, estomac ; — *ab*, origine de l'abdomen ; — *c*, cerveau ou ganglion céphalique ; — *t*, masse ganglionnaire du thorax ; — *ca*, cordons qui s'unissent aux ganglions abdominaux ; — *no*, nerf optique ; — *y*, yeux.

la bouche a la forme d'une petite trompe d'où sort une espèce de lancette formée par les mâchoires.

Le crochet mobile des mandibules présente près de son extrémité une petite ouverture qui est l'orifice du canal excréteur de la glande venimeuse dont nous avons déjà parlé, et la liqueur qu'elle verse au fond des plaies détermine presque aussitôt l'engourdissement des insectes auxquels ces animaux font la chasse, mais est trop faible pour nuire à l'homme; et c'est sans aucune raison que le vulgaire attribue souvent à la morsure des araignées les boutons et les rougeurs qui se développent quelquefois sur notre peau.

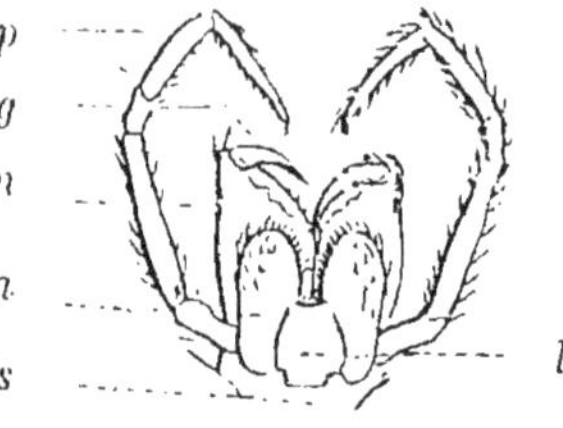

FIG. 432. (1)

Certains arachnides sont pourvus d'un autre appareil venimeux destiné au même usage et servant en même temps comme arme défensive : tel est le crochet qui termine l'abdomen des scorpions (fig. 433). Ce dard présente au-dessous de la pointe plusieurs ou-

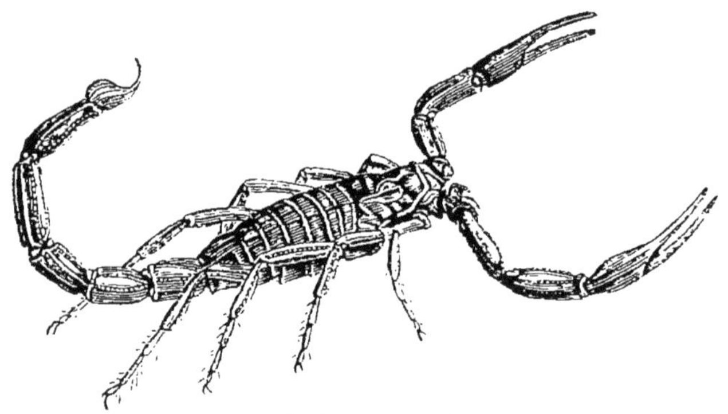
FIG. 433. — Scorpion.

vertures qui communiquent avec une glande venimeuse, et la piqûre de ces arachnides est souvent mortelle pour les animaux même assez gros, tels que les chiens. Les grands scorpions des pays chauds sont aussi très-redoutables pour l'homme, mais la piqûre des espèces qui habitent l'Europe ne paraît pas être jamais mortelle ; il en résulte ordinairement une inflammation locale plus ou moins vive, accompagnée de fièvre, d'engourdissement, et quelquefois de vomissements, de douleurs dans tout le corps, de tremblement. Pour combattre ces accidents, les mé-

(1) Appareil buccal d'une Araignée : — *s*, sternum ; — *l*, lèvres ; — *ma*, mâchoires ; — *p*, palpes des mâchoires ; — *m*, mandibules ; — *g*, crochets ou griffes des mandibules.

decins conseillent l'usage de l'ammoniaque (ou alcali volatil) administrée à l'intérieur aussi bien qu'à l'extérieur, et l'application de substances émollientes sur la plaie.

Le canal intestinal est en général assez simple, mais offre quelquefois des appendices cæcaux qui pénètrent jusque dans l'intérieur des pattes. En général, des tubes analogues aux vaisseaux biliaires des insectes s'ouvrent à l'intestin, près de l'anus; mais chez quelques arachnides, tels que les scorpions, il existe aussi un foie composé de quatre grappes glanduleuses.

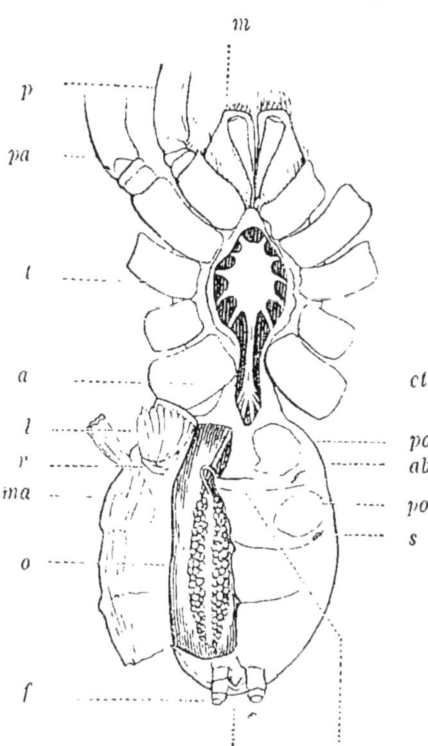

Fig. 434. — Anatomie d'une Mygale (1).

C'est aussi autour de l'ouverture anale que se trouvent les glandes sécrétoires de la matière soyeuse, et les filières à l'aide desquelles plusieurs arachnides se construisent des toiles souvent très-étendues et d'une délicatesse extrême (fig. 434, *f*).

§ 556. La respiration des arachnides est aérienne comme celle des insectes, et se fait quelquefois au moyen de trachées; mais chez la plupart de ces animaux, et notamment chez les araignées et les scorpions, elle est concentrée dans des poches logées dans l'abdomen et appelées *poumons*. Ces derniers organes présentent dans leur intérieur une multitude de lamelles membraneuses (fig. 434, *l*) qui sont disposées comme les feuillets d'un livre, mais qui sont constituées par autant de petits sacs dans lesquels l'air pénètre. Enfin, chaque poumon reçoit l'air par une ouverture située à la face inférieure de l'abdomen (*s*), et l'on en compte tantôt deux, tantôt quatre et même huit.

(1) *ct*, céphalothorax ouvert en dessous et donnant attache aux pattes, dont la base est en place; — *pa*, patte de la première paire; — *p*, palpe; — *m*, mandibules; — *ab*, abdomen: — *t*, masse ganglionnaire thoracique; — *a*, ganglions abdominaux; — *po*, poches pulmonaires; — *s*, stigmates; — *l*, lamelles respiratoires d'une de ces cavités ouverte; — *o*, ovaires; — *or*, orifice des oviductes; — *ma*, muscles de l'abdomen; — *an*, anus; — *f*, filières.

Certaines araignées possèdent en même temps des poumons et des trachées : les ségestries sont dans ce cas ; et d'autres, telles que les faucheurs et les mites, sont pourvues de trachées seulement. Ces tubes ont la même structure que chez les insectes, et l'air y pénètre par des stigmates très-petits situés à la partie inférieure de l'abdomen.

Le sang est blanc chez tous les animaux de cette classe. Les arachnides pulmonaires sont pourvus d'un appareil circulatoire assez complet. Leur cœur (fig. 435), situé sur le dos, a la forme d'un vaisseau allongé, et donne naissance à diverses artères : le sang, après avoir traversé les organes, se rend aux poumons, et de là arrive au cœur en suivant une marche semblable à celle que nous avons déjà vue chez les crustacés (§ 111). Chez les arachnides dont la respiration s'effectue uniquement à l'aide de trachées, l'appareil de la circulation est rudimentaire. Il ne paraît y avoir qu'un simple vaisseau dorsal, sans artères ni veines bien développées.

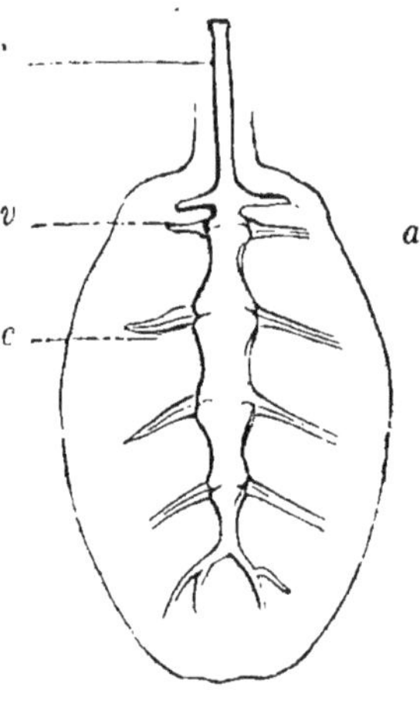

Fig. 435. (1)

§ 557. Les arachnides pondent des œufs comme les insectes, et le mâle diffère, en général, de la femelle par la forme des palpes maxillaires, dont les usages paraissent être très-importants. Un grand nombre de ces animaux enveloppent leurs œufs dans un cocon de soie, et quelquefois la mère demeure avec sa jeune famille pour la protéger, et porte même ses petits sur son dos, lorsqu'ils sont encore trop faibles pour marcher. Tous ces animaux subissent plusieurs mues avant que d'arriver à l'âge adulte, et quelques-uns éprouvent une sorte de métamorphose ; car il en est dont les pattes ne sont d'abord qu'au nombre de trois paires et qui en acquièrent une quatrième à un âge plus ou moins avancé.

§ 558. Les arachnides sont doués d'instincts variés qui sont quelquefois non moins remarquables que ceux des insectes ; et l'on serait même porté à leur accorder des facultés plus développées, car on a vu des animaux de cette classe se prêter à une espèce d'éducation et donner des signes d'une sorte d'intelligence. Plusieurs ont recours à des ruses particulières pour s'emparer de leur proie, et d'autres déploient dans la construction de

(1) Abdomen et cœur d'une araignée : — *a*, abdomen ; — *c*, cœur ; — *ar*, artère céphalique ; — *v*, canaux veineux.

leur demeure une industrie singulière : nous avons déjà eu occasion de parler du nid si remarquable de la mygale (fig. 124); les toiles que nos araignées de jardin tendent avec une régularité admirable sont également curieuses. La soie avec laquelle ces animaux se construisent ainsi des retraites, tendent des piéges à leur proie et forment des cocons pour leurs œufs, est sécrétée par un appareil logé dans la partie postérieure de l'abdomen. Cet appareil consiste en plusieurs paquets de vaisseaux contournés sur eux-mêmes et aboutissant à des pores percés au sommet de quatre ou six mamelons coniques ou cylindriques, appelés filières, et situés au-dessous de l'anus (fig. 434). La matière gluante, expulsée à travers ces pores, prend de la consistance par le contact de l'air, et constitue des fils d'une ténuité extrême et d'une longueur très-grande. A l'aide de ses pattes, l'animal réunit en une seule corde une multitude de ces fils, et chaque fois qu'en se balançant, ses filières viennent à toucher le corps sur lequel il pose, il y attache le bout d'un de ces fils, dont l'extrémité opposée est encore renfermée dans l'appareil sécréteur, et dont il peut par conséquent augmenter à volonté la longueur. La couleur et le diamètre des fils varient beaucoup : une araignée du Mexique se construit une toile composée de fils rouges, jaunes et noirs entrelacés avec un art remarquable, et l'on a calculé que dix mille fils sortant des pores d'une des filières de quelques-unes de nos araignées communes n'égalent pas en grosseur un de nos cheveux, tandis que d'autres espèces propres aux pays chauds forment des trames si fortes, qu'elles suffisent pour arrêter de petits oiseaux, et que l'homme même a besoin de faire un effort pour les rompre. La manière dont les aranéides mettent leur soie en œuvre ne varie pas moins : les uns se bornent à tendre des fils irréguliers, d'autres tissent une toile dont les mailles sont d'une régularité extrême. Quelquefois on les voit immobiles au milieu de leur trame, guettant leur proie ; d'autres espèces se cachent dans une retraite qu'elles se construisent tout auprès, et qui a tantôt l'apparence d'un tube soyeux, tantôt celle d'une petite coupe.

§ 559. Les arachnides se divisent en deux ordres, d'après la structure des organes de la respiration et de la circulation.

Les Arachnides pulmonaires sont caractérisés principalement par l'existence de poches pulmonaires et d'un appareil vasculaire bien développé ; mais on peut les reconnaître aussi à d'autres particularités de structure : ainsi leurs yeux sont au nombre de six, de huit ou même davantage, et on leur voit sous l'abdomen deux, quatre ou huit stigmates. Du reste, la forme générale de ces animaux varie : tantôt ils ont l'abdomen globuleux, des filières à son extrémité et les palpes mandibulaires petites ; d'autres fois leur abdomen est allongé, composé de plusieurs anneaux ; leurs palpes mandibulaires s'avancent comme des bras et se terminent par des pinces ; enfin il n'existe pas de filière à l'extrémité du corps, mais en général un appareil venimeux. Les Aranéides, c'est-à-dire les Araignées proprement dites (fig. 173), les Mygales (fig. 429), les Épéires, les Lycoses ou Tarentules, les Théridions (fig. 436), offrent le premier de ces deux modes de conformation ; les Scorpions (fig. 433), le second.

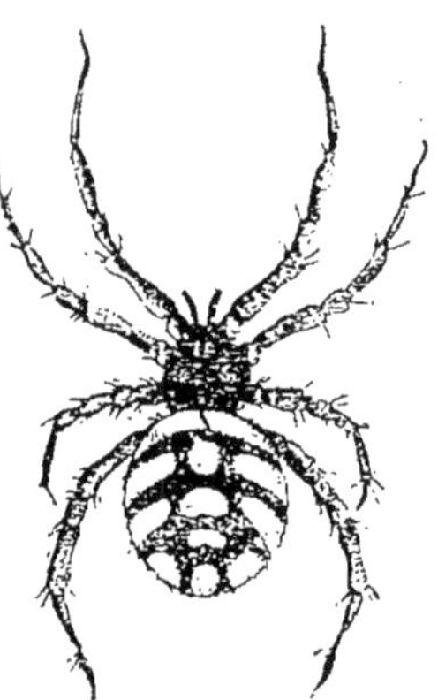

Fig. 436. — Théridion malmignalbe.

§ 560. Les Arachnides trachéens n'ont pas de poches pulmonaires, mais respirent par des trachées, comme les insectes, et n'ont qu'un appareil vasculaire rudimentaire pour la circulation du sang. Les uns sont dépourvus d'yeux, et chez ceux qui en possèdent, on n'en compte jamais que deux ou quatre. Quelques-uns de ces animaux, connus sous le nom de Faucheurs, ressemblent beaucoup aux araignées, et sont remarquables par la longueur de leurs pattes. D'autres ont la bouche conformée en suçoir, et constituent la famille des *Acariens* ou *Mites* ; ils sont de très-petite taille, et plusieurs vivent en parasites sur d'autres animaux. Une espèce, l'Ixode du Brésil, se fixe ainsi sur les chiens, les bœufs, etc., et enfonce tellement son suçoir dans la chair de ces animaux, qu'on ne peut l'en détacher qu'en enlevant la portion de la peau qui y adhère. On assure que la multiplication de ces parasites est quelquefois si considérable qu'ils font périr d'épuisement les bœufs et les chevaux sur lesquels ils se sont fixés. Une autre espèce de mite, appelée *Lepte automnal*, ou *Rouget*, est très-commune en automne dans nos champs, et s'insinue sous la peau de nos jambes, où sa présence occasionne des démangeaisons insupportables. Enfin, c'est un petit animal de cette famille qui, en se

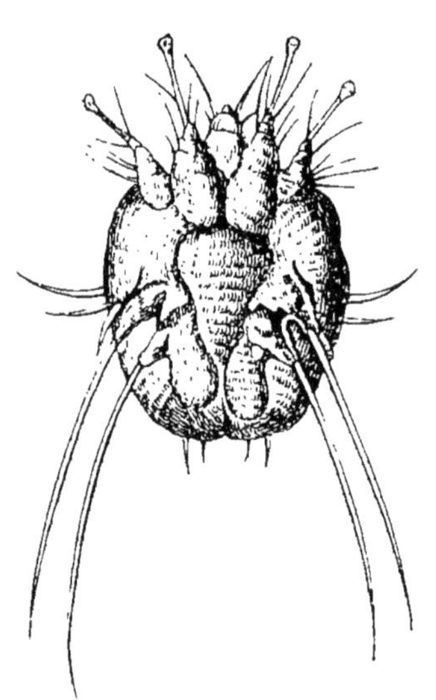

Fig. 437. — Sarcopte de la gale.

multipliant dans des clapiers sinueux sous la peau, occasionne une de nos maladies les plus dégoûtantes, la gale. Le *Sarcopte de la gale* (fig. 437) est à peine visible à l'œil nu ; mais quand on l'examine au microscope, on voit que son corps est oblong, que sa bouche a la forme d'une papille conique armée de plusieurs soies, et que ses pieds, au nombre de huit, diffèrent beaucoup entre eux, les quatre pieds postérieurs étant terminés par des soies seulement, tandis que les quatre pieds antérieurs sont garnis à leur extrémité de petites ventouses à l'aide desquelles ils peuvent adhérer aux corps les plus polis.

CLASSE DES CRUSTACÉS.

§ 561. Les Crustacés sont des animaux articulés proprement dits, ayant la respiration branchiale ou cutanée seulement, et un appareil circulatoire semi-vasculaire, semi-lacuneux. Les crabes, les écrevisses et les langoustes (fig. 438 et 450) forment le type de ce groupe, mais on y range aussi un grand nombre d'animaux dont la structure est beaucoup moins compliquée, et dont la forme extérieure est différente : car, à mesure que l'on descend dans la série naturelle formée par ces êtres, on voit le même plan général d'organisation se modifier successivement et se simplifier de plus en plus. Les derniers crustacés sont même si imparfaits, qu'ils ne peuvent vivre que fixés en parasites sur d'autres animaux, et que la plupart des naturalistes les avaient rangés parmi les vers intestinaux.

§ 562. Le squelette tégumentaire des crustacés offre, en général, une consistance très-considérable. Presque toujours il a une dureté pierreuse, et renferme en effet une portion très-considérable de carbonate de chaux. On peut considérer cette enveloppe solide comme étant une espèce d'épiderme, car, au-dessous d'elle, on trouve une membrane (fig. 446, *t*) qui ressemble au derme des animaux supérieurs ; et, à certaines époques, la première se détache et tombe, comme nous avons déjà vu l'épiderme des reptiles se séparer de leur corps, et la membrane tégumentaire des larves des insectes se renouveler à plusieurs reprises. On comprend facilement la nécessité de ces mues chez des animaux dont tout le corps est renfermé dans une gaîne solide, qui, ne pouvant croître comme les parties intérieures, opposerait à leur développement des obstacles invincibles, si elle ne tombait pas du moment qu'elle est devenue trop petite pour les loger commodément ; aussi les crustacés changent-ils de peau pendant tout le temps que dure leur croissance, et il paraîtrait que la plupart de ces animaux grandissent pendant presque toute leur vie. La manière dont ils se dépouillent de leur ancienne enveloppe est très-singulière; en général, ils parviennent à en sortir sans y occasionner la moindre déformation, et, lorsqu'ils la quittent, toute la surface de leur corps est déjà revêtue de sa nouvelle gaîne; mais celle-ci est encore molle et n'acquiert la solidité qu'elle doit avoir qu'au bout de quelques jours.

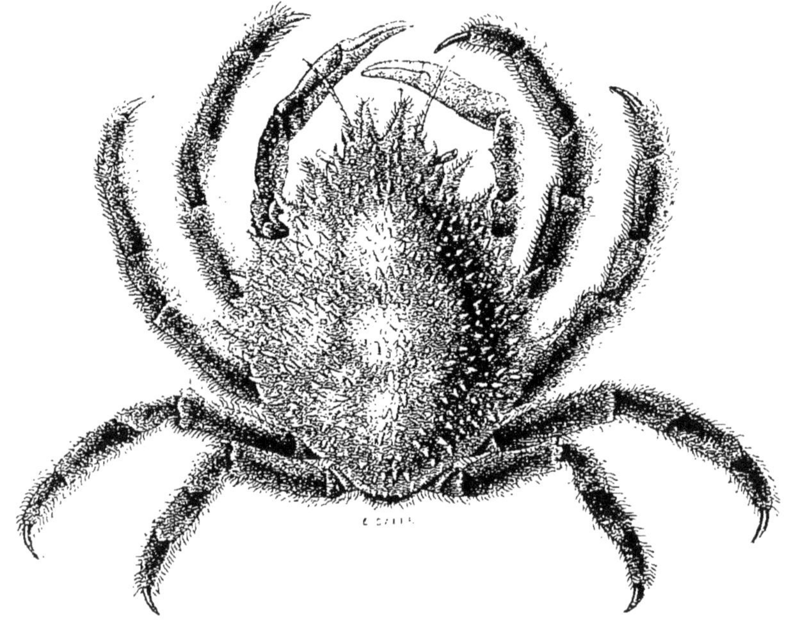

FIG. 438. — Crabe maïa.

Le corps des crustacés se compose d'une série d'anneaux plus ou moins distincts. Tantôt la plupart de ces segments sont simplement articulés entre eux, et jouissent d'une mobilité assez grande; tantôt ils sont presque tous soudés ensemble, et ne se distinguent que par des sillons situés à leur point de jonction; enfin d'autres fois leur union est encore plus intime, et c'est par analogie seulement qu'on est conduit à considérer le tronçon résultant de leur fusion comme composé de plusieurs anneaux plutôt que d'un seul. Il en résulte, comme on le pense bien, des différences très-grandes dans la forme générale de ces animaux; et si l'on compare entre eux un cloporte (fig. 439), un talitre (fig. 169) et un crabe (fig. 438), par exemple, on sera porté, au premier abord, à les croire conformés d'après des types entièrement dissemblables ; mais une étude plus approfondie de leur structure fait voir que la composition de leur squelette tégumentaire est essentiellement la même, et que les différences tiennent presque entièrement à ce que la plupart des anneaux, complétement distincts et mobiles chez les cloportes, sont soudés entre eux chez les crabes, et à ce que certaines parties analogues ne présentent pas chez ces deux animaux les mêmes proportions. Ainsi, chez le cloporte (fig. 439) ou chez le talitre (fig. 169), on trouve une tête distincte (*c*), suivie d'un thorax composé de sept anneaux semblables entre eux (t^2, t^7) et portant chacun une paire de pattes (*p*, *pp*) ; enfin, à la partie postérieure du corps, on voit un abdomen (*ab*) formé également de sept segments, dont la grandeur diminue rapidement, mais dont la forme est à peu près la même que dans le thorax. Chez un crabe au contraire (fig. 438), la tête n'est pas séparée du thorax, et ne forme, avec toute cette partie moyenne du corps, qu'un seul tronçon recouvert par un grand bouclier solide, nommé *carapace ;* enfin l'abdomen échappe d'abord à l'œil, car il est reployé en dessous du thorax et n'offre que peu de volume. Cependant il est facile de démontrer que, chez le crabe comme chez le cloporte, il existe en arrière de la tête sept anneaux thoraciques bien reconnaissables, et que la carapace n'est pas un organe nouveau créé pour les premiers, mais seulement la portion dorsale de l'un des anneaux de la tête, qui a pris un développement extrême et a chevauché sur tous les anneaux voisins. Chez d'autres animaux de la même classe, la forme générale du corps s'éloigne encore davantage de celle dont nous venons de parler. Ainsi, les limnadies sont renfermés entre deux boucliers ovalaires, réunis comme les valves d'une huître, et c'est après avoir enlevé cette cuirasse mobile qu'on reconnaît la structure annulaire de leur corps (fig. 455). Les cypris, qui abondent dans les eaux stagnantes, offrent une disposition analogue ; seulement les anneaux dont leur corps se compose sont encore plus difficiles à reconnaître. Enfin, nous citerons encore les lernées, qui, à l'âge adulte, offrent les formes les plus bizarres (fig. 154, 155), mais qui, dans la première période de leur existence, ont une structure annulaire bien régulière (§ 366). Cette étude comparative du squelette tégumentaire des crustacés offre un grand intérêt pour

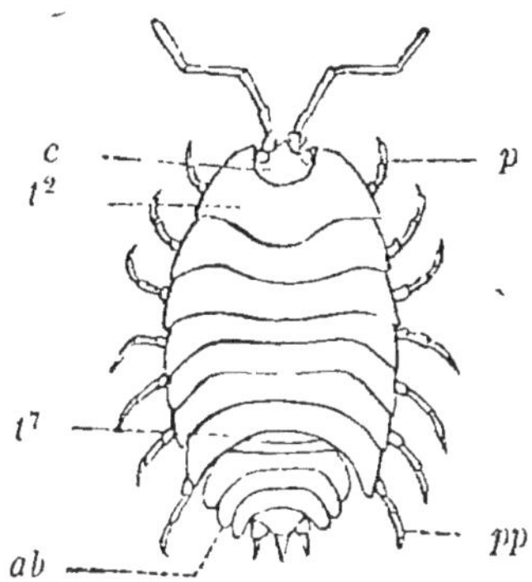

Fig. 439. — Cloporte.

l'anatomie philosophique, dont une des branches les plus importantes a trait aux modifications que la nature fait subir aux mêmes éléments organiques, pour les adapter à des usages variés et pour créer avec des matériaux analogues des instruments dissemblables; mais les limites que nous avons assignées à ces leçons ne nous permettent pas de nous arrêter plus longtemps sur ce sujet.

§ 563. Les appendices latéraux des divers anneaux constitutifs du corps sont en général très-nombreux, et offrent aussi des différences considérables dans leur conformation et dans leurs usages, soit qu'on les considère dans les diverses parties d'un

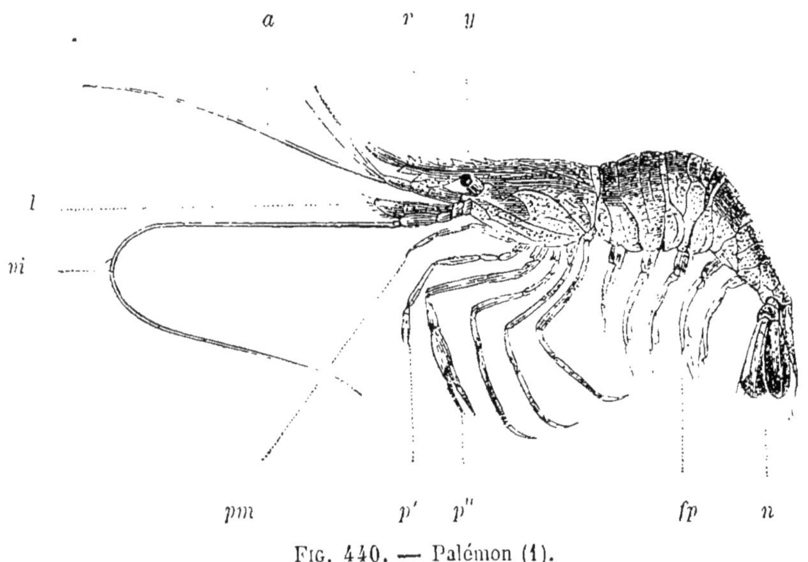

Fig. 440. — Palémon (1).

même individu, soit qu'on les compare chez des espèces distinctes. Ceux des premiers anneaux sont, en général, affectés aux fonctions de relation, et portent les yeux ou constituent des antennes; les suivants entourent la bouche, et servent à la préhension ou à la division des aliments (fig. 144, 145); ceux de la portion moyenne du corps constituent des pattes pour la locomotion, et ceux qui sont placés plus en arrière ont des usages très-variables, mais servent, en général, soit à la respiration, soit

(1) *a*, antennes de la première paire; — *ai*, antennes de la seconde paire, ou antennes inférieures; — *l*, appendice lamelleux qui en recouvre la base; — *r*, rostre ou prolongement frontal de la carapace; — *y*, yeux; — *pm*, patte-mâchoire externe; — *p′*, patte thoracique de la première paire; — *p″*, patte thoracique de la seconde paire; — *fp*, fausses pattes natatoires de l'abdomen; — *n*, nageoire caudale.

à la reproduction ; enfin, cette longue série se termine ordinairement par une ou plusieurs paires de membres disposés pour servir de nageoires.

La tête, ou plutôt la portion céphalique du corps, porte les yeux, les antennes et les appendices buccaux ; quelquefois elle est divisée en plusieurs anneaux distincts (chez les squilles, par exemple, fig. 448) ; mais, en général, elle n'offre point de séparation semblable, et n'est formée que d'un seul tronçon qui paraît représenter sept de ces anneaux confondus entre eux. Tantôt elle est mobile et distincte du thorax (fig. 439); tantôt, au contraire, soudée à cette seconde portion du corps, qui, à son tour, se compose d'anneaux articulés entre eux chez certaines espèces, soudés en une seule masse chez d'autres (fig. 438).

Ces antennes sont presque toujours au nombre de deux paires, et constituent, en général, des espèces de cornes filiformes très-allongées. Les pattes naissent par paires des divers anneaux thoraciques ; souvent on en compte sept paires : chez les cloportes (fig. 439), les crevettes des ruisseaux et les talitres, par exemple ; mais d'autres fois, comme cela se voit chez les crabes (fig. 438) et les écrevisses (fig. 144), leur nombre est réduit à cinq paires seulement, car les appendices qui, dans le premier cas, formaient les quatre pattes antérieures, sont alors affectés à d'autres usages et transformés en organes de mastication. Il existe aussi des différences très-grandes dans leur structure : chez quelques crustacés, elles sont toutes foliacées, membraneuses et propres à la natation seulement (fig. 448); chez d'autres, elles ont la forme de petites colonnes coudées, articulées et disposées pour la marche seulement ; chez d'autres encore, tout en restant propres à ce dernier genre de locomotion, elles doivent servir en même temps comme autant de petites bêches pour fouir la terre, et alors elles sont élargies et lamellaires vers le bout (fig. 441); enfin, chez d'autres encore, elles se terminent en pinces, et deviennent alors des instruments de préhension en même temps qu'elles remplissent encore leurs fonctions ordinaires dans la locomotion (fig. 144). Chez les crustacés nageurs, tels que les

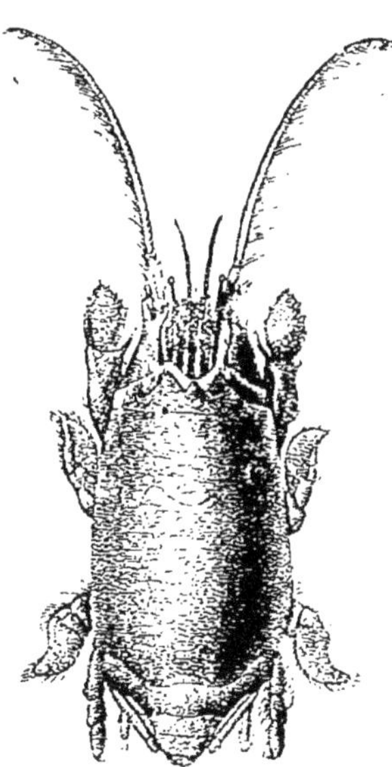

Fig. 441. — Hippe.

écrevisses, les langoustes (fig. 450), les palémons (fig. 440), etc., l'abdomen offre, en général, un développement considérable, et se termine par une large nageoire, de façon à devenir le principal agent locomoteur ; mais chez ceux qui doivent marcher plus qu'ils ne nagent, il est, en général, très-petit et reployé sous le thorax : chez les crabes, par exemple, cette portion du corps est réduite presque à rien, et constitue l'espèce de tablier mobile qu'on aperçoit à la face inférieure du corps entre les pattes.

§ 564. Le système nerveux se compose d'une double série de ganglions situés sur la face ventrale du corps, près de la ligne médiane. En général, leur nombre correspond à celui des segments distincts dont le corps se compose, et toujours ceux de la première paire sont logés dans la tête, au devant de l'œsophage, où ils constituent une espèce de cerveau (fig. 442, *c*). Mais la dis-

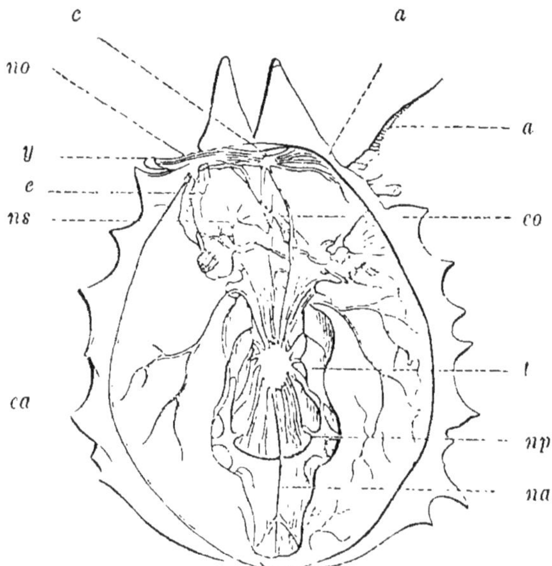

Fig. 442. — Système nerveux d'un Crabe, le Maïa (1).

position des ganglions du thorax et de l'abdomen varie beaucoup : tantôt ils sont également espacés entre eux, et forment avec leurs cordons de communication une chaîne étendue d'un bout du corps à l'autre (fig. 162) ; tantôt ils sont plus ou moins rapprochés

(1) *ca*, carapace ouverte ; — *a*, antennes extérieures ; — *y*, yeux ; — *e*, estomac ; — *c*, cerveau ; — *no*, nerfs optiques ; — *co*, collier œsophagien ; — *ns*, nerfs stomato-gastriques ; — *t*, masse ganglionnaire thoracique ; — *np*, nerf des pattes ; — *na*, nerf abdominal.

entre eux, et quelquefois ils sont tous réunis en une seule masse, située vers le milieu du thorax (fig. 442, *t*). Il est à noter que cette centralisation du système nerveux devient de plus en plus complète à mesure que l'animal acquiert une organisation plus élevée. Du reste, les crustacés n'ont tous que des facultés très-bornées, et aucun d'entre eux ne présente beaucoup d'intérêt sous le rapport de ses mœurs. Les yeux sont conformés à peu près de même que chez les insectes. Quelquefois ils sont simples; mais, en général, ils sont composés, et, chez tous les crustacés les plus parfaits, ces organes sont portés sur des pédoncules mobiles (fig. 443),

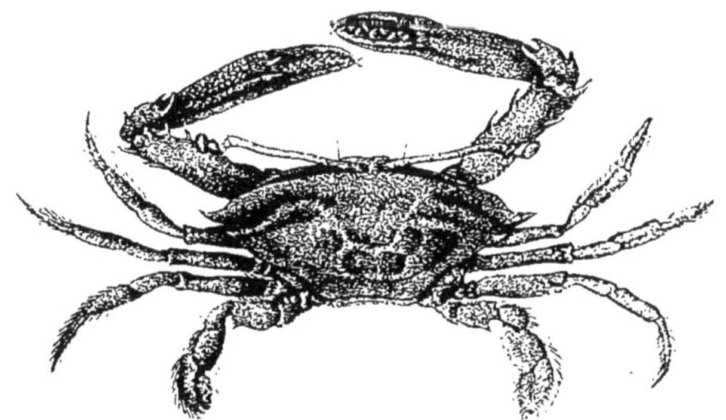

Fig. 443. — Podophthalme.

disposition qui ne se voit dans aucune des autres divisions de l'embranchement des animaux articulés. Chez un grand nombre de crustacés, il existe aussi un appareil de l'ouïe, qui est situé à la base des antennes (fig. 444, *o*), et qui se compose d'une petite membrane semblable à un tympan, au-dessus de laquelle se trouve une espèce de vestibule rempli de liquide et renfermant la terminaison d'un nerf particulier. On ne sait rien de positif touchant l'odorat et le goût chez ces animaux.

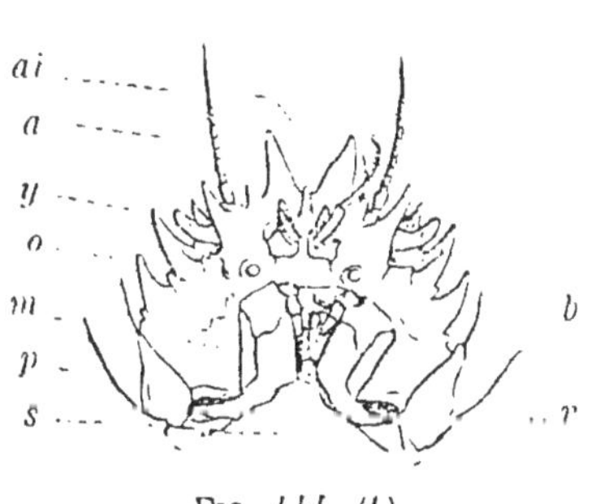

Fig. 444. (1)

§ 565. La plupart des crustacés vivent de substances animales; mais ils présentent de grandes

(1) Portion antérieure de la face inférieure du corps d'un Crabe (le Maïa) : — *ai*, antennes internes; — *a*, antennes externes; — *y*, yeux; — *o*, organe auditif; — *m*, pattes-mâchoires; — *b*, bouche; — *p*, base des pattes antérieures; — *r*, ouverture afférente de la cavité respiratoire; — *s*, sternum.

différences dans leur régime : les uns ne se nourrissent que de matières liquides ; les autres se repaissent d'aliments solides, et l'on remarque dans la conformation de leur bouche des différences correspondantes. Chez les crustacés masticateurs, il existe au devant de cette ouverture une lèvre courte et transversale, suivie d'une paire de mandibules, d'une lèvre inférieure, d'une ou de deux paires de mâchoires proprement dites, et en général d'une ou de trois paires de mâchoires auxiliaires ou pattes-mâchoires, qui servent principalement à la préhension des aliments (fig. 144). Chez les crustacés suceurs, au contraire, la bouche se prolonge en une espèce de bec ou de trompe semblable à ce que nous avons déjà vu chez les insectes dont les mœurs sont analogues. Dans l'intérieur de ce tube se trouvent des appendices grêles et pointus, qui font l'office de petites lancettes, et, de chaque côté, on voit d'ordinaire des organes analogues aux mâchoires auxiliaires des crustacés broyeurs, mais qui sont conformés pour servir à fixer l'animal sur sa proie.

§ 566. Le canal digestif s'étend de la tête à l'extrémité postérieure de l'abdomen, et se compose d'un œsophage très-court, d'un estomac grand (fig. 446, *e*), et en général armé intérieurement de dents puissantes, d'un intestin grêle et d'un rectum.

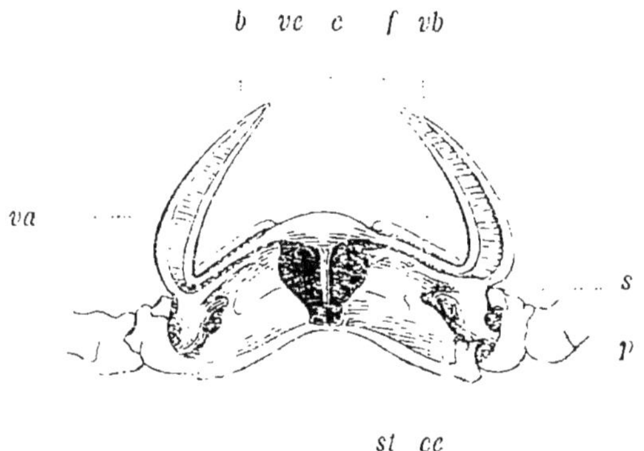

Fig. 445. — Appareil circulatoire d'un Crabe (1).

Chez quelques crustacés, la bile est sécrétée par des vaisseaux biliaires assez semblables à ceux des insectes ; mais, en général, il existe un foie très-volumineux (*fo*), divisé en plusieurs lobes

(1) Coupe verticale du thorax d'un Crustacé, montrant la marche suivie par le sang : — *c*, cœur ; — *s*, sinus veineux ; — *b*, branchies ; — *va*, vaisseau qui porte le sang veineux aux branchies ; — *vc*, vaisseau qui reçoit le sang après son passage à travers le réseau capillaire des branchies ; — *vb*, vaisseaux branchio-cardiaques ; — *f*, voûte des flancs ; — *st*, sternum ; — *cc*, cellule des flancs ; — *p*, base des pattes.

et composé d'une multitude de petits tubes terminés en cul-de-sac et groupés autour d'un canal excréteur ramifié, dont l'extrémité débouche de chaque côté dans l'intestin, près du pylore.

§ 567. On ne sait rien sur la manière dont le chyle passe de l'intestin dans l'appareil circulatoire. Le sang est incolore ou légèrement teint en bleu ou en lilas, et se coagule facilement. Ce liquide est mis en mouvement par un cœur situé sur la ligne médiane du dos (fig. 446, *c*) et composé d'une seule cavité

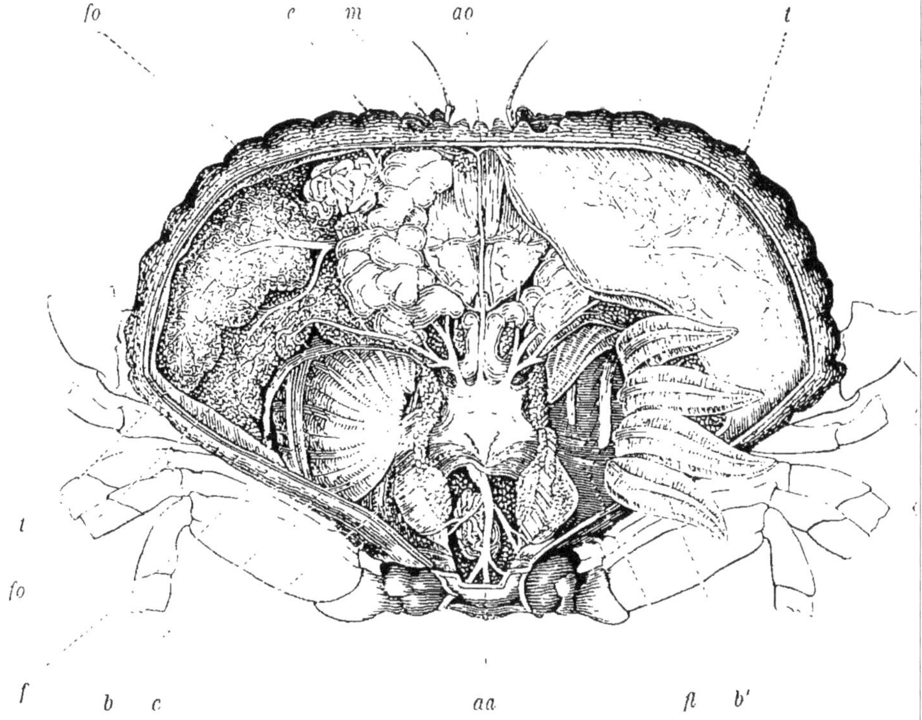

Fig. 446. — Anatomie du Crabe tourteau (1).

Sa forme varie, et ses contractions chassent le sang dans les artères, qui le distribuent à toutes les parties du corps. Les veines sont remplacées par les lacunes que les divers organes laissent entre eux et que tapisse une couche mince de tissu cellulaire : elles aboutissent à de vastes sinus situés près de la base des

(1) La majeure partie de la carapace a été enlevée : — *t*, portion de la membrane cutanée qui tapisse la carapace ; — *c*, cœur ; — *ao*, artère ophthalmique ; — *aa*, artère abdominale ; — *b*, branchies dans leur position naturelle ; *b'*, branchies renversées en dehors pour montrer leurs vaisseaux afférents ; — *fl*, voûte des flancs ; — *f*, appendice flabelliforme (ou *épignathe*) des pattes-mâchoires ; — *e*, estomac ; — *m*, muscles de l'estomac ; — *fo*, foie.

pattes (fig. 445, *s*), et de ces cavités le sang se rend aux organes respiratoires, puis revient au cœur par des canaux bien distincts, nommés branchio-cardiaques (fig. 445, *vb*).

§ 568. Les crustacés sont presque tous des animaux essentiellement aquatiques ; aussi leur respiration se fait-elle presque toujours à l'aide de branchies, et, lorsque ces organes manquent, c'est la peau de certaines parties du corps (le plus souvent des pattes) qui en tient lieu. Du reste, la disposition de l'appareil

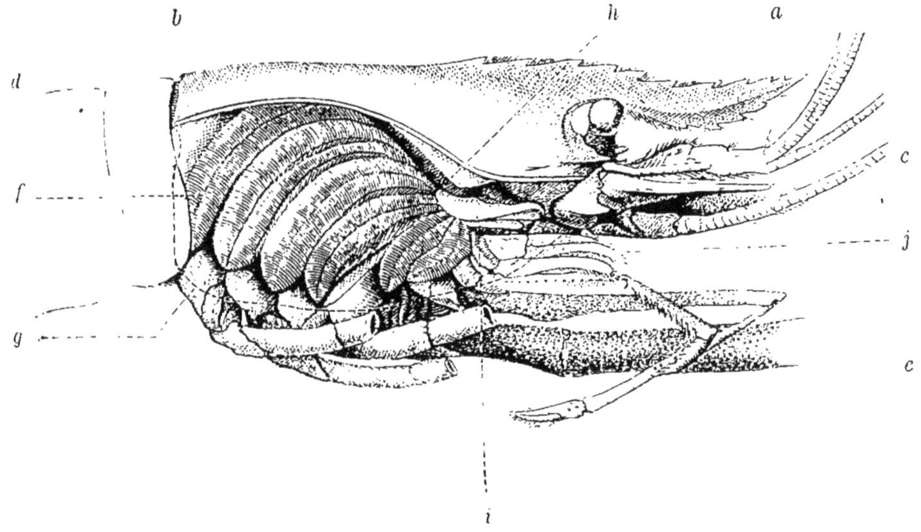

FIG. 447. —Appareil respiratoire d'un Palémon (1).

respiratoire varie beaucoup. Ainsi, chez les crabes, les écrevisses et tous les autres crustacés d'une organisation analogue, les branchies consistent en un nombre considérable de pyramides composées chacune d'une multitude de petits cylindres disposés comme les poils d'une brosse, ou de petites lamelles empilées les unes sur les autres comme les feuillets d'un livre. Ces organes sont fixés par leur extrémité au bord inférieur de la voûte des flancs (fig. 446 et 447), et sont renfermés dans deux grandes cavités situées sur les côtés du thorax et comprises entre la carapace et la voûte dont nous venons de parler, disposition qui ne se retrouve dans aucun autre animal de cette classe. La cavité res-

(1) *a*, rostre ; — *b*, carapace ; — *c*, base des antennes ; — *d*, base de l'abdomen ; — *e*, base des pattes ; — *f*, branchies ; — *g*, ligne ponctuée indiquant le bord inférieur de la portion de la carapace qui recouvre les branchies et qui a été enlevée dans cette préparation ; — *h*, canal efférent de la respiration ; — *i*, valvule ; — *j*, extrémité du canal efférent ou expirateur.

piratoire communique au dehors par deux ouvertures : l'une, servant à l'entrée de l'eau, et presque toujours située entre la base des pattes et le bord de la carapace (fig. 444, *r*) ; l'autre, destinée à la sortie de ce liquide, est placée sur les côtés de la bouche. Enfin, le renouvellement de l'eau à la surface des branchies est déterminé par les mouvements d'une grande valvule située près de cette dernière ouverture et formée par un appendice lamelleux des mâchoires de la seconde paire (fig. 145, *c* ; fig. 447, *l*). Chez d'autres crustacés, les squilles, par exemple (fig. 448), les branchies ont la forme de panaches, et, au lieu d'être

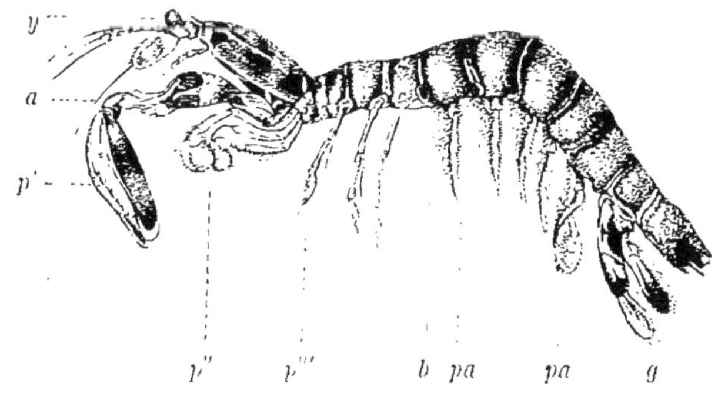

FIG. 448. — Squille (1).

renfermées dans le thorax, elles flottent librement à l'extérieur et sont fixées aux membres abdominaux. Chez d'autres encore, tels que les crevettes des ruisseaux et les talitres, ce sont des vésicules membraneuses fixées à la base des pattes, sous le thorax, qui tiennent lieu de branchies. Enfin, chez les crustacés isopodes, la respiration s'effectue à l'aide des fausses pattes abdominales, qui sont devenues foliacées et membraneuses.

§ 569. Il existe un très-petit nombre de ces animaux qui vivent à l'air; mais ils font exception à ce que nous avons dit relativement aux différences de structure de l'appareil respiratoire chez les animaux aquatiques et terrestres ; car, au lieu d'être pourvus de poumons ou de trachées, ils respirent par des branchies, comme les premiers, seulement ces organes sont disposés de manière à se maintenir dans un état d'humidité nécessaire à l'exercice de leurs fonctions. Les gécarcins, ou crabes de terre (fig. 449), qu'on rencontre dans diverses régions du globe, mais qui abondent surtout aux Antilles, où on les connaît sous le nom de

(1) *y*, yeux ; — *a*, antennes ; — *p'*, pattes de la première paire ; *p''*, pattes des trois paires suivantes ; — *p'''*, pattes thoraciques des trois dernières paires ; — *pa*, fausses pattes abdominales ; — *b*, branchies ; — *g*, nageoire caudale.

tourlourous, nous offrent un exemple remarquable de cette anomalie. Au lieu de vivre dans l'eau, comme les crustacés ordinaires, ils sont terrestres, et quoiqu'ils soient pourvus de branchies, quelques-uns d'entre eux s'asphyxient promptement par la submersion. Leur respiration est en effet trop active pour que la petite quantité d'oxygène dissoute dans l'eau puisse suffire à leurs besoins, tandis que dans l'air ils trouvent ce gaz en abondance, et une disposition analogue à celle que nous avons déjà rencontrée chez quelques poissons (fig. 338) leur permet de rester hors de l'eau sans que leurs branchies se dessèchent au point de devenir impropres à remplir leurs fonctions : tantôt il existe au fond de la cavité respiratoire une espèce d'auge destinée à servir de réservoir pour l'eau nécessaire au maintien de l'humidité autour des branchies ; d'autres fois on trouve à la voûte de cette cavité une membrane spongieuse qui paraît servir aux mêmes usages. La plupart de ces crabes de terre se tiennent d'ordinaire dans les bois humides, et s'y cachent dans des trous qu'ils creusent dans le sol ; mais les localités qu'ils préfèrent varient suivant les espèces : les unes vivent dans les terrains bas et marécageux qui avoisinent la mer ; d'autres se tiennent sur les collines boisées, loin du littoral, et à certaines époques ces dernières quittent leur demeure habituelle pour gagner la mer.

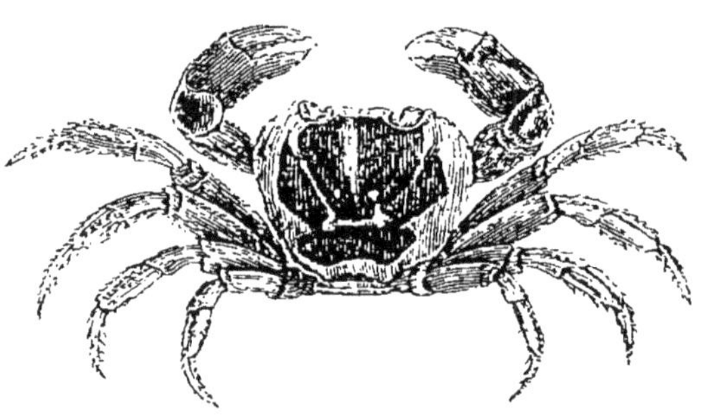

FIG. 440. — Gécarcin, ou Crabe de terre.

Les cloportes (fig. 439) sont aussi des crustacés terrestres dont la respiration aérienne s'effectue à l'aide de lames foliacées qui sont situées sous l'abdomen, et qui, chez d'autres animaux conformés à peu près de la même manière, remplissent les fonctions de branchies.

§ 570. Les crustacés sont tous ovipares, et les sexes sont presque toujours séparés ; mais il en est qui sont hermaphrodites. La femelle se distingue en général du mâle par la forme plus élargie de son abdomen, et, après avoir pondu ses œufs, elle les porte pendant un certain temps suspendus sous cette partie du corps ou même renfermés dans une espèce de poche formée par des appendices appartenant aux pattes : quelquefois les petits naissent dans cette poche et y restent jusqu'à ce qu'ils aient subi leur première mue. Dans le jeune âge, certains crustacés subissent des métamorphoses très-remarquables ; mais il en est d'autres (les écrevisses, par exemple) qui ne changent pas notablement en grandissant, ou qui acquièrent seulement une paire de pattes

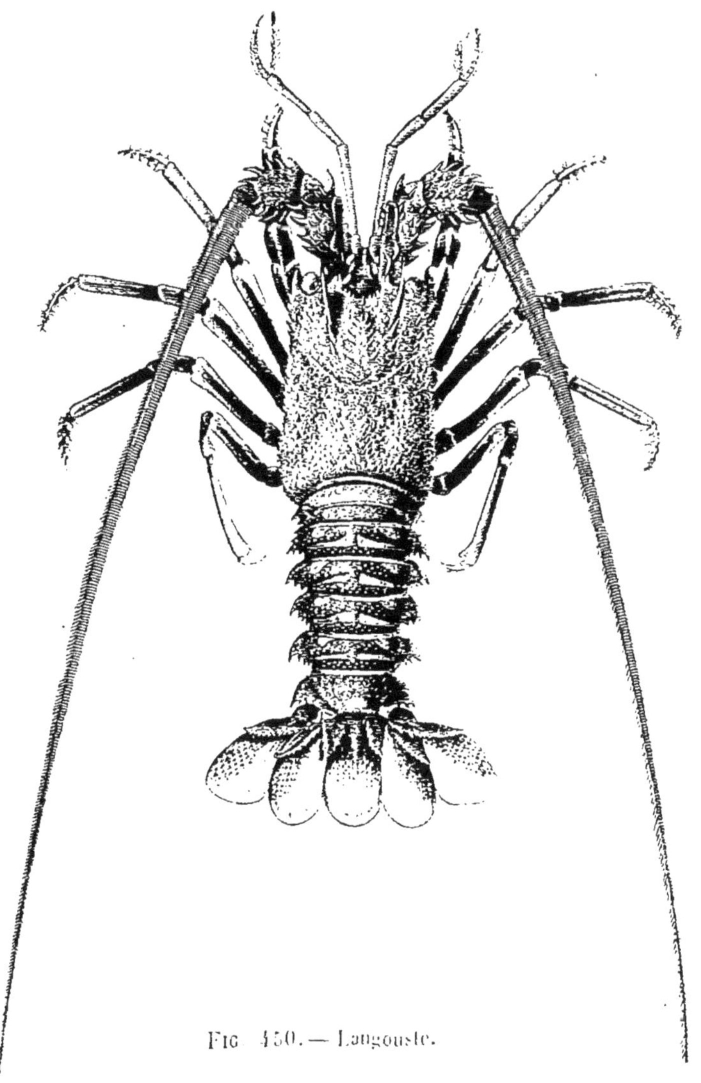

FIG. 450. — Langouste.

additionnelles, ainsi que cela se voit chez les cloportes. Les lernées nous ont déjà offert un exemple de ces transformations (fig. 154), qui sont non moins curieuses à étudier chez la langouste.

En naissant, ces animaux ont le corps aplati comme une feuille et transparent comme du cristal, et pendant longtemps on a cru qu'ils appartenaient à une division zoologique très-différente de celle où leurs parents prennent place : on les a désignés sous le nom de *Phyllosomes* (fig. 451). Mais on sait aujourd'hui qu'en se développant, ces sortes de larves deviennent des langoustes ordinaires.

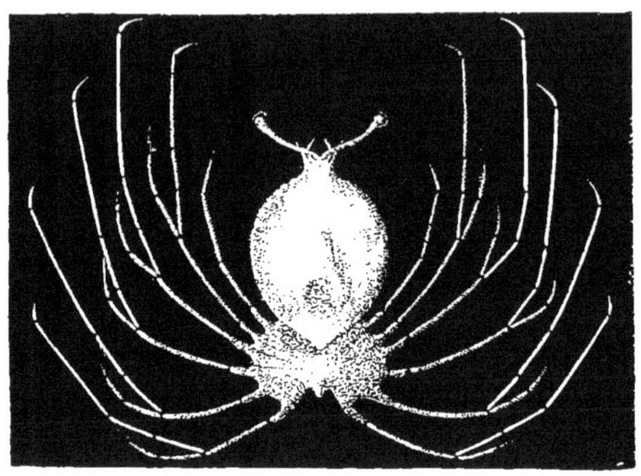

Fig. 451.

Les crabes subissent aussi de véritables métamorphoses. Dans le jeune âge, ils sont pourvus d'une queue natatoire, comme les crevettes, et leur carapace est armée de longues épines : on les appelle alors des *Zoés* (fig. 452). Mais, en grandissant, ils ne

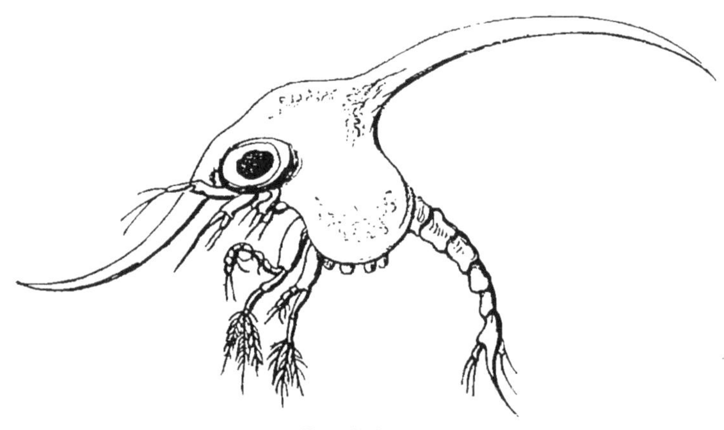

Fig. 452.

tardent pas à perdre ces parties, et à prendre la forme qu'on leur connaît à l'état adulte.

§ 571. La classe des CRUSTACÉS, dans laquelle il faut ranger les Cirripèdes, que beaucoup de zoologistes ont à tort réunis aux Mollusques, se divise en cinq groupes principaux, savoir :

Les PODOPHTHALMAIRES, dont les yeux sont portés sur des pédoncules mobiles, la portion antérieure du corps garnie d'une carapace, les pattes ambulatoires, la bouche armée de mâchoires disposées pour la mastication, et les organes de la respiration constitués par des branchies proprement dites.

Les ÉDRIOPTHHALMES, dont les yeux ne sont pas pédonculés, le thorax à découvert, les pattes ambulatoires, l'appareil buccal masticateur et les branchies remplacées par une portion de la série des membres.

Les BRANCHIOPODES, dont les pattes sont toutes foliacées, et remplissent à la fois les fonctions de nageoires et de branchies.

Les ENTOMOSTRACÉS, dont les pattes sont natatoires, mais non branchiales, et dont la bouche est ordinairement organisée pour la succion. Enfin, les XIPHOSURES, dont la bouche ne présente pas d'appendices qui lui appartiennent en propre, mais est entourée de pattes dont la base fait office de mâchoires.

§ 572. La division des PODOPHTHALMAIRES comprend le plus grand nombre des crustacés, et se compose de tous ceux dont l'organisation est la plus compliquée et la plus parfaite. Elle se subdivise en deux ordres : les *Décapodes* et les *Stomapodes*.

§ 573. L'ordre des DÉCAPODES comprend les Crabes, les Écrevisses et tous les autres crustacés dont les branchies sont intérieures et dont les pattes sont au nombre de cinq paires. La tête et le thorax de ces animaux sont confondus en une seule masse que recouvre une grande carapace (fig. 453) : ce bouclier dorsal s'avance en général plus ou moins loin au devant du front, descend de chaque côté jusqu'à la base des pattes, et s'étend en arrière jusqu'à l'origine de l'abdomen (fig. 438, 453). Il en résulte qu'en dessus on ne peut distinguer dans toute cette partie du corps aucune trace de division annulaire ; mais en dessous, la plupart des anneaux, quoique soudés entre eux, sont encore reconnaissables,

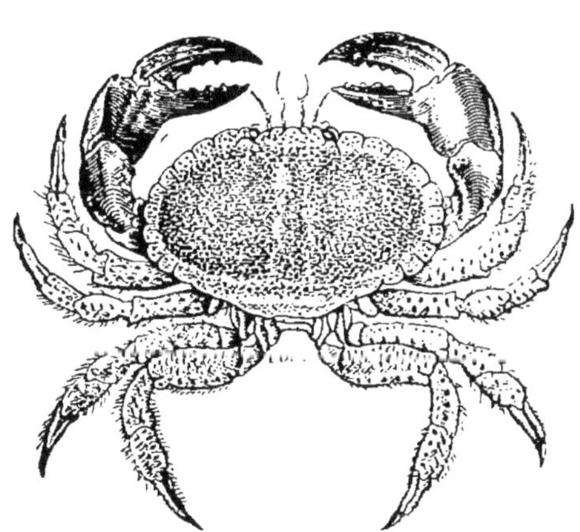

FIG. 453. — Crabe tourteau.

et laissent dans leurs points de jonction des lignes de suture plus ou moins distinctes. Les yeux sont toujours portés à l'extrémité d'une paire d'appendices mobiles qui naissent du premier segment de la tête; quelquefois la longueur de leur pédoncule est très-considérable (fig. 443), et en général ils peuvent se reployer dans les cavités qui remplissent les fonctions d'orbites et qui sont formées par le bord antérieur de la carapace. Les organes de la locomotion sont également très-développés chez ces crustacés; plusieurs courent avec une rapidité extrême, et d'autres nagent avec encore plus de vitesse. Leurs pattes, comme nous l'avons déjà dit, sont au nombre de cinq paires et fixées aux cinq derniers anneaux du thorax; mais, en général, celles des quatre dernières paires seules servent à la locomotion, et celles de la première paire, terminées par une pince plus ou moins parfaite, deviennent des organes de préhension (fig. 453). Chez les décapodes les mieux conformés pour la nage (tels que les Écrevisses, les Homards, les Langoustes et les Palémons), le corps est allongé et l'abdomen se termine par une large nageoire transversale (fig. 450); tandis que chez ceux qui sont conformés pour courir, les Crabes, par exemple, l'abdomen est très-court, ne présente pas de nageoire terminale, et se recourbe sous le thorax.

§ 574. Les Stomapodes ont également les yeux portés sur des pédoncules mobiles, le thorax recouvert en totalité ou en partie par une carapace, et les pattes cylindriques; mais leurs branchies ne sont pas renfermées dans des cavités du thorax, et flottent sous l'abdomen ou manquent complétement. La Squille (fig. 448), dont nous avons déjà parlé, appartient à cet ordre.

§ 575. Dans la division des Edriophthalmes, la tête est distincte du thorax, et cette dernière partie du corps se compose d'une série de sept anneaux portant chacun une paire de pattes. Ainsi que nous l'avons déjà dit, il n'y a jamais de carapace, les yeux ne sont pas pédonculés, et il n'y a pas de branchies proprement dites, mais la respiration s'exerce à l'aide de divers appendices empruntés à l'appareil locomoteur. On range dans ce groupe :

1° Les Amphipodes, qui ont l'abdomen bien développé, et portent sous le thorax une double série de vésicules respiratoires formées par la branche interne des pattes. Les Crevettes des ruisseaux et les Talitres (fig. 169) nous offrent ces caractères.

2° Les Læmodipodes, qui ressemblent aux précédents par la disposition des organes de la respiration, mais qui n'ont qu'un abdomen rudimentaire.

3° Les Isopodes, dont l'abdomen est au contraire bien développé et porte en dessous une série de fausses pattes branchiales. Les Anilocres (fig. 454), les Sphéromes et les Cloportes prennent place dans cet ordre.

§ 576. Les Branchiopodes, comme nous l'avons déjà dit, sont de petits crustacés dont les pattes ne peuvent plus servir à la marche, mais affectent la forme de lames foliacées, et constituent en même temps des organes de natation et de respiration. Tels sont

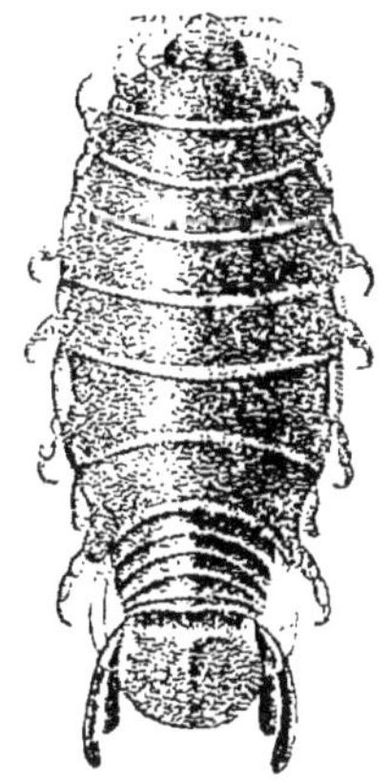

Fig. 454. — Anilocre.

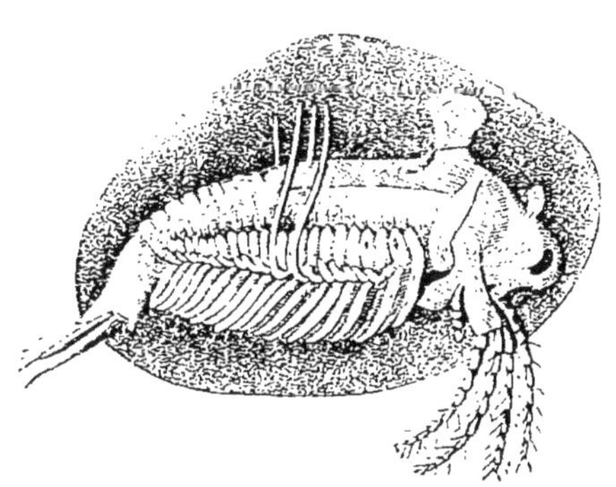

Fig. 455. — Limnadie (1).

les Limnadies, dont il a déjà été question (fig. 455), les Apus, les Branchipes, les Daphnies, etc. C'est à ce groupe que paraissent devoir être rapportés les *Trilobites*, animaux marins dont on a trouvé des débris fossiles dans les couches les plus anciennes du globe, mais dont il n'existe aucun représentant dans nos mers actuelles.

§ 577. Les Entomostracés sont aussi conformés pour la nage seulement, et dans le jeune âge ils possèdent tous un certain nombre de pattes rigides et biramées; mais, à l'état adulte ils sont pour la plupart sédentaires, et alors leur corps se déforme d'une manière qui est souvent fort bizarre. En général, ils n'ont qu'un seul œil placé au milieu du front, et leur respiration paraît s'effectuer par toute la surface du corps.

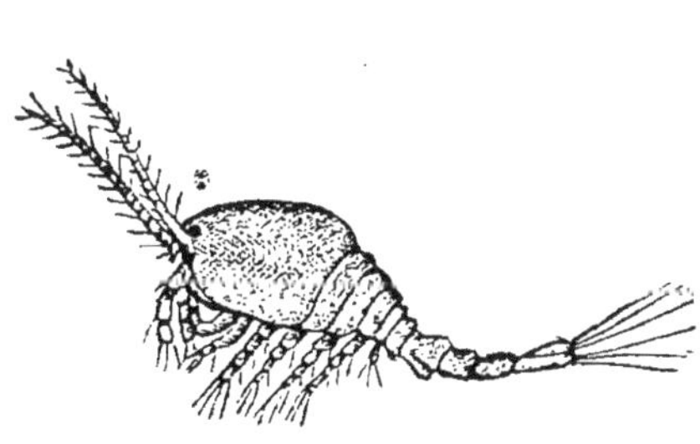

Fig. 456. — Cyclope.

§ 578. Les uns, désignés sous le nom de Copépodes, sont tou-

(1) L'une des valves de la carapace a été enlevée.

jours fort agiles, et possèdent de grandes antennes et un appareil masticateur : ce sont les Cyclopes, ou Monocles (fig. 456).

§ 579. D'autres vivent en parasites sur des poissons, des crustacés, etc., et ont la bouche allongée en forme de trompe ou de bec et armée d'appendices styliformes propres à percer les téguments des animaux dont ils sucent les humeurs. On les subdivise en SIPHONOSTOMES et en LERNÉES. Les premiers contiennent toujours des pattes natatoires, et se fixent à l'aide de pattes-mâchoires en forme de crochets ; les seconds, en arrivant à l'état adulte, n'offrent plus de traces d'organes locomoteurs, et ont été souvent confondus avec les vers intestinaux.

§ 580. C'est aussi dans la division des Entomostracés qu'il faut ranger les CIRRIPÈDES, ou CIRROPODES, qui, au premier abord, semblent avoir plus d'analogie avec les mollusques qu'avec les animaux de cette classe, mais qui ne sont dans la réalité que des crustacés dont le corps s'est déformé après qu'ils ont cessé de mener une vie errante. Dans le jeune âge, ces petits êtres, qui sont

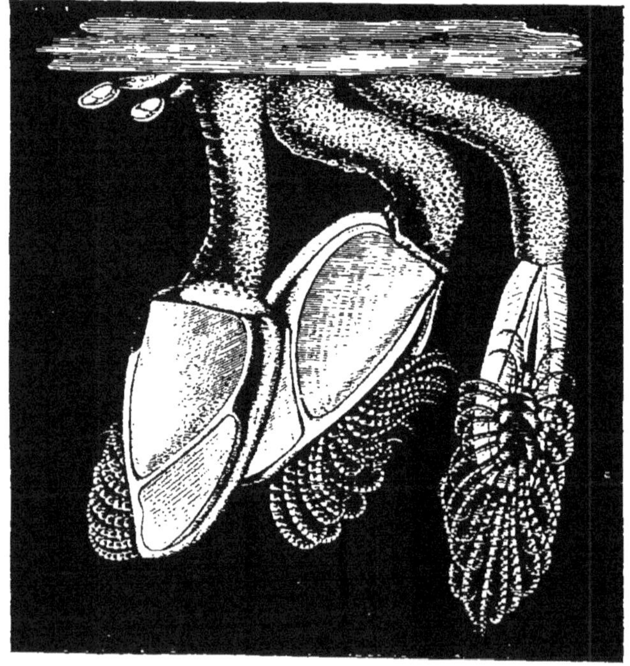

FIG. 457. — Anatife.

tous marins, nagent librement, et ressemblent extrêmement à certains entomostracés ordinaires, tels que les jeunes cyclopes (fig. 157) ; mais bientôt après ils se fixent pour toujours sur quelque corps sous-marin, et changent complétement de forme. C'est par le dos qu'ils adhèrent ainsi, et leur corps, plus ou moins piriforme et recourbé sur lui-même, est renfermé en totalité ou en majeure partie dans une espèce de coquille composée de plusieurs pièces (fig. 457). Ils n'ont point d'yeux, et leur bouche est garnie de mandibules et de mâchoires ayant la plus grande ressemblance avec celles de certains crustacés ; la face abdominale de leur corps est occupée par deux rangées de lobes charnus portant chacun de longs appendices cornés garnis de cils et composés d'un grand nombre d'articles. Ces espèces de bras ou cirres, dont le nombre est de douze paires, sont recourbés sur eux-mêmes, et l'animal les fait constamment sortir et rentrer par l'ouverture de sa gaîne. A l'extrémité de cette série d'organes se trouve une espèce de queue ayant la forme d'un long tentacule charnu, à la base de laquelle se trouve l'anus. Leur système nerveux se compose d'une double chaîne de ganglions disposés exactement comme chez les autres animaux articulés. Ils ont un cœur logé dans la partie dorsale de leur corps, et ils respirent par des branchies dont la forme varie.

FIG. 458. - Balane.

Les Cirripèdes se divisent en deux familles : les *Anatifes* et les *Balanes*.

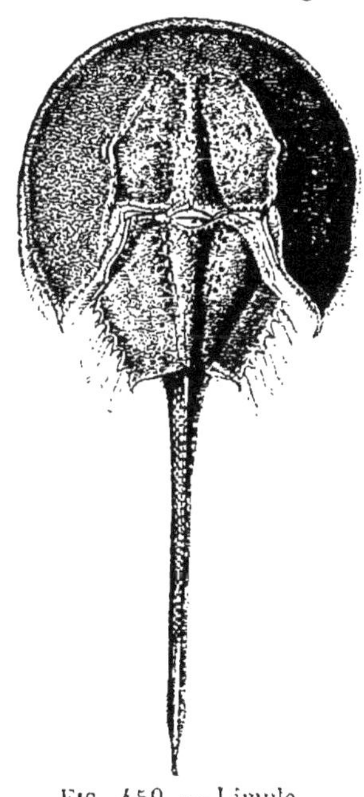

FIG. 459. — Limule.

Les ANATIFES (fig. 457) sont renfermés dans une espèce de manteau comprimé, ouvert d'un côté et suspendu à un long pédoncule charnu : tantôt ce manteau est presque entièrement cartilagineux; d'autres fois il est recouvert par cinq lames testacées, dont les deux principales ressemblent assez à celles d'une moule. L'Anatife commun habite dans nos mers, et se trouve fréquemment attaché aux rochers, à la quille des navires, ou à des morceaux de bois flottants. Il a été le sujet des fables les plus absurdes : quelque ressemblance grossière de sa coquille avec un oiseau a fait dire qu'il donnait naissance à l'espèce d'oie qu'on nomme bernache.

Les BALANES, ou *Glands de mer* (fig. 458), abondent sur nos rochers, et sont contenus en entier dans une espèce de coquille ordinairement conique et très-courte, qui est fixée par la base, et qui se compose de plusieurs pans articulés entre eux ; l'ouverture de ce tube est occupée par deux ou quatre valves mobiles, entre lesquelles se trouve une fente destinée à livrer passage aux cirres.

§ 581. Enfin, la division des crustacés XIPHOSURES ne se compose que d'un seul genre, celui des Limules (fig. 459), dont la structure est des plus anormales. Ce sont de grands crustacés dont le corps est divisé en deux parties : la première, recouverte par un bouclier demi-circulaire, porte les yeux, les antennes et six paires de pieds qui entourent la bouche, et qui servent en même temps à la marche et à la mastication (fig. 143) ; la seconde portion du corps, recouverte par un autre bouclier presque triangulaire, porte en dessous cinq paires de pattes natatoires, dont la face postérieure est garnie de branchies, et elle se termine par une longue queue styliforme. Ces singuliers animaux habitent l'océan Indien et les côtes d'Amérique : on les connaît sous le nom vulgaire de *Crabes des Moluques*.

SECOND SOUS-EMBRANCHEMENT.

DES ANIMAUX ANNELÉS.

LES VERS.

§ 582. Chez ces animaux, la division annulaire du corps devient de moins en moins marquée ; il n'existe point de membres articulés pour la locomotion ; le système nerveux perd de son importance, et l'organisation générale se simplifie de plus en plus à mesure que l'on descend de ceux qui ressemblent le plus aux animaux articulés proprement dits, à ceux qui se rapprochent davantage des zoophytes. Ils sont en général remarquables par l'allongement considérable de leur corps, et ils forment, comme nous l'avons déjà dit, six classes principales, savoir : les *Annélides*, les *Rotateurs*, les *Turbellariés*, les *Helminthes* ou *Vers intestinaux*, les *Trématodes* et les *Cestoïdes*.

CLASSE DES ANNÉLIDES.

§ 583. La classe des ANNÉLIDES se compose de vers qui sont pourvus d'un système nerveux multiganglionnaire e d'un appareil vasculaire pour la circulation.

Le corps des annélides est toujours très-allongé, mou, et divisé par des replis circulaires en un grand nombre d'anneaux. Tantôt ils ont une tête distincte ; d'autres fois ils en manquent, et d'ordinaire on leur voit, de chaque côté du corps, une longue série

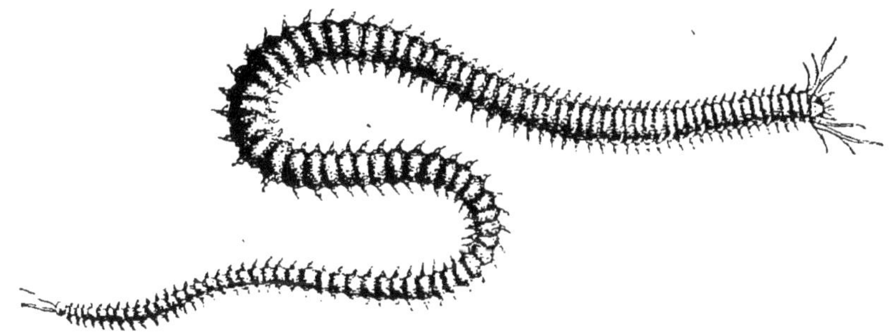

FIG. 460. — Néréide.

de faisceaux de soies portés sur des tubercules charnus et tenant lieu de pieds (fig. 460). Souvent il existe deux de ces organes placés l'un au-dessus de l'autre, de chaque côté des divers anneaux du corps (fig. 355) ; d'autres fois ces deux tubercules sétifères sont réunis, et presque toujours il existe à la base de chacun un long appendice mou et cylindrique nommé *cirre* (*c*, fig. 461); quelquefois la place des pieds est indiquée seulement par quelques poils roides, et d'autres fois il n'existe sur tout le corps aucune trace de membres. Ces soies servent aux annélides pour ramper et leur fournissent aussi des armes pour leur défense ; car, en général, elles sont très-acérées et conformées de manière à s'implanter avec force dans les corps mous contre lesquels elles frappent. Chez les annélides dépourvus de soies, tels que les sangsues (fig. 174), il existe aux extrémités du corps des ventouses qui sont également des instruments de locomotion.

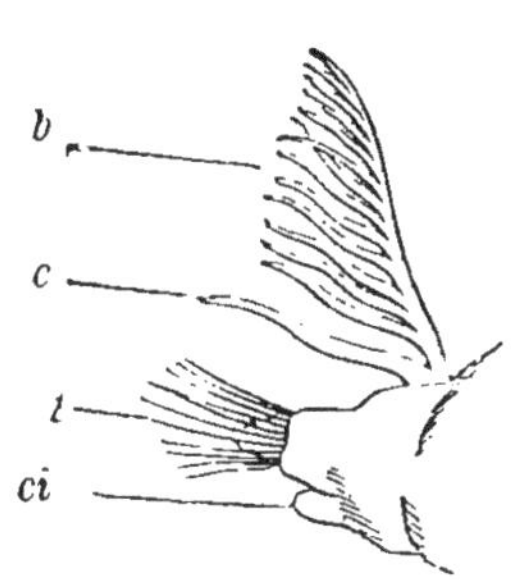

FIG. 461. (1)

§ 584. Le système nerveux de ces animaux est peu développé, et consiste dans une chaîne simple ou double de très-petits ganglions étendus d'un bout du corps à l'autre. La plupart sont pourvus d'un certain nombre de petites taches qui paraissent être des yeux, et d'ordinaire leur tête est garnie de plusieurs filaments analogues aux cirres des pieds, et appelés antennes et cirres tentaculaires (fig. 463), qui paraissent être des organes de tact.

(1) Pattes d'un Annélide du genre Eunice : — *t*, tubercule sétifère; — *c*, cirre dorsal; — *ci*, cirre inférieur ou ventral ; — *b*, branchie.

La bouche occupe la face inférieure de la tête, ou l'extrémité antérieure du corps, lorsqu'il n'y a pas de tête distincte ; elle est souvent armée d'une trompe protractile (fig. 462) et de mâchoires ayant la forme de crochets cornés. L'intestin est droit, tantôt

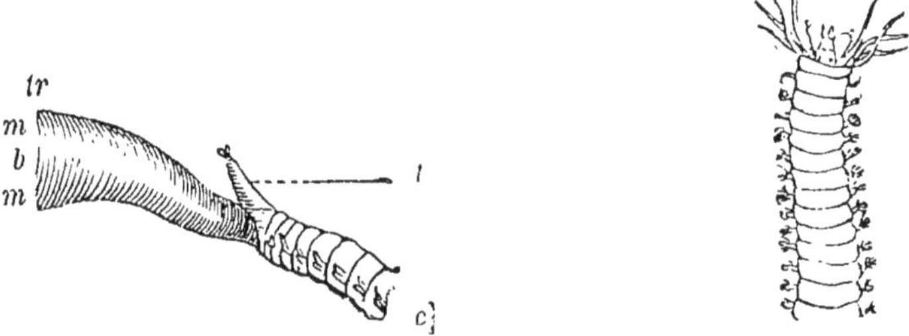

FIG. 462.— Tête et trompe d'une Glycère (1). FIG. 463.— Tête, etc., d'une Néréide.

simple, tantôt garni d'un nombre plus ou moins considérable de cæcums situés de chaque côté. Enfin, l'anus occupe l'extrémité postérieure du corps.

Le sang est presque toujours rouge ; quelquefois cependant il est vert, et d'autres fois encore à peine coloré. Ce liquide circule dans un système très-compliqué de vaisseaux, dont les uns sont contractiles et tiennent lieu de cœur, et d'autres remplissent les fonctions d'artères et de veines. Du reste, la disposition de cet appareil circulatoire varie d'un annélide à un autre.

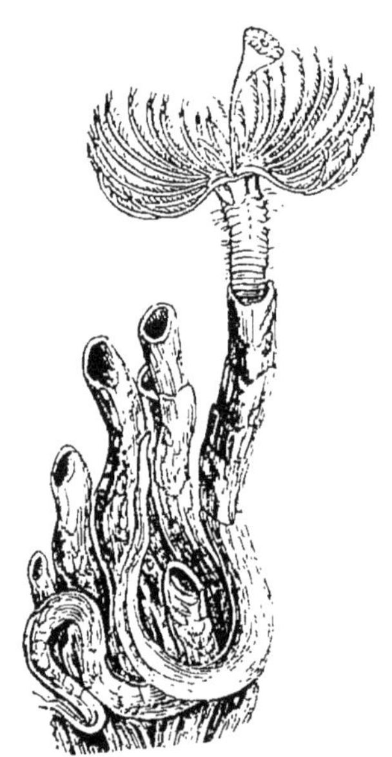

FIG. 464. - Groupe de Serpules.

La respiration de ces animaux est quelquefois aérienne, mais en général aquatique, et, dans ce dernier cas, elle s'opère ordinairement au moyen de branchies extérieures dont la forme et la disposition varient beaucoup : tantôt ces organes ressemblent à des feuilles ou à des arbuscules, et sont fixés au-dessus des pattes, de chaque côté du dos, comme chez l'arénicole ; tantôt ils ont l'aspect de panaches, et sont réunis en couronne autour de l'extrémité antérieure du corps, disposition dont les serpules (fig. 464) nous offrent un exemple.

(1) *c*, portion antérieure du corps ; — *t*, tête ; — *tr*, trompe ; — *b*, ouverture buccale ; — *m*, mâchoires.

§ 585. La plupart des annélides habitent dans la mer, et plusieurs de ces animaux s'y construisent pour demeure un long tube, formé tantôt de matières calcaires sécrétées par la peau de l'animal (fig. 464), tantôt de sable ou de fragments de coquilles agglutinés par une substance gélatineuse; plusieurs s'enfouissent profondément dans le sable, l'Arénicole, par exemple; d'autres se cachent sous les pierres. Il est aussi des annélides d'eau douce : les Sangsues, qui se font remarquer par les ventouses dont les deux extrémités de leur corps sont garnies, vivent dans les ruisseaux; et il en est de même des Naïs, qui ressemblent davantage aux vers de terre. Enfin, ces derniers, que les zoologistes désignent sous le nom de *Lombrics*, sont des animaux terrestres.

CLASSE DES ROTATEURS.

§ 586. Ces êtres, que l'on confond souvent, mais à tort, avec les animalcules infusoires proprement dits, sont d'une petitesse telle, qu'avant la découverte du microscope, leur existence n'était même pas soupçonnée; et néanmoins leur structure paraît être presque aussi compliquée que celle des annélides. Tant que les instruments à l'aide desquels on les observait ne les faisaient paraître qu'une centaine de fois plus gros qu'ils ne le sont réellement, on n'a pu apercevoir dans leur intérieur aucun organe distinct; et pendant fort longtemps on les a cités comme des exemples d'êtres composés seulement d'une sorte de gelée animée et se nourrissant par imbibition. Mais les recherches de quelques naturalistes modernes, et surtout d'un professeur de Berlin, M. Ehrenberg, ont fait voir combien on s'était trompé à l'égard de ces animalcules; et aujourd'hui

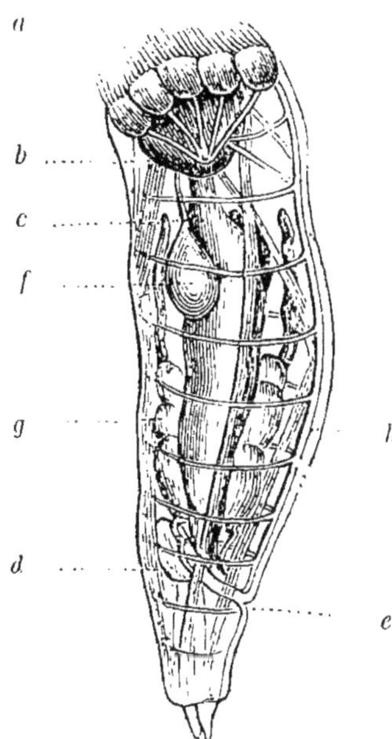

FIG. 465. — Hydatine (1).

(1) Anatomie de l'Hydatine, animalcule microscopique voisin du Rotifère : — *a*, cils vibratiles; — *b*, masse charnue qui entoure la bouche et met en mouvement les mâchoires; — *c*, estomac; — *d*, cloaque; — *e*, anus; — *f*, glandes salivaires; — *g*, ovaires; — *h*, muscles.

ce n'est pas leur simplicité de structure qui nous étonne, mais bien la complication de leur organisation toute microscopique.

Ces animalcules se rencontrent dans les eaux stagnantes. Leur corps est semi-transparent, et présente des traces assez distinctes de divisions annulaires. La bouche en occupe l'extrémité antérieure, et, de chaque côté, ou même tout autour de cet orifice, se voient, en général, des cils vibratiles dont les mouvements rotatoires sont très-remarquables. Presque toujours l'arrière-bouche est garnie de muscles puissants et armée de mâchoires latérales. Le canal digestif est droit ; il s'étend d'un bout du corps à l'autre, et présente d'ordinaire, vers le milieu, un renflement qui constitue l'estomac de ces petits êtres ; souvent on voit, de chaque côté de ce tube, des corps d'apparence glandulaire, et à son extrémité postérieure une sorte de cloaque dans lequel viennent déboucher les oviductes. On a découvert aussi dans ces animalcules un certain nombre de muscles, et même un système nerveux ganglionnaire.

§ 587. Les Rotifères (fig. 176), dont une espèce est devenue célèbre par les expériences de Spallanzani sur la suspension de la vie qu'entraîne le desséchement, peuvent être pris pour type de cette classe. Leur corps est allongé, et se termine antérieurement par deux petites couronnes de cils qui, au gré de l'animal, rentrent dans l'intérieur ou se déploient en dehors, et qui, par leurs vibrations, produisent l'image de deux petites roues tournant avec rapidité sur leur axe. Une queue bifurquée et articulée les termine en arrière et leur sert pour se fixer aux corps sur lesquels ils veulent reposer ; enfin on leur remarque encore deux petits points rouges qui paraissent être des yeux. Ces animalcules nagent avec une vivacité extrême, et pondent des œufs ovalaires.

§ 588. D'autres animalcules, auxquels on a donné le nom de Brachions, ressemblent aux rotifères par le mode général de leur organisation, mais méritent d'être signalés à raison de l'espèce de carapace dont leur corps est recouvert. Chez plusieurs de ces petits êtres, le test est même bivalve, et rappelle tout à fait celui de certains crustacés, tels que les cypris et les daphnies.

CLASSE DES TURBELLARIÉS.

§ 589. Cette classe doit comprendre un certain nombre de vers dont le corps, plus ou moins déprimé, présente à peine quelques traces d'annulation et est couvert de cils vibratiles d'une petitesse extrême. En général ils n'ont pas d'anus, et leur appareil digestif est ramifié et terminé en cul-de-sac; leur système nerveux se compose de deux cordons latéraux terminés antérieurement dans une paire de ganglions cérébroïdes, et ils possèdent des vaisseaux sanguins bien constitués. Comme exemple de ces animaux, je citerai les *Némertes* et les *Planaires*.

CLASSE DES HELMINTHES OU NÉMATOIDES.

§ 590. Cette division se compose d'une partie des animaux que l'on désigne quelquefois sous le nom commun de *Vers intestinaux*, parce qu'ils vivent le plus ordinairement en parasites dans le canal intestinal de l'homme et de plusieurs autres vertébrés. Les NÉMATOÏDES ont le corps cylindrique et atténué aux deux bouts; extérieurement ils ressemblent beaucoup aux lombrics ou vers de terre, et, de même que chez les annélides, leur canal intestinal est simple et étendu d'une extrémité du corps à l'autre; mais leur système nerveux est rudimentaire, et ils n'ont pas le sang coloré.

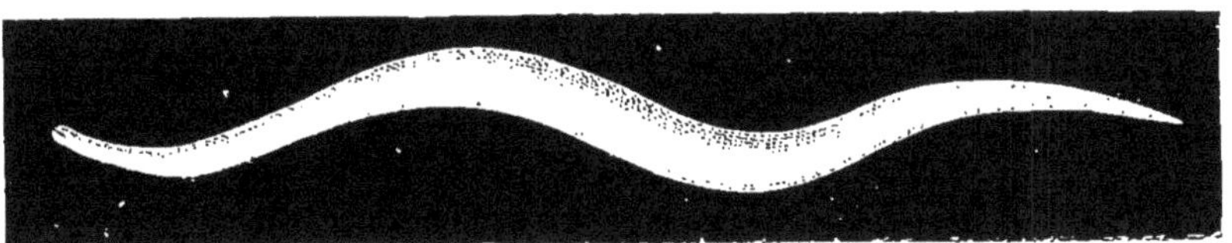

FIG. 466. — Ascaride.

Les principaux genres de cette classe sont les Ascarides (fig. 466), les Strongles et les Filaires. On y range aussi les *Trichines*, qui vivent dans la chair de divers animaux, le cochon par exemple, et qui infestent parfois le corps humain. Introduites dans l'estomac avec des aliments de mauvaise qualité, elles taraudent les tissus, et vont se loger dans la substance des muscles, où chacune d'elles s'entoure d'une sorte de poche membraneuse appelée *kyste*. Leur présence dans l'organisme peut déterminer la mort. Elles ne peuvent supporter, sans périr immédiatement, une température voisine de celle de l'eau bouillante; et par conséquent des aliments bien cuits peuvent être mangés impunément, lors même qu'ils seraient infestés de trichines, mais la viande crue peut les transmettre d'un animal à l'homme.

CLASSE DES TRÉMATODES.

§ 591. Les TRÉMATODES sont des vers intestinaux à corps plat et sans divisions transversales distinctes, qui, par leur forme générale, ressemblent beaucoup à certains Turbellariés (tels que les Planaires), mais qui ont pour se fixer une ou plusieurs ventouses comparables à celles des sangsues, et qui se distinguent par diverses particularités de structure intérieure, ainsi que par leur manière de vivre. La *Douve*, qui est très-commune dans le foie du mouton (fig. 467), est un parasite de cette classe.

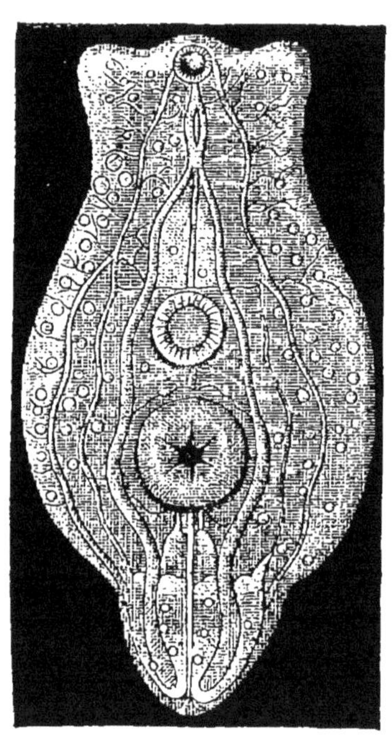

FIG. 467. — Douve.

La plupart de ces Vers intestinaux présentent dans leur mode de multiplication des singularités fort remarquables. Les jeunes ne ressemblent en rien à leur mère, mais produisent à leur tour des petits qui sont semblables à cette dernière; en sorte que le même type n'est reproduit qu'à la seconde génération : phénomène que les naturalistes désignent sous le nom de *générations alternantes*.

CLASSE DES CESTOIDES ou TÉNIOIDES.

§ 592. Les CESTOIDES sont aussi des vers intestinaux, mais ils diffèrent beaucoup des helminthes par leur forme, ainsi que par leur mode d'organisation, et ressemblent davantage aux turbellariés. Ils ont le corps aplati, très-allongé et divisé en un grand nombre de segments, ce qui leur donne l'aspect d'un long ruban plissé en travers. Leur système nerveux est rudimentaire, et leur canal intestinal paraît être remplacé par deux vaisseaux longitudinaux qui occupent les côtés du corps. Ils sont hermaphrodites, et chaque anneau de leur corps renferme un appareil reproducteur complet. Le *Ténia*, ou ver solitaire, appartient à cette division (fig. 468). Ces vers présentent dans leur développement une particularité fort remarquable. Ils subissent des métamorphoses, mais ne peuvent les effectuer qu'en passant dans le corps d'animaux d'espèces différentes. Ainsi, les vers vésiculaires qui se rencontrent très-fréquemment dans le corps des lapins, et qui sont connus sous le nom de Cysticerques (fig. 469), ne peuvent y arriver à l'état d'animaux parfaits et s'y reproduire; mais lorsque la chair du lapin ainsi infestée est mangée par un chien, ces cysticerques, au lieu d'être digérés avec les aliments auxquels ils sont mêlés, continuent à vivre, et, se trouvant dans les conditions voulues pour l'achèvement de leurs métamorphoses, deviennent des ténias, qui produisent des œufs. Leur tête, armée d'une couronne de crochets, se déploie et se fixe aux parois du tube digestif de l'animal où ils ont pénétré; la grosse vésicule qui termine leur corps en arrière disparaît, et ils s'allongent peu à peu par le développement de nouveaux segments vers la partie antérieure de l'espèce de col annelé qui primitivement se trouve interposé entre la tête et cette vésicule. Ils deviennent ainsi des vers rubanés ou ténias, qui produisent dans chaque segment de leur corps une multitude d'œufs. Mais ceux-ci ne peuvent se développer dans l'intérieur de l'animal où réside ce parasite, et doivent être évacués au dehors. Là ces mêmes œufs donnent naissance à des cysticerques, et ceux-ci, lorsqu'ils ont été déposés sur l'herbe que les lapins mangent, se trouvent portés avec les aliments dans les intestins de ces mammifères,

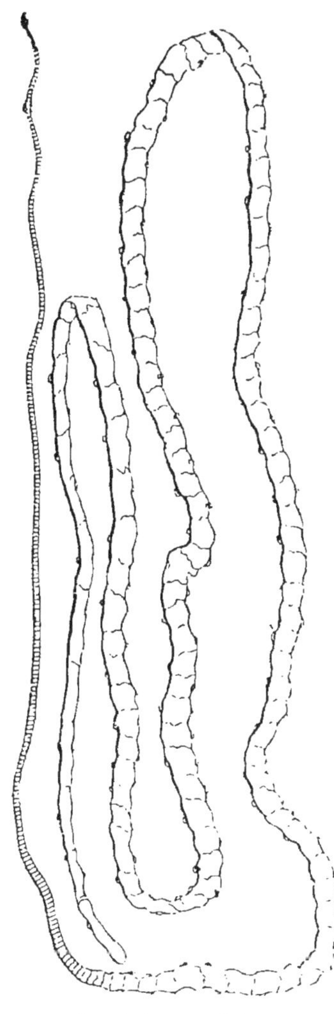

Fig. 488. — Ténia.

où ils prospèrent. Des migrations analogues ont été constatées aussi pour plusieurs autres espèces de vers intestinaux.

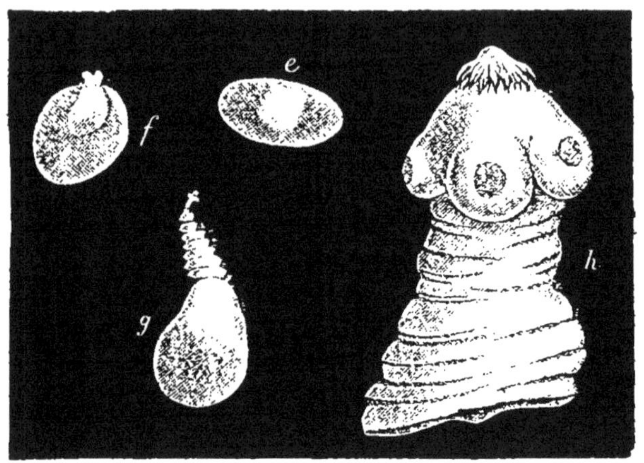

Fig. 469. — Cysticerques (1).

EMBRANCHEMENT

DES MOLLUSQUES OU MALACOZOAIRES.

§ 593. L'embranchement des Mollusques se compose, comme nous l'avons déjà dit, d'un nombre considérable d'animaux dépourvus d'un système cérébro-spinal et d'un squelette intérieur, comme les animaux articulés, mais n'ayant pas, comme ceux-ci, le corps divisé en anneaux, ni les ganglions réunis en une longue chaîne médiane à la face ventrale du corps. Ils se distinguent aussi des zoophytes par la disposition paire de leurs organes de relation, et ont en général la bouche et l'anus plus ou moins rapprochés l'un de l'autre. Du reste, ils diffèrent beaucoup entre eux, et se divisent en deux séries principales, savoir : les *Mollusques proprement dits*, et les *Molluscoïdes* ou *Tuniciers*.

SOUS-EMBRANCHEMENT

DES MOLLUSQUES PROPREMENT DITS.

§ 594. Dans ce groupe, le système nerveux se compose toujours de plusieurs ganglions réunis par des cordons médullaires, de

(1) *e*, un Cysticerque dont la portion céphalique est rétractée dans l'intérieur de la vésicule caudale ; — *f*, un de ces vers vésiculaires dont la tête commence à sortir ; — *g*, le même, complétement déployé ; — *h*, extrémité céphalique du même, grossie davantage pour montrer les crochets et les ventouses dont elle est garnie.

façon à former une sorte de double collier plus ou moins serré autour de l'œsophage, mais à ne pas se prolonger postérieurement en manière de chaîne sous-intestinale, comme chez les animaux annelés.

La forme générale de ces mollusques est extrêmement variable. Leur corps est toujours mou, et ce n'est même que chez un très-petit nombre d'entre eux (la sèche, par exemple) qu'il existe à l'intérieur quelques pièces solides non articulées et servant à protéger les viscères plutôt qu'à fournir à l'appareil locomoteur des leviers et des points d'appui. Les muscles se fixent directement aux téguments, et n'agissent guère que sur le point même où ils s'insèrent; aussi les mouvements ne sont-ils que lents et en général mal déterminés. Chez un petit nombre de ces êtres (les poulpes, etc.), il existe des appendices flexibles et allongés destinés à la locomotion (fig. 184); mais, dans la plupart des cas, l'animal ne peut se déplacer que par les contractions successives des divers points de la surface inférieure de son corps; et, lors même qu'il existe des membres, ces organes sont réunis en groupe à l'une des extrémités du corps, et jamais disposés en séries symétriques, comme chez les animaux vertébrés et articulés.

La peau des mollusques, toujours molle et visqueuse, forme souvent des replis qui enveloppent plus ou moins complétement le corps, et cette disposition a fait donner le nom de *manteau* à la portion de tégument qui fournit d'ordinaire ces expansions. Souvent ce manteau est presque entièrement libre, et constitue deux grands voiles qui cachent tout le reste de l'animal, ou bien ces deux lames se réunissent de manière à former un tube; mais d'autres fois il ne consiste qu'en une espèce de disque dorsal dont les bords seuls sont libres ou entourent plus exactement le corps sous la forme d'un sac.

§ 595. En général, cette peau molle est protégée par une espèce de cuirasse pierreuse nommée *coquille*. C'est un tissu qui a quelque analogie avec celui de l'épiderme qui constitue cette enveloppe. Les follicules logés d'ordinaire dans les bords du manteau déposent à sa surface une matière semi-cornée mêlée à une proportion plus ou moins forte de carbonate calcaire, qui se moule sur les parties sous-jacentes et se solidifie. La lame ainsi formée s'épaissit et s'accroît par le dépôt successif de matières nouvelles. Sa superficie n'est pas pierreuse, mais ressemble à une espèce d'épiderme, et porte le nom de *drap marin*. Quelquefois elle conserve une consistance cornée dans toute son épaisseur; en général, cependant, la proportion de carbonate de chaux qu'elle renferme augmente rapidement, et lui donne une dureté pierreuse. Souvent sa surface interne est même plus dense que le reste, et présente une structure particulière qui la rend vitreuse ou chatoyante et nacrée. Quelquefois la coquille reste toujours renfermée dans l'épaisseur de la peau des mollusques; mais, en général, elle est extérieure, et dépasse même les bords du manteau, de façon à fournir à l'animal un abri parfait. On donne communément le nom de *mollusques nus* à ceux qui sont dépourvus de coquilles ou qui n'ont qu'une coquille intérieure, et le nom de *conchifères* à ceux dont la coquille est visible au dehors.

La manière dont la coquille s'accroît est facile à comprendre. Si l'on examine une coquille d'huître, par exemple, on voit qu'elle se compose d'une multitude de lames superposées, dont on peut même déterminer la séparation à l'aide de la chaleur. Ces lames ont été formées successivement par le manteau de l'animal qu'elles recouvrent, et par conséquent c'est la plus extérieure qui doit être la plus ancienne; c'est elle aussi qui est la plus petite, et chaque nouvelle lame qui vient s'y ajouter dépasse la lame située au-dessus, de façon que la coquille, en même temps qu'elle augmente d'épaisseur, s'élargit rapidement. En général, la distinction des lames composantes est moins marquée, et souvent les matières nouvelles se déposent sur le bord de la coquille seulement et de manière que leurs molécules correspondent exactement aux molécules de la partie déjà consolidée; ce qui donne au tout une structure fibreuse.

Les couleurs les plus variées et les plus agréablement disposées ornent les coquilles, et varient souvent avec l'âge. Presque toujours elles sont tout à fait superficielles et semblent dépendre d'une sorte de teinture opérée par la peau de l'animal, qui est peinte d'une manière correspondante à celle de son enveloppe. La matière colorante paraît être déposée sur la coquille au moment de sa formation; aussi est-elle d'autant plus vive que cette dernière est plus jeune. C'est le bord du manteau qui la produit. En effet, si une coquille vient à être cassée et que l'animal parvienne à réparer cet accident, la partie nouvellement formée est toujours blanche lorsqu'elle n'a pas été en contact avec le bord du manteau; et si elle correspond à ce bord, on la voit prendre la couleur que celui-ci présente dans le point qu'elle touche. Ainsi, lorsque ce bord est tacheté, il en résulte, sur le bord de la coquille, des taches correspondantes : et, à mesure que celui-ci s'allonge, ces taches se confondent avec celles précédemment formées, et produisent des lignes perpendiculaires aux stries d'accroissement, ou bien ne se joignent pas à celles-ci, et restent isolées, suivant que le manteau demeure immobile et conserve avec le pourtour de la coquille les mêmes rapports, ou bien que par les mouvements de l'animal, il change souvent de position. Quelquefois la sécrétion de la matière colorante varie aussi avec l'âge, et des circonstances accidentelles peuvent également la modifier. La lumière, par exemple, exerce sur ce phénomène une influence très-remarquable, et non-seulement les coquilles les plus exposées à l'action de cet agent physique sont d'ordinaire les plus vivement colorées, mais lorsqu'un mollusque vit fixé sur un rocher ou en partie caché sous une éponge ou quelque autre corps opaque, la partie de la coquille ainsi placée dans l'obscurité est toujours plus pâle et plus terne que celle exposée au contact des rayons solaires.

§ 596. L'appareil digestif de ces animaux est très-développé. Il existe toujours un foie volumineux, et souvent on trouve aussi des glandes salivaires et des organes de mastication; mais les intestins ne sont jamais retenus à l'aide d'un mésentère. Leur sang est incolore ou légèrement bleuâtre, et circule dans un appareil très-compliqué, composé en partie d'artères et de veines, et en partie de lacunes seulement. Un cœur, formé d'un ventricule et d'une ou de deux oreillettes, se trouve sur le trajet du sang artériel, et envoie ce liquide dans toutes les parties du corps, d'où il revient à l'organe de la respiration par des canaux veineux plus ou moins incomplets. Quelquefois on rencontre aussi à la base des vaisseaux qui pénètrent dans ce dernier appareil, des réservoirs veineux contractiles nommés *cœurs pulmonaires*.

Quant à la disposition des organes de la respiration, elle varie trop pour que nous puissions en parler ici. Nous dirons seulement que tantôt ils ont la forme de poumons, d'autres fois celle de branchies.

§ 597. Nous ne pouvons non plus rien dire de général sur la structure des organes des sens, qui, du reste, sont toujours moins complets que chez les animaux vertébrés. Certains mollusques ne paraissent doués que du sens du toucher et du sens du goût; mais chez un grand nombre on trouve des yeux, dont la structure varie, et chez beaucoup de ces animaux il existe même un appareil de l'ouïe; mais on n'en connaît pas qui soient pourvus d'un organe particulier pour l'odorat.

Les mollusques naissent d'œufs et ne se multiplient jamais par bourgeons, comme cela a lieu pour la plupart des molluscoïdes; mais tantôt ces œufs éclosent au dehors, tantôt dans l'intérieur du corps de leur mère, et alors les petits naissent vivants.

§ 598. Le sous-embranchement des Mollusques proprement

dits se compose, comme nous l'avons déjà vu, de quatre groupes principaux ou classes auxquelles on a donné les noms de *Céphalopodes*, de *Gastéropodes*, de *Ptéropodes* et d'*Acéphales*. Nous allons en faire connaître les caractères les plus saillants.

CLASSE DES CÉPHALOPODES.

§ 599. Cette classe se compose de mollusques dont la forme est très-bizarre ; car leur tête est placée entre le tronc et les pieds ou tentacules servant à la locomotion, et, lorsqu'ils marchent, c'est le corps en haut et la tête en bas qu'ils se traînent sur le sol (fig. 184). En effet, c'est sur la tête, autour de la bouche, que s'insèrent leurs pieds, et c'est de là que leur vient le nom de CÉPHALOPODES.

Le tronc de ces animaux est recouvert par le manteau, qui a la forme d'un sac, tantôt presque sphérique, tantôt plus ou moins allongé, qui renferme tous les viscères et qui est ouvert en avant seulement (fig. 471, *o*). La tête sort de cette ouverture : elle est ronde et pourvue, en général, de deux gros yeux (fig. 13) d'une structure très-analogue à celle des yeux des animaux vertébrés. La bouche en occupe le milieu ; elle est armée de deux mâchoires. Enfin, autour de cette ouverture, se trouve une couronne d'appendices flexibles et charnus (fig. 470), qui sont désignés indifféremment sous les noms de pieds ou de bras, et qui méritent également bien ces dénominations, car ils servent en même temps d'organes de préhension et de locomotion.

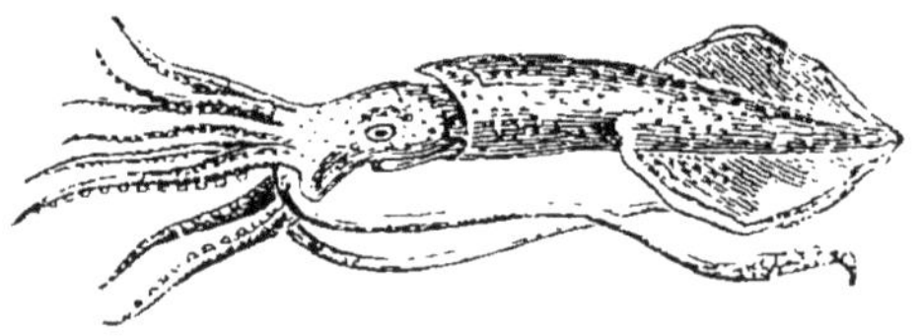

FIG. 470. — Calmar commun.

§ 600. Les céphalopodes sont des animaux essentiellement aquatiques, et, par conséquent, c'est à l'aide de branchies qu'ils respirent. Ces organes se trouvent cachés sous le manteau, dans une cavité particulière (fig. 471), dont les parois se dilatent et se contractent alternativement, et dont l'intérieur communique avec le dehors par deux ouvertures : l'une (*o*), en façon de fente, servant à l'entrée de l'eau ; l'autre, prolongée en tube ou entonnoir (*t*), et servant à la sortie de l'eau et des excréments. Chaque branchie (*b*) a la forme d'une pyramide allongée, et se compose d'un grand nombre de lamelles membraneuses placées transversalement et fixées des deux côtés d'une tige médiane. Le nombre des branchies varie, et cette différence est caractéristique des deux grandes divisions naturelles dont cette classe se compose. Chez les poulpes, les sèches et les calmars, il n'en existe qu'une seule paire ; mais chez les nautiles on en trouve deux paires.

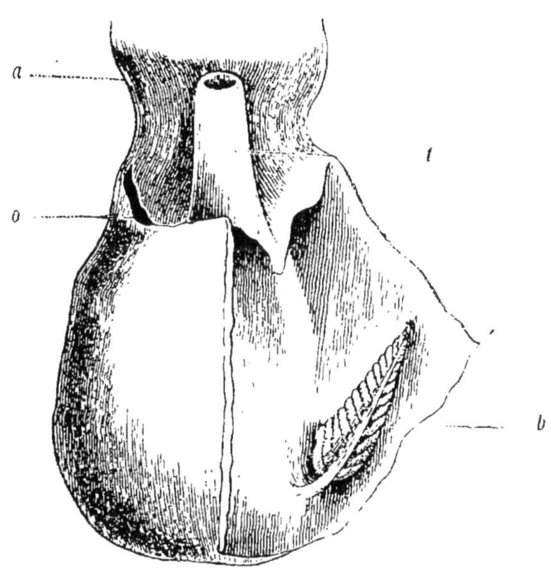

Fig. 471. — Branchies du Poulpe (1).

§ 601. Le cœur est situé entre les branchies, sur la ligne médiane du corps, et n'est formé que par un seul ventricule (fig. 472, *c*) ; le sang y arrive des branchies par des veines branchiales (*vb*) dont les ouvertures sont garnies de valvules, et pénètre ensuite dans les artères qui naissent de cet organe et qui se distribuent dans le corps. Ce liquide passe ensuite dans un système veineux composé en partie de vaisseaux proprement dits, et en partie de cavités sans parois propres, creusées entre les organes : ainsi l'espace compris autour de la portion antérieure de l'appareil digestif remplit le rôle d'un sinus veineux, et les principaux ganglions nerveux, ainsi que diverses glandes, y sont baignés par le sang. Enfin le fluide nourricier qui revient ainsi des diverses parties du corps en traversant la cavité viscérale, ou en passant dans des veines proprement dites, parvient dans un gros tronc médian dont les branches se rendent aux organes de la respiration, mais en général pénètrent d'abord dans un réser-

(1) Corps d'un Poulpe vu par la face inférieure (le manteau est fendu sur la ligne médiane, et, d'un côté, rejeté en dehors pour montrer l'intérieur de la cavité respiratoire) : — *a*, base de la tête ; — *t*, le tube par lequel l'eau sort de la cavité respiratoire ; — *o*, l'une des deux ouvertures latérales par lesquelles l'eau pénètre dans cette cavité ; — *b*, l'une des branchies.

voir contractile situé à la base de chacun de ces organes. Ces réservoirs poussent le sang dans les vaisseaux des branchies, et par conséquent il y a chez ces animaux deux cœurs pulmonaires aussi bien qu'un cœur artériel ; mais cette disposition, qui existe chez tous les céphalopodes à deux branchies, manque chez les céphalopodes tétrabranchiaux.

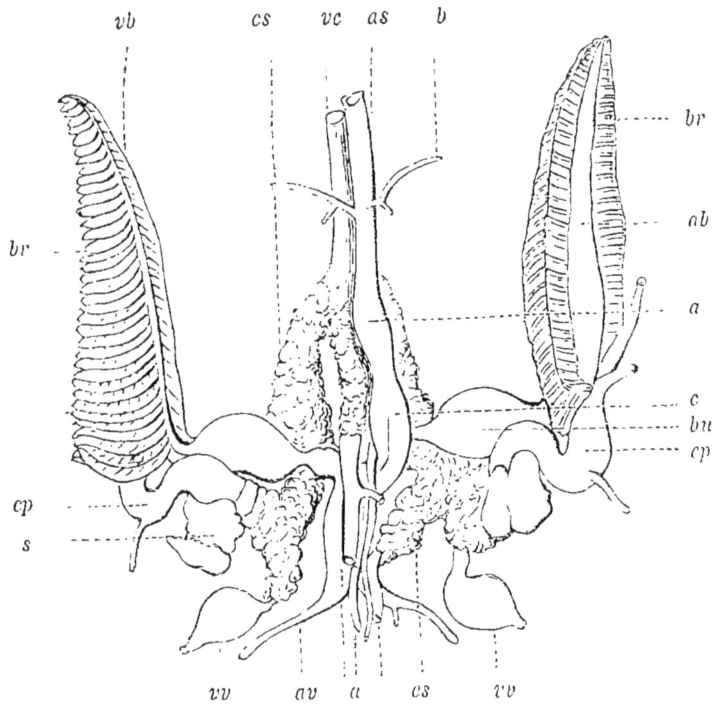

FIG. 472. — Organes de la circulation et de la respiration (1).

§ 602. L'appareil de la digestion est très-compliqué. La bouche est entourée d'une lèvre circulaire et armée de deux mandibules verticales, qui ressemblent beaucoup à un bec de perroquet et qui sont mises en mouvement par des muscles puissants. Il existe des glandes salivaires très-développées, plusieurs estomacs et un foie volumineux. L'intestin va déboucher dans la cavité

(1) *c*, le cœur aortique, dont l'extrémité supérieure se continue avec l'aorte supérieure (*as*), qui distribue le sang à la tête, etc. ; — *b*, branches de ce vaisseau ; — *a*, l'aorte inférieure, qui présente un bulbe à son origine, et se divise bientôt en deux branches (*av*) ; — *vc*, veine cave, dont les parois sont recouvertes par des corps spongieux (*cs*) ; — *vv*, veines des viscères allant déboucher dans les deux branches de la veine cave ; — *cp*, sinus veineux ou cœurs branchiaux ; — *s*, renflement de la base des artères branchiales ; — *br*, branchies ; — *ab*, artère branchiale ; — *vb*, veine branchiale ; — *bu*, bulbe des veines branchiales, situé près de la terminaison de ces vaisseaux dans le cœur et constituant des oreillettes.

branchiale, à la base de l'entonnoir par lequel l'eau est expirée, et communique avec un organe sécréteur très-singulier qui, chez les céphalopodes à deux branchies, produit en abondance

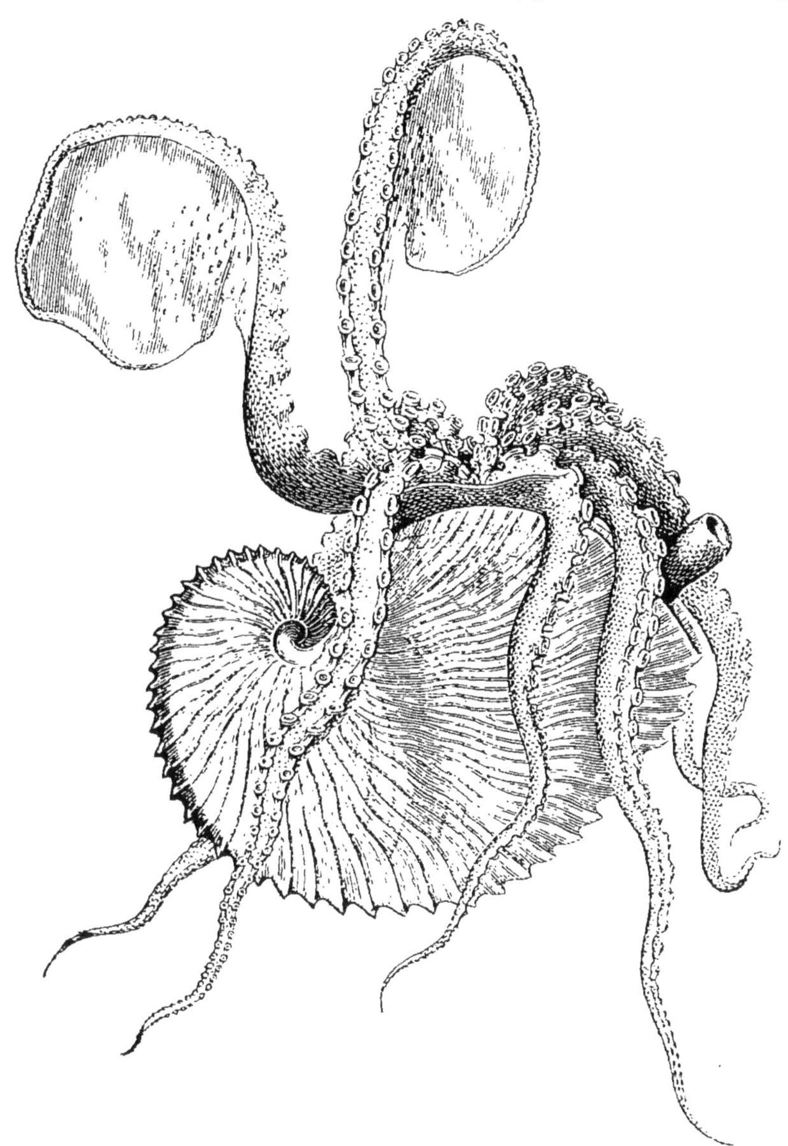

FIG. 473. — Argonaute dans sa coquille.

une liqueur noirâtre, à laquelle on a donné le nom d'*encre*. Le conduit excréteur de cette glande s'ouvre près de l'anus, et, lorsque cet animal est en danger, il lance au dehors, par l'entonnoir, ce liquide en quantité assez grande pour teindre l'eau qui l'entoure et pour se cacher ainsi à la vue de ses ennemis. C'est l'encre d'un de ces céphalopodes, la *sèche*, qui est employée en peinture sous le nom de *sépia*, et plusieurs auteurs pensent que l'encre de Chine est une substance analogue (1). Les céphalopodes tétrabranchiaux ne présentent rien de semblable.

§ 603. Nous avons dit plus haut que les mollusques ne présentent pas dans l'intérieur de leur corps une charpente solide ar-

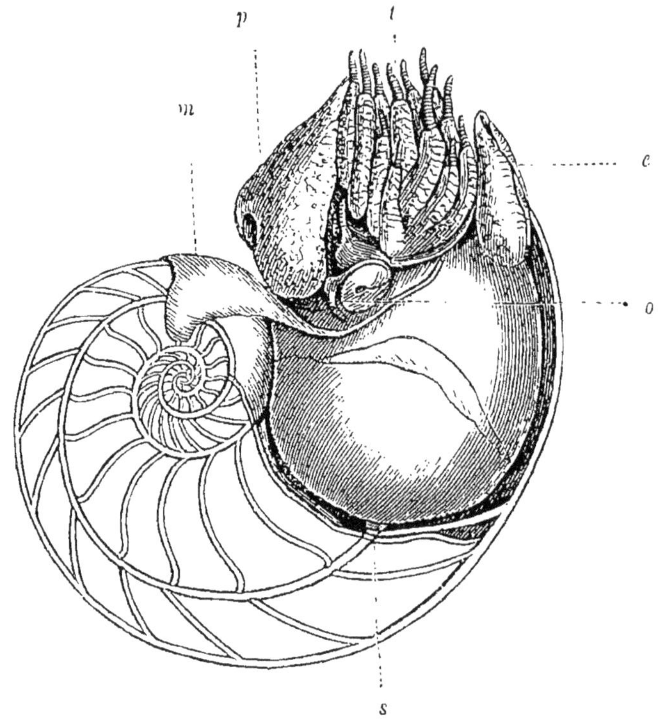

Fig. 474. — Nautile (2).

ticulée et comparable au squelette des animaux vertébrés. Chez les céphalopodes, cependant, on retrouve encore des vestiges de quelque chose d'analogue ; car il existe dans la tête un cartilage qui non-seulement protége le cerveau, mais aussi s'élargit dans diverses directions, pour fournir des points d'insertion aux principaux muscles de l'animal. Il est aussi à noter que l'abdomen de ces animaux est en général soutenu par une sorte de coquille interne, qui, chez les calmars, est cornée, mais qui, chez les sèches, est de nature calcaire et est appelée l'*os* de ces animaux.

(1) Il paraîtrait cependant que la matière ordinairement employée pour la fabrication de l'encre de Chine n'est autre chose que du charbon très-divisé.

(2) Dans cette figure on a représenté la coquille ouverte : — *t*, les tentacules ; — *c*, l'entonnoir ; — *p*, le pied ; — *m*, portion du manteau ; — *o*, œil ; — *s*, siphon.

§ 604. La disposition des organes de la locomotion et de la

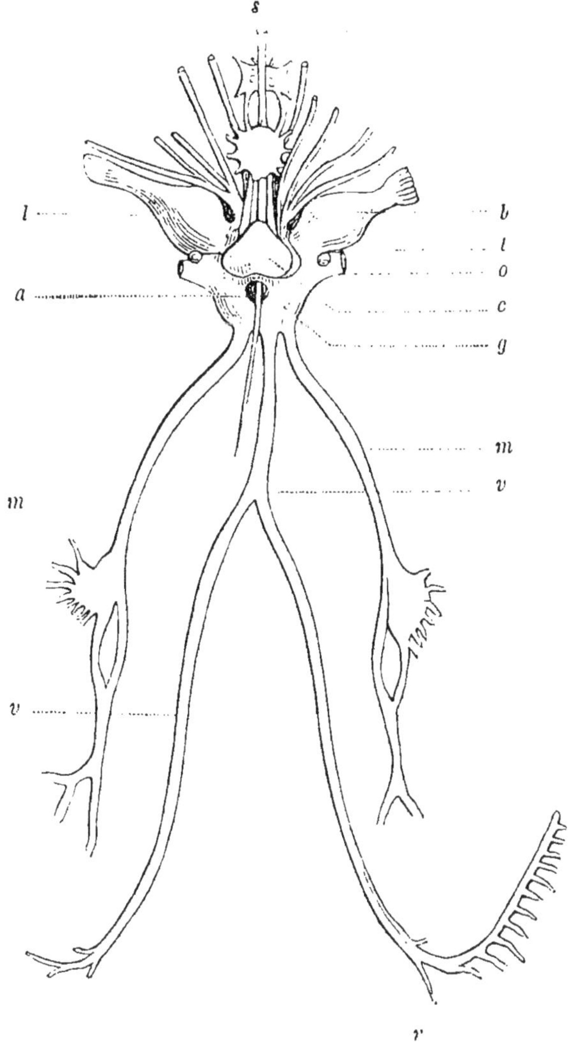

Fig. 475. — Système nerveux de la Sèche (1).

(1) *a*, le collier nerveux qui embrasse l'œsophage, dont le trajet est indiqué par une soie (*s*); — *c*, la masse nerveuse située au devant de l'œsophage, et nommée communément le cerveau; sa surface supérieure est surmontée d'un tubercule cordiforme très-gros, et il part de sa partie antérieure deux nerfs qui bientôt se terminent dans un ganglion circulaire qui, à son tour, donne naissance à une autre paire de nerfs, lesquels descendent sous la bouche de manière à embrasser de nouveau l'œsophage, et y forment un petit ganglion antérieur d'où naissent les nerfs labiaux; — *b*, ganglions tentaculaires, d'où naissent les nerfs du bras; — *o*, nerfs optiques qui naissent des parties latérales du cerveau, et bientôt se renflent en un gros ganglion; — *t*, petits tubercules veineux, situés sur l'origine des nerfs optiques; —

préhension fixés autour de la bouche varie chez ces mollusques. Chez les céphalopodes dibranchiaux, il existe une couronne de gros tentacules charnus, dont la surface interne est garnie de suçoirs ou ventouses à l'aide desquelles ils se fixent avec beaucoup de force aux corps qu'ils embrassent (fig. 473). Chez les poulpes (fig. 184), on compte huit de ces appendices, et chez les sèches dix : quelquefois deux d'entre eux s'élargissent en forme de rames ou de voiles membraneuses, comme chez l'argonaute (fig. 473), ou s'allongent de façon à devenir filiformes, comme dans les calmars (fig. 470), et surtout dans les calmarets (fig. 13). Chez les céphalopodes tétrabranchiaux, ces appendices sont tous grêles et dépourvus de suçoirs, mais extrêmement nombreux (fig. 474).

§ 605. La plupart des mollusques de cette classe sont remarquables par le développement et la perfection de leurs yeux, qui ressemblent extrêmement à ceux des animaux vertébrés. Plusieurs possèdent aussi un appareil auditif, mais cet organe se trouve réduit à un petit sac membraneux représentant le vestibule et recevant un nerf. Enfin, le système nerveux de ces animaux est plus compliqué que celui des autres mollusques, et les divers ganglions groupés autour de l'œsophage tendent davantage à se confondre en une seule masse. Le collier médullaire ainsi formé se compose d'une paire de ganglions céphaliques d'où naissent les nerfs optiques, etc. ; d'une paire de ganglions situés plus en avant, sous l'œsophage, et fournissant les nerfs des tentacules (fig. 475) ; enfin, d'une paire de ganglions thoraciques donnant naissance aux nerfs du manteau, et à deux cordons qui se portent en arrière, et forment de chaque côté de l'abdomen un ganglion d'où partent des branches destinées au cœur, aux branchies, etc.

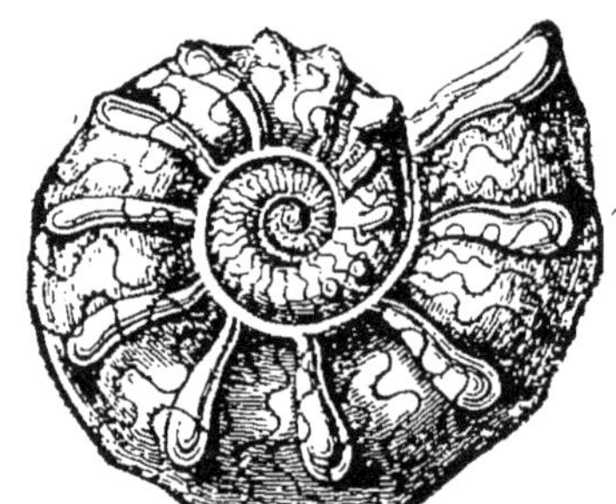

Fig. 476. — Ammonite.

§ 606. Tous les céphalopodes sont marins. Ils sont très-voraces, et se nourrissent principalement de crustacés et de poissons, dont ils s'emparent à l'aide de leurs bras souples et vigoureux, et dont ils dévorent facilement la chair au moyen de leurs mandibules acérées. Quelques-uns de ces animaux

, ganglion sous-œsophagien ou ventral ; — *r*, grand nerf des viscères, dont l'une des branches présente un ganglion allongé (*r*) et pénètre dans la branchie ; — *m*, nerfs qui naissent également des ganglions postœsophagiens et qui présentent sur leur trajet un gros ganglion étoilé (*c*) dont les branches se distribuent au manteau.

se logent dans des coquilles contournées sur elles-mêmes : l'argonaute et le nautile, par exemple ; mais quelques naturalistes pensent que le premier ne forme pas lui-même cette loge calcaire, et vit en parasite dans la coquille d'un autre mollusque.

Cette classe comprend les Poulpes (fig. 184), les Argonautes (fig. 473), les Sèches, les Calmars (fig. 470), les Calmarets (fig. 13), les Nautiles (fig. 474), etc. On y range aussi les Ammonites (fig. 476), coquilles qui ont de l'analogie avec celles des nautiles, et qui ne se trouvent qu'à l'état fossile.

CLASSE DES GASTÉROPODES.

§ 607. Les Gastéropodes sont des mollusques qui sont pourvus d'une tête, et qui se meuvent à l'aide d'un disque charnu ou pied placé sous le ventre (fig. 477), ou d'une nageoire formée par la même partie du corps (fig. 481). Cette classe, qui a pour type le Colimaçon, est extrêmement nombreuse, et se compose principalement d'animaux logés dans une coquille d'une seule pièce, le plus ordinairement en forme de cône et enroulée en spirale ; quelques espèces sont au contraire absolument nues : la Limace, par exemple. Le corps est allongé et se termine en avant par une tête plus ou moins développée, qui porte la bouche et qui est garnie de tentacules charnus, dont le nombre varie de deux à six. Le dos est revêtu d'un manteau qui se prolonge plus ou moins en arrière, sous forme d'un sac membraneux, et sécrète la coquille. Enfin, le ventre est couvert en dessous par la masse charnue du pied. Les viscères logés sur le dos occupent la partie supérieure du bouclier ou du cône formé par la coquille, et y restent toujours renfermés ; mais la tête et le pied font saillie au dehors quand l'animal se déploie pour marcher, et rentrent dans le dernier tour de spire lorsqu'il se contracte : aussi la grosseur de cette dernière partie de la coquille et la forme de son ouverture sont-elles en rapport avec la grosseur du pied. Chez la plupart des mollusques gastéropodes aquatiques, dont la coquille est spirale, il existe un disque corné ou calcaire, nommé *opercule* (fig. 478, *o*), qui est fixé à la partie postérieure du pied, et qui ferme l'entrée de la coquille lorsque l'animal s'y retire.

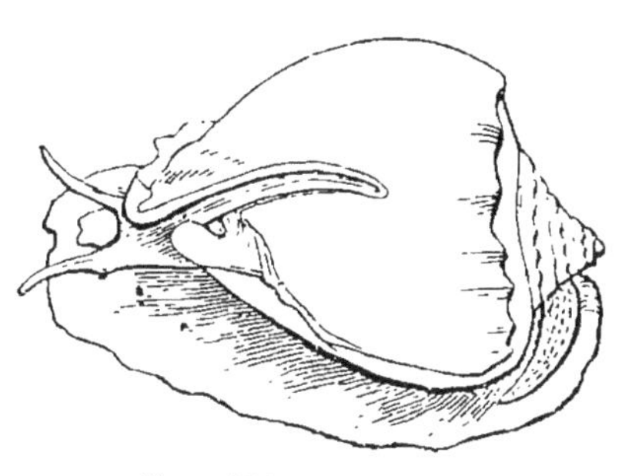

Fig. 477. — Casque.

§ 608. Le cœur est toujours aortique, et se compose presque toujours d'un ventricule et d'une oreillette, il se trouve près du dos de l'animal, du côté opposé à celui occupé par les organes reproducteurs. Le système artériel est en général bien développé (fig. 55); mais le système veineux est toujours plus ou moins incomplet, et quelquefois manque entièrement, de sorte que le sang ne revient des diverses parties du corps vers les organes respiratoires qu'en traversant les lacunes ou espaces exis-

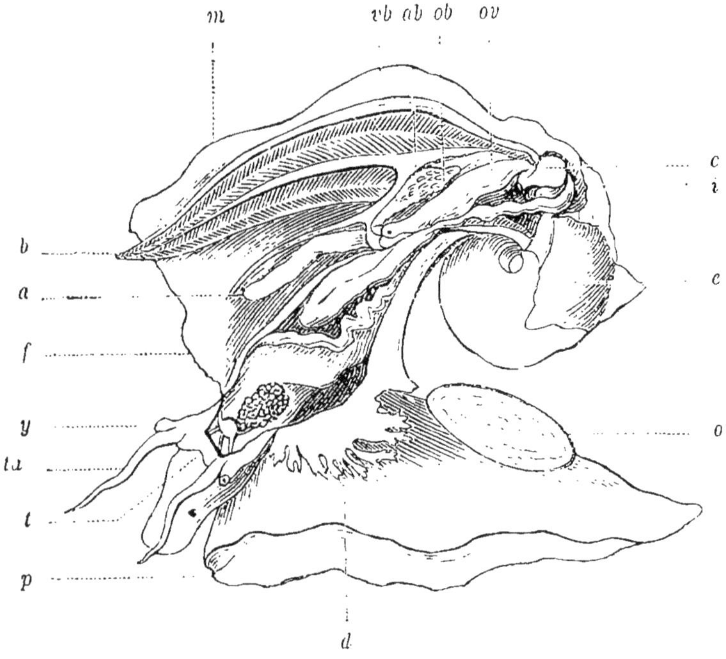

Fig. 478. — Anatomie d'un Gastéropode pectinibranche (1).

tant entre les divers organes. Il est aussi à noter que la cavité abdominale, dans laquelle sont logés tous les vicères, est toujours traversée ainsi par le sang veineux.

Les organes de la respiration sont conformés tantôt pour la respiration aérienne, tantôt pour la vie aquatique. Dans le pre-

(1) Anatomie du *Turbo pica*, pour montrer la disposition de la cavité respiratoire : — *p*, le pied de l'animal; — *o*, l'opercule ; — *t*, la trompe; — *ta*, les tentacules; — *y*, les yeux ; — *m*, le manteau fendu longitudinalement, de manière à ouvrir la cavité respiratoire ; — *f*, bord antérieur du manteau qui, dans la position naturelle, recouvre le dos de l'animal et y laisse une ouverture ou grande fente par laquelle l'eau arrive à la branchie; — *b*, la branchie ; — *vb*, la veine branchiale qui se rend au cœur (*c*); — *ab*, l'artère branchiale ; — *a*, l'anus ; — *i*, l'intestin ; — *e*, l'estomac et le foie ; — *ov*, l'oviducte. Au-dessus de la nuque on voit le ganglion nerveux céphalique et les glandes salivaires; — *d*, membrane frangée qui borde en dessous le côté gauche de l'ouverture de la cavité respiratoire.

mier cas, ils consistent en une cavité sur les parois de laquelle les vaisseaux sanguins forment un réseau compliqué, et dans l'intérieur de laquelle l'air pénètre du dehors par un orifice pratiqué sous le bord externe du manteau. Cette espèce de poumon (fig. 166) est situé sur le dos de l'animal, et se trouve logé dans le dernier tour de spire de la coquille, lorsque le mollusque est pourvu d'une enveloppe semblable. Chez les gastéropodes destinés à respirer dans l'eau, la disposition des branchies varie : souvent ces organes sont renfermés dans une cavité analogue

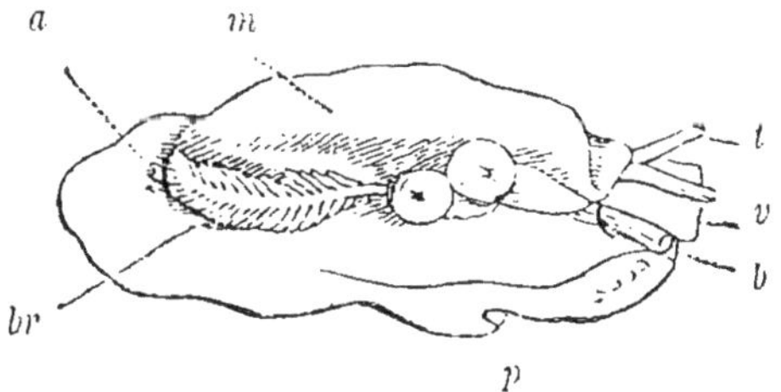

Fig. 479. — Pleurobranche (1).

à celle qui constitue le poumon des précédents (fig. 479); mais d'autres fois ils sont logés entre le manteau et le pied, ou même sur le dos de l'animal, de façon à flotter librement dans le liquide ambiant. Comme exemple des gastéropodes pulmonaires, nous citerons le Colimaçon et la Limace, qui vivent à terre; les

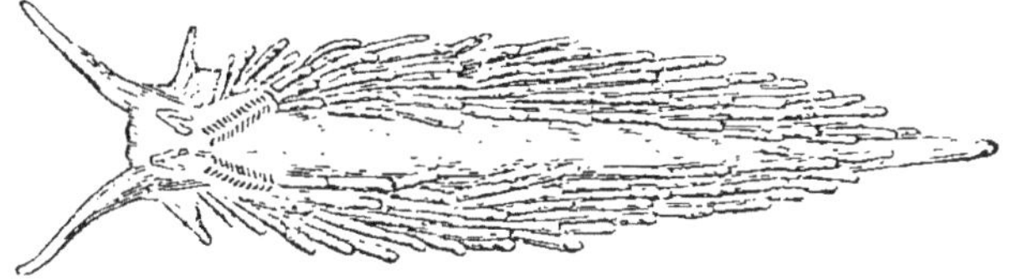

Fig. 480. — Éolide.

Limnées (fig. 165), les Planorbes et les Physes, qui se tiennent dans les eaux dormantes, et viennent à la surface du liquide prendre l'air nécessaire à leur respiration. Parmi les gastéropodes pourvus de branchies renfermées dans une cavité dorsale, on remarque les Volutes, les Buccins, les Porcelaines (fig. 180), les Haliotides ou Ormiers, etc. Les Patelles et les Pleurobranches (fig. 479) portent ces organes dans le sillon qui sépare le pied du manteau ; et chez les Doris et les Éolides (fig. 480), etc., ils consistent en panaches ou en lanières fixés sur la face dorsale du corps.

(1) *m*, le manteau relevé pour montrer la branchie (*br*); — *a*, l'anus; — *b*, la bouche et la trompe; — *v*, le voile ; — *t*, les tentacules; — *p*, le pied.

§ 609. La bouche des gastéropodes est entourée de lèvres contractiles, et quelquefois armée de dents cornées qui occupent le palais. Chez plusieurs autres animaux de cette classe, la partie antérieure de l'œsophage est très-charnue et a la faculté de se porter au dehors de manière à constituer une trompe. Quelquefois l'estomac est aussi garni de pièces cartilagineuses ou osseuses propres à diviser les aliments. L'intestin est contouré sur lui-même et logé entre les lobes du foie et l'ovaire ; enfin l'anus (*a*, fig. 478) est presque toujours situé du côté droit du corps, et se trouve souvent à peu de distance de la tête.

§ 610. Dans cette classe, les organes de la sensibilité sont moins développés que chez les céphalopodes ; les tentacules que la plupart des gastéropodes portent sur le front ne servent guère qu'au tact et peut-être à l'odorat. Leurs organes auditifs ne consistent qu'en une paire de petites vésicules membraneuses, et leurs yeux, qui manquent quelquefois, sont très-petits et d'une

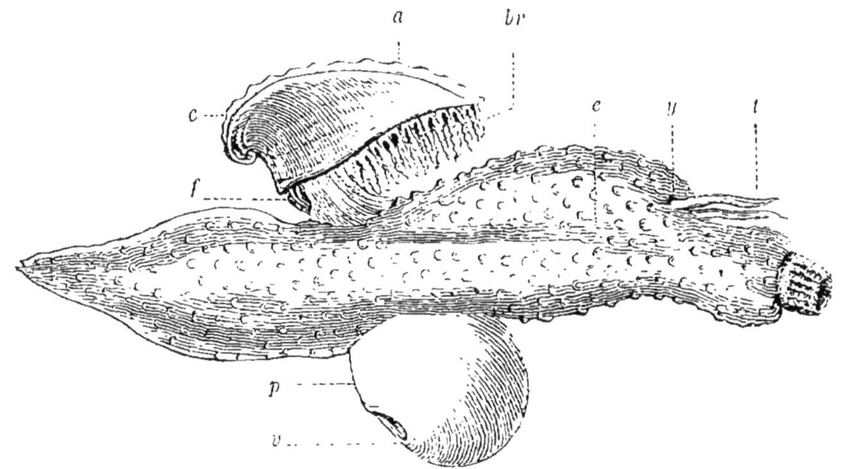

FIG. 481. — Carinaire (1).

structure très-simple : ils sont tantôt adhérents à la tête, tantôt portés sur la base, le côté ou la pointe des tentacules. Enfin, le système nerveux est moins développé que dans la classe précédente, et se compose principalement d'un ganglion céphalique et d'un ganglion thoracique réunis en collier autour de l'œsophage. Parmi ces animaux, les uns sont terrestres, et d'autres habitent les eaux douces ; mais la plupart d'entre eux vivent

(1) *b*, bouche ; — *t*, tentacules ; — *y*, yeux ; — *e*, estomac ; — *f*, foie ; — *a*, anus ; — *c*, coquille ; — *br*, branchie ; — *p*, pied ; — *v*, petite ventouse située sur le bord du pied.

dans la mer. En général ils sont conformés pour ramper, comme les Limaçons, la Limnée (fig. 165), la Porcelaine (fig. 180), etc.; mais quelquefois ils sont destinés à nager seulement : les Carinaires, par exemple (fig. 481).

CLASSE DES PTÉROPODES.

§ 611. Les Ptéropodes, ainsi que nous l'avons déjà dit, sont de petits mollusques pourvus d'une tête distincte et conformés pour flotter dans l'eau et y nager à l'aide de deux nageoires placées, comme des ailes, de chaque côté du cou (fig. 183). Les uns sont nus, les autres pourvus d'une coquille. Du reste, leur histoire n'offre pas assez de particularités intéressantes pour nous y arrêter plus longtemps.

CLASSE DES ACÉPHALES.

§ 612. Les mollusques dont nous nous sommes occupé jusqu'ici ont tous une tête distincte; ceux dont il nous reste à parler en

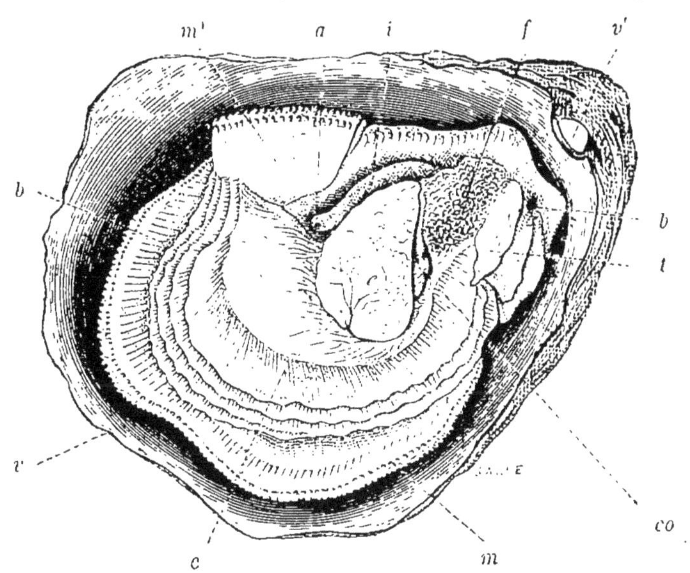

Fig. 482. — Anatomie de l'Huître (1).

sont dépourvus, et montrent dans toute leur organisation une simplicité plus grande. Leur corps est enveloppé tout entier par

(1) *v*, l'une des valves de la coquille ; — *v'*, sa charnière ; — *m*, l'un des lobes du manteau ; — *m'*, portion de l'autre lobe reployée en dessous ; — *c*, muscles de la coquille ; — *br*, branchies ; — *b*, bouche ; — tentacules labiaux ; — *f*, foie ; — *i*, intestins ; — *a*, anus ; — *co*, cœur.

le manteau, comme un livre dans sa couverture. La peau du dos, en effet, n'est adhérente que vers le milieu, et forme de chaque côté un grand repli ou voile qui recouvre toutes les autres parties de l'animal (fig. 482), et quelquefois même se joint à son congénère de façon à ne laisser d'ouverture qu'en avant et en arrière, et à constituer deux longs tubes pour le passage de l'eau nécessaire à la respiration (fig. 483). Une coquille composée de deux battants ou valves recouvre ce manteau en totalité ou en partie, et présente à sa partie supérieure une charnière garnie d'un ligament élastique, dont le jeu fait bâiller les valves toutes les fois que les muscles, étendus de l'une à l'autre, ne se contractent pas pour les maintenir fermées. Les viscères sont réunis en une petite masse sous la partie dorsale du manteau, et la portion ventrale du corps se prolonge en général de façon à former un pied charnu ayant quelque analogie avec celui des gastéropodes, mais beaucoup moins bien conformé pour la locomotion (fig. 483). Quelquefois c'est la face interne du manteau qui tient lieu d'organe respiratoire, et qui offre à cet effet un réseau vasculaire très-développé (chez les térébratules, par exemple); mais en général il existe un appareil branchial très-développé et composé de deux paires de grandes lames membraneuses finement striées et flottantes entre le pied et le manteau (fig. 482). La bouche est également cachée entre les plis du manteau et se trouve à l'une des extrémités de la base de l'abdomen; elle n'est jamais armée de dents, mais elle est garnie latéralement de deux paires de prolongements labiaux qui constituent des tentacules lamelleux. L'estomac est assez développé, et l'intestin forme autour du foie plusieurs circonvolutions avant que de gagner le bord postérieur de la base de l'abdomen, où est situé l'anus. Le cœur est en général situé au-dessus de la masse viscérale ainsi formée (fig. 182), et se compose d'un ventricule aortique et d'une ou de deux oreillettes destinées à recevoir le sang qui arrive des branchies. En général ce ventricule est fusiforme, et présente une particularité remarquable, sa cavité étant traversée par l'intestin rectum. Enfin le système nerveux consiste principalement en deux paires de petits ganglions réunies par des cordons, mais très-éloignées l'une de l'autre, et placées, l'une au-dessus de la bouche, l'autre au-dessous de l'anus. Les fonctions de relation sont toujours extrêmement bornées, et la plupart de ces mollusques peuvent à peine se déplacer en se poussant avec le pied ou en fer-

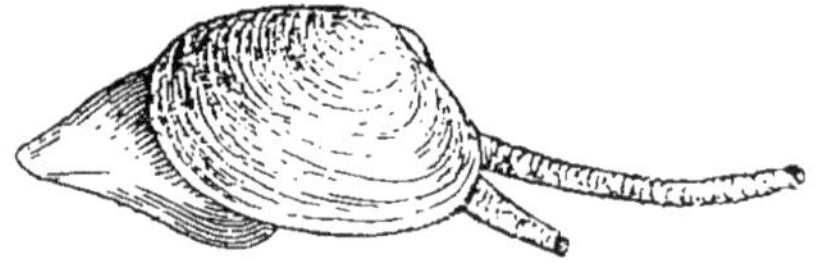
FIG. 483. — Telline

mant brusquement leur coquille pour lancer au dehors l'eau renfermée entre les valves, ce qui imprime à leur corps un choc en retour. En général, ils vivent presque immobiles au fond de l'eau ou enfouis dans le sable, et quelques-uns se fixent même aux rochers à l'aide d'un faisceau de filaments cornés ou soyeux qui naît du pied, et qui est appelé le *byssus* de ces animaux.

§ 613. Cette classe se divise, d'après la présence ou l'absence

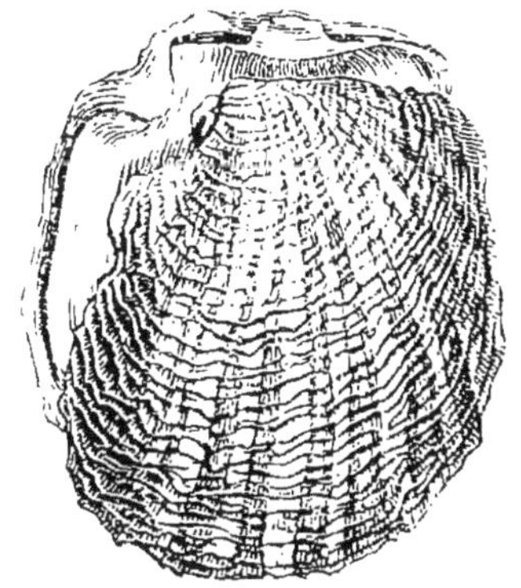

Fig. 484. — Aronde perlière.

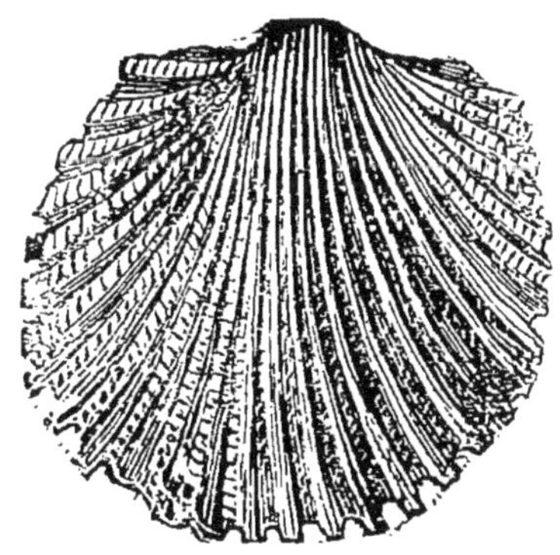

Fig. 485. — Bucarde.

de branchies lamelleuses, en deux ordres : Les Lamellibranches, qui comprennent les Huîtres, les Moules, les Arondes ou *Huîtres perlières* (fig. 484), les Pecten ou *Coquilles de Saint-Jacques*, les Mactres (fig. 182), les Bucardes ou *Coques* (fig. 485), les Solen

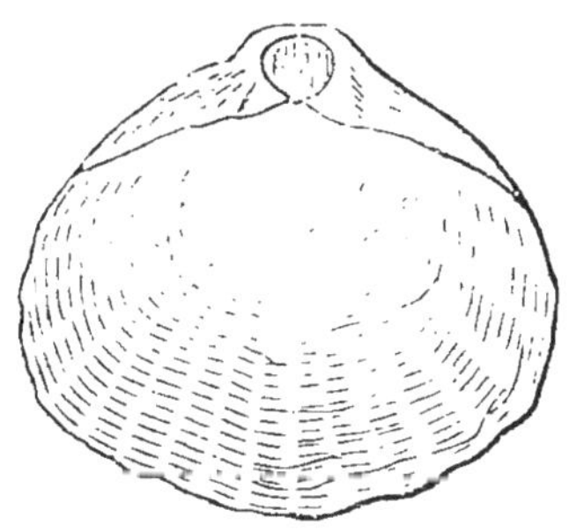

Fig. 486. — Coquille de Térébratule.

Fig. 487. — Animal de la Térébratule

ou *Manches de couteau*, les Tarets, etc. Les Brachiopodes doivent leur nom à deux espèces de bras charnus qui remplacent le pied: les Térébratules (fig. 486 et 487) offrent ce mode de structure.

SOUS-EMBRANCHEMENT

DES MOLLUSCOIDES OU TUNICIERS.

§ 614. Les animaux que nous réunissons ici sont considérés par la plupart des zoologistes comme devant être rangés, les uns parmi les mollusques proprement dits, et les autres parmi les zoophytes ; mais cette opinion dépendait de l'imperfection des connaissances que l'on avait sur la structure de ces êtres, et maintenant que leur anatomie et leur physiologie ont été mieux étudiées, on voit qu'ils sont tous conformés sur le même plan général, et qu'ils établissent en quelque sorte le passage entre

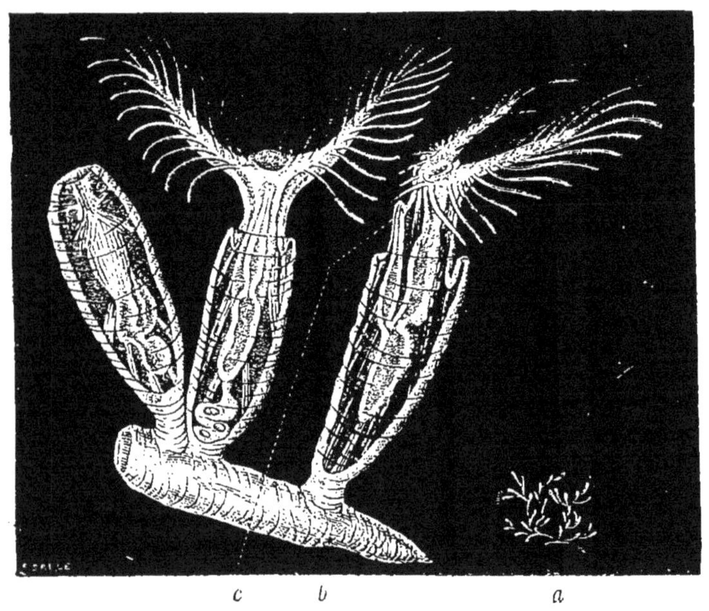

Fig. 488. — Plumatelles (1).

les mollusques proprement dits et les zoophytes. Ils sont tous pourvus d'un tube digestif distinct contourné sur lui-même et ouvert à ses deux bouts, et d'un appareil branchial très-développé (fig. 488). La plupart offrent encore des vestiges d'un système nerveux, mais n'ont pas d'anneau ganglionnaire comme les mollusques proprement dits ; enfin presque tous se multiplient par bourgeonnement aussi bien que par le moyen d'œufs, et forment ainsi des agrégations d'individus plus ou moins complétement confondus entre eux.

(1) *a*, groupes de Plumatelles de grandeur naturelle ; — *b*, d'autres grossies et vues dans diverses positions ; — *c*, anus.

Ces animaux sont tous aquatiques et sont conformés d'après deux types principaux; on doit par conséquent les diviser en deux groupes ou classes, savoir : les *Tuniciers proprement dits*, et les *Bryoozaires* ou *Polypes ciliés*.

§ 615. Les Tuniciers proprement dits (fig. 489) sont pourvus d'un manteau très-grand et en forme de sac, qui constitue au devant de l'abdomen ou masse viscérale une cavité respiratoire renfermant des branchies dont la disposition varie. Ils ont un cœur et des vaisseaux sanguins dans lesquels le liquide nourricier circule d'une manière très-singulière; car le courant change de direction périodiquement, de façon que, dans l'espace de quelques minutes, le même canal remplit alternativement les fonctions d'une artère et d'une veine. On range dans cette classe les Biphores (fig. 489), les Pyrosomes et les Ascidies (fig. 179), qu'on distingue en simples et en agrégées. Ces dernières ont souvent une apparence phytoïde.

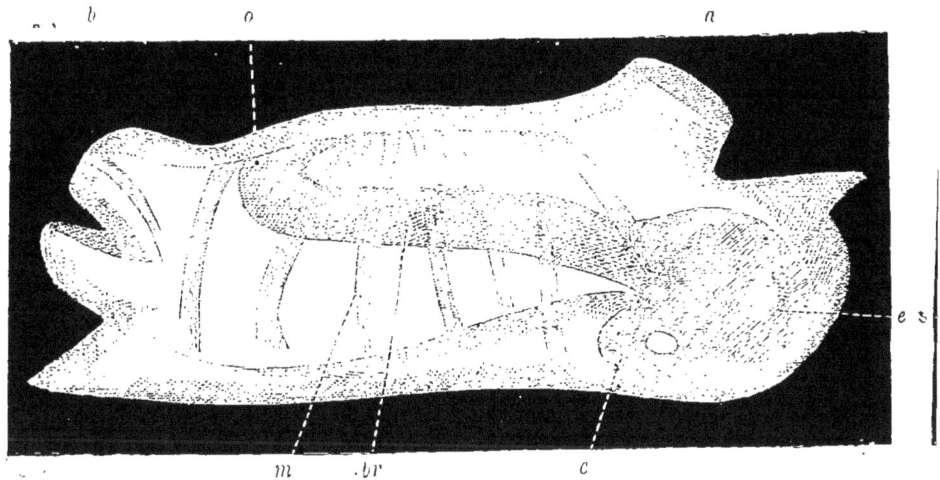

Fig. 489. — Biphore (1).

L'histoire des biphores présente une particularité fort remarquable : les générations qui se succèdent ne se ressemblent pas et se composent alternativement d'individus agrégés et d'individus solitaires; les premiers sont hermaphrodites et produisent chacun un jeune qui vit isolé, mais qui ne possède pas d'organes sexuels et qui donne naissance par bourgeonnement à une sorte de chaîne d'individus agrégés. Ces animaux bizarres sont assez communs dans la Méditerranée.

(1) *b*, bouche; — *a*, anus; — *m*, bandes musculaires entourant la grande cavité pharyngienne ou respiratoire; — *br*, branchie; — *e*, masse viscérale renfermant l'estomac, le foie, etc.; — *c*, cœur; — *o*, œil et ganglion nerveux.

§ 616. Les Bryozoaires, qui, jusqu'en ces dernières années, avaient été confondus avec les polypes les plus simples, ont le manteau moins développé et les branchies à nu. Ces organes consistent dans une couronne de tentacules qui entourent la bouche et qui sont garnis latéralement de cils vibratiles (fig. 488). L'anus est situé à peu de distance de la bouche, et le liquide nourricier arrive entre les viscères et le manteau, ainsi que dans l'intérieur des tentacules, mais n'est pas mis en mouvement par un cœur. Enfin, la portion inférieure du manteau se durcit en général de façon à constituer une sorte de tube ou de cellule tantôt cornée tantôt calcaire, dans laquelle l'animal peut se retirer tout entier. En général, ces êtres, d'une petitesse presque microscopique, vivent réunis en masses plus ou moins considérables. La plupart habitent la mer, mais on en trouve aussi dans les eaux douces. Parmi ces derniers, nous citerons les Alcyonelles et les Plumatelles (fig. 488), assez communes dans nos étangs ; et parmi les premiers, les Flustres, les Rétépores et les Vésiculaires.

EMBRANCHEMENT

DES ZOOPHYTES.

§ 617. Dans ce quatrième et dernier embranchement du règne animal, l'organisation est beaucoup moins complète que chez la plupart des autres animaux ; et les diverses parties de l'économie, au lieu d'être disposées par paires de chaque côté d'un plan longitudinal, se groupent autour d'un axe ou d'un point central, de façon à donner à l'ensemble du corps une forme rayonnée ou sphérique. Le système nerveux est rudimentaire ou nul, et il n'existe point d'organes spéciaux des sens, si ce n'est quelquefois de petites taches colorées qui paraissent être quelque chose d'analogue aux yeux des mollusques.

Il existe, comme nous l'avons déjà dit, des variations très-grandes dans la structure de ces animaux, dont plusieurs ressemblent, par leur aspect extérieur, à des plantes plutôt qu'à des êtres animés ; et c'est en raison de ces différences qu'on divise les Zoophytes en cinq classes : les *Echinodermes*, les *Acalèphes*, les *Coralliaires* ou *Polypes*, les *Infusoires polygastriques* et les *Spongiaires*.

CLASSE DES ÉCHINODERMES.

§ 618. Les Échinodermes (fig. 490) sont des animaux rayonnés dont la peau est épaisse et souvent soutenue par une sorte de squelette solide (fig. 490) et dont la structure intérieure est très-compliquée. Ils sont conformés pour ramper au fond de l'eau, et sont en général pourvus à cet effet d'une multitude de

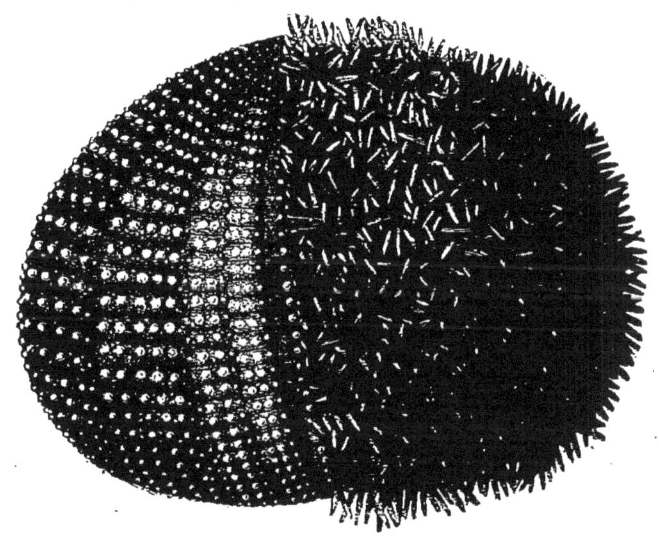

Fig. 490. — Oursin (1).

petits tentacules rétractiles qui passent au travers des pores dont leurs téguments sont percés, et agissent par leur extrémité à la

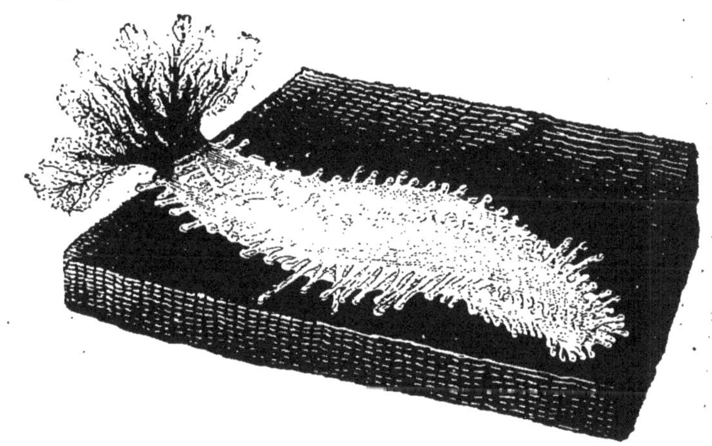

Fig. 491. — Holothurie.

manière de ventouses. Chez la plupart de ces zoophytes (les holothuries et les oursins, par exemple), la cavité digestive a la forme d'un tube ouvert à ses deux extrémités; mais chez d'autres (les

(1) Du côté gauche on a enlevé les épines pour montrer le test.

astéries), elle ne consiste que dans un sac garni tout autour d'appendices plus ou moins rameux et communiquant au dehors par une seule ouverture qui remplit la double fonction d'une bouche et d'un anus.

Les échinodermes possèdent un appareil circulatoire assez développé, et sont de tous les zoophytes ceux dont l'organisation est la plus compliquée et la plus parfaite. Ils vivent dans la mer, et ils subissent dans le jeune âge des métamorphoses très-remarquables.

Les échinodermes forment trois groupes principaux : les *Holo-*

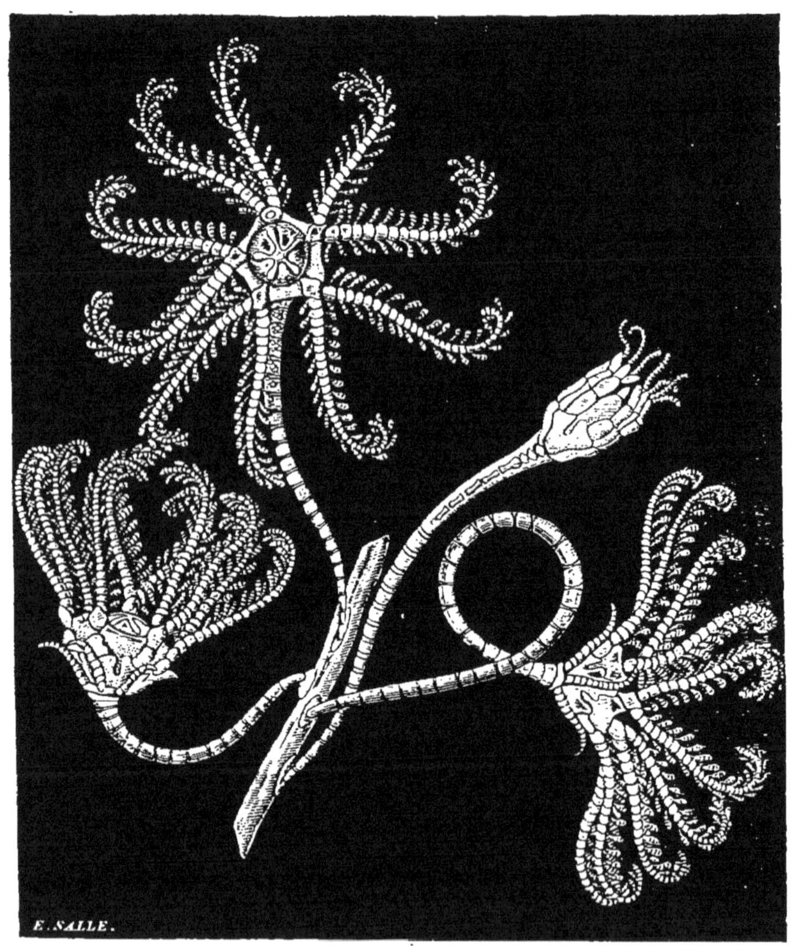

FIG. 492. — Encrines.

thuries (fig. 491), les *Oursins* (fig. 490), et les *Astéries* ou *Etoiles de mer* (fig. 158). Quelques espèces de cette dernière famille se fixent à l'aide d'une sorte de tige : telles sont les Encrines (fig. 492), qui sont très-rares à l'époque actuelle, mais se trouvaient en grand nombre dans les mers à diverses époques géologiques.

Les Holothuries (fig. 491) sont remarquables par la disposition de leur appareil respiratoire, composé de tubes membraneux ramifiés comme un arbre, et recevant l'eau, dans son intérieur par l'intermédiaire d'un cloaque et de l'anus.

CLASSE DES ACALÈPHES.

§ 619. Les Acalèphes sont des animaux mous, d'une consistance gélatineuse,qui flottent toujours dans la mer, et sont essentiellement organisés pour la nage. Ils n'ont pas, comme les échinodermes, une peau bien distincte des parties sous-jacentes et une cavité intérieure logeant les viscères ; leur organisation est très-simple, et leurs organes intérieurs se réduisent presque à un estomac communiquant en général directement au dehors par une bouche seulement, et donnant naissance à des canaux qui se rendent dans les diverses parties du corps, et qui s'y ramifient souvent de façon à y donner naissance à un système vasculaire.

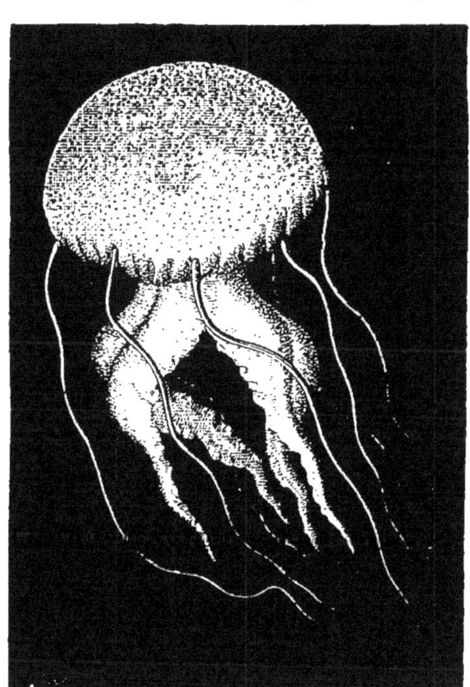

Fig. 493. — Méduse (Pélagie).

La famille la mieux connue de cette classe est celle des *Méduses* (fig. 493), parmi lesquelles on range les Rhizostomes (fig. 187), qui abondent sur nos côtes, et qui sont remarquables par la disposition singulière de leur appareil digestif. En effet, l'estomac ne communique pas au dehors, comme d'ordinaire, au moyen d'une bouche centrale placée entre la base des tentacules, mais à l'aide d'un grand nombre de petits canaux terminés par des pores à l'extrémité libre de ces appendices. On range aussi dans cette classe les Béroés, qui ressemblent à de petits ballons; les Cestes, qui ont la forme d'un long ruban gélatineux ; et les Physophores, qui offrent l'aspect d'une guirlande chargée de fleurs et de fruits.

En étudiant la reproduction de ces animaux, on a découvert dernièrement un fait physiologique très-remarquable. Les méduses produisent des œufs comme la plupart des êtres animés, mais les jeunes qui sortent de ces œufs ne ressemblent en rien à leur mère : ce sont de petits corps ovoïdes qui ont la surface garnie de cils vibratiles, et qui bientôt se fixent, et, en se développant, constituent des zoophytes déjà connus des naturalistes sous le nom de Polypes hydraires (des Sertulaires, par exemple); ceux-ci se multiplient par bourgeonnement de façon à constituer des colonies d'animaux agrégés, et les divers individus de la nouvelle génération ainsi produite, en se développant, deviennent libres et se métamorphosent en méduses. Cette succession d'individus de deux sortes qui se succèdent alternativement, et ne présentent les mêmes formes qu'à la seconde génération a été désignée sous le nom de *métagenèse*, ou de génération alternante.

CLASSE DES CORALLIAIRES

OU POLYPES PROPREMENT DITS.

§ 620. On confond souvent sous le nom de polypes les bryozoaires, dont nous avons déjà parlé en traitant des molluscoïdes (§ 615), et les coralliaires, ou polypes proprement dits, qui ont une structure toute différente et bien moins complète. Ce sont des animaux dont le corps est cylindrique, mou et percé à l'une de ses extrémités d'une bouche centrale qu'entourent des tentacules plus ou moins nombreux et dépourvus de cils vibratiles (fig. 167). Cet orifice tient également lieu d'anus, et conduit directement, ou par l'intermédiaire d'un tube membraneux, dans une grande cavité qui occupe tout le corps, qui se continue supérieurement dans l'intérieur des tentacules, et qui loge les ovaires suspendus à ses parois. L'extrémité inférieure du polype est disposée de façon à adhérer aux corps étrangers sur lesquels l'animal est destiné à vivre fixé ; et sa peau se durcit en général en grande partie, de manière à lui constituer une enveloppe cornée ou calcaire analogue aux cellules dont nous avons déjà parlé en décrivant les bryozoaires. Les polypes proprement dits ressemblent aussi aux molluscoïdes par leur mode de multiplication; car la plupart d'entre eux se reproduisent non-seulement par des œufs, mais aussi au moyen de bourgeons qui naissent sur diverses parties de la surface de leur corps et ne s'en séparent jamais: de sorte que les diverses générations restent

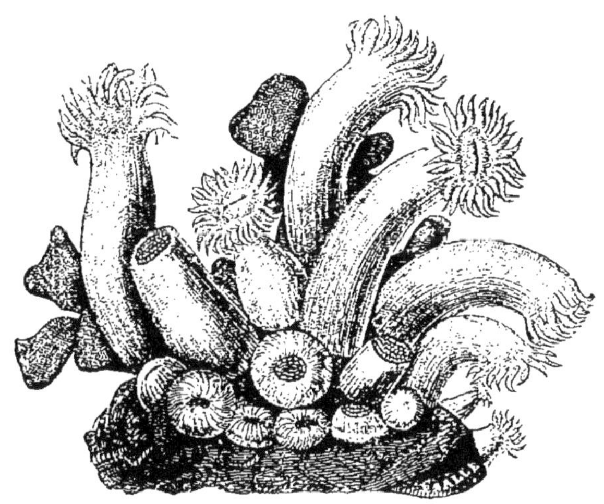

FIG. 494. — Polypes du genre Astroïde.

greffés en quelque sorte les unes sur les autres, et forment des masses plus ou moins considérables dans lesquelles tous les individus d'une même race se tiennent et vivent, jusqu'à un certain point, d'une vie commune.

La portion en quelque sorte ossifiée de la tunique tégumentaire de ces polypes présente des formes variées, et constitue tantôt des tubes, tantôt des espèces de cellules. Pendant longtemps on l'a considérée comme étant seulement la demeure des polypes qui la forment, et c'est elle qu'on désigne sous le nom de *polypier* (fig. 189). Quelquefois chaque polype possède un polypier distinct; mais d'ordinaire c'est la portion commune d'une masse de polypes agrégés qui présente les caractères propres à ces corps, et il se forme ainsi des polypiers agrégés (fig. 188) dont le volume peut devenir extrêmement considérable, quoique chacune de ses parties constituantes n'ait que des dimensions fort petites.

§ 621. C'est de la sorte que les polypes dont le corps n'a que quelques pouces de long élèvent dans les mers voisines des tropiques des récifs et des îles. Lorsqu'ils sont placés dans des circonstances favorables à leur développement, certains animaux de cette classe pullulent, au point de recouvrir des chaînes de rochers ou d'immenses bancs sous-marins, et de former, avec les masses pierreuses de leurs polypiers amoncelés les uns au-dessus des autres, des amas dont l'étendue s'accroît sans cesse par la naissance de nouveaux individus au-dessus de ceux déjà existants. La dépouille solide de chaque colonie de polypes reste intacte après que ces frêles architectes ont péri, et sert de base

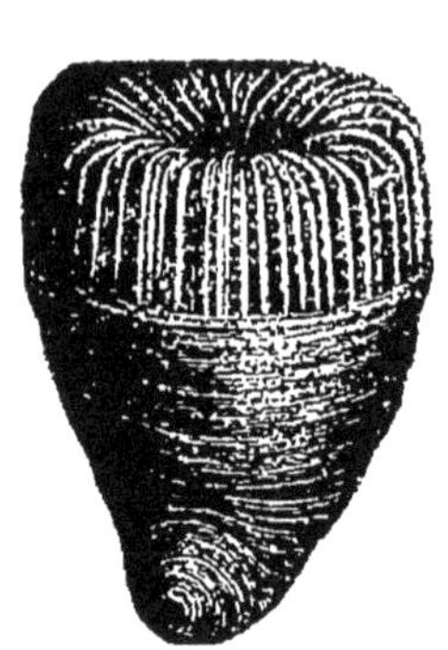

Fig. 495.

Fig. 496.

pour le développement d'autres polypiers, jusqu'à ce que ces récifs vivants atteignent la surface de l'eau; car alors ces animaux ne peuvent plus y vivre, et le sol formé par leurs débris cesse de s'élever. Mais bientôt la surface de ces amas de polypiers, exposée à l'action de l'atmosphère, devient le siége d'une nouvelle série de phénomènes : des graines déposées par les vents ou apportées par les vagues y germent et la couvrent d'une riche végétation, jusqu'à ce qu'enfin ces vastes charniers de zoophytes presque microscopiques deviennent des îles habitables. Dans l'océan Pacifique, on rencontre une foule de récifs et d'îles qui n'ont pas d'autre origine. En général, ils semblent avoir pour base quelque cratère de volcan éteint, car presque toujours ils ont une forme circulaire, et présentent au centre une lacune communiquant au dehors par un seul chenal : on en connaît qui ont plus de dix lieues de diamètre.

§ 622. Presque tous les coralliaires habitent la mer; on en trouve cependant dans les eaux douces. Ceux dont le polypier est simplement charnu ou corné sont répandus dans toutes les latitudes, mais ce n'est guère que dans les mers des climats chauds qu'on trouve en abondance des coralliaires à polypier pierreux.

Quelquefois les polypes agrégés déposent dans l'intérieur du tissu commun par lequel ils sont unis une matière cornée ou calcaire qui constitue une sorte de tige intérieure, et qui se ramifie comme un arbre à mesure que la masse animée pousse de nouvelles branches. C'est de la sorte que se forme la matière pierreuse nommée *corail* (fig. 188), dont on fait un grand emploi comme ornement, et dont la pêche est active sur les côtes de l'Algérie.

On doit ranger dans cette division du règne animal les Actinies ou Anémones de mer (fig. 167), qui ont le corps charnu et qui se voient en si grand nombre sur les rochers de nos côtes; les Ca-

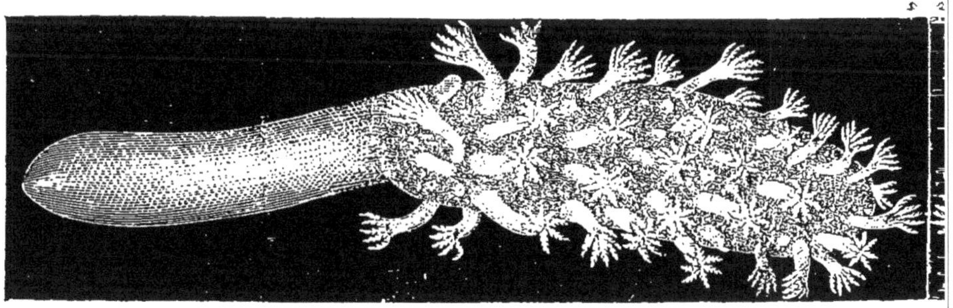

FIG. 497. — Polypes (Vérétilles).

ryophyllies et les Astrées, qui concourent plus que tous les autres à la formation des récifs de corail (fig. 189); le Corail lui-même (fig. 188); les Vérétilles (fig. 497), qui n'adhèrent pas au sol, mais sont simplement enfoncées dans le sable par une des extrémités de leur tige commune. La plupart des naturalistes y classent aussi les Hydres, dont nous avons déjà eu à nous occuper (§ 347).

CLASSE DES INFUSOIRES

PROPREMENT DITS (1).

§ 623. Ces animalcules, qui ne s'aperçoivent qu'au moyen du microscope, et qui se développent en abondance dans l'eau contenant des débris de corps organisés, ont été, jusqu'en ces derniers temps, confondus avec les rotateurs (§ 586), dont la structure est très-différente. Leur corps, tantôt arrondi, tantôt allongé,

(1) Beaucoup de petits êtres que les zoologistes réunissent dans ce groupe paraissent devoir être rapportés à l'embranchement des Mollusques plutôt qu'à celui des Zoophytes; mais leurs affinités naturelles ne sont pas assez nettement établies pour que nous puissions traiter ici cette question.

est souvent couvert de petits cils, et offre dans son intérieur un nombre ordinairement très-considérable de petites cavités qui paraissent remplir les fonctions d'autant d'estomacs. Chez quelques-uns, ces sortes d'ampoules semblent être groupées autour d'un canal qui s'ouvre au dehors par ses deux extrémités (fig. 191); mais d'autres fois elles paraissent être tout à fait isolées, et les personnes qui ont fait de ces petits êtres l'objet d'une étude spéciale ne s'accordent pas sur l'existence d'une communication directe entre leur cavité et le dehors. La manière dont les infusoires se propagent a été l'objet de beaucoup de recherches, et un grand nombre de naturalistes pensent qu'ils peuvent se former directement par la désagrégation des matières dont les feuilles, la chair musculaire et les autres corps organisés se composent; mais cette génération dite spontanée est loin d'être suffisamment démontrée, et l'on sait que, dans certains cas au moins, ils naissent les uns des autres. Du reste, leur mode de propagation est bien d'accord avec la simplicité de leur structure : c'est par la division spontanée de leur corps en deux ou plusieurs fragments, dont chacun continue de vivre et devient bientôt un nouvel individu semblable au premier, que ces êtres singuliers se multiplient d'ordinaire.

Leurs formes sont très-variées, et on les a divisés en plusieurs genres, parmi lesquels nous citerons les Enchélys (III, fig. 191), dont le corps est oblong; les Volvoces, qui sont globuleux et tournent continuellement sur eux-mêmes, et les Monades (I, fig. 191), qui ressemblent à de petits points tourbillonnant dans l'eau où elles nagent. C'est à la présence de myriades d'une espèce particulière de ces petites monades, dont le corps est coloré en rouge, que l'eau des étangs salés doit la couleur sanguinolente qu'elle offre quelquefois.

CLASSE DES SPONGIAIRES.

§ 624. Les Éponges (fig. 190) et les autres corps d'une structure analogue n'offrent les caractères les plus saillants de l'animalité que pendant les premiers temps de la vie, et ressemblent plus tard à des végétaux informes plutôt qu'à des animaux ordinaires. Lors de la naissance, ces singuliers êtres ressemblent assez à certains infusoires. Leur corps est ovalaire et garni partout de cils vibratiles à l'aide desquels ils nagent dans l'eau : sous ce rapport, ils ressemblent aussi aux larves de divers polypes au moment où elles sortent de l'œuf; mais bientôt les jeunes spongiaires se fixent contre quelque corps étranger, deviennent complétement immobiles, ne donnent plus aucun signe de sensibilité ni de contractilité, et en grandissant se déforment complétement. La substance gélatineuse de leur corps se crible de trous et de canaux traversés sans cesse par l'eau, et il se développe dans leur intérieur une multitude de filaments cornés et de spicules, tantôt calcaires, tantôt siliceux, qui, disposés en faisceaux entrecroisés, constituent une espèce de charpente solide. Enfin, à certaines époques de l'année, on voit se développer, dans la substance de ces masses informes, des corpuscules ovoïdes ou sphériques qui tombent dans les canaux dont il vient d'être question, et qui, entraînés en dehors par le courant dont l'éponge est sans cesse traversée, constituent les espèces de larves ou corps reproducteurs doués de la faculté locomotive mentionnée plus haut.

On connaît un grand nombre de spongiaires; la plupart sont propres aux mers des régions chaudes, mais plusieurs habitent les rochers de nos côtes. Ceux dont on fait un si grand usage dans l'économie domestique se distinguent par la nature purement cornée et par l'élasticité des filaments dont leur charpente solide se compose : l'une de ces espèces, l'Éponge commune, se trouve en grande abondance dans la Méditerranée ; l'autre, appelée Éponge usuelle, est propre aux mers d'Amérique. Ces corps sont l'objet d'un commerce important, et, pour les préparer aux usages auxquels on les destine, il suffit de les bien laver pour détacher de leur squelette corné la matière animale dont il est naturellement recouvert.

DISTRIBUTION GÉOGRAPHIQUE DES ANIMAUX

§ 625. Pour nous former une idée générale du règne animal, il ne nous suffit pas de connaître les principaux phénomènes par lesquels la vie se manifeste chez les êtres animés, et d'avoir étudié la structure de leur corps et le mécanisme de leurs fonctions ; il nous faut aussi eter un coup d'œil sur la manière dont les animaux sont répartis à la surface du globe, et chercher à apprécier l'influence que peuvent exercer sur eux les circonstances diverses au milieu desquelles ils sont appelés à vivre.

§ 626. Lorsqu'on porte son attention sur la manière dont les animaux sont distribués autour de nous sur le globe, on est d'abord frappé par la différence des milieux dans lesquels ils habitent. Les uns, comme chacun le sait, vivent toujours sous l'eau, et meurent promptement quand on les retire de ce liquide; les autres ne peuvent exister que dans l'air, et périssent presque aussitôt s'ils viennent à être submergés. Les uns, en effet, sont destinés à peupler les eaux, les autres à vivre sur la terre; et lorsque l'on compare, sous le rapport physiologique et anatomique ces animaux aquatiques et terrestres, on découvre, du moins en partie, les causes de ces différences dans leur mode d'existence.

En étudiant la respiration, nous avons signalé un rapport constant entre l'intensité de cette fonction et l'énergie vitale. Les animaux, avons-nous dit, consomment dans un temps donné une quantité d'oxygène d'autant plus considérable, que leurs mouvements sont plus vifs et leur nutrition plus rapide; or, ils ne peuvent prendre cet oxygène que dans les fluides dont leur corps est baigné, et dans un litre d'air il existe 208 centimètres cubes de ce principe vivifiant, tandis que dans un litre d'eau il ne s'en est trouvé ordinairement en dissolution qu'environ 13 centimètres. Il est donc évident que le degré d'activité dans la fonction respiratoire, indispensable à l'exercice des facultés propres aux animaux supérieurs, doit être bien plus facile à atteindre dans l'air que dans l'eau, et qu'à raison de cette seule différence, le séjour dans ce dernier fluide doit être interdit à tous les êtres les plus élevés dans la série animale. On comprend, en effet, qu'un animal qui, pour vivre, a besoin de s'approprier à chaque instant une quantité considérable d'oxygène, n'en trouve pas en proportion suffisante lorsqu'il est plongé sous l'eau, et qu'alors il périsse asphyxié. Mais, au premier abord, on s'explique moins facilement les causes pour lesquelles un animal aquatique ne peut continuer à vivre lorsqu'on le retire de l'eau pour le placer dans l'air, car on lui fournit alors un fluide plus riche en oxygène que ne l'était le liquide dont l'action vivifiante suffisait à tous ses besoins. Il est cependant diverses circonstances qui nous rendent, jusqu'à un certain point, compte de ce phénomène. Ainsi, la physique nous apprend qu'un corps, pesé successivement dans l'air et dans l'eau, est plus léger dans ce dernier cas que dans le premier, et que, pour le soutenir en équilibre, il suffit alors d'un poids équivalent à celui qui représentait sa pesanteur dans l'air, diminué de celui de la masse d'eau qu'il a déplacée. Il en résulte que ces animaux dont les tissus sont trop mous pour se soutenir par eux-mêmes dans l'air, et s'y affaissent au point de devenir inaptes à remplir leurs fonctions dans l'organisme, peuvent cependant vivre très-bien dans le sein des eaux, où ces mêmes tissus, n'étant guère plus denses que le fluide ambiant, n'ont besoin d'offrir qu'une bien faible résistance pour conserver leur forme et pour empêcher les diverses parties du corps de retomber sur elles-mêmes. Cette seule considération suffirait pour nous expliquer pourquoi des animaux gélatineux, tels que les infusoires ou les méduses, sont nécessairement confinés dans les eaux; car, lorsqu'on observe un de ces êtres délicats encore plongé dans ce liquide, on voit que toutes ses parties, même les plus ténues, se soutiennent dans leur position normale et flottent avec aisance dans le milieu ambiant ; mais dès qu'on les en retire, leur corps tout entier s'affaisse et n'offre plus à l'œil qu'une masse informe et confuse. L'influence de la densité du milieu ambiant sur le jeu mécanique de ces instruments de la vie se fait aussi sentir chez des animaux dont la structure est plus parfaite, mais chez lesquels cependant la respiration s'exerce encore par des appendices membraneux ramifiés, comme des arbuscules ou des panaches. Ainsi, chez les annélides ou même chez les poissons, les branchies se composent de filaments flexibles, qui se soutiennent facilement au milieu de l'eau, et qui permettent de la sorte au fluide respiratoire d'arriver et de se renouveler sur tous les points de leur surface ; mais, à l'air, ces mêmes filaments membraneux s'affaissent par l'effet de leur propre poids, retombent les uns sur les autres, et, par cela seul, excluent l'oxygène de la plus grande partie de l'appareil respiratoire. Il en résulte que cette fonction est alors entravée, et que l'animal peut mourir asphyxié dans l'air, tandis qu'il trouvait dans l'eau ce dont il avait besoin pour respirer librement. Pour se convaincre de l'importance de ces variations dans l'état physique des organes placés dans l'air ou dans l'eau, il suffit de se rappeler ce qui se passe dans nos laboratoires de dissection : un anatomiste qui voudrait étudier la structure d'une partie délicate n'y arriverait que difficilement s'il faisait sa dissection à l'air; mais en plaçant dans l'eau l'objet de son étude, il parvient bien plus aisément à en distinguer toutes les parties ; car ces parties, soutenues en quelque sorte par ce liquide, conservent alors leurs rapports naturels comme si elles étaient d'un tissu consistant et rigide. Une autre circonstance qui influe également sur la possibilité de la vie dans l'air ou dans l'eau, est l'évaporation qui se fait toujours à la surface des corps organisés placés dans l'air, mais qui n'a point lieu au milieu de l'eau. Un certain degré de dessiccation fait perdre à tous les tissus organiques les propriétés physiques qui les distinguent, et l'on voit toujours les pertes par évaporation entraîner la mort des animaux lorsqu'elles dépassent certaines limites. Il en résulte que les êtres dont l'organisation n'est pas calculée de façon à les préserver des effets nuisibles d'une pareille évaporation, ne peuvent vivre que dans l'eau, et périssent promptement dans l'air. Or, l'économie animale ne peut satisfaire à cette exigence qu'à la condition d'une complication très-grande dans sa structure. En effet, si la respiration doit être active, il faut que la surface respiratoire soit logée profondément dans quelque cavité intérieure où l'air ne se renouvellera que dans la mesure nécessaire à l'entretien de la vie. Pour assurer ce renouvellement, il faudra que l'appareil de la respiration se complique d'organes moteurs propres à l'assurer; pour prévenir la dessiccation d'une portion quelconque de la surface du corps, il faudra aussi que la répartition des liquides dans les diverses parties du corps se fasse aisément et qu'il existe une circulation active, ou bien que cette surface soit revêtue d'une tunique à peine perméable. Cela est si vrai que, même chez les poissons, où la circulation est bien complète, mais n'a lieu que lentement, et où le réseau capillaire n'est pas très-serré, la mort arrive promptement, par suite de la dessiccation d'une partie du corps, de la portion postérieure, par exemple, lors même que cette portion seulement est exposée à l'air et que tout le reste de l'animal demeure plongé dans l'eau.

Nous pourrions ajouter encore que, dans l'eau, l'alimentation est possible avec des instruments de préhension et de mouvement moins parfaits que dans l'air, où le transport des matières étrangères dont l'animal a besoin est plus difficile à opérer. Ainsi, sous tous les rapports les plus essentiels, la vie est en quelque sorte plus facile à entretenir dans le sein des eaux qu'à la surface de la terre : elle nécessite, dans l'atmosphère, des instruments physiologiques plus compliqués et plus parfaits ; aussi les eaux sont-elles l'élément naturel des animaux les plus inférieurs de la série zoologique ; et, si les productions de la création se sont succédé dans le même ordre que les états transitoires par lesquels chaque animal passe durant la période de son développement, on en peut conclure que c'est aussi au milieu des eaux qu'auront paru d'abord les êtres animés, résultat qui s'accorde avec les observations des géologues et avec les récits de l'Écriture.

Le physiologiste peut de la sorte se rendre compte du mode actuel de répartition des animaux entre les deux éléments géologiques qui se partagent la surface du globe, l'eau et la terre ; mais ces différences fondamentales ne sont pas les seules que l'on observe dans la distribution géographique des êtres animés.

Si un naturaliste, familier avec la faune de son pays, visite des régions lointaines, il voit, à mesure qu'il avance, la terre se peupler d'animaux nouveaux à ses yeux; puis ces espèces disparaître à leur tour pour faire place à d'autres espèces également inconnues.

Si, quittant la France, il aborde dans le sud de l'Afrique, il n'y trouvera qu'un petit nombre d'animaux semblables à ceux qu'il avait vus en Europe, et il remarquera surtout l'éléphant aux grandes oreilles, l'hippopotame, le rhinocéros à deux cornes, la girafe, des troupeaux innombrables d'antilopes, de zèbres; le buffle du Cap, dont les cornes recouvrent par leur base élargie tout le front; le lion à crinière noire; le chimpanzé et le gorille, qui, de tous les animaux, ressemblent le plus à l'homme; le cynocéphale, ou singe à face de chien; des vautours d'espèces particulières; une multitude d'oiseaux à plumage brillant, étrangers à l'Europe; des insectes également différents de ceux du Nord : par exemple, le termite fatal, qui vit en sociétés nombreuses, et élève avec de la terre des habitations communes d'une disposition très-curieuse et d'une hauteur considérable.

§ 627. Si notre zoologiste quitte le sud de l'Afrique et pénètre dans l'intérieur de la grande île de Madagascar, il y trouvera encore une faune différente. Là il ne verra aucun des grands quadrupèdes qu'il avait remarqués en Afrique, et la famille des singes sera remplacée par d'autres mammifères également bien conformés pour grimper aux arbres, mais ressemblant davantage aux carnassiers, et désignés par les naturalistes sous le nom de *makis* ; il rencontrera l'*aye-aye*, animal des plus singuliers, qui paraît être l'objet d'une sorte de vénération de la part des habitants, et qui tient en même temps du singe et de l'écureuil; des tenrecs, petits mammifères insectivores qui ont le dos épineux comme celui de nos hérissons, mais qui ne se roulent pas en boule; le caméléon à nez fourchu, et plusieurs reptiles curieux qu'on ne trouve pas ailleurs, ainsi que des insectes non moins caractéristiques de cette région.

§ 628. Poursuivant encore sa route et arrivant dans l'Inde, notre voyageur y verra un éléphant distinct de celui de l'Afrique ; des bœufs, des ours, des rhinocéros, des antilopes, des cerfs, également différents de ceux de l'Europe ou de l'Afrique ; l'orang-outan et une foule d'autres singes particuliers à ces contrées; le tigre royal, l'argus, le paon, des faisans et une multitude presque innombrable d'oiseaux, de reptiles et d'insectes inconnus ailleurs.

§ 629. Si ensuite il visite la Nouvelle-Hollande, tout y sera encore nouveau pour lui, et l'aspect de cette faune lui paraîtra bien plus étrange que celle des diverses populations zoologiques qu'il avait déjà passées en revue. Il n'y trouvera plus d'espèces analogues à nos bœufs, à nos chevaux, à nos ours et à nos grands carnassiers ; les quadrupèdes de grande taille manqueront même entièrement, et il découvrira des kanguroos, des phalangers volants et des ornithorhynques.

§ 630. Enfin, si notre voyageur, pour revenir dans sa patrie, traverse le vaste continent de l'Amérique, il y découvrira une faune ayant de l'analogie avec celle de l'ancien monde, mais composée presque entièrement d'espèces différentes : il y verra des singes à queue prenante, de grands carnassiers assez semblables à nos lions et à nos tigres, des bisons, des lamas, des tatous; enfin, des oiseaux, des reptiles et des insectes également remarquables et également nouveaux pour lui.

§ 631. Des différences non moins grandes dans les espèces animales propres aux diverses régions du globe s'observent lorsqu'au lieu de s'en tenir à l'observation des habitants de la terre, on examine les myriades d'êtres animés qui vivent au milieu des eaux. En passant des côtes de l'Europe dans l'océan Indien, et de ce dernier dans les mers de l'Amérique, on rencontre des poissons, des mollusques, des crustacés et des zoophytes particuliers à chacun de ces parages. Ce cantonnement des espèces, soit aquatiques, soit terrestres, est si marqué, qu'un naturaliste un peu exercé ne peut méconnaître, au premier coup d'œil, l'origine des collections zoologiques qu'on aura recueillies dans l'une ou dans l'autre des grandes divisions géographiques du globe, et qu'on soumettra à son examen. La faune de chacune de ces divisions offre un aspect particulier, et peut être facilement caractérisée par la présence de certaines espèces plus ou moins remarquables.

§ 632. Les naturalistes ont imaginé plusieurs hypothèses pour se rendre compte de ce mode de distribution des animaux à la surface du globe ; mais, dans l'état actuel de la science, il est impossible d'en donner une explication satisfaisante, à moins d'admettre que dès le début de la période géologique actuelle, les diverses espèces ont été réparties dans les régions différentes, et que peu à peu elles se sont ensuite répandues au loin pour occuper une portion plus ou moins considérable de la surface du globe.

Dans l'état actuel du globe, il nous est impossible de reconnaître tous ces foyers zoologiques : car on conçoit la possibilité d'échanges si multipliés entre deux régions dont les faunes étaient primitivement distinctes, qu'elles puissent n'offrir aujourd'hui que des espèces communes à l'une et à l'autre, et alors rien ne décèlera aux yeux du naturaliste leur séparation originelle; mais lorsqu'une contrée sera peuplée d'un nombre considérable d'espèces qui ne se voient pas ailleurs, même là où les circonstances locales sont le plus semblables, on sera autorisé à penser que cette portion du globe a toujours été une région zoologique distincte.

Ce que le naturaliste doit se demander, ce n'est donc pas comment il se fait que les divers points du globe soient habités aujourd'hui par des espèces différentes, mais bien comment les animaux ont pu se répandre au loin sur la surface du globe, et comment la nature a posé à cette dissémination des bornes variables suivant les espèces. Cette dernière question se présente surtout à l'esprit, lorsqu'on voit combien est inégale l'étendue du domaine occupé aujourd'hui par tel ou tel être animé : l'orang-outan, par exemple, se trouve confiné dans l'île de Bornéo et dans les terres voisines; le bœuf musqué est cantonné dans la partie la plus septentrionale de l'Amérique, et le lama dans les régions élevées du Pérou et du Chili; tandis que le canard sauvage se montre partout, depuis la Laponie jusqu'au cap de Bonne-Espérance, et depuis les États-Unis d'Amérique jusqu'en Chine et au Japon.

Les circonstances qui favorisent la dissémination des espèces sont de deux ordres : les unes tiennent à la nature de l'animal lui-même; les autres, à des causes qui lui sont étrangères. Au nombre des premières, nous devons signaler d'abord le développement de la puissance locomotive. Toutes choses égales d'ailleurs, les espèces qui vivent fixées au sol, ou qui ne possèdent que des instruments imparfaits pour la locomotion, n'occupent qu'une portion bien restreinte de la surface du globe, comparées aux espèces dont les mouvements de translation sont rapides et énergiques : aussi, parmi les animaux terrestres, sont-ce les oiseaux qui nous offrent le plus d'exemples d'espèces cosmopolites, et, parmi les animaux aquatiques, les cétacés et les poissons. Les reptiles, au contraire, sont pour la plupart cantonnés dans des limites étroites, et il en est de même pour la plupart des mollusques et des crustacés. L'instinct qui porte certains animaux à changer périodiquement de climat contribue aussi à déterminer la dissémination de ces espèces, et cet instinct, comme nous l'avons déjà vu, existe chez un grand nombre de ces êtres.

Parmi les circonstances étrangères à l'animal, et en quelque sorte accidentelles, qui concourent à amener le même résultat, nous indiquerons aussi en première ligne l'influence de l'homme : et, pour en donner une idée exacte, il nous suffira d'un petit nombre d'exemples. Le cheval est originaire des steppes de l'Asie centrale, et, à l'époque de la découverte de l'Amérique, il n'existait dans le nouveau monde aucun animal de cette espèce : les Espagnols l'y ont transporté avec eux à une époque qui ne remonte pas au delà de trois siècles, et aujourd'hui non-seulement les habitants de ce vaste continent, depuis la baie d'Hudson jusqu'à la Terre de Feu, possèdent des chevaux en abondance, mais ces animaux y ont repris la vie sauvage et s'y rencontrent par troupes presque innombrables. Il en est de même de notre bœuf domestique : transporté de l'ancien dans le nouveau monde, il y a pullulé au point que, dans quelques parties de l'Amérique du Sud, on en fait une chasse active dans le seul but de se procurer des peaux destinées à la fabrication du cuir. Le chien a été aussi partout le compagnon de l'homme ; et nous pouvons ajouter encore au nombre des animaux devenus cosmopolites à notre suite, le rat, qui paraît originaire de l'Amérique, qui a envahi l'Europe durant le moyen âge, et qui se trouve maintenant jusque dans les îles de l'Océanie.

Dans quelques cas, les animaux ont pu franchir des barrières naturelles en apparence insurmontables, et se répandre sur un espace plus ou moins considérable de la surface du globe, à l'aide de circonstances dont l'importance semble d'abord bien minime, telles que le mouvement d'un fragment de glace ou d'un morceau de bois entraîné par les courants à des distances souvent très-considérables : ainsi rien n'est plus commun que de rencontrer en mer, à des centaines de lieues de toute terre, des fucus flottant à la surface de l'eau et servant d'appui à de petits crustacés incapables par eux-mêmes de se transporter à la nage loin des côtes où ils ont pris naissance. Le grand courant maritime qui, sortant du golfe du Mexique, côtoie l'Amérique septentrionale jusqu'à la hauteur de Terre-Neuve, puis se dirige vers l'Islande, l'Irlande, et redescend vers les Açores, entraîne souvent jusque sur les côtes de l'Europe des troncs d'arbres que le Mississippi avait arrachés dans les parties les plus reculées du nouveau monde et avait charriés jusqu'à la mer ; or, ces bois sont fréquemment taraudés par des larves d'insectes, et peuvent donner attache à des œufs de mollusques ou de poissons, etc. Enfin, il n'est pas jusqu'aux oiseaux qui ne contribuent à la dispersion des êtres vivants à la surface du globe, et cela de la manière la plus singulière : souvent ces animaux ne digèrent pas les œufs qu'ils avalent, et, les évacuant à des distances considérables du point où ils les avaient trouvés, transportent au loin les germes d'une race inconnue jusqu'alors dans les contrées où ils les déposent.

Malgré tous ces moyens de transport et d'autres circonstances propres à favoriser également la dissémination des espèces, il n'est que bien peu d'animaux réellement cosmopolites, et la plupart de ces êtres sont cantonnés dans des régions assez limitées. Du reste, on comprend qu'il doit en être ainsi, lorsqu'on étudie les circonstances qui peuvent s'opposer à leur progrès. Mais cette étude est loin de nous fournir une explication satisfaisante de tous les cas de circonscription limitée d'une espèce, et il nous est souvent impossible de deviner pourquoi certains animaux restent confinés dans une localité, lorsque, rien ne semble devoir s'opposer à leur propagation dans les localités voisines.

§ 633. Quoi qu'il en soit, les obstacles à la dissémination géographique des espèces sont tantôt tout mécaniques, d'autres fois physiologiques, et parmi les premiers ont doit citer d'abord les mers et les hautes chaînes de montagnes. Pour les animaux terrestres, en effet, les mers d'une certaine étendue sont en général une barrière infranchissable, et l'on voit que, toutes choses égales d'ailleurs, le mélange de deux faunes distinctes est toujours d'autant plus intime, que les régions auxquelles elles appartiennent sont plus rapprochées géographiquement ou sont mises en communication par des terres intermédiaires. Ainsi l'océan Atlantique empêche les espèces propres à l'Amérique tropicale de se répandre en Afrique, en Europe ou en Asie ; et la faune du nouveau monde est complétement distincte de celle de l'ancien continent, si ce n'est dans les latitudes les plus élevées, vers le pôle boréal. Mais là les terres se rapprochent, l'Amérique n'est plus séparée de l'Asie que par le détroit de Behring, et se trouve liée au nord de l'Europe par le Groenland et l'Islande : aussi les échanges zoologiques ont-ils pu avoir lieu plus facilement, et l'on y trouve effectivement des espèces communes aux deux mondes : tels sont l'ours blanc, le renne, le castor, l'hermine, le faucon pèlerin, l'aigle à tête blanche, etc. Les hautes chaînes de montagnes constituent aussi des barrières naturelles qui arrêtent souvent la dispersion des espèces et empêchent la fusion des faunes propres à des régions zoologiques voisines. Ainsi les deux versants de la Cordillère des Andes sont habités par des espèces qui, pour la plupart, sont différentes; et les insectes de la région brésilienne, par exemple, sont presque tous distincts de ceux que l'on rencontre au Pérou ou dans la Nouvelle-Grenade.

La dispersion des animaux marins vivant près des côtes est entravée de la même manière par la configuration géographique du globe; mais ici c'est tantôt une longue continuité de terres, tantôt une vaste étendue de haute mer qui s'opposent à la dissémination des espèces. Ainsi la plupart des animaux de la Méditerranée se retrouvent aussi dans la portion européenne de l'Atlantique, mais n'ont pu parvenir jusque dans les mers de l'Inde, dont la Méditerranée est séparée par l'isthme de Suez, et n'ont pu traverser davantage l'Océan pour se répandre sur les côtes du nouveau monde.

§ 634. Les circonstances physiologiques qui tendent à limiter les diverses faunes sont plus nombreuses; mais celle qui se présente en première ligne est sans contredit la température inégale des diverses régions du globe. Il est des espèces qui peuvent supporter également bien un froid intense et les chaleurs tropicales: l'homme et le chien, par exemple; mais il en est d'autres qui, sous ce rapport, sont moins favorisées de la nature, et qui ne prospèrent ou même ne peuvent exister que sous l'influence d'une température déterminée. Ainsi les singes, qui pullulent dans les régions tropicales, meurent presque toujours de phthisie lorsqu'ils se trouvent exposés au froid et à l'humidité de nos climats; tandis que le renne, conformé pour supporter les rigueurs du long et rude hiver de la Laponie, souffre de la chaleur à Saint-Pétersbourg, et succombe en général assez promptement à l'influence d'un climat tempéré. Il en résulte que, dans un grand nombre de cas, les différences de climat suffisent à elles seules pour arrêter les espèces dans leur marche des latitudes élevées vers la ligne, ou des régions équatoriales vers les pôles. L'influence de la température sur l'économie animale nous explique aussi pourquoi certaines espèces restent cantonnées dans une chaîne de montagnes sans pouvoir se répandre au loin dans des localités analogues. Nous savons en effet que la température décroît en raison de l'élévation du sol, et par conséquent les animaux qui vivent à des hauteurs considérables ne pourraient descendre dans les plaines basses pour gagner d'autres montagnes sans traverser des pays où la température est bien supérieure à celle de leur habitation ordinaire. Le lama, par exemple, abonde dans les herbages du Pérou et du Chili situés à une élévation d'environ 4000 à 5000 mètres au-dessus du niveau de la mer, et s'étend au sud jusqu'à l'extrémité de la Patagonie : mais il ne se montre ni au Brésil ni au Mexique, parce qu'il n'aurait pu y arriver sans descendre dans des régions trop chaudes pour sa constitution.

La nature de la végétation et de la faune préexistantes dans une région du globe influe également sur son envahissement par des espèces exotiques. Ainsi la dispersion du ver à soie est limitée par la disparition du mûrier au-dessus d'un certain degré de latitude ; la cochenille ne peut se répandre au delà de la zone où croissent les cactus ; et les grands carnassiers, à moins qu'ils ne vivent de poissons, ne peuvent exister dans les régions polaires, où les productions végétales sont trop appauvries pour nourrir un nombre considérable de quadrupèdes herbivores.

§ 635. Il nous serait facile de multiplier les exemples de ces rapports nécessaires entre l'existence d'une espèce animale dans un lieu quelconque et l'existence de certaines conditions climatiques, phytologiques ou zoologiques ; mais l'espace nous manque pour ces détails, et les considérations que nous venons de présenter nous paraissent pouvoir suffire pour donner une idée de la manière dont la nature a effectué la répartition des espèces animales sur les divers points de la surface du globe ; et, pour atteindre le but que nous nous étions proposé en abordant ce sujet, il ne nous reste plus qu'à jeter un coup d'œil sur les résultats amenés par les diverses circonstances dont nous venons de parler, c'est-à-dire sur l'état actuel de la distribution géographique des êtres animés.

Lorsque l'on compare entre elles les diverses régions du globe sous le rapport de leur population zoologique, on est frappé d'abord par l'inégalité extrême qui s'y remarque dans le nombre des espèces. Dans telle contrée, on rencontre une diversité extrême dans les formes et la structure des animaux dont sa faune est composée, tandis qu'ailleurs il règne à cet égard une grande uniformité ; et il est facile de saisir une certaine relation entre les différents degrés de richesse zoologique et l'élévation plus ou moins considérable de la température. Effectivement, le nombre des espèces, tant marines que terrestres, augmente en général à mesure que l'on descend des pôles vers l'équateur. Les terres polaires les plus reculées n'offrent guère au voyageur que quelques insectes, et dans ces mers glacées les poissons et les mollusques même sont peu variés ; dans les climats tempérés, la faune devient plus nombreuse en espèces ; mais c'est dans les régions tropicales que la nature s'est montrée le plus prodigue à cet égard, et le zoologiste ne peut voir sans étonnement la diversité sans fin des animaux qui s'y trouvent accumulés.

On remarque aussi qu'il existe une singulière coïncidence entre l'élévation de la température dans les différentes régions zoologiques et le degré de perfection organique des animaux qui les habitent. C'est dans les climats les plus chauds que vivent les animaux les plus voisins de l'homme, et ceux qui dans chaque grande division zoologique possèdent l'organisation la plus compliquée et les facultés les plus développées, tandis que dans les régions polaires on ne rencontre guère que des êtres occupant un rang peu élevé dans la série zoologique. Les singes, par exemple, se trouvent confinés dans les parties les plus chaudes des deux continents; il en est de même des perroquets parmi les oiseaux, des crocodiles et des tortues parmi les reptiles, et des crabes de terre parmi les crustacés, animaux qui tous sont les plus parfaits de leurs classes respectives.

C'est encore dans les pays chauds qu'on trouve les animaux terrestres les plus remarquables par la beauté de leurs couleurs, la grandeur de leur corps et la bizarrerie de leurs formes.

Enfin, il semble exister un certain rapport entre le climat et la tendance de la nature à produire telle ou telle forme animale. Ainsi on observe une ressemblance très-grande entre la plupart des animaux qui habitent les régions boréale et australe ; les faunes des régions tempérées de l'Europe, de l'Asie et de l'Amérique septentrionale offrent une grande analogie dans leur aspect général ; et dans les contrées tropicales des deux mondes on voit prédominer des formes semblables. Ce ne sont pas des espèces identiques que l'on rencontre dans des régions distinctes et à peu près isothermes, mais des espèces plus ou moins voisines et qui semblent être des représentants d'un seul et même type. Ainsi les singes de l'Inde et de l'Afrique centrale sont représentés dans l'Amérique tropicale par d'autres singes faciles à distinguer des premiers; au lion, au tigre et à la panthère de l'ancien continent correspondent dans le nouveau monde le couguar, le jaguar et l'oncelot. Les montagnes de l'Europe, de l'Asie et de l'Amérique septentrionale nourrissent des ours d'espèces distinctes, mais n'offrant entre eux que des différences légères. Les phoques abondent surtout dans le voisinage des deux cercles polaires; et si l'on voulait chercher des preuves de cette tendance, non dans les classes les plus élevées du règne animal, mais parmi les êtres inférieurs, on en trouverait de non moins évidentes. Les écrevisses, par exemple, paraissent être confinées aux régions tempérées du globe, et se trouvent représentées dans la plus grande partie de l'Europe par l'espèce si commune dans nos ruisseaux, dans le midi de la Russie par une espèce différente, dans l'Amérique septentrionale par deux autres espèces également distinctes des précédentes, au Chili par une quatrième espèce, au sud de la Nouvelle-Hollande par une cinquième espèce, à Madagascar par une sixième, et au cap de Bonne-Espérance par une septième espèce.

La comparaison des faunes propres aux diverses régions zoologiques du globe conduit à d'autres résultats dont il est plus difficile de se rendre raison. Ainsi, lorsqu'on examine successivement l'ensemble des espèces qui habitent l'Asie ou l'Afrique et l'Amérique, on remarque dans la faune du nouveau monde un caractère d'infériorité qui n'avait pas échappé au célèbre Buffon. Effectivement, il n'existe pas dans le nouveau monde de mammifères aussi grands que dans l'ancien continent : on voit, il est vrai, dans l'Amérique septentrionale, un nombre considérable de singes, mais parmi ces animaux il n'en est aucun qui soit l'égal de l'orang, du gorille ou du chimpanzé ; et ce sont des rongeurs et des édentés qui y abondent le plus, c'est-à-dire de tous les mammifères ordinaires les moins intelligents. Enfin, c'est dans l'Amérique qu'on rencontre les sarigues, animaux qui appartiennent à un type inférieur aux mammifères ordinaires, et qui n'ont de représentants ni en Europe, ni en Asie, ni en Afrique. Si l'on passe ensuite du nouveau monde dans une région plus nouvelle encore, dans l'Australie, on y trouvera une faune dont l'infériorité se prononce davantage, car la classe des mammifères n'y est guère représentée que par des marsupiaux et des monotrèmes.

Quant à la délimitation des diverses régions zoologiques qui se partagent le globe et à la composition de la faune propre à chacune d'elles, nous ne pouvons en traiter ici sans sortir du cadre tracé par ce cours, et nous regrettons d'autant moins cette nécessité, que dans l'état actuel de la science ces questions sont loin d'être résolues.

Nous terminerons même ici nos études zoologiques, car le but que nous nous sommes proposé n'était pas la description particulière de chaque animal, ni l'énumération des caractères propres à les faire reconnaître ou à les grouper méthodiquement ; nous voulions seulement donner dans ce cours des notions sur la nature et sur les propriétés de ces êtres, esquisser rapidement les traits principaux de leur histoire, et fournir à nos jeunes lecteurs les connaissances générales les plus utiles à tous et indispensables à ceux qui voudraient approfondir davantage cette branche des sciences d'observation.

FIN.

TABLE DES MATIÈRES

HISTOIRE DES PRINCIPALES FONCTIONS PHYSIOLOGIQUES.

CONFORMATION ET CLASSIFICATION DES ANIMAUX.

Paris. — Imprimerie de E. Martinet, rue Mignon, 2.

EXTRAIT DU CATALOGUE

DE

VICTOR MASSON ET FILS

— 15 Septembre 1866 —

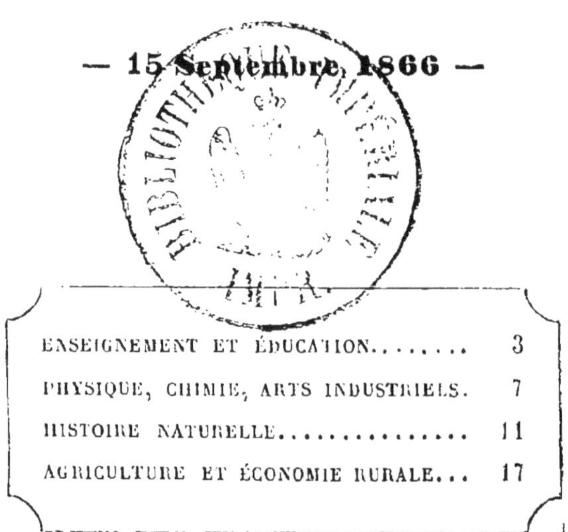

PARIS

PLACE DE L'ÉCOLE DE MÉDECINE

PRINCIPALES PUBLICATIONS

CONTENUES

DANS CET EXTRAIT DE CATALOGUE

ET PARUES DANS LE COURANT DE L'ANNÉE 1865 — 1866

Enseignement et Éducation.

COMTE (ACHILLE). — Planches murales d'histoire naturelle.
DELAUNAY. — Cours élémentaire de mécanique. 6e édition.
LEYMERIE. — Cours de minéralogie. 2e édition.
— — Éléments de minéralogie et de géologie. 2e édition.
TROOST. — Traité élémentaire de chimie.
WURTZ. — Leçons élémentaires de chimie moderne.

Physique, Chimie et Arts industriels.

DICTIONNAIRE GÉNÉRAL DES SCIENCES. Tome I, fascicule 2.
MARIÉ-DAVY. — Mouvements de l'atmosphère.
MONCKHOVEN. — Optique photographique.
PASTEUR. — Études sur les vins.
PELOUZE ET FREMY. — Complément du Traité de chimie générale.
SCHUTZENBERGER. — Traité des matières colorantes.
TABLE DES ANNALES DE CHIMIE. 3e série. 1851 à 1863.
WILLEMIN. — Traité de l'agrandissement en photographie.

Histoire naturelle.

DARWIN. — Origine des espèces. 2e édition.
DE CANDOLLE. — *Prodromus*, tome XV, 2e partie.
EDWARDS (ALPH.). — Histoire des crustacés podophthalmaires.

Agriculture.

LE JOURNAL de la ferme et des maisons de campagne. Hebd. illustré.
JOIGNEAUX. — Traité des graines.

EXTRAIT DU CATALOGUE

DE

VICTOR MASSON ET FILS

ENSEIGNEMENT ET ÉDUCATION

LE BACCALAURÉAT ÈS SCIENCES. — Résumé des connaissances exigées par le programme officiel. 3 forts vol. in-18 de 2700 pag., avec 1773 figures dans le texte.. 23 fr.

Chaque volume est vendu séparément :

Premier volume. — Littérature, par *O. Gréard*, professeur au lycée Bonaparte. — Philosophie, par *Brisbarre*, professeur au collége Rollin. — Histoire de France et Géographie, par *E. Levasseur*, professeur au lycée Napoléon. 1 vol. de 760 pages, avec 116 figures......... 7 fr.

Deuxième volume. — Arithmétique et Algèbre, par *Mauduit*, professeur au lycée Bonaparte. — Géométrie et Trigonométrie, par *Ch. Vacquant*, professeur de mathématiques spéciales au lycée Napoléon. — Application de la Géométrie et Cosmographie, par *A. Tissot*, professeur au lycée Saint-Louis. — Mécanique, par *E. Burat*, professeur au lycée Louis-le-Grand. 1 vol. de près de 1000 pag., avec 888 fig. dans le texte.. 8 fr.

Troisième volume. — Physique, par *Em. Fernet*, professeur au lycée Bonaparte. — Chimie, par *L. Troost*, professeur au lycée Bonaparte. — Histoire naturelle, par *Alph. Milne-Edwards*, docteur ès sciences. 1 vol. de près de 1000 pages, avec 831 figures................. 8 fr.

Chaque partie est en outre vendue séparément. Voir plus loin le nom de l'auteur.

BEUDANT. — Cours élémentaire de minéralogie et de géologie. 10e édition. Paris, 1863, 1 vol. in-18, avec 800 figures................ 6 fr.

BRISBARRE (J.) — Éléments de philosophie (extrait du Baccalauréat ès sciences). 1 vol. in-18.. 1 fr. 50

BURAT (E.) — Éléments de mécanique (extrait du Baccalauréat ès sciences). 1 vol. in-18.. 2 fr.

CAHIERS d'histoire naturelle, par MM. *Milne-Edwards* et *Achille Comte*. Ouvrage adopté par le Conseil de l'instruction publique; nouvelle édition mise en concordance avec le programme pour l'enseignement des sciences dans les lycées. 3 vol. in-12.

Zoologie, avec 15 planches........................ 2 fr.
Botanique, avec 9 planches........................ 2 fr.
Géologie, avec 10 cartes gravées sur acier......... 2 fr.

CHANCEL. — Analyse chimique. (Voy. *Gerhardt*.)

CLAVEL. — Traité d'éducation physique et morale, accompagné de plans d'ensemble indiquant la disposition principale des établissements d'instruction publique, par *E. Muller*, ingénieur civil. Paris, 1855, 2 vol. grand in-18, avec 2 cartes.................................. 3 fr.

COMTE (A.). — Introduction au règne végétal de *A.-L. de Jussieu*, disposée en tableau méthodique. Une feuille gr. colombier.. 1 fr. 25

COMTE (A.). — Le règne animal, disposé en tableaux méthodiques. Quatre-vingt-onze tableaux, sur grand colombier, représentant environ *cinq mille figures* d'animaux.................................. 114 fr.

COMTE (A.). — Planches murales d'histoire naturelle. Ces planches sont imprimées sur papier à fond noir et coloriées avec le plus grand soin; elles mesurent près d'un mètre carré, et comprennent toutes les questions des programmes d'Histoire naturelle de l'enseignement secondaire et de l'enseignement spécial. — La liste détaillée de cette collection est envoyée à ceux qui veulent bien en faire la demande.

1re série. Zoologie, 60 feuilles en 52 planches.
2e série. Botanique, 26 feuilles.
3e série. Géologie, 14 feuilles en 17 planches.

Prix de la collection de 100 planches.......................... 350 fr.
Chaque planche séparément.................................. 4 fr.

— Notions sanitaires sur les végétaux dangereux, sur leurs caractères distinctifs et les moyens de remédier à leurs effets nuisibles.
Trois planches de près d'un mètre carré chacune, contenant environ 100 figures coloriées avec le plus grand soin, et accompagnées d'un texte explicatif. — Planche I, Champignons comestibles. — Planche II, Champignons dangereux. — Planche III, Plantes vénéneuses.

Prix de l'ouvrage complet.................................. 15 fr.

COMTE (Achille). — Structure et physiologie de l'homme, démontrées à l'aide de figures coloriées, découpées et superposées; 8e édition. Paris, 1861, 1 vol. grand in-18, avec atlas de 8 planches gravées en taille-douce et figures dans le texte.................................. 4 fr. 50

COURS ÉLÉMENTAIRE D'HISTOIRE NATURELLE, adopté par le Conseil supérieur de l'instruction publique et approuvé par Mgr l'Archevêque de Paris. 3 vol. gr. in-18.

ZOOLOGIE, par M. *Milne-Edwards*, 10e édition. Paris, 1867, avec 484 figures... 6 fr.

BOTANIQUE, par M. *de Jussieu*, 9e édition. Paris, 1867, avec 812 figures... 6 fr.

MINÉRALOGIE et GÉOLOGIE, par M. *Beudant*, 10e édition. Paris, 1863, avec 800 figures... 6 fr.

GÉOLOGIE, séparément. 1 vol... 4 fr.

DELAUNAY. — COURS ÉLÉMENTAIRE DE MÉCANIQUE. 6e édit. Paris, 1867, 1 vol. grand in-18, avec 548 fig. dans le texte... 8 fr.

DELAUNAY. — COURS ÉLÉMENTAIRE D'ASTRONOMIE. 4e édition. Paris, 1865, 1 vol. grand in-18, avec 393 figures dans le texte... 7 fr. 50

DELAUNAY. — TRAITÉ DE MÉCANIQUE RATIONNELLE, 4e édit. Paris, 1865, 1 vol. in-8, avec 127 fig. dans le texte... 8 fr.

DELAUNAY. — TRATTATO ELEMENTARIO D'ASTRONOMIA ATTO ALL'INSEGNAMENTO della Cosmografia; unica versione italiana autorizzata, diretta dall'autore. Paris, 1855, 1 vol. in-18, avec 389 figures... 8 fr.

DICTIONNAIRE GÉNÉRAL DES SCIENCES, théoriques et appliquées, comprenant : les mathématiques, la physique et la chimie, la mécanique et la technologie, l'histoire naturelle et la médecine, l'économie rurale et l'art vétérinaire, par MM. les professeurs *Privat-Deschanel* et *Ad. Focillon*, avec la collaboration d'une réunion de savants, d'ingénieurs et de professeurs.

L'ouvrage paraîtra en 2 volumes. En vente : tome Ier A-G. 660 pag., 753 figures... 15 fr.

D'ORBIGNY (ALCIDE). — COURS ÉLÉMENTAIRE DE PALÉONTOLOGIE ET DE GÉOLOGIE STRATIGRAPHIQUES. Paris, 1852, 2 tomes publiés en 3 volumes in-18, avec 1,046 gravures dans le texte et accompagnés d'un atlas in-4o de 17 tableaux, cartonné... 15 fr.

D'ORBIGNY (ALCIDE). — PRODROME DE PALÉONTOLOGIE STRATIGRAPHIQUE UNIVERSELLE, faisant suite au Cours élémentaire de paléontologie et de géologie stratigraphiques. 3 vol. gr. in-18 jésus... 12 fr.

DRION (CH.) ET **FERNET** (EM.). — TRAITÉ DE PHYSIQUE ÉLÉMENTAIRE suivie de problèmes. 2e édition. Paris, 1862, 1 vol. grand in-18, avec 673 figures dans le texte... 7 fr.

L'introduction de cet ouvrage dans les écoles publiques est autorisée par décision de S. Exc. M. le Ministre de l'Instruction publique et des Cultes, en date du 5 août 1862.

EDWARDS (MILNE-). — NOTIONS PRÉLIMINAIRES DE ZOOLOGIE. 1 vol. grand in-18, avec 352 figures... 3 fr.

EDWARDS (MILNE-). — COURS ÉLÉMENTAIRE DE ZOOLOGIE. 9e édition. Paris, 1863, 1 vol. in-18, avec 484 figures... 6 fr.

EDWARDS (MILNE-). — INTRODUCTION A LA ZOOLOGIE GÉNÉRALE, ou Considérations sur les tendances de la nature dans la constitution du règne animal. Première partie. 1 vol. grand in-18................ 2 fr. 25

EDWARDS (ALPH. MILNE-). — ÉLÉMENTS D'HISTOIRE NATURELLE. Zoologie. — Botanique. — Géologie. (Extrait du Baccalauréat ès sciences.) In-8, avec figures.................................... 3 fr.

EULER. — MANUEL DE GYMNASTIQUE ÉLÉMENTAIRE. Paris, 1864, in-8, avec 97 figures.. 2 fr.

FERNET. (Voyez *Drion* et *Baccalauréat.*)

GAVARRET. — TRAITÉ D'ÉLECTRICITÉ. Paris, 1857-1858, 2 vol. in-18, avec 448 figures.. 16 fr.

CAVARRET. — TÉLÉGRAPHIE ÉLECTRIQUE. 1 vol. in-18, avec 100 fig. dans le texte. Paris, 1861.. 7 fr.

GERHARDT (C.) ET **CHANCEL.** — PRÉCIS D'ANALYSE CHIMIQUE QUALITATIVE. 3e édition. 1867, 1 vol. gr. in-18, avec figures dans le texte. 7 fr. 50

GERHARDT (C.) ET **CHANCEL.** — PRÉCIS D'ANALYSE CHIMIQUE QUANTITATIVE. 2e édit. Paris, 1864, 1 vol. grand in-18, avec 112 figures.... 7 fr. 50

GRÉARD (O.). — LITTÉRATURE. 1 vol. in-18 (extrait du Baccalauréat ès sciences).. 1 fr. 25

HEISER. — TRAITÉ DE GYMNASTIQUE RAISONNÉE AU POINT DE VUE ORTHOPÉDIQUE, HYGIÉNIQUE ET MÉDICAL, ou Cours d'exercices appropriés à l'éducation physique des deux sexes. Paris, 1854, 1 vol. in-8, avec 123 figures.. 6 fr.

JUSSIEU (DE). — COURS ÉLÉMENTAIRE DE BOTANIQUE. 9e édition, 1 vol. avec 812 fig. dans le texte. Paris, 1862..................... 6 fr.

EVASSEUR (E.). — PRÉCIS D'HISTOIRE DE FRANCE. 1 vol. in-18 (extrait du Baccalauréat ès sciences)............................ 3 fr. 50

LEVASSEUR (E.). ÉLÉMENTS DE GÉOGRAPHIE. 1 vol. in-18 (extrait du Baccalauréat ès sciences)...................................... 1 fr. 75

LEYMERIE (A.). — COURS DE MINÉRALOGIE (histoire naturelle). 2e édition. Paris, 1866, 1 vol. in-8, publié en deux parties, avec 352 fig.. 12 fr.

LEYMERIE. — ÉLÉMENTS DE MINÉRALOGIE ET DE GÉOLOGIE. Comprenant des notions de Lithologie et un lexique où se trouvent indiqués les caractères génériques des fossiles. 2e édition. 1 vol. in-18 en deux parties, renfermant 300 vignettes.................................. 9 fr.

MAUDUIT. — ÉLÉMENTS D'ARITHMÉTIQUE. 1 vol. in-18 (extrait du Baccalauréat ès sciences).. 1 fr. 20

MAUDUIT. — ÉLÉMENTS D'ALGÈBRE. 1 vol. in-18 (extrait du Baccalauréat ès sciences).. 1 fr. 40

PAYER (J.). — ÉLÉMENTS DE BOTANIQUE. Paris, première partie, *Organogra-*

phie. 1 vol. grand in-18, avec 600 figures.................. 5 fr.
L'ouvrage sera continué par M. le professeur Baillon.

PELOUZE ET **FREMY**. — ABRÉGÉ DE CHIMIE. Cinquième édition. Paris, 1866, 3 vol. grand in-18, avec 174 figures intercalées dans le texte... 6 fr.

On peut avoir séparément :

1re Partie. GÉNÉRALITÉS. — CORPS SIMPLES NON MÉTALLIQUES. 1 vol. avec 96 figures.. 2 fr.
2e Partie. MÉTAUX ET MÉTALLURGIE. 1 vol. avec 46 figures....... 2 fr.
3e Partie. CHIMIE ORGANIQUE. 1 vol. avec 32 figures............. 2 fr.

REGNAULT. — COURS ÉLÉMENTAIRE DE CHIMIE. 5e édition. Paris, 1859-60, 4 vol. grand in-18, avec 2 planches en taille-douce et 700 figures dans le texte.. 20 fr.

REGNAULT. — PREMIERS ÉLÉMENTS DE CHIMIE. 4e édition. Paris, 1861, 1 vol. grand in-18, avec 142 figures dans le texte.................. 5 fr.

SCHŒDLER (FR.). — LE LIVRE DE LA NATURE, ou Leçons élémentaires de physique, d'astronomie, de chimie, de minéralogie, de géologie, de botanique, de physiologie et de zoologie, traduit de l'allemand sur l'édition par *A. Scheler*.

Cet ouvrage est tout spécialement approprié au besoin de l'enseignement spécial. En vente tome Ier, comprenant : Physique. — Chimie. — Astronomie. — 1 vol. in-8, avec figures........... 7 fr. 50
Chacune de ces parties est en outre vendue séparément..... 2 fr. 50

TISSOT (A.). — ÉLÉMENTS DE COSMOGRAPHIE. 1 vol. in-18 (extrait du Baccalauréat ès sciences)................................ 1 fr. 60

TROOST (L.). — TRAITÉ ÉLÉMENTAIRE DE CHIMIE, comprenant les applications à l'hygiène, aux arts et à l'industrie. Paris, 1866, 1 vol. grand in-18, avec figures dans le texte.......................... 6 fr.
Cet ouvrage est entièrement conforme aux programmes nouveaux pour l'enseignement de la Chimie dans les lycées.

VACQUANT (T.). — GÉOMÉTRIE ÉLÉMENTAIRE ET TRIGONOMÉTRIE. 1 vol. in-18 (extrait du Baccalauréat ès sciences)..................... 2 fr.

WURTZ (AD.). — LEÇONS ÉLÉMENTAIRES DE CHIMIE MODERNE. Première partie. 1 vol. in-18, avec nombreuses figures............. 3 fr. 50

PHYSIQUE — CHIMIE — ARTS INDUSTRIELS

ANNALES DE CHIMIE ET DE PHYSIQUE, IVe série, commencée en 1864, par MM. *Chevreul*, *Dumas*, *Pelouze*, *Boussingault*, *Regnault*, avec la collaboration de MM. *Wurtz* et *Werdet*.

Il paraît chaque année 12 cahiers qui forment 3 volumes et sont accompagnés de planches en taille-douce et de figures intercalées dans le texte.

Prix de l'année :	Pour Paris	30 fr.
	Pour les départements (*par la poste*)	34 fr.

Voir pour les 3 premières séries le Catalogue général.

BASSET (N.). — TRAITÉ THÉORIQUE ET PRATIQUE DE LA FERMENTATION, considérée dans ses rapports généraux avec les sciences naturelles et l'industrie. Paris, 1858, 1 vol. gr. in-18 .... 3 fr. 50

BOUTIGNY (D'ÉVREUX). — ÉTUDES SUR LES CORPS A L'ÉTAT SPHÉROIDAL ; nouvelle branche de physique. 3e édition. Paris, 1857, 1 vol. in-8, avec 26 figures intercalées dans le texte .... 7 fr.

BOUTRON ET F. **BOUDET**. — HYDROTIMÉTRIE. Nouvelle méthode pour déterminer les proportions des matières en dissolution dans les eaux de sources et de rivières. 4e édition. Paris, 1866, grand in-8...... 3 fr.

BUNSEN (ROBERT). — MÉTHODES GAZOMÉTRIQUES. Traduit de l'allemand, sous les yeux de l'auteur et avec son concours, par M. *Th. Schneider*. Paris, 1858, 1 vol. in-8, avec 60 gravures .... 5 fr.

CHANCEL. (Voir *Gerhardt*.)

DICTIONNAIRE GÉNÉRAL DES SCIENCES théoriques et appliquées, par MM. les professeurs PRIVAT-DESCHANEL et AD. FOCILLON, avec la collaboration d'une réunion de savants, d'ingénieurs et de professeurs. En vente : tome Ier A-G .... 15 fr.

DINAN. — CONSTRUCTION DES FORMULES DE TRANSPORT POUR L'EXÉCUTION DES TERRASSEMENTS. Paris, 1859, 1 vol. in-8 .... 3 fr.

DORVILLE. — MONOGRAPHIE DE LA PILE ÉLECTRIQUE, ses dispositions actuelles, ses applications diverses et ses perfectionnements les plus récents. Paris, 1857, 1 vol. in-8 .... 1 fr. 25

GAVARRET. — PHYSIQUE MÉDICALE. De la chaleur produite par les êtres vivants. Paris, 1855, 1 vol. grand in-18, avec figures .... 6 fr.

GAVARRET. — TRAITÉ D'ÉLECTRICITÉ. Paris, 1857-1858, 2 vol. in-18, avec 448 figures .... 16 fr.

GAVARRET. — TÉLÉGRAPHIE ÉLECTRIQUE. Paris, 1861, 1 vol. in-18, avec 100 fig. dans le texte .... 5 fr.

GERHARDT (C.) ET **CHANCEL**. — PRÉCIS D'ANALYSE CHIMIQUE QUALITATIVE. Ouvrage contenant : les opérations et les manipulations générales de l'analyse, la préparation et l'usage des réactifs, les caractères des acides et des bases. — Les essais au chalumeau. — La marche de l'analyse qualitative, la recherche des poisons, l'exposition de l'analyse spectrométrique, etc. 3e édition. Paris, 1867, 1 vol. grand in-18, avec 112 figures dans le texte .... 7 fr. 50

GERHARDT (C.) ET **CHANCEL**. — PRÉCIS D'ANALYSE CHIMIQUE QUANTITATIVE. Ouvrage contenant : la description des appareils et des opérations générales de l'analyse quantitative, les méthodes de dosage et de séparation des bases et des acides, l'analyse par les liqueurs titrées, l'analyse organique, l'analyse des gaz, l'analyse des eaux minérales, des cendres, des terres arables, l'exposition du calcul des analyses. 2e édit. Paris, 1864, 1 vol. grand in-18, avec figures............... 7 fr. 50

GIRARDIN. — LEÇONS ÉLÉMENTAIRES DE CHIMIE APPLIQUÉE AUX ARTS. 4e édition, entièrement refondue. 2 vol. in-8.

CHIMIE INORGANIQUE. 1 fort vol. in-8, avec 320 figures....... 15 fr.

CHIMIE ORGANIQUE. 1 vol. in-8, avec figures et échantillons...... 15 fr.

Chaque volume est vendu séparément.

HUGUENY. — RECHERCHES SUR LA COMPOSITION CHIMIQUE et les propriétés qu'on doit exiger des eaux potables. Paris, 1865, grand in-8... 3 fr.

KUHLMANN (FRÉD.). — INSTRUCTION PRATIQUE SUR L'APPLICATION DES SILICATES ALCALINS SOLUBLES AU DURCISSEMENT DES PIERRES, etc. Lille, 1859, in-8.. 75 c.

LEFORT (J.). — CHIMIE DES COULEURS pour la peinture à l'eau et à l'huile, comprenant l'historique, les propriétés physiques et chimiques, la préparation, la falsification, l'action toxique et l'emploi des couleurs anciennes et nouvelles. Paris, 1855, 1 vol. gr. in-18............ 4 fr.

LEFORT (J.). — TRAITÉ DE CHIMIE HYDROLOGIQUE, comprenant des notions générales d'hydrologie, l'analyse qualitative et quantitative des eaux douces et des eaux minérales. Paris, 1859, 1 vol. grand in-8, avec figures dans le texte.................................... 8 fr.

LEHMANN. — PRÉCIS DE CHIMIE PHYSIOLOGIQUE ANIMALE. Paris, 1855, 1 vol. in-18, avec 26 figures dans le texte.................. 2 fr.

LIEBIG (J.). — TRAITÉ DE CHIMIE ORGANIQUE ; édit. française, revue et considérablement augmentée par l'auteur, et publiée par *Ch. Gerhardt*. Paris, 1841-1844, 3 vol. in-8.............................. 25 fr.

MARIÉ-DAVY. — MÉTÉOROLOGIE. Les mouvements de l'atmosphère et des mers, considérés au point de vue de la prévision du temps. Paris, 1866. 1 vol. grand in-18, avec figures et 24 cartes coloriées... 10 fr.

MARIÉ-DAVY. — RECHERCHES THÉORIQUES ET EXPÉRIMENTALES SUR L'ÉLECTRICITÉ CONSIDÉRÉE AU POINT DE VUE MÉCANIQUE. Paris, 1862, fascicules 1 et 2. Prix de chaque fascicule.............................. 3 fr.

MATTEUCCI. — LEÇONS SUR LES PHÉNOMÈNES PHYSIQUES DES CORPS VIVANTS. Paris, 1847, 1 vol. gr. in-18, avec 18 fig................. 3 fr. 50

MONCKHOVEN (V.). — TRAITÉ D'OPTIQUE PHOTOGRAPHIQUE, comprenant la description des objectifs et appareils d'agrandissement. Paris, 1866. 1 vol. in-12, avec figures dans le texte et 5 planches....... . 4 fr.

MONCKHOVEN (V.). — Traité général de photographie, comprenant tous les procédés connus jusqu'à ce jour, suivi de la théorie de la photographie et de son application aux sciences d'observation. 5e édition. Paris, 1865, 1 vol. grand in-8, avec 225 figures dans le texte....... 10 fr.

NIEPCE de SAINT-VICTOR. — Traité pratique de gravure héliographique sur acier et sur verre, avec un portrait de l'auteur gravé par ses procédés. Paris, 1856, petit in-4........................ 5 fr.

NORMANDY (A.). — Tableaux d'analyse chimique; ouvrage présentant toutes les opérations de l'analyse qualitative, avec nombreuses observations pratiques. Paris, 1858, 1 vol. in-4, avec fig., relié en toile. 25 fr.

PASTEUR (L.). — Études sur le vin, ses maladies, causes qui les provoquent, procédés nouveaux pour le conserver et pour le vieillir. 1 vol. in-8, avec planches coloriées, imprimé à l'Imprimerie Impériale. 15 fr.

PECLET (E.). — Traité de la chaleur considérée dans ses applications. 3e édition, entièrement refondue et accompagnée de 650 figures dans le texte. Paris, 1860-1861, 3 vol. grand in-8................ 42 fr.

PELOUZE et FREMY. — Traité de chimie générale, analytique, industrielle et agricole. 3e édition, entièrement refondue, avec nombreuses figures dans le texte. Cette troisième édition comprend six volumes grand in-8 compactes, dont l'un publié en deux parties destinées à être reliées séparément. Une table des matières formant un volume séparé et ne renfermant pas moins de 12,000 mots, facilite les recherches dans cet important ouvrage, le plus complet que possède la science, et le rend d'un emploi aussi facile qu'un *Dictionnaire de chimie.* — Prix de l'ouvrage complet........................ 100 fr.

PELOUZE et FREMY. — Notions générales de chimie. Un beau volume imprimé avec luxe, accompagné d'un Atlas de 24 planches en couleur, cartonné.. 10 fr.
Le même ouvrage, édition classique, avec 24 planches en noir. 5 fr.

PERSOZ. — Traité théorique et pratique de l'impression des tissus. Paris, 1846, 4 beaux vol. in-8, avec 165 figures et 429 échantillons d'étoffes intercalés dans le texte, et accompagnés d'un atlas de 10 planches in-4 gravées en taille-douce, dont 4 sont coloriées. Ouvrage auquel la Société d'encouragement a accordé une médaille de 3,000 fr. 70 fr.

REGNAULT. — Cours élémentaire de chimie. 5e édition. Paris, 1859-60, 4 vol. gr. in-18, avec 2 pl. en taille-douce et 700 figures...... 20 fr.

REGNAULT. — Premiers éléments de chimie. 4e édition. Paris, 1861, 1 vol. grand in-18, avec 142 figures dans le texte............ 5 fr.

ROSE (H.). — Traité complet de chimie analytique. Édition française originale. Paris, 1859-1862, 2 volumes grand in-8............ 24 fr.

Le premier volume est consacré à la chimie qualitative, le second à la chimie quantitative. Chacun est vendu séparément.......... 12 fr.

SCHUTZENBERGER (P.). — CHIMIE APPLIQUÉE A LA PHYSIOLOGIE ANIMALE, A LA PATHOLOGIE ET AU DIAGNOSTIC MÉDICAL. Paris, 1864, 1 vol. in-8. 6 fr.

SCHUTZENBERGER (P.). — TRAITÉ DES MATIÈRES COLORANTES, comprenant leurs applications à la teinture et à l'impression, publié sous les auspices de la Société industrielle de Mulhouse, et avec le concours du Comité de chimie. 2 vol. in-8, avec figures et échantillons. Paris, 1867.. 20 fr.

SOUBEIRAN. — PRÉCIS ÉLÉMENTAIRE DE PHYSIQUE. 2e édit., augmentée. Paris, 1844, 1 vol. in-8, avec 13 planches in-4............... 5 fr.

VERDEIL. — DE L'INDUSTRIE MODERNE. Paris, 1861, 1 vol. in-8. 7 fr. 50

WILLEMIN (Ad.). — TRAITÉ DE L'AGRANDISSEMENT DES ÉPREUVES PHOTOGRAPHIQUES; étude critique des divers appareils employés aux agrandissements, suivi d'une méthode pour obtenir les épreuves microscopiques. Paris, 1865. Grand in-8, avec figures............ 3 fr. 50

WURTZ (AD.). — LEÇONS ÉLÉMENTAIRES DE CHIMIE MODERNE. Première partie. 1 vol. in-18, avec nombreuses figures. Paris, 1866 ... 3 fr. 50

WURTZ. — TRAITÉ DE CHIMIE MÉDICALE, comprenant quelques notions de toxicologie, et les principales applications de la chimie à la physiologie, à la pathologie, à la pharmacie et à l'hygiène.

I. CHIMIE INORGANIQUE. Paris, 1864, 1 vol. in-8, avec figures...... 8 fr.

II. CHIMIE ORGANIQUE. Paris, 1865........................... 8 fr.

HISTOIRE NATURELLE

ADANSON (MICHEL). — HISTOIRE DE LA BOTANIQUE et plan des familles naturelles des plantes. 2e édition, préparée par l'auteur et publiée sur ses manuscrits, par *Alex. Adanson* et *J. Payer*. Paris, 1847-1864, 1 vol. grand in-8, avec une planche.................................. 6 fr.

AGARDH (J.). — ALGÆ MARIS MEDITERRANEI ET ADRIATICI, observationes in diagnosin specierum et dispositionem generum. Parisiis, 1841, grand in-8 .... 3 fr. 50

AGARDH (J.). — SPECIES, GENERA ET ORDINES ALGARUM : — Volumen primum, Algas fucoideas complectens. Lundæ, 1848, 1 vol. in-8.. 12 fr. — Volumen secundum, Algas florideas complectens, publié en cinq fascicules. Lundæ, 1851-1863................................. 39 fr.

AGARDH (J.). — THEORIA SYSTEMATIS PLANTARUM ; accedit familiarum phanerogamarum in series naturales dispositio secundum stucturæ normas et evolutionis gradus instituta. Lundæ, 1858, 1 vol. in-8, avec atlas de 28 planches.. 24 fr.

AGASSIZ. — Système glaciaire, ou Recherches sur les glaciers, leur mécanisme, leur ancienne extension, et le rôle qu'ils ont joué dans l'histoire de la terre. Paris, 1847, 1 vol. grand in-8, avec un atlas de 3 cartes et 9 planches en partie coloriées.......................... 50 fr.

Annales des sciences naturelles, V^e série, commençant le 1er janvier 1864.

— Zoologie et paléontologie, comprenant l'anatomie, la physiologie, la classification et l'histoire naturelle des animaux, publiées sous la direction de *M. Milne-Edwards.*

Il est publié chaque année 2 vol. gr. in-8, avec environ 35 planches.

Prix de l'abonnement { Paris........... 20 fr. / Départements... 21 fr.

— Botanique, comprenant l'anatomie, la physiologie, la classification et l'Histoire naturelle des végétaux, publiée sous la direction de *MM. Ad. Brongniart* et *J. Decaisne.*

Il est publié chaque année 2 volumes gr. in-8, avec 35 planches environ.

Prix de l'abonnement { Paris........... 20 fr. / Départements... 21 fr.

AUDOUIN (V.) et **MILNE-EDWARDS.** — Recherches pour servir a l'histoire naturelle du littoral de la france, ou Recueil de mémoires sur l'anatomie, la physiologie, la classification et les mœurs des animaux de nos côtes. 2 volumes grand in-8, ornés de planches gravées et coloriées.. 34 fr.

BAILLON. — Étude générale du groupe des euphorbiacées. Recherche des types. — Organographie. — Organogénie. — Distribution géographique. — Affinités. — Classification. — Description des genres. Paris, 1858, 1 vol. grand in-8, avec atlas cartonné................ 36 fr.

BAILLON. — Monographie des buxacées et des stylocérées. Paris, 1859, 1 vol. grand in-8, avec 3 planches gravées.................. 5 fr.

BERT (Paul). — Catalogue méthodique des animaux vertébrés qui vivent à l'état sauvage dans le département de l'Yonne avec la clef des espèces et leur diagnose. Paris, 1864, in-8, 2 pl............... 4 fr.

BEUDANT. — Cours élémentaire de minéralogie et de géologie, 10e édition. Paris, 1863, 1 vol. in-18, avec 800 figures......... 6 fr.

BUEK. — Index Candolleanus. (Voy. *De Candolle.*)

CHENU. — Manuel de conchyliologie et de paléontologie conchyliologique, contenant la description et la représentation de près de 5,000 coquilles. Paris, 1862, 2 vol. in-4, avec 4943 figures dans le texte, dont les principales coloriées .... 32 fr.

COSSON (E.) et **GERMAIN** (E.). — Flore des environs de paris, ou Description des plantes qui croissent spontanément dans cette région et de celles qui y sont généralement cultivées, accompagnée de tableaux synoptiques et d'une carte des environs de Paris. 2e édition, 1861, 1 très-fort vol. in-8.. 15 fr.

COSSON (E.) ET **GERMAIN** (E.). — SYNOPSIS DE LA FLORE DES ENVIRONS DE PARIS, destiné aux herborisations, contenant la description des familles et des genres, celle des espèces et des variétés sous la forme analytique, avec leur synonymie et leurs noms français, l'indication des propriétés des plantes employées en médecine, dans l'industrie et dans l'économie domestique, et une table des noms vulgaires. 2e édition, Paris, 1859, 1 vol. in-18.. 4 fr.

COSTE. — HISTOIRE GÉNÉRALE ET PARTICULIÈRE DU DÉVELOPPEMENT DES CORPS ORGANISÉS, publiée sous les auspices du Ministre de l'instruction publique. Paris, 1848-1860, 3 volumes in-4, avec 50 planches grand in-plano, gravées en taille-douce, imprimées en couleur et accompagnées de contre-épreuves portant la lettre. Prix de la livraison. 52 fr.

4 livraisons sont en vente, texte et planches.

CUVIER. — LETTRES DE GEORGES CUVIER SUR LA POLITIQUE ET SUR L'HISTOIRE NATURELLE, écrites en allemand, à son ami Pfaff, de 1788 à 1792; publiées pour la première fois en français. Traduction du docteur *Marchant*. Paris, 1858, 1 vol. grand in-18, avec 1 planche.......... 1 fr.

CUVIER (GEORGES). — LE RÈGNE ANIMAL distribué d'après son organisation. 2e édit. Paris, 1829-1830, 5 vol. in-8........................ 36 fr.

CUVIER (GEORGES). — LE RÈGNE ANIMAL distribué d'après son organisation, pour servir de base à l'Histoire naturelle des animaux et d'introduction à l'Anatomie comparée ; nouvelle édition publiée par une réunion de professeurs ; 11 volumes de texte, et 11 atlas formant un ensemble de 993 planches, dont 13 sont doubles, dessinées d'après nature et gravées en taille-douce.

Les 11 tomes du texte, brochés en 10 volumes, les 993 planches et leurs explications réunies en 39 étuis :

Avec planches en noir.................. 590 fr.
Avec planches coloriées.................. 1,310 fr.

DARWIN (CH.). — DE L'ORIGINE DES ESPÈCES ou des Lois du progrès chez les êtres organisés. Traduit en français par Mlle *Clémence-Aug. Royer*. 2e édition, revue et corrigée. Paris, 1865, 1 vol. in-8.. 7 fr. 50

DE CANDOLLE.— PRODROMUS SYSTEMATIS NATURALIS REGNI VEGETABILIS, *sive Enumeratio contracta ordinum, generum specierumque plantarum hucusque cognitarum*. Paris, 1824-1864, in-8.

— En vente, les tomes I à XV, et tome XVI, 2e partie, fasc. 1er. 250 fr.
Chacun des volumes depuis le tome VIII est vendu........... 16 fr.
Le tome XIII a une deuxième partie vendue................. 12 fr.

Le tome XV, 1re partie, 1864, 1 vol. in-8.................... 12 fr.
Le tome XV, partie seconde, in-8. Paris, 1863-1866.......... 34 fr.
Le tome XVI, partie seconde, fasc. 1er, in-8. Paris, 1864...... 4 fr.

DE CANDOLLE. — INDEX CANDOLLEANUS, par *Buck*, contenant la table des genres, espèces et synonymes des vol. I à XIII inclusivement du *Prodromus*. 2 vol. in-8.......................... 30 fr.

DE CANDOLLE (A.). — GÉOGRAPHIE BOTANIQUE RAISONNÉE. Paris, 1855, 1 tome grand in-8 de 1300 pages, divisé en 2 volumes compactes, avec cartes coloriées.................................. 25 fr.

DESHAYES (V.). — ATLAS DE CONCHYLIOLOGIE, avec texte explicatif. Paris, 1858, atlas grand in-8 de 130 planches. Prix avec figures en noir.. 30 fr.

— *Le même*, fig. coloriées............................ 72 fr.

D'ORBIGNY (ALCIDE). — PALÉONTOLOGIE FRANÇAISE. Description de tous les animaux mollusques et rayonnés fossiles de France, avec des figures de toutes les espèces, lithographiées d'après nature.

— TERRAIN CRÉTACÉ publié en 260 livraisons à 1 fr. 25, et comprenant : CÉPHALOPODES, GASTÉROPODES, LAMELLIBRANCHES, BRACHIOPODES, BRYOZOAIRES, ÉCHINOÏDES IRRÉGULIERS. Paris, 1840-1860, 6 vol. in-8 de texte et 1018 planches en 6 atlas cartonnés...................... 325 fr.

— TERRAIN JURASSIQUE publié en 110 livraisons à 1 fr. 25 et comprenant : CÉPHALOPODES, GASTÉROPODES. Paris, 1842-1860, 2 vol. in-8 de texte et 432 planches en 2 atlas cartonnés...................... 140 fr.

— PALÉONTOLOGIE FRANÇAISE. — Continuation de l'ouvrage de *d'Orbigny* par une réunion de paléontologistes, sous la direction d'un comité spécial, composé de membres de la Société géologique de France. Cette suite paraît pour les *terrains Crétacés* et pour les *terrains Jurassiques* par livraisons de douze planches avec le texte correspondant. Prix de la livraison.................................. 6 fr.

21 livraisons sont en vente du Terrain Crétacé et 9 du Terrain Jurassique.

D'ORBIGNY (ALCIDE). — COURS ÉLÉMENTAIRE DE PALÉONTOLOGIE ET DE GÉOLOGIE STRATIGRAPHIQUES. Paris, 1852, 2 tomes publiés en 3 volumes in-18, avec 1046 gravures dans le texte et accompagnés d'un atlas in-4 de 17 tableaux. Cartonnés................................ 15 fr.

D'ORBIGNY (ALCIDE). — PRODROME DE PALÉONTOLOGIE STRATIGRAPHIQUE UNIVERSELLE, faisant suite au Cours élémentaire de paléontologie et de géologie stratigraphiques. 3 vol. gr. in-18 jésus............... 12 fr.

EDWARDS (ALPH. MILNE-). — DE LA FAMILLE DES SOLANACÉES. Paris, 1864, gr. in-8, avec 2 planches coloriées......................... 4 fr.

EDWARDS (ALPH. MILNE-). (Voyez le *Baccalauréat ès sciences*, page 4.)

EDWARDS (MILNE-). — HISTOIRE DES CRUSTACÉS PODOPHTHALMAIRES FOSSILES. Tome Ier, grand in-4, accompagné de 36 planches........... 26 fr.

EDWARDS (MILNE-). — COURS ÉLÉMENTAIRE D'HISTOIRE NATURELLE, Zoologie. 9e édition. Paris, 1863, 1 vol. in-18, avec 484 figures...... 6 fr.

EDWARDS (MILNE-). — LEÇONS SUR LA PHYSIOLOGIE ET L'ANATOMIE COMPARÉE DE L'HOMME ET DES ANIMAUX.

L'ouvrage comprendra environ dix volumes grand in-8 du prix de 9 fr.

En vente : le tome premier, *Introduction, Sang et généralités sur la Respiration;* le tome deuxième, *Organes de la respiration;* les tomes troisième et quatrième, *Circulation du sang et Transsudation ;* le tome cinquième, *Digestion et Absorption ;* le tome sixième, *Appareil digestif;* le tome septième, *Digestion, sécrétion, excrétion, nutrition;* le tome huitième, *Nutrition et Reproduction.*

Prix des 8 volumes.................................... 72 fr.

Le complément de l'ouvrage sera publié par demi-volumes de 6 mois en 6 mois.

EDWARDS (MILNE-). — (Voir en outre *Enseignement*, page 5.)

ETTINGSHAUSEN (CONSTANTIN D') ET **ALOIS POKORNY**. — PHYSIOTYPIA PLANTARUM AUSTRIACARUM. *L'Impression naturelle* appliquée à la représentation des plantes vasculaires, et particulièrement à celle de leur nervation. 500 planches in-folio et 30 planches in-4. Imprimé aux frais de l'État par l'Imprimerie impériale et royale d'Autriche. Vienne, 1856, 5 vol. in-folio et 1 vol. in-4.................................. 700 fr.

GAUTIER (A.). — INTRODUCTION PHILOSOPHIQUE à l'étude de la géologie. Paris, 1853, 1 vol. in-8...................................... 3 fr.

HISTOIRE NATURELLE DU JURA ET DES DÉPARTEMENTS VOISINS.

I. GÉOLOGIE, par le *F. Ogérien*. Paris, 1865, in-8, avec 400 fig., une carte climatérique et une carte géologique coloriées................ 12 fr.

II. BOTANIQUE, par *Michalet*. Paris, 1864, 1 vol. in-8........... 5 fr.

III. ZOOLOGIE VIVANTE, par le *F. Ogérien*. Paris, 1863, 1 vol. in-8, avec 211 figures.. 8 fr.

JUSSIEU (DE). — COURS ÉLÉMENTAIRE D'HISTOIRE NATURELLE. — BOTANIQUE. Paris, 1866, 9e édition, 1 vol. avec 812 fig. dans le texte..... 6 fr.

LACAZE-DUTHIERS. — HISTOIRE DE L'ORGANISATION, DU DÉVELOPPEMENT, DES MŒURS ET DES RAPPORTS ZOOLOGIQUES DU DENTALE. Paris, 1858, 1 vol. in-4, accompagné de 11 planches gravées et de 3 planches en chromolithographie... 25 fr.

PALÉONTOLOGIE FRANÇAISE. (Voy. *d'Orbigny*.)

PAYER (J.). — ÉLÉMENTS DE BOTANIQUE. Paris, 1857, première partie, *Organographie*. 1 volume grand in-18, avec 600 figures intercalées dans le texte.. 5 fr.

L'ouvrage sera continué par M. *Baillon*, professeur à la Faculté de médecine de Paris.

PAYER (J.). — TRAITÉ D'ORGANOGÉNIE COMPARÉE DE LA FLEUR. Paris, 1857, 1 vol. grand in-8, avec un atlas de 154 planches gravées en taille-douce. 2 vol., demi-reliure maroquin, les planches montées sur onglets. 160 fr.

PERRIS. — HISTOIRE DES INSECTES DU PIN MARITIME, tome I. Coléoptères. In-8, avec 12 planches.................................. 25 fr.

ROBINEAU. — HISTOIRE NATURELLE DES DIPTÈRES DES ENVIRONS DE PARIS. Ouvrage posthume publié par M. *Monceaux*. 2 vol. in-8...... 30 fr.

ROQUES (J.). — ATLAS DES CHAMPIGNONS COMESTIBLES ET VÉNÉNEUX, représentant les cent espèces ou variétés les plus répandues, avec un texte explicatif contenant la description détaillée des cent espèces, l'indication des lieux où elles croissent, leurs qualités alimentaires ou nuisibles. Extrait de la 2e édition. Paris, 1864. 1 atlas gr. in-4 de 24 planches coloriées.. 15 fr.

SAUSSURE (H. DE). — ÉTUDES SUR LA FAMILLE DES VESPIDES. 3 vol. et atlas divisés comme suit :

MONOGRAPHIE DES GUÊPES SOLITAIRES, ou de la tribu des Euméniens. Paris, 1852, 1 vol. grand in-8, avec atlas colorié de 22 planches. 36 fr.

MONOGRAPHIE DES GUÊPES SOCIALES. Paris, 1860, 1 vol. grand in-8, avec atlas colorié de 39 planches.............................. 66 fr.

MONOGRAPHIE DES MASARIENS. Paris, 1856, 1 vol. grand in-8, avec atlas colorié de 16 planches.................................. 42 fr.

— MÉMOIRES POUR SERVIR A L'HISTOIRE NATURELLE DU MEXIQUE, DES ANTILLES ET DES ÉTATS-UNIS.

1re livraison. CRUSTACÉS. 1858, in-4, avec 6 planches............ 9 fr.

2e livraison. MYRIAPODES. 1860, in-4, avec 7 pl., dont 1 coloriée. 16 fr.

3e et 4e livraisons : ORTHOPTÈRES — BLATTIDES. 1 vol. grand in-4 de 279 pages, avec 2 planches coloriées.......................... 20 fr.

SAUSSURE (H. DE). — MÉLANGES HYMÉNOPTÉROLOGIQUES, 1er et 2e fascicules. In-4, avec planches coloriées. Prix de chaque fascicule.. 6 fr.

SAUSSURE (H. DE). — MÉLANGES ORTHOPTÉROLOGIQUES. 1er fascicule. In-4, avec planche coloriée.................................... 6 fr.

SAUSSURE (H. DE) et **SICHEL** (JULES). — CATALOGUS SPECIERUM GENERIS SCOLIA (SENSU LATIORI) continens specierum diagnoses, descriptiones synonymiamque, additis annotationibus explanatoriis criticisque. 1 vol. grand in-8 de 352 pages, avec 2 planches coloriées............ 8 fr.

SCROPE (POULETT). — LES VOLCANS, leurs caractères et leurs phénomènes, avec un catalogue descriptif de toutes les formations volcaniques aujourd'hui connues ; ouvrage traduit de l'anglais par *E. Pieraggi*. Paris,

1864, 1 vol. in-8, relié à l'anglaise, avec 2 planches coloriées et figures dans le texte.. 14 fr.

UNGER (F.). — LE MONDE PRIMITIF A SES DIFFÉRENTES ÉPOQUES DE FORMATION. Seize gravures avec texte explicatif. 2e édition, revue et augmentée de deux gravures. Leipzig et Paris, 1860, grand in-plano.. 86 fr.

WALPERS (G. G.). — REPERTORIUM BOTANICES SYSTEMATICÆ. Lipsiæ, 1842-1848, 6 vol. in-8.. 140 fr.

WALPERS (G. G.). — ANNALES BOTANICES SYSTEMATICÆ. Lipsiæ, 1848-1858, in-8. Tomes I à V.. 150 fr.

WEBB (P. B.). — OTIA HISPANICA, seu Delectus plantarum rariorum aut nondum rite notarum per Hispanias sponte nascentium. Paris, 1853, 1 vol. petit in-folio, avec 45 planches gravées en taille-douce.. 30 fr.

AGRICULTURE

BALTET (CH.). — L'HORTICULTURE EN BELGIQUE, son enseignement, ses institutions, son organisation officielle. 1 vol. in-4, avec 7 planches. Paris, 1865.. 10 fr.

BASSET (N.). — TRAITÉ THÉORIQUE ET PRATIQUE DE LA FERMENTATION, considérée dans ses rapports généraux avec les sciences naturelles et l'industrie. Paris, 1858, 1 vol. grand in-18.................. 3 fr. 50

BOITEL. — MISE EN VALEUR DES TERRES PAUVRES PAR LE PIN MARITIME, culture et exploitation de cette essence en Gascogne et en Sologne. 2e édition. Paris, 1857, 1 vol. grand in-8, avec une planche et vignettes dans le texte.. 3 fr.

BULLETIN MENSUEL DE LA SOCIÉTÉ IMPÉRIALE ZOOLOGIQUE D'ACCLIMATATION, fondée le 10 février 1854. IIe série, commencée en 1854.

Il paraît chaque année 12 cahiers formant un volume grand in-8 de 700 pages.

Le Bulletin est envoyé sans rétribution à tous les membres de la Société à partir du commencement de l'année où ils sont reçus.

Prix de l'abonnement pour les personnes qui ne font pas partie de la Société :

Paris........ 12 fr. | Départements.... 14 fr.

CAZALIS-ALLUT (ŒUVRES AGRICOLES DE), recueillies et publiées par son fils, le docteur *Frédéric Cazalis*, et précédées d'une Notice biographique sur l'auteur, par M. Henri Marès, avec 1 portrait de M. Cazalis-Allut. 1 vol. in-8.. 6 fr.

CHARNACÉ (LE COMTE GUY DE). — ÉTUDES SUR LES ANIMAUX DOMESTIQUES.

— Amélioration des races. — Consanguinité. — Haras. — Paris, 1864, 1 vol. grand in-18 .... 3 fr. 50

DAUDIN (H.). — LE NOUVEAU THÉATRE D'AGRICULTURE, ou Description raisonnée des travaux nécessaires à la culture des terres, accompagnée d'une étude comparative des auteurs latins qui ont écrit sur l'agriculture. Paris, 1864, 1 vol. in-8 .... 7 fr. 50

DICTIONNAIRE GÉNÉRAL DE MÉDECINE ET DE CHIRURGIE VÉTÉRINAIRES ET DES SCIENCES QUI S'Y RATTACHENT, par MM. *Lecoq*, *Rey*, *Tisserant* et *Tabourin*, professeurs à l'École impériale vétérinaire de Lyon. — Ouvrage adopté par les Écoles vétérinaires de France. Paris, 1850, 1 fort volume grand in-8, à 2 colonnes .... 15 fr.

DU BREUIL (A.). — INSTRUCTION ÉLÉMENTAIRE SUR LA CONDUITE DES ARBRES FRUITIERS. Greffe, — taille, — restauration des arbres mal taillés ou épuisés par la vieillesse, — culture, — récolte et conservation des fruits. 5e édition. 1 vol. in-18, avec 191 figures .... 2 fr. 50

DU BREUIL (A.). — COURS ÉLÉMENTAIRE THÉORIQUE ET PRATIQUE D'ARBORICULTURE. 5e édition. 1 vol. grand in-18, publié en 2 parties, avec 4 vignettes gravées sur acier, environ 900 figures intercalées dans le texte et de nombreux tableaux .... 12 fr.

DU BREUIL (A.). — MANUEL D'ARBORICULTURE DES INGÉNIEURS. Plantations d'alignement forestières et d'ornement, boisement des dunes, des talus, haies vives, des parcelles excédantes des chemins de fer. 1 vol. in-18, avec 234 figures dans le texte .... 3 fr. 50

DU BREUIL (A.). — CULTURE PERFECTIONNÉE et moins coûteuse du vignoble. 1 vol. in-18, avec 144 figures .... 3 fr. 50

GIRARDIN. — DES FUMIERS ET AUTRES ENGRAIS ANIMAUX. Sixième édition, revue, corrigée et augmentée. Paris, 1864, 1 vol. in-16, avec 62 figures dans le texte .... 2 fr. 50

GIRARDIN ET **DU BREUIL.** — TRAITÉ ÉLÉMENTAIRE D'AGRICULTURE. 2e édit. 2 vol. in-18, avec 955 figures dans le texte .... 16 fr.

GLOGER. — DE LA NÉCESSITÉ DE PROTÉGER LES ANIMAUX UTILES pour prévenir naturellement les dégâts causés par les souris et les insectes. Paris, 1863, 1 brochure in-18 .... 80 cent.

GOUREAU (C.). — LES INSECTES NUISIBLES AUX ARBRES FRUITIERS, AUX PLANTES POTAGÈRES, AUX CÉRÉALES ET AUX PLANTES FOURRAGÈRES. Paris, 1862, 1 vol. in-8 .... 5 fr.

JOIGNEAUX (P.). — INSTRUCTIONS AGRICOLES. Paris, 1857, 1 vol. in-18. 1 fr.

JOIGNEAUX (P.). — ÉTUDES SUR LES GRAINES. 1 vol. in-18, avec figures dans le texte. Paris, 1867 .... 3 fr.

JOIGNEAUX (P.). — CONSEILS A LA JEUNE FERMIÈRE. 2e édit. 1 vol. grand in-18, avec figures dans le texte .... 1 fr.

JOIGNEAUX (P.) sous le pseudonyme de *P. J. de Varennes*. — LES VEILLÉES DE LA FERME DE TOURNE-BRIDE, ou Entretiens sur l'agriculture, l'exploitation des produits agricoles et l'arboriculture. Paris, 1861, 1 vol. in-12, avec figures dans le texte........................... 1 fr.

JOIGNEAUX (P.). — LE LIVRE DE LA FERME ET DES MAISONS DE CAMPAGNE, publié sous la direction de M. *P. Joigneaux*, avec la collaboration des principaux agronomes. 2e édition, 2 vol. grand in-8 jésus, de plus de 2,000 pages, imprimés sur deux colonnes, avec 1,720 figures intercalées dans le texte.. 32 fr.

— LE JOURNAL DE LA FERME ET DES MAISONS DE CAMPAGNE, revue complémentaire du *Livre de la Ferme*, paraissant le samedi de chaque semaine à dater du 7 janvier 1865.

Le Journal de la Ferme et des Maisons de Campagne est publié par livraisons hebdomadaires de 16 pages imprimées sur deux colonnes, et illustrées de nombreuses vignettes.

Prix de l'abonnement :

Un an, 24 fr. — Six mois, 13 fr. — Trois mois, 7 fr.

JOURDIER (A.). — L'AGRICULTURE A L'EXPOSITION UNIVERSELLE DE LONDRES EN 1862. Paris, 1863, 1 vol. in-18.............................. 1 fr.

KUHLMANN (FRÉD.). — EXPÉRIENCES CHIMIQUES ET AGRONOMIQUES. Paris, 1847, 1 vol. in-8.. 3 fr. 50

MAUMENÉ (E. J.). — INDICATIONS THÉORIQUES ET PRATIQUES sur le travail des vins, et en particulier des vins mousseux. Paris, 1858, 1 vol. grand in-8, avec 100 figures dans le texte.................. 12 fr.

PASTEUR. — ÉTUDES SUR LE VIN. (*Voir* page 10.)

PERSOZ (J.). — NOUVEAU PROCÉDÉ DE CULTURE DE LA VIGNE. Paris, 1849, brochure grand in-8, avec deux planches in-4 gravées en taille-douce par *Wormser*.. 1 fr. 50

QUATREFAGES (A. DE). — ÉTUDES SUR LES MALADIES ACTUELLES DU VER A SOIE. Paris, 1859, 1 vol. in-4, avec 6 planches imprimées en couleur et retouchées au pinceau.. 16 fr.

QUATREFAGES. — NOUVELLES RECHERCHES FAITES EN 1859, sur les maladies actuelles du ver à soie. Paris, 1860, 1 vol. in-4............ 3 fr. 50

RENDU (VICTOR). — AMPÉLOGRAPHIE FRANÇAISE, ou Traité sur la vigne, comprenant la statistique, la description des meilleurs cépages, l'analyse chimique du sol et les procédés de culture et de vinification des principaux vignobles de la France. Ouvrage publié sous les auspices de M. le Ministre de l'agriculture, du commerce et des travaux publics. Paris, 1857, 1 vol. de texte in-folio et un atlas de 70 planches magnifiquement coloriées.. 150 fr.

— *Le même ouvrage*, texte seul. 1857, 1 beau vol. grand in-8. 6 fr.

ROQUES (J.). — ATLAS DES CHAMPIGNONS COMESTIBLES ET VÉNÉNEUX, représentant les cent espèces ou variétés les plus répandues, avec un texte explicatif contenant la description détaillée des cent espèces, l'indication des lieux où elles croissent, leurs qualités alimentaires ou nuisibles. Extrait de la 2e édition. Paris, 1864, 1 atlas grand in-4° de 24 planches coloriées.. 15 fr.

ROSE-CHARMEUX. — CULTURE DU CHASSELAS A THOMERY. Paris, 1862, 1 vol. in-18, avec 41 figures.................................. 2 fr.

SACC. — ESSAI SUR LA GARANCE. Paris, 1861, 1 brochure grand in-8. 3 fr. 50

SERINGE (N. C.). — DESCRIPTION ET CULTURE DES MURIERS, leurs espèces et leurs variétés. Paris, 1855, 1 vol. grand in-8, avec figures dans le texte, accompagné d'un atlas in-4 de 27 planches............. 9 fr.

THENARD. — NOTICE SUR LE VINAGE DES VINS, en franchise des droits sur l'alcool qui lui est consacré. Paris, 1864, br. gr. in-8....... 1 fr. 50

THIBIERGE (A.) ET **REMILLY.** — DE L'AMIDON DU MARRON D'INDE et des fécules amylacées d'autres substances végétales non alimentaires, aux points de vue économique, chimique, agricole et technique. 2e édition. Paris, 1857, 1 vol. in-18, avec planches gravées............. 1 fr.

TISSERAND (EUG.). — ÉTUDES ÉCONOMIQUES SUR LE DANEMARK, LE HOLSTEIN ET LE SLESWIG. 1 vol. in-4, accompagné de 3 cartes à 10 planches lithog. Paris, 1865.. 10 fr.

TRACY (VICTOR DE). — LETTRES SUR LA VIE RURALE. 2e édition. Paris, 1861, 1 vol. in-18.. 1 fr.

VARENNES (P.-J. DE). (Voyez *P. Joigneaux.*)

WECKHERLIN (A. DE). — ZOOTECHNIE GÉNÉRALE. Reproduction, amélioration, élevage des animaux domestiques. Traduit de l'allemand par M. *Verheyen.* Paris, 1857, 1 vol. grand in-8.................. 2 fr.

Corbeil, typ. et stér. de Crété.

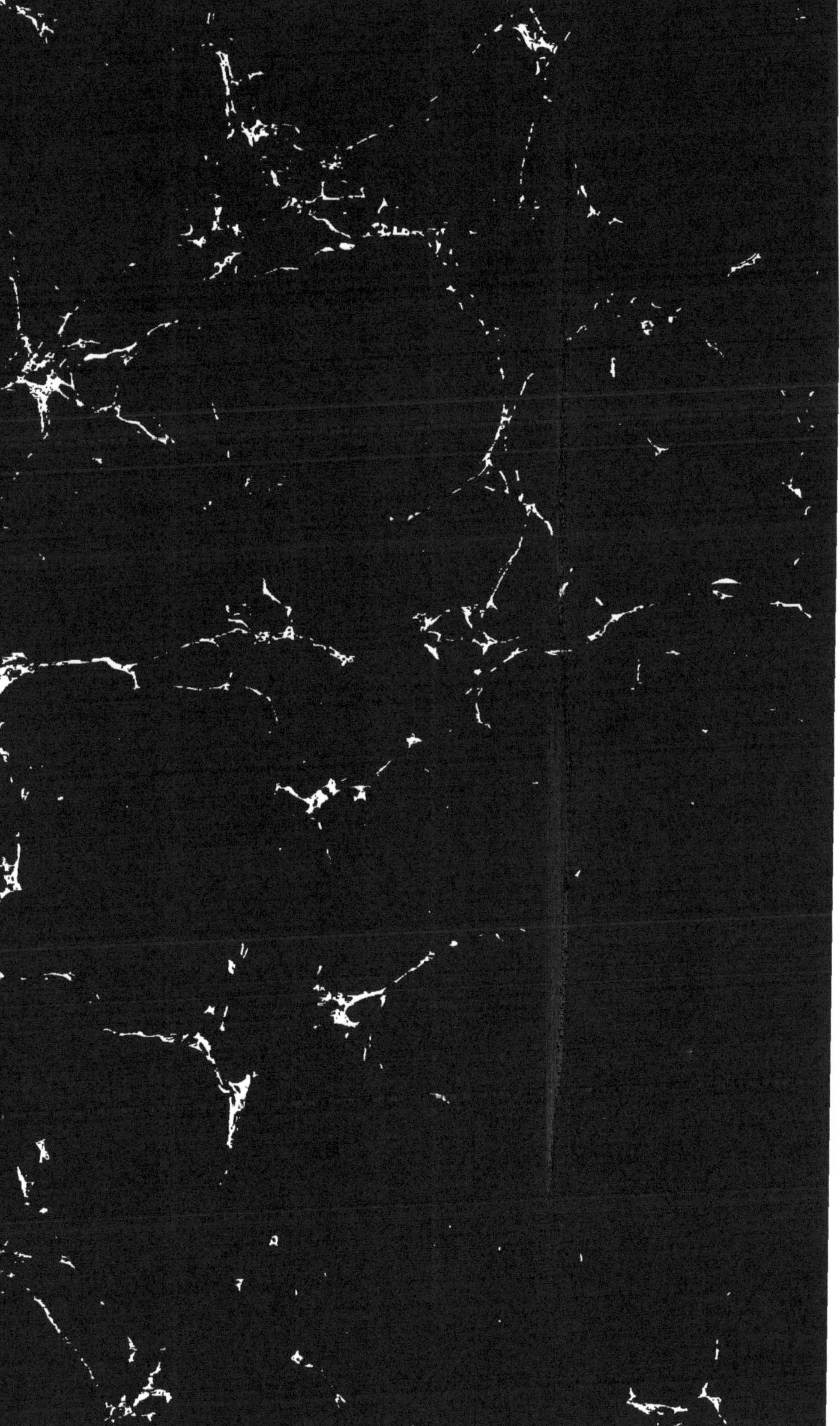

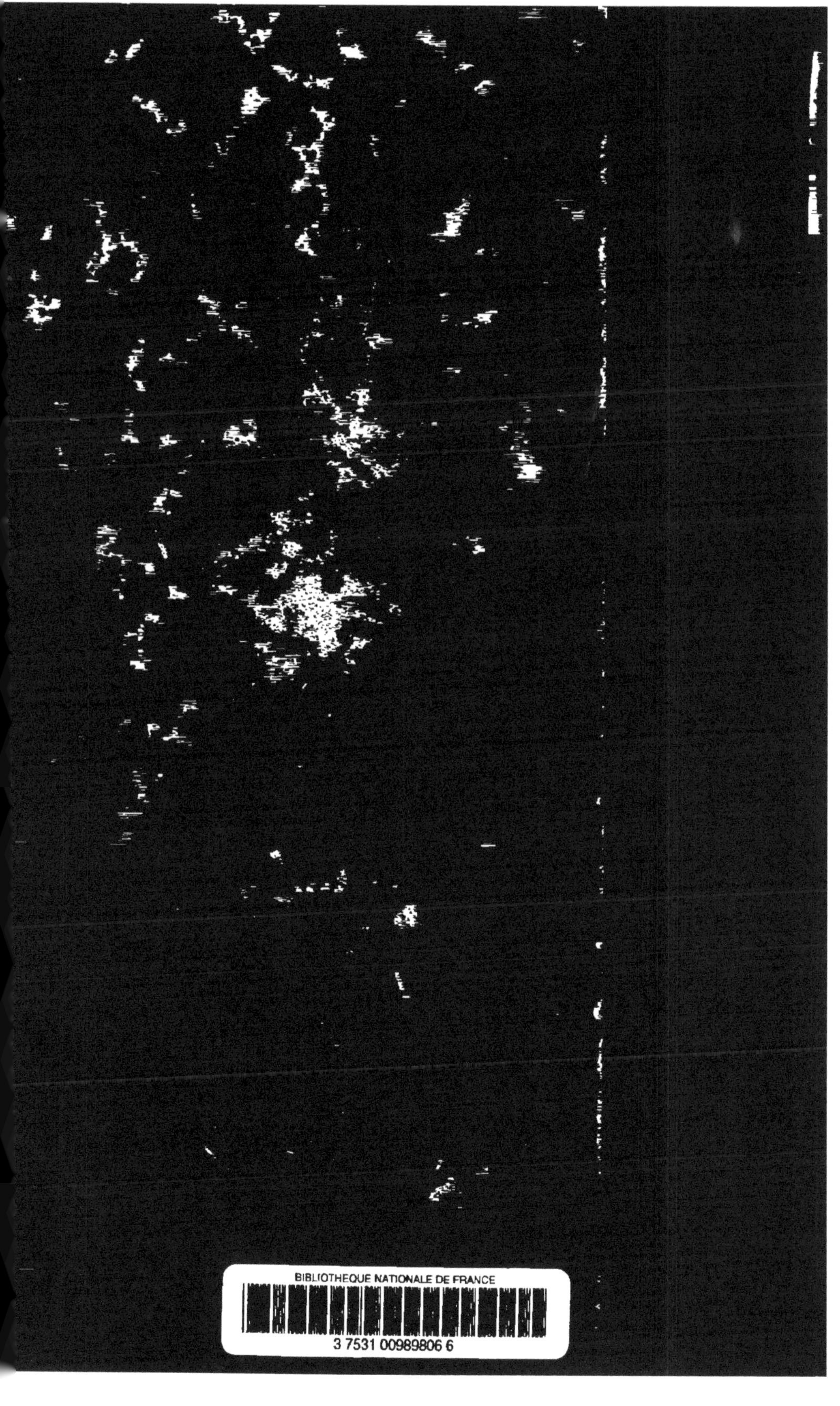

www.ingramcontent.com/pod-product-compliance
Ingram Content Group UK Ltd.
Pitfield, Milton Keynes, MK11 3LW, UK
UKHW021900260726
13966UKWH00006B/73

9 782011 7580